建筑安装工程施工图集
JIANZHU ANZHUANG GONGCHENG SHIGONG TUJI

（第三版）

6 弱电工程

柳涌　主编

中国建筑工业出版社

图书在版编目（CIP）数据

建筑安装工程施工图集．6 弱电工程/柳涌主编．—3版．—北京：中国建筑工业出版社，2007
ISBN 978-7-112-09497-4

Ⅰ. 建… Ⅱ. 柳… Ⅲ. ①建筑安装工程-工程施工-图集②电气设备-建筑安装工程-工程施工-图集 Ⅳ. TU758-64

中国版本图书馆 CIP 数据核字（2007）第 111421 号

本图集依据现行的国家及行业标准，重点介绍了智能建筑中常用设备、材料的工作原理、技术数据及其安装方法，适用于智能建筑中的设计及安装工程。全书包括14章，分别是入侵报警系统、视频安防监控系统、出入口控制（门禁）系统、访客（可视）对讲系统、电子巡查系统、停车场（库）管理系统、火灾自动报警及消防联动系统、建筑设备监控系统、智能化系统集成、卫星电视及有线电视系统、公共广播及紧急广播系统、综合布线系统、住宅（小区）智能化、弱电常用图形符号等内容。附录中列出了现行的有关智能建筑和电气设计、施工及施工验收规范目录等。

本书以图为主、图文并茂，通俗易懂，实用性强，突出了以安装内容为主。可供从事智能建筑安装、调试、设计、运行维护等人员使用，也是非电气专业人员了解和学习智能建筑知识的参考资料。

*　　*　　*

责任编辑：胡明安
责任设计：赵明霞
责任校对：王　爽　孟　楠

建筑安装工程施工图集
（第三版）
6　弱电工程
柳　涌　主编
*
中国建筑工业出版社出版、发行（北京西郊百万庄）
各地新华书店、建筑书店经销
霸州市顺浩图文科技发展有限公司制版
廊坊市海涛印刷有限公司印刷
*
开本：787×1092毫米　1/16　印张：37¼　字数：903千字
2007年11月第三版　2015年3月第十七次印刷
定价：**76.00**元
ISBN 978-7-112-09497-4
（16161）

第三版修订说明

《建筑安装工程施工图集》(1～8集)自第一版出版发行以来，一直深受广大读者的喜爱。由于近几年安装工程发展很快，各种新材料、新设备、新方法、新工艺不断出现，为了保持该套书的先进性和实用性，提高本套图集的整体质量，更好地为读者服务，中国建筑工业出版社决定修订本套图集。

本套图集以现行建筑安装工程施工及验收规范、规程和工程质量验收标准为依据，结合多年的施工经验和传统做法，以图文形式介绍建筑物中建筑设备、管道安装、电气工程、弱电工程、仪表工程等的安装方法。图集中涉及的安装方法既有传统的方法，又有目前正在推广使用的新技术。内容全面新颖、通俗易懂，具有很强的实用性和可操作性，是广大安装施工人员必备的工具书。

《建筑安装工程施工图集》(1～8集)，每集如下：

1 消防 电梯 保温 水泵 风机工程(第三版)

2 冷库 通风 空调工程(第三版)

3 电气工程(第三版)

4 给水 排水 卫生 煤气工程(第三版)

5 采暖 锅炉 水处理 输运工程(第二版)

6 弱电工程(第三版)

7 常用仪表工程(第二版)

8 管道工程(第二版)

本套图集(1～8集)，每部分的编号由汉语拼音第一个字母组成，编号如下：

XF——消防；	KT——空调：	GL——锅炉；
DT——电梯；	DQ——电气；	SCL——水处理；
BW——保温；	JS——给水；	SY——输运；
SB——水泵；	PS——排水；	RD——弱电；

FJ——风机；　　WS——卫生；　　JK——仪表；
LK——冷库；　　MQ——煤气；　　GD——管道。、
TF——通风；　　CN——采暖。

本图集服务于建筑安装企业的主任工程师、技术队长、工长、施工员、预算员、班组长、质量检查员及操作工人。是企业各级工程技术人员和管理人员编制施工预算、进行施工准备、技术交底、质量控制和组织技术培训的重要资料来源。也是指导安装工程施工的主要参照依据。

中国建筑工业出版社

第三版前言

本图集第一版出版以来，得到了广大工程技术人员的认同，近几年国家又出台或修订了一些新的智能建筑工程标准规范。包括《智能建筑设计标准》（GB/T 50314—2006）、《智能建筑工程质量验收规范》（GB 50339—2003）、《安全防范工程技术规范》（GB 50348—2004）、《综合布线系统工程设计规范》（GB 50311—2007）、《综合布线系统工程验收规范》（GB 50312—2007）、《入侵报警系统工程设计规范》（GB 50394—2007）、《视频安防监控系统工程设计规范》（GB 50395—2007）、《出入口控制系统工程设计规范》（GB 50396—2007）、《厅堂扩声系统设计规范》（GB 50371—2006）、《建筑设计防火规范》（GB 50016—2006）等。按照国家新的标准规范要求，结合近几年的工作实践，作者广泛收集国内外有关资料，对本图集进行了进一步新修订，一些术语也与国家新的标准规范相同。图集修订时，增加了一些新的内容及工程施工做法，再配以安装说明，使本图集内容更加丰富、简明，方便阅读。

本图集修订后共分为14章，包括：入侵报警系统；视频安防监控系统；出入口控制（门禁）系统；访客（可视）对讲系统；电子巡查系统；停车场（库）管理系统；火灾自动报警及消防联动系统；建筑设备监控系统；智能化系统集成；卫星电视及有线电视系统；公共广播及紧急广播系统；综合布线系统；住宅（小区）智能化；弱电常用图形符号等。

智能建筑工程在施工时，应注意以下事项：

（1）智能建筑工程施工应满足设计及规范要求；

（2）智能建筑工程施工应在专业工程师指导下进行；

（3）在建筑工程施工期间，应配合建筑工程施工做好智能建筑各专业管线的预埋工作；

（4）配合智能建筑工程各专业承建商完成好图纸深化设计工作；

（5）施工时应考虑智能建筑工程各专业设备的供电电源到位；

（6）防雷接地施工应满足设计要求，同时做好接地电阻的测试工作；

（7）智能建筑工程各专业在设备安装期间应注意设备的保护工作；

（8）智能建筑工程完工前，还需要进行系统调试，包括计算机软件程序的设计及调试；智能建筑工程各专业之间的调试；智能建筑工程与其他设备专业之间的调试等，工程的总工期要考虑调试时间。

由于智能建筑发展迅速，每年都有新的技术及产品推出，同时国家也将有新的规范出台或修订，请读者留意按照新的规范及技术要求执行。图集在编写过程中，参考了大量书籍、公司产品资料等，在此向有关单位及作者表示衷心感谢。

本图集由柳涌主编，参加修订工作的还有：柳娟、邢迪、刘捷、刘鼎恩、陈学辉、黄建成、皮立新、孙博、文杰恒、姜斌、邱相宁、丘文迪、陈振义、罗建忠、邱志坚、邓肇丰、罗建萍、刘建春等。其中，刘捷同志单独编写第13章。由于时间仓促，水平有限，不足之处，敬请各位读者指正。

第二版前言

本图集第一版出版后，得到了广大工程技术人员的认同，依据国家智能建筑设计标准等一些新的标准规范，结合近几年的工作实践，作者广泛收集国内外有关资料，对本册图集进行了增补修订。图集修订时，增加了一些新的内容及工程施工做法，再配以安装说明，使本图集内容更加丰富、简明、方便阅读。

智能建筑工程在土建工程施工期间，应配合土建施工做好智能建筑各专业管线的预埋工作，同时配合智能建筑专业承建商完成图纸深化设计工作，各专业设备安装期间要注意保护。智能建筑专业工程完工前，需进行系统调试，包括计算机软件程序的设计及调试，工程总的工期要考虑调试时间。智能建筑工程施工应在专业工程师指导下进行。

本图集由柳涌主编，参加修订工作的还有柳娟、刘忠华、罗建萍、厉黎波、张英英、刘宝利、王强华、原杰、刘鼎恩、金莉、刘俊杰、平高潮、文杰恒、卢召义、韩峰、陈辉明、刘建春、丘文迪、陈华等。

由于时间仓促、水平有限，不足之处，敬请各位读者指正。

第一版前言

随着我国改革开放和市场经济的发展，智能建筑正在我国兴起，为了适应智能建筑中安装工程的需要，编写了这本《建筑安装工程施工图集6　弱电工程》。

本图集以图为主，图文并茂，并附有系统说明、安装说明。共分8章，包括：公共广播系统；闭路电视监控系统；保安与门禁系统；火灾自动报警系统；有线电视系统；楼宇自动控制系统；综合布线系统；停车场管理系统。主要适用智能建筑中弱电安装工程。

本图集通俗易懂，实用性强，突出以安装内容为主，是从事电气安装、调试、设计和运行维护等专业人员使用的工具书，也是人们了解和学习弱电知识的参考资料。

本图集以国家现行规范、标准为依据，结合多年实际工作经验，参考了国内外许多资料编写而成。每章包括安装说明、图形符号、系统图、设备安装图等。为了使读者对弱电产品有感性认识，每种设备都举例说明产品的技术指标。由于各厂商产品各有差异，使用时要结合产品说明书进行选择。每张安装图介绍了设备的安装方法，安装说明介绍了包括设备安装位置、高度、管线敷设、注意事项等，具体安装要求要以工程设计为准。本图集未注明时，尺寸单位为毫米。有关配管、线槽敷设、盘柜安装方法参看本套图集3电气工程有关章节。由于弱电工程发展速度非常快，若有新的标准制定；请按新标准执行。

本图集由柳涌主编，段震寰主审，参加编写工作的有柳娟、张东升、孙世扬、童时、王晔、于巍、王澍京、董开珩、王强华、韩冰、金莉、刘建春、罗建阳、卢召义、罗明、丁志英等。

由于水平有限，时间仓促，不足之处，敬请各位读者指正。

目　录

1　入侵报警系统

安　装　说　明

2 视频安防监控系统

安 装 说 明

3 出入口控制（门禁）系统

安 装 说 明

4 访客（可视）对讲系统

安 装 说 明

5 电子巡查系统

安 装 说 明

6 停车场（库）管理系统

安 装 说 明

7 火灾自动报警及消防联动系统

8　建筑设备监控系统

安　装　说　明

9 智能化系统集成

安 装 说 明

10 卫星电视及有线电视系统

安 装 说 明

11 公共广播及紧急广播系统

12 综合布线系统

13 住宅（小区）智能化

安 装 说 明

14 弱电常用图形符号

安 装 说 明

附　录

1　入侵报警系统

安 装 说 明

本章主要介绍入侵报警系统，适用于各类住宅及公共建筑等安全防范工程。入侵报警系统中使用的设备必须符合国家法律法规和现行强制性标准的要求，并经法定机构检验或认证合格。

入侵报警探测器是用来探测入侵者的入侵行为。需要防范入侵的地方很多，可以是某些特定的点、线、面，甚至是整个空间。入侵探测器由传感器和信号处理器组成。在入侵探测器中传感器是探测器的核心，是一种物理量的转化装置，通常把压力、振动、声响、光强等物理量转换成易于处理的电量（电压、电流、电阻等）。信号处理器的作用是把传感器转化的电量进行放大、滤波、整形处理，使它成为一种能够在系统传输通道中顺利转送的信号。

1. 入侵报警系统的基本组成

入侵报警系统是在探测到防范现场有入侵者时能发出报警信号的专用电子系统，一般由探测器（报警器）、传输通道和报警控制器组成。探测器检测到意外情况就产生报警信号，通过传输通道送入报警控制器发出声、光或以其他方式报警。

探测器（报警器）的种类很多，按所探测的物理量的不同，可分为微波、超声波、红外线、激光和振动等方式；按电信号传输方式不同，又可分为无线传输和有线传输两种方式。

2. 现场设备安装

现场设备包括各类探测报警器。

（1）入侵探测器

探测器有超声波多普勒探测器、微波多普勒探测器、主动红外入侵探测器、被动红外入侵探测器、振动入侵探测器、玻璃破碎探测器、超声和被动红外复合入侵探测器、微波和被动红外复合入侵探测器、门磁开关等。使用时可根据探测区的不同特点和使用环境选用不同类型、功能、型号的探测器。探测器安装时要先阅读有关说明书，了解探测区域图，探测器的安装位置及高度要能满足保护面积要求。主动红外入侵探测器安装时，发射器与接收器要对应，中间不应有阻挡物体。探测器通常配有专用支架，安装时可根据探测器重量选用塑料胀管和螺钉、膨胀螺栓等进行安装；在吊顶上嵌入安装时，要与相关专业配合在吊顶板上开孔。

门磁开关由舌簧管件和磁铁件组成，舌簧管件安装在门框上，磁铁件安装在门扇上。明装可用螺钉安装，布线可采用阻燃 FVC 线槽等；暗装应在主体施工时，在门的顶部预埋导线管及接线盒，并需与相关专业配合在门框及门扇上开孔。导线连接可采用焊接或接线端子连接。

（2）紧急按钮开关安装

紧急按钮开关及紧急脚挑开关等通常安装在桌子下面、墙上等隐蔽处。

3. 竖井设备

在大型建筑楼宇中，控制器、控制盘等通常安装在弱电竖井（房）内的墙壁上，可用膨胀螺栓进行安装，安装高度 1.4m，盘内进出线可选用配管或金属线槽敷设。

4. 线路敷设

入侵报警系统的干线可用钢管或金属线槽敷设，支线可配管敷设，导线敷设时信号线与强电线要分槽分管敷设，线路敷设应注意安全性。

5. 本章相关规范

(1)《安全防范工程技术规范》(GB 50348—2004)。
(2)《入侵报警系统工程设计规范》(GB 50394—2007)。
(3)《智能建筑工程质量验收规范》(GB 50339—2003)。
(4)《智能建筑设计标准》(GB/T 50314—2006)。
(5)《入侵探测器通用技术条件》(GB 10408.1—2000)。
(6)《超声波多普勒探测器》(GB 10408.2—2000)。
(7)《微波多普勒探测器》(GB 10408.3—2000)。
(8)《主动红外入侵探测器》(GB 10408.4—2000)。
(9)《被动红外入侵探测器》(GB 10408.5—2000)。
(10)《微波和被动红外复合入侵探测器》(GB 10408.6—91)。
(11)《超声和被动红外复合入侵探测器》(GB 10408.7—1996)。
(12)《振动入侵探测器》(GB/T 10408.8—1997)。
(13)《被动式玻璃破碎报警器》(GB/T 10408.9—1997)。
(14)《磁开关入侵探测器》(GB 15209—94)。
(15)《防盗报警控制器通用技术条件》(GB 12663—2001)。
(16)《文物系统博物馆安全防范工程设计规范》(GB/T 16571—1996)。
(17)《银行营业场所安全防范工程设计规范》(GB/T 16676—1996)。
(18)《文物系统博物馆风险等级和安全防护级别的规定》(GA 27—92)。
(19)《安全防范工程费用概预算编制方法》(GA/T 70—94)。
(20)《安全防范系统通用图形符号》(GA/T 74—2000)。
(21)《安全防范工程程序与要求》(GA/T 75—94)。

入侵报警系统是指在建筑物内外的重要地点和区域布设探测装置，一旦受到非法入侵，系统会自动检测到入侵者并及时报警，同时可启动视频安防监控系统对入侵现场进行录像。如果防范区域是建筑物的边界，也称周界入侵报警系统。

入侵报警系统通常由探测器（又称防盗报警器）、传输通道和报警控制器三部分构成（见图）。

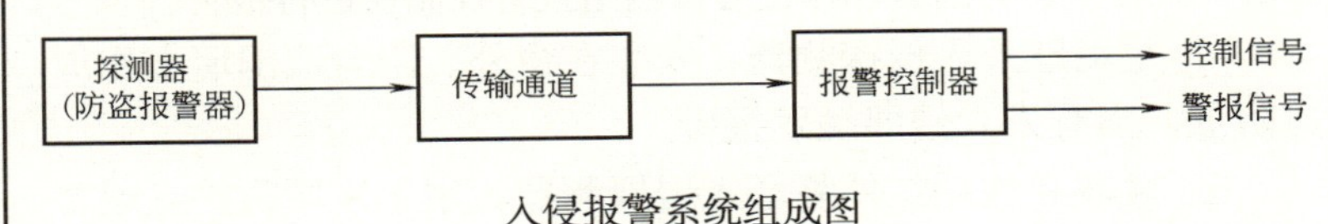

入侵报警系统组成图

1. 探测器

探测器是将被保护现场发生的入侵信息变成电子信号并向外传送的一种装置。俗称探头，又称报警器的前端器材。

探测器是用来感知和探测入侵者入侵时所发生的侵入动作和移动动作的设备。通常由传感器和信号处理器组成，简单的探测器可以没有信号处理器。入侵者在实施入侵时总是要发出声响、产生振动波、阻断光路；对地面或某些物体产生压力；破坏原有温度场；发出红外光等物理现象，传感器则是利用某些材料对这些物理现象的敏感性，而将其转换为相应的电信号和电参量（电压、电流、电阻、电容等），然后经过信号处理器放大、滤波、整形成为有效的报警信号，并通过传输通道传给报警控制器。

2. 传输通道

传输通道是联系探测器和报警控制器的信息通道，目前传输的主要方式有有线、无线、借用线三种。

（1）有线信号通道

有线信号通道是利用专用电线、电缆或光缆来传送信号，信号的种类一般有三种：模拟信号、开关信号和数字信号。模拟信号的传输距离受限较大，一般要求探测器和报警器之间的距离不可太长；开关信号是将入侵发生和未发生两个事件变为开关的接通和断开两种状态传送给控制器；数字信号则是由探测器中的单片机将探测信号处理为数字信号，然后通过数据总线进行传输。有线信号通道优点是抗干扰能力强，又能防破坏，线被短路、断路都能被实时发现。缺点是施工麻烦。

（2）无线信号通道

一旦发生警情，无线信号通道需要先将探测信号调制到专用的无线电频道，由发送天线发出，报警控制器或控制中心的无线接收机先将空中的无线信号接收后解调还原为报警信号进行处理，产生报警。其优点是安装简单、机动性强、多点发射一点接收，控制距离远、面积大，缺点是可能被更强大的无线电波、雷电等杂散电场所干扰。

（3）借用线传输

电话线、电力线、有线电视网等公共线路均可借用为报警信号传输。优点是施工容易，不用专门布线。缺点是防破坏能力差。

3. 报警控制器

报警控制器能将入侵探测器发出来的入侵电子信号变成声光报警信号，并加以显示、记录和存储的装置。报警控制常用的有台式、柜式、箱式和壁挂式几种。产生报警声音，显示报警部位，存储报警信息是报警控制器必须具备的基本功能。

报警控制器的作用是对探测器传来的信号进行分析、判断和处理。声光报警信号震慑犯罪分子，避免其采取进一步的侵入破坏；显示入侵部位以通知保安值班人员去做紧急处理；自动关闭和封锁相应通道；启动视频安防监控系统中入侵部位和相关部位的摄像机对入侵现场进行监视并录像，以便事后进行备查与分析。

图名	入侵报警系统组成	图号	RD 1—1

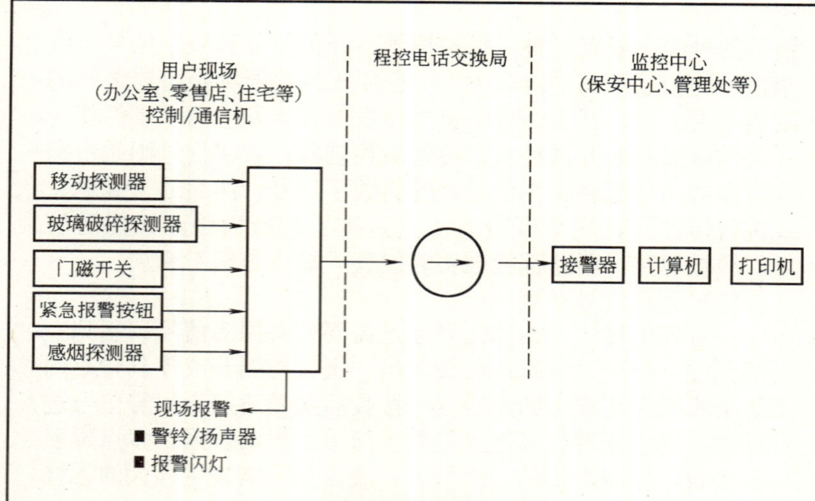

报警中心联网系统图

安 装 说 明

入侵报警系统利用探测装置对楼宇内的一些重点区域进行技术防范，通过对防盗区域的布防达到安全的目的。广泛应用于各地政府机关、企业、工商机构以及住宅小区等。入侵报警系统设备组成包括：

1. 防盗主机：与各种探测器连接，负责向用户及报警中心发送报警信号，内装自动充电蓄电池，用于临时停电时维持正常工作。

2. 键盘：键盘用于编程及开关机操作，必要时可以接多个键盘工作。保安人员可以通过键盘操作对保安区域内各位置的报警控制器的工作状态进行集中监视。通常安装在各大门内附近的墙上，以方便有控制权的人在出入时进行设防（包括全布防和半布防）和撤防的设置。

3. 紧急报警按钮：在遇到意外情况时可按下紧急报警按钮向保安控制中心进行紧急呼救报警。

4. 门磁开关：安装在门、窗上，当有人开启大门或窗户时，门磁开关将立即将这些动作信号传输给报警控制器进行报警。

5. 主动红外入侵探测器：安装在窗外、阳台或围墙上作周边防范，当有人入侵即触发报警。

6. 微波和被动红外复合入侵探测器：用于区域防护，通常安装在重要的房间和主要通道的墙上或顶棚上做立体空间防范。当有人非法入侵后，复合入侵探测器探测到人体的温度和移动，来确定有人非法入侵，并将探测到的信号传输给报警控制器进行报警。安装时应设定复合入侵探测器的灵敏度。

7. 振动探测器：安装于墙体，用于探测引起振动的入侵方式，如敲打、锤凿、钻击等。

8. 玻璃破碎探测器：主要用于周界防护。当窗户或门的玻璃被打破时，玻璃破碎探测器探测到玻璃破碎的声音后，立即将探测到的信号传给报警控制器进行报警。

9. 感烟探测器：用于探测火灾烟雾信号。

10. 煤气探测器：用于探测煤气泄漏。

11. 扬声器和警铃：安装在易于被听到的位置，在探测器探测到意外情况发出报警时，扬声器和警铃同时发出报警声。

12. 报警闪灯：主要安装在大门外的墙上等处，当报警发生时，可让来救援的保安人员通过报警闪灯的闪烁迅速找到报警用户。

图名	入侵报警系统常用设备介绍	图号	RD 1—2

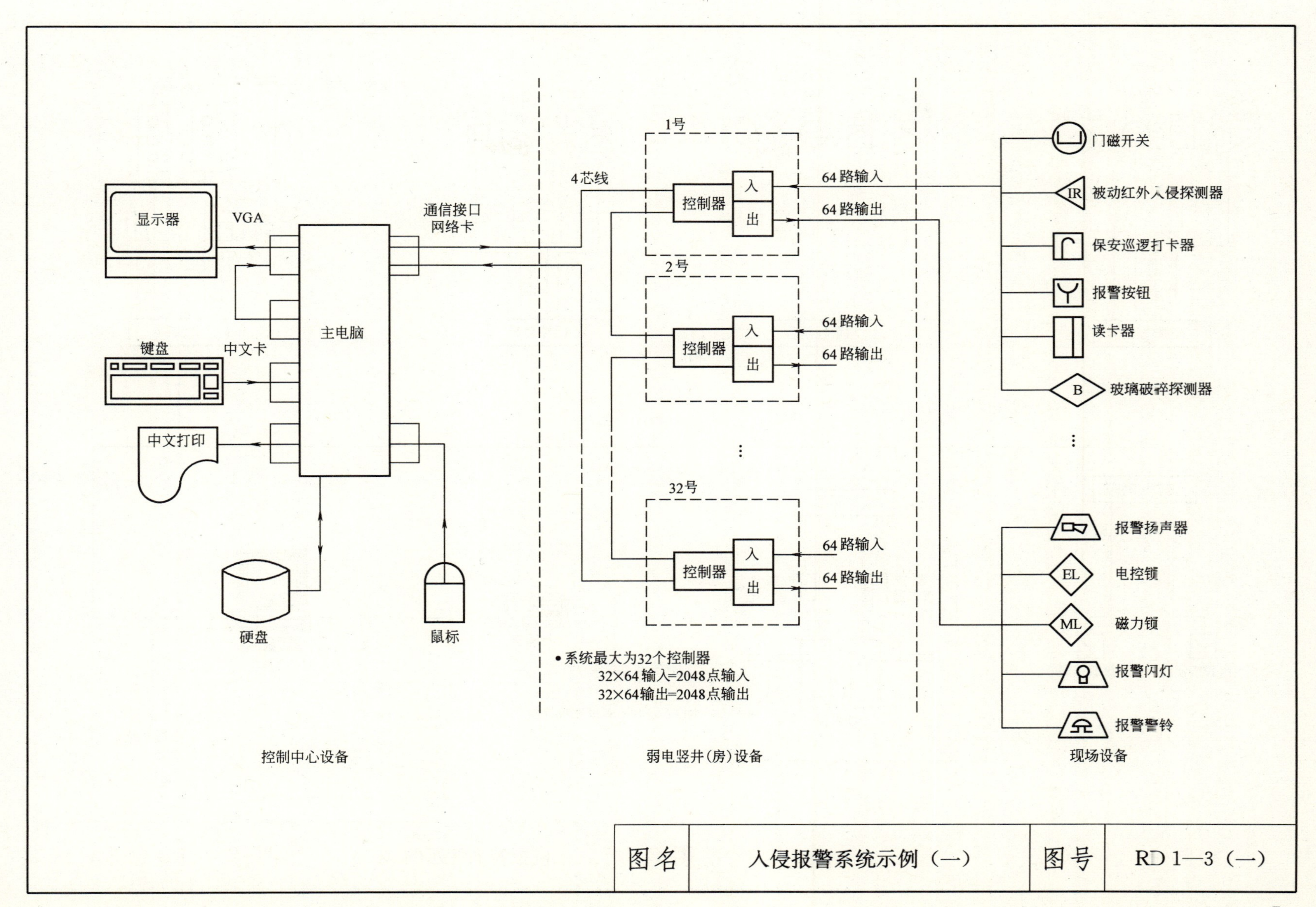

图名	入侵报警系统示例（一）	图号	RD 1—3（一）

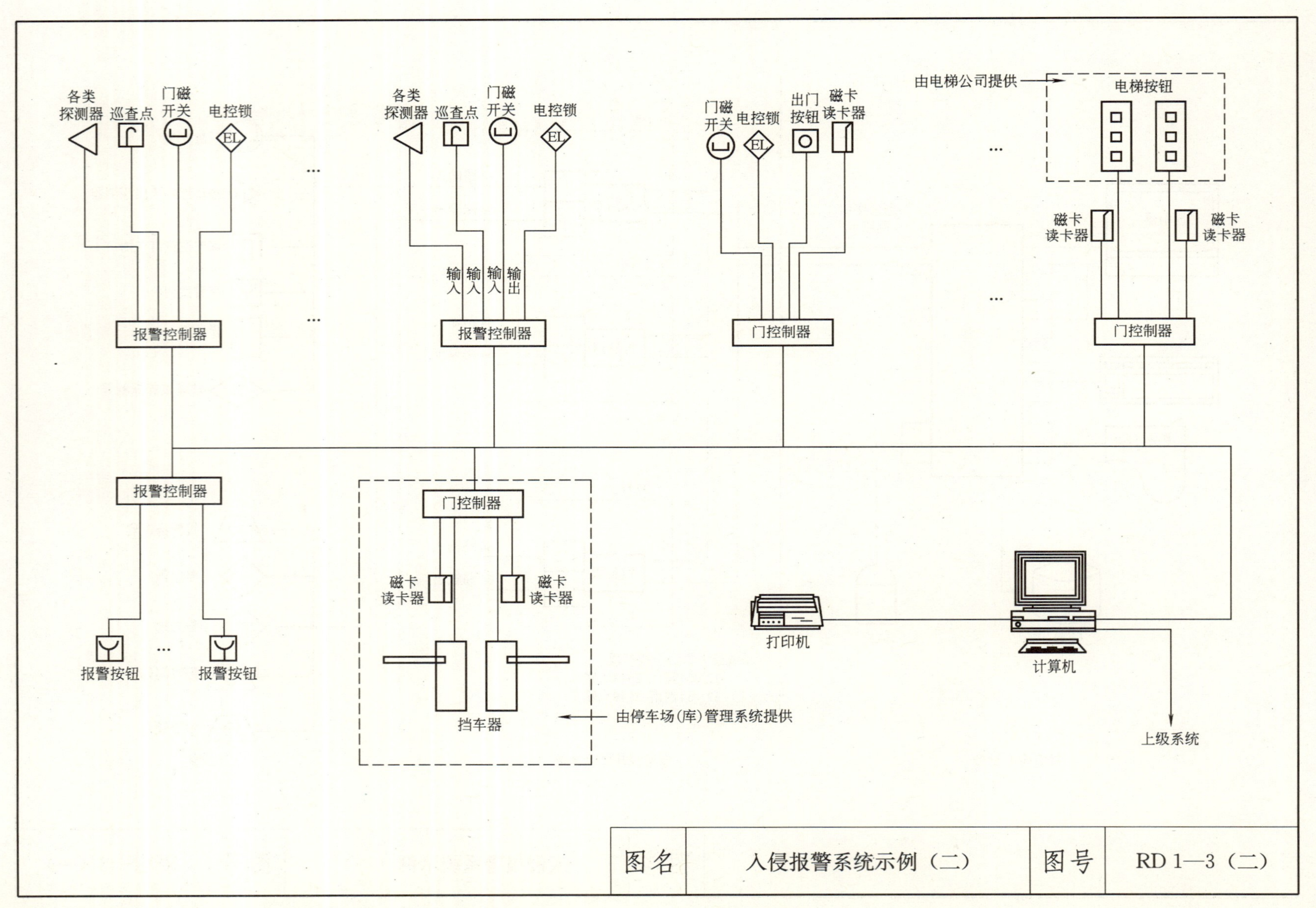

图名	入侵报警系统示例（二）	图号	RD 1—3（二）

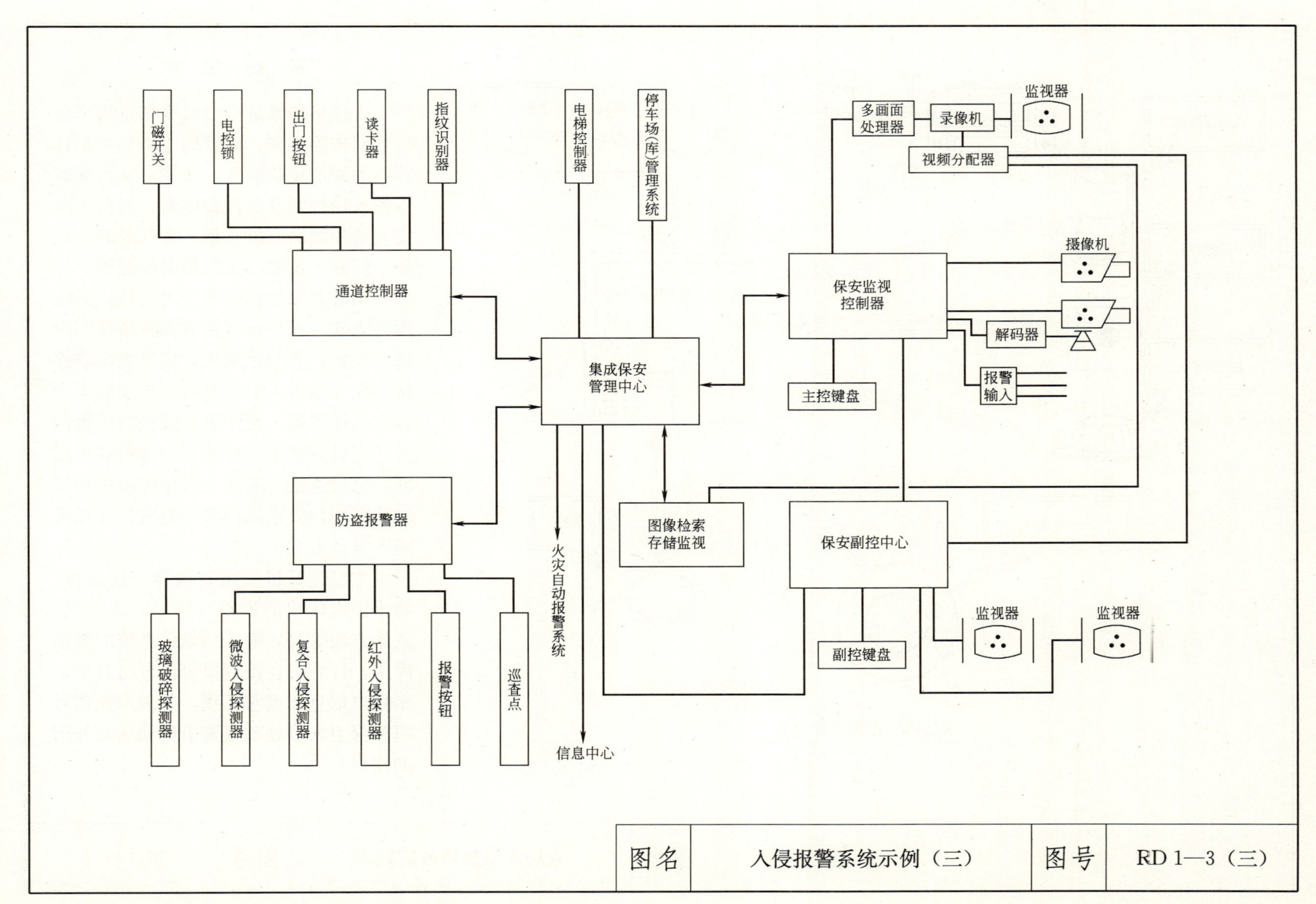
门磁开关
电控锁
出门按钮
读卡器
指纹识别器
电梯控制器
停车场(库)管理系统
多画面处理器
录像机
监视器
视频分配器
通道控制器
摄像机
保安监视控制器
解码器
集成保安管理中心
报警输入
主控键盘
防盗报警器
图像检索存储监视
保安副控中心
火灾自动报警系统
玻璃破碎探测器
微波入侵探测器
复合入侵探测器
红外入侵探测器
报警按钮
巡查点
监视器
监视器
副控键盘
信息中心
图名
入侵报警系统示例（三）
图号
RD 1—3（三）

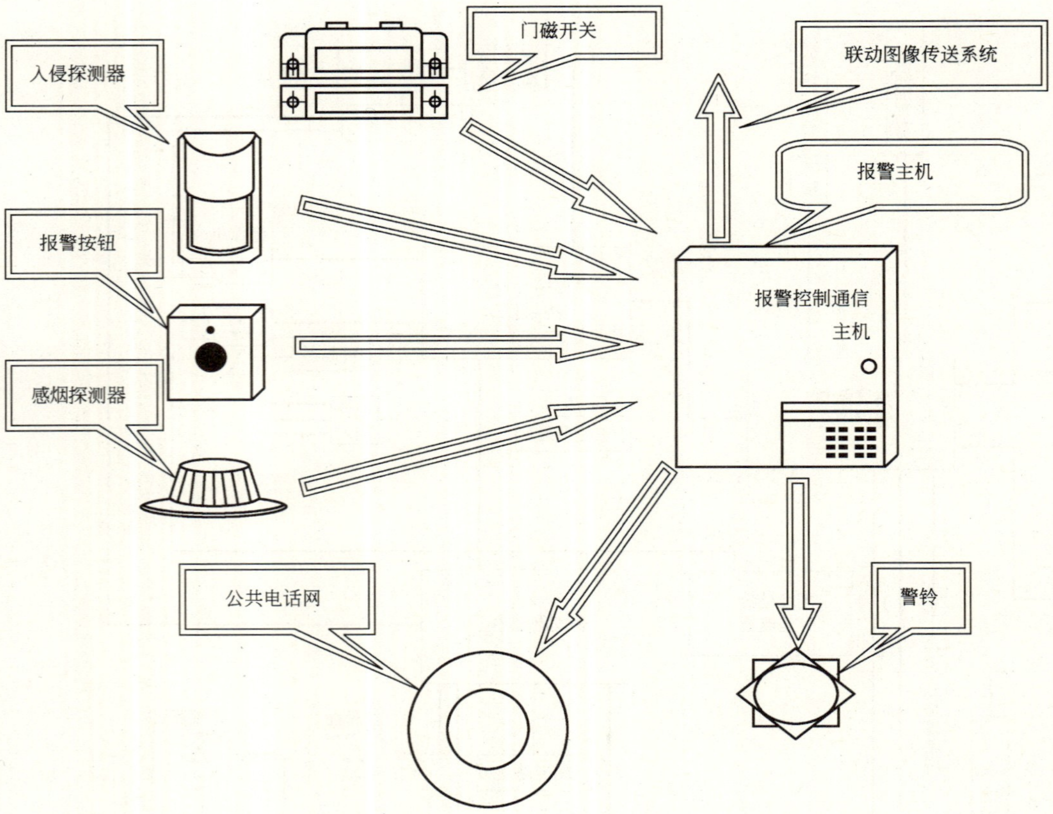

门磁开关
入侵探测器
联动图像传送系统
报警主机
报警按钮
报警控制通信主机
感烟探测器
公共电话网
警铃

家居入侵报警系统组成

系 统 说 明

入侵报警系统是指以现场总线平台为数据传输媒介，以管理主机和主控计算机为警情接收装置，在住户室内安装各种入侵探测器的报警体系。目前可以安装的探测器有：感烟、煤气泄漏、红外、门磁、窗磁、紧急报警按钮等。

系统的报警控制器分为有线、无线两种方式。可将报警接收器安装在室内适当位置，并与系统入户信号线串联连接。在无线方式下，允许室内安装一个以上的接收器，便于更有效接收报警信号；有线方式下，探测器与接收器采用两芯电线连接。实际工程中请根据房屋结构和用户要求选择采用有线、无线或两者混合方式。

主控计算机安装有报警管理软件，将小区内住户的资料（房号、房主名、联系方法等等）输入到软件系统的数据库中，计算机在接到报警信号时自动显示住户信息和报警类别，并以声光信号提醒保卫人员处理报警事件和通知外出的住户。

图名	家居入侵报警系统组成	图号	RD 1—4

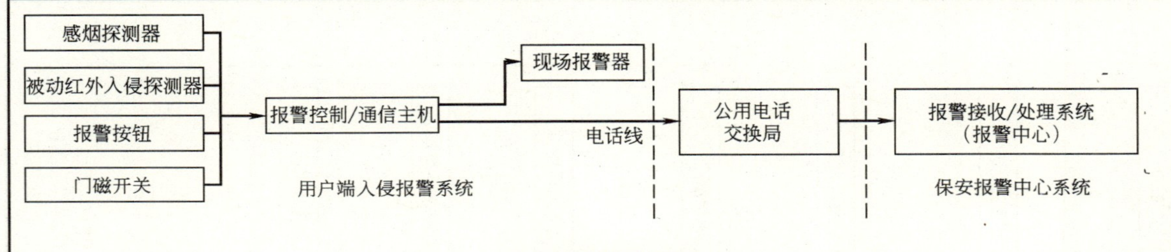

1. 入侵报警系统图

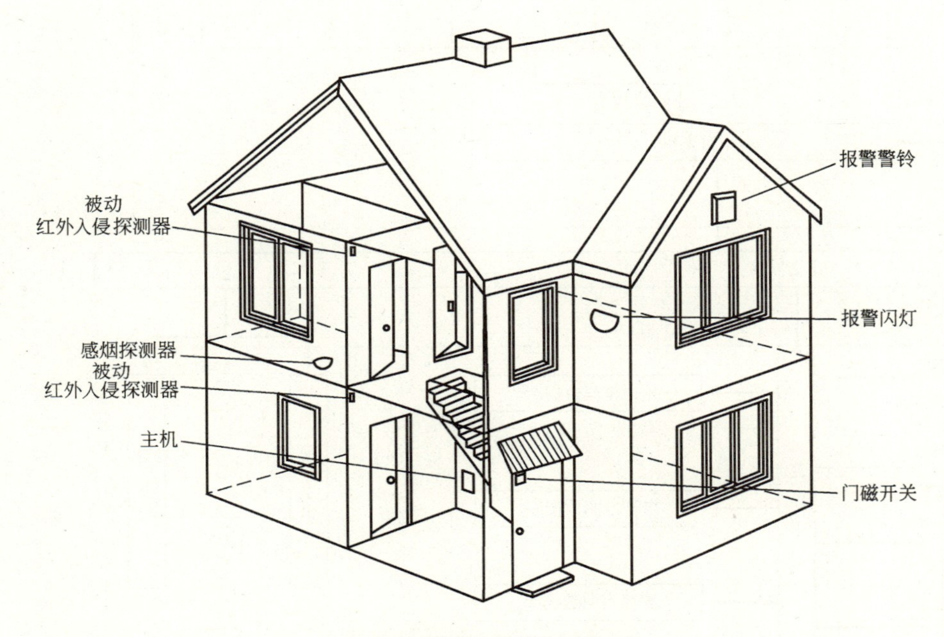

2. 家居入侵报警系统示意图

系 统 说 明

家居入侵报警系统使用键盘操作防盗主机，系统处于布撤防状态，各种探测器处于工作状态。常见的探测器种类有：

(1) 探测非法入侵的移动探测器，可分为被动红外入侵探测器，微波和被动红外复合入侵探测器等。主要用于大厅、室内、走廊等大面积的报警。

(2) 探测周边的门磁开关。主要用于门、窗的报警。

(3) 探测打破玻璃的玻璃破碎探测器。主要用于大面积窗的报警。

(4) 探测振动的振动探测器。主要用于保险柜、金库等防止撬凿的报警。

(5) 探测烟雾的感烟探测器。适用于火灾报警。

(6) 报警按钮。适用于各种场合，尤其银行等重要部门的人工报警。

(7) 主动红外入侵探测器。主要用于围墙、走廊及大片窗等的报警。

以上各种类型探测器可按实际需要适当地选择。

图名	家居入侵报警系统示例	图号	RD 1—5

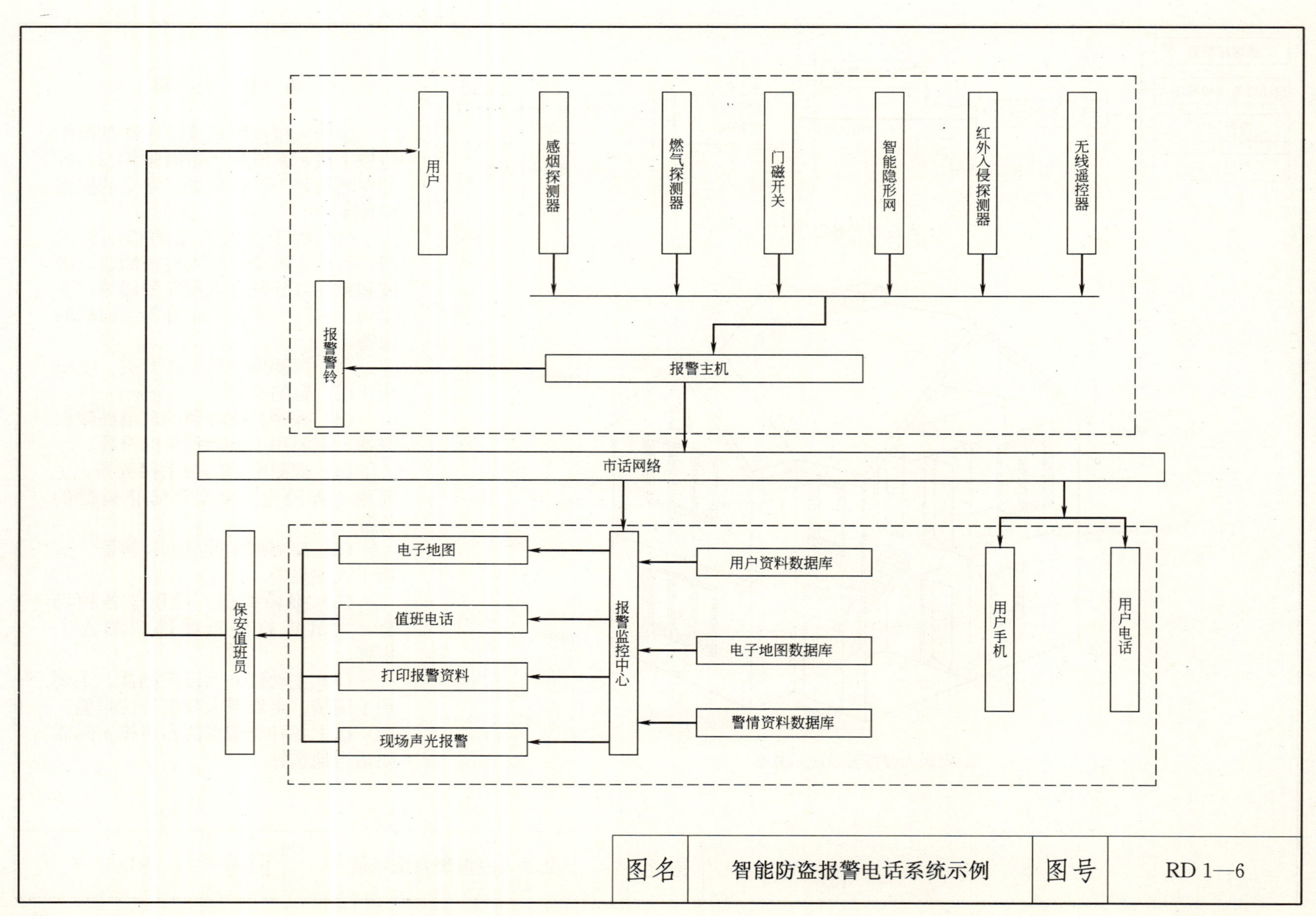

图名	智能防盗报警电话系统示例	图号	RD 1—6

名称	适应场所与安装方式	主要特点	安装设计要点	适宜工作环境和条件	不适宜工作环境和条件	附加功能
振动入侵探测器	室内、外	被动式	墙壁、顶棚、玻璃；室外地面表层物下面、保护栏网或桩柱，最好与防护对象实现刚性连接	远离振源	地质板结的冻土或土质松软的泥土地，时常引起振动或环境过于嘈杂的场合	智能鉴别技术
主动红外入侵探测器	室内、外（一般室内机不能用于室外）	红外线、便于隐蔽	红外光路不能有阻挡物；严禁阳光直射接收机透镜内；防止入侵者从光路下方或上方侵入	室内周界控制；室外"静态"干燥气候	室外恶劣气候，特别是经常有浓雾、毛毛雨的地域或动物出没的场所、灌木丛、杂草、树叶树枝多的地方	—
遮挡式微波入侵探测器	室内、室外周界控制	受气候影响小	高度应一致，一般为设备垂直作用高度的一半	无高频电磁场存在场所；收发机间无遮挡物	高频电磁场存在场所；收发机间有可能有遮挡物	报警控制设备宜有智能鉴别技术
振动电缆入侵探测器	室内、室外均可	可与室内各种实体防护周界配合使用	在围栏、房屋墙体、围墙内侧或外侧高度的2/3处。网状围栏上安装：固定间隔应小于30m，每100m预留8～10m维护环	非嘈杂振动环境	嘈杂振动环境	报警控制设备宜有智能鉴别技术
泄漏电缆入侵探测器	室内、室外周界控制	可随地形埋设、可埋入墙体	埋入地域应尽量避开金属堆积物	两探测电缆间无活动物体；无高频电磁场存在场所	高频电磁场存在场所；两探测电缆间有易活动物体（如灌木丛等）	报警控制设备宜有智能鉴别技术
磁开关入侵探测器	各种门、窗、抽屉等	体积小、可靠性好	舌簧管宜置于固定门窗框上，磁铁置于门窗的活动部位上，两者宜安装在产生位移最大的位置，其间距应满足产品安装要求	非强磁场存在情况	强磁场存在情况	在特制门窗使用时宜选用特制门窗专用门磁开关
紧急报警装置	用于可能发生直接威胁生命的场所（如银行营业所、值班室、收银台等）	利用人工启动（手动报警开关、脚挑报警开关等）发出报警信号	要隐蔽安装，一般安装在紧急情况下人员易可靠触发的部位	日常工作环境	危险爆炸环境	防误触发措施，触发报警后能自锁，复位需采用人工再操作方式

图名	常用探测器性能介绍	图号	RD 1—7

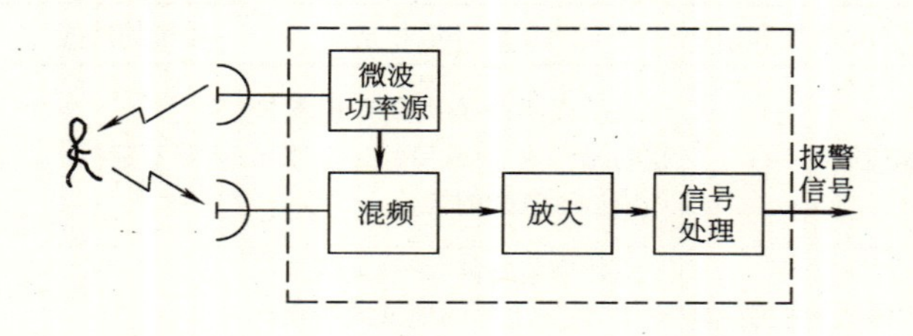

1. 微波多普勒探测器方框图

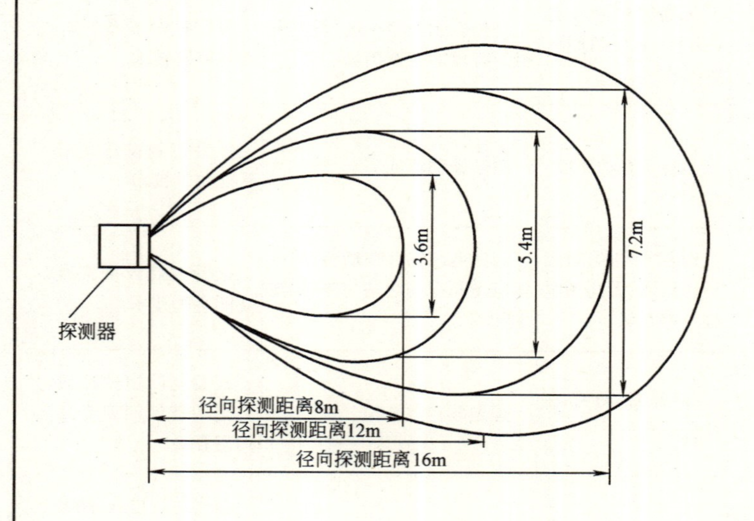

2. 微波多普勒探测器探测区域图（TC-8 型）

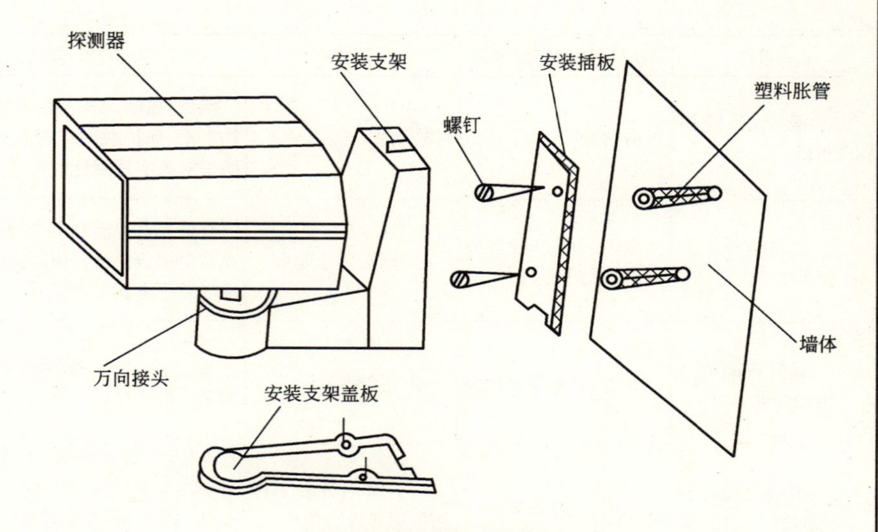

3. 微波多普勒探测器安装方法

安 装 说 明

微波多普勒探测器有如下特点：利用金属物体对微波有良好反射特性，可采用金属板反射微波的方法，扩大报警器的警戒范围；利用微波对介质（如较薄的木材、玻璃、墙壁等）有一定的穿透能力，可以把微波多普勒探测器安装在木柜或墙壁里，以利于伪装；微波多普勒探测器灵敏度很高，故安装微波多普勒探测器尽量不要对着门、窗，以免室外活动物体引起误报警。

图名	微波多普勒探测器安装方法	图号	RD 1—8

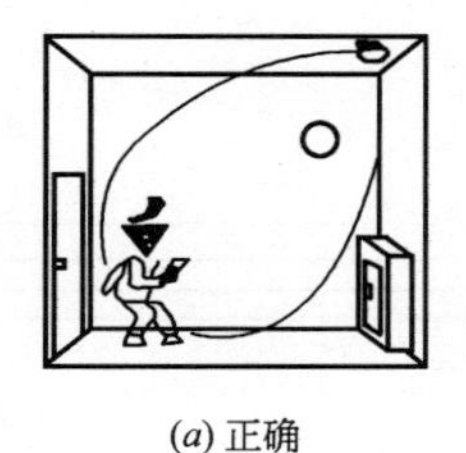

(a) 正确

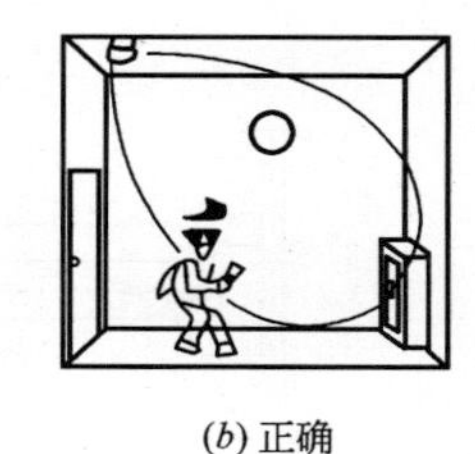

(b) 正确

(c)不正确

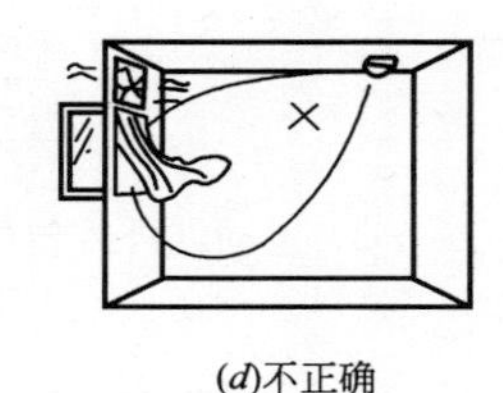

(d)不正确

1. 超声波多普勒探测器安装示意图

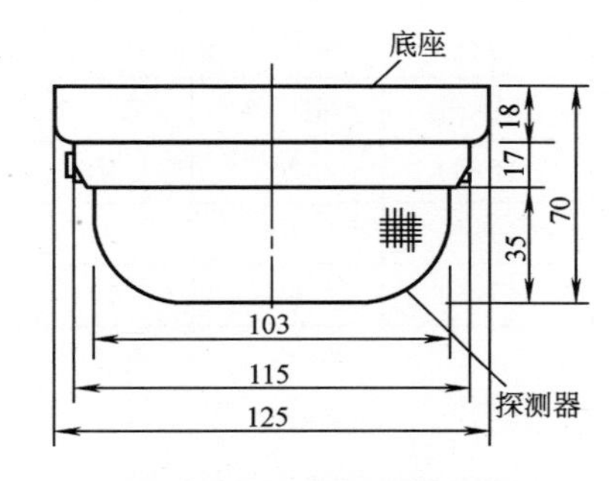

2. 超声波多普勒探测器规格尺寸

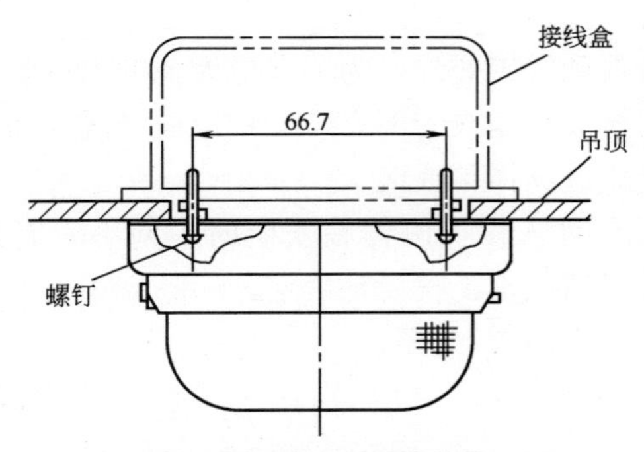

3. 超声波多普勒探测器安装方法

安 装 说 明

1. 超声发射器发射 25～40kHz 的超声波充满室内空间，超声接收机接收从墙壁、顶棚、地板及室内其他物体反射回来的超声能量，并不断与发射波的频率加以比较。当室内没有移动物体时，反射波与发射波的频率相同，不报警；当入侵者在探测区内移动时，超声反射波会产生大约±100Hz 多普勒频移，接收机检测出发射波与反射波之间的频率差异后，即发出报警信号。

2. 超声波多普勒探测器容易受风和空气流动的影响，因此安装超声波多普勒探测器时，不要靠近排风扇和暖气设备。

3. 配管可选用 $\phi 20$ 电线管和接线盒在吊顶内敷设，并用金属软管与探测器进行连接，用于导线的保护。

图名	超声波多普勒探测器安装方法	图号	RD 1—9

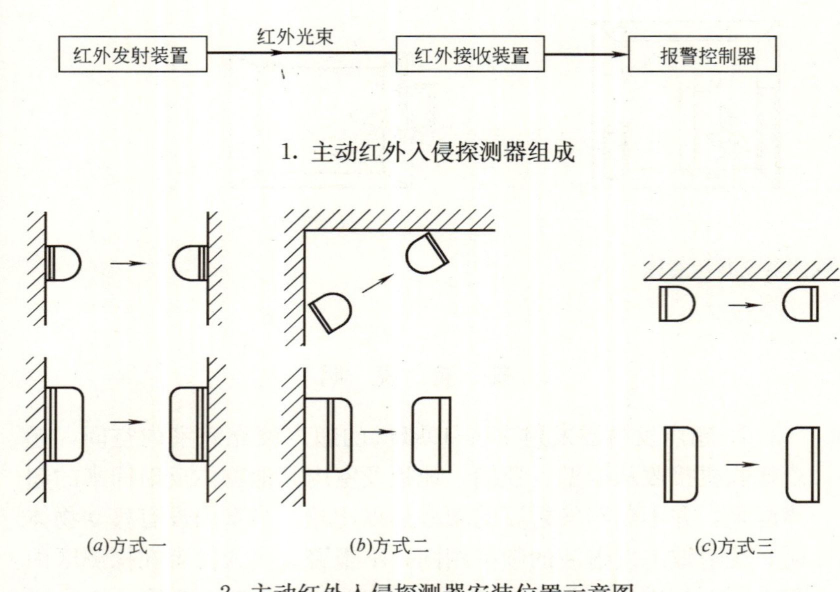

1. 主动红外入侵探测器组成

(a)方式一　(b)方式二　(c)方式三

2. 主动红外入侵探测器安装位置示意图

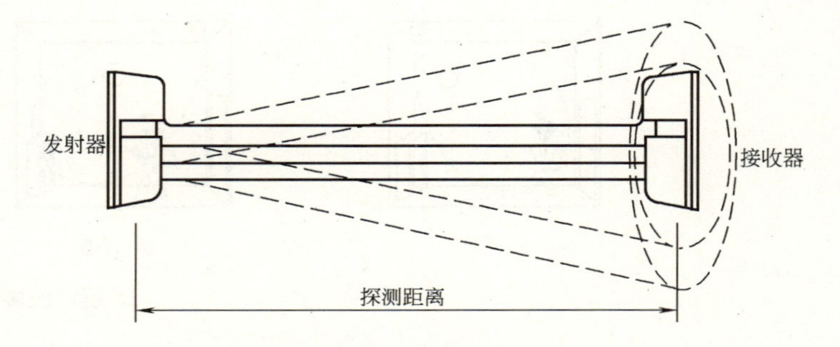

3. 主动红外入侵探测器探测距离表（m）

型　号	室　外	室　内
PB-20	20	40
PB-40	40	80
PB-60	60	120

安　装　说　明

1. 主动红外入侵探测器是由收、发装置两部分组成，发射装置向装在几米甚至百米远的接收装置辐射一束红外线，当有目标遮挡时，接收装置即发出报警信号。因此它也是阻挡式探测器，或称对射式探测器。

2. 主动红外入侵探测器是点型、线型探测装置，除了用作单机的点警戒和线警戒外，为了在更大范围内有效地防范，也可采取多对构成光墙或光网安装方式组成警戒封锁区或警戒封锁网，乃至组成立体警戒区。

3. 主动红外入侵探测器在安装时中间不得有遮挡物，安装高度视现场情况由工程设计确定。

图名	主动红外入侵探测器介绍（一）	图号	RD 1—10（一）

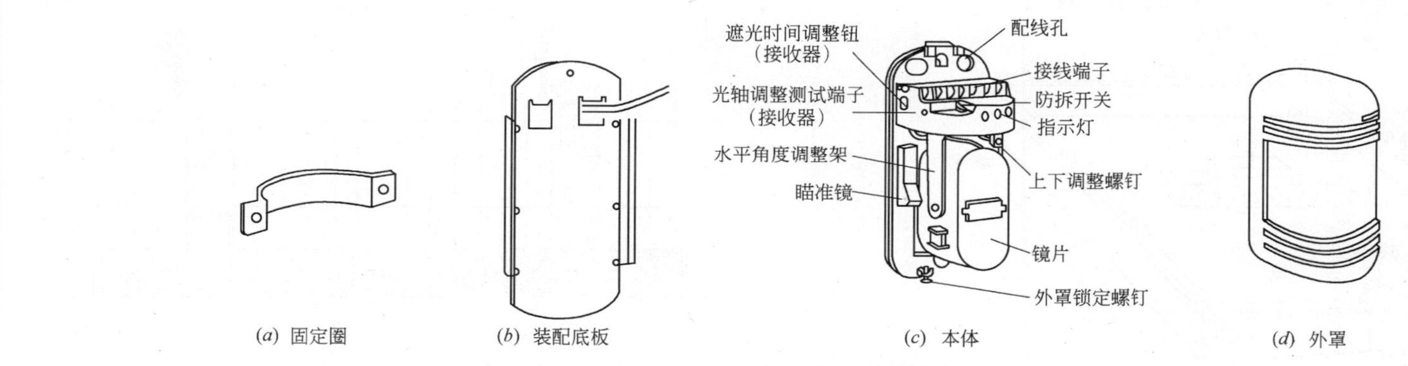

(*a*) 固定圈　(*b*) 装配底板　(*c*) 本体　(*d*) 外罩

1. 主动红外入侵探测器结构

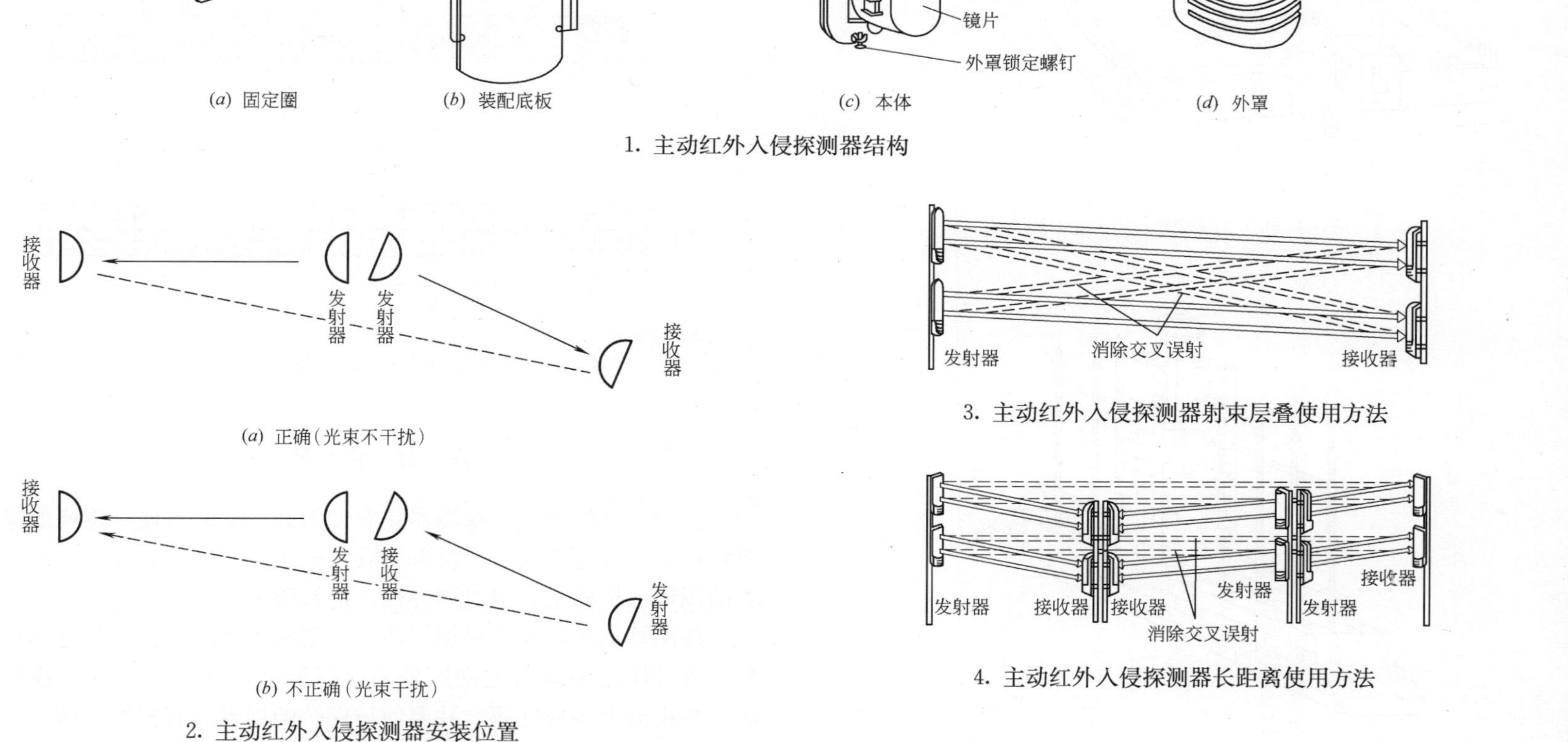

(*a*) 正确（光束不干扰）

(*b*) 不正确（光束干扰）

2. 主动红外入侵探测器安装位置

3. 主动红外入侵探测器射束层叠使用方法

4. 主动红外入侵探测器长距离使用方法

图名	主动红外入侵探测器介绍（二）	图号	RD 1—10（二）

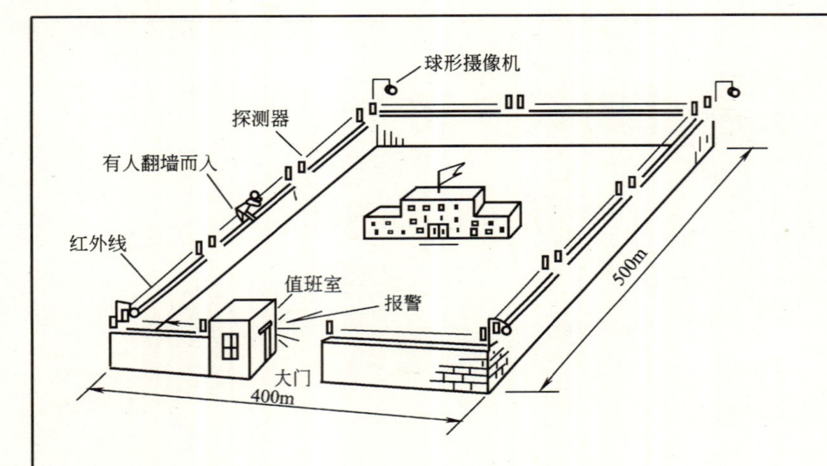

1. 主动红外入侵探测器分区布置图

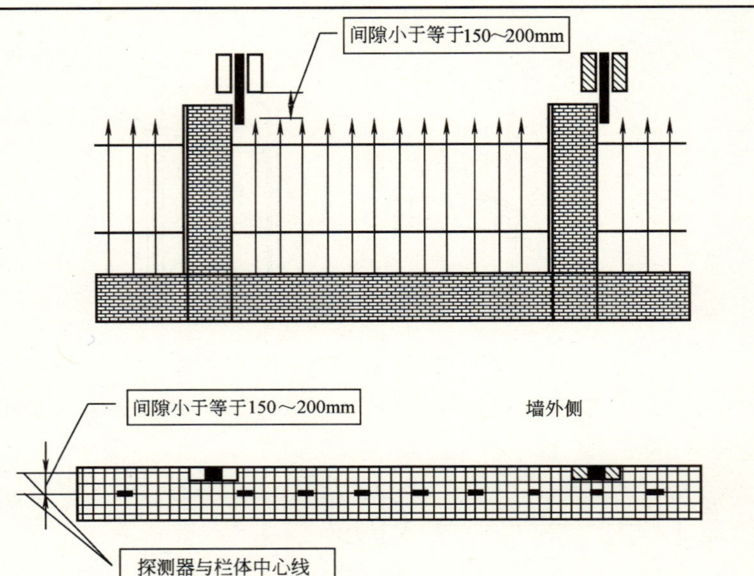

2. 主动红外入侵探测器安装位置

3. 主动红外入侵探测器安装方法

安 装 说 明

由于主动红外入侵探测器具有性能好、安装方便、价格低廉等特点，所以近年来被广泛选用安装于机关、工厂、住宅小区等处的围墙、栏栅上，以对周界侵入进行防范。

探测器选用原则是根据围墙、栏栅两拐点间的直线长度选择相应有效探测距离的主动红外入侵探测器，探测器被安装在围墙、栏栅的上端或外侧，并要使被保护的周界没有探测盲区。

图名	主动红外入侵探测器安装方法（一）	图号	RD 1—11（一）

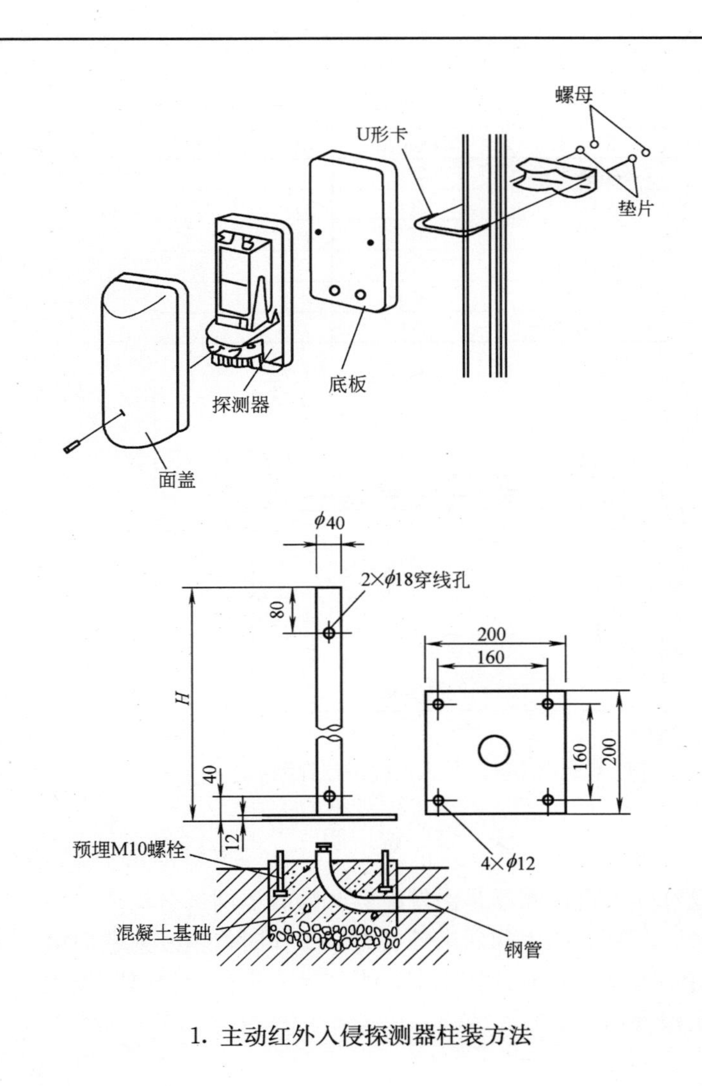

1. 主动红外入侵探测器柱装方法

塑料胀管
螺钉
底板
探测器
面盖

2. 主动红外入侵探测器壁装方法

安 装 说 明

1. 安装时发射器应对正接收器，中间不应有遮挡物体。
2. 探测器安装高度 H 视现场情况由工程设计确定。

图名	主动红外入侵探测器安装方法（二）	图号	RD 1—11（二）

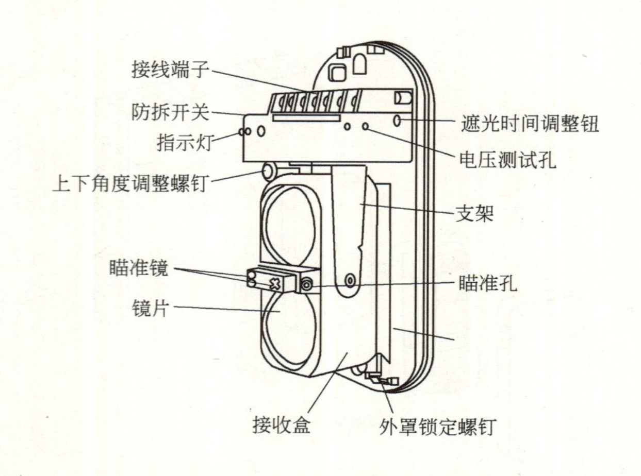

1. 双光束主动红外入侵探测器内部结构

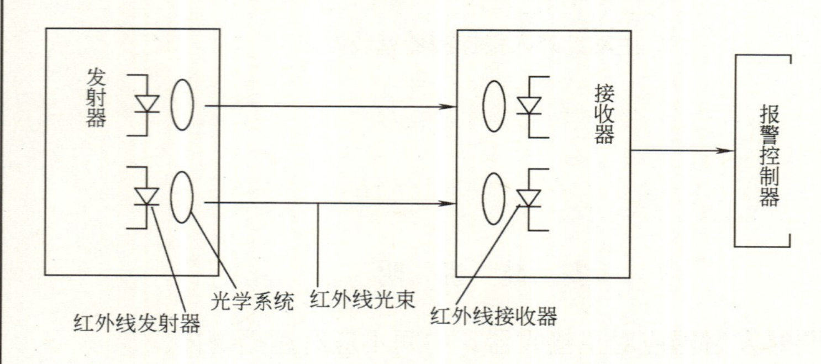

2. 双光束主动红外入侵探测器工作原理

3. 双光束主动红外入侵探测器规格表（m）

型　号	警戒距离	光束散射直径
ABT-20	20	0.6
ABT-30	30	0.7
ABT-40	40	1.0
ABT-60	60	1.5
ABT-80	80	1.8
ABT-100	100	2.1

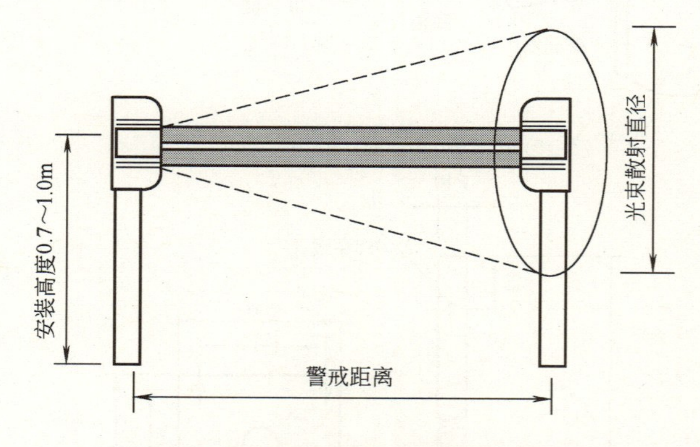

4. 双光束主动红外入侵探测器探测示意图

安　装　说　明

主动红外入侵探测器是由发射器和接收器两部分组成，一般有单束、双束、四束和六束等类型，工作时，由发射器向接收器发出不可见的脉冲红外光束，当红外光束被阻挡时，接收器将输出报警信号。

图名	双光束主动红外入侵探测器介绍	图号	RD 1—12

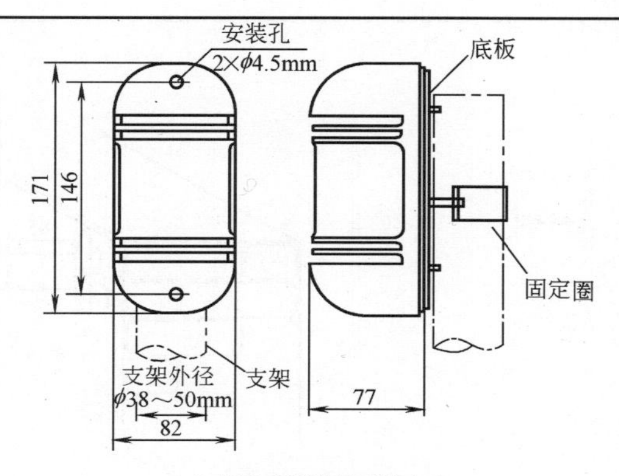

1. 入侵探测器外形尺寸

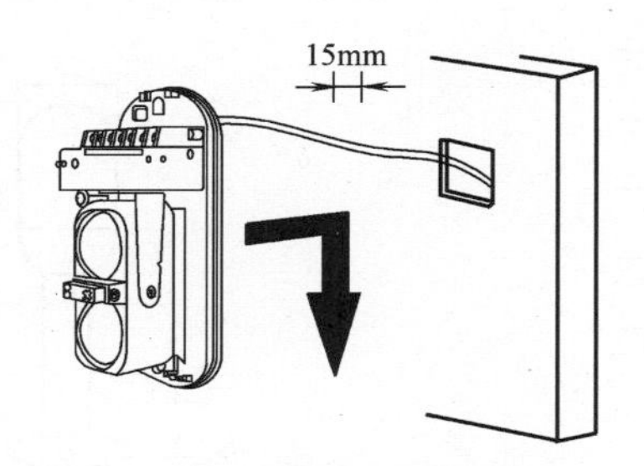

2. 入侵探测器壁装方法

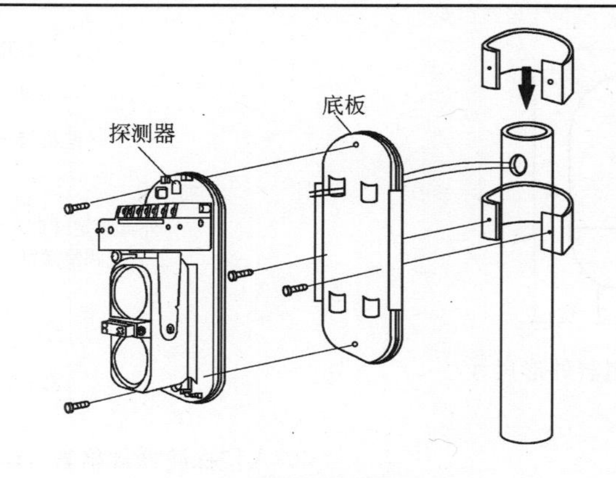

3. 入侵探测器柱装方法

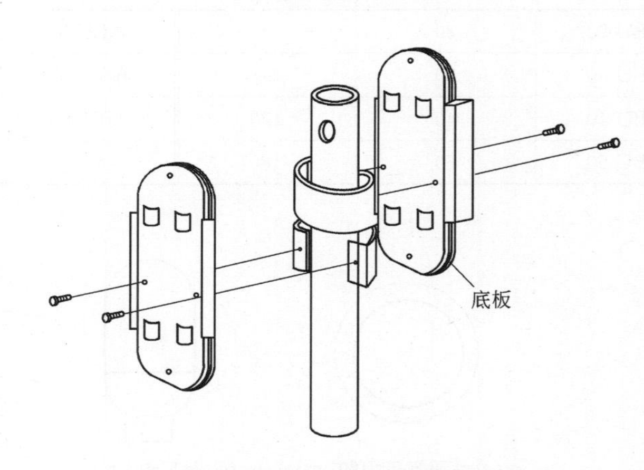

4. 两个入侵探测器背对背柱装方法

安 装 说 明

主动红外入侵探测器一般用于周界防范，所以安装的基本出发点就是不能让非法人员越过周界。在使用时应考虑到环境及气候的影响，一般实际使用的长度是标准距离的 80%，这样有利于降低误报率。

探测器设置时中间不应该有障碍物，安装时基础应稳定。

图名	双光束主动红外入侵探测器安装方法	图号	RD 1—13

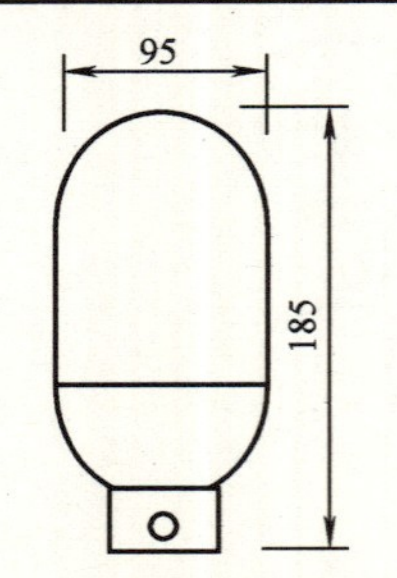

1. 入侵探测器外形尺寸

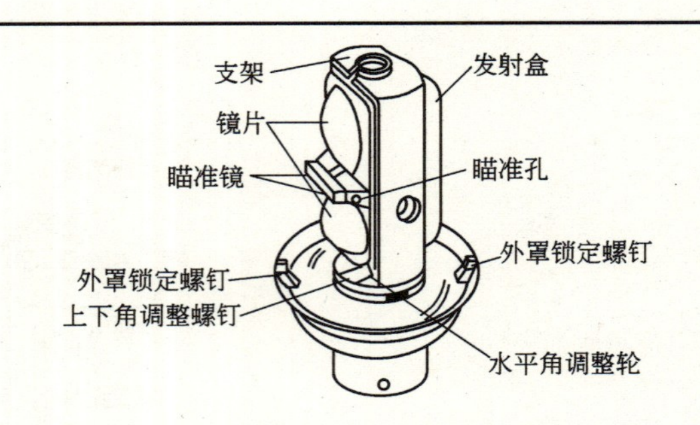

2. 入侵探测器内部结构图

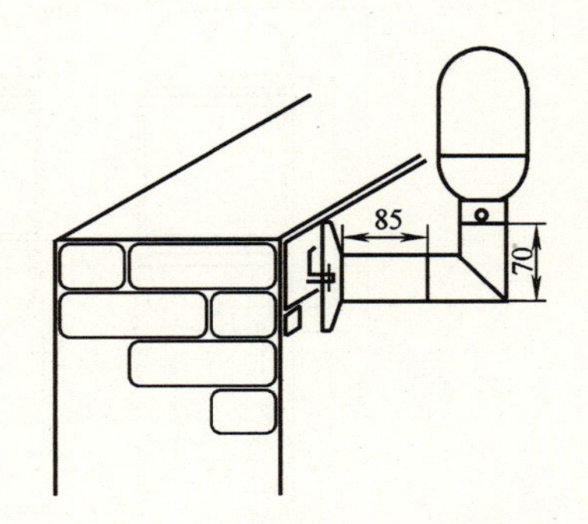

5. 入侵探测器墙壁上安装方法

3. 入侵探测器规格表（m）

型　　号	室外警戒距离	室内警戒距离	型　　号	室外警戒距离	室内警戒距离
ABU-20	20	60	ABU-80	80	240
ABU-30	30	90	ABU-100	100	300
ABU-40	40	120	ABU-150	150	450
ABU-60	60	180			

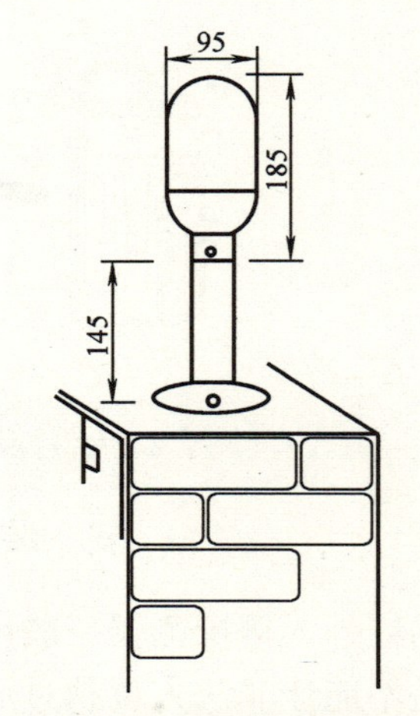

6. 入侵探测器墙顶部安装方法

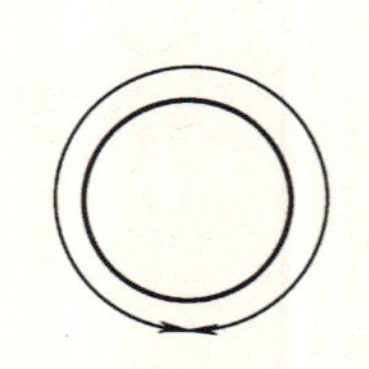

(*a*) 水平方向±180°

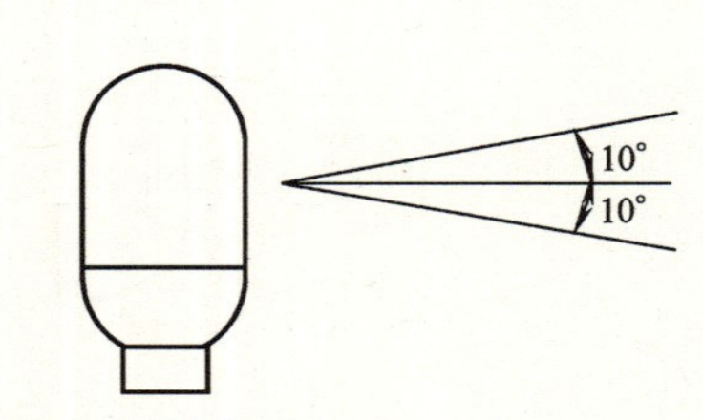

(*b*) 上下方向±10°

4. 入侵探测器可调整角度

图名	全方位双光束主动红外入侵探测器安装方法	图号	RD 1—14

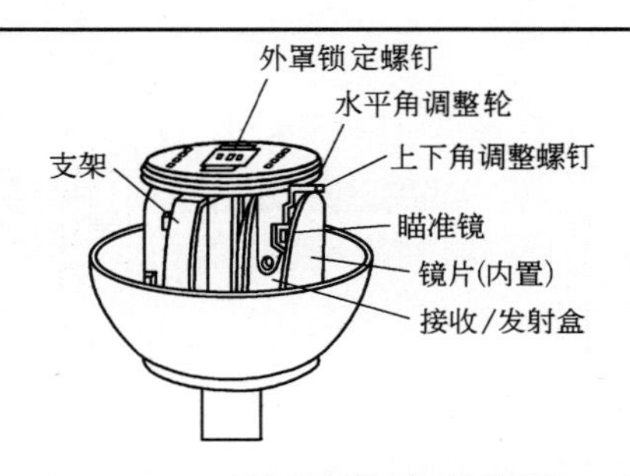

1. 入侵探测器内部结构图

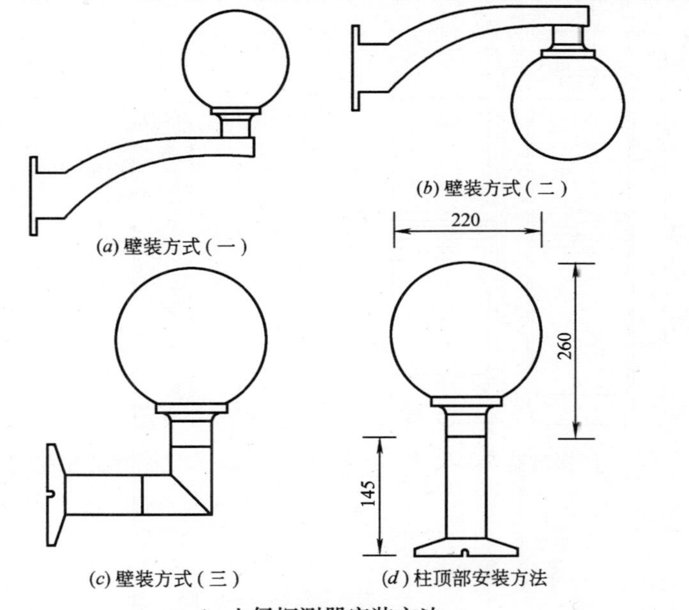

4. 入侵探测器安装方法

2. 入侵探测器规格表（m）

型号	警戒距离	光束散射直径	型号	警戒距离	光束散射直径
ABO-20	20	0.60	ABO-80	80	1.05
ABO-30	30	0.70	ABO-100	100	1.20
ABO-40	40	0.75	ABO-150	150	1.50
ABO-60	60	0.90			

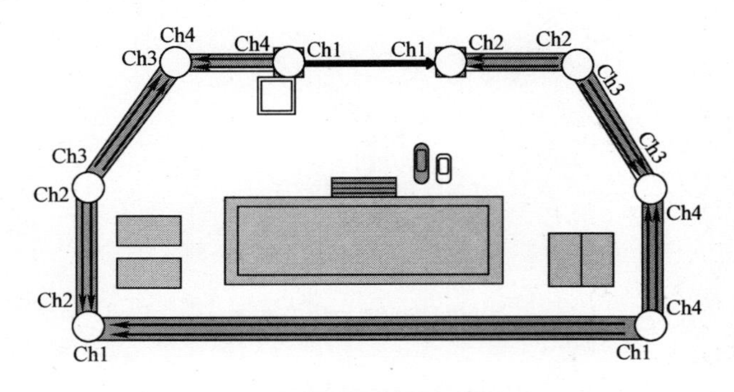

3. 入侵探测器布防示意图

安 装 说 明

安装步骤如下：

（1）把附带的钻孔纸样贴在将要安装的地方，并按其孔位打孔；

（2）确定安装长度，然后选择合适的支架组装，并将导线从支架中穿出；

（3）把电缆穿过底座的引线槽；

（4）把支架及本体固定在墙上；

（5）拆下固定螺钉取下外罩，将电缆线接入接线端子，调节光轴后将外罩装好。

图名	球形 2×2 光束主动红外入侵探测器安装方法	图号	RD 1—15

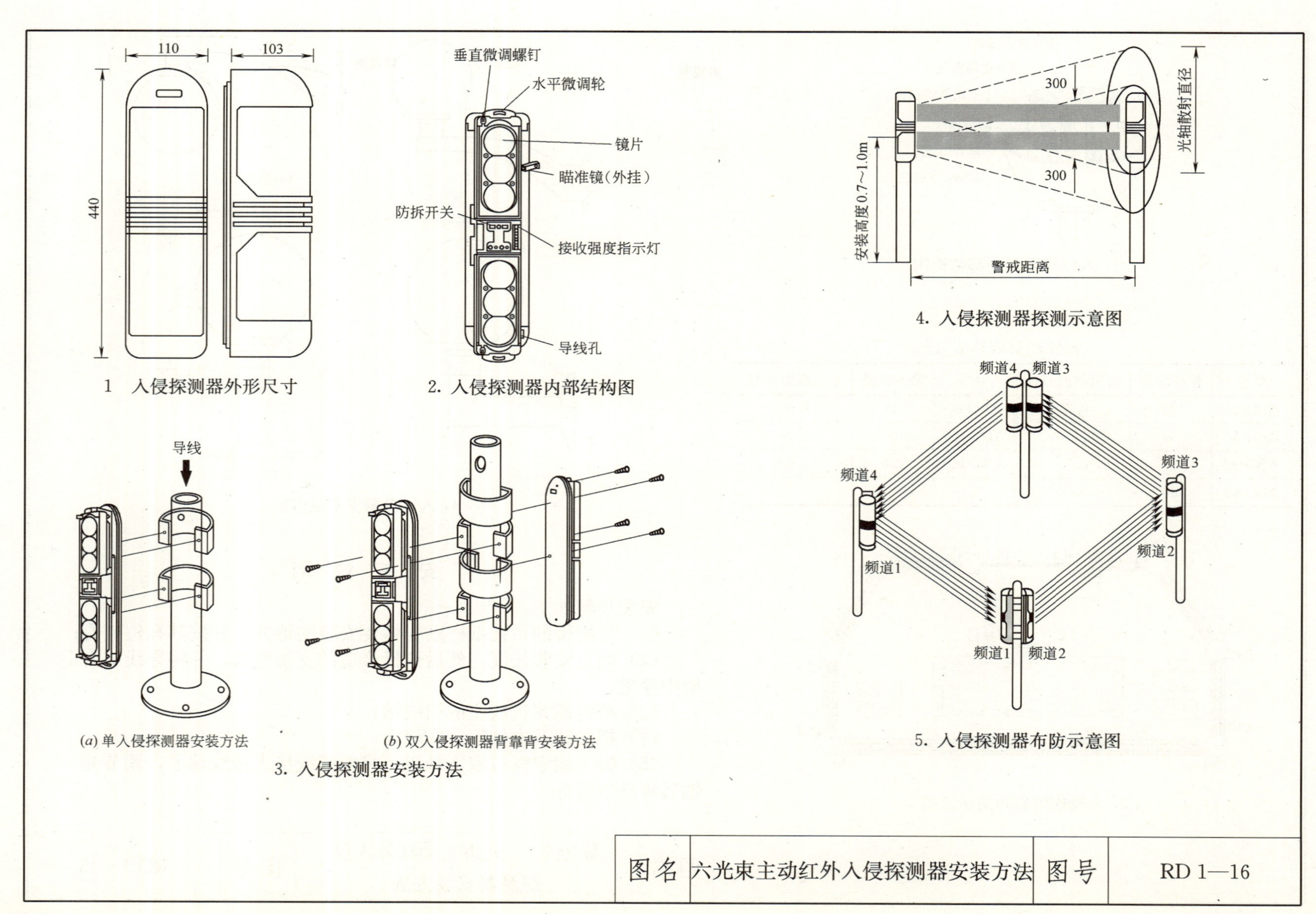

图名	六光束主动红外入侵探测器安装方法	图号	RD 1—16

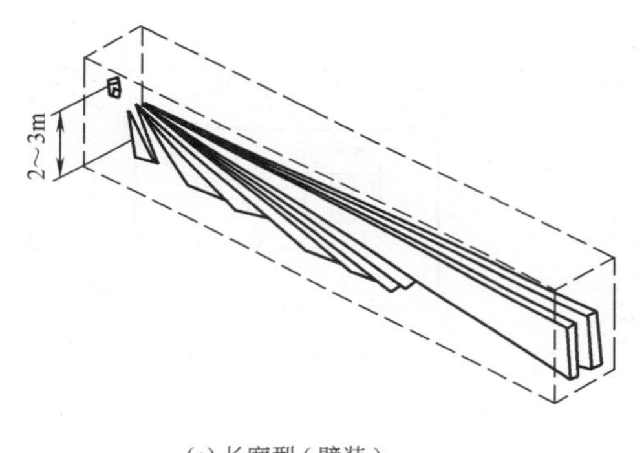

(*a*) 长廊型（壁装）

(*b*) 广角型（壁装）

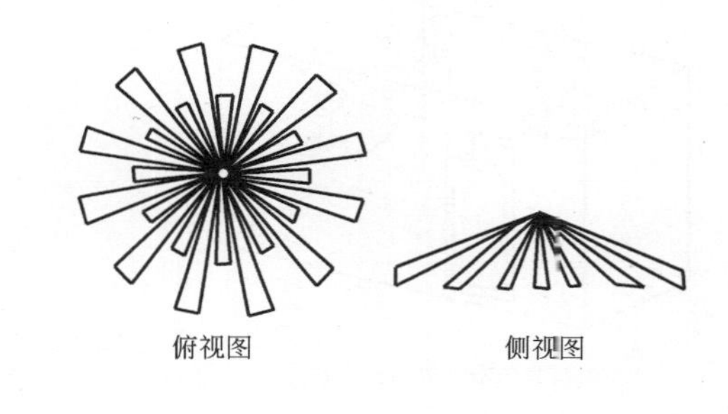

(c) 全方向型（顶装）

1. 被动红外入侵探测器探测模式

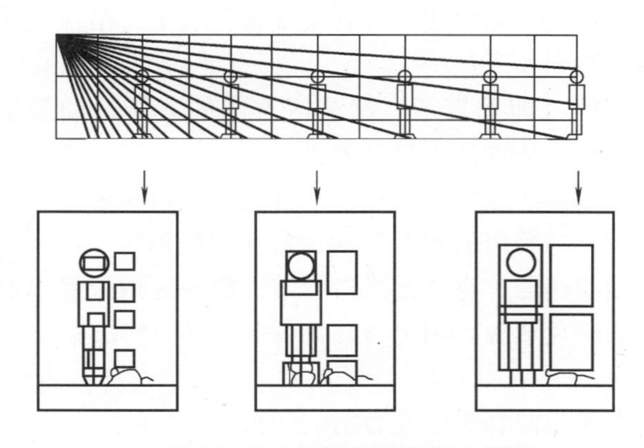

2. 被动红外入侵探测器探测区域图

安 装 说 明

1. 被动红外入侵探测器不向空间辐射能量，而是依靠接收人体发出的红外辐射来进行报警。被动红外入侵探测器由红外线探头和报警控制两部分组成。

2. 被动红外入侵探测器功耗小，电流只有几毫安到几十毫安之间；红外波长不能穿越砖石水泥等建筑物，在室内使用时不必担心由于室外运动目标造成的误报。

3. 被动红外入侵探测器不受噪声与声音的影响，声音不会使它产生误报。

4. 不同厂商的产品探测区域和外形尺寸各不相同，安装时应阅读产品说明书。

图名	被动红外入侵探测器介绍（一）	图号	RD 1—17（一）

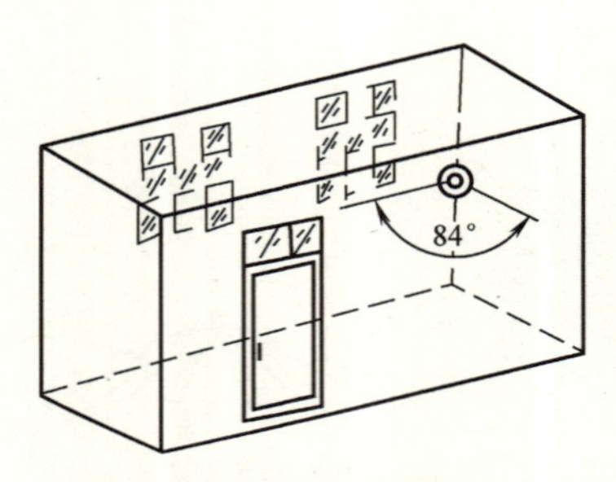

(*a*)安装在墙角可监视窗户

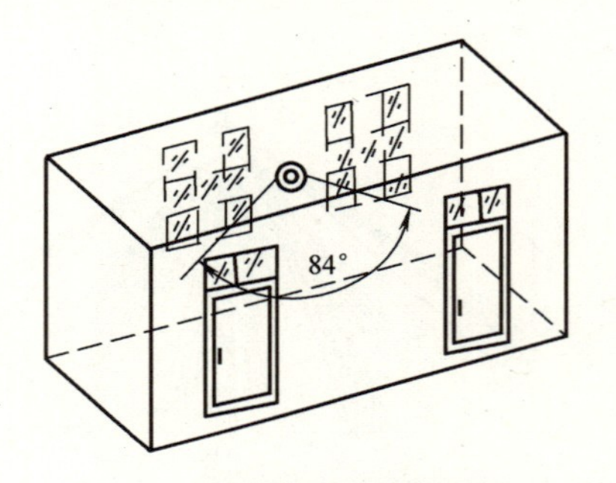

(*b*)安装在墙面监视门窗

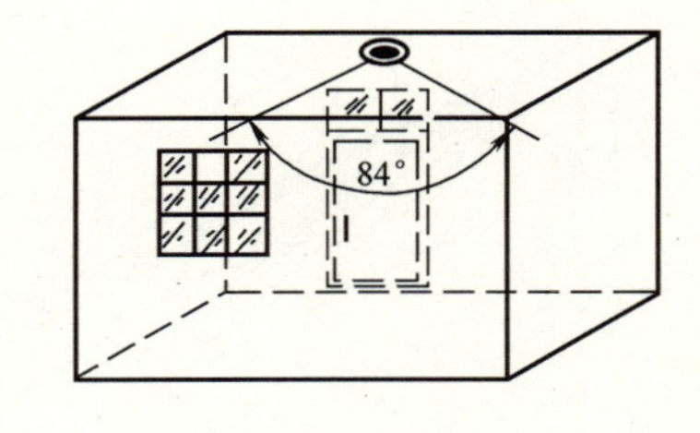

(*c*)安装在吊顶监视门

1. 被动红外入侵探测器的布置方法

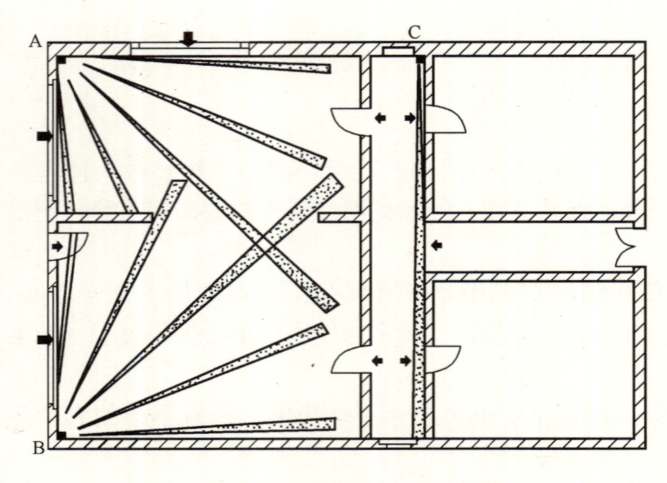

2. 被动红外入侵探测器布置示例

（箭头表示可能入侵方向）

安 装 说 明

被动红外入侵探测器根据探测模式，可直接安装在墙上、吊顶上或墙角处，其布置和安装的原则如下：

（1）探测器对横向切割（即垂直于）探测区方向的人体运动最敏感，故布置时应尽量利用这个特性达到最佳效果。

（2）布置时要注意探测器的探测范围和水平视角。安装时要注意探测器的窗口（非涅耳透镜）与警戒的相对角度，防止“死角”。

（3）探测器不要对准加热器、空调出风口管道。警戒区内最好不要有空调或热源，如果无法避免热源，则应与热源保持至少 1.5m 以上的间隔距离。

（4）探测器不要对准强光源和受阳光直射的门窗。

（5）警戒区内注意不要有高大的遮挡物遮挡和电风扇叶片的干扰，也不要安装在强电处。

图名	被动红外入侵探测器介绍（二）	图号	RD 1—17（二）

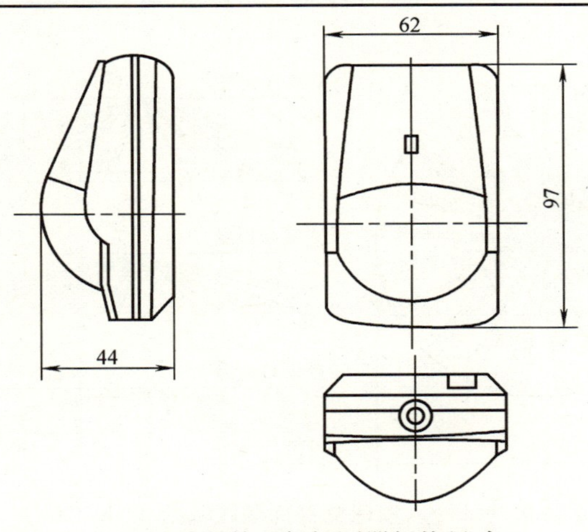

1. 被动红外入侵探测器规格尺寸

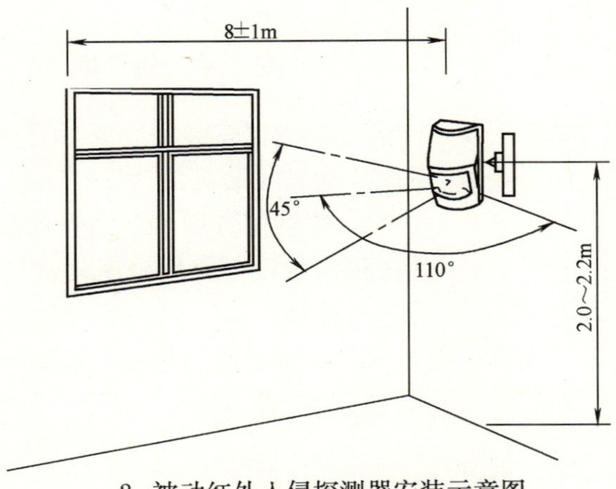

2. 被动红外入侵探测器安装示意图

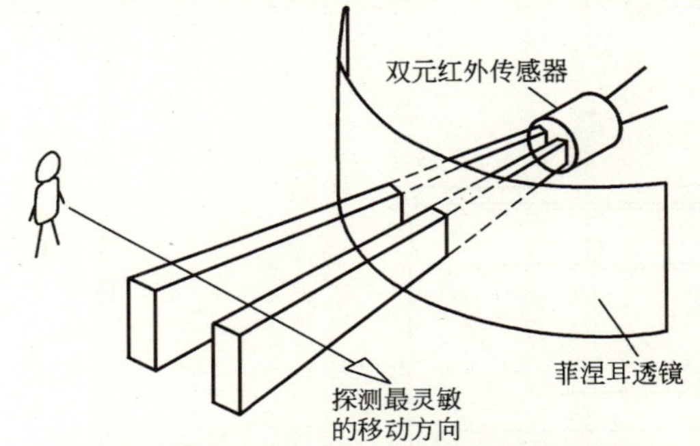

3. 被动红外入侵探测器移动探测示意图

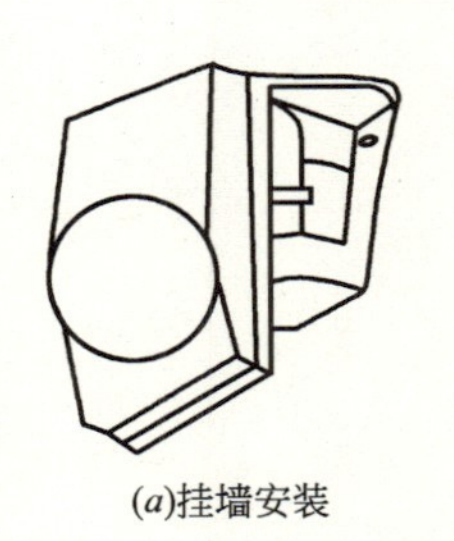

(*a*)挂墙安装

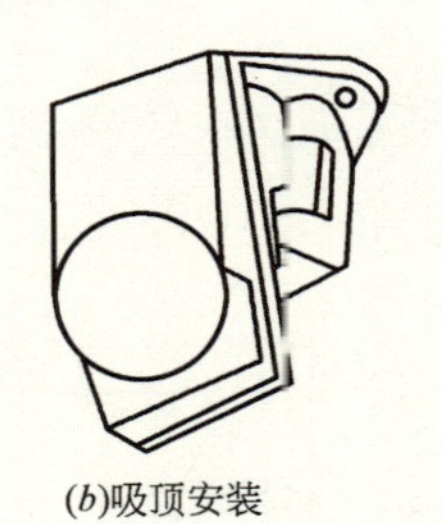

(*b*)吸顶安装

4. 被动红外入侵探测器安装方法

安 装 说 明

先用螺钉将探测器支架固定在墙上，再将探测器挂上。建议安装高度为2.1m左右，同时探测器应与墙面成6°～12°夹角。

探测器的安装应避免接近空调、电风扇、窗户或可引起温度改变的物体，如电冰箱、烤箱等。探测器探测横向运动物体最为灵敏。因此，探测器的探测方向应与警戒通道（行走线）成一定的角度。

图名	被动红外入侵探测器安装方法（一）	图号	RD 1—18（一）

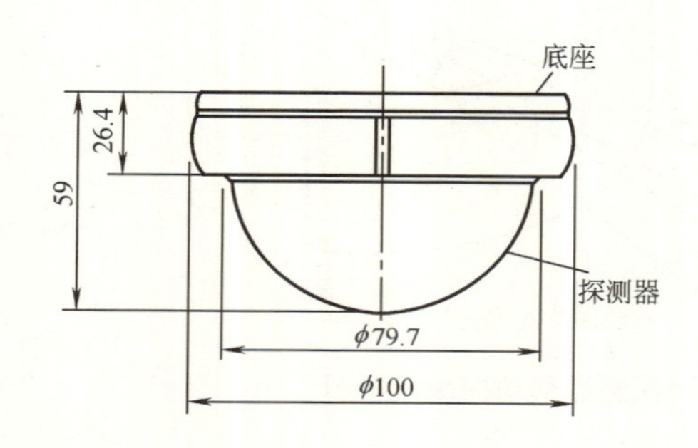

1. 顶装被动红外入侵探测器规格尺寸

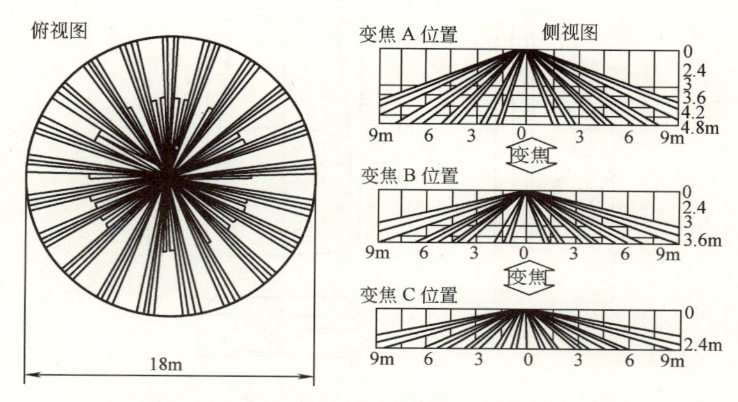

2. 顶装被动红外入侵探测器探测区域图（SX-360Z）

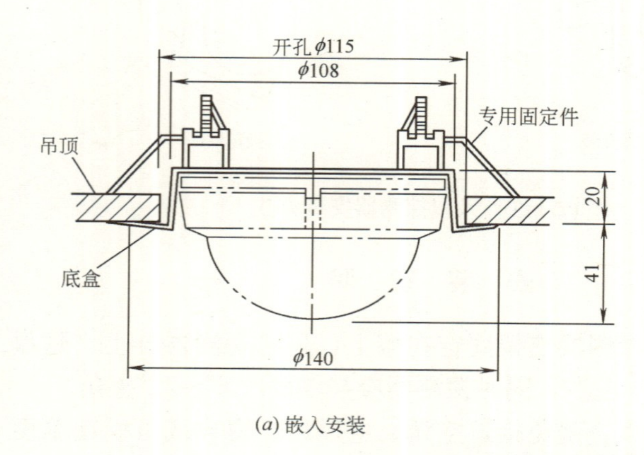

(*a*) 嵌入安装

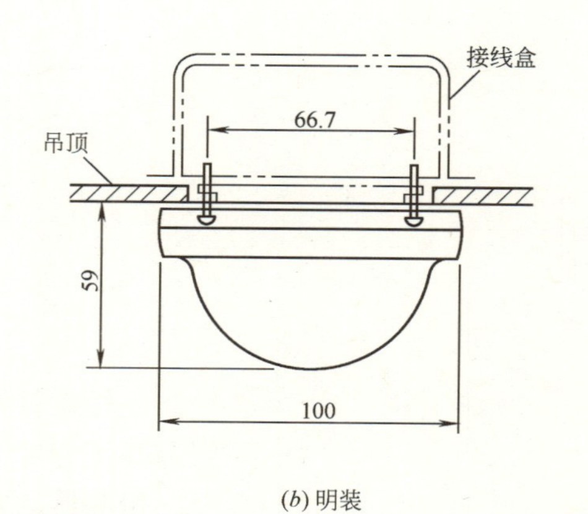

(*b*) 明装

3. 顶装被动红外入侵探测器安装方法

安 装 说 明

1. 探测器安装高度要参看探测区域图，通常安装高度为 2～5m。

2. 配管可选用 ϕ20 钢管和接线盒在吊顶内敷设，并用金属软管与探测器进行连接。

3. 安装时要与相关专业配合进行吊顶板的开孔。

图名	被动红外入侵探测器安装方法（二）	图号	RD 1—18（二）

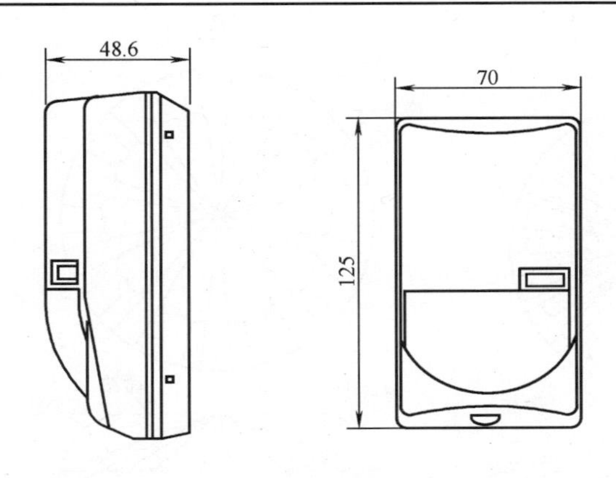

1. 微波和被动红外复合入侵探测器规格尺寸

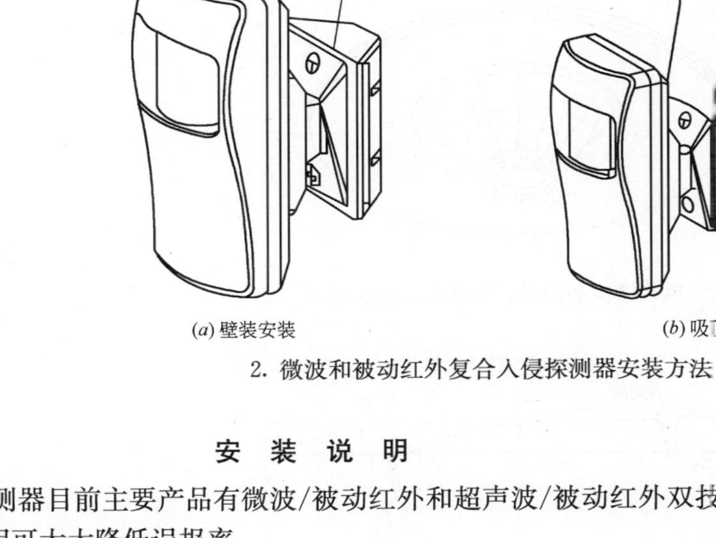

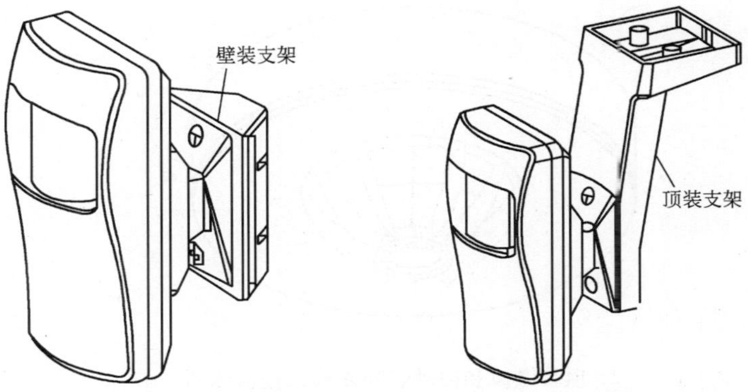

(*a*) 壁装安装　　(*b*) 吸顶安装

2. 微波和被动红外复合入侵探测器安装方法

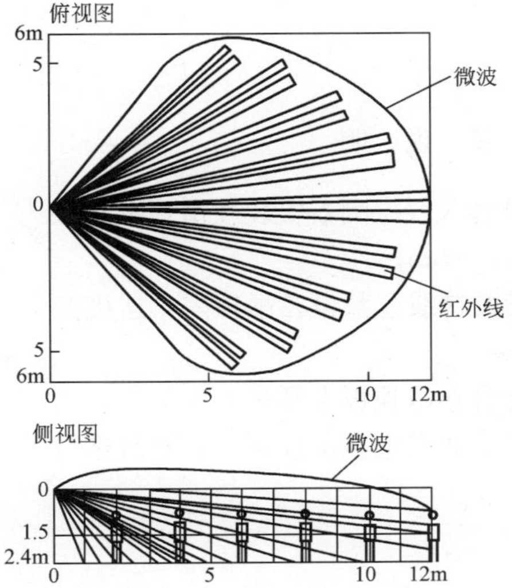

3. 微波和被动红外复合入侵探测器安装方法

安 装 说 明

1. 复合入侵探测器目前主要产品有微波/被动红外和超声波/被动红外双技术产品，复合入侵探测器的使用可大大降低误报率。

2. 布置和安装微波和被动红外复合入侵探测器时，要求在警戒范围内将两种探测的灵敏度尽可能保持均衡。微波入侵探测一般对沿轴向移动的物体最敏感，而被动红外入侵探测则对横向切割探测区的人体最敏感，因此为使这两种探测都处于较敏感状态，在安装微波和被动红外复合入侵探测器时，宜使探测器轴线与保护对象的方向成45°夹角为好。

3. 探测器的安装可用塑料胀管和螺钉固定在墙上或顶板上，安装高度通常为2.4m，具体高度由工程设计确定。

4. 管线暗配可选用ϕ20钢管及接线盒，明配可选用阻燃PVC线槽等。

图名	微波和被动红外复合入侵探测器安装方法（一）	图号	RD 1—19（一）

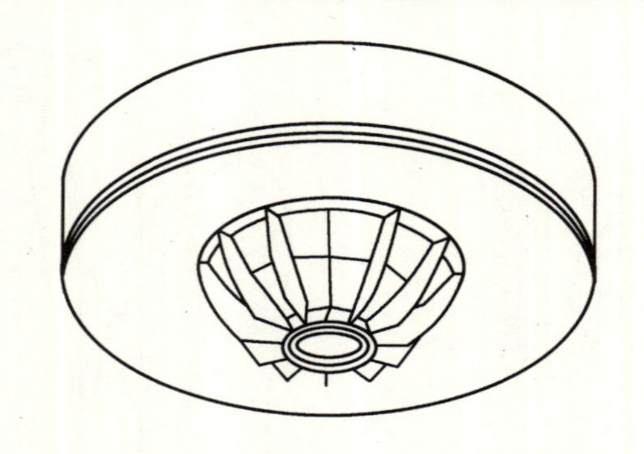

1. 顶装微波和被动红外复合入侵探测器

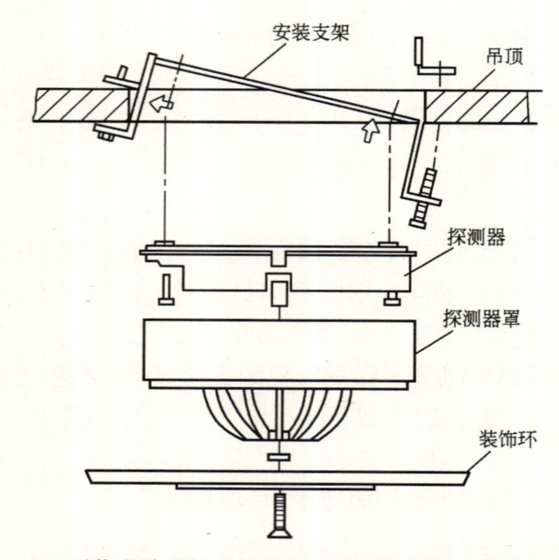

3. 顶装微波和被动红外复合入侵探测器安装方法

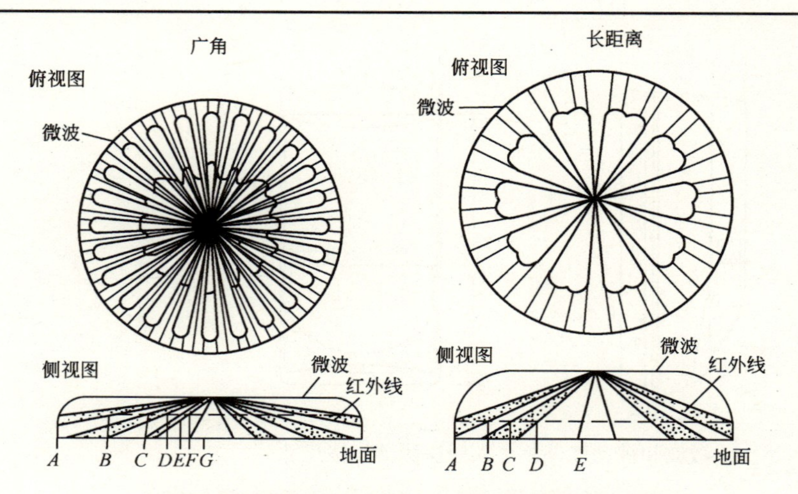

2. 顶装微波和被动红外复合入侵探测器探测区域图

安 装 说 明

1. 顶装微波和被动红外复合入侵探测器安装在吊顶上，探测视角为360°，安装高度为2.2～5m。

2. 配管可选用ϕ20电线管及接线盒敷设在吊顶内，连接探测器的导线可用金属软管保护。

3. 安装时要与相关专业配合在吊顶板上开孔。

4. 安装探测器时先将安装支架固定在吊顶板上，然后进行探测器安装。

图名	微波和被动红外复合入侵探测器安装方法（二）	图号	RD 1—19（二）

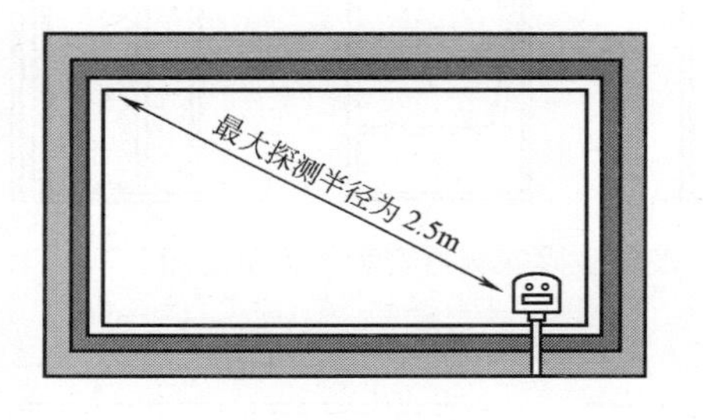

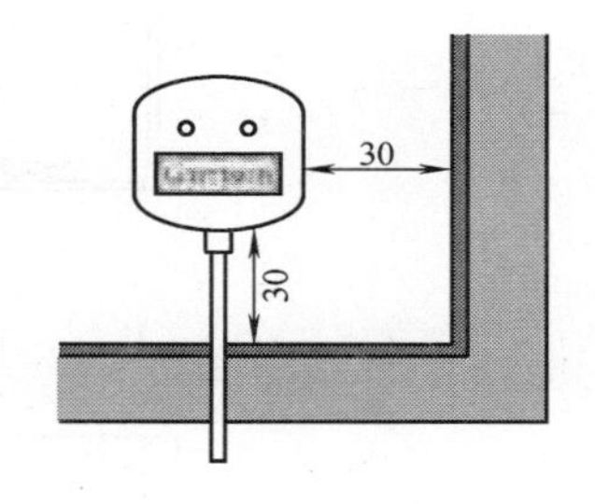

1. 安装位置及探测范围

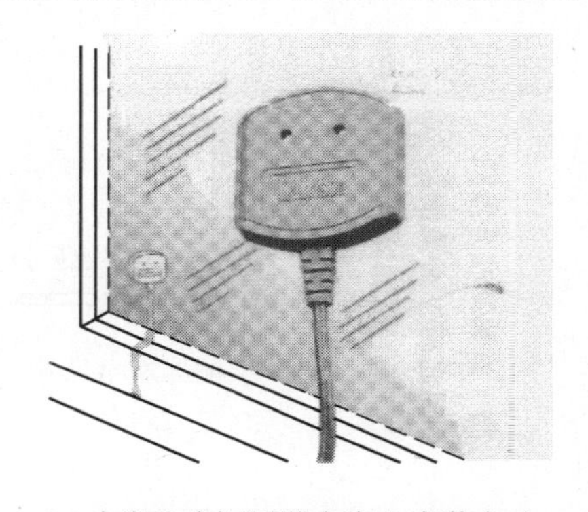

2. 玻璃破碎探测器在窗上安装方法

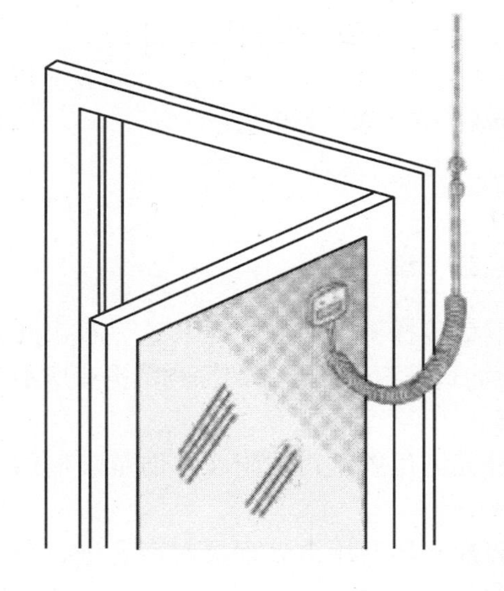

3. 玻璃破碎探测器在门上安装方法

安 装 说 明

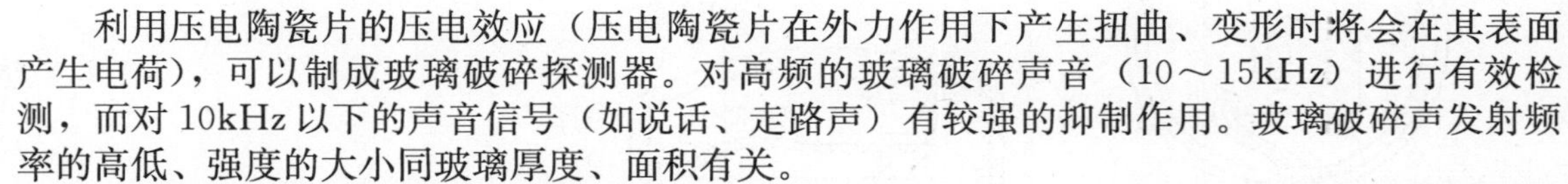

利用压电陶瓷片的压电效应（压电陶瓷片在外力作用下产生扭曲、变形时将会在其表面产生电荷），可以制成玻璃破碎探测器。对高频的玻璃破碎声音（10～15kHz）进行有效检测，而对 10kHz 以下的声音信号（如说话、走路声）有较强的抑制作用。玻璃破碎声发射频率的高低、强度的大小同玻璃厚度、面积有关。

玻璃破碎探测器按照工作原理的不同，大致分为两大类：一类是声控型的单技术玻璃破碎探测器，它实际上是一种具有选频作用（带宽 10～15kHz）的具有特殊用途（可将玻璃破碎时产生的高频信号驱除）的声控报警探测器；另一类是复合玻璃破碎探测器，其中包括声控和振动型、次声波和玻璃破碎高频声响型。

声控和振动型是将声控与振动探测两种技术组合在一起，只有同时探测到玻璃破碎时发出的高频声音信号和敲击玻璃引起的振动，才输出报警信号。

次声波和玻璃破碎高频声响复合探测器是将次声波探测技术和玻璃破碎高频声响探测技术组合到一起，只有同时探测敲击玻璃和玻璃破碎时发出的高频声响信号和引起的次声波信号才触发报警。

玻璃破碎探测器要尽量靠近所要保护的玻璃，尽量远离干扰源，如尖锐的金属撞击声、铃声、汽笛的啸叫声等，减少误报警。

图名	玻璃破碎探测器安装方法（一）	图号	RD 1—20（一）

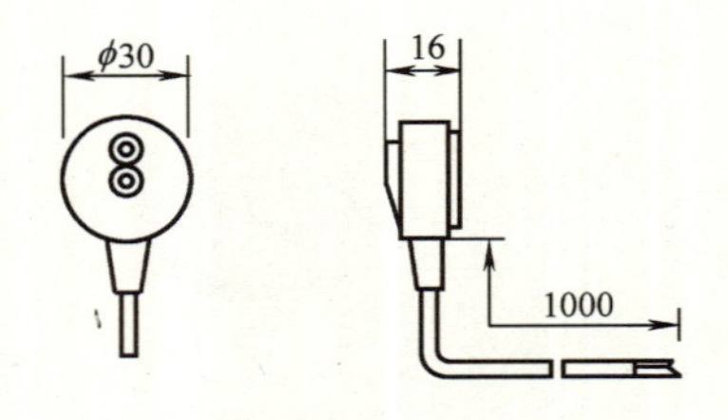

1. 玻璃破碎探测器规格尺寸

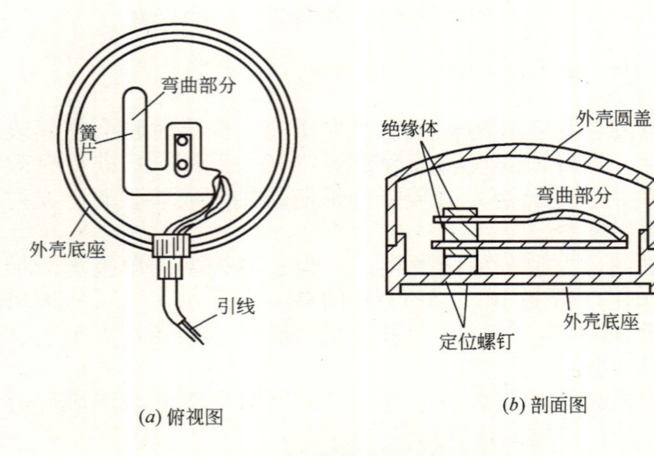

(a) 俯视图

(b) 剖面图

2. 导电簧片式玻璃破碎探测器结构图

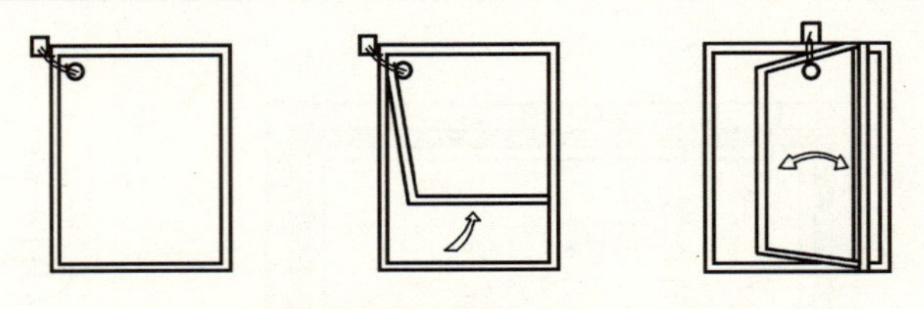

3. 玻璃破碎探测器安装位置示意图

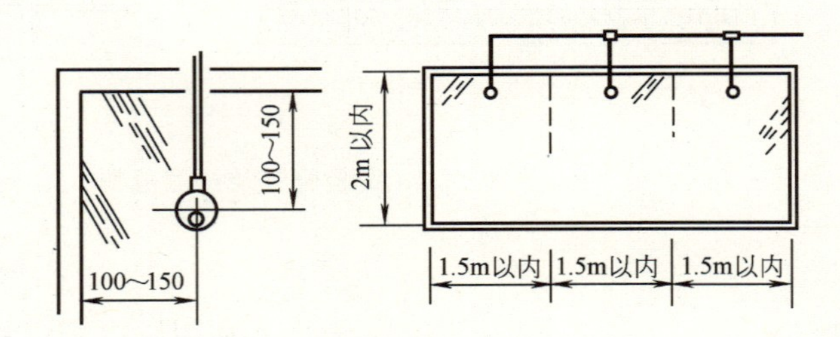

4. 玻璃破碎探测器安装方法

安 装 说 明

1. 粘贴在玻璃面上玻璃破碎探测器有导电簧片式、水银开关式、压电检测式、声响检测式等，不同产品的探测范围有所不同，选用时参看产品说明书。

2. 玻璃破碎探测器的外壳需用胶粘剂粘附在被防范玻璃的内侧。

3. 声音分析式玻璃破碎探测器利用微处理器对声音进行分析，可安装在吊顶、墙壁等处。

图名	玻璃破碎探测器安装方法（二）	图号	RD 1—20（二）

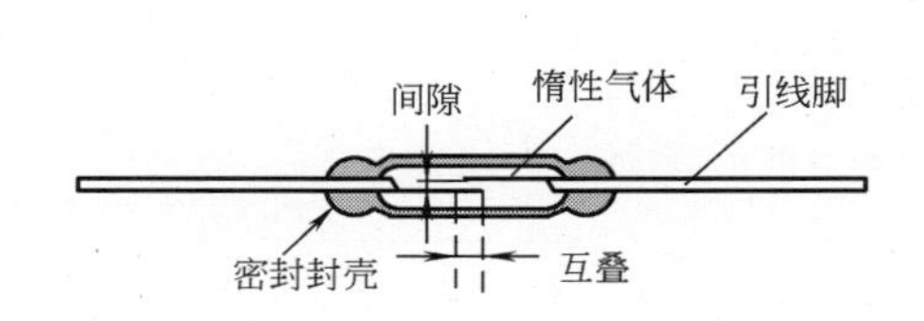

1. 舌簧管结构

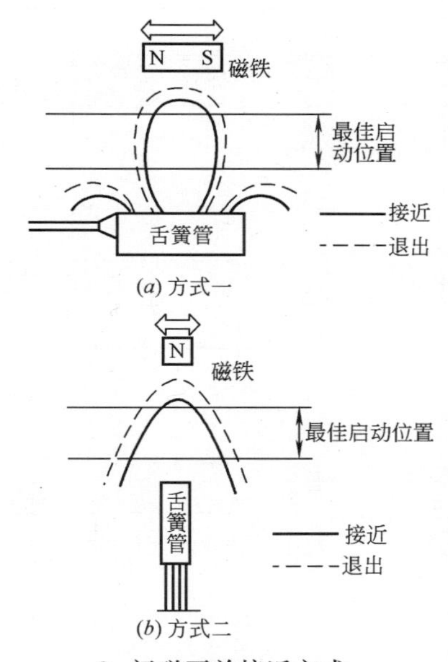

(a) 方式一

(b) 方式二

2. 门磁开关接近方式

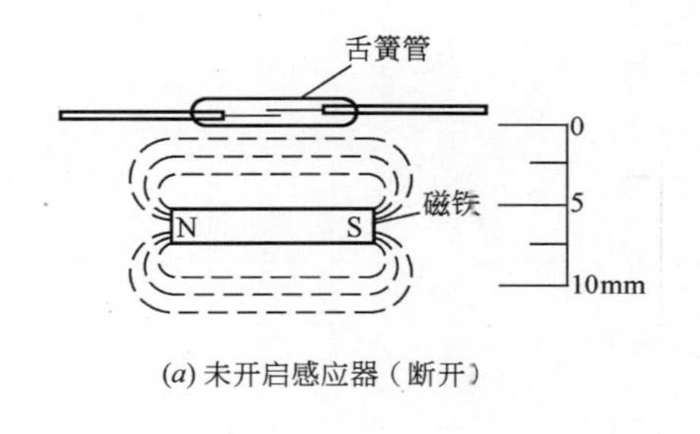

(a) 未开启感应器（断开）

(b) 开启感应器（接通）

3. 门磁开关的工作状态

安 装 说 明

门磁开关是以磁铁的磁场将舌簧管做接近作动的接近开关。因为是用舌簧管设计，所以，低成本及使用方法简易是其主要特点。主要用于保安系统、设备系统、民生用品、机械自动化系统等。

门磁开关是以舌簧管为主体，将机械动作转换为电子信号的装置。舌簧管有两片低磁滞铁性簧片，平行放置在尾部，有一小部分重叠，形成间隙，这两片含50%镍及50%铁成分的细长扁平簧片会被镀上贵重金属，以确保其最佳功能，贵重金属一般是指铑、钌及金，这两片簧片是被完全密封在一支充入惰性气体的玻璃管里，当有磁场接近时，两簧片重叠处会感应极性相反的磁性，此磁性足够大时就会相吸形成一个接点动作。此舌簧管没有机械零件，不会有插住、卡住等不良现象发生，这种几乎无障碍的动作，可每次精确，且动作达数百万次，将永久磁铁移近或移开，舌簧管就会做开关动作。

图名	门磁开关介绍	图号	RD 1—21

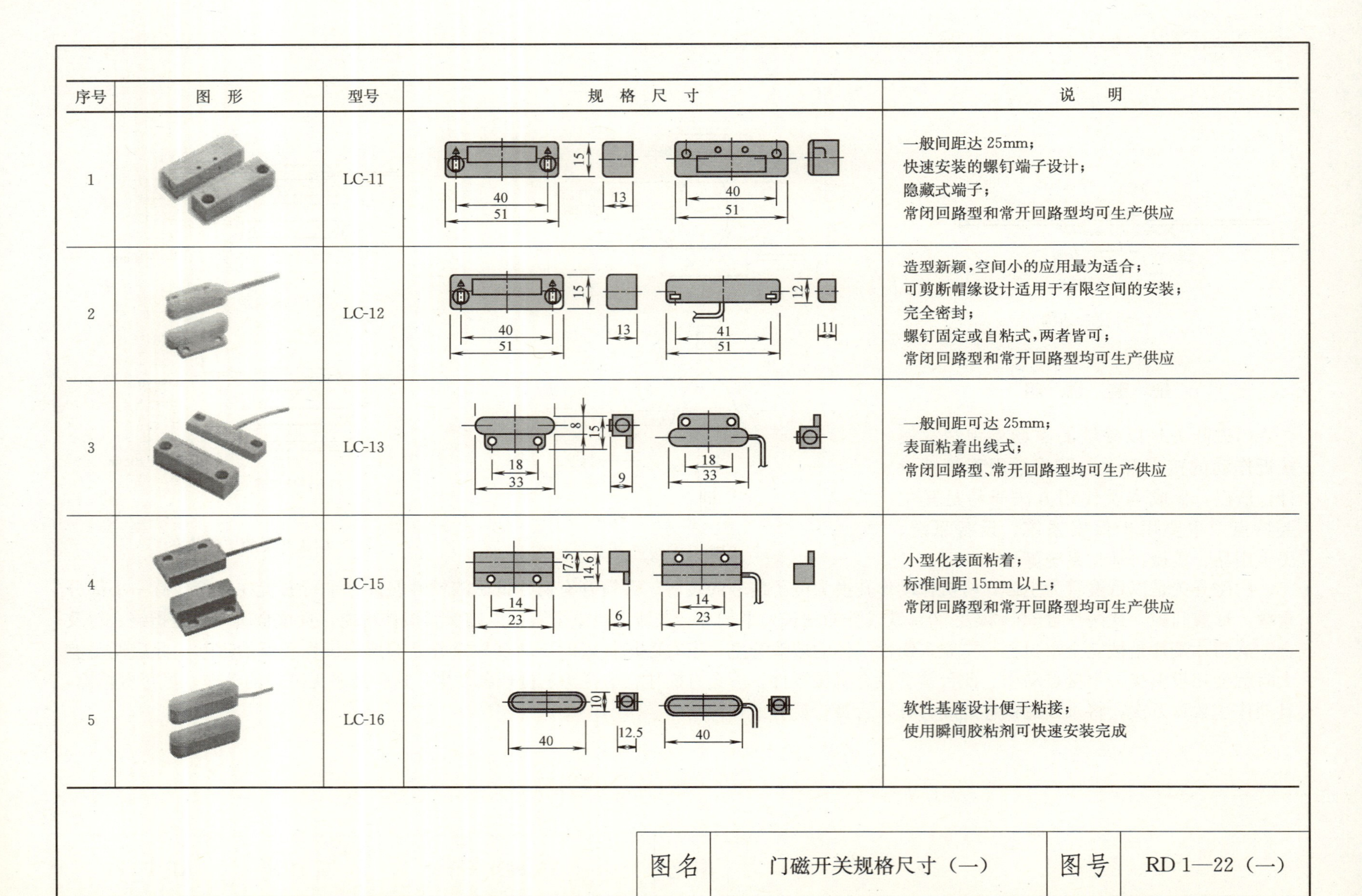

序号	图形	型号	规格尺寸	说明
1		LC-11		一般间距达 25mm； 快速安装的螺钉端子设计； 隐藏式端子； 常闭回路型和常开回路型均可生产供应
2		LC-12		造型新颖，空间小的应用最为适合； 可剪断帽缘设计适用于有限空间的安装； 完全密封； 螺钉固定或自粘式，两者皆可； 常闭回路型和常开回路型均可生产供应
3		LC-13		一般间距可达 25mm； 表面粘着出线式； 常闭回路型、常开回路型均可生产供应
4		LC-15		小型化表面粘着； 标准间距 15mm 以上； 常闭回路型和常开回路型均可生产供应
5		LC-16		软性基座设计便于粘接； 使用瞬间胶粘剂可快速安装完成

图名	门磁开关规格尺寸（一）	图号	RD 1—22（一）

序号	图形	型号	规格尺寸	说明
1	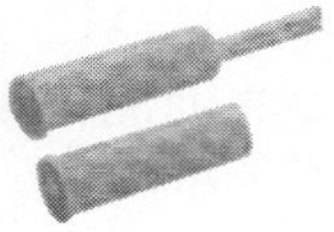	LC-21	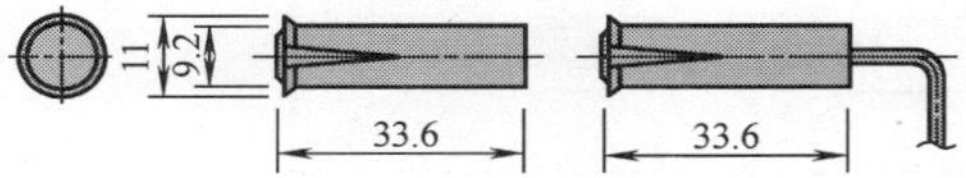 11; 9.2; 33.6; 33.6	嵌入式安装可增加安全隐蔽性； 3/8″口径的嵌入式安装，无需螺钉或任何胶体来附着； 常闭回路型、常开回路型均可生产供应
2		LC-22	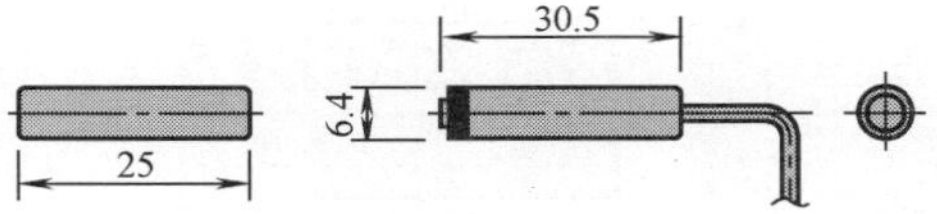 30.5; 6.4; 25	薄型体积，安装至窗框最为理想
3		LC-23	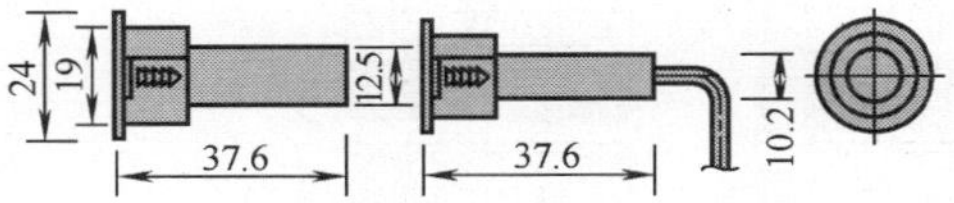 24; 19; 12.5; 37.6; 37.6; 10.2	铁门窗隐蔽型开关； 嵌入自然夹住
4		LC-24	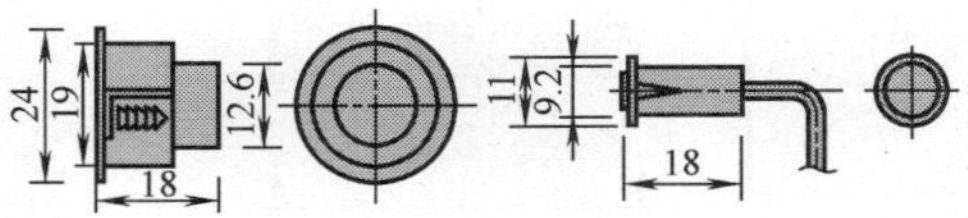 24; 19; 12.6; 18; 11; 9.2; 18	3/8″口径嵌入式开关体； 3/4″口径嵌入式磁铁体
5		LC-25	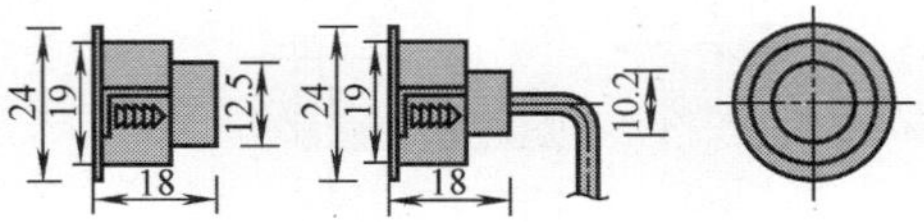 24; 19; 12.5; 18; 24; 19; 10.2; 18	铁门窗隐藏型开关
6		LC-31	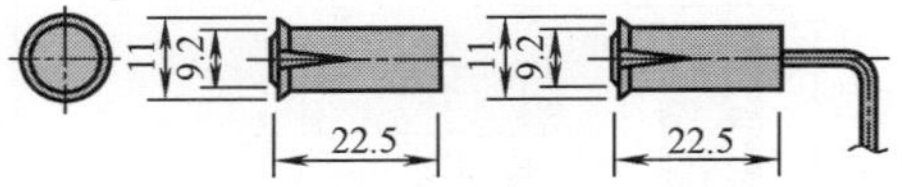 11; 9.2; 22.5; 11; 9.2; 22.5	3/8″口径嵌入式装置； 集小巧与隐蔽特点的开关组合，是较薄窗框和门框的最佳选择

图名	门磁开关规格尺寸（二）	图号	RD 1—22（二）

序号	图 形	型号	规 格 尺 寸	说 明
1		LC-66		没有设螺钉端子，不需要工具即可与电线连接；适用多芯线 24AWG-18AWG 连接
2		LC-69		一般间距可达 25mm；可依要求添购垫片；可订购超宽间距达 35mm 的产品
3		LC-73		一般间距可达 25mm；L 型的端子保证安装快速，无接触不良；表面安装螺钉端子型
4		LC-77		一般间隙可达 25mm；表面安装出线型
5		LC-101		间距可达 80mm，适用于车库卷帘门及门顶的装备；新设计的托架易于安装
6		LC-202		高达 80mm 宽大间距，可架设于车床卷帘门及门顶；新造型安装托架可用于数字式调整位置

图名	门磁开关规格尺寸（三）	图号	RD 1—22（三）

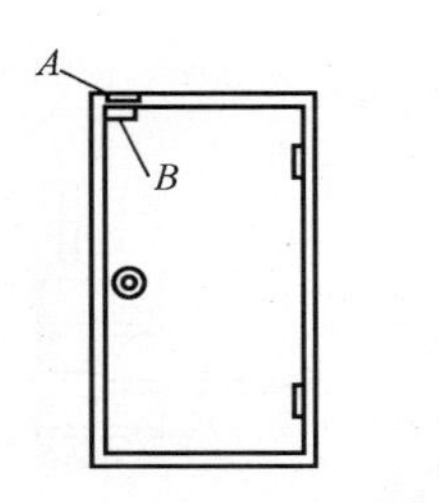

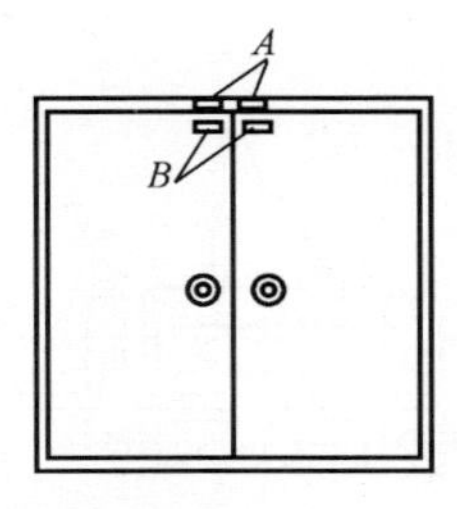

1. 门磁开关在门上安装位置示意图

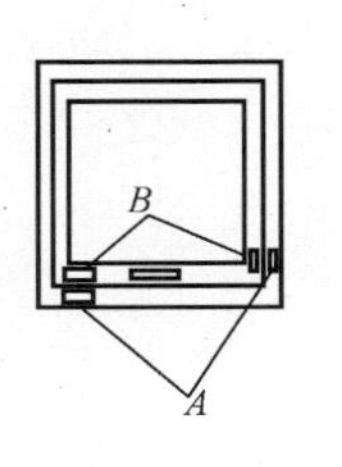

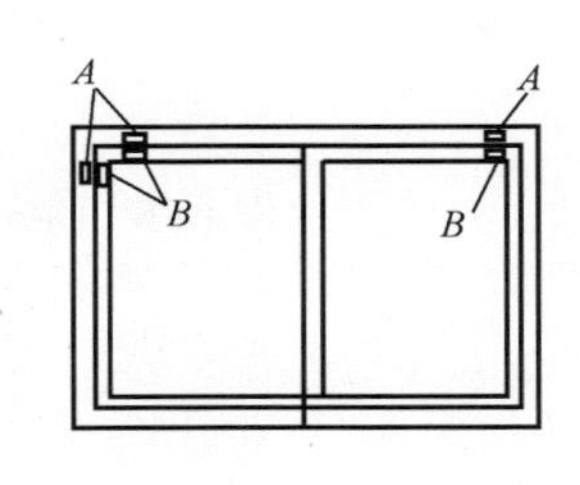

2. 门磁开关在窗上安装位置示意图

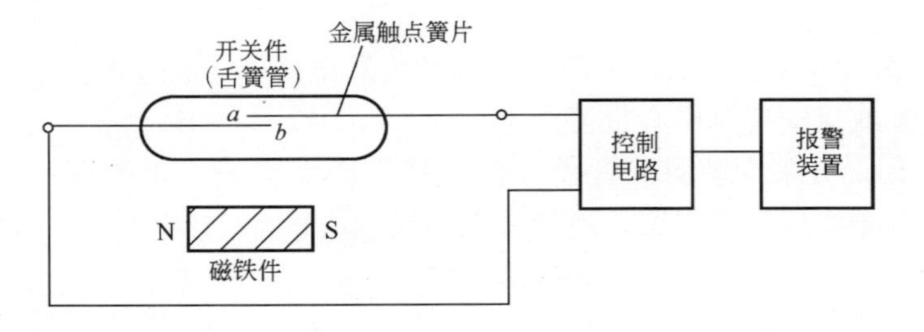

3. 门磁开关报警系统示意图

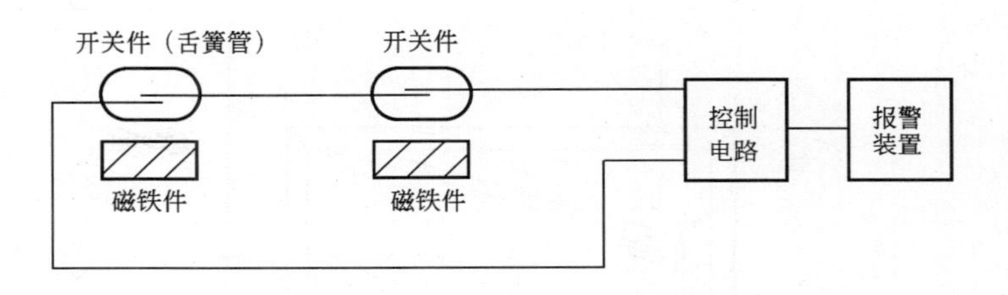

4. 双扇门串联门磁开关报警系统示意图

安 装 说 明

1. 门磁开关由一个条形永久磁铁和一个带常开触点的舌簧管继电器组成，当条形磁铁和舌簧管继电器平行放置时，舌簧管两端的金属片被磁化而吸合在一起，于是把电路接通。当条形磁铁和舌簧管继电器分开时，舌簧管触点在自身弹性的作用下，自动打开而断开电路。

2. *A* 为开关件（舌簧管）安装在门（窗）框上，*B* 为磁铁件安装在门（窗）扇上。

图名	门磁开关安装方法（一）	图号	RD 1—23（一）

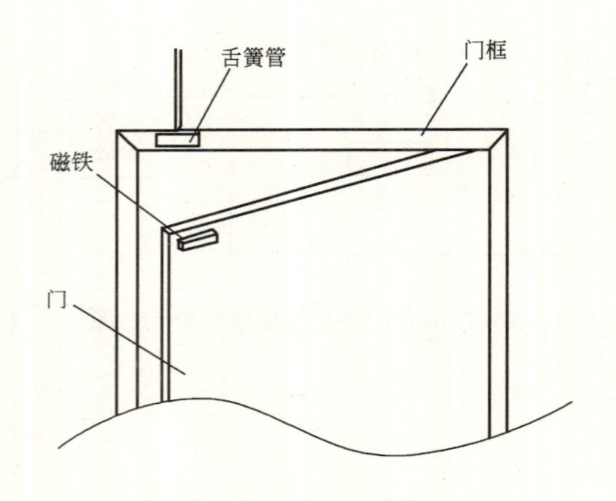

1. 门磁开关安装位置示意图

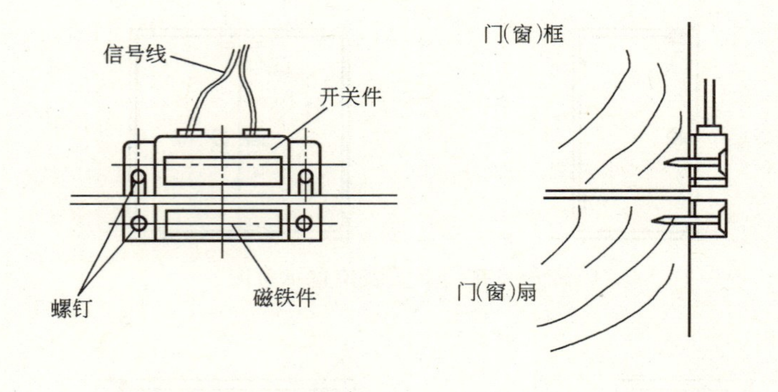

3. 明装门磁开关安装方法

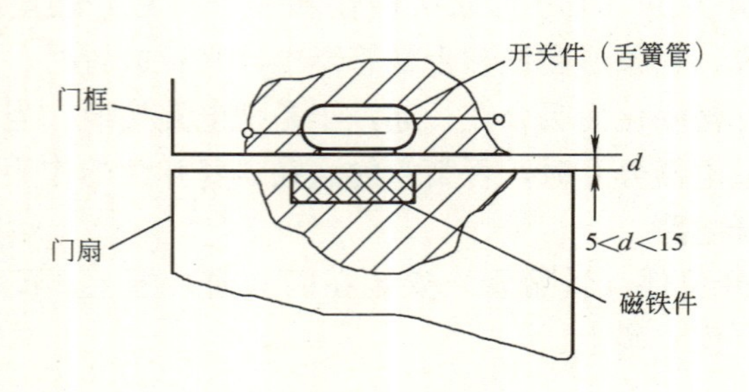

2. 门磁开关安装大样图

安 装 说 明

1. 如有人私自开启门窗时，门磁开关发出信号，通过主机通知户主或保安控制中心报警。

2. 门磁开关安装明配管线可选用阻燃 PVC 线槽，报警控制部分的布线应尽量保密，连线接点要接触可靠。

图名	门磁开关安装方法（二）	图号	RD 1—23（二）

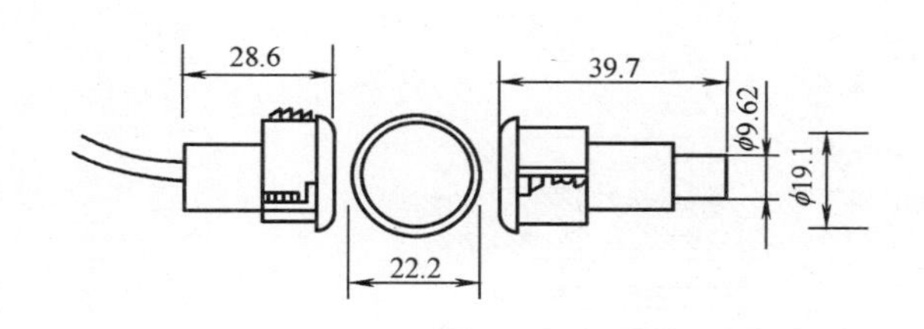

1. 门磁开关规格尺寸

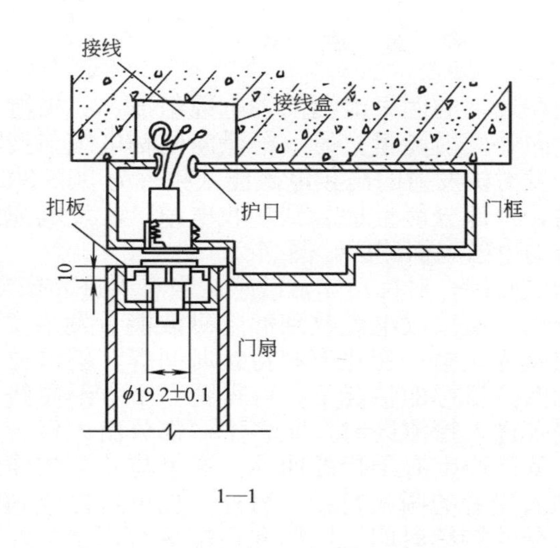

1—1

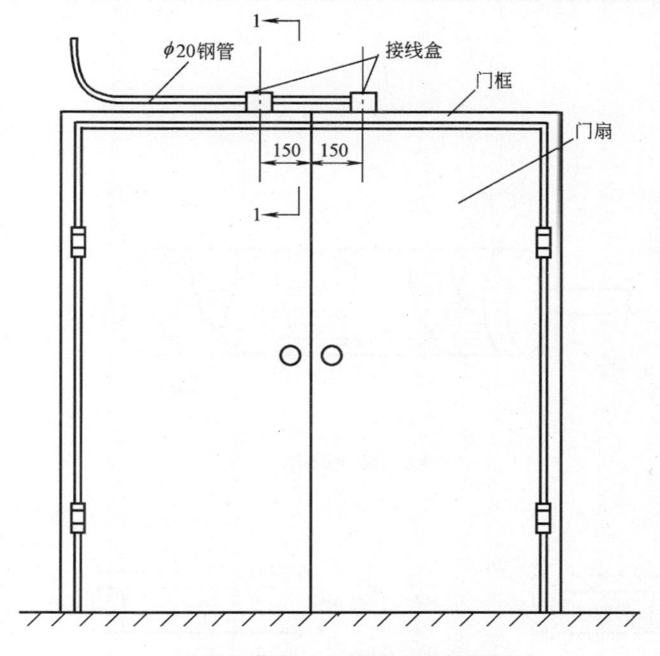

2. 门磁开关安装方法（标准双扇钢制门）

安 装 说 明

1. 钢制门上安装门磁开关，在安装位置处要补焊扣板。

2. 木制门上安装门磁开关，可用乳胶辅助粘接。

3. 门扇钻孔深度不小于40mm，门框钻通孔，门扇与门框钻孔位置对应，钻孔时要与相关专业配合。

4. 接线可使用接线端子压接或焊接。

图名	门磁开关安装方法（三）	图号	RD 1—23（三）

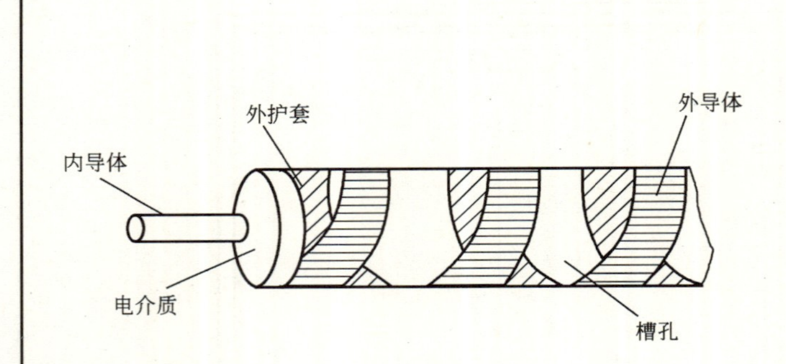

(a) 泄漏电缆的结构图

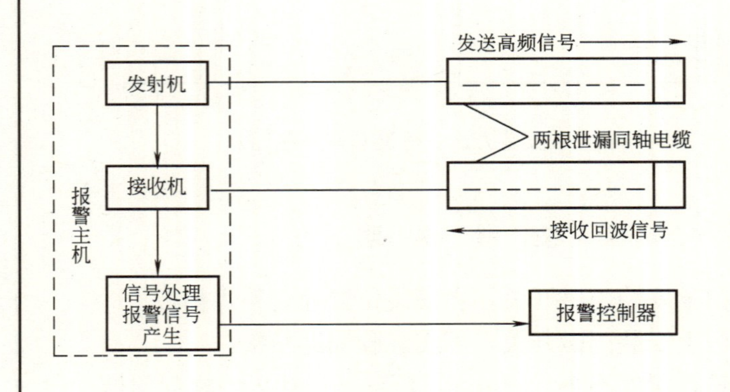

(b) 泄漏电缆入侵报警系统原理图

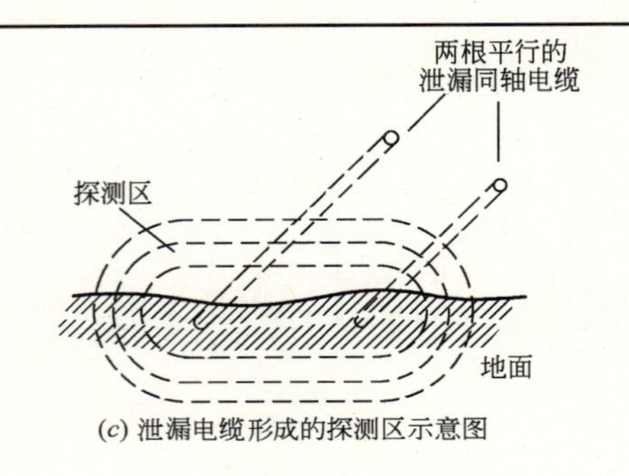

(c) 泄漏电缆形成的探测区示意图

安 装 说 明

该系统由平行埋在地下的两根泄漏同轴电缆组成。一根泄漏同轴电缆与发射机相连，向外发射能量；另一根泄漏同轴电缆与接收机相连，用来接收能量。发射机发射的高频电磁能（频率为 30～300MHz）经发射电缆向外辐射，一部分能量耦合到接收电缆，收发电缆之间的空间形成一个椭圆形的电磁场探测区，图（c）。

两根电缆之间的电磁耦合对扰动非常敏感。当有人进入探测区时，干扰了这个电磁耦合场，使接收电缆收到的电磁波能量发生变化。通过信号处理电路提取此变化量、变化率和持续时间等，就可通过电子电路触发报警。在无探测目标的情况下，可得到一个方形曲线存储在存储器中，当有入侵者进入探测区时，又多了一部分由入侵者反射到接收电缆的反射波，从而产生有干扰的曲线。通过与原存储曲线做比较之后，即可探测到入侵者的闯入行动，另外，也可对接收同轴电缆接收到的返回脉冲信号的持续时间、周期和振幅进行严格的对比，就可立即探测出电磁场内的细微变化，甚至能准确地指出入侵者的位置。如可以在显示器上显示出周界轮廓图，并利用其上的指示灯来指示入侵者的入侵位置。

图名	泄漏电缆入侵报警系统介绍	图号	RD 1—24

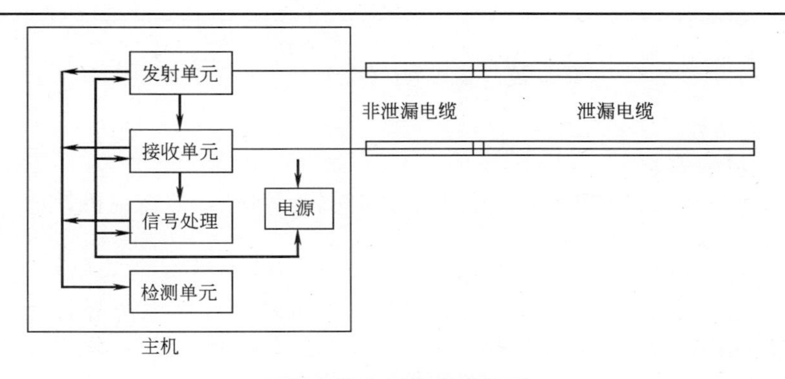

泄漏电缆入侵报警系统图

安 装 说 明

TRX-100 型泄漏电缆入侵探测器是一种室外隐蔽型周界入侵探测设备。它主要适用于银行、金库、高级住宅、监狱、仓库、博物馆、电站、军事目标等重要建筑外围。亦可用在野外地形较为复杂的地方（如高低不平的山区及周界转角等），以达到有效安全防范的目的。

系统工作特点：全天候工作，安装隐蔽，可按周界形状轮廓敷设。防范区内的绿化植物不影响系统的正常工作，对距泄漏电缆下方 0.7m 防范区内的活动目标亦有探测功能。

1．系统组成及原理图

该系统由探测器主机和两根按设计要求特殊加工的泄漏电缆两部分组成。探测器主机由电源、发射单元、接收单元、信号处理单元和检测单元组成。在要求低温环境下使用的主机带有组合恒温单元。

作为探测单元的泄漏电缆由两根泄漏电缆和与其连接的两根非泄漏电缆组成。非泄漏电缆每根标称长度为 10m，泄漏电缆每根标称长度为 100m。

2．技术性能

(1) 工作电压：AC220V（功耗 20W）
(2) 输出形式：继电器触点，开路报警
(3) 警戒范围长度：100m
(4) 泄漏电缆安装间距：1～3m（建议 1.5m 左右）
(5) 泄漏电缆安装深度：50～200mm（根据介质情况）
(6) 报警方式：触点
(7) 消耗功率：不大于 15W（不加恒温器环境下）
(8) 环境温度：
1）电缆　－40～＋60℃
2）主机：－10～＋40℃（不加恒温器）
　－40～＋40℃（加恒温器）
(9) 重量：主机 9kg
(10) 电缆：20kg（10kg/根）
(11) 尺寸：主机 480mm×340mm×110mm
(12) 电缆：外径 15mm

3．工作原理

探测主机的发射单元产生高频能量发送到泄漏电缆中，并在电缆中传输。当能量沿电缆传送时，部分能量通过泄漏电缆的泄缝漏入空间，在被警戒空间范围内建立电磁场，其中一部分能量被安装在附近的接收用的泄漏电缆接收，形成收发能量直接耦合。当入侵者进入两根电缆形成的感应区内时，这部分电磁能量受到扰动，引起接收信号的变化，这个变化的信号经放大处理后被检测出来，并推动报警指示灯点亮，同时使继电器触点打开。

图名	泄漏电缆入侵报警系统 安装方法（一）	图号	RD 1—25（一）

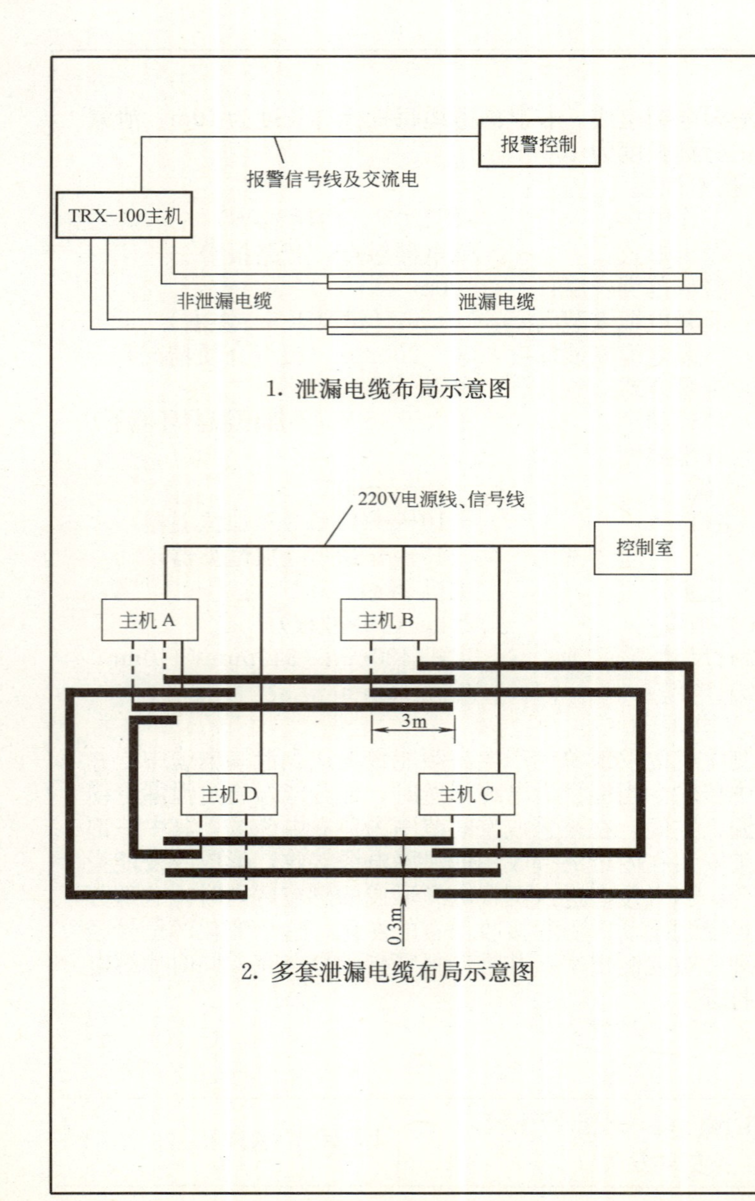

1. 泄漏电缆布局示意图

2. 多套泄漏电缆布局示意图

安 装 说 明（续）

4. 安装方法

(1) 主机的安装

主机稳固的安装在墙壁或固定物上，如安装在室外，需在主机外加罩防水保护机箱。

(2) 电缆埋设

将泄漏电缆安装在被警戒区域周界处，单机的警戒区域边界长为100m，两根泄漏电缆平行安置，间距为1～3m（建议1.5m左右），埋设深度可根据土质情况确定：一般水泥地埋深30～70mm，泥土地埋深100～200mm左右。为了确保系统的正常工作，在埋设前，先将电缆以适当间距放置在地上，然后接上主机，通电后进行步行测试，工作正常后，在电缆测试好的位置就地埋设。

当多套泄漏电缆连接使用时，其规范用法是将相邻两套泄漏电缆首尾相接，由于泄漏电缆始端存在3m左右过渡区，为确保相邻两套连接探测器接合区域可靠探测，在安装时应保证相邻两套泄漏电缆首尾间有3m左右重叠区，并且使两套电缆间在重叠区保持有0.3m左右的间隔，同时，相邻两套的泄漏电缆主机的工作频率应错开，即选择编号最后不同字母的泄漏电缆的主机。

5. 注意事项

两根电缆不应互相交叉和靠近安装、多余的电缆应剪掉（包括非泄漏电缆）；

电源线与信号线不能和泄漏电缆并行靠近安装，相互之间的距离应大于300mm；

为了防止警戒区附近行驶的汽车及行人对泄漏电缆探测器的影响而造成不必要的报警，警戒电缆埋设应距离公路大于4m，距离人行道2m以上。

图名	泄漏电缆入侵报警系统 安装方法（二）	图号	RD 1—25（二）

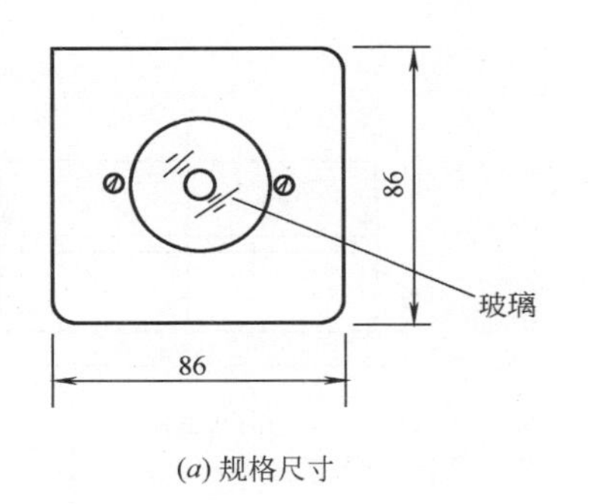

(*a*) 规格尺寸

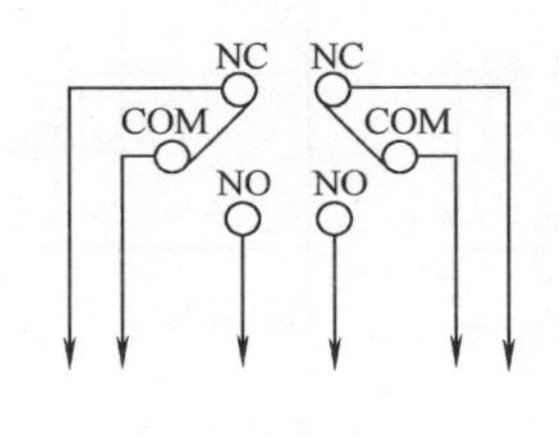

(*b*) 正常时电路接点状态

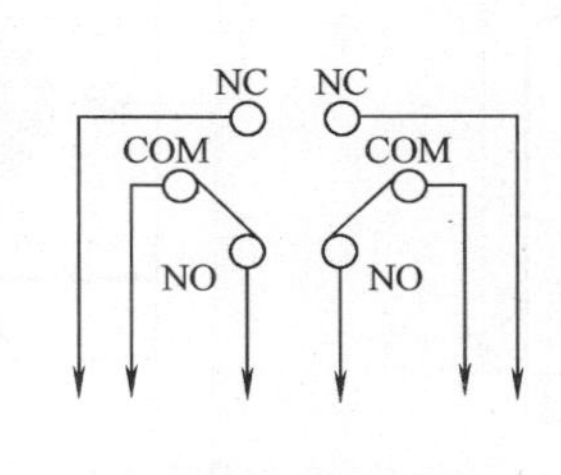

(*c*) 打破玻璃时电路接点状态

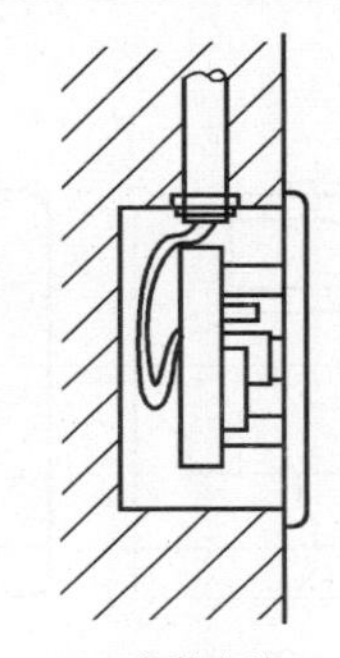

(*d*) 安装方法

1. 破玻璃式防盗报警按钮安装方法

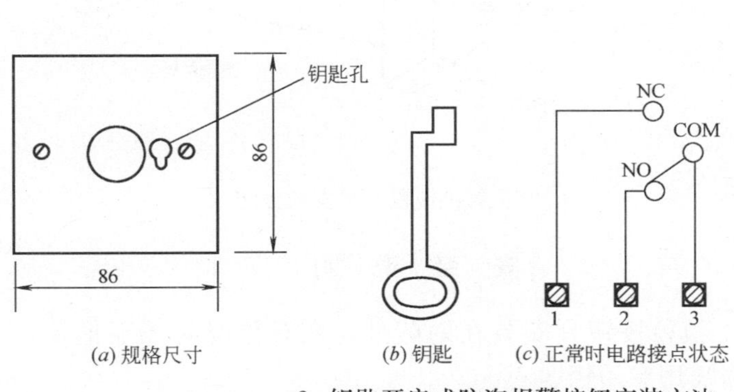

(*a*) 规格尺寸　(*b*) 钥匙　(*c*) 正常时电路接点状态

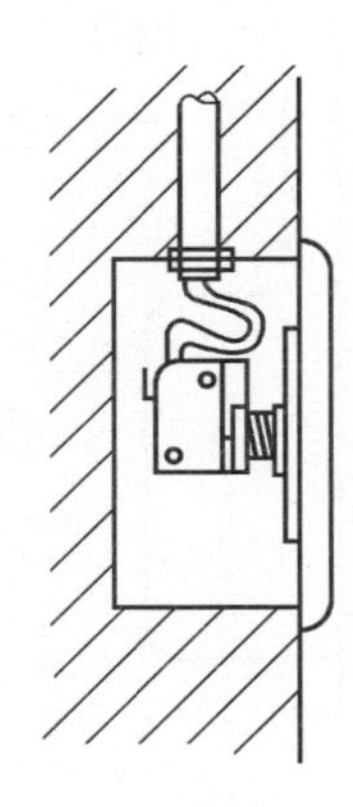

(*d*) 安装方法

2. 钥匙开启式防盗报警按钮安装方法

安 装 说 明

防盗报警按钮分为破玻璃式及钥匙开启式两种，报警按钮安装在墙上，安装高度为底边距地 1.4m。

每个报警按钮有一个独立的编号，公共地点通常安装在走廊的墙上，住宅单位内通常安装在主卧室门后的墙上，公共地点通常选用破玻璃式，住宅单位内可选用钥匙开启式。当发生紧急情况时，打破或按下报警按钮，通知保安控制中心。

破玻璃式按钮报警后，需更换玻璃，恢复正常状态。钥匙开启式按钮报警后，需用钥匙开启恢复正常状态。

图名	防盗报警按钮安装方法（一）	图号	RD 1—26（一）

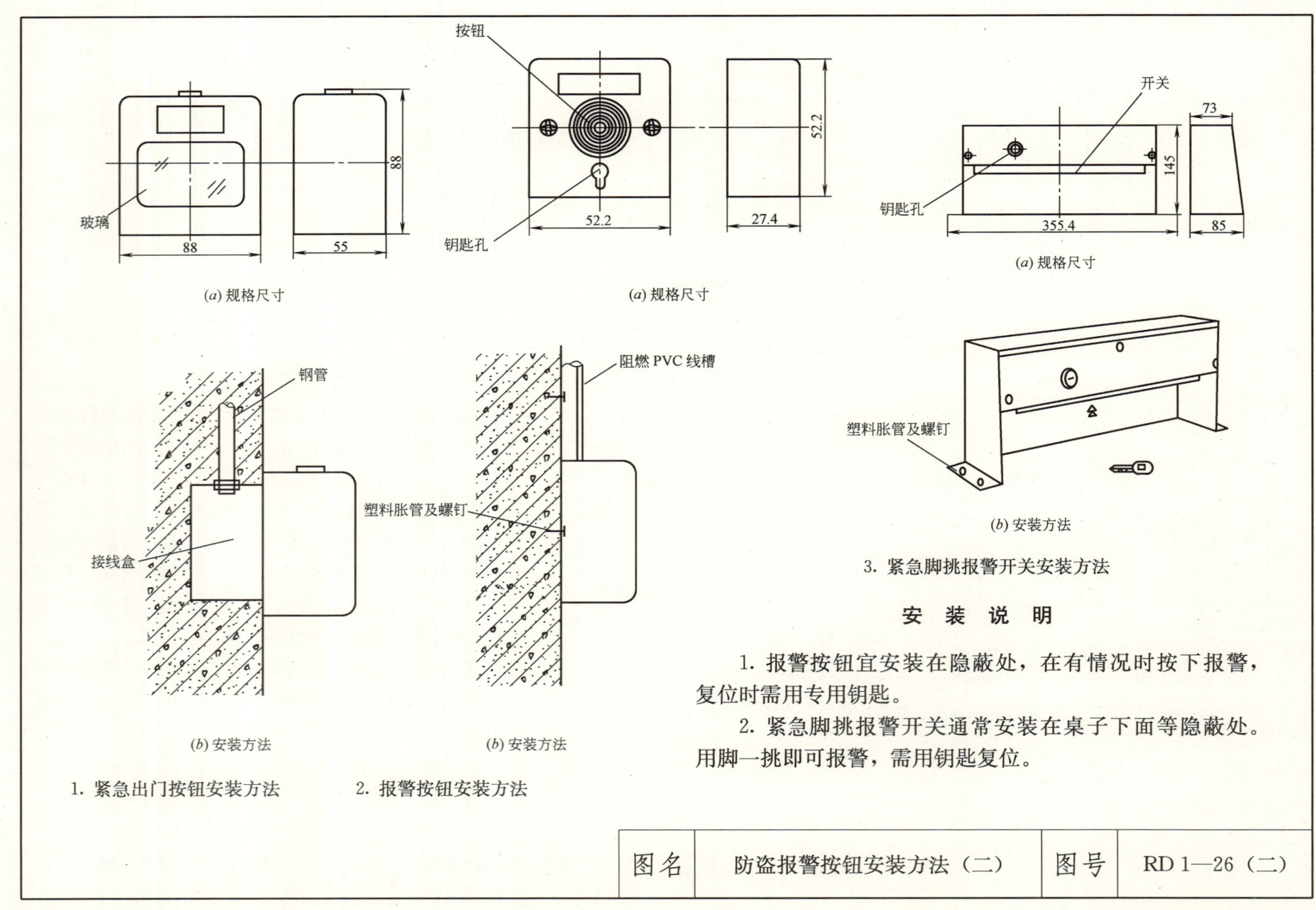

(*a*) 规格尺寸

(*b*) 安装方法

1. 紧急出门按钮安装方法

(*a*) 规格尺寸

(*b*) 安装方法

2. 报警按钮安装方法

(*a*) 规格尺寸

(*b*) 安装方法

3. 紧急脚挑报警开关安装方法

安 装 说 明

1. 报警按钮宜安装在隐蔽处，在有情况时按下报警，复位时需用专用钥匙。

2. 紧急脚挑报警开关通常安装在桌子下面等隐蔽处。用脚一挑即可报警，需用钥匙复位。

图名	防盗报警按钮安装方法（二）	图号	RD 1—26（二）

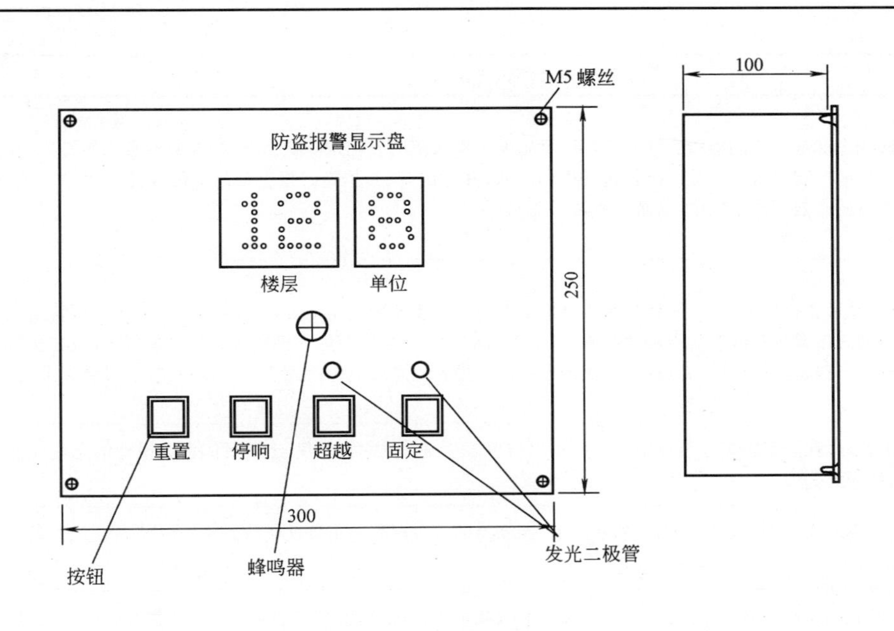

1. 防盗报警显示盘安装方法（一）

22A
楼层 单位
防盗报警显示盘
试钟 静止 重置
按钮
260
210

2. 防盗报警显示盘安装方法（二）

安 装 说 明

防盗报警显示盘用 1.5mm 厚不锈钢板制成，并配用专用接线盒，显示盘通常安装在大厦的管理处或保安控制中心，当报警按钮发出报警信号时，显示盘上的蜂鸣器就会鸣响，同时显示报警楼层及地点，管理人员可及时知道情况及处理。方法（二）显示盘厚度为 50mm。

图名	防盗报警显示盘安装方法	图号	RD 1—27

序号	检验项目		检验要求及测试方法
1	入侵报警功能检验	各类入侵探测器报警功能检验	各类入侵探测器应按相应标准规定的检验方法检验探测灵敏度及覆盖范围。在设防状态下，当探测到有入侵发生，应能发出报警信息。防盗报警控制设备上应显示出报警发生的区域，并发出声、光报警。报警信息应能保持到手动复位。防范区域应在入侵探测器的有效探测范围内，防范区域内应无盲区
		紧急报警功能检验	系统在任何状态下，触动紧急报警装置，在防盗报警控制设备上应显示出报警发生地址，并发出声、光报警。报警信息应能保持到手动复位。紧急报警装置应有防误触发措施，被触发后应自锁。当同时触发多路紧急报警装置时，应在防盗报警控制设备上依次显示出报警发生区域，并发出声、光报警信息。报警信息应能保持到手动复位，报警信号应无丢失
		多路同时报警功能检验	当多路探测器同时报警时，在防盗报警控制设备上应显示出报警发生地址，并发出声、光报警信息。报警信息应能保持到手动复位，报警信号应无丢失
		报警后的恢复功能检验	报警发生后，入侵报警系统应能手动复位。在设防状态下，探测器的入侵探测与报警功能应正常；在撤防状态下，对探测器的报警信息应不发出报警
2	防破坏及故障报警功能检验	入侵探测器防拆报警功能检验	在任何状态下，当探测器机壳被打开，在防盗报警控制设备上应显示出探测器地址，并发出声、光报警信息，报警信息应能保持到手动复位
		防盗报警控制器防拆报警功能检验	在任何状态下，防盗报警控制器机盖被打开，防盗报警控制设备应发出声、光报警信息，报警信息应能保持到手动复位
		防盗报警控制器信号线防破坏报警功能检验	在有线传输系统中，当报警信号传输线被开路、短路及并接其他负载时，防盗报警控制器应发出声、光报警信息，应显示报警信息，报警信息应能保持到手动复位
		入侵探测器电源线防破坏功能检验	在有线传输系统中，当探测器电源线被切断，防盗报警控制设备应发出声、光报警信息，应显示线路故障信息，该信息应能保持到手动复位

图名	入侵报警系统检验项目、检验要求及测试方法（一）	图号	RD 1—28（一）

序号	检验项目		检验要求及测试方法
2	防破坏及故障报警功能检验	防盗报警控制器主备电源故障报警功能检验	当防盗报警控制器主电源发生故障时，备用电源应自动工作，同时应显示主电源故障信息；当备用电源发生故障或欠压时，应显示备用电源故障或欠压信息，该信息应能保持到手动复位
		电话线防破坏功能检验	在利用市话网传输报警信号的系统中，当电话线被切断，防盗报警控制设备应发出声、光报警信息，应显示线路故障信息，该信息应能保持到手动复位
3	记录、显示功能检验	显示信息检验	系统应具有显示和记录开机、关机时间、报警、故障、被破坏、设防时间、撤防时间、更改时间等信息的功能
		记录内容检验	应记录报警发生时间、地点、报警信息性质、故障信息性质等信息。信息内容要求准确、明确
		管理功能检验	具有管理功能的系统，应能自动显示、记录系统的工作状况，并具有多级管理密码
4	系统自检功能检验	自检功能检验	系统应具有自检或巡检功能，当系统中入侵探测器或报警控制设备发生故障、被破坏，都应有声光报警，报警信息保持到手动复位
		设防/撤防、旁路功能检验	系统应能手动/自动设防/撤防，应能按时间在全部及部分区域任意设防和撤防；设防、撤防状态应有显示，并有明显区别
5	系统报警响应时间检验		(1)检验从探测器探测到报警信号到系统联动设备启动之间的响应时间，应符合设计要求； (2)检验从探测器探测到报警信号与经市话网电话线传输到报警控制设备接收到报警信号之间的响应时间，应符合设计要求； (3)检验系统发生故障到报警控制设备显示信息之间的响应时间，应符合设计要求
6	报警复核功能检验		在有报警复核功能的系统中，当报警发生时，系统应能对报警现场进行声音或图像复核
7	报警声级检验		用声级计在距离报警发声器件正前方 1m 处测量(包括探测器本地报警发声器件、控制台内置发声器件及外置发声器件)，声级应符合设计要求
8	报警优先功能检验		经市话网电话线传输报警信息的系统，在主叫方式下应具有报警优先功能。检查是否有被叫禁用措施
9	其他项目检验		具体工程中具有的而以上功能中未涉及到的项目，其检验要求应符合相应标准、工程合同及设计任务书的要求

图名	入侵报警系统检验项目、检验要求及测试方法（二）	图号	RD 1—28（二）

2　视频安防监控系统

安 装 说 明

视频安防监控系统应能根据建筑物安全技术防范管理的需要，对必须进行监控的场所、部位、通道等进行实时有效的视频探测、视频监视、视频传输、显示和记录，并应具有报警和图像复核功能。视频安防监控系统中使用的设备必须符合国家法律法规和现行强制性标准的要求，并经法定机构检验或认证合格。

视频安防监控系统一般由摄像、传输、控制、图像处理和显示五部分组成。现场设备介绍了摄像机、镜头、防护罩、云台、支架、解码器等的安装方法；控制室设备介绍了机柜及控制台等设备的安装方法。控制室内其他设备（如监视器、长时间录像机、矩阵切换器、控制键盘、视频分配器、画面分割器、时序切换器等）通常安装在机柜或控制台上。

视频安防监控系统的工程施工前，应对图纸、现场情况、材料设备的到货情况进行全面了解，具备条件时才可施工，施工中应做好隐蔽工程的施工验收，并做好记录。施工时应配合相关专业进行工作，如电梯厢内安装摄像机时，随行电缆摄像机用线缆的确认；电梯厢内、墙壁石材上、吊顶上摄像机的安装及预留检修口等。

1. 摄像部分

主要包括摄像机、镜头、防护罩、云台、支架及解码器等。

（1）摄像机

摄像机可选用体积小、重量轻、便于现场安装与检修的电荷耦合器件（CCD）型摄像机。当一台摄像机需要监视多个不同方向的场景时，应配置自动调焦装置和电动云台。

（2）镜头

1）摄取固定监视目标时，可选用定焦距镜头；当视距较小而视角较大时，可选用广角镜头；当视距较大时，可选用望远镜头；当需要改变监视目标的观察视角或视角范围较大时，宜选用变焦距镜头。

2）摄像机镜头应避免强光直射，保证摄像管靶面不受损伤。摄像机镜头应从光源方向对准监视目标，并应避免逆光安装；当需要逆光安装时，应降低监视区域的对比度。

3）镜头视场内，不得有遮挡监视目标的物体。

（3）防护罩

根据工作环境应选配相应的摄像机防护罩。室内型防护罩通常用于防尘和起隐蔽作用。室外型防护罩主要为了防晒、防雨、防尘、防冻、防结露等。防护罩的附属设备包括雨刷器、清洁器、防霜器、加热器和风扇等。特殊环境场所应选用防水、防爆型防护罩。

（4）云台

云台分手动云台和电动云台。手动云台在摄像机安装时调整角度，然后加以固定；电动云台分单向电动云台和双向（水平+垂直）电动云台。云台选用要考虑的参数有：转动角度、转动速度、供电电压及承重等。

（5）支架

支架分为摄像机支架、防护罩支架、云台支架。支架安装方式有：顶（吊）装、壁装、落地安装、杆上安装等。选用支架要考虑安装方法及承载能力。

（6）摄像机安装

1）摄像机宜安装在监视目标附近、不易受外界损伤的地方，安装位置不应影响现场设备运行和人员正常活动。安装的高度，室内宜距地面2.5～5m或吊顶下0.2m处；室外应距地面3.5～10m，并不得低于3.5m。

2）摄像机需要隐蔽时，可设置在顶棚或墙壁内，镜头可采用针孔或棱镜镜头。对防盗用的系统可装设附加的外部传感器与系统组合，进行联动报警。

3）电梯厢内的摄像机应安装在电梯厢顶部、电梯操作器的对角处，并应能监视电梯厢内全景。

4）摄像机安装前应按下列要求进行检查：将摄像机逐个通电进行检测和粗调，在摄像机处于正常工作状态后，方可安装；检查云台的水平、垂直转动角度，并根据设计要求定准云台转动起终点位置；检查摄像机防护罩的雨刷动作；检查摄像机在防护罩内紧固情况；检查摄像机座与支架或云台的安装尺寸等。

5）在搬动、架设摄像机过程中，不得打开镜头盖。

6）从摄像机引出的电缆宜留有1m的余量，不得影响摄像机的转动。摄像机的电缆和电源线均应固定，并不得用插头承受电缆的自重。

7）先对摄像机进行初步安装，经通电试看、细调，检查各项功能，观察监视区域的覆盖范围和图像质量，符合要求后方可固定。

8）解码器

解码器通常安装在摄像机现场附近，可安装在吊顶内，但要预留检修口，室外安装时要具有良好的密闭防水性能。

2. 控制室设备

（1）机柜安装应符合下列规定：机柜的底座应与地面固定；机柜安装应竖直平稳，垂直偏差不得超过1‰；几个机柜并排在一起安装，面板应在同一平面上并与基准线平行，前后偏差不得大于3mm；两个机柜中间缝隙不得大于3mm。对于相互有一定间隔而排成一列的设备，其面板前后偏差不得大于5mm；机柜内的设备、部件的安装，应在机柜定位完毕并加固后进行，安装在机柜内的设备应牢固、端正；机柜上的固定螺钉、垫片和弹簧垫圈均应按要求紧固不得遗漏。

（2）控制台安装应符合下列规定：控制台位置应符合设计要求；控制台应安放竖直，台面水平，附件完整，无损伤，螺钉紧固，台面整洁无划痕；台内接插件和设备接触应可靠，安装应牢固；内部接线应符合设计要求，无扭曲脱落现象。

（3）监控室内电缆的敷设应符合下列要求：采用地槽或墙槽时，电缆应从机柜、控制台底部引入，线路应理直，按次序放入槽内；拐弯处应符合电缆曲率半径要求。线路离开机柜和控制台时，应在距起弯点 10mm 处捆绑，根据线路的数量应每隔 100～200mm 捆绑一次。当为活动地板时，线路在地板下可灵活布放，并应理直，线路两端应留适度余量，并标示明显的永久性标记。

（4）监视器的安装应符合下列要求：监视器可装设在固定的机柜或控制台上，监视器的安装位置应使屏幕不受外来光直射，当不可避免时，应加遮光罩遮挡；监视器的外部可调节部分应暴露在便于操作的位置，并可加保护盖。

3. 线路敷设

电缆的敷设应符合下列要求：电缆的弯曲半径应大于电缆直径的 15 倍；电源线宜与信号线、控制线分开敷设；根据设计图上各段线路的长度来选配电缆，避免电缆接续，当必须中途接续时应采用专用接插件。

4. 供电与接地

（1）系统的供电电源应采用 220V、50Hz 的单相交流电源，并应配置专门的配电回路。当电压波动超出±5%～10%范围时，应设稳压电源装置。稳压装置的标称功率不得小于系统使用功率的 1.5 倍。

（2）摄像机宜由监控室集中统一供电；远程摄像机也可就近供电，但必须设置专用电源开关、熔断器和稳压等保护装置。

（3）系统的接地，宜采用一点接地方式。接地母线应采用铜质线。接地线不得与强电的零线相接。

（4）系统采用专用接地装置时，其接地电阻不得大于 4Ω；采用综合接地网时，其接地电阻不得大于 1Ω。

5. 本章相关规范

（1）《视频安防监控系统工程设计规范》（GB 50395—2007）。

（2）《智能建筑设计标准》（GB 50314—2006）。

（3）《智能建筑工程质量验收规范》（GB 50339—2003）。

（4）《安全防范工程技术规范》（GB 50348—2004）。

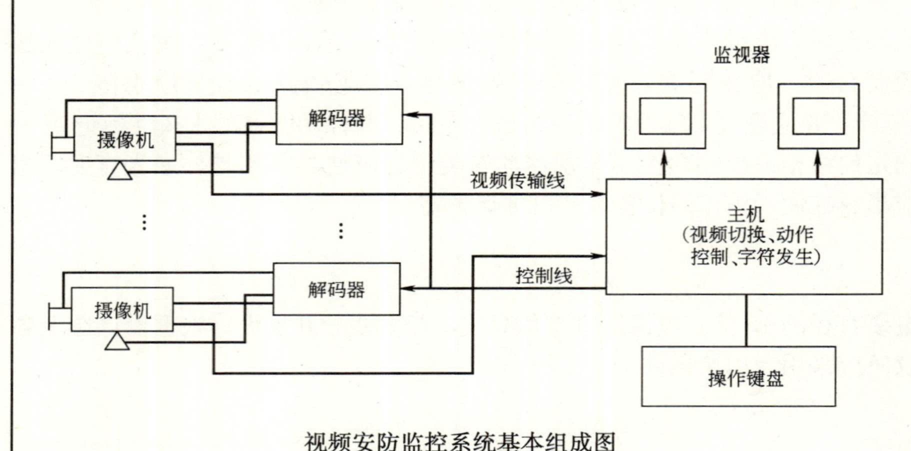

视频安防监控系统基本组成图

安装说明

视频安防监控系统主要由前端设备和后端设备两部分组成，其中后端设备可进一步分为中心控制设备和分控制设备。前后端设备有多种构成方式，它们之间的联系（也可称作传输系统）可通过电缆、光纤或微波等多种方式来实现。视频安防监控系统设备由摄像机部分（有时还有传声器）、传输部分、控制部分以及显示和记录部分四大块组成。在每一部分中，又含有更加具体的设备或部件。主要设备包括：

1. 摄像部分

摄像部分是视频安防监控系统的前沿部分，是整个系统的“眼睛”。它布置在被监视场所的某一位置上，使其视场角能覆盖被监视的各个部位。有时被监视场所面积较大，为了节省摄像机所用的数量、简化传输系统及控制与显示系统，在摄像机上加装电动的（可遥控的）可变焦距镜头，使摄像机所能观察的距离更远、更清楚；有时还把摄像机安装在电动云台上，通过控制台的控制，可以使云台带动摄像机进行水平和垂直方向的转动，从而使摄像机能覆盖的角度、面积更大。

摄像机就像整个系统的眼睛一样，把它监视的内容变为图像信号，传送给控制中心的监视器上。由于摄像部分是系统的最前端，并且被监视场所的情况是由它变成图像信号传送到控制中心的监视器上，所以从整个系统来讲，摄像部分是系统的原始信号源。

2. 传输部分

传输部分就是系统的图像信号及控制信号通路。一般来说，传输部分单指的是传输图像信号。但是，由于某些系统中除图像外，还要传输声音信号，同时，由于需要有控制中心通过控制台对摄像机、镜头、云台、防护罩等进行控制，因而在传输系统中还包含有控制信号的传输，所以我们这里所讲的传输部分，通常是指所有要传输的信号形成的传输系统的总和。

3. 控制部分

控制部分是整个系统的“心脏”和“大脑”，是实现整个系统功能的指挥中心。控制部分主要由总控制台（有些系统还设有副控制台）组成。总控制台中主要的功能有：视频信号放大与分配、图像信号的校正与补偿、图像信号的切换、图像信号（或包括声音信号）的记录、摄像机及其辅助部件（如镜头、云台、防护罩等）的控制等等。

4. 显示部分

显示部分一般由几台或多台监视器（或带视频输入的普通电视机）组成。它的功能是将传送过来的图像一一显示出来。在视频安防监控系统中，特别是在由多台摄像机组成的视频安防监控系统中，一般都不是一台监视器对应一台摄像机进行显示，而是几台摄像机的图像信号用一台监视器轮流切换显示。

图名	视频安防监控系统介绍（一）	图号	RD 2—1（一）

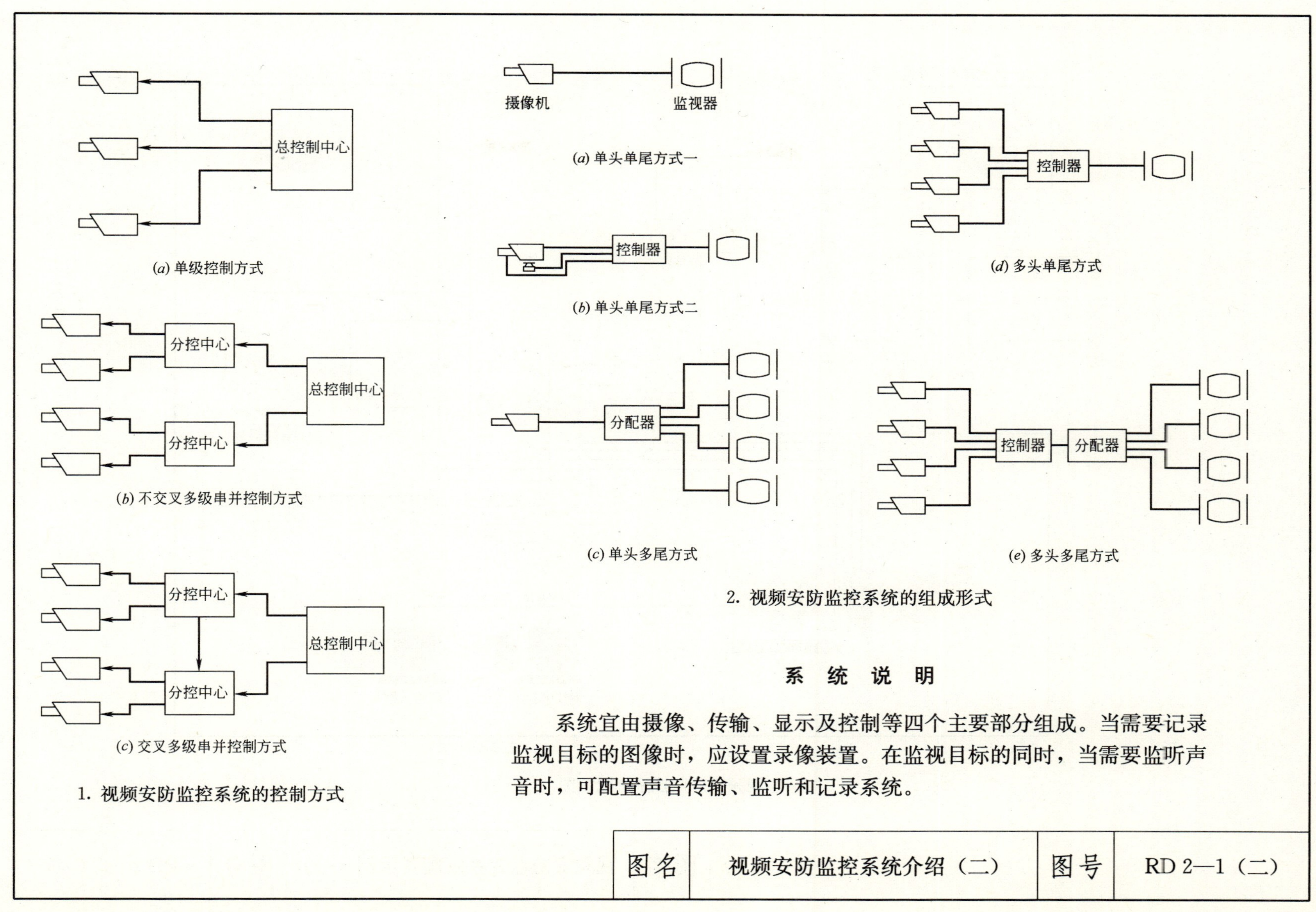

(*a*) 单级控制方式

(*b*) 不交叉多级串并控制方式

(*c*) 交叉多级串并控制方式

1. 视频安防监控系统的控制方式

(*a*) 单头单尾方式一

(*b*) 单头单尾方式二

(*c*) 单头多尾方式

(*d*) 多头单尾方式

(*e*) 多头多尾方式

2. 视频安防监控系统的组成形式

系 统 说 明

系统宜由摄像、传输、显示及控制等四个主要部分组成。当需要记录监视目标的图像时，应设置录像装置。在监视目标的同时，当需要监听声音时，可配置声音传输、监听和记录系统。

图名	视频安防监控系统介绍（二）	图号	RD 2—1（二）

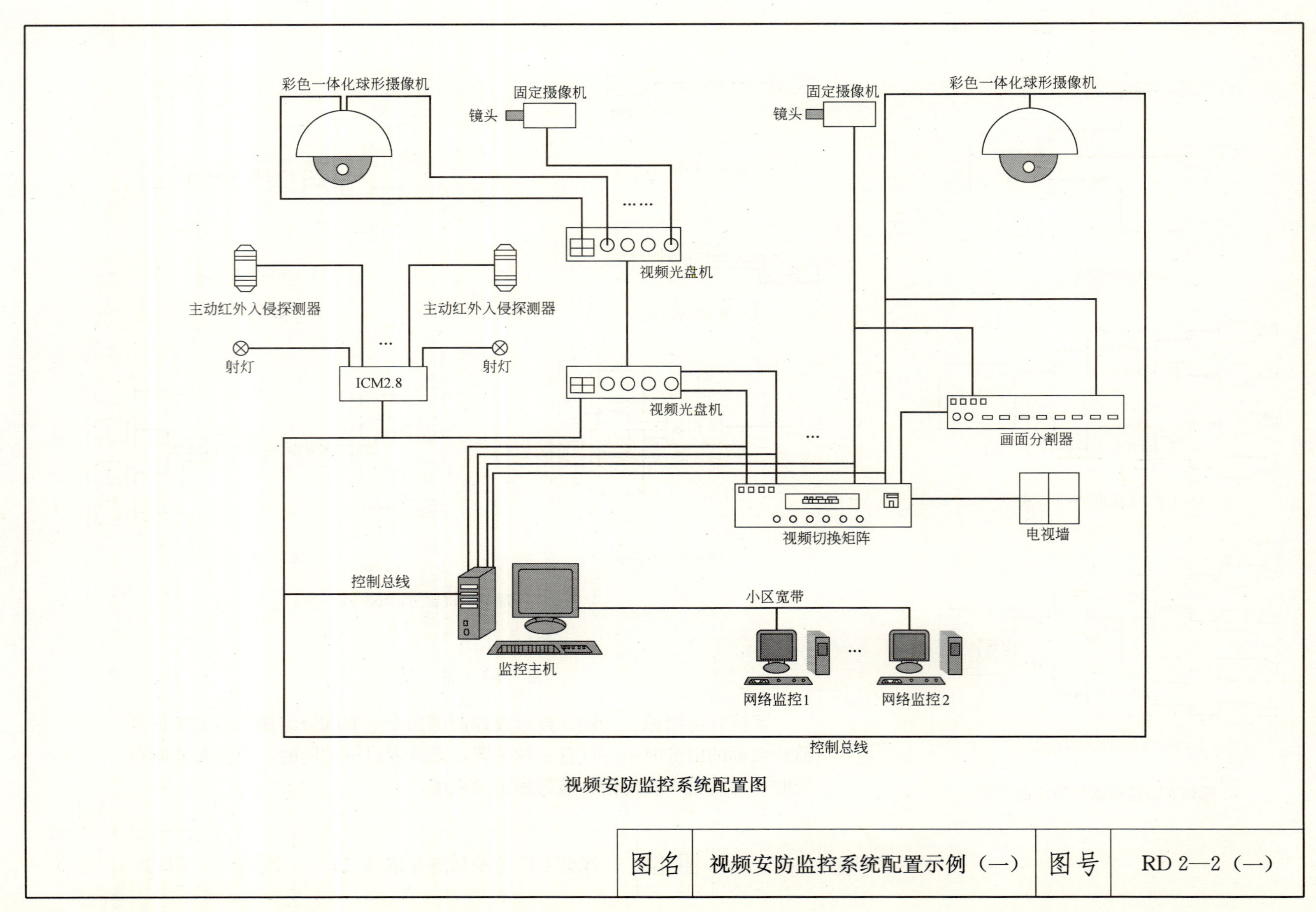

视频安防监控系统配置图

图名	视频安防监控系统配置示例（一）	图号	RD 2—2（一）

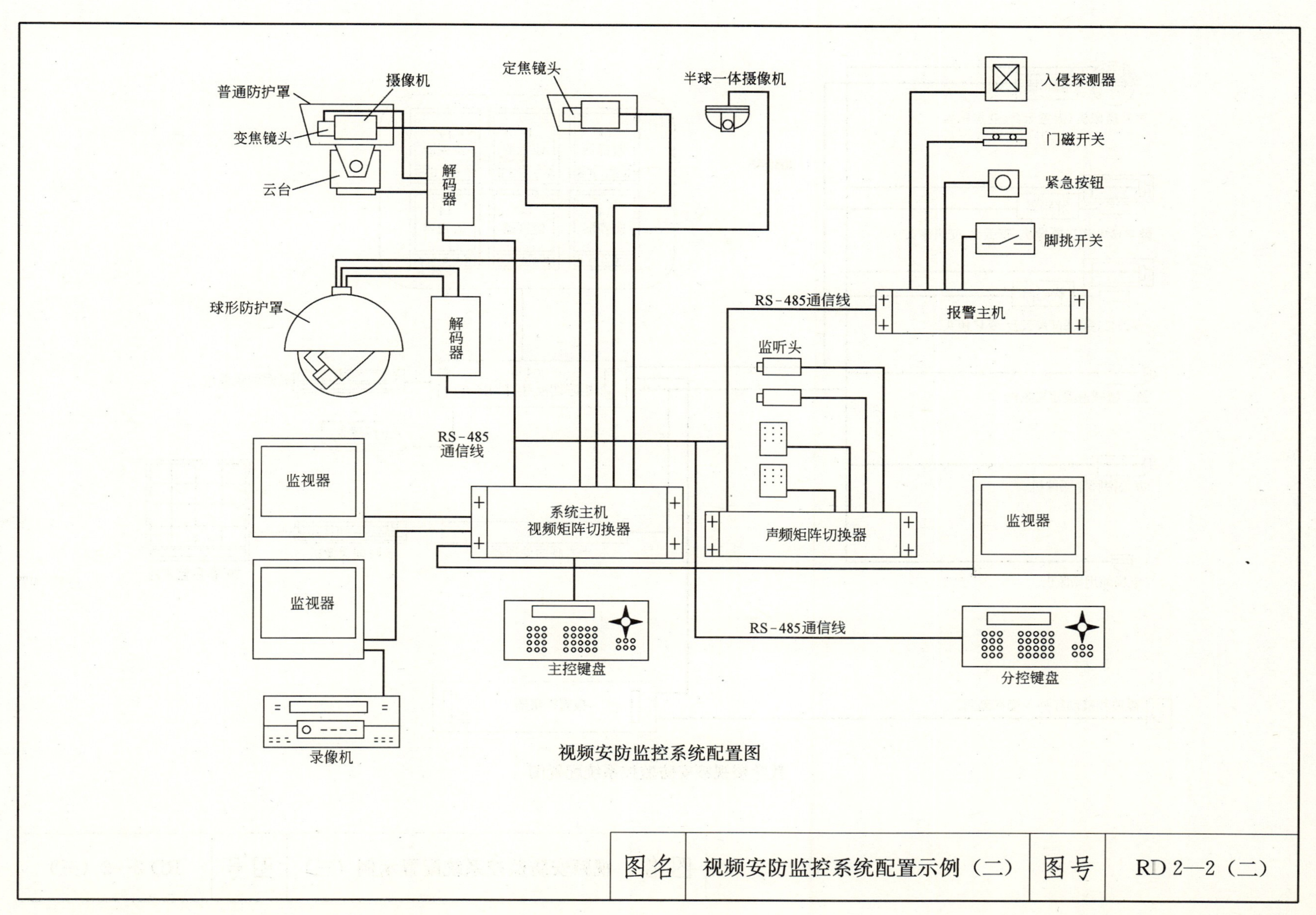

视频安防监控系统配置图

图名	视频安防监控系统配置示例（二）	图号	RD 2—2（二）

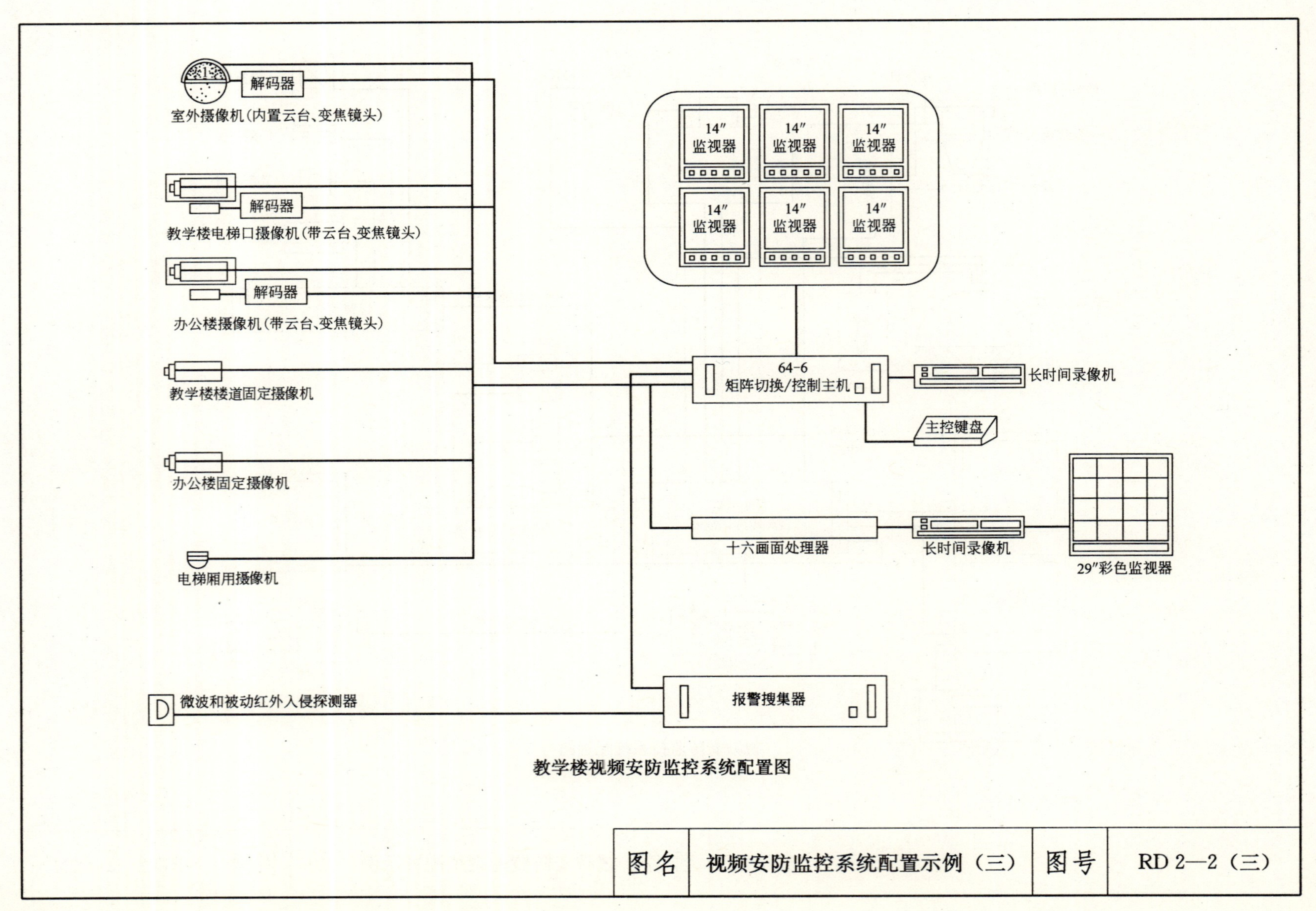

教学楼视频安防监控系统配置图

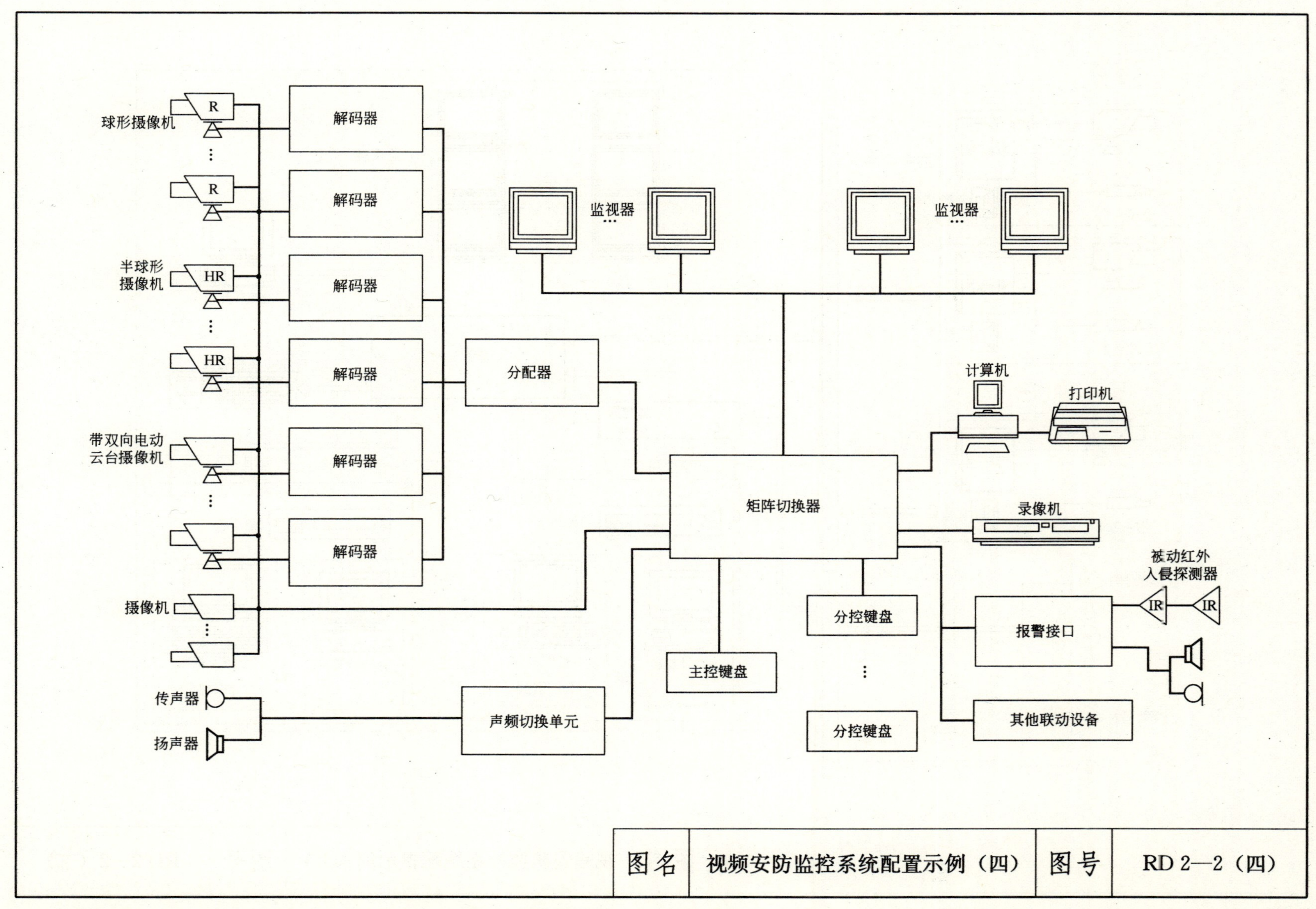

图名	视频安防监控系统配置示例（四）	图号	RD 2—2（四）

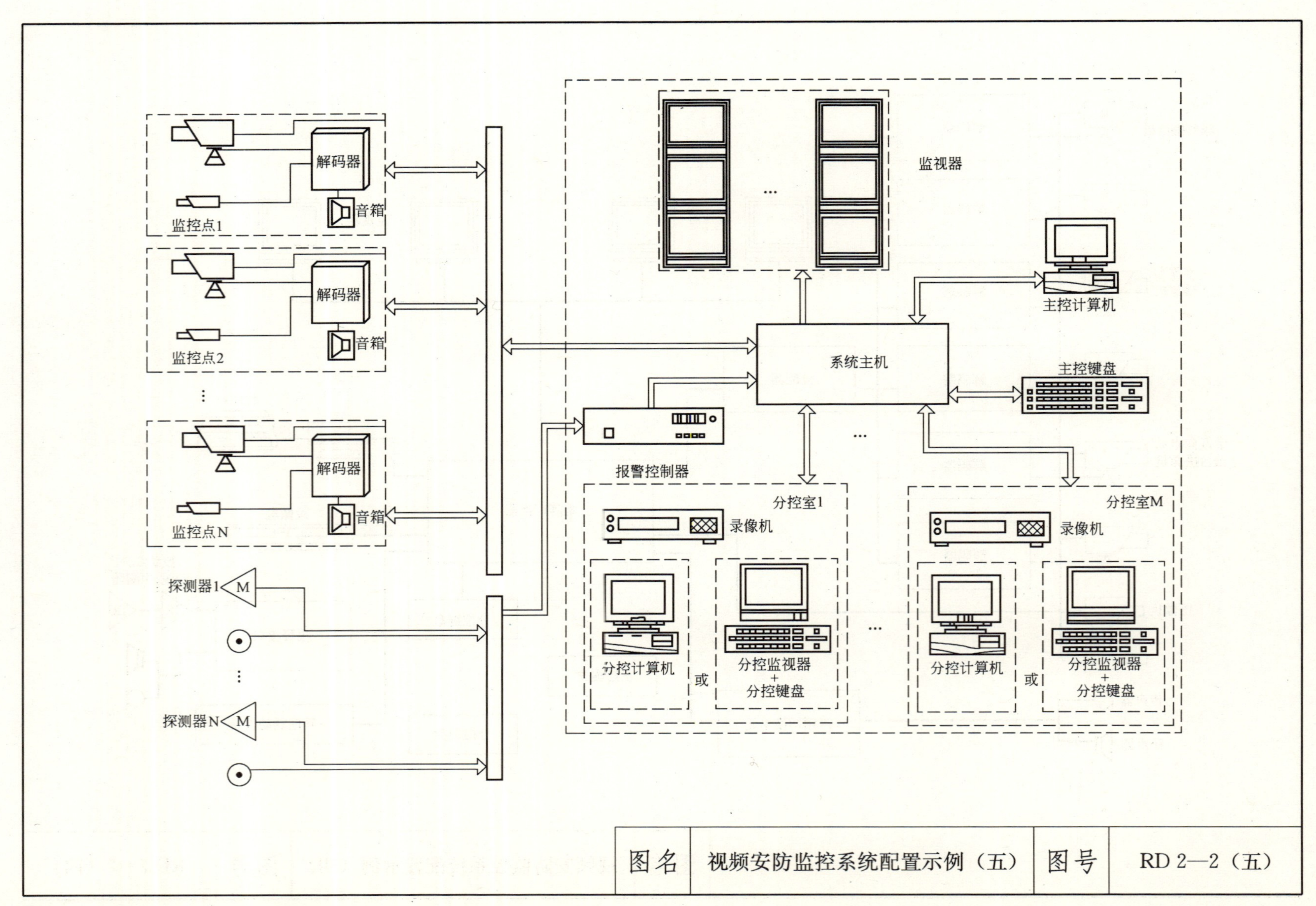

图名	视频安防监控系统配置示例（五）	图号	RD 2—2（五）

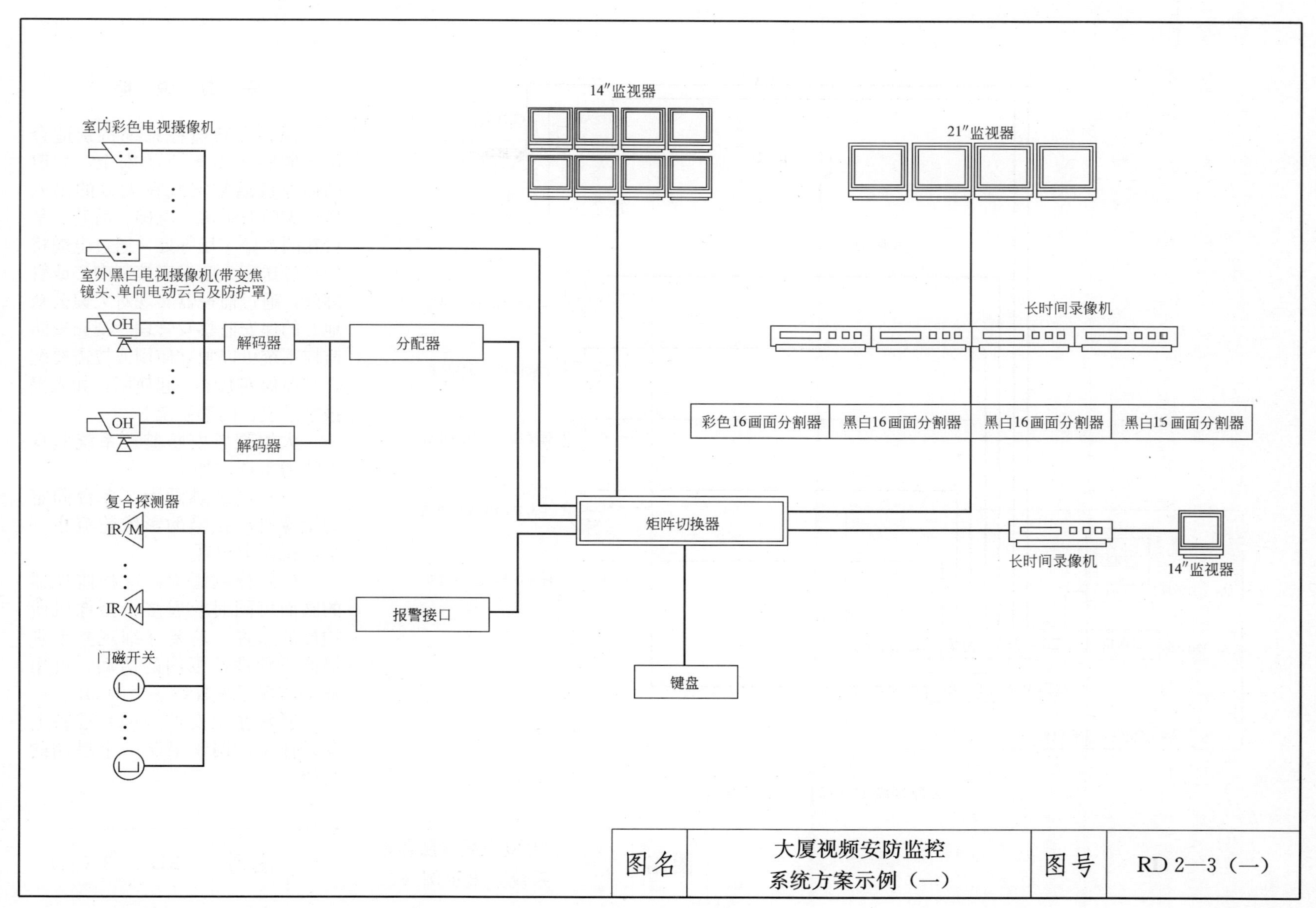

图名	大厦视频安防监控 系统方案示例（一）	图号	RↃ 2—3（一）

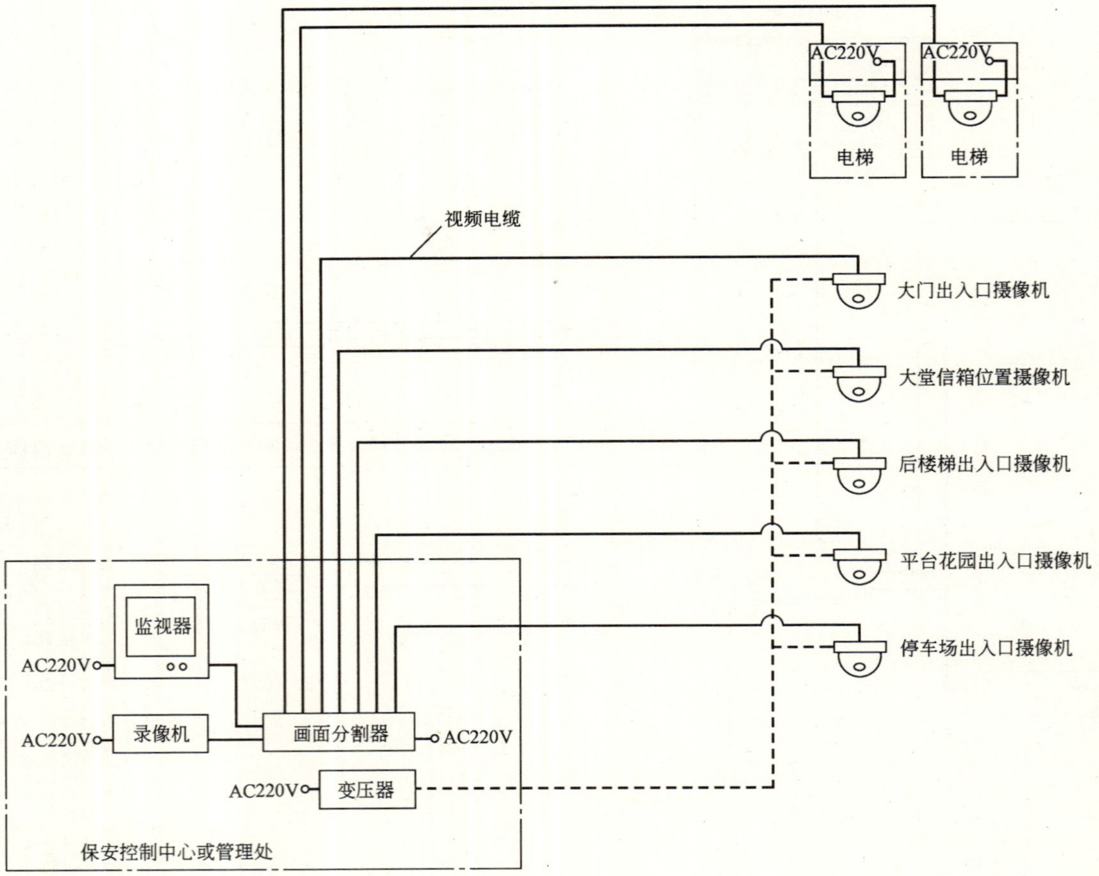

AC220V
AC220V
电梯
电梯
视频电缆
大门出入口摄像机
大堂信箱位置摄像机
后楼梯出入口摄像机
平台花园出入口摄像机
停车场出入口摄像机
监视器
AC220V
AC220V
录像机
画面分割器
AC220V
AC220V
变压器
保安控制中心或管理处

大厦视频安防监控系统示意图

安 装 说 明

视频安防监控系统特别适合用于监察公众地方的安全，大厦的摄像机通常安装在大厦的出入口、大门对讲机、电梯、后巷、平台花园、停车场等处，通过电缆将信号传送到大厦保安控制中心或管理处，通过监视器实现对大厦公众地方的保安监察及管理。视频安防监控系统可以独立使用或按需要配合其他保安系统一起使用，如入侵报警系统、门禁系统等。

大厦视频安防监控系统监视方法通常选用如下：

(1) 连续跳画面：多台固定的摄像机所拍摄的影像轮流在一个监视器上出现。

(2) 分割画面：这种监视器的画面可同时收看多台摄像机所拍摄的影像，若要仔细观察个别摄像机管理范围内的活动，可用整个监视器来收看一个画面。

通常在保安控制中心准备七盘录像带，用于录制一个星期的影像。

图名	大厦视频安防监控 系统方案示例（二）	图号	RD 2—3（二）

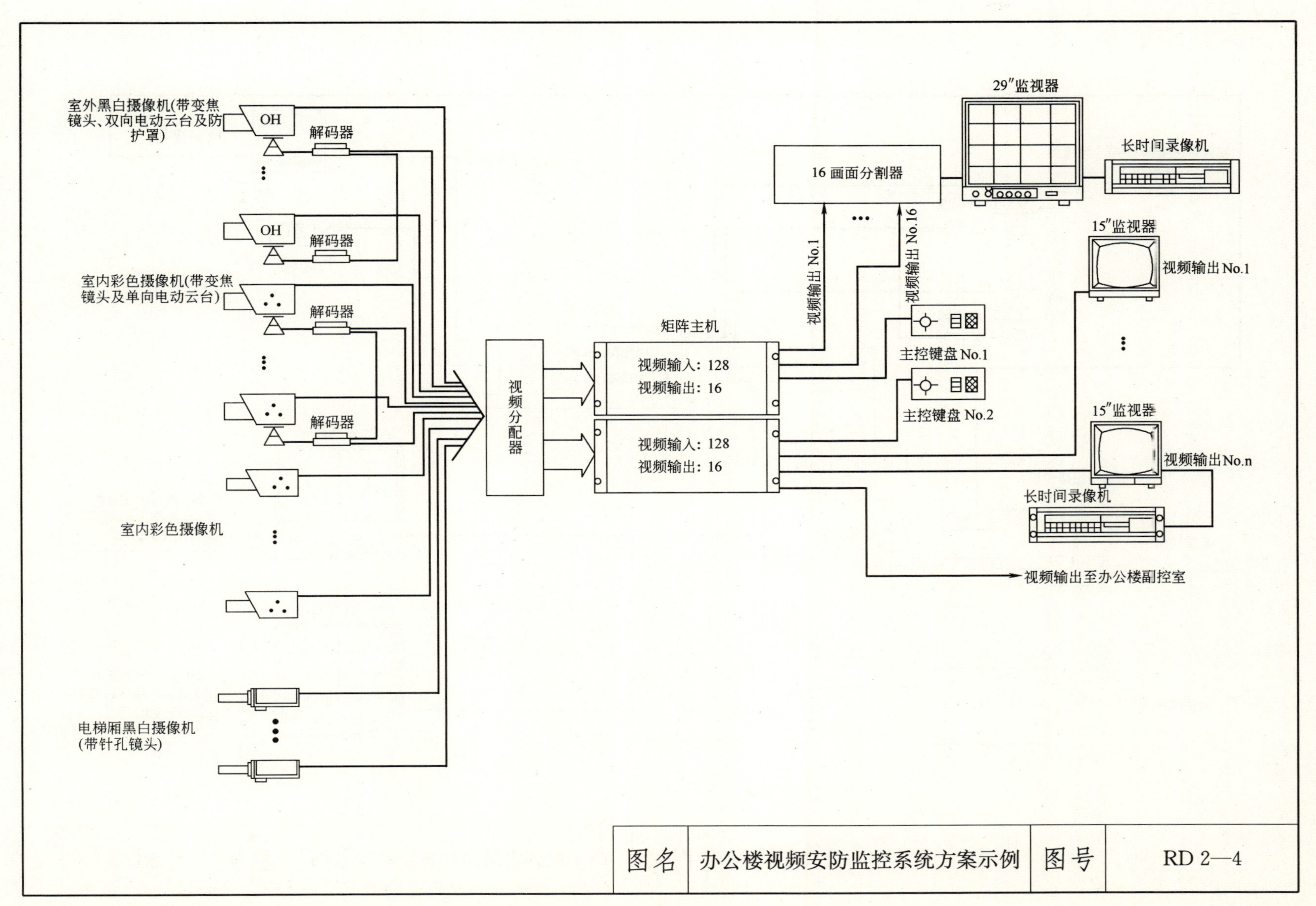

图名	办公楼视频安防监控系统方案示例	图号	RD 2—4

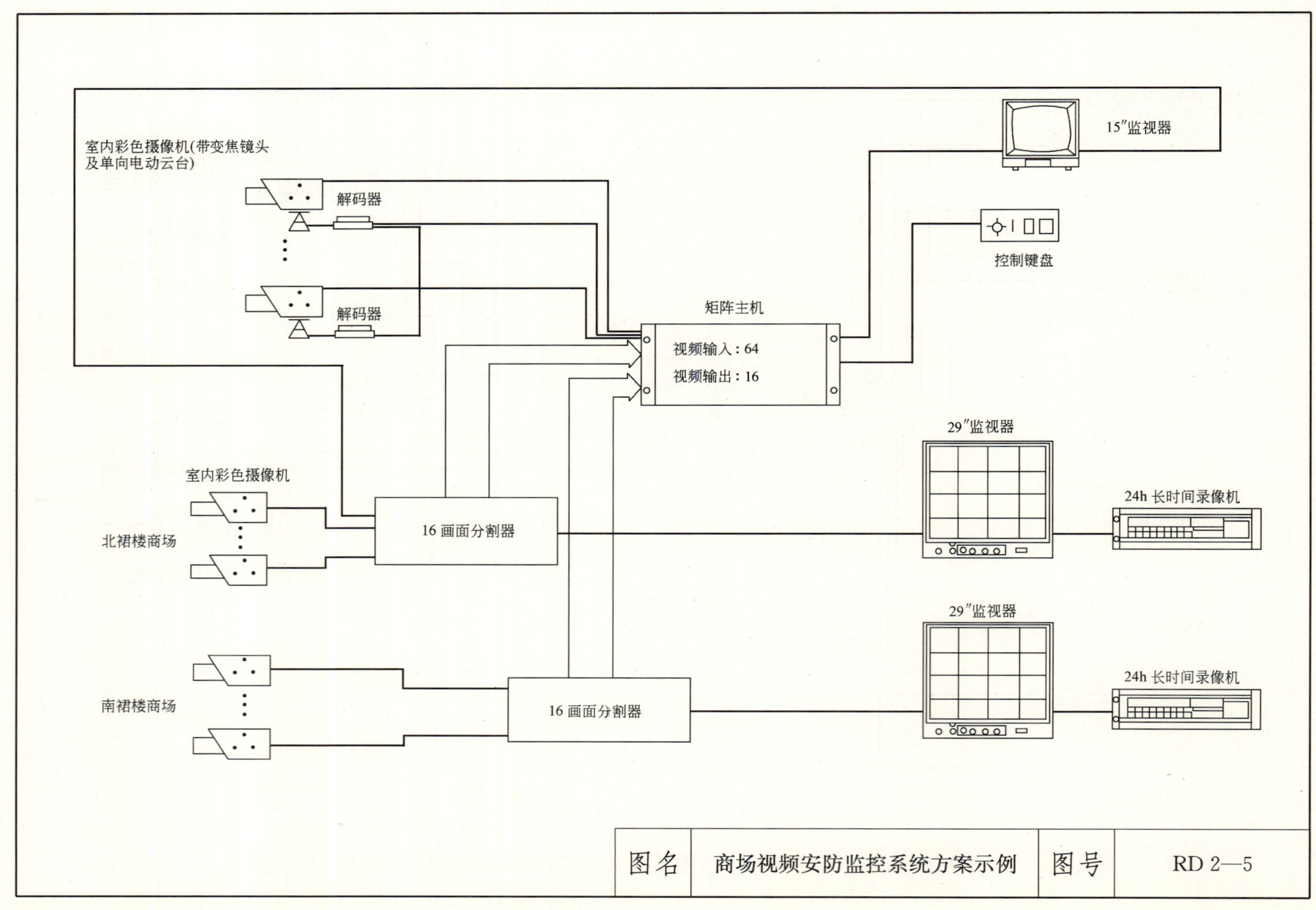

图名	商场视频安防监控系统方案示例	图号	RD 2—5

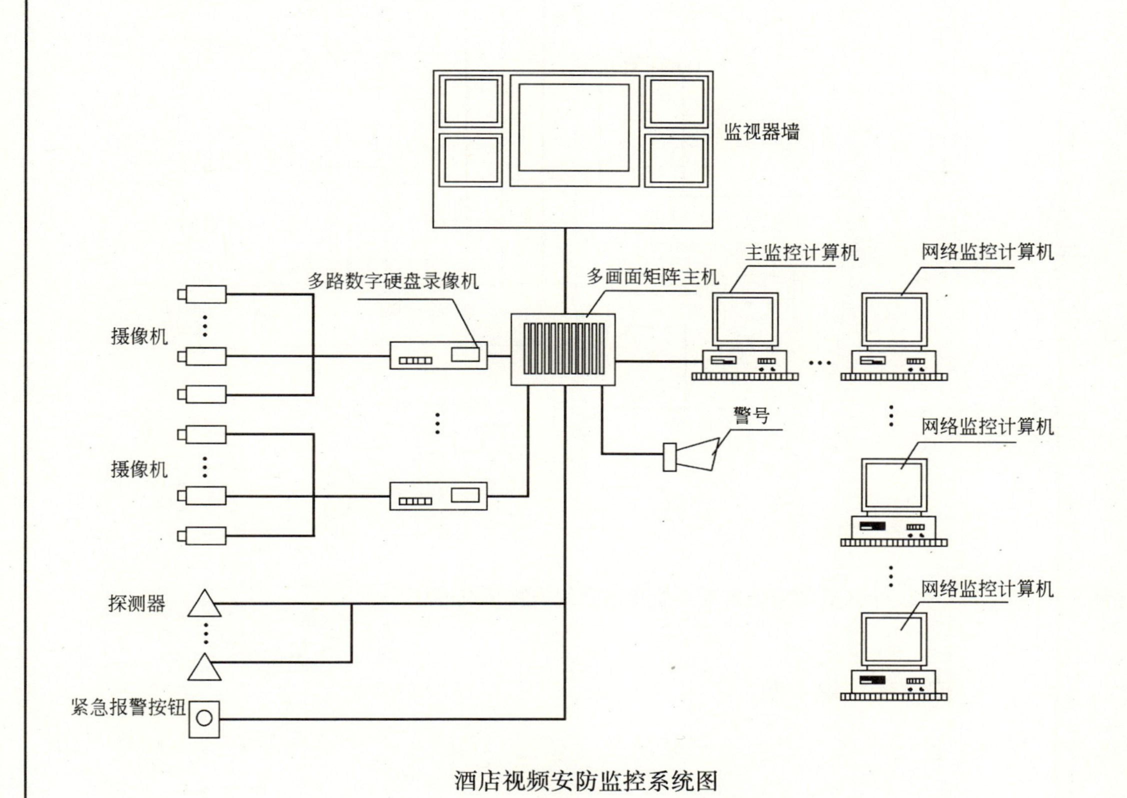

酒店视频安防监控系统图

安 装 说 明

该系统采用视频安防监控和入侵报警系统对酒店实行安全管理。在酒店的各主要出入口设置监控点，对整座酒店各个出入口进行全方位即时监控，可有效地防止各种非法入侵，确保酒店的安全。视频安防监控系统利用现代多媒体技术，利用现代先进的数字化、网络化技术来满足安全管理的需要。对整个系统进行全面的数字化综合管理，实现数字化控制的切换、电子地图、多画面显示和录像。当系统布防后，若有人进入警戒区，触发报警信号时，监控中心报警，同时联动打开对应摄像机电源及现场灯光，在平面图上会闪烁相应的颜色、显示报警的位置，并自动弹出报警画面，硬盘录像机同时录像，在中央多媒体系统显示报警点和报警处的图像。数字化网络监控报警设备可以和各主管的计算机进行联网，使各管理者可以利用个人的计算机进行分控，在网络上进行监控，通过计算机监控各回路的图像。同时输出的信号可与警署、110进行联网。发生紧急情况时自动接通110接警台或其他管理者的电话。

图名	酒店视频安防监控系统方案示例	图号	RD 2—6

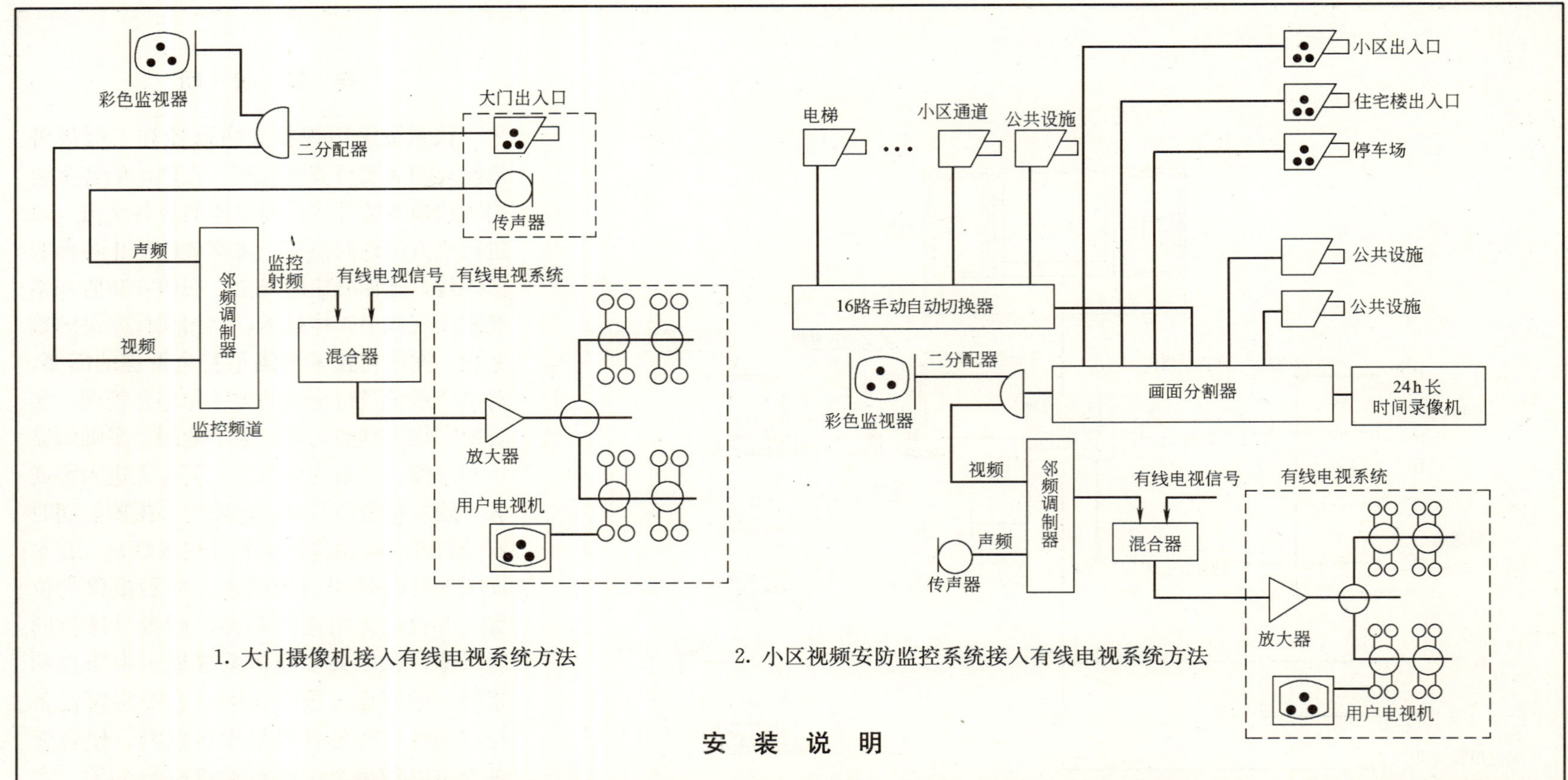

1. 大门摄像机接入有线电视系统方法

2. 小区视频安防监控系统接入有线电视系统方法

安 装 说 明

1. 邻频调制器输出的监控射频频道必须选择与有线电视信号各频道均不同频的某一频道，其输出电平必须与有线电视信号电平基本一致，以免发生同频干扰或相互交调。

2. 图1为住宅大厦对讲系统（大门口对讲机安装有摄像机，用户安装为非可视对讲机）接入有线电视系统安装方法。访客可通过大门对讲机呼叫住户，住户用非可视对讲机与访客对话，同时可打开电视机设定的频道观察访客。确认身份后，开锁请访客进入。

3. 图2方案是利用小区视频安防监控系统与有线电视系统联网，住户在家中可利用电视机观察小区内设置的监视点情况。

图名	视频安防监控系统接入有线电视系统方法	图号	RD 2—7

数字监控系统与模拟监控系统性能比较表

对比内容	数字监控系统	模拟监控系统
系统配置	利用PC机，可集成全部监控功能，设备简洁，可靠性高	由监视器、录像机、视频转换器、画面分割器、矩阵控制器等组成；设备繁琐，可靠性低
系统安装	只需在PC机上安装软、硬件系统，再连好摄像机即可	需要安装调试以上许多设备
操作	在用户界面上做任何事情只需轻轻一按	要经过很多培训才可操作众多的电器设备
管理	可实现无人值守	需多人值守
信息储存	数字信息	模拟信息
传输	可以在任何网络上实现远程图像传输	没有任何传输
录制方式	可自动设置各种录制方式：如定时录制、报警触发录制等	单一机械录制方式
存储介质	大容量硬盘自动循环存储	定时更换录像带
介质管理	光盘永久保存	录像带使用及消耗巨大
图像质量	分辨率高，图像清晰，硬盘反复回放图像质量不受影响，可达到720×576分辨率，真彩色效果	扫描线分辨率300线，图像质量差，多次回放更差
检索	多级随机非线性检索，操作快捷	无目标地顺序查找录像带
回放	可非线性回放，单帧冻结。可本地终端、网络及远程异地回放	录像带顺序回放
编辑	可对每一帧画面进行各种处理：最大程度还原、打印等	不能修复、打印、编辑
记录	自动记录所有访问系统的人、时间及警报事件。有本地、网络、远程等多种记录程序	没有任何日志
警报	自动报警设置，可接入多路警报信号输入，多路控制信号输出。有图像丢失和图像移动报警功能	只能手动录制报警后内容
系统升级	只需要换软件或小部分硬件	要更换重要的大型设备
显示方式	采用Overlay显示技术，可同时显示视频、声频、文字等信号。为真彩色显示	视频图像多为黑白或彩色
录制速率	以25帧/s速度对声、视频信号进行实时录制	速度慢
查询	本地、网络远程、多路、现实或历史查询	本地查询
功能	单一信号	功能单一
监控	授权终端可在网上监看任一控制点的现场图像	一般为本地监控
控制	按协议可对PTZ/P、灯光、音响、对远端设备开/关机，联动报警等	一般不能对远端设备进行控制

图名	数字监控系统与模拟监控系统性能比较	图号	RD 2—8

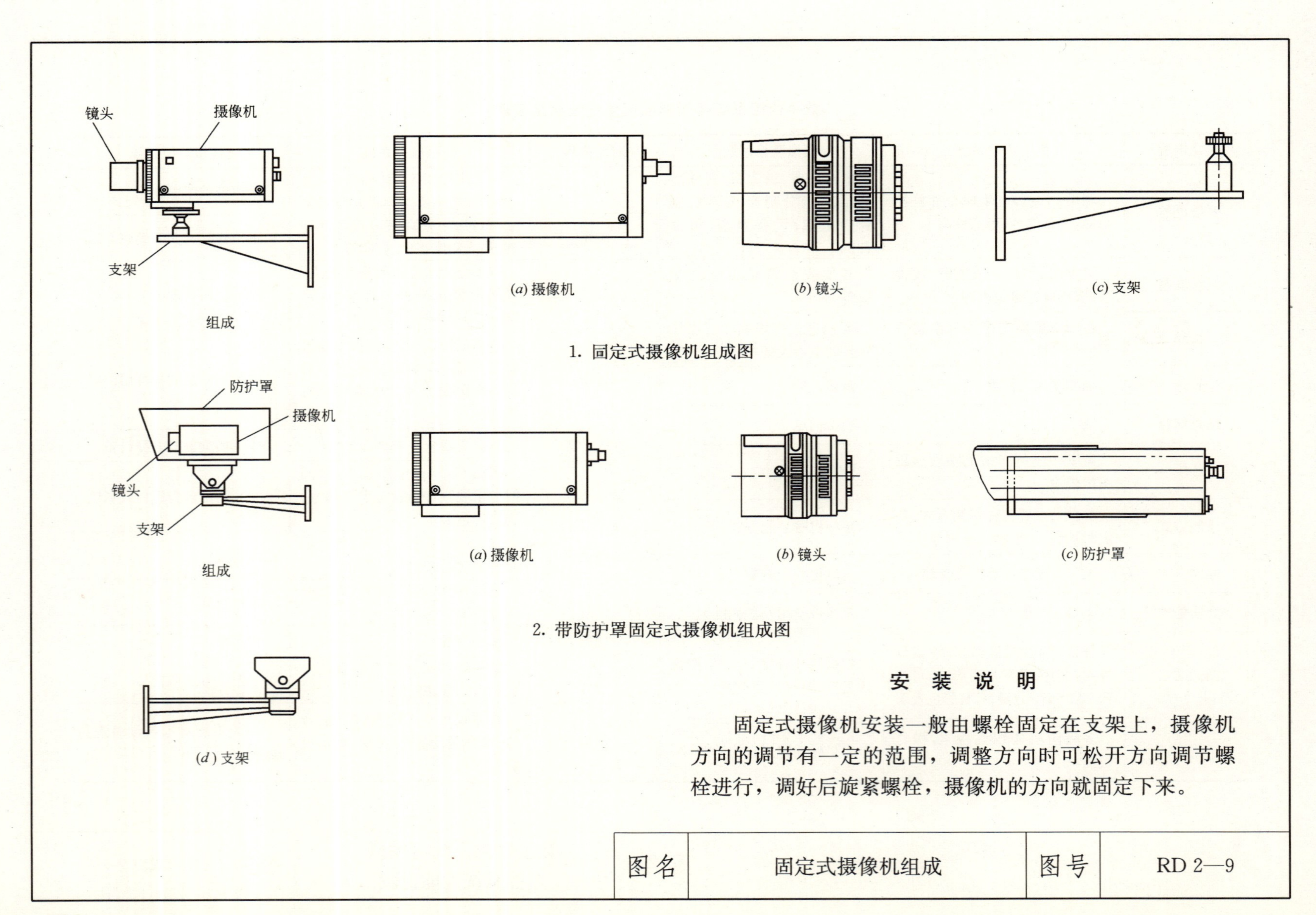

1. 固定式摄像机组成图

2. 带防护罩固定式摄像机组成图

安 装 说 明

固定式摄像机安装一般由螺栓固定在支架上，摄像机方向的调节有一定的范围，调整方向时可松开方向调节螺栓进行，调好后旋紧螺栓，摄像机的方向就固定下来。

图名	固定式摄像机组成	图号	RD 2—9

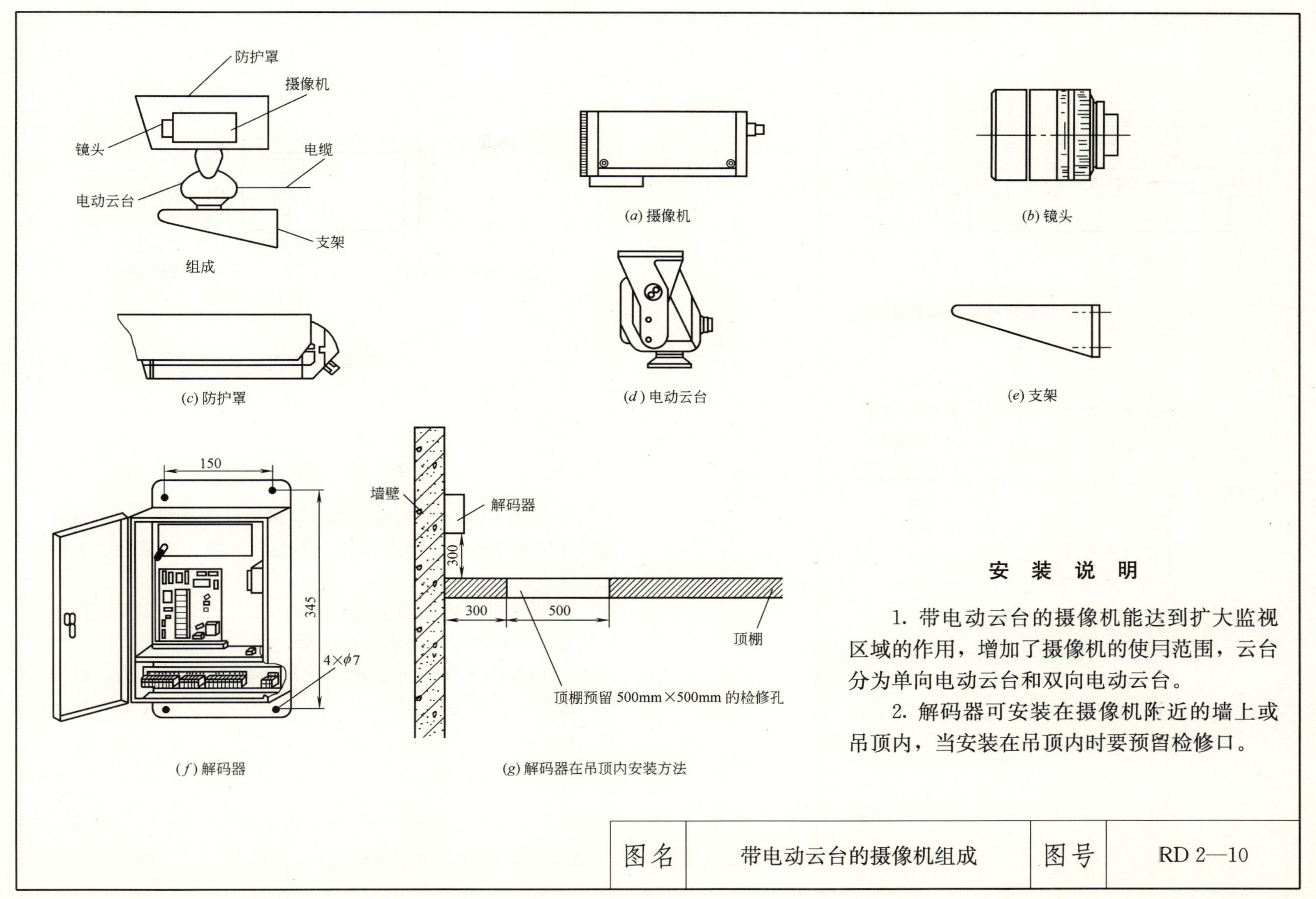
防护罩
摄像机
镜头
电缆
电动云台
支架
组成
(a) 摄像机
(b) 镜头
(c) 防护罩
(d) 电动云台
(e) 支架
150
345
4×φ7
(f) 解码器
墙壁
解码器
300
300
500
顶棚
顶棚预留 500mm×500mm 的检修孔
(g) 解码器在吊顶内安装方法
安 装 说 明
1. 带电动云台的摄像机能达到扩大监视区域的作用，增加了摄像机的使月范围，云台分为单向电动云台和双向电动云台。
2. 解码器可安装在摄像机附近的墙上或吊顶内，当安装在吊顶内时要预留检修口。
图名
带电动云台的摄像机组成
图号
RD 2—10

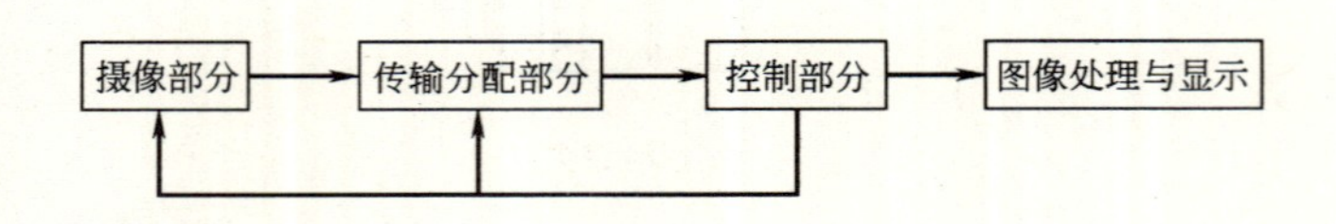

1. 视频安防监控系统组成

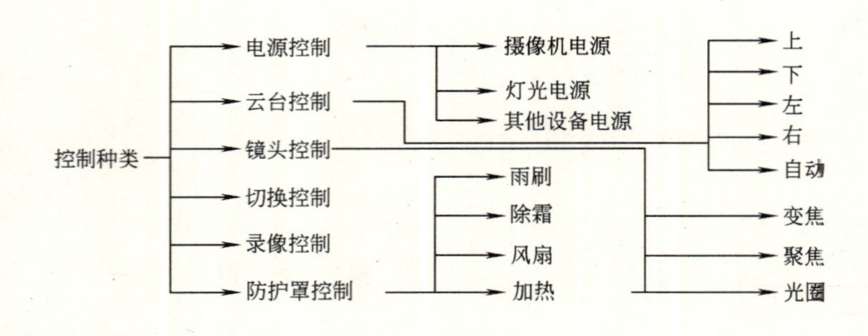

2. 视频安防监控系统控制的种类

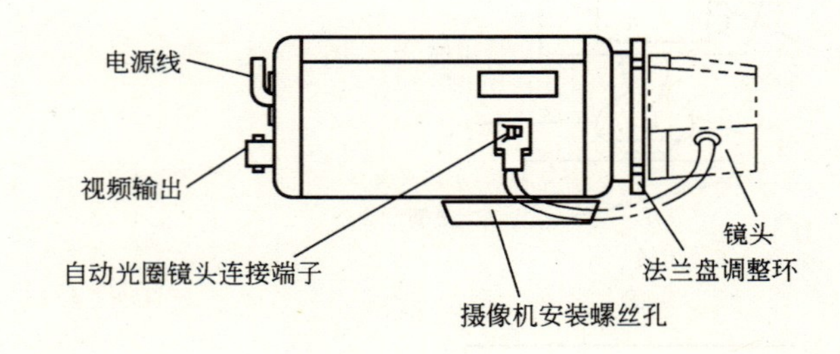

3. 摄像机结构图

安 装 说 明

1. 目前 CCD（电荷耦合器件）摄像机广泛使用，它具有使用环境照度低、工作寿命长、不怕强光源、重量轻、小型化等优点。

2. 摄像机供电电源分为：交流 220V、交流 24V、直流 12V 等，可根据设计要求进行选择。

3. 摄像机根据设计要求可选配不同型号的镜头、防护罩、云台、支架等。

图名	视频安防监控系统控制种类	图号	RD 2—11

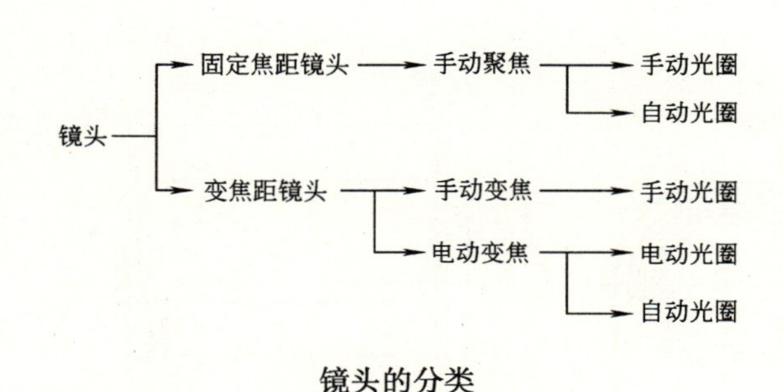

镜头的分类

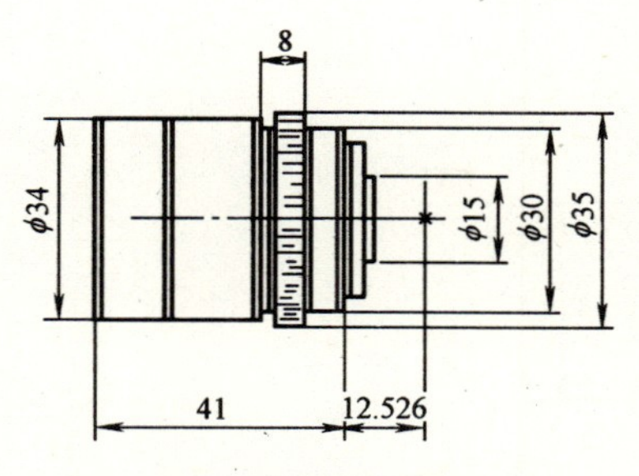

1. 固定光圈镜头规格尺寸

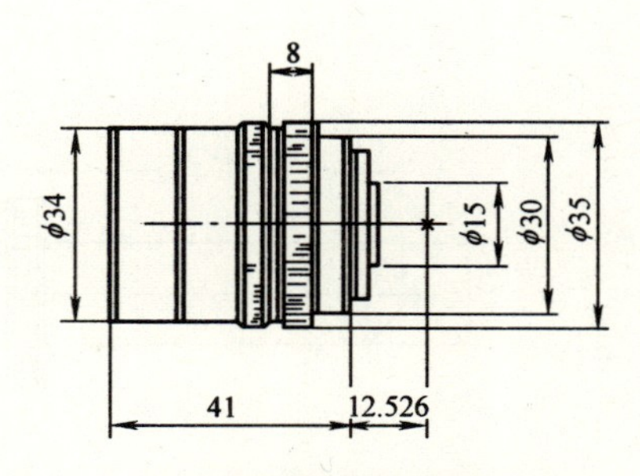

2. 手动光圈镜头规格尺寸

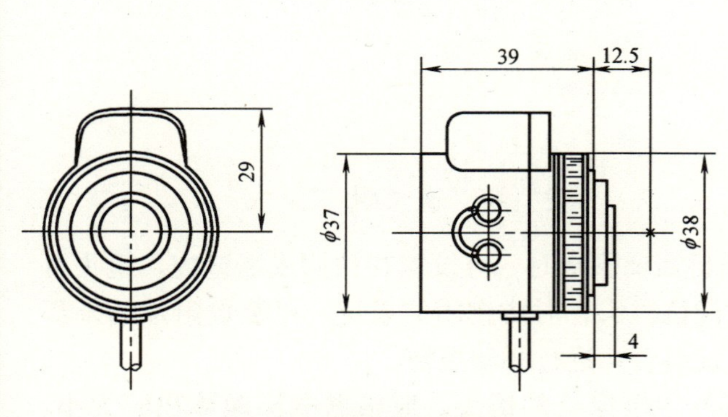

3. 自动光圈镜头规格尺寸

安 装 说 明

1. 摄像机镜头应避免强光直射，保证摄像管靶面不受损伤。镜头视场内，不得有遮挡监视目标的物体。

2. 摄像机镜头应从光源方向对准监视目标，并应避免逆光安装；当需要逆光安装时，应降低监视区域的对比度。

3. 镜头像面尺寸应与摄像机靶面尺寸相适应。摄取固定目标的摄像机，可选用定焦距镜头；在有视角变化要求的摄像场合，可选用变焦距镜头。

4. 监视目标亮度变化范围高低相差达到 100 倍以上或昼夜使用的摄像机，应选用自动光圈或电动光圈镜头。

5. 当需要遥控时，可选用具有光对焦、光圈开度、变焦距的遥控镜头；电动变焦镜头焦距可以根据需要进行电动控制调整，使被摄物体的图像放大或缩小，焦距可以从广角变到长焦，焦距越长成像越大。

图名	镜头规格尺寸（一）	图号	RD 2—12（一）

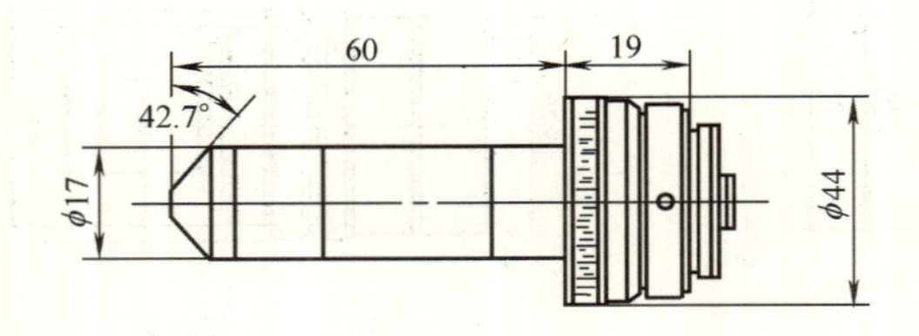

(a) 手动光圈直线型

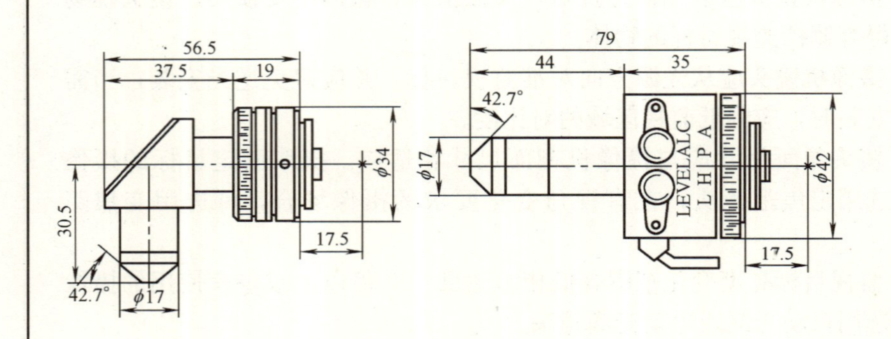

(b) 手动光圈直角型

(c) 自动光圈直线型

1. 针孔镜头规格尺寸

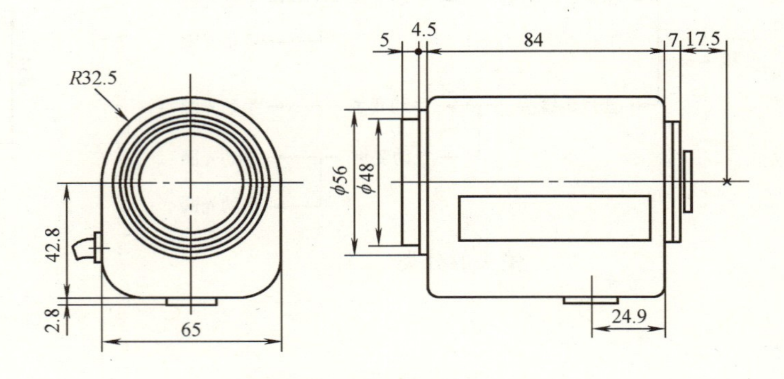

2. 电动变焦镜头规格尺寸

安 装 说 明

1. 摄像机需要隐蔽时，可设置在顶棚或墙壁内，镜头可采用针孔或棱镜镜头。对防盗用的系统，可装设附加的外部传感器与系统组合，进行联动报警。

2. 电梯厢内摄像机的镜头，应根据电梯厢体积的大小，选用水平视场角≥70°的广角镜头。

图名	镜头规格尺寸（二）	图号	RD 2—12（二）

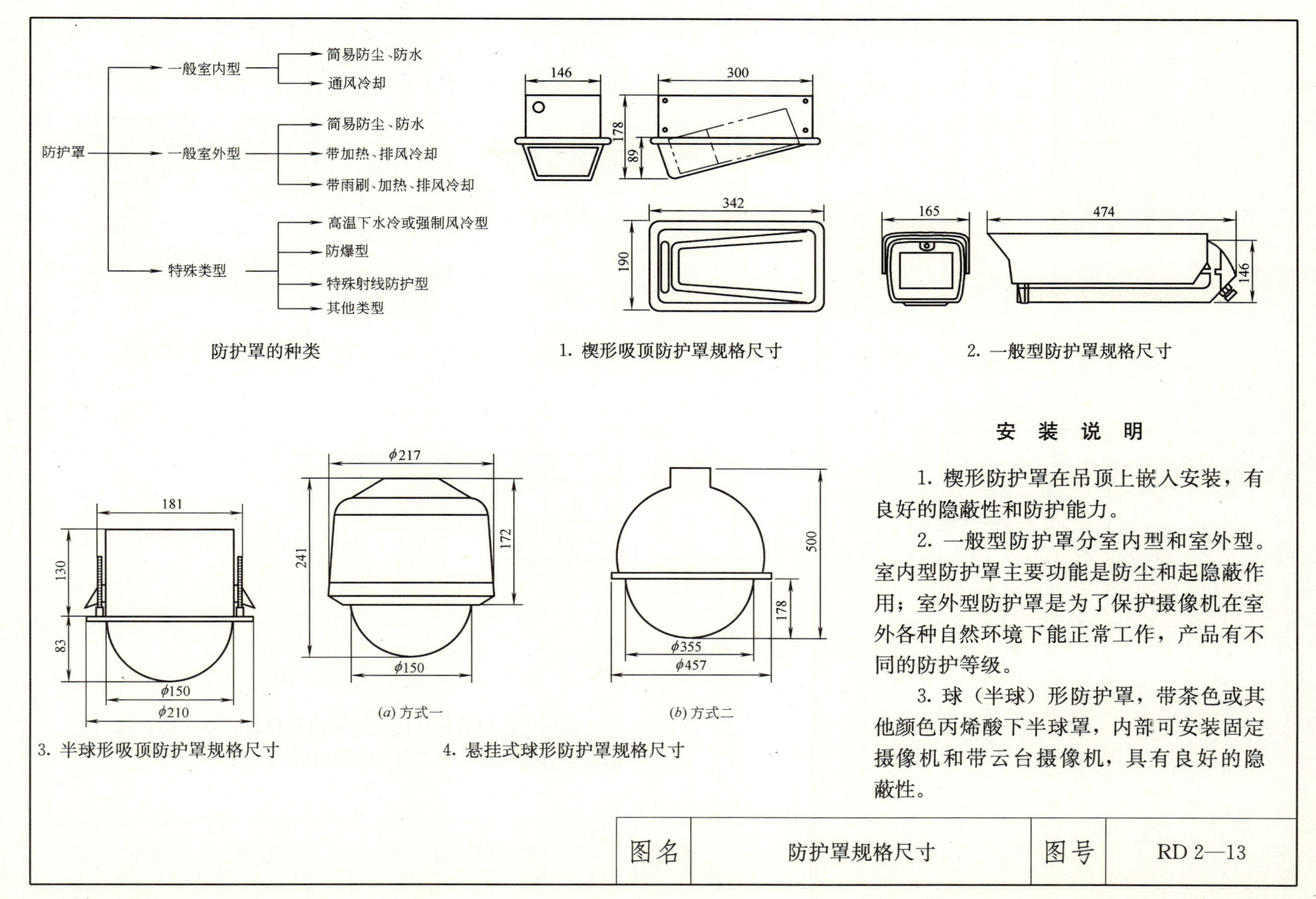

防护罩的种类

1. 楔形吸顶防护罩规格尺寸

2. 一般型防护罩规格尺寸

3. 半球形吸顶防护罩规格尺寸

4. 悬挂式球形防护罩规格尺寸

安 装 说 明

1. 楔形防护罩在吊顶上嵌入安装，有良好的隐蔽性和防护能力。

2. 一般型防护罩分室内型和室外型。室内型防护罩主要功能是防尘和起隐蔽作用；室外型防护罩是为了保护摄像机在室外各种自然环境下能正常工作，产品有不同的防护等级。

3. 球（半球）形防护罩，带茶色或其他颜色丙烯酸下半球罩，内部可安装固定摄像机和带云台摄像机，具有良好的隐蔽性。

图名	防护罩规格尺寸	图号	RD 2—13

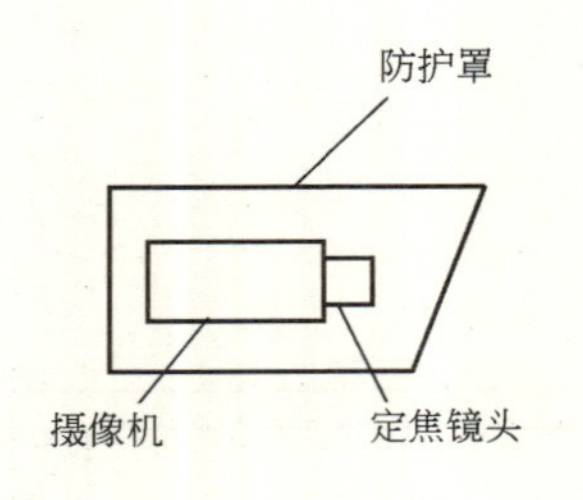

(a) 室内型(一)

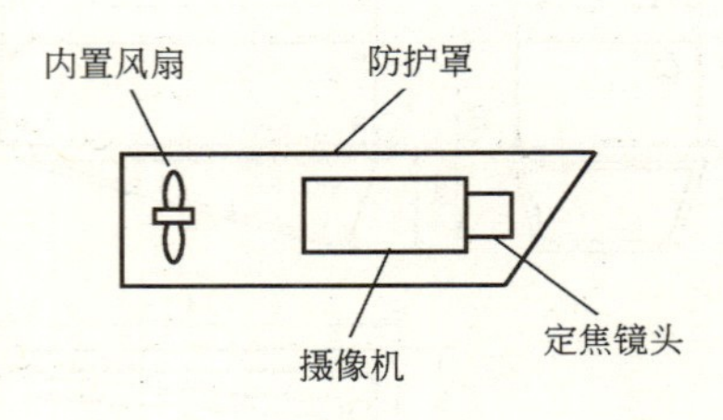

(b) 室内型(二)

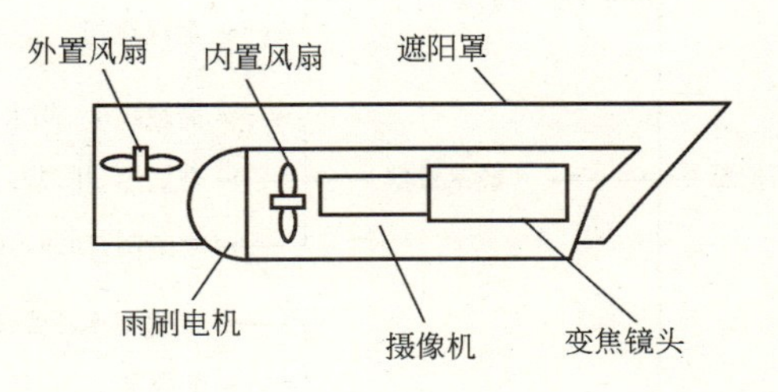

(c) 室外型(一)

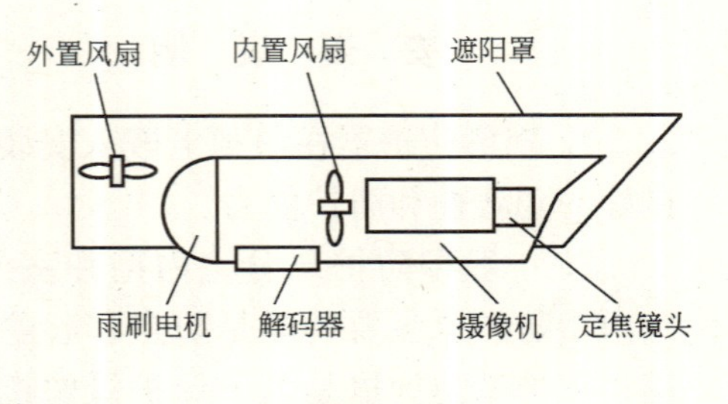

(d) 室外型(二)

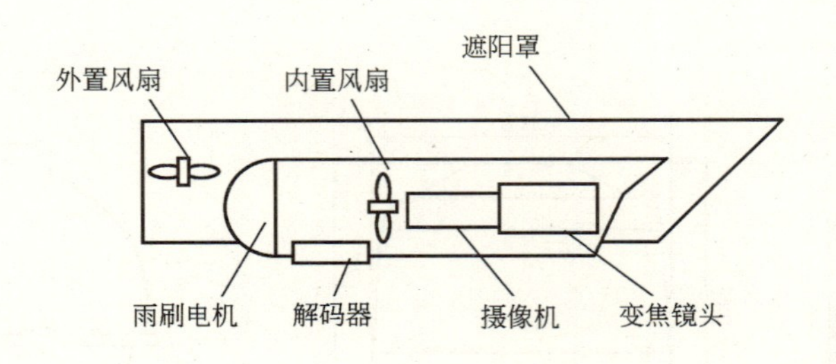

(e) 室外型(三)

安 装 说 明

根据工作环境应选配相应的摄像机防护罩。防护罩可根据需要选用调温控制系统和遥控雨刷等。

图名	防护罩结构形式	图号	RD 2—14

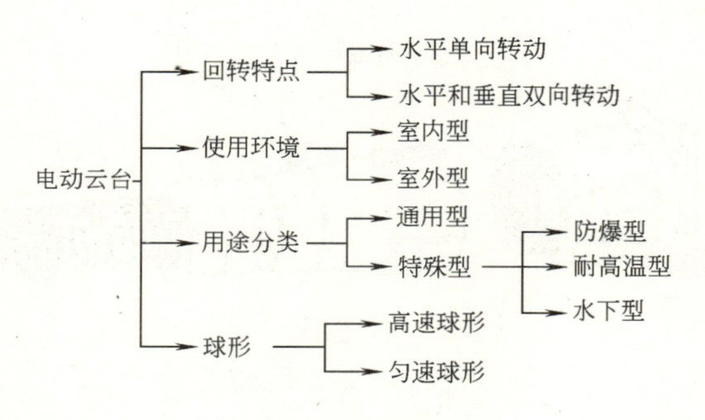

1. 电动云台种类

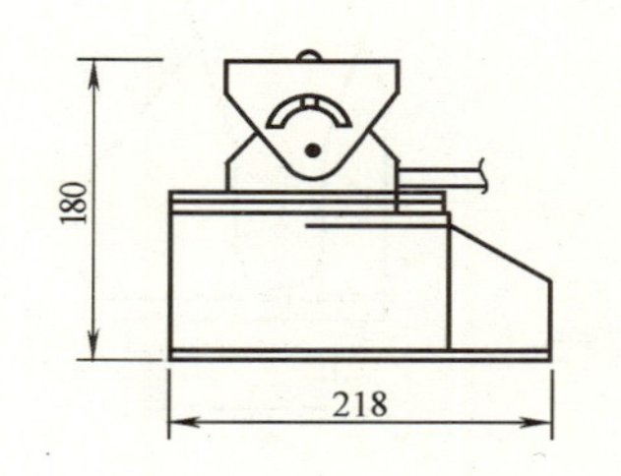

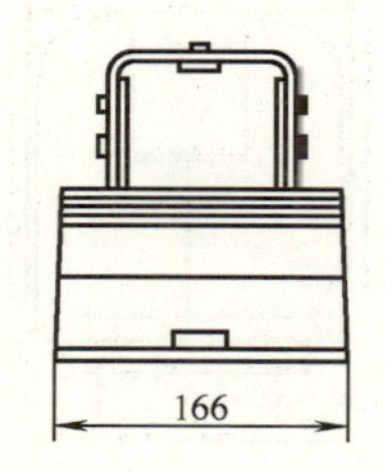

2. 单向电动云台规格尺寸

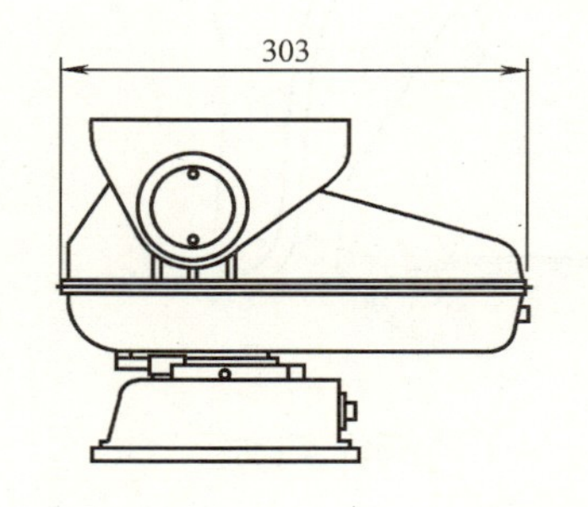

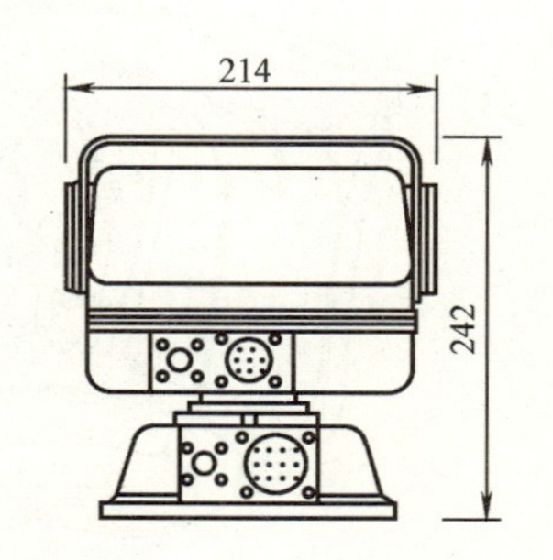

3. 双向电动云台规格尺寸

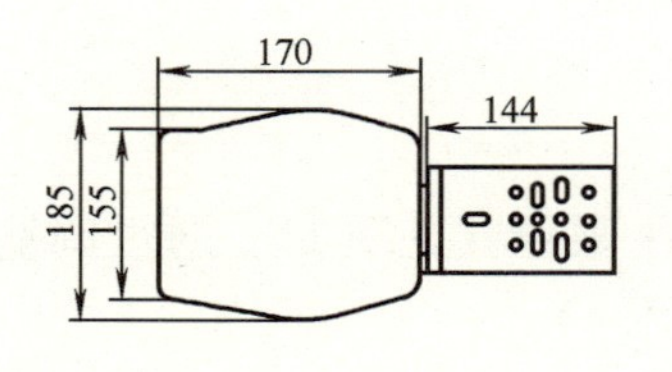

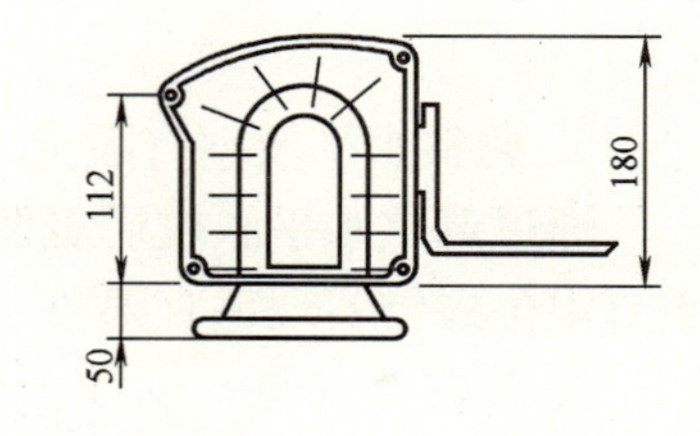

4. 双向电动云台（托式）规格尺寸

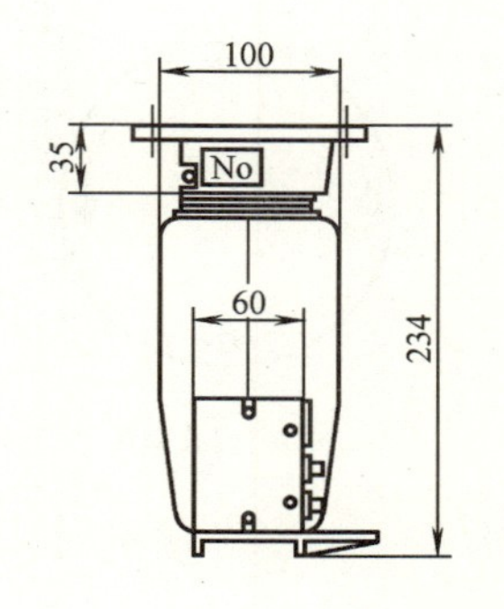

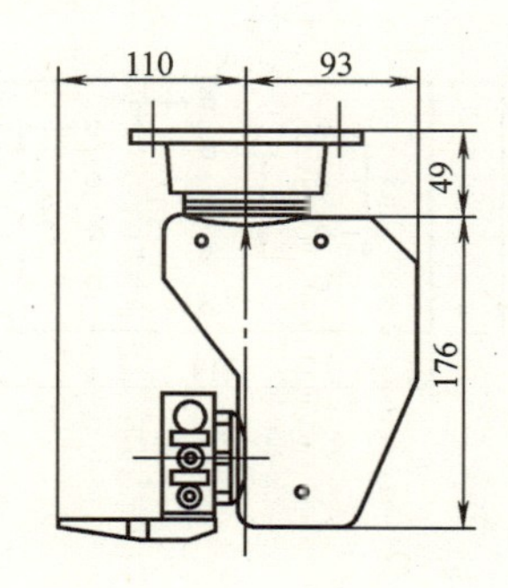

5. 双向电动云台（托式吊装）规格尺寸

安 装 说 明

固定摄像机在特定部位上的支承装置，可采用摄像机支架或云台。当一台摄像机需要监视多个不同方向的场景时，应配置自动调焦装置和遥控电动云台。

图名	电动云台规格尺寸	图号	RD 2—15

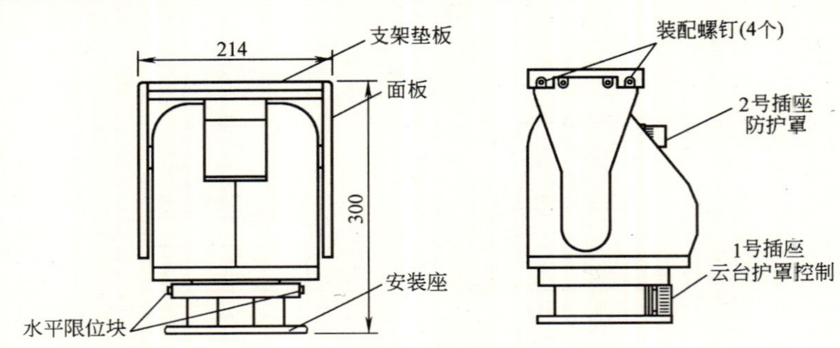

1. 云台基本构造

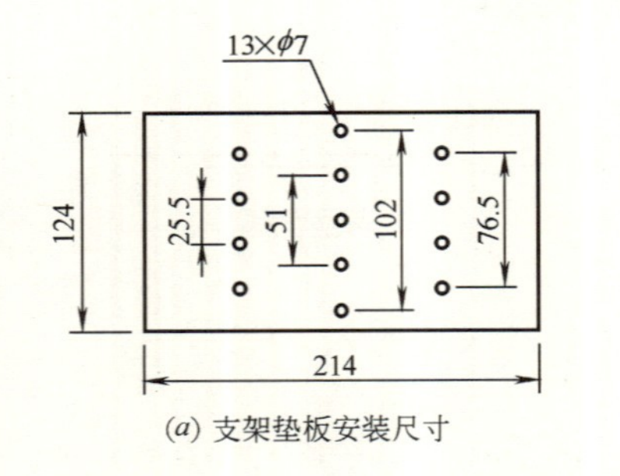

(*a*) 支架垫板安装尺寸

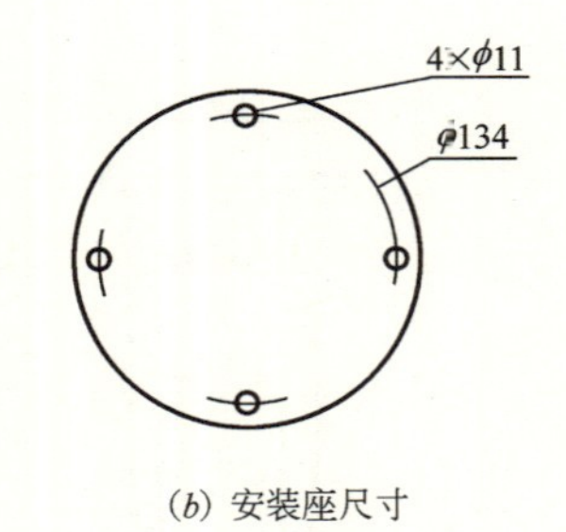

(*b*) 安装座尺寸

2. 云台支架尺寸

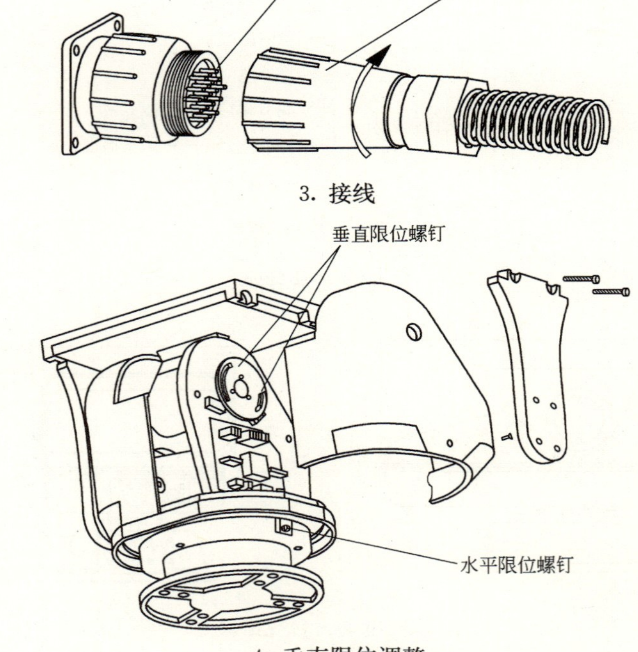

3. 接线

4. 垂直限位调整

安　装　说　明

1. 在安装前请仔细阅读说明书。

2. 安装防护罩

卸下装配螺钉（见图 1），取下支架垫板，将防护罩固定在支架上，然后将其与云台安装好，支架安装尺寸见图 2（*a*）。

3. 将云台与支撑物固定，云台安装座尺寸见图 2（*b*）。

4. 将来自控制线路的电缆与云台电缆相连接。方法是顺时旋开①（见图 3），将线缆焊接牢固后，再将①旋紧。

5. 调整水平及垂直限位

通过调整水平限位块实现水平限位（见图 1）；通过调整垂直限位螺钉实现垂直限位（见图 4）。

6. 为安全起见，支撑云台和防护罩的支撑物至少应承受 5 倍云台和防护罩的总重量。

图名	电动云台安装方法（一）	图号	RD 2—16（一）

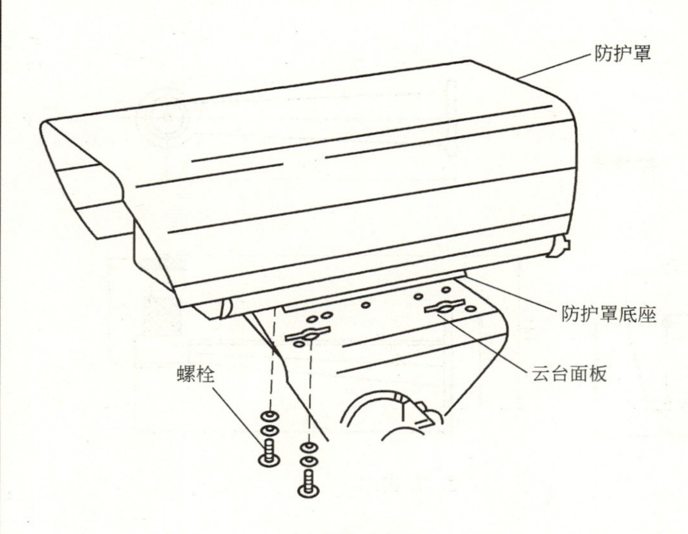

(*a*) 安装示意图

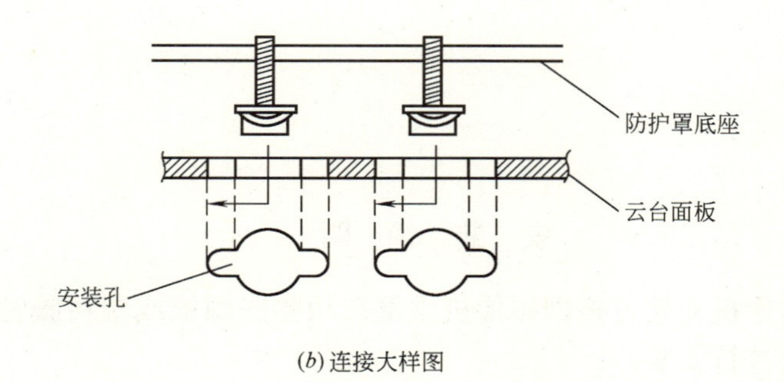

(*b*) 连接大样图

1. 防护罩在电动云台上安装方法

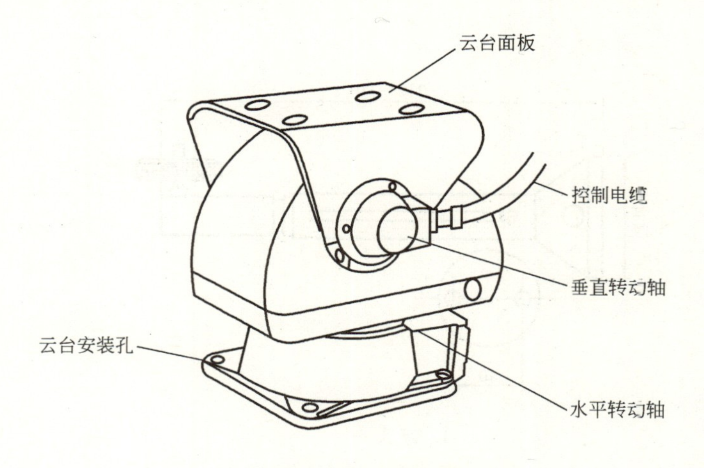

2. 双向电动云台结构图

安 装 说 明

1. 双向电动云台是在控制室操纵作水平和垂直转动，使摄像机能大范围摄取所需的目标。

2. 双向电动云台应具有转动平稳、自动限位的特点，水平旋转角通常为0°～350°，垂直旋转角一般为±45°。

3. 电动云台的控制电压有交流 220V、交流 24V，特殊的有直流12V。水平旋转速度一般在 3°/s～10°/s，垂直旋转速度在 4°/s 左右。

图名	电动云台安装方法（二）	图号	RD 2—16（二）

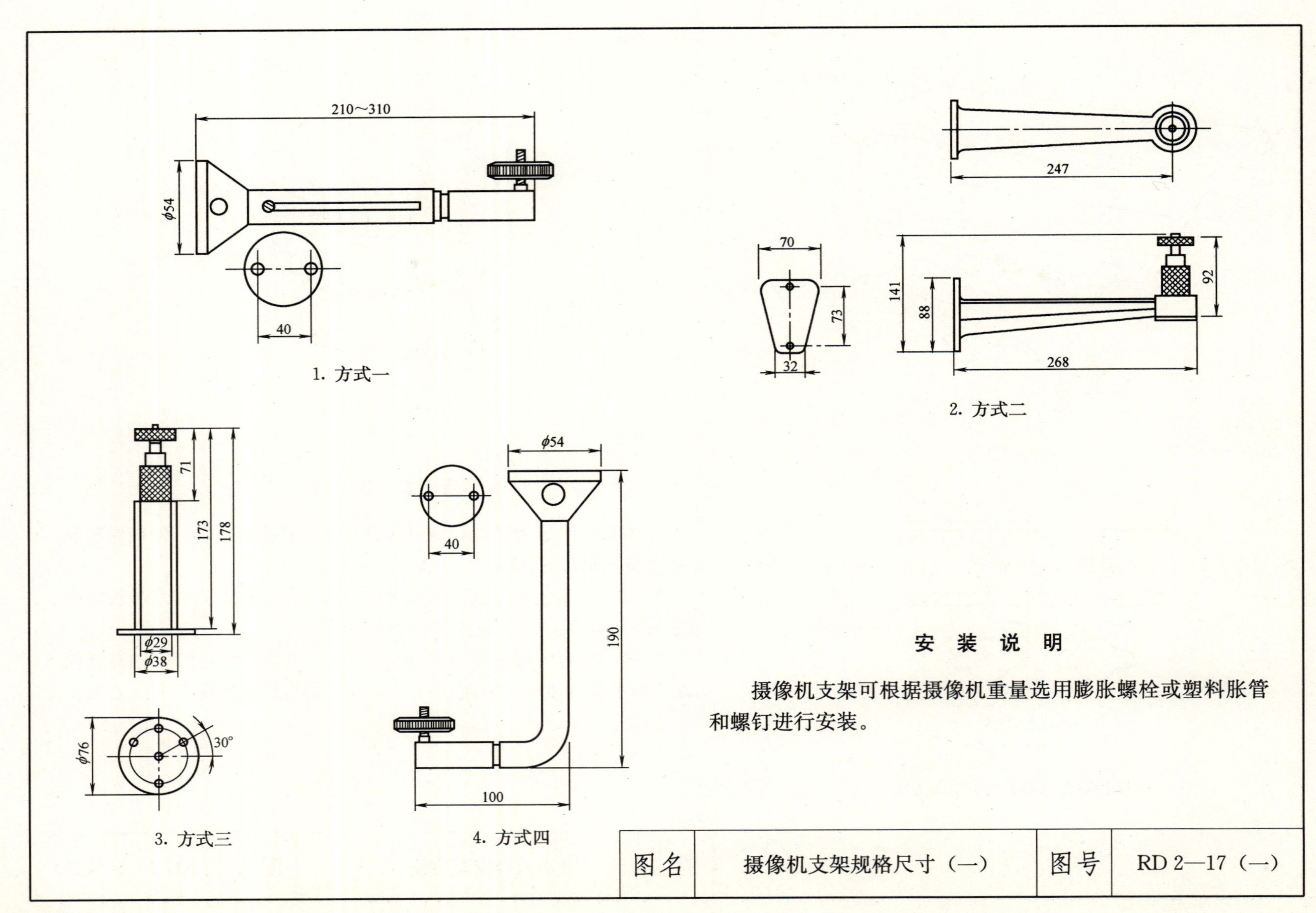
210～310
ϕ54
40
1. 方式一
247
70
73
32
141
88
92
268
2. 方式二
71
173
178
ϕ29
ϕ38
ϕ76
30°
3. 方式三
ϕ54
40
190
100
4. 方式四
安 装 说 明
摄像机支架可根据摄像机重量选用膨胀螺栓或塑料胀管和螺钉进行安装。
图名
摄像机支架规格尺寸（一）
图号
RD 2—17（一）

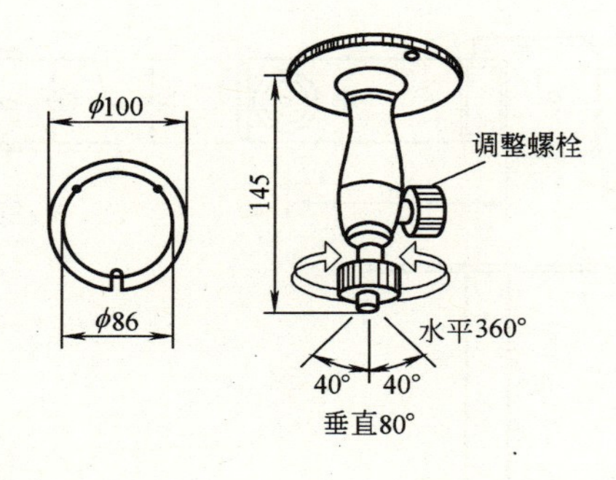

1. 方式一

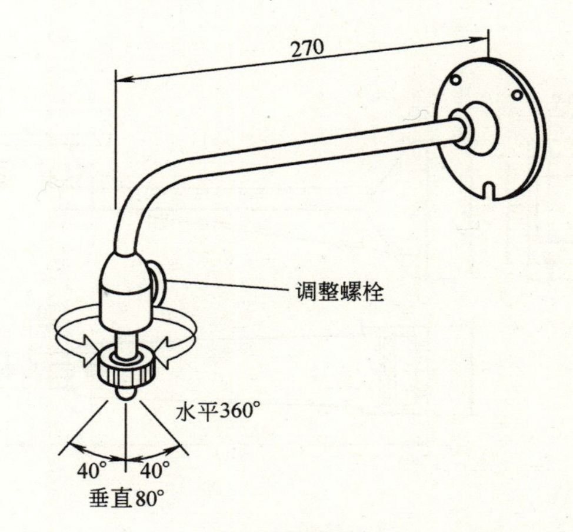

2. 方式二

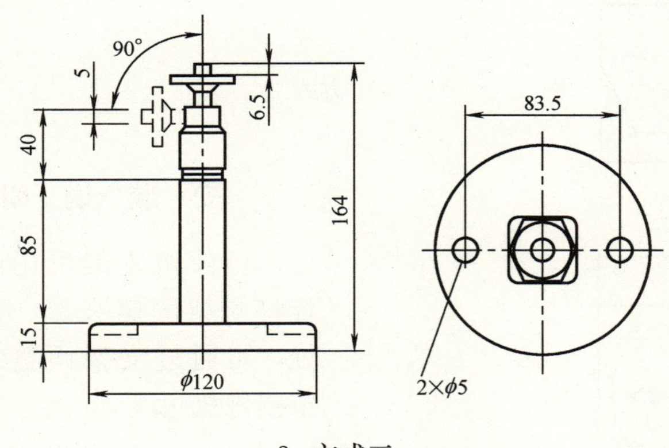

3. 方式三

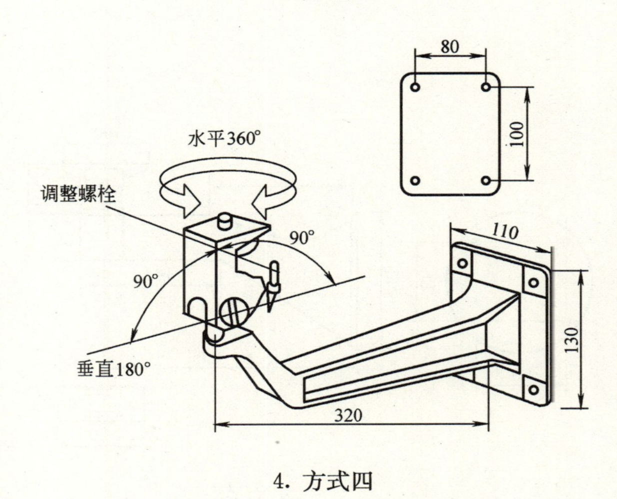

4. 方式四

图名	摄像机支架规格尺寸（二）	图号	RD 2—17（二）

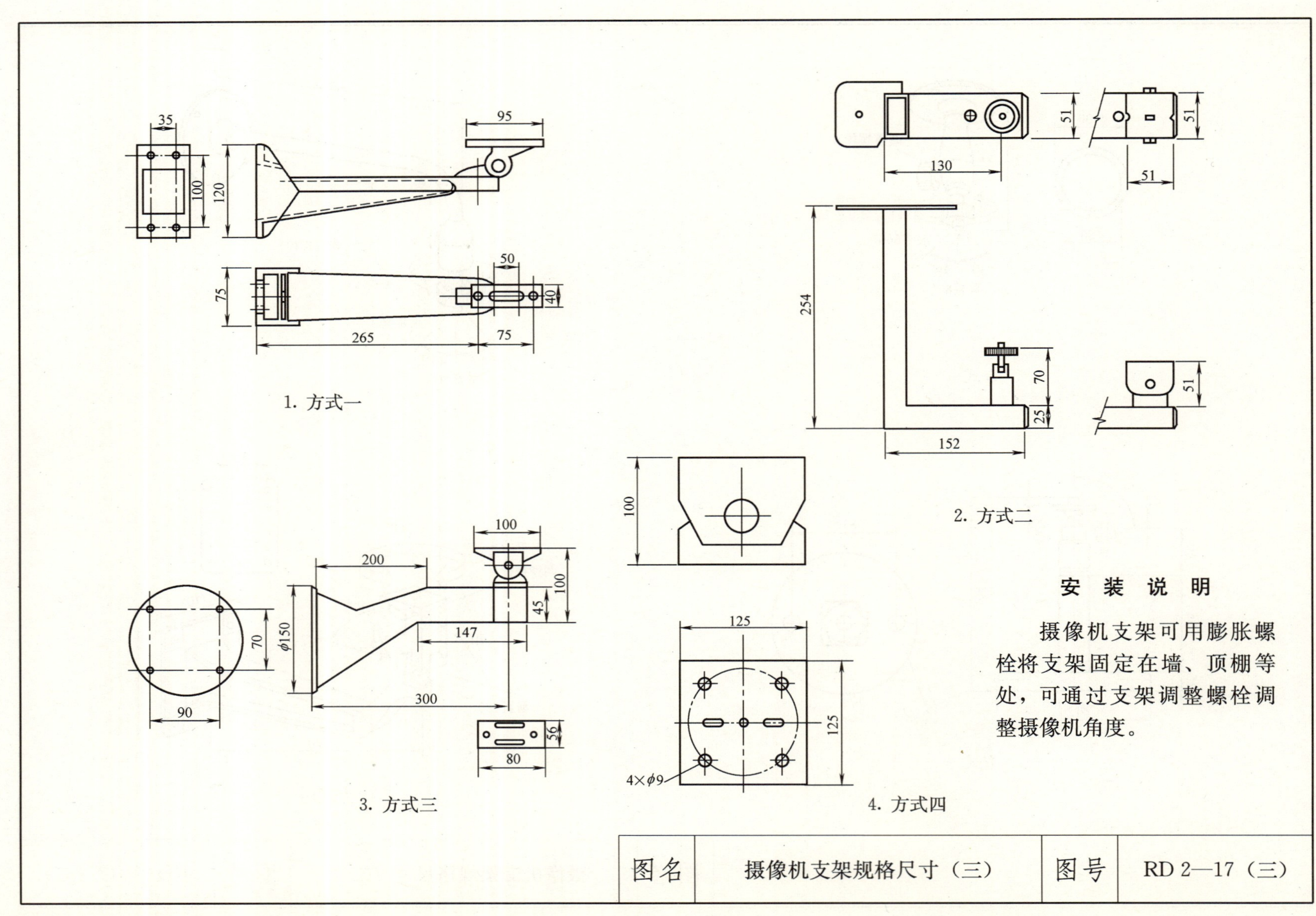

1. 方式一

2. 方式二

3. 方式三

4. 方式四

安 装 说 明

摄像机支架可用膨胀螺栓将支架固定在墙、顶棚等处，可通过支架调整螺栓调整摄像机角度。

图名	摄像机支架规格尺寸（三）	图号	RD 2—17（三）

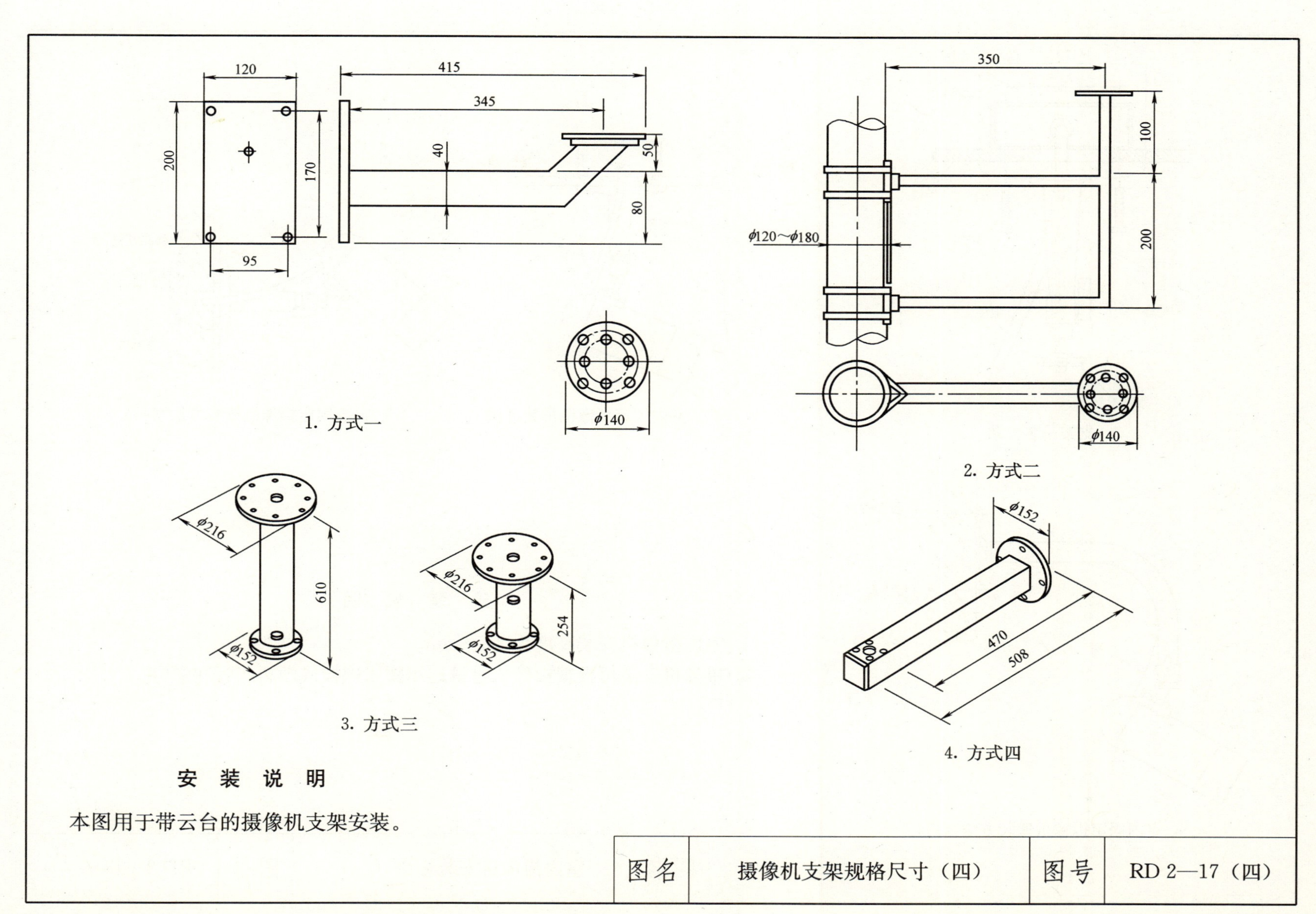

安　装　说　明

本图用于带云台的摄像机支架安装。

图名	摄像机支架规格尺寸（四）	图号	RD 2—17（四）

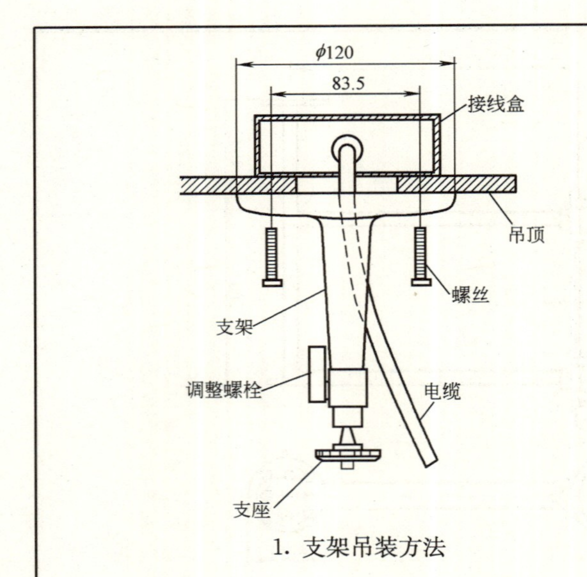

1. 支架吊装方法

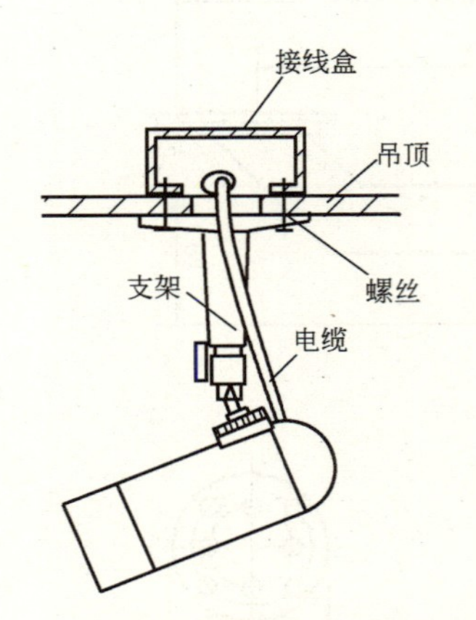

2. 室内固定摄像机吊装方法

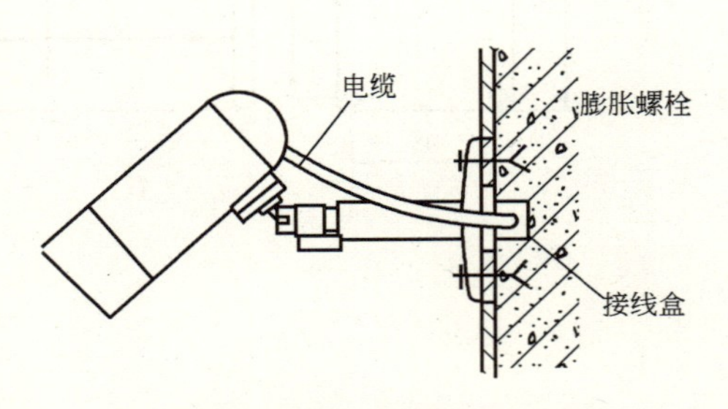

3. 室内固定摄像机壁装方法（一）

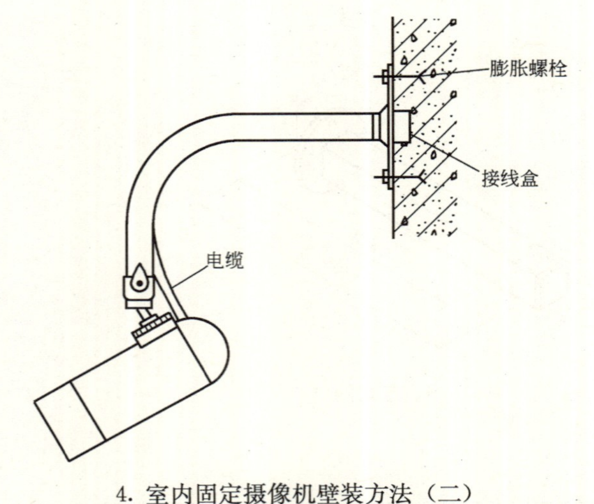

4. 室内固定摄像机壁装方法（二）

安 装 说 明

1. 室内摄像机安装高度为2.5～5m。
2. 摄像机安装可根据摄像机重量选用膨胀螺栓或塑料胀管和螺钉。

图名	室内摄像机安装方法（一）	图号	RD 2—18（一）

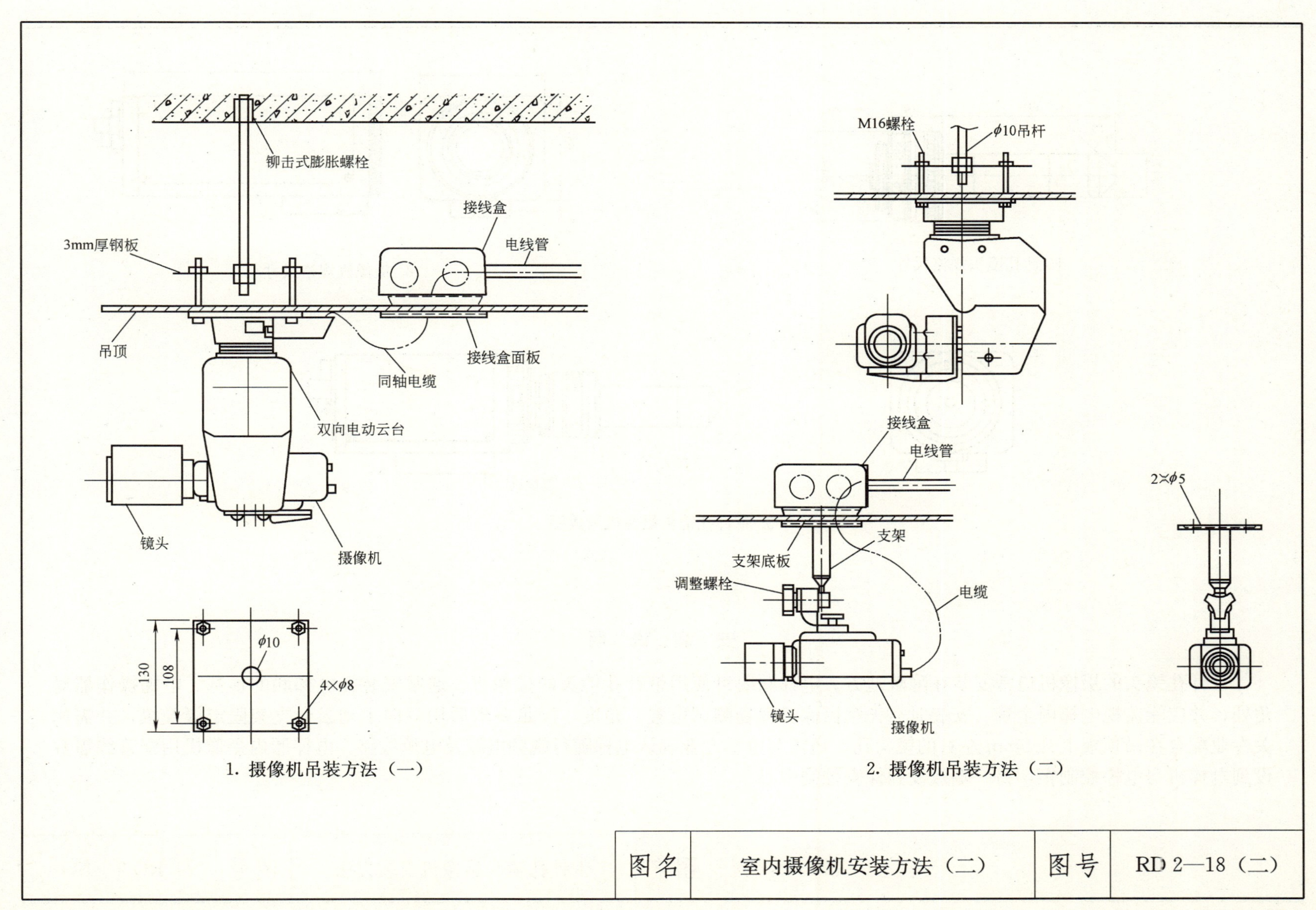

1. 摄像机吊装方法（一）

2. 摄像机吊装方法（二）

图名	室内摄像机安装方法（二）	图号	RD 2—18（二）

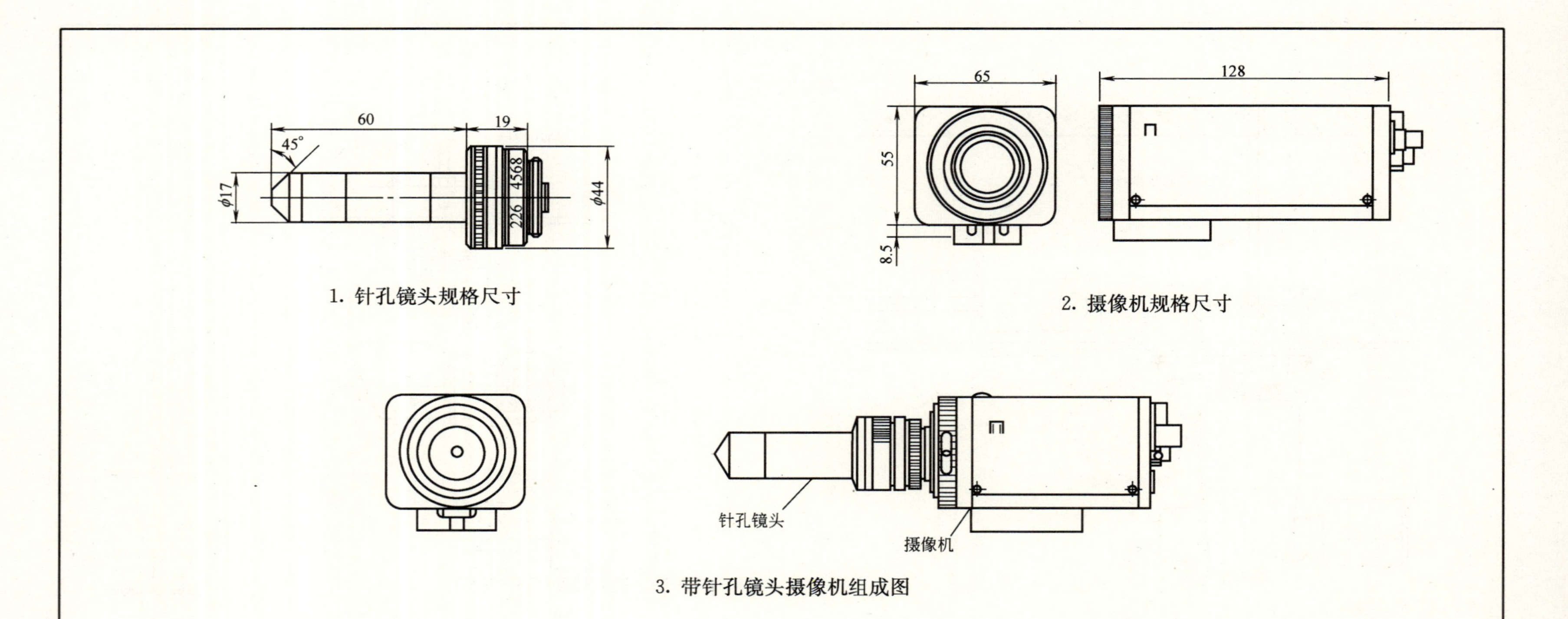

1. 针孔镜头规格尺寸

2. 摄像机规格尺寸

3. 带针孔镜头摄像机组成图

安 装 说 明

带针孔镜头的摄像机通常安装在隐蔽地方。电梯厢内可使用带针孔镜头的摄像机，通常安装在电梯厢的顶部、电梯操作器对角处，并应能监视电梯内全景。安装时需先拿摄像机现场测试位置、角度，满足要求后用双向手动云台支架固定摄像机，并需相关专业配合在吊顶板上开 5mm 左右的镜头孔。还需与电梯专业确认电梯随行视频电缆及电源线路。电梯厢内摄像机用配管线需敷设到电梯机房电梯控制柜，另一端敷设到保安控制中心。

图名	带针孔镜头摄像机安装方法	图号	RD 2—19

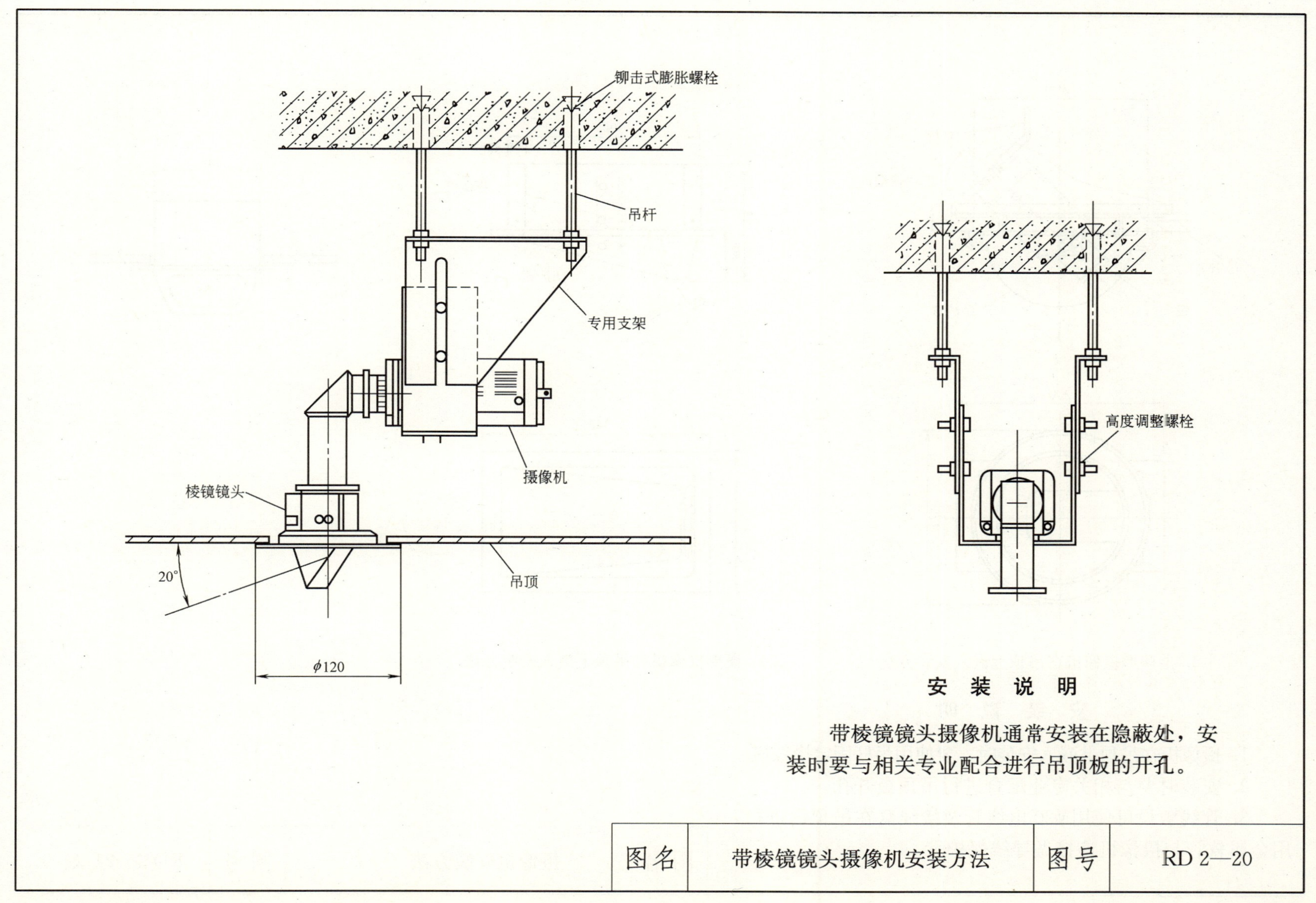

安　装　说　明

带棱镜镜头摄像机通常安装在隐蔽处，安装时要与相关专业配合进行吊顶板的开孔。

图名	带棱镜镜头摄像机安装方法	图号	RD 2—20

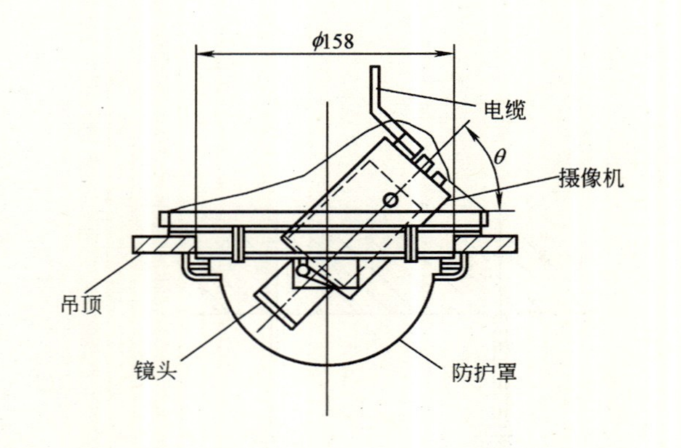

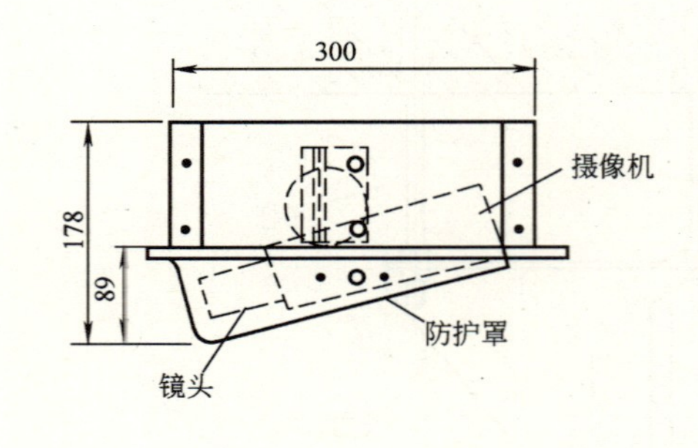

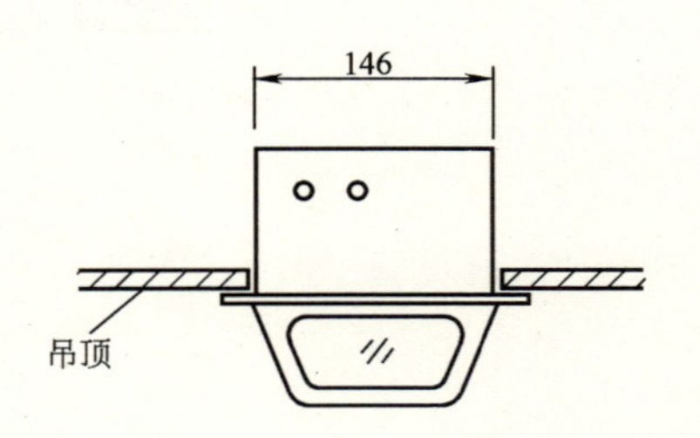

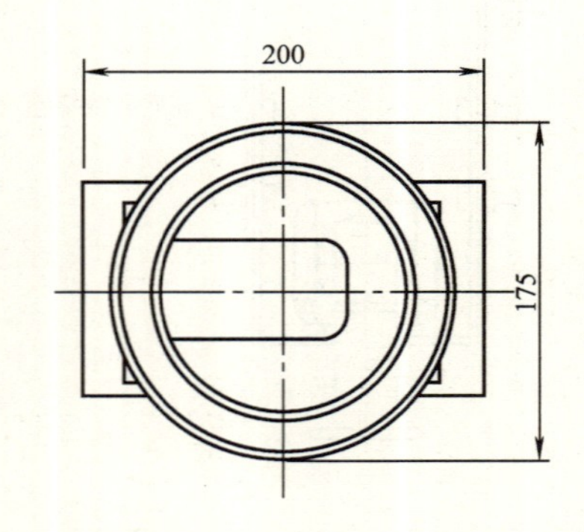

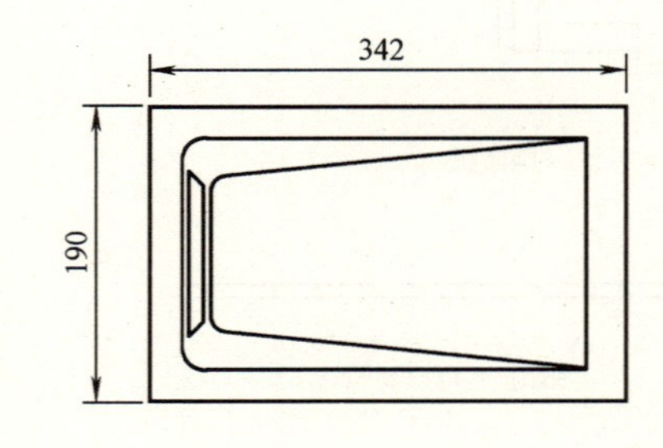

1. 半球形摄像机在吊顶上嵌入安装方法

2. 楔形摄像机在吊顶上嵌入安装方法

安 装 说 明

1. 摄像机在吊顶上嵌入安装时，要使用吊杆固定摄像机。

2. 安装时要与相关专业配合进行吊顶板开孔。

3. 管线敷设可使用 $\phi20$ 电线管及接线盒在吊顶内进行，用金属软管与摄像机连接做导线保护管。

图名	摄像机安装方法（一）	图号	RD 2—21（一）

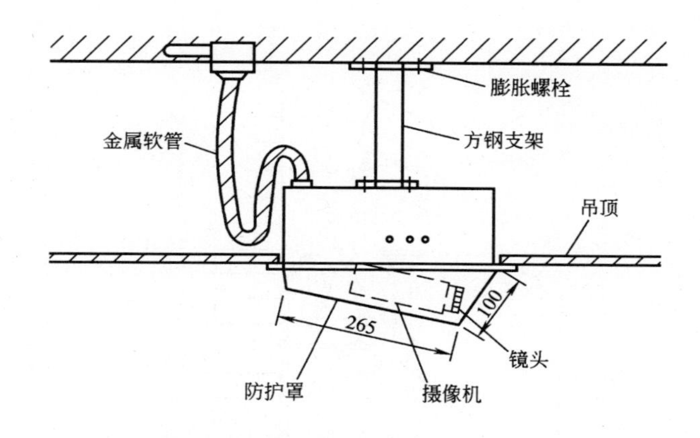

1. 楔形摄像机在吊顶上嵌入安装方法

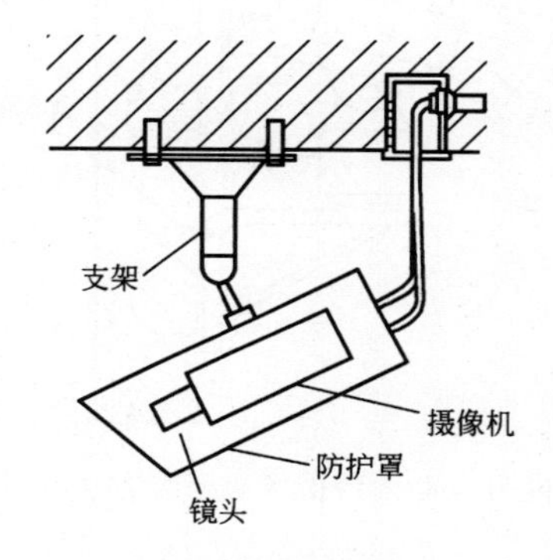

2. 摄像机吊装方法

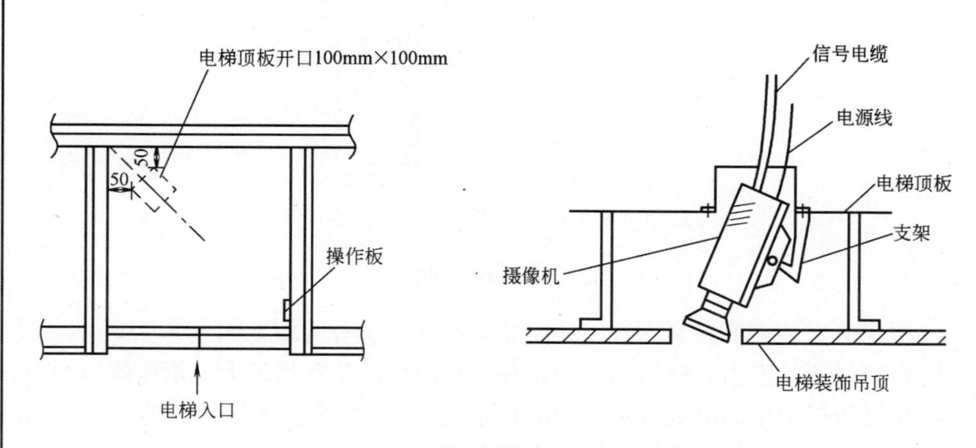

3. 摄像机在电梯内安装方法

安 装 说 明

1. 电梯厢内摄像机应安装在电梯厢顶部、电梯操作器的对角处，并应能监视电梯厢内全景。

2. 电梯顶部安装摄像机时，支架需要根据现场情况选用或制作，角度要现场测试后确定。

3. 摄像机用信号电缆可选用电梯随行电缆内的同轴电缆，若随行电缆内没有同轴电缆，可沿随行电缆安装一条同轴电缆，同轴电缆应与随行电缆在适当位置绑扎固定，摄像机的信号应先传送到电梯机柜，然后再传送到保安控制中心。

图名	摄像机安装方法（二）	图号	RD 2—21（二）

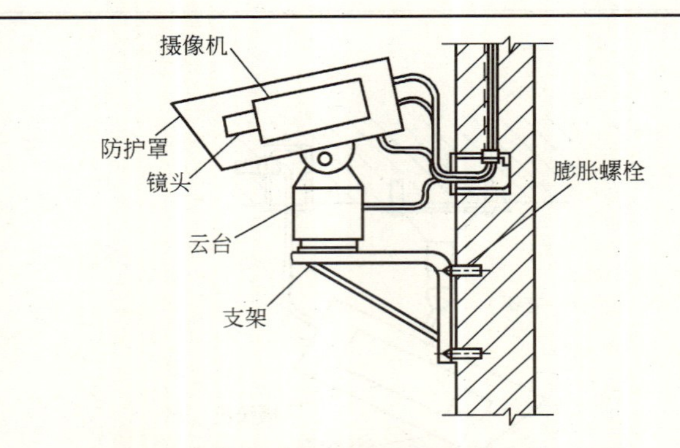

1. 室内带电动云台摄像机壁装方法（一）

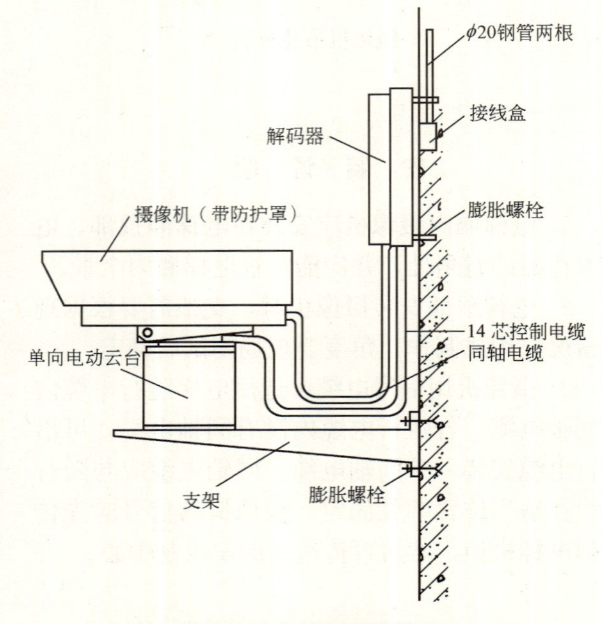

2. 室内带电动云台摄像机壁装方法（二）

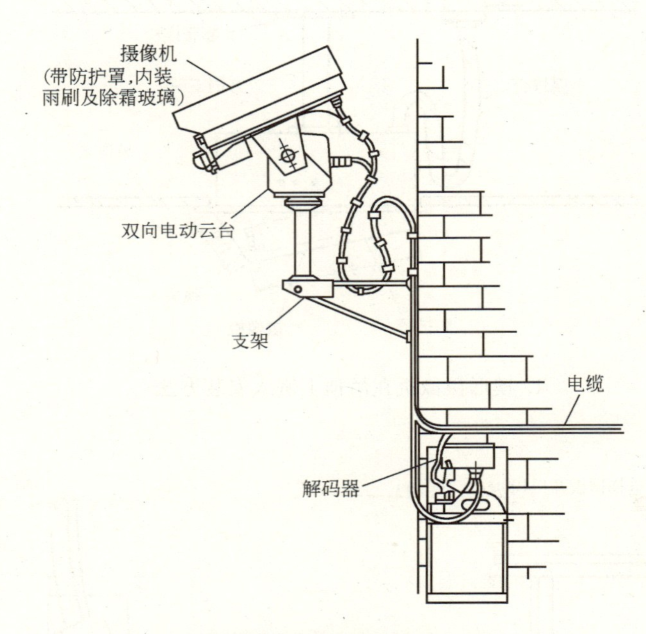

3. 室外带电动云台摄像机壁装方法

安 装 说 明

1. 摄像机安装高度，室内宜距地面 2.5～5m；室外应距地面 3.5～10m。
2. 在有吊顶的室内，解码器可安装在吊顶内，但要在吊顶上预留检修口。
3. 从摄像机引出的电缆宜留有 1m 余量，并不得影响摄像机的转动。
4. 室外摄像机支架可用膨胀螺栓固定在墙上。

图名	摄像机安装方法（三）	图号	RD 2—21（三）

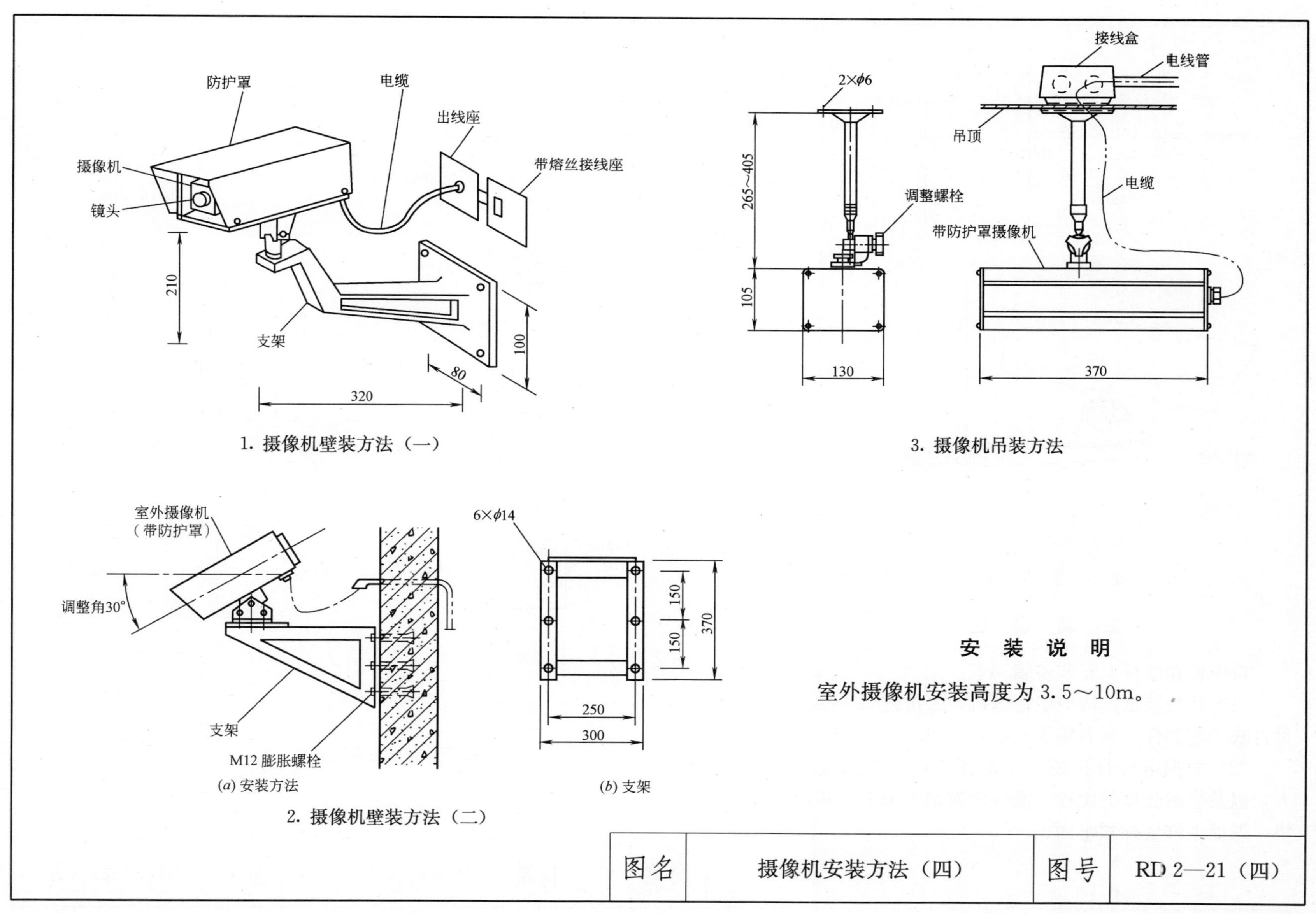

安 装 说 明

室外摄像机安装高度为3.5～10m。

图名	摄像机安装方法（四）	图号	RD 2—21（四）

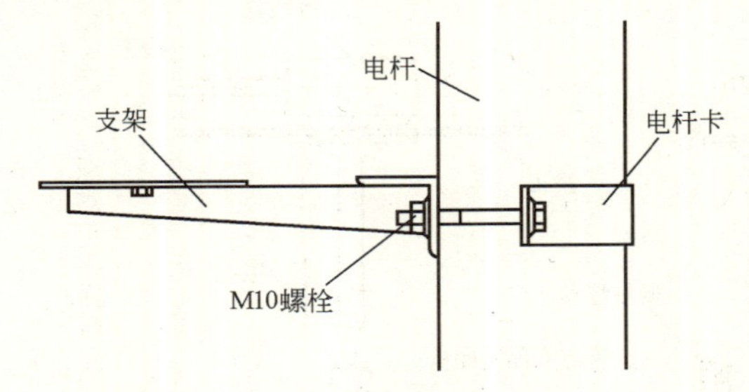

(a) 摄像机支架安装方法

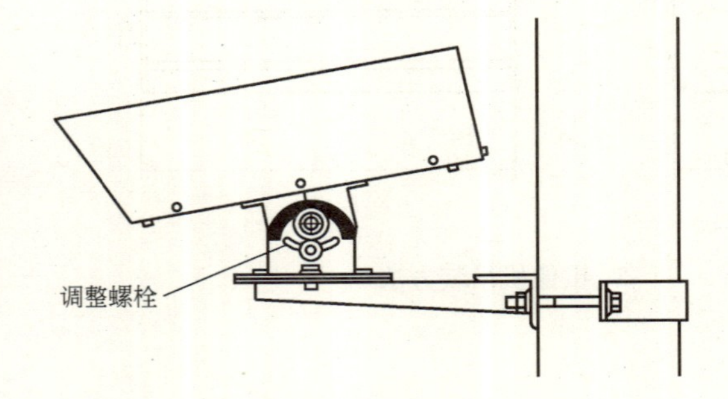

(b) 摄像机角度调整方法

1. 摄像机在杆上安装方法

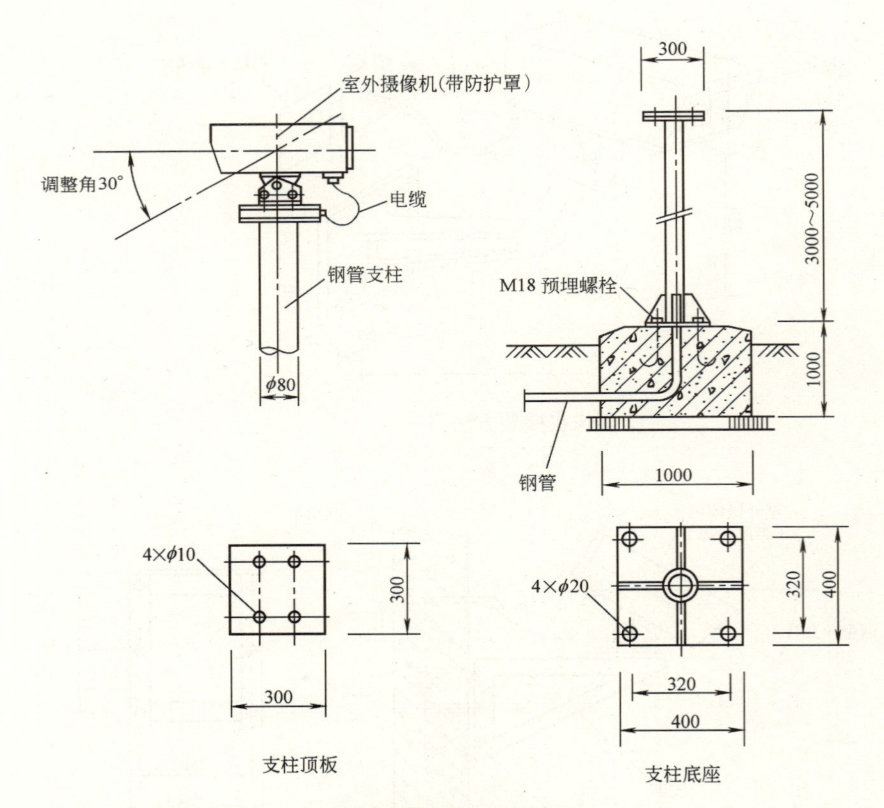

2. 摄像机在柱上安装方法

安 装 说 明

摄像机在电杆上安装步骤如下：

（1）从包装纸箱内取出摄像机，并按说明书检查是否缺少零部件，观看摄像机是否有损坏。

（2）根据电杆直径的大小选择合适大小的电杆卡，以及合适长度的螺栓。螺栓两侧都需加平垫和弹垫，螺栓组件要拧紧牢固。

图名	摄像机安装方法（五）	图号	RD 2—21（五）

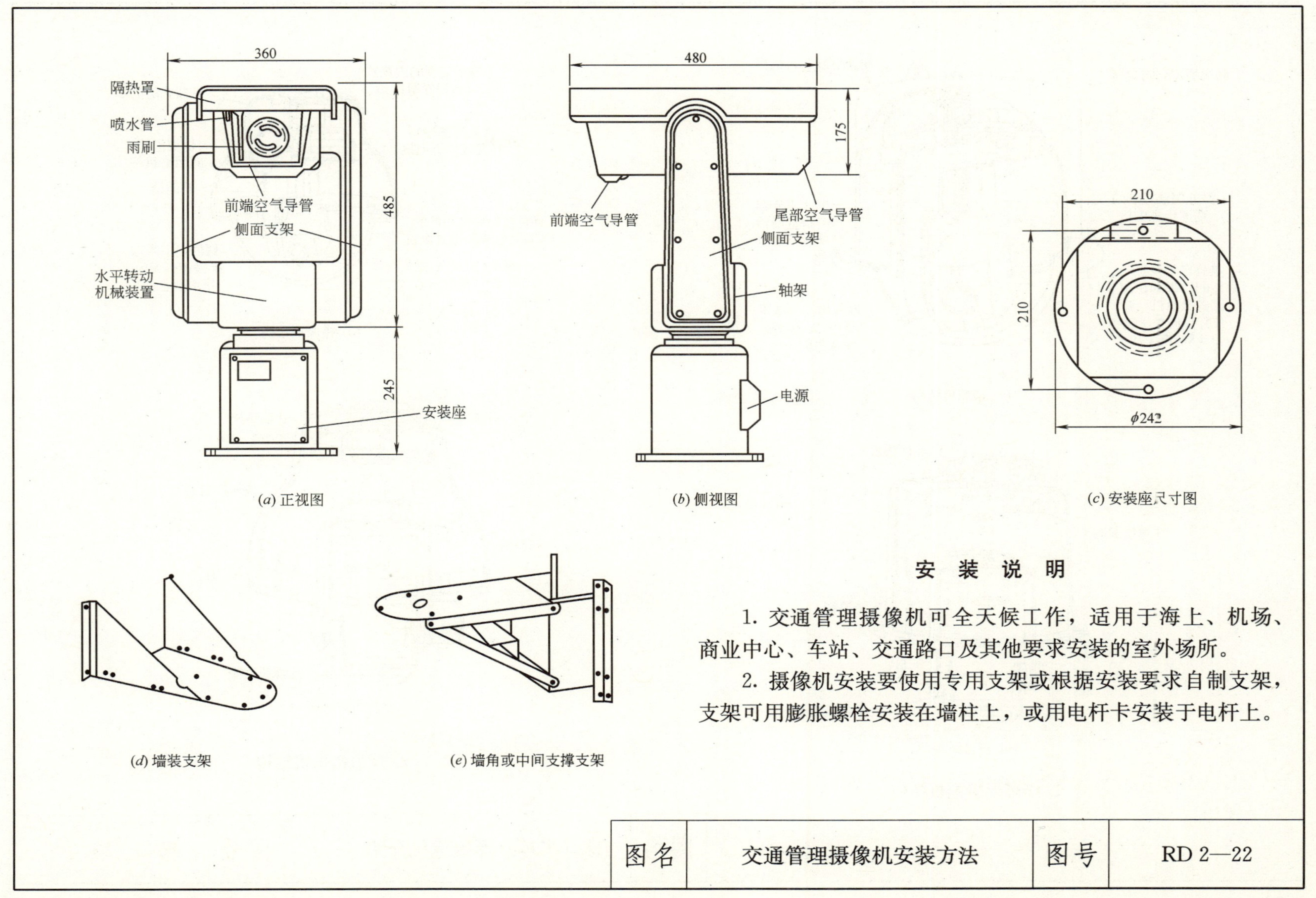

(*a*) 正视图

(*b*) 侧视图

(*c*) 安装座尺寸图

(*d*) 墙装支架

(*e*) 墙角或中间支撑支架

安装说明

1. 交通管理摄像机可全天候工作，适用于海上、机场、商业中心、车站、交通路口及其他要求安装的室外场所。

2. 摄像机安装要使用专用支架或根据安装要求自制支架，支架可用膨胀螺栓安装在墙柱上，或用电杆卡安装于电杆上。

图名	交通管理摄像机安装方法	图号	RD 2—22

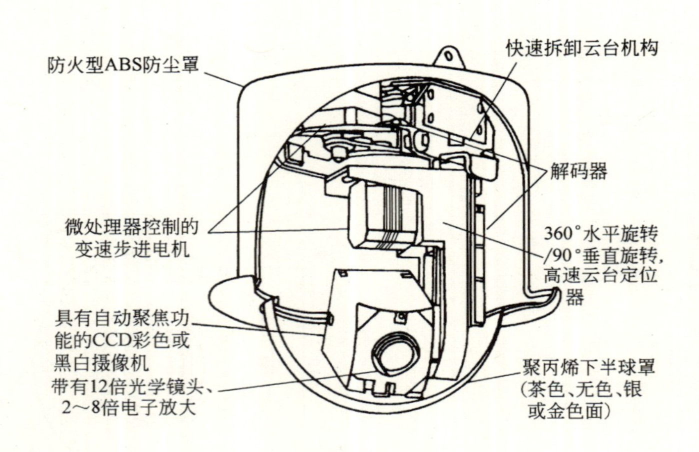

(*a*) 摄像机结构

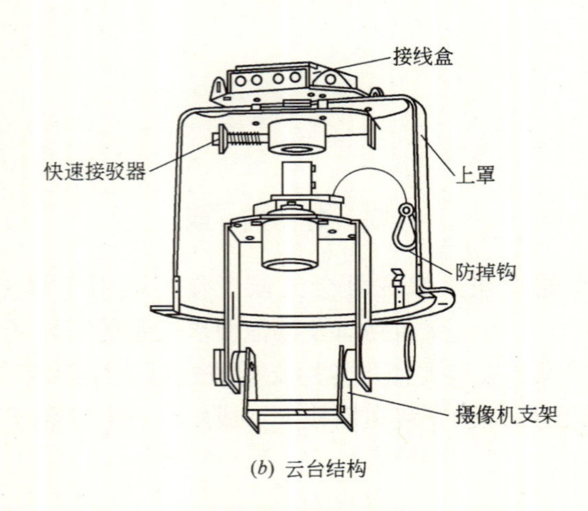

(*b*) 云台结构

1. 半球形摄像机结构

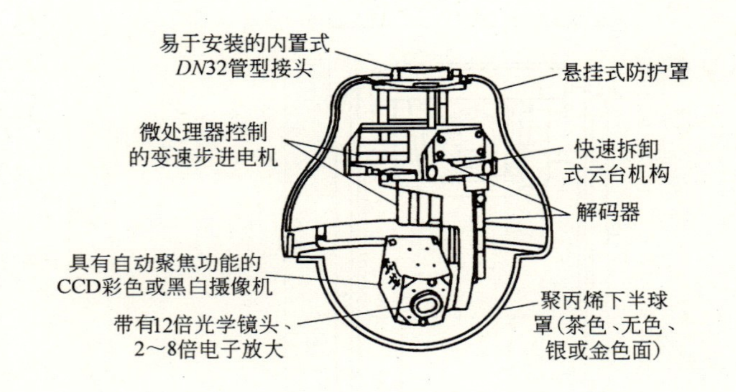

(*a*) 摄像机结构

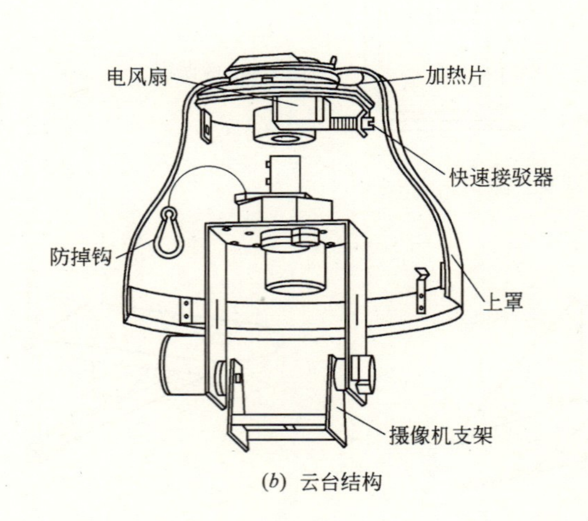

(*b*) 云台结构

2. 球形摄像机结构

图名	球（半球）形摄像机介绍（一）	图号	RD 2—23（一）

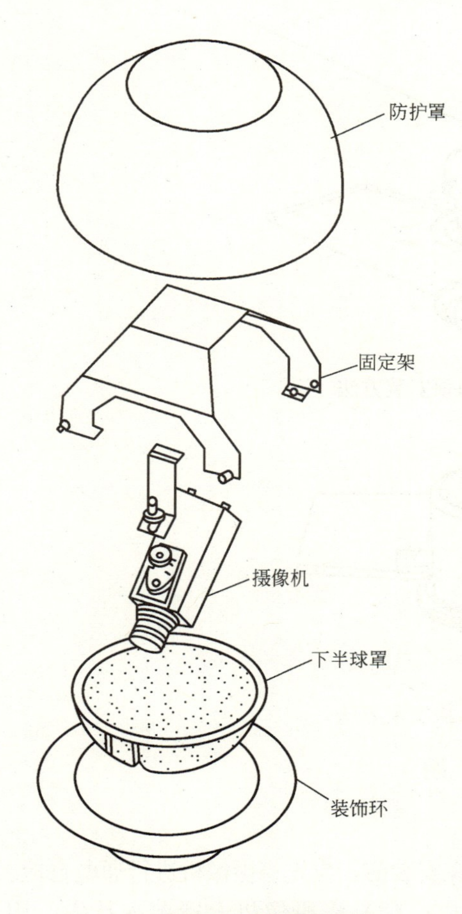

1. 球形固定摄像机结构

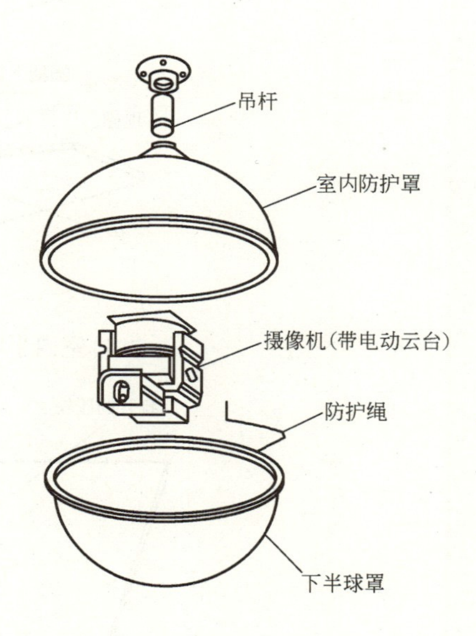

2. 室内球形带电动云台摄像机结构

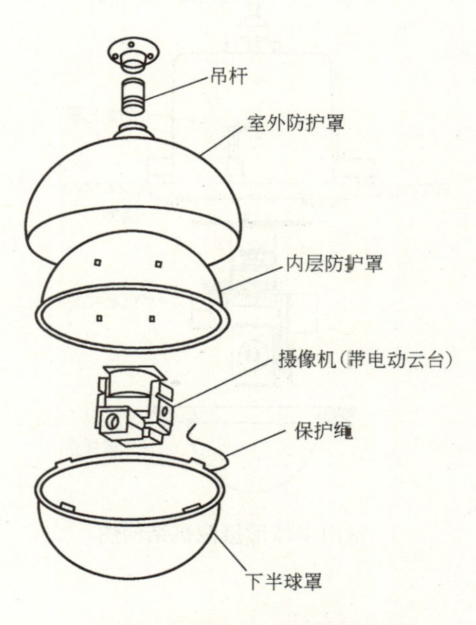

3. 室外球形带电动云台摄像机结构

安装说明

1. 球形摄像机广泛应用于娱乐场所、超级市场、商店及商业区林荫路等。
2. 下半球罩遮盖住摄像机的监视镜头，使摄像机的功能不会轻易暴露出来。

图名	球（半球）形摄像机介绍（二）	图号	RD 2—23（二）

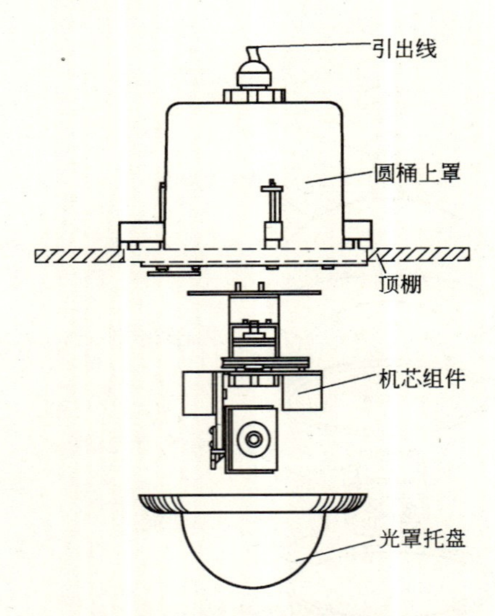

1. 室内半球形摄像机结构图

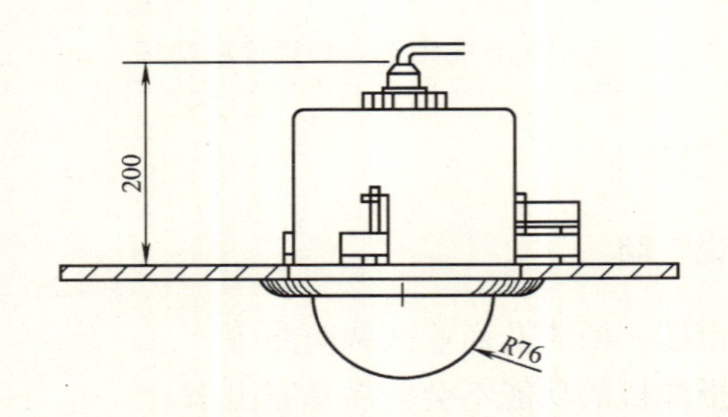

2. 室内半球形摄像机安装尺寸要求

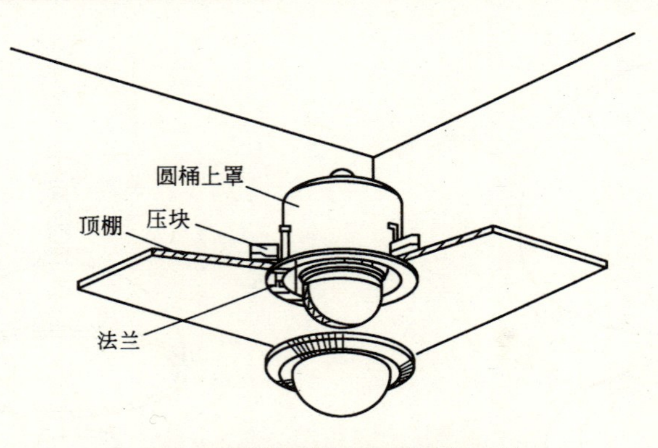

3. 室内半球形摄像机吊顶安装方法

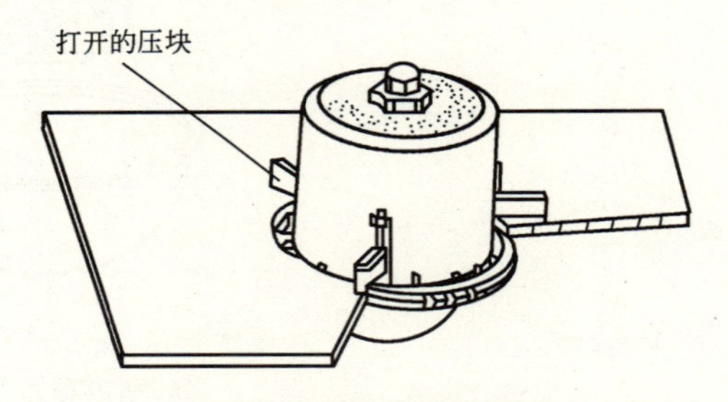

4. 室内半球形摄像机压块安装方法

安 装 说 明

1. 摄像机适用于室内吊顶结构安装。

2. 为了确保摄像机在安装地点能正常运转，在安装前，应先将摄像机进行通电自检。

3. 摄像机安装步骤如下：(1) 在顶棚上开孔；(2) 将摄像机上罩装入孔内，用压块压紧顶棚；(3) 安装机芯；(4) 通电测试摄像机；(5) 安装下罩托盘。

图名	半球形摄像机安装方法（一）	图号	RD 2—24（一）

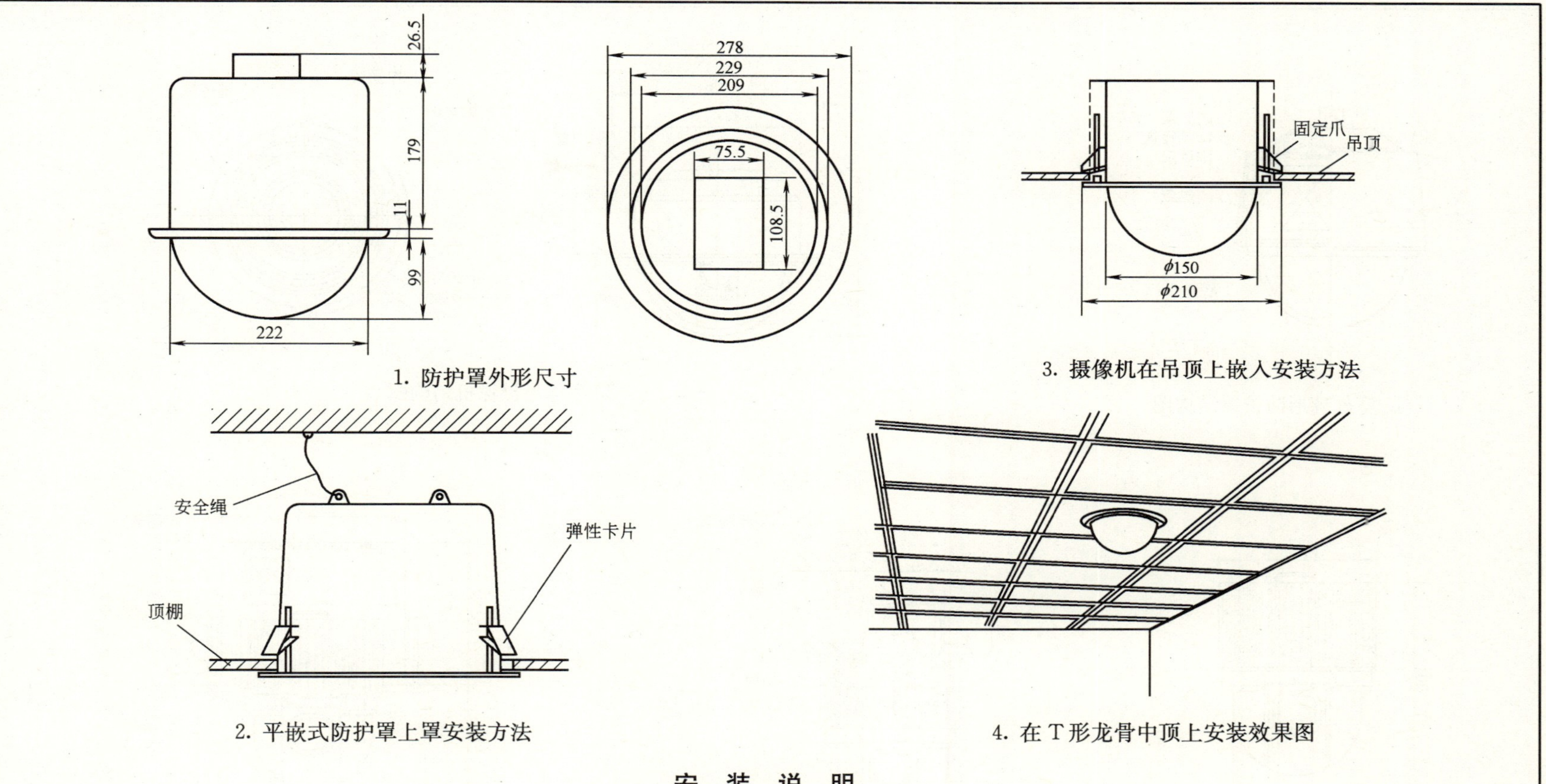

1. 防护罩外形尺寸

3. 摄像机在吊顶上嵌入安装方法

2. 平嵌式防护罩上罩安装方法

4. 在T形龙骨中顶上安装效果图

安 装 说 明

1. 平嵌式上罩可用于多种类型的吊顶上，但必须保证吊顶上方有足够空间。

2. T形吊顶是由金属龙骨及可拆卸的方形板做成的。依据吊顶类型选配适宜尺寸的吊顶板，用弹簧卡将上罩固定于吊顶板上，并安装安全绳，将上罩吊于楼板上。

图名	半球形摄像机安装方法（二）	图号	RD 2—24（二）

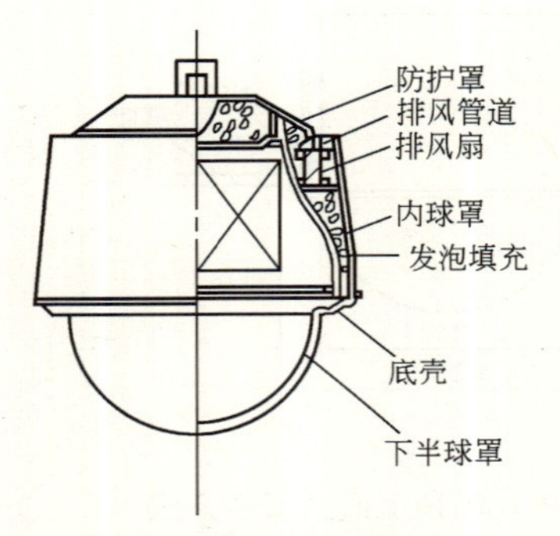

1. 室外球形防护罩结构图

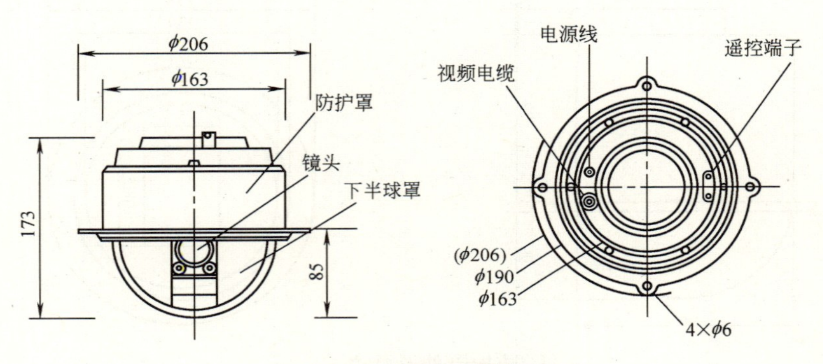

2. 半球形摄像机结构图

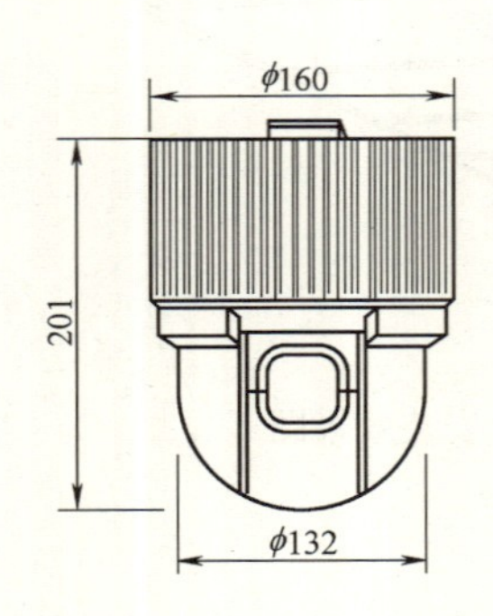

3. 半球形摄像机规格尺寸

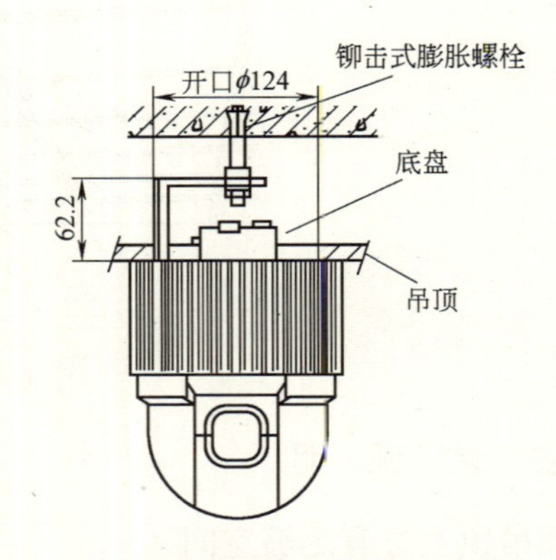

4. 半球形摄像机吊顶安装方法

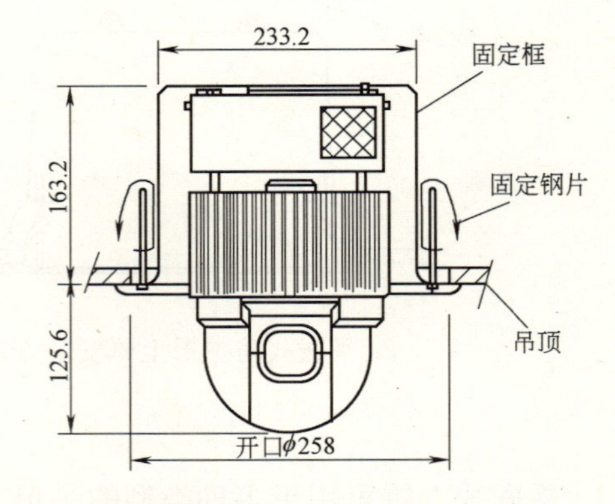

5. 半球形摄像机在吊顶上嵌入安装方法

安 装 说 明

摄像机在吊顶上嵌入安装时，需要使用承重吊杆。

图名	半球形摄像机安装方法（三）	图号	RD 2—24（三）

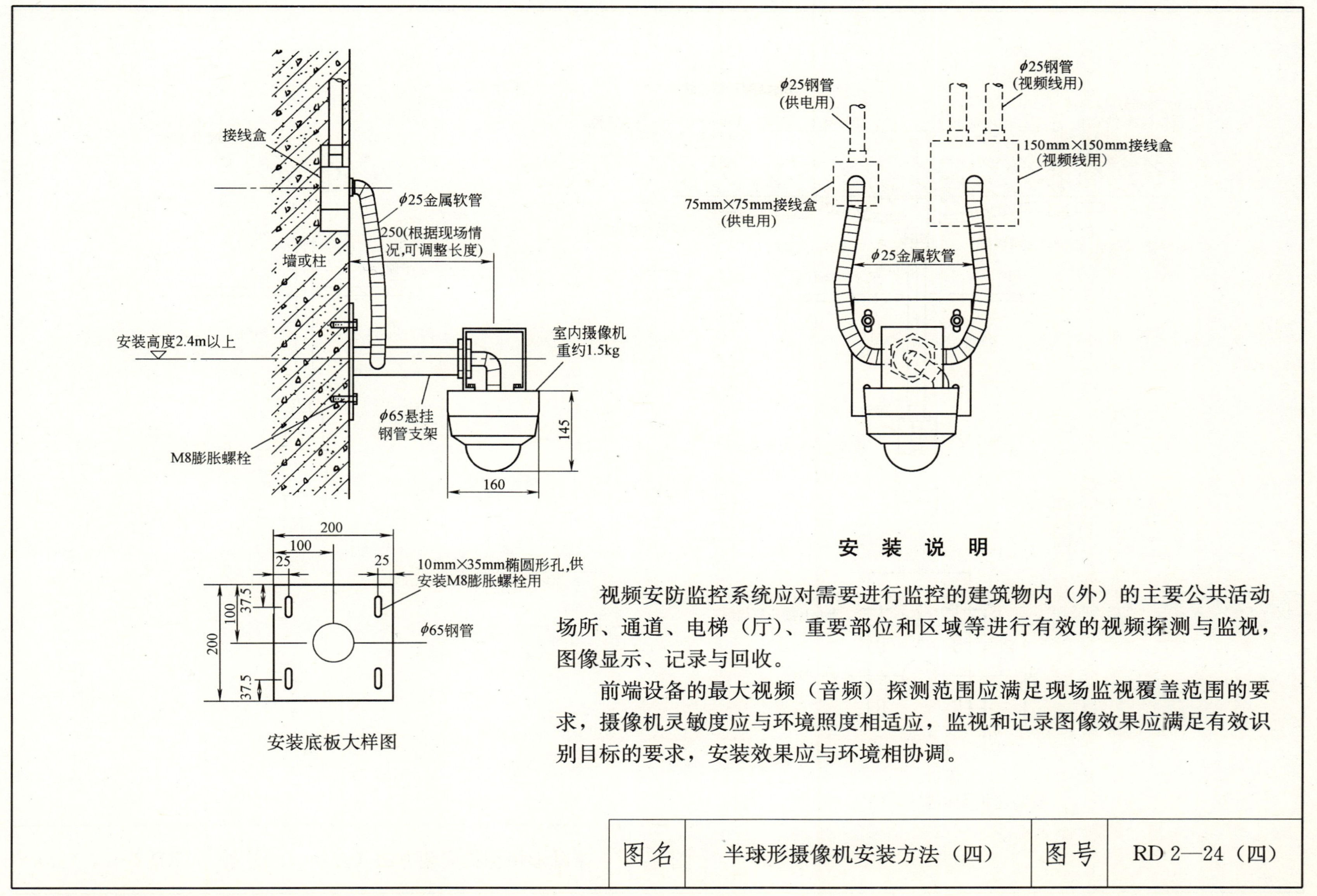

安装底板大样图

安 装 说 明

视频安防监控系统应对需要进行监控的建筑物内（外）的主要公共活动场所、通道、电梯（厅）、重要部位和区域等进行有效的视频探测与监视，图像显示、记录与回收。

前端设备的最大视频（音频）探测范围应满足现场监视覆盖范围的要求，摄像机灵敏度应与环境照度相适应，监视和记录图像效果应满足有效识别目标的要求，安装效果应与环境相协调。

图名	半球形摄像机安装方法（四）	图号	RD 2—24（四）

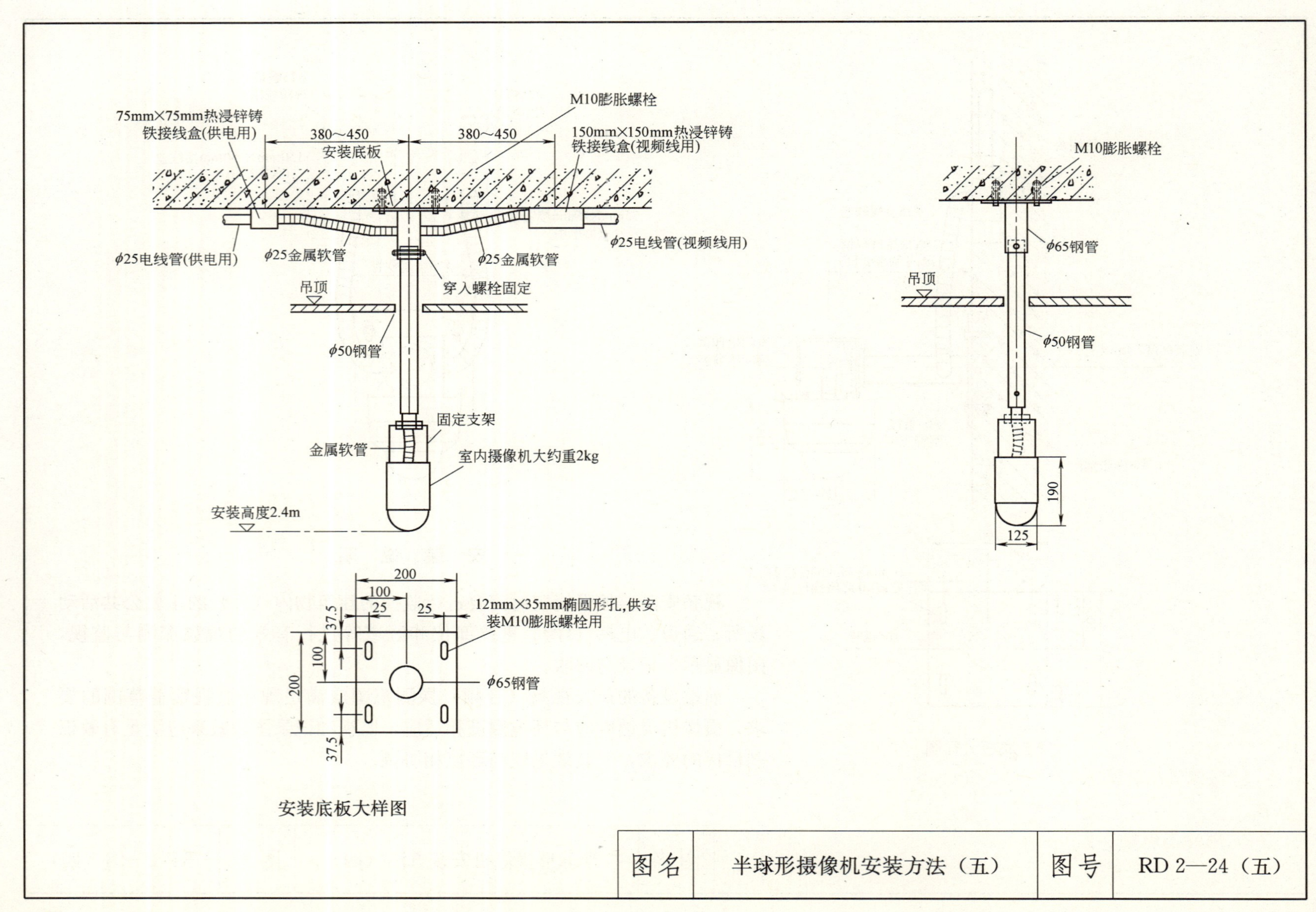
75mm×75mm热浸锌铸
铁接线盒(供电用)
380～450
380～450
M10膨胀螺栓
安装底板
150mm×150mm热浸锌铸
铁接线盒(视频线用)
φ25电线管(供电用)
φ25金属软管
φ25金属软管
φ25电线管(视频线用)
穿入螺栓固定
吊顶
φ50钢管
固定支架
金属软管
室内摄像机大约重2kg
安装高度2.4m
M10膨胀螺栓
φ65钢管
吊顶
φ50钢管
190
125
200
100
25
25
12mm×35mm椭圆形孔,供安
装M10膨胀螺栓用
37.5
100
200
φ65钢管
37.5
安装底板大样图
图名
半球形摄像机安装方法（五）
图号
RD 2—24（五）

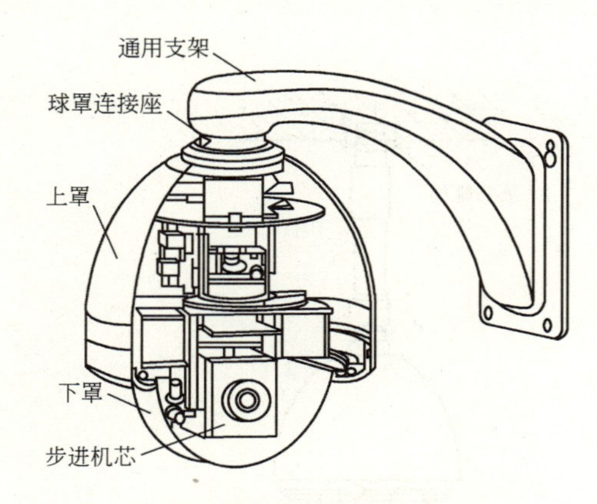

1. 室内球形摄像机结构图

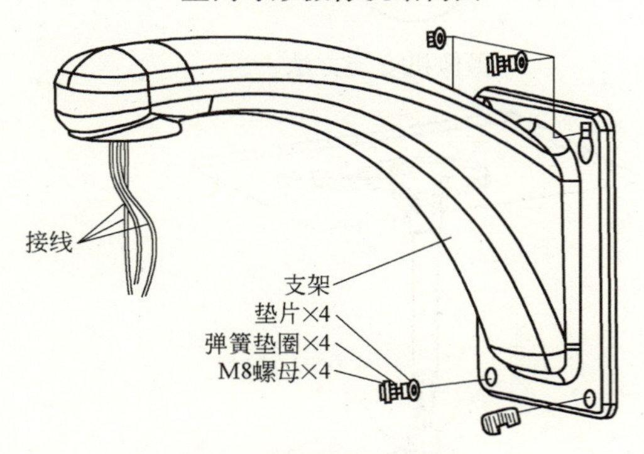

2. 球形摄像机壁装方法

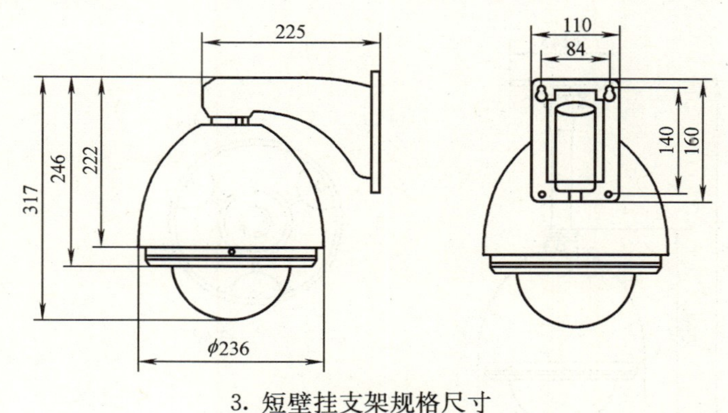

3. 短壁挂支架规格尺寸

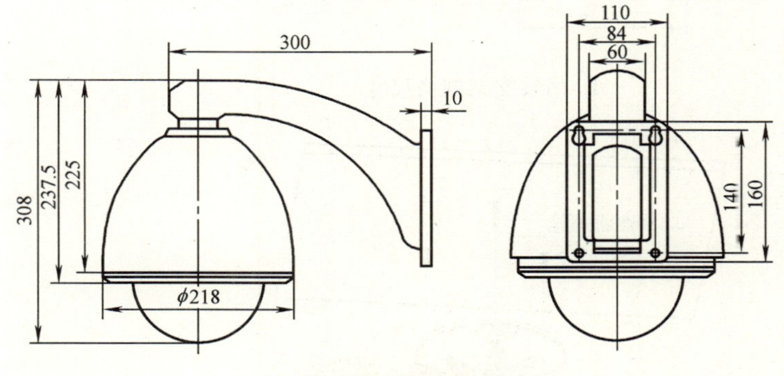

4. 长壁挂支架规格尺寸

安 装 说 明

1. 摄像机在墙壁上安装，用支架做样板，画出钻孔的中心位置。

2. 用冲击电钻在安装表面上钻 M8 金属膨胀螺栓的安装孔 4 个，装上膨胀螺栓 M8。

3. 将电源电缆、通信电缆及视频电缆穿过支架孔，留出足够的接线长度。

4. 用 4 个 M8 螺母、垫圈把支架紧固在墙壁上，然后安装摄像机。

图名	球形摄像机安装方法（一）	图号	RD 2—25（一）

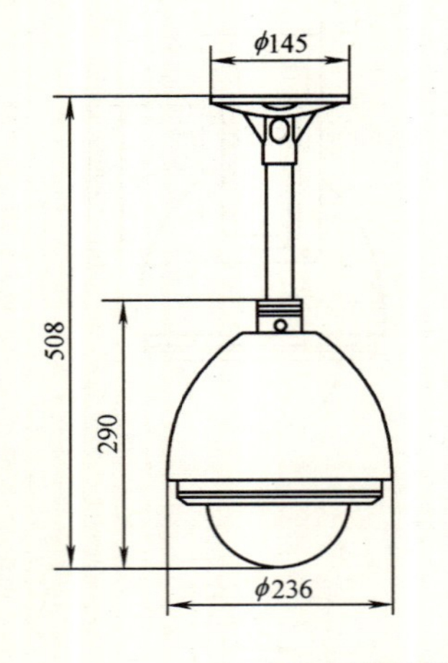

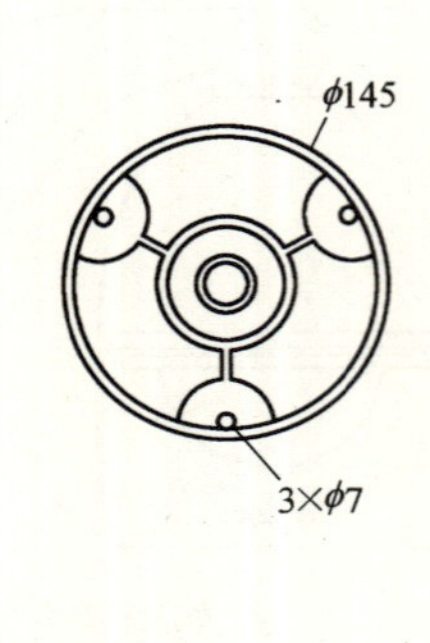

1. 吊装支架规格尺寸

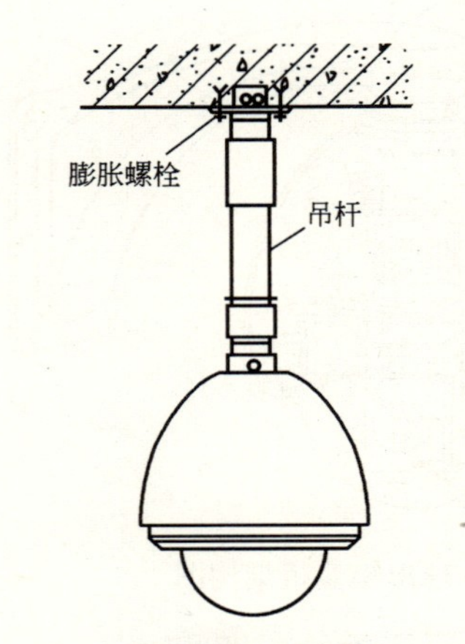

2. 摄像机安装方法

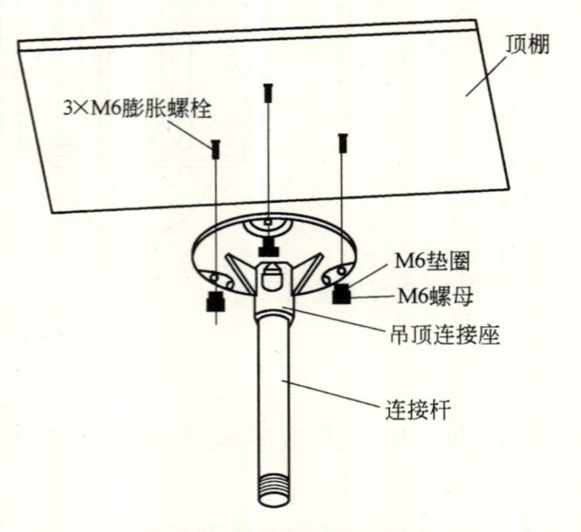

3. 吊挂支架安装方法

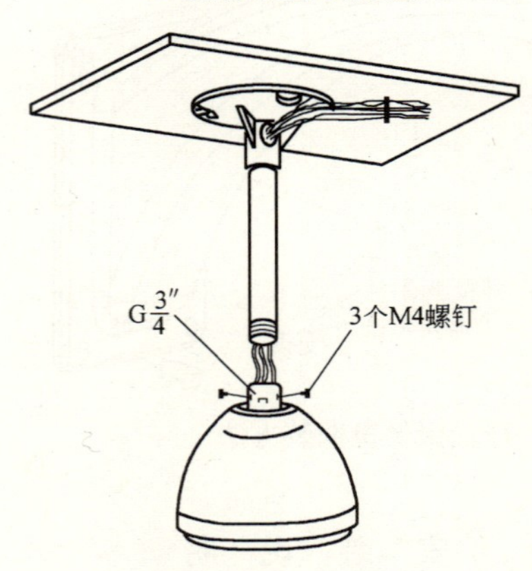

4. 摄像机上罩安装方法

图名	球形摄像机安装方法（二）	图号	RD 2—25（二）

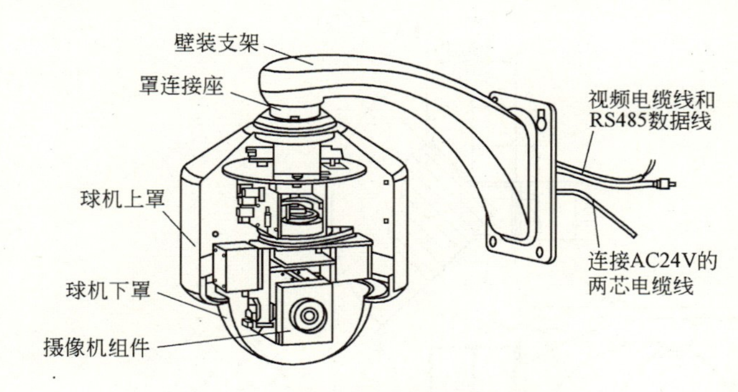

1. 室外球形摄像机结构图

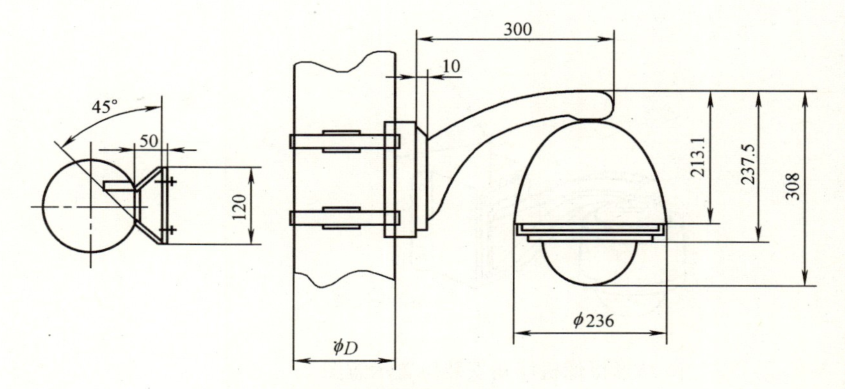

2. 柱装支架规格尺寸

安 装 说 明

1. 柱装支架适合安装在直径为 130～150mm 的立柱上。

2. 从包装中拿出柱装底座和两个不锈钢箍套，旋松箍上的螺栓，将箍带的一端拆下来，把箍带包围在立柱的安装位置上，将箍带的一端穿过柱装底座上的条形孔，然后穿入箍套的插孔内，旋紧箍套的锁紧螺栓，将箍带包紧在立柱上。

3. 将电源电缆、通信电缆、视频电缆从柱装底座的中心孔、防水胶垫中心孔、支架中心孔中穿出来，留出足够的接线长度。

4. 用 M8 螺钉将支架紧固在柱装底座上。

5. 安装球机的立柱必须能承受球机、支架及柱装底座重量之和的 4 倍。

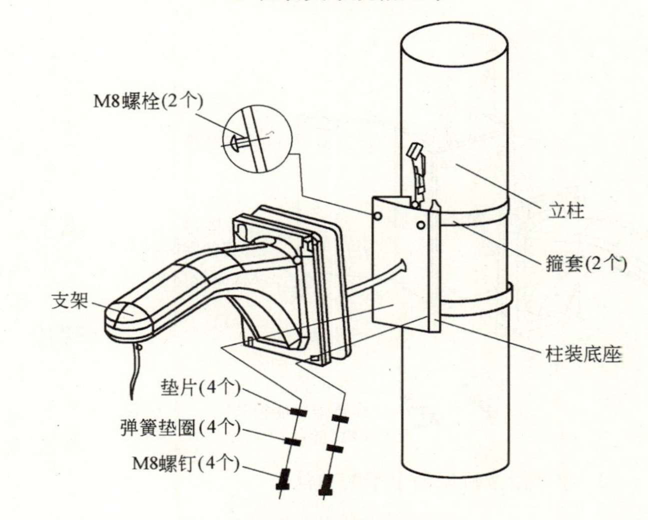

3. 球形摄像机柱装方法

图名	球形摄像机安装方法（三）	图号	RD 2—25（三）

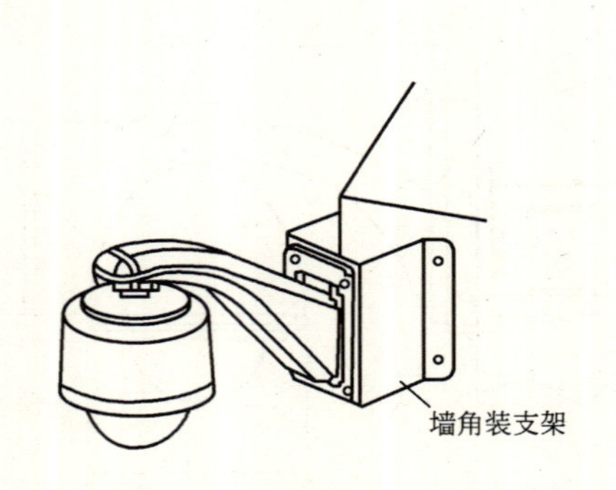

1. 球形摄像机墙角安装位置示意图

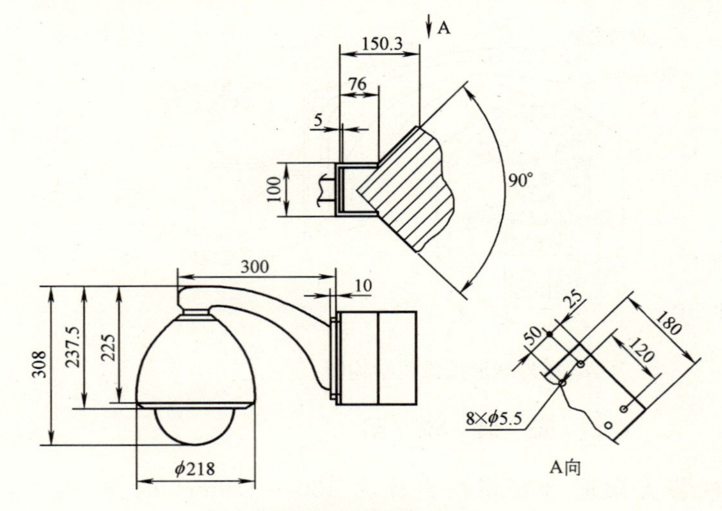

2. 墙角装支架规格尺寸

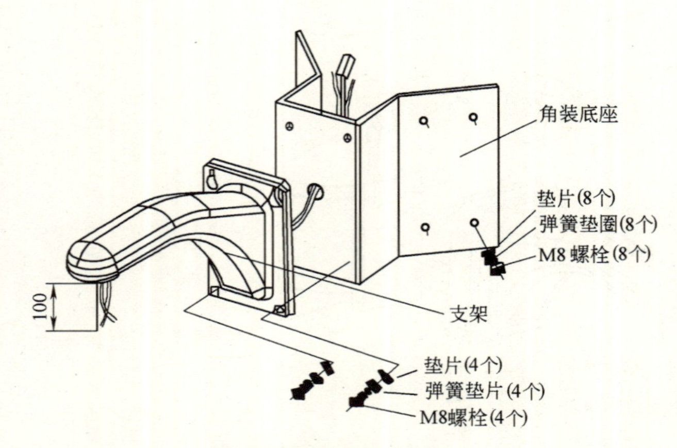

3. 球形摄像机墙角上安装方法

安 装 说 明

1. 角装支架适合安装在两墙壁的交角处，亦可安装在方形的立柱的交角面上。

2. 从包装中拿出角装底座用作样板，在墙面上画出安装螺孔的中心。

3. 用冲击电钻在安装表面钻 M8 膨胀螺栓的安装孔 8 个，装上 M8 膨胀螺栓。

4. 将角装底座用 M8 螺母紧固在墙壁上。

5. 将电源电缆、通信电缆、视频电缆通过角装底座的中心孔、防水胶垫及支架的中心孔中穿出来，留出足够的接线长度。

图名	球形摄像机安装方法（四）	图号	RD 2—25（四）

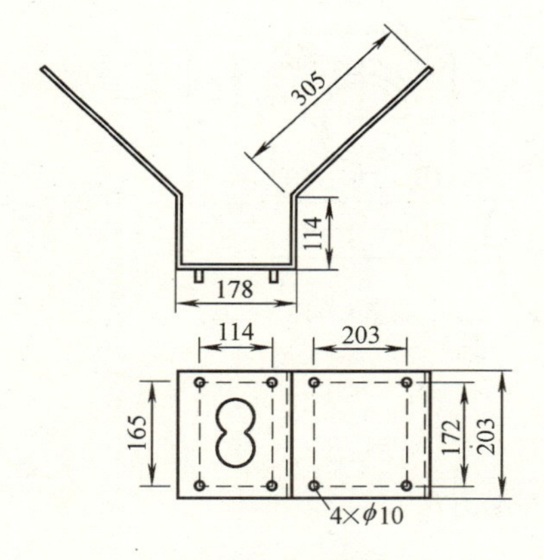

1. 墙角用支架规格尺寸

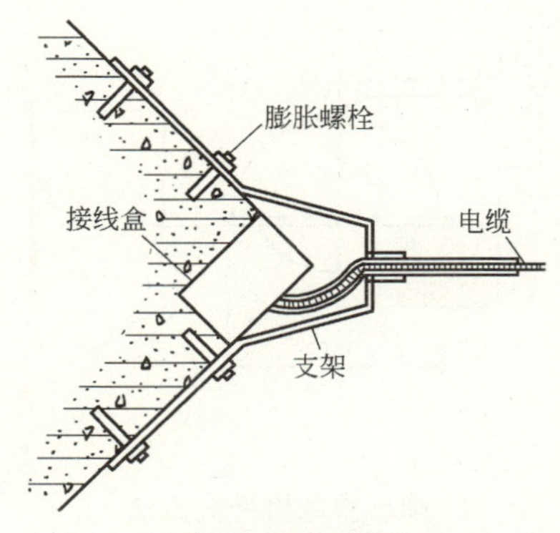

2. 墙角用支架安装方法

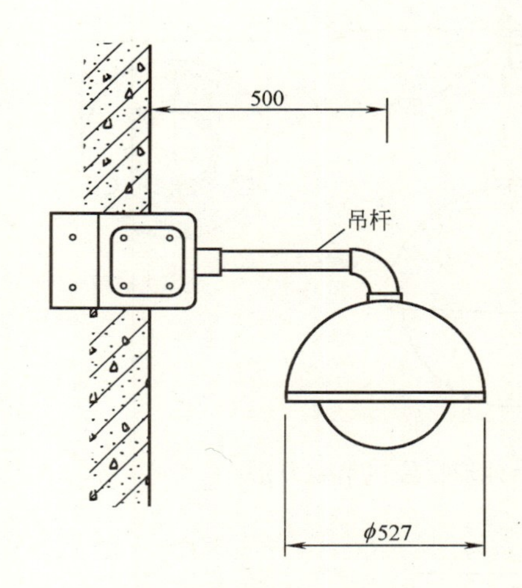

3. 墙角处球形摄像机安装方法

安 装 说 明

1. 室外摄像机安装高度一般为3.5～10m。

2. 接线盒处应做好防水处理。

3. 在石材上安装摄像机时，应选用不锈钢材质的支架及螺栓，以防锈迹污染石材。

4. 干挂石材上安装支架时，可先用角钢制作底架安装在墙上，然后安装支架于底架上，并用防水胶封堵支架与石材之间缝隙。

图名	球形摄像机安装方法（五）	图号	RD 2—25（五）

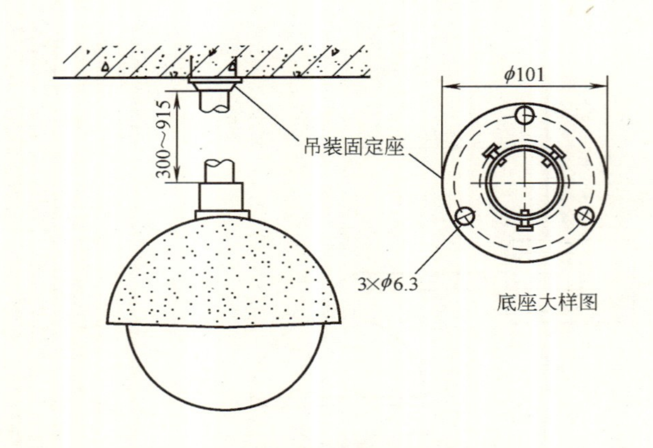

1. 球形摄像机吊装方法

489
墙装底座
4×φ11
膨胀螺栓
支杆
72
97
72
97
底座大样图

2. 球形摄像机壁装方法

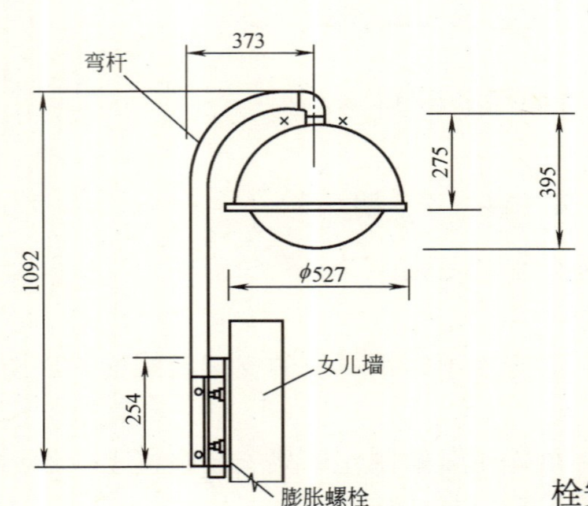

3. 球形摄像机弯杆安装方法

安　装　说　明

摄像机吊装及壁装时，可用膨胀螺栓安装；在杆上应使用配套箍套安装。

支杆
箍套
275
395
385
φ527

4. 球形摄像机杆装方法

图名	球形摄像机安装方法（六）	图号	RD 2—25（六）

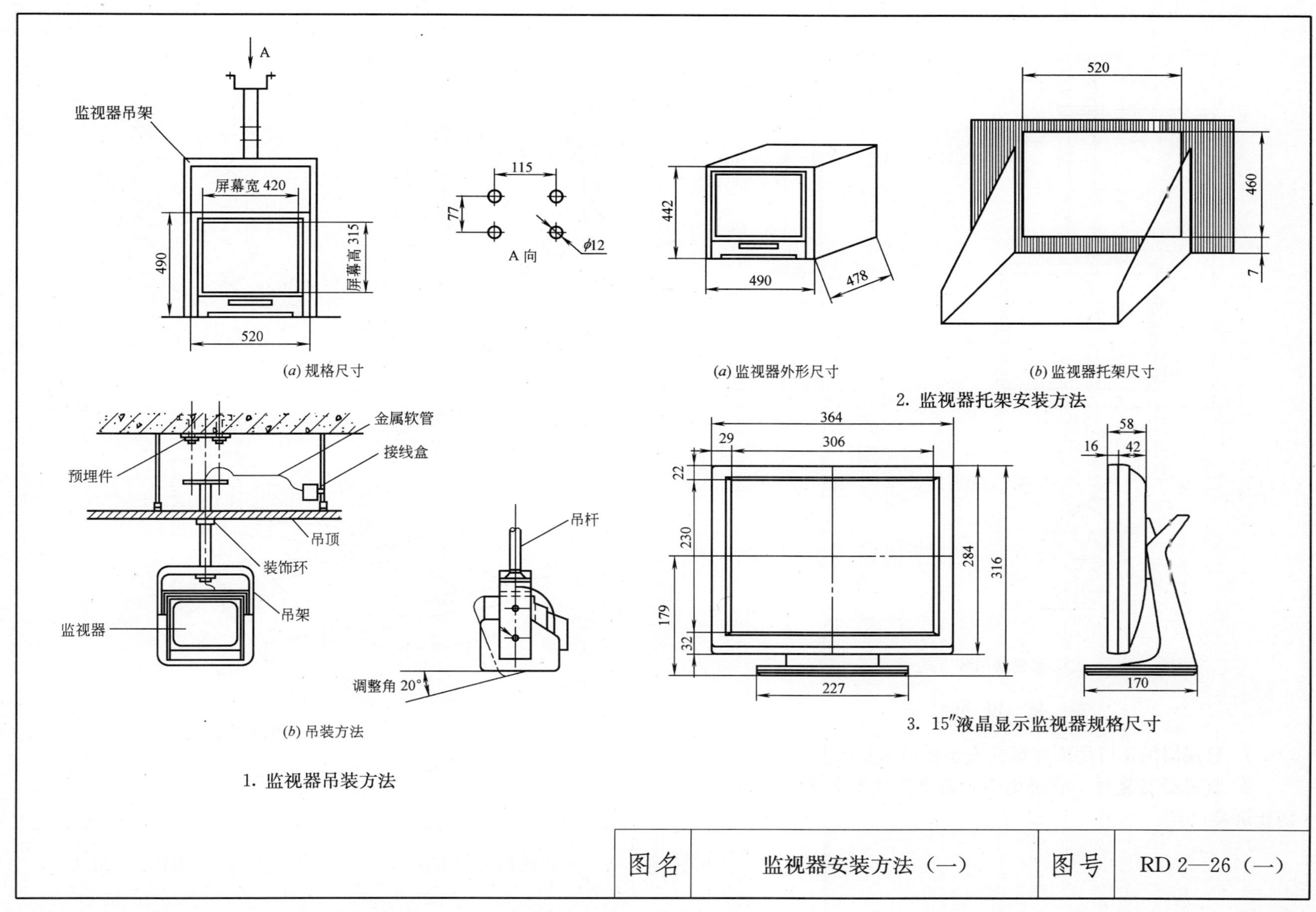

图名	监视器安装方法（一）	图号	RD 2—26（一）

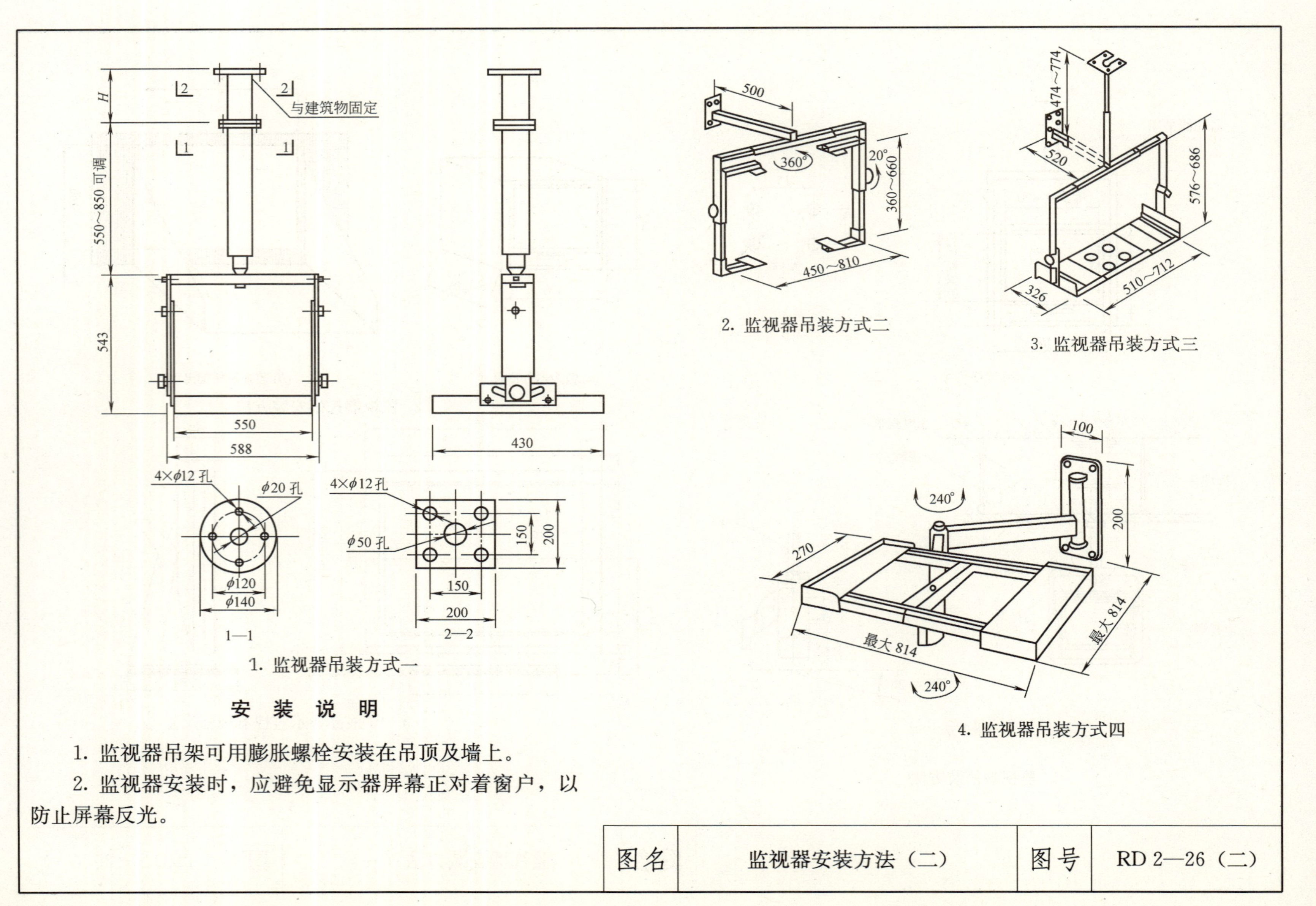

1. 监视器吊装方式一

2. 监视器吊装方式二

3. 监视器吊装方式三

4. 监视器吊装方式四

安 装 说 明

1. 监视器吊架可用膨胀螺栓安装在吊顶及墙上。

2. 监视器安装时，应避免显示器屏幕正对着窗户，以防止屏幕反光。

图名	监视器安装方法（二）	图号	RD 2—26（二）

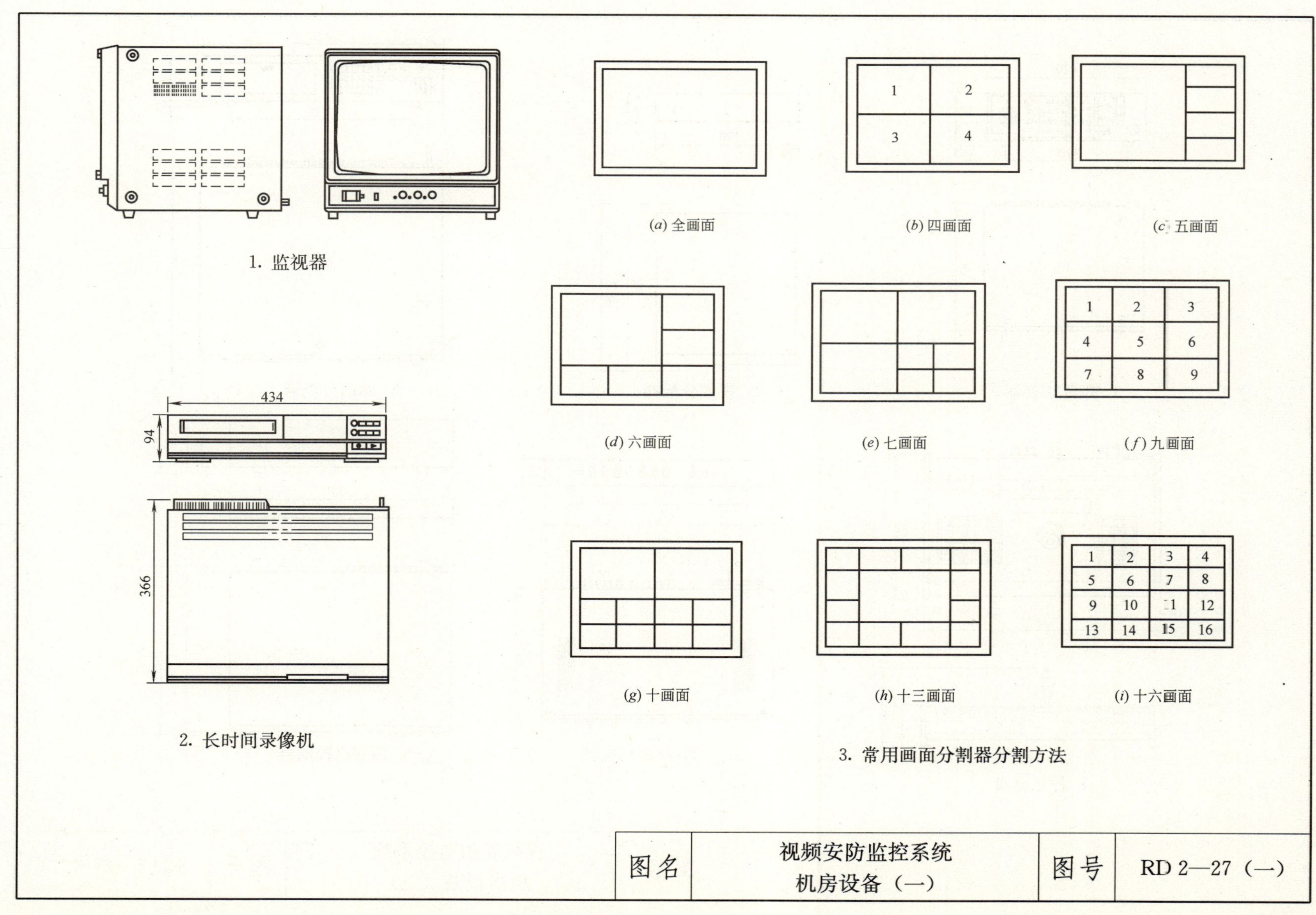

1. 监视器

2. 长时间录像机

(a) 全画面 (b) 四画面 (c) 五画面

(d) 六画面 (e) 七画面 (f) 九画面

(g) 十画面 (h) 十三画面 (i) 十六画面

3. 常用画面分割器分割方法

图名	视频安防监控系统 机房设备（一）	图号	RD 2—27（一）

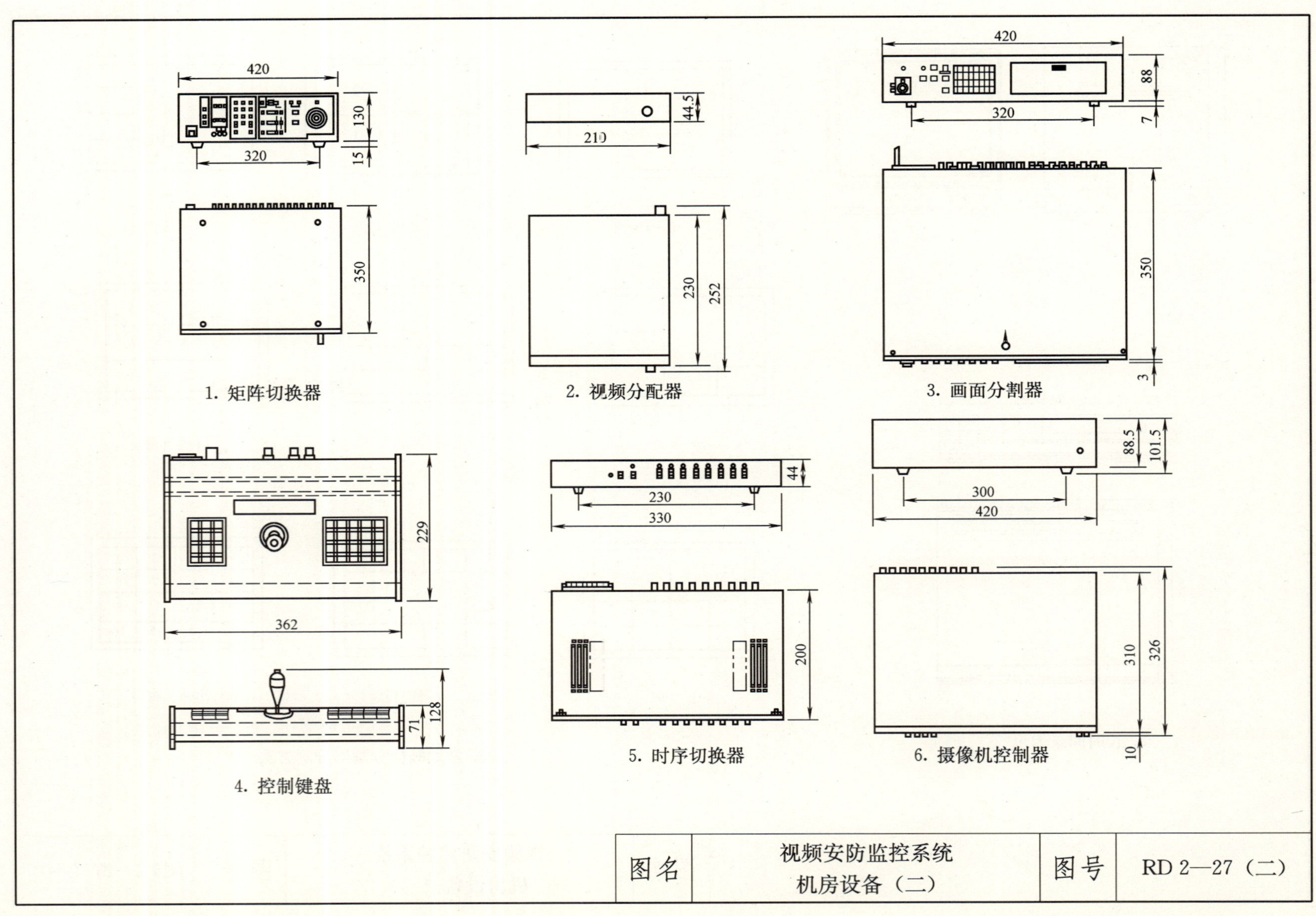

图名	视频安防监控系统 机房设备（二）	图号	RD 2—27（二）

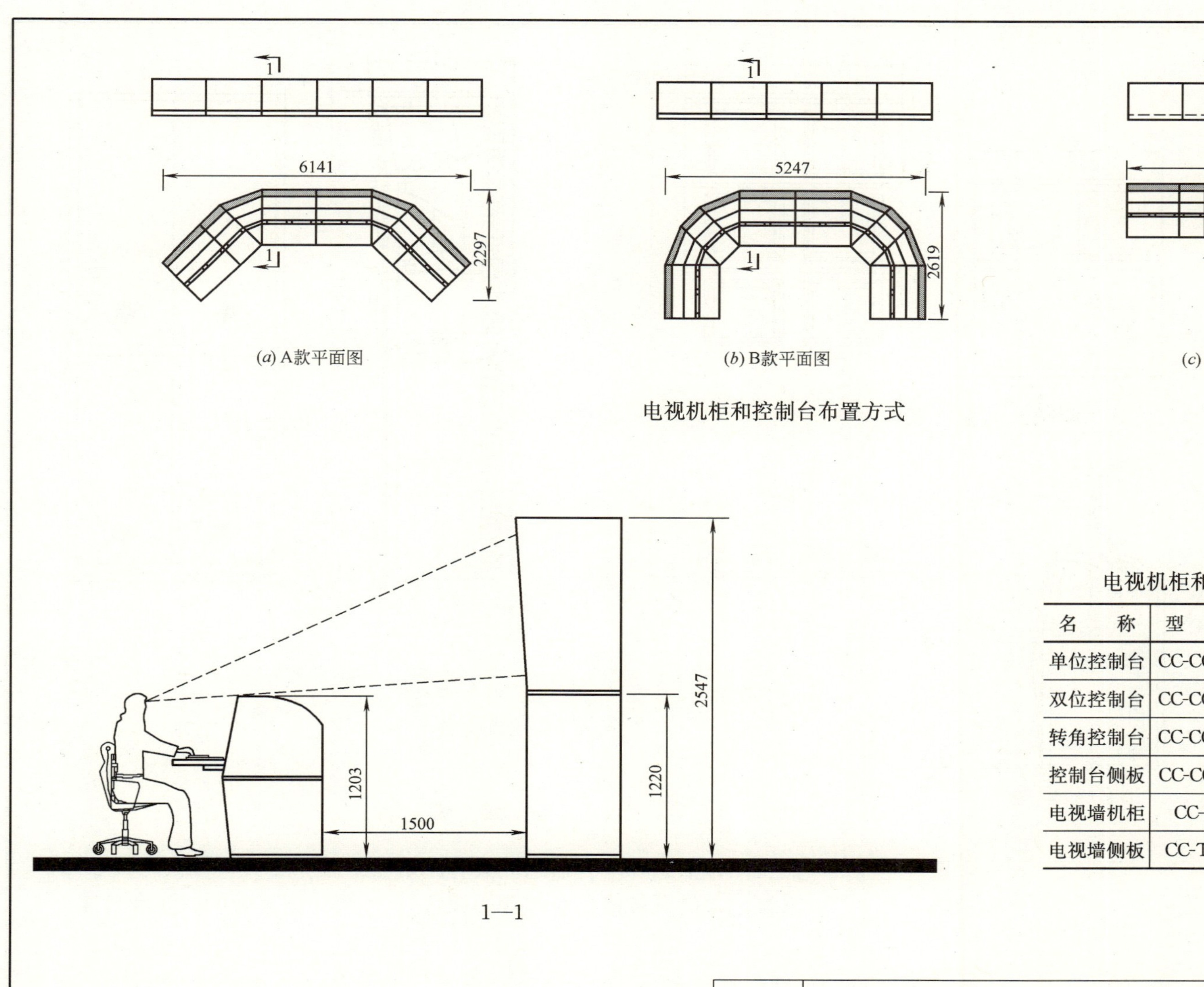

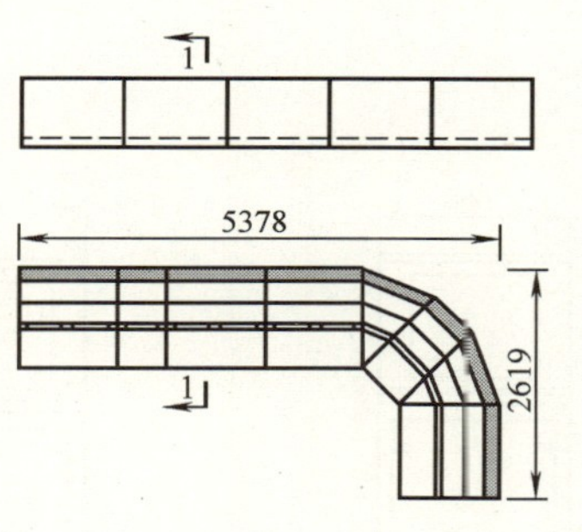

(*a*) A款平面图　　(*b*) B款平面图　　(*c*) C款平面图

电视机柜和控制台布置方式

1—1

电视机柜和控制台规格尺寸（mm）

名　　称	型　　号	宽 *W*	厚 *D*	高 *H*
单位控制台	CC-CON1S	600	1050	1203
双位控制台	CC-CON2S	1100	1050	1203
转角控制台	CC-CON-R	864	970	1203
控制台侧板	CC-CON-P	725	38	1203
电视墙机柜	CC-TV	1100	754	2547
电视墙侧板	CC-TV-P	773	38	2547

图名	电视机柜及控制台规格（一）	图号	RD 2—28（一）

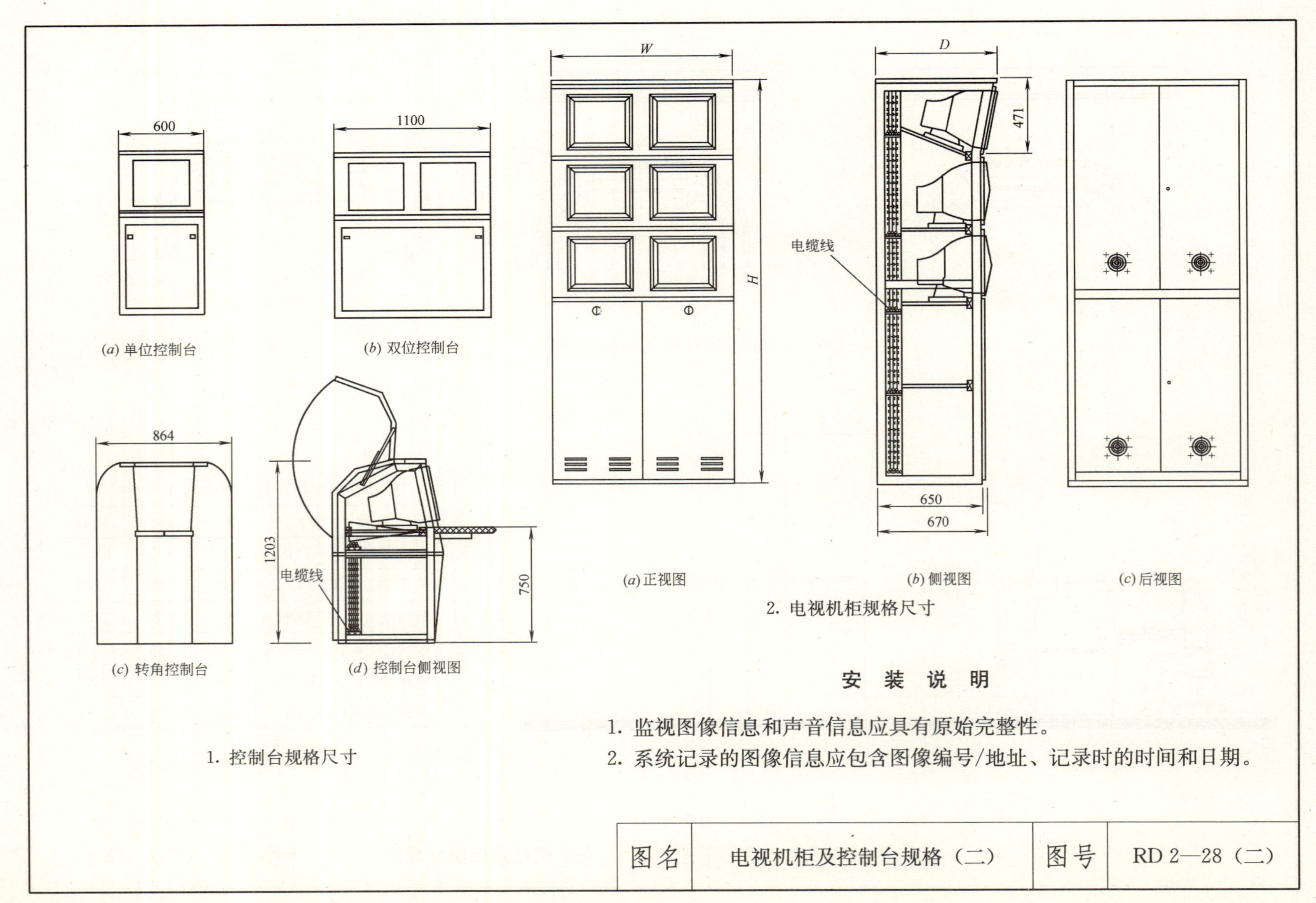

安 装 说 明

1. 监视图像信息和声音信息应具有原始完整性。
2. 系统记录的图像信息应包含图像编号/地址、记录时的时间和日期。

图名	电视机柜及控制台规格（二）	图号	RD 2—28（二）

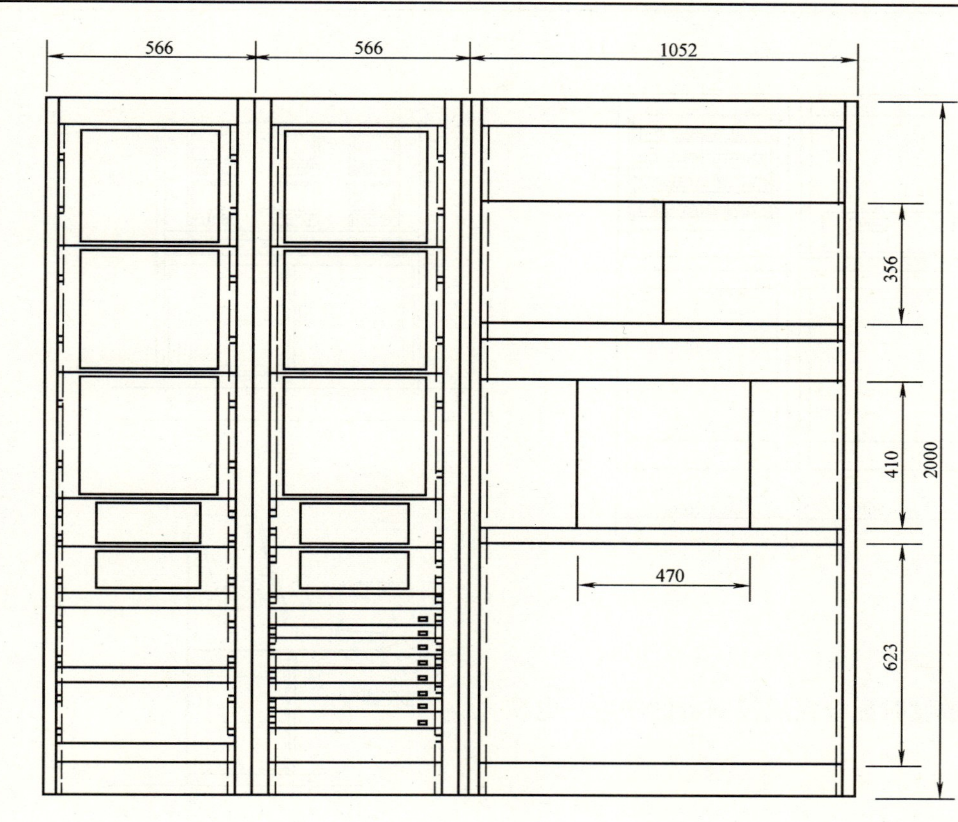

1. 电视机柜规格尺寸

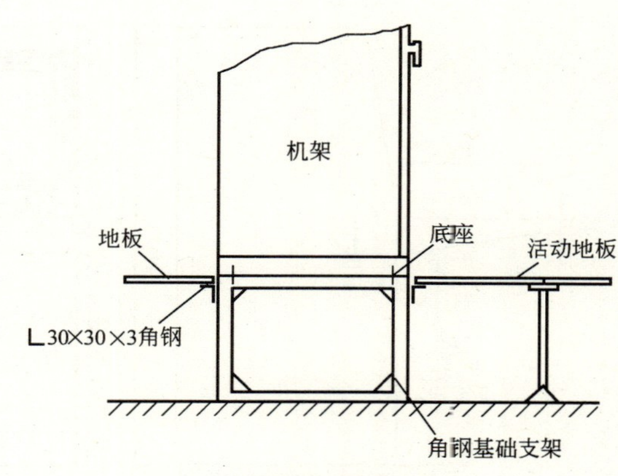

2. 电视机柜安装方法

安 装 说 明

1. 机柜在活动地板上安装时，可选用∟50×50×5角钢制作机柜支架，几台机柜成排安装时应制作连体支架。支架与活动地板应相互配合进行施工。

2. 机柜安装应竖直平稳，垂直偏差不得超过1‰，几台机柜并排在一起，面板应在同一平面上并与基准线平行，前后偏差不得大于3mm；两台机柜中间缝隙不得大于3mm。对于相互有一定间隔而排成一列的设备，其面板前后偏差不得大于5mm；机柜内的设备应在机柜安装好后进行安装。

3. 机柜进出线可采用活动地板下敷设金属线槽方式。

4. 机柜外壳需要做接地连接。

图名	电视机柜安装方法	图号	RD 2—29

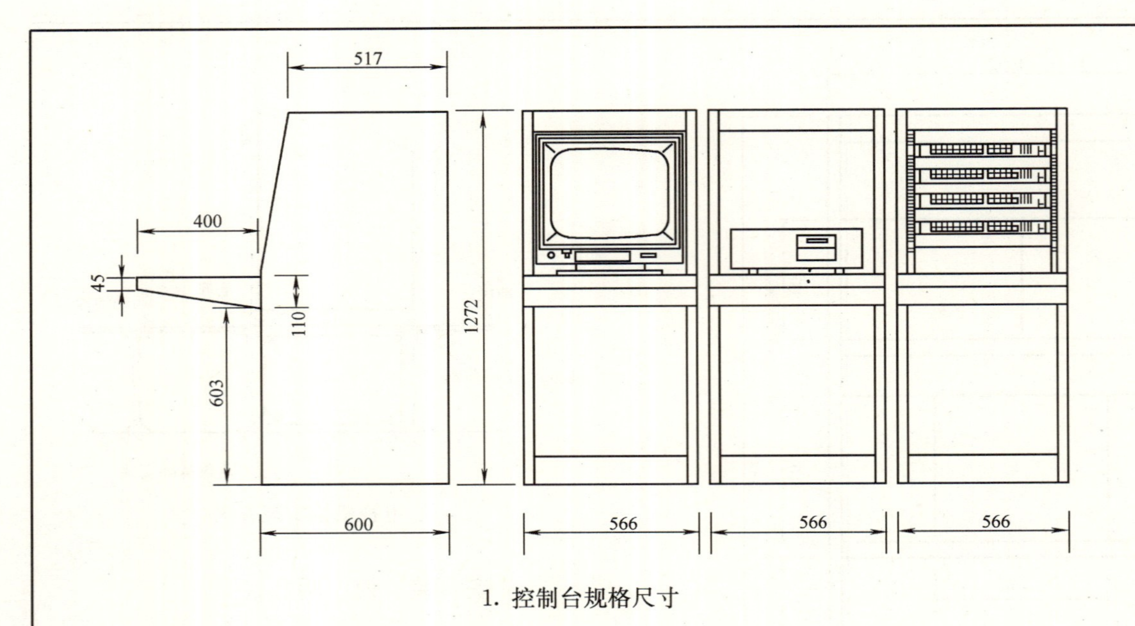

1. 控制台规格尺寸

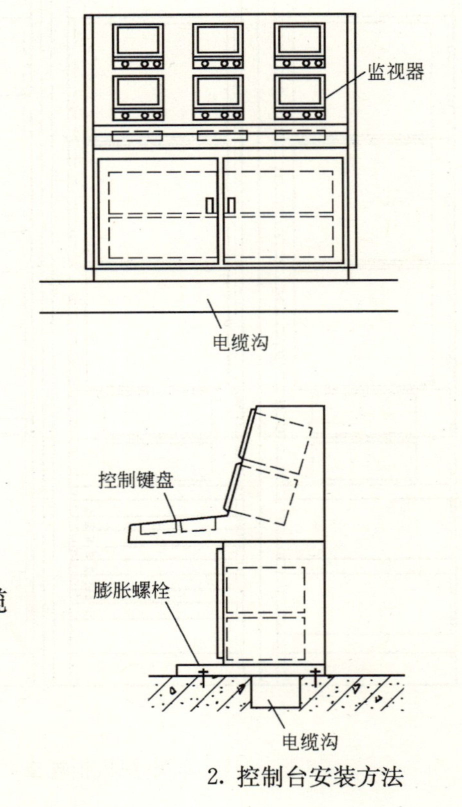

2. 控制台安装方法

安 装 说 明

1. 视频安防监控机房通常敷设活动地板，在地板敷设时配合完成控制台的安装，电缆可通过地板下的金属线槽引入控制台。

2. 控制台安装应符合下列规定：

（1）控制台位置应符合设计要求；

（2）控制台应安放竖直，台面水平；

（3）附件完整，无损伤，螺钉紧固，台面整洁无划痕；

（4）台内接插件和设备接触应可靠，安装应牢固；内部接线应符合设计要求，无扭曲脱落现象。

3. 控制台外壳应做好接地连接。

图名	控制台安装方法（一）	图号	RD 2—30（一）

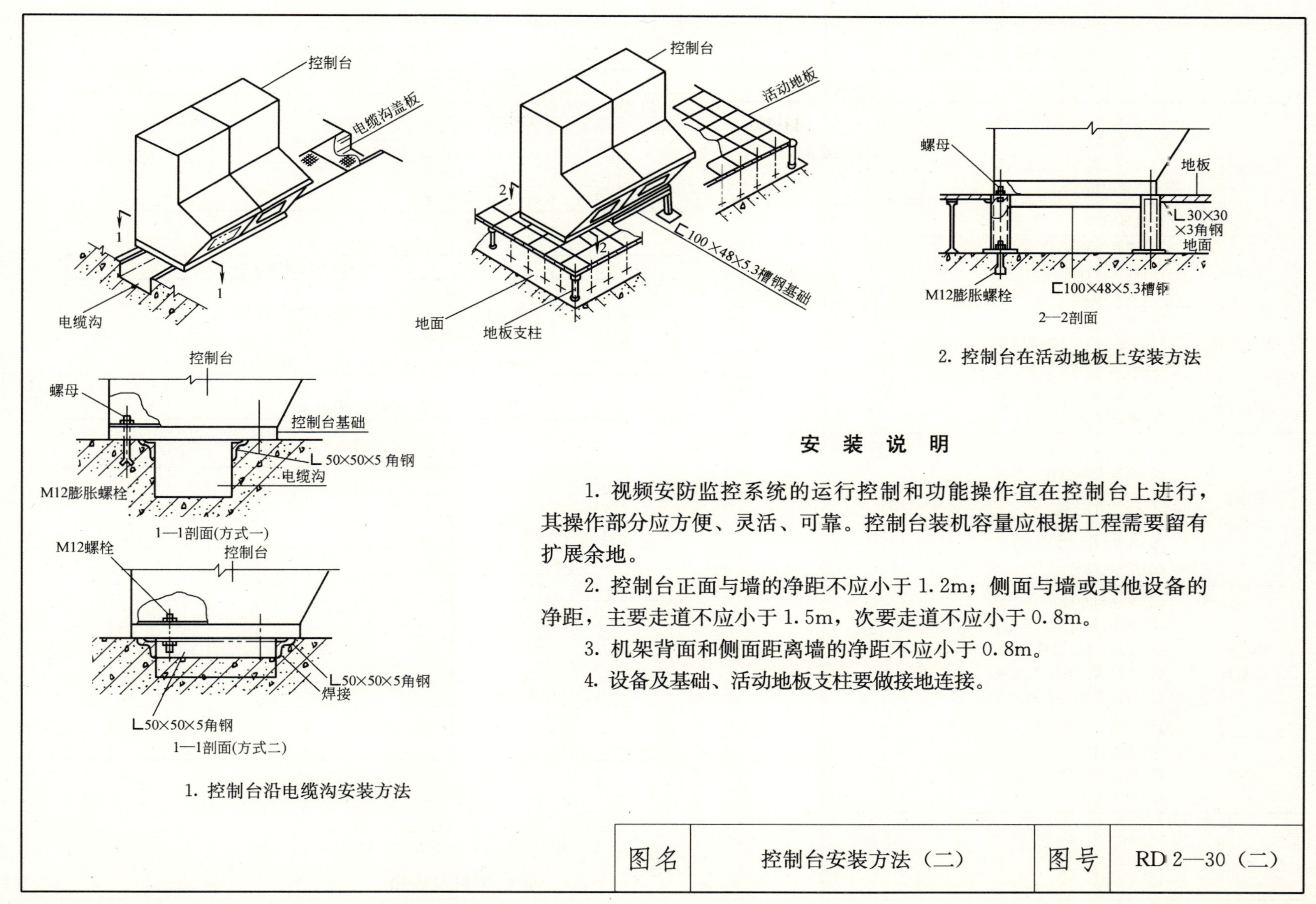

1. 控制台沿电缆沟安装方法

2. 控制台在活动地板上安装方法

安 装 说 明

1. 视频安防监控系统的运行控制和功能操作宜在控制台上进行，其操作部分应方便、灵活、可靠。控制台装机容量应根据工程需要留有扩展余地。

2. 控制台正面与墙的净距不应小于1.2m；侧面与墙或其他设备的净距，主要走道不应小于1.5m，次要走道不应小于0.8m。

3. 机架背面和侧面距离墙的净距不应小于0.8m。

4. 设备及基础、活动地板支柱要做接地连接。

图名	控制台安装方法（二）	图号	RD 2—30（二）

1. 施工质量检查项目和内容

项目	内　　容	抽查百分数(%)
摄像机	(1)设置位置,视野范围; (2)安装质量; (3)镜头、防护套、支承装置、云台安装质量与紧固情况	10～15(10台以下摄像机至少验收1～2台)
	通电试验	100
监视器	(1)安装位置; (2)设置条件; (3)通电试验	100
控制设备	(1)安装质量; (2)遥控内容与切换路数; (3)通电试验	100
其他设备	(1)安装位置与安装质量; (2)通电试验	100
控制台与机架	(1)安装垂直水平度; (2)设备安装位置; (3)布线质量; (4)塞孔、连接处接触情况; (5)开关、按钮灵活情况; (6)通电试验	100
电(光)缆敷设	(1)敷设与布线; (2)电缆排列位置、布放和绑扎质量; (3)地沟、走道支铁吊架的安装质量; (4)埋设深度及架设质量; (5)焊接及插接头安装质量; (6)接线盒接线质量	30
接地	(1)接地材料; (2)接地线焊接质量; (3)接地电阻	100

2. 五级损伤制评分分级

图像质量损伤的主观评价	评分分级
图像上不觉察有损伤或干扰存在	5
图像上稍有可觉察的损伤或干扰,但并不令人讨厌	4
图像上有明显的损伤或干扰,令人感到讨厌	3
图像上损伤或干扰较严重,令人相当讨厌	2
图像上损伤或干扰极严重,不能观看	1

3. 主观评价项目

项　　目	损伤的主观评价现象
随机信噪比	噪波,即"雪花干扰"
单频干扰	图像中纵、斜、人字形或波浪状的条纹,即"网纹"
电源干扰	图像中上下移动的黑白间置的水平横条,即"黑白滚道"
脉冲干扰	图像中不规则的闪烁,黑白麻点或"跳动"

4. 功能检测表

项　　目	设计要求	设　备　序　号					
		1	2	3	4	5	6
云台水平转动							
云台垂直转动							
自动光圈调节							
调焦功能							
变倍功能							
切换功能							
录像功能							
报警功能							
防护罩功能							
其他							
结论							

图名	视频安防监控系统工程验收项目及表格	图号	RD 2—31

序号	检 验 项 目		检验要求及测试方法
1	系统控制功能检验	编程功能检验	通过控制设备键盘可手动或自动编程，实现对所有的视频图像在指定的显示器上进行固定或时序显示、切换
		遥控功能检验	控制设备对云台、镜头、防护罩等所有前端受控部件的控制应平稳、准确
2	监视功能检验		(1)监视区域应符合设计要求。监视区域内照度应符合设计要求，如不符合要求，检查是否有辅助光源； (2)对设计中要求必须监视的要害部位，检查是否实现实时监视、无盲区
3	显示功能检验		(1)单画面或多画面显示的图像应清晰、稳定； (2)监视画面上应显示日期、时间及所监视画面前端摄像机的编号或地址码； (3)应具有画面定格、切换显示、多路报警显示、任意设定视频警戒区域等功能； (4)图像显示质量应符合设计要求，并按国家现行标准《民用闭路监视电视系统工程技术规范》GB 50198 对图像质量进行五级评分
4	记录功能检验		(1)对前端摄像机所摄图像应能按设计要求进行记录，对设计中要求必须记录的图像应连续、稳定； (2)记录画面上应有记录日期、时间及所监视画面前端摄像机的编号或地址码； (3)应具有存储功能，在停电或关机时，对所有的编程设置、摄像机编号、时间、地址等均可存储，一旦恢复供电，系统应自动进入正常工作状态
5	回放功能检验		(1)回放图像应清晰，灰度等级、分辨率应符合设计要求； (2)回放图像画面应有日期、时间及所监视画面前端摄像机的编号或地址码应清晰、准确； (3)当记录图像为报警联动所记录图像时，回放图像应保证报警现场摄像机的覆盖范围，使回放图像能再现报警现场； (4)回放图像与监视图像比较应无明显劣化，移动目标图像的回放效果应达到设计和使用要求
6	报警联动功能检验		(1)当入侵报警系统有报警发生时，联动装置应将相应设备自动开启。报警现场画面应能显示到指定监视器上，应能显示出摄像机的地址码及时间，应能单画面记录报警画面； (2)当与入侵探测系统、出入口控制系统联动时，应能准确触发所联动设备； (3)对于其他系统的报警联动功能，应符合设计要求
7	图像丢失报警功能检验		当视频输入信号丢失时，应能发出报警
8	其他功能项目检验		具体工程中具有的而以上功能中未涉及到的项目，其检验要求应符合相应标准、工程合同及正式设计文件的要求

图名	视频安防监控系统检验项目、检验要求及测试方法	图号	RD 2—32

3　出入口控制（门禁）系统

安 装 说 明

本章主要介绍出入口控制（门禁）系统，适用于各类住宅及公共建筑等的出入门控制。出入口控制系统中使用的设备必须符合国家法律法规和现行强制性标准的要求，并经法定机构检验或认证合格。

系统必须满足紧急逃生时人员疏散的相关要求。当通向疏散通道方向为防护面时，系统必须与火灾报警系统及其他紧急疏散系统联动，当发生火警或需紧急疏散时，人员不使用钥匙应能迅速安全通过。

1. 系统介绍

出入口控制（门禁）系统能根据建筑物安全技术防范管理的需要，对需要控制的各类出入口，按各种不同的通行对象及其准入级别，对其进出实施控制与管理，并应具有报警功能。系统应与火灾自动报警系统联动。

出入口控制（门禁）系统的组成包括门禁机、控制器、电控锁、出门按钮、电源装置等。开门方式常见的有：(1) 只按密码；(2) 刷卡；(3) 指纹读入等，或几种方式的组合，采用密码输入时，通常应每三个月需要更改一次密码。

电控锁安装时应先了解锁的类型、安装位置、安装高度、门的开启方向等。有的磁卡门锁内设置电池，不需外接导线，只要现场安装即可，适用酒店客房使用；阴极及阳极电控锁通常安装在门框上，在主体施工时在门框外侧门锁安装位置处预埋穿线管及接线盒，锁体安装要与相关专业配合进行开孔等工作；在门扇上安装电控门锁时，需要通过电合页或电线保护软管进行导线的连接，在主体施工时在门框外侧电合页处预埋导线管及接线盒，导线连接应采用焊接或接线端子连接。

2. 线路敷设

门禁系统的干线可用金属管或金属线槽敷设，支线可用配管敷设，导线敷设时信号线与强电线要分开敷设，并注意导线布线的安全。

3. 本章相关规范

(1)《出入口控制系统工程设计规范》(GB 50396—2007)。
(2)《智能建筑设计标准》(GB/T 50314—2006)。
(3)《智能建筑工程质量验收规范》(GB 50339—2003)。
(4)《安全防范工程技术规范》(GB 50348—2004)。
(5)《防盗报警控制器通用技术条件》(GB 12663—2001)。
(6)《文物系统博物馆安全防范工程设计规范》(GB/T 16571—1996)。
(7)《银行营业场所安全防范工程设计规范》(GB/T 16676—1996)。

序号	名称	工作原理	优点	缺点
1	数字密码锁系统	以共享密码键入的方式,将讯号传送到控制主机开门	价格便宜,密码可随时更改	无时段管制,亦无进出记录
2	磁带式卡片阅读机系统	储存于磁带内密码,以刷卡方式将讯号传至控制主机开门	价格便宜,卡片遗失可删除	卡片较易消磁
3	指纹识别系统	将指纹和密码登录于计算机内,必须输入密码及指纹,才可开门	不需要随身携带卡片	价钱昂贵,且开门时间较久
4	视网膜识别系统	必须输入个人登录密码,并将眼靠近识别机才可开门	不需随身携带卡片	价钱昂贵,且戴眼镜的人需除下眼镜才能鉴别
5	语音识别系统	利用每个人声频密度都不相同,可作为鉴别每人身份的依据	不需随身携带卡片	价钱最昂贵,且当使用者生病,如感冒,常会发生无法鉴别的状况
6	高阶随机数密码系统	利用计算机随机数原理,每次开启时,按键数字均非固定,同时辅以防窥设计,必须在一定角度才可看清数字,稍有偏离,则模糊不清,使用者可输入个人密码即可开门	价钱适中,亦不需随身携带卡片及避免卡片遗失之忧	当使用者或管理者将个人密码流出,门禁管制安全性大为降低,是最大缺点
7	铁码式卡片阅读机系统	以高抗磁特殊合金方式储存密码	卡片阅读机及卡片具防水、防尘功能,使用年限较高,不发生读卡头损坏的情形	仍需刷卡
8	感应式卡片阅读机系统	其感应原理是利用卡片阅读机产生的电磁场,激发卡片内部的芯片,而产生一射频电波,读取密码	卡片阅读机及卡片具防水、防尘功能,使用年限较高,不易发生读卡头损坏的情形	需考虑卡片阅读机的位置不能太靠近金属物质

图名	常用门禁系统介绍	图号	RD 3—1

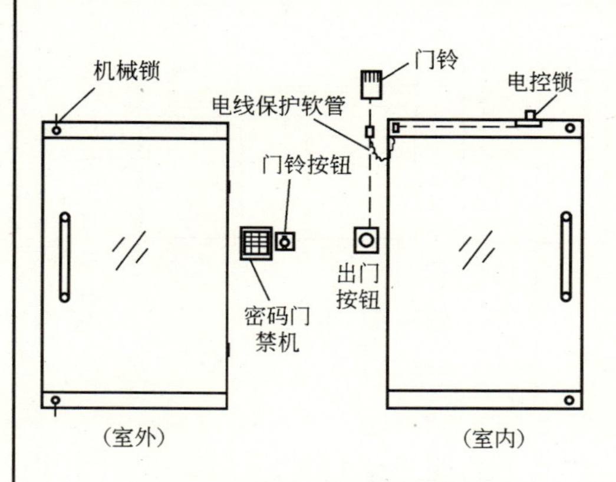

1. 密码门禁系统设备布置图

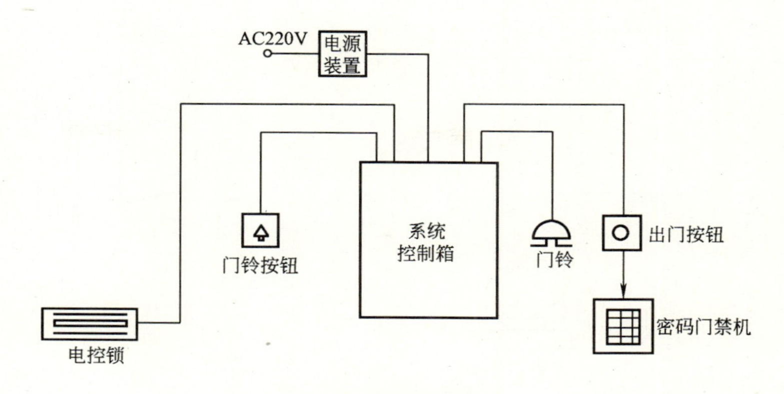

2. 密码门禁系统图

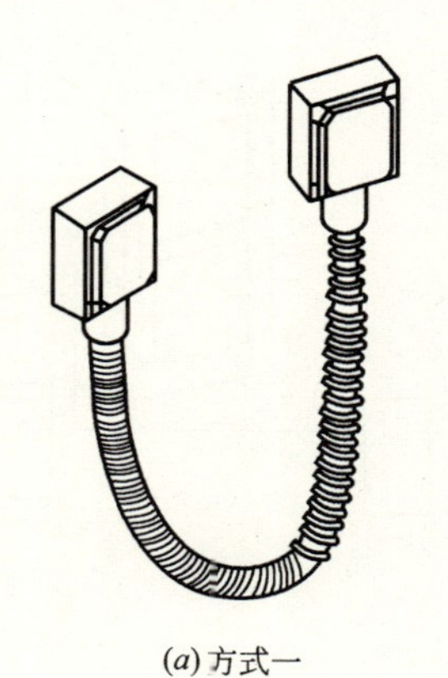

(a) 方式一

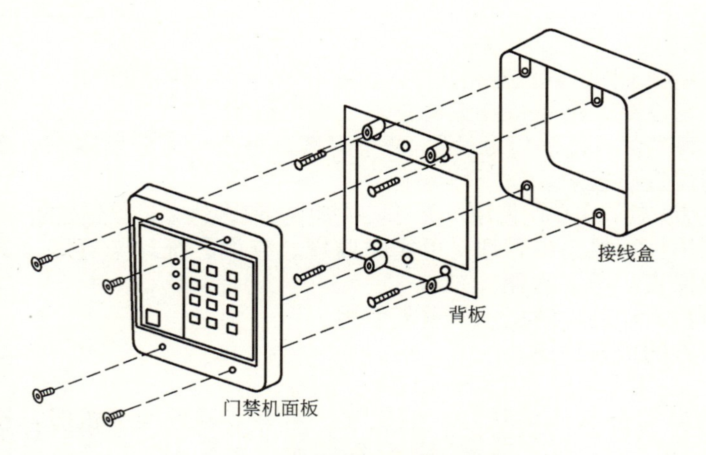

3. 密码门禁机安装方法

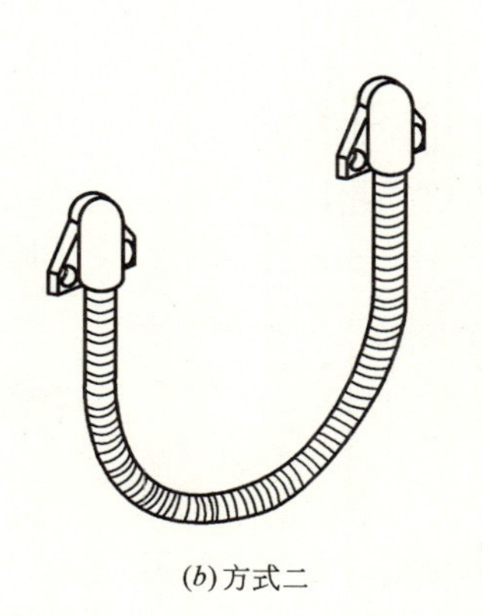

(b) 方式二

4. 电线保护软管

安 装 方 法

密码门禁系统可安装在写字楼办公室大门、住宅大门等处。人员通过键入四位数密码进入室内，访客可按动门铃呼叫室内人员，开门进入室内，密码通常每三个月或根据需要变更一次，办公室除安装密码门禁系统外，还需安装机械锁，上下班时开关此锁，以确保安全。

图名	密码门禁系统安装方法	图号	RD 3—2

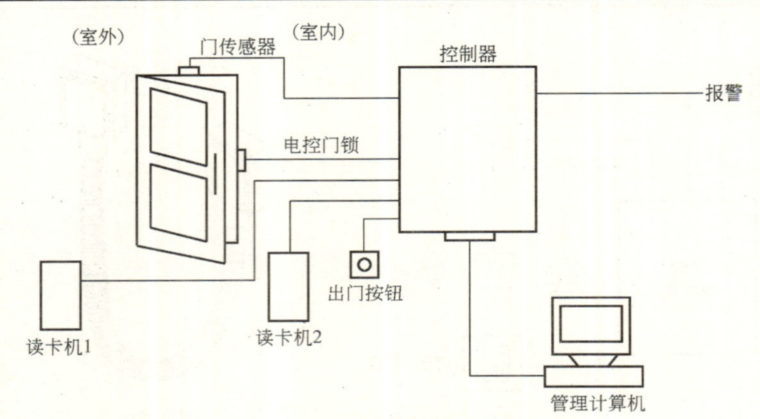

1. 单门门禁系统示意图

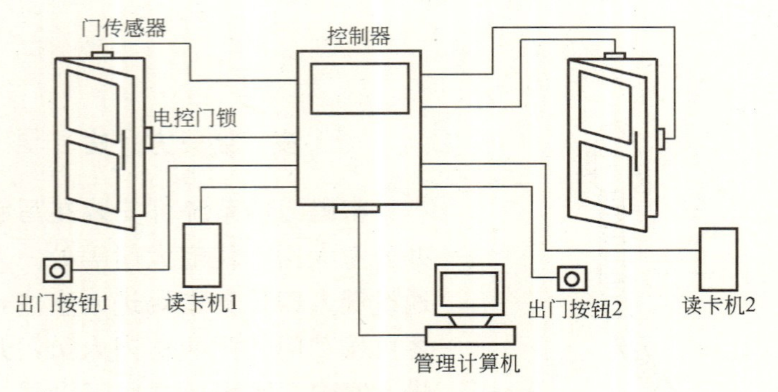

2. 双门门禁系统示意图

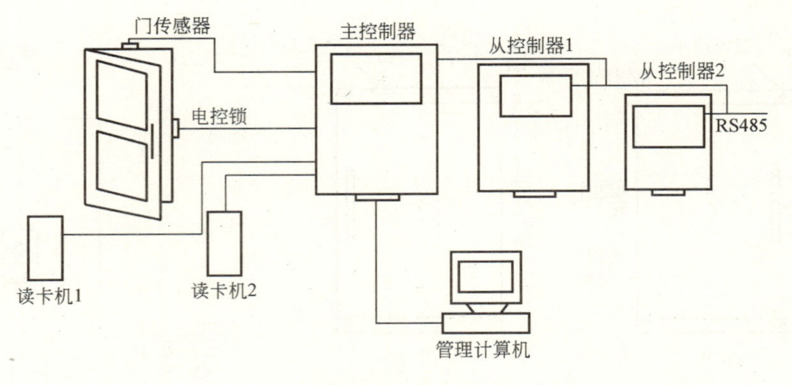

3. 联网门禁系统示意图

系 统 说 明

1. 系统特点：

(1) 非接触识别卡，设备无磨损，稳定可靠，多年不用维护。

(2) 保密性高，最新特殊编码技术，不可仿制。

(3) 管理完善，每个门可设置32个时区，每张卡可分别限制各个门任意时间段进出权限。

(4) 灵活方便，可单门使用，更可联网集中控制多达256个不同的门。

(5) 利用计算机集中管理，可实时监视、查询、统计与打印全部记录，兼做保安与考勤管理。

(6) 防重入功能，防止一卡重复使用。

(7) 完善的报警功能。

(8) 安装简单，满足多种环境应用要求。开放结构，可与其他系统相联。

2. 控制器：控制器起局部管理作用，读卡机、出门按钮、电控锁、报警器等都与他相联并受他控制。当有卡靠近读卡机时，控制器根据读出的卡号与内部的有效卡数据库和时间域设置比较，从而控制电控门锁、报警器等动作。控制器可设置10000张有效识别卡（可扩充至20000张），可脱机存储4000条进出记录、非法刷卡、手动开门等事件，事件记录也可通过联线实时传输到计算机供管理人员查看。

3. 通过增加双门扩展板，可同时控制两个门的进出。通过增加主从控制扩展板，可组成联网系统，同时控制多个门的进出。

图名	感应卡门禁系统介绍	图号	RD 3—3

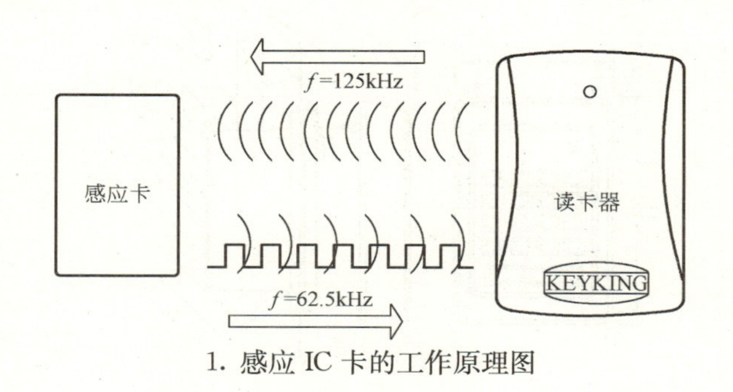

1. 感应 IC 卡的工作原理图

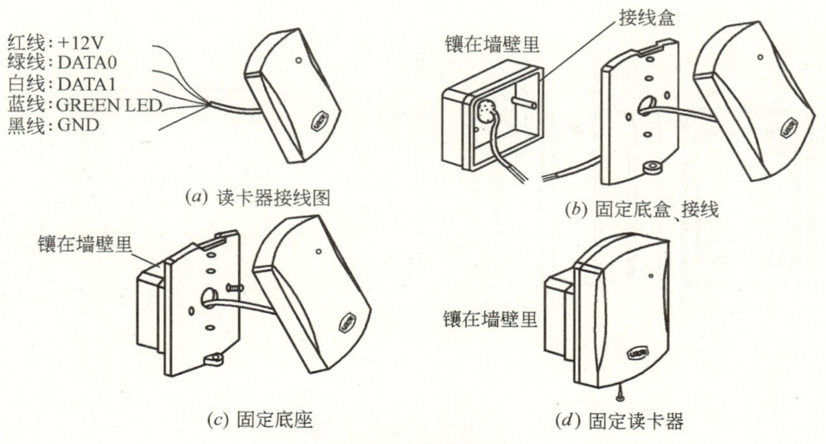

(a) 读卡器接线图 (b) 固定底盒、接线 (c) 固定底座 (d) 固定读卡器

2. 读卡器安装方法

安 装 说 明

1. 感应式 IC 卡门禁系统工作原理

感应式技术或称作无线频率辨识（RFID）技术，是一种在卡片与读卡装置之间无需直接接触的情况下就可读取卡上信息的方法。使用感应式读卡器，不再会因为接触摩擦而引起卡片和读卡设备的磨损，再也无需将卡塞入孔内或在磁槽内刷卡，卡片只需在读卡器的读卡范围内晃动即可。

在感应式技术应用中，读卡器不断通过其内部的线圈发出一个 125kHz 的电磁场，这个磁场称为“激发信号”。当一张感应卡放在读卡器的读卡范围内时，卡内的线圈在“激发信号”的感应下产生出微弱的电流，作为卡内一个小集成电路的电源，而该卡内的集成电路存储有制造时输入的唯一的数字辨识号码（ID），该号码从卡中通过一个 62.5kHz 的调制信号传输回读卡器，该信号称为“接收信号”。读卡器将接收到的无线信号传回给控制器，由控制器处理、检错和转换成数字信号，控制器然后把这个数字辨识号码（ID）送给控制器上的微处理器，由他做出通行决策。

有一种类似于感应卡的感应式匙扣，因其尺寸比一般感应卡小，其内部的线圈也较小。因此，相应的读卡距离只有一般感应卡的一半。根据同样的原理，卡或读卡器中的线圈越大，读卡距离也越长。

2. 控制器与读卡器的安装与固定

读卡器的固定可直接固定在镶嵌的墙壁里的标准 86mm×86mm 接线盒上。首先将读卡器上底盒套在读卡器连接线上，然后将读卡器线与底盒里的线联结好，为保证读卡器能长久的使用，最好采取焊接方式连接。将连接好的线用绝缘胶布包好，将读卡器按照图 2 的方式固定妥当，即可使用。

门禁控制器箱应安装在所能控制到的几个门的合适位置，安装在安全较隐蔽的顶棚上，或者在控制门房间内将控制器直接固定在墙壁上，同时考虑到控制器布线。一般读卡器与控制器之间的距离不宜过长，至少保持在 100m 之内。

图名	感应卡门禁系统安装方法（一）	图号	RD 3—4（一）

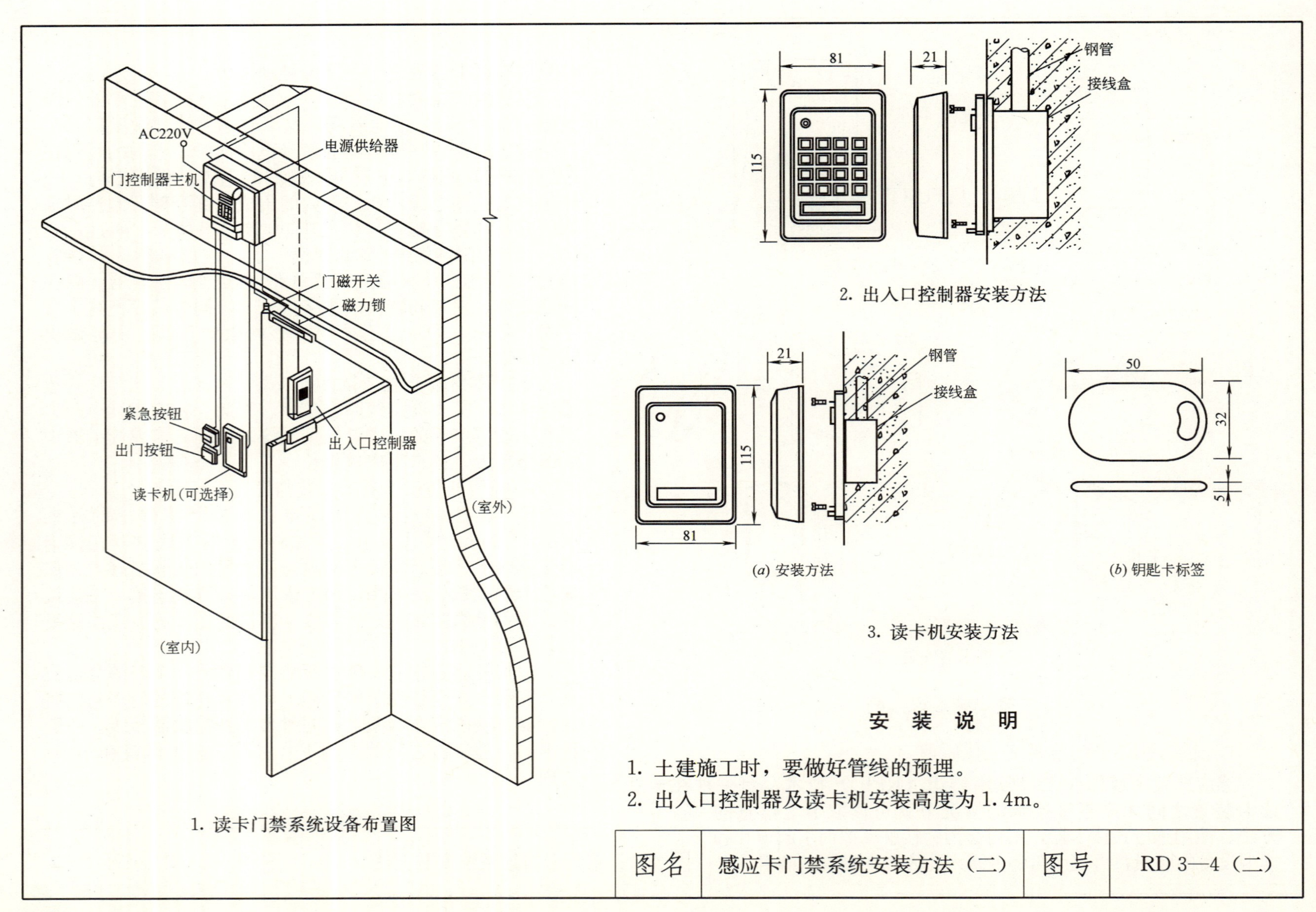

1. 读卡门禁系统设备布置图

2. 出入口控制器安装方法

3. 读卡机安装方法

安 装 说 明

1. 土建施工时，要做好管线的预埋。
2. 出入口控制器及读卡机安装高度为 1.4m。

图名	感应卡门禁系统安装方法（二）	图号	RD 3—4（二）

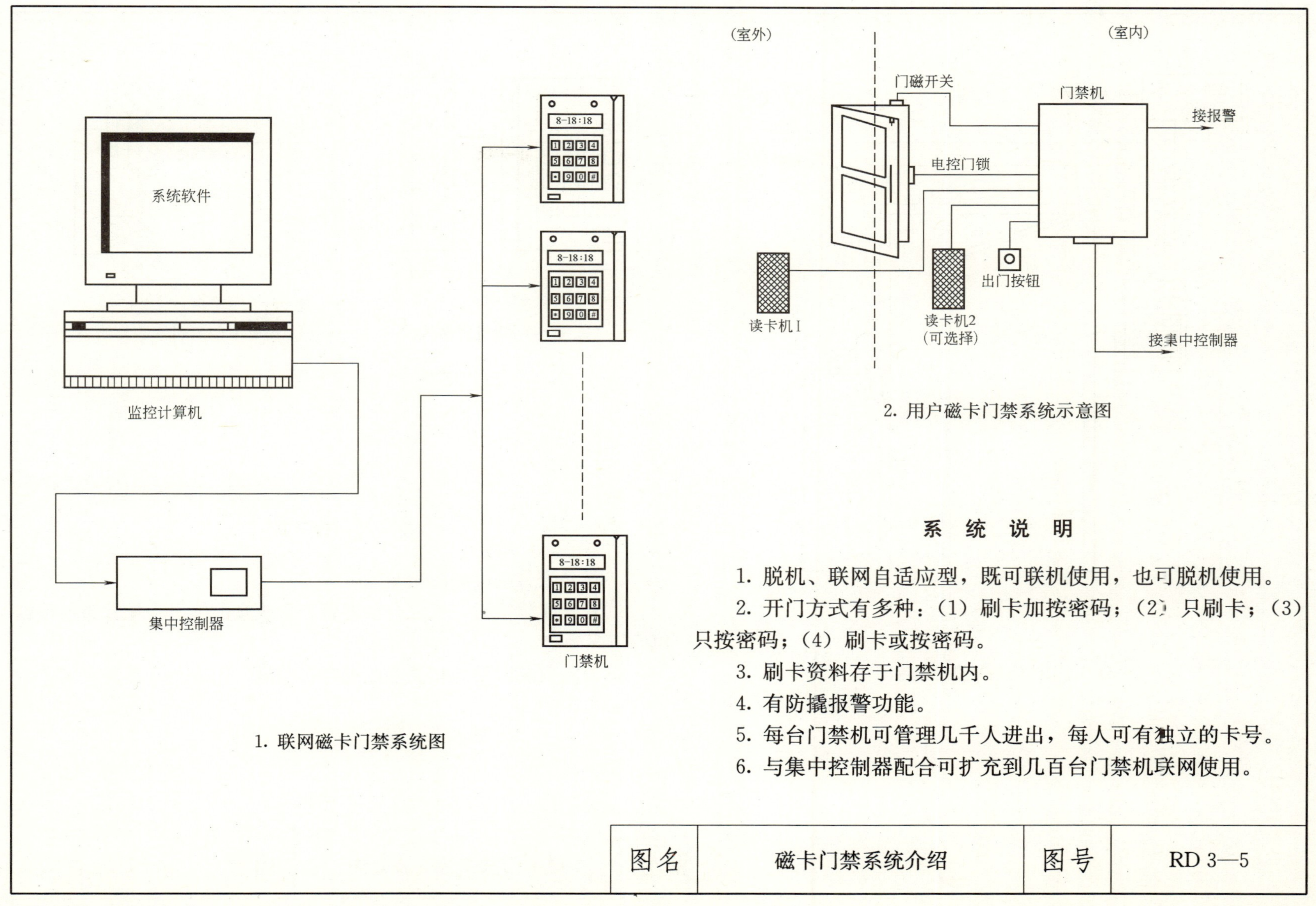

1. 联网磁卡门禁系统图

2. 用户磁卡门禁系统示意图

系 统 说 明

1. 脱机、联网自适应型，既可联机使用，也可脱机使用。

2. 开门方式有多种：(1) 刷卡加按密码；(2) 只刷卡；(3) 只按密码；(4) 刷卡或按密码。

3. 刷卡资料存于门禁机内。

4. 有防撬报警功能。

5. 每台门禁机可管理几千人进出，每人可有独立的卡号。

6. 与集中控制器配合可扩充到几百台门禁机联网使用。

图名	磁卡门禁系统介绍	图号	RD 3—5

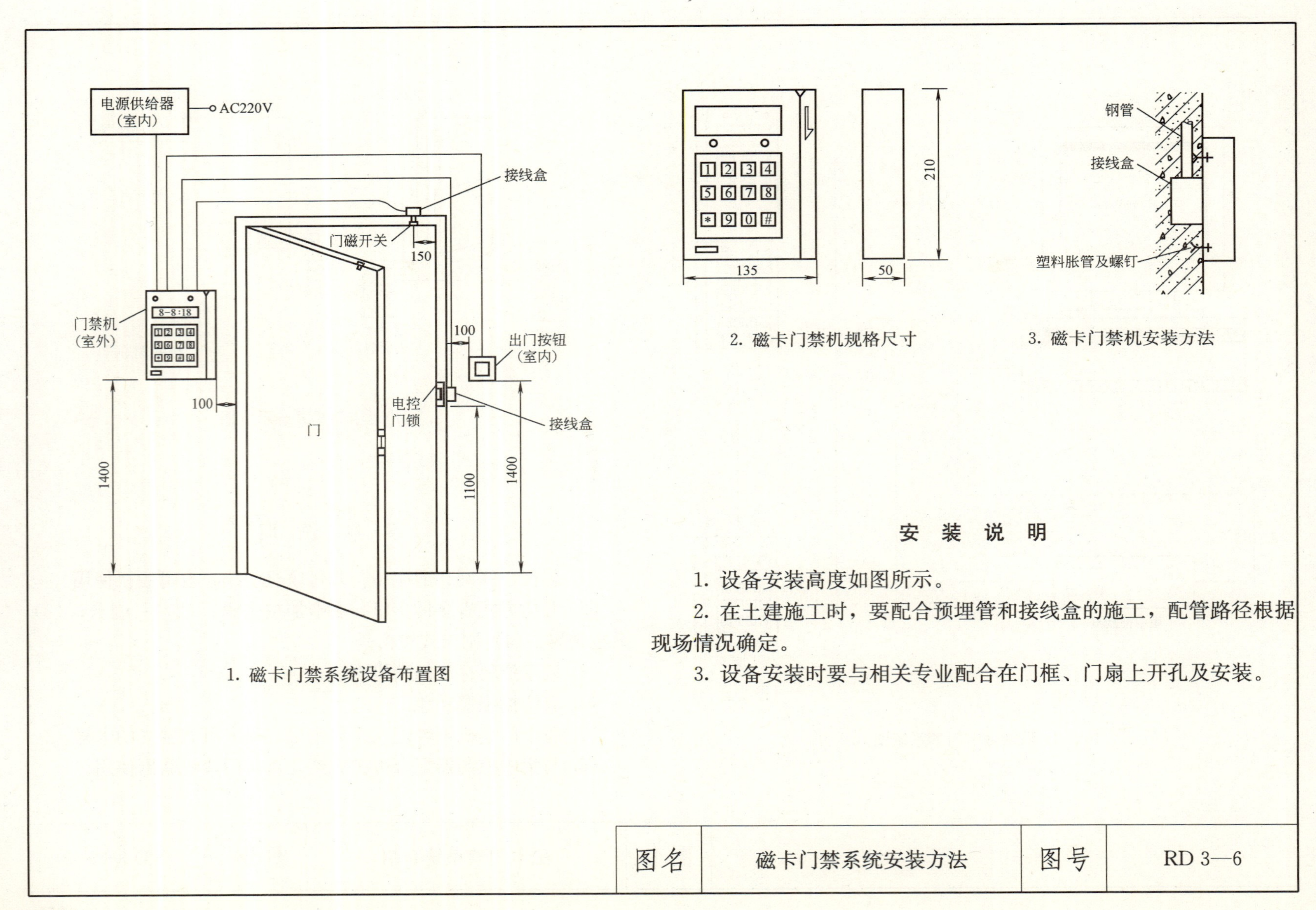

1. 磁卡门禁系统设备布置图

2. 磁卡门禁机规格尺寸

3. 磁卡门禁机安装方法

安 装 说 明

1. 设备安装高度如图所示。

2. 在土建施工时，要配合预埋管和接线盒的施工，配管路径根据现场情况确定。

3. 设备安装时要与相关专业配合在门框、门扇上开孔及安装。

图名	磁卡门禁系统安装方法	图号	RD 3—6

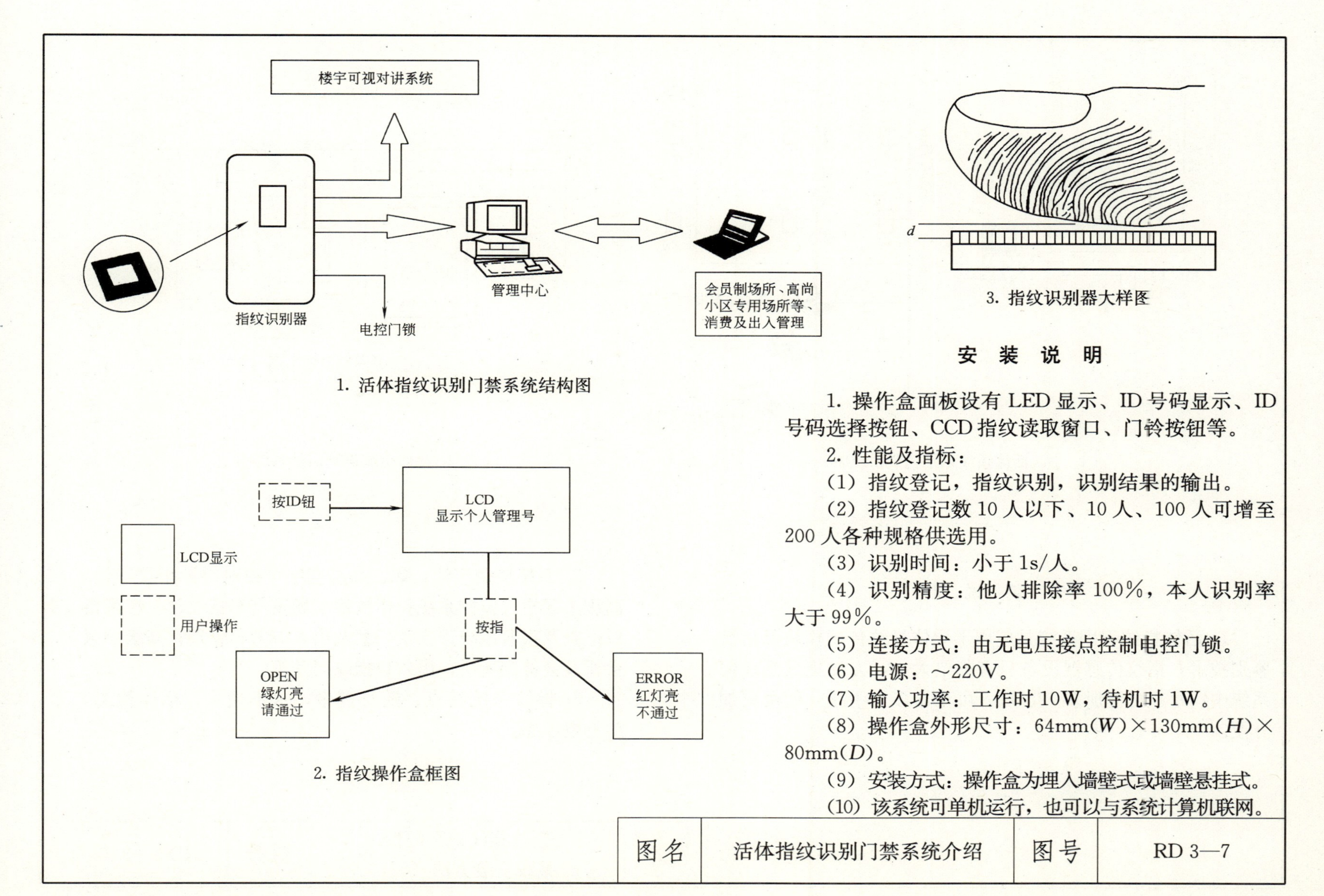

1. 活体指纹识别门禁系统结构图

2. 指纹操作盒框图

3. 指纹识别器大样图

安 装 说 明

1. 操作盒面板设有 LED 显示、ID 号码显示、ID 号码选择按钮、CCD 指纹读取窗口、门铃按钮等。

2. 性能及指标：

（1）指纹登记，指纹识别，识别结果的输出。

（2）指纹登记数 10 人以下、10 人、100 人可增至 200 人各种规格供选用。

（3）识别时间：小于 1s/人。

（4）识别精度：他人排除率 100%，本人识别率大于 99%。

（5）连接方式：由无电压接点控制电控门锁。

（6）电源：～220V。

（7）输入功率：工作时 10W，待机时 1W。

（8）操作盒外形尺寸：64mm(W)×130mm(H)×80mm(D)。

（9）安装方式：操作盒为埋入墙壁式或墙壁悬挂式。

（10）该系统可单机运行，也可以与系统计算机联网。

图名	活体指纹识别门禁系统介绍	图号	RD 3—7

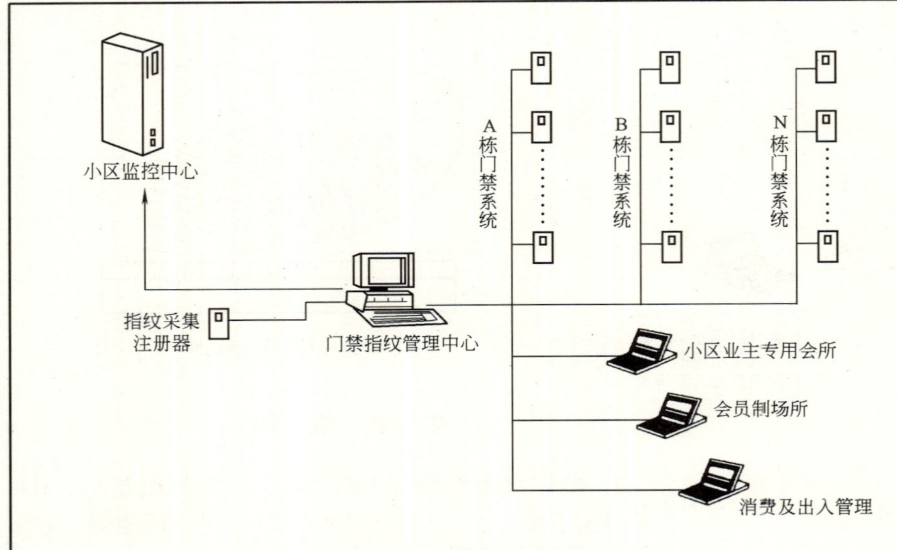

1. 小区活体指纹识别门禁系统图

四芯(0.5)对绞屏蔽线
RVV-2×1.0
控制盒
电控锁控制器
指纹操作盒
电控门锁
门
RVVP-6×1.0
AC220V
电源装置

2. 活体指纹识别门禁系统图

安 装 说 明

1. 活体指纹识别系统是应用半导体指纹传感模块及指纹鉴别技术，指纹传感器设备只有邮票大小，方便集成到任何系统中。每户可注册多人，每人可注册多个手指，使用更加方便。

2. 系统应用广泛，如：高层楼宇可视对讲及指纹门锁，高级小区指纹监控系统；指纹停车场及汽车指纹锁；小区指纹巡查及报警系统；指纹门禁及出入口考勤管理；高级小区会所及会员制场所；出入口指纹门禁等。

3. 指纹系统特点：随身携带，永不遗失；活体检测，生物电敏感。

图名	活体指纹识别门禁 系统安装方法（一）	图号	RD 3—8（一）

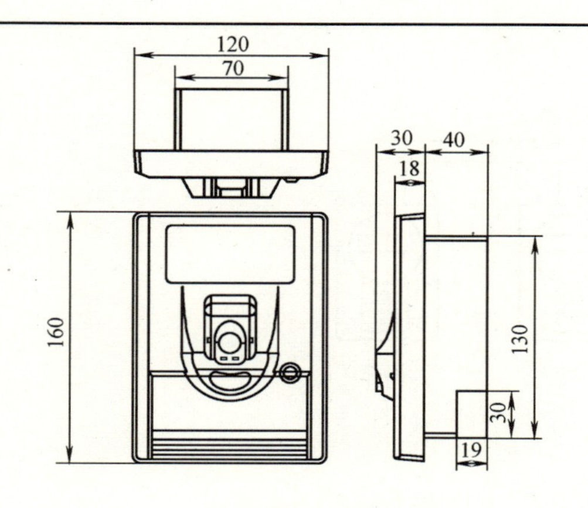

1. 指纹识别机外形尺寸

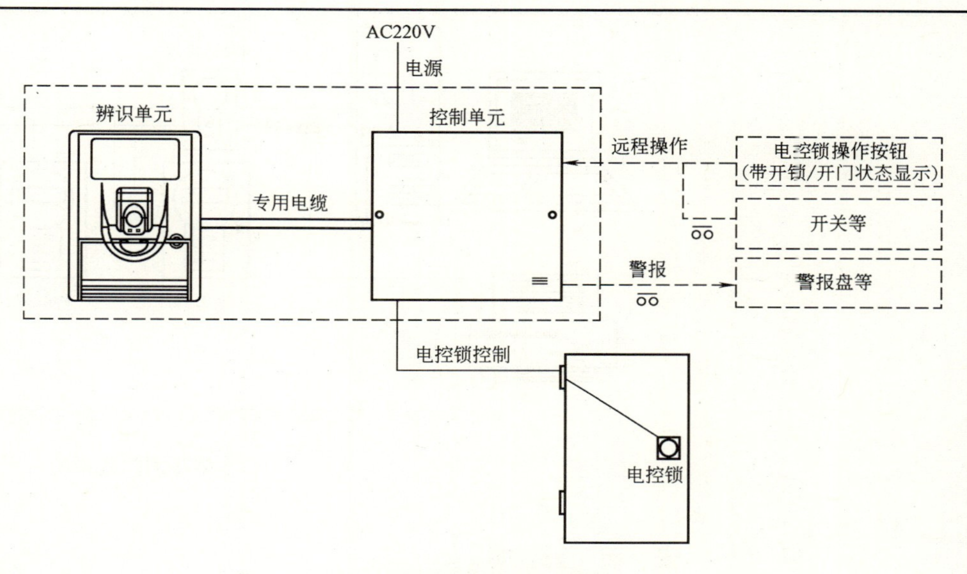

2. 指纹识别门禁系统构成

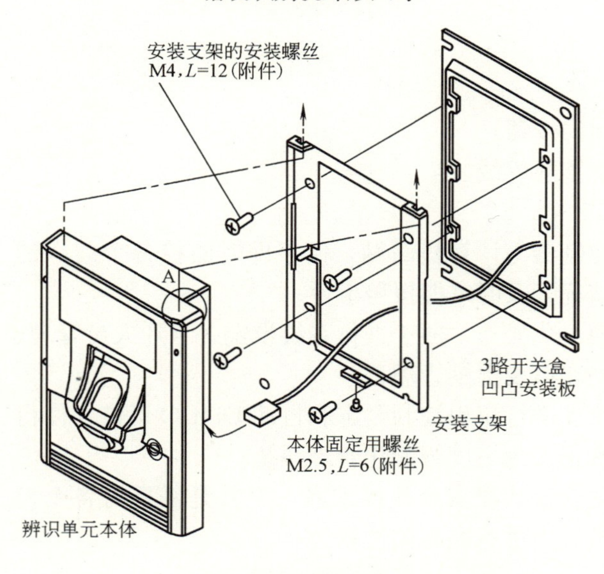

3. 指纹识别机安装方法

安 装 说 明

指纹识别门禁系统是对指纹进行辨识后开锁的电控锁控制装置。由指纹辨识和控制的 2 个单元及连接两者之间的专用电缆构成。只要与电控锁组合，通过指纹辨识，即可实现进出管理。所以，可用于多户住宅、各户大门或独户住宅大门等住宅的进出口或店铺公共出入口等场所。

1. 特点

(1) 平均 0.1s（每次辨识）的高速辨识运算处理速度；

(2) 开锁操作只需按按钮或放置手指（无需输入号码）；

(3) 登录/删除操作可在装置本体上进行（只有登录为管理者的人，才能进行该操作）。

2. 安装方法

推荐安装高度为离地面 1.4m 左右。

图名	活体指纹识别门禁 系统安装方法（二）	图号	RD 3—8（二）

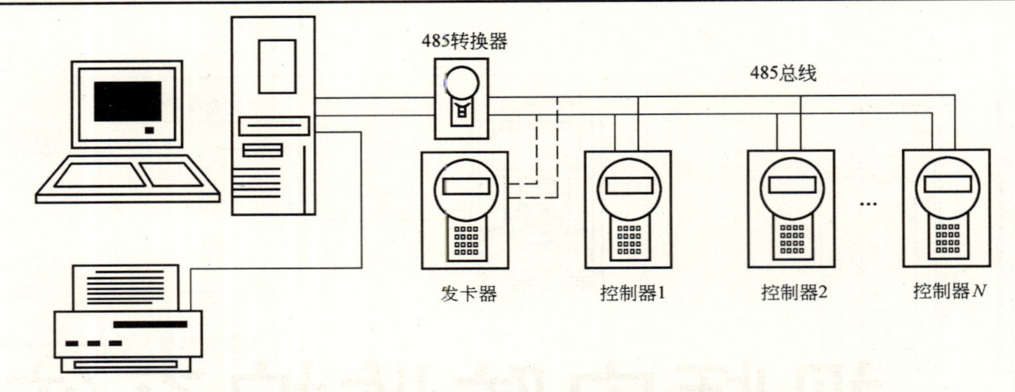

小型联网门禁系统

安装说明

1. 系统组成

（1）控制器，可以是门禁一体机、单门控制器、二门控制器或四门控制器；

（2）读卡器（视所使用的卡片，选择正确的读卡器型号，如EM卡片选择EM读卡器，Mifare卡片选择Mifare读卡器，特别要注意的是单门控制器和门禁一体机只能接入韦根读卡器，不可接485读卡器）；

（3）门禁管理软体；

（4）485转换器；

（5）卡片（EM卡片或Mifare卡片，EM卡片有厚、薄卡之分，Mifare卡片只有薄卡）；

（6）电控锁；

（7）门禁专用电源；

（8）出门按钮；

（9）遮罩双绞线。

2. 特点

（1）控制器与计算机联网，便于即时监控各个门区的人员进出情况，及时掌握报警事件；

（2）模组化操作，便于进行系统设定、卡片人员管理、进出资料列印以及出勤管理；

（3）快速进行流程控制设定和自动DI/DO设定，使得门禁系统真正成为高度智能化管理系统；

（4）适合安装在安全性要求高，尤其是需要对各个控制门区人员进出进行即时监控场合。

图名	小型联网门禁系统介绍	图号	RD 3—9

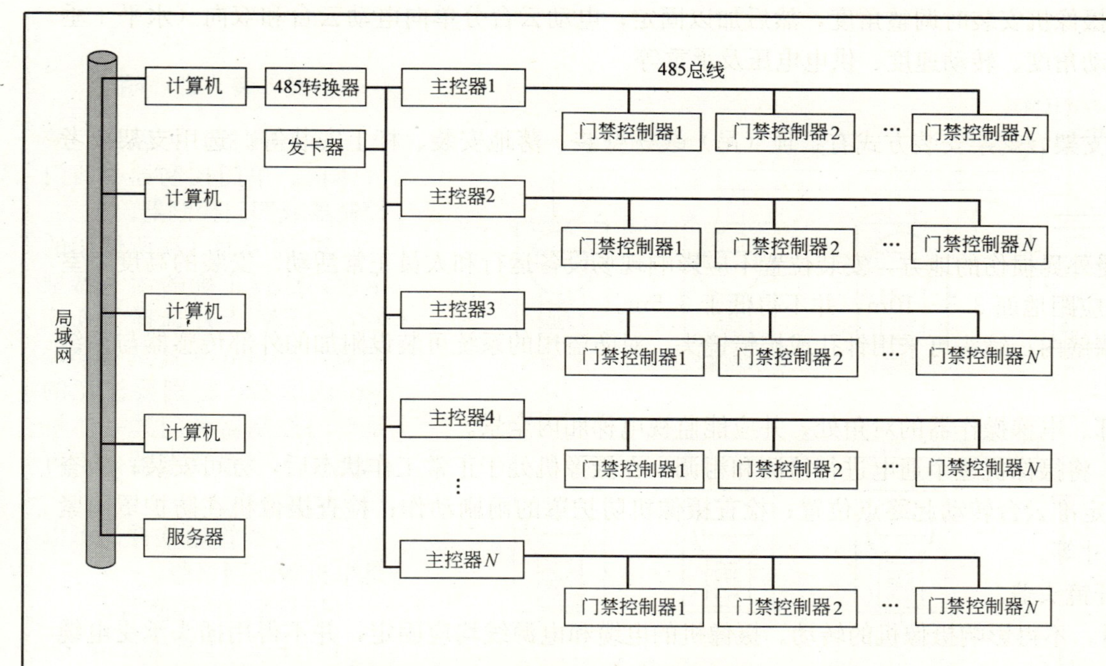

备注：系统可连接最多32台主控制器，每台主控制器可连接32台门禁控制器，可控制的门区可达32×32×4=4096个门

大型联网门禁系统

安 装 说 明

1. 系统组成

(1) 控制器，可以是门禁一体机、单门控制器、两门控制器或四门控制器；

(2) 读卡器（视所使用的卡片，选择正确的读卡器型号，如EM卡片选择EM读卡器，Mifare卡片选择Mifare读卡器，特别要注意的是单门控制器和门禁一体机只能接入韦根读卡器，不可接485读卡器）；

(3) 门禁管理软件；

(4) 485转换器；

(5) 卡片（EM卡片或Mifare卡片，EM卡片有厚、薄卡之分，Mifare卡片只有薄卡）；

(6) 电控锁；

(7) 门禁专用电源；

(8) 出门按钮；

(9) 遮罩双绞线。

2. 特点

(1) 采用多阶层连接方式，可连接几千台控制器，可控制上万个门；

(2) 控制器与计算机联网，便于及时监控各个门区的人员进出情况，及时掌握报警事件；

(3) 模组化操作，便于进行系统设定、卡片人员管理、进出资料列印以及出勤管理；

(4) 快速进行流程控制设定和自动DI/DO设定，使得门禁系统真正成为高度智能化管理系统；

(5) 适合安装在安全性要求高，尤其是需要对各个控制门区人员进出进行即时监控场合。

图名	大型联网门禁系统介绍	图号	RD 3—10

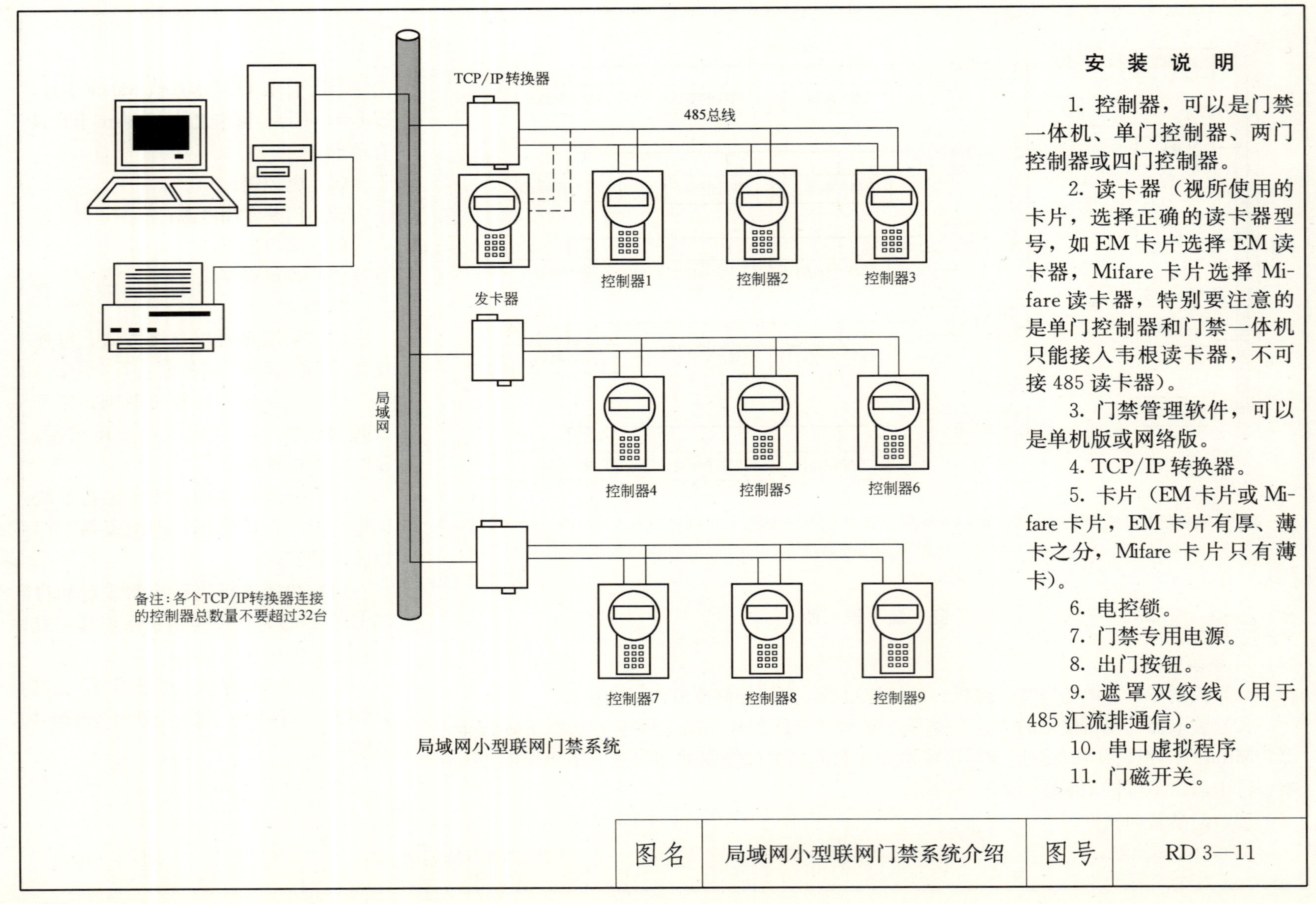

局域网小型联网门禁系统

安装说明

1. 控制器，可以是门禁一体机、单门控制器、两门控制器或四门控制器。

2. 读卡器（视所使用的卡片，选择正确的读卡器型号，如 EM 卡片选择 EM 读卡器，Mifare 卡片选择 Mifare 读卡器，特别要注意的是单门控制器和门禁一体机只能接入韦根读卡器，不可接 485 读卡器）。

3. 门禁管理软件，可以是单机版或网络版。

4. TCP/IP 转换器。

5. 卡片（EM 卡片或 Mifare 卡片，EM 卡片有厚、薄卡之分，Mifare 卡片只有薄卡）。

6. 电控锁。

7. 门禁专用电源。

8. 出门按钮。

9. 遮罩双绞线（用于 485 汇流排通信）。

10. 串口虚拟程序

11. 门磁开关。

图名	局域网小型联网门禁系统介绍	图号	RD 3—11

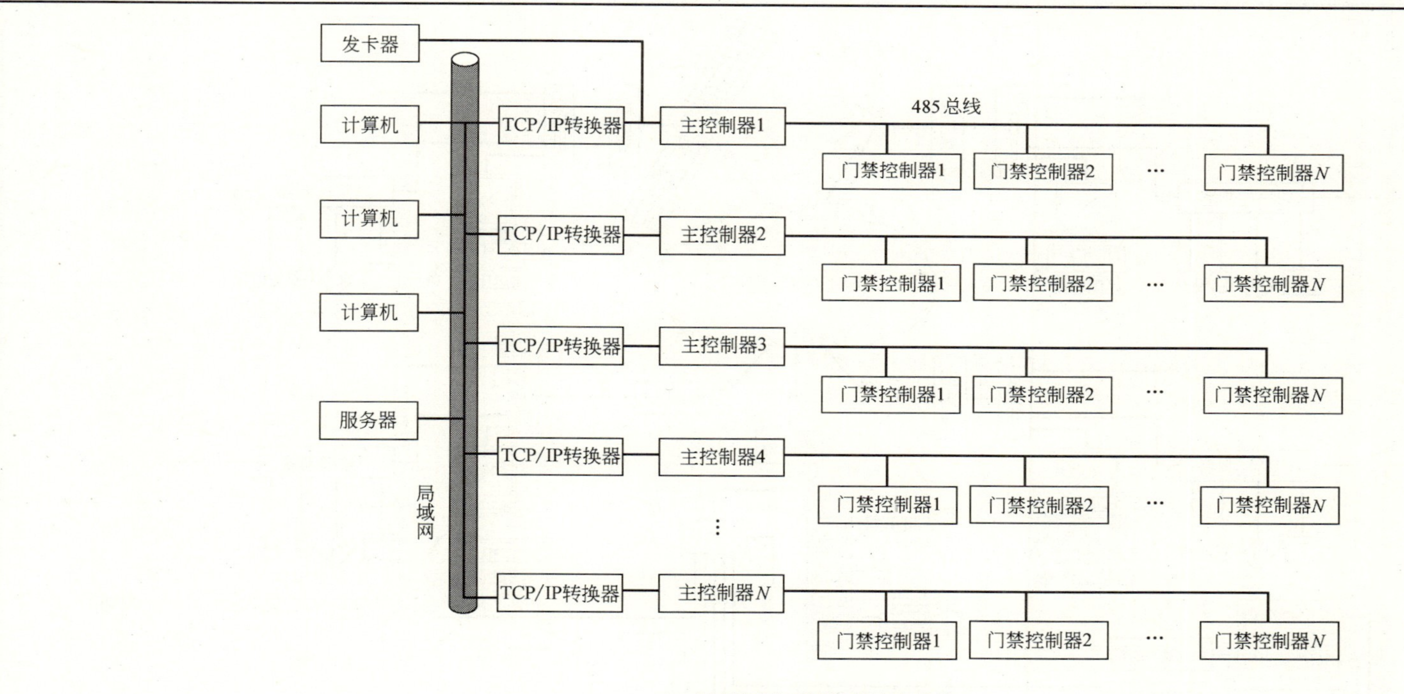

局域网大型联网门禁系统

安 装 说 明

系统组成：

（1）主控制器 SK200 或 SK400；

（2）控制器，可以是门禁一体机、单门控制器、两门控制器或四门控制器；

（3）读卡器（视所使用的卡片，选择正确的读卡器型号，如 EM 卡片选择 EM 读卡器，Mifare 卡片选择 Mifare 读卡器，特别要注意的是单门控制器和门禁一体机只能接入韦根读书器，不可接 485 读卡器）；

（4）门禁管理软件，可以是单机版或网络版；

（5）TCP/IP 转换器；

（6）卡片（EM 卡片或 Mifare 卡片，EM 卡片有厚、薄卡之分，Mifare 卡片只有薄卡）；

（7）电控锁；

（8）门禁专用电源；

（9）出门按钮；

（10）遮罩双绞线（用于 485 汇流排通信）；

（11）串口虚拟程序；

（12）门磁开关。

图名	局域网大型联网门禁系统介绍	图号	RD 3—12

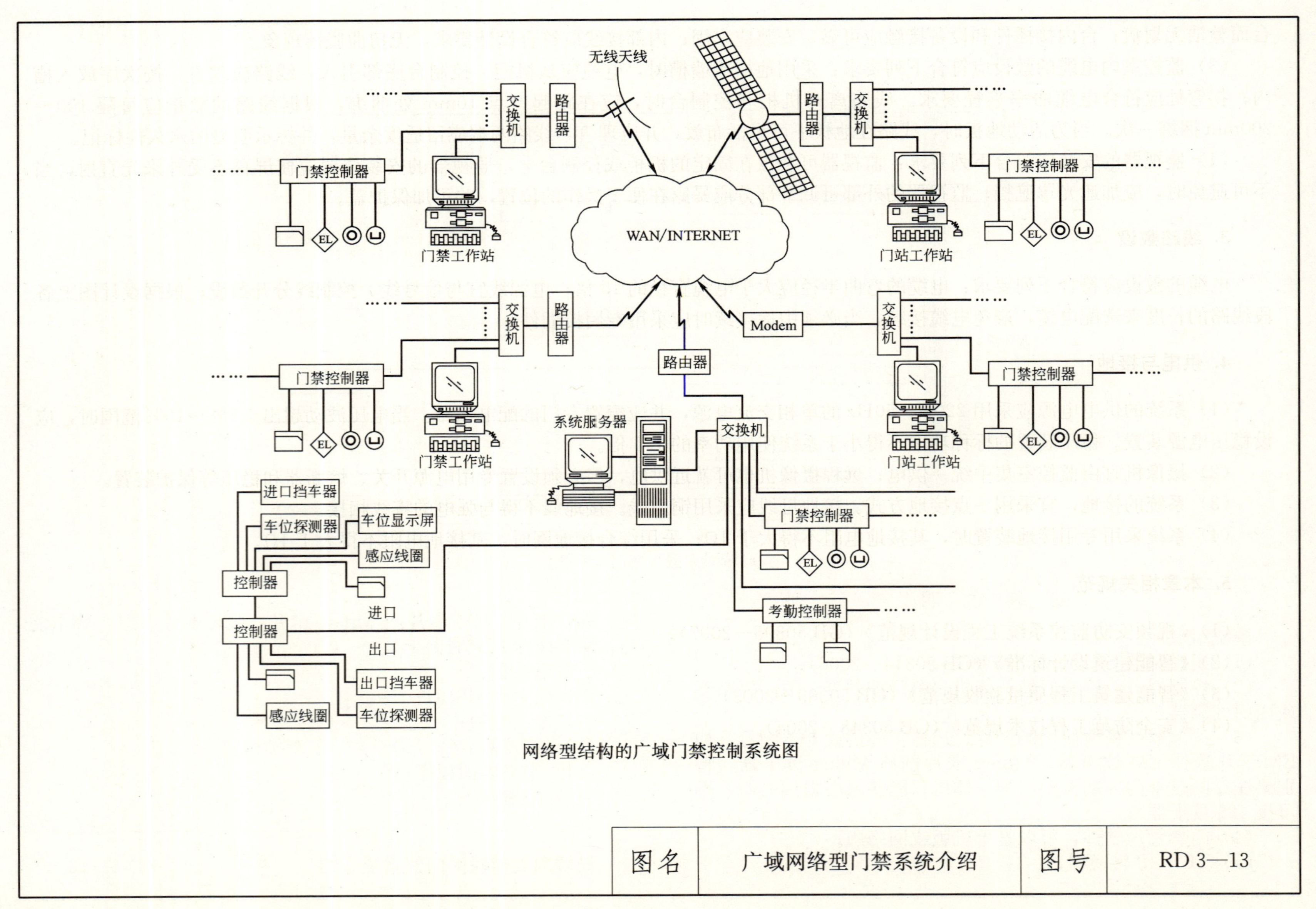

网络型结构的广域门禁控制系统图

图名	广域网络型门禁系统介绍	图号	RD 3—13

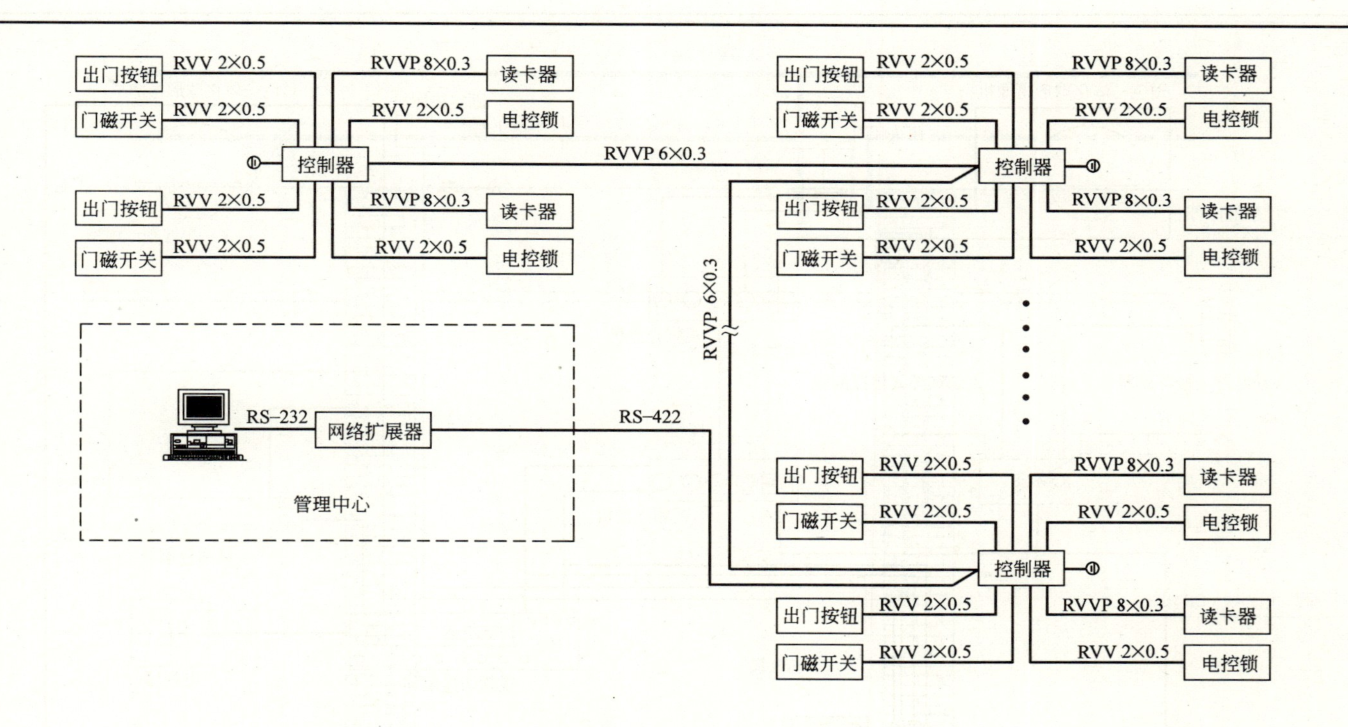

安 装 说 明

1. 控制器与电控锁分别采用独立电源，控制器电源采用 PK-12VDC；电控锁电源根据其电气性能选择。
2. 系统采用总线制方式联网，网线采用 6 芯屏蔽线（RVVP6×0.3），总线最大长度为 1200m。
3. 设备之间采用 RS-422 通讯端口按顺序一一对接。
4. 开门按钮采用常开触点。
5. 读卡器跟控制器之间采用 8 芯屏蔽线（RVVP8×0.3），最远距离 120m。
6. 门禁控制器分；单门控制器 PK-C300/C310/C380B/C380B1/C308C/C380C1/C3118（接一路读卡器）；双门控制器 PK-C381/C381B2（接二路读卡器）。

图名	门禁线系统管线布置方法（一）	图号	RD 3—14（一）

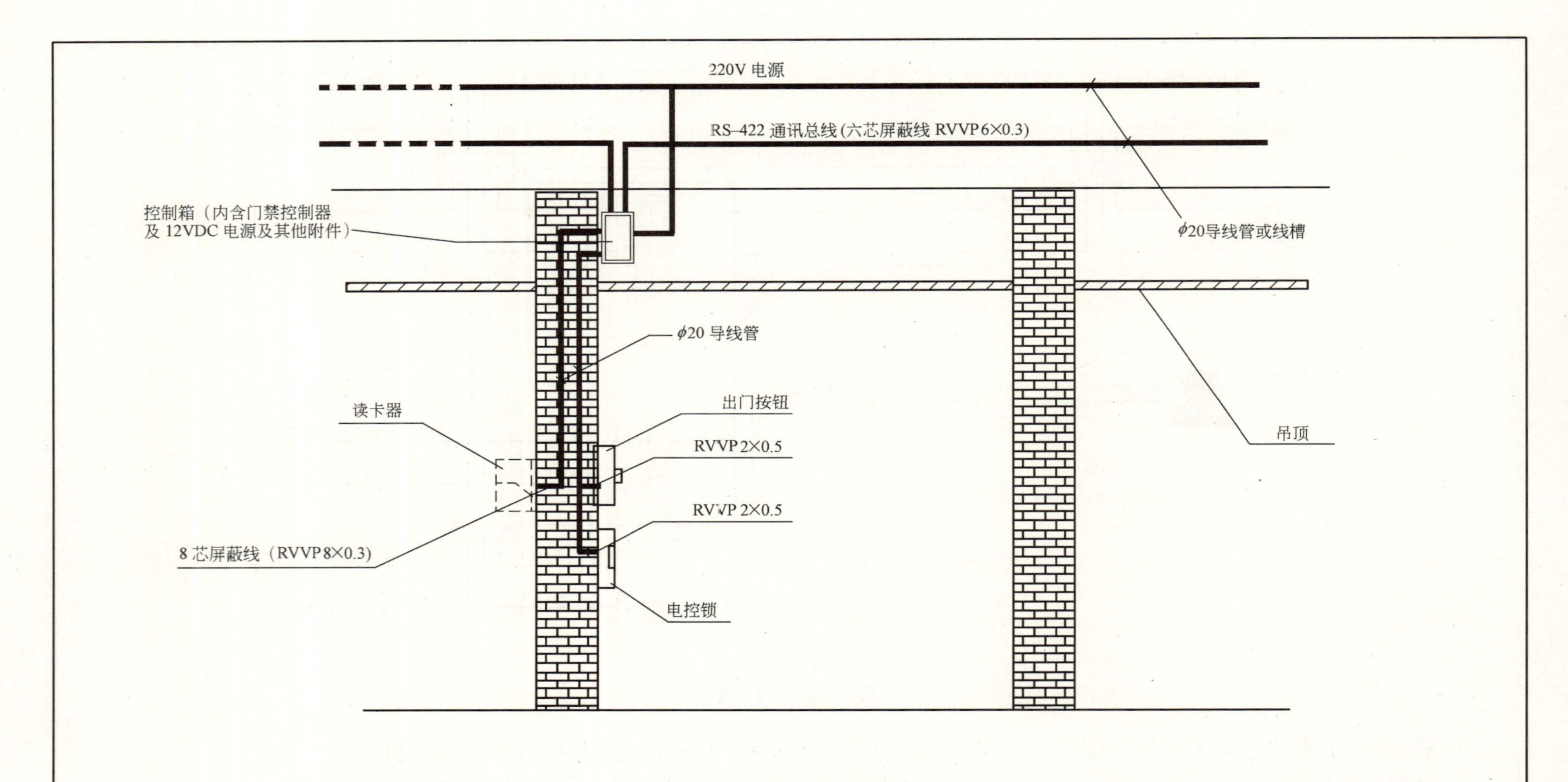

安　装　说　明

1. 读卡器在安装时，应距地面 1.4m 左右，距门边框 30～50mm；读卡器与控制箱之间采用 8 芯屏蔽线（RVVP8×0.3mm²）。

2. 出门按钮安装时，距地面应与读卡器高度一致，墙内预埋接线盒；出门按钮与控制器之间采用 2 芯屏蔽线（RVVP 2×0.5mm²）。

3. 电控锁与控制器之间采用 2 芯屏蔽线（RVVP 2×0.5mm²）。

4. 门禁管线严格按照强、弱电分开的原则。

图名	门禁系统管线布置方法（二）	图号	RD 3—14（二）

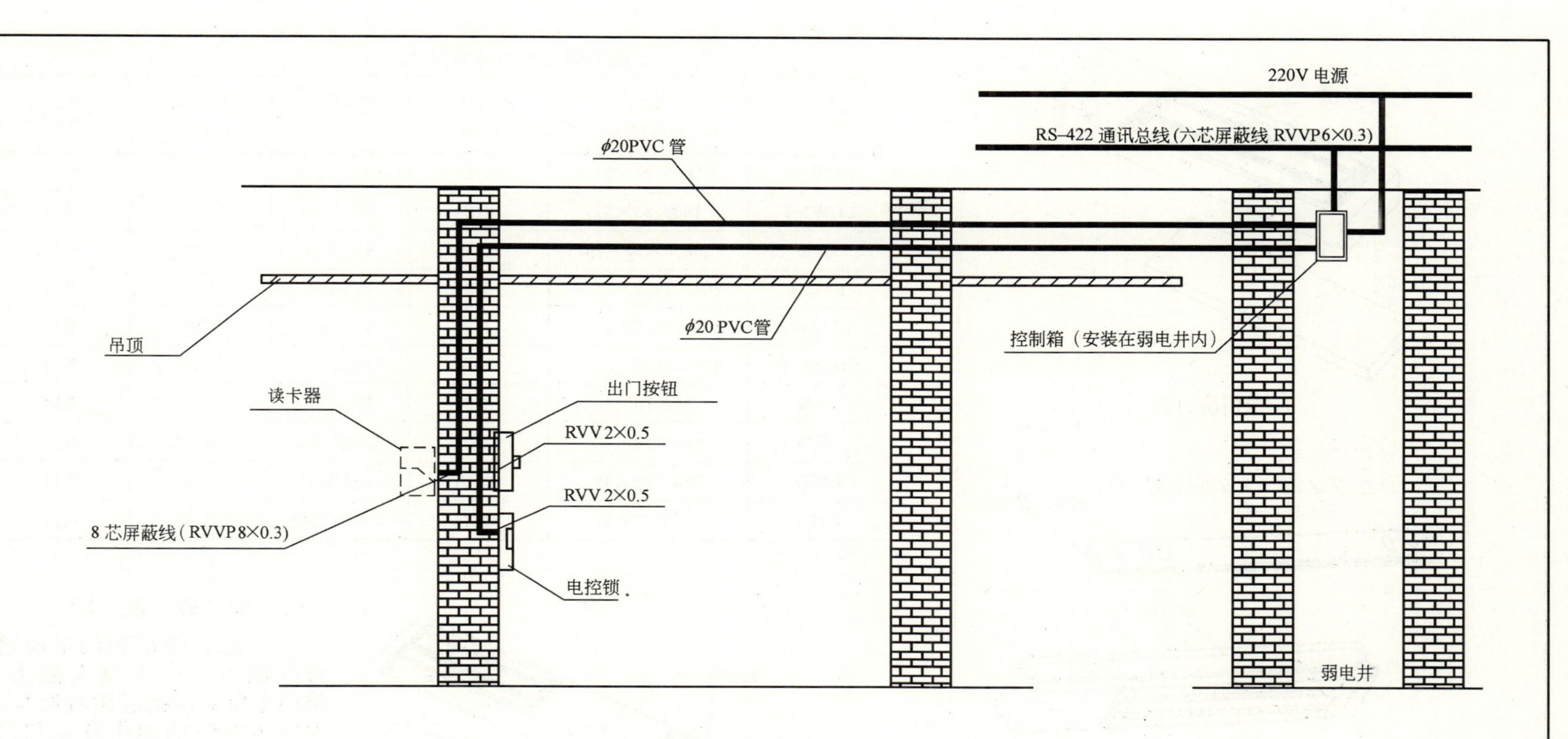

安装说明

1. 读卡器在安装时，应距地面 1.4m 左右，距门边框 30～50mm；读卡器与控制箱之间采用 8 芯屏蔽线（RVVP 8×0.3mm^2）。

2. 出门按钮安装时，距地面应与读卡器高度一致，墙内预埋接线盒；出门按钮与控制器之间采用 2 芯电源线（RVV 2×0.5mm^2）。

3. 电控锁与控制器之间采用 2 芯电源线（RVV 2×0.5mm^2）。

4. 控制箱集中安装在弱电井中。

5. 门禁管线敷设，须严格按照强、弱电分开的原则。

图名	门禁系统管线布置方法（三）	图号	RD 3—14（三）

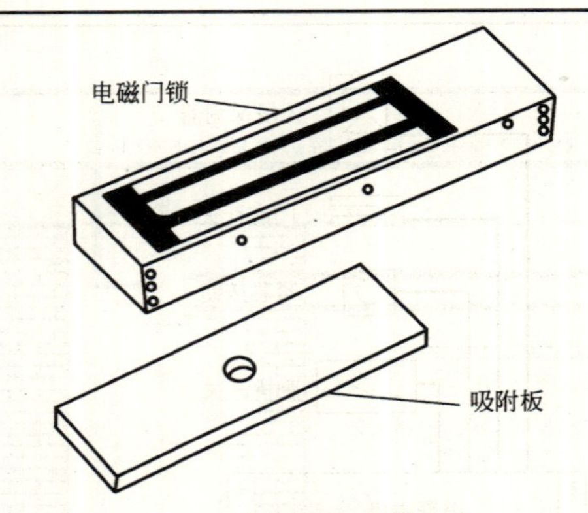

1. 单门磁力锁

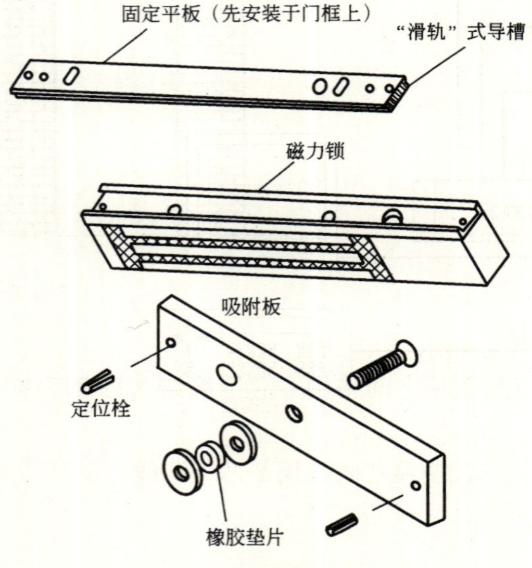

4. 单门磁力锁组成

3. 磁力锁规格及外形尺寸表

型　号	外形尺寸 $L\times H\times W$(mm)	输入电压 DC(V)	消耗电流 (mA)	拉　力 (kg)	单/双门
CCW30S	166×36×21	12/24	370/185	120	单门
CCW30F	166×35×21	12/24	370/185	120	单门
EM2	228.6×39×24	12/24	490/245	280	单门
EM2H	268×48.2×25.5	12/24	530/265	280	单门
CM2600	238×48.2×25.5	12/24	530/265	280	单门
CM2600D	476×48.2×25.5	12/24	2×530/265	2×280	双门
EM4	268×73×40	12/24	490/245	500	单门
EM8	536×73×40	12/24	2×490/245	2×500	双门
EM11	268×73×40	12/24	480/245	500	单门
EM12	536×73×40	12/24	2×480/245	2×500	双门

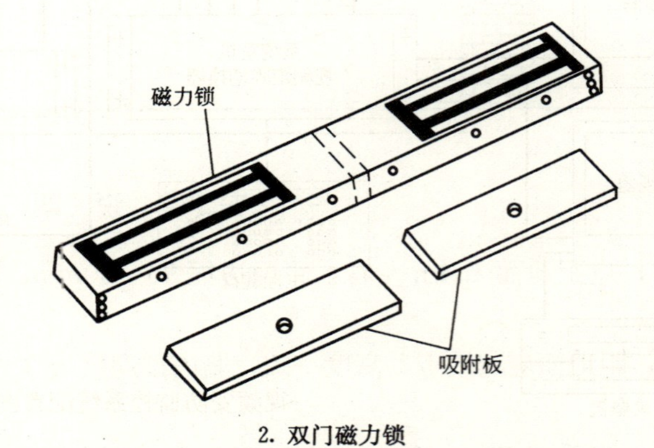

2. 双门磁力锁

安　装　说　明

1. 磁力锁是利用电流通过线圈时，产生强大磁力，将门上所对应的吸附板吸住，而产生关门的动作及达到门禁控制的目的。

2. 固定平板先安装于门框上，平板和磁力锁主体上各有两道“滑轨”式导槽，将电磁门锁推入平板上之导槽，即可固定螺丝，连接线路。

3. 磁力锁及吸附板安装时要与相关专业配合。

图名	磁力锁介绍	图号	RD 3—15

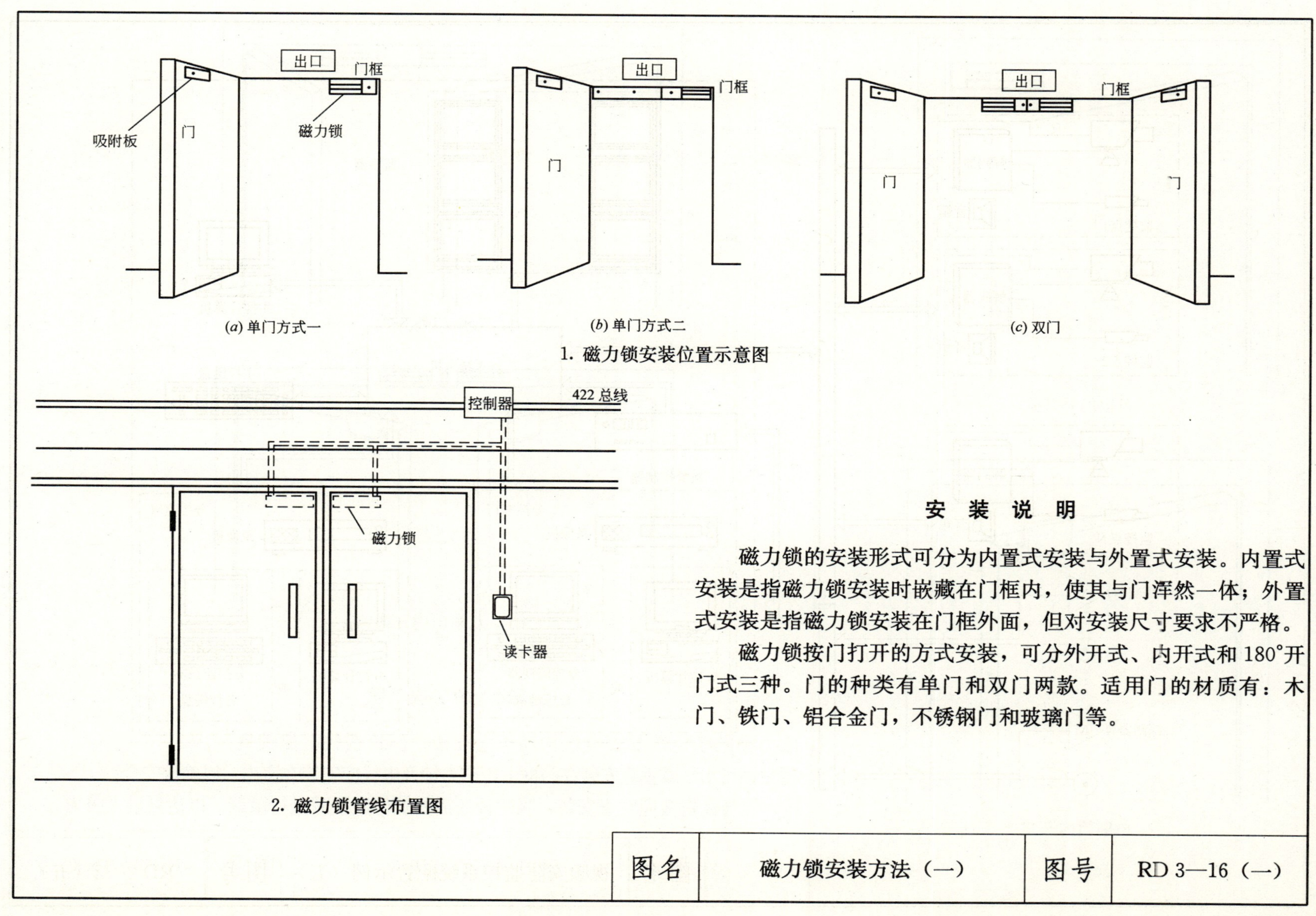

1. 磁力锁安装位置示意图

2. 磁力锁管线布置图

安 装 说 明

磁力锁的安装形式可分为内置式安装与外置式安装。内置式安装是指磁力锁安装时嵌藏在门框内，使其与门浑然一体；外置式安装是指磁力锁安装在门框外面，但对安装尺寸要求不严格。

磁力锁按门打开的方式安装，可分外开式、内开式和180°开门式三种。门的种类有单门和双门两款。适用门的材质有：木门、铁门、铝合金门，不锈钢门和玻璃门等。

图名	磁力锁安装方法（一）	图号	RD 3—16（一）

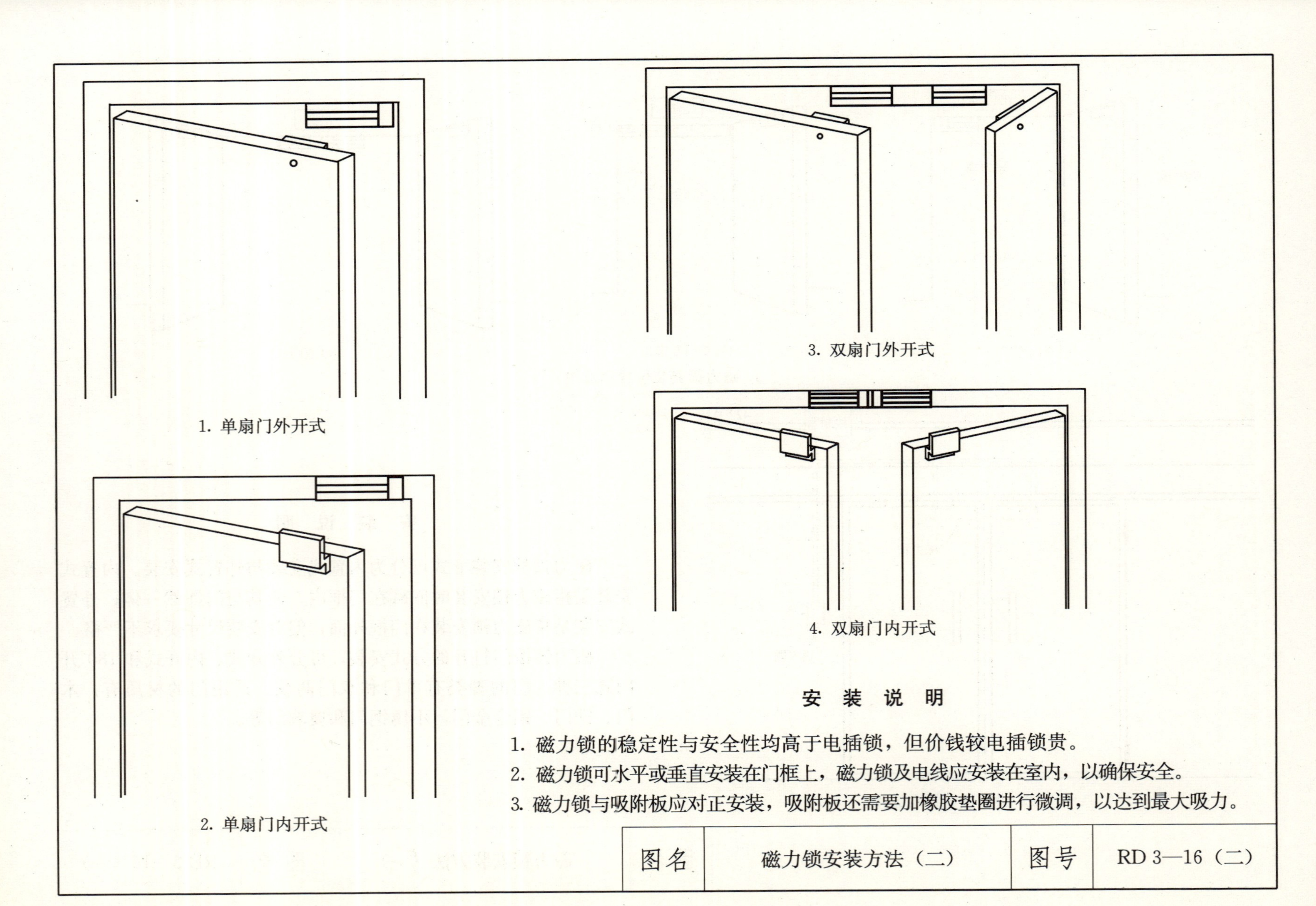

1. 单扇门外开式

2. 单扇门内开式

3. 双扇门外开式

4. 双扇门内开式

安 装 说 明

1. 磁力锁的稳定性与安全性均高于电插锁，但价钱较电插锁贵。
2. 磁力锁可水平或垂直安装在门框上，磁力锁及电线应安装在室内，以确保安全。
3. 磁力锁与吸附板应对正安装，吸附板还需要加橡胶垫圈进行微调，以达到最大吸力。

图名	磁力锁安装方法（二）	图号	RD 3—16（二）

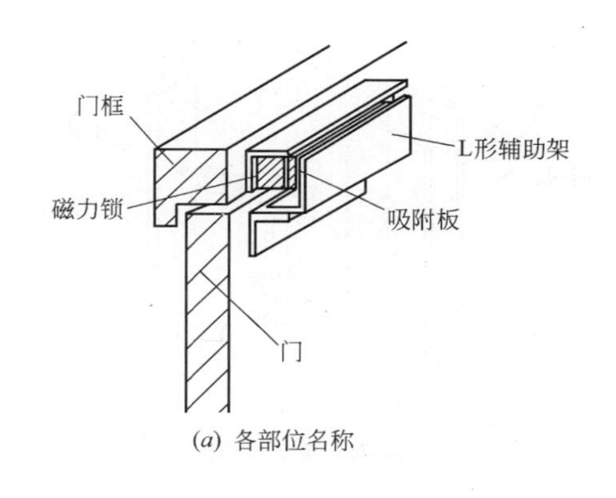

(*a*) 各部位名称

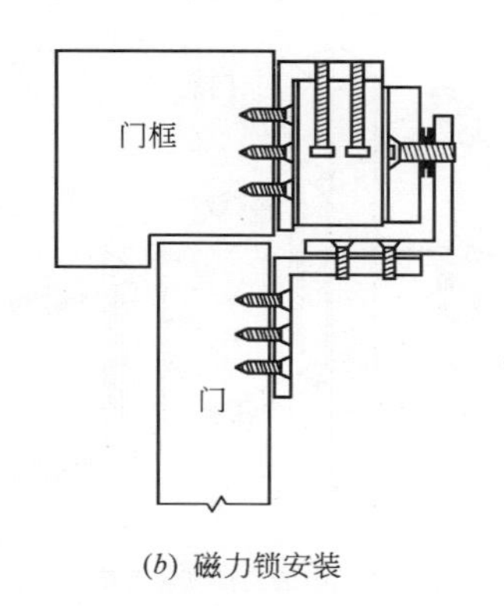

(*b*) 磁力锁安装

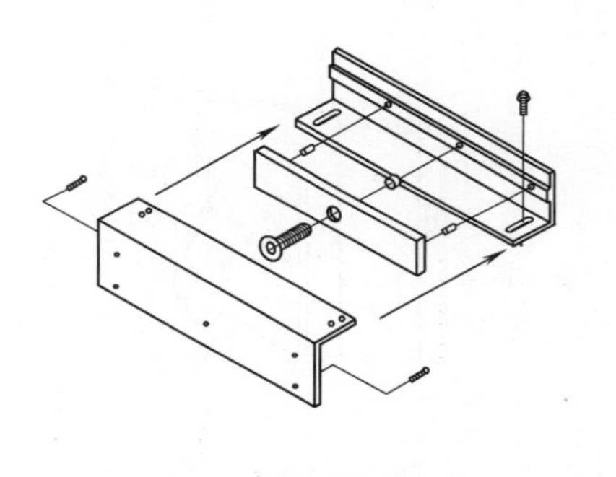

(*c*) 吸附板安装方法

1. 磁力锁在内开木门上安装方法

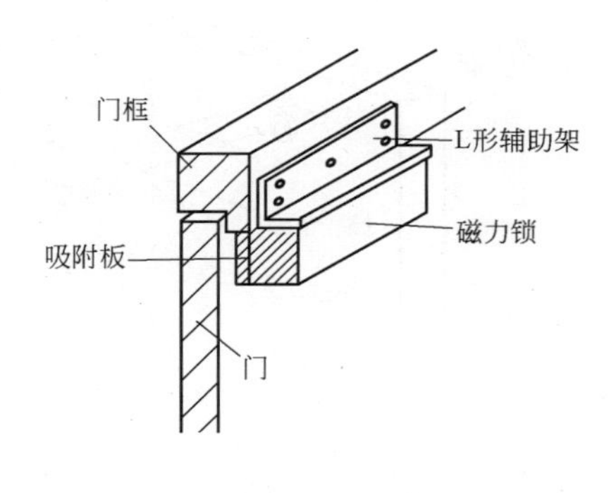

(*a*) 各部位名称

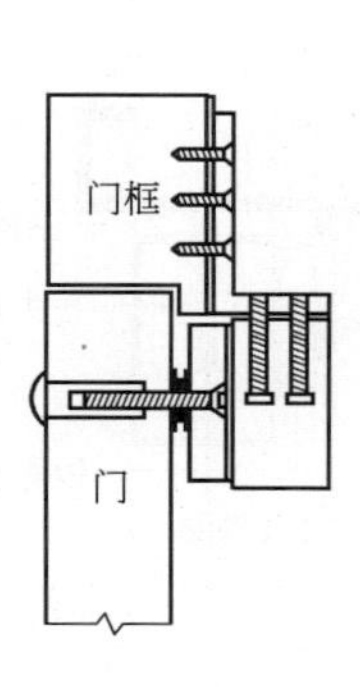

(*b*) 磁力锁安装

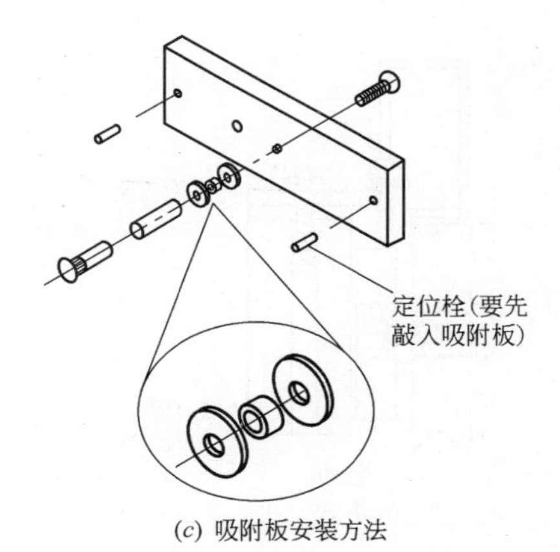

(*c*) 吸附板安装方法

2. 磁力锁在外开木门上安装方法

图名	磁力锁安装方法（三）	图号	RD 3—16（三）

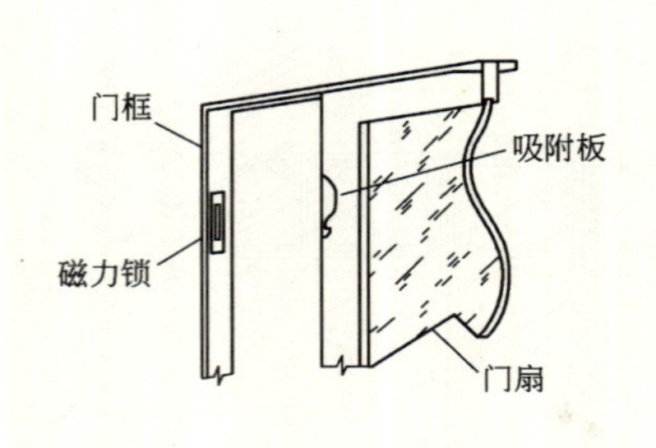

(*a*)安装示意图

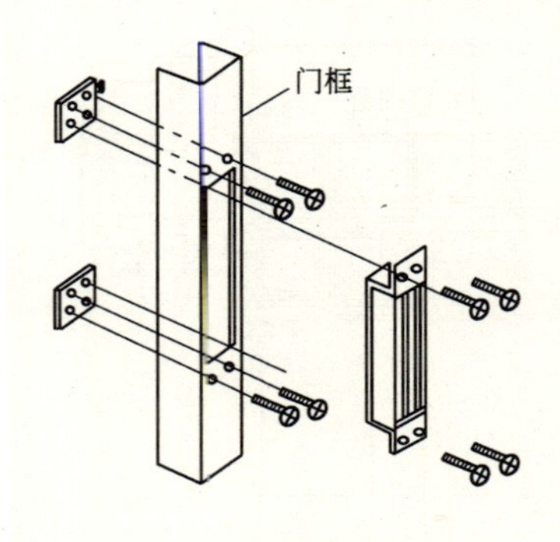

(*b*)磁力锁安装方法

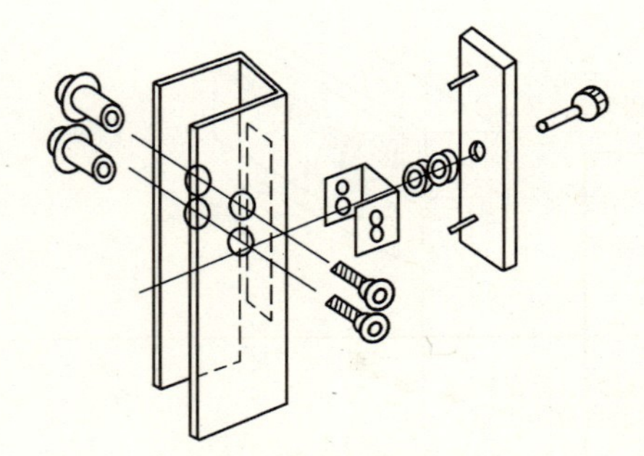

(*c*)吸附板安装方法

1. 磁力锁在推拉玻璃门上安装方法

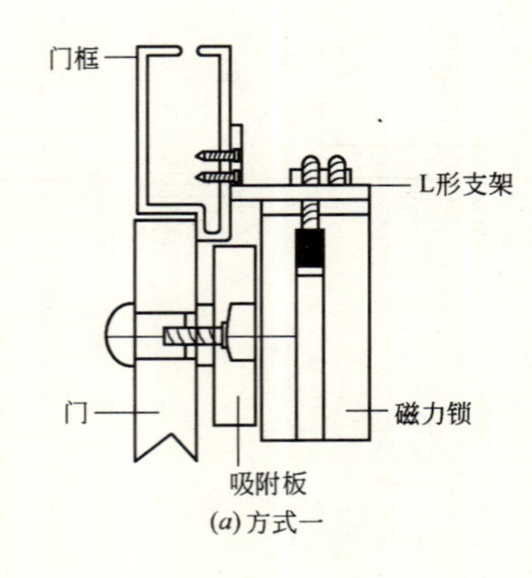

(*a*)方式一

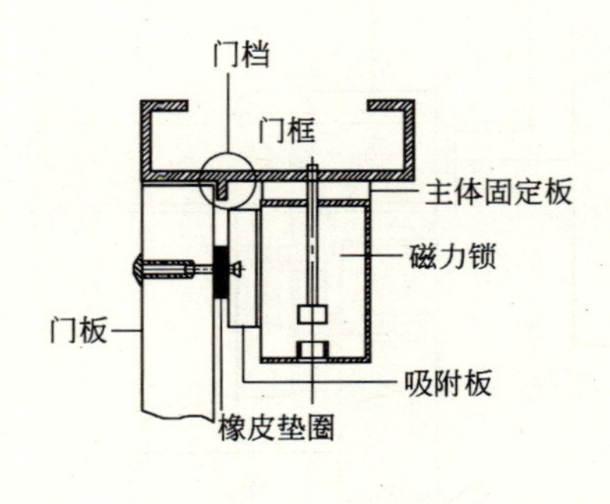

(*b*)方式二

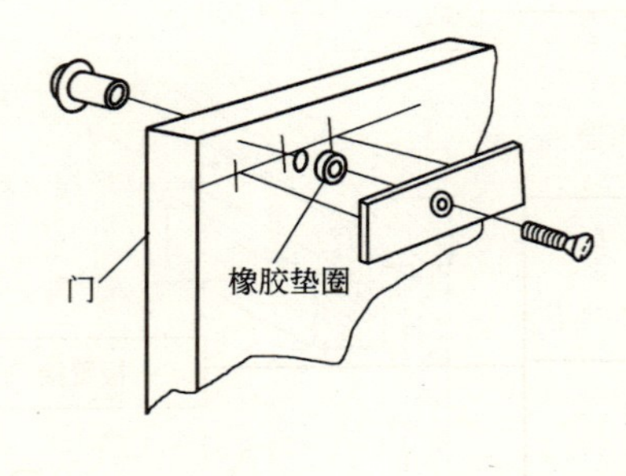

(*c*) 吸附板安装方法

2. 磁力锁在铝合金门上安装方法

图名	磁力锁安装方法（四）	图号	RD 3—16（四）

门框

玻璃门

吸附板

磁力锁

(*a*)各部位名称

门框

门

(*b*)磁力锁安装

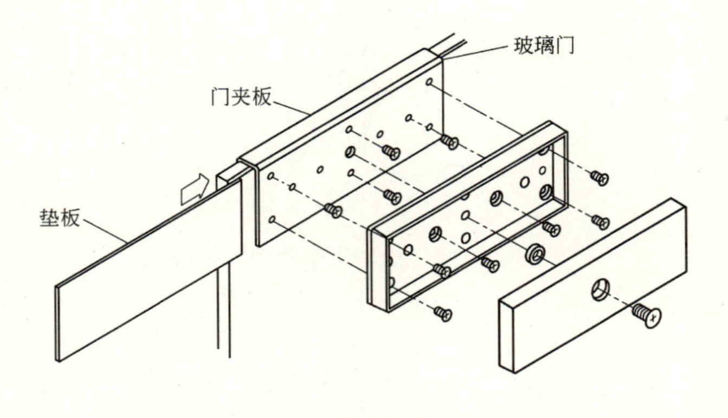

(*c*)吸附板安装方法

磁力锁在玻璃门上安装方法

安装说明

外开式单门磁力锁安装方法：

第一步：在门框上角下沿适当位置先安装磁力锁，将磁力锁引线穿出，接上控制线路。

第二步：将吸附板安装在垫板上，然后将吸附板工作面与电磁力锁铁心工作面对准吻合，磁力锁接通电源，将吸附板吸合在磁力锁上。

第三步：将门扇合拢，把吸附板垫板正确的位置划在门扇上，再把吸附板垫板固定在门扇上。

第四步：调节吸附板与磁力锁之间的距离，使吸附板与磁力锁铁心工作面全面、良好、紧密接触。调节方法，可用增减吸附板中心紧固螺栓上的垫圈数，使吸附板与安装垫板之间的距离发生变化而达到安装目的。

图名	磁力锁安装方法（五）	图号	RD 3—16（五）

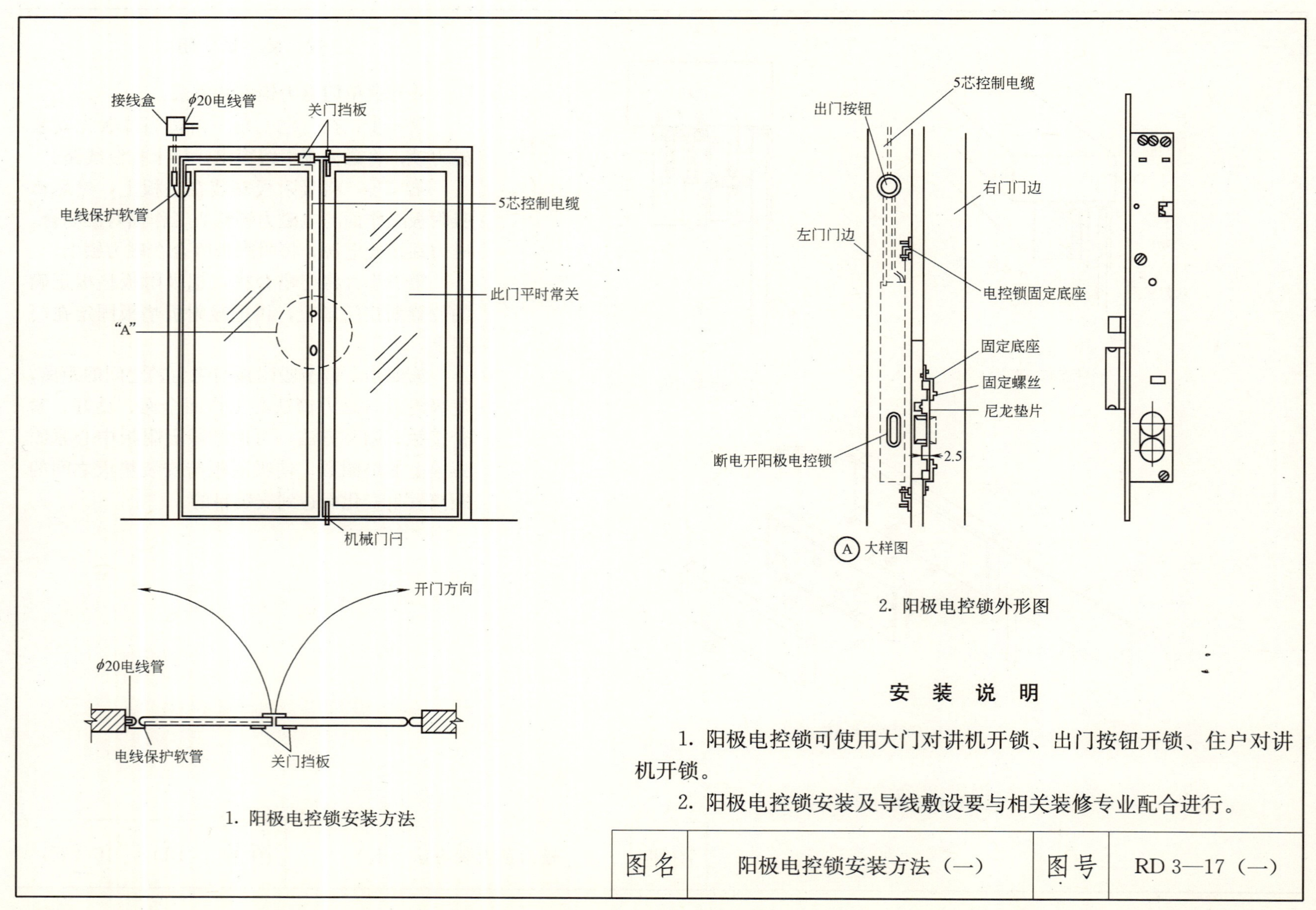

1. 阳极电控锁安装方法

2. 阳极电控锁外形图

安 装 说 明

1. 阳极电控锁可使用大门对讲机开锁、出门按钮开锁、住户对讲机开锁。

2. 阳极电控锁安装及导线敷设要与相关装修专业配合进行。

图名	阳极电控锁安装方法（一）	图号	RD 3—17（一）

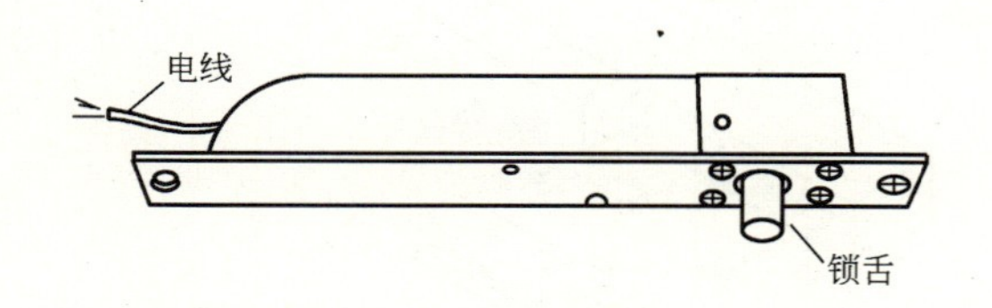

1. 阳极电控锁

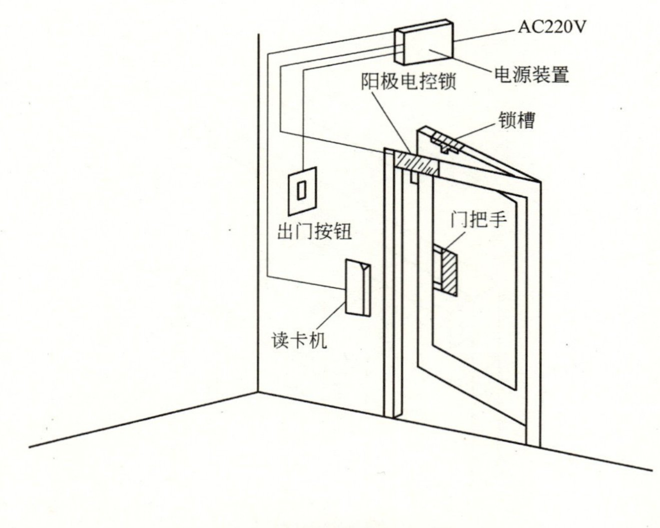

2. 阳极电控锁安装示意图

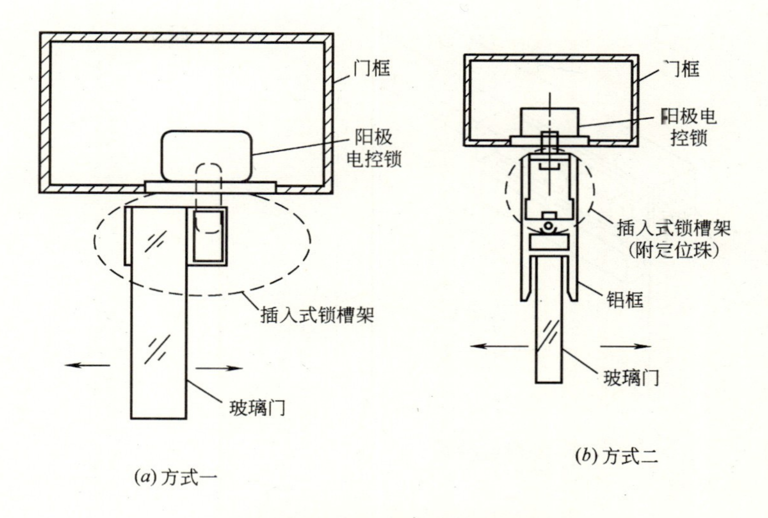

3. 阳极电控锁在玻璃门上安装方法

安 装 说 明

1. 阳极电控锁采用单片微处理器控制，具有磁控检测门开关状态、非法开门报警和自动调整功率等功能。该锁具广泛应用在与各种密码、磁卡、感应卡等多种控制器配合的门禁系统及自动防火门的控制等场合。

2. 适用双向平开门、推拉门、单向平开门等，门的材质包括玻璃门、铝合金门、木门等。

3. 在主体施工时配合土建预埋管及接线盒，电源装置通常安装于吊顶内。

图名	阳极电控锁安装方法（二）	图号	RD 3—17（二）

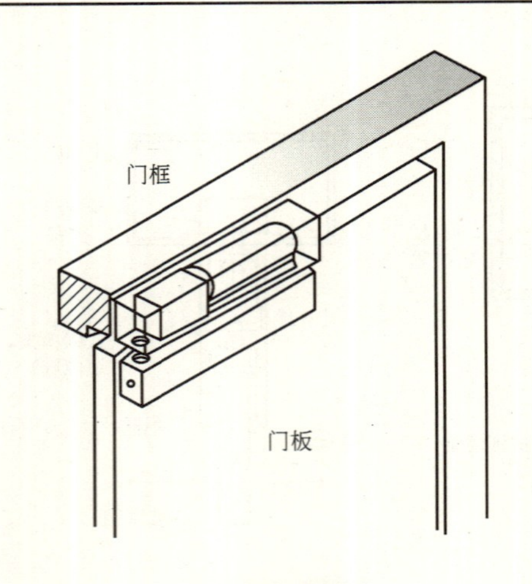

1. 阳极电控锁

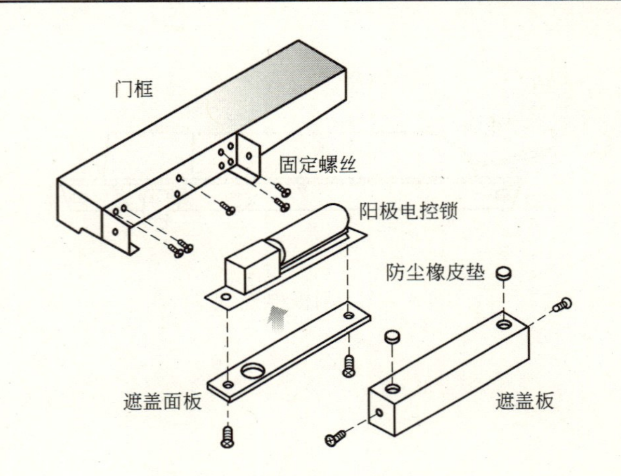

3. 阳极电控锁安装方法

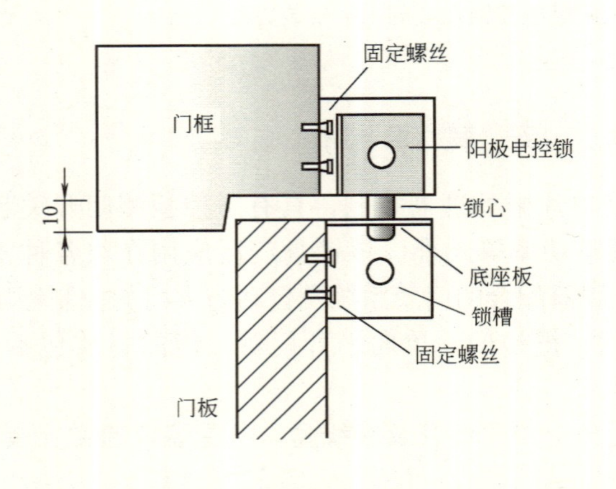

2. 阳极电控锁各部分结构

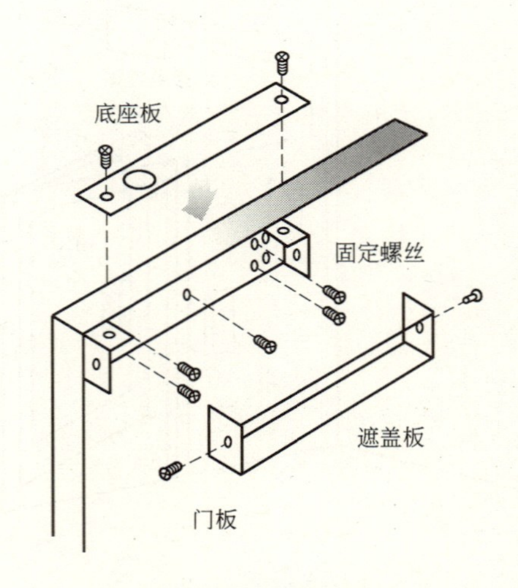

4. 锁槽架安装方法

阳极电控锁在木门上安装方法

图名	阳极电控锁安装方法（三）	图号	RD 3—17（三）

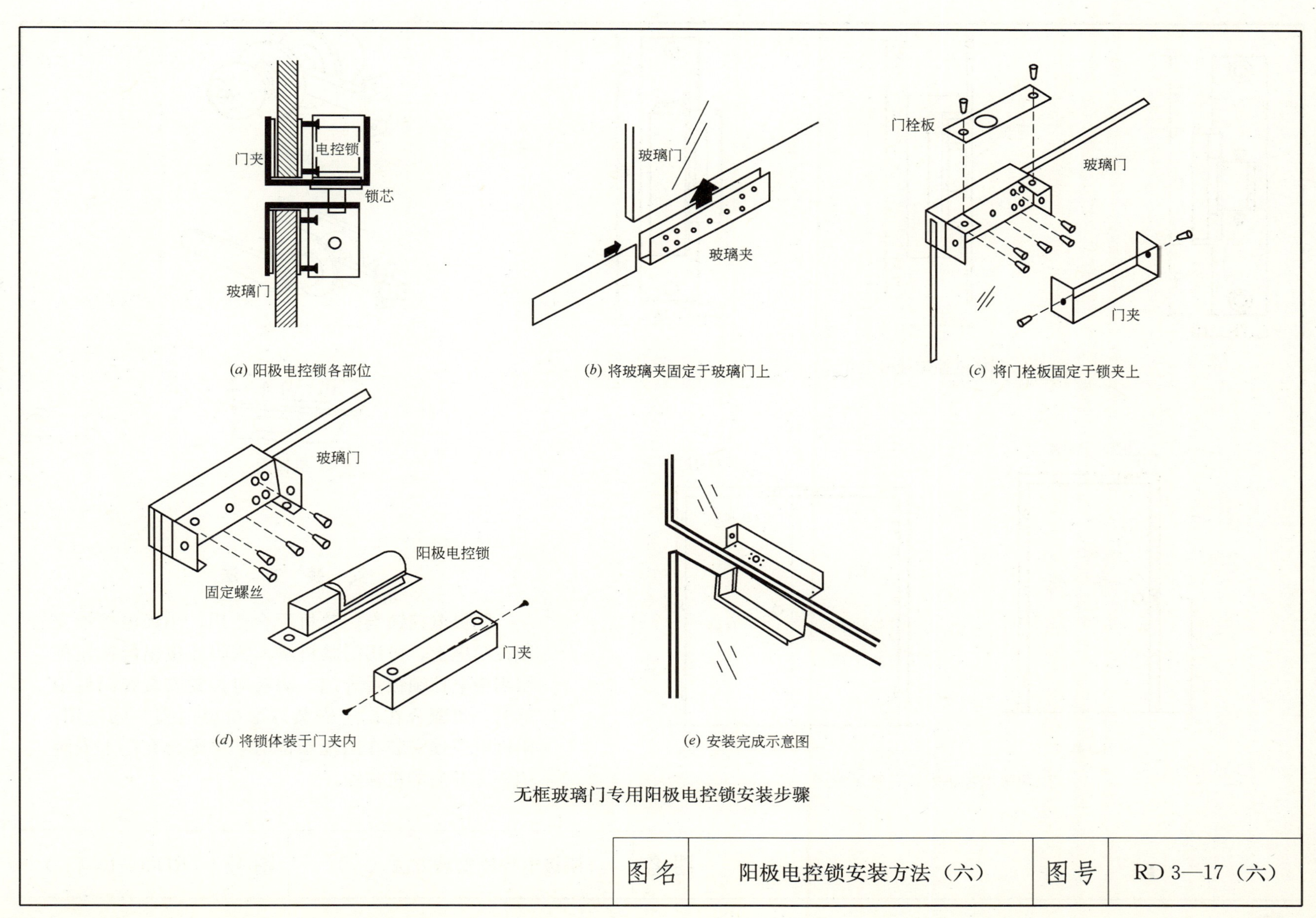

(*a*) 阳极电控锁各部位

(*b*) 将玻璃夹固定于玻璃门上

(*c*) 将门栓板固定于锁夹上

(*d*) 将锁体装于门夹内

(*e*) 安装完成示意图

无框玻璃门专用阳极电控锁安装步骤

图名	阳极电控锁安装方法（六）	图号	RD 3—17（六）

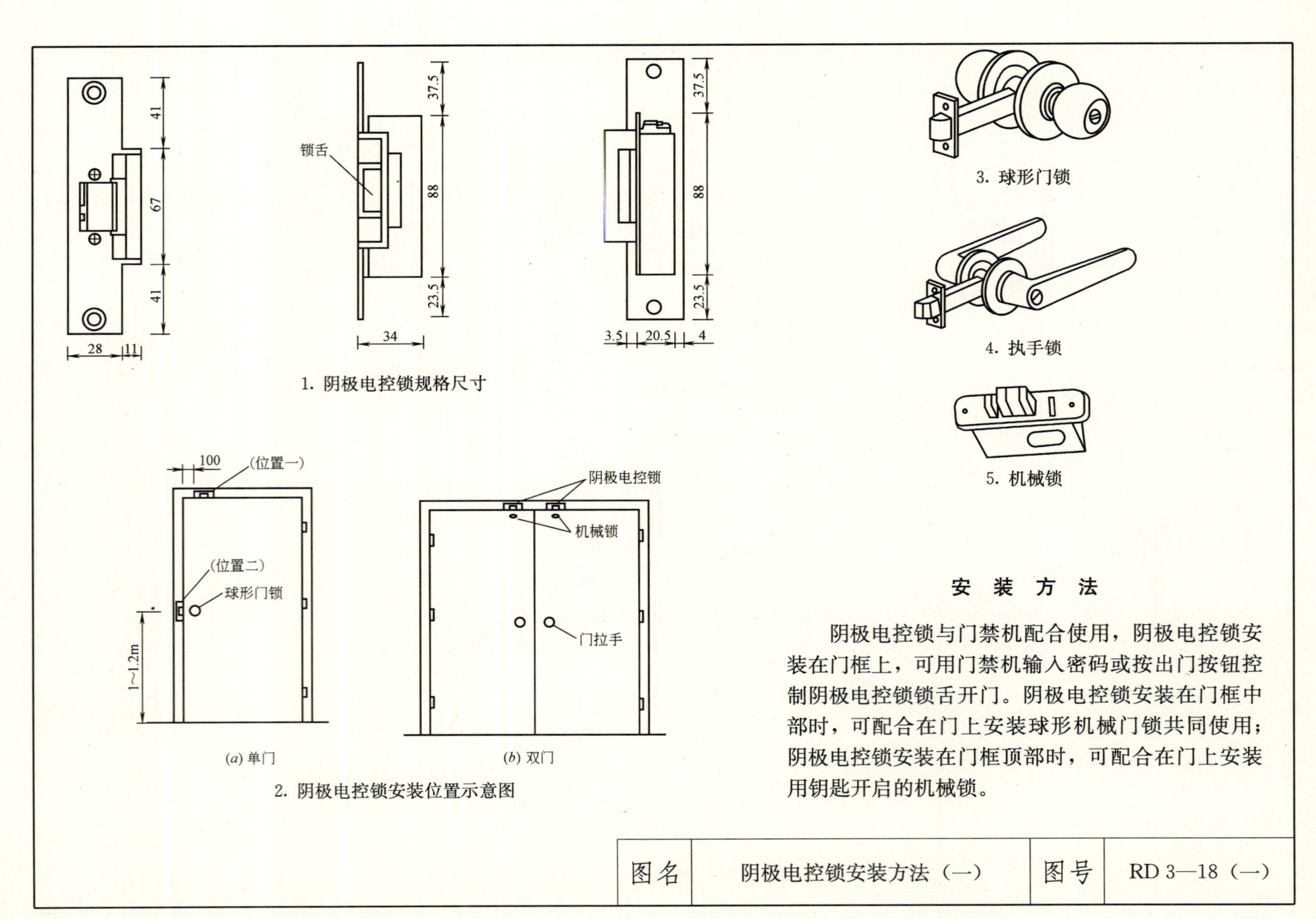

安 装 方 法

阴极电控锁与门禁机配合使用，阴极电控锁安装在门框上，可用门禁机输入密码或按出门按钮控制阴极电控锁锁舌开门。阴极电控锁安装在门框中部时，可配合在门上安装球形机械门锁共同使用；阴极电控锁安装在门框顶部时，可配合在门上安装用钥匙开启的机械锁。

图名	阴极电控锁安装方法（一）	图号	RD 3—18（一）

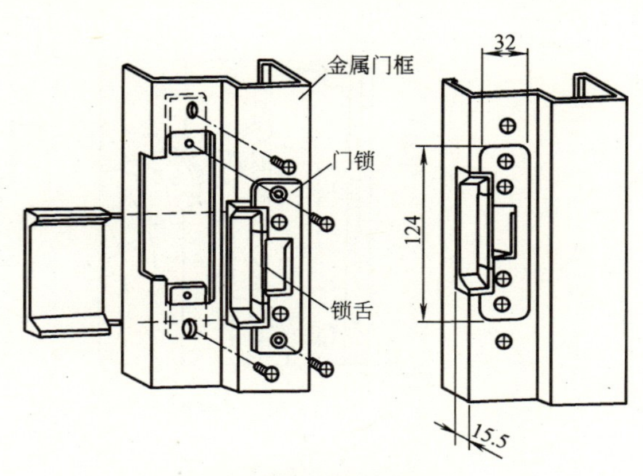

1. 阴极电控锁安装方法（一）

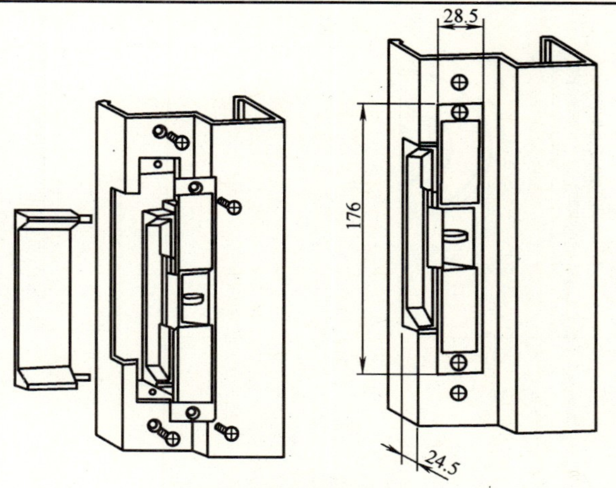

2. 阴极电控锁安装方法（二）

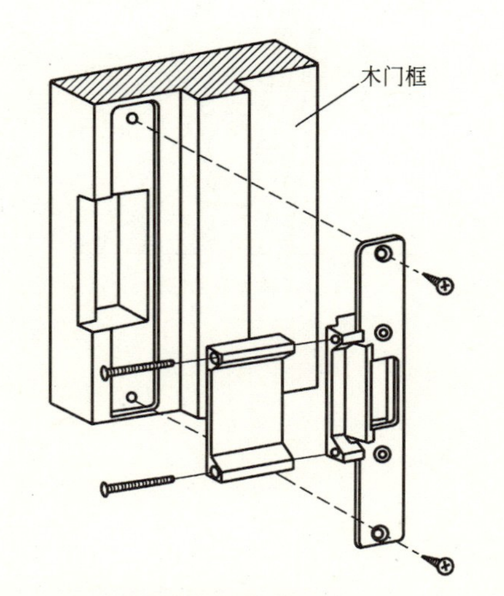

3. 阴极电控锁安装方法（三）

安 装 说 明

1. 阴极电控锁与普通球形机械门锁配合使用。如果把镶在门框上的锁槽金属片换成阴极电控锁，加上一个密码键盘等，便可以变成一个电子密码控制的门禁系统，可输入密码开启阴极电控锁，特别适用于多人进出的办公室及住宅大厦的大门使用。

2. 阴极电控锁分为两种开启方式：（1）断电松锁式：当电源接通时，门锁舌扣上。当电源断开时，门锁舌松开，门可开启，适用安装在防火或紧急逃生门上使用；（2）断电上锁式：当电源断开时，门锁舌扣上。当电源接通时，门锁舌松开，门可开启，适用安装在进出口通道门上使用。阴极电控锁的操作电压通常为 DC12V 或 DC24V。

3. 阴极电控锁安装高度通常为 1～1.2m。电控门锁安装时，要与相关专业配合门框和门扇的开孔及门锁安装。

4. 金属门框安装阴极电控锁，导线可穿软塑料管沿门框敷设，在门框顶部进入接线盒。木门框可在阴极电控锁外门框的外侧安装接线盒及钢管。

图名	阴极电控锁安装方法（二）	图号	RD 3—18（二）

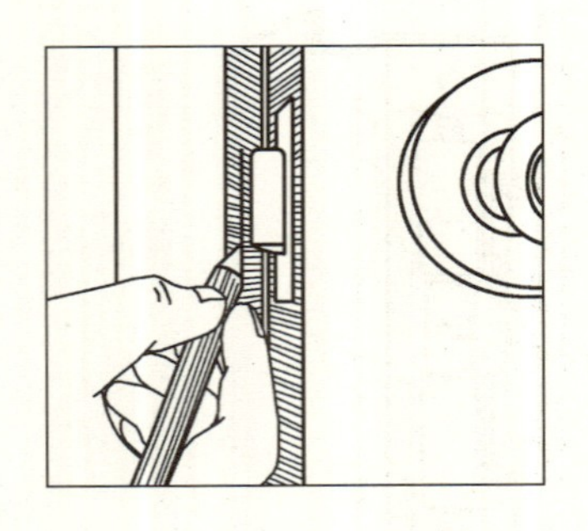

(*a*) 确定阴极电控锁位置

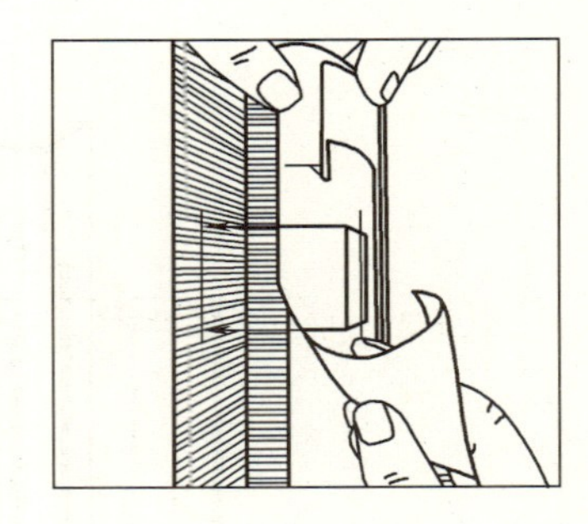

(*b*) 在门框上画线

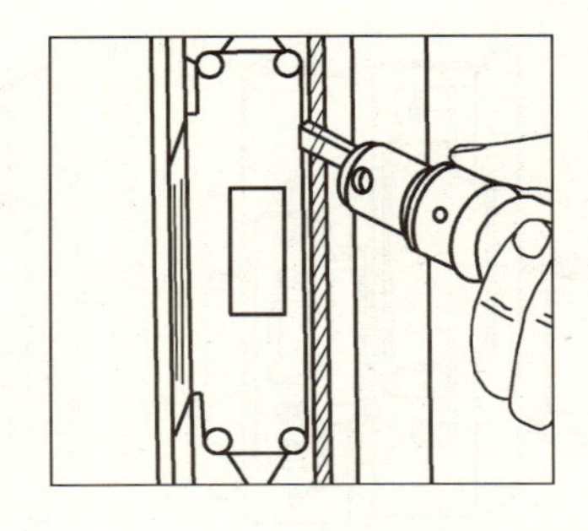

(*c*) 在门框上开槽

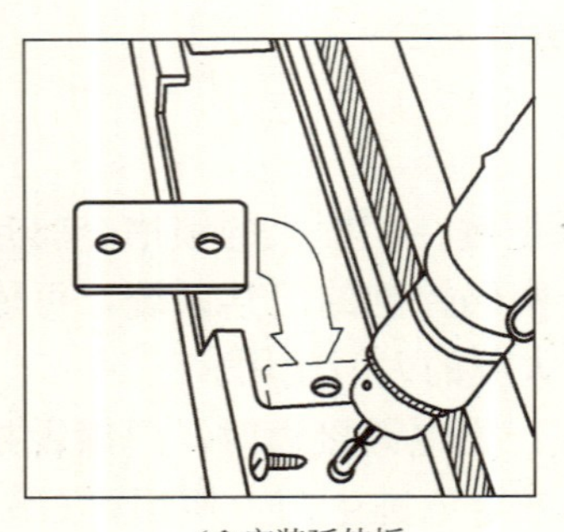

(*d*) 安装延伸板

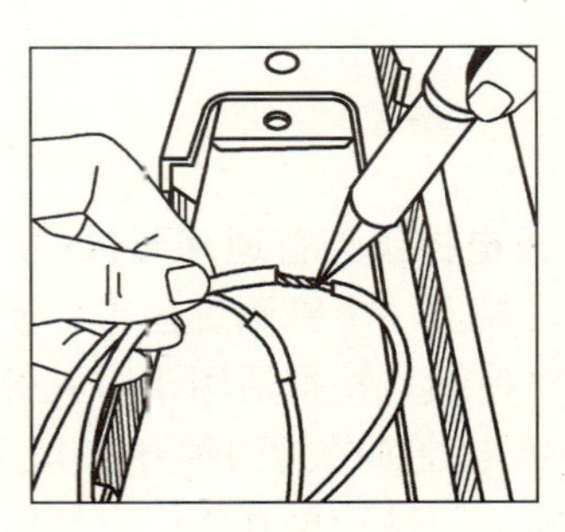

(*e*) 连接控制导线

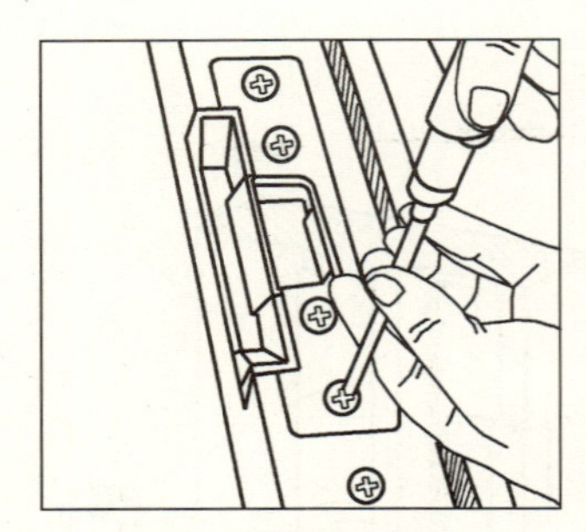

(*f*) 安装阴极电控锁

阴极电控锁安装步骤

安　装　说　明

阴极电控锁在铝合金门框上安装步骤如图所示，安装时应与相关专业配合开孔。

图名	阴极电控锁安装方法（三）	图号	RD 3—18（三）

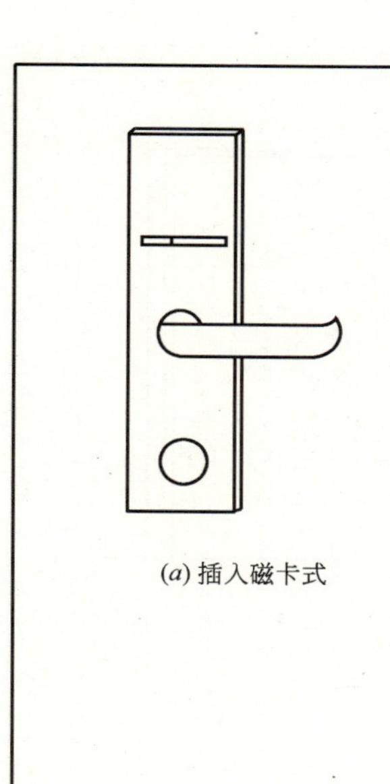

(*a*) 插入磁卡式

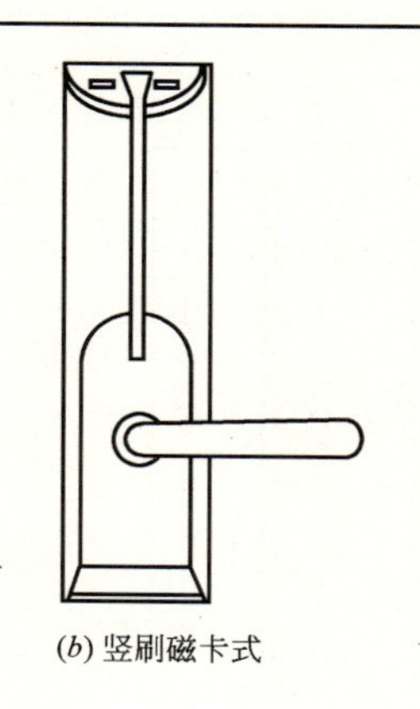

(*b*) 竖刷磁卡式

1. 磁卡门锁

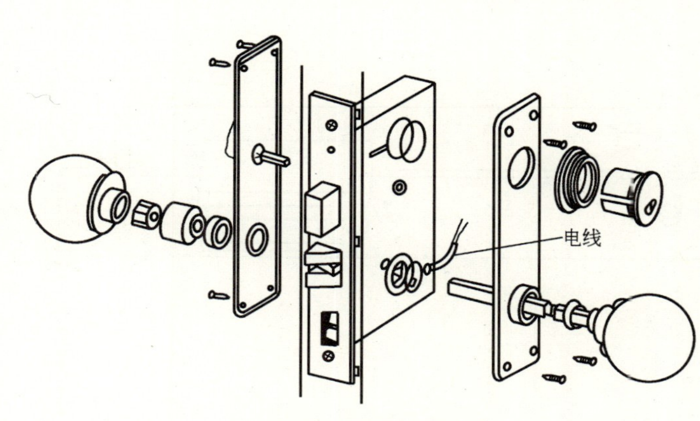

2. 电控手动开启门锁

电线
按钮

3. 按钮式电控门锁

钢管
导线
电控门锁
接线盒
电合页

4. 电控门锁及电合页安装示意图

安 装 说 明

1. 磁卡门锁通常内置电池，可使用 3 年，不需外接电源及控制，可独立使用，锁体安装在门扇上面，常在酒店客房使用。

2. 按钮式电控门锁安装在门扇上面，可就地按钮开锁，也可远距离控制自动开锁，安装时要配用电合页。电合页与电控门锁之间导线要加塑料管保护。

3. 电控手动开启门锁可采用磁卡机等控制开锁，也可用钥匙开锁，开锁后需要手动转动把手开门，安装时要配用电合页。

4. 电控门锁安装要与相关专业配合开孔协同进行。

图名	电控门锁安装方法	图号	RD 3—19

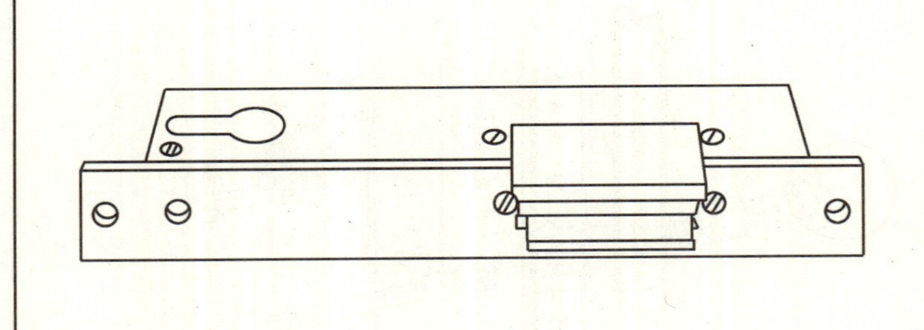

1. 玻璃门夹锁外形图

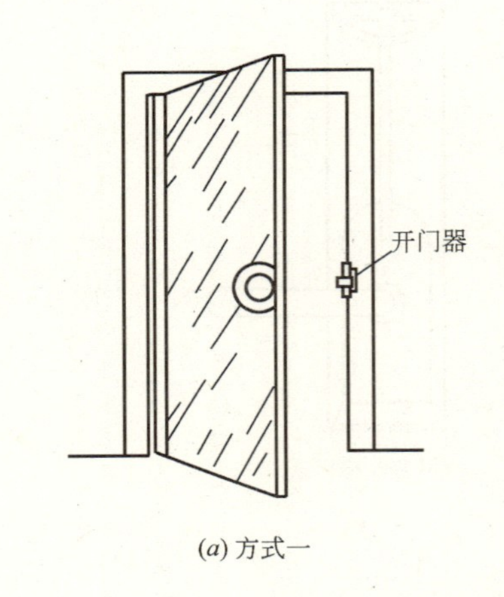

(*a*) 方式一

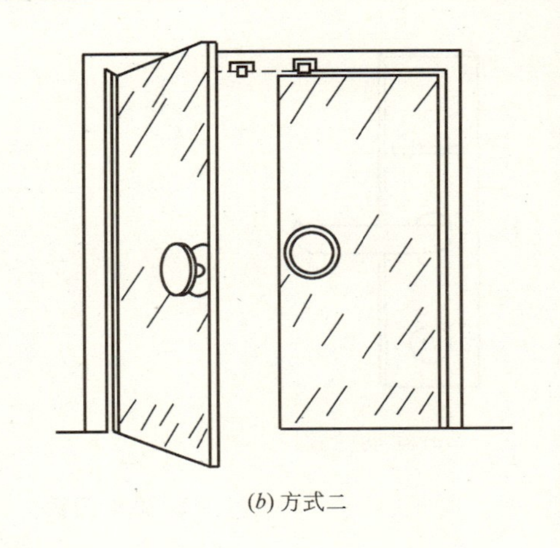

(*b*) 方式二

2. 玻璃门夹锁安装位置图

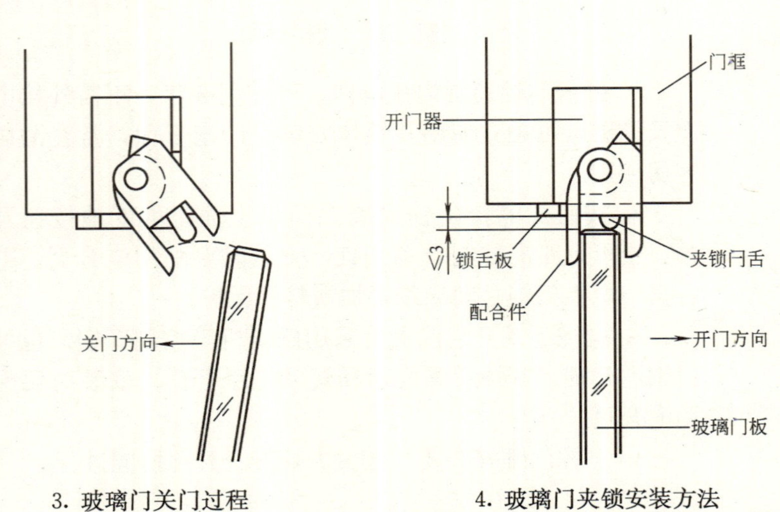

3. 玻璃门关门过程

4. 玻璃门夹锁安装方法

安 装 说 明

玻璃门夹锁闩舌和配合件在门关闭时一起将玻璃门板夹紧。

安装时要注意门的配合间隙，以使开关自如。玻璃门板应顺利地导入配合件内，并且紧紧地压着闩舌，以使锁紧机构作用，玻璃门夹锁和门板之间的最大间距为 3mm。

玻璃门夹锁安装在门框上，外接控制导线，可配合密码门禁机等用于玻璃门的出入控制。

图名	玻璃门夹锁安装方法	图号	RD 3—20

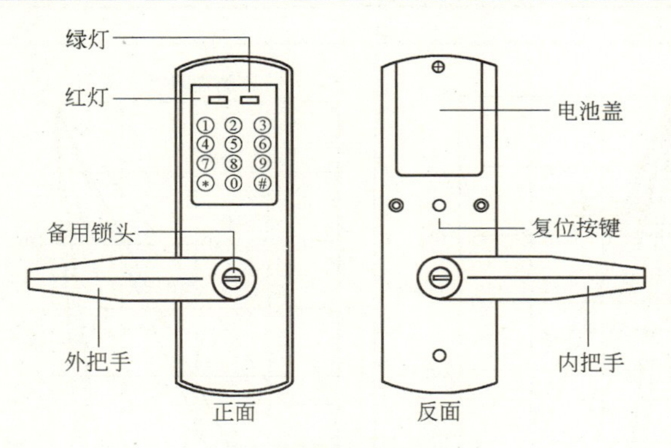

电子门锁结构图

安 装 说 明

电子门锁内置电池，无须外接电源，独立使用，通常安装在酒店的客房门上。

1. 门锁安装要求

安装指纹锁或密码锁的门的厚度要求在 35～50mm 之间，一般情况下为木门或铁门。

在订货之前请确认门的厚度是否符合要求，并确定门的开门方式。

2. 门的开门方式

门的开门方式有四种：左内开、左外开、右内开、右外开；在安装之前请再次确认门的开门方式。

开门方式的确定：以人站在门外面向门为标准，门的转动轴在门的左侧则为左开，门的转动轴在右侧则为右开，门向里推则为内开，门向外拉则为外开。

锁芯：左外开的锁芯与右内开的锁芯相同，左内开的锁芯与右外开的锁芯相同。

3. 技术参数

序号	项目	内　　容
1	尺寸（$L\times W\times H$）	210mm×65mm×25mm
2	密码组数	3 组
3	响应时间	1～2 秒
4	控制方式	离合器
5	动态功耗	50～90mA
6	静态功耗	<50μA
7	ESD 抗压能力	>15000V
8	电池寿命	4000～5000 次
9	电源	4 节 AA 碱性电池
10	材质	锌合金
11	工作温度	－10～45℃
12	工作湿度	20％～85％

4. 门锁安装步骤

（1）划线和钻孔：根据安装图所示尺寸，在门上标出有关孔位的轮廓线和圆孔中心线，按标注尺寸钻出各安装孔，即可开始安装门锁。

（2）安装锁芯：检验锁体各孔位与安装孔位是否一致，合格压入锁芯，然后用螺丝紧固，完成后请检查锁舌弹出情况。

（3）穿好导线并对好各安装孔的位置，将外把手部件装在门上。

（4）装内锁体：按正确的接口连接好前后锁体的连接导线，然后连接好方轴及旋钮轴，同时确保内外锁体与锁芯可靠连接，最后用螺丝固定。

（5）安装电池及电池盖：将电池按正确的正负极方向装入电池盒之后，装上电池盖，并用螺丝固定。

（6）功能检测：安装完毕后，参照用户手册检测锁的所有有关功能是否正常。

图名	电子门锁安装方法	图号	RD 3—21

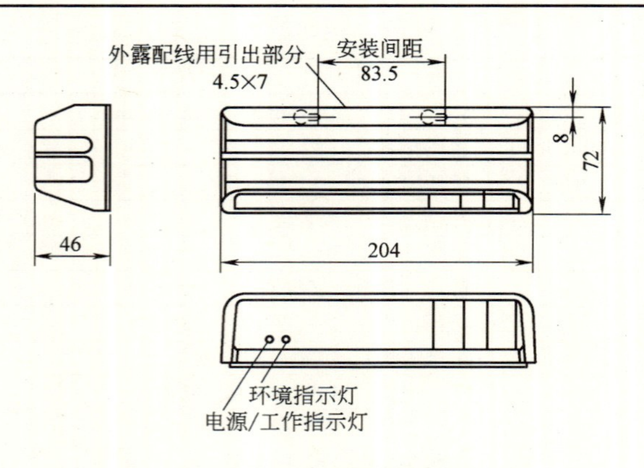

1. 自动门红外线探测器规格尺寸

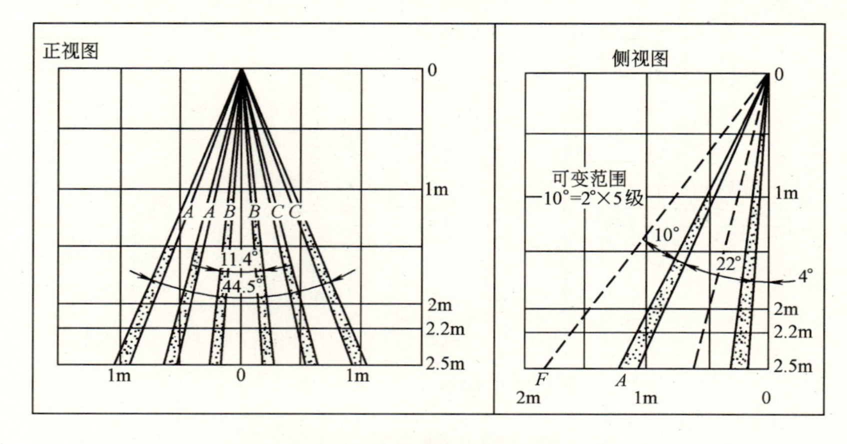

2. 自动门红外线探测器探测区域图（OA-30 型）

3. 自动门红外线探测器规格表

型号		OA-20	OA-30	OA-50C	OA-60C
探测方式		主动式红外线			
输入电压		A 型 12V　直流/交流 B 型 24V　直流/交流		12～24V　直流/交流	
最大使用电流	A 型	185mA	250mA	12V 交流时 200mA	24V 交流时 300mA
	B 型	90mA	155mA		
输出		常开式继电器 50V 时 0.1A		常开式继电器 50V 时 0.3A	常开式继电器 50V 时 0.1A
输出锁定时间		1±0.5s 延迟	0.3～3.0s 延迟	0.5s 延迟	
工作温度		−20～+55℃（−4～+131°F）			
尺寸(mm)		70×195×25	72×204×46	61×220×26	ϕ170×79
重量(g)		170	305	190	430

安　装　说　明

1. 自动门红外线探测器是利用红外线反射的探测原理，适用于狭窄的门通道。

2. 自动门红外线探测器安装在门的上方。安装高度依据探测区域图由工程设计决定。

图名	自动门红外线探测器安装方法	图号	RD 3—22

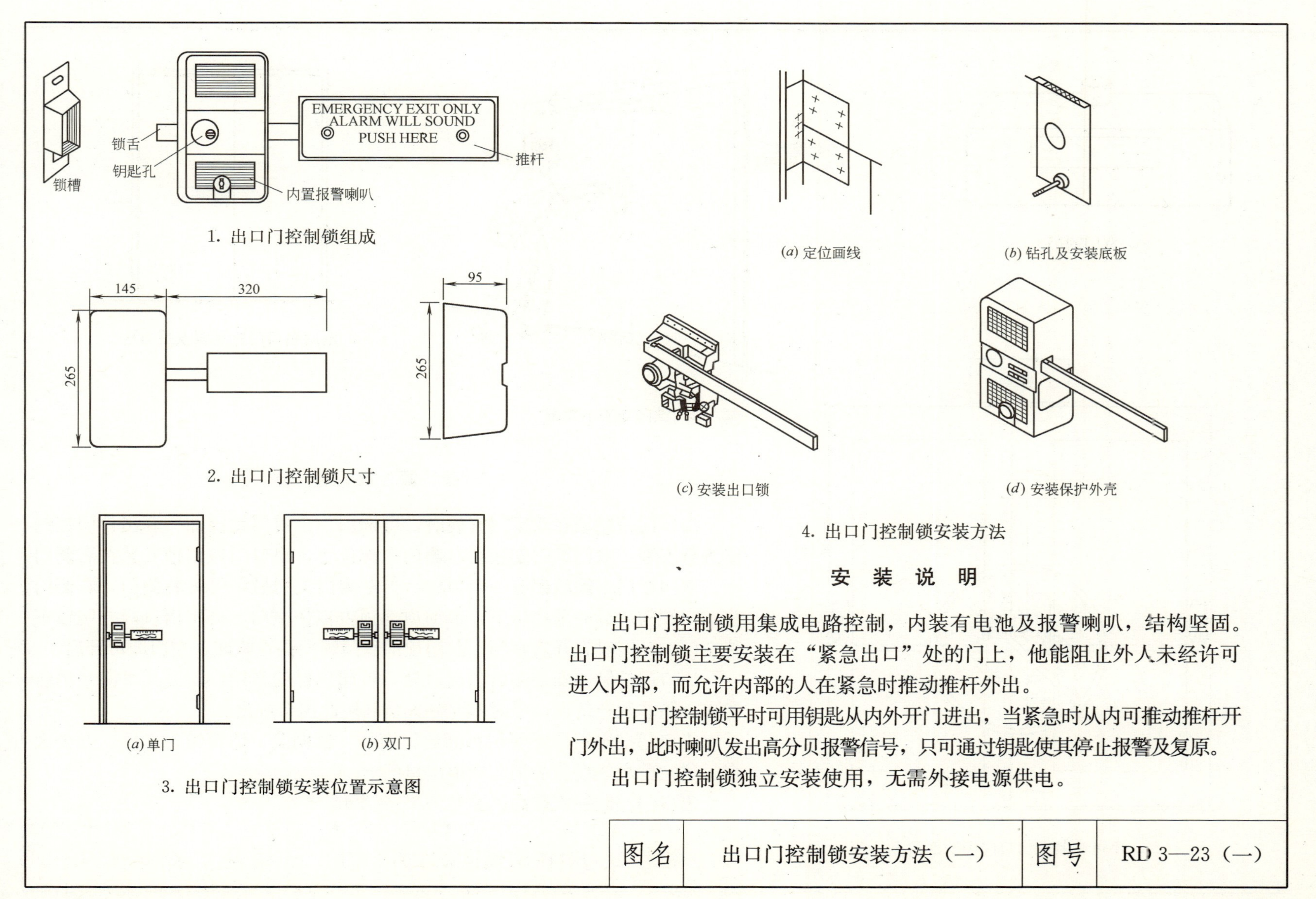

1. 出口门控制锁组成

2. 出口门控制锁尺寸

(*a*) 单门　　(*b*) 双门

3. 出口门控制锁安装位置示意图

(*a*) 定位画线　　(*b*) 钻孔及安装底板

(*c*) 安装出口锁　　(*d*) 安装保护外壳

4. 出口门控制锁安装方法

安装说明

出口门控制锁用集成电路控制，内装有电池及报警喇叭，结构坚固。出口门控制锁主要安装在“紧急出口”处的门上，他能阻止外人未经许可进入内部，而允许内部的人在紧急时推动推杆外出。

出口门控制锁平时可用钥匙从内外开门进出，当紧急时从内可推动推杆开门外出，此时喇叭发出高分贝报警信号，只可通过钥匙使其停止报警及复原。

出口门控制锁独立安装使用，无需外接电源供电。

图名	出口门控制锁安装方法（一）	图号	RD 3—23（一）

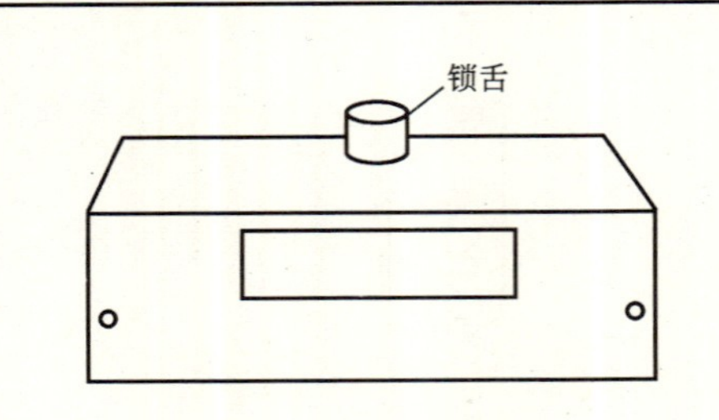

1. 双门锁闩

2. 双门锁闩安装示意图

3. 双门出口门控制锁安装方法

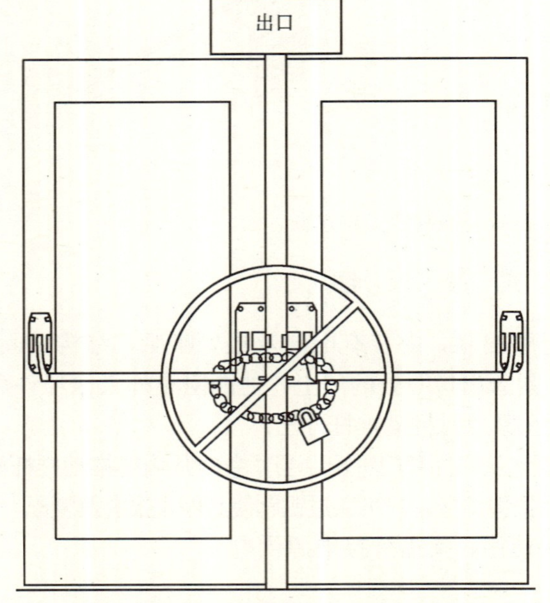

4. 不可将紧急出口门用铁链锁上

安 装 说 明

出口门控制锁在双扇门安装时，可选用一个双门锁闩加一套出口门控制锁进行安装，双门锁闩安装在左侧门顶部位置，出口门控制锁安装在右侧门上。双门锁闩右侧后部有一个顶柱，当左侧门关门后，再关右侧门，右侧门将双门锁闩后部的顶柱压下，带动顶部锁舌锁住左门，再用出口门控制锁锁住右门。开门时先开启右门，左门顶部双门锁闩锁舌收回，左门即可开启。

出口门控制锁安装在紧急出口处，可起到保安作用，同时又可满足消防要求。除非紧急情况，平时不允许人员利用此出口进出。

出口门控制锁广泛使用在酒店、商场、影剧院、体育馆、工厂、办公大楼、住宅公寓等场所的消防通道出口门上。

出口门控制锁安装高度通常为 1～1.2m。

图名	出口门控制锁安装方法（二）	图号	RD 3—23（二）

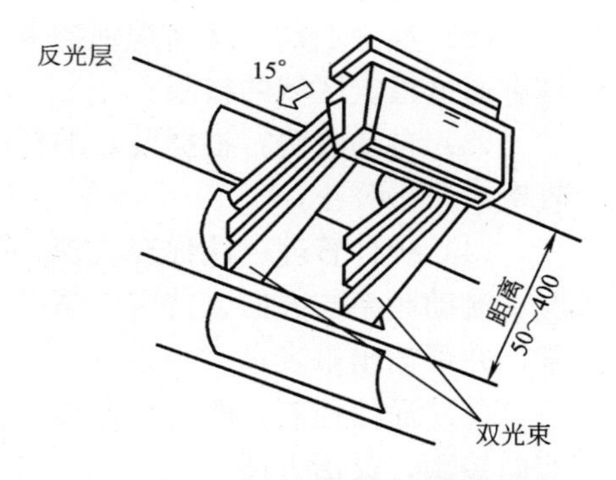

1. 卷帘门红外线反射型探测器

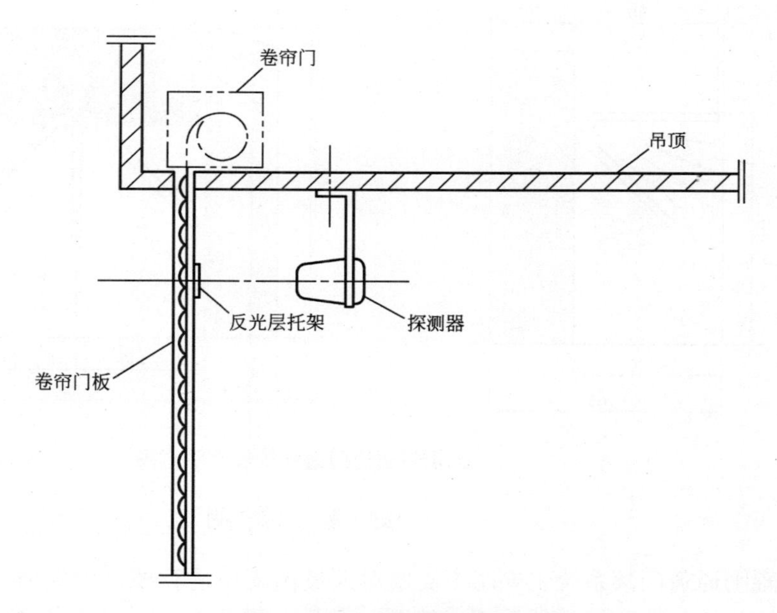

2. 卷帘门红外线反射型探测器安装方法

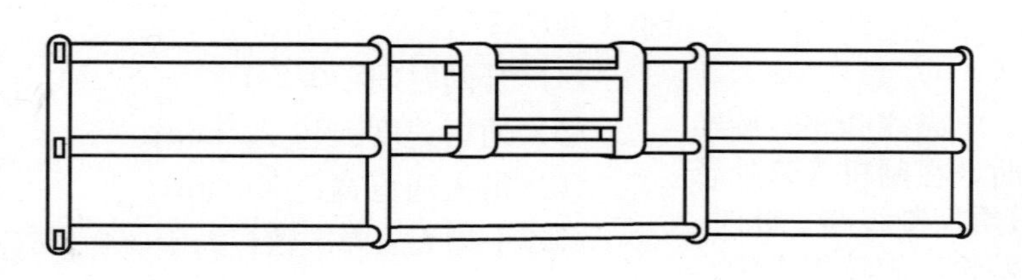

3. 反光层托架在防盗卷帘门上安装方法

安 装 说 明

1. 卷帘门红外线反射型探测器与卷帘门上反光层距离为50～400mm。

2. 探测器安装适应于防火或防盗卷帘门，当卷帘门降到底时，探测器对准反光层托架进行安装。

3. 探测器导线敷设在吊顶内，用ϕ20电线管及接线盒，并用金属软管与探测器连接。

图名	卷帘门红外线反射型探测器安装方法	图号	RD 3—24

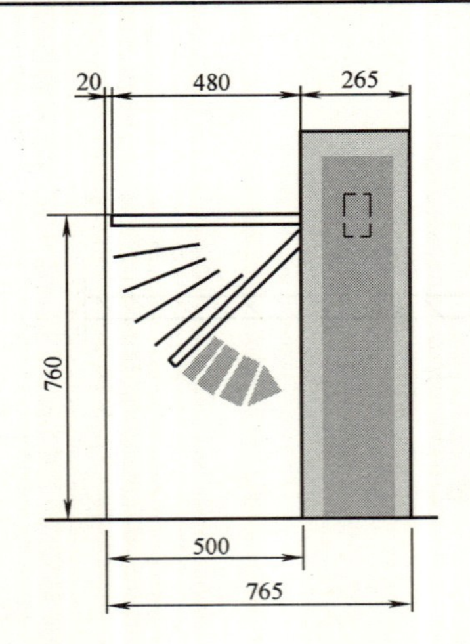

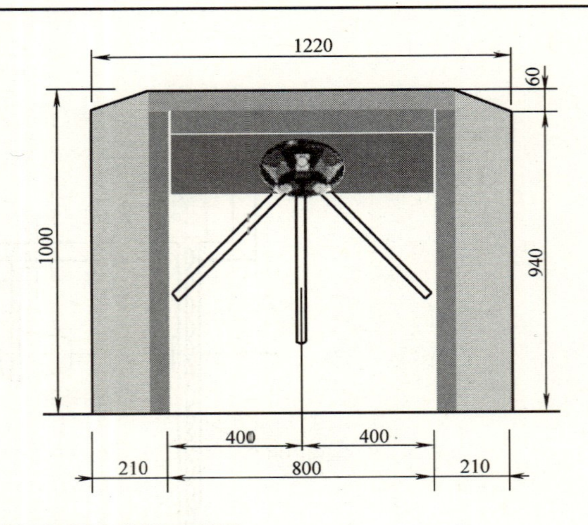

三辊闸通道门禁系统安装示意图

安　装　说　明

三辊闸通道门禁系统主要用于需要对人员出入口进行控制的场所，如厂区大门、饭堂、宾馆、博物馆、体育馆、俱乐部、地铁、车站、码头等。系统由智能电子三辊闸机、智能IC卡读写器、计算机、管理软件等组成。安装于小区、厂房、大厦、饭堂等通道处，可以实现门禁、考勤、收费、限流等管理功能。

1. 工作原理

三辊闸机的机械传动系统主要是由：主轴、前后轴承座、缓冲机构、电磁线圈座、旋转止动机构、三爪轮、棘轮、复位机构等部分组成。当用户需要通过闸机时，在闸机入口处感应或插入IC卡，电子识别系统即进行核实，记录，并随后发送一个信号给控制线路，此时，绿色信号灯打开，用户可用手推动闸杆，闸杆转动，人即可通过，此时棘轮与旋转制支轮成咬死状态，闸机则不能通过，直到在下次打卡启动。

2. 功能

(1) 记录信息：可与计算机联网，记录信息方便；

(2) 身份识别：准确辨别持卡人是否具有通过指定区域的权限；

(3) 自动收费：根据设定的标准自动收费，严格公正；

(4) 统计管理：让你对人流、收费情况、流动频率与方向、持卡人情况了如指掌，并可输出报表；

(5) 通信控制：既可单向限流，也可双向控制，灵活方便；

(6) 报警功能：当非法人员强行通过时，系统将报警。

3. 技术参数

(1) 电源电压：AC 220V；50W；

(2) 工作环境温度：−25～70℃；

(3) 工作环境湿度：25℃时相对湿度小于90%；

(4) 开闸时间：0.2s；

(5) 通行速度：40人/min；

(6) 最大通道宽：600mm；

(7) 平均无故障次数：大于200万次。

图名	三辊闸通道门禁系统安装方法	图号	RD 3—25

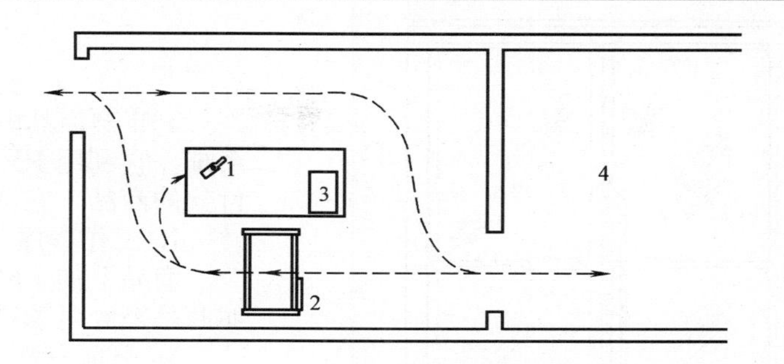

2. 安装平面布置图

1—便携式金属探测器；2—金属探测门：3—私人物品；4—工作区域

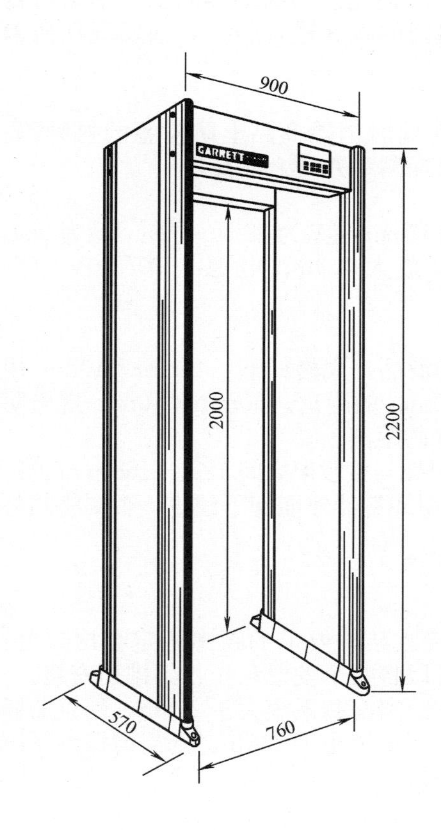

1. 金属探测门方法安装

安 装 说 明

金属探测门属于一种固定安装的检测设备，简称安检门，主要用来检查人身体上隐藏的金属物品。当被检查人员从安检门通过，人身体上所携带的金属超过根据重量、数量或形状预先设定好的参数值时，安检门即刻报警，并显示报警区位，让安检人员及时发现该人所带的违禁金属物品。

其工作原理：利用磁场中的磁通量变化来实现探测结果。也就是说当一个人带一定量的金属通过安检门时，所带的金属切割磁力线，使安检门中的均匀磁场发生变化．磁通量有所增加，采集过程中的信号大于所设定的值，中央处理器（CPU）使报警系统发出报警信号；反之，安检门中的均匀磁场没有发生变化，磁通量同样没有增加，就不发出报警信号。

使用安检门时应注意如下事项：

（1）安检门只适合于室内使用，不能在露天安装，如须装在室外，应附设雨棚等防雨、防晒设施，确保探头不在高温、潮湿的环境中。

（2）探头周围 1.5m 之内不应有大件的强磁场金属物品，以免对安检门的正常工作产生影响。

（3）安装地点尽量远离电力电缆线及仪器设备较多的场合，避免同频干扰。

（4）被检人员通过时应严格遵守设定好的待机或报警时间（1s 以上），逐个通过，不要拥挤在安检门周围干扰红外感应。检测过程中不得敲打或碰撞设备，以免引起安检门误报，甚至损坏。

（5）如有污尘时，用布蘸水或酒精轻轻进行擦洗，不能直接用水或其他化学溶剂冲洗。

（6）机内有高压，非专业人员不得擅自开启，杜绝其他人为意外发生。

图名	金属探测门安装方法	图号	RD 3—26

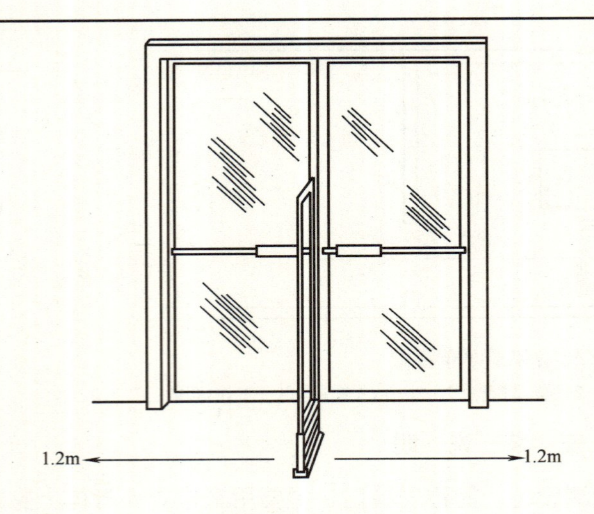

1. 单架系统安装示意图

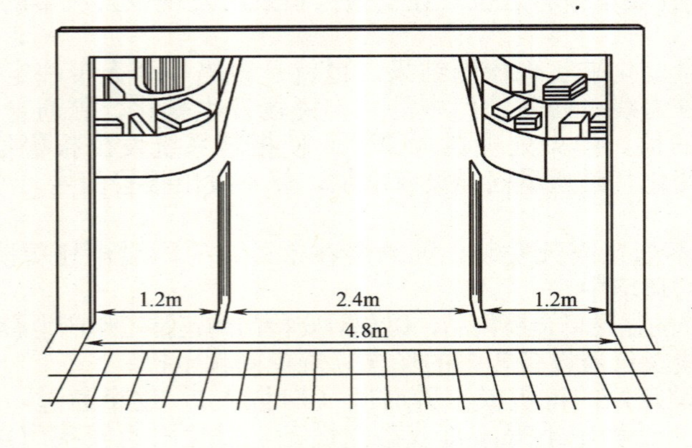

2. 两套单架系统安装示意图

安 装 说 明

TPI 型商品电子防盗系统是目前国际上最先进的商场商品及图书馆防盗系统。它利用 RF 射频技术，对每一位出门的顾客进行扫描，如发现任何未付款的商品，它会马上报警。

1. 工作程序

商品上加上防盗签，当商品付完款时同时消除商品上防盗签的射频码。如商品未经付款销码，出门时探测系统会探测到并马上报警。

2. 系统主要技术规格

高：1520mm；宽：286mm；厚：Ⅰ型为 16mm，Ⅱ型为 32mm；重：Ⅰ型为 8kg，Ⅱ型为 16kg；Ⅱ型两架之间的安装距离最大 2.4m；电源：120/240V，50/60Hz、0.25A。

3. 供选择附件

(1) 防盗贴签适用于各种适于贴签的商品。规格如下：40mm×40mm 规格防盗贴签适于发射架与接收架之间 920mm 的距离；50mm×50mm 规格防盗贴签适于发射架与接收架之间 1220mm 的距离。

(2) 防盗硬签可以反复使用，适于发射架与接收架之间 1220～1680mm 的距离，硬签用于纺织品、衣物及包等，必须用卸签器才能卸下硬签，否则将损坏商品。

(3) 图书用签用于图书馆。

4. 安装方法

(1) 探测系统的安装：把发射架和接收架按要求的距离固定在出口处，接上电源即可工作。根据出口的宽度，可以将数个发射和接收架排列安装。

(2) 消码器的安装：如果消码器装在距离探测系统大于 2.5m，则只需插上电源即可工作。如果消码器装在距离探测系统小于 2.5m，则需与探测系统以线联接起来。一套系统可以用多个消码器。

(3) 卸签器：不需特殊安装。

图名	商品电子防盗系统安装方法（一）	图号	RD 3—27（一）

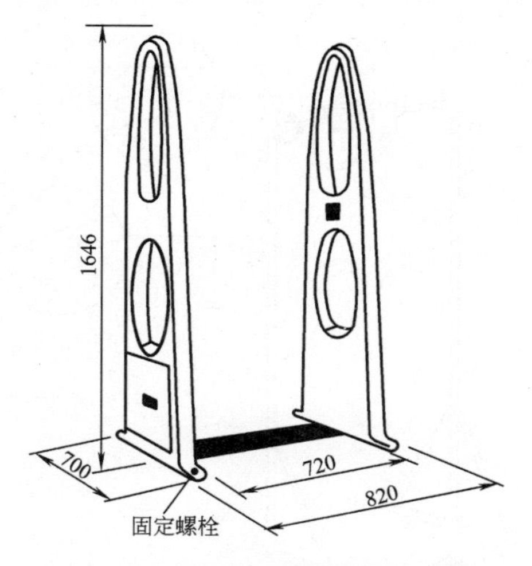

1. 商品电子防盗系统设备样式一

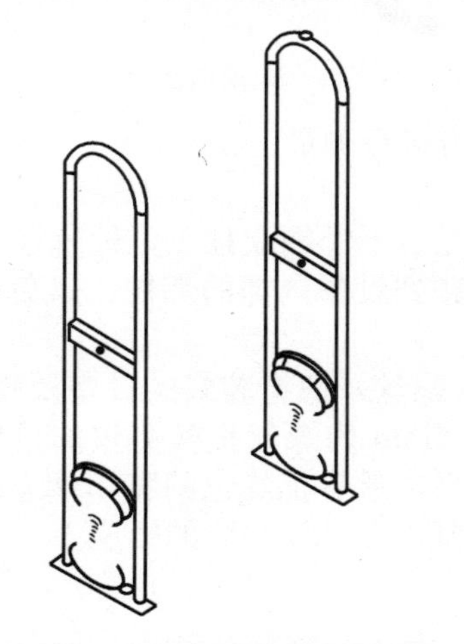

2. 商品电子防盗系统设备样式二

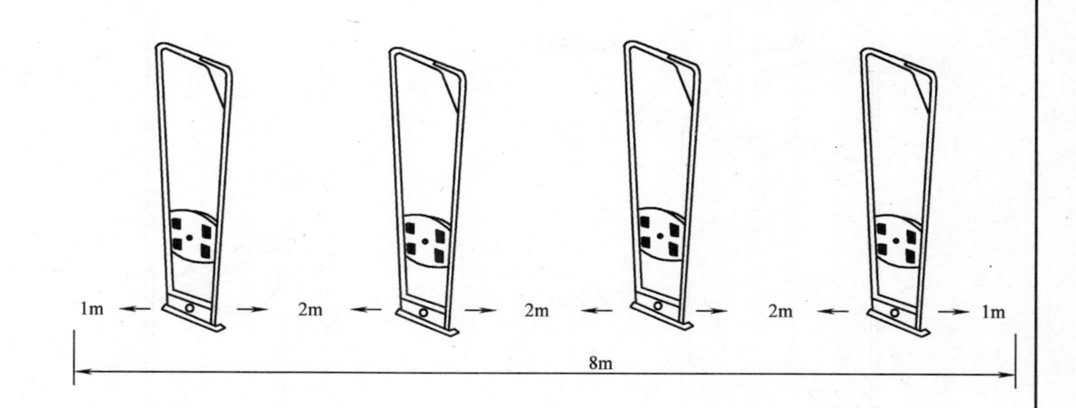

3. 多门商品电子防盗系统设备布置方法

安 装 说 明

无线射频商品电子防盗（EAS）系统的基本原理是利用发射检测天线将一扫频信号发射出去，与其同安装的还有接收检测天线，两者之间会形成一个磁场扫描区域，利用电磁波的共振原理来搜寻特定范围内是否有标签存在（即未经过译码的标签是否存在），当检测到没有通过收银台译码的标签时，接收检测天线将会被触发而产生报警。

商场电子防盗系统实行防窃的方式是：将有效的电子标签粘贴在商品上，在商场出口或走廊出口安装防盗检测天线。商品在付款的同时，标签将被安装在收银台的译码器使其无效或被开锁器开启并移去硬标签。此时携带商品通过检测器时将不报警，反之，未经过收银台付款，即未被解码，被携带商品在出口将导致检测天线报警。

图名	商品电子防盗系统安装方法（二）	图号	RD 3—27（二）

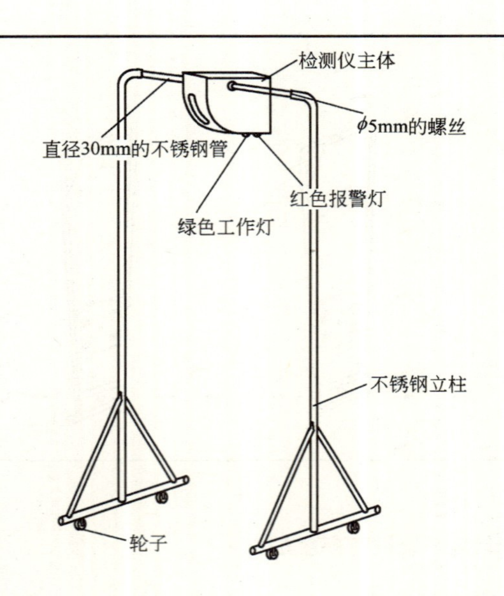

1. 门式自动扫描红外体温检测仪结构

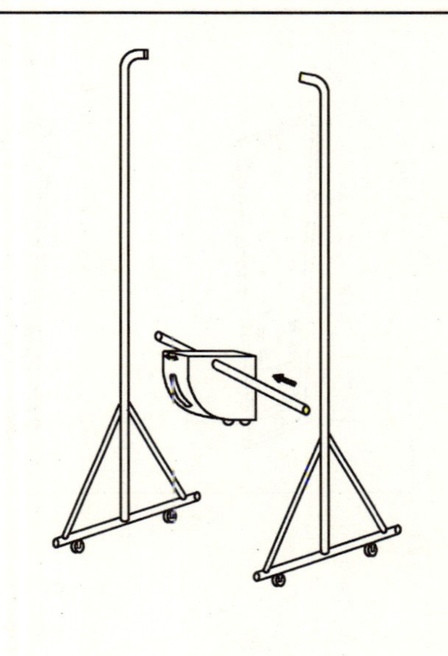
2. 安装步骤一

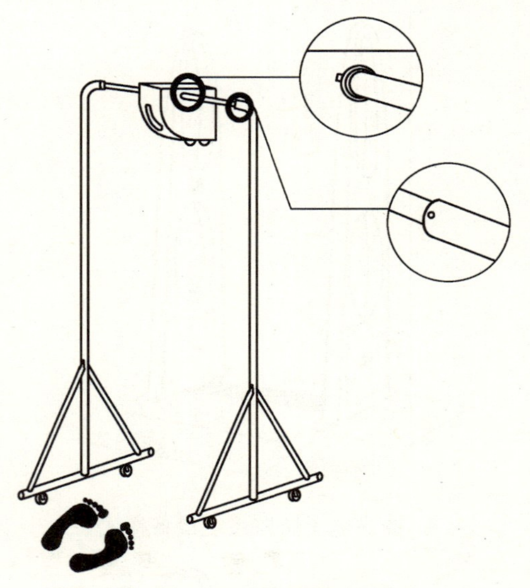
3. 安装步骤二

安 装 说 明

1. 测定原理

自动扫描红外体温检测仪测量人体额头的表面温度，然后根据人体额头的温度与体温的关系得到人的实际体温。检测仪的光学组件将额头发射和反射的能量汇集到传感器上，通过电子组件将此信息转化成温度读数信号并显示在显示面板上。当温度读数超过高温警报值时，仪器会发出警报声，同时红色警报灯点亮。

2. 被测人员站立位置

红色脚印标志应贴在与设备距离 200～300mm 处(情况不同按探测器可测量实际距离为准)，被测人员站立在脚印标志上，同时平视前方进行测量。

3. 安装方法

步骤一：把轮子安装在左右不锈钢立柱上，把直径 30mm 的不锈钢管插入设备中，注意不要碰到设备内部的部件，以免设备无法正常工作。

步骤二：用附带的 5mm 螺丝，把组装好的设备及钢架固定起来，然后把整套设备立起来，用 6mm 的螺丝把检测仪的位置固定好，检测仪要居中，保持和地面水平，最后把红色的脚印标志用不干胶贴在地面合适的位置上，把电源插头插入 220V 的插座上，检测仪开始工作，整个安装完成。

图名	门式自动扫描红外体温 检测仪安装方法	图号	RD 3—28

序号	检验项目	检验要求及测试方法
1	出入目标识读装置功能检验	(1)出入目标识读装置的性能应符合相应产品标准的技术要求； (2)目标识读装置的识读功能有效性应满足《出入口控制技术要求》(GA/T 394—2002)的要求
2	信息处理/控制设备功能检验	(1)信息处理/控制/管理功能应满足《出入口控制技术要求》(GA/T 394—2002)的要求； (2)对各类不同的通行对象及其准入级别，应具有实时控制和多级程序控制功能； (3)不同级别的入口应有不同的识别密码，以确定不同级别证卡的有效进入； (4)有效证卡应有防止使用同类设备非法复制的密码系统。密码系统应能修改； (5)控制设备对执行机构的控制应准确、可靠； (6)对于每次有效进入，都应自动存储该进入人员的相关信息和进入时间，并能进行有效统计和记录存档。可对出入口数据进行统计、筛选等数据处理； (7)应具有多级系统密码管理功能，对系统中任何操作均应有记录； (8)出入口控制系统应能独立运行。当处于集成系统中时，应可与监控中心联网； (9)应有应急开启功能
3	执行机构功能检验	(1)执行机构的动作应实时、安全、可靠； (2)执行机构的一次有效操作；只能产生一次有效动作
4	报警功能检验	(1)出现非授权进入、超时开启时应能发出报警信号，应能显示出非授权进入、超时开启发生的时间、区域或部位，应与授权进入显示有明显区别； (2)当识读装置和执行机构被破坏时，应能发出报警
5	访客(可视)对讲、电控防盗门系统功能检验	(1)室外机与室内机应能实现双向通话，声音应清晰，应无明显噪声； (2)室内机的开锁机构应灵活、有效； (3)电控防盗门及防盗门锁具应符合《楼宇对讲系统及电控防盗门通用技术条件》(GA/T 72—2005)等相关标准要求，应具有有效的质量证明文件，电控开锁、手动开锁及用钥匙开锁，均应正常可靠； (4)具有报警功能的访客(可视)对讲系统报警功能应符合入侵报警系统相关要求； (5)关门噪声应符合设计要求； (6)可视对讲系统的图像应清晰、稳定。图像质量应符合设计要求
6	其他项目检验	具体工程中具有的而以上功能中未涉及到的项目，其检验要求应符合相应标准、工程合同及正式设计文件的要求

图名	出入口控制（门禁）系统检验项目、检验要求及测试方法	图号	RD 3—29

4　访客（可视）对讲系统

安 装 说 明

本章主要介绍访客（可视）对讲系统，适用于各类住宅及公共建筑等的出入门控制及对讲。

1. 访客（可视）对讲系统的组成

访客（可视）对讲系统分为可视对讲系统和非可视对讲系统，系统由主机、若干分机、电源装置、传输导线等组成。

2. 访客（可视）对讲系统安装注意事项

（1）安装前，认真阅读系统安装说明书，以确保系统的正确安装。

（2）不可将访客（可视）对讲系统安装在太阳直接暴晒、高温、雨雪、化学物质腐蚀、潮湿及灰尘太多的地方。

（3）将室内机、门口机安装在良好的水平目视位置。

（4）在安装过程中严禁带电操作。

（5）联网线应采用屏蔽线，并且屏蔽线的屏蔽金属层要与系统接地连接。

（6）访客（可视）对讲系统在布线时应与强电电缆保持最少 50mm 的距离，这样可防止不必要的干扰。

（7）所有联机接好后，应反复检查，安装无误后才可通电。

（8）在通电时，如发现有不正常情况，应立即切断电源，故障排除。

（9）安装时，请将出线孔朝下（防止不必要的东西掉入产品内部）。

3. 对讲系统安装步骤

（1）布线

对讲系统的干线可用金属管或金属线槽敷设，支线可用配管敷设，导线敷设时信号线与强电线要分开敷设，并注意导线布线的安全。

（2）焊接各接插头

为保证系统的长期、正常运行，减少故障的发生，需要在安装过程中必须对所有设备的接头加以焊接，并用绝缘胶布封好。

（3）安装、调试中间设备

1）安装地址：注意避开强电干扰和防止发生水浸或水流到设备里面。

2）设备的安装：按详细的安装步骤安装好层间分配器、层间隔离器、联网器和电源箱并进行调试。

（4）安装用户设备

指门口机、室内分机、管理中心和小区门口机的安装。

4. 访客（可视）对讲系统安装方法

主机通常安装在楼宇入口处的墙上或柱架上，分机则分别安装在住户内，对讲机可用塑料胀管和螺钉或膨胀螺栓等进行安装。安装高度为底边距地 1.3～1.5m，可视对讲机的安装高度为摄像机镜头距地 1.5m。主机安装在大门外时，应做好防雨措施，在墙上安装时，主机与墙面之间用玻璃胶封堵四边。

5. 访客（可视）对讲系统保养注意事项

（1）所有器件都要严格避免强烈振动，不得碰撞、敲击、摔跌，以免损坏外壳及内部精密组件。
（2）不要用手触摸室内分机透光部位，更不要沾染油污或灰尘，一旦污染，要及时清洁。
（3）严禁使用有机溶剂、化学清洁剂或湿布清洗，应以柔软的干棉、毛织物擦拭为宜。
（4）不要让室内机长时间保持监视状态。
（5）不要连接公共电话线。

6. 本章相关规范

（1）《智能建筑设计标准》（GB/T 50314—2006）。
（2）《智能建筑工程质量验收规范》（GB 50339—2003）。
（3）《安全防范工程技术规范》（GB 50348—2004）。
（4）《防盗报警控制器通用技术条件》（GB 12663—2001）。
（5）《文物系统博物馆安全防范工程设计规范》（GB/T 16571—1996）。
（6）《银行营业场所安全防范工程设计规范》（GB/T 16676—1996）。

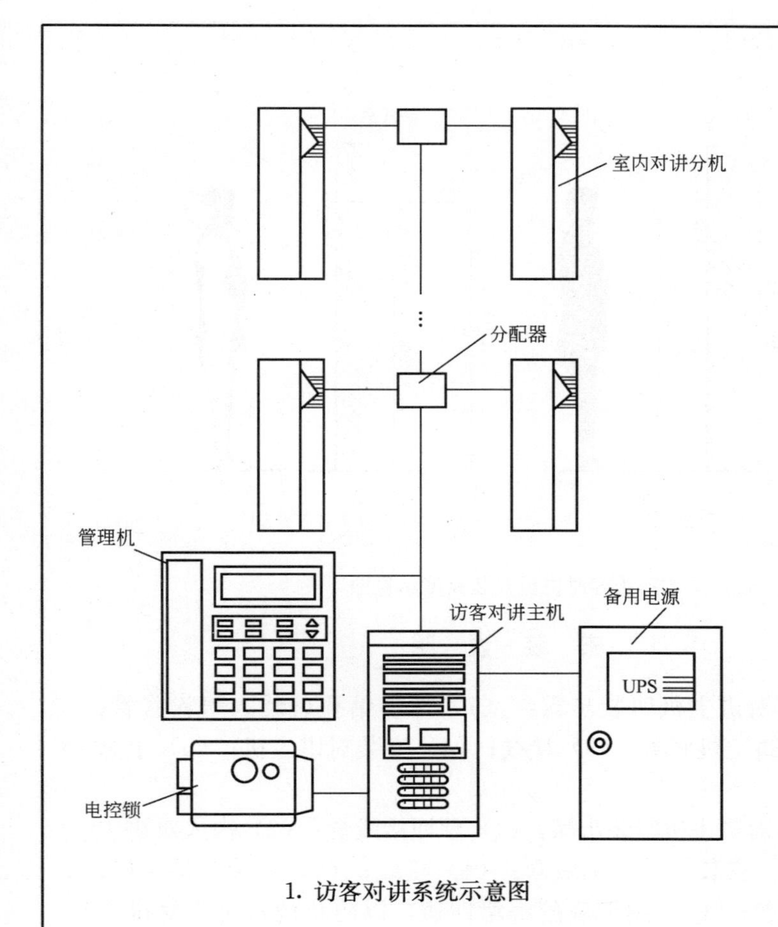

1. 访客对讲系统示意图

扬声器
传声器
门铃按键

2. 访客对讲主机

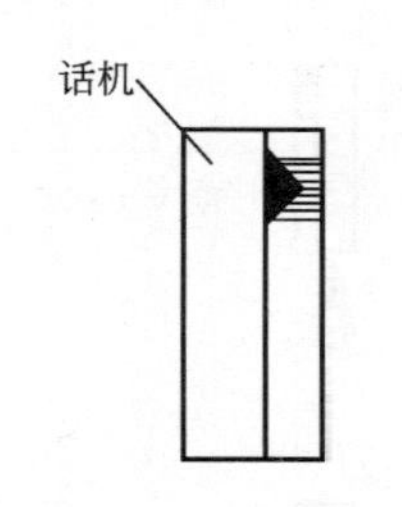

3. 室内对讲分机

系 统 说 明

1. 访客对讲系统适用于别墅、低层普通住宅、高层公寓及小区等。可根据设计要求选配设备，每台主机可带 200 户分机，管理机可连接多达 256 栋大厦主机及大厦管理机。

2. 当有访客时，先按主机“开”键，然后输入房号，对应分机即发出振铃声，主人提机与访客对讲后，主人可通过分机的开锁键控制大门电控锁开锁。访客进入大门后，闭门器使大门自动关闭并锁好。

3. 当住户之间需要通话时，只需在对讲分机拨号盘拨对应房号即可。当住户之间通话时，若主机或管理机有拨号通话，则自动切断住户的通话。

4. 各厂商产品功能及配置有所不同，使用时阅读有关说明书。

图名	访客对讲系统介绍	图号	RD 4—1

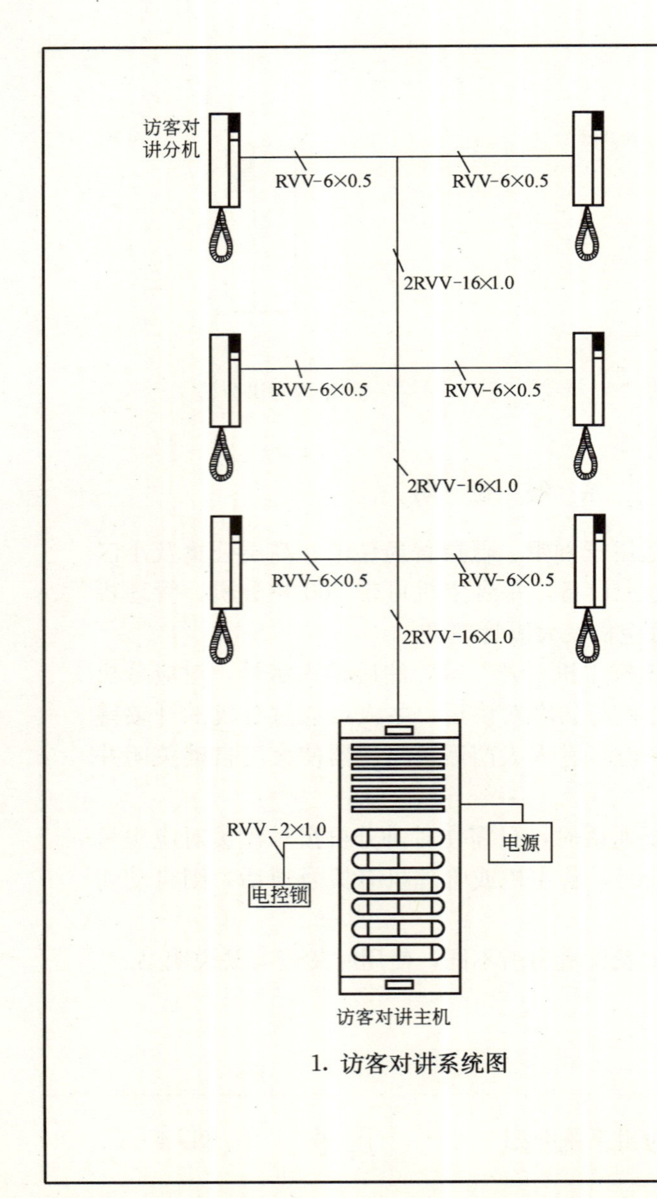

1. 访客对讲系统图

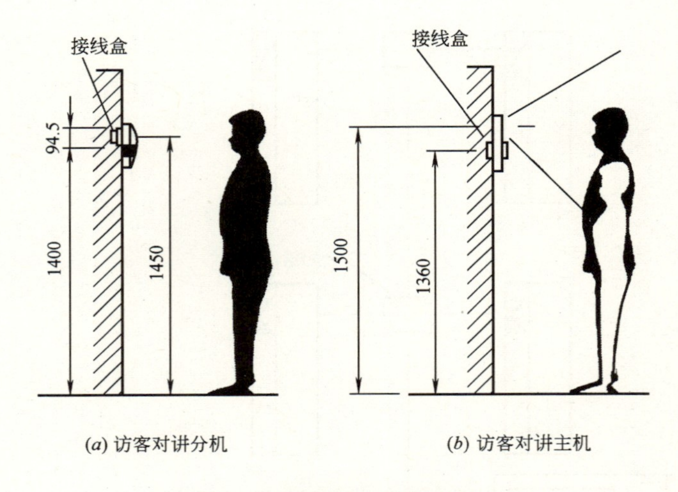

(*a*) 访客对讲分机　　(*b*) 访客对讲主机

2. 访客对讲机安装高度示意图

安 装 说 明

1. 访客对讲主机明装步骤：（1）地墙钻孔后装入塑料胀管；（2）安装对讲主机底盒；（3）接线；（4）安装对讲主机；（5）上紧螺丝。

2. 访客对讲主机暗装步骤：(1) 预埋接线盒；(2) 嵌入对讲主机底盒；(3) 安装对讲主机底盒；（4）接线；（5）安装对讲主机；(6) 上紧螺丝；（7）用玻璃胶封堵四边，以防止雨水进入对讲主机内。

3. 访客对讲主机安装高度为底边距地 1.4～1.5m。

图名	访客对讲系统安装方法（一）	图号	RD 4—2（一）

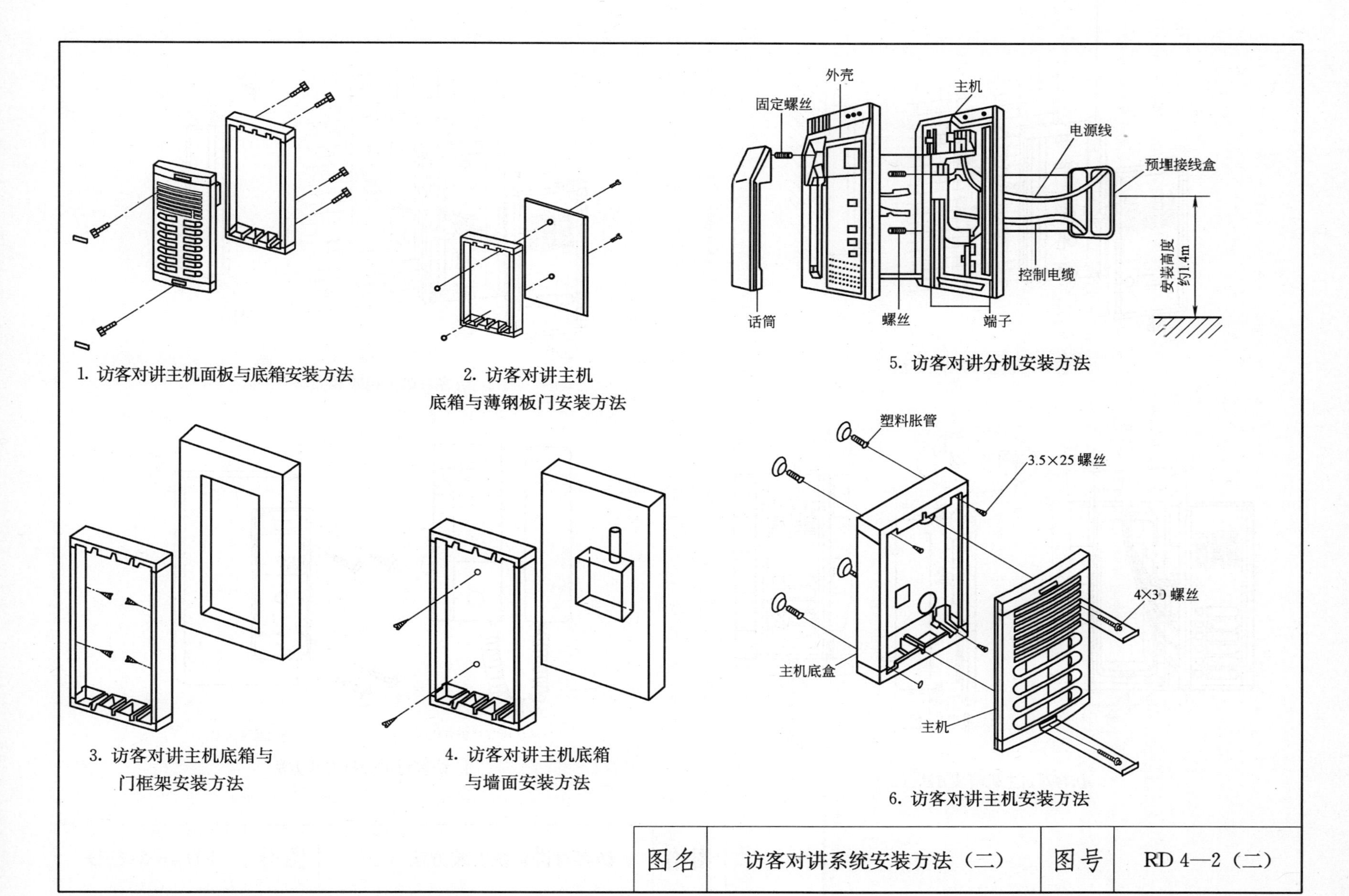

1. 访客对讲主机面板与底箱安装方法

2. 访客对讲主机底箱与薄钢板门安装方法

5. 访客对讲分机安装方法

3. 访客对讲主机底箱与门框架安装方法

4. 访客对讲主机底箱与墙面安装方法

6. 访客对讲主机安装方法

图名	访客对讲系统安装方法（二）	图号	RD 4—2（二）

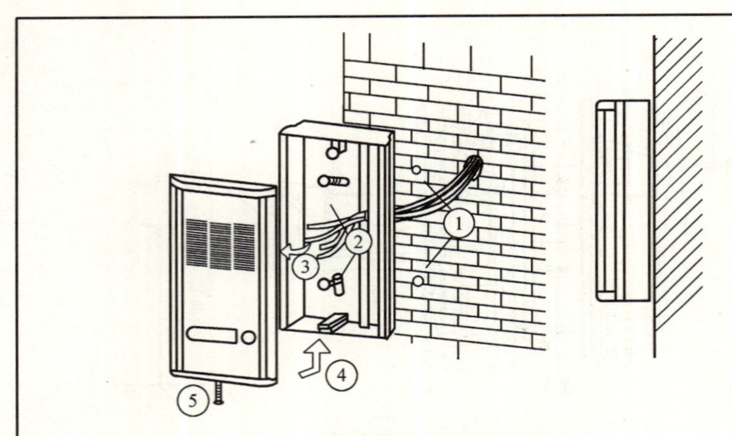

1. 访客对讲主机明装方法

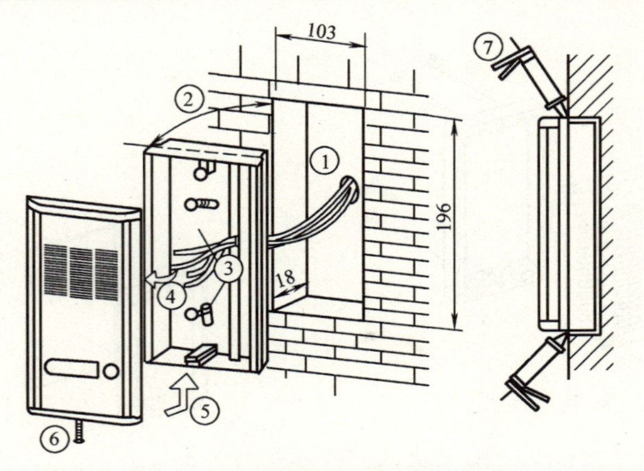

2. 访客对讲主机暗装方法（一）

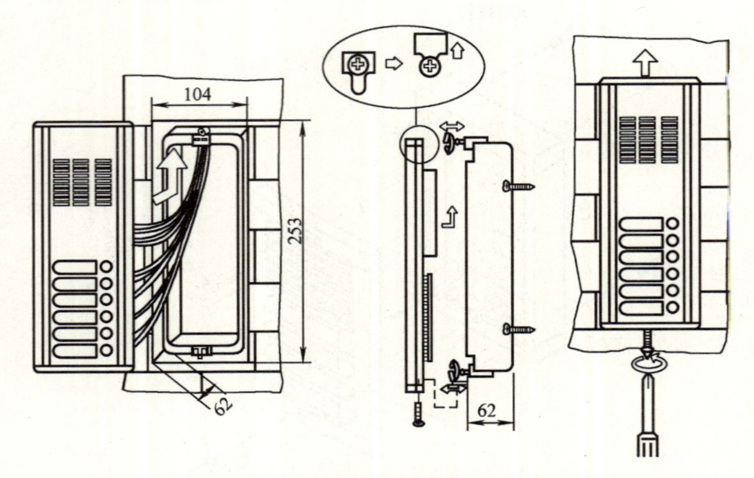

3. 访客对讲主机暗装方法（二）

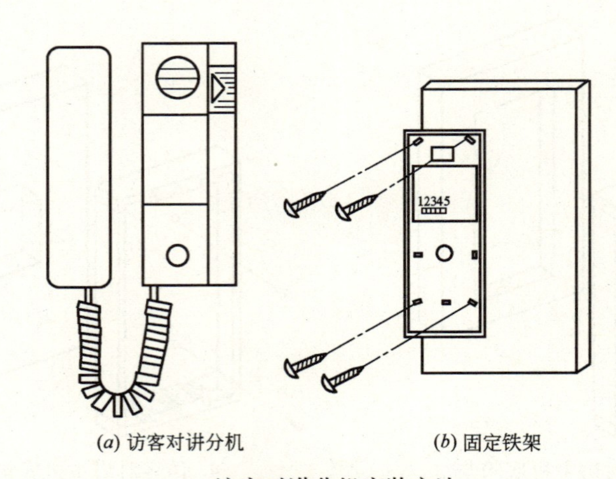

(*a*) 访客对讲分机　(*b*) 固定铁架

4. 访客对讲分机安装方法

图名	访客对讲系统安装方法（三）	图号	RD 4—2（三）

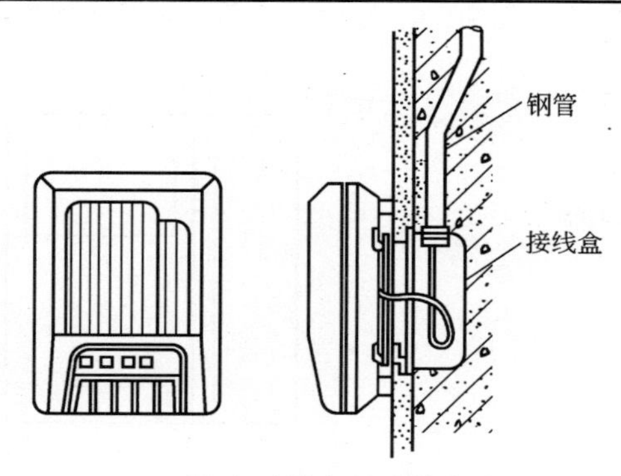

1. 访客对讲主机明装方法

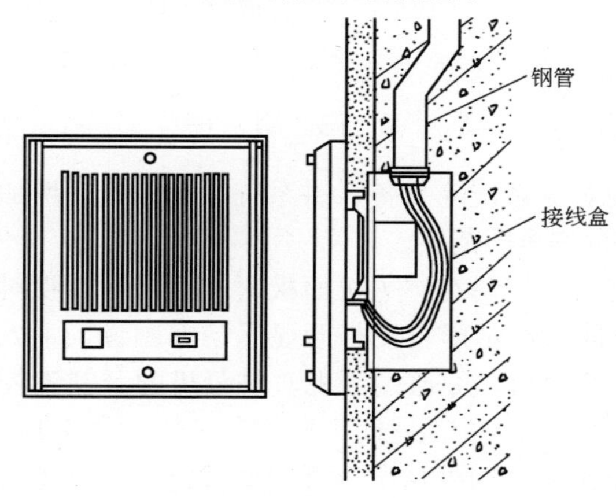

2. 访客对讲主机暗装方法

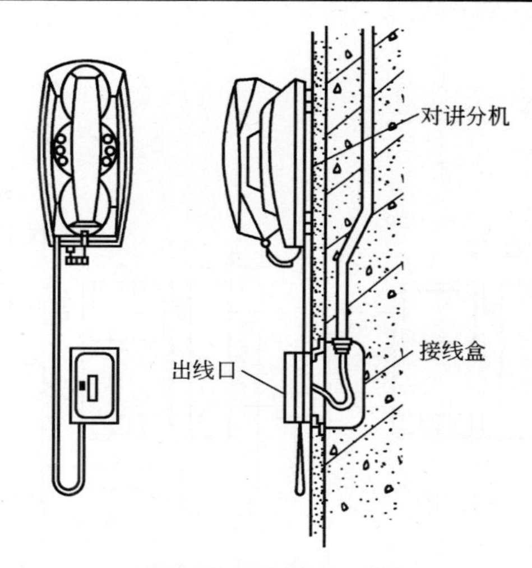

3. 访客对讲分机安装方法（一）

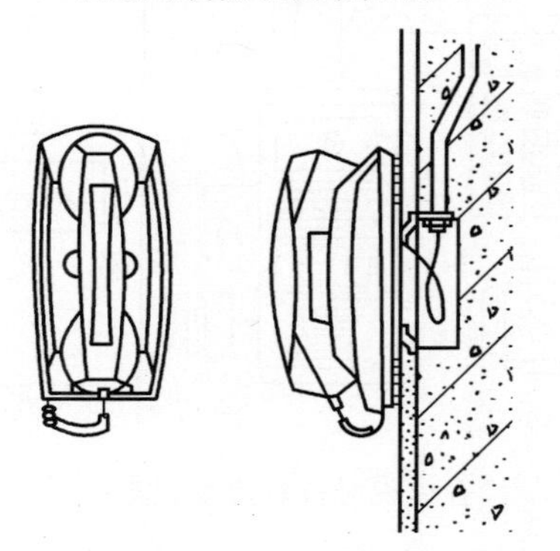

4. 访客对讲分机安装方法（二）

安 装 说 明

1. 访客对讲机安装高度中心距地面 1.4～1.5m。

2. 访客对讲主机安装时，主机与墙之间为防止雨水进入，要用玻璃胶封堵缝隙。

图名	访客对讲系统安装方法（四）	图号	RD 4—2（四）

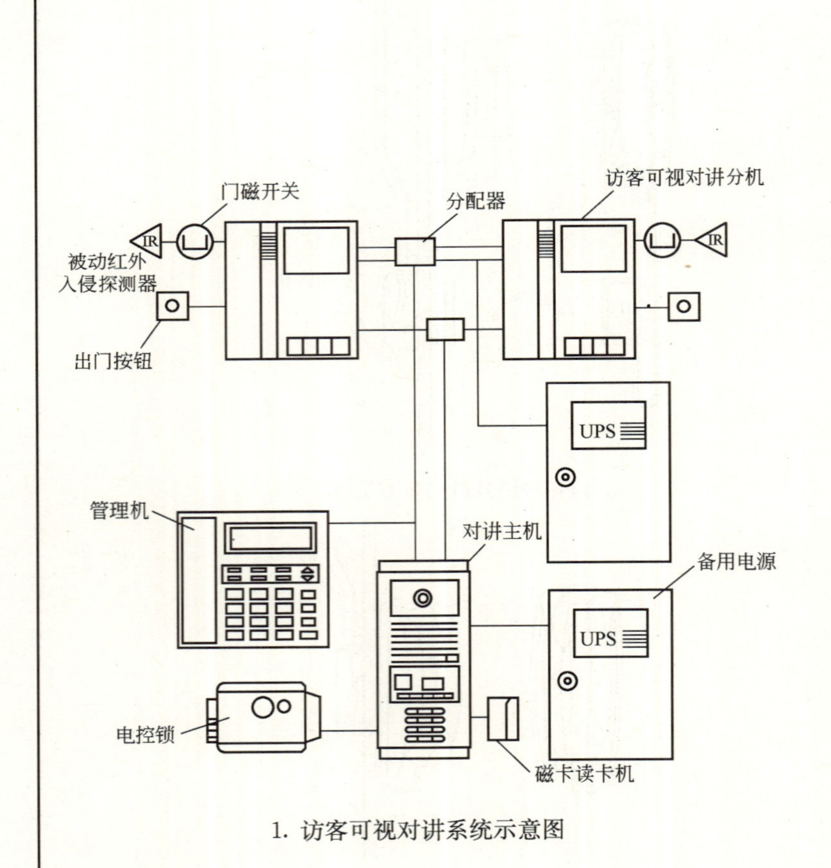

1. 访客可视对讲系统示意图

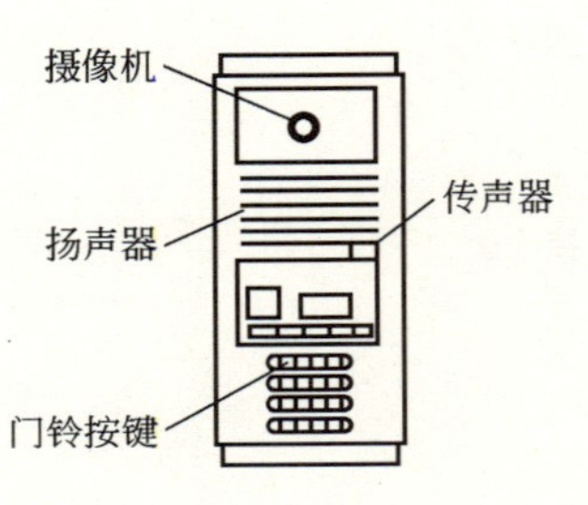

2. 访客可视对讲主机

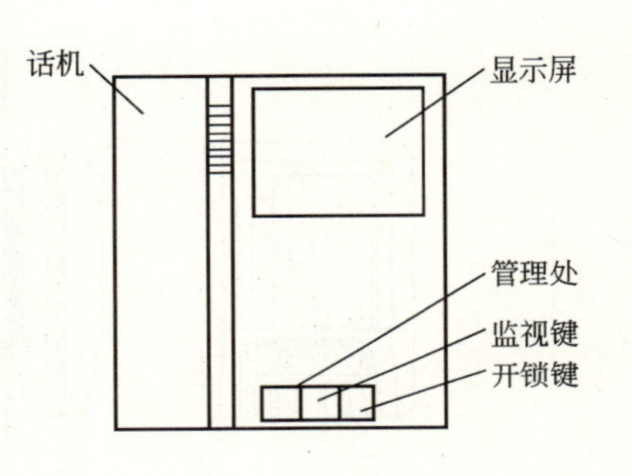

3. 访客可视对讲分机

系 统 说 明

1. 访客可视对讲系统除具备对讲系统功能外，又增加了可视功能，具备更好的安全防范性。

2. 当有访客时，按动对讲主机面板对应房号，可视对讲分机即发出振铃声，同时显示屏自动打开显示访客图像，主人提机与访客对讲及确认身份后，可通过可视对讲分机的开锁键控制大门电控锁开锁。客人进入大门后，闭门器使大门自动关闭并锁好。

3. 若住户需监视大门外情况，可按监视键，即可在屏幕上显示，约 10s 后自动关闭。

4. 各厂商产品功能及配置有所不同，使用时阅读有关说明书。

图名	访客可视对讲系统介绍（一）	图号	RD 4—3（一）

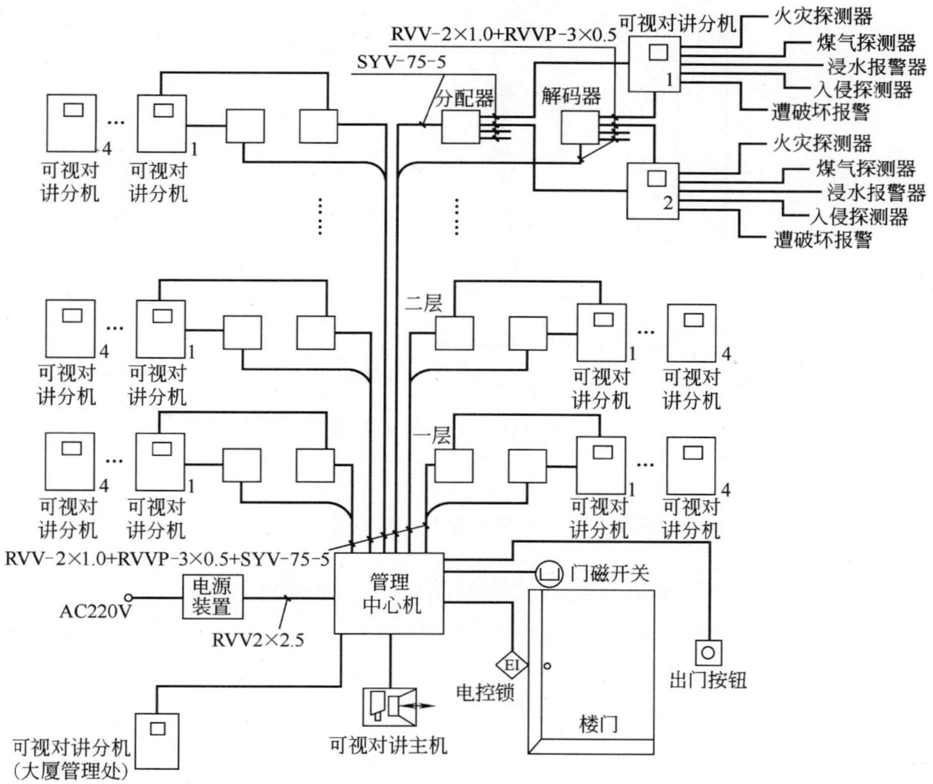

小区访客对讲及报警系统图

系 统 说 明

1. 每户均能将楼门打开，住户进门按密码。

2. 访客在进出口可与管理中心对讲，管理中心可为访客开锁或转接给住户。

3. 访客在单元门前可与住户对讲，或请求开锁。

4. 住户对讲时能看到访客，可按动开关为访客开启门锁。

5. 住户只要按动按钮即可与管理员对讲，如管理员不在管理处总机会自动记录该住户的房间号和住户要求回话时间，并经打印机打印出来。

6. 管理员拨住户房间号即可与住户通话，打印机将管理员所拨的房间号及拨号时间打印出来。

7. 管理总机能对系统自动检测。

8. 当住户家中发生煤气泄漏、火灾、浸水、盗贼进入、报警设备或线路被破坏时，管理总机发出警铃声，显示房号和故障种类，并打印记录，如火灾，则门会自动开启。

9. 当住户按下紧急按钮时，管理总机即显示房号和紧急报警字样，并打印。管理员可监听现场或与住户无绳对讲。

图名	访客可视对讲系统介绍（二）	图号	RD 4—3（二）

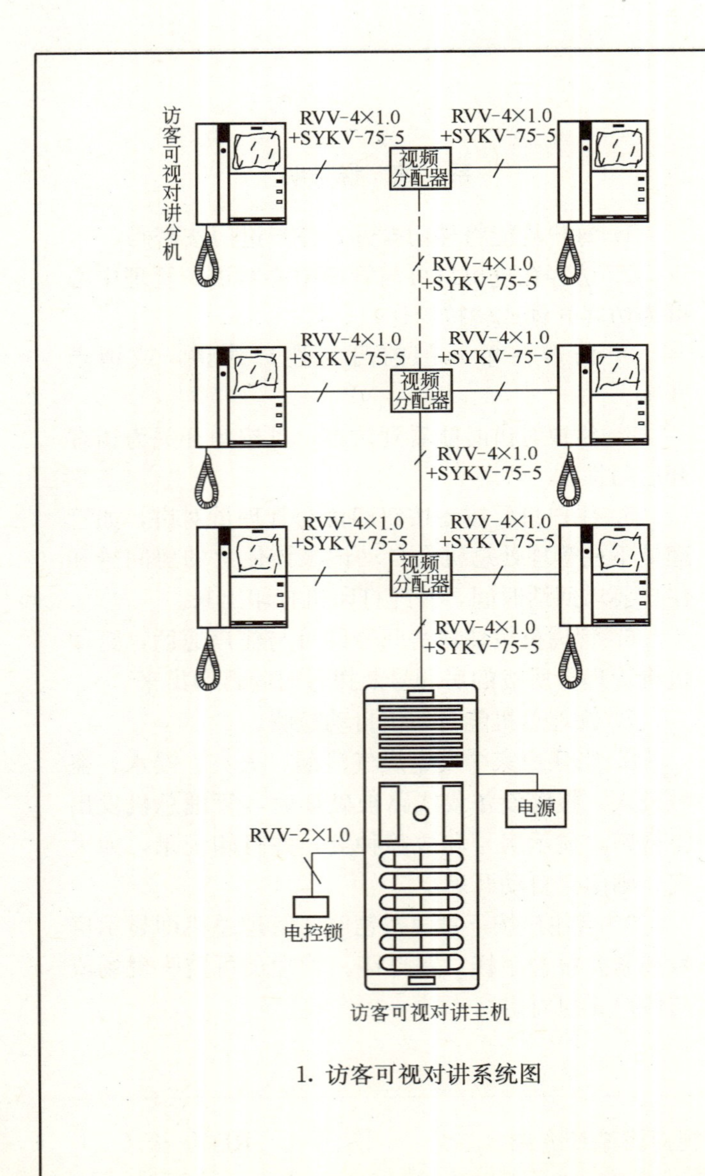

1. 访客可视对讲系统图

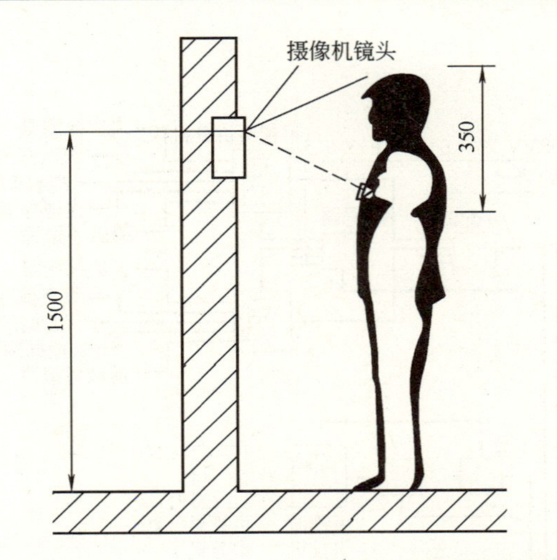

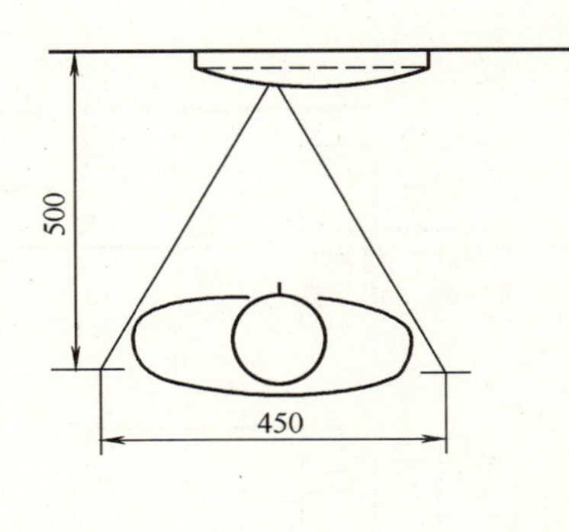

2. 访客可视对讲主机安装高度示意图

安 装 说 明

1. 可视对讲主机安装高度为摄像机镜头距地面 1.5m。
2. 在土建施工时配合预埋管及接线盒。

图名	访客可视对讲系统安装方法（一）	图号	RD 4—4（一）

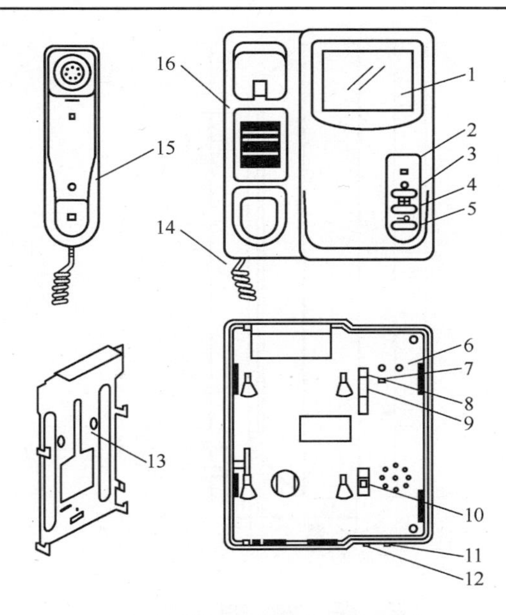

1. 访客可视对讲分机结构图

1—显像屏幕；2—状态指标灯；3—呼叫键（预留）；4—监视键；5—开锁键；6—振铃音量调节钮；7—视频阻抗开关（预留）；8—电源连接端口（预留）；9—连接端口；10—电源接口；11—对比度调节钮；12—亮度调节钮；13—分机安装背板；14—通话手柄曲线；15—通话手柄；16—扬声器

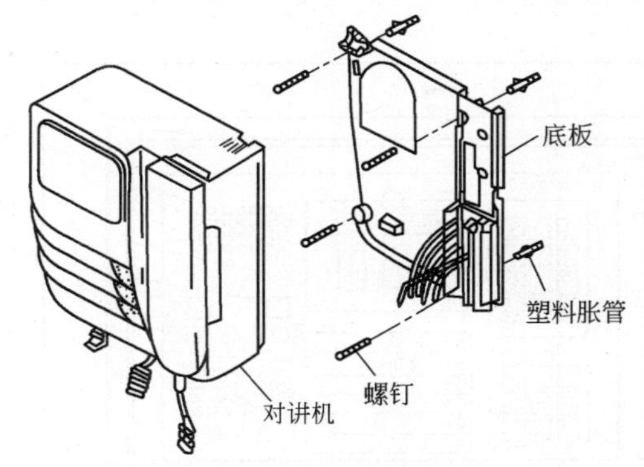

2. 访客可视对讲分机安装方法（一）

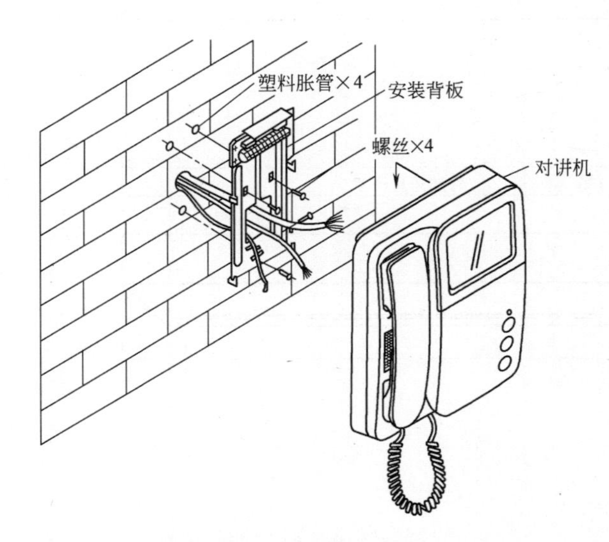

3. 访客可视对讲分机安装方法（二）

安 装 说 明

访客可视对讲分机安装方法：在标准高度将对讲分机挂墙支架（挂钩向上）垂直固定，连接并检查线路后，将对讲分机与接线板的连接插入对应连接端口，再将对讲分机顺着挂钩向下推入至底，最后用螺丝从右侧将其固定。

图名	访客可视对讲系统安装方法（二）	图号	RD 4—4（二）

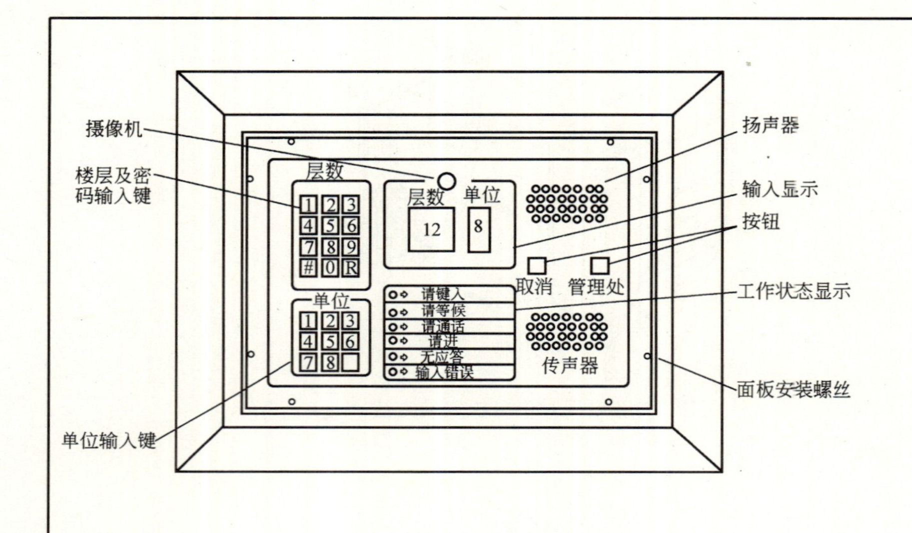

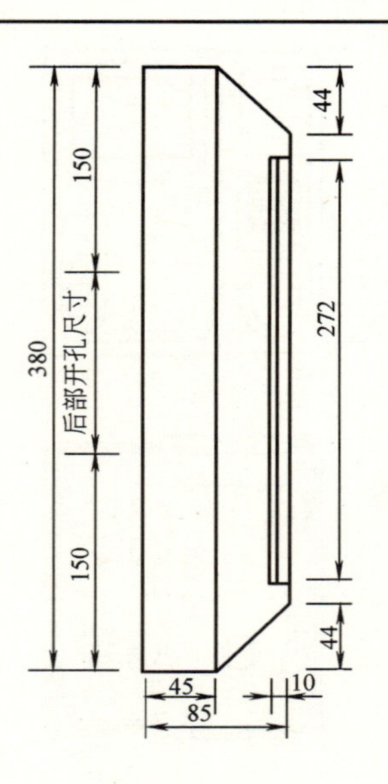

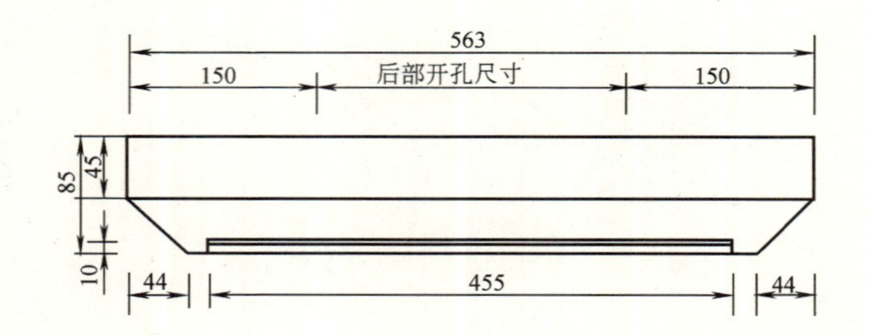

安 装 说 明

访客可视对讲主机面板由 1.5mm 不锈钢板制成，安装在大厦入口处的墙上，安装高度为摄像机镜头距地 1.5m。在建筑及装修施工时，配合完成配管及接线盒的预埋，对讲机安装完成后，在与墙面接触部位用玻璃胶封堵防水。住户进入大厦时，先按 R 键，再按四位数字密码，即可进入大厦。访客按所访问住户的楼层数，再按单位号码，经与住户对话后，住户确认身份，开启住户内的开门按钮，访客可进入大厦，访客也可按“管理处”键与管理员通话。

图名	访客可视对讲主机安装方法（一）	图号	RD 4—5（一）

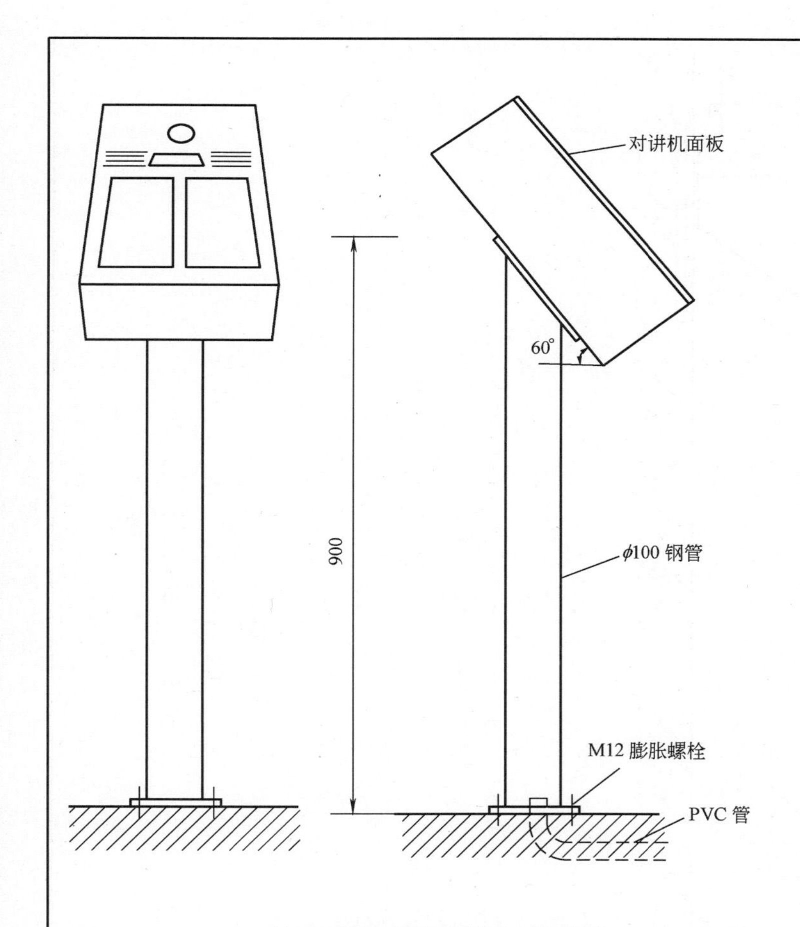

1. 访客可视对讲主机落地安装方法

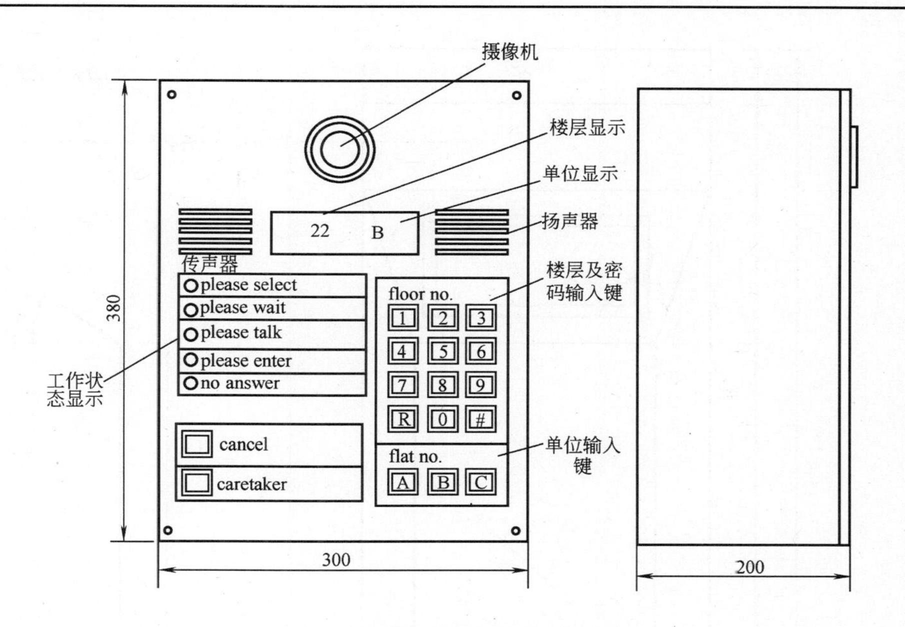

2. 访客可视对讲主机规格尺寸

安 装 说 明

1. 访客可视对讲主机在室外安装时要做好防雨措施，还应避免阳光直接照射对讲主机面板，对讲主机外壳可使用不锈钢板制造。

2. 在地面施工时配合进行穿线管及基础的预埋。

图名	访客可视对讲主机安装方法（二）	图号	RD 4—5（二）

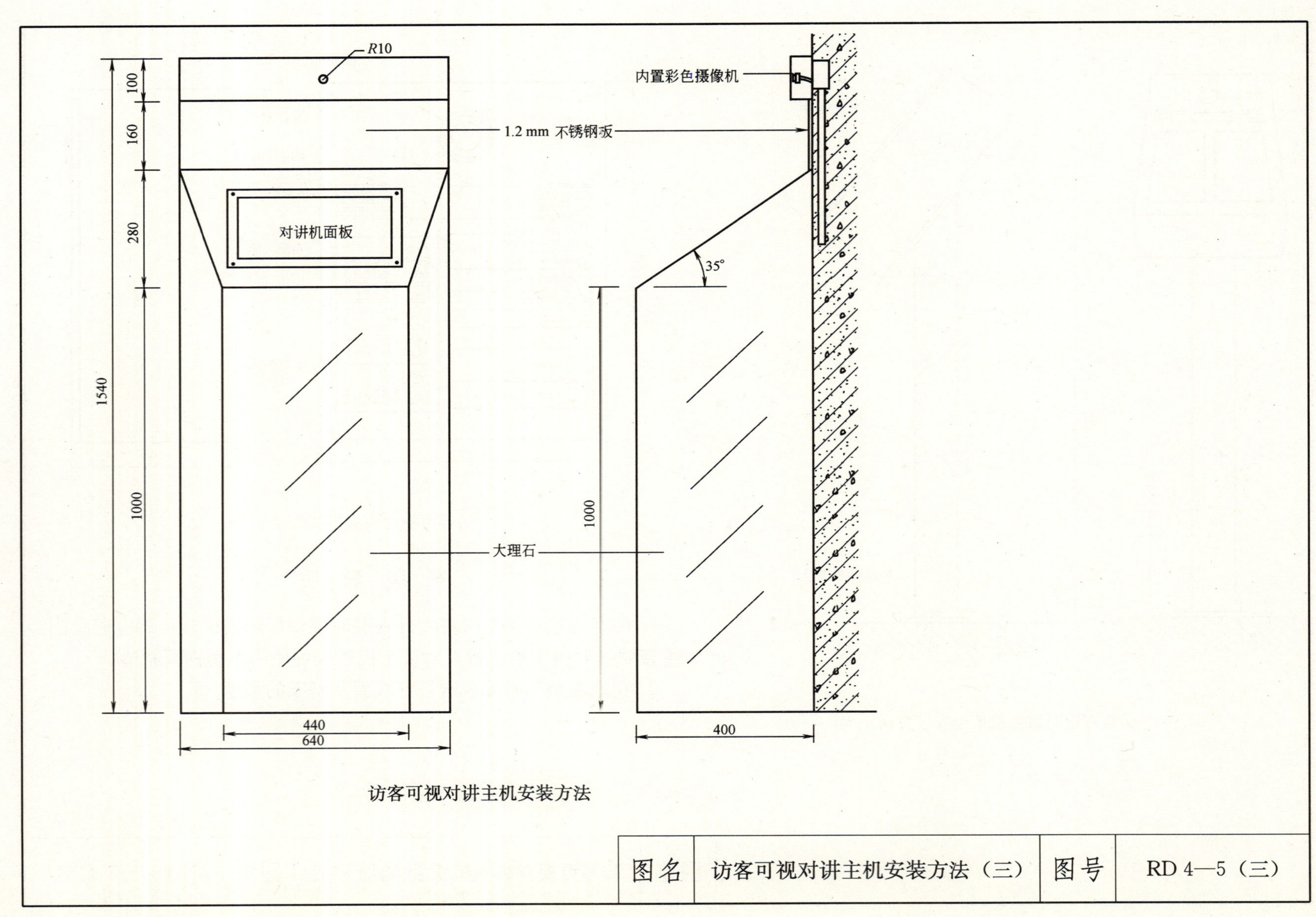

访客可视对讲主机安装方法

图名	访客可视对讲主机安装方法（三）	图号	RD 4—5（三）

5 电子巡查系统

安 装 说 明

电子巡查系统既可以用计算机组成一个独立的系统，也可以纳入整个保安监控系统。但对于智能化的大厦或小区来讲，电子巡查系统也可与其他子系统合并在一起，以组成一个完整的楼宇智能化系统。

电子巡查系统的主要功能和作用是保证巡查值班人员能够按巡查程序所规定的路线与时间到达指定巡查点进行巡逻，同时保护巡查人员的安全。

电子巡查系统一般可分为在线式电子巡查系统和离线式电子巡查系统两种。

一、在线式电子巡查系统

在线式电子巡查系统的系统主要由巡查点、控制器及监控中心计算机等组成。

在线式电子巡查系统通常在大厦施工时完成电子巡查系统的设计、安装。优点是可及时传送巡查信息到监控中心。缺点是不能变动巡查点位置，增加巡查点时需要进行线路敷设。

使用方法是巡查人员在规定的时间内到达指定的巡查点，使用专门钥匙开启巡查开关，向系统监控中心的计算机发出巡查到位信号，系统监控中心在收到信号的同时将记录巡查到位的时间、巡查点编号等信息。如果在规定的时间内指定的巡查点未发出巡查人员到位信号，则计算机将按照预先设定的信息向监控中心发出报警信号，如果巡查点没有按规定的顺序开启巡查点的开关，则计算机将发出未巡查的信号，并记录在系统监控中心计算机，监控中心应对此立即作出处理。

二、离线式电子巡查系统

离线式电子巡查系统由管理计算机、数据读取器、传输器、信息钮、管理软件、直流电源、连接线等组成。

离线式电子巡查系统使用时可方便地设置巡查点及随时改变巡查点的位置。由于离线式电子巡查系统具有工程周期短、无须专门布线、无须专用计算机、扩容方便等优点，因而适应了现代保安工作便利、安全、高效管理的需要，并为越来越多的现代企业、智能小区等采用。系统优点是设计灵活、巡查点可随时变动或增减。缺点是不能及时传送信息到监控中心。

使用方法是巡查人员在指定的路线和时间内，由巡查人员用信息采集器在信息钮上读取信息，回到监控中心后，通过数据传输器将数据读取器采集到的信息传输到管理计算机，管理软件便会识别巡查员号，显示巡查员巡查的路线和时间，并进行分析处理及打印。

三、电子巡查系统安装方法

1. 设计电子巡查方案

按照巡查的实际情况和相关要求（包括重点部位）预先设定路线、巡查点、班次、人员等主要事项。

2. 巡查点安装

巡查点分为钥匙式、读卡式、非接触读卡式等。按照预先设计的巡查方案（主要指路线和巡查点）到现场进行确认，依巡查顺序依次做好标记和标号。按照线路顺序依次安装巡查点。

（1）在线式电子巡查系统巡查点安装

要根据设计要求确认巡查路线，巡查点通常安装在墙柱上，安装高度为1.4m，在主体施工时配合预埋穿线管及接线盒。

（2）离线式电子巡查系统巡查点安装

巡查点安装高度1.4m左右；在大理石等不便安装的位置也可用强力胶封粘于表面。圆形卡也可用膨胀螺钉紧固在墙体等物体表面。

3. 软件设置

（1）首先将通信线插入Com口（普通九针串口），并紧固好。

（2）确认计算机正确的日期和时间。

（3）将软件安装完毕后，用超级密码进入。

（4）初始化并设置巡查器（必须用超级密码进入）。

（5）按要求依次设置巡查人员、巡查点、巡查线路和排班等内容。

（6）在系统设置中设置数据库容量、单位名称等。

4. 巡查点对应

持设置后的数据读取器，沿巡查线路顺序巡查，采集完毕后将数据读取器插入数据传输器上传数据。数据上传完毕后，将巡查点与巡查点号顺序对应。

四、本章相关规范

1.《智能建筑工程质量验收规范》(GB 50339—2003)。

2.《智能建筑设计标准》(GB/T 50314—2006)。

3.《安全防范工程技术规范》(GB 50348—2004)。

4.《电子巡查系统技术要求》(GA/T 644—2006)。

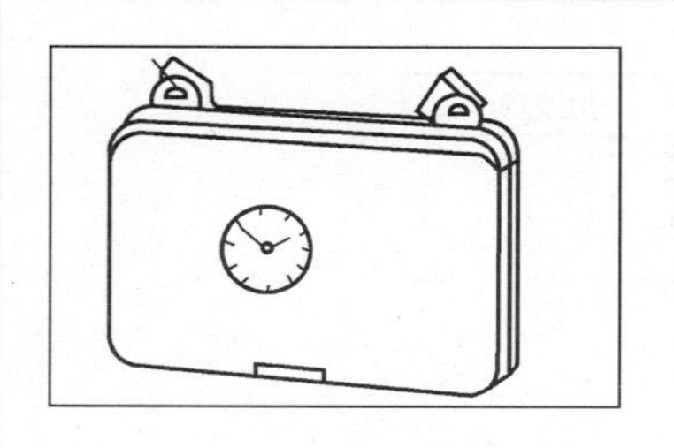

1. 巡查钟

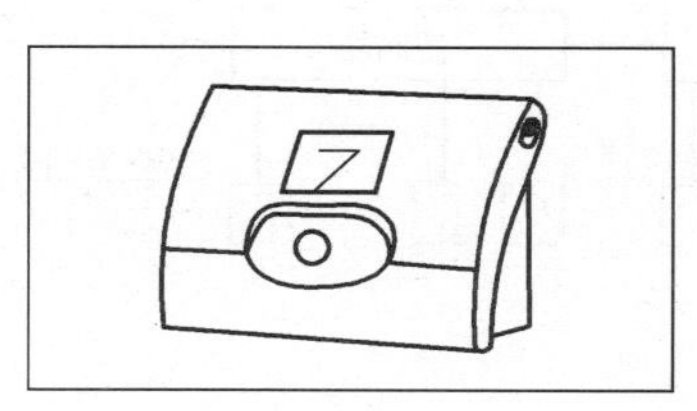

(a) 方式一

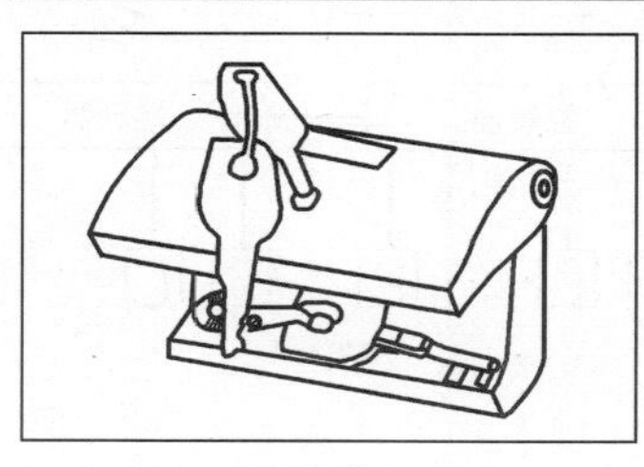

(b) 方式二

2. 巡查点

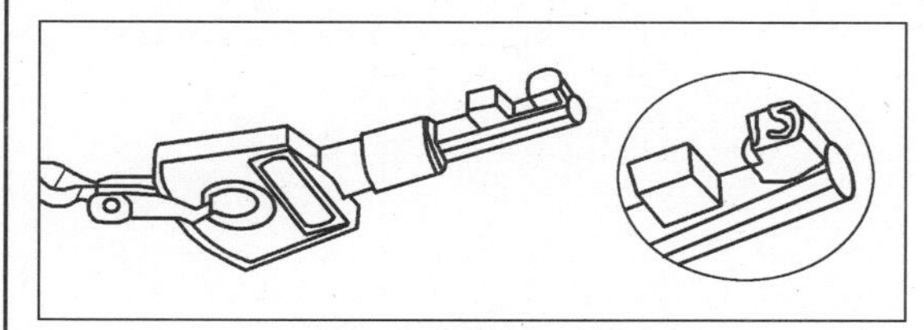

3. 巡查点钥匙大样图

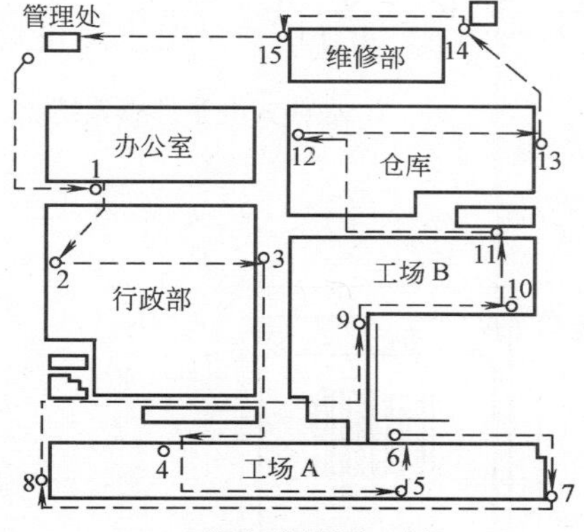

4. 巡查路线图一例

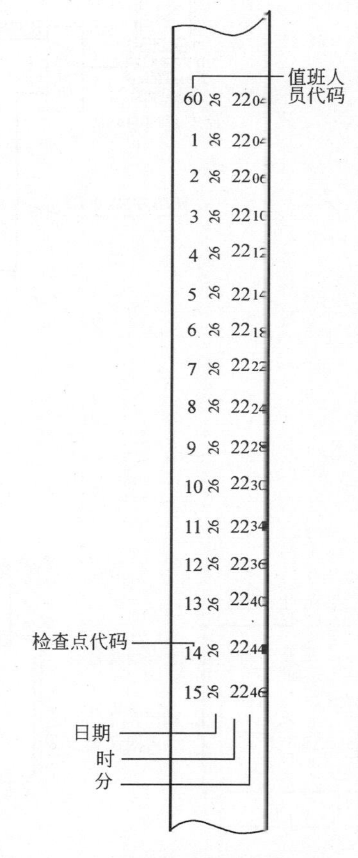

5. 巡查记录（纸）

安 装 说 明

巡查钟系统包括一个巡查钟及数个巡查点等组成。

巡查钟为便携式设计，尺寸为 170mm(宽)×61mm(厚)×118mm（高)，有一个背带，重为 0.8kg，内有一个石英钟、记录系统、感压纸、电池等。感压记录纸每卷长 12m，可以打印 2000 个记录，电池可使用 6 个月以上。

巡查点由钥匙盒及用链安装在盒内的钥匙组成，每个钥匙有一个不同的编号，编号可从 1 到 999 号。大厦巡查路线确认后，每个巡查点安装一个钥匙盒，盒内放置不同编号的钥匙。钥匙盒可用塑料胀管及螺钉安装在墙上，安装高度 1.4m。

巡查人员携带巡查钟沿着指定路线进行巡查，当到达每个巡查点时，从钥匙盒内取出钥匙插入巡查钟的钥匙孔扭动至检查记录位置一次，于是巡查钟将日期、时间、巡查点的编号记录在感压记录纸上，从第一个巡查点依次进行到最后一个巡查点，直到巡查完成。

巡查钟系统无需敷设导线，巡查点设置灵活，安装方便。

图名	巡查钟系统安装方法	图号	RD 5—1

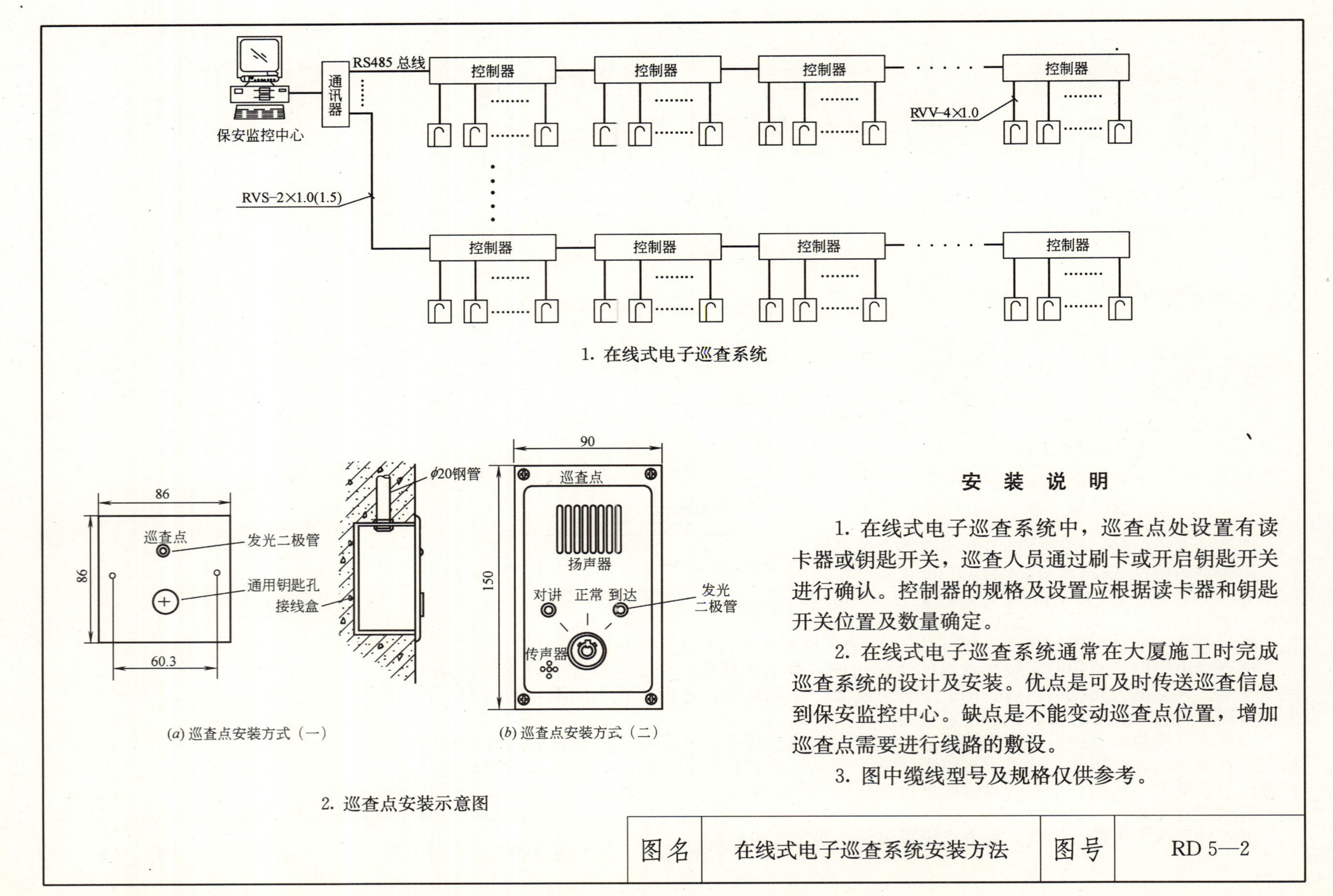

1. 在线式电子巡查系统

(a) 巡查点安装方式（一）

(b) 巡查点安装方式（二）

2. 巡查点安装示意图

安 装 说 明

1. 在线式电子巡查系统中，巡查点处设置有读卡器或钥匙开关，巡查人员通过刷卡或开启钥匙开关进行确认。控制器的规格及设置应根据读卡器和钥匙开关位置及数量确定。

2. 在线式电子巡查系统通常在大厦施工时完成巡查系统的设计及安装。优点是可及时传送巡查信息到保安监控中心。缺点是不能变动巡查点位置，增加巡查点需要进行线路的敷设。

3. 图中缆线型号及规格仅供参考。

图名	在线式电子巡查系统安装方法	图号	RD 5—2

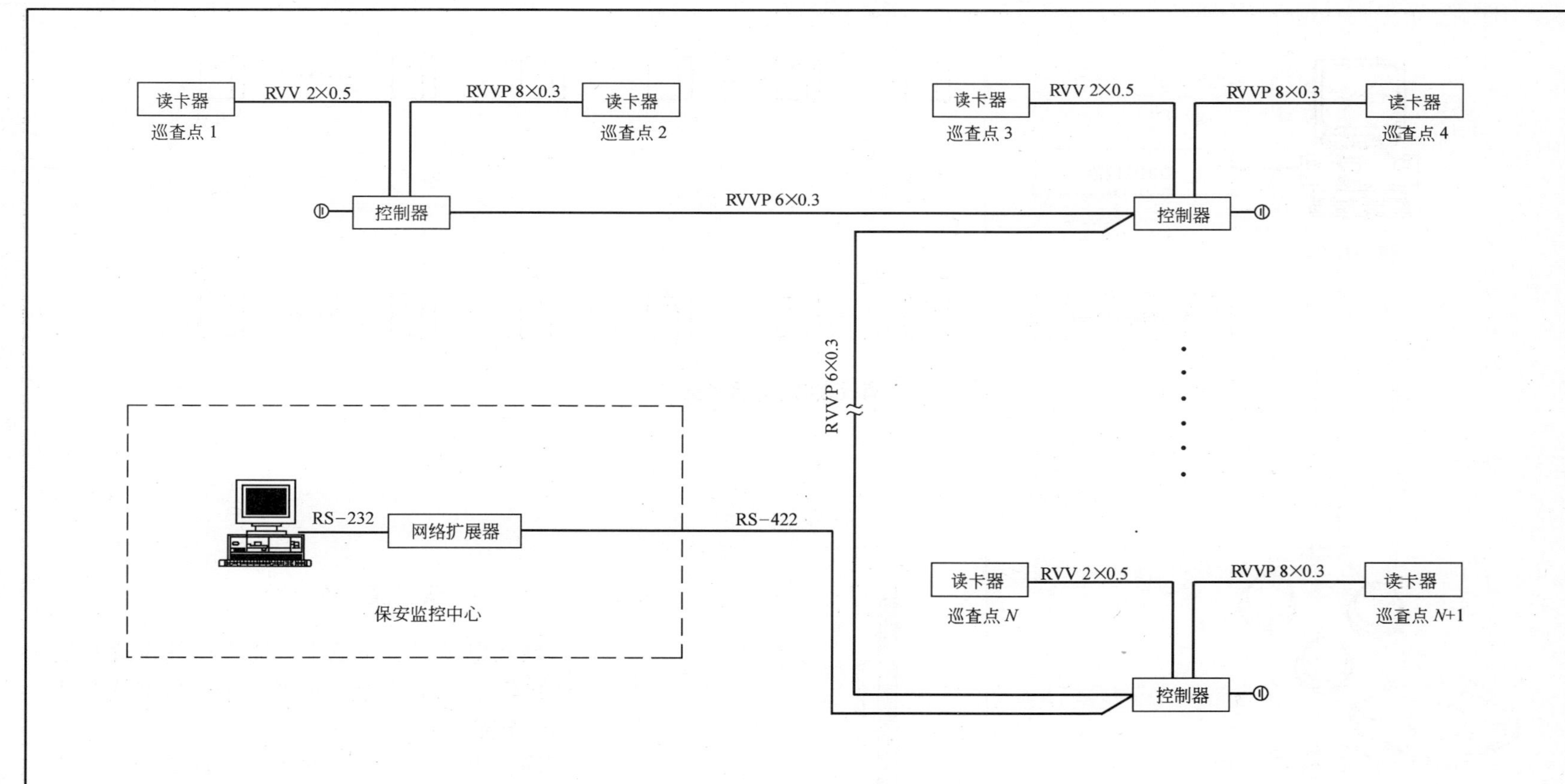

安 装 说 明

1. 系统采用总线制方式联网，网线采用 6 芯屏蔽线（RVVP6×0.3），总线最大长度为 1200m；
2. 设备之间 422 通信端口按顺序一一对接；
3. 读卡器跟控制器之间采用 8 芯屏蔽线，最远距离 120m。

图名	在线式电子巡查系统布线方法	图号	RD 5—3

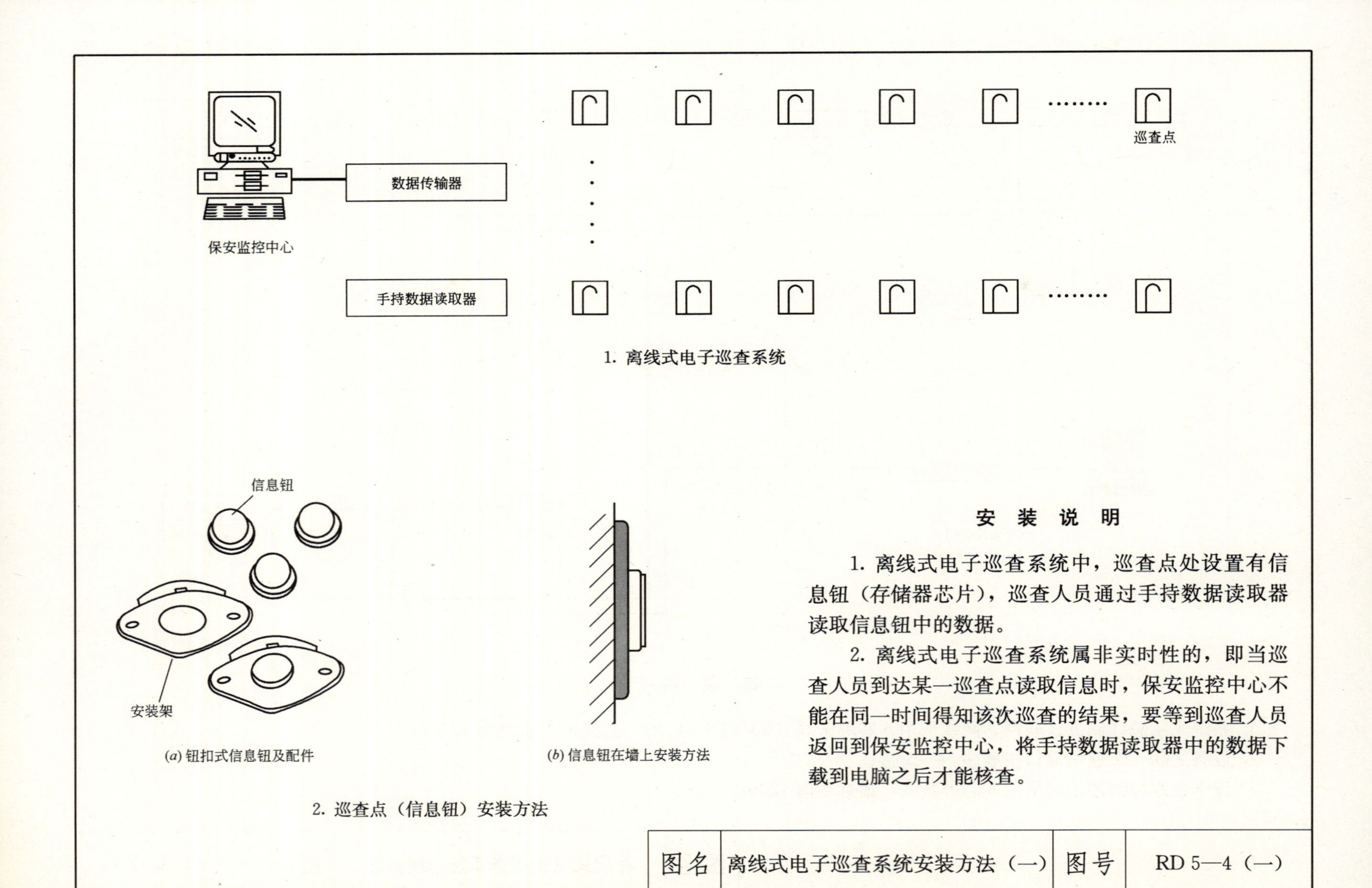

1. 离线式电子巡查系统

(*a*) 钮扣式信息钮及配件

(*b*) 信息钮在墙上安装方法

2. 巡查点（信息钮）安装方法

安 装 说 明

1. 离线式电子巡查系统中，巡查点处设置有信息钮（存储器芯片），巡查人员通过手持数据读取器读取信息钮中的数据。

2. 离线式电子巡查系统属非实时性的，即当巡查人员到达某一巡查点读取信息时，保安监控中心不能在同一时间得知该次巡查的结果，要等到巡查人员返回到保安监控中心，将手持数据读取器中的数据下载到电脑之后才能核查。

图名	离线式电子巡查系统安装方法（一）	图号	RD 5—4（一）

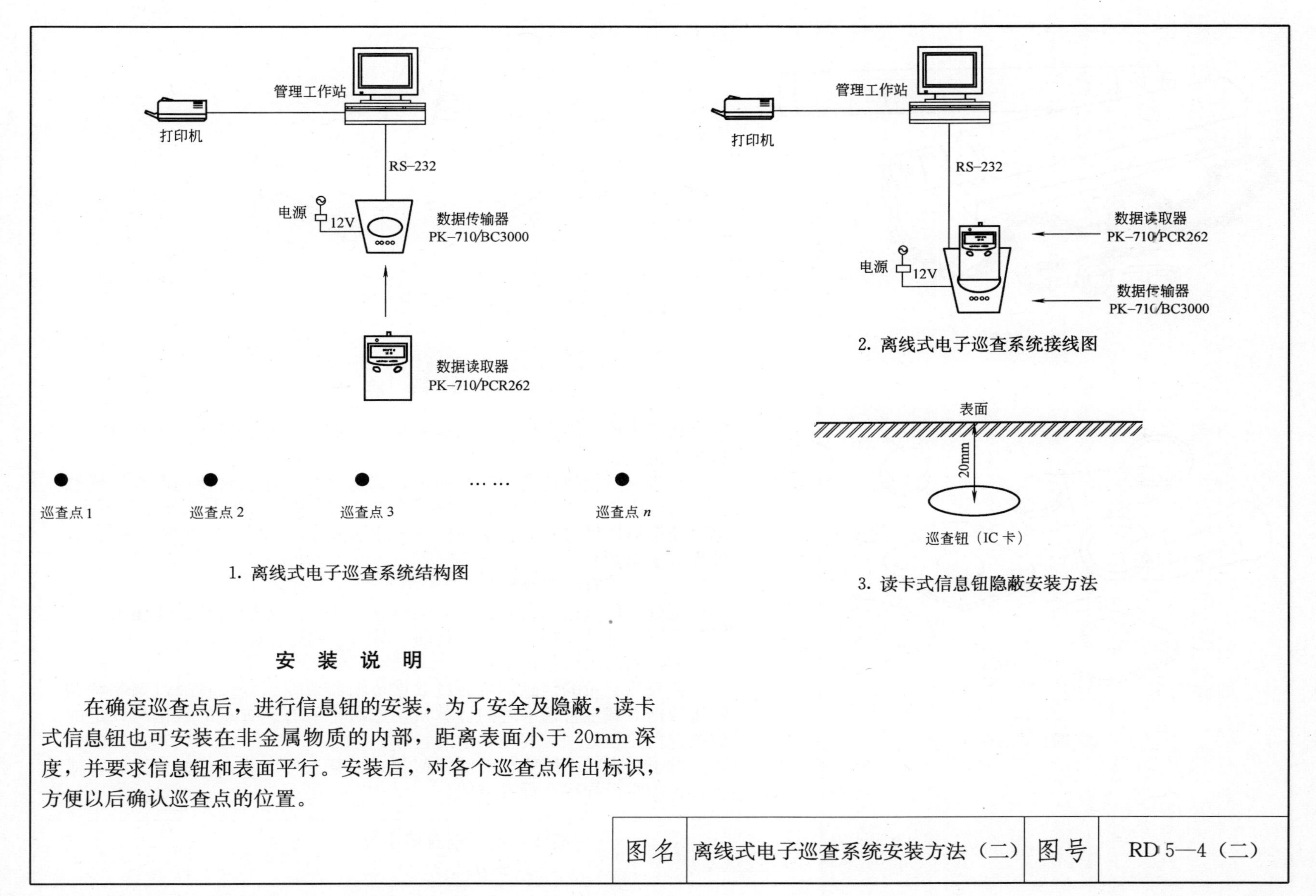

1. 离线式电子巡查系统结构图

2. 离线式电子巡查系统接线图

3. 读卡式信息钮隐蔽安装方法

安　装　说　明

在确定巡查点后，进行信息钮的安装，为了安全及隐蔽，读卡式信息钮也可安装在非金属物质的内部，距离表面小于 20mm 深度，并要求信息钮和表面平行。安装后，对各个巡查点作出标识，方便以后确认巡查点的位置。

图名	离线式电子巡查系统安装方法（二）	图号	RD 5—4（二）

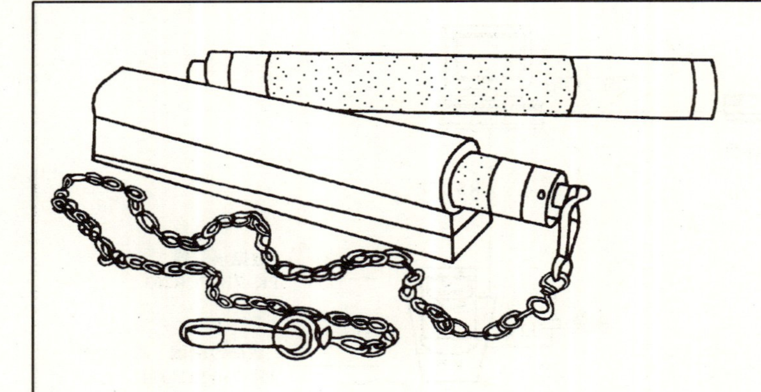

1. 电子巡查棒

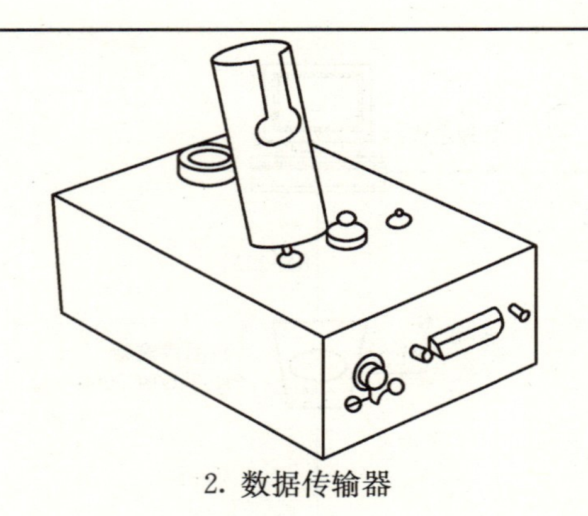

2. 数据传输器

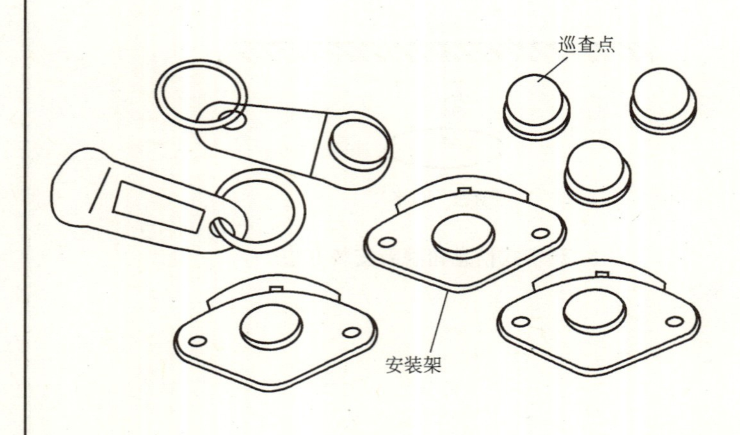

3. 钮扣式巡查点

系 统 说 明

离线式电子巡查棒系统由巡查棒、数据传输器、钮扣式巡查点、计算机等组成。

巡查人员携带巡查棒进行巡逻，到达每个巡查点时使用巡查棒轻触钮扣式巡查点，巡查棒就会将每个巡查点的名称、日期及时间记录下来，巡查完毕返回保安中心将巡查棒插入数据传输器，就可以处理上述信息，处理方法有两种：

（1）直接打印巡查信息

巡查棒用来记录巡查信息，巡查完成将巡查棒插入数据传输器，可通过计算机处理及打印出巡查日期、时间、地点等巡查报告。

（2）信息的远程传输

巡查棒记录的信息，可通过数据传输器或在远程位置通过调制解调器将数据下载至管理中心的计算机，然后将所有巡查点的数据与设定的数据进行比较处理，实现科学的管理。

电子巡查棒系统安装灵活，钮扣式巡查点可安装在任何位置或物体上，无需敷设导线，设置方便。

图名	离线式电子巡查棒系统 安装方法（一）	图号	RD 5—5（一）

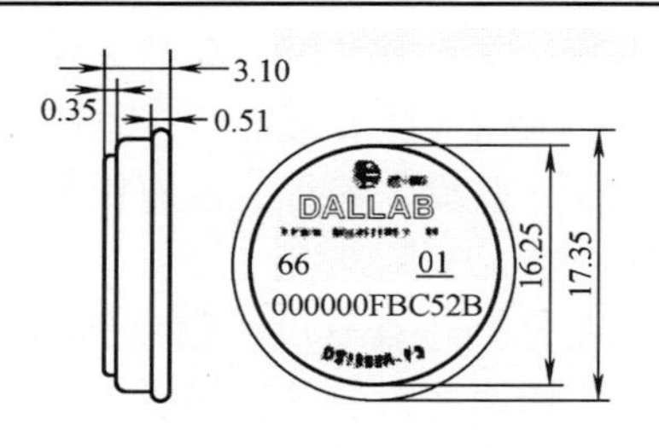

1. 信息钮

信息钮是信息记忆体，用于存储巡查点地址信息等。信息钮实质上是不锈钢防水外壳的信息存储芯片，具有全球唯一的不可重复的序列码。

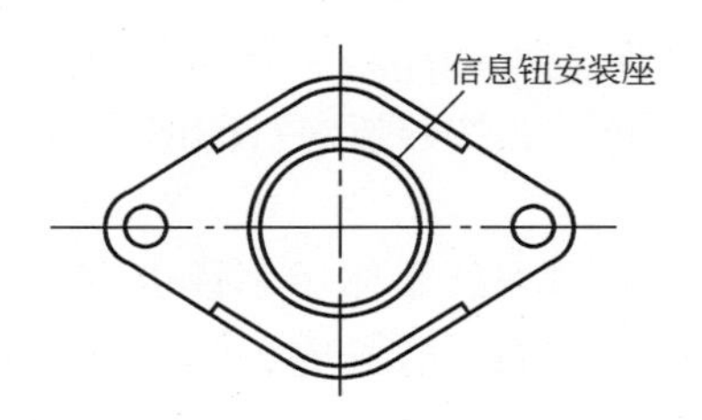

2. 信息钮固定座

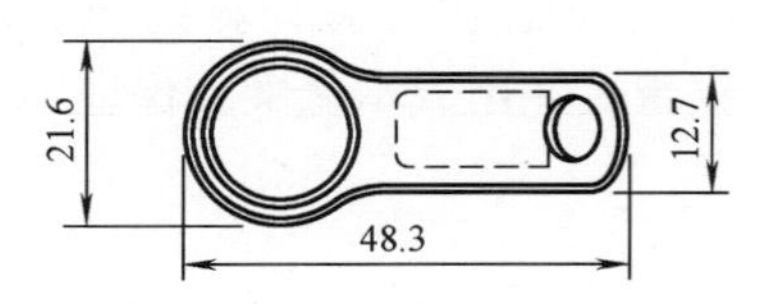

3. 密码钥匙

信息钮固定座（巡查点地点钮用）；密码钥匙（巡查员姓名钮及密码钮用）。

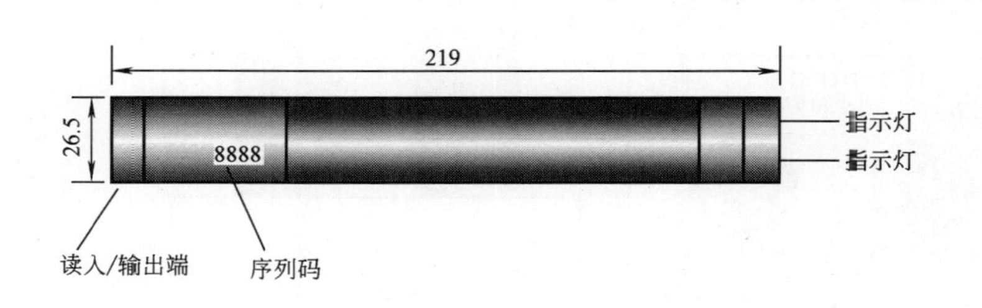

4. 巡查棒

用于读取信息钮内容，完成信息的储存、处理等功能。每根巡查棒最多可存储 2956 条巡查记录。相关附件：巡查棒皮套。

安 装 说 明

1. 基本概念

离线式电子巡查棒系统属非实时性的，即当巡查人员到达某一巡检点读取信息钮时，保安监控中心不能在同一时间得知该次巡查的结果，要等到巡查人员返回到保安监控中心，将巡查棒中的记录下载到计算机之后才能核查。

巡查人员按照规定的巡查路线，在规定的时间段内必须到达巡查路线中的每一巡查点，并在一段时间内完成对规定区域的巡查。同时，运用电子巡查棒系统还可帮助管理层制定巡查计划及了解巡查人员的工作情况，从而提高管理工作质量。

图名	离线式电子巡查棒系统 安装方法（二）	图号	RD 5—5（二）

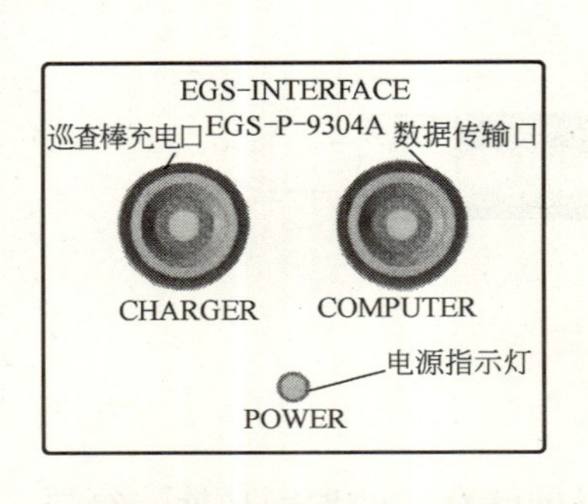

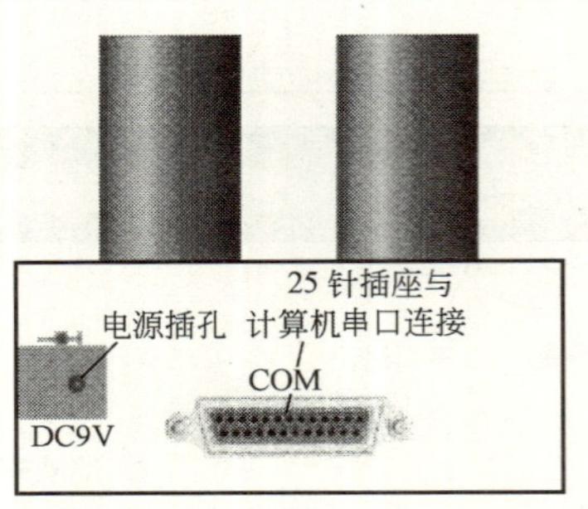

传输器用于传输巡查棒中储存的数据和对巡查棒进行充电

1. 数据传输器

软件必须配合密码钥匙使用，否则无法打开软件。

2. 系统管理软件光盘

安 装 说 明（续）

2. 应用领域

电子巡查棒系统可应用在任何需要保安巡逻或值班巡视的领域，例如：

（1）物业管理公司、图书馆、博物馆等；

（2）酒店、宾馆、文物保护区、动植物保护区；

（3）大型工厂、大型车队管理；

（4）保安、巡警、监狱、银行、政府机关、大型商场等。

3. 工作原理

其工作原理是在每个巡查点设一信息钮（它是一种无电源的只有钮扣大小不锈钢外封装的存储设备），信息钮中储存了巡查点的地址信息；巡查员手持巡查棒，到达巡查点时只须用巡查棒轻轻一碰嵌在墙上或其他支撑物上的信息钮扣，即把到达该巡查点的时间、地理位置等数据自动记录在巡查棒上。巡查员完成巡查后，把巡查棒插入数据传输器中，传输器将巡查员的所有巡查记录传送到计算机，系统管理软件立即显示出该巡查员巡查的路线、到达每个巡查点的时间和名称及漏查的巡查点，并按照要求打印巡检报告。

4. 产品特点

（1）可靠性强：巡查棒整体用不锈钢密封制造，坚固耐用。不怕摔，防振、防潮、防静电、防水等。完全适用巡查应用环境。巡查棒内采用非易失性内存，确保资料不会丢失，即使断电资料仍可保存数年。

（2）技术精湛：巡查棒内置微计算机和实时时钟，可存储达 2000 条巡查记录，使用成本低廉。保证不会出现程序运行故障。

图名	离线式电子巡查棒系统 安装方法（三）	图号	RD 5—5（三）

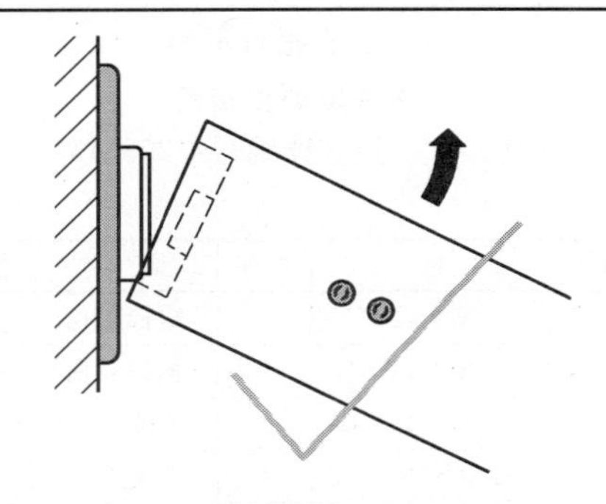

1. 正确地读信息钮

正确的操作应该是：首先使巡查棒倾斜地与信息钮边缘接触（如图 1），然后在保证边缘接触良好的情况下，把巡查棒摆正，使得中心触点同时接触，直至巡查棒发出提示音。

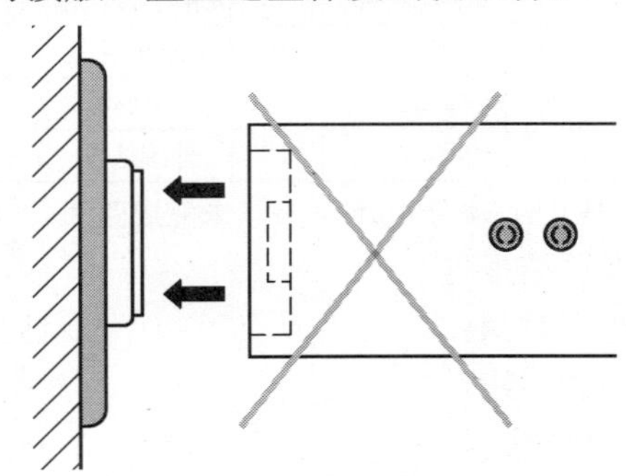

2. 不正确地读信息钮

如果把巡查棒正面直接与信息钮接触（如图 2），只能保证中间触点接触良好，而边缘的接触容易发生抖动，影响读信息钮的灵敏度，也容易损坏信息钮。

安 装 说 明（续）

（3）使用简单：巡查棒无开关和按钮设计，软件采用全中文菜单，学习和操作。

（4）信息钮是不锈钢封装，具有防水、防磁、防振、耐高温和低温、无需电源等优点，安装简便，无论在环境适应性或性能价格比均是巡查点首选载体。

5. 使用要点及注意事项

（1）巡查棒读入/输出端应保持清洁，不可短路。

（2）传输器的下载口与充电口保持清洁，不可短路。

（3）不要擅自拆开巡查棒与传输器。

（4）传输器应安装在水平桌面上，非工作情况下，巡查棒不要插放入传输器内。

（5）巡查棒一次充满电后，可读巡查点 40 万次以上。请不要过于频繁的充电，以免影响充电的使用寿命。正常情况下使用，电池保用 3 年。

（6）密码钥匙应保管好，若丢失将无法开启软件及巡查棒。

（7）在下雨天或其他情况下，信息钮表面有水，应将信息钮上的水渍擦干后方可读信息钮，否则，信息采集会出错。

图名	离线式电子巡查棒系统 安装方法（四）	图号	RD 5—5（四）

数据传输器　　打印机

1. 直接打印巡查报告

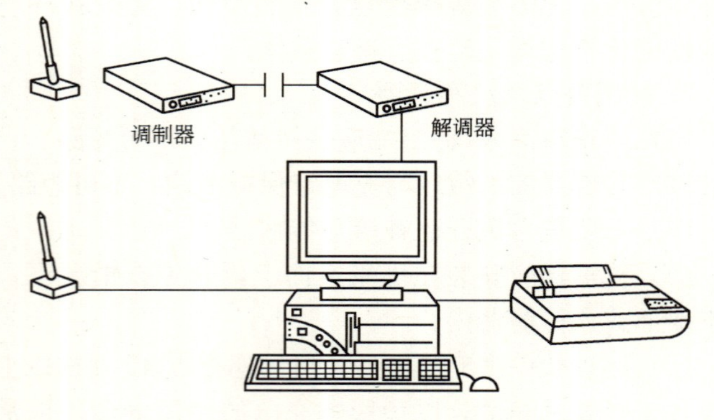

2. 计算机处理后打印巡查报告

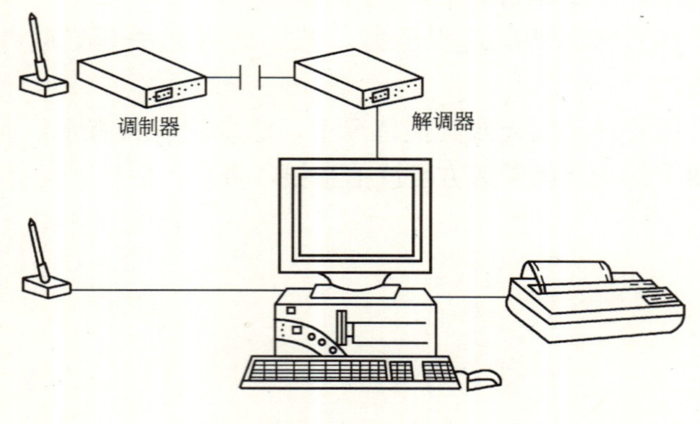

3. 远程传送巡查报告

4. 巡查报告示例

某大厦巡查报告

路线：路线一（A座）　　巡查棒编号：298243

巡查员：

日　期	时　间	次序	地　点	备注	事故类型
2000年10月25日	06：42：19	1	电梯机房		
2000年10月25日	06：44：08	2	加压泵房		
2000年10月25日	06：45：08	3	8楼走廊		
2000年10月25日	06：46：08	4	7楼走廊		
2000年10月25日	06：47：08	5	6楼走廊		
2000年10月25日	06：48：08	6	5楼走廊		
2000年10月25日	06：49：00	7	4楼走廊		
2000年10月25日		8	3楼走廊	漏巡	
2000年10月25日	06：51：26	9	2楼平台花园		
2000年10月25日	06：52：01	10	1楼水泵房		
2000年10月25日	06：53：41	11	1楼商铺		
2000年10月25日	06：57：05	12	外围地方		

巡查时间：0日0时14分46秒　　未完成路线：(11/12)

巡查总结报告

总巡查时间：	0日0时14分46秒
已完成路线：	11
未完成路线：	1
巡查速度：	正常
错误次序：	无
漏巡：	1
巡查点总数：	12
已完成巡查点总数：	11

图名	离线式电子巡查棒系统 安装方法（五）	图号	RD 5—5（五）

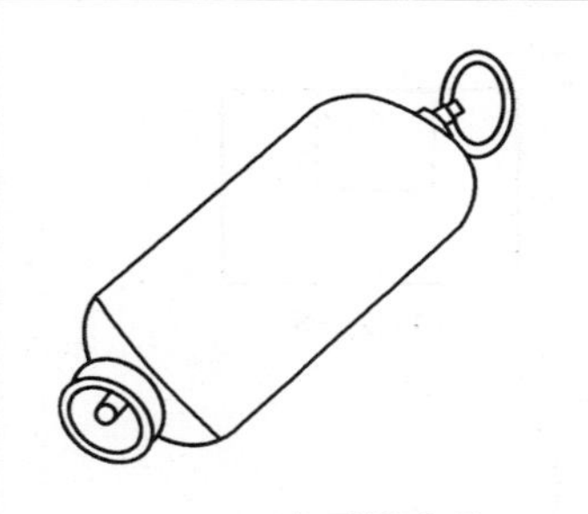

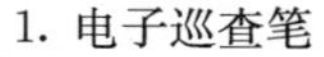

1. 电子巡查笔

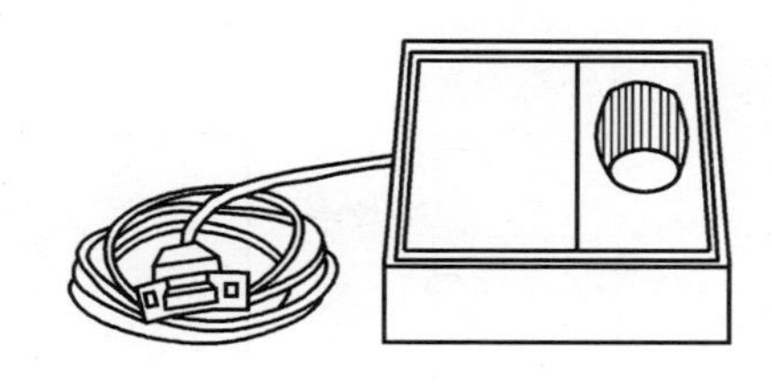

2. 数据传输器

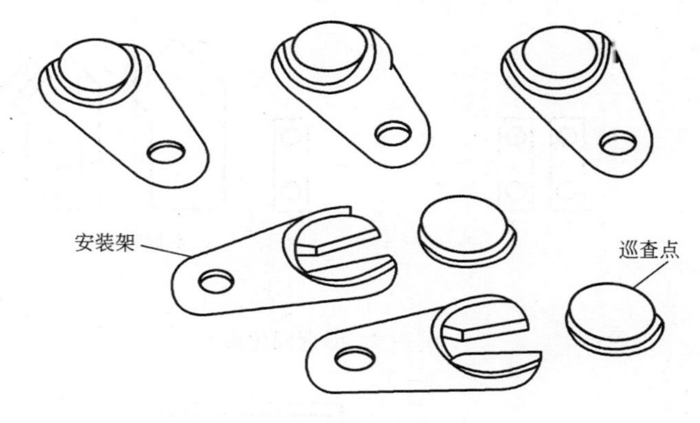

3. 钮扣式巡查点

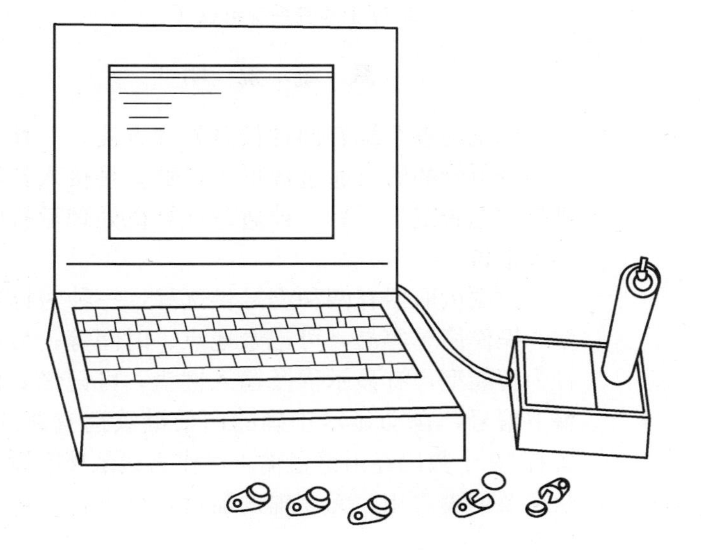

4. 电子巡查笔系统组成

安 装 说 明

离线式电子巡查笔系统包括电子巡查笔、数据传输器、钮扣式巡查点、计算机等组成。钮扣式巡查点安装在巡查地点处，巡查人员携带巡查笔进行巡查，当到达巡查点时，用巡查笔轻触巡查点，巡逻地点及时间便会记录到巡查笔内，巡查完毕返回保安中心，将巡查笔放入数据传输器上，经计算机便可处理巡查报告，可详细列明日期、时间、地点、巡查员姓名、缺勤资料等。

钮扣式巡查点可用塑料胀管及螺钉安装在墙上或用胶直接粘贴在墙上等处。

巡查笔体积小，携带方便。巡查点安装灵活，设置方便，无需敷设导线。

图名	离线式电子巡查笔系统安装方法	图号	RD 5—6

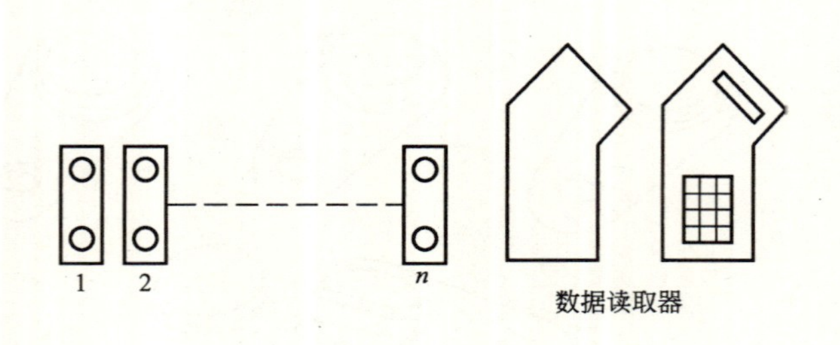

1. 巡查岗位编号

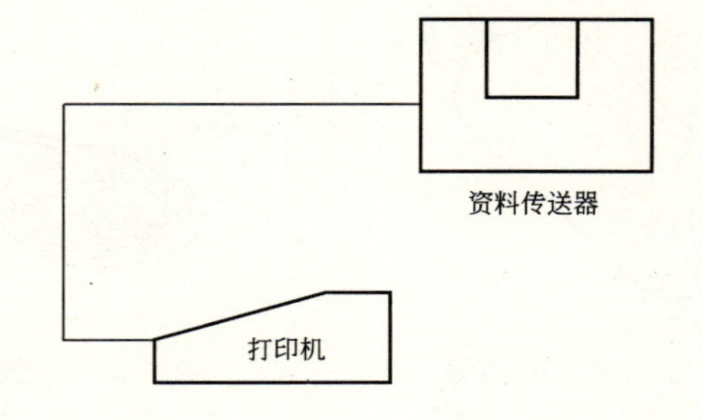

2. 摩士巡查系统组成（一）

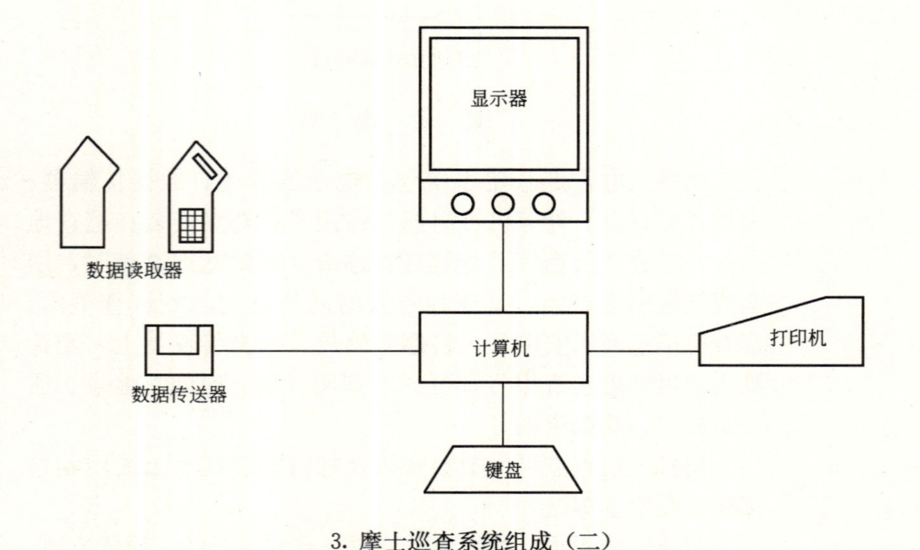

3. 摩士巡查系统组成（二）

系 统 说 明

摩士巡查系统有两种信息处理方法，一种是将巡查得到的资料通过数据传送器直接接入打印机打印巡查报告；另一种通过计算机处理后打印巡查报告。

数据读取器有两种型号供选择：一种为标准型，操作简单容易，可记录地点、时间等；另一种为智能型，有显示屏及输入键盘，可记忆 8 位警卫编号，自动显示正确的向前继续巡查路线，备有 99 个数码经由键盘输入，作为记录楼宇设备状况及列表之用，无需辅助器材，可进行口述或笔录。

图名	离线式摩士巡查系统 安装方法（一）	图号	RD 5—7（一）

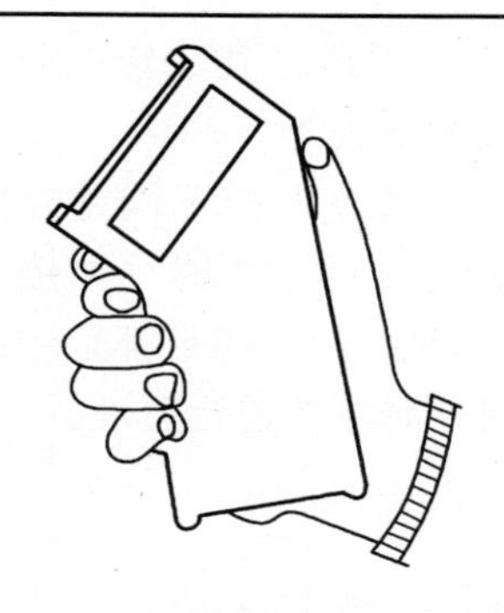

1. 标准型数据读取器

2. 数据传输器

(*a*) 读取器

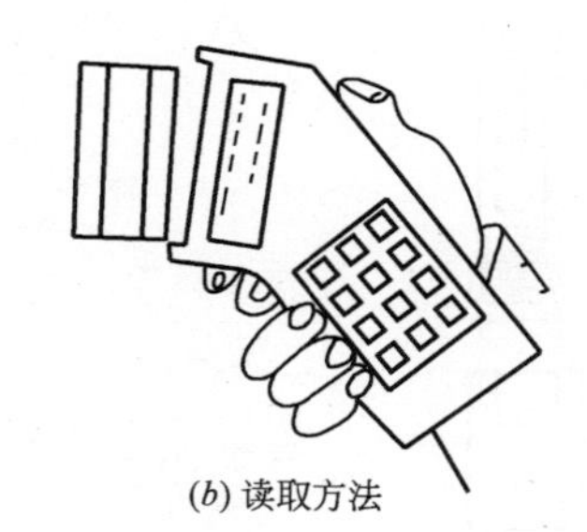

(*b*) 读取方法

3. 智能型数据读取器

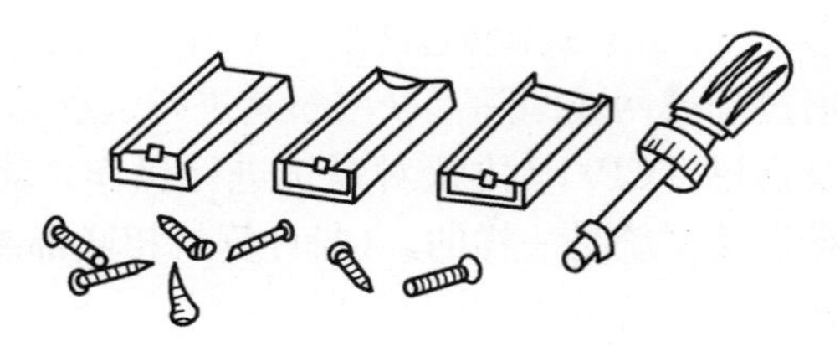

4. 巡查岗位

5. 摩士巡查系统组成

安装说明

摩士巡查系统包括巡查岗位（巡查点）、数据读取器、数据传送器、计算机及打印机等组成。

先将巡查岗位安装在巡查点位置上，可用塑料胀管及螺钉进行安装。巡查人员手持读取器进行巡查，当到达巡查点时将读取器对准巡查岗位读取数据，包括编号、地点、时间等，返回保安控制中心时，将读取器插入传输器中，即可通过计算机处理及打印巡查报告。

系统可达 500 个巡更岗位及 6 条指定不规则或受时限的巡查路线。安装容易，无需电线管及电线。

图名	离线式摩士巡查系统 安装方法（二）	图号	RD 5—7（二）

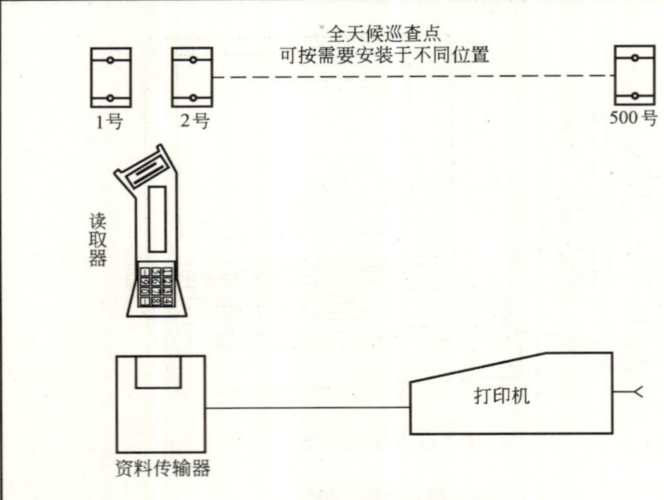

1. 直接打印报告

如系统只设置一条路线，则提取数据量比较小，用此方法比较简单、方便。

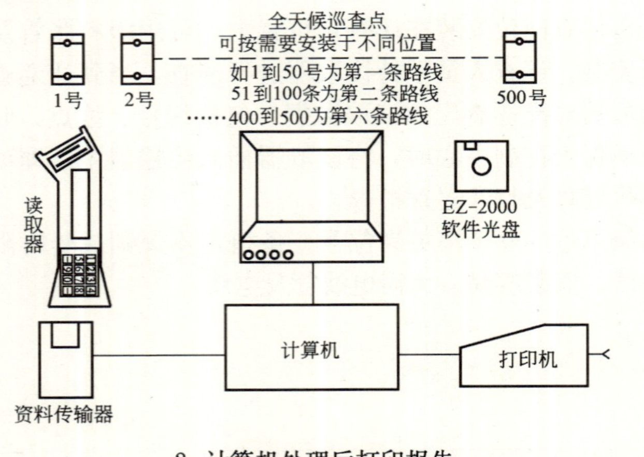

2. 计算机处理后打印报告

读取器通过配套的传输器与计算机相连，再通过其配套管理软件 EZ-2000 对系统进行管理和提取更为详细的报表等。

此方案为普遍应用方案。因本系统可设置多达 6 条不同路线以供工作需要。在要提取更多更详细和更具针对性的报表时（如按不同路线、不同工作人员、不同时间条件来查询报表），通常都是用此方案操作，因系统管理软件可以快速、方便、简单地进行管理。

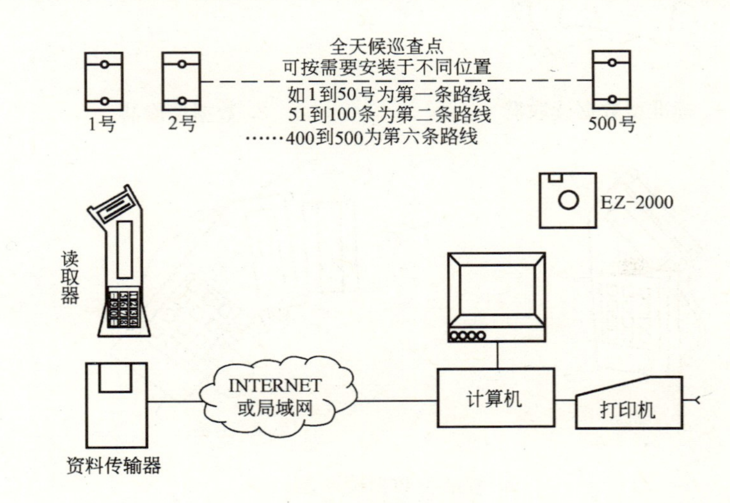

3. 远程传送报告

本系统可以通过局域网或国际互联网对其进行远程的操作管理。

此方式主要是通过 TCP/IP 协议对系统进行操作。能实现的操作功能项目与直接联接系统是一样的。（与计算机相联都需结合系统管理软件来实现）

图名	离线式摩士巡查系统 安装方法（三）	图号	RD 5—7（三）

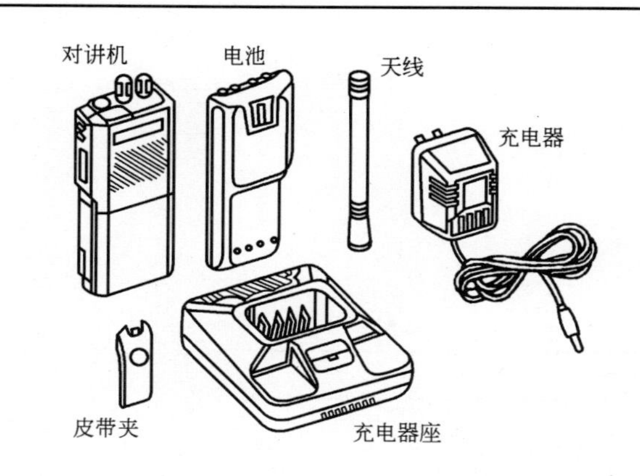

1. 对讲机组成

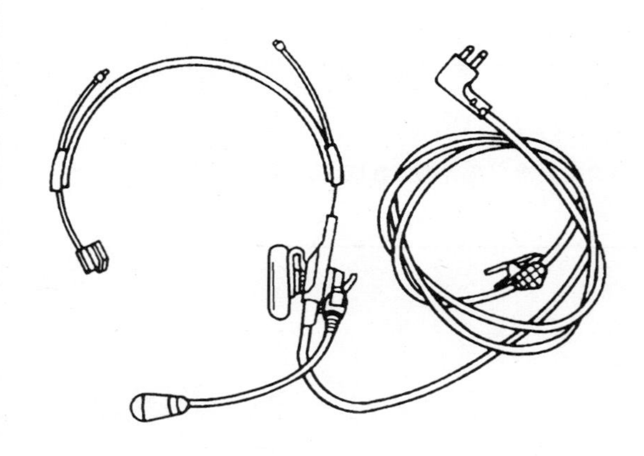

2. 头戴式耳机

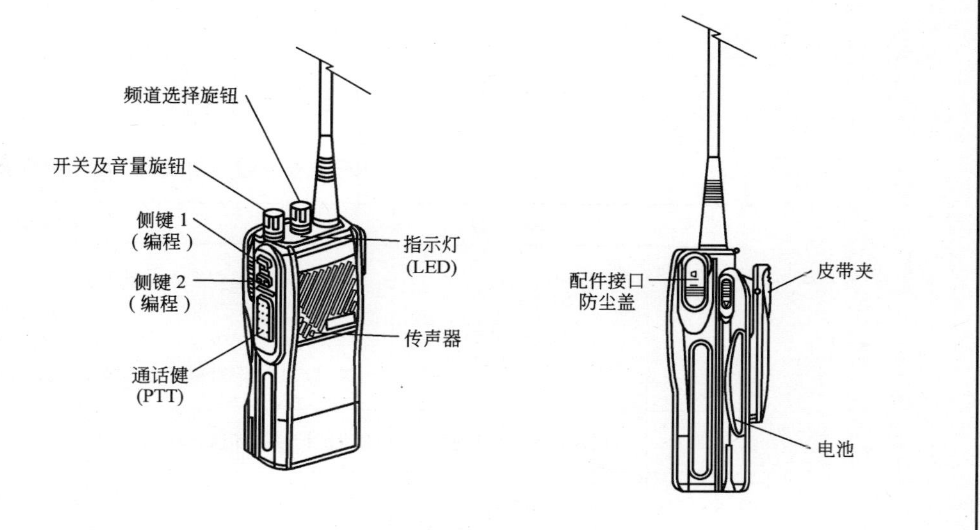

3. 对讲机构造

安 装 说 明

对讲机应用广泛，在机场、保安、部队、娱乐业、服务业、制造业和物业管理等行业中，它都能保证即时通信，准确调度。

1. 对讲机在每次使用前应作下列检查：（1）机身电池的电量是否足够；（2）所调频道是否正确；（3）音量调整是否合适。

2. 对讲机使用方法：（1）紧按机身侧通话键对着传声器讲话，此时将信息发出；（2）当信息发出后，放开通话键，此时可接收信息。

图名	双向无线便携式对讲机介绍	图号	RD 5—8

电子巡查系统检验项目、检验要求及测试方法

序号	检验项目	检验要求及测试方法
1	巡查设置功能检验	在线式电子巡查系统应能设置保安人员巡查程序，应能对保安人员巡逻的工作状态（是否准时、是否遵守顺序等）进行实时监督、记录。当发生保安人员不到位时，应有报警功能。当与入侵报警系统、出入口控制系统联动时，应保证对联动设备的控制准确、可靠。 离线式电子巡查系统应能保证信息识读准确、可靠
2	记录打印功能检验	应能记录打印执行器编号、执行时间、与设置程序的比对等信息
3	管理功能检验	应能有多级系统管理密码，对系统中的各种状态均应有记录
4	其他项目检验	具体工程中具有的而以上功能中未涉及到的项目，其检验要求应符合相应标准、工程合同及正式设计文件的要求

图名	电子巡查系统检验项目、检验要求及测试方法	图号	RD 5—9

6　停车场（库）管理系统

安　装　说　明

停车场（库）管理系统应能根据各类建筑物的管理要求，对停车场（库）的车辆通行道口实施出入控制、监视、行车信号指示、停车计费及汽车防盗报警等综合管理。

停车场（库）管理系统由读卡机、自动出票机、挡车器、感应线圈（感应器）、满位显示器及计算机收费系统等组成。本章介绍停车场（库）管理系统的类型及设备的安装方法。

1. 感应线圈及安全岛施工

感应线圈应放在水泥地面上，可用开槽机将水泥地面上开槽，线圈回路下 100mm 处应无金属物体，线圈边 500mm 以内不应有电气线路。线圈安装完成后，在线圈上浇筑与路面材料相同的混凝土或沥青。

安全岛在土建施工前应预埋穿线管及接线盒，穿线管管口可高出安全岛 100mm，管口应用塑料帽保护。如设计有建筑设备监控系统，需预埋穿线管到弱电控制中心。

2. 入口读卡机安装

入口读卡机安装在停车场入口处，读卡机有磁卡读卡机、IC 卡读卡机、感应式读卡机等。读卡机可用膨胀螺栓安装在安全岛上。

3. 自动出票机及挡车器安装

自动出票机及挡车器按设计要求的位置用预埋螺栓或膨胀螺栓进行安装，安装时应调整设备的水平度。

4. 满位显示器安装

满位显示器根据设计要求安装在墙上或杆上等处。安装高度不低于 2.2m，具体高度由工程设计确定。

5. 系统调试

设备安装后需进行系统调试，调试应在工程师指导下进行，并根据要求做好交工资料。

6. 本章相关规范

（1）《智能建筑设计标准》（GB/T 50314—2006）。
（2）《智能建筑工程质量验收规范》（GB 50339—2003）。
（3）《安全防范工程技术规范》（GB 50348—2004）。

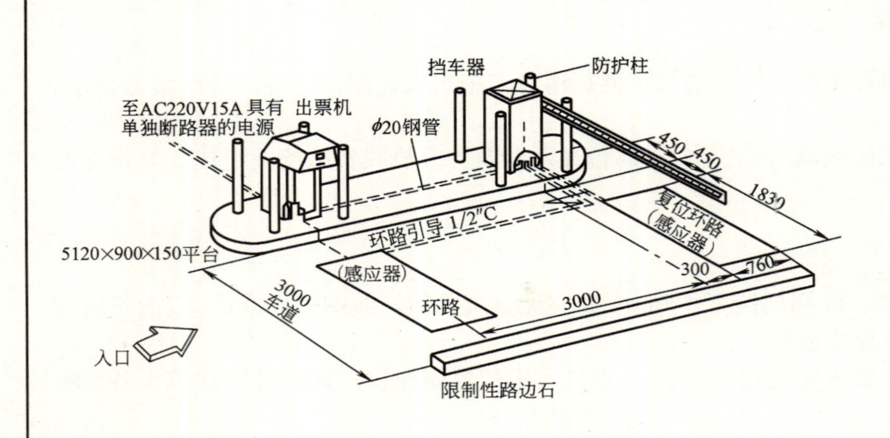

1. 入口时租车道管理型

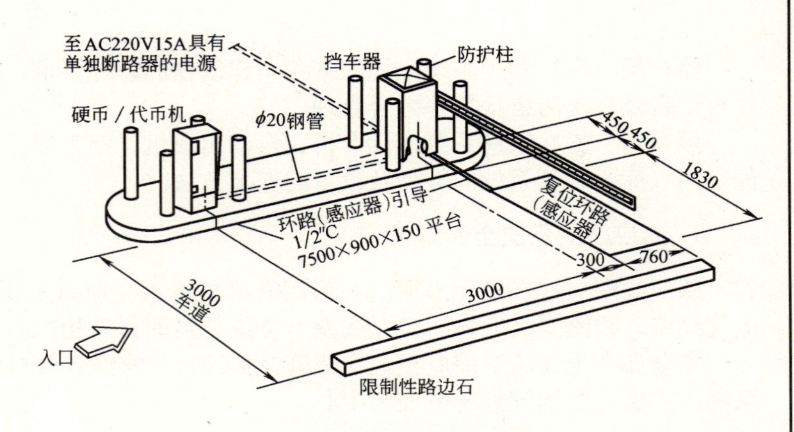

2. 硬币/代币进入管理型

系 统 说 明

系统由出票机、挡车器、感应器等组成。当汽车驶入车场入口并停在出票机（或读卡机）前时，出票机指示出票（或读卡），按下出票按钮出票机打出印有入场时间、日期、车道号等信息的票券后，挡车器上升开启，汽车进入驶过复位感应器后，经复位感应器检测确定已驶过，则控制挡车器自动放下关闭。

系 统 说 明

系统由硬币机/代币机、挡车器、感应器等组成。当硬币机/代币机检测到有效的硬币时，挡车器自动上升开启，汽车进入驶过复位感应器后，经复位感应器检测确定已驶过，则控制挡车器自动放下关闭。

图名	停车场管理系统类型（一）	图号	RD 6—1（一）

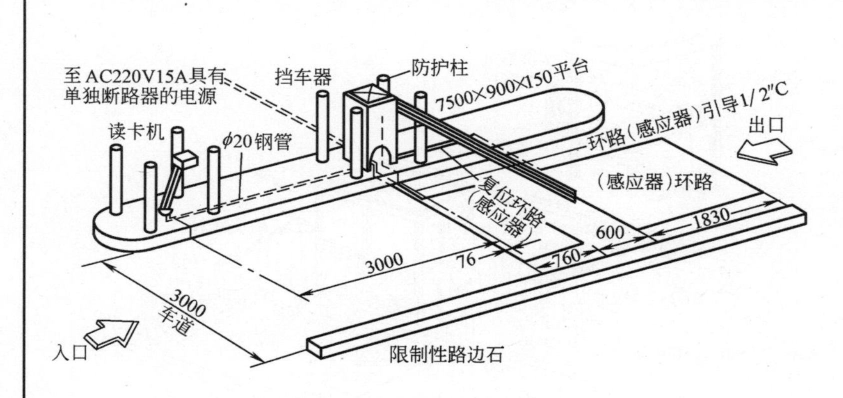

1. 读卡进、自由出管理型（出入为同一个口）

系　统　说　明

系统由读卡机、挡车器、感应器等组成。车辆出入口为同一个车道。车辆进场时，在读卡机检测到有效卡片后，挡车器上升开启，车辆进场，当车辆驶过复位感应器后，挡车器自动放下关闭。车辆出场时，车辆驶至感应器时，挡车器上升开启，允许车辆出场并在驶过复位感应器后，挡车器自动放下关闭。

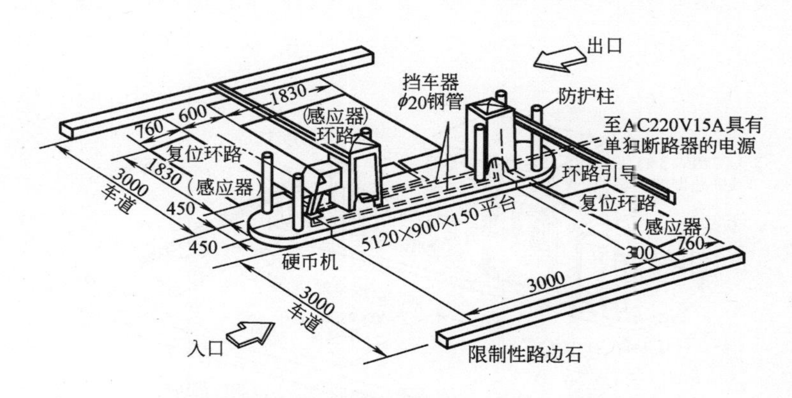

2. 验硬币进入/自由出管理型（出入口分开）

系　统　说　明

系统由硬币机、挡车器、感应器等组成。车辆进场时，当硬币机检测到有效的硬币后，挡车器自动上升开启，车辆进场，当车辆驶过复位感应器后，挡车器自动放下关闭。车辆出场时，车辆驶至感应器时，挡车器上升开启，允许车辆出场并在驶过复位感应器后，挡车器自动放下关闭。

图名	停车场管理系统类型（二）	图号	RD 6—1（二）

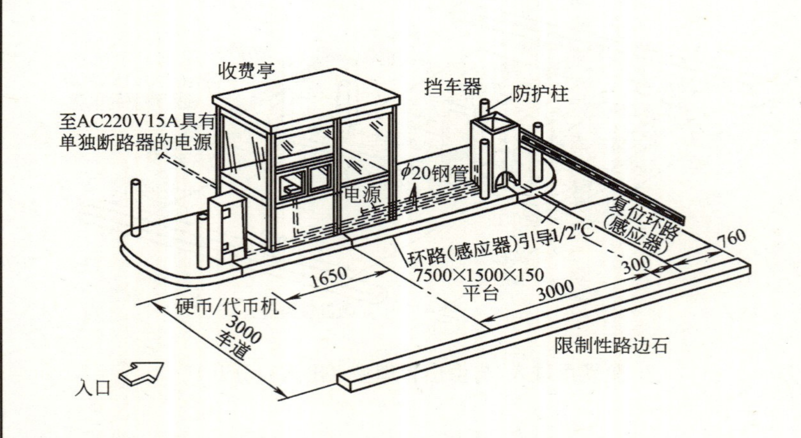

1. 验硬币或人工收费管理型（单向入口）

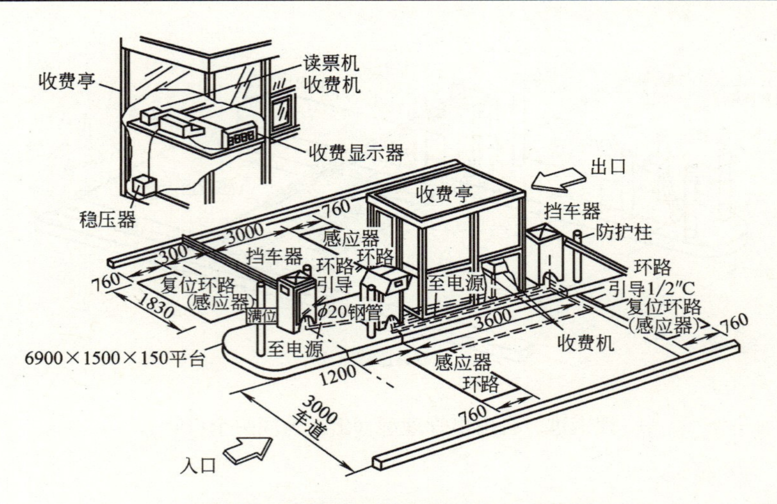

2. 时租、月租出口管理型（出入口分开）

系 统 说 明

系统由硬币/代币机、收费机、挡车器和复位感应器等组成。当车辆入场时，可采用投硬币或人工收费，经确认有效后，挡车器上升开启；当车辆驶离复位感应器后，挡车器自动放下关闭。

系 统 说 明

系统由出票验票机、挡车器、收费机、感应器等组成。在检测到有效月票或按压取票后，挡车器上升开启；当汽车离开复位感应器时挡车器自动放下关闭。出场部分可采用人工收费或另设验票机（或读卡机），检测到有效票卡后，挡车器自动上升开启，当汽车驶离复位感应器后挡车器自动放下关闭。图中收费亭一般设在出场一侧（即图中面朝出口），收费亭各票务的设置如图中的左上方所示。

图名	停车场管理系统类型（三）	图号	RD 6—1（三）

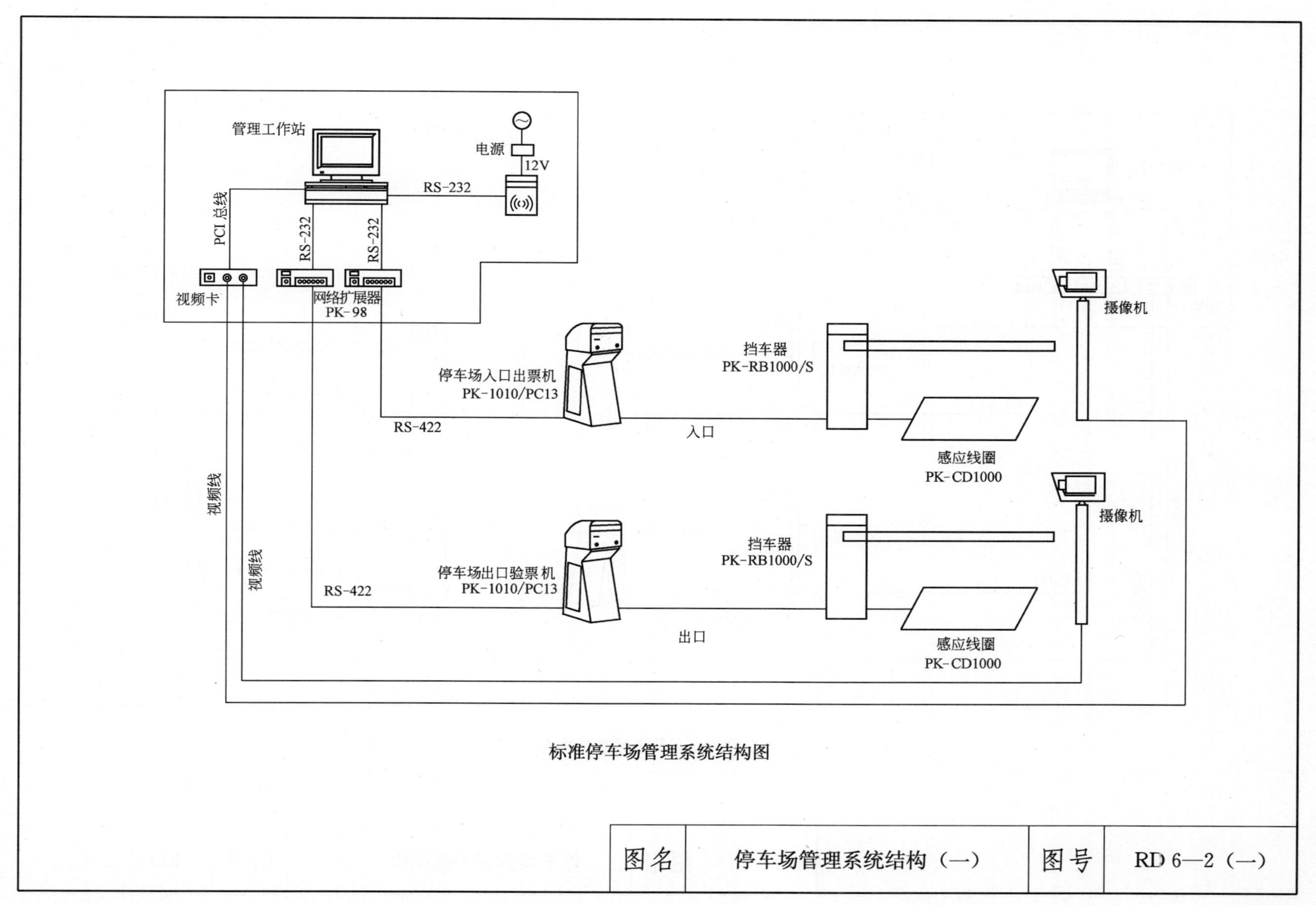

标准停车场管理系统结构图

图名	停车场管理系统结构（一）	图号	RD 6—2（一）

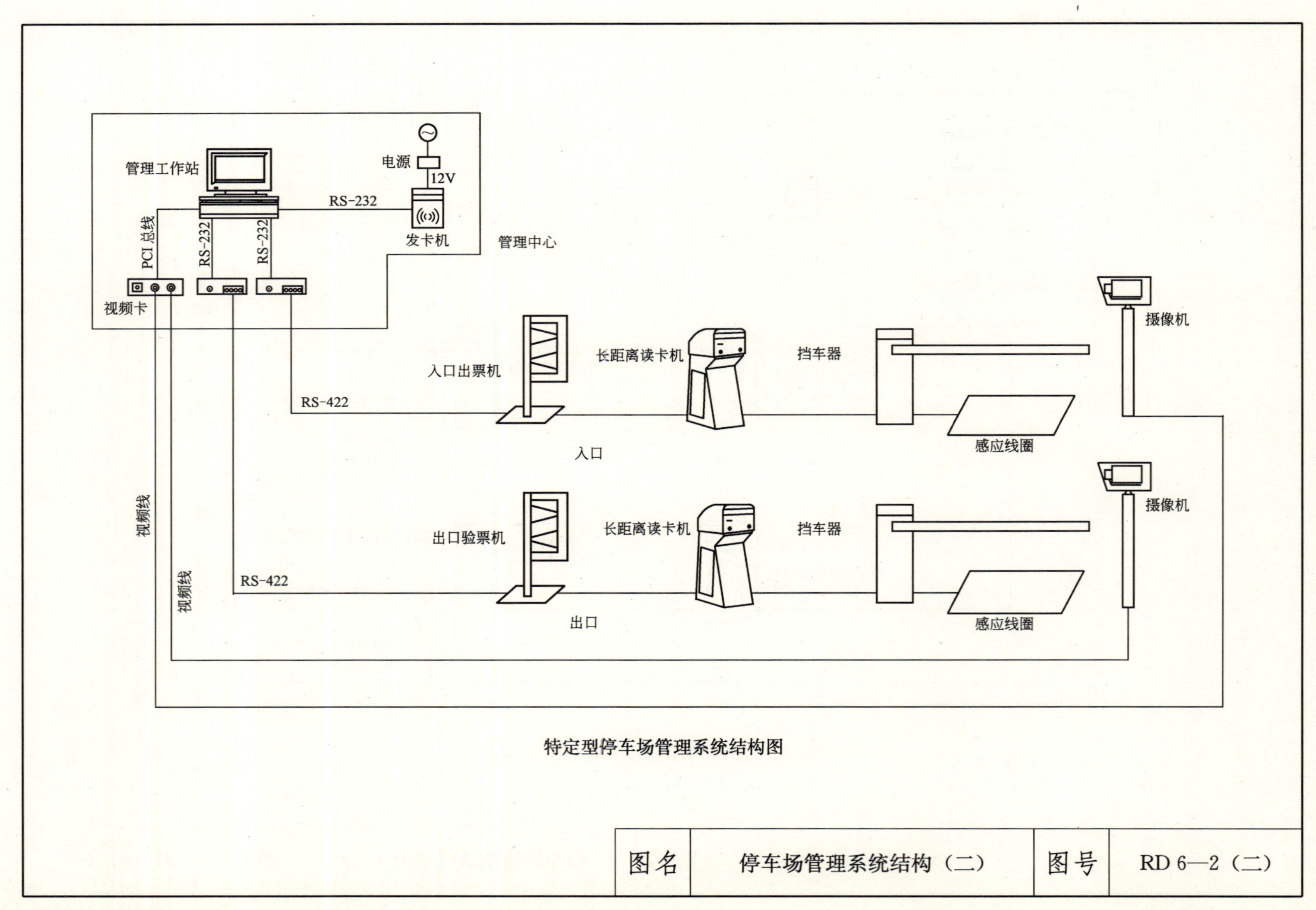

特定型停车场管理系统结构图

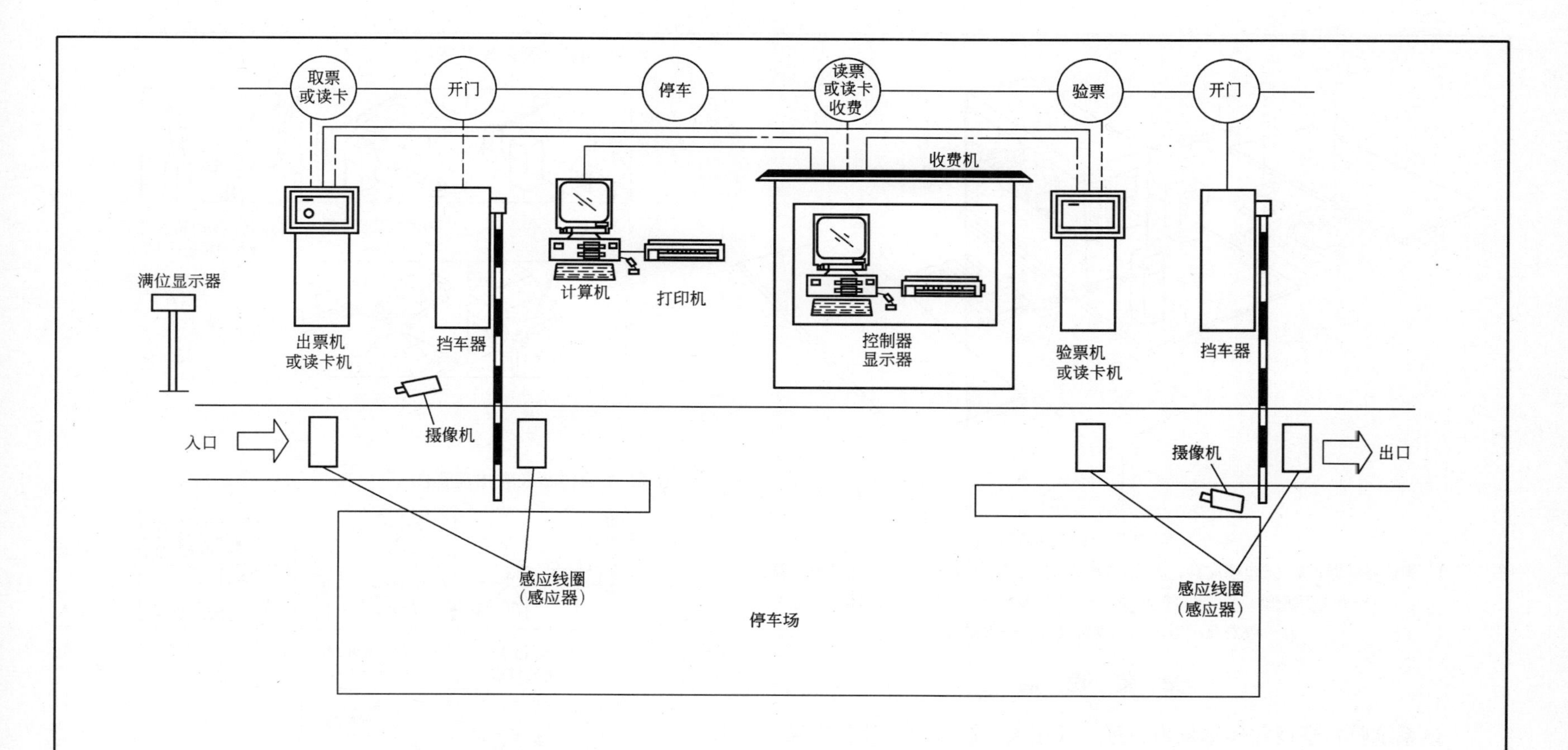

安 装 说 明

停车库管理系统一般由三部分组成:

(1) 车辆出入的检测与控制:通常采用感应线圈方式或光电检测方式。

(2) 车位和车辆的显示与管理:可有车辆记数方式和车位检测方式。

(3) 计时收费管理:有无人的自动收费系统和有人管理系统。

图名	停车场收费管理系统流程示意图	图号	RD 6—3

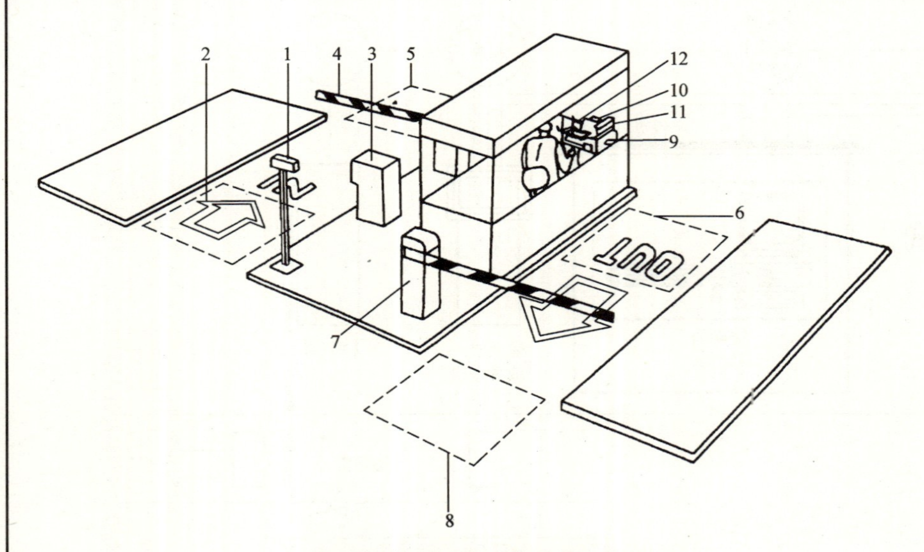

1. 停车场管理系统设备布置示意图

1—满位显示器；2—入口感应器；3—出票机；4—入口挡车器；5—入口复位感应器；
6—出口感应器；7—出口挡车器；8—出口复位感应器；9—读票机；
10—收费显示器；11—收费机；12—收据打印机

安 装 说 明

该系统收费亭设在停车场出口处，采用人工收验票并放行车辆。在车辆进出位置还可设置摄像机，记录进出车辆，加强保安管理。

2. 车辆驶入及停车流程图

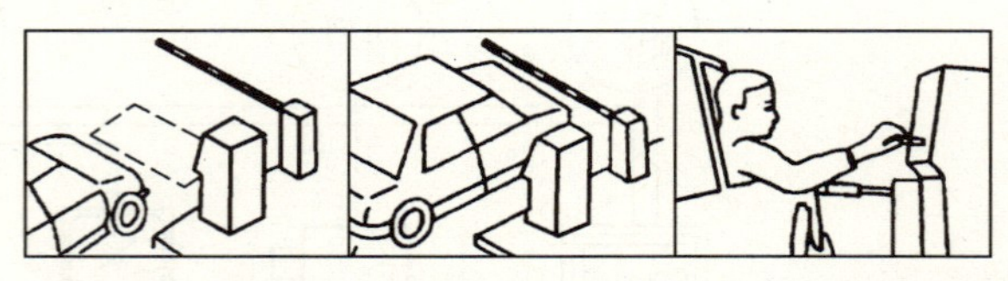

(1) 车辆驶入停车场　(2) 停到地下感应器上　(3) 按钮取时租票或插入月租票后取回

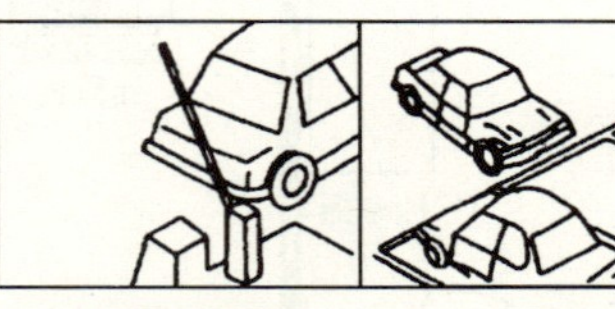

(4) 挡车器自动升启，车辆驶离感应器后挡车器关闭　(5) 停车

3. 车辆付费及驶出流程图

(1) 持时租票出车先付款　(2) 插入时租票到读票机中　(3) 显示付费金额

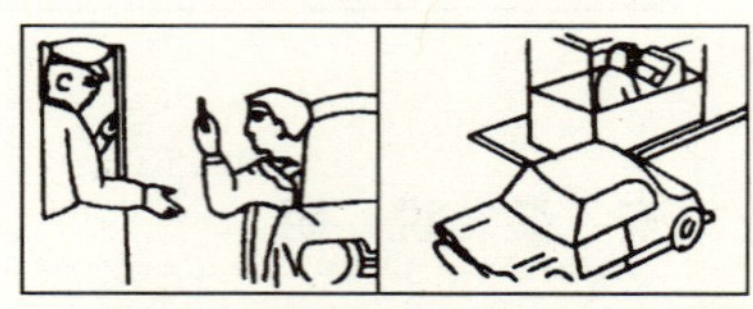

(4) 付费打印收据　(5) 开挡车器车辆驶出停车场

图名	时/月租停车场管理系统进出车辆流程图（一）	图号	RD 6—4（一）

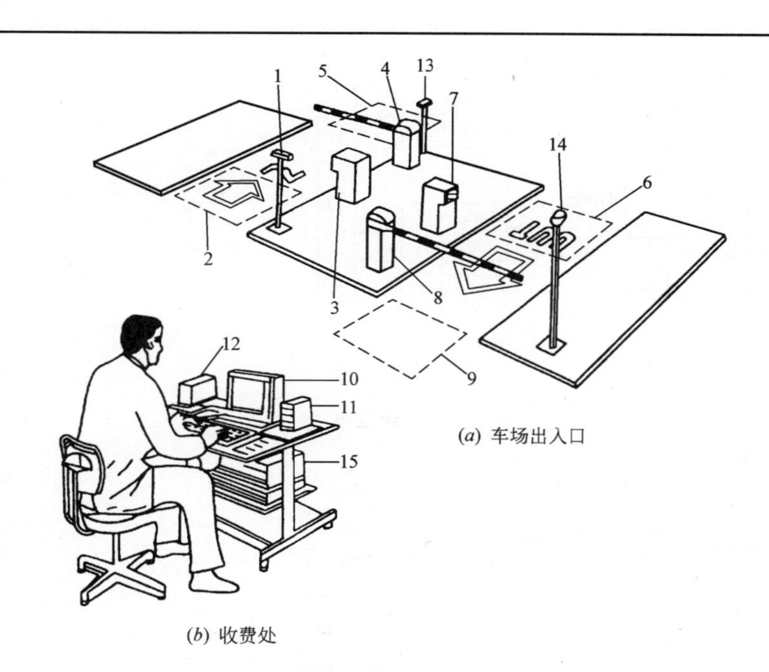

(*a*) 车场出入口

(*b*) 收费处

1. 停车场管理系统设备布置示意图

1—满位显示器；2—入口感应器；3—出票机；4—入口挡车器；5—入口复位感应器；6—出口感应器；7—验票机；8—出口挡车器；9—出口复位感应器；10—收费机；11—收据打印机；12—读票机；13—入口摄像机；14—出口摄像机；15—录像机

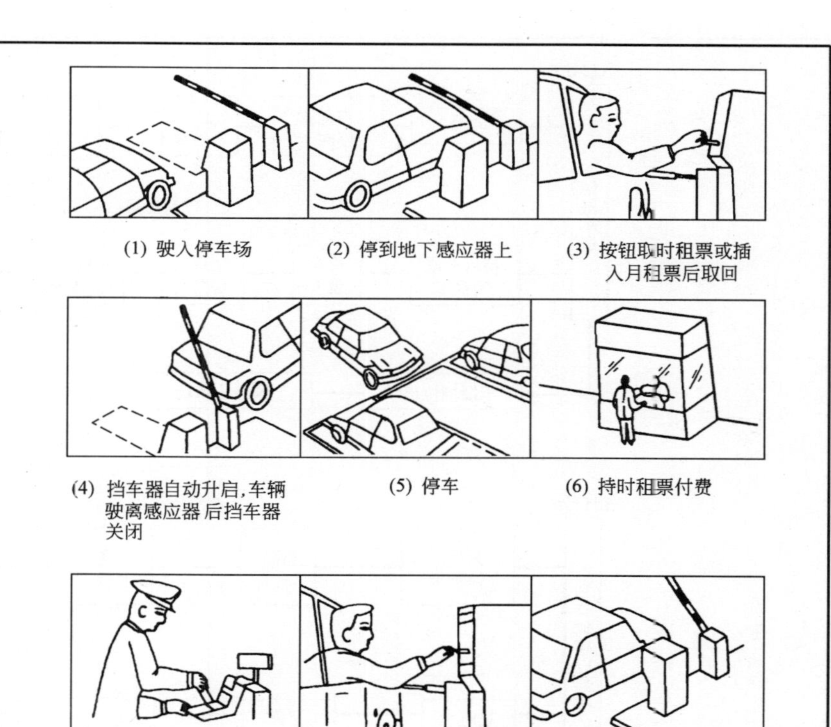

(1) 驶入停车场

(2) 停到地下感应器上

(3) 按钮取时租票或插入月租票后取回

(4) 挡车器自动升启，车辆驶离感应器后挡车器关闭

(5) 停车

(6) 持时租票付费

(7) 确认付费金额，打印收据

(8) 出口插入票到验票机（月租票退回、时租票不退）

(9) 挡车器自动升启车辆驶离车场，挡车器关闭

2. 车辆进出车场流程图

安 装 说 明

该系统收费设在停车场出口以外地点，车辆离开停车场前，先到收费处交费，当车辆驶进出口处时，将停车票插入验票机，验证无误后，开挡车器放行。摄像机可摄取进出车辆，以加强保安。

图名	时/月租停车场管理系统进出车辆流程图（二）	图号	RD 6—4（二）

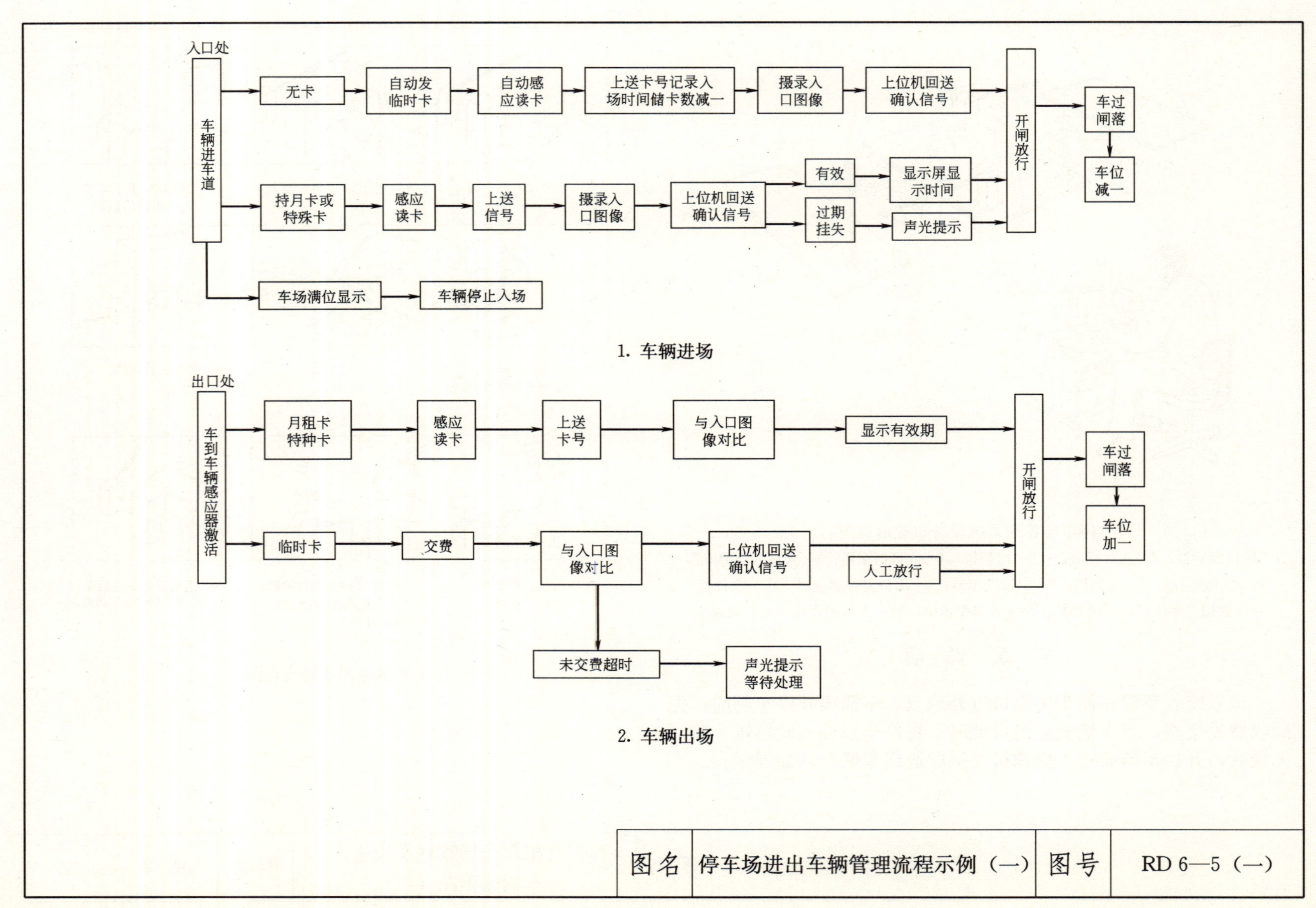

1. 车辆进场

2. 车辆出场

图名	停车场进出车辆管理流程示例（一）	图号	RD 6—5（一）

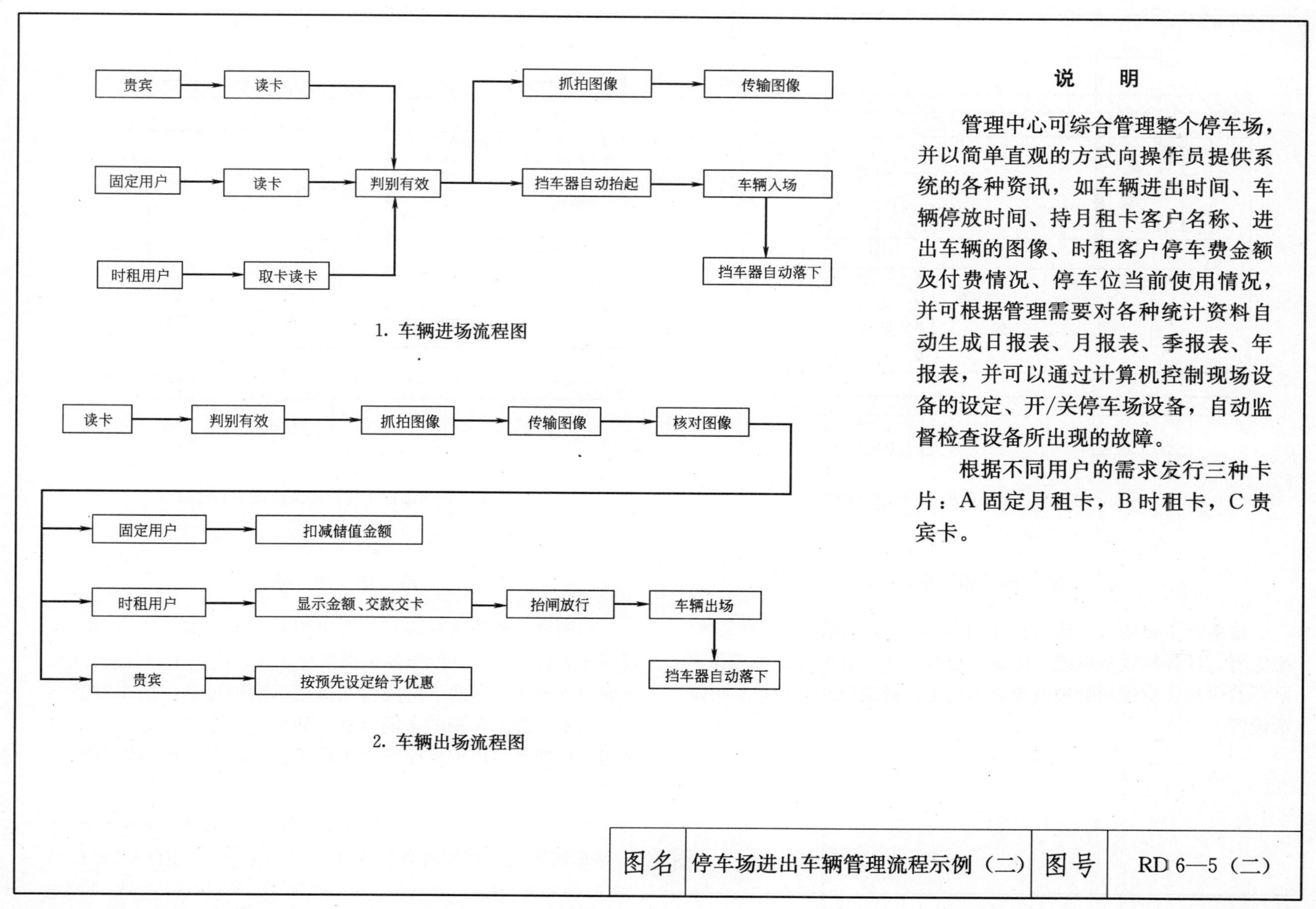

说　明

管理中心可综合管理整个停车场，并以简单直观的方式向操作员提供系统的各种资讯，如车辆进出时间、车辆停放时间、持月租卡客户名称、进出车辆的图像、时租客户停车费金额及付费情况、停车位当前使用情况，并可根据管理需要对各种统计资料自动生成日报表、月报表、季报表、年报表，并可以通过计算机控制现场设备的设定、开/关停车场设备，自动监督检查设备所出现的故障。

根据不同用户的需求发行三种卡片：A 固定月租卡，B 时租卡，C 贵宾卡。

图名	停车场进出车辆管理流程示例（二）	图号	RD 6—5（二）

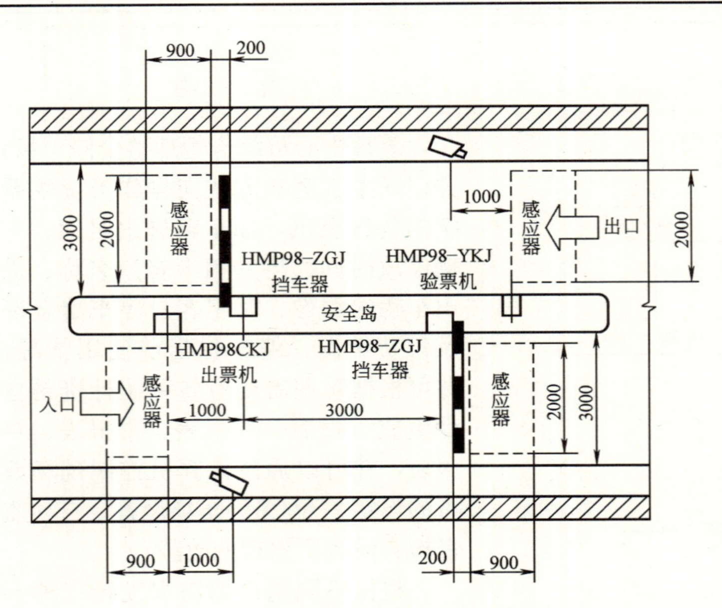

1. 标准一进一出停车场管理系统设备布置图

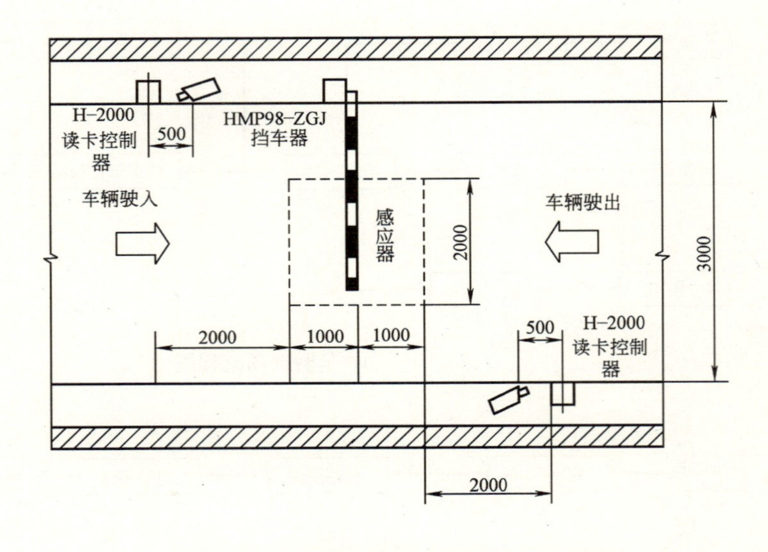

2. 单车道内部停车场管理系统设备布置图

系 统 说 明

该系统主要由入口满位显示器、出票机、验票机、挡车器、感应器、计算机收费系统、摄像系统等组成。其中入口处满位显示器及中央收费控制管理系统可远离出口验票机所在地点，可灵活设置。

系 统 说 明

车辆驶入或驶出车场时，将定期卡在读卡器前感应，若该定期卡为有效卡，并经图像识别系统确认，则挡车器自动开启，车辆便可驶入，当地下感应器探测出车辆驶过后，挡车器便会自动关闭。进出车场的车辆资料，如卡号、车号、进出车场的时间、日期等可由中央控制管理系统进行显示、统计或打印。

图名	停车场管理系统设备布置图（一）	图号	RD 6—6（一）

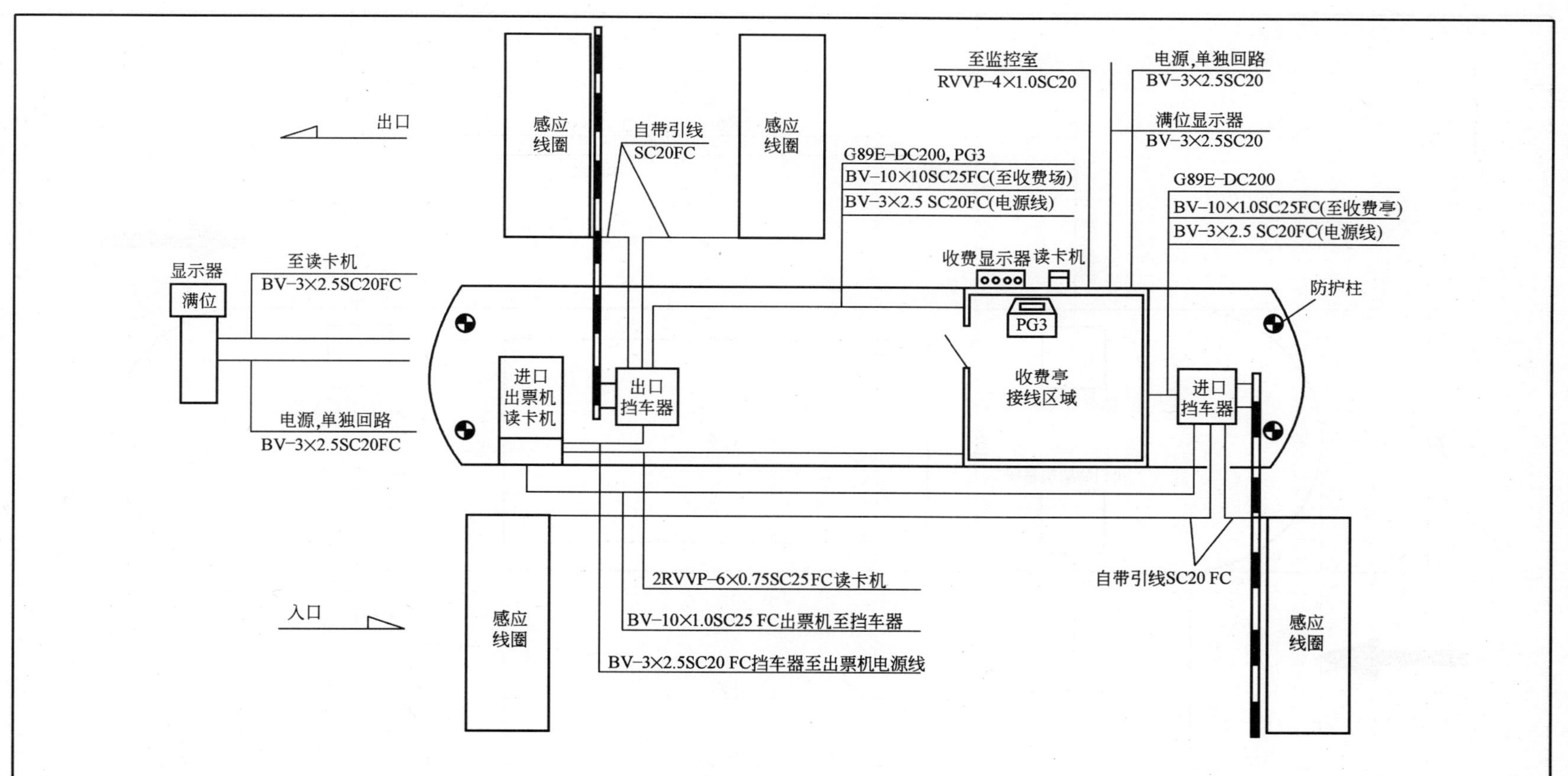

安 装 说 明

本图为出口入口分开设置的停车场管理系统管线布置示例。系统不同管线配置略有差异，施工时应根据产品说明或设计图酌情调整。

图名	停车场管理系统设备布置图（二）	图号	RD 6—6（二）

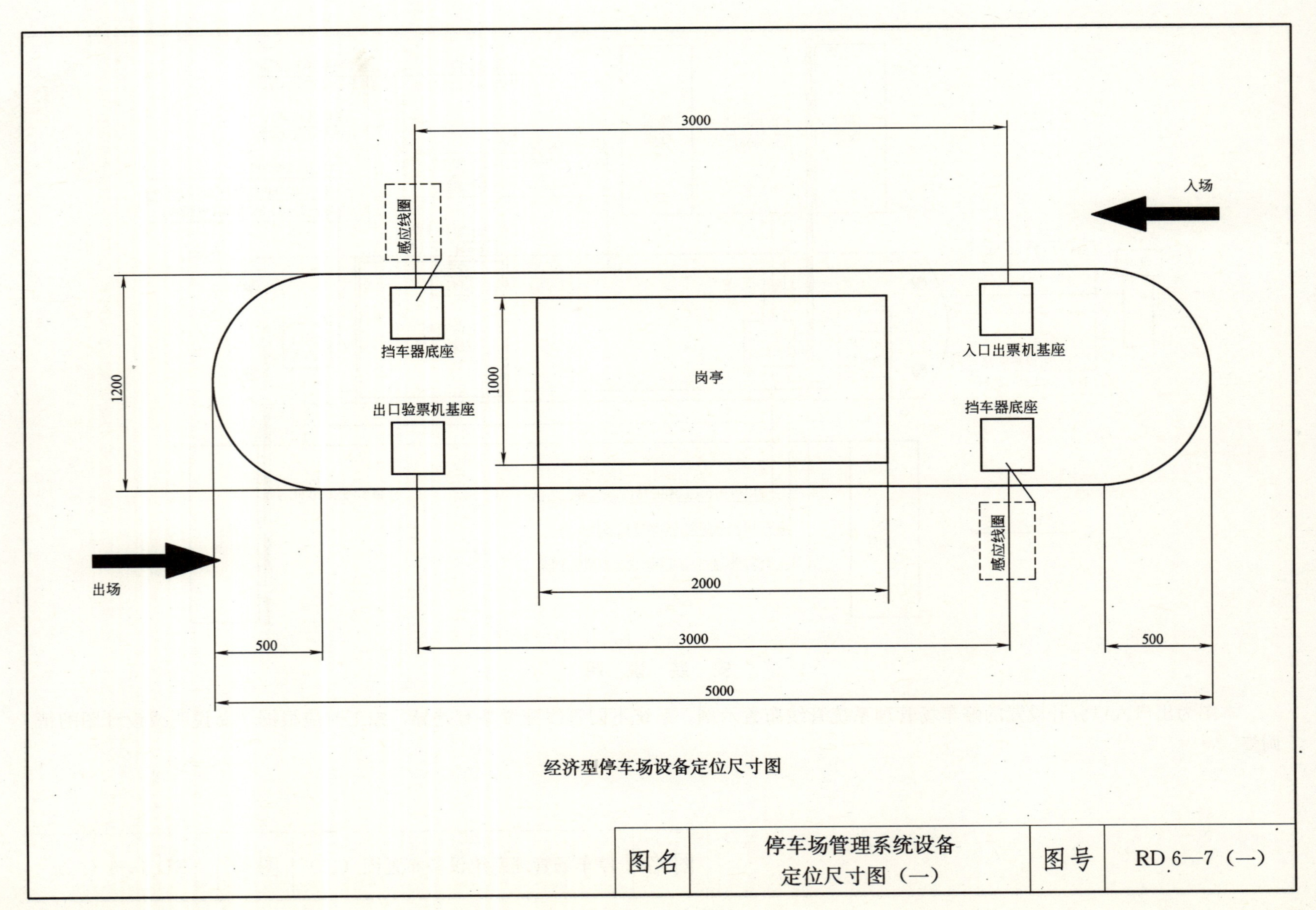

经济型停车场设备定位尺寸图

图名	停车场管理系统设备 定位尺寸图（一）	图号	RD 6—7（一）

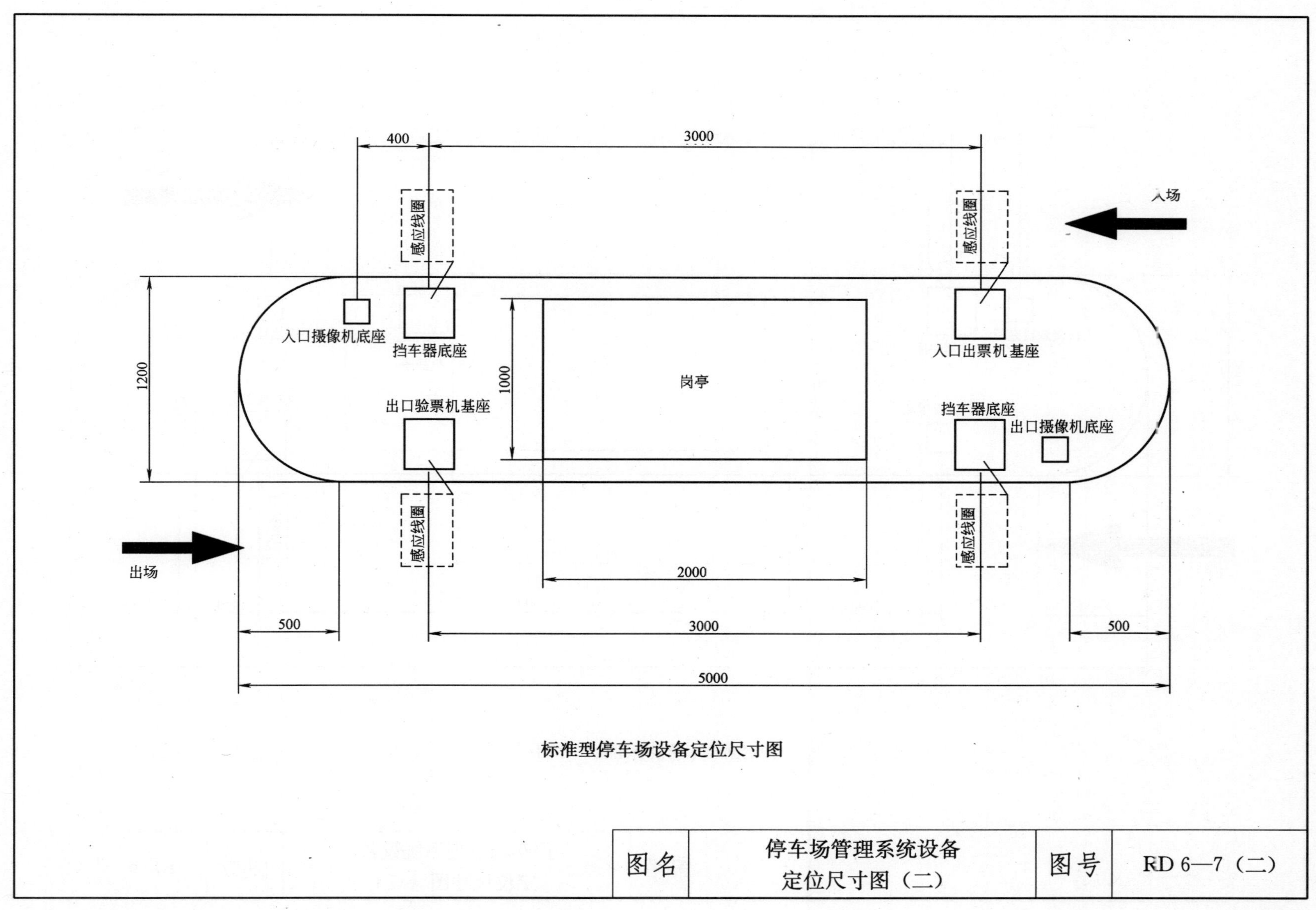

标准型停车场设备定位尺寸图

图名	停车场管理系统设备 定位尺寸图（二）	图号	RD 6—7（二）

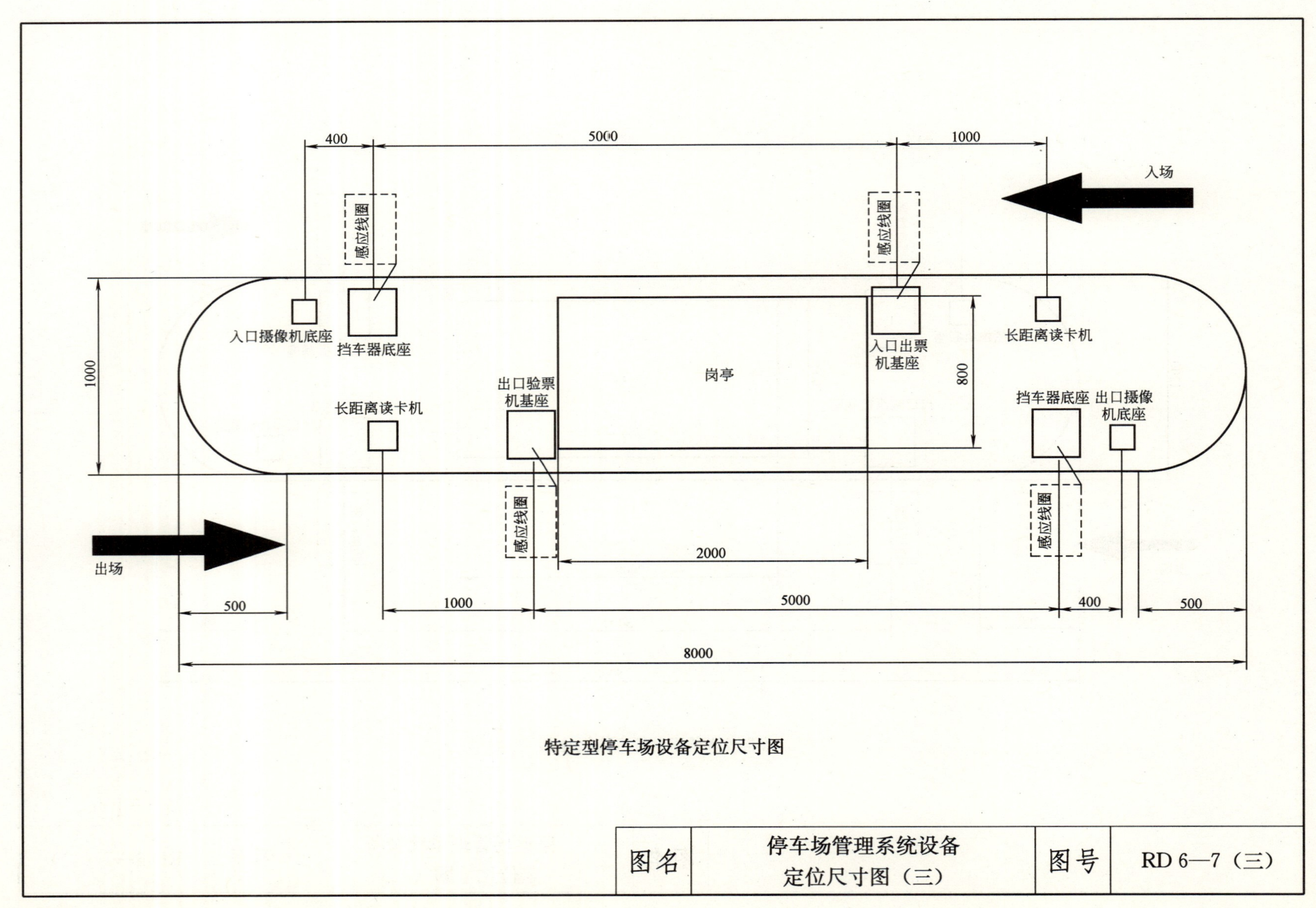

特定型停车场设备定位尺寸图

图名	停车场管理系统设备 定位尺寸图（三）	图号	RD 6—7（三）

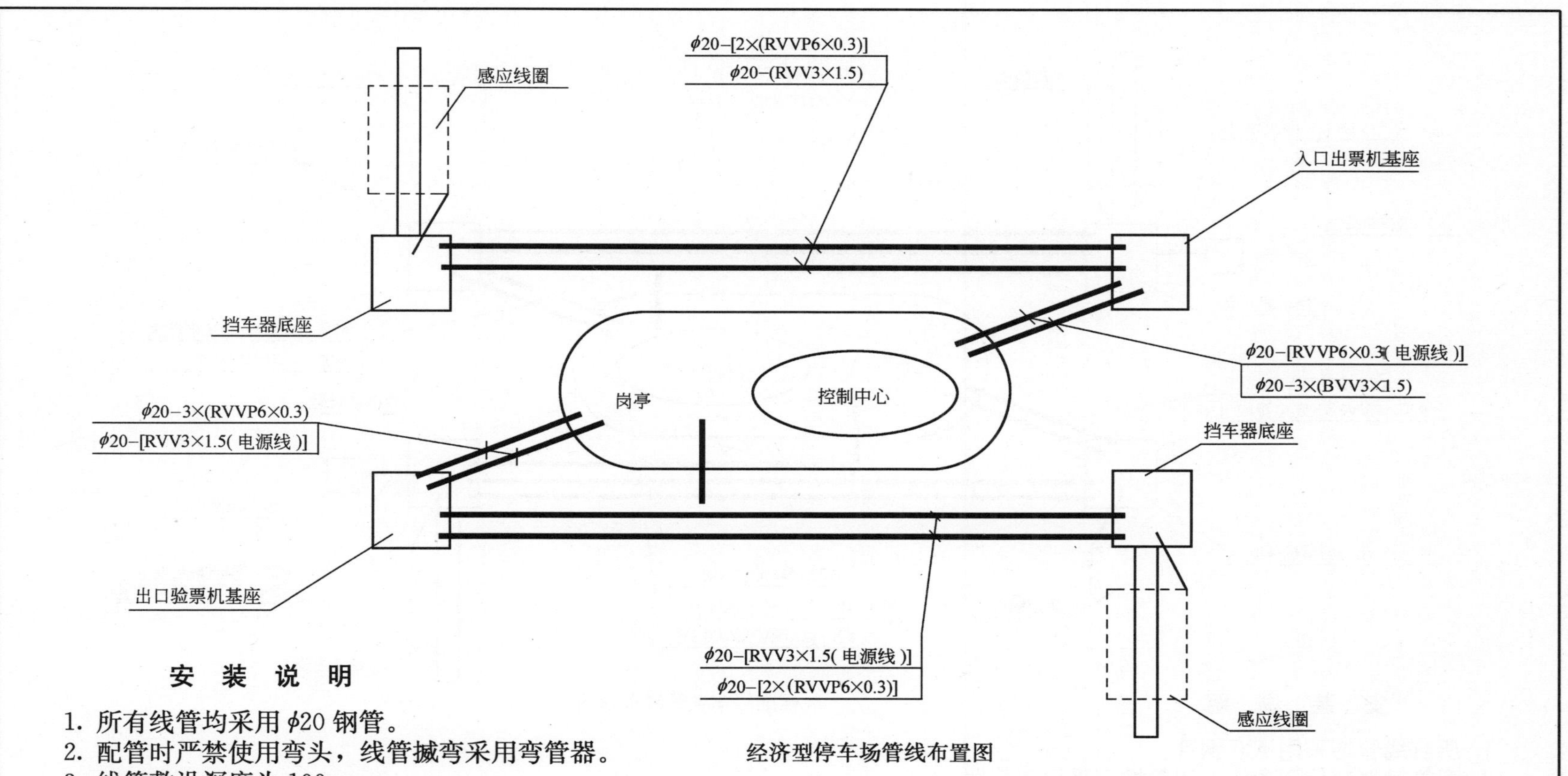

经济型停车场管线布置图

安 装 说 明

1. 所有线管均采用 φ20 钢管。
2. 配管时严禁使用弯头，线管摵弯采用弯管器。
3. 线管敷设深度为 100mm。
4. 线管进入岗亭跟墙面底盒相接，信号线通过底盒进入线盒。
5. 线管在底座处高出底座 60mm。
6. 通信线采用 6 芯屏蔽线（RVVP6×0.3mm^2）[6×16/0.15] 和 8 芯屏蔽线（RVVP8×0.3mm^2）[6×16/0.15] 所有电源线采用 3 芯护套电源线（RVV3×1.5mm^2）[3×49/0.25]。
7. 管理中心需设置电源及网络接口。

图名	停车场管理系统管线布置图（一）	图号	RD 6—8（一）

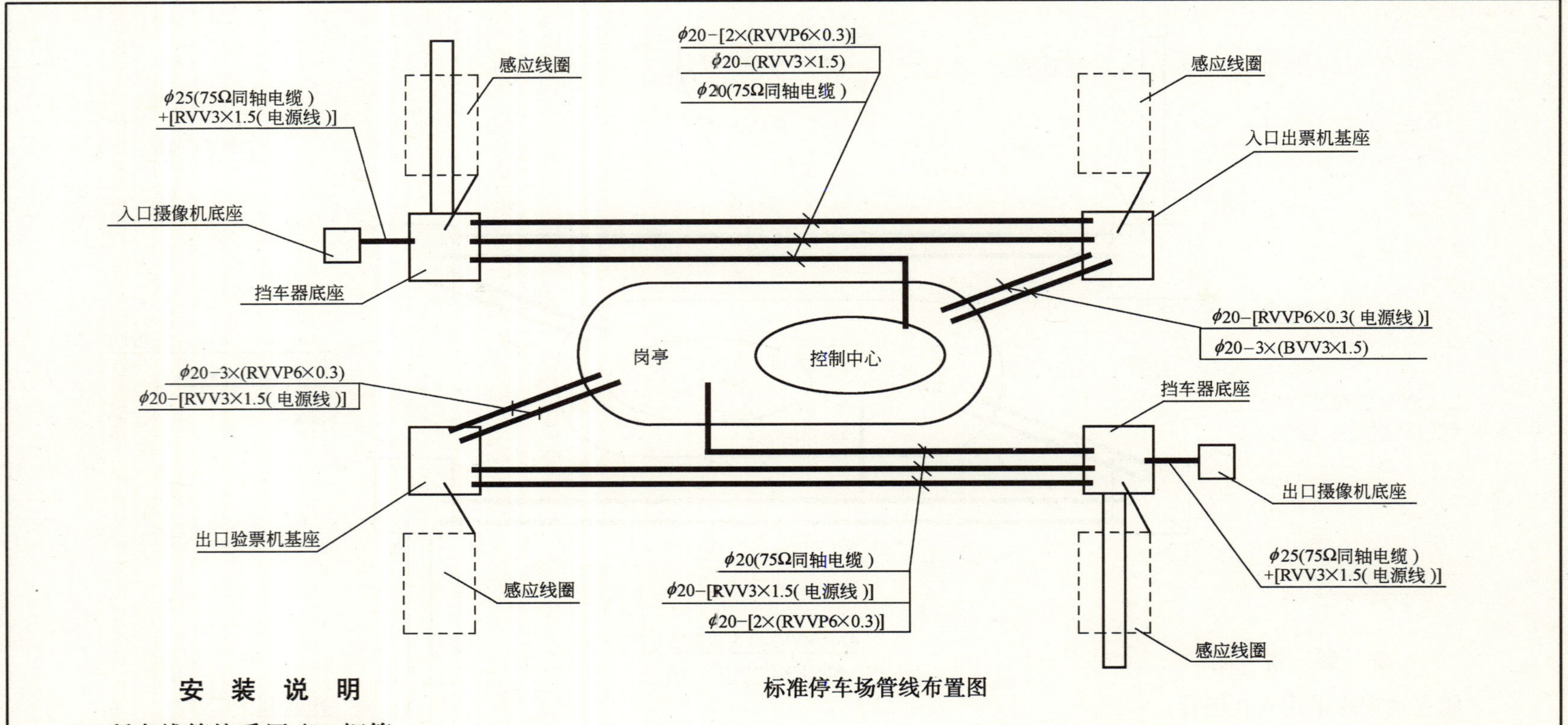

安 装 说 明

标准停车场管线布置图

1. 所有线管均采用 ϕ20 钢管。
2. 配管时严禁使用弯头，线管搣弯采用弯管器。
3. 线管敷设深度为 100mm。
4. 线管进入岗亭跟墙面底盒相接，信号线通过底盒进入线盒。
5. 线管在底座处高出底座 60mm。
6. 通信线采用 6 芯屏蔽线（RVVP6×0.3mm^2）[6×16/0.15] 和 8 芯屏蔽线（RVVP8×0.3mm^2）[6×16/0.15] 所有电源线采用 3 芯护套电源线（RVV3×1.5mm^2）[3×49/0.25]。
7. 感应线圈采用耐高温不燃氟塑电线（1.5mm^2）[49/0.25]。
8. 管理中心需设置电源及网络接口。

图名	停车场管理系统管线布置图（二）	图号	RD 6—8（二）

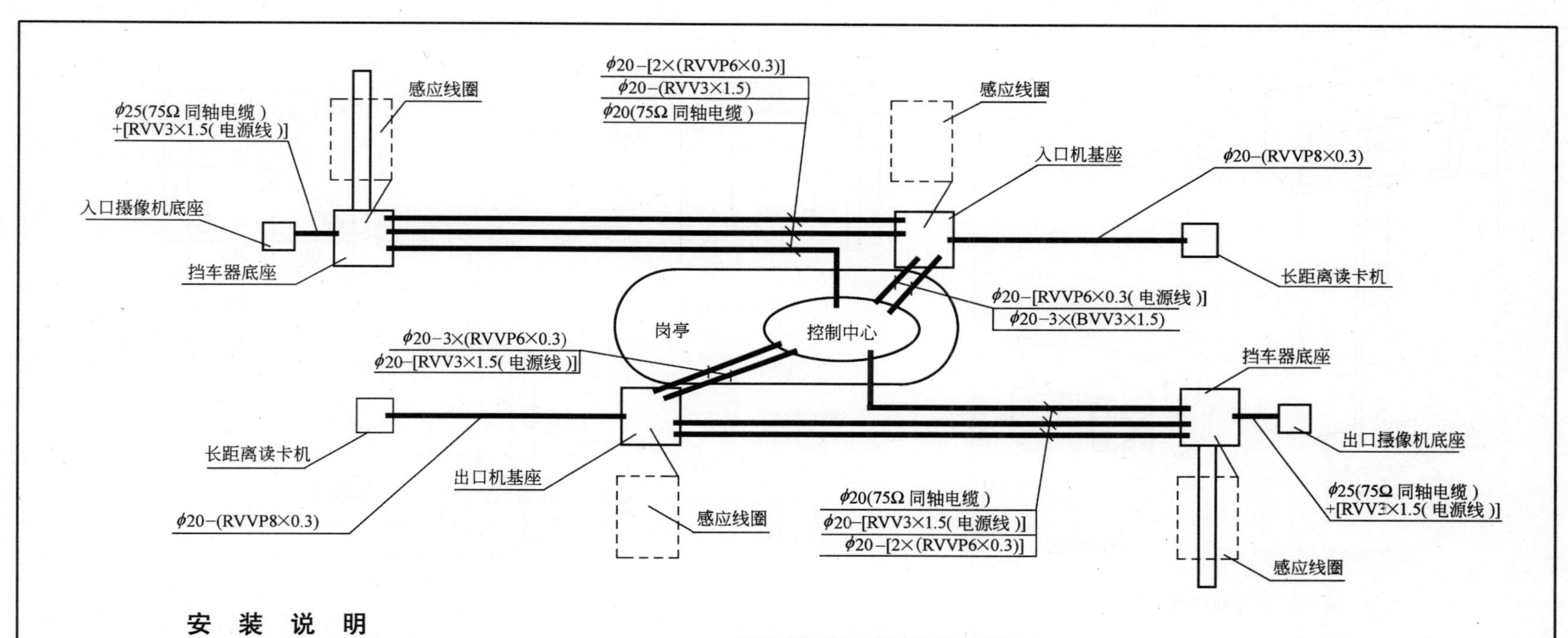

特定型停车场系统管线布置图

安 装 说 明

1. 所有线管均采用 φ20 钢管。
2. 配管时严禁使用弯头，线管摵弯采用弯管器。
3. 线管敷设深度为 100mm。
4. 线管进入岗亭跟墙面底盒相接，信号线通过底盒进入线盒。
5. 线管在底座处高出底座 60mm。
6. 通信线采用 6 芯屏蔽线（RVVP6×0.3mm^2）[6×16/0.15] 和 8 芯屏蔽线（RVVP8×0.3mm^2）[6×16/0.15] 所有电源线采用 3 芯护套电源线（RVV3×1.5mm^2）[3×49/0.25]。
7. 感应线圈采用耐高温不燃氟塑电线（1.5mm^2）[49/0.25]。
8. 管理中心需设置电源及网络接口。

图名	停车场管理系统管线布置图（三）	图号	RD 6—8（三）

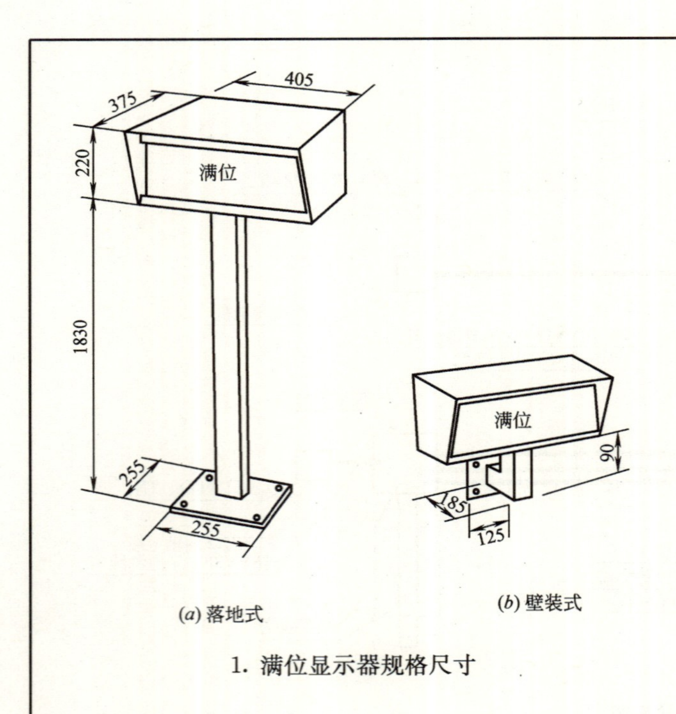

(*a*) 落地式

(*b*) 壁装式

1. 满位显示器规格尺寸

(*a*) 满位显示器基座

(*b*) 混凝土基础

(*c*) 安装方法

2. 满位显示器安装方法

安 装 说 明

1. 在停车场入口处可设置满位显示器，当停车场车位满时，满位显示器点亮。满位显示器与计算机管理系统及车辆计数器连接。

2. 满位显示器为全天候运行带遮阳罩，在土建施工时，应预埋电气配管。壁装时安装高度在 2.2m 以上，可用膨胀螺栓固定。

图名	满位显示器安装方法	图号	RD 6—9

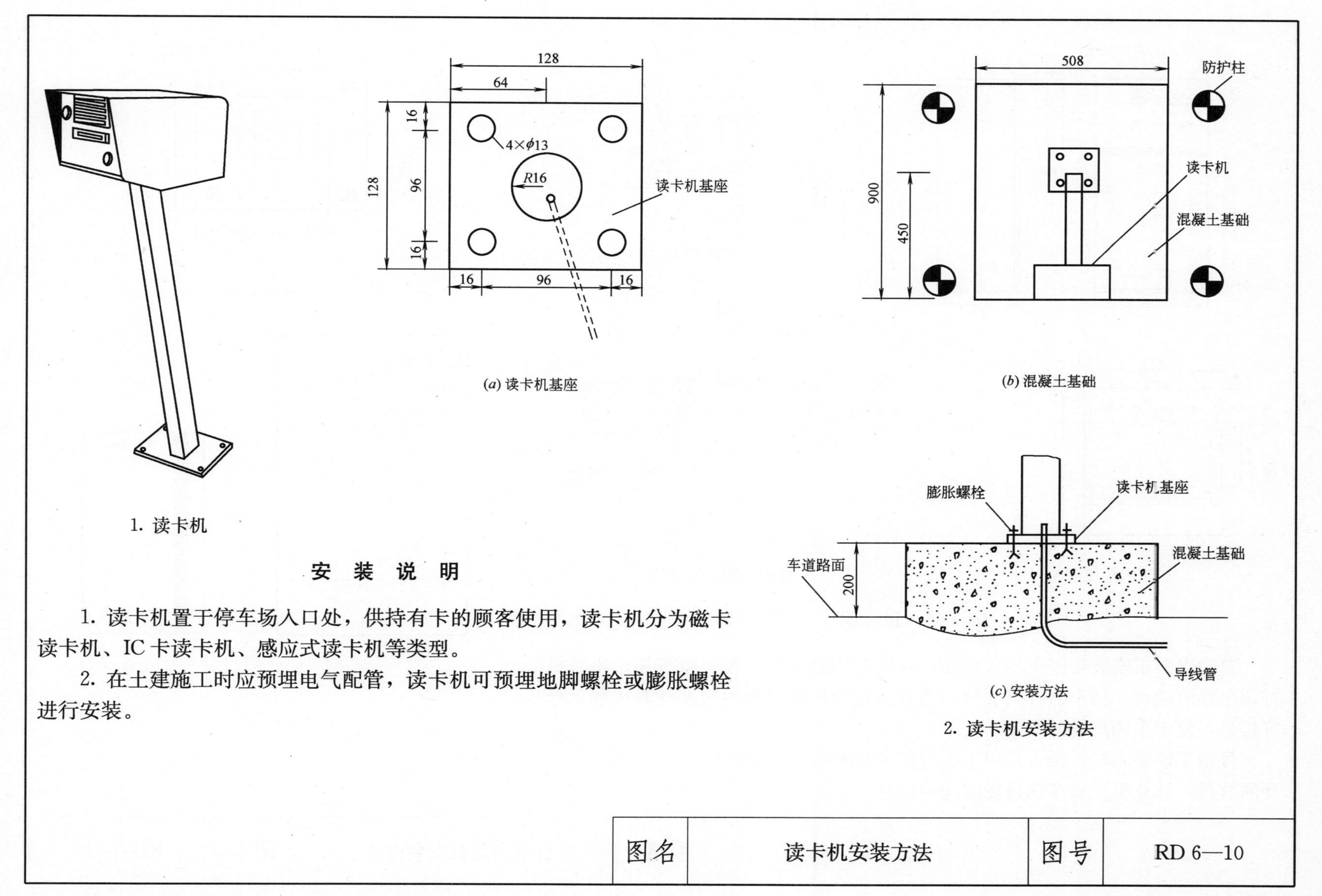

1. 读卡机

(*a*) 读卡机基座

(*b*) 混凝土基础

(*c*) 安装方法

2. 读卡机安装方法

安 装 说 明

1. 读卡机置于停车场入口处，供持有卡的顾客使用，读卡机分为磁卡读卡机、IC卡读卡机、感应式读卡机等类型。

2. 在土建施工时应预埋电气配管，读卡机可预埋地脚螺栓或膨胀螺栓进行安装。

图名	读卡机安装方法	图号	RD 6—10

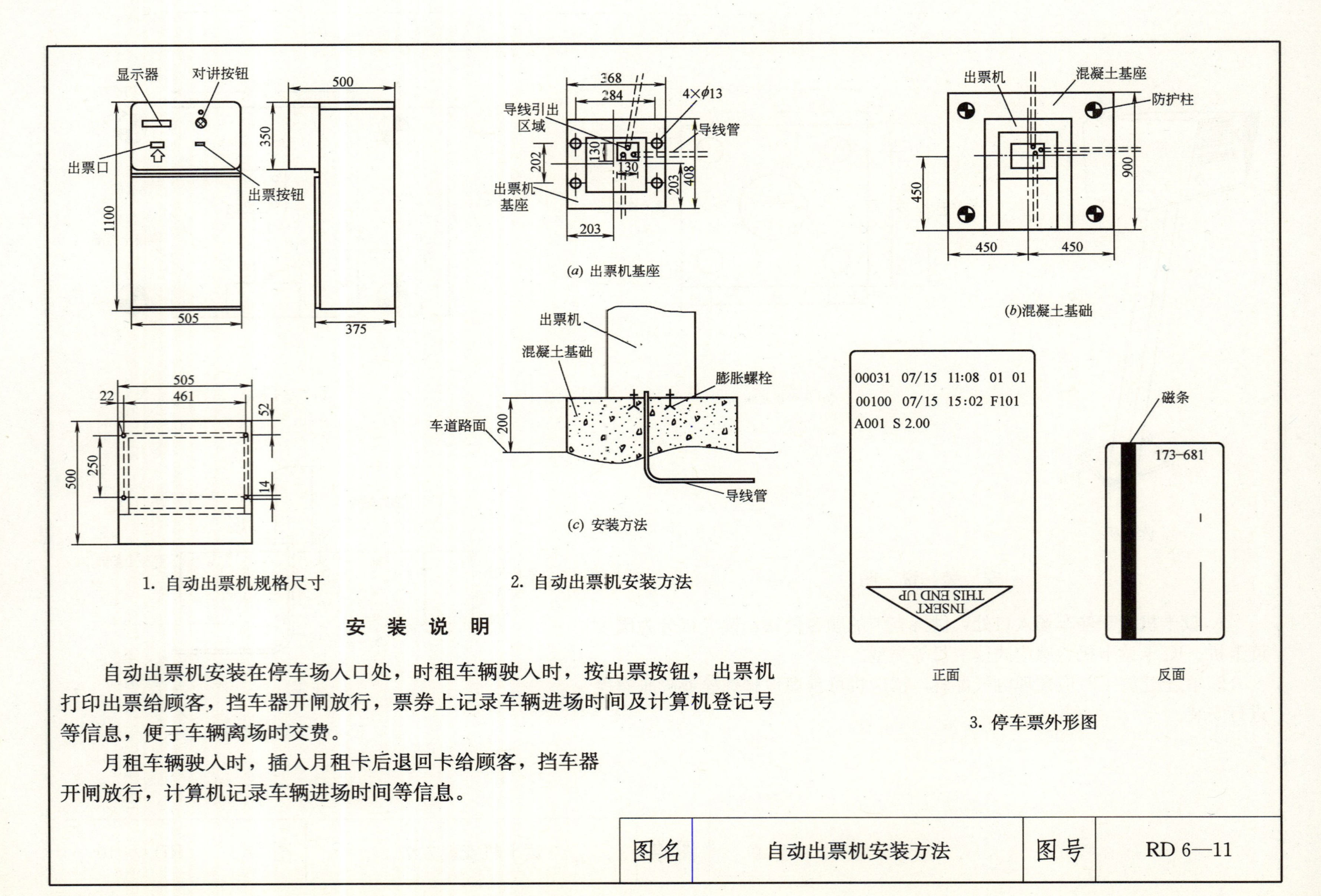

安 装 说 明

自动出票机安装在停车场入口处，时租车辆驶入时，按出票按钮，出票机打印出票给顾客，挡车器开闸放行，票券上记录车辆进场时间及计算机登记号等信息，便于车辆离场时交费。

月租车辆驶入时，插入月租卡后退回卡给顾客，挡车器开闸放行，计算机记录车辆进场时间等信息。

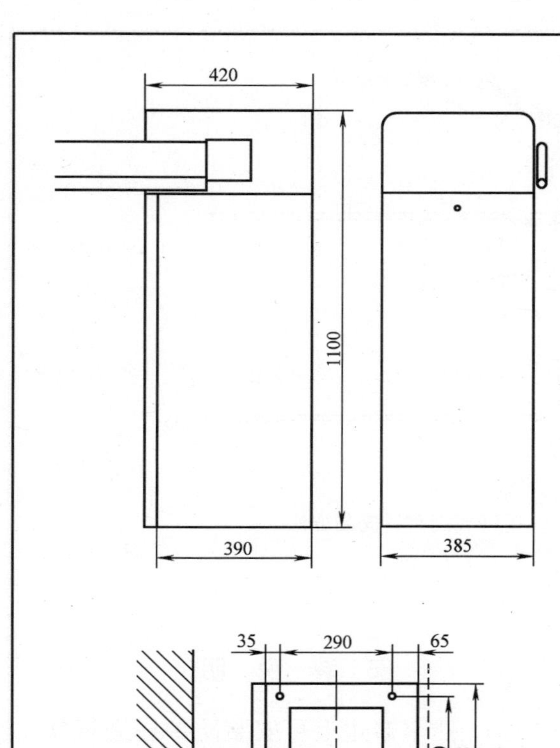

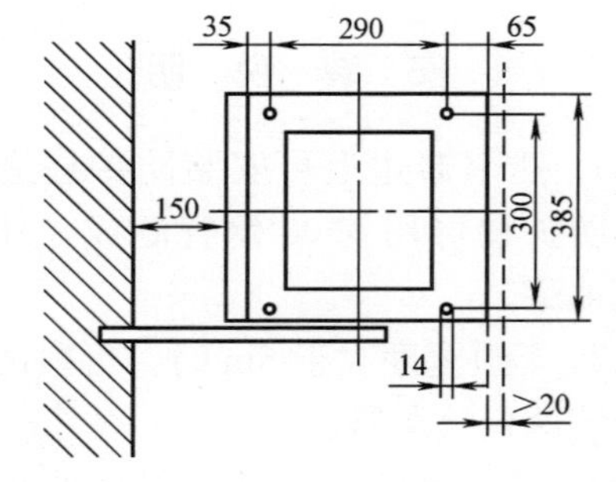

1. 挡车器规格尺寸

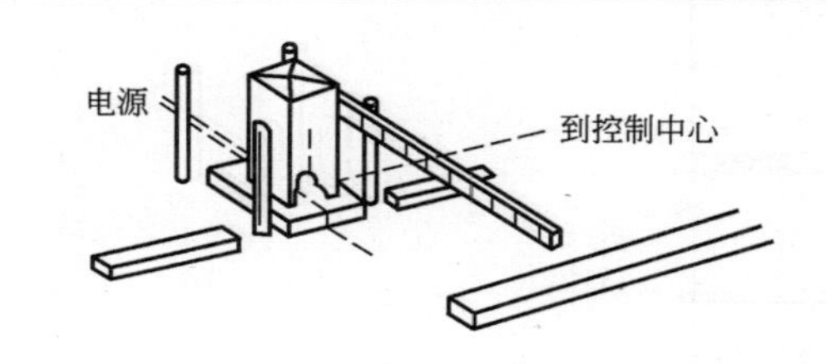

(a) 标准型闸臂

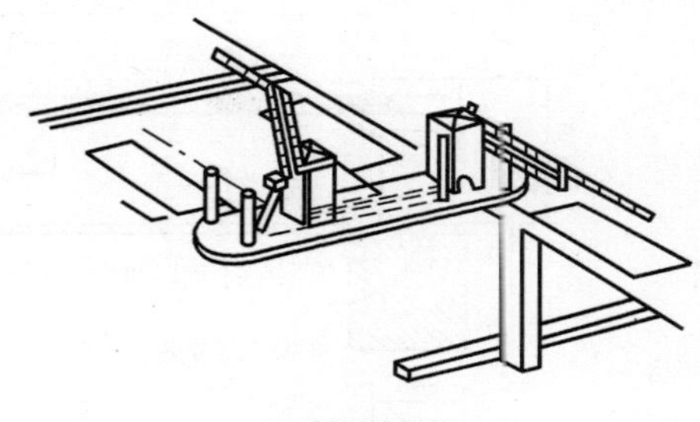

(c) 折杆式闸臂

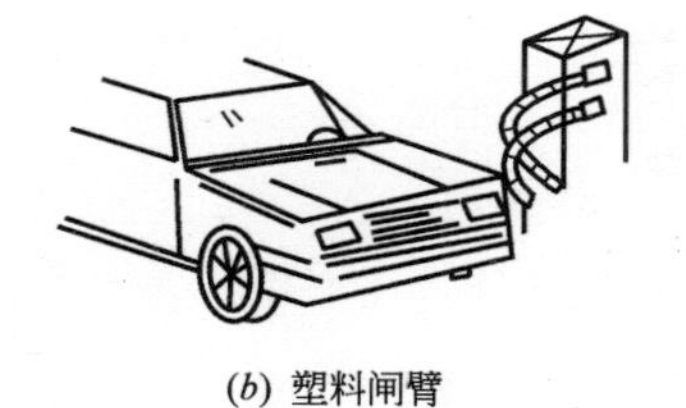

(b) 塑料闸臂

2. 挡车器类型

安 装 说 明

1. 挡车器为全天候室外型钢结构设计，当车辆驶入停车场时，只要顾客插入定期卡或以自动出票机上取出票券，挡车器即自动开启，当车辆穿过后挡车器自动关闭。标准挡车器是3m长的木臂。如有需要可增至4m，除木臂外，还有铝闸臂及塑料闸臂等。

2. 在土建施工时应配合预埋导线管及钢护柱，挡车器可用M12膨胀螺栓进行安装。

图名	挡车器安装方法（一）	图号	RD 6—12（一）

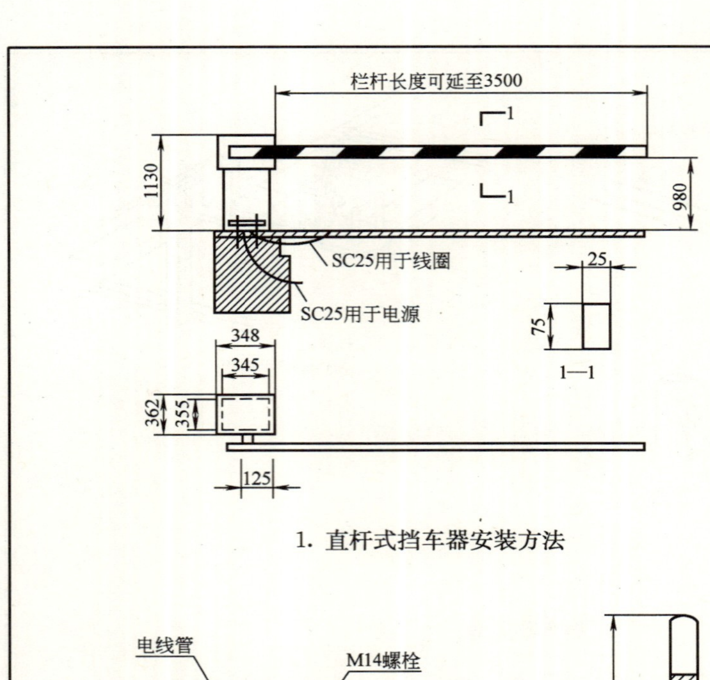

1. 直杆式挡车器安装方法

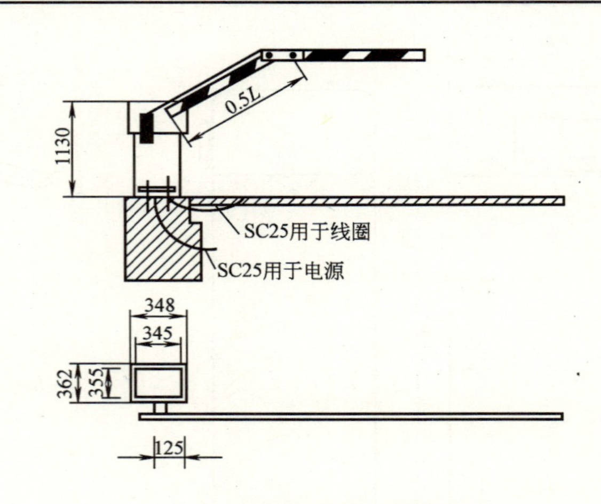

2. 折杆式挡车器安装方法

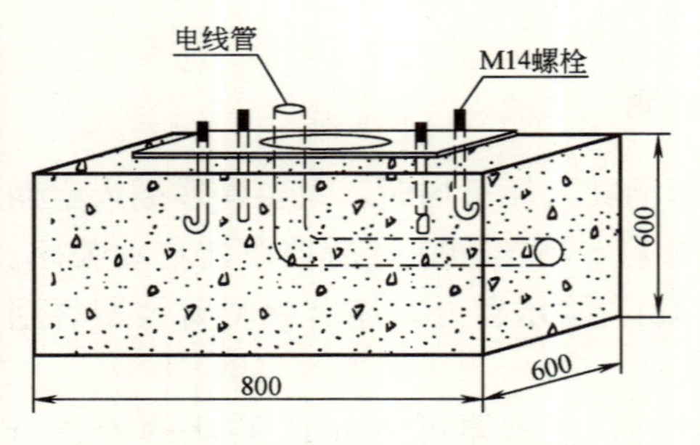

3. 挡车器预埋基础大样图

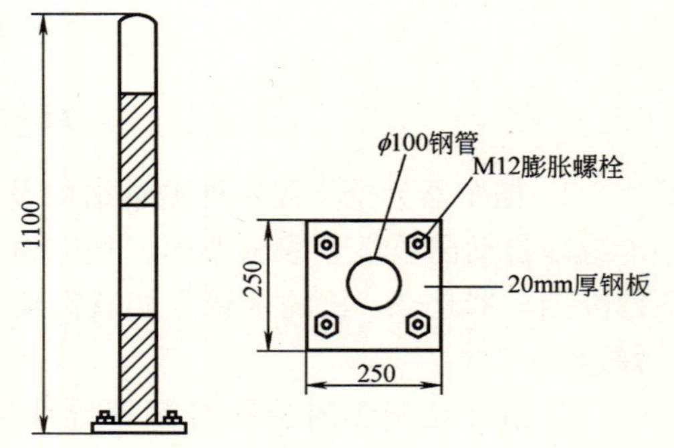

4. 防护柱安装方法

安 装 说 明

1. 挡车器边上可安装防护柱进行保护，防护柱可用 ϕ100 钢管制成，外涂黄黑色油漆。

2. 车道宽度大于 6m 时，可在两侧同时安装两台挡车器。

3. 当车道的高度低于栏杆的抬起高度时，应选用折杆式挡车器。

图名	挡车器安装方法（二）	图号	RD 6—12（二）

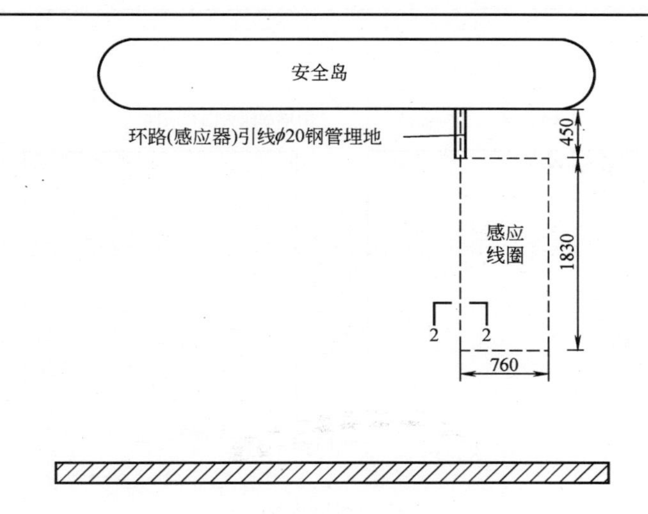

1. 感应线圈布置图

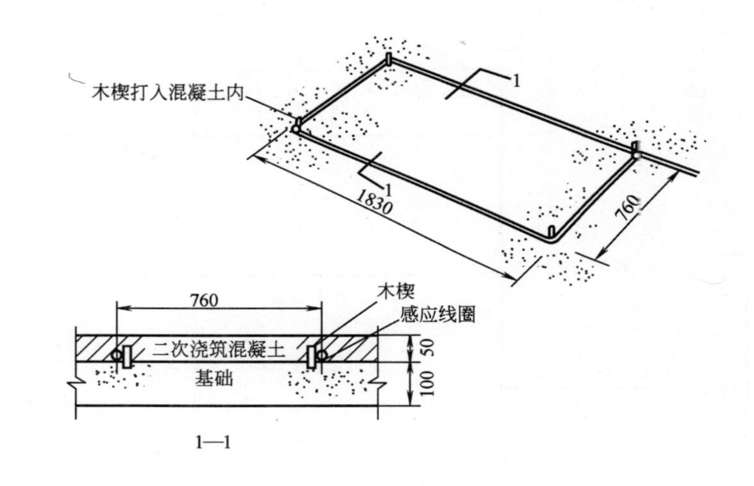

2. 感应线圈安装方法一（木楔固定法）

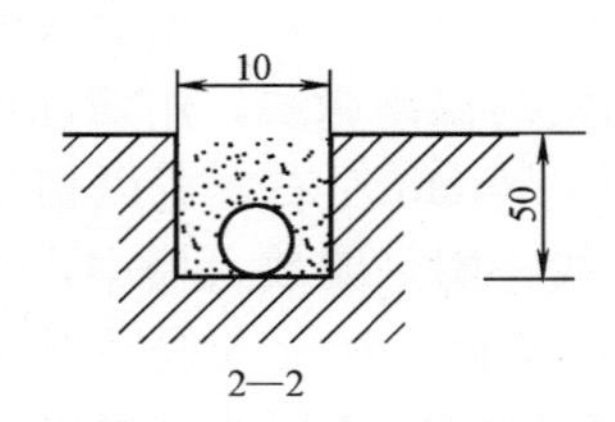

3. 感应线圈安装方法二（开槽固定法）

安 装 说 明

1. 感应线圈放在100mm厚的水泥基础上，且基础内无金属物体，四角用木楔固定，木楔钉入水泥基础后，其超出部分不应高于50mm。感应线圈安装好后，需要二次混凝土浇筑，施工时要与土建专业密切配合。

2. 感应线圈也可在地面开槽，然后将线圈放入槽内进行安装固定。

3. 感应线圈内部探测线有塑料预制架保护，在安装时注意不能伤害导线。

4. 探测线圈必须被装于方的槽中，且槽内应没有无关的线路，电气动力线路距线槽距离应在500mm以外。距金属和磁性物体的距离应大于300mm。

5. 感应线圈至控制设备之间的引线（专用）应为连续的，并没有接头。

图名	感应线圈安装方法（一）	图号	RD 6—13（一）

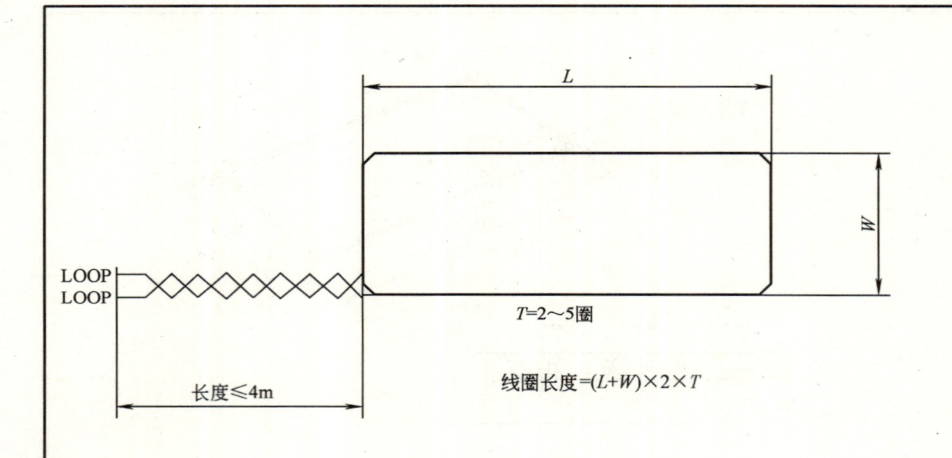

1. 感应线圈布置方法

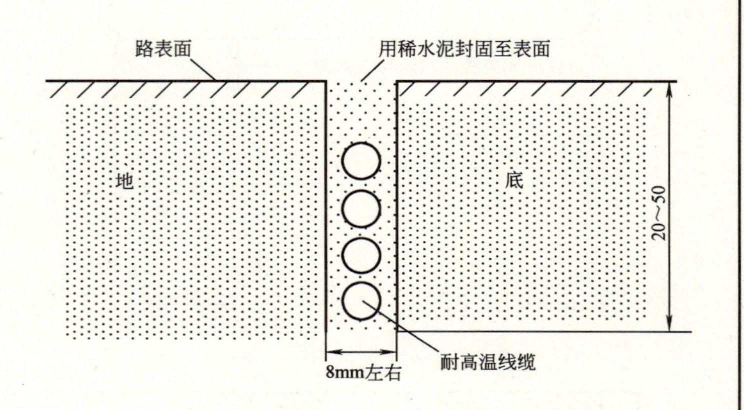

3. 感应线圈安装方法

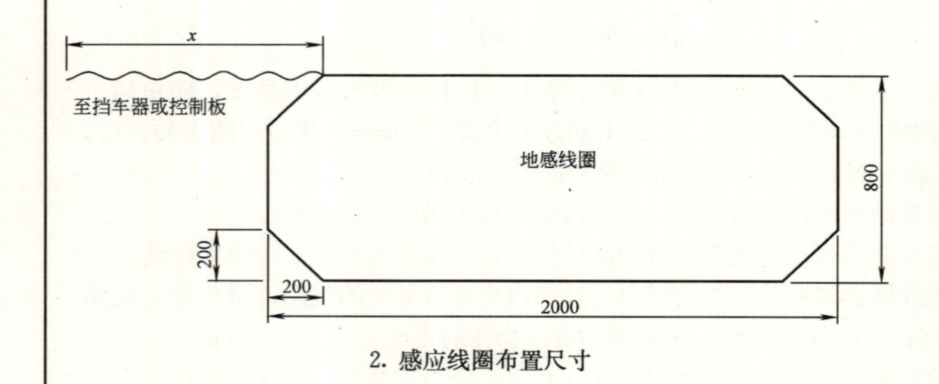

2. 感应线圈布置尺寸

安 装 说 明

感应线圈总长度应在18～20m左右，感应线圈应用横截面大于等于0.25mm² 的耐高温绝缘线；用切地机在坚硬水泥地面切槽，深度为20～50mm左右，宽以切刻片厚度为准一般为8mm，然后将线一圈一圈放入槽中，再用水泥将槽封固，注意线不可浮出地面，在放入线圈时注意不要把线的绝缘层破坏，以免造成漏电或短路。引出线要双绞在一起并行接入地感两个LOOP端，长度不能超过4m，每米中双绞数不能少于20个。

图名	感应线圈安装方法（二）	图号	RD 6—13（二）

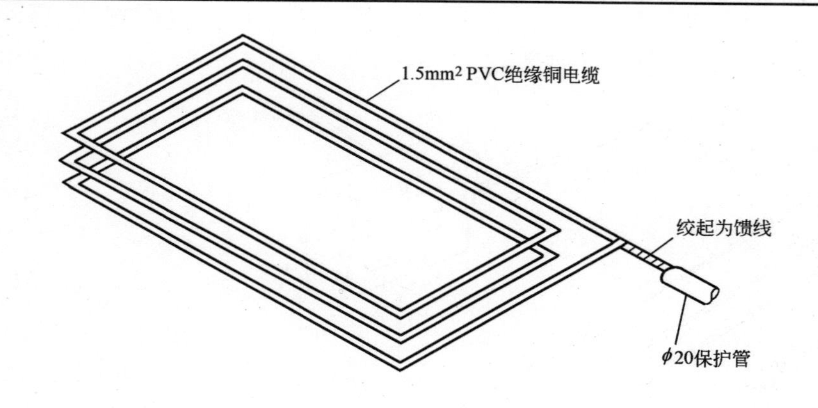

1. 感应线圈组成图

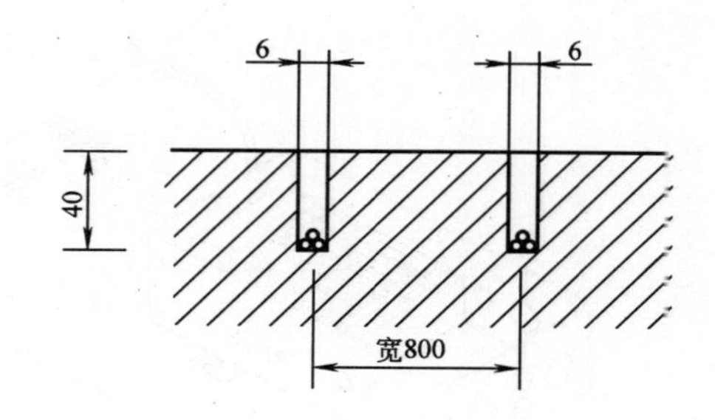

3. 感应线圈安装方法

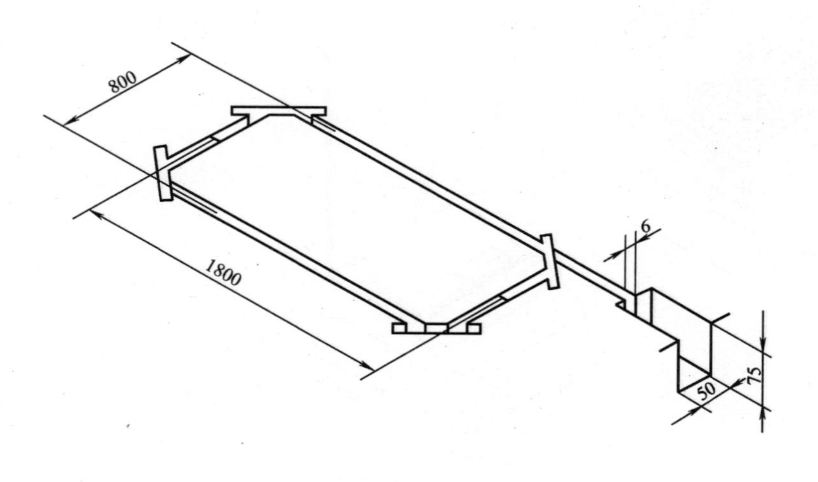

2. 感应线圈地面开槽尺寸

安 装 说 明

1. 感应线圈由多股铜丝软绝缘线构成，铜丝截面积为 1.5mm^2。感应线圈的头尾部分绞起来可作为馈线使用。

2. 感应线圈安装完后，线圈槽使用黑色环氧树脂混合物或热沥青树脂或水泥封闭。

图名	感应线圈安装方法（三）	图号	RD 6—13（三）

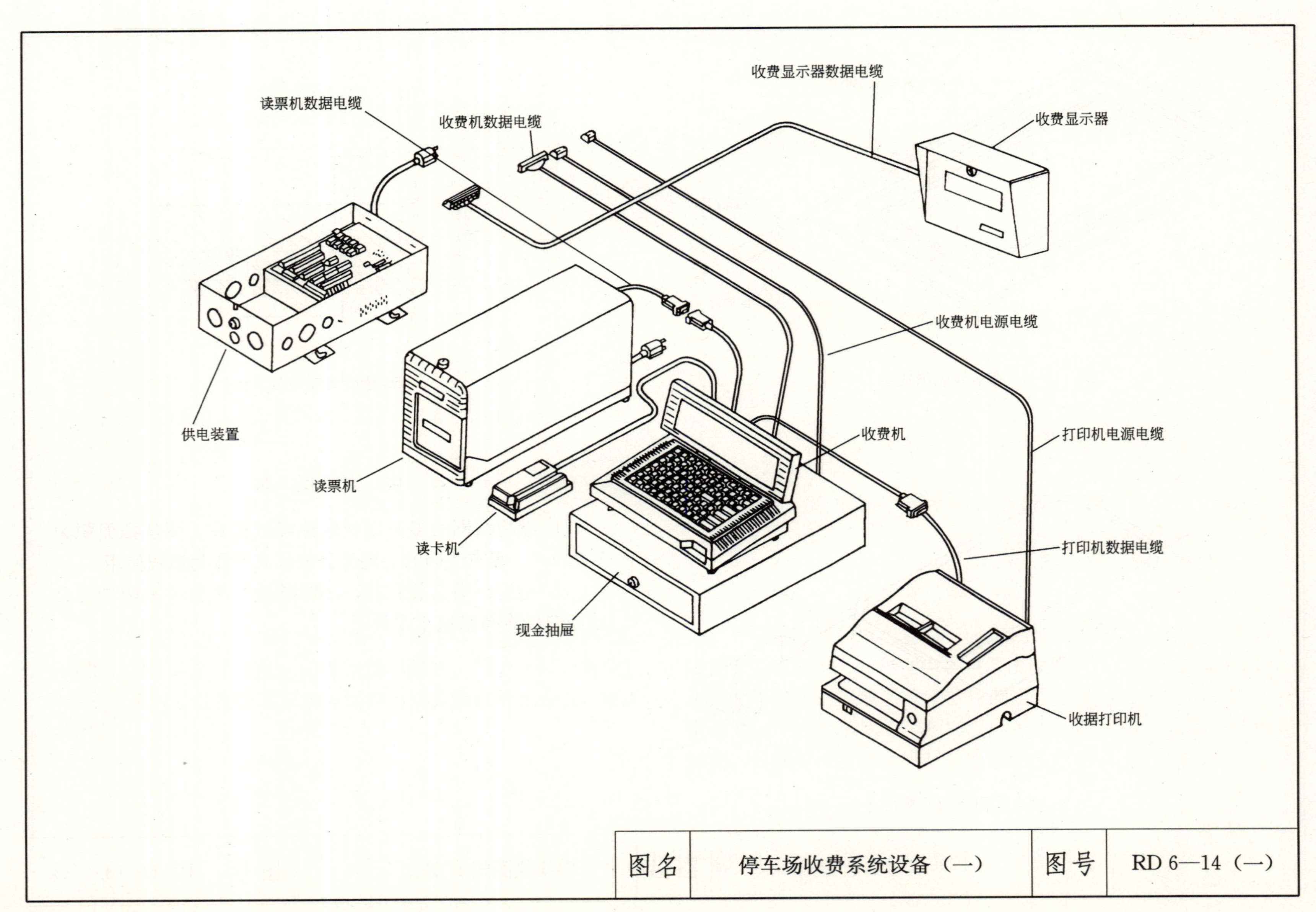
收费显示器数据电缆
读票机数据电缆
收费机数据电缆
收费显示器
供电装置
收费机电源电缆
收费机
打印机电源电缆
读票机
读卡机
打印机数据电缆
现金抽屉
收据打印机
图名
停车场收费系统设备（一）
图号
RD 6—14（一）

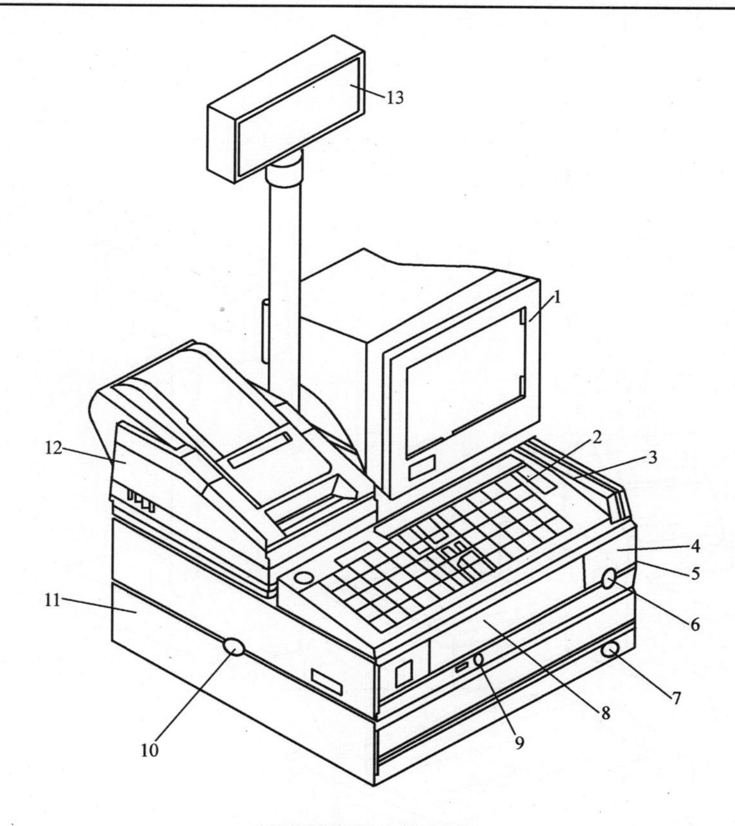

POS收款机安装方法

1—9″单色显示器；2—键盘；3—磁卡读卡器；4—主机；5—防尘网罩；
6—主机电源开关；7—钱箱锁；8—软盘驱动器（可选件）；9—主机复位开关；
10—钱箱定位扣；11—钱箱；12—票据打印机；13—收费显示牌

安 装 说 明

安装注意事项：

1. 取放各部件时，请轻拿轻放，以免振坏内部精密机件。

2. 认清部件和电缆名称，部件正确摆放后，请按连接示意图，逐一连接各相关电缆，保证各部件间电缆连接正确。

3. 安装的顺序是，先部件间信号电缆，后电源电缆。只有在所有部件间正确连接情况下，才能最后连接电源电缆。

4. 插头与插座相合时，一定要插到位，检查相互连接正确后，用螺丝刀上紧插头螺丝，保证插头、插座连接稳固。

5. 随机附件一般都须定位安装。如有多余，可能漏装，应查对装上。

6. 安装完成后，过长电缆要折短捆扎，整理好安放进后盖板内。

7. 用到UPS电源时，可能要加转接插头。

8. 安装应在不带电情况下进行。

9. 开机顺序：先打开各配件的电源，最后打开主机的电源。

10. 禁止带电插拔设备插头。

图名	停车场收费系统设备（二）	图号	RD 6—14（二）

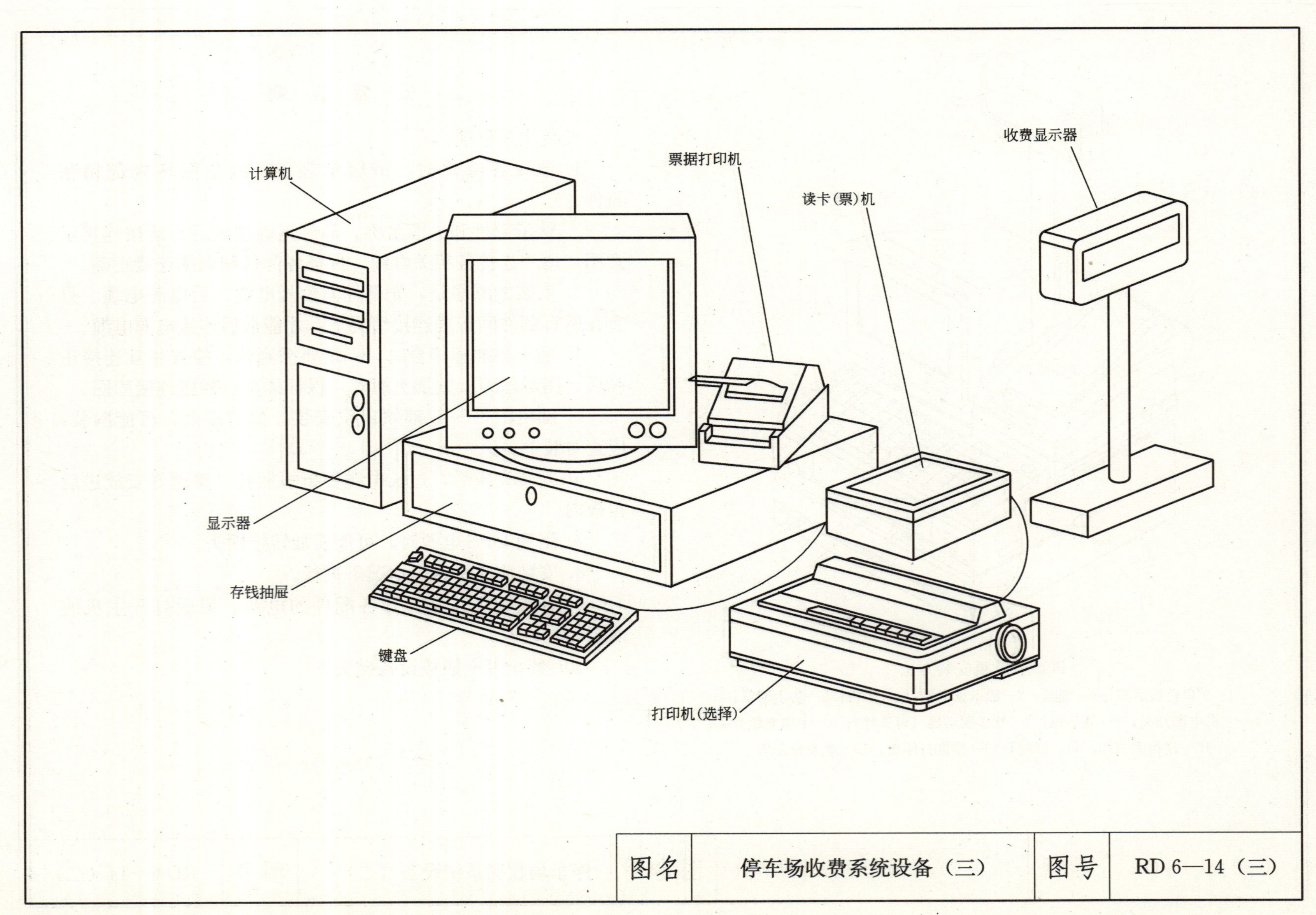

图名	停车场收费系统设备（三）	图号	RD 6—14（三）

停车库（场）管理系统检验项目、检验要求及测试方法

序号	检验项目	检验要求及测试方法
1	识别功能检验	对车型、车号的识别应符合设计要求，识别应准确、可靠
2	控制功能检验	应能自动控制出入挡车器，并不损害出入目标
3	报警功能检验	当有意外情况发生时，应能报警
4	出票验票功能检验	在停车库(场)的入口区、出口区设置的出票装置、验票装置，应符合设计要求，出票检票均应准确、无误
5	管理功能检验	应能进行整个停车场的收费统计和管理(包括多个出入口的联网和监控管理)； 应能独立运行，应能与安防系统监控中心联网
6	显示功能检验	应能明确显示车位，应有出入口及场内通道的行车指标，应有自动计费与收费金额显示
7	其他项目检验	具体工程中具有的而以上功能中未涉及到的项目，其检验要求应符合相应行业标准、工程合同及设计任务书的要求

图名	停车场（库）管理系统检验项目、检验要求及测试方法	图号	RD 6—15

7　火灾自动报警及消防联动系统

安 装 说 明

本章主要介绍了火灾自动报警及消防联动系统设备的安装方法，适用于一般工业与民用建筑，不适用于生产、储存火药、炸药、弹药、火工品等有爆炸危险的场所。系统所选用的探测器、控制器、消防报警装置、疏散指示标志灯等元件设备均须经“国家消防电子产品质量监督检测中心”检测合格。系统在交付使用前必须经过公安消防监督机构验收。

1. 火灾探测器安装方法

火灾探测器的安装，应符合下列规定：

(1) 探测器至墙壁、梁边的水平距离，不应小于 0.5m；

(2) 探测器周围 0.5m 内，不应有遮挡物；

(3) 探测器至空调送风口边的水平距离，不应小于 1.5m；至多孔送风顶棚孔口的水平距离，不应小于 0.5m；

(4) 在宽度小于 3m 的内走道顶棚上设置探测器时，宜居中布置。感温探测器的安装间距，不应超过 10m；感烟探测器的安装间距，不应超过 15m。探测器距端墙的距离，不应大于探测器安装间距的一半；

(5) 探测器宜水平安装，当必须倾斜安装时，倾斜角不应大于 45°；

(6) 探测器的底座应固定牢靠，其导线连接必须可靠；

(7) 探测器确认灯，应面向便于人员观察的主要入口方向；

(8) 探测器在即将调试时方可安装，在安装前应妥善保管，并应采取防尘、防潮、防腐蚀措施。

2. 设备安装方法

(1) 火灾自动报警系统布线，应符合现行国家标准《电气装置安装工程施工及验收规范》的规定。

(2) 手动火灾报警按钮，应安装在墙上距地（楼）面高度 1.5m 处。

(3) 火灾报警控制器，在墙上安装时其底边距地（楼）面高度不应小于 1.5m；落地安装时，其底宜高出地坪 0.1～0.2m。引入探制器的电缆或电线应整齐，电缆芯线和所配导线的端部均应标明编号，并与图纸一致；端子板的每个接线端，接线不得超过 2 根。控制器的主电源引入线，应直接与消防电源连接，严禁使用电源插头。

(4) 消防控制设备在安装前，应进行功能检查，消防控制设备的外接导线，当采用金属软管做套管时，其长度不宜大于 2m，且应采用管卡固定。

（5）系统接地装置安装时，工作接地线应采用铜芯绝缘导线或电缆，由消防控制室引至接地体的工作接地线，在通过墙壁时，应穿入钢管或其他坚固的保护管。工作接地线与保护接地线必须分开。

3. 火灾自动报警系统的调试

（1）调试负责人必须由有资格的专业技术人员担任，所有参加调试人员应职责明确，并应按照调试程序工作。应先分别对探测器、区域报警控制器、集中报警控制器、火灾警报装置和消防控制设备等逐个进行单机通电检查，正常后方可进行系统调试，并填写调试报告。

（2）火灾自动报警系统的竣工验收，应在公安消防监督机构监督下，由建设主管单位主持，设计、施工、调试等单位参加，共同进行。

4. 本章相关规范

（1）《建筑设计防火规范》（GB 50016—2006）。

（2）《村镇建设设计防火规范》（GBJ 39—90）。

（3）《高层民用建筑设计防火规范》（GB 50045—95）2005 年版。

（4）《建筑防雷设计规范》（GB 50057—94）2000 年版。

（5）《爆炸和火灾危险环境电力装置设计规范》（GB 50058—92）。

（6）《汽车库、修车库、停车场设计防火规范》（GB 50067—97）。

（7）《石油库设计规范》（GBJ 74—84）1995 年版。

（8）《自动喷水灭火系统设计规范》（GB 50084—2001）。

（9）《人民防空工程设计防火规范》（GBJ 98—87）1997 年版。

（10）《火灾自动报警系统设计规范》（GB 50116—98）。

（11）《建筑灭火器配置设计规范》（GBJ 140—90）1997 年版。

（12）《低倍数泡沫灭火系统设计规范》（GB 50151—92）。

（13）《小型石油库及汽车加油站设计规范》（GB 50156—92）。

（14）《石油化工企业设计防火规范》（GB 50160—92）。

（15）《火灾自动报警系统施工及验收规范》（GB 50166—92）。

(16)《原油和天然气工程设计防火规范》(GB 50183—93)。
(17)《二氧化碳灭火系统设计规范》(GB 50193—93)。
(18)《高倍数、中倍数泡沫灭火系统设计规范》(GB 50196—93)。
(19)《水喷雾灭火系统设计规范》(GB 50192—95)。
(20)《建筑内部装修设计防火规范》(GB 50222—95)。
(21)《火力发电厂与变电所设计防火规范》(GB 50229—96)。
(22)《喷水灭火系统施工及验收规范》(GB 50261—96)。
(23)《气体灭火系统施工及验收规范》(GB 50263—97)。
(24)《智能建筑设计标准》(GB/T 50314—2006)。
(25)《消防设施图形符号》(GB 4327—84)。
(26)《火灾报警控制器通用技术条件》(GB 4717—93)。
(27)《火灾报警设备专业名词术语》(GB/T 4718—1996)。
(28)《消防基本术语》(GB 5907—86)。
(29)《中华人民共和国消防法》(1998 年 9 月 1 日执行)。
(30)《智能建筑工程质量验收规范》(GB 50339—2003)。

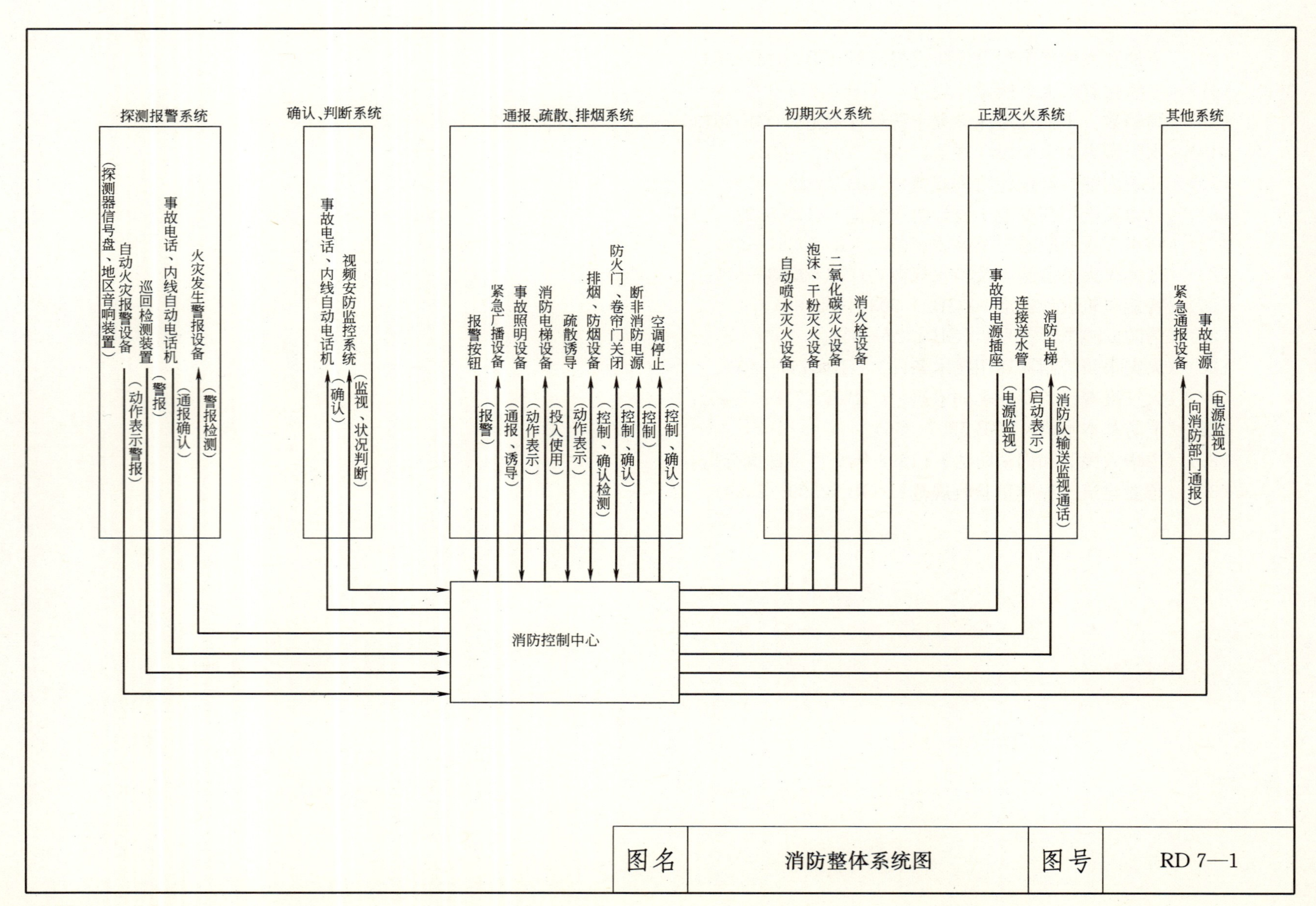

图名	消防整体系统图	图号	RD 7—1

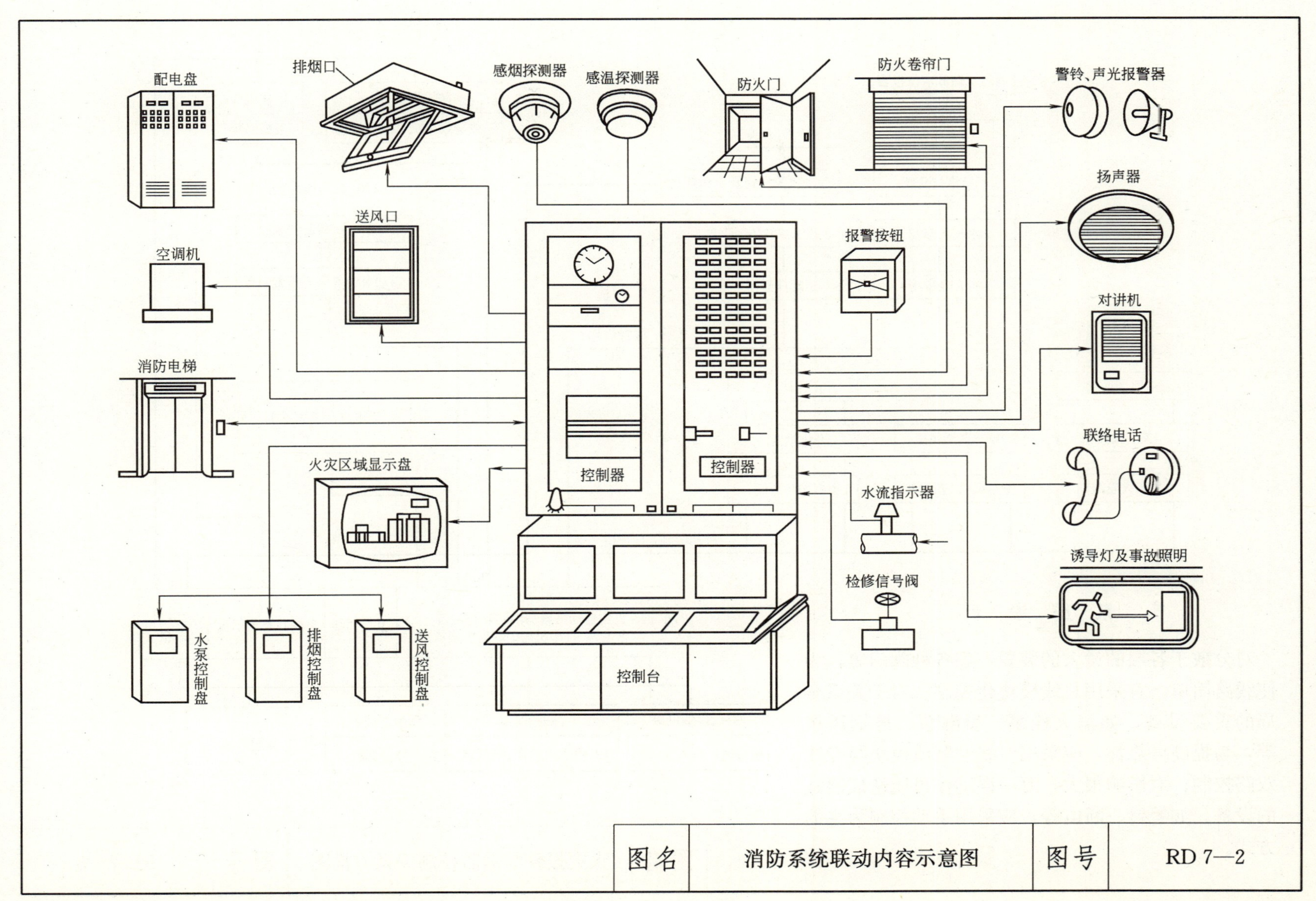

图名	消防系统联动内容示意图	图号	RD 7—2

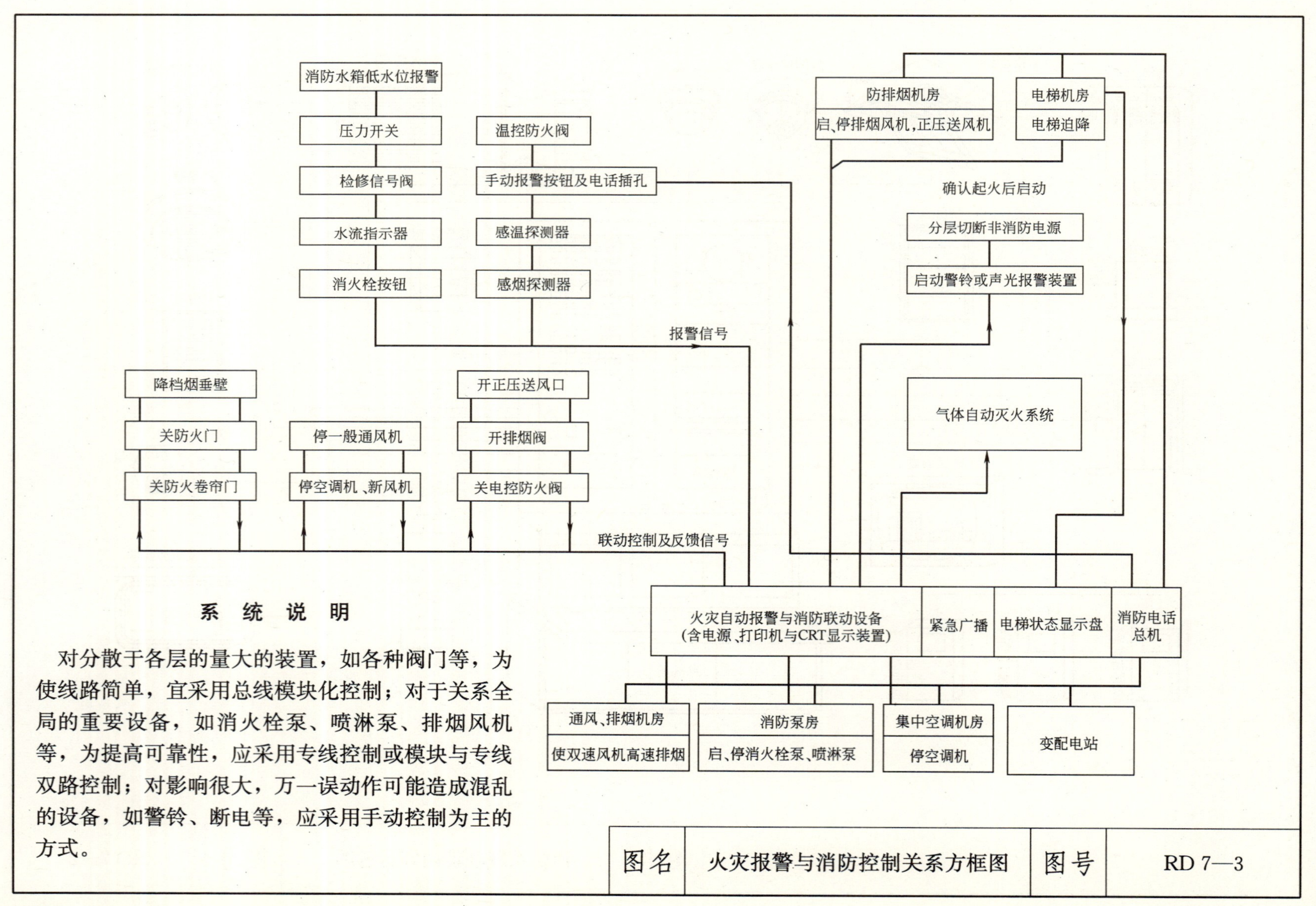

系 统 说 明

对分散于各层的量大的装置，如各种阀门等，为使线路简单，宜采用总线模块化控制；对于关系全局的重要设备，如消火栓泵、喷淋泵、排烟风机等，为提高可靠性，应采用专线控制或模块与专线双路控制；对影响很大，万一误动作可能造成混乱的设备，如警铃、断电等，应采用手动控制为主的方式。

图名	火灾报警与消防控制关系方框图	图号	RD 7—3

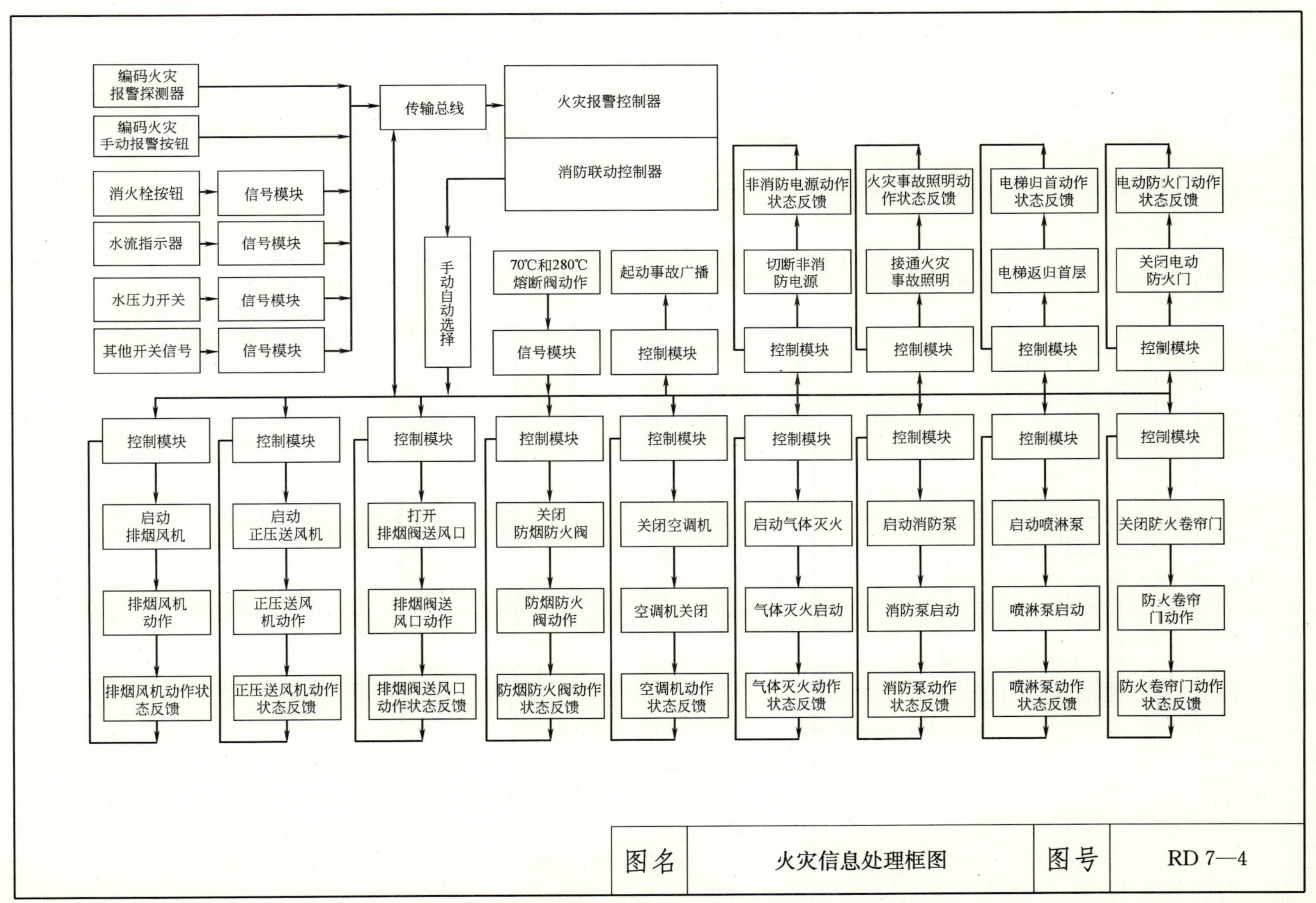

图名	火灾信息处理框图	图号	RD 7—4

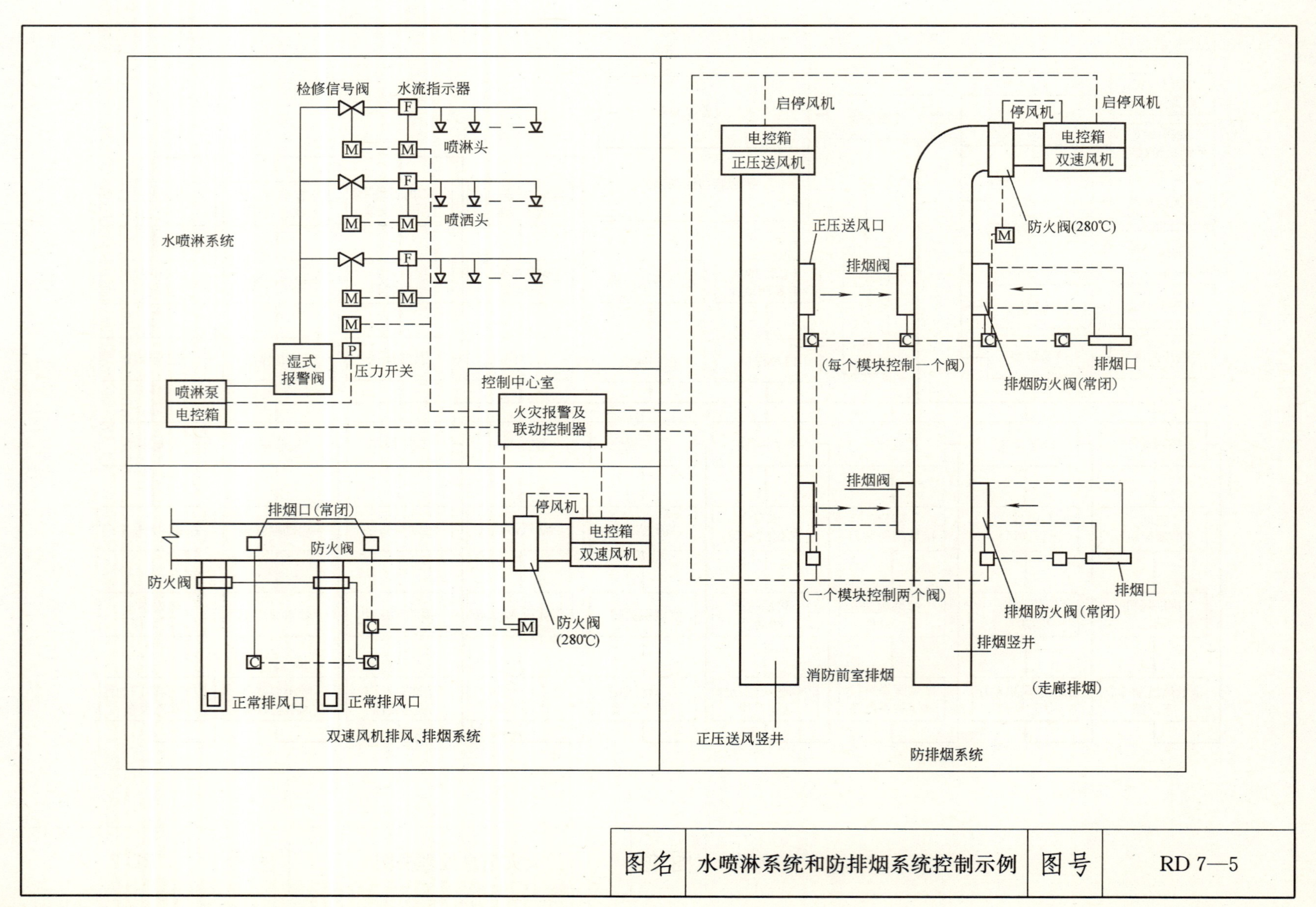

图名	水喷淋系统和防排烟系统控制示例	图号	RD 7—5

	报警设备种类	受控设备	位置及说明
水消防系统	消火栓按钮	启动消火栓泵	
	报警阀压力开关	启动喷淋泵	
	水流指示器	（报警，确定起火层）	
	检修信号阀	（报警，提醒注意）	
	消防水池水位或水管压力	启动、停止稳压泵等	
空调系统	烟感或手动按钮	关闭有关系统空调机、新风机、普通送风机	
		关闭本层电控防火阀	
	防火阀70℃温控关闭	关闭该系统空调机或新风机、送风机	
防排烟系统	烟感或手动按钮	打开有关排烟风机与正压送风机	屋面
		打开有关排烟口（阀）	
		打开有关正压送风口	$N\pm1$层
		两用双速风机转入高速排烟状态	
		两用风管中，关正常排风口，开排烟口	
	排烟风机旁防火阀280℃温控关闭	关闭有关排烟风机	屋面
可燃气体报警		打开有关房间排风机、进风机	厨房、煤气表房、防爆厂房等

	报警设备种类	受控设备	位置及说明
防火卷帘门防火门	防火卷帘门旁的烟感	该卷帘门或该组卷帘门下降一半	
	防火卷帘门旁的温感	该卷帘门或该组卷帘门归底	
		卷帘门有水幕保护时，启动水幕电磁阀和雨淋泵	
	电控常开防火门旁烟感或温感	释放磁力锁，关闭该防火门	
	电控挡烟垂壁旁烟感或温感	释放磁力锁，该挡烟垂壁或该组挡烟垂壁下垂	
气体灭火系统	气体灭火区内烟感	声光报警，关闭有关空调机、防火阀、电控门窗	
	气体灭火区内烟感、温感同时报警	延时后启动气体灭火	
	钢瓶压力开关	点亮放气灯	
	紧急启、停控制钮	人工紧急启动或终止气体灭火	
手动为主的系统	手动/自动，手动为主	切断起火层非消防电源	$N\pm1$层
	手动/自动，手动为主	启动起火层警铃或声光报警装置	$N\pm1$层
	手动/自动，手动为主	使电梯归首，消防梯投入消防使用	
	手动	对有关区域进行紧急广播	$N\pm1$层
消防电话		随时报警、联络、指挥灭火	

安装说明

1. 消防控制关系需根据具体工程和建筑、工艺、给排水、空调、电气等各专业的要求设计，本表仅供参考。

2. 消防控制逻辑关系表应能表达出设计意图和各专业的协调关系，可供分包商作为编制控制程序的依据或参考资料。

3. 根据具体工程情况，必要时可增加受控设备编号和电控箱编号。

4. 消防控制室应能手动强制启、停消火栓泵、喷淋泵、排烟风机、正压送风机，能关闭集中空调系统的大型空调机等，并接收其反馈信号，表中从略。

5. 表中“$N\pm1$层”一般为起火层及上下各一层；当地下任一层起火时，为地下各层及一层；当一层起火时，为地下各层及一层、二层。

图名	消防控制逻辑关系参考表	图号	RD 7—6

名称	控制地点	引进信号	引出信号	控制要求
消火栓加压泵	各层消火栓 消防控制室 水泵房控制室	确认火灾信号 破玻璃按钮动作 手动控制	泵运行信号 泵故障信号 控制泵信号	1. 两泵一用一备，自动切换，自耦降压启动； 2. 各层消火栓的破玻璃按钮可启动泵； 3. 消防控制室可直接控制泵； 4. 水泵房控制室可直接控制泵
喷水灭火加压泵	报警阀室 消防控制室 水泵房控制室	确认火灾信号 压力开关动作 手动控制	泵运行信号 泵故障信号 控制泵信号	1. 两泵一用一备，自动切换，星-三角降压启动； 2. 报警阀上的压力开关可启动泵； 3. 消防控制室可直接控制泵； 4. 水泵房控制室可直接控制泵
稳压泵	消防控制室 泵房控制箱	三个压力信号 工作压力信号 高压力信号 低压力信号	泵运行信号	1. 两泵一用一备，自动切换，全压启动； 2. 首层消防控制室可直接控制泵； 3. 当管网压力为工作压力时开泵； 4. 当管网压力为高压力时停泵； 5. 当管网压力为低压力时可直接启动消火栓泵（喷水灭火），同时关闭稳压泵
常开防火门	消防控制室 就地控制箱	门任一侧 探测器信号	门关闭信号	门任一侧的火灾探测器报警后，防火门应自动关闭
防火卷帘（疏散通道）	消防控制室 就地控制钮	感烟信号 感温信号	防火卷帘的关闭信号	1. 感烟探测器动作后，卷帘下降至距地面1.8m； 2. 感温探测器动作后，卷帘下降到底
防火卷帘（防火分隔）				火灾探测器动作后，卷帘应下降到底
防排烟设施	消防控制室 就地控制钮	火灾信号	排烟机运行信号 排烟机故障信号 防火阀动作信号 排烟阀动作信号	1. 停止有关部位的空调送风，关闭电动防火阀； 2. 启动有关部位的防排烟机、排烟阀等； 3. 消防控制室可直接控制排烟机
电梯	消防控制室 机房控制箱 首层控制钮	火灾信号	电梯停于首层信号	确认火灾后，电梯全部停于首层
应急照明疏散标志	消防控制室 就地控制箱	火灾信号	反馈信号	1. 确认火灾后，切断有关部位的非消防电源； 2. 确认火灾后，接通应急照明及疏散标志灯电源
警报装置紧急广播	消防控制室	火灾信号	反馈信号	1. 二层及以上的楼房发生火灾，应先接通着火层及其相邻的上、下层； 2. 首层发生火灾，应先接通本层、二层及地下各层； 3. 地下室发生火灾，应先接通地下各层及首层

注：表中电机的启动方式仅供参考，应以具体工程的实际情况确定。

图名	消防联动设备控制要求	图号	RD 7—7

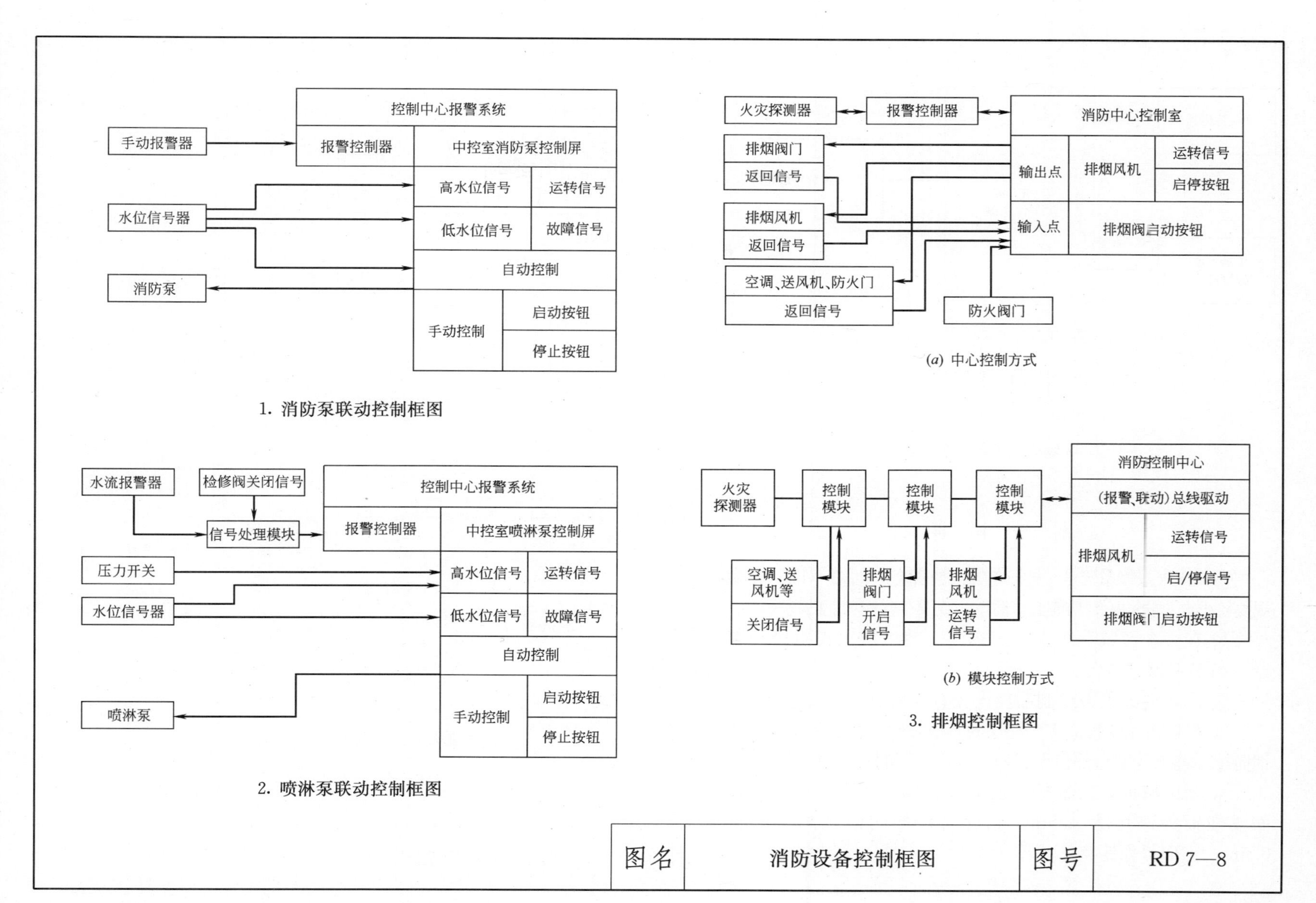

1. 消防泵联动控制框图

(*a*) 中心控制方式

(*b*) 模块控制方式

3. 排烟控制框图

2. 喷淋泵联动控制框图

图名	消防设备控制框图	图号	RD 7—8

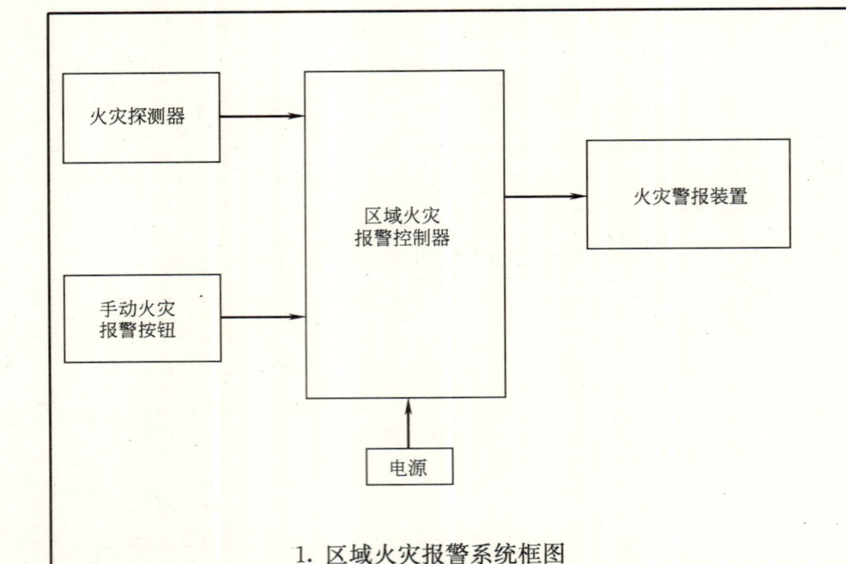

1. 区域火灾报警系统框图

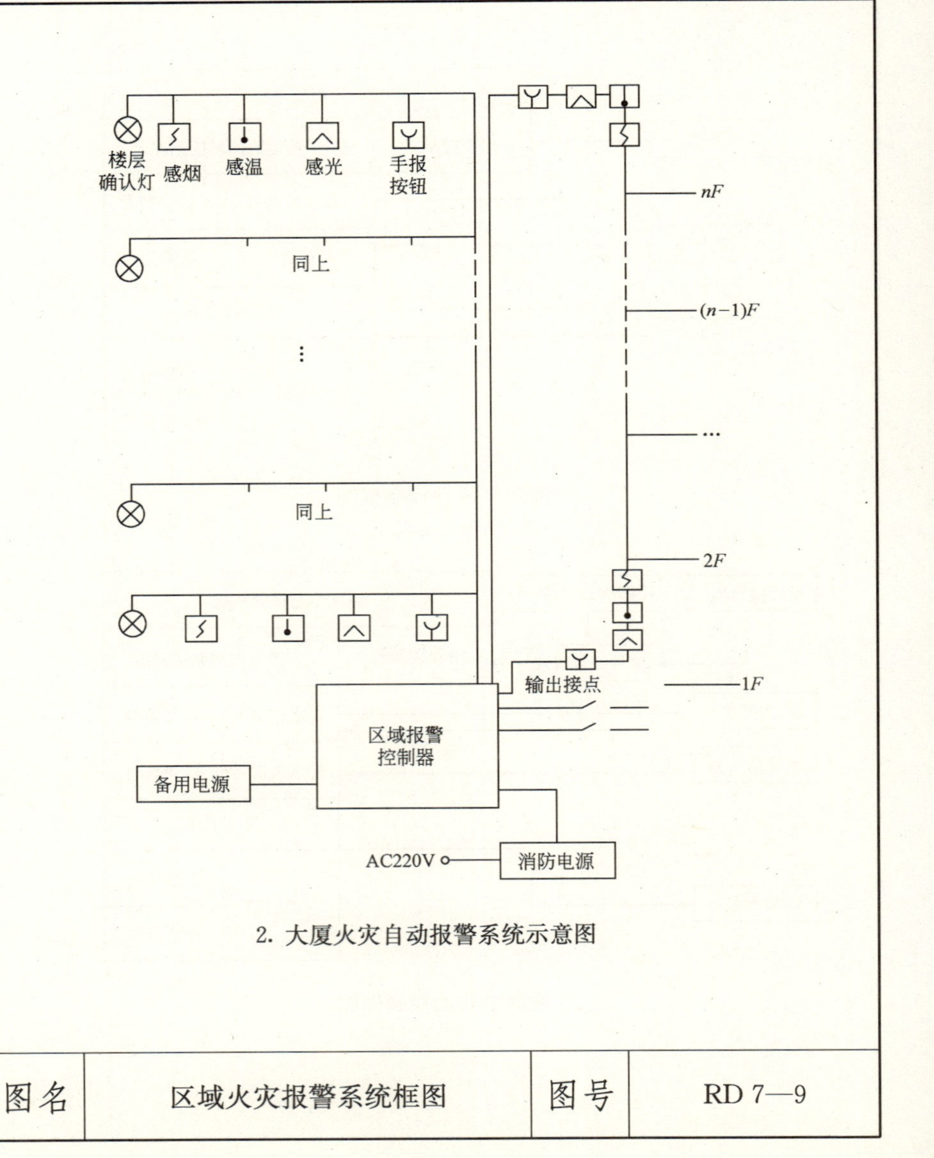

2. 大厦火灾自动报警系统示意图

系 统 说 明

区域火灾报警系统是一种简单的报警系统，其保护对象一般是规模较小，对联动控制功能要求简单，或没有联控功能的场所。

1. 在一个区域系统中，宜选用一台区域火灾报警控制器，最多不超过两台。

2. 区域火灾报警控制器应设在有人值班的房间。

3. 当用该系统警戒多个楼层时，应在每个楼层的楼梯口和消防电梯前室等明显部位设置识别报警楼层的灯光显示装置。

4. 当区域火灾报警控制器安装在墙上时，其底边距地面或楼板的高度为 1.5m，靠近门轴的侧面距离不小于 0.5m，正面操作距离不小于 1.2m。

图名	区域火灾报警系统框图	图号	RD 7—9

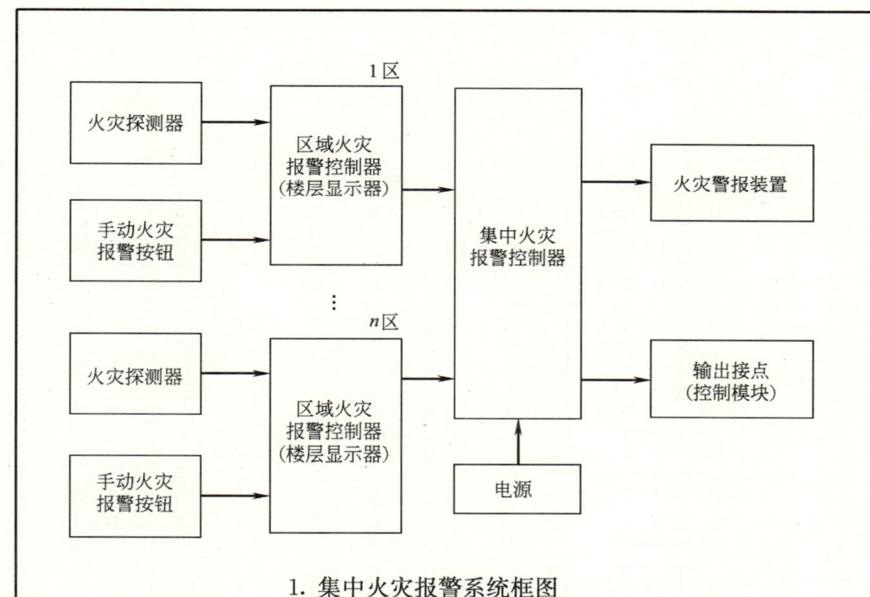

1. 集中火灾报警系统框图

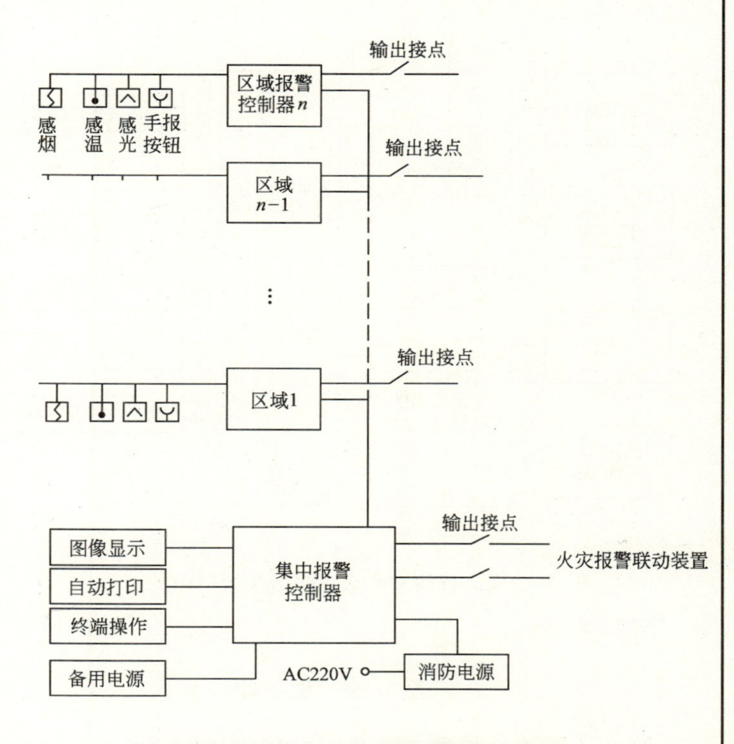

2. 宾馆、饭店火灾自动报警系统示意图

系 统 说 明

集中火灾报警系统是一种较复杂的报警系统，适用于宾馆、饭店等场所。根据管理情况，集中火灾报警控制器设在消防控制室。区域火灾报警控制器（或楼层显示器）设在各楼层服务台。

1. 集中火灾报警控制系统中，应设置必要的消防联动控制输出接点和输入接点（或输入、输出模块），可控制有关消防设备，并接收其反馈信号。

2. 在控制器上应能准确显示火灾报警的具体部位，并能实现简单的联动控制。

3. 集中火灾报警控制器的信号传输线（输入、输出信号线）应通过端子连接，且应有明显的标记和编号。

4. 火灾报警控制器应设在消防控制室或有人值班的专门房间。

图名	集中火灾报警系统框图	图号	RD 7—10

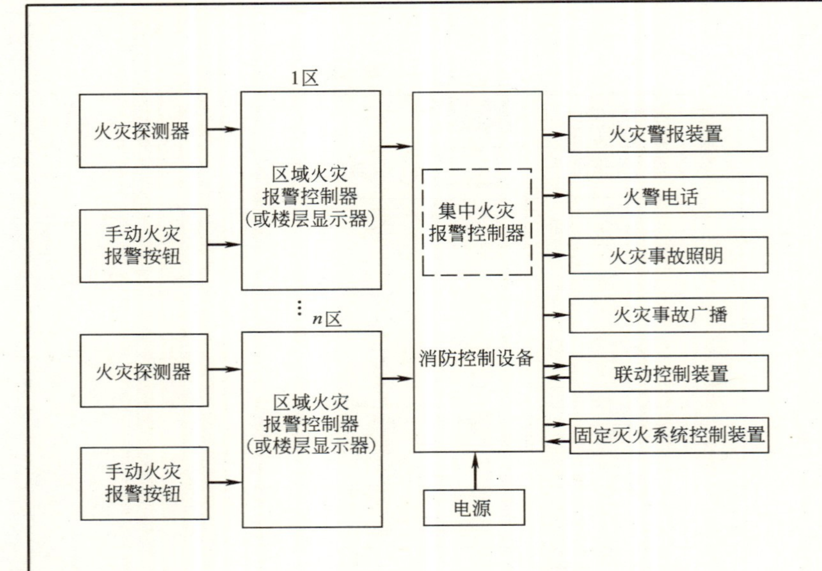

1. 控制中心火灾报警系统框图

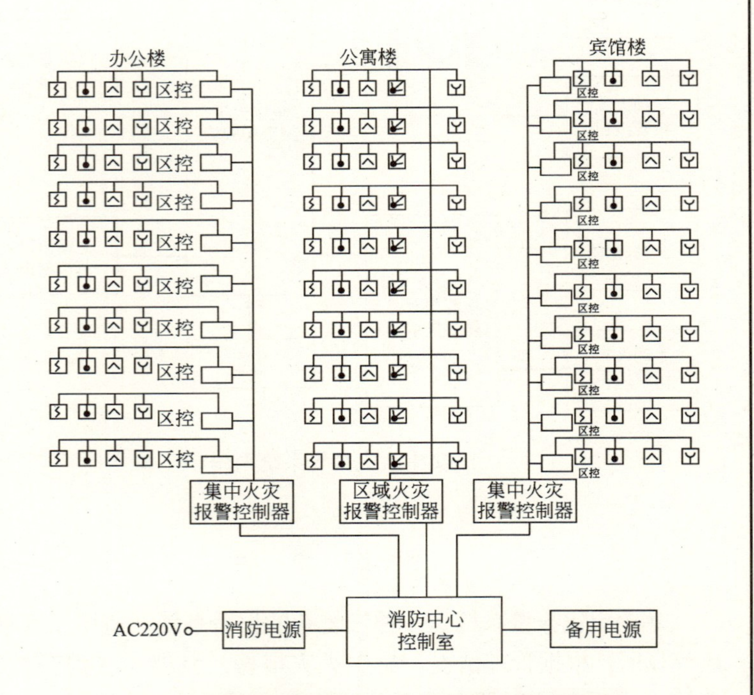

2. 大型建筑群控制中心火灾报警系统示意图

系 统 说 明

控制中心火灾报警系统是一种复杂的报警系统，主要用于大型宾馆、饭店、商场、办公楼等场所。

控制中心火灾报警系统是由设置在消防控制室的消防控制设备、集中火灾报警控制器、区域火灾报警控制器和火灾探测器组成的火灾报警系统。这里所指的消防控制设备主要是：火灾报警器的控制装置、火警电话、空调通风及防排烟、消防电梯等联动控制装置、火灾事故广播及固定灭火系统控制装置等。集中火灾报警系统加联动消防控制设备就构成控制中心火灾报警系统。

图名	控制中心火灾报警系统框图	图号	RD 7—11

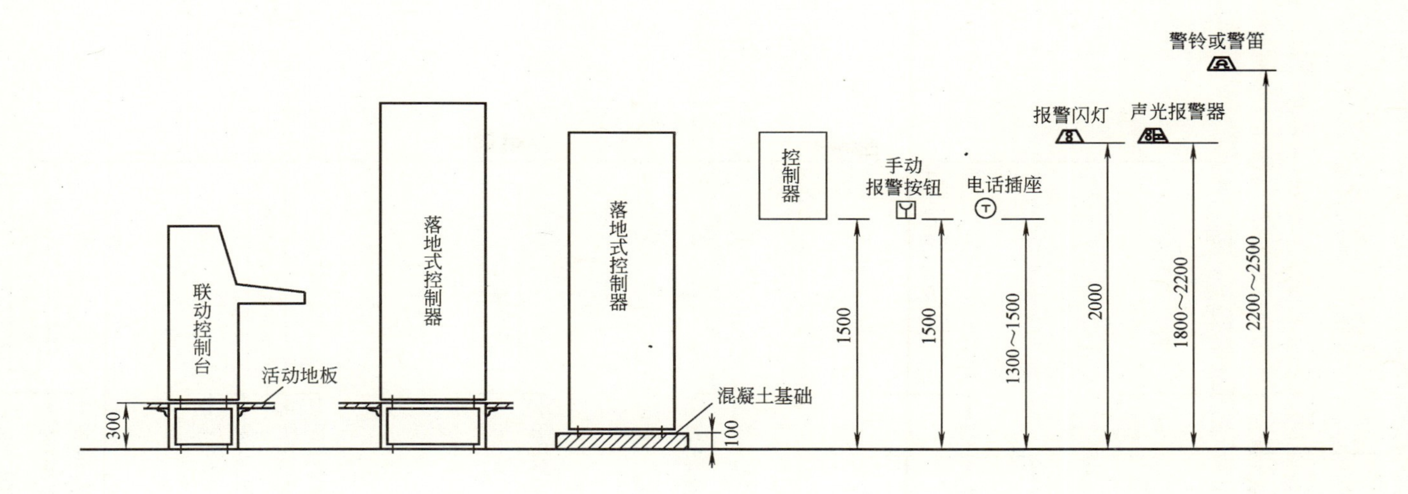

安 装 说 明

1. 火灾报警控制器（以下简称控制器）在墙上安装时，其底边距地（楼）面高度不应小于1.5m；落地安装时，其底宜高出地坪0.1～0.2m。

2. 控制器应安装牢固，不得倾斜。安装在轻质墙上时，应采取加固措施。

3. 引入控制器的电缆或导线，应符合下列要求：

（1）配线应整齐，避免交叉，并应固定牢靠；

（2）电缆芯线和所配导线的端部，均应标明编号，并与图纸一致，字迹清晰不易褪色；

（3）端子板的每个接线端，接线不得超过2根；

（4）电缆芯和导线，应留有不小于200mm的余量；

（5）导线应绑扎成束；

（6）导线引入线穿线后，在进线管处应封堵。

4. 控制器的主电源引入线，应直接与消防电源连接，严禁使用电源插头。主电源应有明显标志。

5. 控制器的接地，应牢固，并有明显标志。

图名	火灾自动报警设备安装高度示意图	图号	RD 7—12

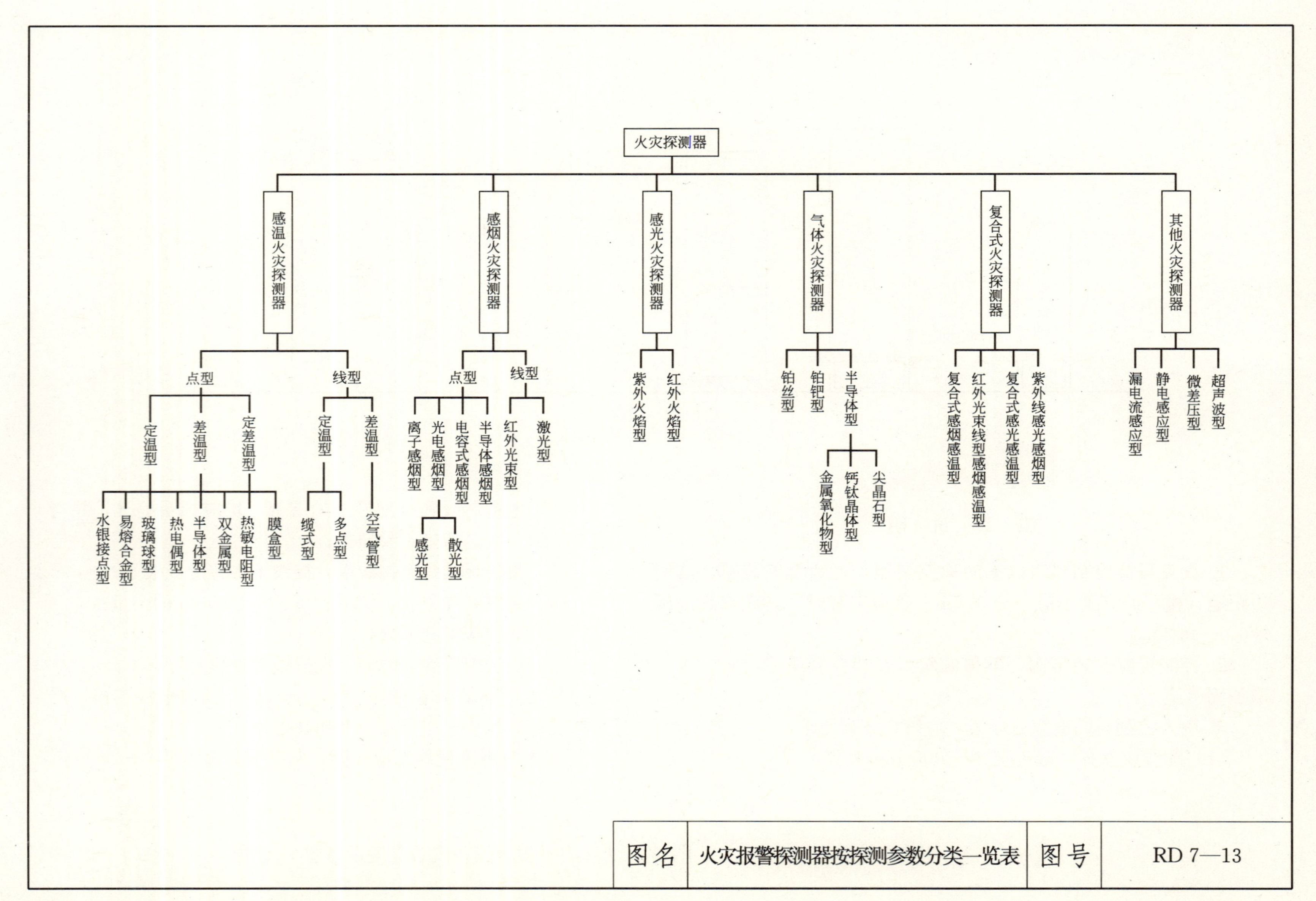

图名 火灾报警探测器按探测参数分类一览表 图号 RD 7—13

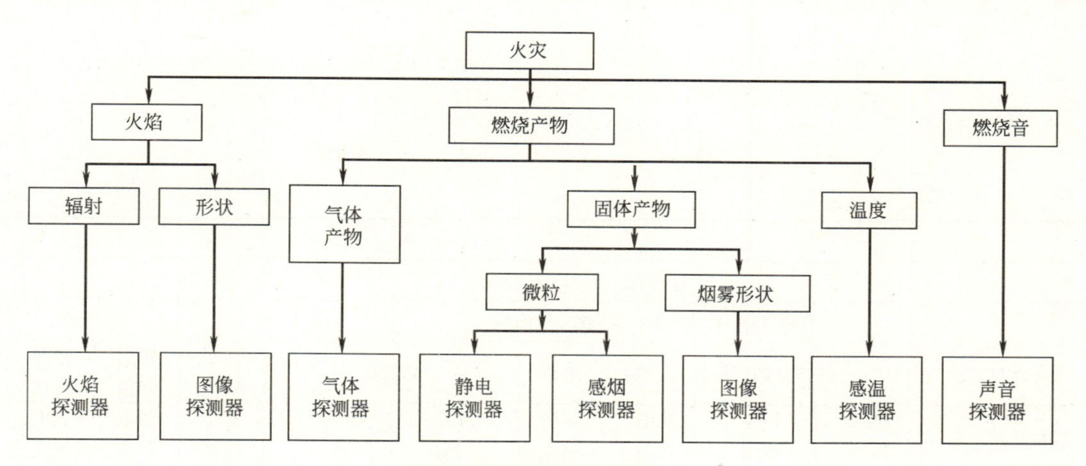

火灾现象选用探测器方法

安 装 说 明

由于火灾发生在一定的环境之中，它所表现出来的所有物理特征，在环境中必然会有所体现。尽管无法知道火灾将在何时、何地发生，但是，在相关的环境中，能对其进行监测。火灾的这种环境特性是进行火灾探测的充分条件。探测技术与火灾物理特征的相互耦合是火灾探测的必要条件。技术与现象耦合有着两个层次的内容：第一层次是针对某一些物理特征，采用何种探测方法，亦即探测原理的讨论；第二层次是这种探测方法所构成的技术在环境中如何有效使用才能及时准确地探测火灾，亦即使用方法的讨论。

1. 火灾探测原理

火灾探测原理涉及探测技术与物理特征相互耦合的第一个层次。火灾探测技术的实质是将火灾中出现的物理现象之特征，利用传感元件进行感受，并将其转换为另一种易于处理的物理量。根据火灾的物理特征，人们已经利用数十种物理量转换效应作为火灾探测原理，并研制开发出相应的火灾探测器，这些火灾探测器可分为：气敏型、感温型、感烟型、感光型和感声型五大类型。

2. 火灾探测演算法

火灾探测原理和相应的传感技术仅仅解决了火灾现象中表现出来的物理特征参量的测量问题，并没有解决如何依据对这些物理特征的测量结果，给出火灾发生的报警判断。火灾探测器与一般的物理量感测器有本质区别，火灾探测器是传感技术与火灾探测演算法相互结合的产物。因此，火灾探测演算法是火灾探测器的重要构成之一。

图名	火灾现象选用探测器方法	图号	RD 7—14

<table>
<tr><td>现象</td><td colspan="15">火　灾</td></tr>
<tr><td>类型</td><td colspan="10">品质流</td><td colspan="5">能量流</td></tr>
<tr><td>物理表现</td><td colspan="10">可燃气体、燃烧气体、烟颗粒、气溶胶</td><td colspan="2">火焰光</td><td colspan="3">燃烧音</td></tr>
<tr><td>监测对象</td><td colspan="2">气体浓度</td><td colspan="3">气体及烟雾温度</td><td>电荷</td><td colspan="3">光效应</td><td>离子
效应</td><td>辐射
光强</td><td>辐射
光谱</td><td colspan="3">声波</td></tr>
<tr><td>探测原理</td><td colspan="2">气电效应</td><td>热胀
冷缩</td><td>相变
效应</td><td>热电
效应</td><td>电荷
电流</td><td colspan="2">减光
效应</td><td>光散射
效应</td><td>离子
电流</td><td>热电
效应</td><td>光电
效应</td><td>压电
效应</td><td colspan="2">电磁
效应</td></tr>
<tr><td>技术分类</td><td colspan="2">气敏型</td><td colspan="3">感温型</td><td colspan="5">感烟型</td><td colspan="2">感光型</td><td colspan="3">感声型</td></tr>
<tr><td>探测器
类型</td><td>可燃气
体型</td><td>燃烧气
体型</td><td>气膜型
空气管</td><td>双金属
熔丝型</td><td>半导体
热电偶</td><td>静电型</td><td>光电型</td><td>光束型</td><td>图像型</td><td>离子型</td><td>红外型</td><td>紫外型</td><td>图像型</td><td>次声型</td><td>超声型</td></tr>
<tr><td>探测实质</td><td>还原气体</td><td>CO
CO_2</td><td colspan="3">温度及其变化</td><td>电荷微粒</td><td colspan="5">微粒</td><td colspan="2">高温发光</td><td colspan="2">压力波动</td></tr>
<tr><td>误报因素举例</td><td>钢铁生
产环境</td><td>/</td><td colspan="3">环境
温度
改变</td><td>高湿度
环境</td><td colspan="5">灰尘、水
蒸气</td><td colspan="2">电焊、太阳
光、高温体</td><td colspan="2">电风扇、空调</td></tr>
</table>

图名	火灾探测原理及探测技术介绍	图号	RD 7—15

探测器型		性能特点	适用范围	备注
感烟探测器	点型离子感烟探测器	灵敏度高，历史悠久，技术成熟，性能稳定，对阻燃火的反应最灵敏	宾馆客房、办公楼、图书馆、影剧院、邮政大楼等公共场所	
	点型光电感烟探测器	灵敏度高，对湿热气流扰动大的场所适应性好	宾馆客房、办公楼、图书馆、影剧院、邮政大楼等公共场所	易受电磁干扰，散射光型黑烟不灵敏
	红外光束（激光）线型感烟探测器	探测范围大，可靠性、环境适应性好	会展中心、演播大厅、大会堂、体育馆、影剧院等无遮挡大空间	易受红外、紫外光干扰，探测视线易被遮挡
感温探测器	点型感温探测器	性能稳定，可靠性、环境适应性好	厨房、锅炉间、地下车库、吸烟室等	造价较高，安装维护不便
	缆式线型感温探测器	性能稳定，可靠性、环境适应性好	电气电缆井、变配电装置、各种带式传送机构等	造价较高，安装维护不便
火焰探测器		对明火反应迅速，探测范围宽广	各种燃油机房，油料储藏库等火灾时有强烈火焰和少量烟热场所	易受阳光和其他光源干扰，探测被遮挡，镜头易被污染
复合探测器		综合探测火灾时的烟雾温度信号，探测准确，可靠性高	装有联动装置系统等单一探测器不能确认火灾的场所	价格贵，成本高

图名	常用火灾报警探测器性能	图号	RD 7—16

序号	设置场所	火灾探测器类型											
		差温式			差定温式			定温式			感烟式		
		Ⅰ级	Ⅱ级	Ⅲ级	Ⅰ级	Ⅱ级	Ⅲ级	Ⅰ级	Ⅱ级	Ⅲ级	Ⅰ级	Ⅱ级	Ⅲ级
1	剧场、电影院、礼堂、会场、百货公司、商场、旅馆、饭店、集体宿舍、公寓、住宅、医院、图书馆、博物馆等	△	○	○	△	○	○	○	△	△	×	○	○
2	厨房、锅炉房、开水间、消毒室等	×	×	×	×	×	×	△	○	○	×	×	×
3	进行干燥、烘干的场所	×	×	×	×	×	×	△	○	○	×	×	×
4	有可能产生大量蒸汽的场所	×	×	×	×	×	×	△	○	○	×	×	×
5	发电机室、立体停车场、飞机库等	×	○	○	×	○	○	○	×	×	×	△	○
6	电视演播室、电影放映室	×	×	△	×	×	△	○	○	○	×	○	○
7	在第1项中差温式及差定温式有可能不预报火灾发生的场所	×	×	×	×	×	×	○	○	○	×	○	○
8	发生火灾时温度变化缓慢的小间	×	×	×	○	○	○	○	○	○	×	○	○
9	楼梯及倾斜路	×	×	×	×	×	×	×	×	×	△	○	○
10	走廊及通道										△	○	○
11	电梯竖井、管道井	×	×	×	×	×	×	×	×	×	△	○	○
12	电子计算机、通信机房	△	×	×	△	×	×	△	×	×	△	○	○
13	书库、地下仓库	△	○	○	△	○	○	○	×	×	△	○	○
14	吸烟室、小会议室等	×	×	○	○	○	○	○	×	×	×	×	○

注：1. ○表示适于使用。
2. △表示根据安装场所等状况，限于能够有效地探测火灾发生的场所使用。
3. ×表示不适于使用。

图名	高层建筑相关部位 火灾报警探测器选择方法	图号	RD 7—17

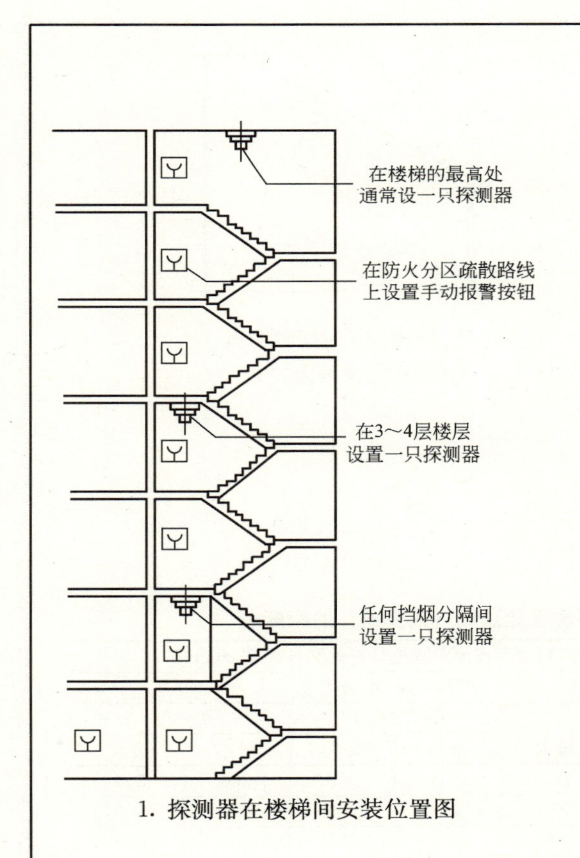

1. 探测器在楼梯间安装位置图

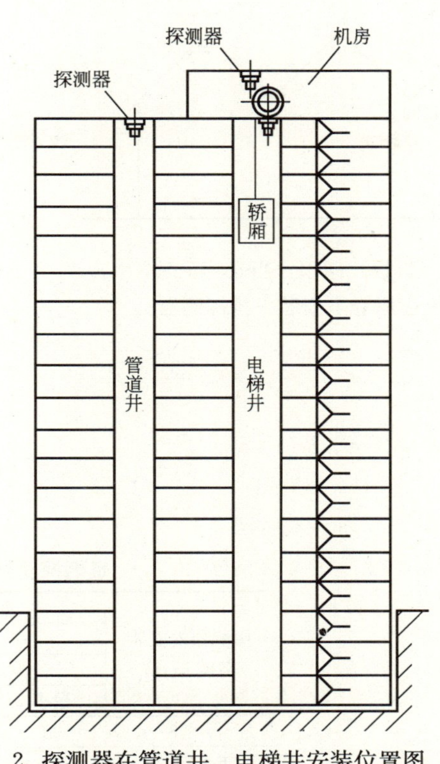

2. 探测器在管道井、电梯井安装位置图

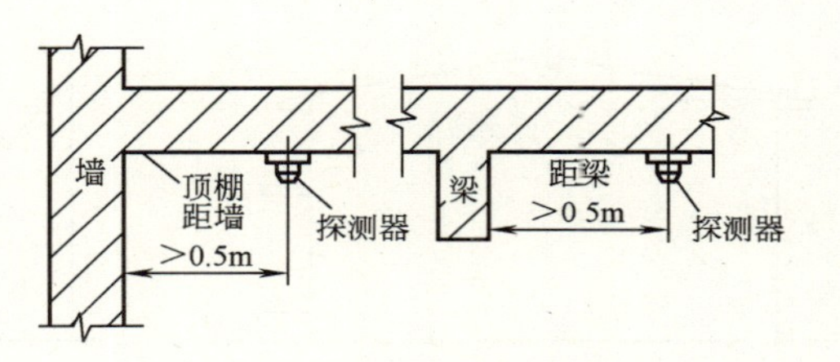

3. 探测器距墙、距梁安装位置图

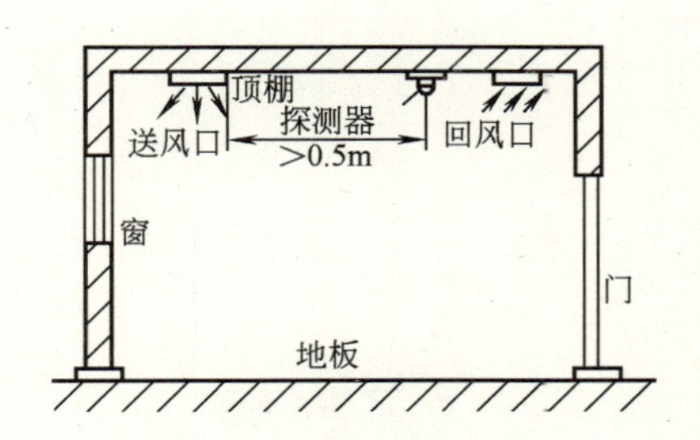

4. 探测器在有空调的室内安装位置图

安 装 说 明

1. 探测器至墙壁、梁边的水平距离不应小于0.5m。
2. 探测器至空调送风口边的水平距离不应小于1.5m，至多孔送风顶棚孔口的水平距离不应小于0.5m。

图名	火灾报警探测器安装位置图（一）	图号	RD 7—18（一）

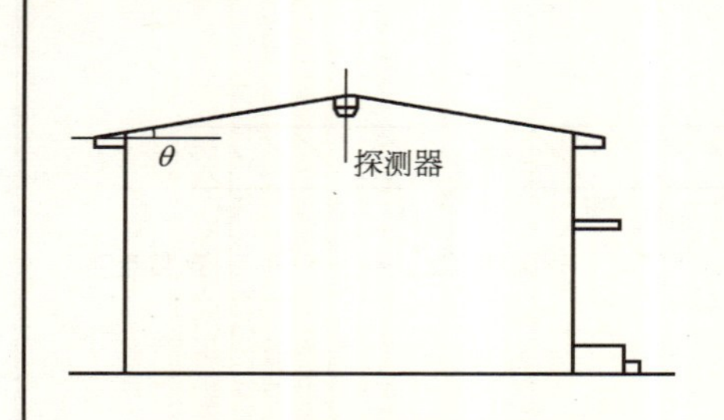

1. 当 $\theta>15°$ 时探测器应在人字坡屋顶下最高处安装。

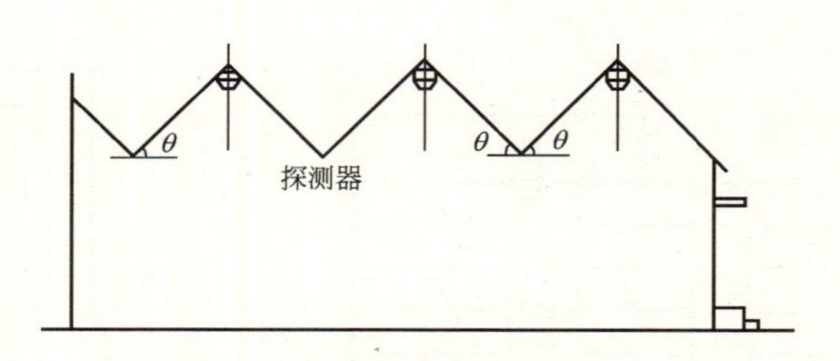

2. 锯齿形（折板）屋顶，当 $\theta>15°$ 时，应在每个锯齿屋脊下安装一排探测器。

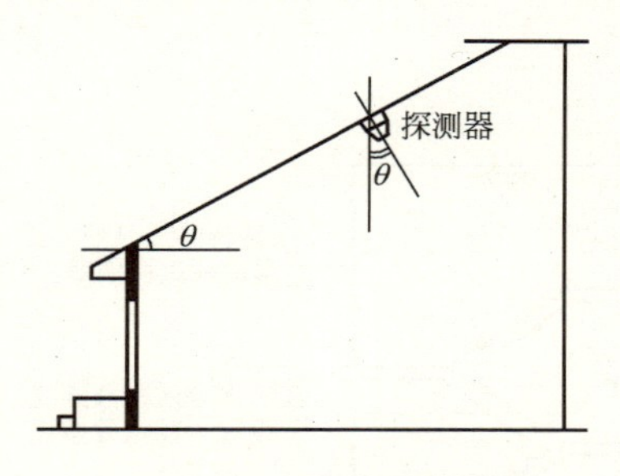

3. 当 $\theta\leqslant45°$ 时探测器可直接在屋顶板面安装。

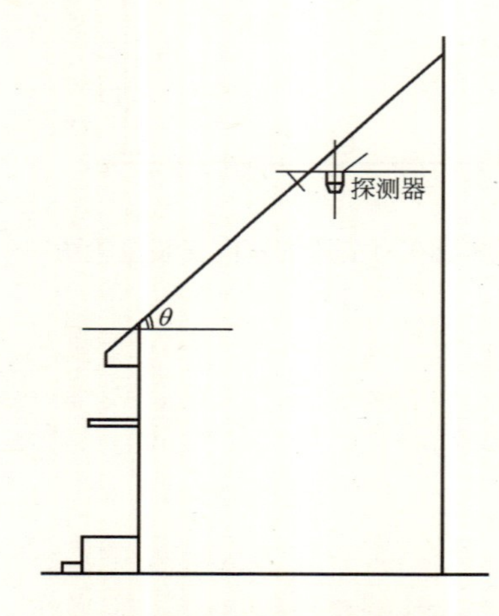

4. 当 $\theta>45°$ 时屋顶板与探测器之间，加校正架，后探测器仍须水平安装。

感烟探测器下表面距顶棚（或屋顶）的距离表

探测器的安装高度 h(m)	感烟探测器下表面距顶棚(或屋顶)的距离 d(mm)					
	顶棚(或屋顶)坡度 θ					
	$\theta\leqslant15°$		$15°<\theta\leqslant30°$		$\theta>30°$	
	最小	最大	最小	最大	最小	最大
$h\leqslant6$	30	200	200	300	300	500
$6<h\leqslant8$	70	250	250	400	400	600
$8<h\leqslant10$	100	300	300	500	500	700
$10<h\leqslant12$	150	350	350	600	600	800

图名	火灾报警探测器安装位置图（二）	图号	RD 7—18（二）

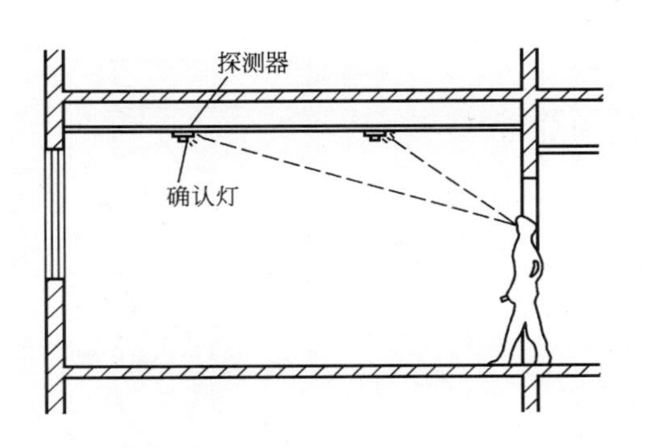

1. 探测器的报警确认灯应朝主要出入口方向示意图

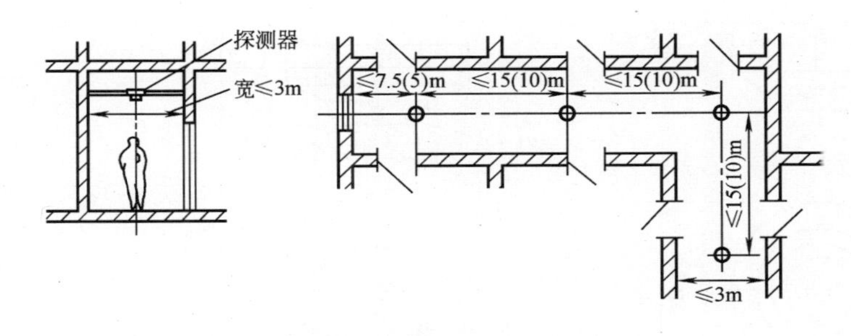

2. 探测器在宽度小于3m的内走道布置图

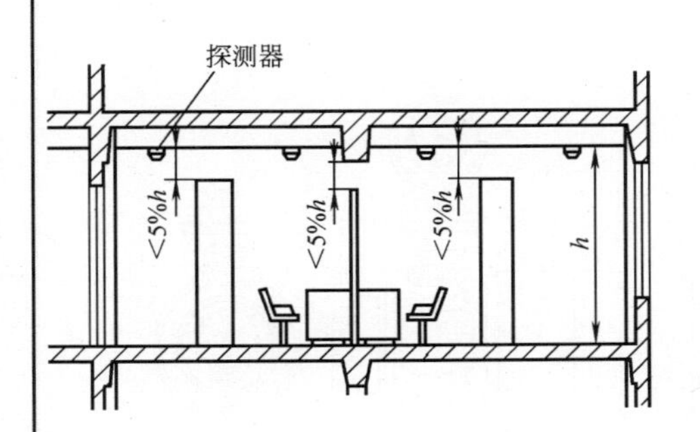

3. 房间有隔断分隔时，探测器的设置示意图

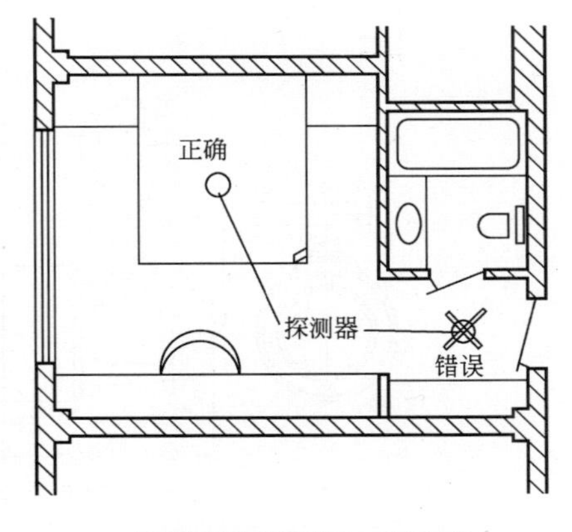

4. 探测器应避开温、湿度急剧变化的场所示意图

安装说明

1. 在宽度小于3m的内走道顶棚上设置探测器时，宜居中布置。感温探测器的安装间距不应超过10m；感烟探测器的安装间距不应超过15m。探测器距端墙的距离不应大于探测器安装间距的一半。

2. 探测器的确认灯，应面向便于人员观察的主要入口方向。

3. 房间被书架设备或隔断等分隔，其顶部至顶棚或梁的距离小于房间净高的5%时，每个被隔开的部分应至少安装一只探测器。

图名	火灾报警探测器安装位置图（三）	图号	RD 7—18（三）

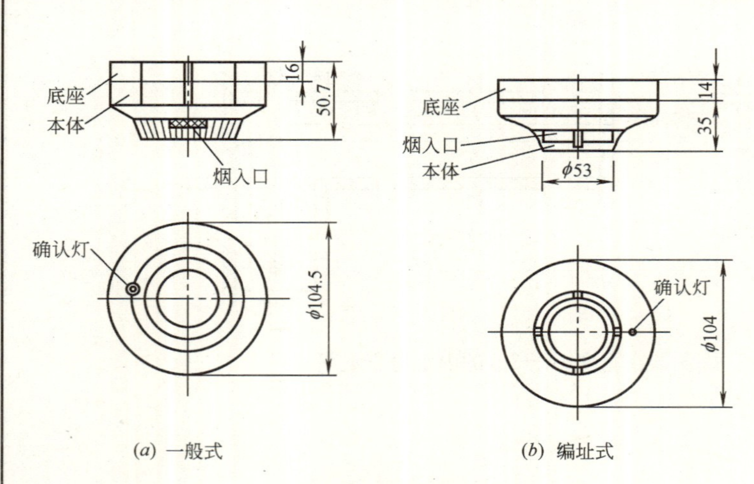

(a) 一般式　　(b) 编址式

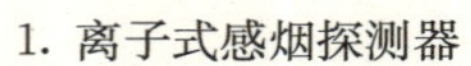

1. 离子式感烟探测器

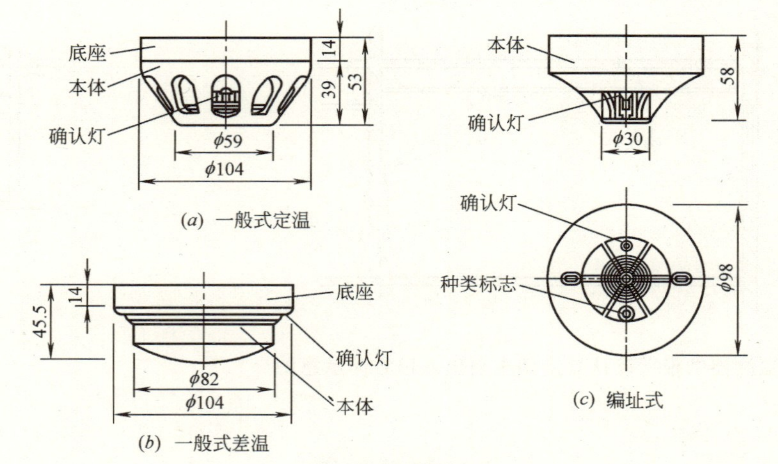

(a) 一般式定温　　(b) 一般式差温　　(c) 编址式

2. 感温探测器

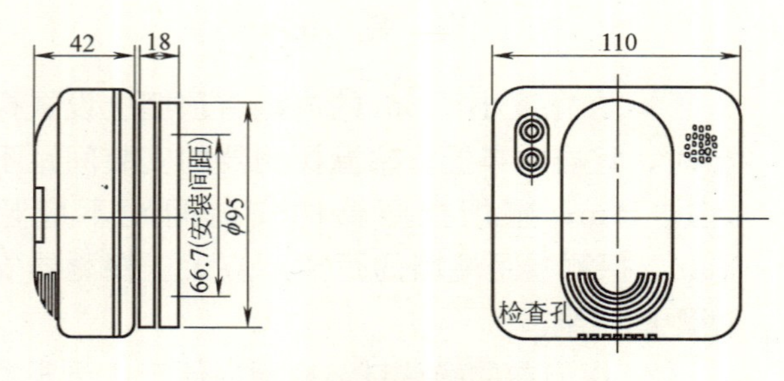

3. 煤气泄漏探测器

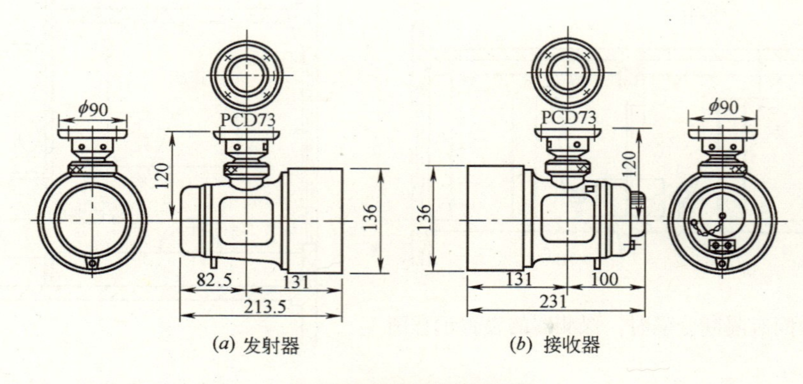

(a) 发射器　　(b) 接收器

4. 线型光束感烟探测器

安 装 说 明

各厂家生产的探测器规格有所不同，选择时应参看产品说明书。

图名	火灾报警探测器规格尺寸	图号	RD 7—19

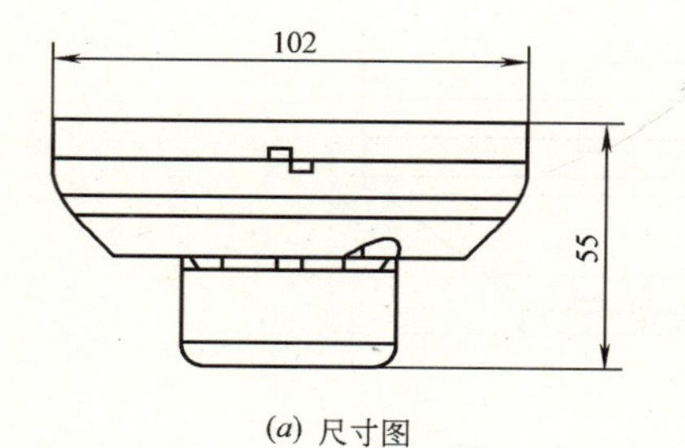

(*a*) 尺寸图

预埋盒

底座HA901

探测器

(*b*) 安装方法

1. 智能型离子感烟探测器结构

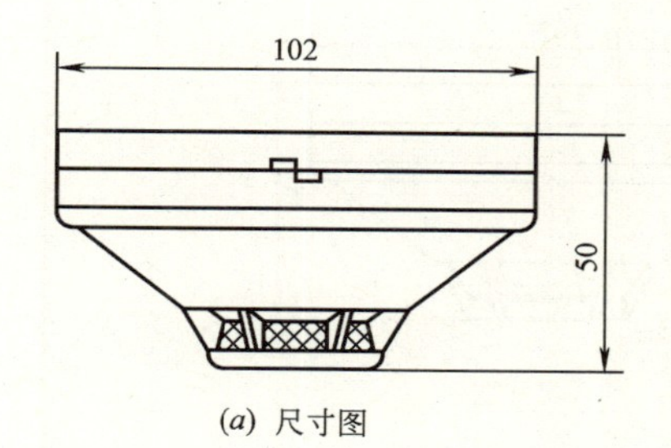

(*a*) 尺寸图

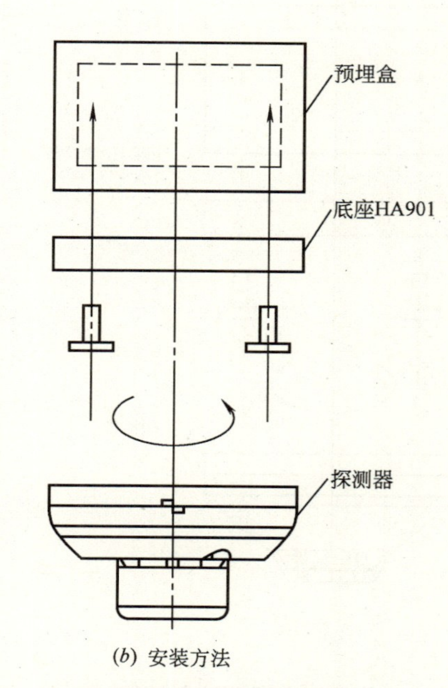

(*b*) 安装方法

2. 智能型光电感烟探测器结构

图名	火灾报警探测器结构（一）	图号	RD 7—20（一）

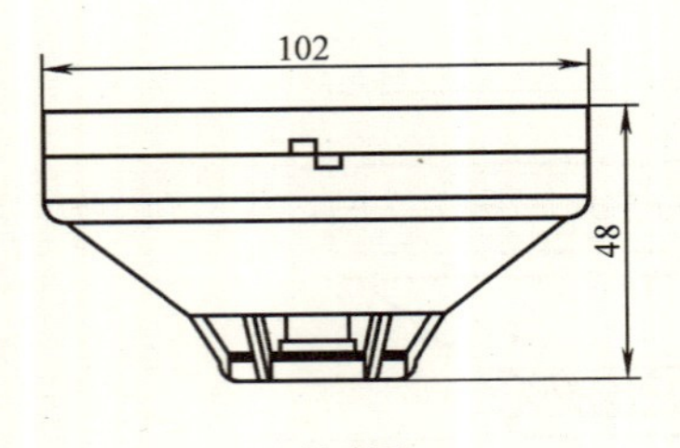

(*a*) 尺寸图

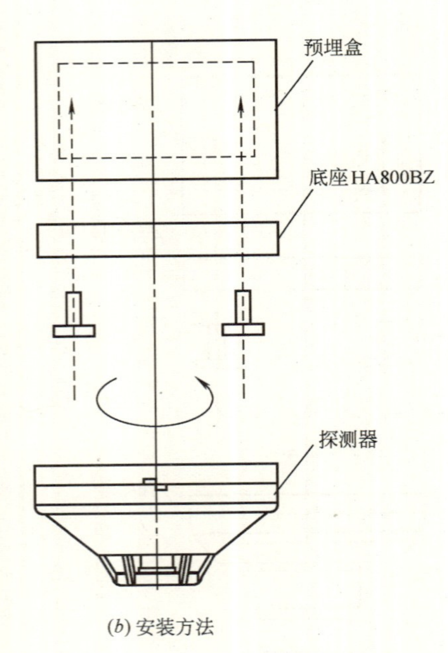

(*b*) 安装方法

1. 传统型感温探测器结构

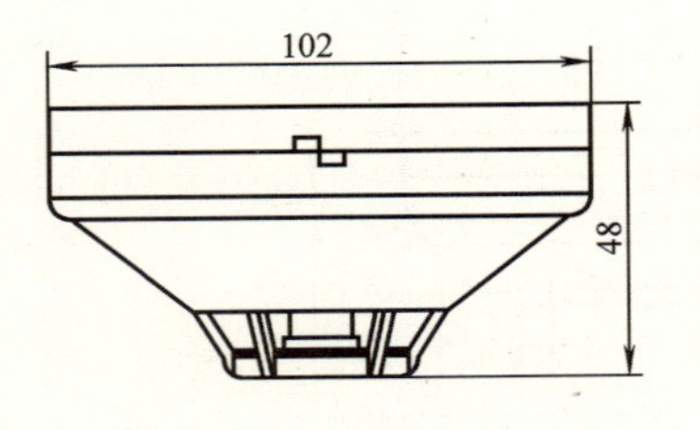

(*a*) 尺寸图

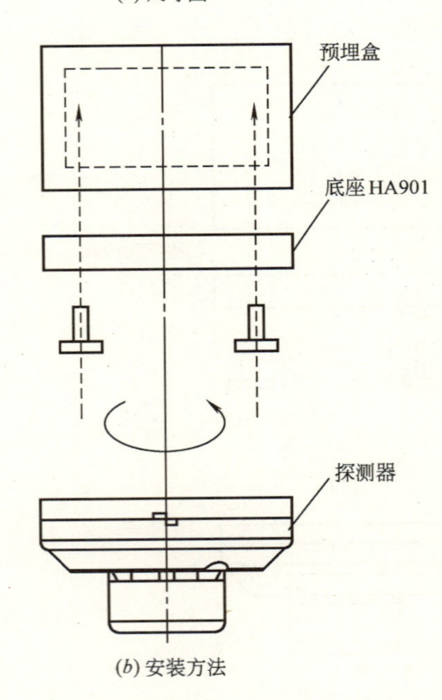

(*b*) 安装方法

2. 智能型感温探测器结构

图名	火灾报警探测器结构（二）	图号	RD 7—20（二）

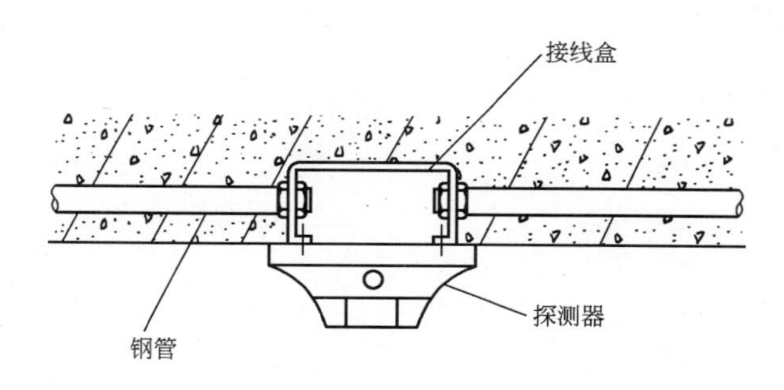

1. 探测器在混凝土板上安装方法

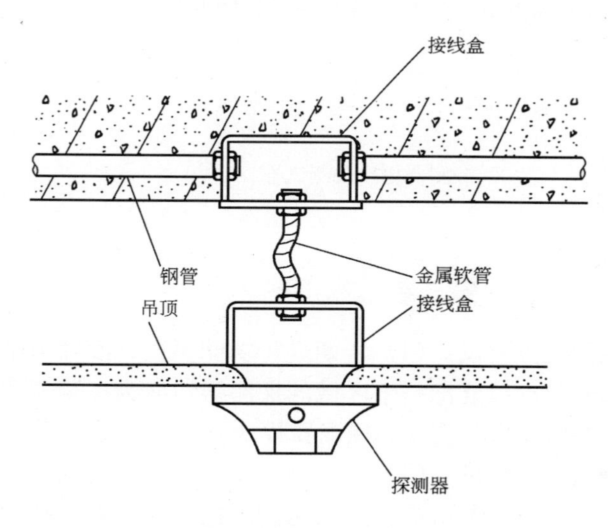

2. 探测器在吊顶上安装方法（一）

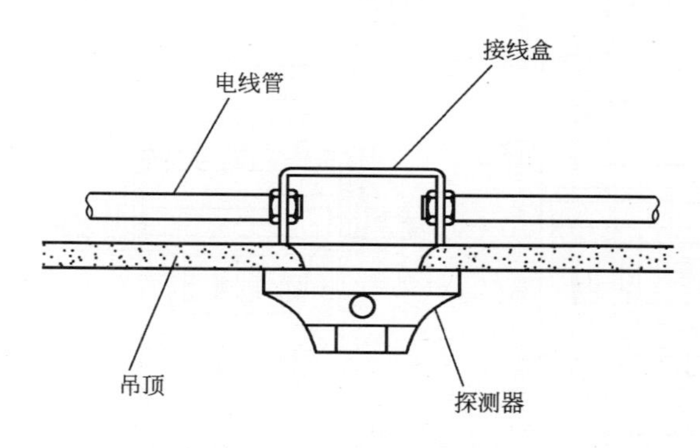

3. 探测器在吊顶上安装方法（二）

安 装 说 明

根据火灾的特点选择火灾探测器的原则：

（1）火灾初期为阻燃阶段，产生大量的烟和少量的热，很少或没有火焰辐射，应选用感烟探测器；

（2）火灾发展迅速，产生大量的热、烟和火焰辐射，可选用感温探测器、感烟探测器、火焰探测器或其组合；

（3）火灾发展迅速，有强烈的火焰辐射和少量的烟热，应选用火焰探测器；

（4）根据火灾形成特点进行模拟试验，根据试验结果选择探测器；

（5）对使用、生产或聚集可燃气体或可燃液体蒸气的场所或部位，应选用可燃气体探测器。

图名	火灾报警探测器安装方法（一）	图号	RD 7—21（一）

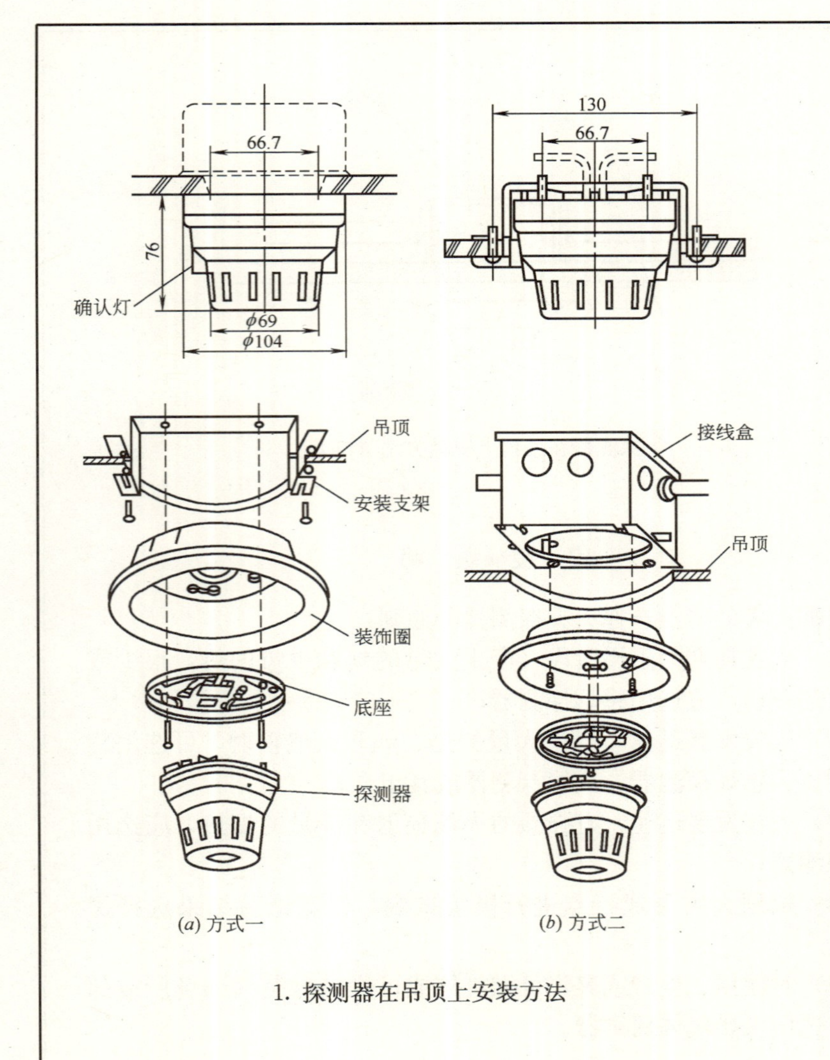

(a) 方式一　　(b) 方式二

1. 探测器在吊顶上安装方法

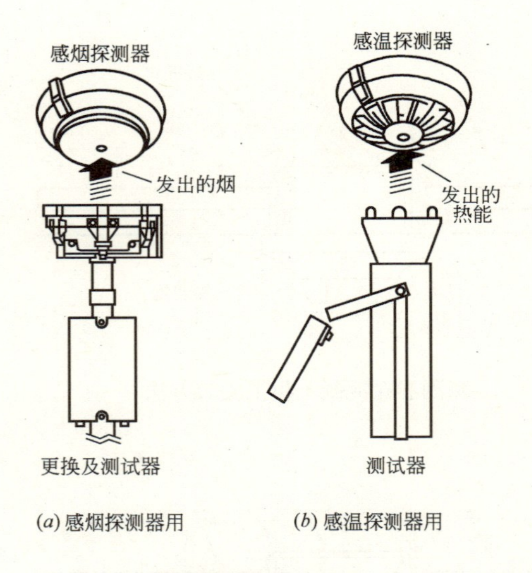

(a) 感烟探测器用　　(b) 感温探测器用

2. 探测器更换及测试器

安装说明

探测器测试的几点建议：(1) 定期进行功能测试，次数由维修工程师决定；(2) 每次只能把一个区域的探测器切换为探测器测试模式，切勿同时将整座楼宇切换为探测器模式；(3) 手动报警器必须以抽样形式进行功能测试；(4) 若探测器及手动报警器同在一个房间内，则必须分开进行测试；(5) 切勿同时把探测器及手动报警器转为探测器模式；(6) 测试完成后，立即关闭探测器模式。

图名	火灾报警探测器安装方法（二）	图号	RD 7—21（二）

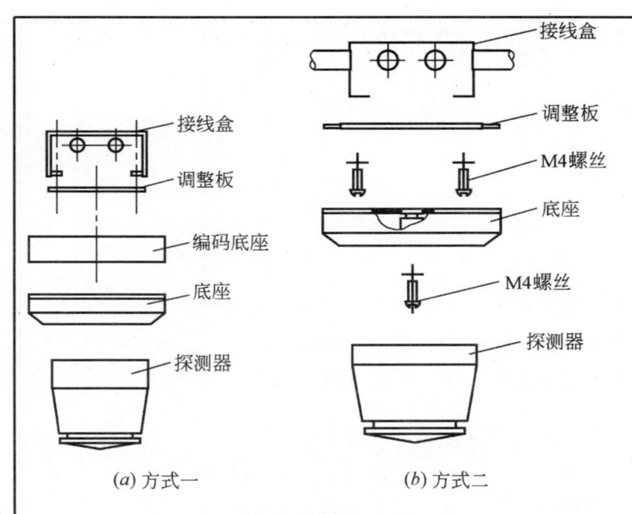

1. 探测器组装示意图

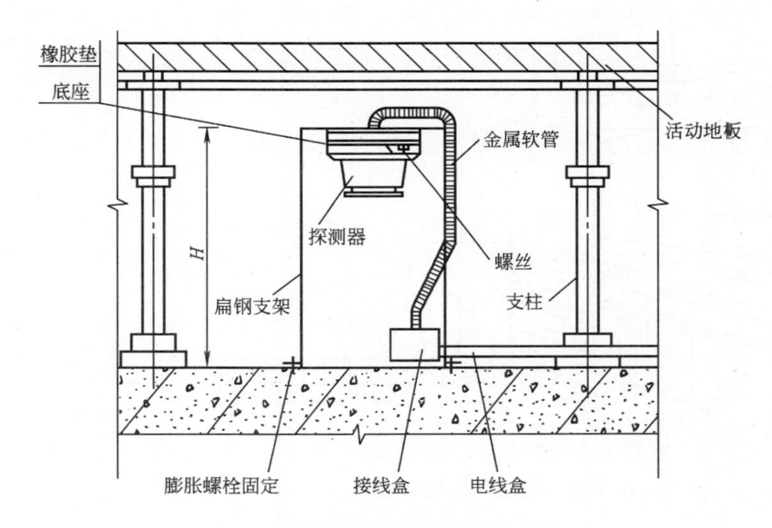

2. 探测器在活动地板下安装方法

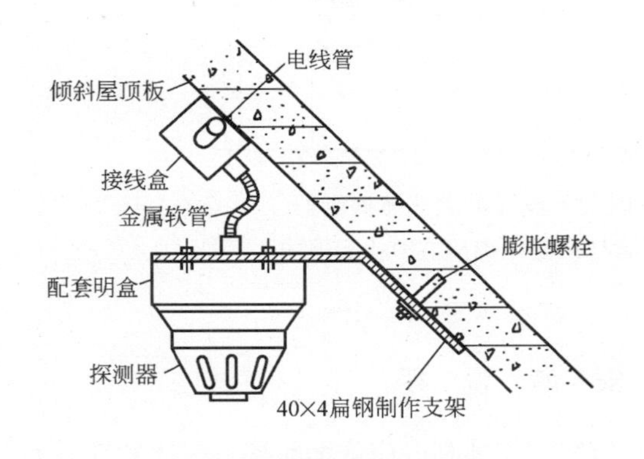

3. 探测器倾斜安装方法

安 装 说 明

1. 在安装探测器时先安装探测器的底座，并用自带的塑料保护罩保护，探头在即将调试时方可安装。

2. 探测器宜水平安装，如必须倾斜安装时，倾斜角不应大于45°。

3. 探测器在活动地板下安装时，支架可用－50×4 扁钢制作。

4. 探测器的底座应固定牢靠，其导线连接必须可靠压接或焊接。当采用焊接时，不得使用带腐蚀性的助焊剂。

5. 探测器的“＋”线应为红色，“－”线应为蓝色，其余线应根据不同用途采用其他颜色区分。但同一工程中相同用途的导线颜色应一致。

6. 探测器底座的外接导线，应留有不小于 150mm 的余量，入端处应有明显标志。

图名	火灾报警探测器安装方法（三）	图号	RD 7—21（三）

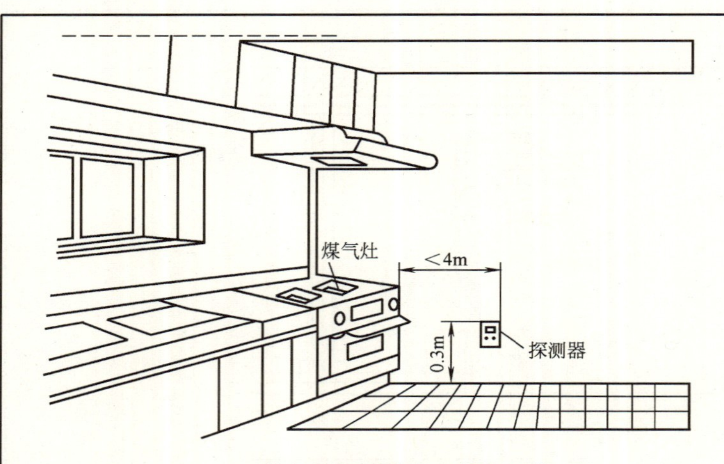

1. 可燃气体探测器应安装在距煤气灶 4m 以内，距地面应为 0.3m。

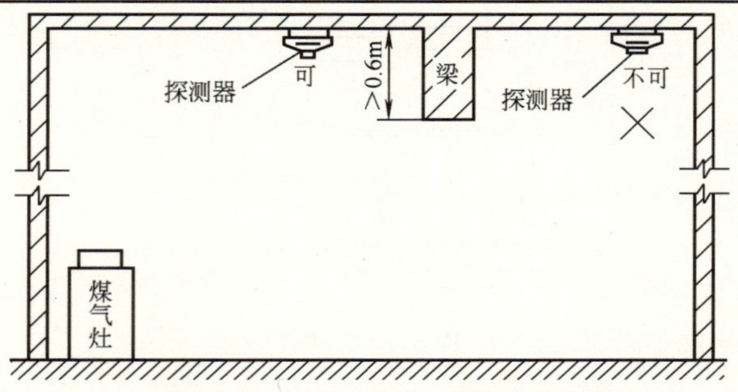

2. 梁高大于 0.6m 时，可燃气体探测器应安装在有煤气灶梁的一侧。

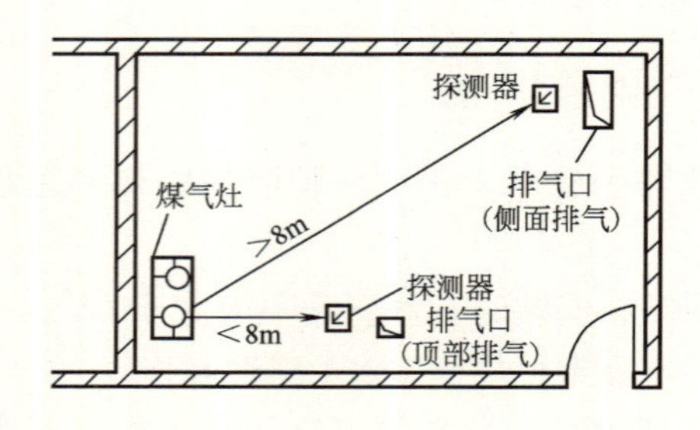

3. 可燃气体探测器应安装在距煤气灶 8m 以内的屋顶上，当屋内有排气口时，气体探测器允许装在排气口附近，但是位置应距煤气灶 8m 以上。

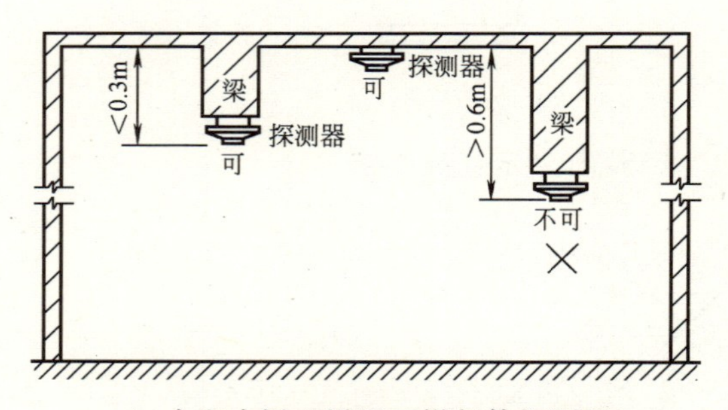

4. 在室内梁上设置可燃气体探测器时，探测器与顶棚距离应在 0.3m 以内。

安 装 说 明

可燃气体探测器的安装位置和安装高度应依据所探测气体的性质而定。当探测的可燃气体比空气重时，探测器安装在下部；当比空气轻时，探测器应安装在上部，图中示出了探测器安装位置示意图。

图名	可燃气体探测器安装位置图	图号	RD 7—22

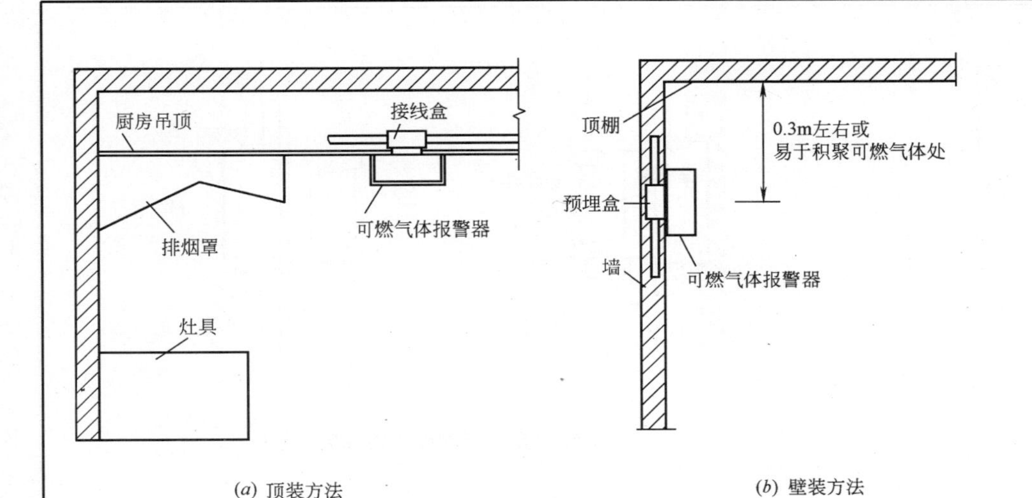

(*a*) 顶装方法　　(*b*) 壁装方法

1. 可燃气体比空气轻时安装示意图
（天然气、城市煤气等）

可燃气体
报警器
预埋盒
墙
0.3～0.6m
灶具等
泄漏源

2. 可燃气体比空气重时安装示意图
（液化石油气等）

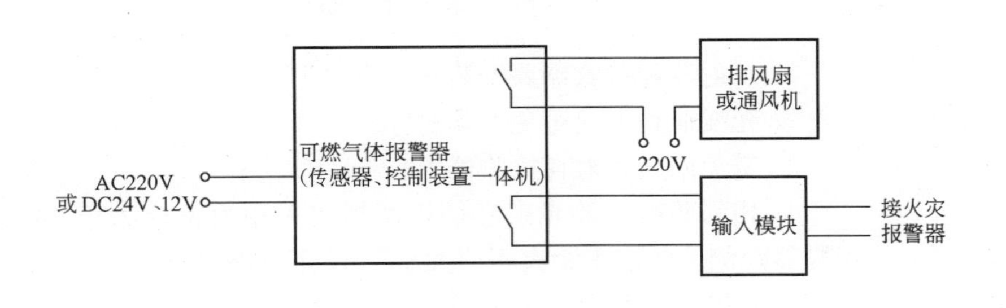

3. 可燃气体报警控制示意图

安 装 说 明

1. 本图适用于高层建筑中公共厨房、高级公寓厨房等非防爆场所。

2. 非防爆型探测器价格适宜，安装、接线方便，可就地控制排风，亦可通过输入模块纳入全楼火灾自动报警系统。

图名	可燃气体探测器安装方法	图号	RD 7—23

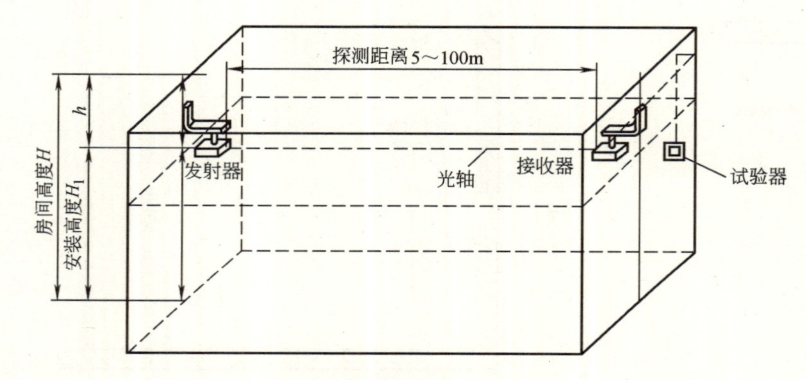

(a) 探测距离示意图

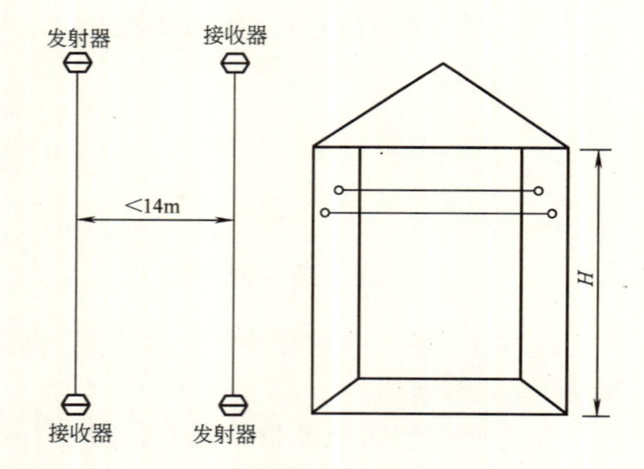

(b) 探测器间距示意图

1. 红外光束感烟探测器安装示意图

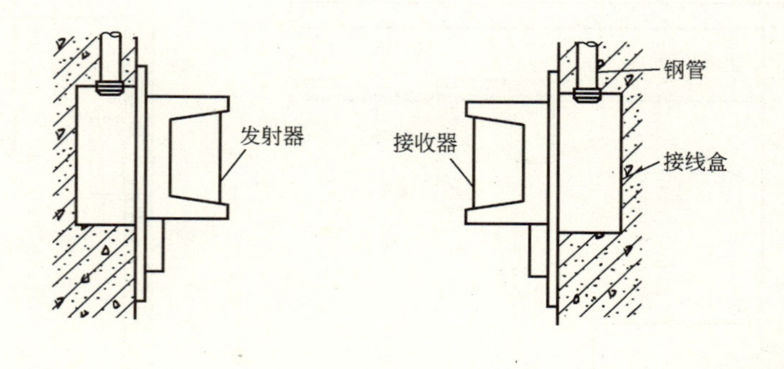

2. 红外光束感烟探测器安装方法

安装说明

1. 发射器和接收器要安装在一直线上。
2. 光线通路上应避免运动物体。
3. 避免阳光直射在接收器上。
4. 相邻两组红外光束感烟探测器水平距离不应大于14m，探测器距侧墙的水平距离不应大于7m，且不应小于0.5m。
5. h尺寸一般为0.3～0.8m，且不得大于1m。

图名	红外光束感烟探测器安装方法（一）	图号	RD 7—24（一）

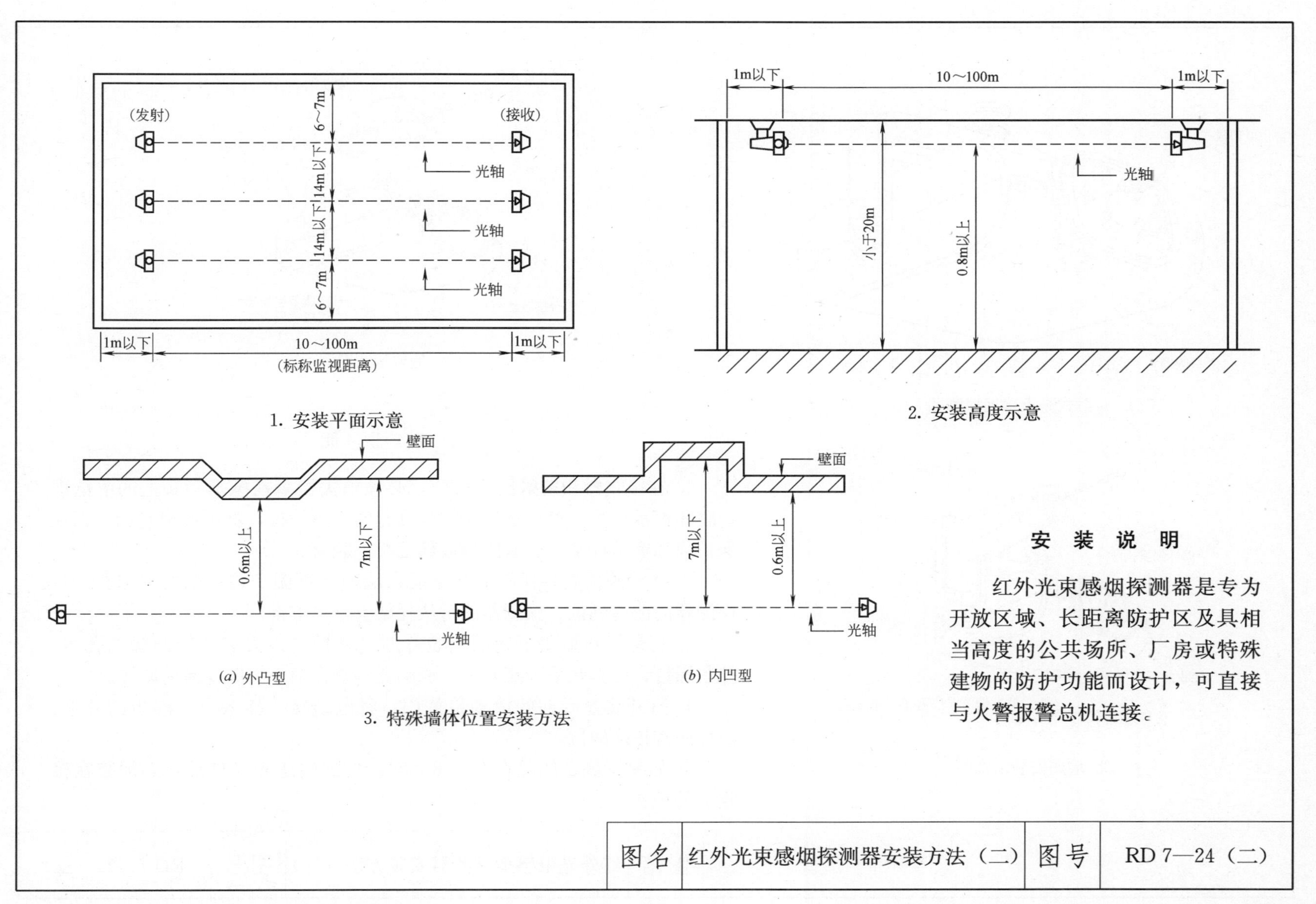

安 装 说 明

红外光束感烟探测器是专为开放区域、长距离防护区及具相当高度的公共场所、厂房或特殊建物的防护功能而设计，可直接与火警报警总机连接。

图名	红外光束感烟探测器安装方法（二）	图号	RD 7—24（二）

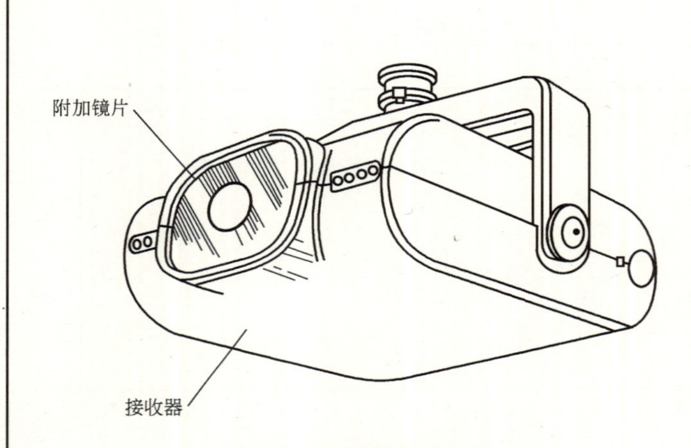

1. 对射式光束感烟探测器

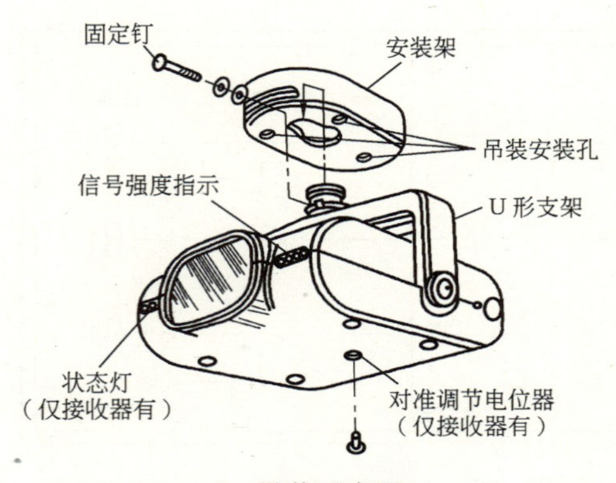

3. 吊装示意图

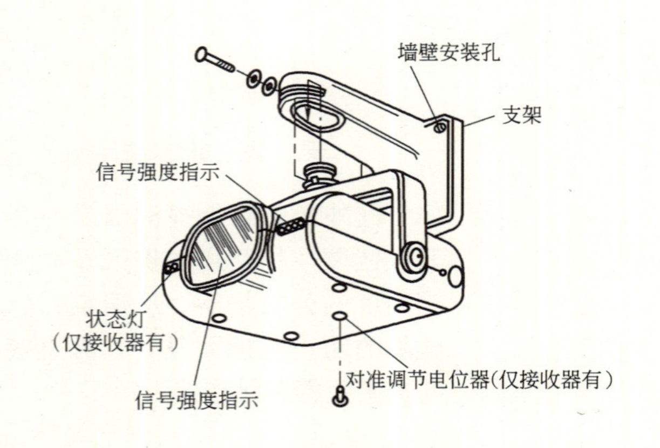

2. 墙壁安装示意图

安 装 说 明

1. 在接收器和发射器运行前，必须揭去覆盖在感烟镜头上的清洁保护膜和警示标签。捏住清洁保护膜反起的一角一拉，就可揭掉它们。以便保护膜和警示标签一起从感烟玻璃镜头上脱落。

2. 将探测器安装托架的凸缘插入墙面或顶棚安装托架的键控孔。将探测器向前滑到位。探测器此时从托架上垂吊下来。

3. 将螺钉和垫圈正确的组装并插过开槽进入安装托架凸缘的孔里。拧紧螺钉，使其几乎隐藏起来。探测器仍能在两个方向轻易地旋转。

4. 打开装置后部的滑动检修门，将电缆接头插入金属隔板的开槽，注意保持正确的位。

5. 如果探测器间隔在 9～18m 间，附加的滤光（自带）必须装在接收器的镜头上。

图名	红外光束感烟探测器安装方法（三）	图号	RD 7—24（三）

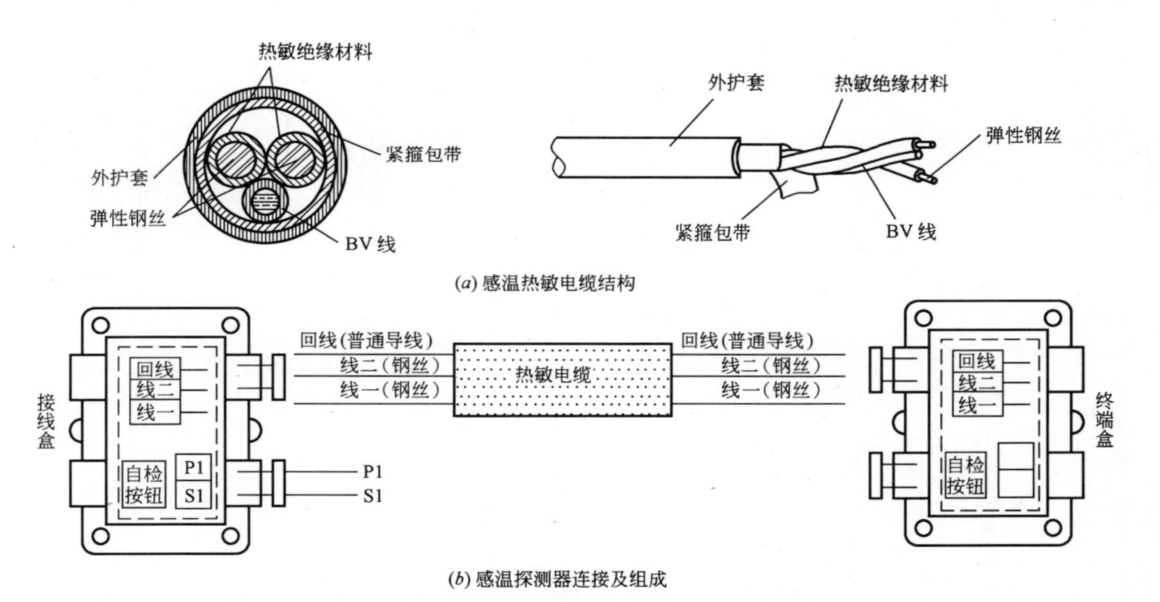

(a) 感温热敏电缆结构

(b) 感温探测器连接及组成

JTW-LD3 型缆式线形火灾探测器安装方法

安 装 说 明

缆式线形火灾探测器由接线盒、终端盒和感温热敏电缆组成，与 SA2403 接口模块串联后，并联于控制器的二总线上，成为独立的报警点。可广泛应用于电缆隧道、电缆竖井、电缆沟、电缆夹层，各种建筑的吊顶内、地板下及重要设备隐蔽处等不适合点型探测器安装的危险场所。尤为适用于高温、潮湿、多尘及各类有害、腐蚀型气体存在的恶劣环境中。

JTW-LD3 型缆式线形火灾探测器采用三芯结构，动作稳定可靠，报警距离精确度高。电缆内两根弹性钢丝上裹一层热敏绝缘材料，然后绞对成形。电缆某一部位的温度上升，超过额定动作温度时，受热部件热敏材料绝缘性能被破坏，钢丝发生短路，以指示火警的发生。JTW-LD3/J、JTW-LD3/Z 型缆式线形火灾探测器接线盒，终端盒按防水防爆要求设计，可长期在淋水条件下使用，可真正满足电缆沟等特殊环境下的使用要求。一般宜采用接触性安装，即将电缆敷设固定在被探测的对象上。注意此缆线报警可采用缆线专用柜机或气体灭火装置，或通过模块接入其他控制器。

图名	缆式线形火灾探测器安装方法	图号	RD 7—25

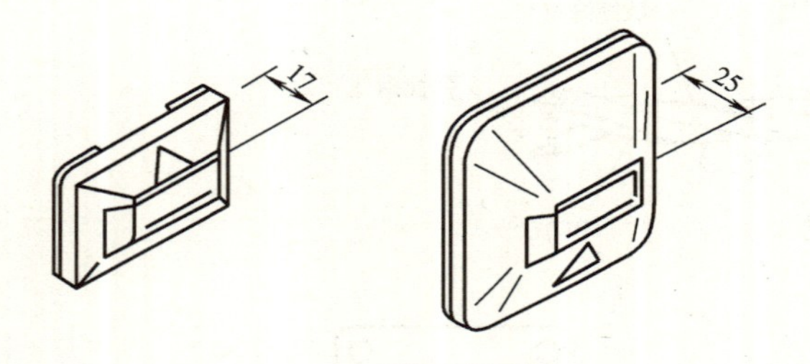

1. 报警显示灯外形图

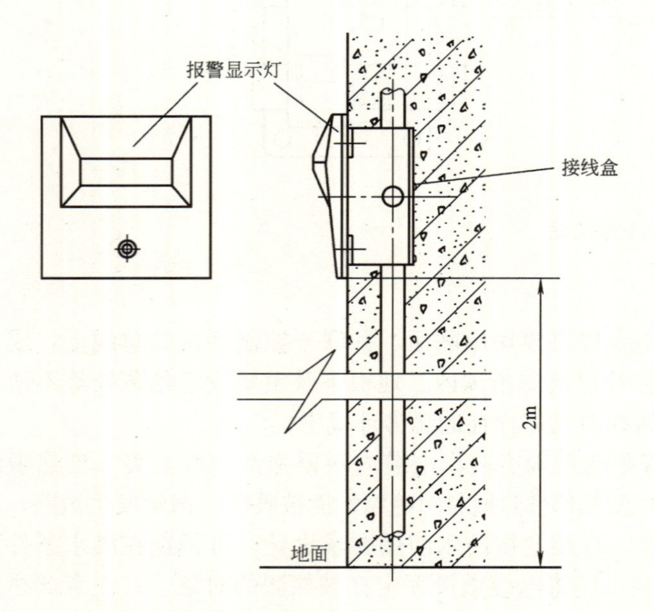

2. 报警显示灯安装方法（一）

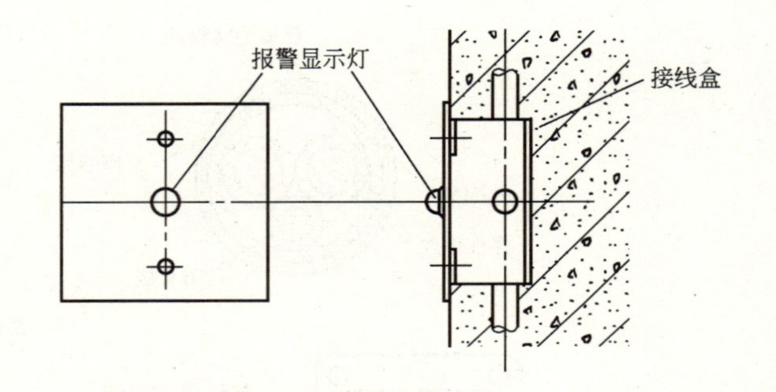

3. 报警显示灯安装方法（二）

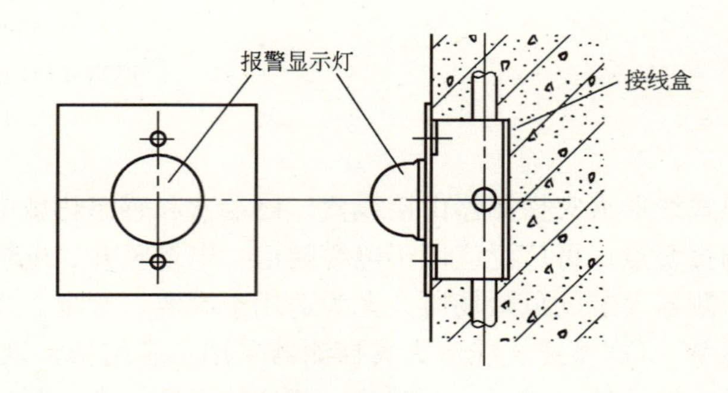

4. 报警显示灯安装方法（三）

图名	报警显示灯安装方法	图号	RD 7—26

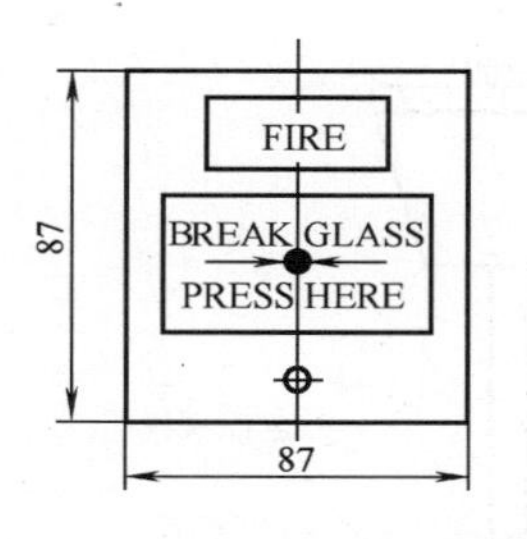

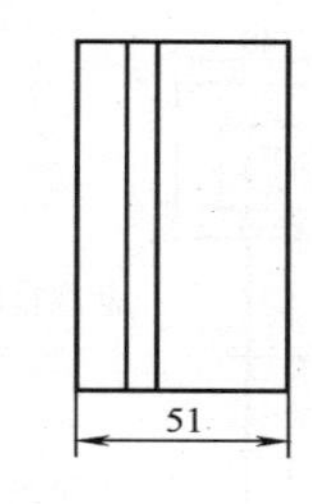

1. 手动报警按钮规格尺寸

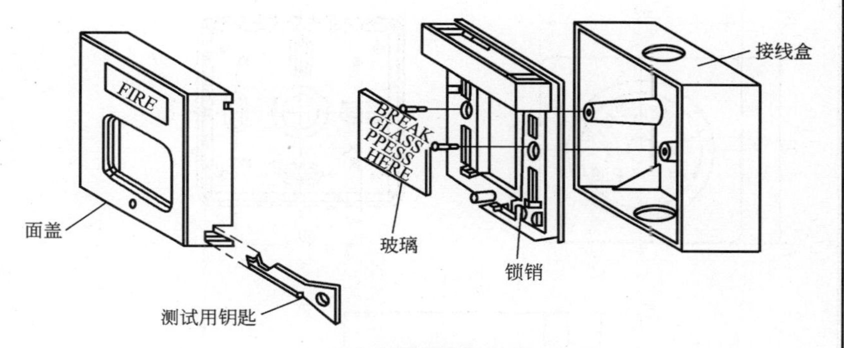

2. 手动报警按钮组成

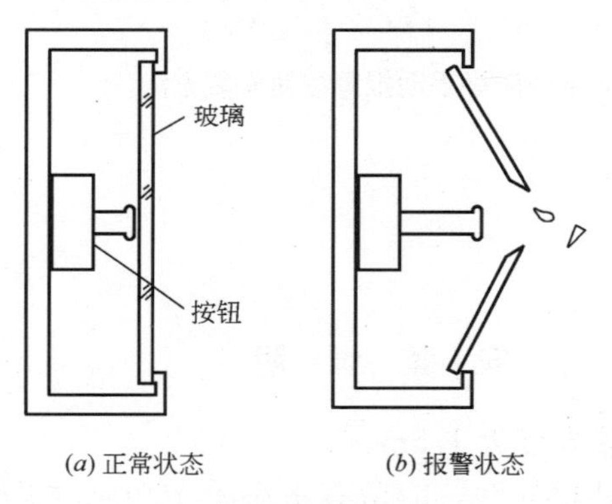

(a) 正常状态　　(b) 报警状态

3. 手动报警按钮工作状态

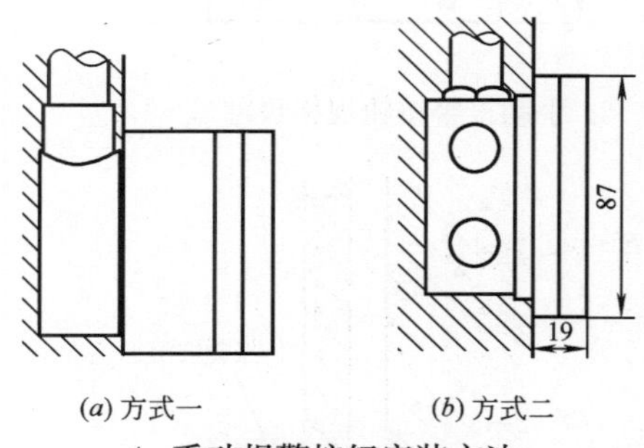

(a) 方式一　　(b) 方式二

4. 手动报警按钮安装方法

安 装 说 明

当火警发生时，打破手动报警按钮玻璃，警铃鸣响，同时消防水泵启动，供应消防用水。

图名	手动报警按钮安装方法（一）	图号	RD 7—27（一）

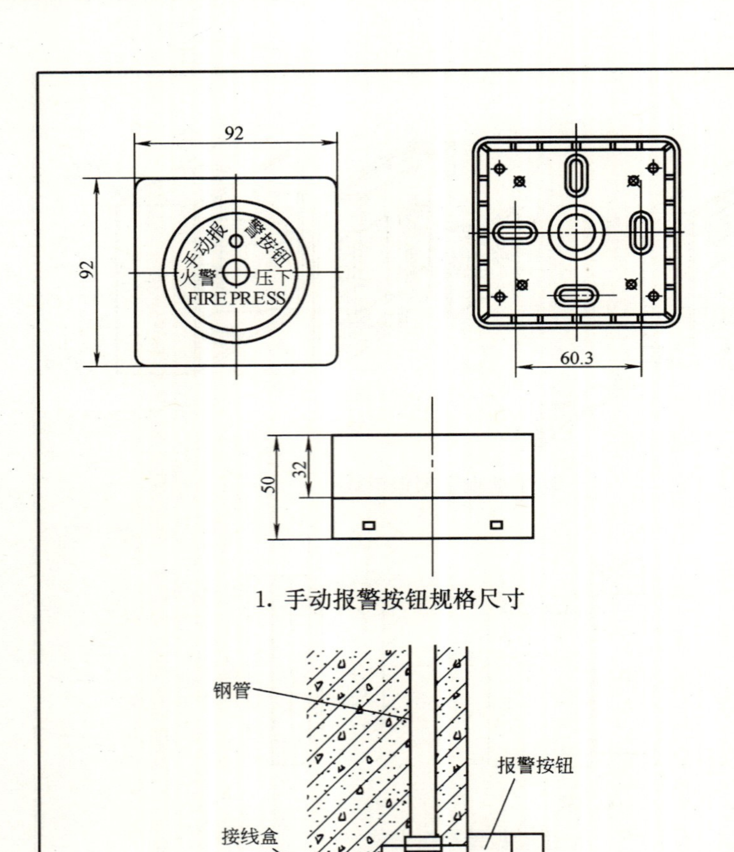

1. 手动报警按钮规格尺寸

2. 手动报警按钮安装方法

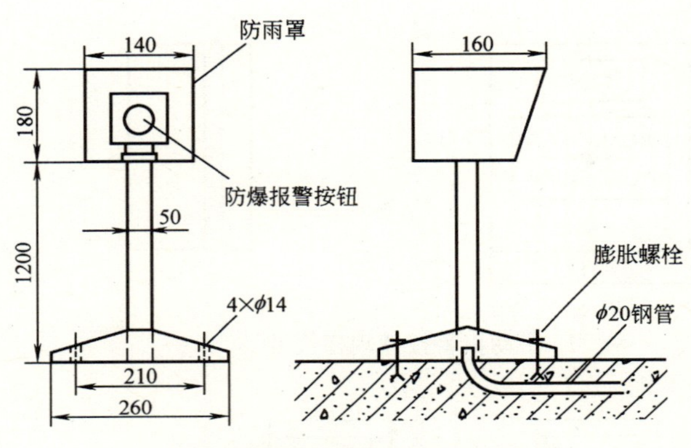

3. 室外防爆手动报警按钮安装方法

安 装 说 明

1. 手动报警按钮安装高度为 1.5m。

2. 手动报警按钮的外接导线，应留有不小于 100mm 的余量，且在其端部应有明显标志。

3. 防爆手动报警按钮也可安装于室内或将按钮装于防爆型机柜中。

4. 手动火灾报警按钮，应安装牢固，并不得倾斜。

图名	手动报警按钮安装方法（二）	图号	RD 7—27（二）

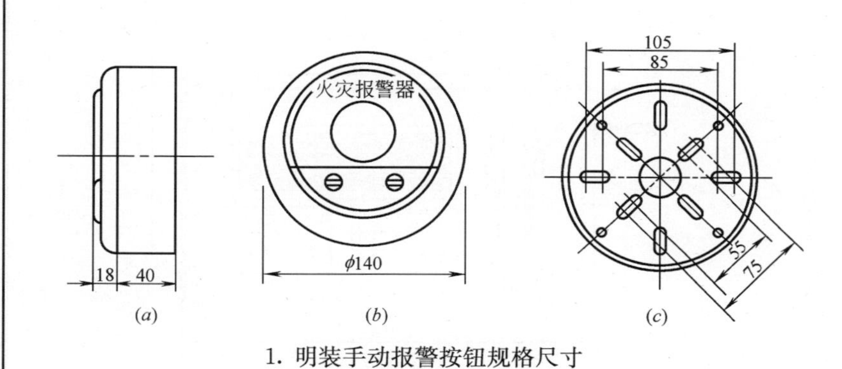

1. 明装手动报警按钮规格尺寸

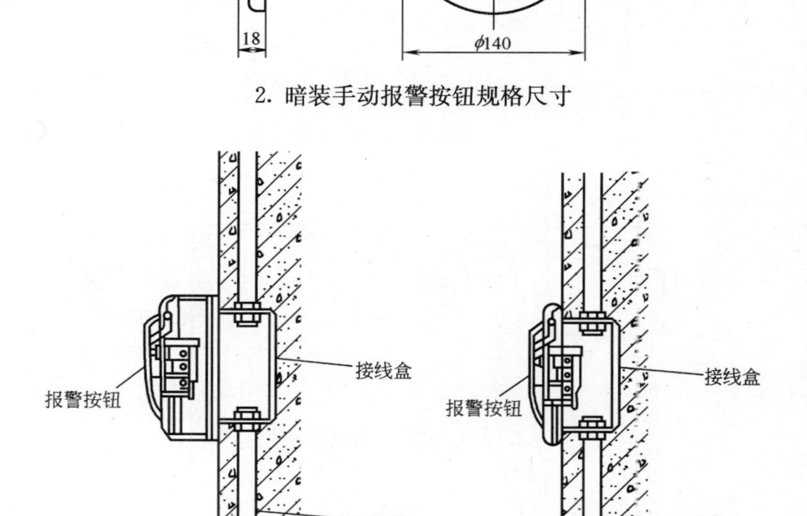

2. 暗装手动报警按钮规格尺寸

4. 带电话插座的手动报警按钮安装方法

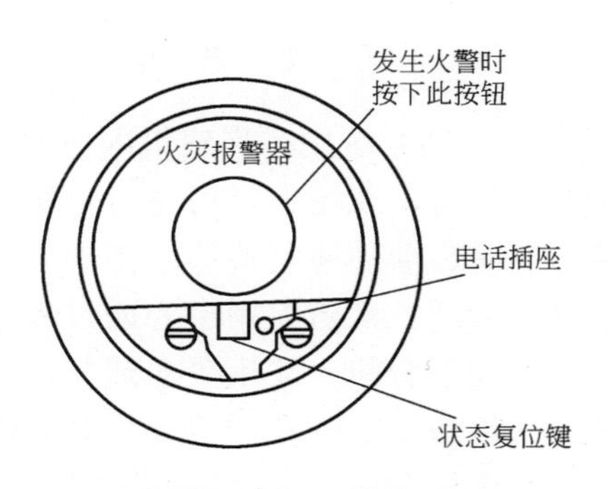

3. 带电话插座的手动报警按钮功能示意图

安 装 说 明

手动报警按钮安装高度为 1.5m。

图名	手动报警按钮安装方法（三）	图号	RD 7—27（三）

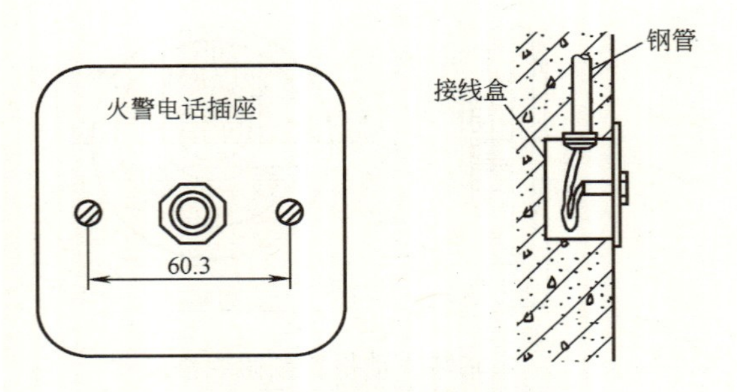

1. 火灾报警电话插座安装方法

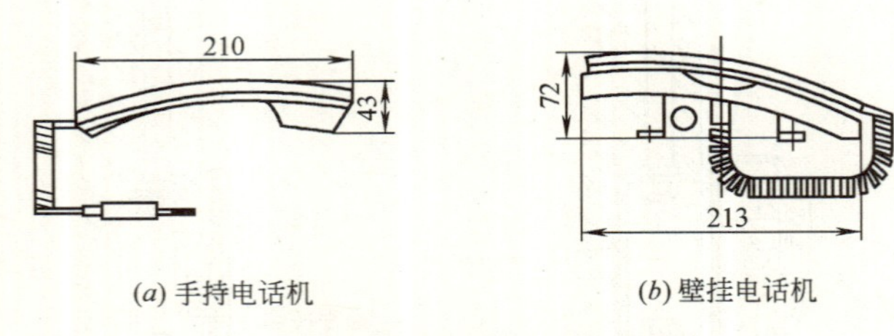

(*a*) 手持电话机　　(*b*) 壁挂电话机

2. 火灾报警电话机规格尺寸

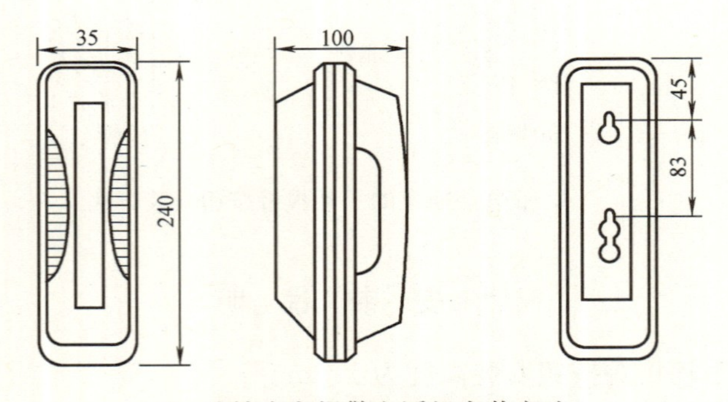

3. 壁挂火灾报警电话机安装方法

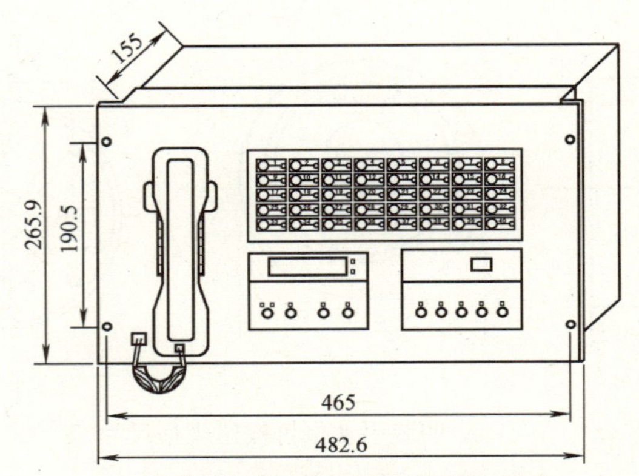

4. ZN933 型消防电话主机规格尺寸

安　装　说　明

1. 火警消防电话系统用于当建筑内出现火警、匪警及其他突发性灾害事件时，现场人员可通过分布在现场内的专用电话，快速、及时、准确地与消防控制中心取得联系，无需拨号，举机即可接通；消防控制中心通过专用电话快速、及时、准确地呼叫现场分机，实现紧急通信。在通话时，把消防电话分机插入消防电话插孔或手动报警器电话插孔就可实现通话。

2. 火灾报警电话插座的安装高度为 1.3～1.5m。

3. 壁装火灾报警电话机可用塑料胀管和螺钉进行安装。

图名	火灾报警电话系统安装方法	图号	RD 7—28

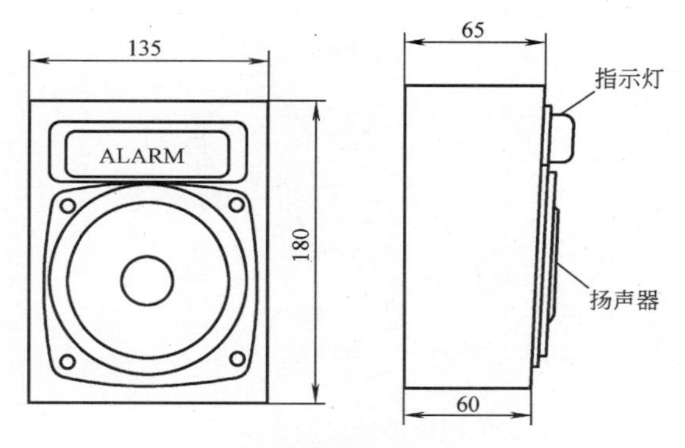

1. 声光报警器样式（一）

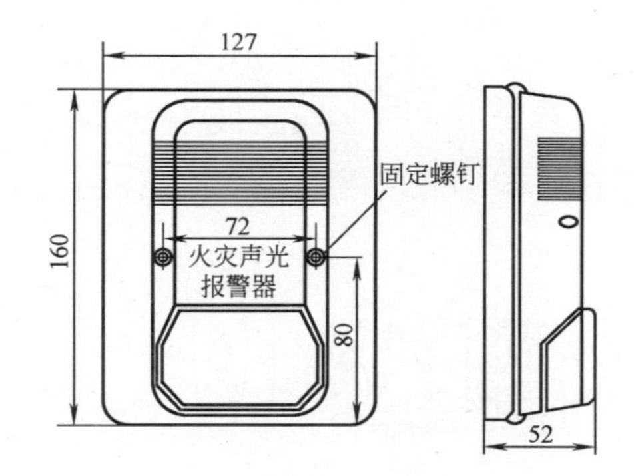

2. 声光报警器样式（二）

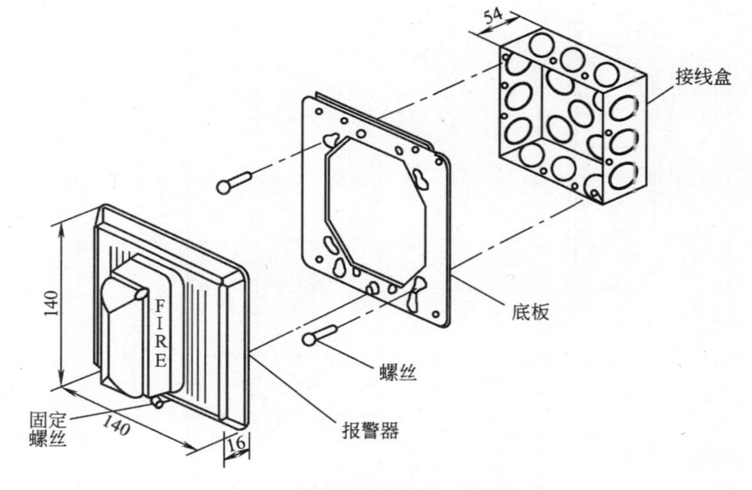

3. 声光报警器安装示意图

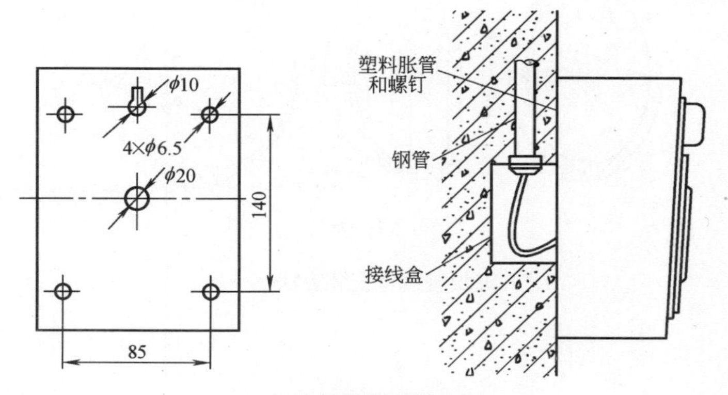

4. 声光报警器安装方法

安 装 说 明

1. 声光报警器安装高度通常为2.2～2.5m或距离吊顶下0.3m。

2. 配管可选用ϕ20钢管及接线盒。

图名	声光报警器安装方法	图号	RD 7—29

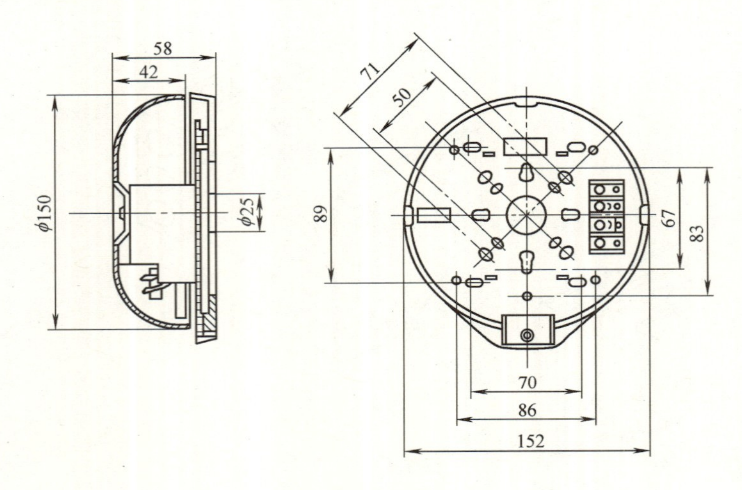

(a) 规格尺寸

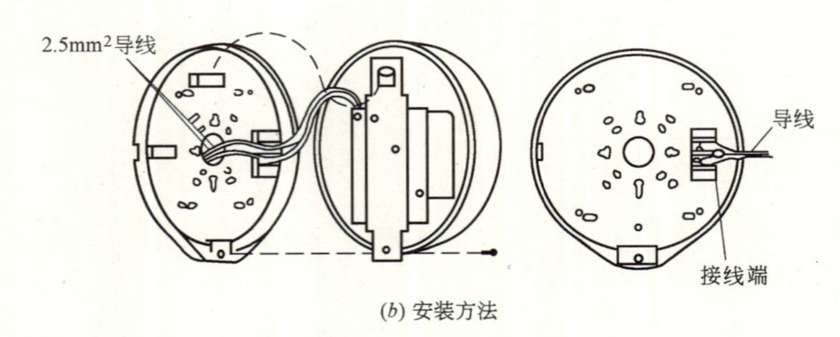

(b) 安装方法

1. 火灾报警警铃安装方法（一）

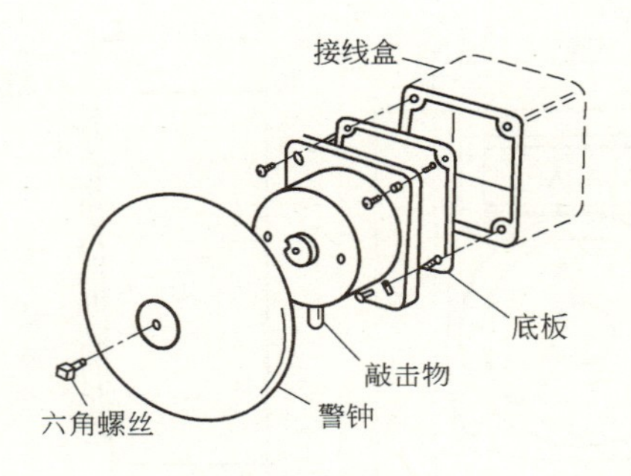

2. 火灾报警警铃安装方法（二）

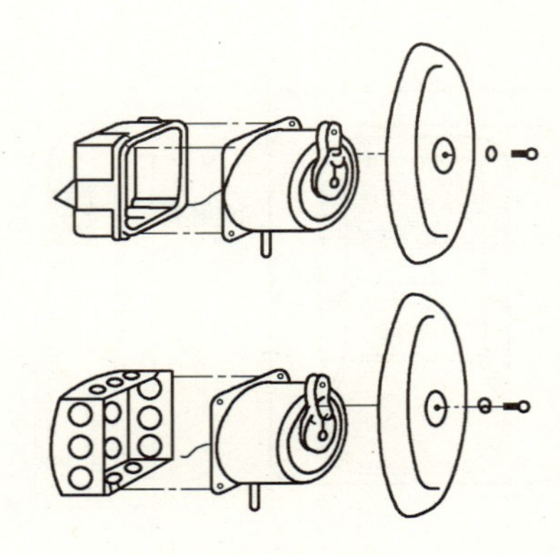

3. 火灾报警警铃安装方法（三）

图名	火灾报警警铃安装方法（一）	图号	RD 7—30（一）

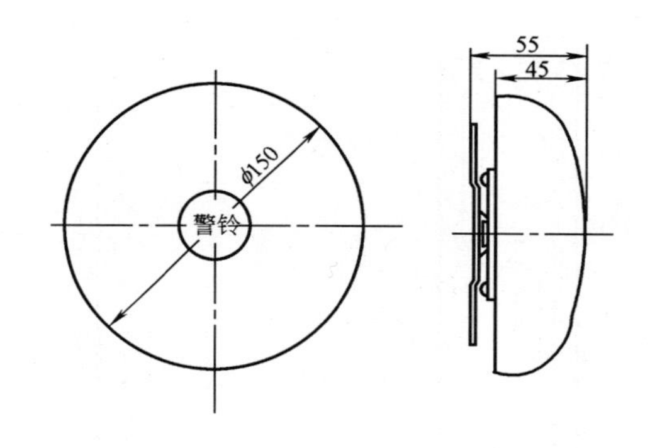

(a) 规格尺寸

安装方向向上

(b) 安装板尺寸

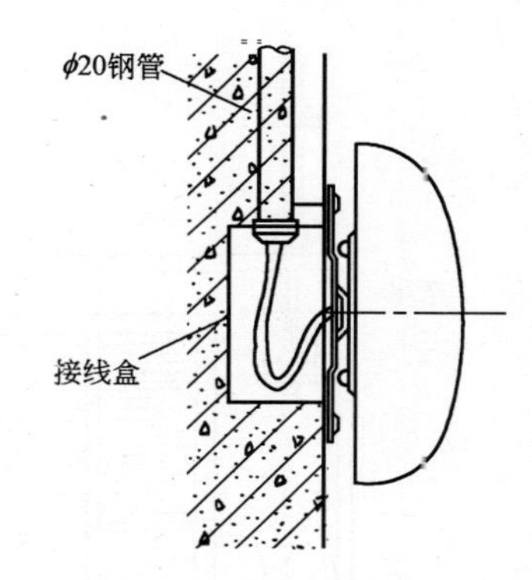

(c) 安装方法

1. 火灾报警警铃安装方法

(a) 规格尺寸

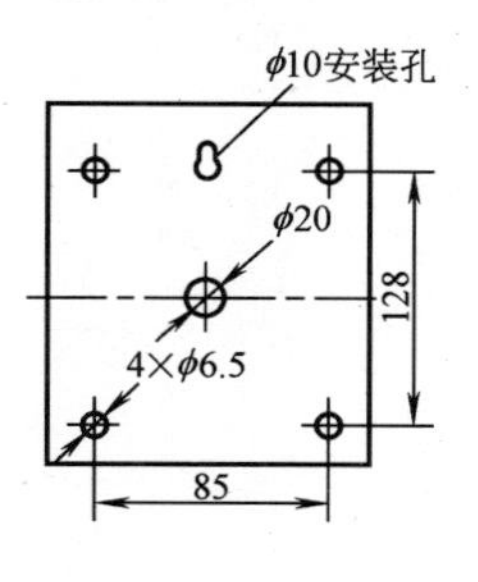

(b) 安装孔尺寸

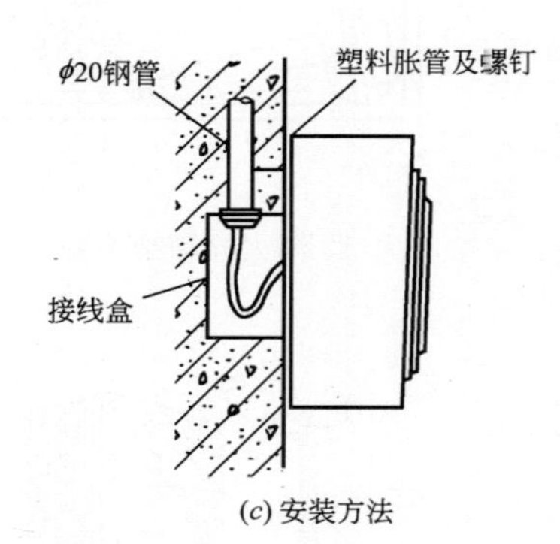

(c) 安装方法

2. 火灾报警警笛安装方法

安 装 说 明

1. 火灾报警警铃安装时，固定螺丝上要加弹簧垫片。

2. 火灾报警警铃及警笛的安装高度通常为 2.2～2.5m 之间或距离顶板下 0.3m。

图名	火灾报警警铃安装方法（二）	图号	RD 7—30（二）

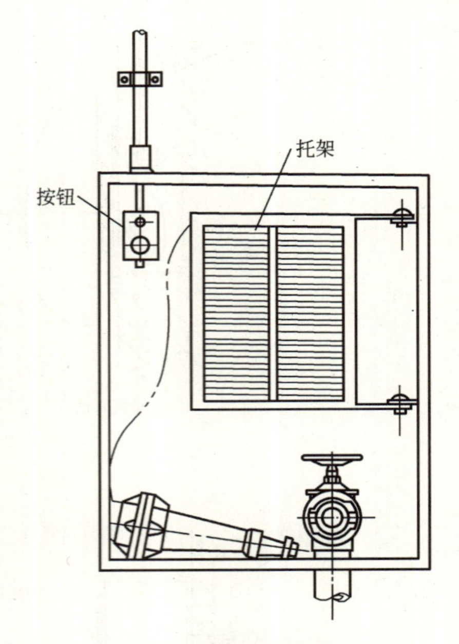

1. 消火栓箱结构图

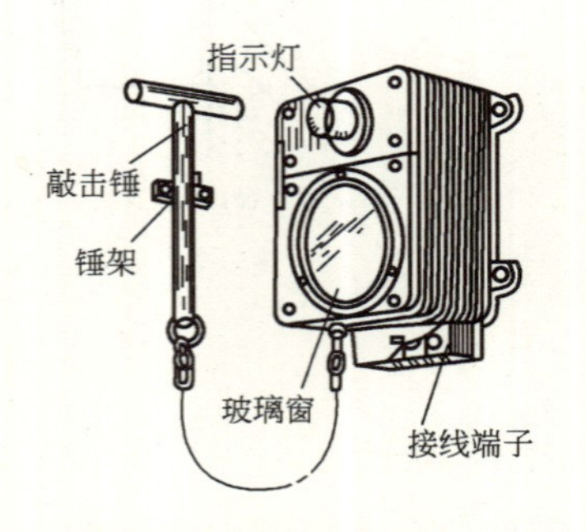

2. 消火栓箱内启泵按钮结构图

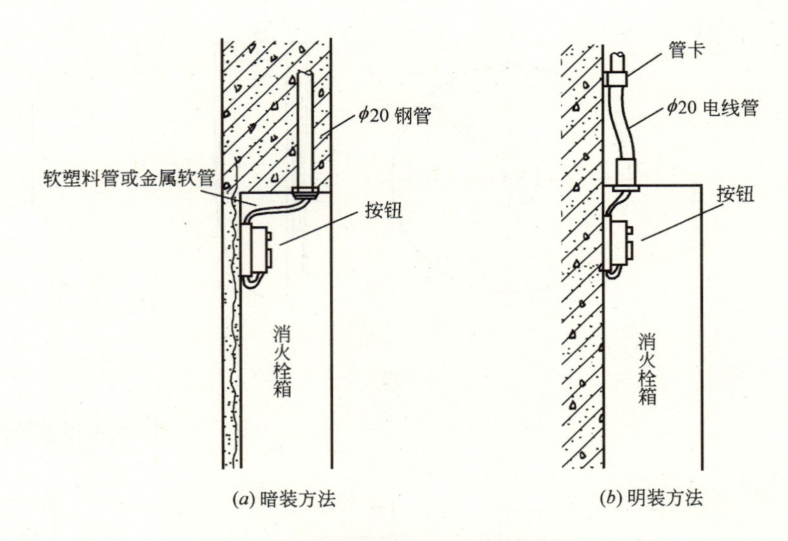

3. 消火栓箱内启泵按钮安装方法

安 装 说 明

1. 在消火栓箱内左上角或左侧壁上方设置消火栓箱内启泵按钮，按钮上面有一玻璃面板，作为控制启动消防水泵用，此种按钮为打破玻璃启动式的专用消防按钮，当火灾发生时，打破按钮上面的玻璃面板，使受玻璃面板压迫而闭合的触点复位断开，发出启动消防泵的命令，消防水泵立即启动工作，不断供给所需的消防水量、水压。

2. 消火栓箱安装时，配合完成消火栓箱内启泵按钮的管线敷设及按钮安装。

图名	消火栓箱内启泵按钮安装方法	图号	RD 7—31

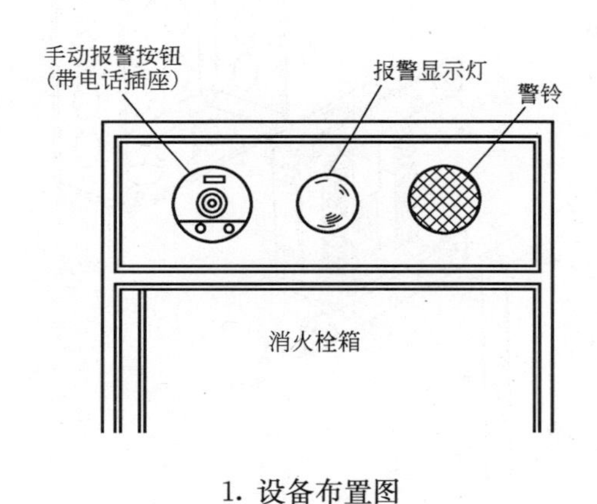

1. 设备布置图

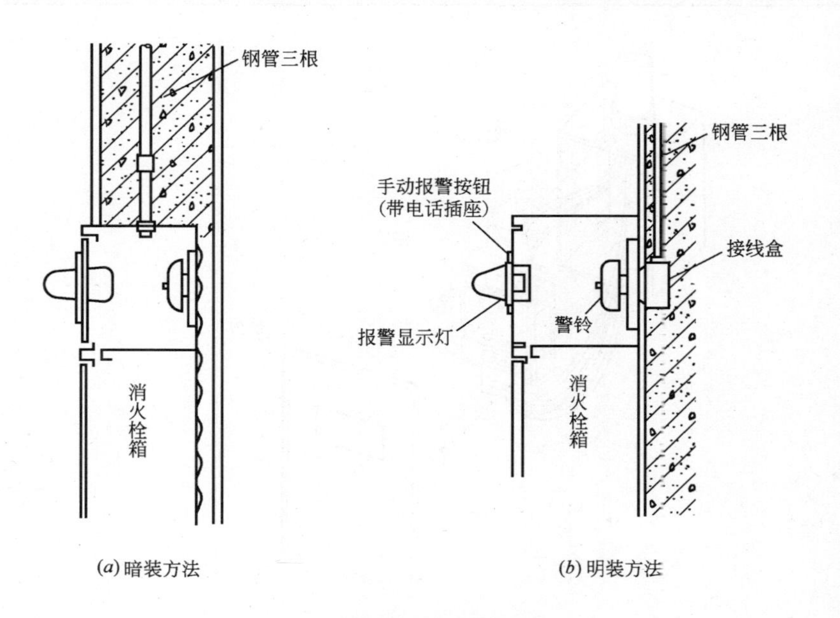

2. 手动报警按钮等安装方法

安 装 说 明

1. 在土建施工时，配合预埋管及接线盒。

2. 在装饰完成后，再进行手动报警按钮等设备安装，外接导线应留有余量用于接线。

图名	手动报警按钮、显示灯、警铃在消火栓箱上安装方法	图号	RD 7—32

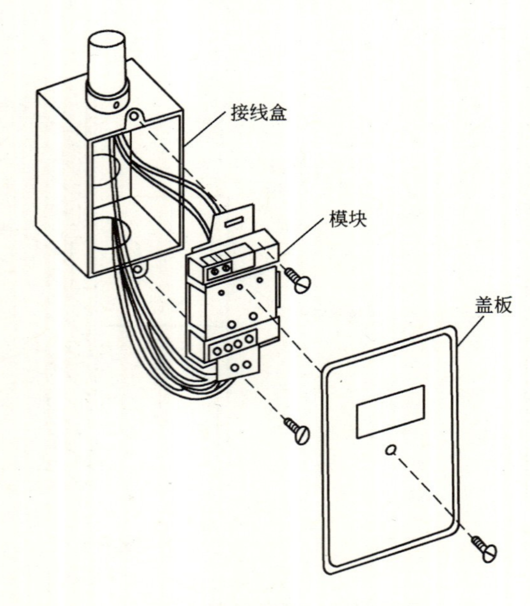

1. 方式一

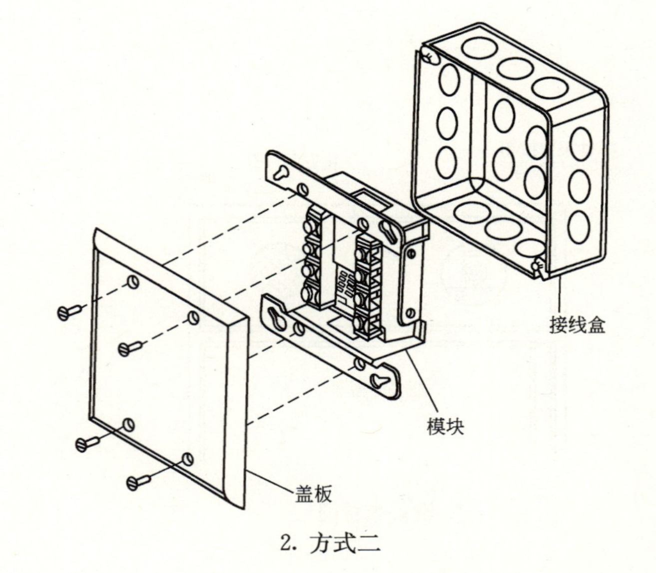

2. 方式二

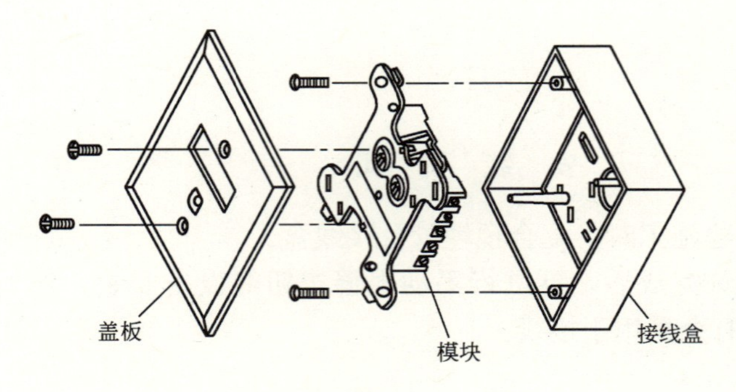

3. 方式三

安 装 说 明

1. 模块在现场通常安装在接线盒内。

2. 根据设计要求也可将模块集中安装在模块箱中，模块箱通常安装在弱电竖井（房）中。

图名	火灾自动报警系统模块安装方法	图号	RD 7—33

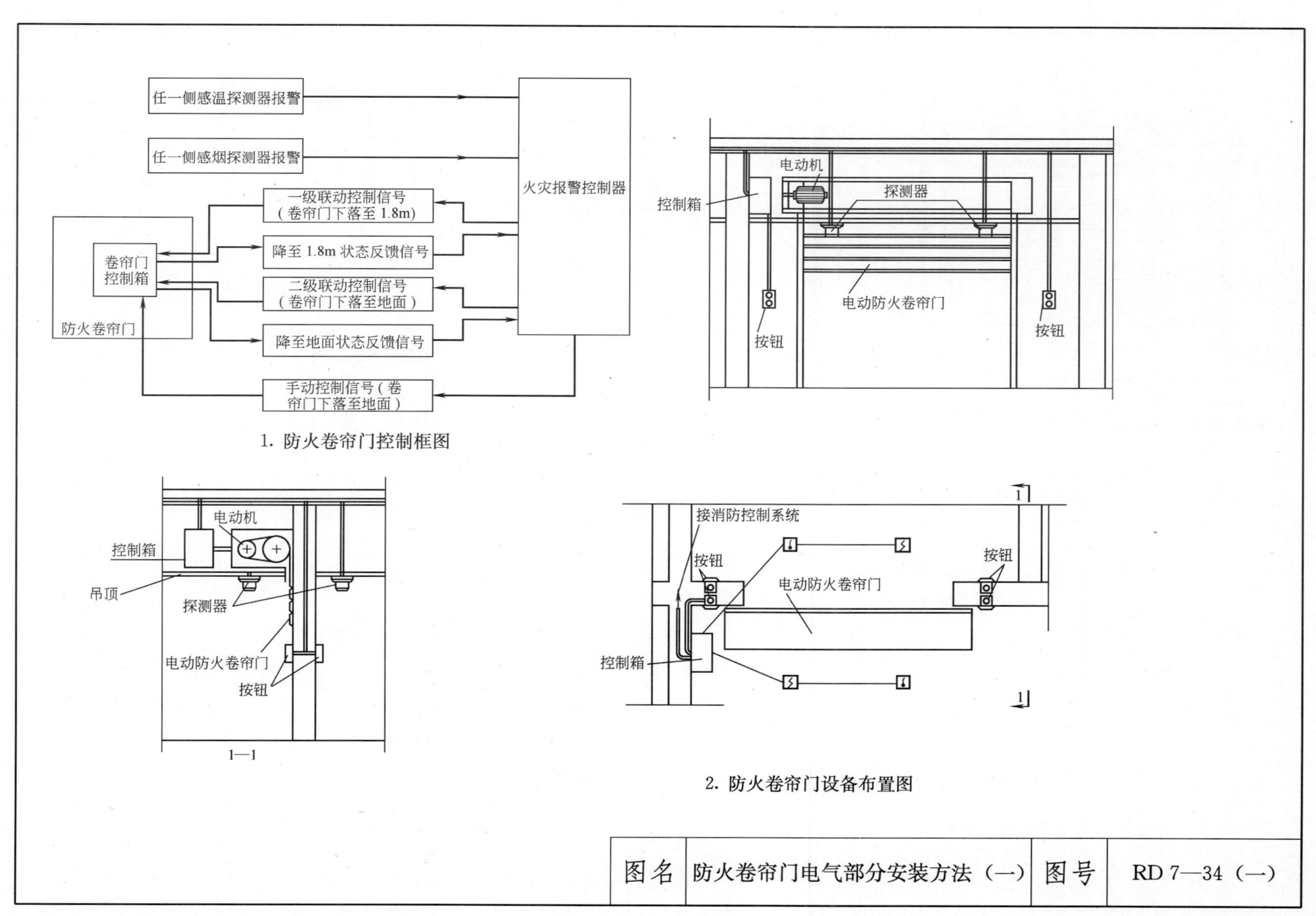

1. 防火卷帘门控制框图

2. 防火卷帘门设备布置图

图名	防火卷帘门电气部分安装方法（一）	图号	RD 7—34（一）

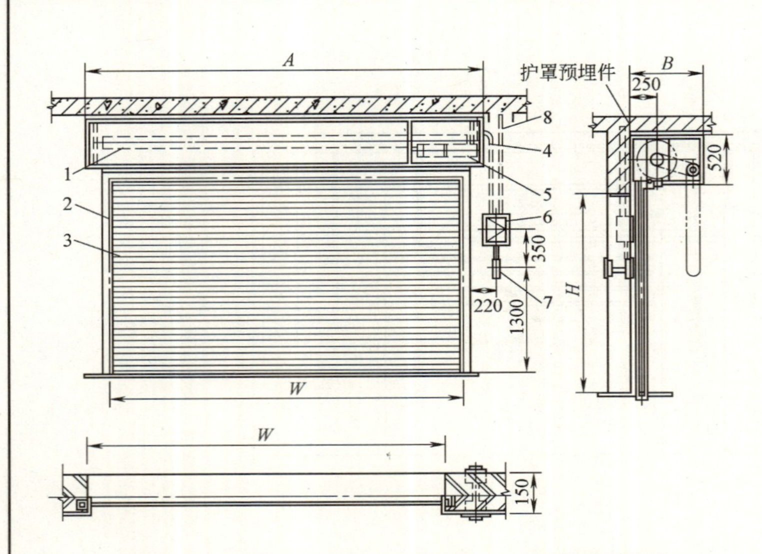

1—卷筒；2—导轨；3—帘板；4—外罩；5—电动和手动装置；
6—控制箱；7—控制按钮；8—钢管

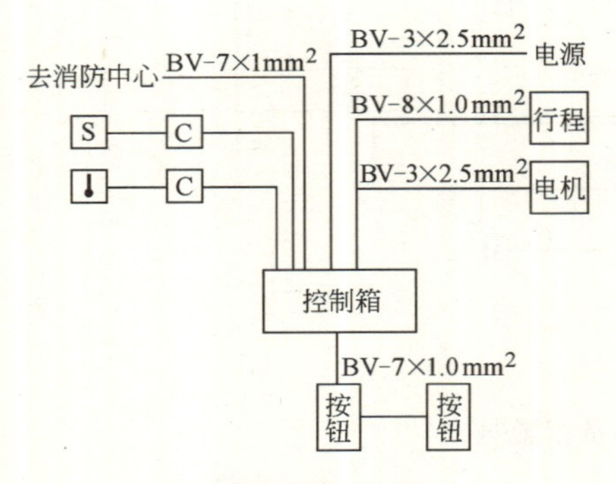

控制电路示意图

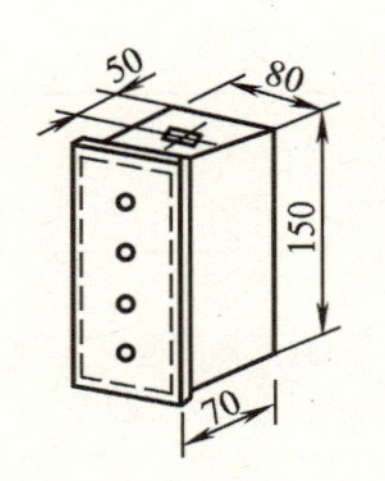

控制按钮

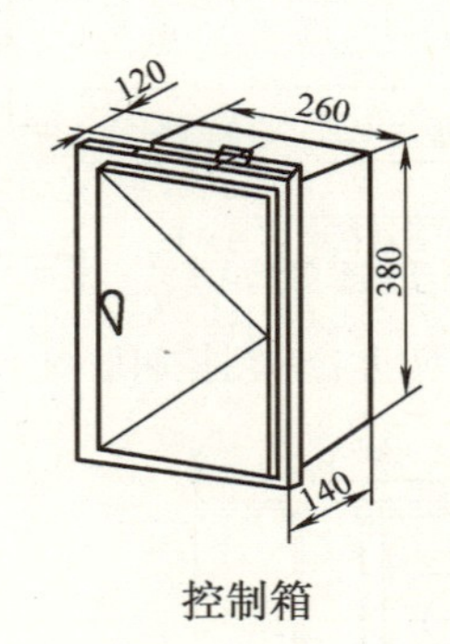

控制箱

安 装 说 明

1. 控制箱、控制按钮由防火卷帘门生产厂商成套供应。

2. 设在疏散走道上的防火卷帘门应在卷帘门的两侧设置启闭装置，并应具有自动、手动和机械控制的功能。

3. 也可将控制箱安装于外罩内或外罩旁边墙上。

图名	防火卷帘门电气部分安装方法（二）	图号	RD 7—34（二）

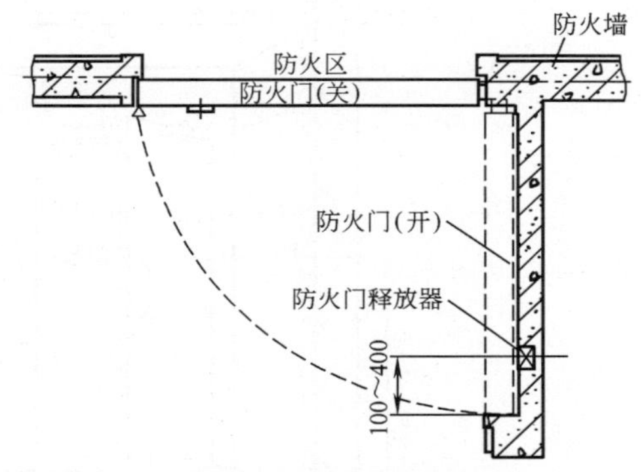

1. 防火门释放器安装示意图

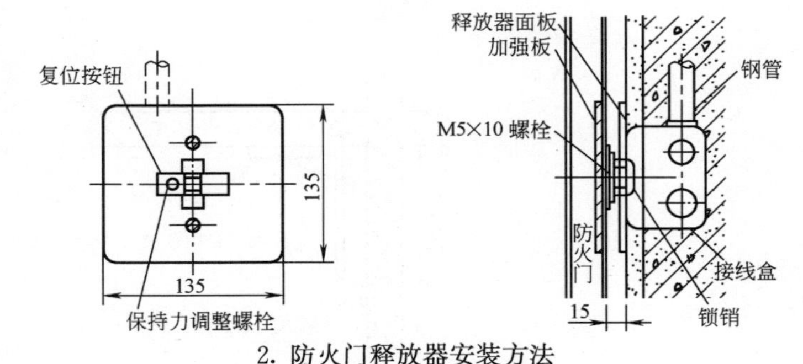

2. 防火门释放器安装方法

安 装 说 明

1. 平开防火门平时通过门释放器锁住锁销，使门处于开启状态。当火警发生时，向释放器发出信号，通过门释放器释放锁销，防火门上安装的闭门器使门关闭。同时可在门上安装门磁开关返回信号，通知消防控制室。

2. 防火门释放器安装高度距地 1.3～1.5m。

3. 防火门释放器也可通过磁力锁来实现，通过通电产生磁吸力锁住防火门，断电后释放防火门。

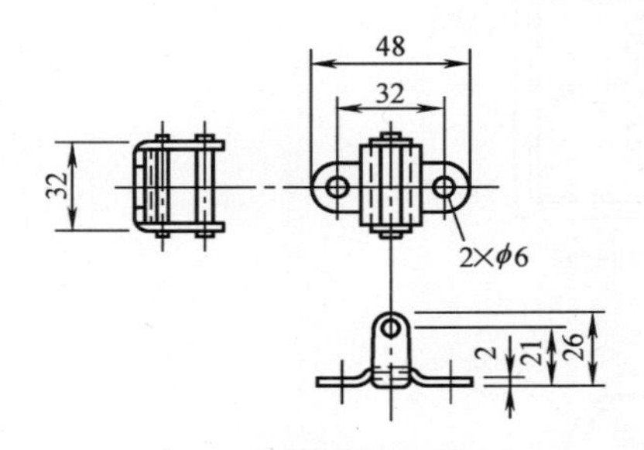

3. 锁销规格尺寸

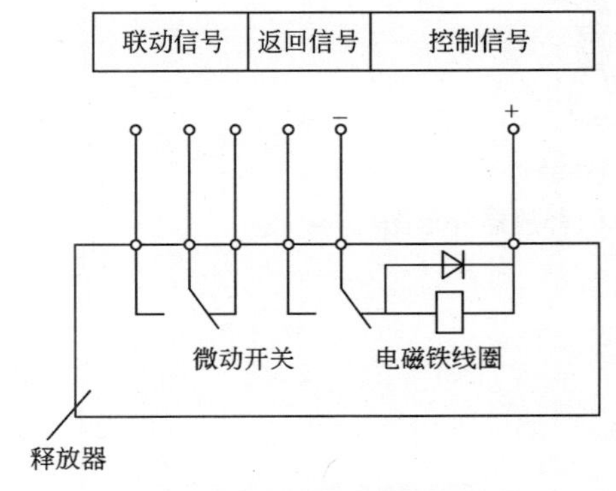

4. 防火门释放器接线图

图名	防火门释放器安装方法（一）	图号	RD 7—35（一）

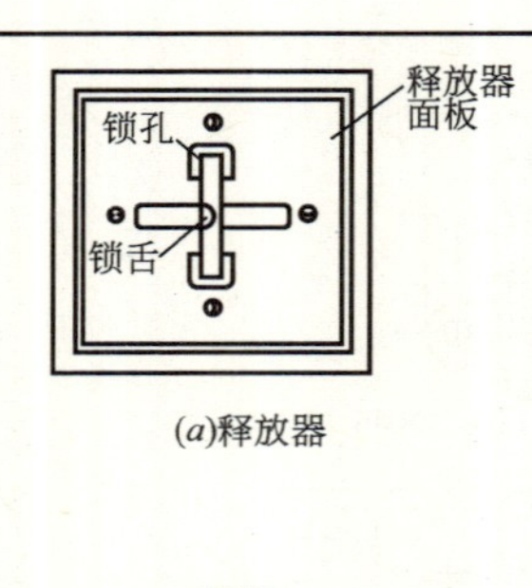

(a)释放器

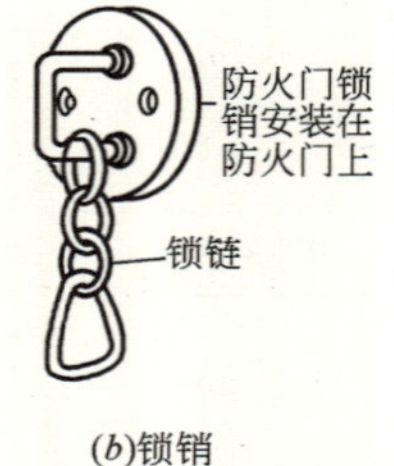

(b)锁销

1. 防火门释放器外形图

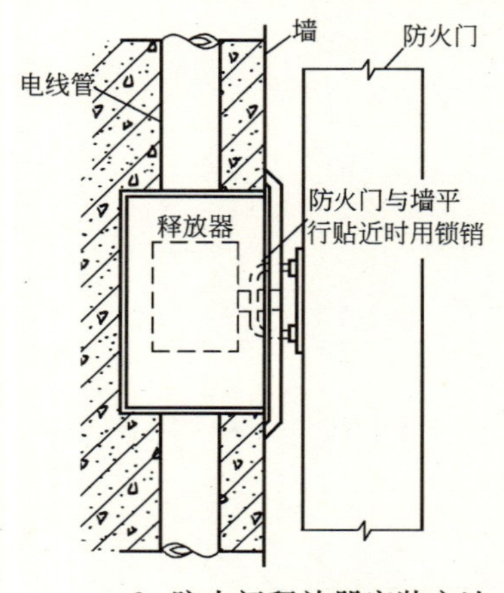

2. 防火门释放器安装方法

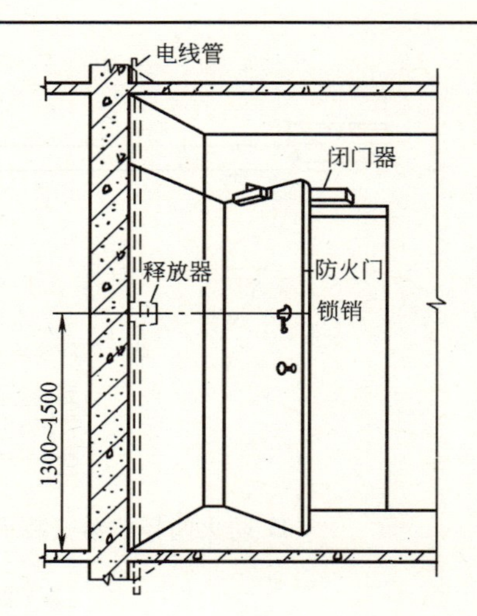

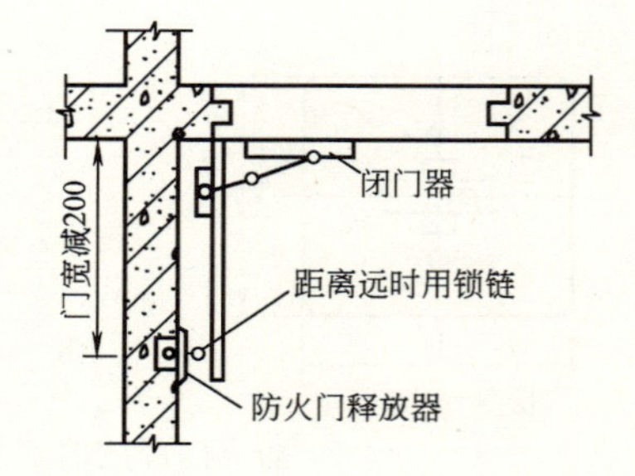

3. 防火门释放器安装示意图

安 装 说 明

防火门释放器安装在墙上，锁销安装在门上。防火门与墙面平行贴近时，释放器直接销住锁销；当距离远离释放器时，可用锁销上的销链销住防火门。

图名	防火门释放器安装方法（二）	图号	RD 7—35（二）

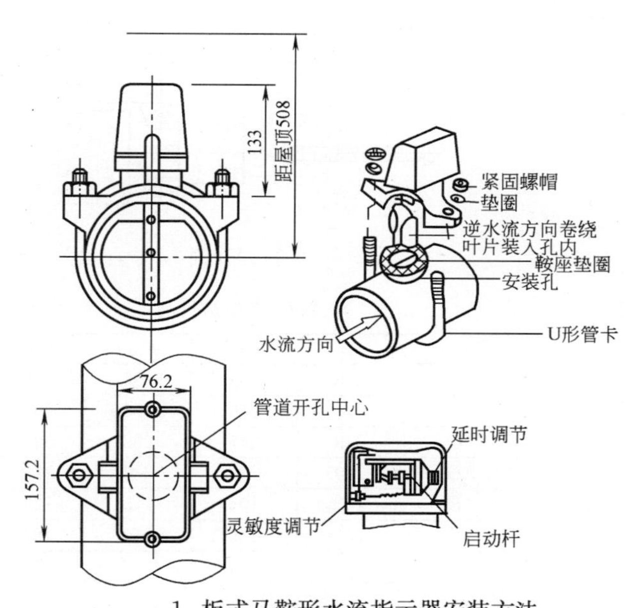

1. 板式马鞍形水流指示器安装方法

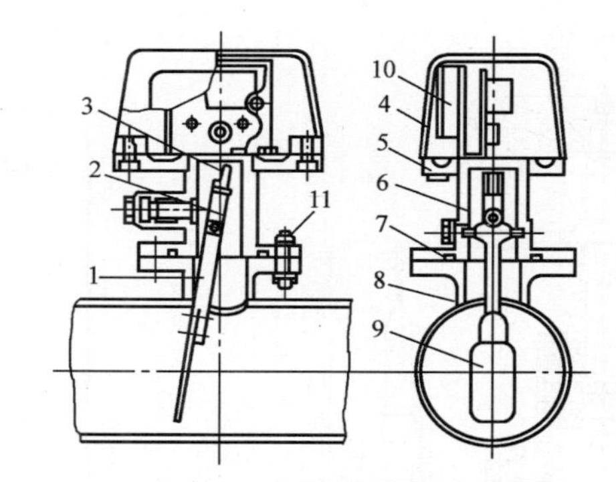

2. 浆式叶片水流指示器安装方法

1—杠杆；2—弹簧；3—永久磁铁；4—罩盒；5—支撑板；6—本体；7—密封圈；8—法兰底座；9—浆片；10—接线盒；11—螺栓

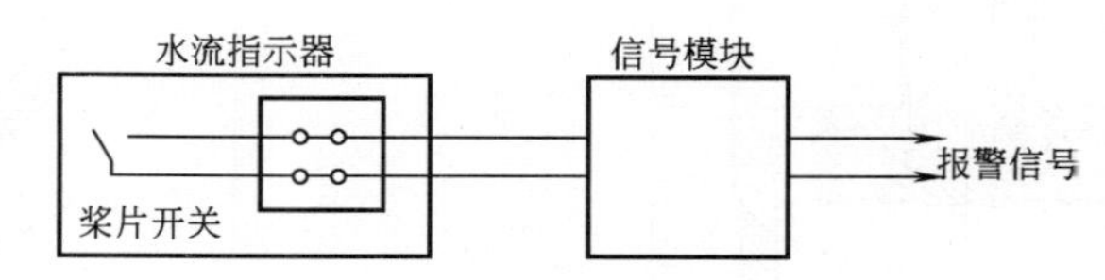

(*a*) 机械接点方式

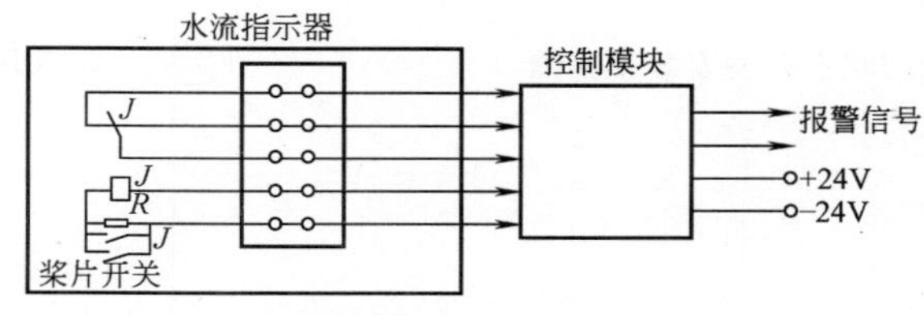

(*b*) 电子接点方式

3. 水流指示器接线图

安 装 说 明

水流指示器通常由其他专业负责安装，火灾自动报警系统完成信号的采集，施工包括配管及接线盒安装；接线盒到水流指示器金属软管安装；管内穿线及水流指示器接线等。调试时要与相关专业配合。

图名	水流指示器安装方法	图号	RD 7—36

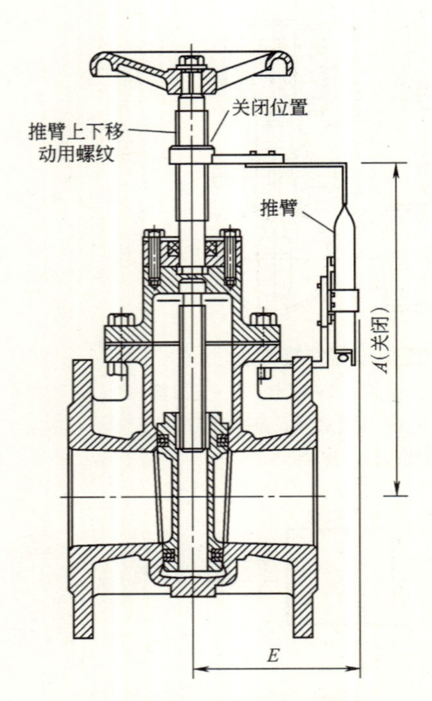

1. 阀门状态开关安装正视图

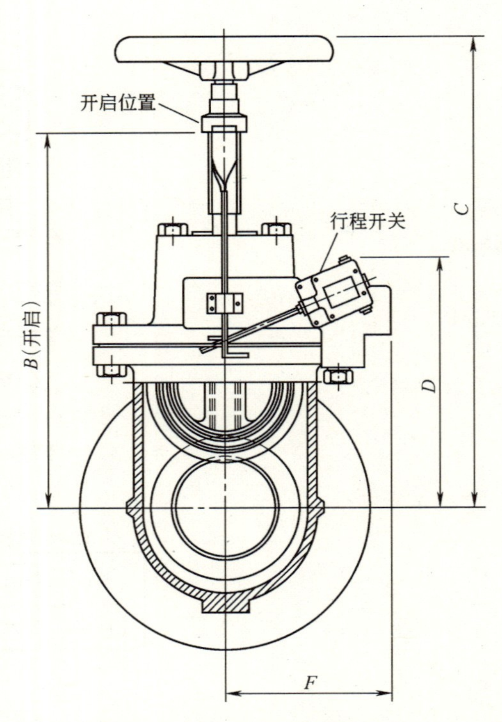

2. 阀门状态开关安装侧视图

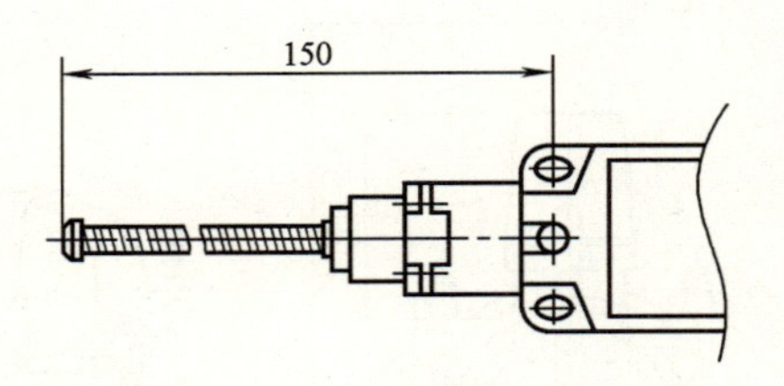

3. 行程开关

4. 各部位规格尺寸

尺寸	ϕ65	ϕ80	ϕ100	ϕ150
A	226	252	280	376
B	239	266	288	396
C	319	347	369	591
D	210	220	230	320
E	105	105	115	125
F	140	140	150	180

安 装 说 明

在消防管道上有阀门，一些阀门必须保持经常开启。只有在检修时，才关闭阀门，为了防止阀门被人误关闭或检修完成后忘记开启，在阀门处安装行程开关，用于阀门开关状态的检测。当阀门被关闭时，安装在阀门上的行程开关有信号返回到消防控制盘。从而达到检测阀门状态的目的。

阀门状态检测的工作过程是当阀门转动时，阀门轴上的螺纹带动推臂上下移动，推臂压下或放开行移开关，使行程开关动作发出报警信号。

图名	阀门状态开关安装方法	图号	RD 7—37

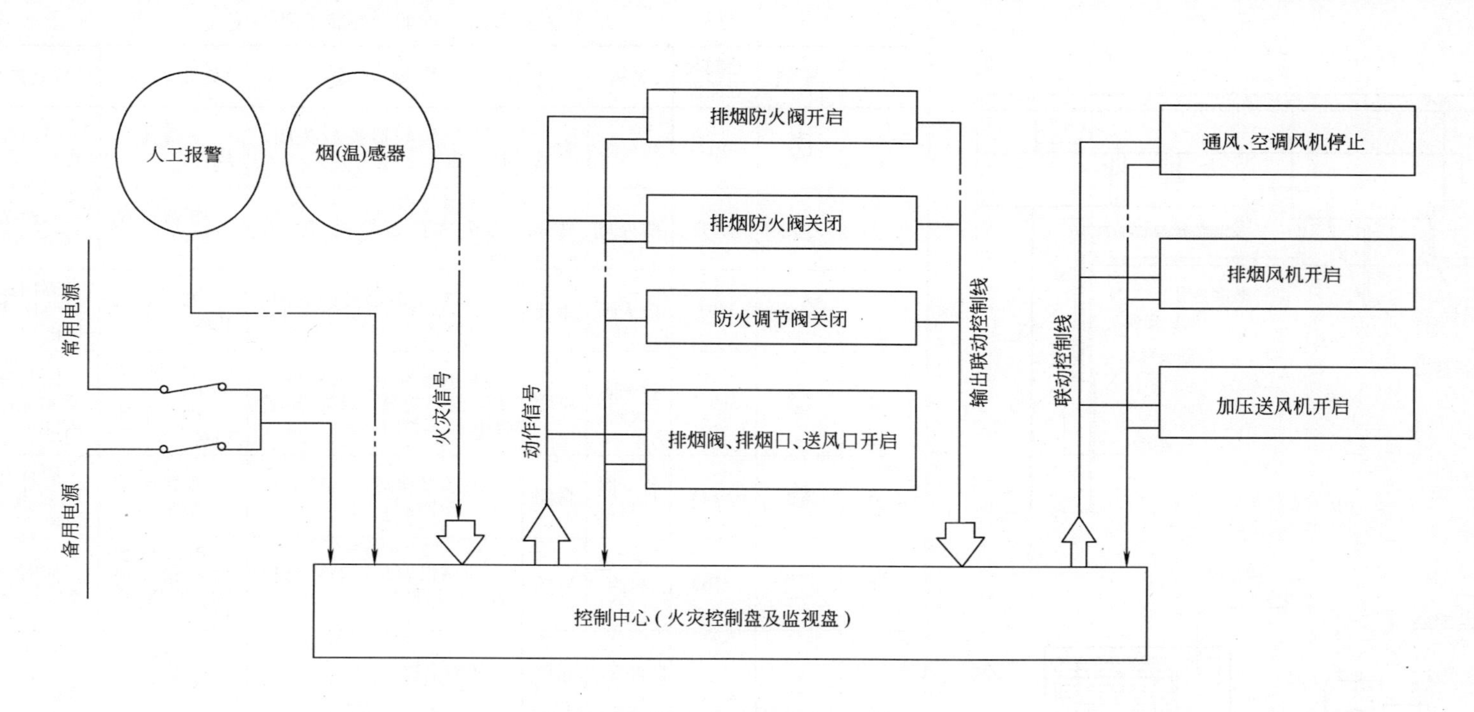

防排烟设备电气控制方法框图

安 装 说 明

通风、空气调节及排烟系统上使用的自动、手动排烟防火阀、排烟口（阀）以及防火阀等系列产品已广泛使用在高层建筑、公共建筑、地下建筑及工业建筑中。

图名	防排烟设备电气控制方法	图号	RD 7—38

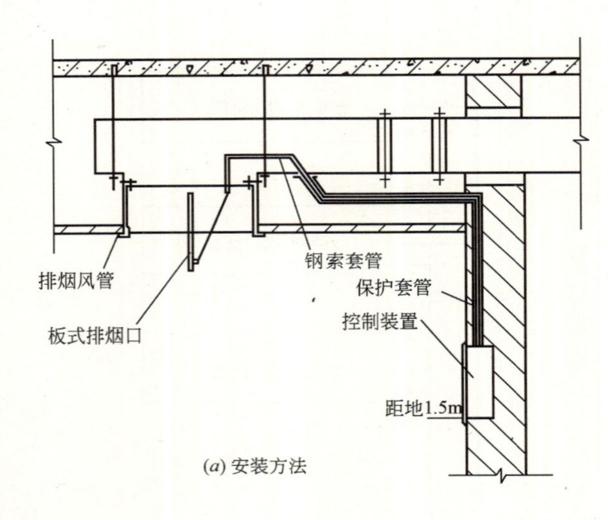

(a) 安装方法

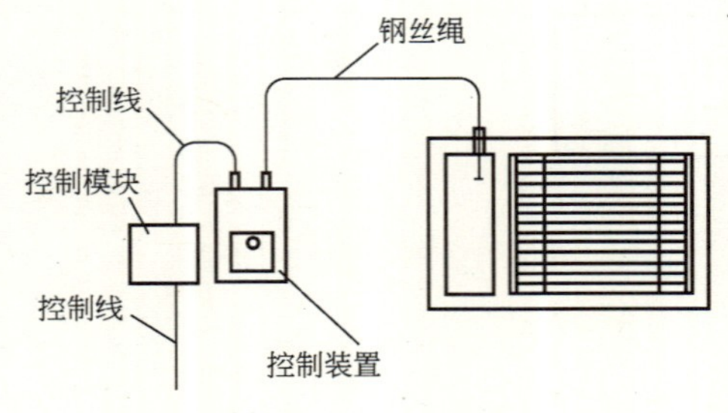

(b) 控制示意图

1. 排烟阀控制装置安装方法

2. 常用防火阀、排烟阀控制关系一览表

序号	图例	控制装置类型	名称	平时状态	控制方式	安装位置	联动控制关系
1	∅	FD	防火阀	常开	70℃熔断器控制关闭，送出信号	空调通风风管中	同时关闭相关空调、通风机
2	$\varnothing_E$	EFD	防火阀	常开	烟感报警后，24V电控关或70℃温控关，送出信号	空调通风风管中	同时关闭相关空调、通风机
3	$\varnothing_{280}$	HFD	防火阀	常开	280℃熔断器控制关闭，送出信号	排烟风机旁	阀门关闭后控制关闭相关排烟风机
4	∅	SHFD	排烟防火阀	常闭	烟感报警后，24V电控开，送出信号，280℃熔断器再控其关闭	排烟竖井旁 排烟风口旁	阀打开的同时开启相关排烟风机
5	●	SFD	排烟阀（口）	常闭	烟感报警后，24V电控开，送出信号	排烟风管中或风口旁	阀打开的同时开启相关排烟风机
6	◪	SFD	加压送风阀（口）	常闭	烟感报警后，24V电控开，送出信号	消防电梯前室楼梯前室正压送风口	同时开启相关前室正压送风机
7			自垂百叶	常闭	无需电控	楼梯间正压送风口	正压送风机启动后吹起百叶送风

安 装 说 明

1. 在土建施工时做好控制装置预埋盒及保护套管预埋，套管可选用 ϕ20 钢管两根，一根为钢索保护套管，另一根为控制线用保护套管，控制模块可根据设计要求安装在吊顶内或弱电竖井（房）模块箱中，控制装置安装高度为 1.5m。

2. 防排烟阀一般同时带有就地手动控制功能，表中从略。

图名	常用防火阀、排烟阀控制关系一览表	图号	RD 7—39

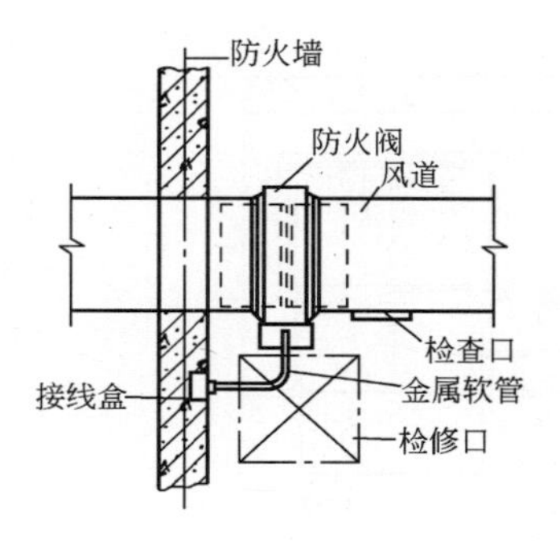

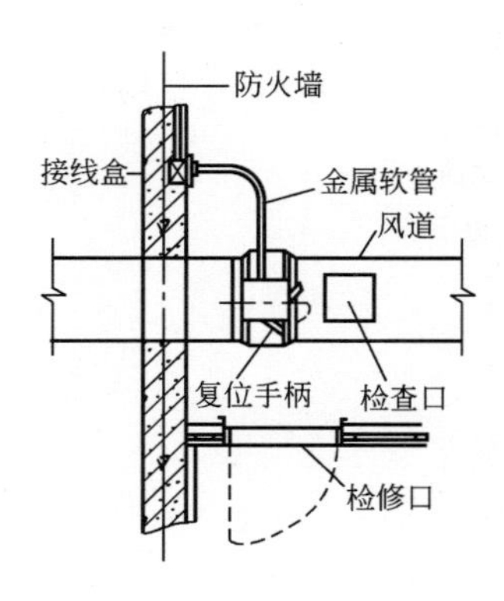

1. 防火阀安装方法

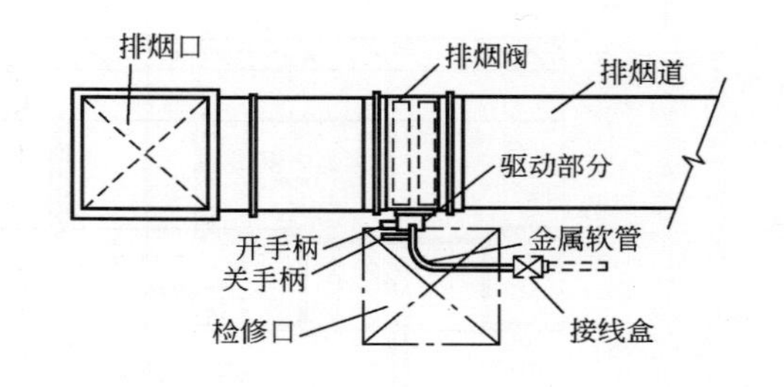

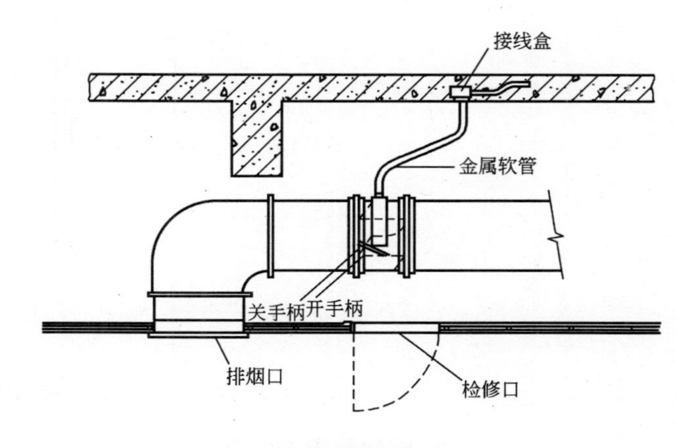

2. 排烟阀安装方法

图名	防火阀及排烟阀安装方法	图号	RD 7—40

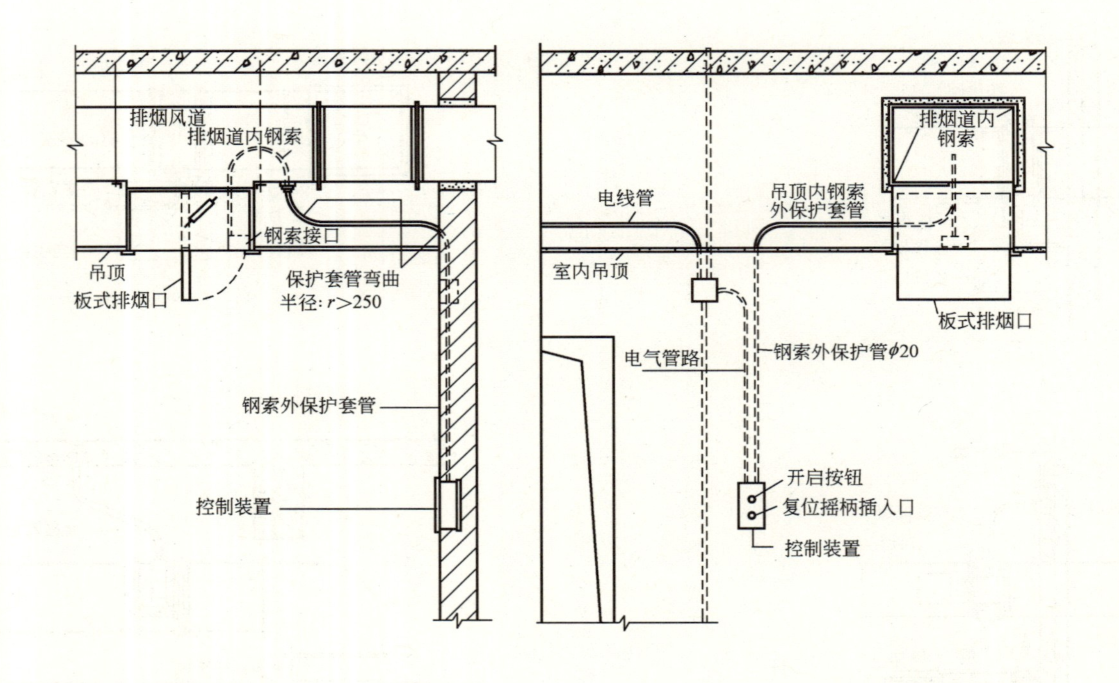

安 装 说 明

1. 控制装置安装在墙上，安装高度为 1.5m。
2. 建筑施工时配合电线管及接线盒的预埋，控制装置通常使用配套的专用接线盒。
3. 控制装置安装完成后需进行测试排烟阀开关的灵敏度。

图名	吊顶内排烟阀控制装置 安装方法	图号	RD 7—41

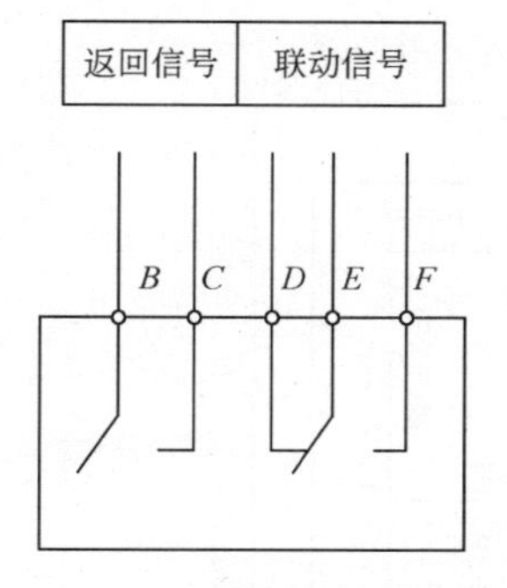

(*a*) 熔断阀接线图

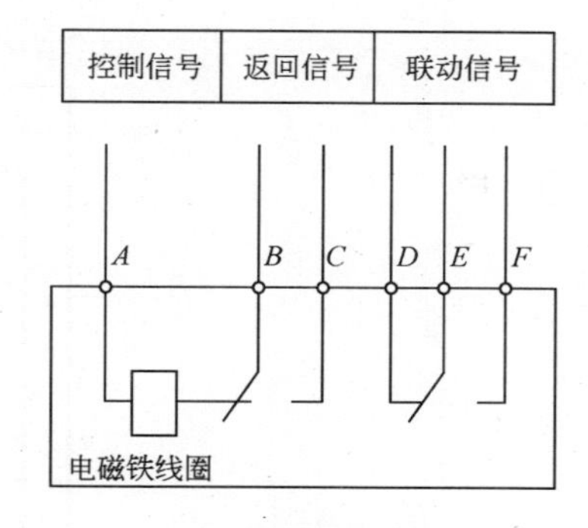

(*a*) 电磁阀接线图

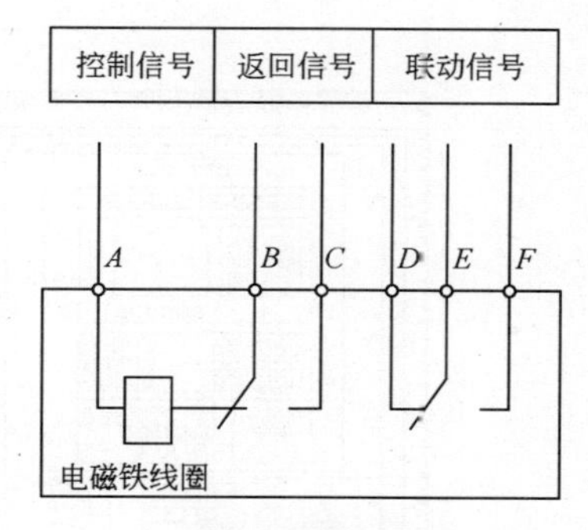

(*a*) 电磁熔断阀接线图

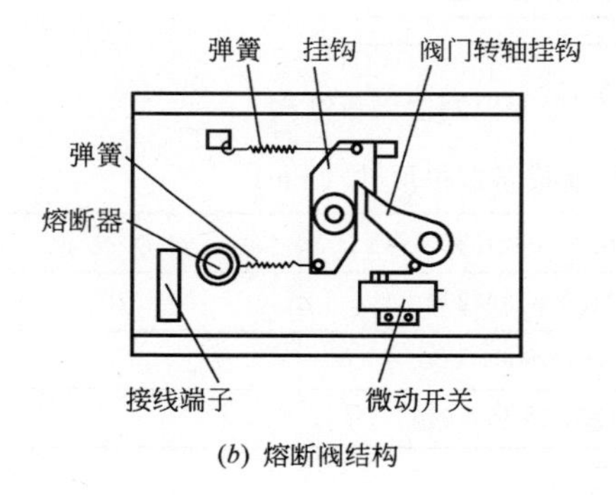

(*b*) 熔断阀结构

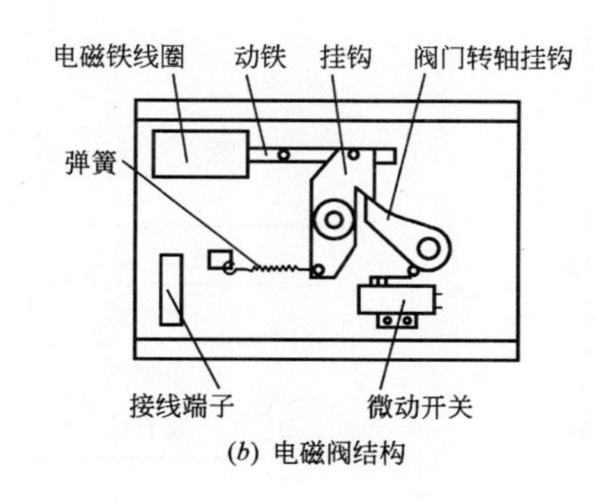

(*b*) 电磁阀结构

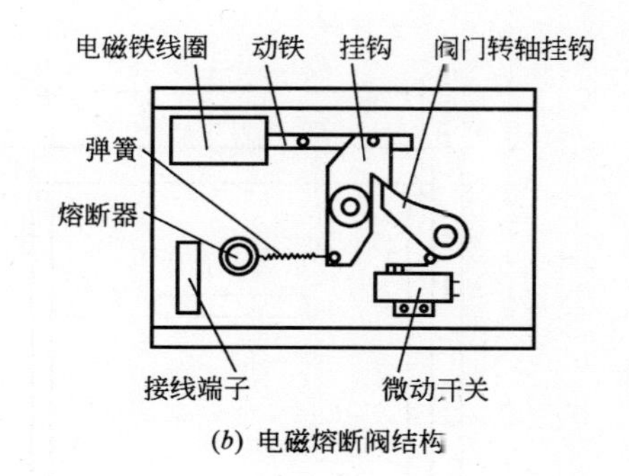

(*b*) 电磁熔断阀结构

1. 熔断阀安装方法

2. 电磁阀安装方法

3. 电磁熔断阀安装方法

图名	熔断阀及电磁熔断阀安装方法	图号	RD 7—42

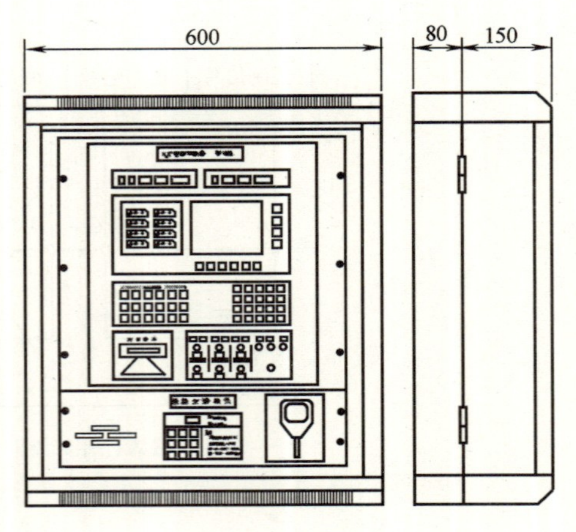

(a) 外形尺寸

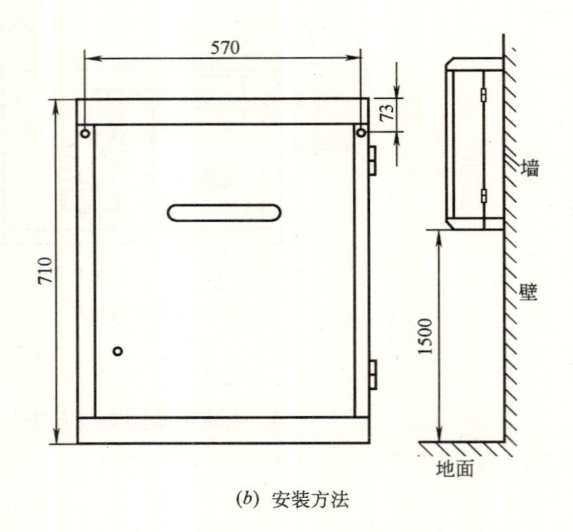

(b) 安装方法

1. 壁挂式火灾报警控制器安装方法

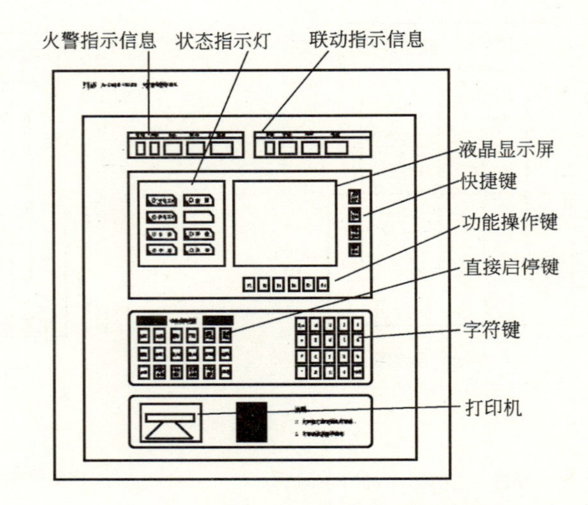

2. 壁挂式火灾报警控制器面板结构

3. 火灾报警控制设备规格尺寸（mm）

结构形式	外形尺寸（高×宽×厚）	安装孔距
壁挂式	710×600×230	570
落地式	1875×600×600	
琴台式	1115×2810×640	

安装说明

壁挂式控制器安装方法：选择一面坚固的混凝土墙（根据走线需要），按照安装孔距、高度的要求，使用M12的膨胀螺栓钉入墙中，将机箱挂上，调整好，旋紧螺母即安装完毕。

图名	壁挂式火灾报警控制器 安装方法（一）	图号	RD 7—43（一）

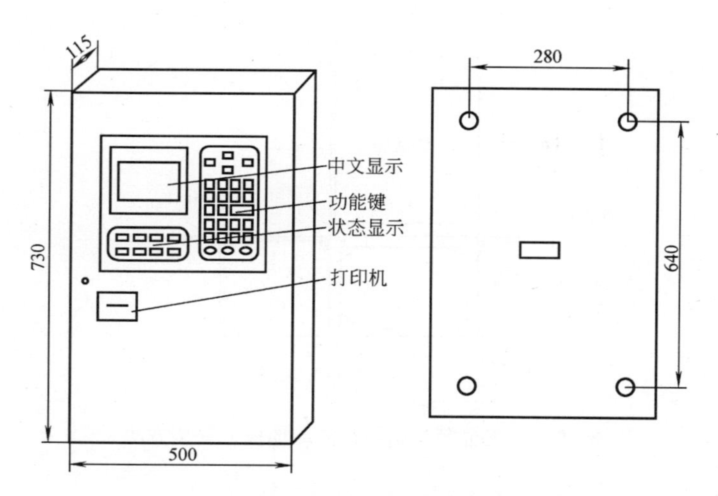

1. 壁挂式火灾报警控制器规格尺寸

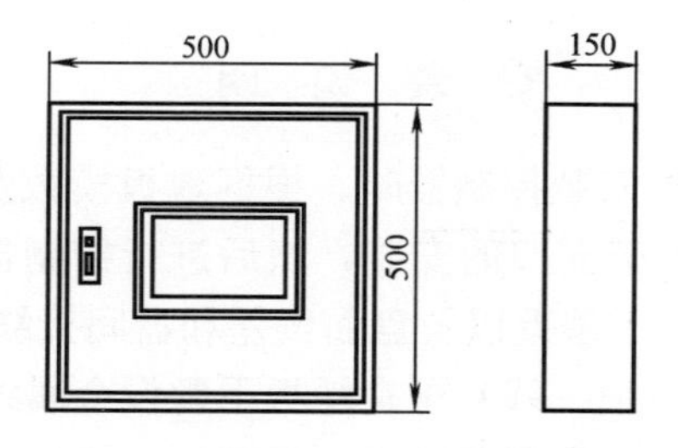

2. 火灾显示盘规格尺寸

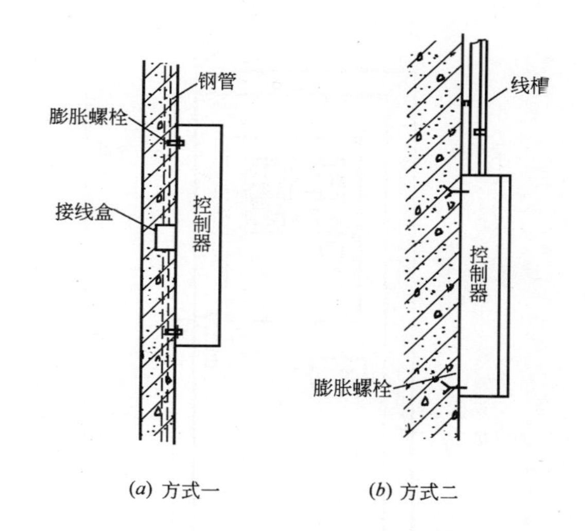

(a) 方式一　　(b) 方式二

3. 壁挂式火灾报警控制器安装方法

安 装 说 明

1. 壁装火灾报警控制器安装高度为底边距地 1.5m。

2. 控制器的主电源引入线，应直接与消防电源连接，严禁使用电源插头，主电源应有明显标志。

3. 火灾显示盘及模块箱可参照此方法安装。

图名	壁挂式火灾报警控制器 安装方法（二）	图号	RD 7—43（二）

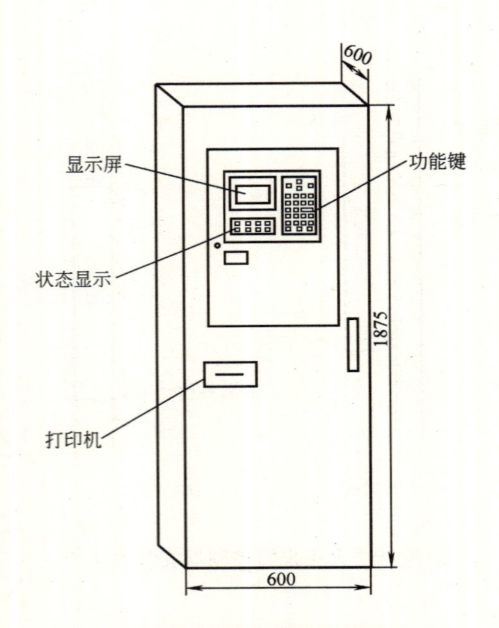

1. 落地式火灾报警控制器规格尺寸

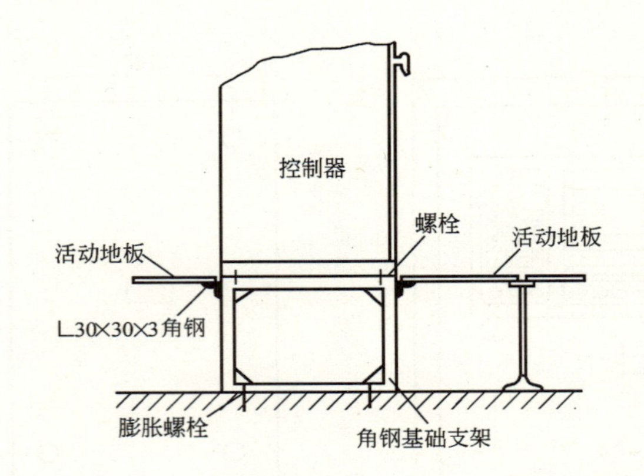

2. 落地式火灾报警控制器在活动地板上安装方法

安 装 说 明

1. 在活动地板上安装控制器时，根据地板模数及设计控制器安装位置先进行角钢基础支架的安装，然后进行控制器的安装，控制器要进行垂直度、水平偏差以及盘面偏差和盘间接缝的调整。

2. 控制器进出电缆（线）可在地板下敷设金属线槽完成。

3. 控制器箱体、控制器基础及地板支柱需要做接地连接。

4. 消防控制系统工作接地电阻值应小于 4Ω，采用联合接地时，接地电阻值应小于 1Ω。

图名	落地式火灾报警控制器安装方法	图号	RD 7—44

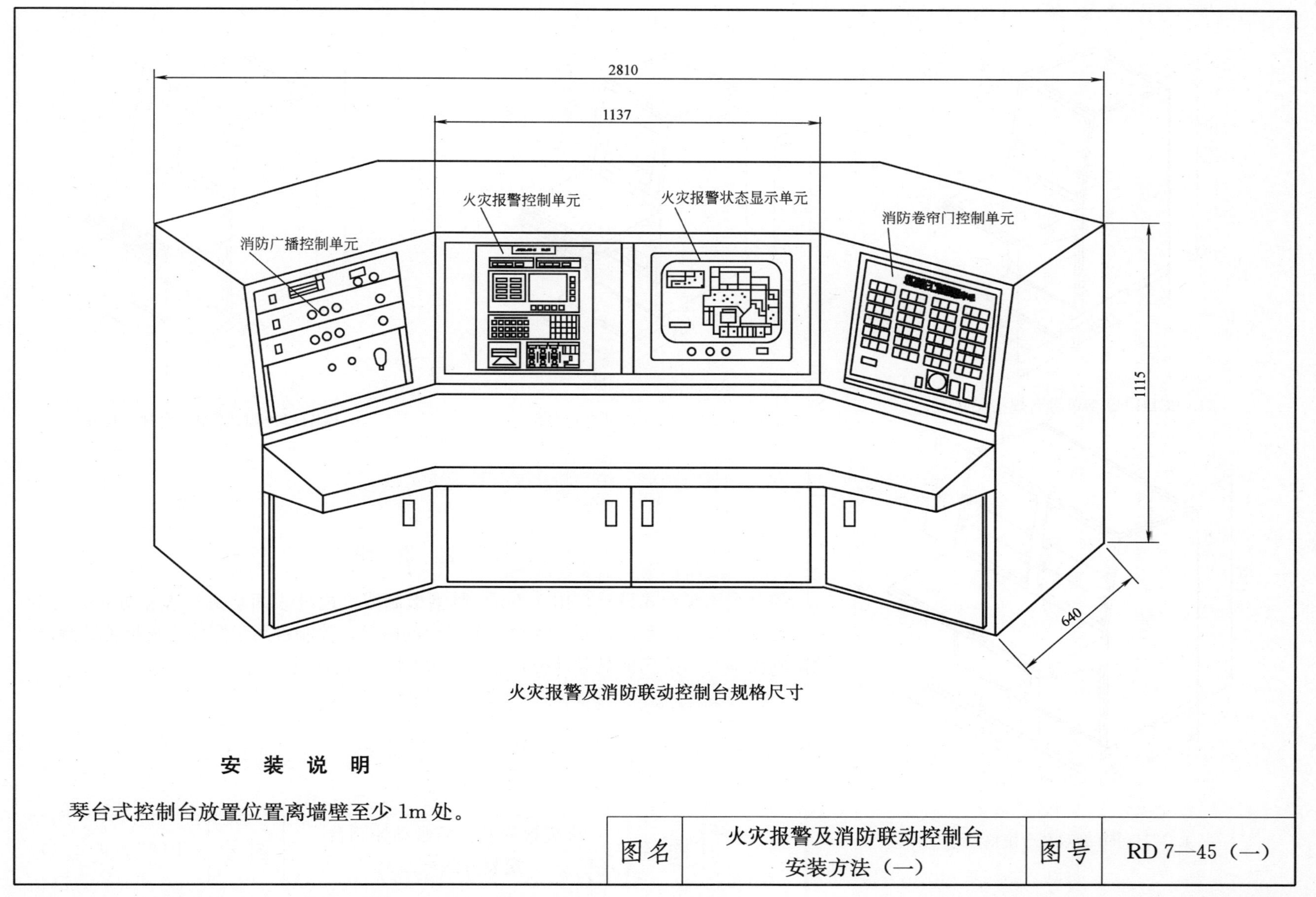

火灾报警及消防联动控制台规格尺寸

安 装 说 明

琴台式控制台放置位置离墙壁至少 1m 处。

图名	火灾报警及消防联动控制台 安装方法（一）	图号	RD 7—45（一）

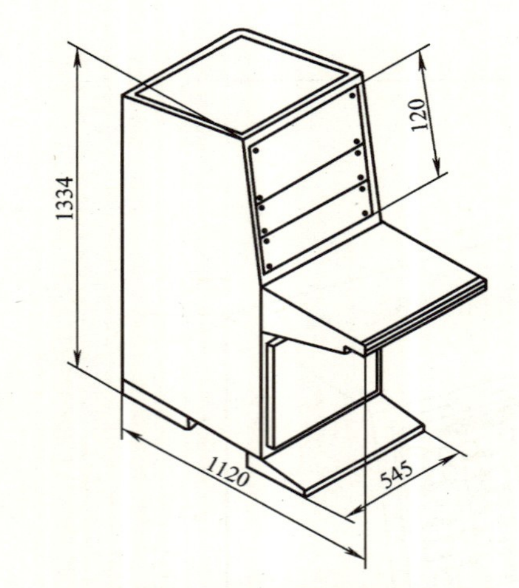

1. BCH1949 型单琴台规格尺寸

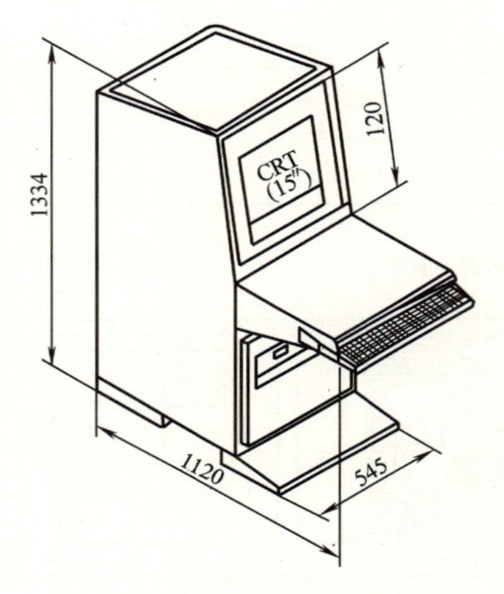

2. BCH1949 型 15″单琴台规格尺寸

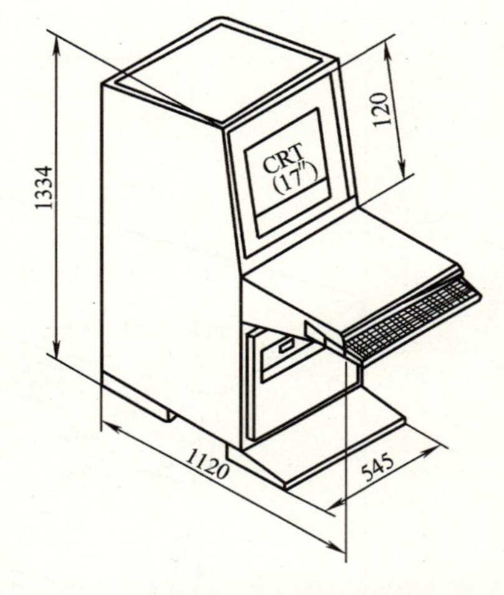

3. BCH1949 型 17″单琴台规格尺寸

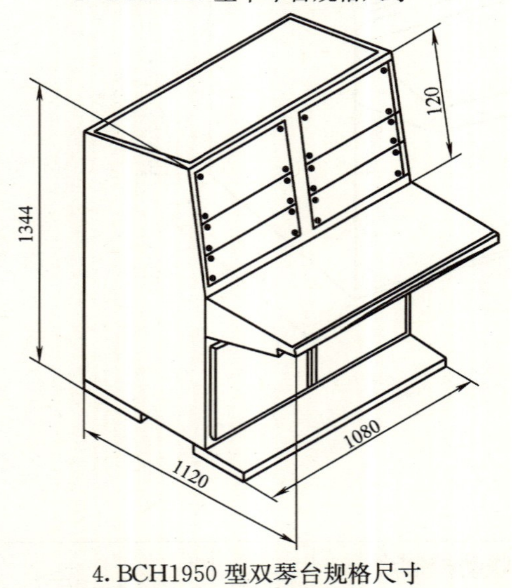

4. BCH1950 型双琴台规格尺寸

安　装　说　明

控制台为琴台式设计，由 1.5mm 厚钢板制成，内外表面均进行喷塑处理，分为单琴台及双琴台，双琴台面板空间为单琴台的两倍。控制台用于配装火灾报警控制器、消防联动盘、消防广播盘等设备，还可安装 CRT 彩色显示设备。

图名	火灾报警及消防联动控制台 安装方法（二）	图号	RD 7—45（二）

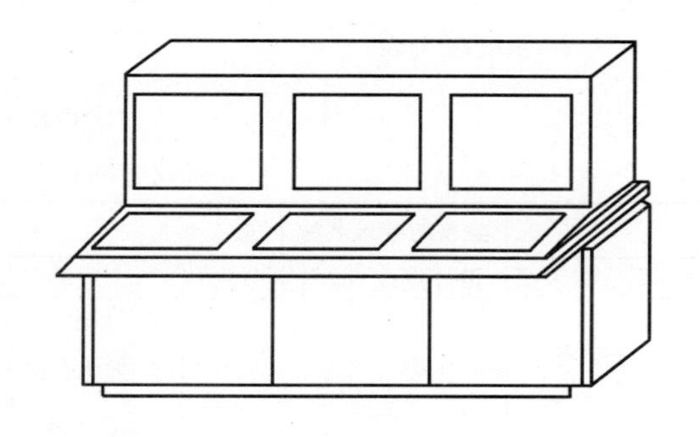

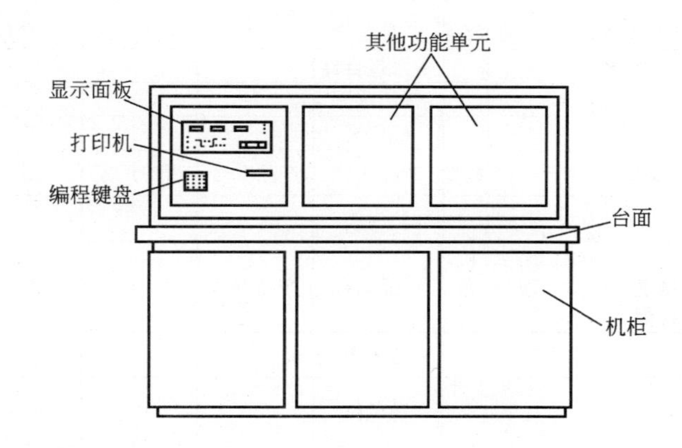

1. 控制台结构

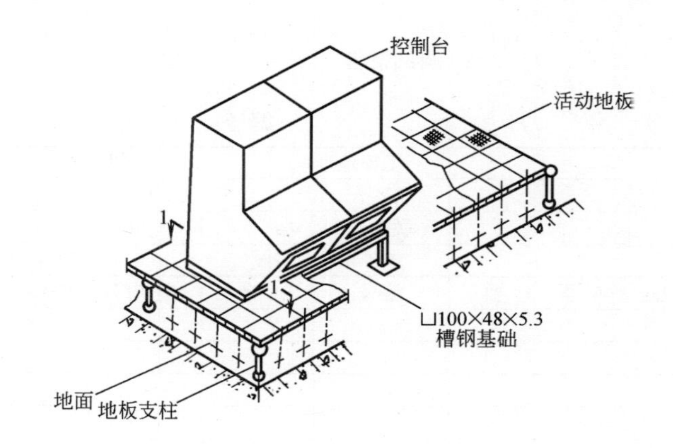

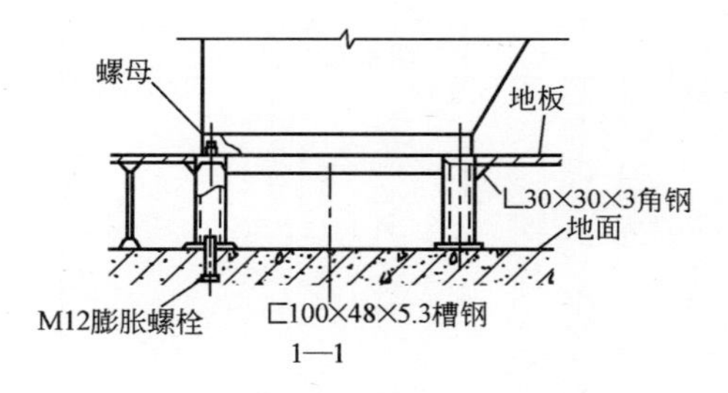

2. 控制台安装方法

安 装 说 明

1. 设备及基础、活动地板支架要做接地连接。
2. 设备基础支架也可用角钢制作。
3. 活动地板下可安装金属线槽用于导线的敷设。

图名	火灾报警及消防联动控制台安装方法（三）	图号	RD 7—45（三）

1. 调试报告

年　　月　　日　　　　　　编号：

<table>
<tr><td>工程名称</td><td></td><td>工程地址</td><td colspan="4"></td></tr>
<tr><td>使用单位</td><td></td><td>联系人</td><td></td><td>电话</td><td colspan="2"></td></tr>
<tr><td>调试单位</td><td></td><td>联系人</td><td></td><td>电话</td><td colspan="2"></td></tr>
<tr><td>设计单位</td><td></td><td>施工单位</td><td colspan="4"></td></tr>
<tr><td rowspan="5">工程主要设备</td><td>设备名称型号</td><td>数量</td><td>编号</td><td>出厂年月</td><td>生产厂</td><td>备注</td></tr>
<tr><td></td><td></td><td></td><td></td><td></td><td></td></tr>
<tr><td></td><td></td><td></td><td></td><td></td><td></td></tr>
<tr><td></td><td></td><td></td><td></td><td></td><td></td></tr>
<tr><td></td><td></td><td></td><td></td><td></td><td></td></tr>
<tr><td>施工有无遗留问题</td><td></td><td>施工单位联系人</td><td></td><td>电话</td><td colspan="2"></td></tr>
<tr><td>调试情况</td><td colspan="6"></td></tr>
<tr><td>调试人员</td><td>（签字）</td><td>使用单位人员</td><td colspan="4">（签字）</td></tr>
<tr><td>施工单位负责人</td><td>（签字）</td><td>设计单位负责人</td><td colspan="4">（签字）</td></tr>
</table>

2. 系统竣工表

（用户填写）

验收时间：

<table>
<tr><td colspan="2">工程名称</td><td colspan="3"></td><td colspan="2">验收的建筑名称</td><td colspan="2"></td></tr>
<tr><td colspan="2">隐蔽工程记录</td><td colspan="2">验收报告</td><td>系统竣工图</td><td>设计更改</td><td>设计更改内容</td><td colspan="2">工程验收情况</td></tr>
<tr><td colspan="2">1. 有
2. 无</td><td colspan="2">1. 有
2. 无</td><td>1. 有
2. 无</td><td>1. 有
2. 无</td><td></td><td colspan="2">1. 合格
2. 基本合格
3. 不合格</td></tr>
<tr><td colspan="9">主要消防设施</td></tr>
<tr><td rowspan="4">消火栓系统</td><td>产品名称</td><td>产品型号</td><td>生产厂家</td><td>数量</td><td>产品名称</td><td>产品型号</td><td>生产厂家</td><td>数量</td></tr>
<tr><td>室内消火栓</td><td></td><td></td><td></td><td>水泵接合器</td><td></td><td></td><td></td></tr>
<tr><td>室外消火栓</td><td></td><td></td><td></td><td>气压水罐</td><td></td><td></td><td></td></tr>
<tr><td>消防水泵</td><td></td><td></td><td></td><td>稳压泵</td><td></td><td></td><td></td></tr>
<tr><td rowspan="2">通风空调系统</td><td>产品名称</td><td>产品型号</td><td>生产厂家</td><td>数量</td><td>产品名称</td><td>产品型号</td><td>生产厂家</td><td>数量</td></tr>
<tr><td>风机</td><td></td><td></td><td></td><td>防火阀</td><td></td><td></td><td></td></tr>
<tr><td rowspan="7">防排烟系统</td><td>方式 / 部位</td><td colspan="3">1. 自然排烟；2. 机械排烟；3. 通风兼排烟</td><td>产品名称</td><td>产品型号</td><td>生产厂家</td><td>数量</td></tr>
<tr><td>防烟楼梯间</td><td colspan="3"></td><td>防火阀</td><td></td><td></td><td></td></tr>
<tr><td>前室及合用前室</td><td colspan="3"></td><td>送风机</td><td></td><td></td><td></td></tr>
<tr><td>走道</td><td colspan="3"></td><td>排风机</td><td></td><td></td><td></td></tr>
<tr><td>房间</td><td colspan="3"></td><td>排烟阀</td><td></td><td></td><td></td></tr>
<tr><td colspan="2">自然排烟口面积</td><td colspan="3">机械排烟送风量</td><td colspan="3">机械排烟排风量</td></tr>
<tr><td colspan="2">m^2</td><td colspan="3">m^3/h</td><td colspan="3">m^3/h</td></tr>
</table>

图名	火灾自动报警系统调试报告及系统竣工表	图号	RD 7—46

续表

	设施名称及有无状况				产品名称	产品型号	生产厂家	数量
安全疏散系统	疏散指示标志	1. 有;2. 无			防火门			
	消防电源	1. 有;2. 无			防火卷帘			
	事故照明	1. 有;2. 无			消防电梯			
火灾报警系统	系统设计单位				施工单位			
	形式 1. 区域报警;2. 集中报警;3. 控制中心报警					设置部位		
	产品名称	产品型号	生产厂家	数量	产品名称	产品型号	生产厂家	数量
	感烟探测器				集中报警器			
	感温探测器				区域报警器			
	火焰探测器				事故广播			
					手动按钮			
系统设计单位			系统施工单位					
喷淋灭火系统	系统类型	1. 喷雾水冷却设备;2. 喷雾水灭火设备;3. 喷淋水灭火设备						
	喷淋类型	1. 干式;2. 湿式;3. 预作用;4. 开式				系统设置部位		
	产品名称	产品型号	生产厂家	数量	产品名称	产品型号	生产厂家	数量
	喷洒头				水泵			
	水流报警阀				稳压泵			
	报警阀				气压水罐			
	压力开关							
消防控制室	系统设计单位			系统施工单位				
	控制室位置		控制室面积		耐火等级		出入口数量	
	应有控制功能数		实有控制功能数		缺何种控制功能			

续表

其他灭火系统	系统设计单位			系统施工单位	
	系统设置部位				
	系统名称	系统类别	系统启动方式	用量或储量	工作压力
	二氧化碳灭火系统	1. 全充满 2. 局部应用	1. 自动 2. 半自动 3. 手动	(kg)	使用压力:
	泡沫灭火系统	1. 低倍 2. 高倍 3. 氟蛋白 4. 抗溶性	1. 固定 2. 半固定 3. 移动式	(kg)	供给强度:
	干粉灭火系统	1. 碳酸氢钠 2. 碳酸氢钾 3. 磷酸二氢铵 4. 尿素	1. 自动 2. 半自动 3. 手动	(kg)	供给强度:
	蒸气灭火系统	1. 全充满固定 2. 全充满半固定 3. 局部	1. 固定 2. 半固定 3. 移动式	(%)	供给强度:
	氮气灭火系统	1. 全充满 2. 局部应用	1. 自动 2. 半自动 3. 手动	(kg)	使用压力:

火灾事故广播系统	设计单位		施工单位	
	产品名称	产品型号	生产厂家	数量
	扩音机			
	喇叭			
	备用扩音机			
消防通信设备	设计单位		施工单位	
	产品名称	型号规格	生产厂家	数量
	对讲电话			
	电话插孔			
	外线电话			
	外线对讲机			

图名	火灾自动报警系统竣工表	图号	RD 7—47

系统运行日登记表　　表 1

单位名称：

项目 时间	设备运行情况		报警性质				报警部位、原因及处理情况	值班人			备注
	正常	故障	火警	误报	故障报警	漏报		时～时	时～时	时～时	

注：正常画“√”，有问题请注明。

控制器日检登记表　　表 2

第　页

单位名称					控制器型号					
检查项目 时间	自检	消声	复位	故障报警	巡检	电源			检查人（签名）	备注
						主电源	备用电源			
检查情况			故障及排除情况						防火负责人	

注：正常画“√”，有问题请注明。

季（年）检登记表　　表 3

第　页

单位名称		防火负责人	
日期	设备种类	检查试验内容及结果	检查人
仪器自检情况		故障及排除情况	备注

安装说明

火灾自动报警系统的定期检查和试验，应符合下列要求：

1. 每日应检查火灾报警控制器的功能，并应按表 1、表 2 的格式填写系统运行和控制器日检登记表。

2. 每季度应检查和试验火灾自动报警系统的功能，并应按表 3 的格式填写季度登记表。

3. 每年对火灾自动报警系统的功能，应作检查和试验，并应按表 3 的格式填写年检登记表。

图名	火灾自动报警系统定期检查登记表	图号	RD 7—48

序号		1	2	3	4
名称		二氧化碳气体灭火器	二氧化碳液体灭火器	干粉灭火器	泡沫灭火器
图形结构		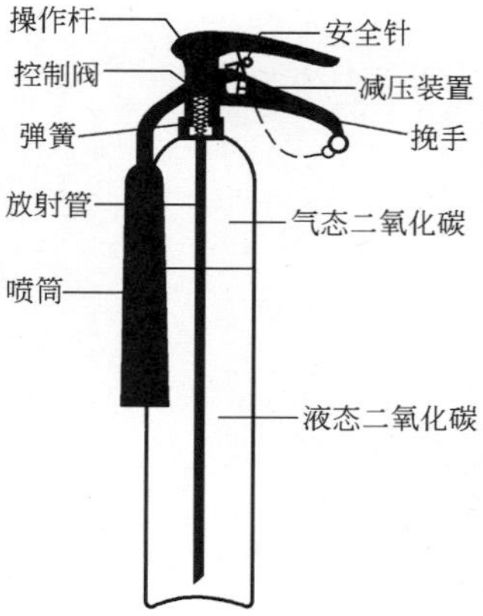 操作杆、安全针、控制阀、减压装置、弹簧、挽手、放射管、气态二氧化碳、喷筒、液态二氧化碳	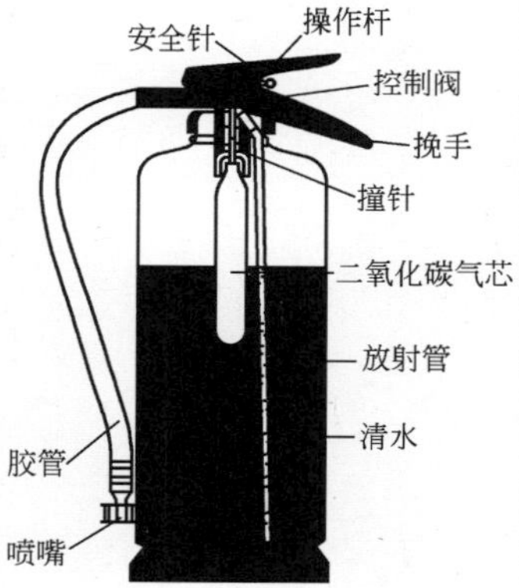 安全针、操作杆、控制阀、挽手、撞针、二氧化碳气芯、放射管、清水、胶管、喷嘴	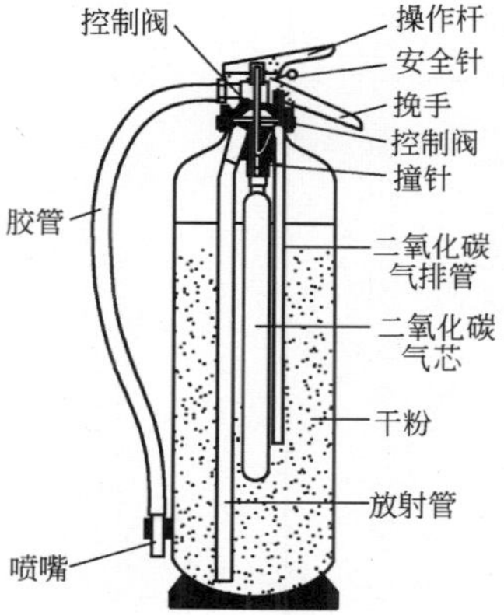 控制阀、操作杆、安全针、挽手、控制阀、撞针、胶管、二氧化碳气排管、二氧化碳气芯、干粉、放射管、喷嘴	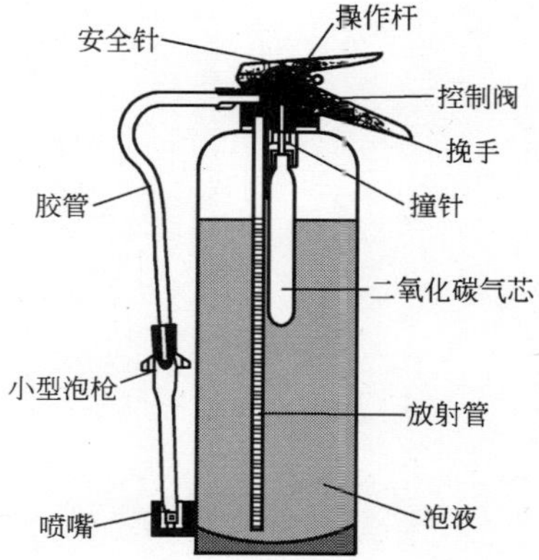 操作杆、安全针、控制阀、挽手、胶管、撞针、二氧化碳气芯、小型泡枪、放射管、泡液、喷嘴
适用火源类别	普通火源	不适用	适用	适用	适用
	易燃液体	适用	不适用	适用	适用
	电器用具	适用	不适用	适用	不适用
使用方法		尽量向火源底部喷射	向火源底部喷射	直接向火源底部喷射	使泡沫从上面向下覆盖火源
注意事项		喷射完后，要立即离开现场，否则会有窒息危险	切勿用于油脂、石油产品、电器设备及轻金属等火警		切勿用以扑救带电的电器设备的火警

图名	手提灭火器具性能及使用方法	图号	RD 7—49

8　建筑设备监控系统

安 装 说 明

建筑设备监控系统是运用自动化仪表、计算机过程控制和网络通信技术，对建筑物内的机电设备运行进行集中监视、控制和管理的综合系统。安装要求如下：

1. 现场设备安装

现场需要安装的设备主要分三类：(1) 传感器及控制器；(2) 执行器；(3) 设备接口。

(1) 传感器包括温度、湿度、压力、压差、流量、液位传感器等。设备安装需要在管道及设备上进行信号的采集，信号采集点应选在流量、压力均匀处，避免在管道转弯处进行信号的采集，施工时要与相关专业配合在管道上开孔，设备安装完成后要注意保护。控制器通常安装在墙上等处。

(2) 执行器包括各种电动阀、电磁阀、风门驱动器等。执行器安装在管道阀门处。

(3) 设备接口是指DDC箱到控制配电箱、动力箱等设备的连接，用来实现设备的启动、停止等功能。此部分只需将电气管线敷设到箱体，并进行接线及调试。

2. DCC箱设备安装

DDC箱通常安装在弱电竖井（房）或主要设备机房中（如冷冻站、热交换站、水泵房、空调机房等）。可在墙上用膨胀螺栓安装，安装高度参照配电箱高度，进出线应采用金属线槽敷设。

3. 线路敷设

所有现场设备通过DDC箱与控制中心计算机相连，DDC箱之间、DDC箱与控制中心间通常用金属线槽敷设线路，DDC箱与现场设备的连接导线通常用金属管敷设。

4. 设备调试

设备安装好后要进行单机及系统调试，调试需相关专业配合，并在专业工程师指导下进行。

5. 本章相关规范

(1)《自动化仪表工程施工及验收规范》(GB 50093—2002)。

(2)《智能建筑设计标准》(GB/T 50314—2006)。

(3)《智能建筑工程质量验收规范》(GB 50339—2003)。

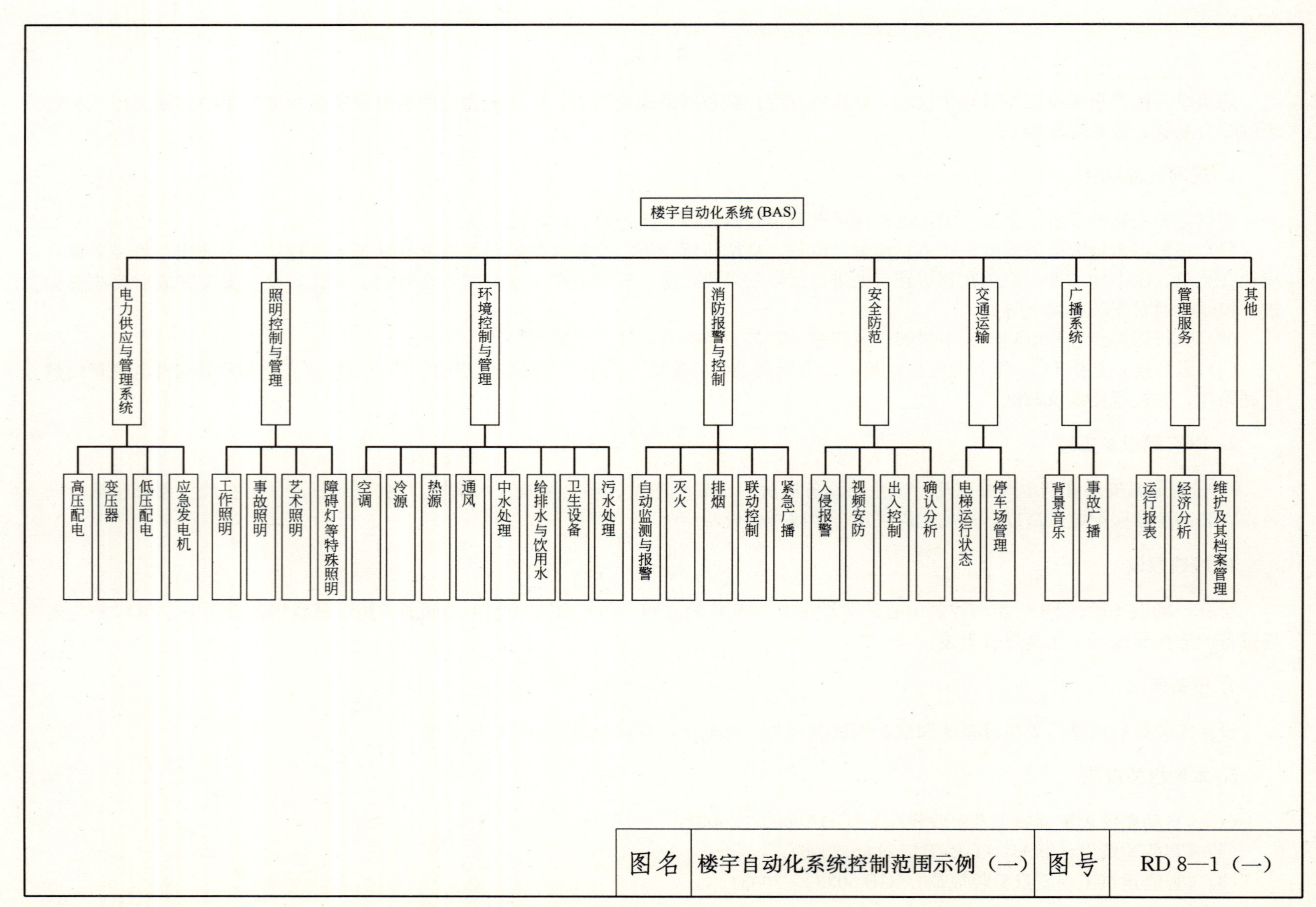

图名	楼宇自动化系统控制范围示例（一）	图号	RD 8—1（一）

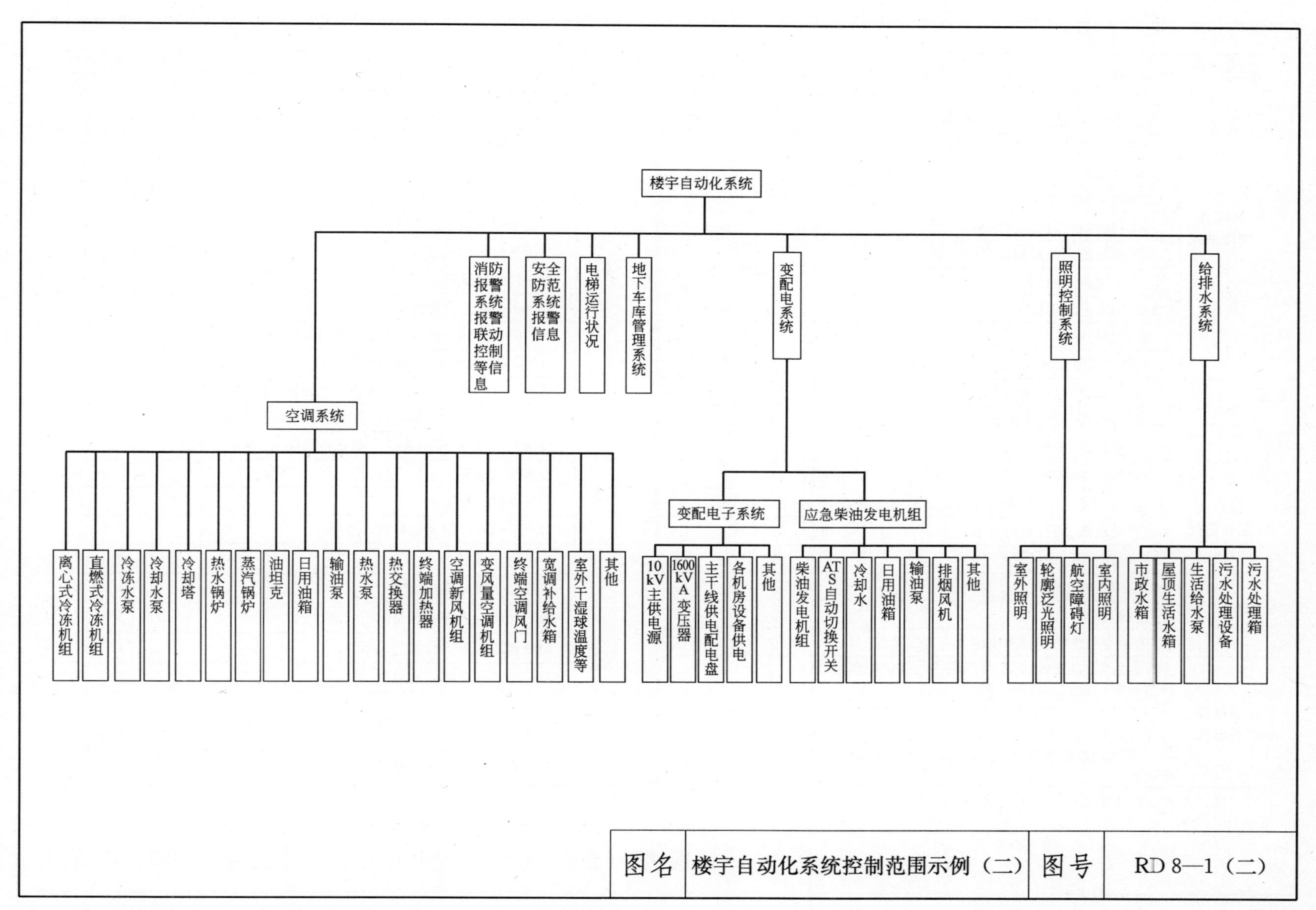

楼宇自动化系统
空调系统
离心式冷冻机组
直燃式冷冻机组
冷冻水泵
冷却水泵
冷却塔
热水锅炉
蒸汽锅炉
油坦克
日用油箱
输油泵
热水泵
热交换器
终端加热器
空调新风机组
变风量空调机组
终端空调风门
宽调补给水箱
室外干湿球温度等
其他
消防报警系统报警联动控制等信息
安全防范系统报警信息
电梯运行状况
地下车库管理系统
变配电系统
变配电子系统
10kV主供电源
1600kVA变压器
主干线供电配电盘
各机房设备供电
其他
应急柴油发电机组
柴油发电机组
ATS自动切换开关
冷却水
日用油箱
输油泵
排烟风机
其他
照明控制系统
室外照明
轮廓泛光照明
航空障碍灯
室内照明
给排水系统
市政水箱
屋顶生活水箱
生活给水泵
污水处理设备
污水处理箱
图名
楼宇自动化系统控制范围示例（二）
图号
RD 8—1（二）

设备名称	监 控 功 能	甲级	乙级	丙级
压缩式制冷系统	1)启停控制和运行状态显示	○	○	○
	2)冷冻水进出口温度、压力测量	○	○	○
	3)冷却水进出口温度、压力测量	○	○	○
	4)过载报警	○	○	○
	5)水流量测量及冷量记录	○	○	○
	6)运行时间和启动次数记录	○	○	○
	7)制冷系统启停控制程序的设定	○	○	○
	8)冷冻水旁通阀压差控制	○	○	○
	9)冷冻水温度再设定	○	×	×
	10)台数控制	○	×	×
	11)制冷系统的控制系统应留有通信接口	○	○	×
吸收式制冷系统	1)启停控制和运行状态显示	○	○	○
	2)运行模式、设定值的显示	○	○	○
	3)蒸发器、冷凝器进出口水温测量	○	○	○
	4)制冷剂、溶液蒸发器和冷凝器的温度及压力测量	○	○	×
	5)溶液温度压力、溶液浓度值及结晶温度测量	○	○	×
	6)启动次数、运行时间显示	○	○	○
	7)水流、水温、结晶保护	○	○	×
	8)故障报警	○	○	○
	9)台数控制	○	×	×
	10)制冷系统的控制系统应留有通信接口	○	○	×
蓄冰制冷系统	1)运行模式(主机供冷、溶冰供冷与优化控制)参数设置及运行模式的自动转换	○	○	×
	2)蓄冰设备溶冰速度控制,主机供冷量调节,主机与蓄冷设备供冷能力的协调控制	○	○	×
	3)蓄冰设备蓄冰量显示,各设备启停控制与顺序启停控制	○	○	×

设备名称	监 控 功 能	甲级	乙级	丙级
热力系统	1)蒸汽、热水出口压力、温度、流量显示	○	○	○
	2)锅炉汽泡水位显示及报警	○	○	○
	3)运行状态显示	○	○	○
	4)顺序启停控制	○	○	○
	5)油压、气压显示	○	○	○
	6)安全保护信号显示	○	○	○
	7)设备故障信号显示	○	○	○
	8)燃料耗量统计记录	○	×	×
	9)锅炉(运行)台数控制	○	×	×
	10)锅炉房可燃物、有害物质浓度监测报警	○	×	×
	11)烟气含氧量监测及燃烧系统自动调节	○	×	×
	12)热交换器能按设定出水温度自动控制进汽或水量	○	○	○
	13)热交换器进汽或水阀与热水循环泵联锁控制	○	×	×
	14)热力系统的控制系统应留有通信接口	○	○	×
冷冻水系统	1)水流状态显示	○	×	×
	2)水泵过载报警	○	○	×
	3)水泵启停控制及运行状态显示	○	○	○
冷却系统	1)水流状态显示	○	×	×
	2)冷却水泵过载报警	○	○	×
	3)冷却水泵启停控制及运行状态显示	○	○	○
	4)冷却塔风机运行状态显示	○	○	○
	5)进出口水量测量及控制	○	○	○
	6)水温再设定	○	×	×
	7)冷却塔风机启停控制	○	○	○
	8)冷却塔风机过载报警	○	○	×

注：○表示有此功能；×表示无此功能。

图名	建筑设备监控功能分级表（一）	图号	RD 8—2（一）

设备名称	监 控 功 能	甲级	乙级	丙级
空气处理系统	1)风机状态显示	○	○	○
	2)送回风温度测量	○	○	○
	3)室内温、湿度测量	○	○	○
	4)过滤器状态显示及报警	○	○	○
	5)风道风压测量	○	○	×
	6)启停控制	○	○	○
	7)过载报警	○	○	×
	8)冷热水流量调节	○	○	○
	9)加湿控制	○	○	○
	10)风门控制	○	○	○
	11)风机转速控制	○	○	×
	12)风机、风门、调节阀之间的联锁控制	○	○	○
	13)室内 CO_2 浓度监测	○	×	×
	14)寒冷地区换热器防冻控制	○	○	○
	15)送回风机与消防系统的联动控制	○	○	○
变风量(VAV)系统	1)系统总风量调节	○	○	×
	2)最小风量控制	○	○	×
	3)最小新风量控制	○	○	×
	4)再加热控制	○	○	×
	5)变风量(VAV)系统的控制装置应有通信接口	○	○	×
排风系统	1)风机状态显示	○	○	×
	2)启停控制	○	○	×
	3)过载报警	○	○	×
风机盘管	1)室内温度测量	○	×	×
	2)冷热水阀开关控制	○	×	×
	3)风机变速与启停控制	○	×	×

设备名称	监 控 功 能	甲级	乙级	丙级
整体式空调机	1)室内温、湿度测量	○	×	×
	2)启停控制	○	×	×
给水系统	1)水泵运行状态显示	○	○	○
	2)水流状态显示	○	×	×
	3)水泵启停控制	○	○	○
	4)水泵过载报警	○	○	×
	5)水箱高低液位显示及报警	○	○	○
排水及污水处理系统	1)水泵运行状态显示	○	×	×
	2)水泵启停控制	○	×	×
	3)污水处理池高低液位显示及报警	○	×	×
	4)水泵过载报警	○	×	×
	5)污水处理系统留有通信接口	○	×	×
供配电设备监视系统	1)变配电设备各高低压主开关运行状况监视及故障报警	○	○	○
	2)电源及主供电回路电流值显示	○	○	○
	3)电源电压值显示	○	○	○
	4)功率因数测量	○	○	○
	5)电能计量	○	○	○
	6)变压器超温报警	○	○	×
	7)应急电源供电电流、电压及频率监视	○	○	○
	8)电力系统计算机辅助监控系统应留有通信接口	○	○	×
照明系统	1)庭园灯控制	○	×	×
	2)泛光照明控制	○	×	×
	3)门厅、楼梯及走道照明控制	○	×	×
	4)停车场照明控制	○	×	×
	5)航空障碍灯状态显示、故障报警	○	×	×
	6)重要场所可设智能照明控制系统	○	×	×
	应对电梯、自动扶梯的运行状态进行监视	○	×	×
	应留有与火灾自动报警系统、公共安全防范系统、车库管理系统通信接口	○	○	×

注：○表示有此功能；×表示无此功能。

图名	建筑设备监控功能分级表（二）	图号	RD 8—2（二）

序号	监控内容	常用监控功能	常用仪表选择
1	冷冻水供、回水温度	参数测量及自动显示、历史数据记录及定时打印、故障报警	水管式温度传感器，插入长度使敏感元件位于管道中心位置；保护管应符合耐压等级
2	冷冻水供水流量	瞬时与累计值的自动显示、历史数据记录及定时打印、故障报警	电磁流量计，注明工作温度、压力、管径、流量范围、介质重力密度、黏度和导电率
3	冷负荷计算	根据冷冻水供、回水温度和供水流量测量值，自动计算建筑物实际消耗冷负荷量	
4	冷水机组台数控制	根据建筑物所需冷负荷和实际冷负荷量自动确定冷水机组运行台数，达到最佳节能目的	每台冷水机组的电控柜内应为建筑设备监控系统设置控制和状态信号接点
5	供回水压差自动调节	根据供、回水压差测量值，自动调节冷冻水旁通水阀，以维持给、回水压差为设定值	差压变送器、双座或其他差压允许值大的电动调节阀，调节阀口径和特性应满足调节系统的动态要求，耐压等级能满足工作条件
6	冷却水供、回水温度	参数测量及自动显示、历史数据记录及定时打印、故障报警	水管式温度传感器，插入长度使敏感元件位于管道中心位置；保护管应符合耐压等级
7	膨胀水箱水位自动控制	自动控制进水电磁阀的开启与闭合，使膨胀水箱水位维持在允许范围内，水位超限时进行故障自动报警和记录	浮球式水位控制器，设置上、下限水位控制和高、低报警四个控制点；常闭式电磁阀
8	冷却水温度自动控制	自动控制冷却塔风扇启停，使冷却水供水温度低于设定值	每台冷却塔风扇的电气控制回路内，应为建筑设备监控系统设置控制和状态信号接点
9	冷水机组保护控制	机组运行状态下，冷冻水与冷却水的水流开关自动检测水流状态，如异常则自动停机，并报警和进行事故记录	在每台冷水机组的冷冻水和冷却水管内安装水流开关
10	冷水机组定时启停控制	根据事先排定的工作及节假日作息时间表，定时启、停机组	机组电控柜内，应设置状态信号和控制信号
11	冷水机组联锁控制	启动顺序：开启冷却塔蝶阀，开启冷却水蝶阀，启动冷却水泵，开启冷冻水蝶阀，启动冷冻水泵，水流开关检测到水流信号后启动冷水机组。停止顺序：停冷水机组，关冷冻水泵，关冷冻水蝶阀，关冷却水泵，关冷却水蝶阀，关冷却塔风机、蝶阀	电动控制蝶阀，蝶阀直径与管径相同，除现场控制器外，电动蝶阀宜单独设置电动控制装置
12	自动统计与管理	自动统计系统内水泵、风机的累计工作时间，进行启停的顺序控制，提示定期维修	
	可选监控功能		
13		根据系统需要增设其他测量控制点	
14	机组通信	与机组控制器进行数据通信	专用通信接口及软件

图名	冷冻站设备监控子系统 常用监控功能表	图号	RD 8—3

序号	监控内容	常用监控功能	常用仪表选择
1	一次水供、回水温度	参数测量及自动显示、历史数据记录及定时打印，故障报警	水管式温度传感器，插入长度使敏感元件位于管道中心位置；保护管应符合耐压等级
2	一次水供水压力		压力变送器，性能应稳定可靠，安装和取压方式应满足规范要求
3	一次水供水流量	瞬时与累计值的自动显示；历史数据记录及定时打印、故障报警	电磁流量计，注明工作温度、压力、管径、流量范围、介质重力密度、黏度和导电率；如导电率无法满足要求，可采用标准节流装置和差压变送器，需经过计算选取参数
4	自动计算消耗热量	根据供、回水温度和供水流量测量值，自动计算建筑物实际消耗热负荷量	
5	二次水供、回水温度	参数测量及自动显示、历史数据记录及定时打印、故障报警	水管式温度传感器，插入长度使敏感元件位于管道中心位置；保护管应符合耐压等级
6	二次水温度自动调节	自动调节热交换器一次热水/蒸汽阀开度，维持二次出水温度为设定值	电动调节阀，调节阀口径和特性应满足调节系统的动态要求，耐压等级能满足工作条件
7	自动联锁控制	当循环泵停止运行时，一次水调节阀应迅速关闭	
8	设备定时启、停控制	根据事先排定的工作及节假日作息时间表，定时启、停设备，自动统计设备工作时间，提示定期维修	水泵电控柜内，应设置状态信号和控制信号
	可选监控功能		
9		根据系统需要增设其他测量控制点	

图名	热交换站设备监控子系统 常用监控功能表	图号	RD 8—4

序号	监控内容	常用监控功能	常用仪表选择
1	新风门控制	参数测量及自动显示、历史数据记录及定时打印、故障报警	电动风门执行机构，要求与风阀联结装置匹配并符合风阀的转矩要求。控制信号和位置反馈信号与现场控制器的信号相匹配
2	过滤器堵塞报警	空气过滤器两端压差大于设定值时报警，提示清扫	压差控制器，量程可调
3	防冻保护	加热器盘管处设温控开关，当温度过低时开启热水阀，防止将加热器冻坏	温度控制器，量程可调，一般设置在4℃左右
4	回风温度自动检测	参数测量及自动显示、历史数据记录及定时打印、故障报警	风管式温度传感器，风管内插入长度＞25mm
5	回风温度自动调节	冬季自动调节热水调节阀开度，夏季自动调节冷水调节阀开度，保持回风温度为设定值。过渡季根据新风的温湿度自动计算焓值，进行焓值调节	电动调节阀，调节阀口径和特性应满足调节系统的动态要求，耐压等级能满足工作条件
6	回风湿度自动检测	测量参数自动显示、历史数据记录及定时打印、故障报警	风管式湿度传感器
7	回风湿度自动控制	自动控制加湿阀开断，保持回风湿度为设定值	常闭式电磁阀，调节阀口径与管径相同，耐温符合工作温度要求，控制电压等级与现场控制器输出相匹配
8	风机两端压差	风机启动后两端压差应大于设定值；否则，及时报警与停机保护	压差控制器，量程可调
9	机组定时启、停控制（或根据需要进行变频控制）	根据事先排定的工作及节假日作息时间表，定时启、停机组	机组电控柜内，应设置状态信号和控制信号
10	工作时间统计	自动统计机组工作时间，定时维修	
11	联锁控制	风机停止后，新、回风风门、电动调节阀、电磁阀自动关闭	
12	重要场所的环境控制	在重要场所设温、湿度测点，根据其温、湿度直接调节空调机组的冷、热水阀；确保重要场所的温、湿度为设定值	重要场所的温、湿度测点，可分别采用室内式温、湿度传感器，也可采用一体式温、湿度传感器
13	最小新风量控制	在回风管内设置二氧化碳检测传感器，根据二氧化碳浓度自动调节新风阀，在满足二氧化碳浓度标准下，使新风阀开度最小	二氧化碳浓度检测传感器，采用回风管安装方式，量程符合工作条件要求
14	新风温、湿度自动检测	参数测量及自动显示、历史数据记录及定时打印、故障报警	温、湿度测点可分别采用风管式温、湿度传感器，也可采用一体式温、湿度传感器
15	送风温、湿度自动检测		

图名	空调机组设备监控子系统常用监控功能表	图号	RD 8—5

序号	监控内容	常用监控功能	常用仪表选择
1	新风门控制	参数测量及自动显示、历史数据记录及定时打印、故障报警	电动风门执行机构，要求与风阀联结装置匹配并符合风阀的转矩要求。控制信号和位置反馈信号与现场控制器的信号相匹配
2	过滤器堵塞报警	空气过滤器两端压差大于设定值时报警，提示清扫	压差控制器，量程可调
3	防冻保护	加热器盘管处设温控开关，当温度过低时开启热水阀，防止将加热器冻坏	温度控制器，量程可调，一般设置在4℃左右
4	送风温度自动检测	参数测量及自动显示、历史数据记录及定时打印、故障报警	风管式温度传感器，风管内插入长度大于25mm
5	送风温度自动调节	冬季自动调节热水调节阀开度，夏季自动调节冷水调节阀开度；保持送风温度为设定值。过渡季根据新风的温、湿度自动计算焓值，进行焓值调节	电动调节阀，调节阀口径和特性应满足调节系统的动态要求，耐压等级能满足工作条件
6	送风湿度自动检测	参数测量及自动显示、历史数据记录及定时打印、故障报警	风管式湿度传感器
7	送风湿度自动控制	自动控制加湿阀开断，保持送风湿度为设定值	常闭式电磁阀，调节阀口直径与管径相同，耐温符合工作温度要求，控制电压等级与现场控制器输出相匹配
8	风机两端压差	风机启动后两端压差应大于设定值，否则及时报警与停机保护	压差控制器，量程可调
9	机组定时启停控制或根据需要进行变频控制	根据事先排定的工作及节假日作息时间表，定时启、停机组	机组电控柜内，应设置状态信号和控制信号
10	工作时间统计	启动统计机组工作时间，定时维修	
11	联锁控制	风机停止后，新风风门、电动调节阀、电磁阀自动关闭	
12	最小新风量控制	在回风管内设置二氧化碳检测传感器，根据二氧化碳浓度自动调节新风阀，在满足二氧化碳浓度标准下，使新风阀开度最小，可节能	二氧化碳浓度检测传感器，采用回风管安装方式，量程符合工作条件要求
13	新风温、湿度自动检测	测量参数自动显示、历史数据记录及定时打印、故障报警	温湿度测点可分别采用风管式温、湿度传感器，也可采用一体式温湿度传感器

图名	新风机组设备监控子系统 常用监控功能表	图号	RD 8—6

1. 给水设备监控子系统常用监控功能表

序号	监控内容	常用监控功能	常用仪表选择
1	水箱水位自动控制	自动控制给水泵启停，使水箱水位维持在设定范围内	浮球水位计，将浮球固定在控制水位的上下限处
2	水箱水位自动报警	水位超过设定报警线时发出报警信号，同时进行事故记录及打印	在浮球水位计上增加上下限报警浮球
3	工作时间统计	自动统计水泵工作时间，定时维修	

2. 排水设备监控子系统常用监控功能表

序号	监控内容	常用监控功能	常用仪表选择
1	水池水位自动控制	自动控制排水泵启停，使水池水位不超过设定线	浮球水位计，将浮球固定在控制水位的上下限处
2	水池水位自动报警	水位超过设定报警线时发出报警信号，同时进行事故记录及打印	浮球水位计上增加上限报警浮球
3	工作时间统计	自动统计水泵工作时间，定时维修	

3. 送排风设备监控子系统常用监控功能表

序号	监控内容	常用监控功能	常用仪表选择
1	风机自动控制	自动控制风机启停	风机电控柜内，应设置状态信号和控制信号
2	一氧化碳自动报警	车库中一氧化碳浓度超过设定报警线时发出报警信号，同时自动启动风机工作	一氧化碳浓度传感器，车库内挂墙安装
3	工作时间统计	自动统计风机工作时间，定时维修	

图名	给排水及送排风设备监控子系统常用监控功能表	图号	RD 8—7

序号	监控内容	常用监控功能	常用仪表选择
1	变压器线圈温度过热保护	当变压器过负荷时，线圈温度升高，温度控制器发出信号，自动报警记录故障，并采取相应措施	温度控制器由制造厂家预埋在变压器线圈里，现场控制器可直接获取开关量信号
2	电流检测	自动检测回路电流，越限自动报警记录故障，并采取相应措施	通过电控柜中安装的电流互感器，将被测回路的电流转换为0～5A，再通过电流变送器将其变为标准信号送至现场控制器
3	电压检测	自动检测回路电压，故障自动报警、记录，并采取相应措施	通过电控柜中安装的电压互感器，将被测回路的电压转换为0～110V，再通过电压变送器将其变为标准信号送至现场控制器
4	开关状态检测	自动检测各重要回路开关状态，跳闸时自动报警、记录，并采取相应措施	从断路器或自动开关的辅助接点上获取信号
5	有功功率检测	自动检测回路有功功率	通过电流与电压互感器，将被测回路的电流与电压信号送至有功功率变送器，将其变为标准信号送至现场控制器
6	无功功率检测	自动检测回路无功功率	通过电流与电压互感器，将被测回路的电流与电压信号送至无功功率变送器，将其变为标准信号送至现场控制器
7	电量检测	自动检测回路用电量及建筑物总用电量	通过电流与电压互感器将被测回路的电流与电压信号送至电量变送器，将其变为标准信号送至现场控制器
8	频率检测	自动检测回路频率	通过频率变送器，将其变为标准信号送至现场控制器

图名	电力设备监控子系统 常用监控功能表	图号	RD 8—8

1. 照明监控子系统常用监控功能表

序号	监控内容	常用监控功能	常用仪表选择
1	建筑内部照明分区控制	可按照建筑内部功能，划分照明的分区及分组控制方案，自动或遥控各个照明区域的电源	照明配电柜内，应设置状态信号和控制信号
2	建筑外部道路照明分区控制	可按照时间或室外照度，自动控制室外各个照明区域的电源	安装在室外的照度传感器，将照度转变为标准信号送至现场控制器
3	建筑外部轮廓与效果照明控制	可按照建筑外部照明方案，自动或遥控各分组照明灯光的电源，达到外部照明要求的效果	照明配电柜内，应设置状态信号和控制信号

2. 电梯运行监控子系统常用监控功能表

序号	监控内容	常用监控功能	常用仪表选择
1	电梯运行状态监视	自动监测各电梯运行状态，紧急情况或故障时，自动报警和记录	电梯控制柜内，应设置状态信号和控制信号
2	自动扶梯运行状态监视	自动监测各自动扶梯运行状态，紧急情况或故障时，自动报警和记录	自动扶梯控制柜内，应设置状态信号和控制信号
3	工作时间统计	自动统计电梯工作时间，定时维修	

图名	照明及电梯运行监控子系统常用监控功能表	图号	RD 8—9

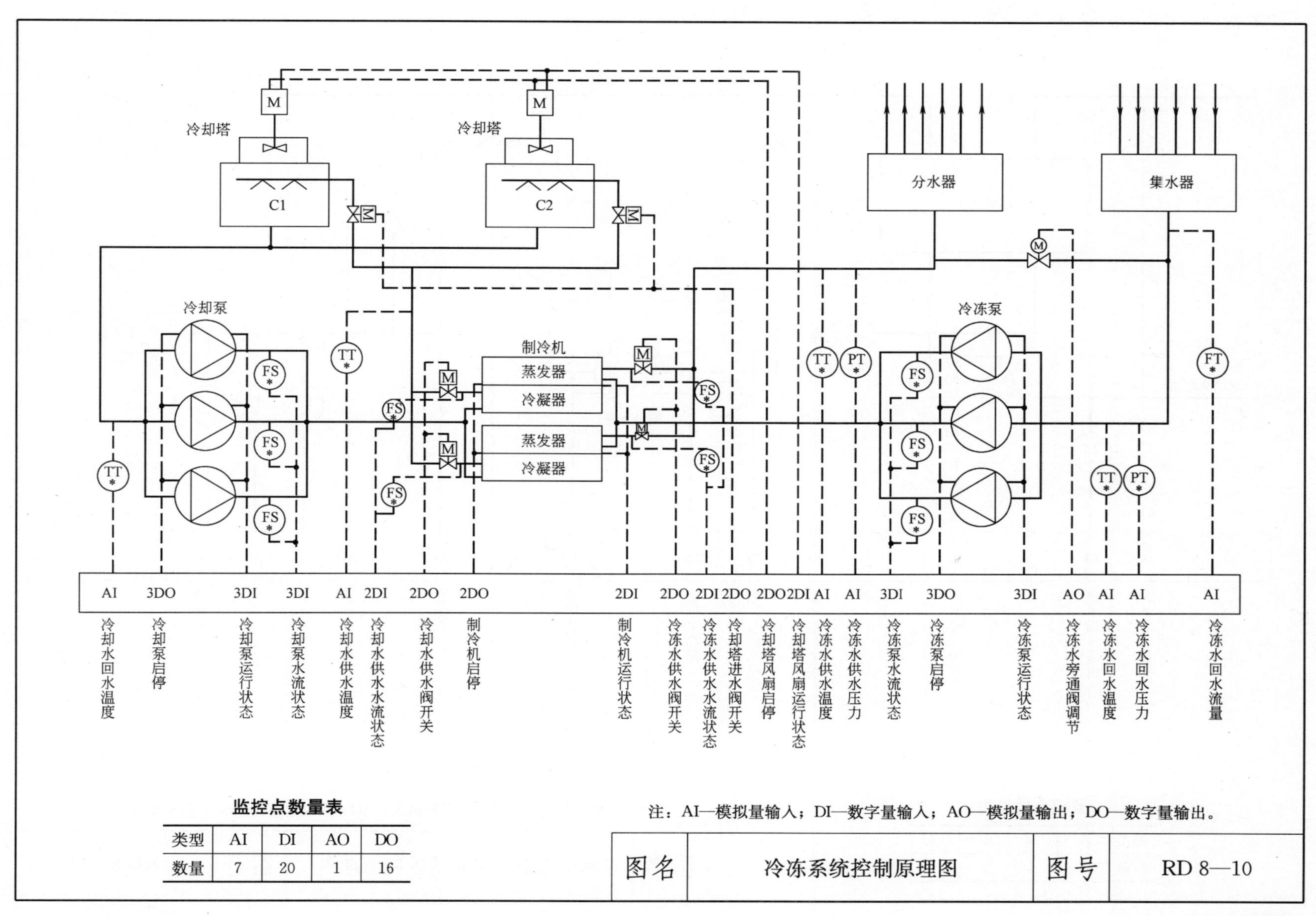

监控点数量表

类型	AI	DI	AO	DO
数量	7	20	1	16

注：AI—模拟量输入；DI—数字量输入；AO—模拟量输出；DO—数字量输出。

图名	冷冻系统控制原理图	图号	RD 8—10

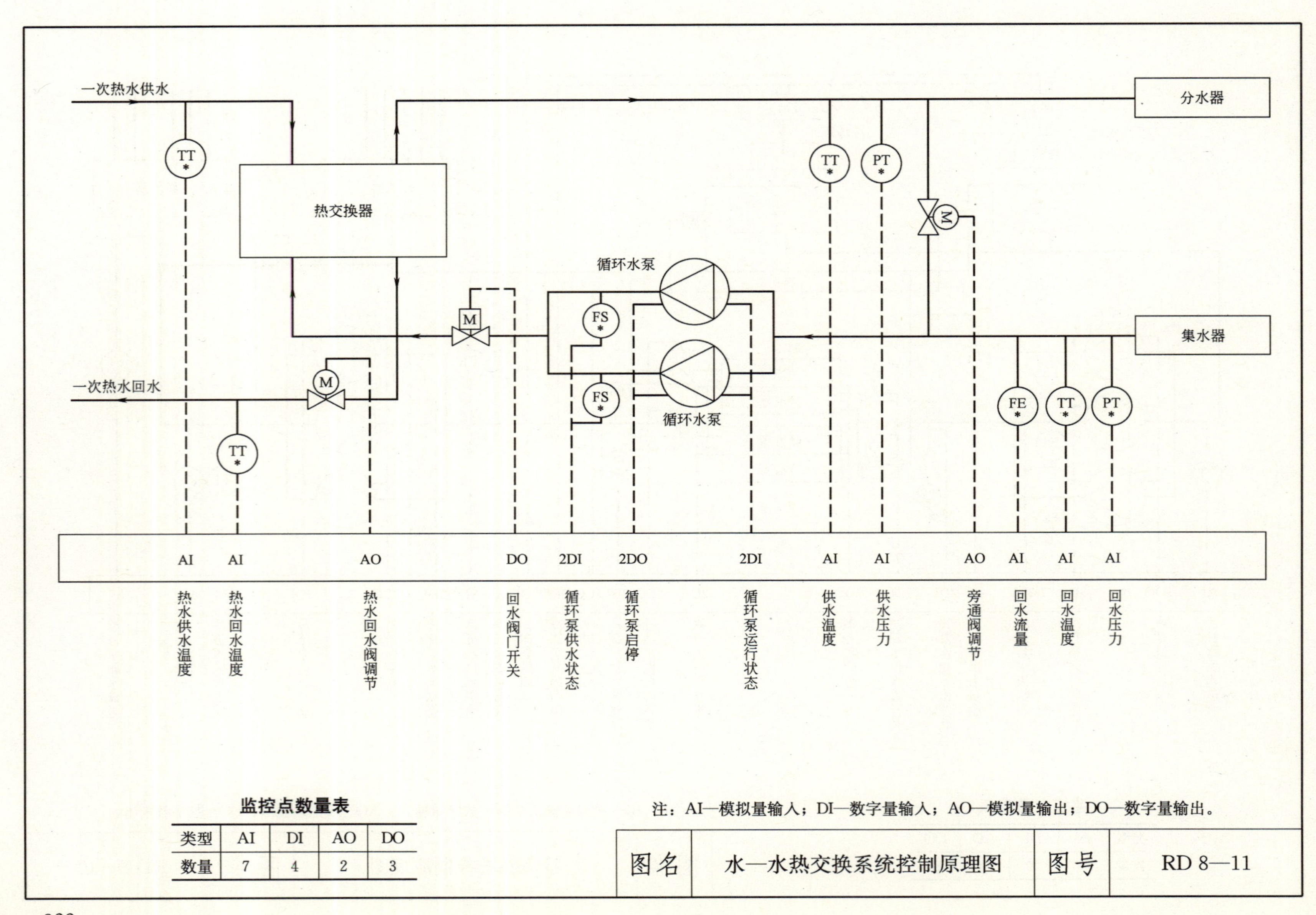

监控点数量表

类型	AI	DI	AO	DO
数量	7	4	2	3

注：AI—模拟量输入；DI—数字量输入；AO—模拟量输出；DO—数字量输出。

图名	水—水热交换系统控制原理图	图号	RD 8—11

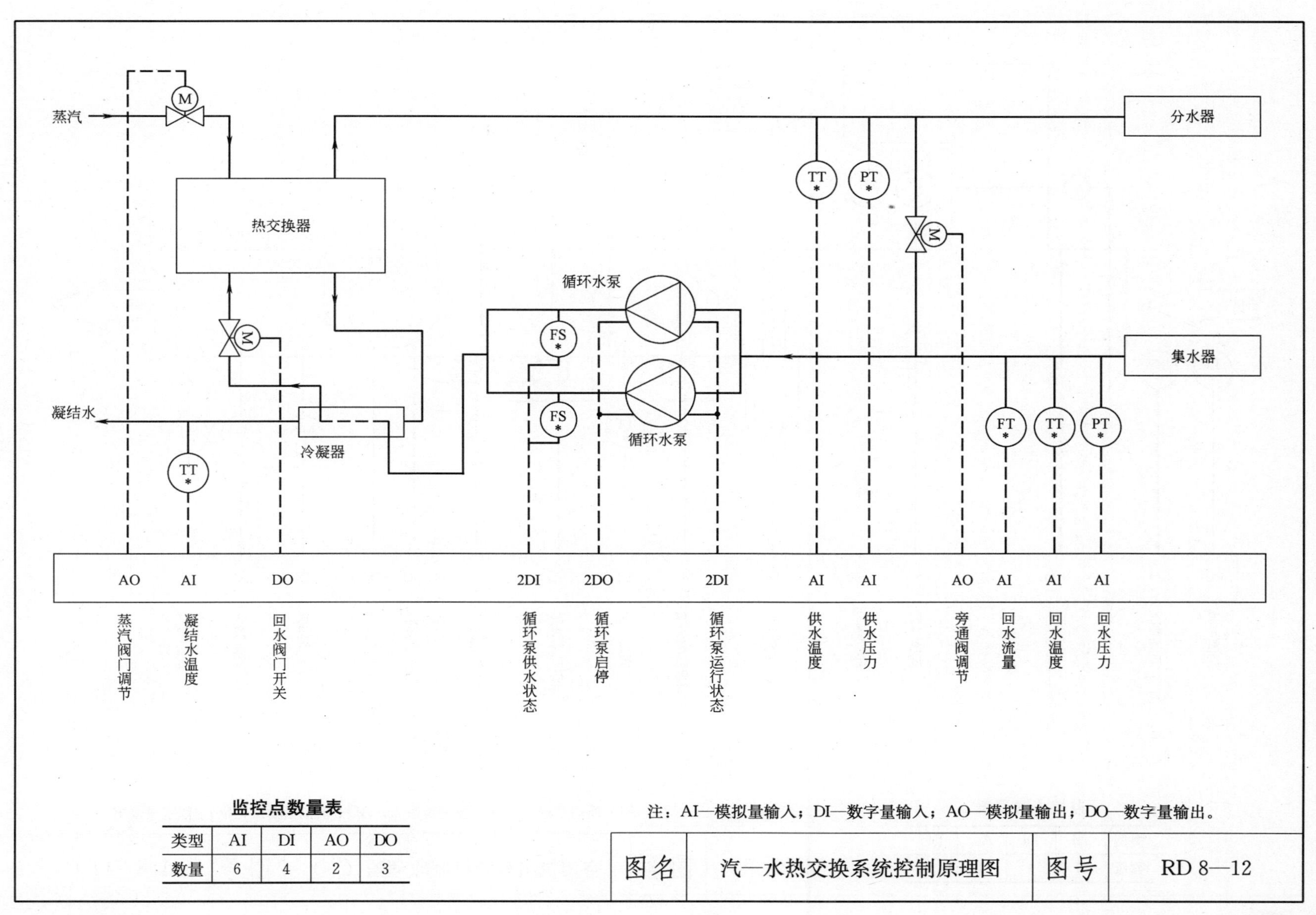

监控点数量表

类型	AI	DI	AO	DO
数量	6	4	2	3

注：AI—模拟量输入；DI—数字量输入；AO—模拟量输出；DO—数字量输出。

图名	汽—水热交换系统控制原理图	图号	RD 8—12

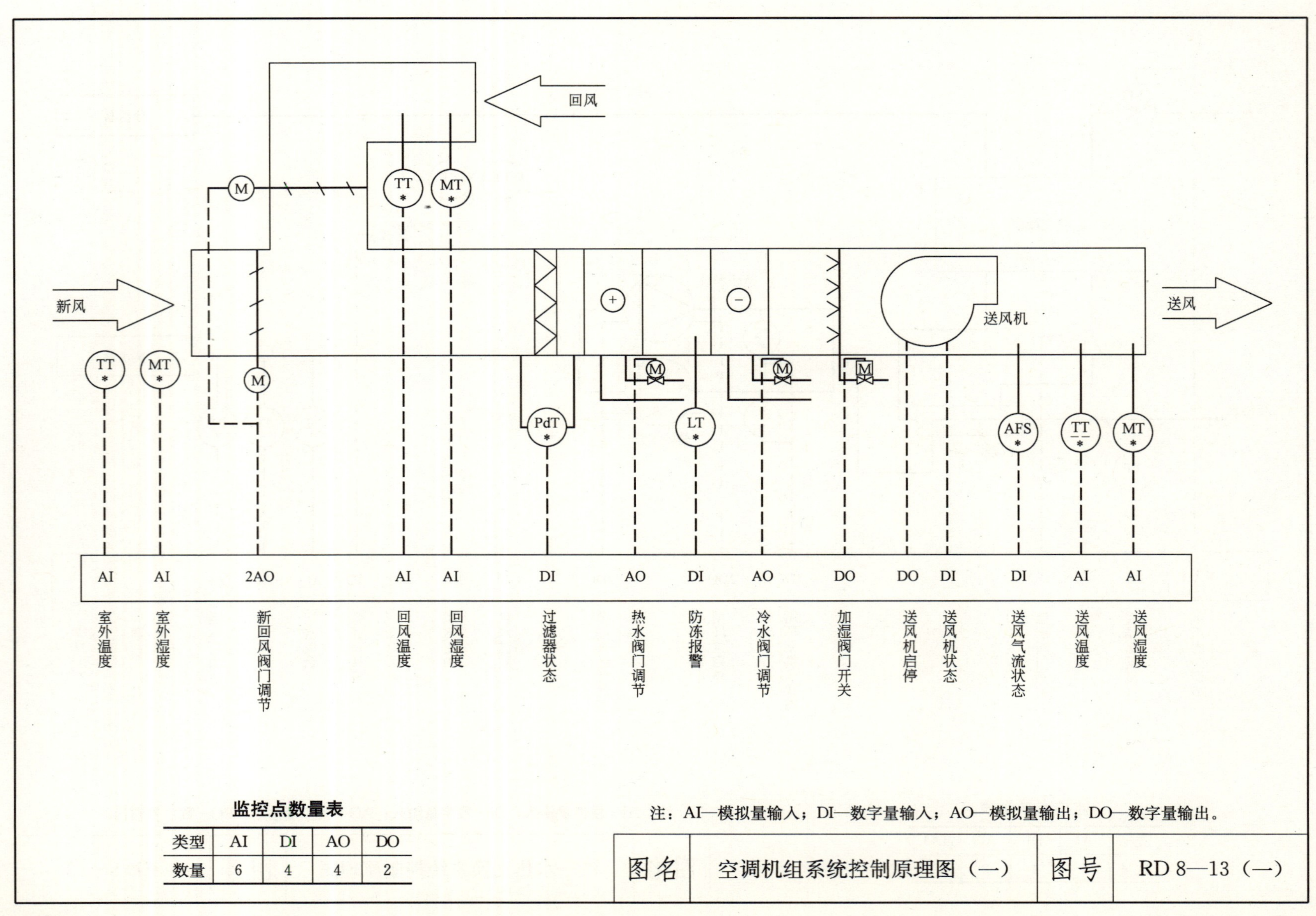

监控点数量表

类型	AI	DI	AO	DO
数量	6	4	4	2

注：AI—模拟量输入；DI—数字量输入；AO—模拟量输出；DO—数字量输出。

图名	空调机组系统控制原理图（一）	图号	RD 8—13（一）

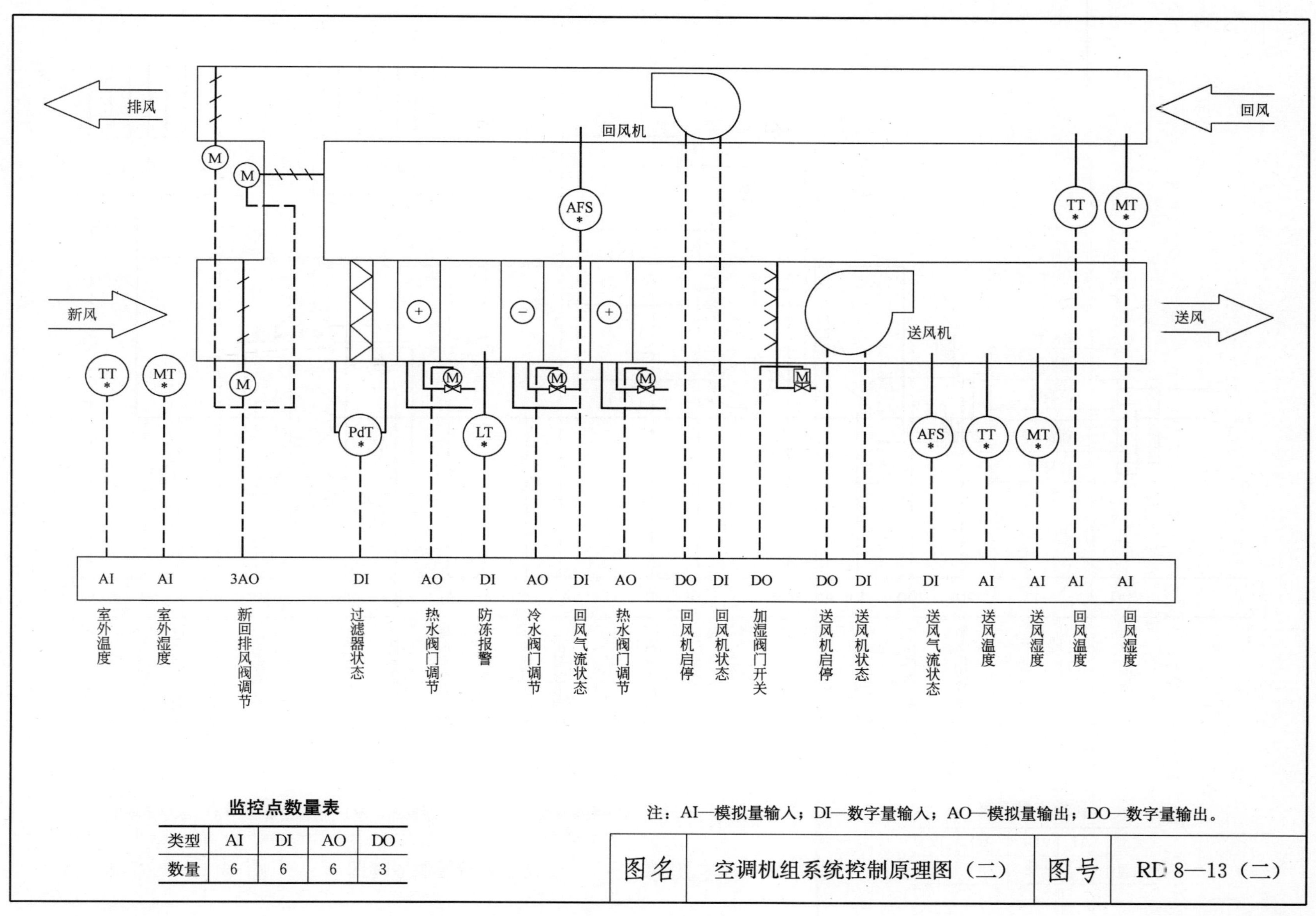

监控点数量表

类型	AI	DI	AO	DO
数量	6	6	6	3

注：AI—模拟量输入；DI—数字量输入；AO—模拟量输出；DO—数字量输出。

图名	空调机组系统控制原理图（二）	图号	RD 8—13（二）

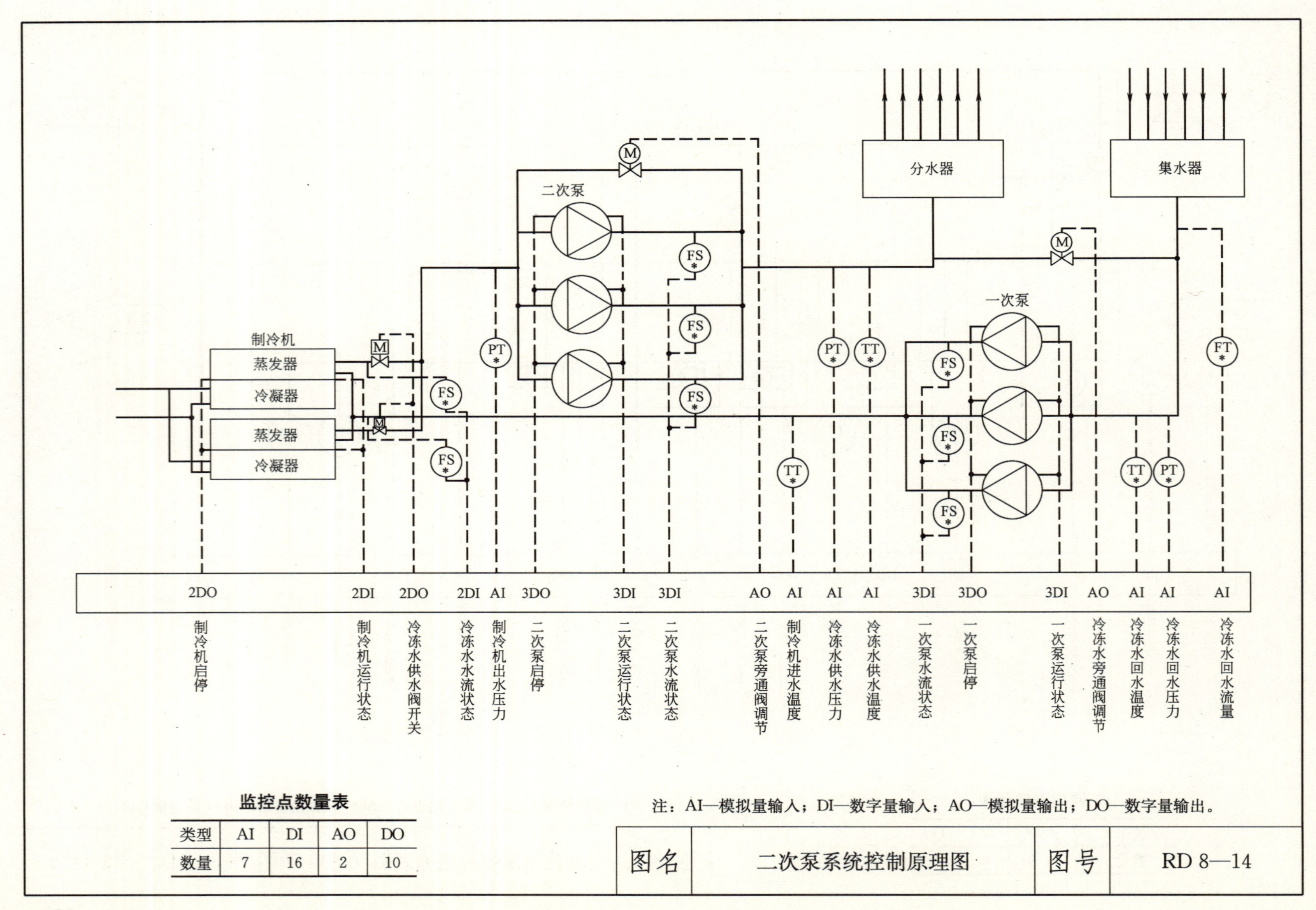

监控点数量表

类型	AI	DI	AO	DO
数量	7	16	2	10

注：AI—模拟量输入；DI—数字量输入；AO—模拟量输出；DO—数字量输出。

图名	二次泵系统控制原理图	图号	RD 8—14

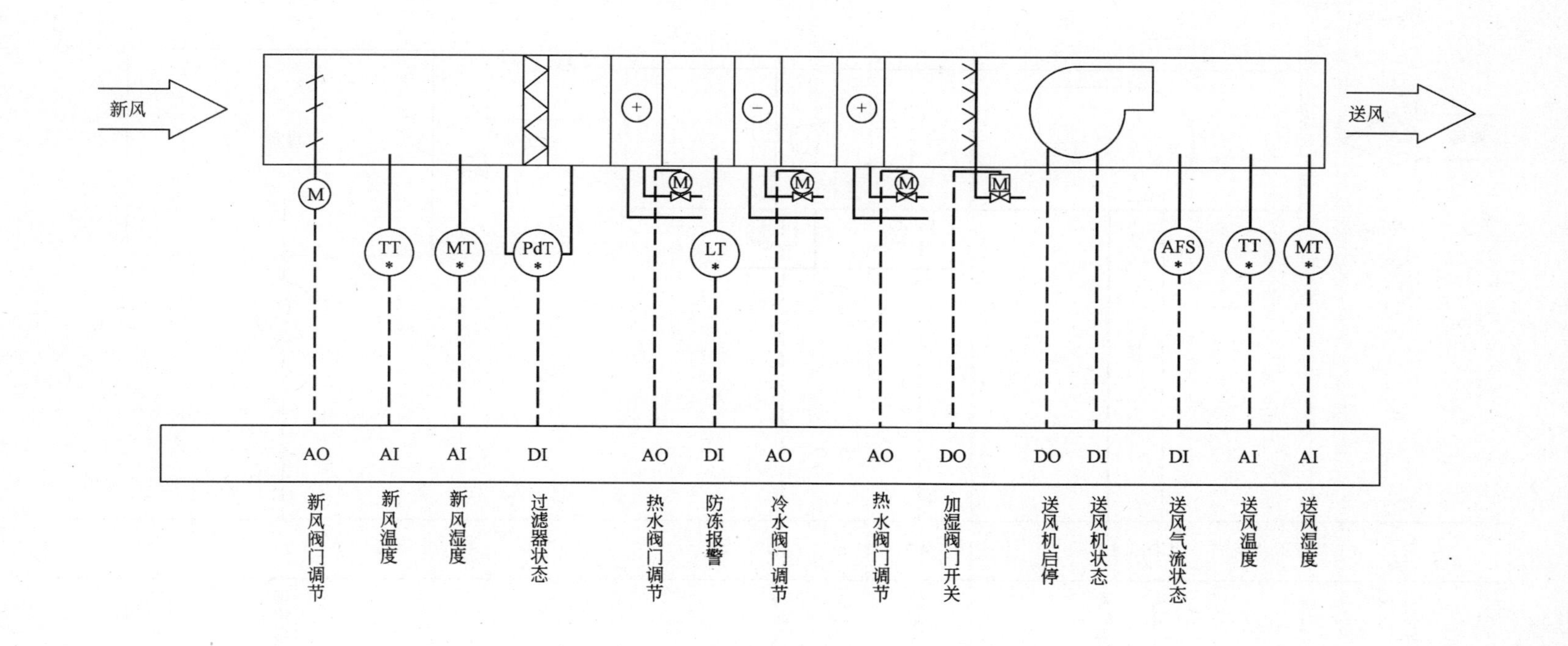

监控点数量表

类型	AI	DI	AO	DO
数量	4	4	4	2

注：AI—模拟量输入；DI—数字量输入；AO—模拟量输出；DO—数字量输出。

图名	新风机组系统控制原理图	图号	RD 8—15

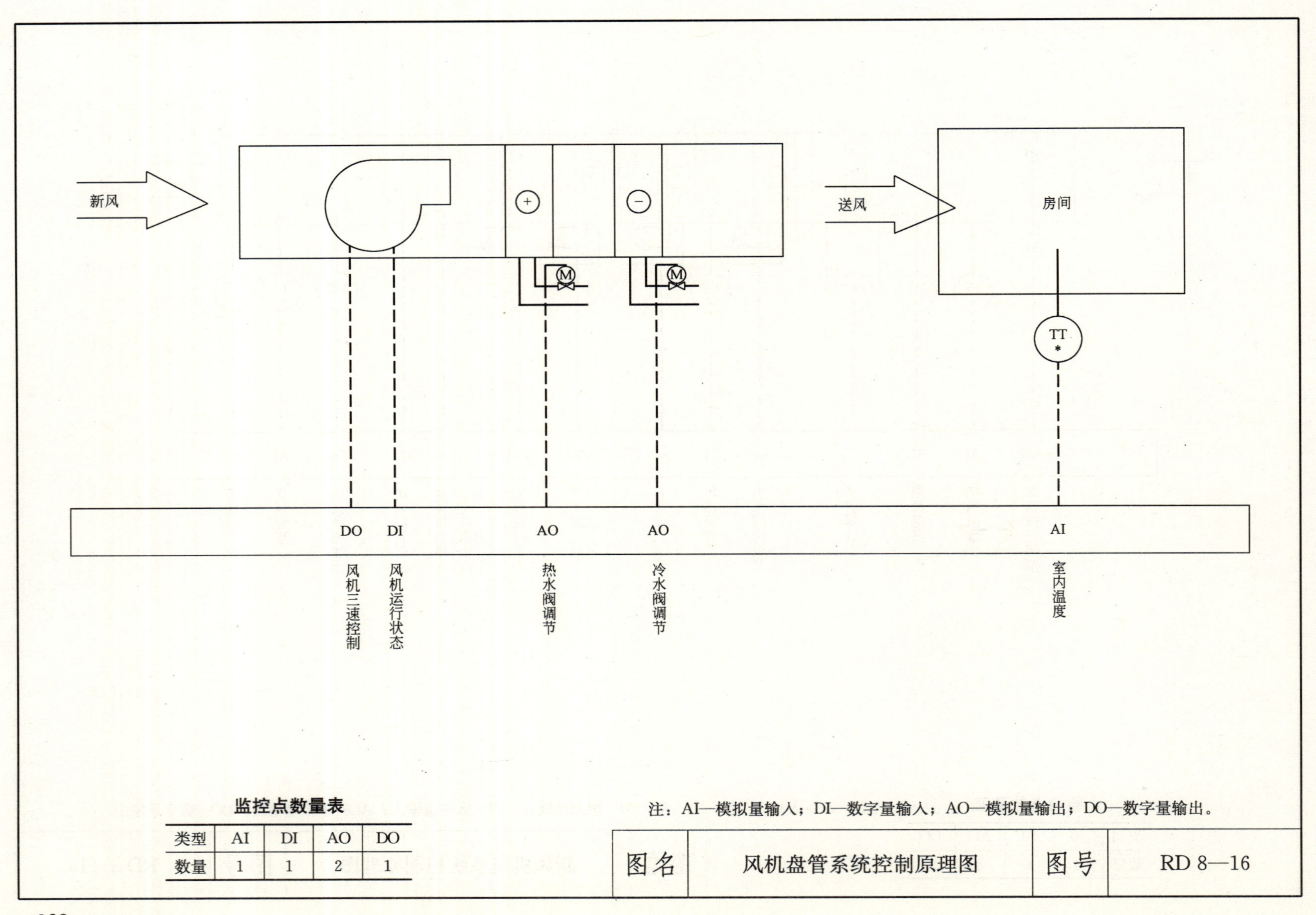

监控点数量表

类型	AI	DI	AO	DO
数量	1	1	2	1

注：AI—模拟量输入；DI—数字量输入；AO—模拟量输出；DO—数字量输出。

图名	风机盘管系统控制原理图	图号	RD 8—16

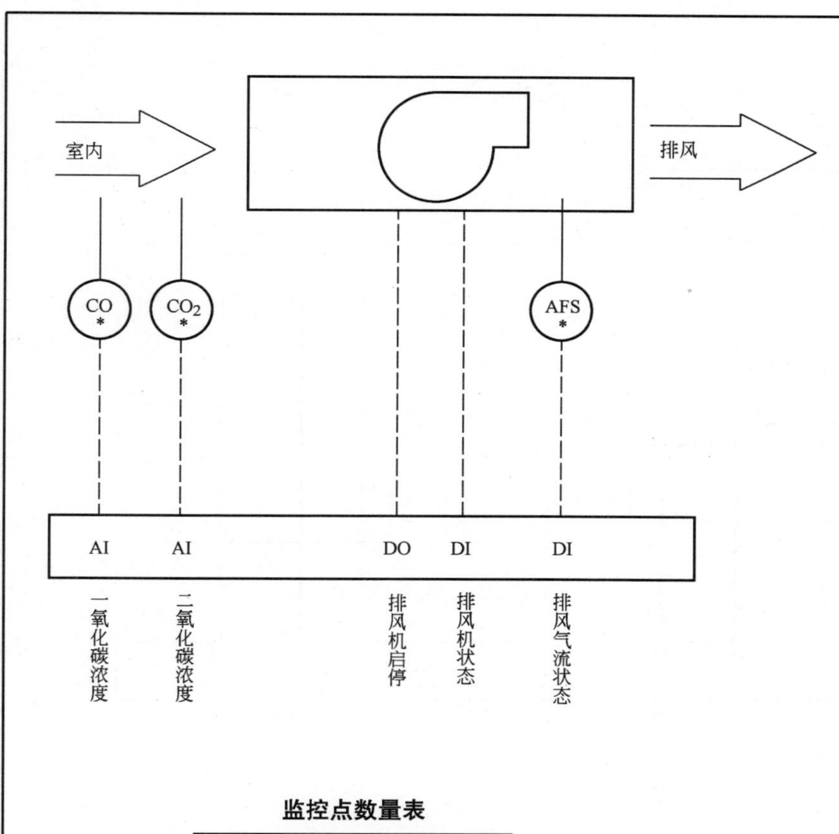

监控点数量表

类型	AI	DI	AO	DO
数量	2	2		1

1. 排风系统

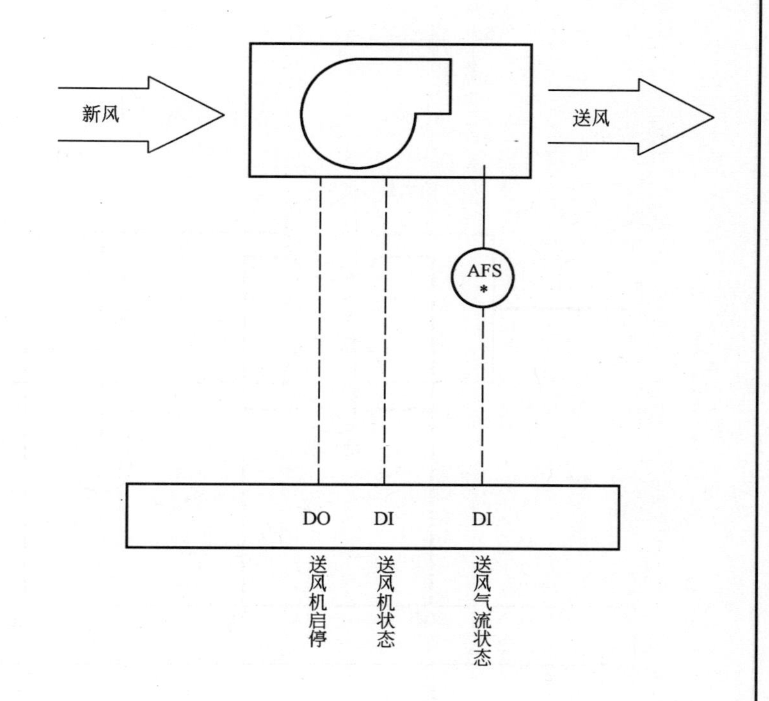

监控点数量表

类型	AI	DI	AO	DO
数量		2		1

2. 送风系统

注：AI—模拟量输入；DI—数字量输入；AO—模拟量输出；DO—数字量输出。

图名	排风及送风系统控制原理图	图号	RD 8—17

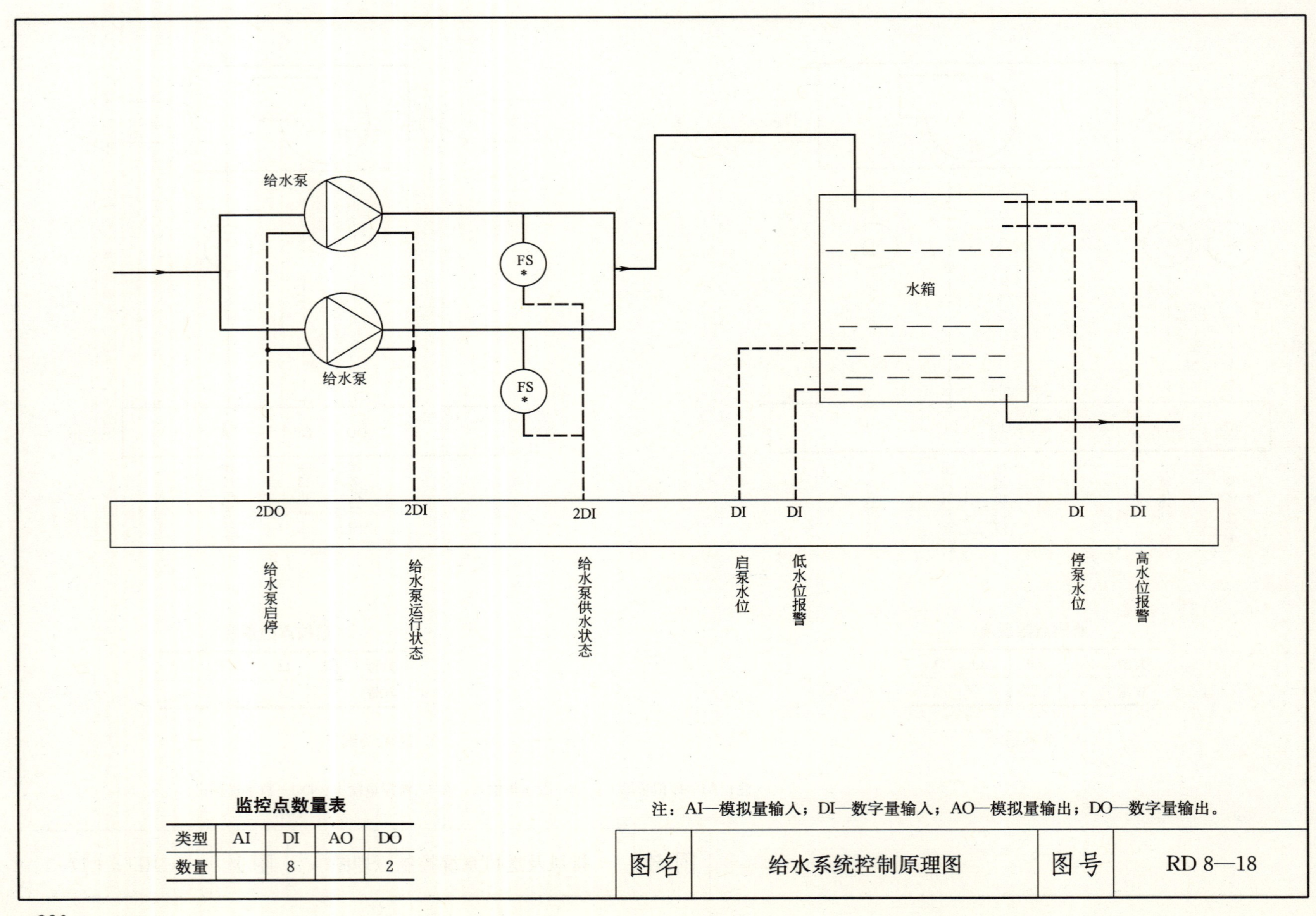

监控点数量表

类型	AI	DI	AO	DO
数量		8		2

注：AI—模拟量输入；DI—数字量输入；AO—模拟量输出；DO—数字量输出。

图名	给水系统控制原理图	图号	RD 8—18

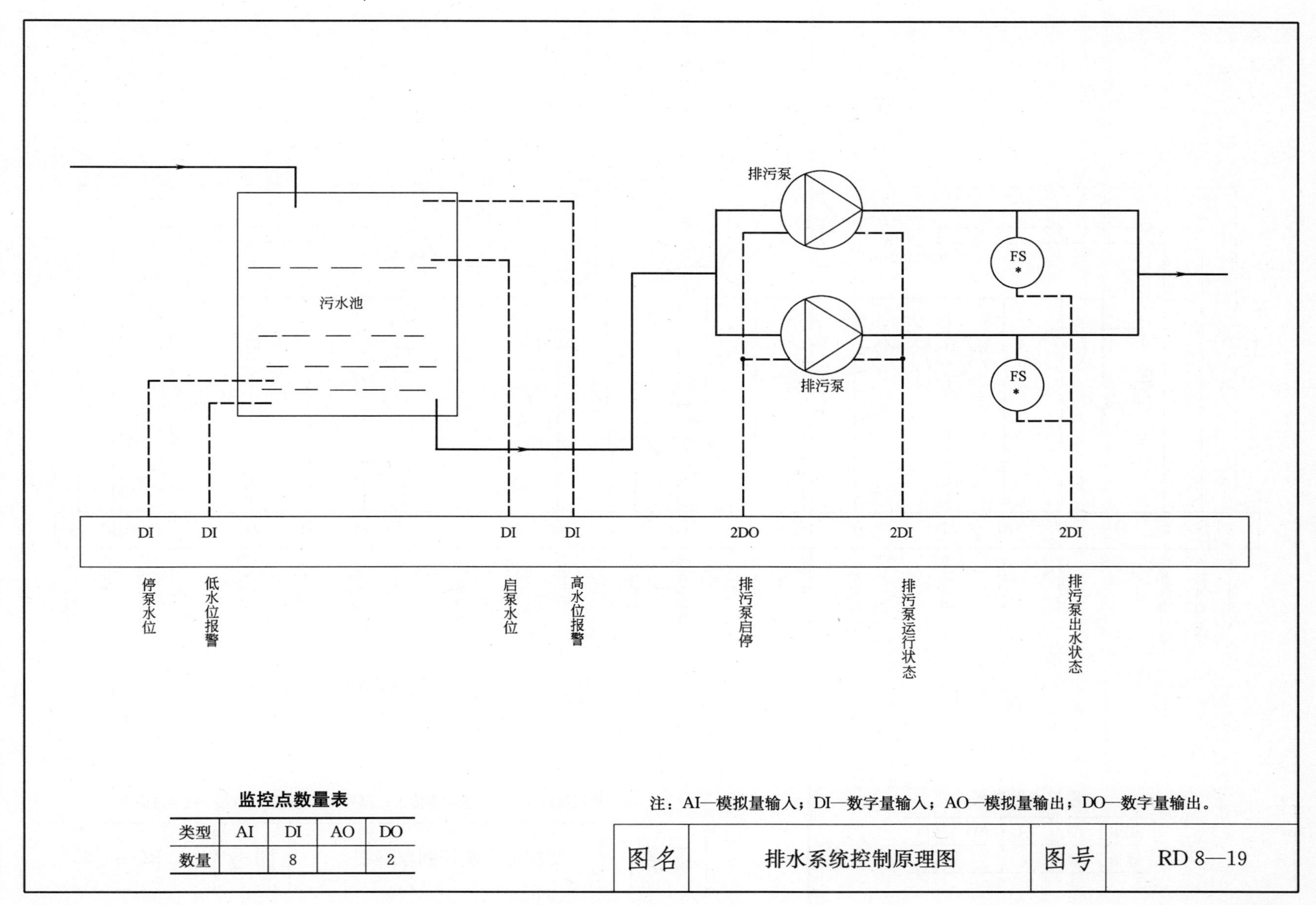

监控点数量表

类型	AI	DI	AO	DO
数量		8		2

注：AI—模拟量输入；DI—数字量输入；AO—模拟量输出；DO—数字量输出。

图名	排水系统控制原理图	图号	RD 8—19

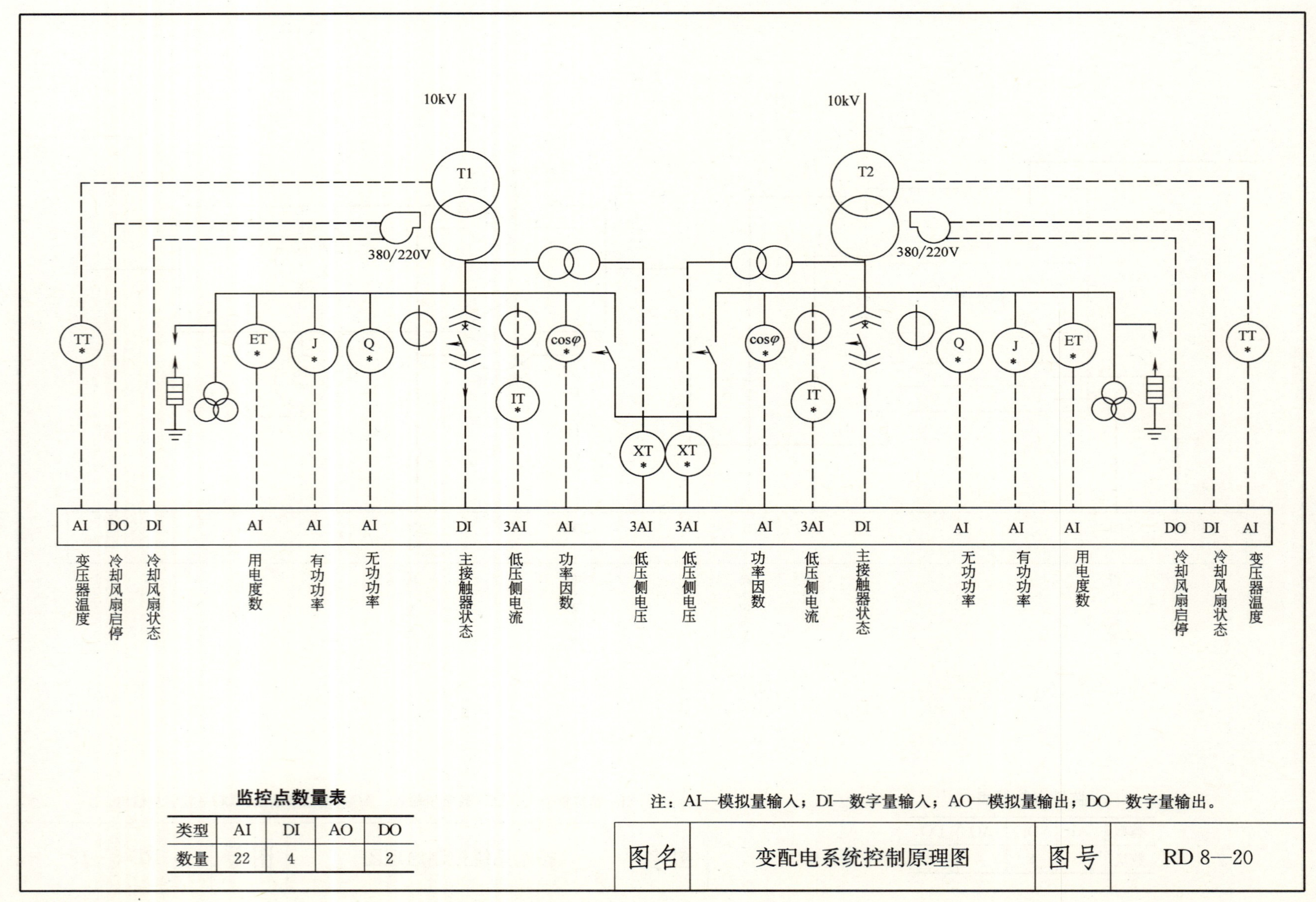

监控点数量表

类型	AI	DI	AO	DO
数量	22	4		2

注：AI—模拟量输入；DI—数字量输入；AO—模拟量输出；DO—数字量输出。

图名	变配电系统控制原理图	图号	RD 8—20

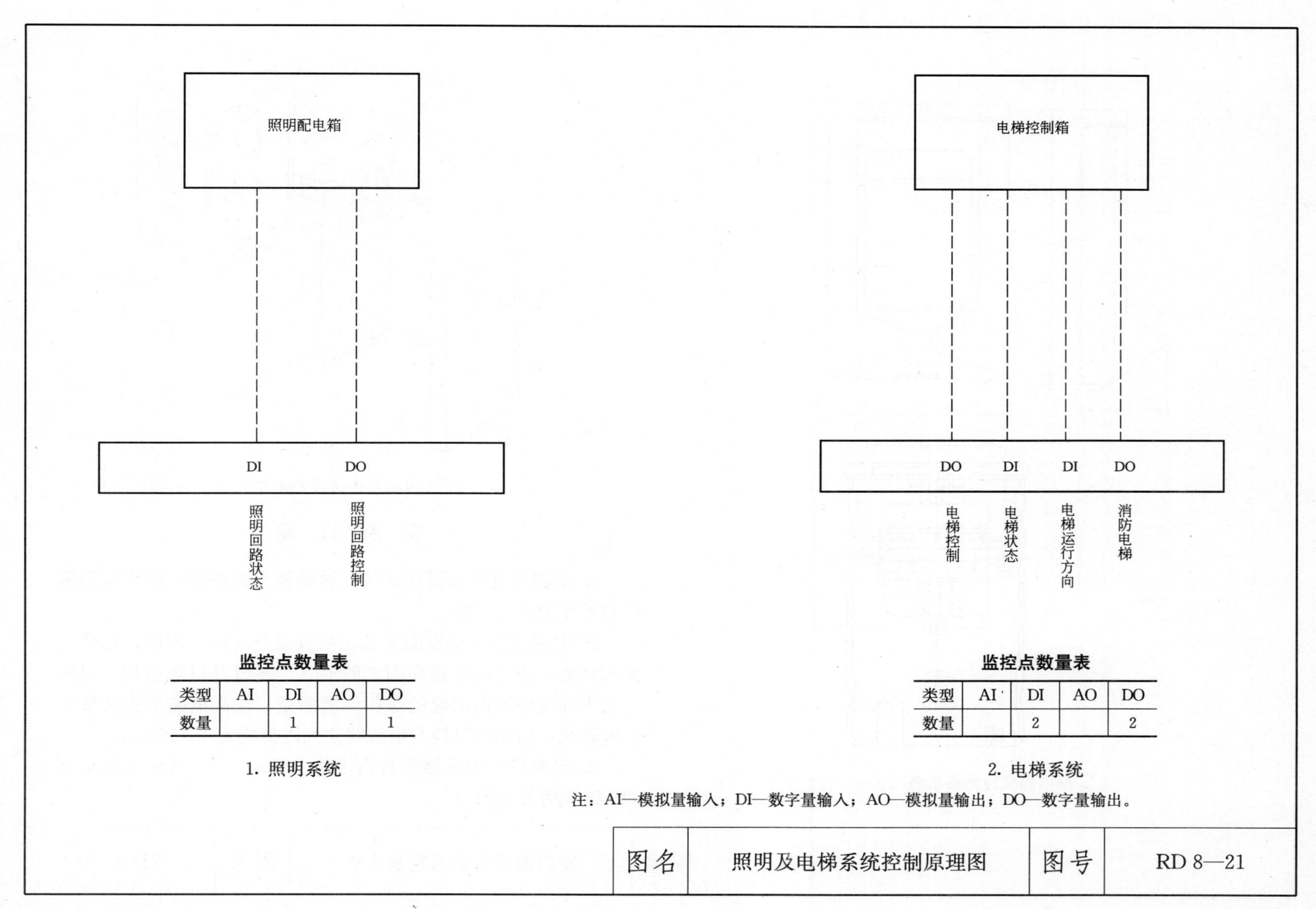

监控点数量表

类型	AI	DI	AO	DO
数量		1		1

1. 照明系统

监控点数量表

类型	AI	DI	AO	DO
数量		2		2

2. 电梯系统

注：AI—模拟量输入；DI—数字量输入；AO—模拟量输出；DO—数字量输出。

图名	照明及电梯系统控制原理图	图号	RD 8—21

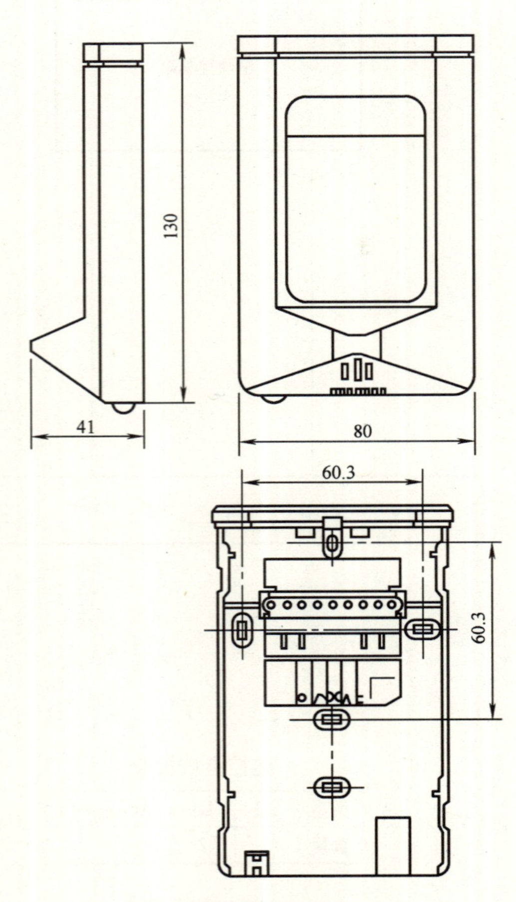

1. 室内温度传感器规格尺寸

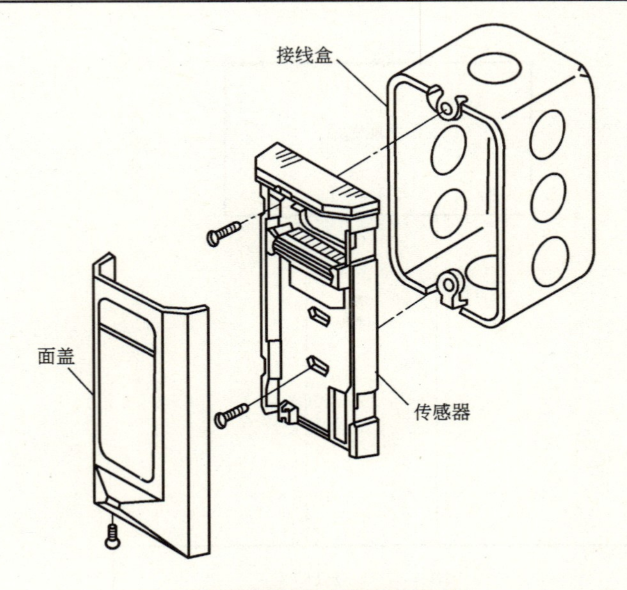

2. 室内温度传感器安装方法

安装说明

1. 室内温度传感器在暖气、通风和空调系统中用作室温测量和遥控设定值调整。

2. 室内温度传感器应安装在采暖或空调房间内墙，远离门窗和热源，或可能暴露在阳光的地方。导管开口要密封，以防止由于导管吸风而引起的虚假温度测量。在高电磁干扰区域采用屏蔽线，传感器导线与电源线之间距离应大于 150mm。

3. 室内温度传感器安装高度为 1.4m。在主体施工时应预埋 ϕ20 钢管及接线盒。

图名	室内温度传感器安装方法	图号	RD 8—22

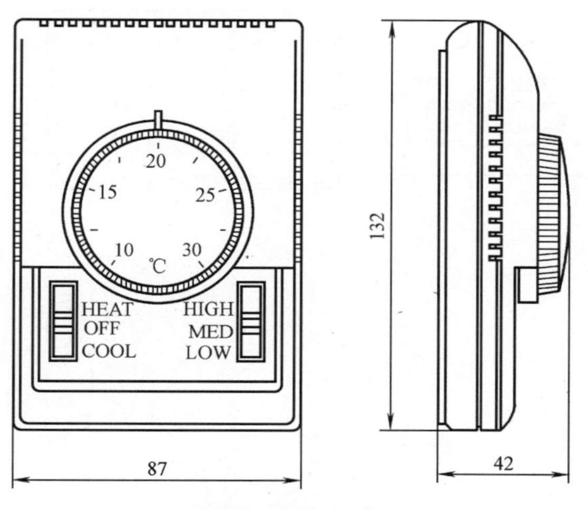

1. 温度控制器外形尺寸

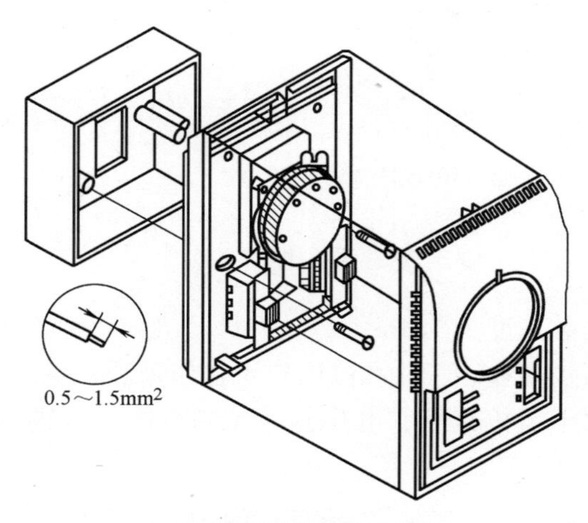

2. 温度控制器安装示意图

安 装 说 明

机械式温度控制器，广泛适用于中央空调及采暖系统的风机盘管、电热器、热泵机组等温度控制系统。该温控器灵敏度高，安装方便，可靠实用。

安装须知：

(1) 温控器须垂直安装于空调室内的墙上，距离地面约1.4m，以确保温控器接收到足够的气流而准确地检测及控制室温；

(2) 温控器必须置于远离光线直射的门窗及烹调设备或有其他热源之处；

(3) 拧松盒盖左边螺丝（无须将其全部拧出，以免丢失），拆下盒盖。将连线从底板左上长孔穿出，并按规定（见组合接线柱上对应编号）接入组合接线柱内紧固（注意：在作业中勿拆卸调温旋钮）；

(4) 将连线从底板中间方孔穿出，并按盒盖内接线图组合接线柱内紧固；

(5) 将底板用配套的螺丝固定于线盒上；

(6) 将拨动开关及盒盖上的拨板置于最下位置（即表有COOL和LOW的位置），装上盒盖。注意应确保盒盖上的拨板确实套在拨动开关柄内。最后旋紧盒盖螺丝；

(7) 配套线盒为入墙式，尺寸为86mm×86mm×32mm。

图名	温度控制器安装方法（一）	图号	RD 8—23（一）

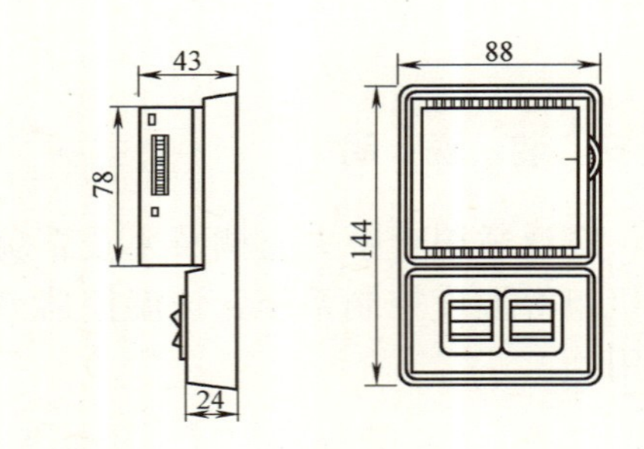

(a) 规格尺寸

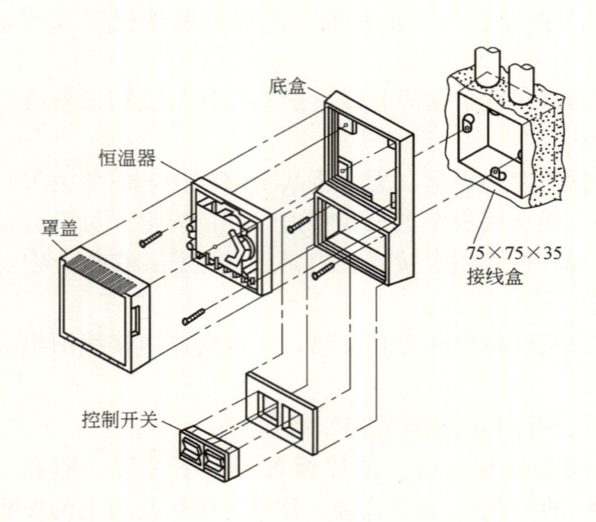

(b) 安装方法

1. 室内恒温器安装方法（一）

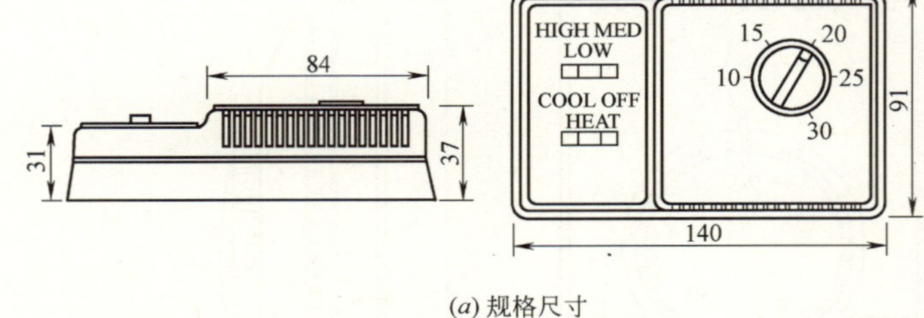

(a) 规格尺寸

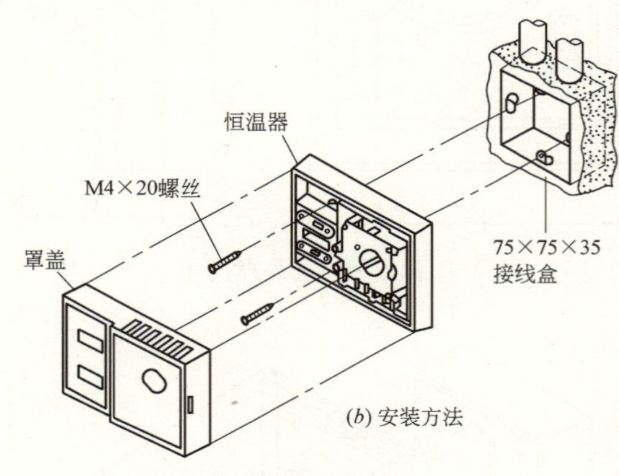

(b) 安装方法

2. 室内恒温器安装方法（二）

安 装 说 明

1. 室内恒温器安装高度为1.4m。

2. 室内恒温器可供商业、工业和民用建筑物作采暖、供冷或全年性空调控制之用。适用于风机盘管、电热器等控制系统，可进行快、中、慢风速以及冷热开关的控制。

图名	温度控制器安装方法（二）	图号	RD 8—23（二）

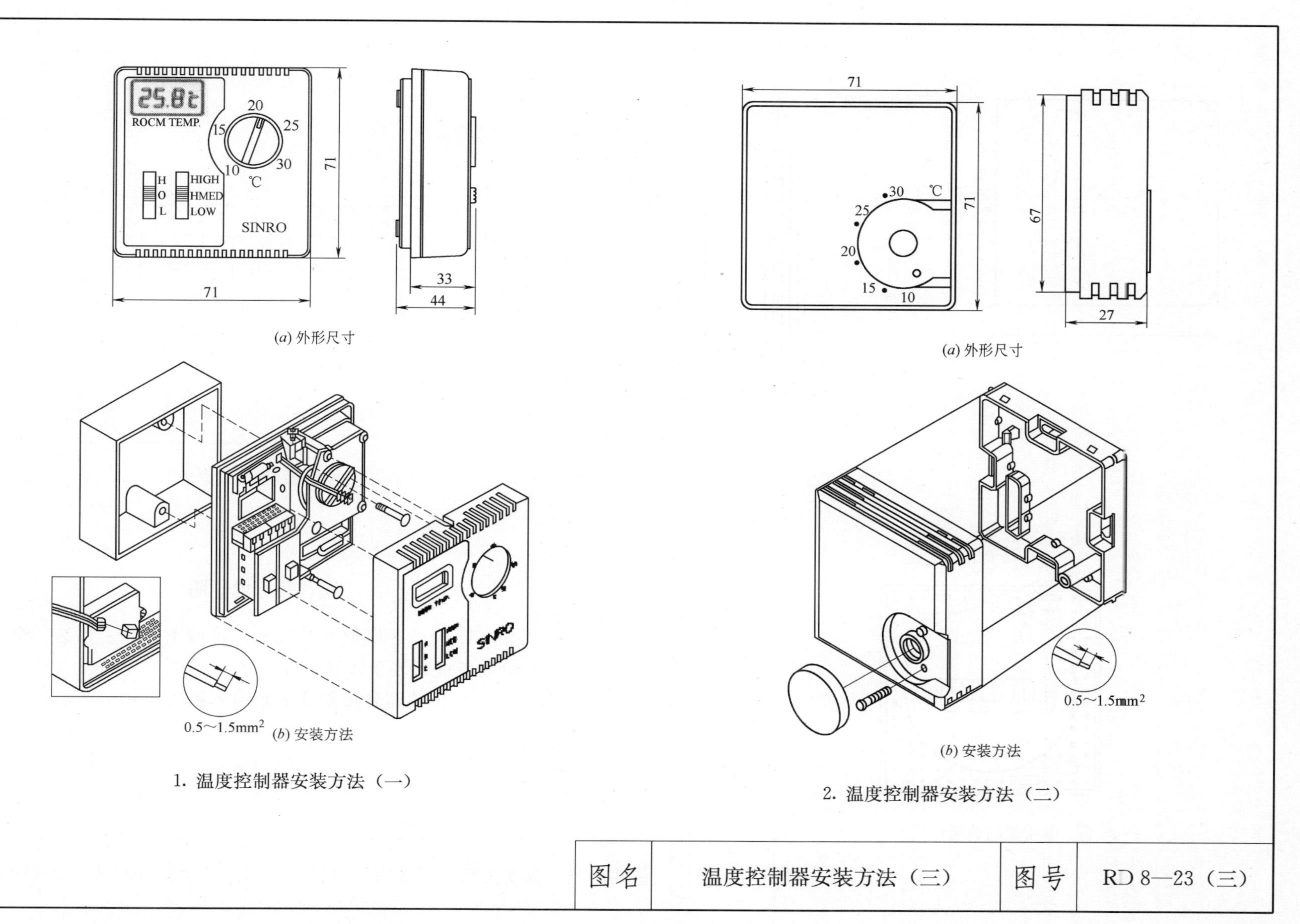

ROCM TEMP.
20
25
15
30
10
℃
H
O
L
HIGH
HMED
LOW
SINRO
71
71
33
44
(a) 外形尺寸
0.5～1.5mm²
(b) 安装方法
1. 温度控制器安装方法（一）
71
30
℃
25
20
15
10
71
67
27
(a) 外形尺寸
0.5～1.5mm²
(b) 安装方法
2. 温度控制器安装方法（二）
图名
温度控制器安装方法（三）
图号
RD 8—23（三）

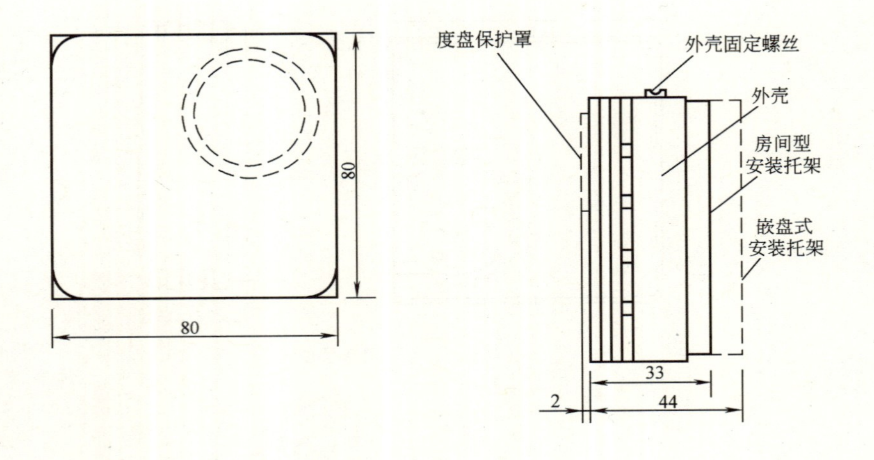

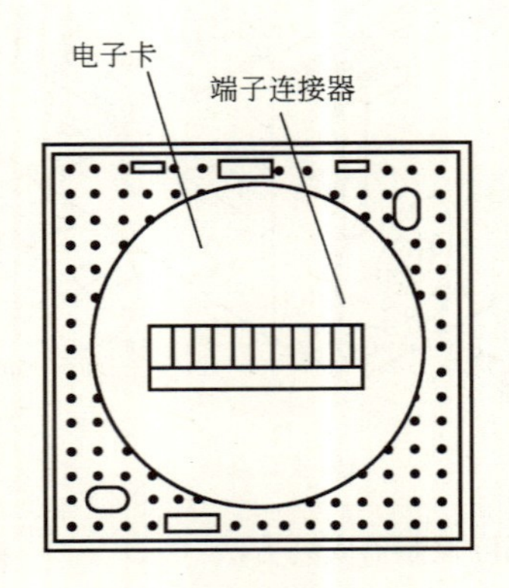

1. 电子控制器规格尺寸

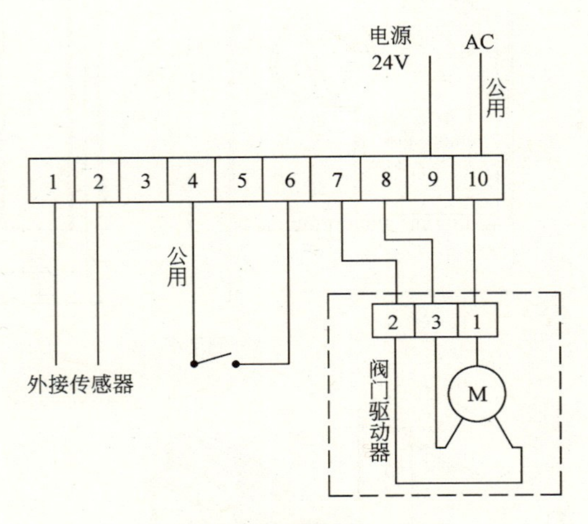

2. 电子控制器电气原理图

安 装 说 明

1. 电子控制器安装灵活，可墙上明装、嵌装、嵌盘安装或暗装于风管内等。

2. 传感器和控制器的距离不超过 50m。

图名	温度控制器安装方法（四）	图号	RD 8—23（四）

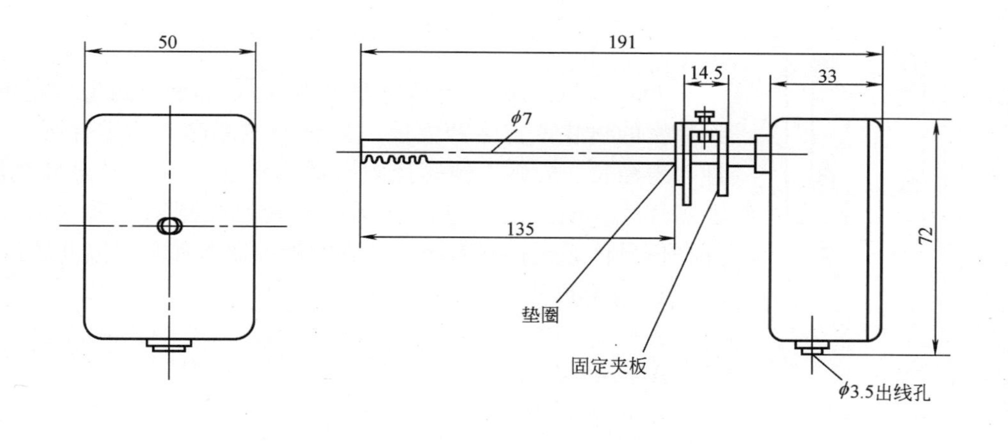

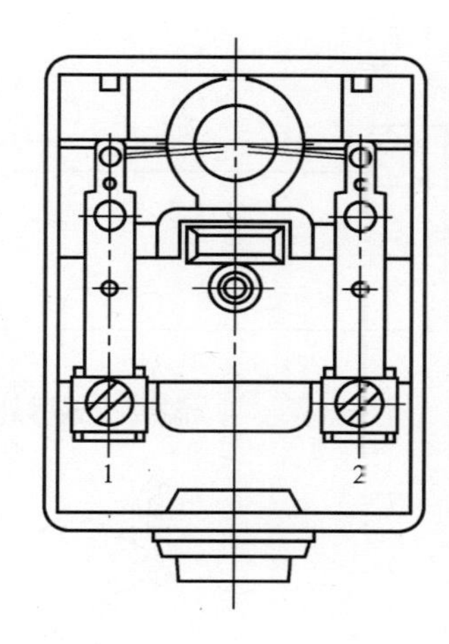

1. 风管式温度传感器规格尺寸

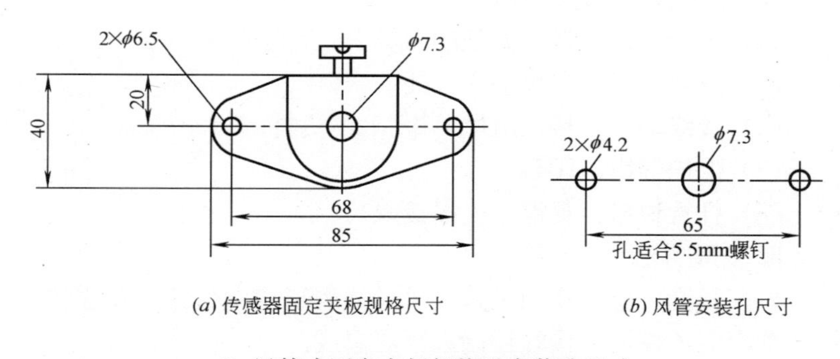

(*a*) 传感器固定夹板规格尺寸

(*b*) 风管安装孔尺寸

2. 风管式固定夹板规格及安装孔尺寸

安装说明

1. 风管式温度传感器在通风和空调系统中用来测量排风、回风或室外空气温度。

2. 有两种不同长度的传感器，适用于风管上安装，先在风管上按要求尺寸开孔，然后将传感器用螺钉通过固定夹板安装在风管上。

3. 导线敷设可选用 ϕ20 电线管及接线盒，并用金属软管与传感器相连接。

4. 在高电磁干扰区域应采用屏蔽线，传感器导线与电源线之间距离应大于 150mm。

图名	温度传感器安装方法（一）	图号	RD 8—24（一）

1. 温度传感器外形尺寸

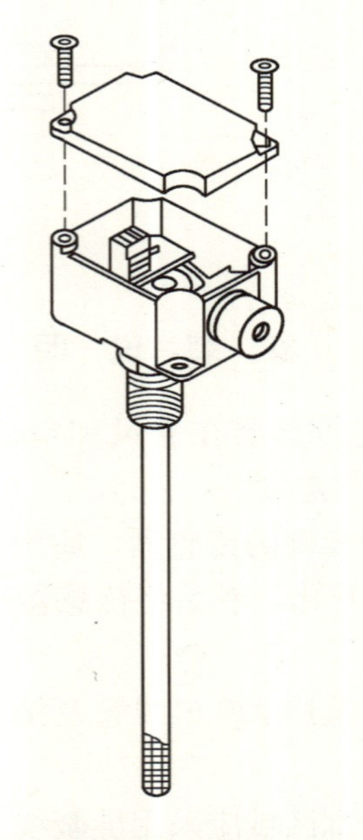

2. 温度传感器安装示意图

安 装 说 明

TSC-8000 系列温度传感器采用 NTC 热敏电阻为感温组件，经精密的封装工艺生产而成。具有灵敏度高、稳定性强、耐腐蚀、寿命长、安装方便等优点。适用于任何高、低温及潮湿等恶劣环境。该温度传感器能迅速准确地检测空气和水的温度，并把信号传送至控制系统，达到准确控制水和空气温度的目的。

1. 外形尺寸

B＝50～400mm；

A＝ϕ6～ϕ13mm。

2. 产品特点

（1）感应组件：NTC 温度感应组件；

（2）操作范围：0～＋120℃；

（3）末端箱盒最高可耐温度：70℃；

（4）末端箱盒材料：高强度阻燃 PC 工程塑料；

（5）安装方式：螺纹接头，插入式；

（6）接线端子材料：阻燃 ABS 工程塑料；

（7）保护等级：IP54；

（8）杆管材料：黄铜（表面镀镍）。

3. 安装方法

（1）温度传感器作用是感应风道或管道内空气或水的温度。用于配合电子控制器接收控制远距离温度。

（2）温度传感器通过管接头与风管或水管相连接，导线敷设可选用 ϕ20 电线管及接线盒，并用金属软管与温度传感器连接。

图名	温度传感器安装方法（二）	图号	RD 8—24（二）

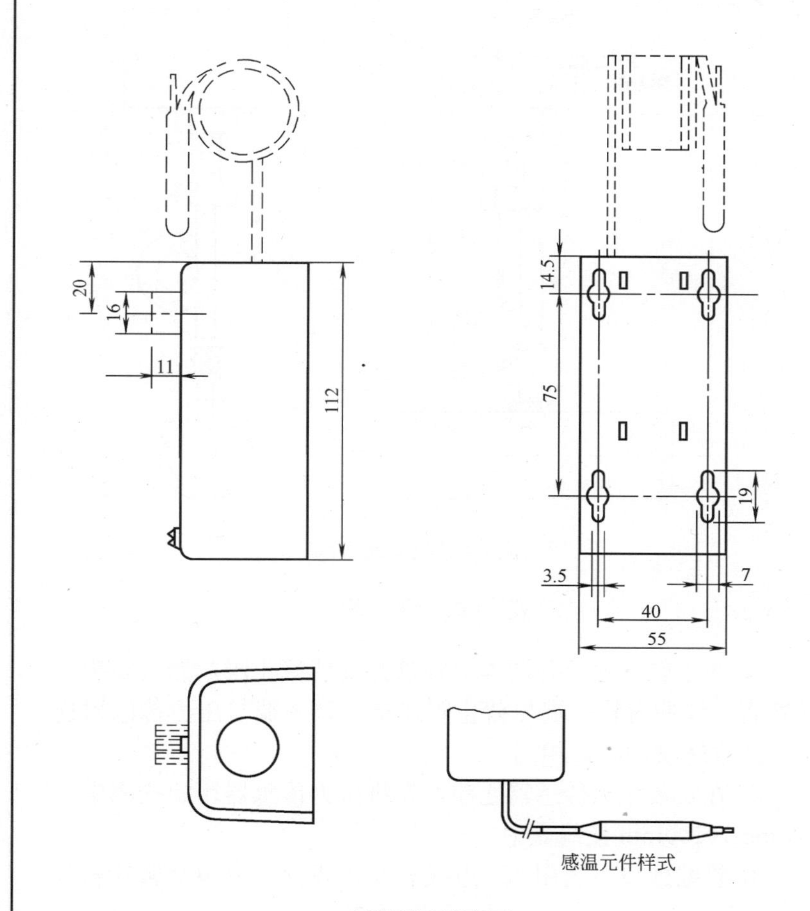

1. 恒温器规格尺寸

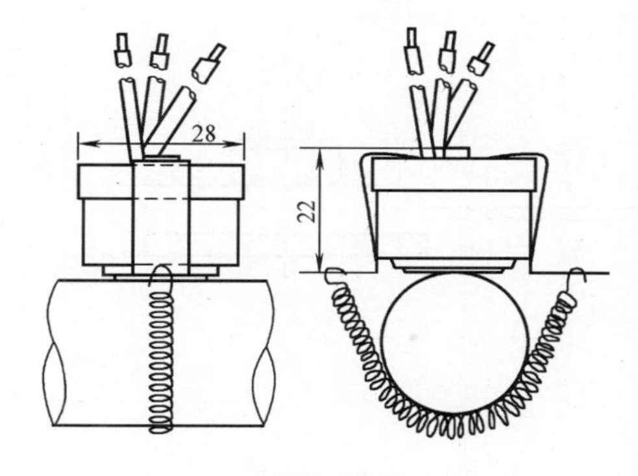

2. 箍型恒温器安装方法

安 装 说 明

1. 恒温器适用于各种采暖、供冷、通风及空调自动控制中。恒温器具有控制接点，以达到高温或低温时切断电路的目的。恒温器可用塑料胀管及螺钉安装在墙上，安装高度在1.4m以上。可配ϕ20电线管及接线盒用于导线的敷设。

2. 箍型恒温器安装时要用一根不锈钢弹簧将其紧扣着，使恒温器能牢固安装于管道上。箍型恒温器可安装于管道上任何位置，只要传感元件能与管道表面直接接触。为确保测量准确的水温温度，管道的表面必须清洁。

图名	恒温器安装方法	图号	RD 8—25

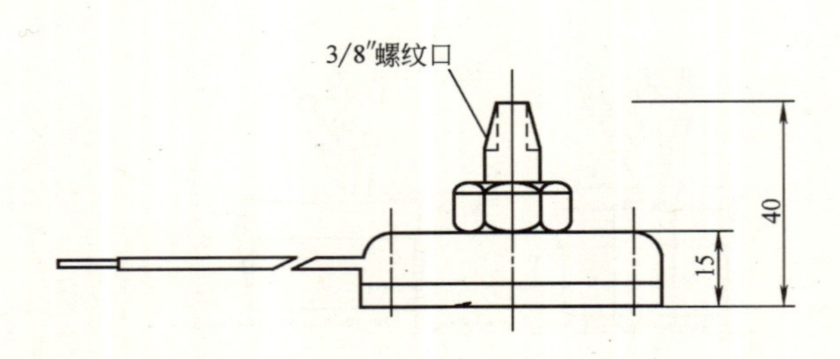

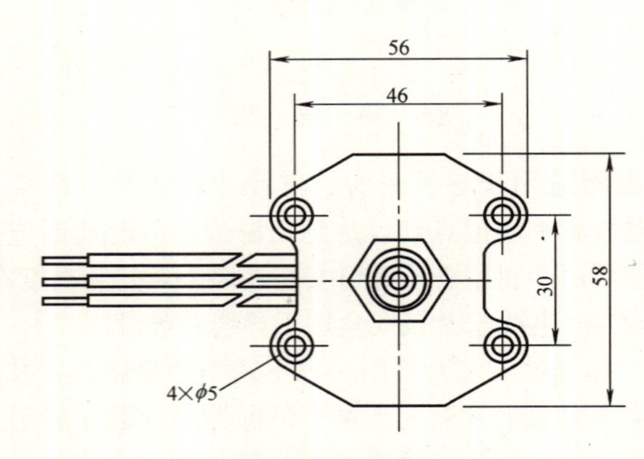

1. 压力传感器规格尺寸

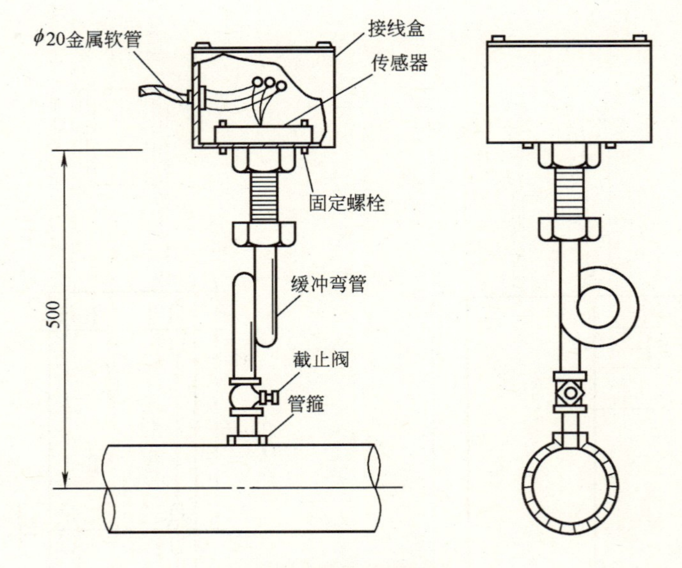

2. 压力传感器安装方法

安 装 说 明

1. 在水管管壁上开洞焊上管箍并安装截止阀，然后安装缓冲弯管，缓冲弯管一端与截止阀连接，另一端与压力传感器连接，注意螺纹制式要相同。

2. 在安装压力传感器之前，先将压力传感器用螺栓固定在100mm×100mm 接线盒中。

3. 管线敷设可选用 ϕ20 电线管及接线盒，并用金属软管与压力传感器连接。

图名	压力传感器安装方法	图号	RD 8—26

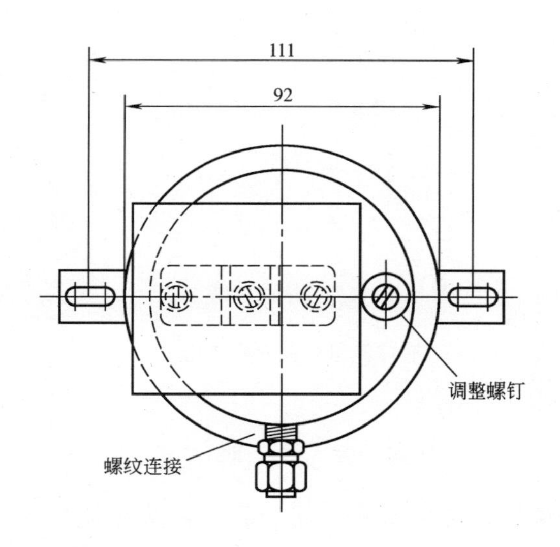

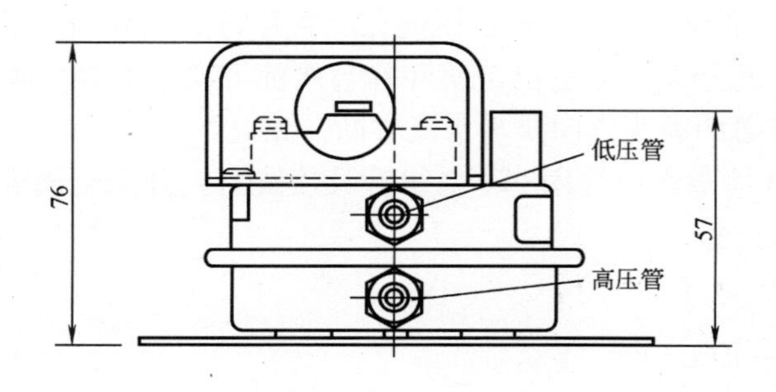

1. 压差开关规格尺寸

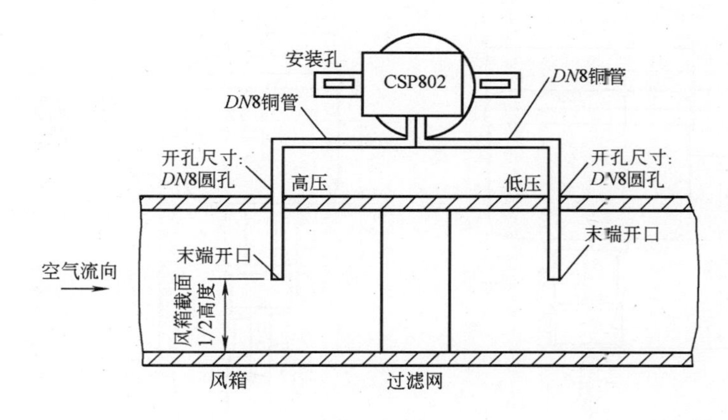

2. 压差开关安装方法

安 装 说 明

1. 压差开关是用于感应空气流量、空气压力或空气压差，当空气流量变化时，压差开关能够检测压差的变化（动压或通过固定节流圈的压降）。典型的应用包括：探测阻塞的过滤器；检定暖风或通风管内空气的质量；变风量系统的最大空气流量控制器等。

2. 压差开关应垂直安装，如需要，可使用“L”形托架进行安装，托架可用铁板制成。

3. 开孔方式、铜管长度及弯曲由现场情况确定。

4. 导线敷设可选用 ϕ20 电线管及接线盒，并用金属软管与压差开关连接。

图名	压差开关安装方法	图号	RD 8—27

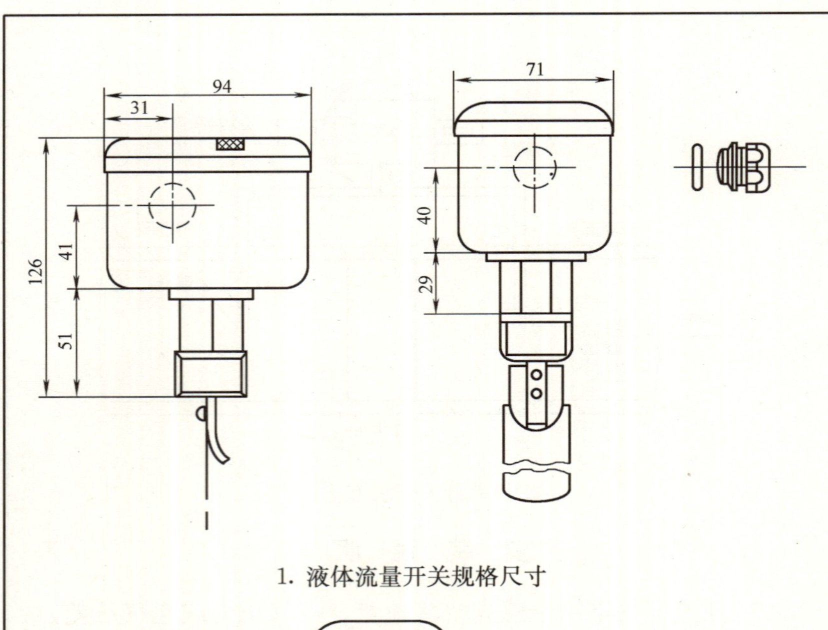

1. 液体流量开关规格尺寸

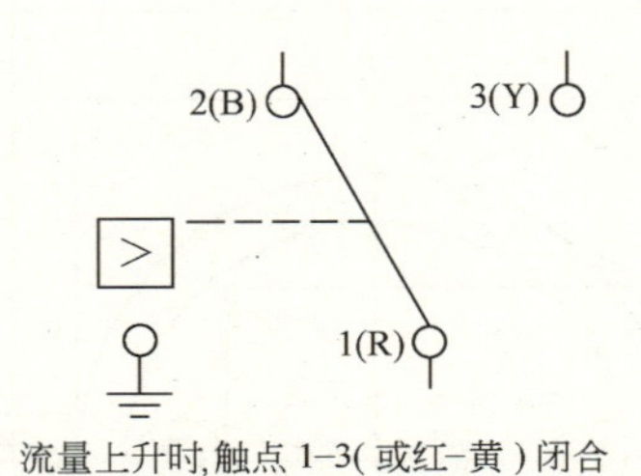

2. 液体流量开关触点功能

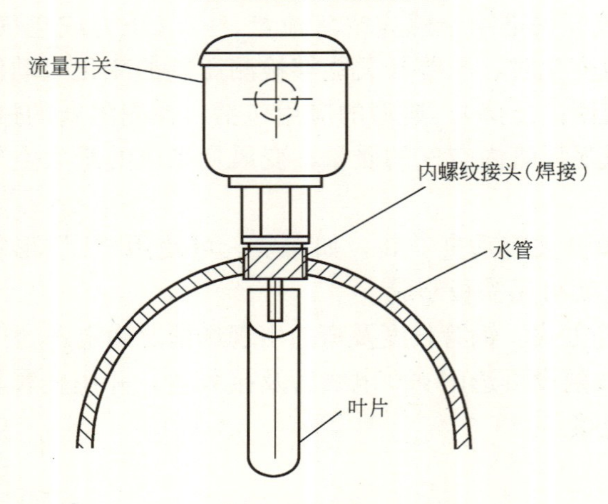

3. 液体流量开关安装方法

安 装 说 明

1. 液体流量开关用于测量流经管道内液体流量的通断状态，用于水、乙烯、乙二醇或任何对黄铜、磷青铜无腐蚀作用及对密封性能无影响的液体。但不可使用于危险性的流体之中。其典型应用是使用在需要有连锁作用或“断流”保护的场所，本开关常被用作独立的设备控制。

2. 流量开关避免安装在测流孔、直角弯头或阀门附近，安装时将水流开关旋紧定位，使叶片与水流方向成直角，而开关体上标志着的箭头方向要与水流方向一致。

3. 线路敷设可选用 $\phi20$ 电线管及接线盒，并用金属软管与流量开关连接。

图名	液体流量开关安装方法	图号	RD 8—28

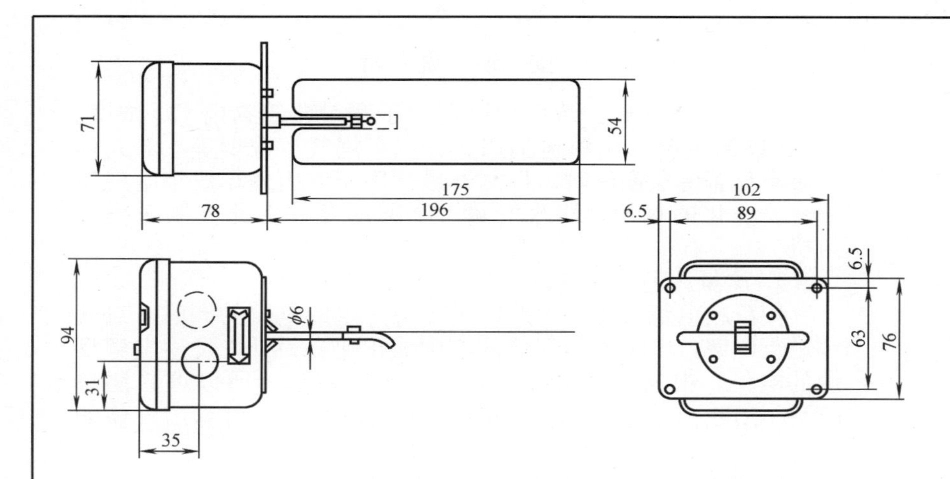

1. 气体流量开关规格尺寸

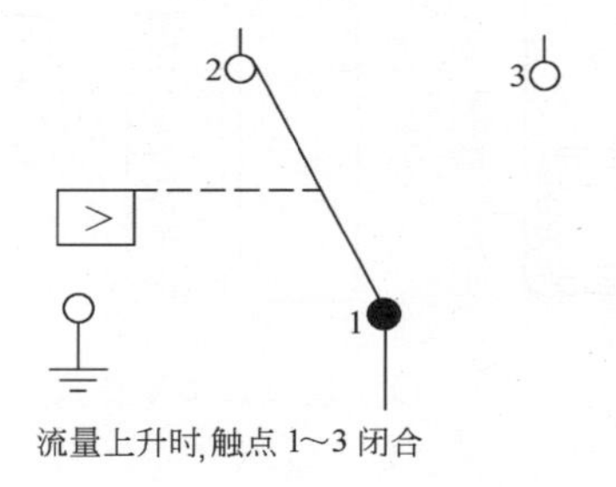

2. 气体流量开关触点功能

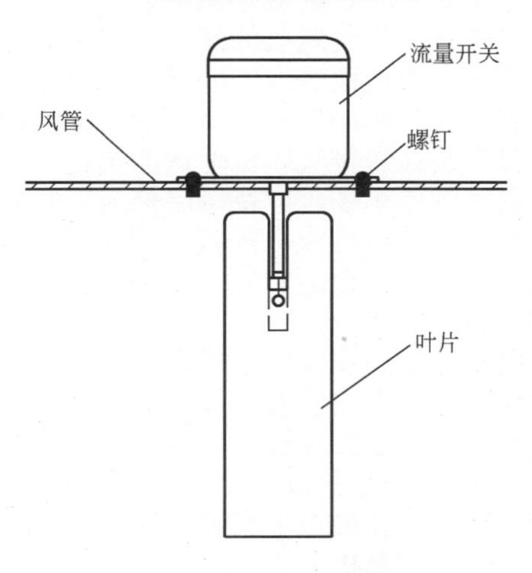

3. 气体流量开关安装方法

安 装 说 明

1. 气体流量开关用于检测气体流量及气流的通断状态，以保证系统的正常运行。利用本控制开关可设置“断流”声光报警装置或“断流”时切断电热器、电动阀电路等连锁动作。避免因“断流”而造成风管过热，盘管结冰或其他对设备有害的作用。

2. 安装时叶片与气体流动方向成直角，开关体上标志着的箭头方向与气流方向一致。

3. 线路敷设可选用 ϕ20 电线管及接线盒，并用金属软管与气体流量开关连接。

图名	气体流量开关安装方法	图号	RD 8—29

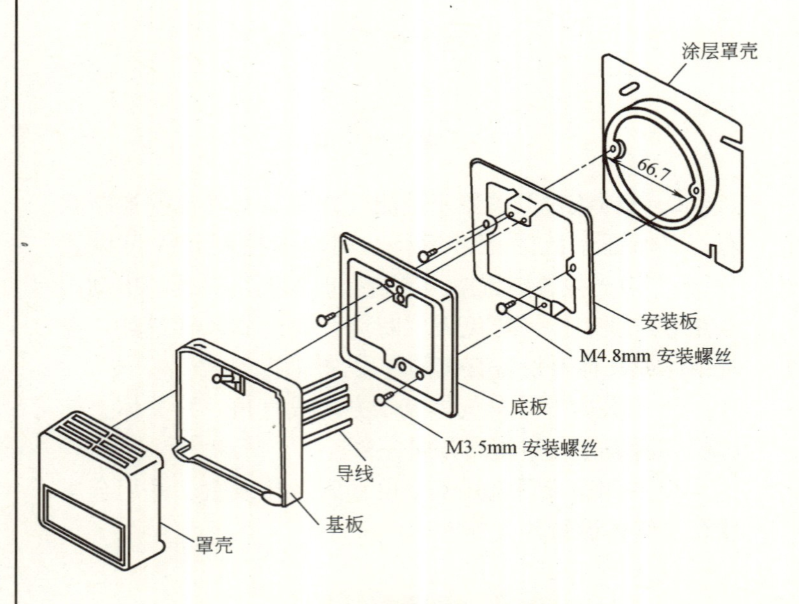

1. CO 浓度探测器规格尺寸

2. CO 浓度探测器安装方法

安 装 说 明

CO（一氧化碳）浓度探测器用于测量建筑物内 CO 浓度。CO 气体的主要产生源包括燃具、汽车尾气、香烟等，对人体健康有显著的负面影响。探测器最适用于室内停车场等空气质量容易恶化的场所，用来测量 CO 的浓度并由此控制送排气风机。

1. 测量原理（定电位电解法）

使浸在电解质溶液中的电极维持一定的电位的同时，对气体进行电解，电流值与气体的浓度成正比。另外，发生电解反应的电位，根据气体种类，其电位是固定的，所以可只测量 CO 的浓度。因此，通过测量电解时的电流，即可算出气体的浓度。

2. 安装场所

安装在停车场内时，请遵守如下事项：

（1）应安装在送排气风机的气流能到达的位置；

（2）应安装在距地面 2～2.5m 高的位置；

（3）应安装在汽车尾气直接喷不到的位置；

（4）不可安装在送排气风机附近的位置；

（5）多层楼的停车场，应在每层楼至少安装一台。

另外，当每层楼被墙或分隔板分隔成多个区域时，应在每个分隔区域至少安装一台。

3. 安装方法

（1）使用配线盒，安装涂层罩壳；

（2）涂层罩壳上再安装安装板；

（3）安装板上再安装底板；

（4）按照接线图进行接线；

（5）卸下罩壳，在底板上安装基板；

（6）将罩壳嵌在基板上。

图名	CO 浓度探测器安装方法	图号	RD 8—30

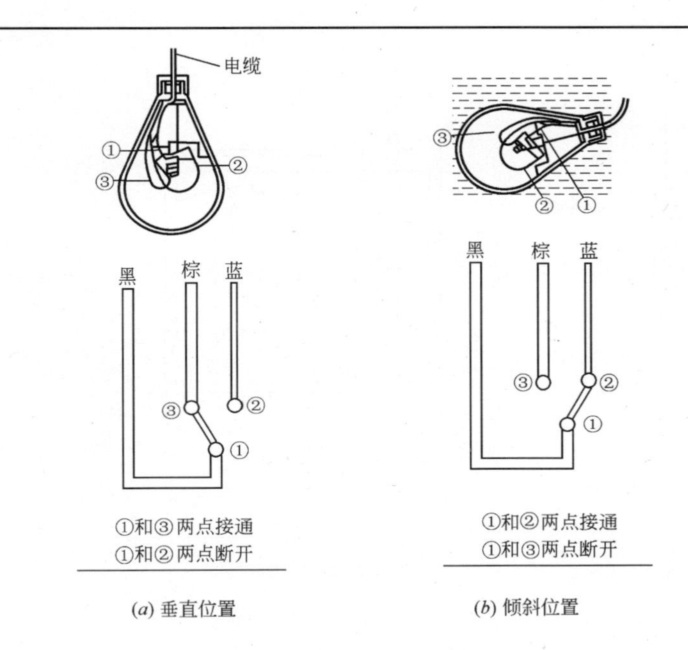

1. 浮球液位开关工作状态

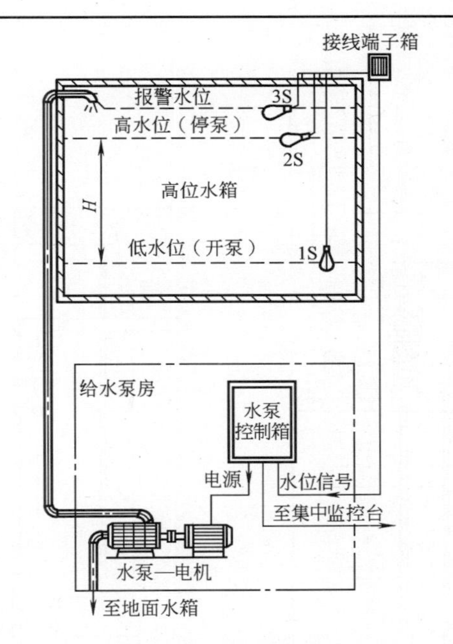

3. 给水泵控制安装方法（二）

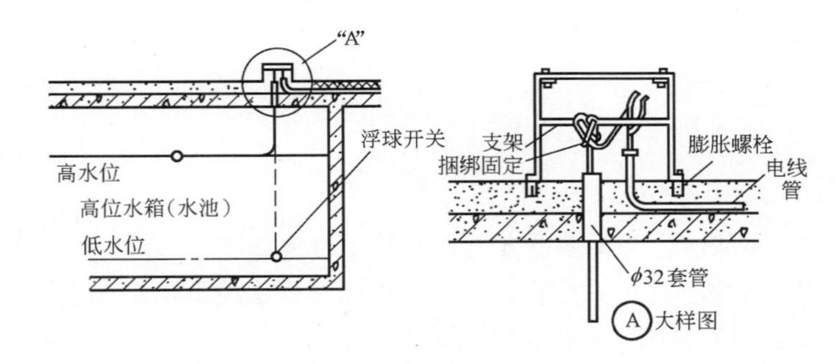

2. 给水泵控制安装方法（一）

安 装 说 明

浮球开关由ABS工程塑料铸造成型，内有触点及水银，当浮球处于垂直或倾斜位置时，不同的触点断开或接通，通过与水泵控制箱内继电器连接，达到控制目的。

在地面水箱内安装两个浮球开关，一个用于高水位报警，另一个用于低水位报警及控制低水位时停泵，以免无水运行水泵时，烧坏水泵。

图名	葫芦式浮球开关安装方法（一）	图号	RD 8—31（一）

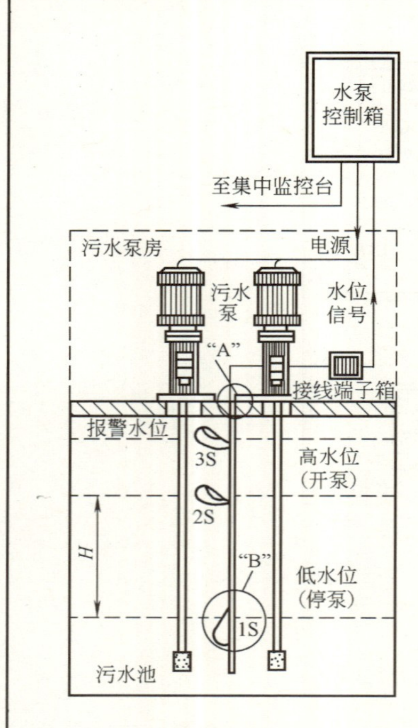

1. 污水泵控制安装方法（一）

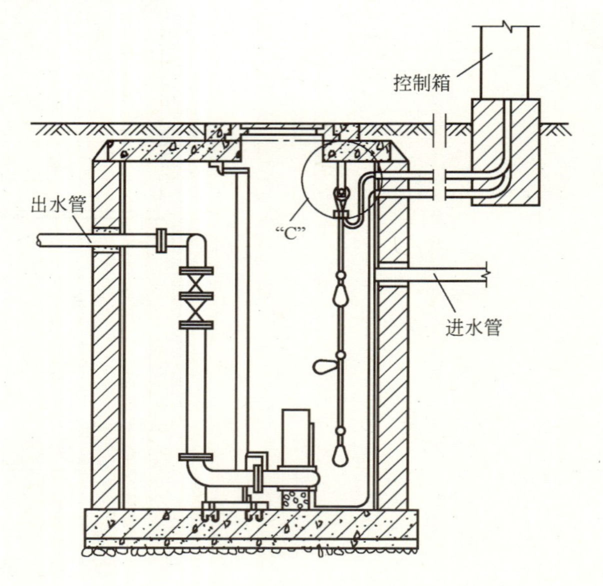

2. 污水泵控制安装方法（二）

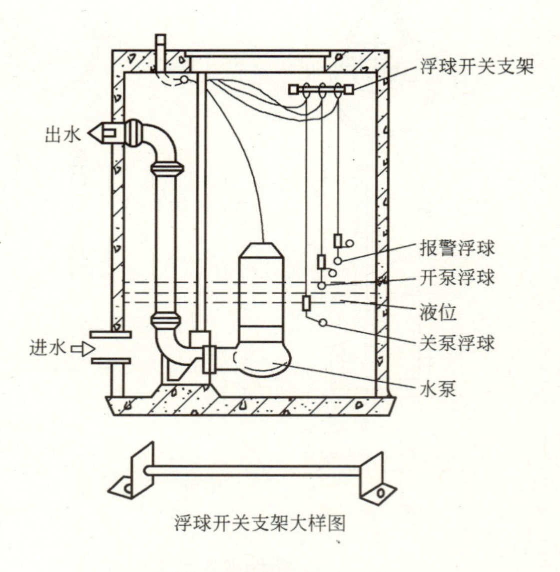

3. 污水泵控制安装方法（三）

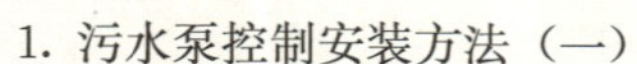

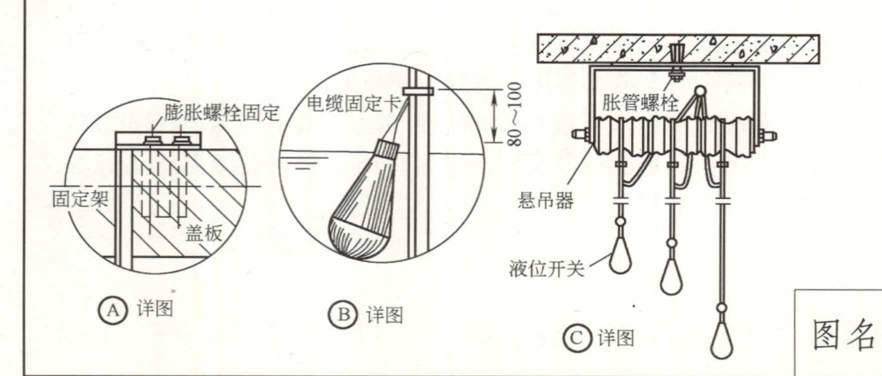

Ⓐ 详图　　Ⓑ 详图　　Ⓒ 详图

安 装 说 明

1. 浮球液位开关不能安装在水流动荡的地方。
2. 浮球液位开关安装高度要在现场根据水位调试后确定。
3. 液位控制范围 H 由工程设计决定。
4. 浮球开关支架及螺栓宜采用不锈钢材料。

图名	葫芦式浮球开关安装方法（二）	图号	RD 8—31（二）

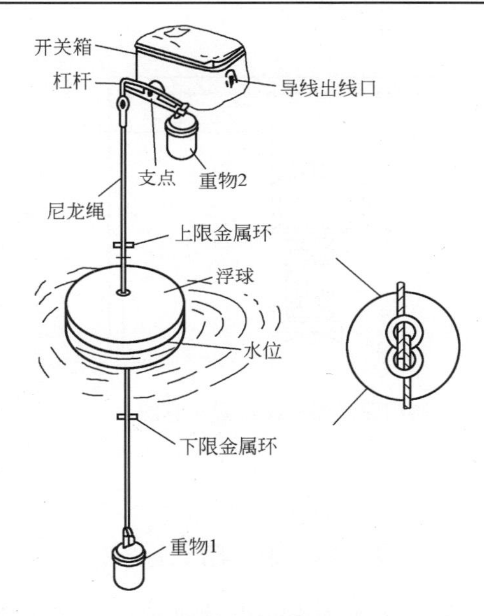

1. 浮球开关结构形式

安 装 说 明

箱式浮球开关由浮球、尼龙绳、重物、水银开关等组成。浮球中间有一个洞，尼龙绳从中穿过，浮球浮在水面上，随水面在尼龙绳上下移动，尼龙绳上固定两个金属环，作为上限和下限。

当水箱的水位低过下限时，浮球的重量压在下限点上，把尼龙绳向下拉，拉动水银开关的杠杆向着尼龙绳的一头倾斜，这时水银开关的水银把触点接通，水泵启动，送水入水箱内。当水箱的水位逐渐上升时，水面上的浮球也随着上升，当水位超过上限点时，浮球的浮力顶着尼龙绳向上推，水银开关的杠杆就会向重物 2 的那边下坠，水银开关的水银离开了接触点，使电路断开，水泵停止运行。

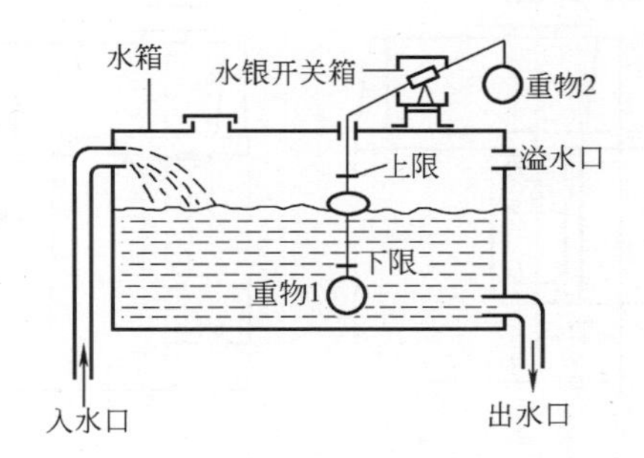

2. 浮球开关安装示意图

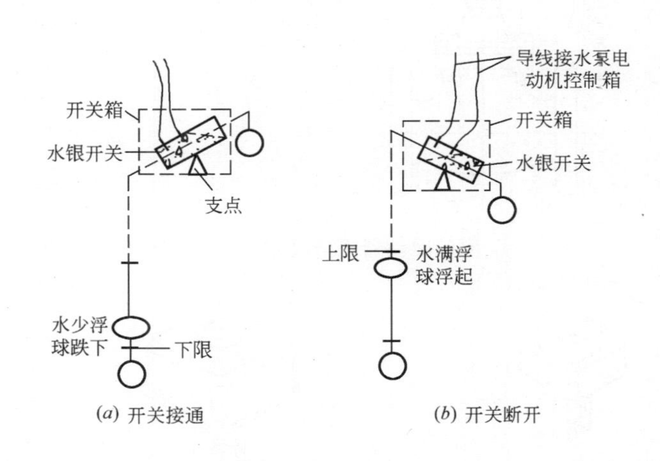

3. 浮球开关工作原理

图名	箱式浮球开关安装方法	图号	RD 8—32

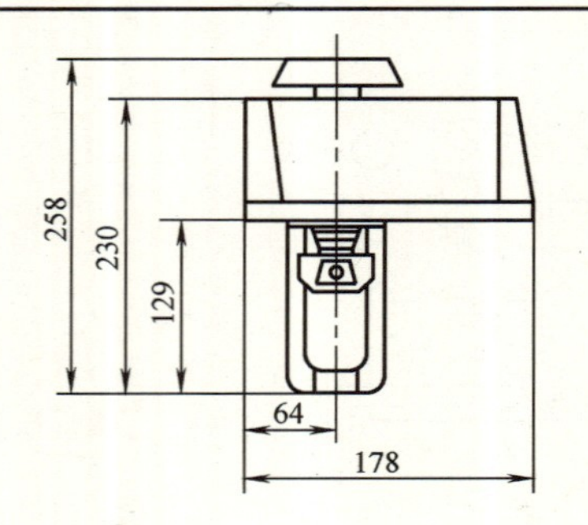

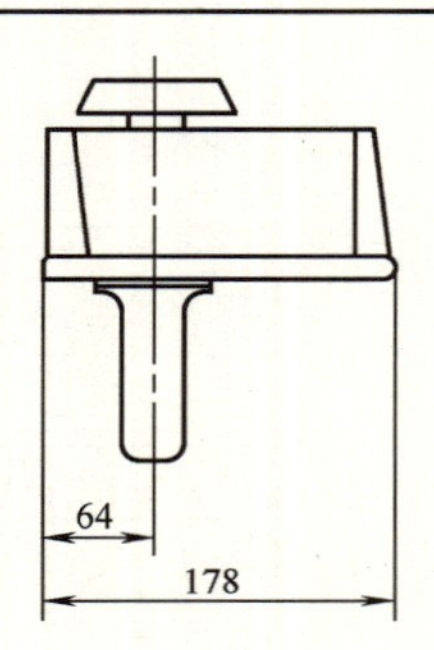

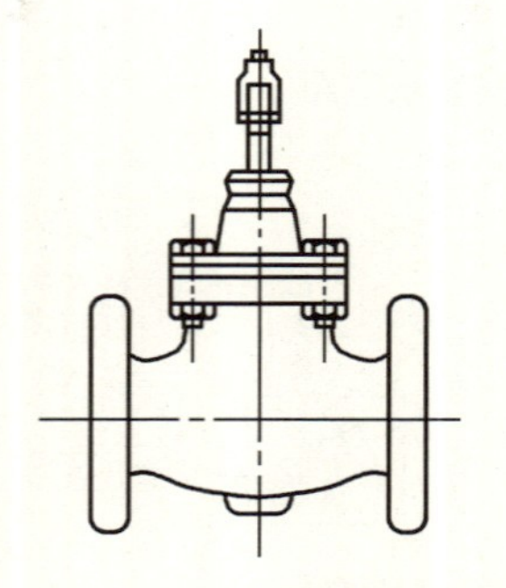

1. 阀门驱动器规格尺寸

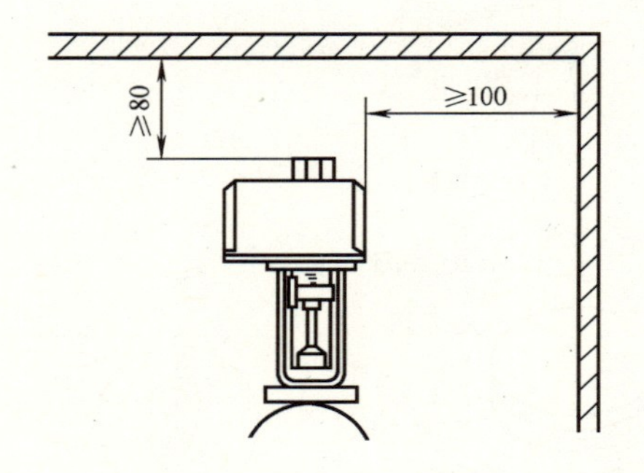

2. 阀门驱动器安装位置示意图

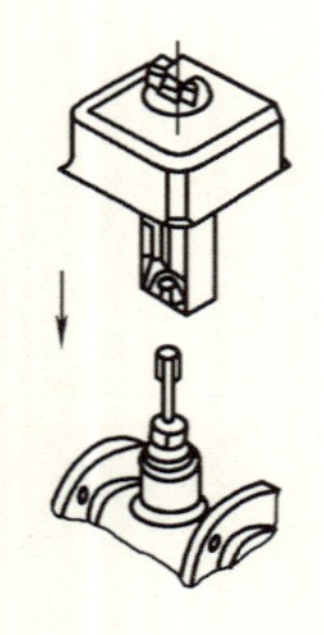

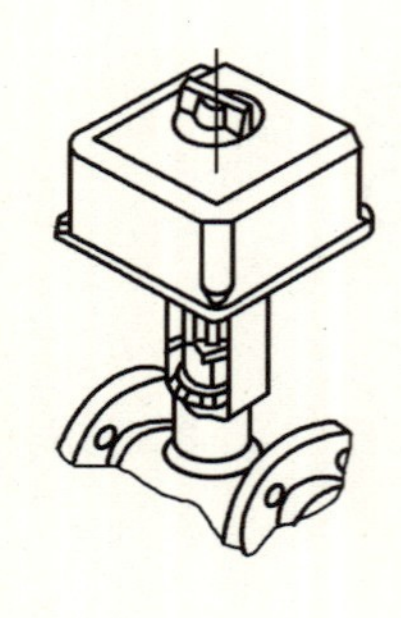

3. 阀门驱动器安装方法

安 装 说 明

1. 阀门驱动器是由一可逆同步电动机驱动，电动机失电时能稳定在任何一点行程位置上。

2. 阀门驱动器优先考虑直立安装，但只要输出轴是水平的，也可以其他形式安装。驱动器边上应留足够的空间以方便检修，驱动器应防止水滴入内。

3. 可根据驱动器功率选用 ϕ20 电线管及接线盒，接线盒与驱动器之间的导线应加金属软管保护。

图名	阀门驱动器安装方法（一）	图号	RD 8—33（一）

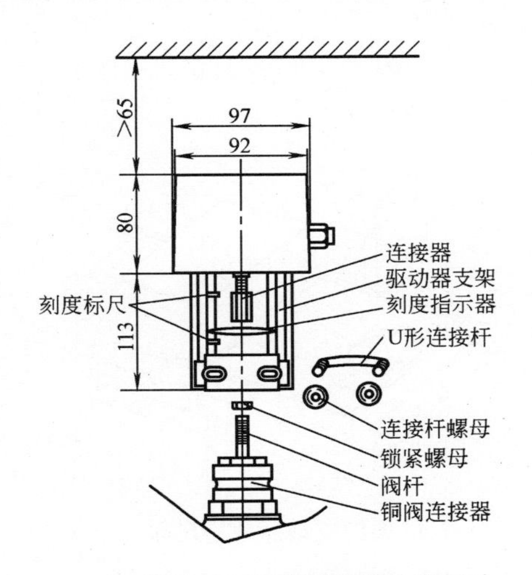

1. VA2000系列驱动器外形尺寸

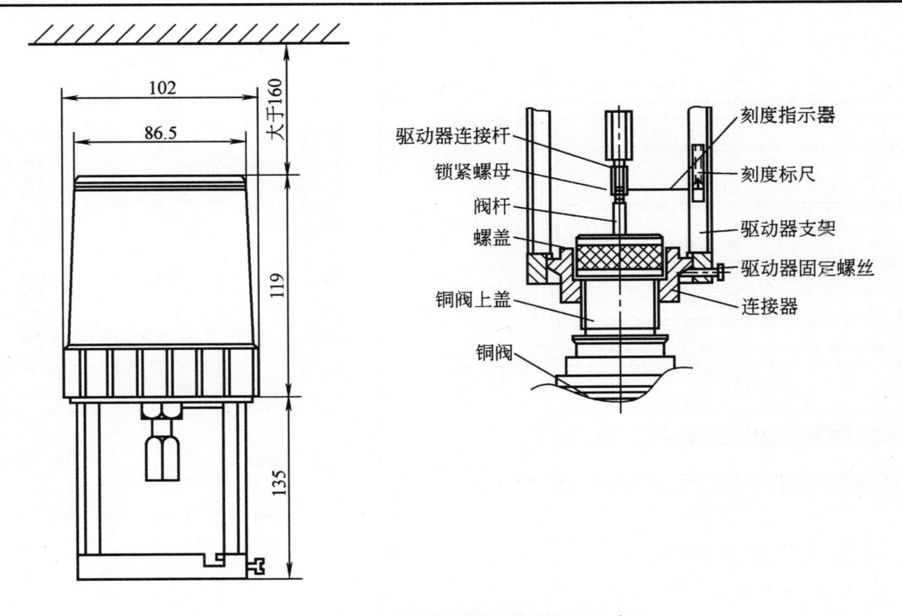

2. VA3000系列驱动器外形尺寸

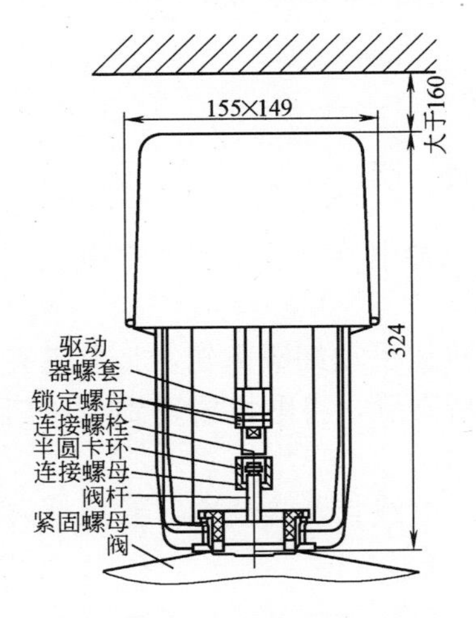

3. VA7000系列驱动器外形尺寸

安装说明

1. 将驱动器支架套在铜阀连接器上，旋紧驱动器固定螺丝。

2. 将阀杆提起，并将刻度指示器套入阀杆，接着转动驱动器连接杆使其旋入阀杆中。调整好位置后，用扳手将锁紧螺母锁紧。

3. 通电使铜阀关闭，将刻度标尺关闭，刻线与刻度指示器对准，并将刻度标尺可靠地贴于驱动器支架上。

4. 安装时，应优先考虑垂直安装，且应留下足够的空间以作维修阀时卸去驱动器之用。

图名	阀门驱动器安装方法（二）	图号	RD 8—33（二）

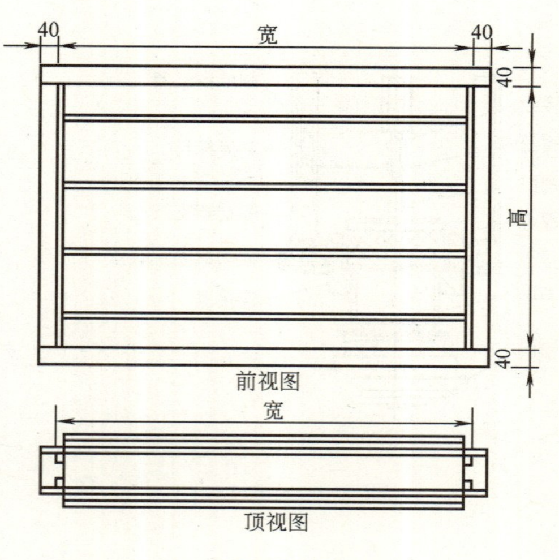

1. 风门规格尺寸

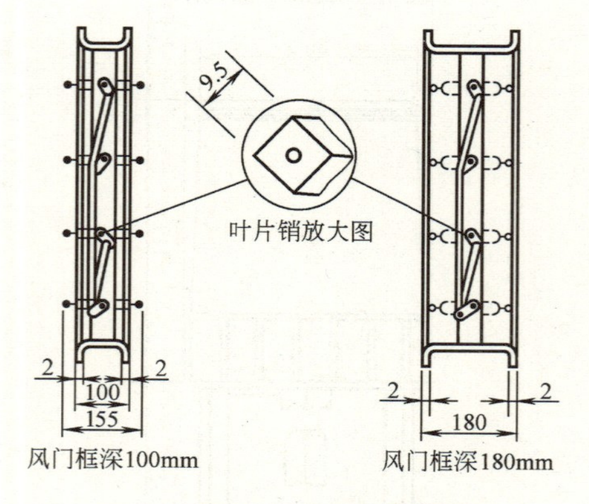

2. 风门叶片全开时侧视图

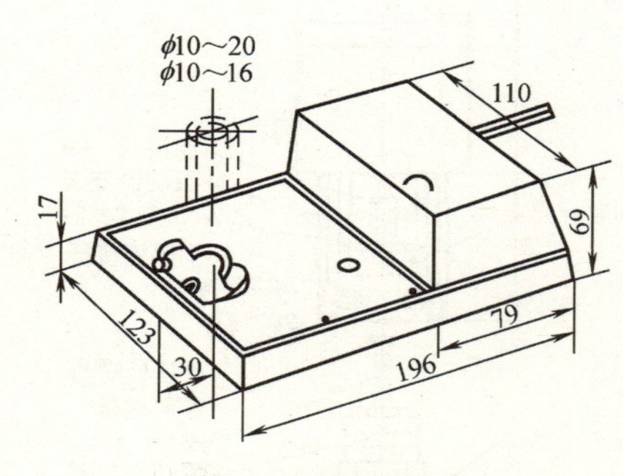

3. 风门驱动器规格尺寸

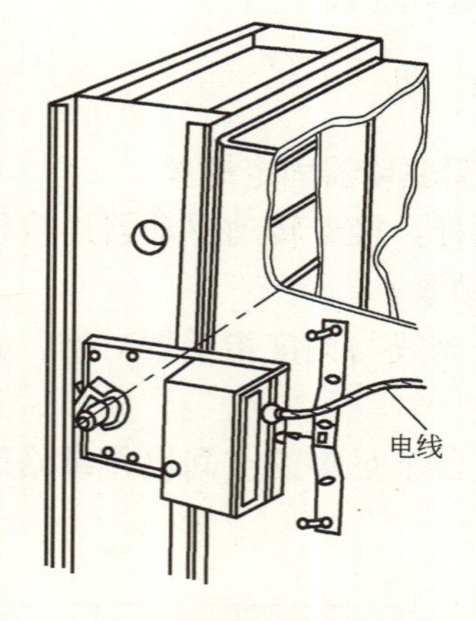

4. 风门驱动器安装方法

安 装 说 明

1. 风门驱动器装设有一个内置定位继电器，它带有两个电位器以调节零点和工作范围。

2. 先将风门移至关闭位置，利用按钮手动卸载齿轮，将电机夹子反转至关闭前一档的位置，并使齿轮重新安置，将电机校正到与风门轴呈90°，把螺帽拧紧于V形夹子上。

3. 风门驱动器线路敷设可选用ϕ20电线管及接线盒，并用金属软管与驱动器连接。

图名	风门驱动器安装方法	图号	RD 8—34

楼宇自动控制系统监控点一览表

项目		设备数量	输入输出点数量统计				数字量输入点 DI							数字量输出点 DO				模拟量输入点 AI															模拟量输出点 AO			电源	
日期																																					
序号	设备名称		数字输入DI	数字输出DO	模拟输入AI	模拟输出AO	运行状态	故障报警	水流检测	差压报警	液位检测	手/自动	其他	启停控制	阀门控制	开关控制	其他	风温检测	水温检测	风压检测	水压检测	湿度检测	差压检测	流量检测	阀位	电压检测	电流检测	有功功率	无功功率	功率因数	频率检测	其他	执行机构	调节阀	其他		
1	空调机组																																				
2	新风机组																																				
3	通风机																																				
4	排烟机																																				
5	冷水机组																																				
6	冷冻水泵																																				
7	冷却水泵																																				
8	冷却塔																																				
9	热交换器																																				
10	热水循环泵																																				
11	生活水泵																																				
12	清水池																																				
13	生活水箱																																				
14	排水泵																																				
15	集水坑																																				
16	污水泵																																				
17	污水池																																				
18	高压柜																																				
19	变压器																																				
20	低压配电柜																																				
21	柴油发电机组																																				
22	电梯																																				
23	自动扶梯																																				
24	照明配电箱																																				

图名	楼宇自动控制系统监控点一览表	图号	RD 8—35

DDC 监控点一览表

项目		设备位号	通道号	DI 类型				DO 类型				模拟量输入点 AI 要求								模拟量输出点 AO 要求					DDC 供电电源引自	管线要求			
DDC 编号				接点输入	电压输入			接点输出	电压输出			信号类型						供电电源		信号类型			供电电源			导线规格	型号	管线编号	穿管直径
序号	监控点描述						其他				其他	温度（三线）	温度（二线）	湿度			其他		其他			其他		其他					
1																													
2																													
3																													
4																													
5																													
6																													
7																													
8																													
9																													
10																													
11																													
12																													
13																													
14																													
15																													
16																													
17																													
18																													
19																													
20																													
21																													
22																													
23																													
24																													
25																													
	合计：																												

图名	DDC 监控点一览表	图号	RD 8—36

9　智能化系统集成

安 装 说 明

智能建筑系统集成 IBSI (Systems Integration of Intelligent Building) 是将智能建筑内不同功能的智能化子系统在物理上、逻辑上和功能上连接在一起，以实现资讯综合、资源分享的一种技术方法。在建筑领域中系统集成简称为 SI。

智能建筑弱电系统是以建筑环境和系统集成为平台，主要通过综合布线系统作为传输网路基础通道，由各种弱电技术与建筑环境的各种设施有机结合和综合运用形成各个子系统，从而构成了符合智能建筑功能等方面要求的建筑环境。

智能建筑系统集成的子系统包括：

1. 通信网路系统

又由许多子系统组成，主要有语音通信系统（电话）、音响系统（建筑电声）、影像系统（图文图像）、资料通信系统、多媒体网路通信系统等。

2. 建筑设备自动化系统

将建筑物或建筑群内的电力、照明、空调、电梯、保安、车库管理等设备或系统，以集中监视、控制和管理为目的，构成综合系统。建筑设备自动化系统主要有环境设备监控系统和能源设备监控系统。

3. 消防自动化系统

主要有火灾自动报警系统、消防联动控制系统、消防设备监控系统等。

4. 安全防范自动化系统

主要有入侵报警系统、视频安防监控系统、出入口控制（门禁）系统、电子巡查系统、汽车场（库）管理系统、防爆安全检查系统等。

5. 办公自动化系统

办公自动化系统是应用计算机技术、通信技术、多媒体技术和行为科学等先进技术，使人们的部分办公业务借助于各种办公设备，并由这些办公设备与办公人员构成服务于某种办公目标的人机资讯系统。

智能建筑的办公自动化系统，可分为通用办公自动化系统和专用办公自动化系统。办公自动化系统（OAS）主要有物业管理营运资讯子系统、办公和服务管理子系统、资讯服务子系统、智能卡管理子系统等。

6. 综合布线系统 GCS

是建筑物内部或建筑群之间的传输网路。它能使建筑物内部的语音、资料、图文、图像及多媒体通信设备、资讯交换设备、建筑物业管理及建筑物自动化管理设备等系统之间彼此相联，也能使建筑物内通信网路设备与外部的通信网路相联。

这些子系统在实现智能建筑基本目的上又是处于平等地位的，即不管系统大小都是为了达到向人们提供安全、舒适、便利服务的目的。在技术实现方面有关子系统之间都具有自然的联系、综合等，因此这些子系统又绝不是孤立存在的系统。

7. 本章相关规范

(1)《智能建筑设计标准》(GB/T 50314—2006)。

(2)《智能建筑工程质量验收规范》(GB 50339—2003)。

(3)《安全防范工程技术规范》(GB 50348—2004)。

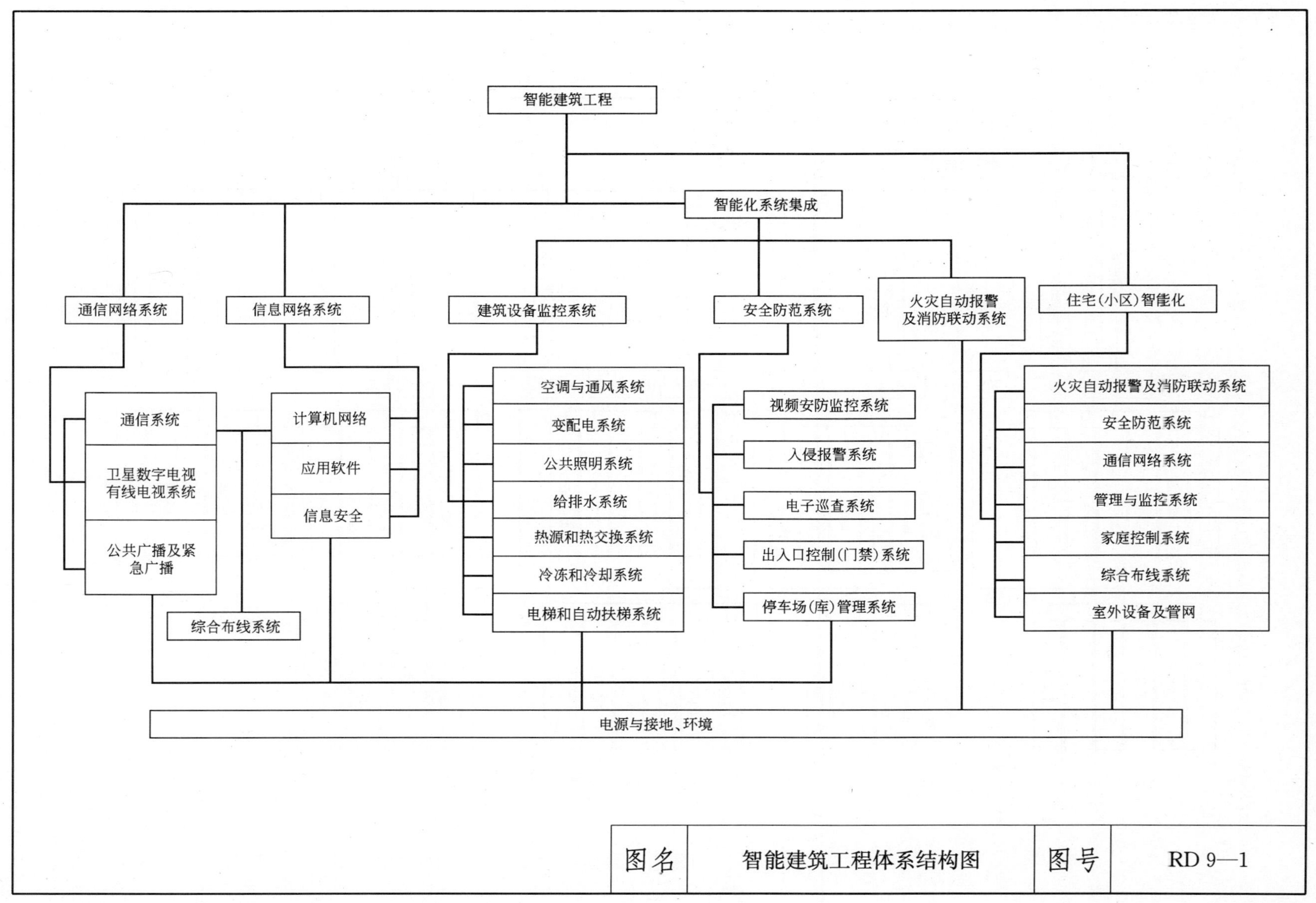
智能建筑工程
智能化系统集成
通信网络系统
信息网络系统
建筑设备监控系统
安全防范系统
火灾自动报警
及消防联动系统
住宅(小区)智能化
通信系统
卫星数字电视
有线电视系统
公共广播及紧
急广播
计算机网络
应用软件
信息安全
综合布线系统
空调与通风系统
变配电系统
公共照明系统
给排水系统
热源和热交换系统
冷冻和冷却系统
电梯和自动扶梯系统
视频安防监控系统
入侵报警系统
电子巡查系统
出入口控制(门禁)系统
停车场(库)管理系统
火灾自动报警及消防联动系统
安全防范系统
通信网络系统
管理与监控系统
家庭控制系统
综合布线系统
室外设备及管网
电源与接地、环境
图名
智能建筑工程体系结构图
图号
RD 9—1

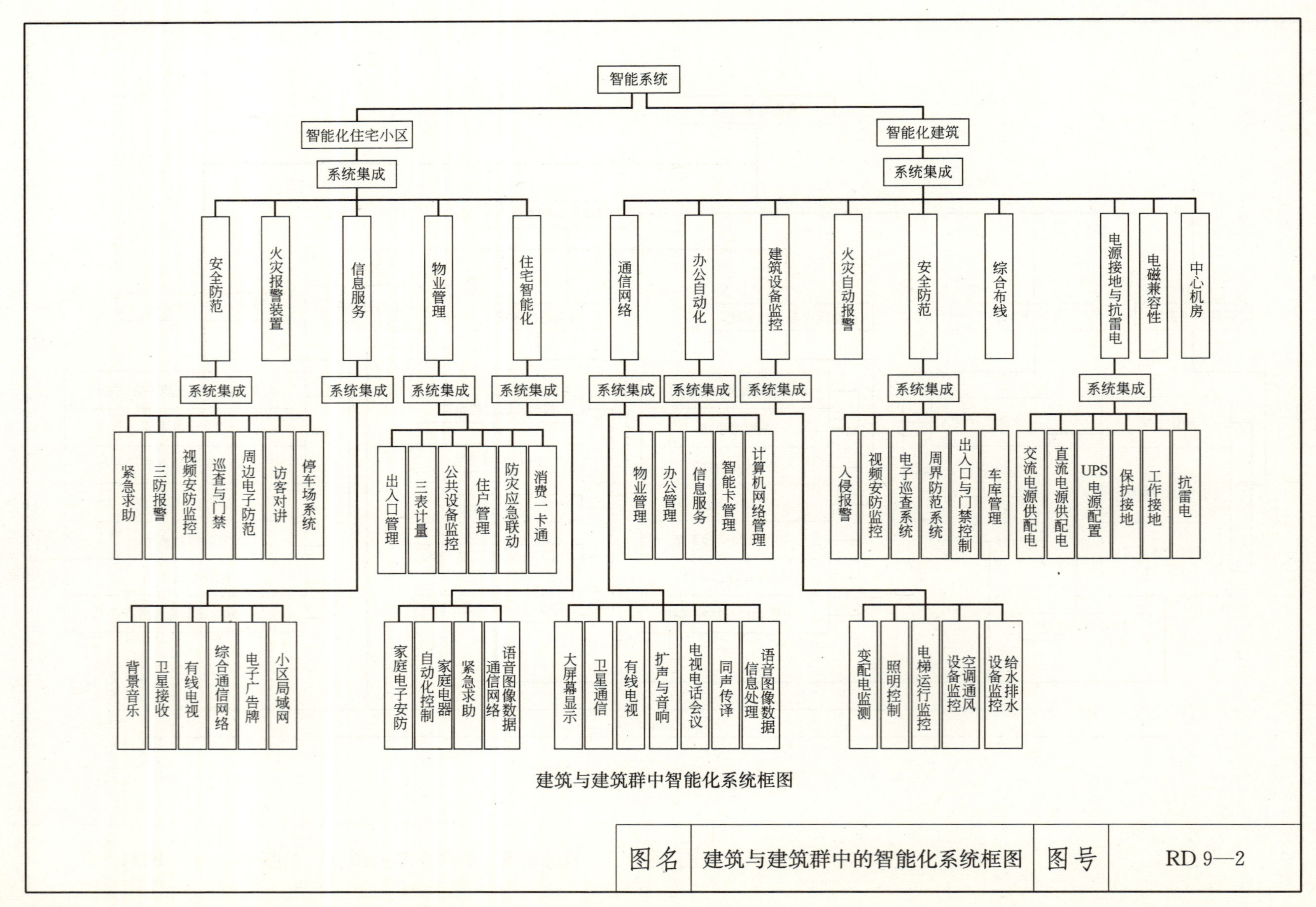

建筑与建筑群中智能化系统框图

图名	建筑与建筑群中的智能化系统框图	图号	RD 9—2

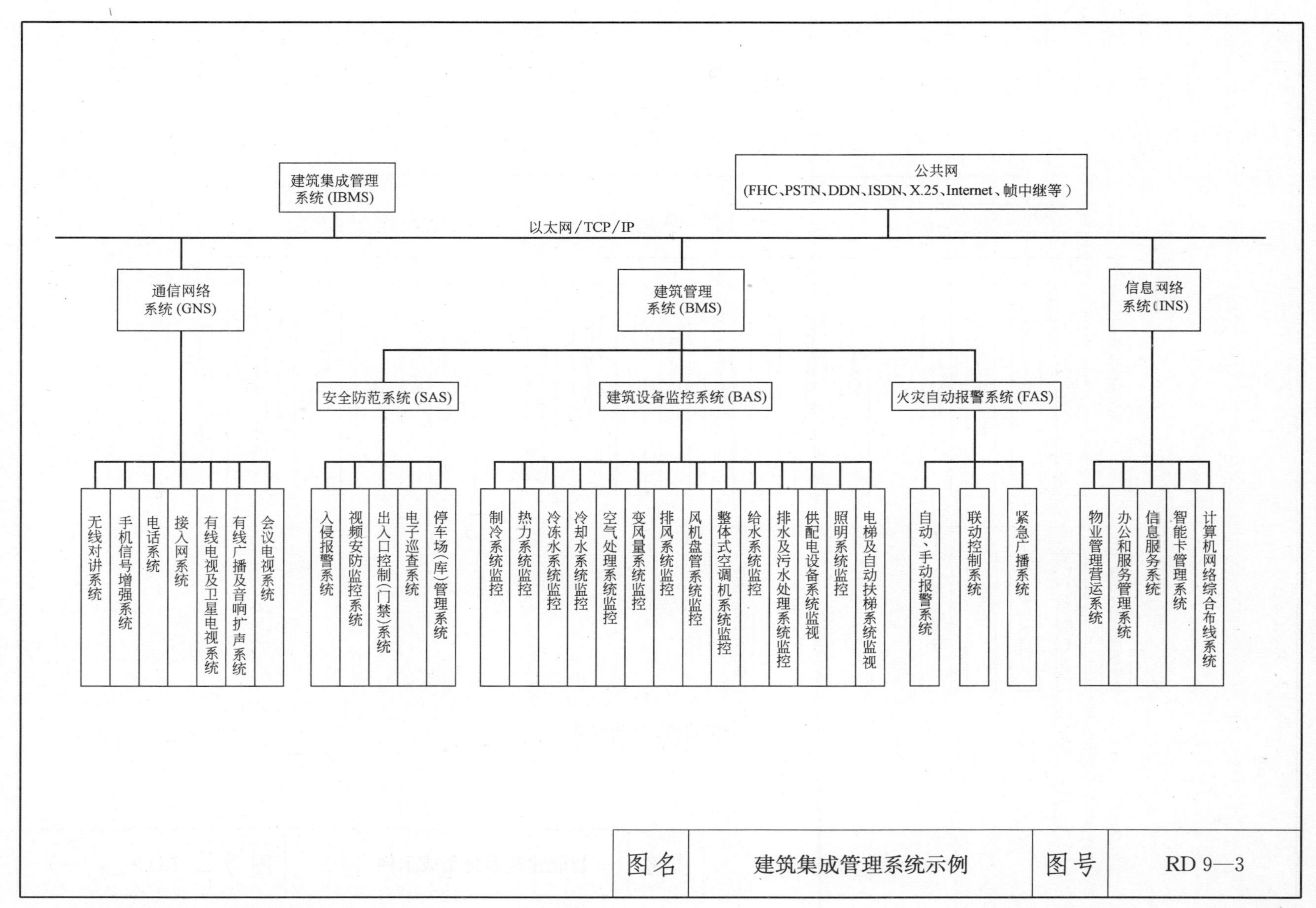

图名	建筑集成管理系统示例	图号	RD 9—3

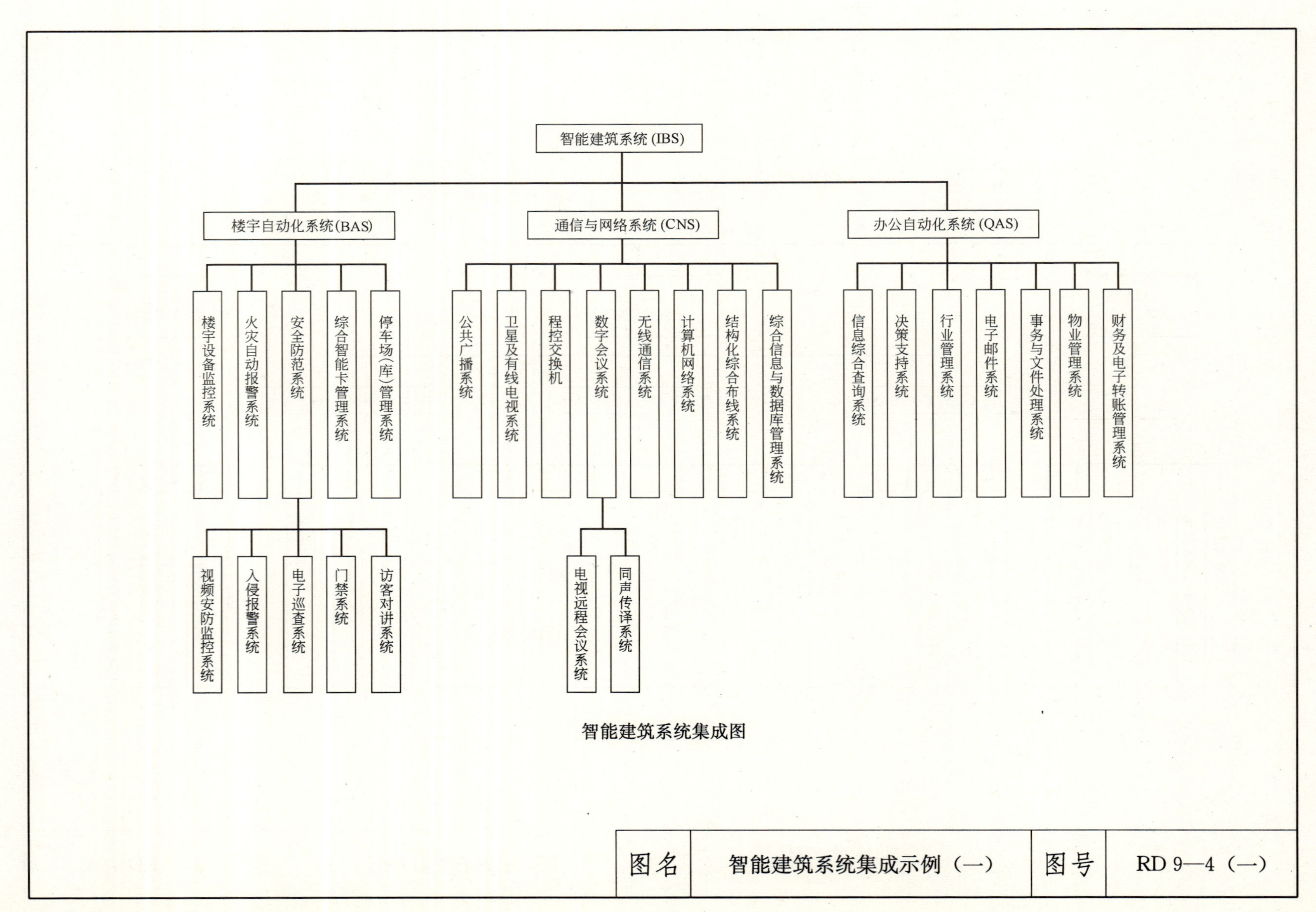

智能建筑系统集成图

图名	智能建筑系统集成示例（一）	图号	RD 9—4（一）

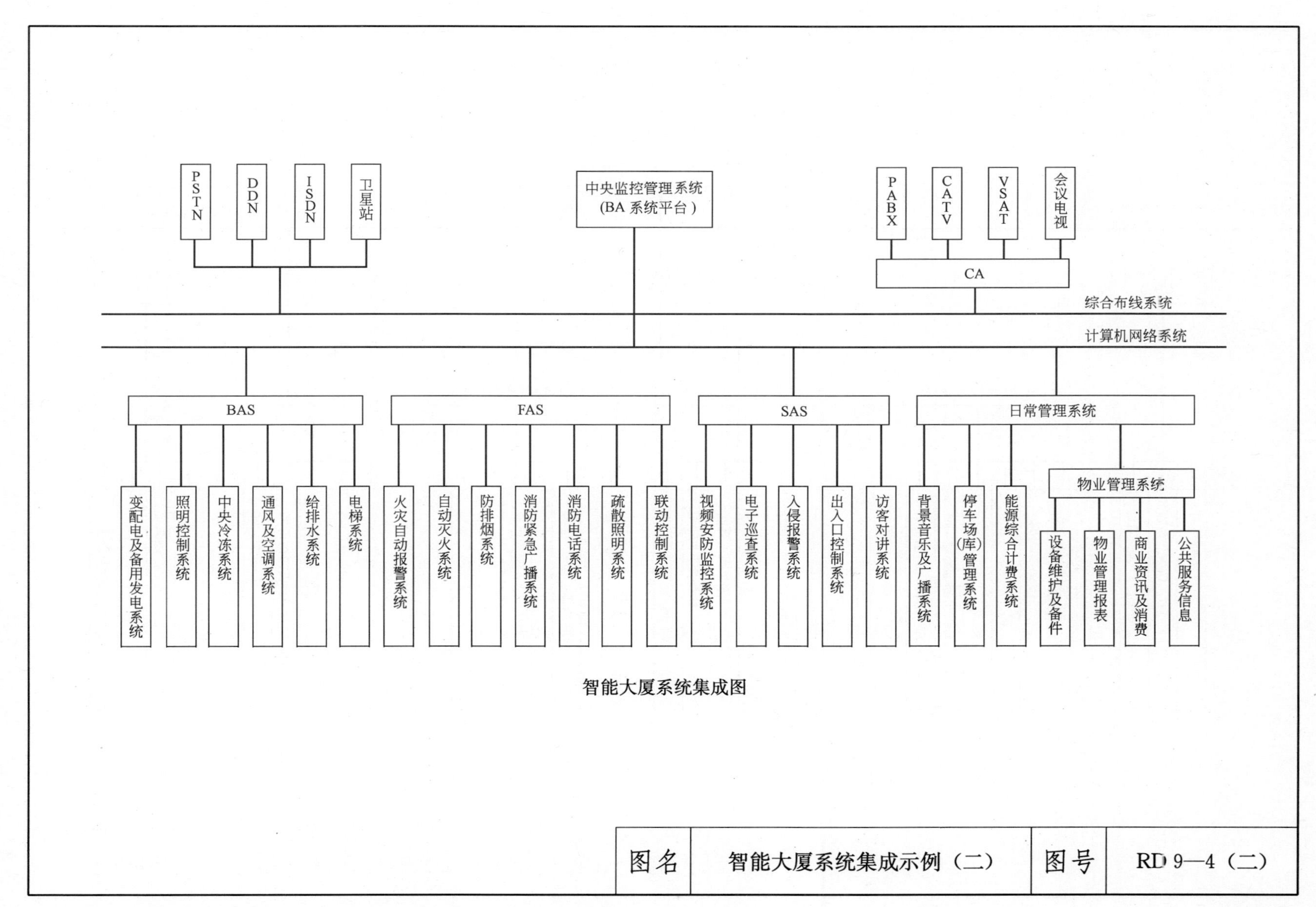

智能大厦系统集成图

图名	智能大厦系统集成示例（二）	图号	RD 9—4（二）

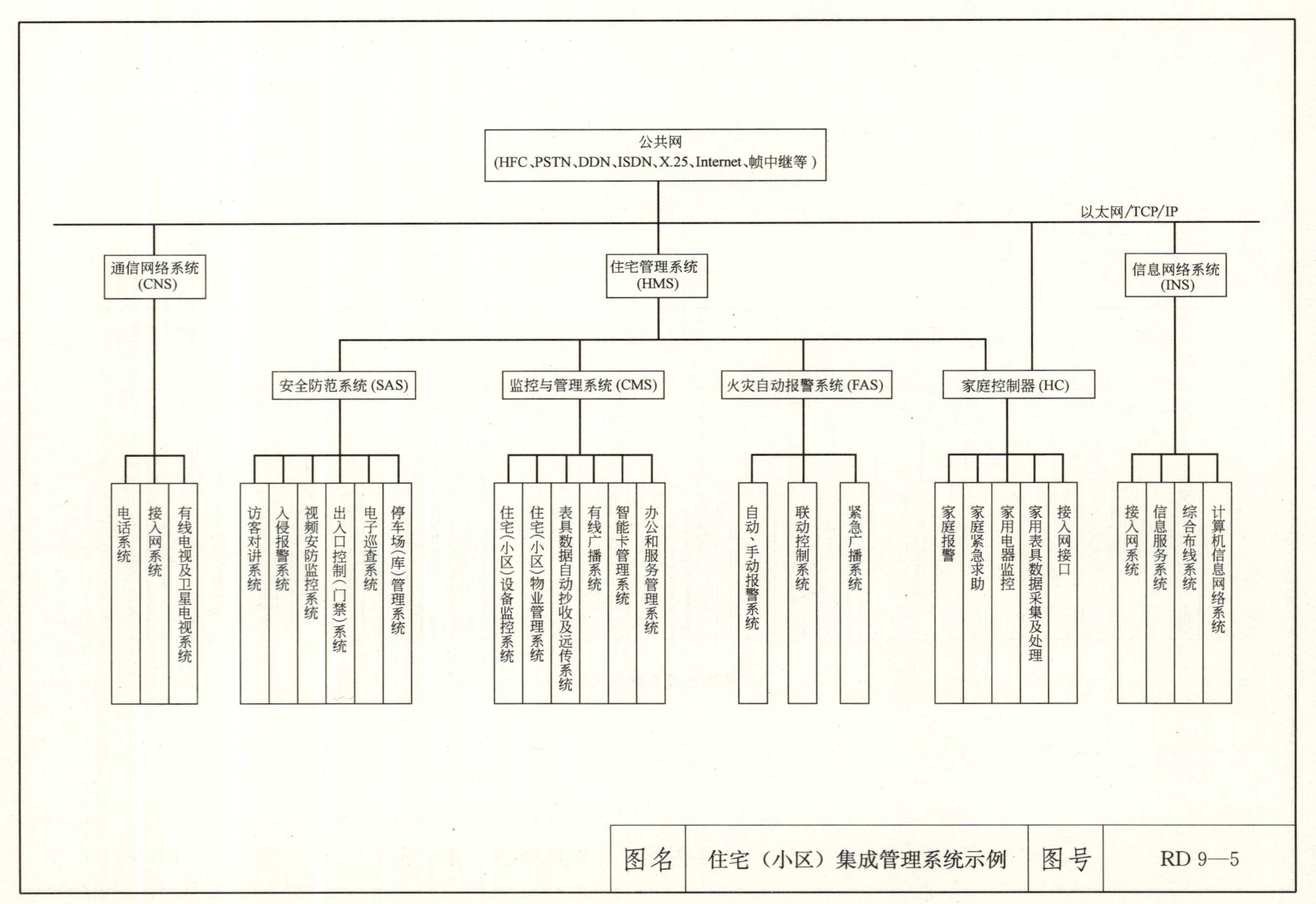

图名	住宅（小区）集成管理系统示例	图号	RD 9—5

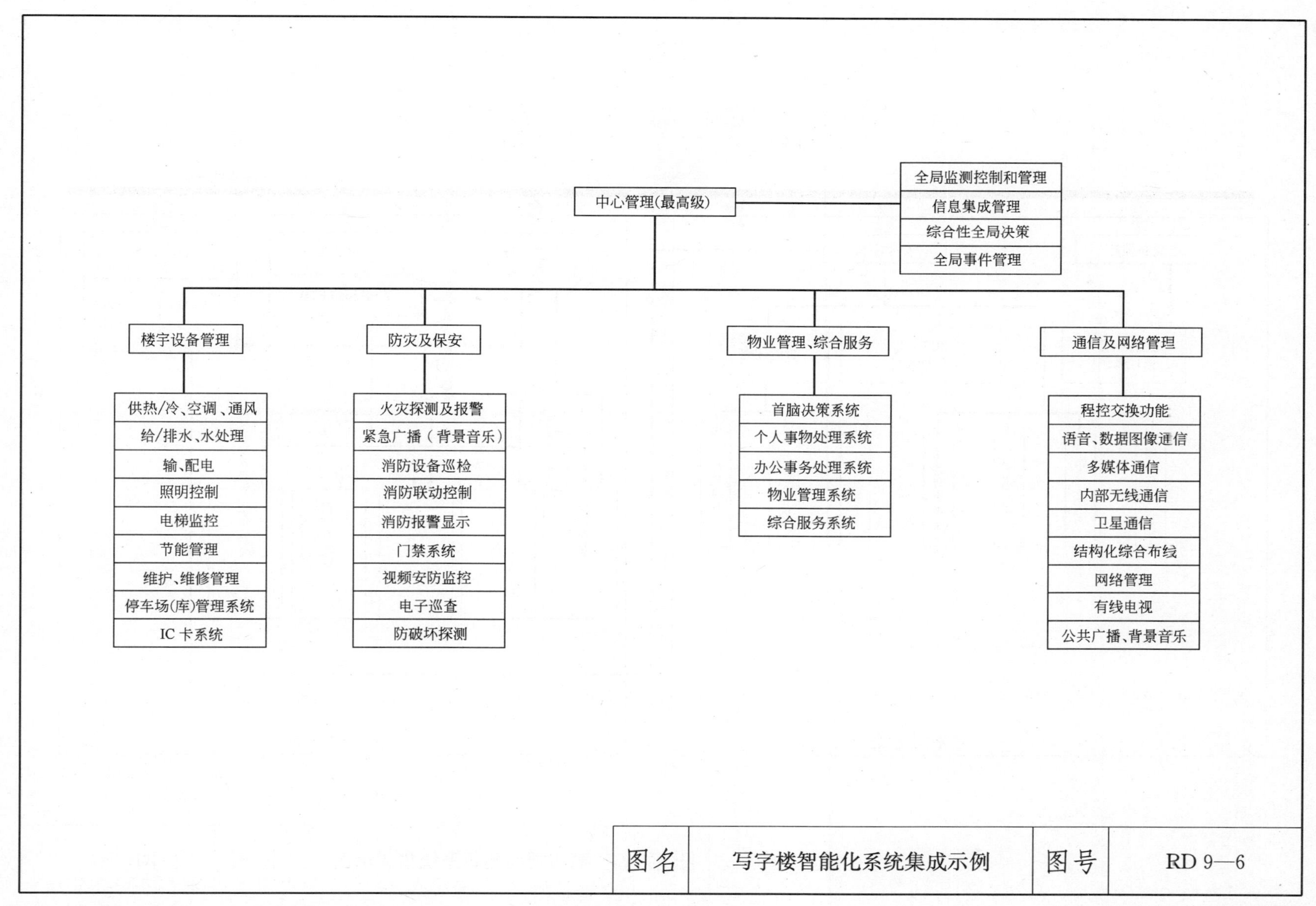

图名	写字楼智能化系统集成示例	图号	RD 9—6

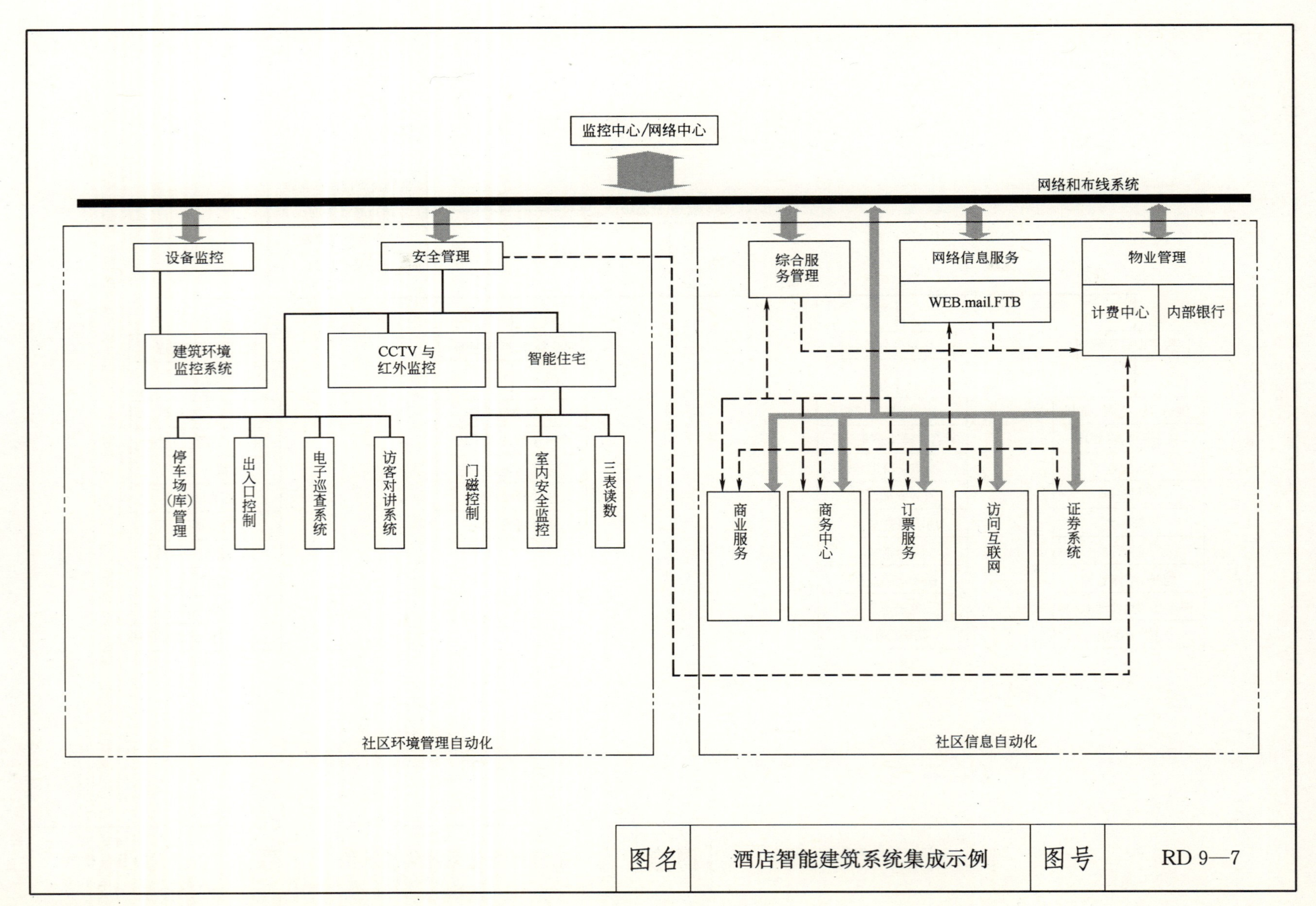

监控中心/网络中心
网络和布线系统
设备监控
安全管理
建筑环境监控系统
CCTV与红外监控
智能住宅
停车场(库)管理
出入口控制
电子巡查系统
访客对讲系统
门磁控制
室内安全监控
三表读数
社区环境管理自动化
综合服务管理
网络信息服务
WEB.mail.FTB
物业管理
计费中心
内部银行
商业服务
商务中心
订票服务
访问互联网
证券系统
社区信息自动化
图名
酒店智能建筑系统集成示例
图号
RD 9—7

10　卫星电视及有线电视系统

安 装 说 明

卫星电视及有线电视系统施工，主要有以下 6 个部分：

（1）接收天线；

（2）前端机房设备；

（3）弱电竖井（房）设备；

（4）线路敷设；

（5）用户设备；

（6）系统调测和验收。

施工单位必须持有线电视系统的工程施工执照。

1. 接收天线安装

公用天线安装通常包括天线、天线竖杆及竖杆基座、拉线及地锚、线路引下线及配管等。卫星天线安装包括由卫星电视接收天线、馈源、线路引下线及配管等。

天线接收方向应避开阻挡物和周围的金属构件，接收天线安装位置的信号场强可根据实际测试结果和主观查看效果综合确定。天线与天线竖杆应能承受设计规定的风荷载、冰荷载和屋顶的承载能力。

天线在屋顶安装时，天线基座、拉线及地锚、线路引下线配管应在屋顶结构施工中配合预埋，天线基座螺栓应注意保护。无条件预埋时可预留钢筋等，以备安装天线用。

天线通常在施工现场组装，由于较大型卫星电视接收天线较重，应在屋顶安装时要在塔吊拆除之前完成组装及安装。

共用天线的竖杆顶端、卫星接收天线抛物线最上方应装设避雷针，并应可靠接地。

2. 前端机房设备安装

按机房平面布置图进行设备机柜与控制台定位。几台机柜并排在一起安装时，两机柜间的缝隙不得大于 3mm。机柜面板应在同一平面上，并与基准线平行，前后偏差不应大于 3mm。对于相互有一定间隔而排成一列的设备，其面板前后偏差不应大于 5mm。设备机柜背面与侧面离墙面净距不应小于 0.8m。

机柜内机盘、部件和控制台的设备安装应牢固；固定用的螺丝、垫片、弹簧垫片均应按要求装上不得遗漏，机柜应接地可靠。

前端机房内宜架设活动地板，电缆宜采用地板下金属线槽敷设。

3. 弱电竖井（房）设备安装

弱电竖井（房）内安装放大器箱，明装高度底边距地 1.4m，电缆通过金属线槽引入箱内，放大器箱需要 220V 电源供电。

4. 线路敷设

干线电缆可采用金属线槽或金属管槽敷设，垂直金属线槽每隔 2m 设置电缆固定架用于电缆固定。

用户线进入房屋内可穿管暗敷设，主体施工时做好暗配管及用户终端盒的预埋。

5. 用户设备安装

系统中所用部件应具备防止电磁波辐射和电磁波侵入的屏蔽性能。部件及其附件的安装应牢固、安全，并便于测试、检修和更换。用户终端设备安装高度底边距地 0.3m。

分支与分配器、分配放大器可安装在楼内的墙壁和吊顶上。壁装通常在墙上预埋专用盒用于设备的安装，吊顶内可在墙壁上明装专用盒用于设备的安装，吊顶内安装时应预留检修口。

6. 系统的调测和验收

系统工程各项设施安装完毕后，应对各部分的工作状态进行调测，以使系统达到设计要求。

(1) 调测部分包括：

1) 前端部分的调测；

2) 放大器输出电平的调整；

3) 各用户端高低频道的电平值。当系统较大，用户数较多时，可只抽测 10%～20%的用户。调测中应作好调测记录。

系统的工程竣工运行后两个月内，应由设计、施工单位向建设单位提出竣工报告，建设单位应向系统管理部门申请验收。

(2) 系统的工程验收应包括下列内容：

1) 系统质量的主观评价；

2) 系统质量的测试；

3) 系统工程的施工质量；

4) 图纸、资料的移交。

7. 本章相关规范

(1)《民用建筑电气设计规范》(JGJ/T 16—92)。

(2)《有线电视系统工程技术规范》(GB 50200—94)。

(3)《30MHz～1GHz 声音和电视信号的电缆分配系统》(GB 14948—94)。

(4)《卫星广播电视地球站设计规范》(GYJ 41—89)。

(5)《有线电视广播系统技术规范》(GY/T 106—99)。

(6)《工业企业共用天线电视系统设计规范》(GBJ 120—88)。

(7)《CATV 行业标准》(GY/T 121—95)。

(8)《电视接收机确保与电缆分配系统兼容的技术要求》(GB 12323—90)。

(9)《智能建筑设计标准》(GB/T 50314—2006)。

(10)《智能建筑工程质量验收规范》(GB 50339—2003)。

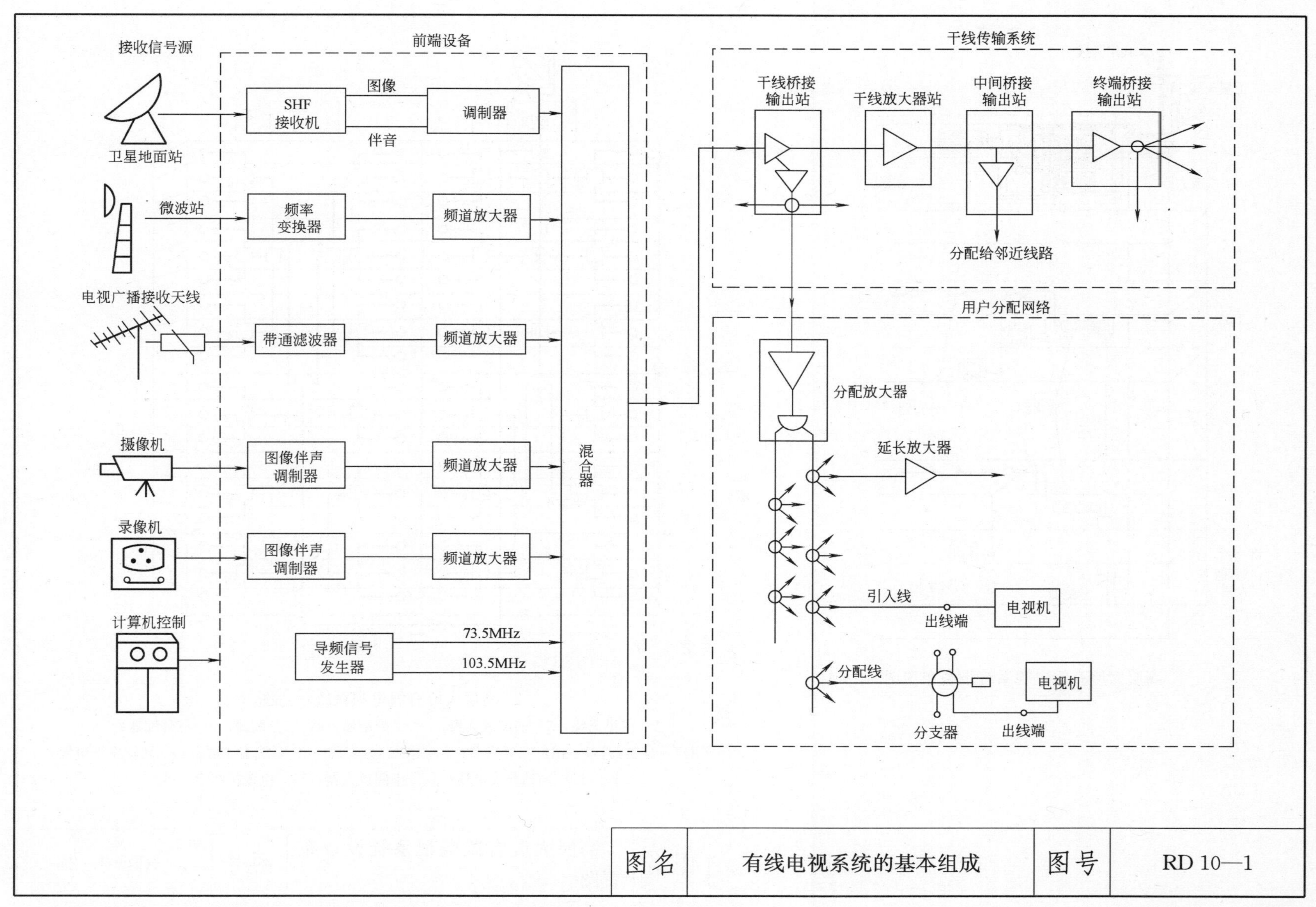

图名	有线电视系统的基本组成	图号	RD 10—1

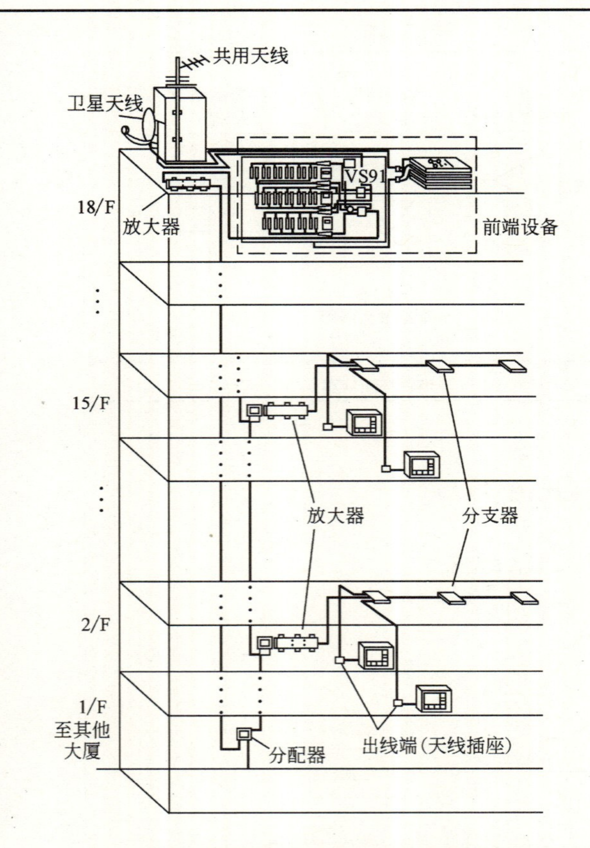

1. 高层大厦有线电视系统设备布置图

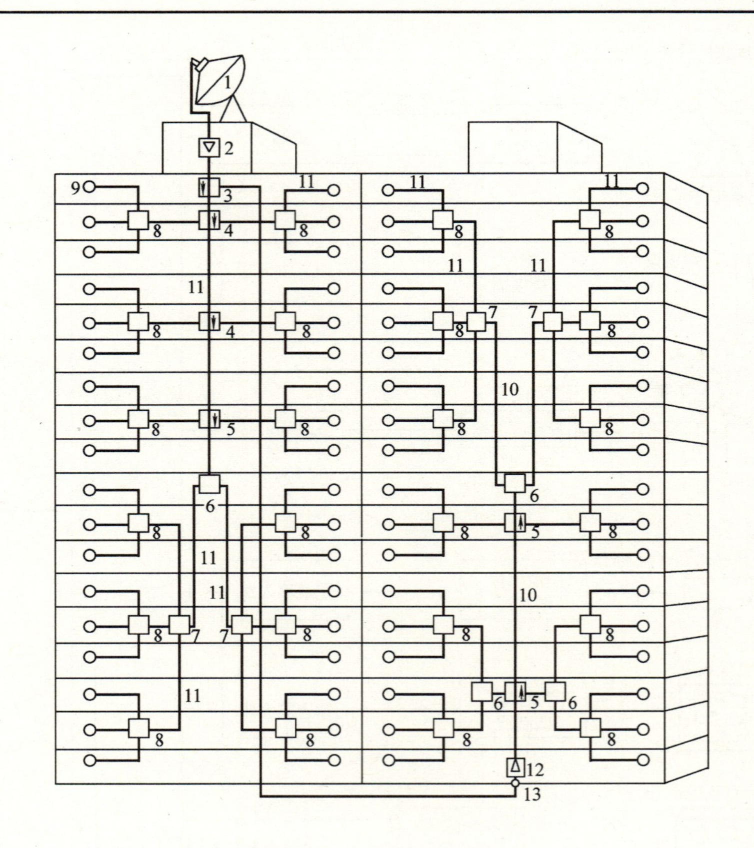

2. 高层大厦有线电视系统示意图

1—卫星天线；2—前端放大器；3—二分配器；4—三分配器；5—三分配器；6—用户一分支器；7—用户二分支器；8—用户二分支器；9—系统出线端；10—同轴主干电缆；11—同轴分支电缆；12—中间放大器；13—电缆接线盒

图名	高层大厦有线电视系统设备布置图	图号	RD 10—2

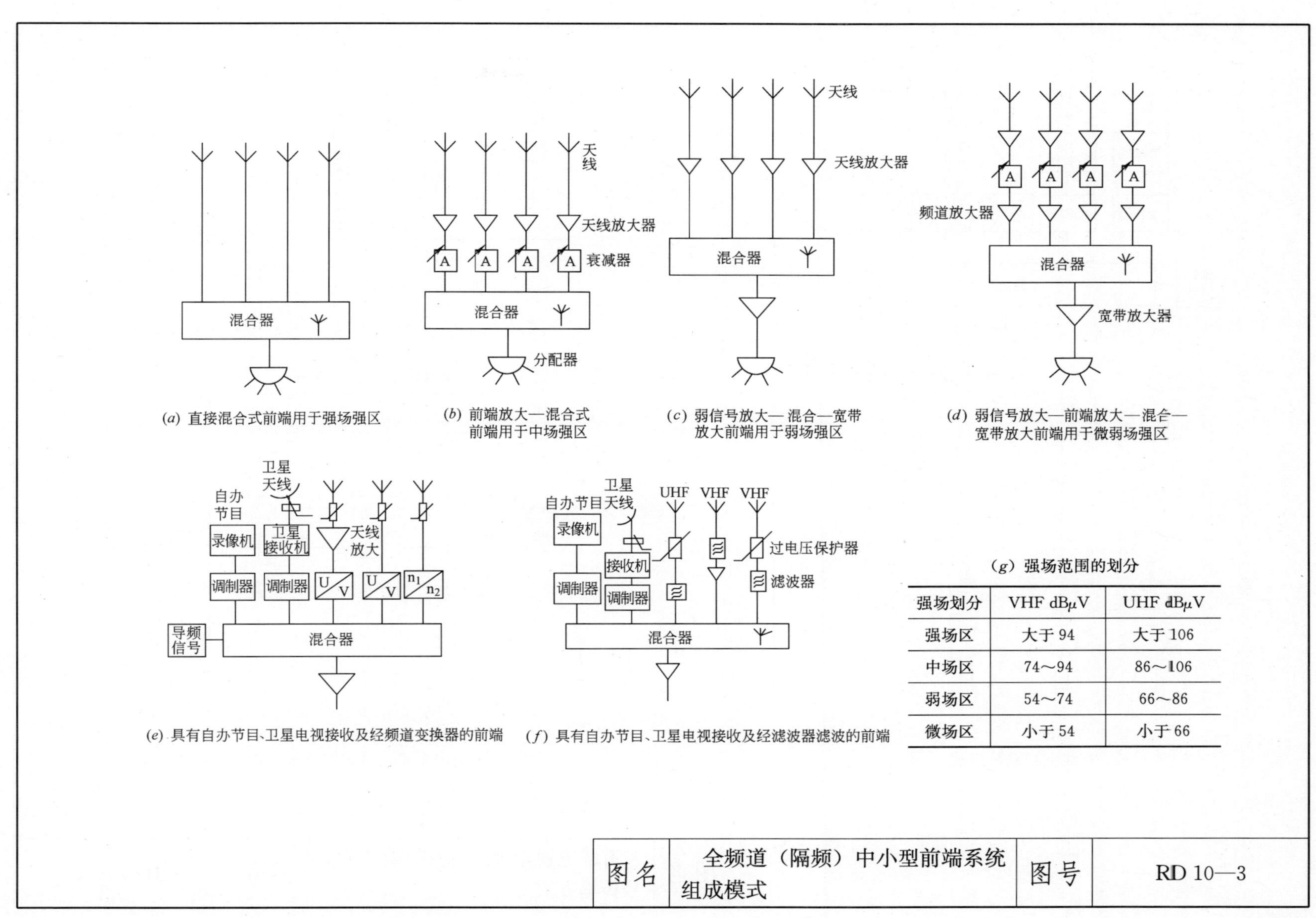

(*a*) 直接混合式前端用于强场强区

(*b*) 前端放大—混合式前端用于中场强区

(*c*) 弱信号放大— 混合—宽带放大前端用于弱场强区

(*d*) 弱信号放大—前端放大—混合—宽带放大前端用于微弱场强区

(*e*) 具有自办节目、卫星电视接收及经频道变换器的前端

(*f*) 具有自办节目、卫星电视接收及经滤波器滤波的前端

(*g*) 强场范围的划分

强场划分	VHF dBμV	UHF dBμV
强场区	大于 94	大于 106
中场区	74～94	86～106
弱场区	54～74	66～86
微场区	小于 54	小于 66

图名	全频道（隔频）中小型前端系统组成模式	图号	RD 10—3

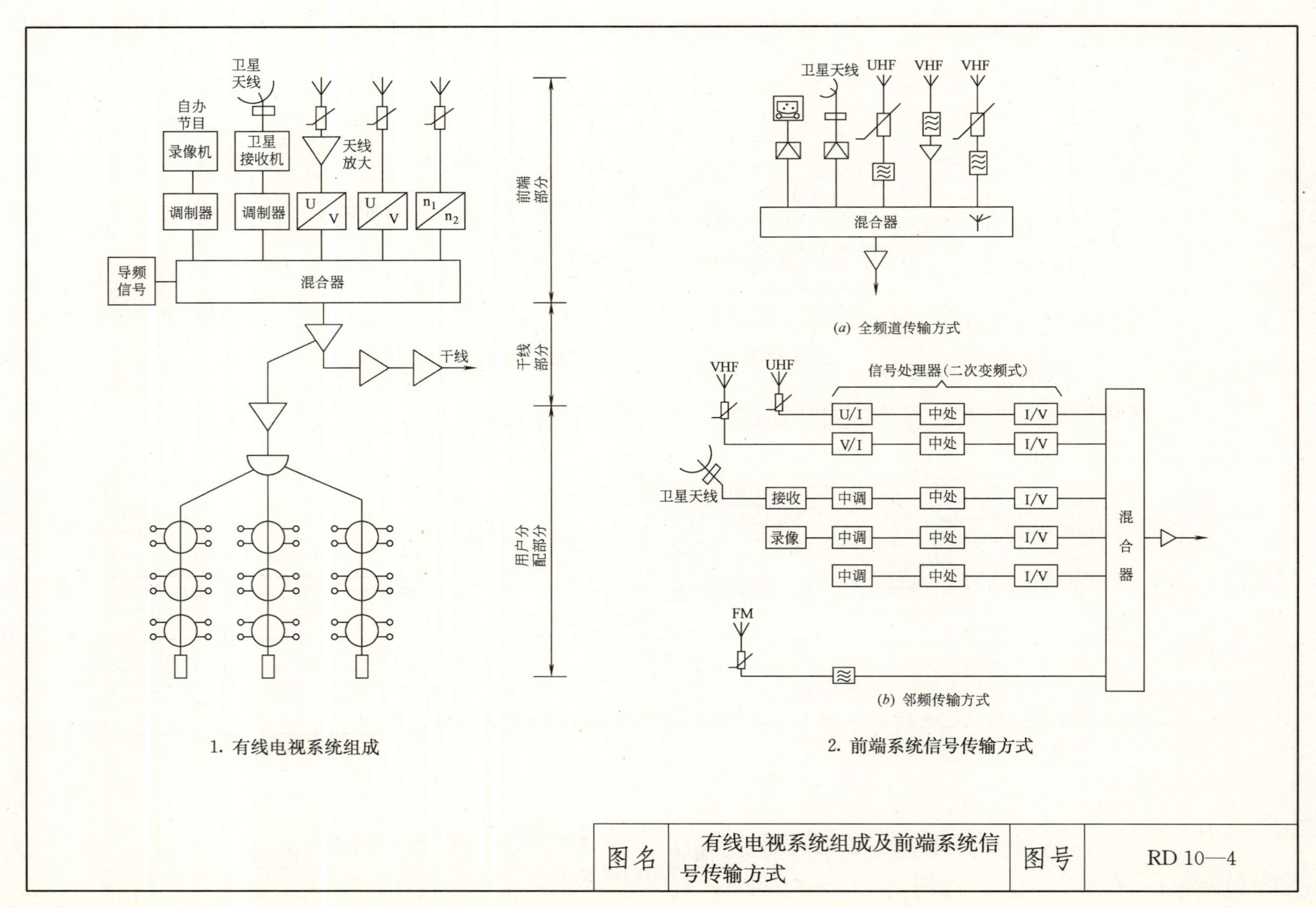

1. 有线电视系统组成

(*a*) 全频道传输方式

(*b*) 邻频传输方式

2. 前端系统信号传输方式

图名	有线电视系统组成及前端系统信号传输方式	图号	RD 10—4

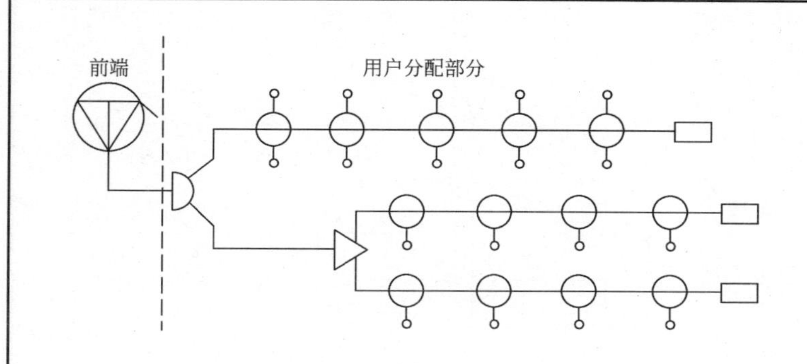

1. 无干线系统模式

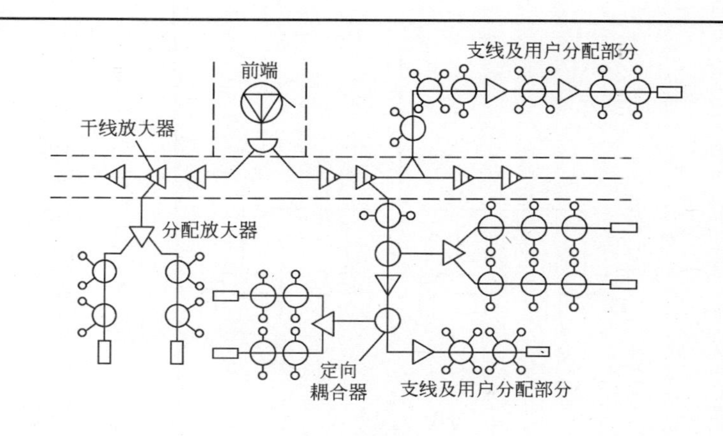

2. 独立前端系统模式

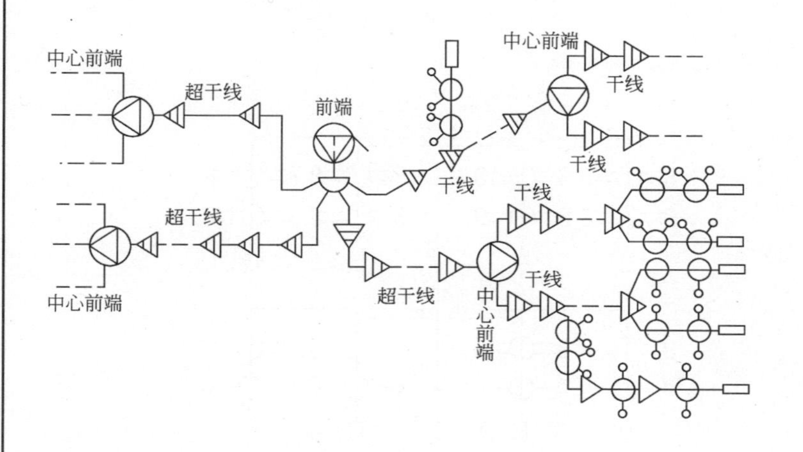

3. 有中心前端系统模式

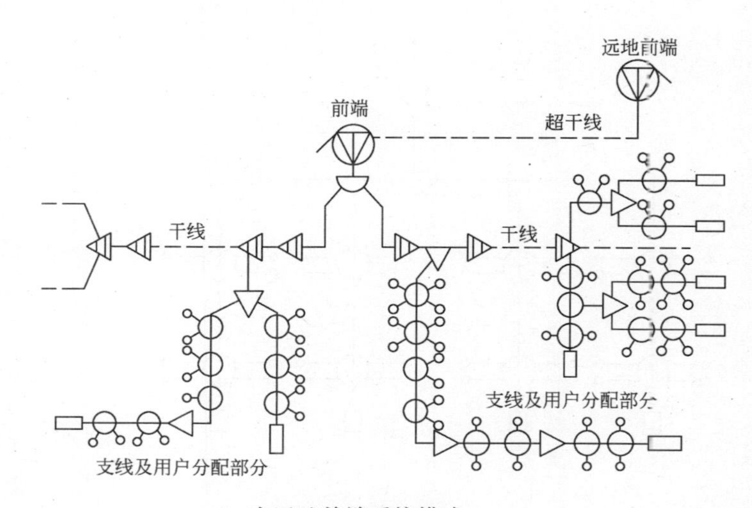

4. 有远地前端系统模式

图名	有线电视系统的四种基本模式	图号	RD 10—5

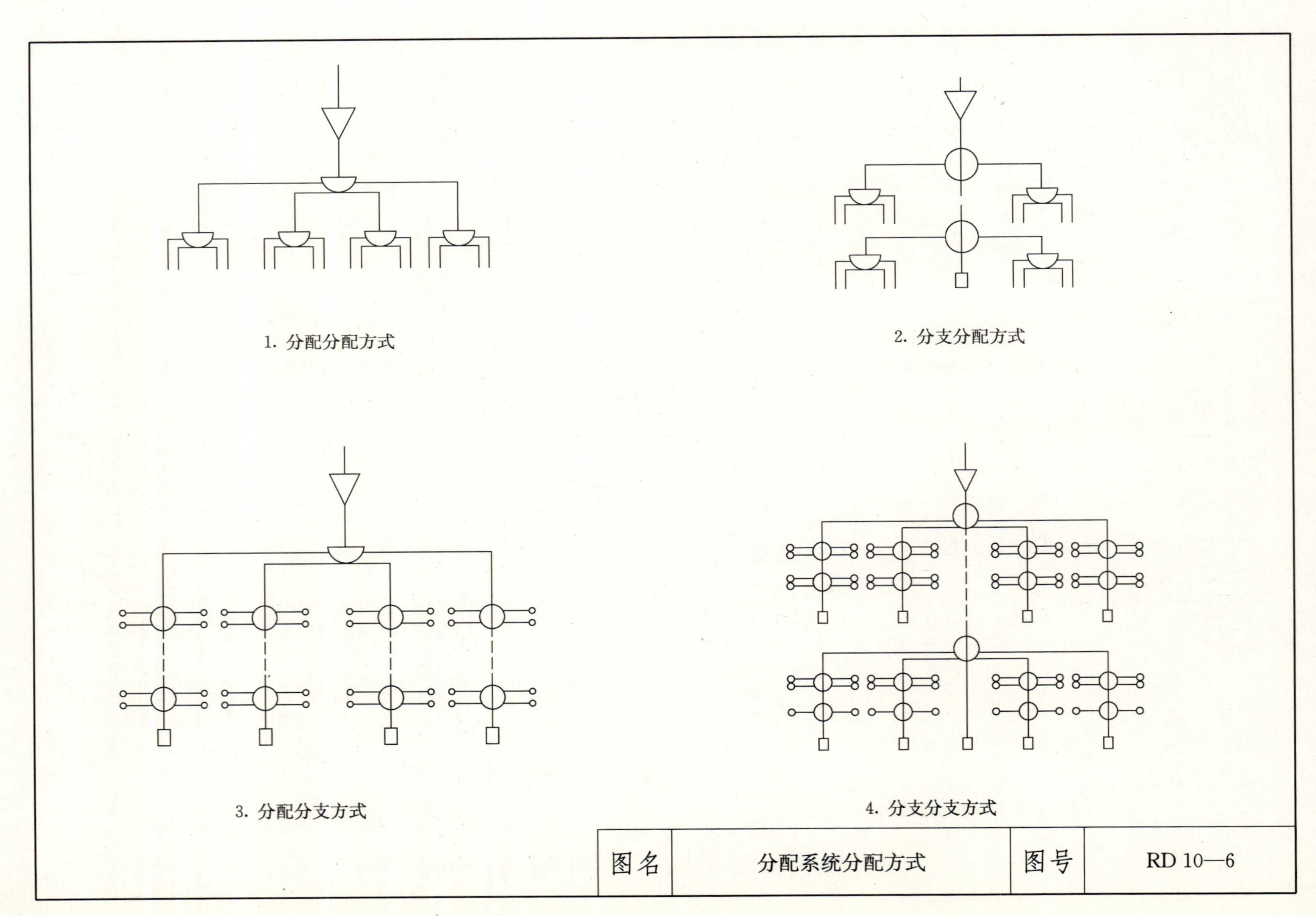
1. 分配分配方式
2. 分支分配方式
3. 分配分支方式
4. 分支分支方式
图名
分配系统分配方式
图号
RD 10—6

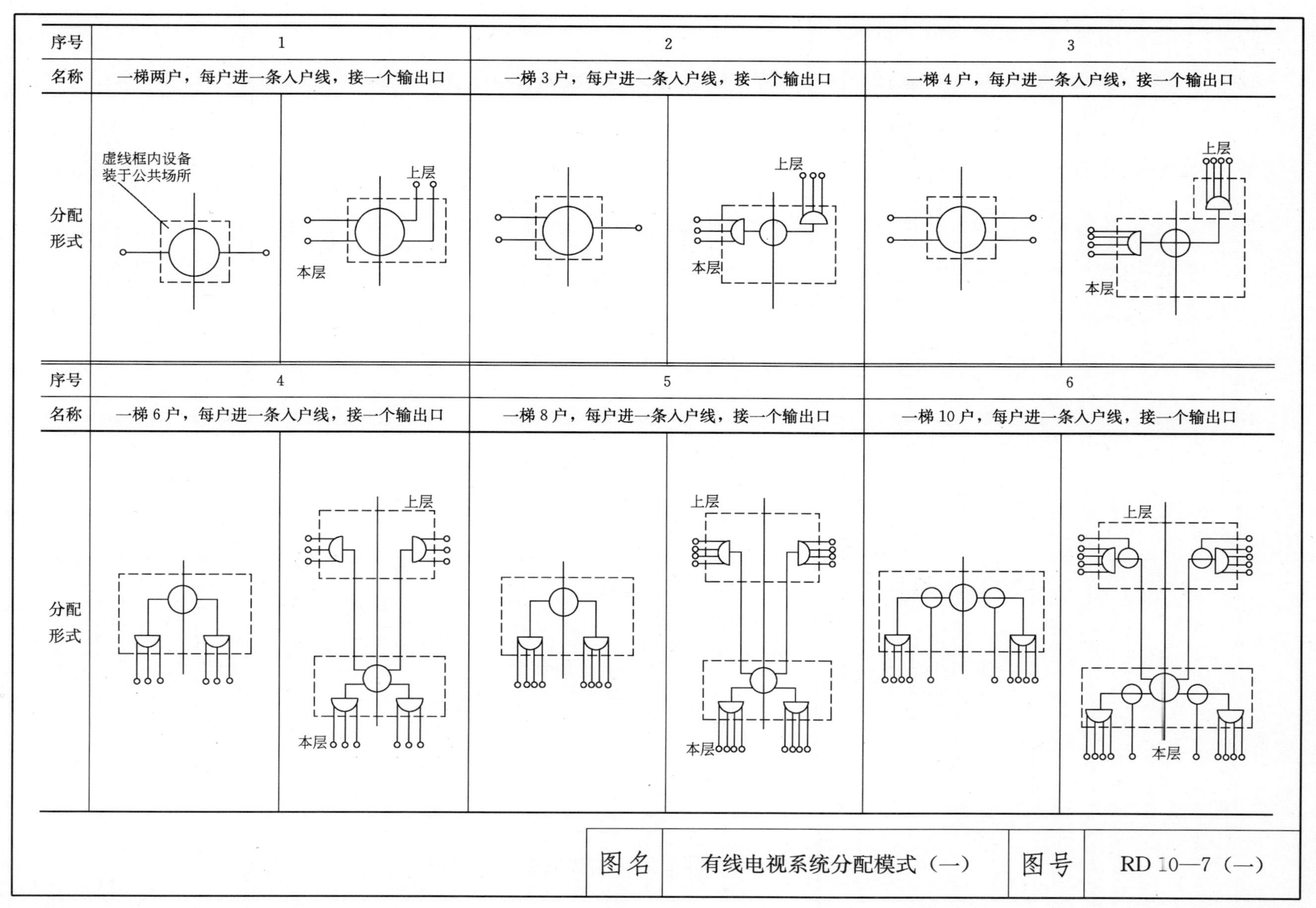

序号
1
2
3
名称
一梯两户，每户进一条入户线，接一个输出口
一梯3户，每户进一条入户线，接一个输出口
一梯4户，每户进一条入户线，接一个输出口
分配形式
虚线框内设备装于公共场所
上层
本层
序号
4
5
6
名称
一梯6户，每户进一条入户线，接一个输出口
一梯8户，每户进一条入户线，接一个输出口
一梯10户，每户进一条入户线，接一个输出口
分配形式
上层
本层
图名
有线电视系统分配模式（一）
图号
RD 10—7（一）

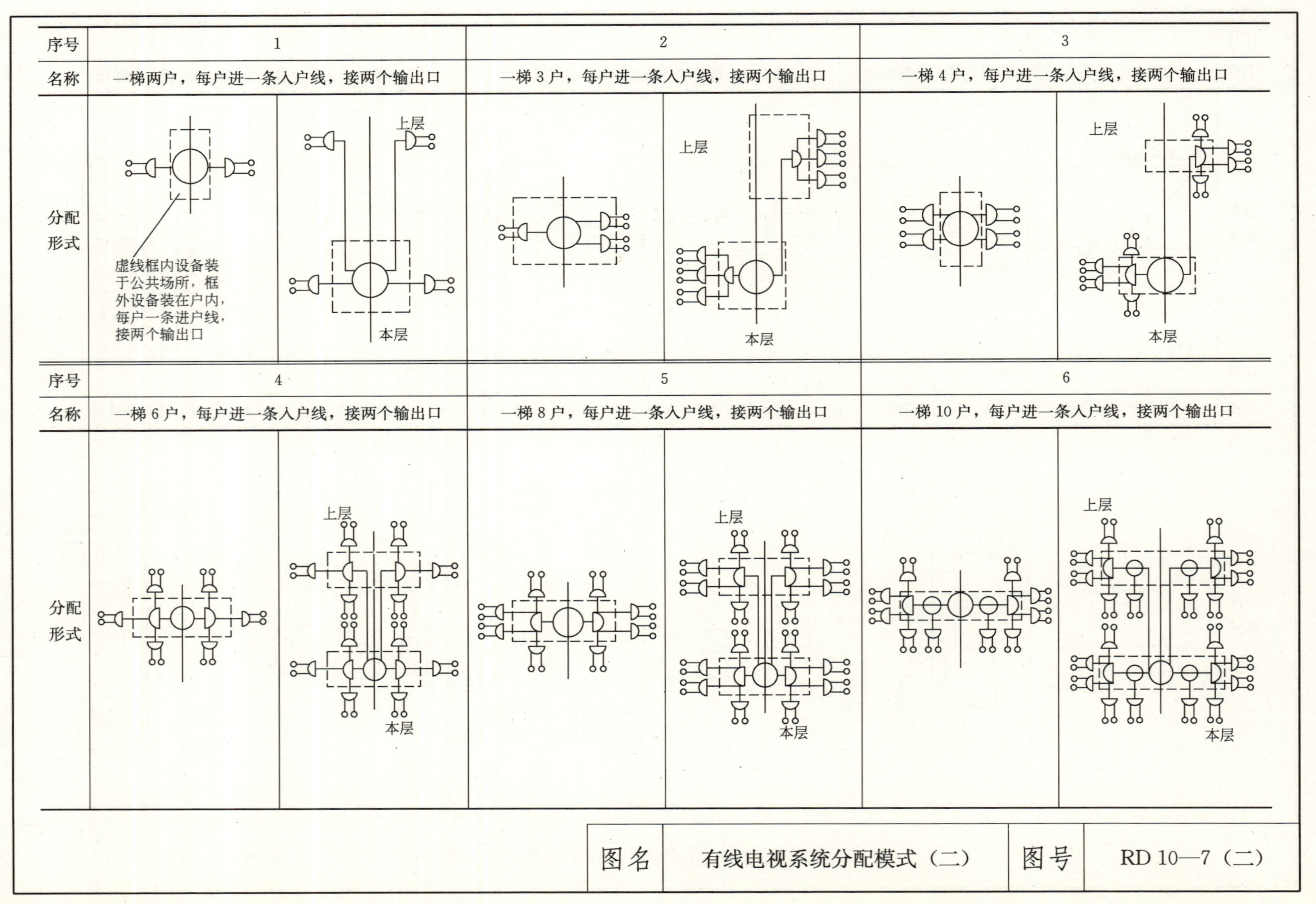
序号
1
2
3
名称
一梯两户，每户进一条入户线，接两个输出口
一梯 3 户，每户进一条入户线，接两个输出口
一梯 4 户，每户进一条入户线，接两个输出口
分配形式
虚线框内设备装于公共场所，框外设备装在户内，每户一条进户线，接两个输出口
上层
本层
序号
4
5
6
名称
一梯 6 户，每户进一条入户线，接两个输出口
一梯 8 户，每户进一条入户线，接两个输出口
一梯 10 户，每户进一条入户线，接两个输出口
分配形式
上层
本层
图名
有线电视系统分配模式（二）
图号
RD 10—7（二）

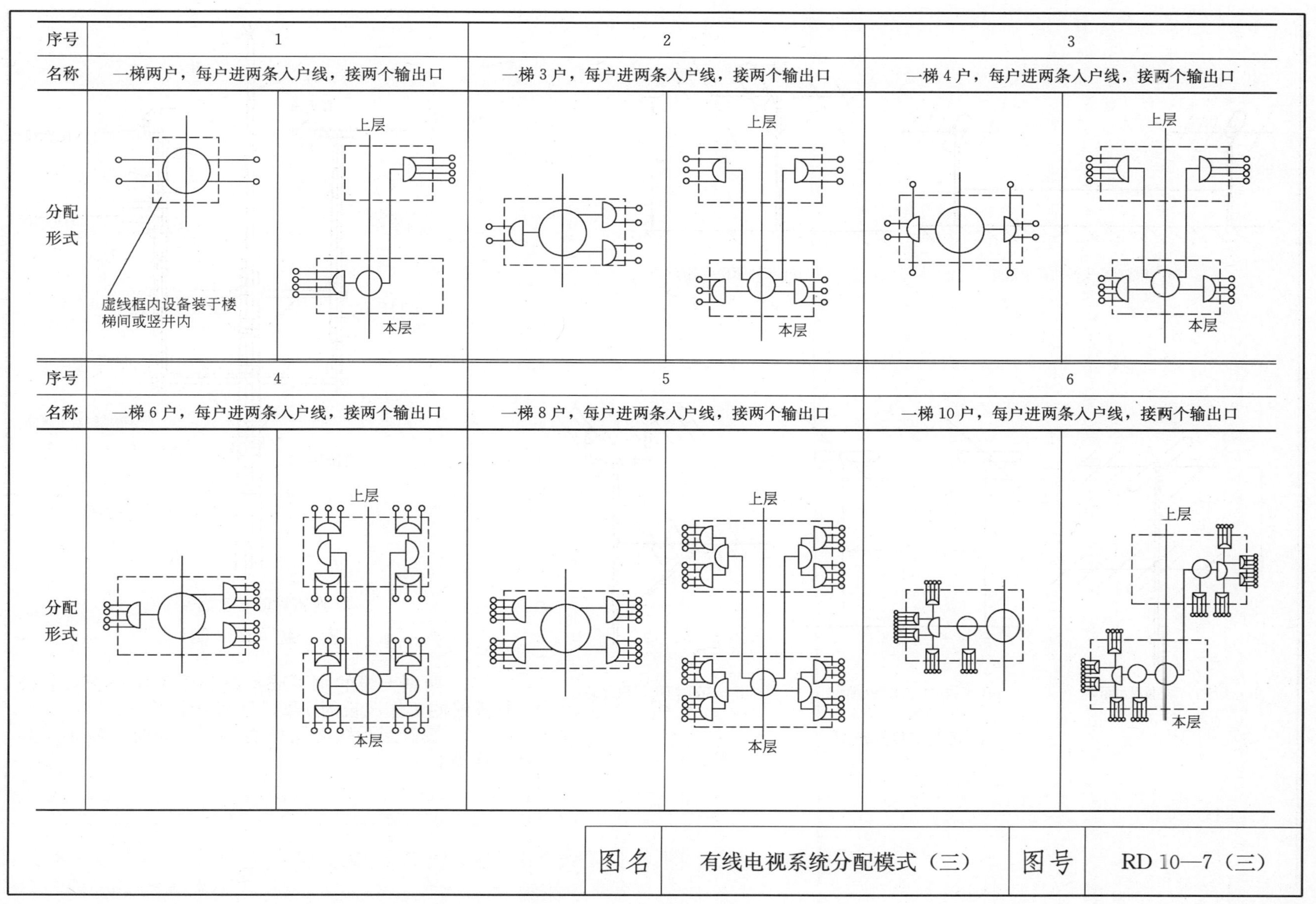
序号
1
2
3
名称
一梯两户，每户进两条入户线，接两个输出口
一梯 3 户，每户进两条入户线，接两个输出口
一梯 4 户，每户进两条入户线，接两个输出口
分配形式
虚线框内设备装于楼梯间或竖井内
上层
本层
上层
本层
上层
本层
序号
4
5
6
名称
一梯 6 户，每户进两条入户线，接两个输出口
一梯 8 户，每户进两条入户线，接两个输出口
一梯 10 户，每户进两条入户线，接两个输出口
分配形式
上层
本层
上层
本层
上层
本层
图名
有线电视系统分配模式（三）
图号
RD 10—7（三）

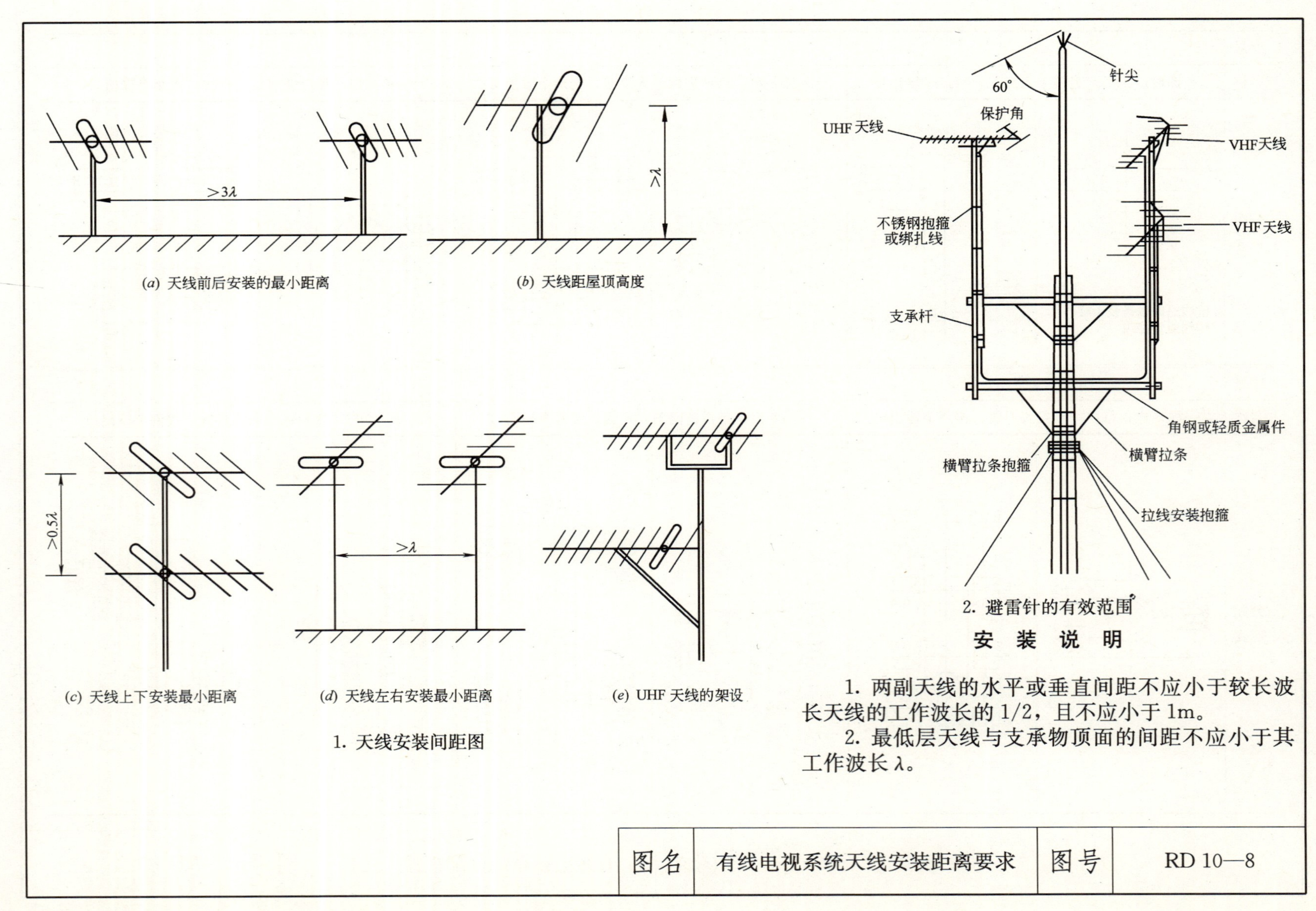

安 装 说 明

1. 两副天线的水平或垂直间距不应小于较长波长天线的工作波长的 1/2，且不应小于 1m。

2. 最低层天线与支承物顶面的间距不应小于其工作波长 λ。

图名	有线电视系统天线安装距离要求	图号	RD 10—8

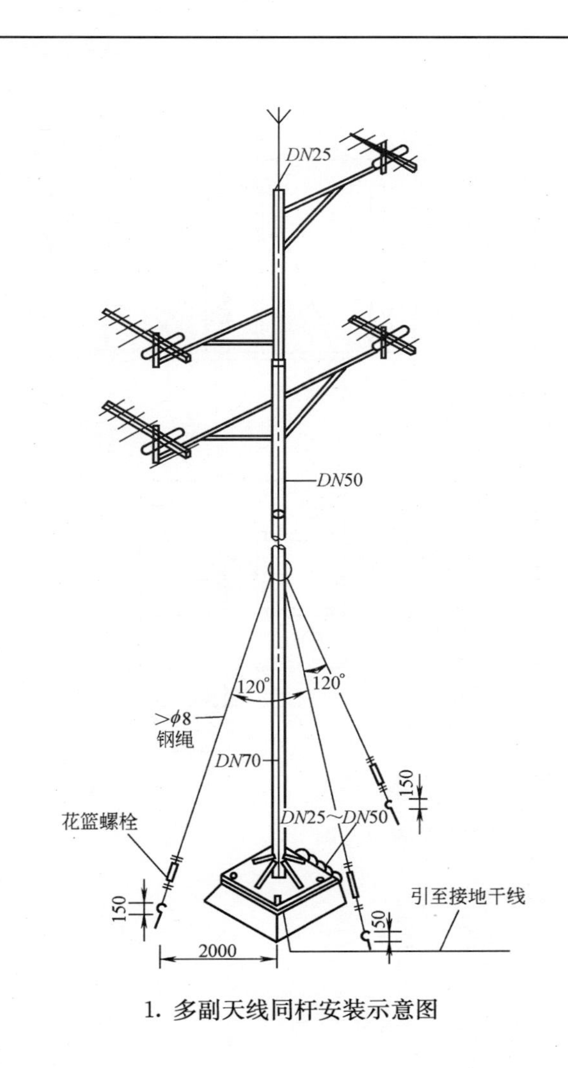

1. 多副天线同杆安装示意图

频率 (MHz)

30 48.5 92 110 167 223 295 470 566 606 958

上行频带 | Ⅰ波段 DS1～5 | A_1波段 Z1～7 | Ⅲ波段 DS6～12 | A_2波段 Z8～16 | Ⅳ波段 DS13～21 | Ⅴ波段 DS25～68

上行 25 MHz

下行909.5MHz

2. 有线电视系统频道分布

安 装 说 明

1. 天线与屋顶（或地面）表面平行安装，最低层天线与基础平面的最小垂直距离不小于天线的最长工作波长，一般为 3.5～4.5m，否则，会因地面对电磁波的反射，使接收信号产生严重的重影等。

2. 多杆架设时，同一方向的两杆天线支架横向间距应在 5m 以上，或前后间距应在 10m 以上。

3. 接收不同信号的两副天线叠层架设，两天线间的垂直距离应大于或等于半个工作波长；在同一横杆上架设两副天线的横向间距也应大于或等于半个工作波长。

4. 多副同杆天线架设，一般将高频道天线或弱信号（弱场强）天线架设在上层，低频道天线或强信号天线架设在下层。

5. 因开路电视信号有垂直极化和水平极化两种，天线架设应使接收天线极化与空收电波极化方式相一致。

6. 天线竖杆需做防雷接地连接。

图名	共用天线安装方法（一）	图号	RD 10—9（一）

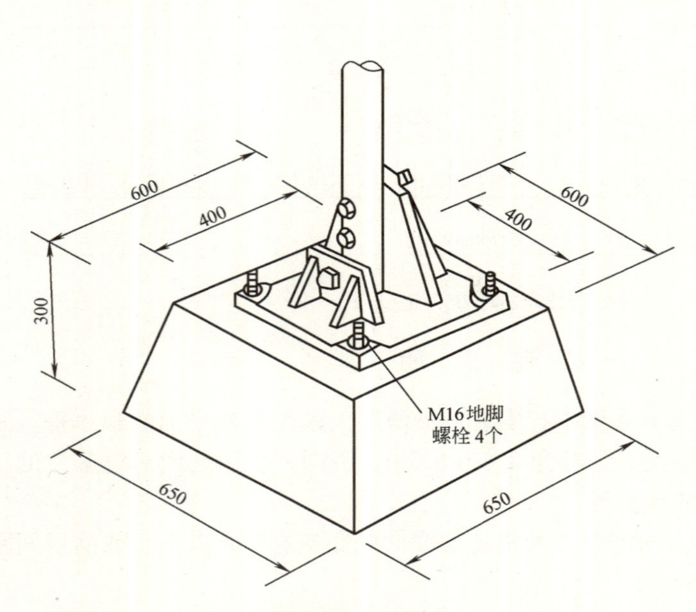

1. 天线竖杆基座安装方法

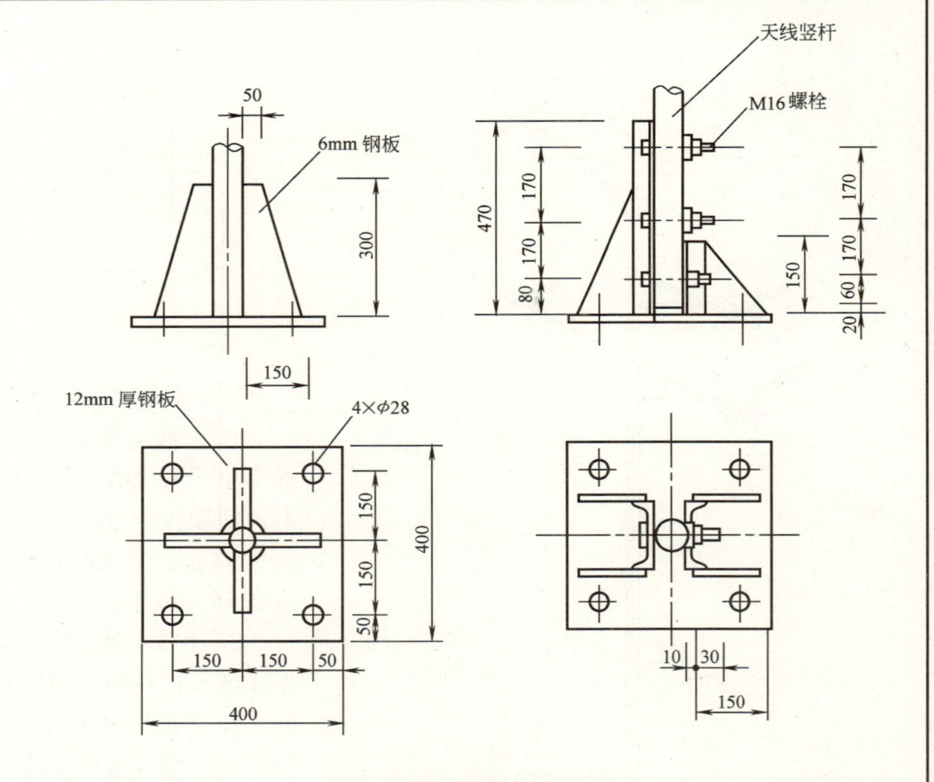

2. 天线竖杆底座尺寸图

安 装 说 明

1. 接收天线安装位置应避开接收电波传输方向上的阻挡物和周围的金属构件。

2. 屋顶安装天线在屋顶结构施工时，应配合土建完成天线竖杆基座螺栓、拉线钩、电缆引下管、接地线等的预埋，基座螺栓、拉线钩可与结构钢筋焊接，以提高承受能力。基座暂不施工时，可预留钢筋在基座处，基座螺栓的螺纹应进行保护。

3. 屋顶土建要做防水、保温层等，天线基座高度设计时应考虑此部分高度。

图名	共用天线安装方法（二）	图号	RD 10—9（二）

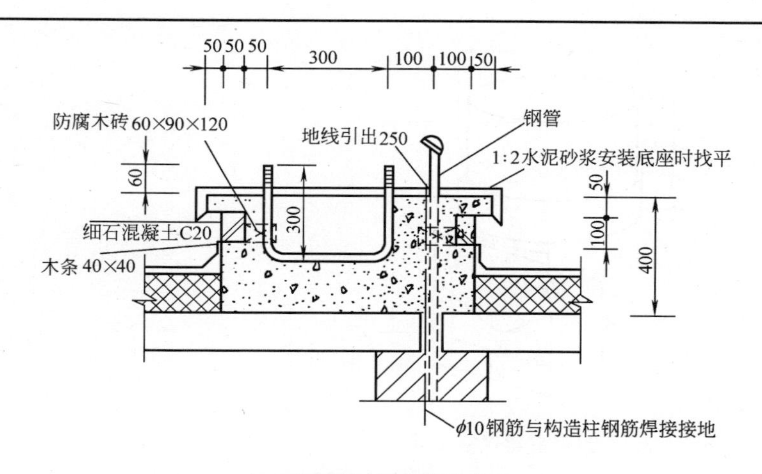

1. 天线竖杆基座安装方法

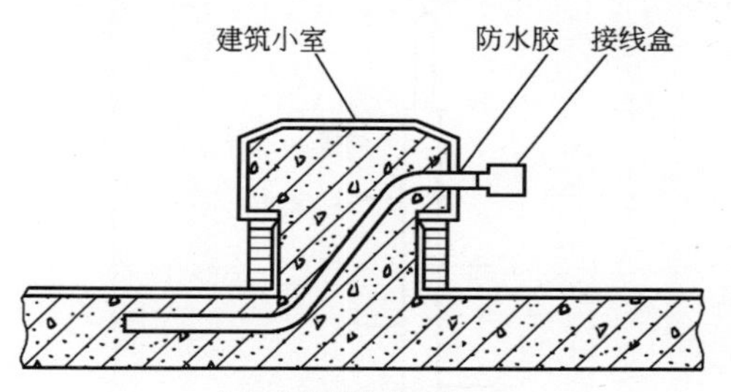

(a) 砌筑建筑小室方法

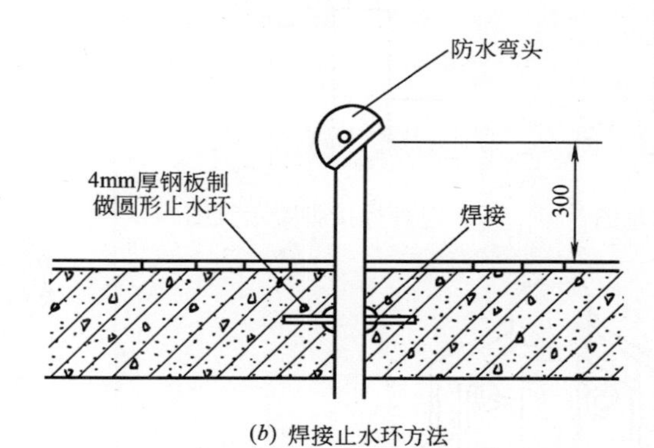

(b) 焊接止水环方法

3. 钢管穿屋顶板安装方法

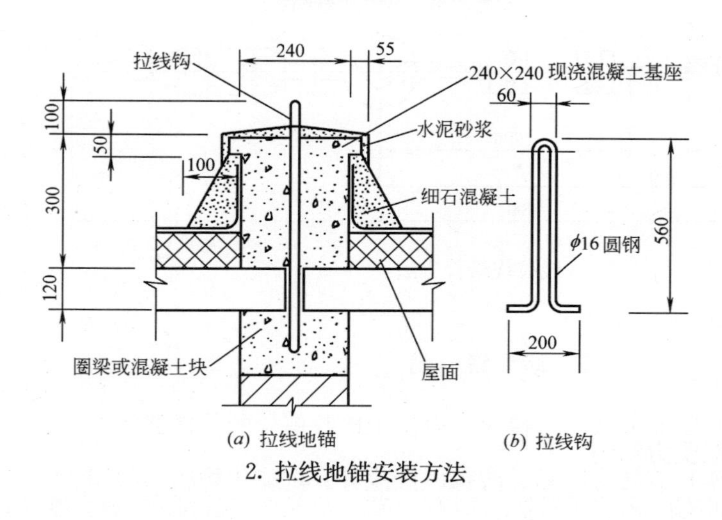

(a) 拉线地锚　　(b) 拉线钩

2. 拉线地锚安装方法

安　装　方　法

1. 电缆引下管选用不小于 $\phi25$ 的钢管，每副共用天线应选用一根引下管，天线基座及钢管要做接地连接。

2. 天线拉线可选用三根，每根拉线之间夹角为 120°，拉线与天线竖杆之间角度通常为 30°～45°。

3. 竖杆拉线地锚必须与建筑物连接牢固，不得将拉线固定在屋面透气管、水管等构件上。安装时应使各根拉线受力均匀。

图名	共用天线安装方法（三）	图号	RD 10—9（三）

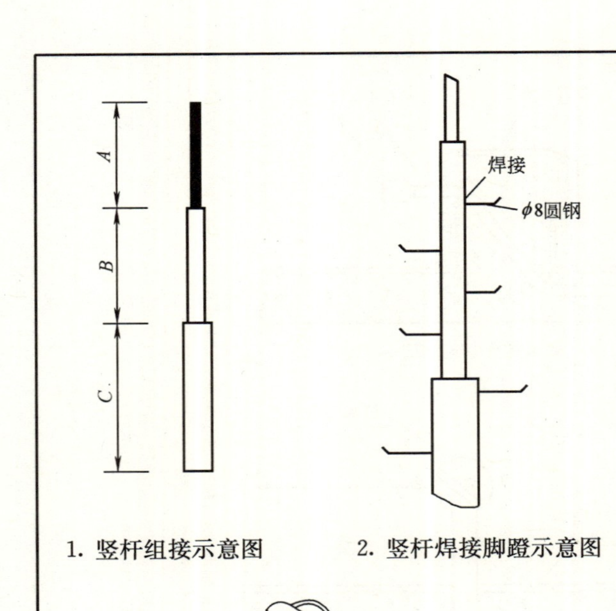

1. 竖杆组接示意图

2. 竖杆焊接脚蹬示意图

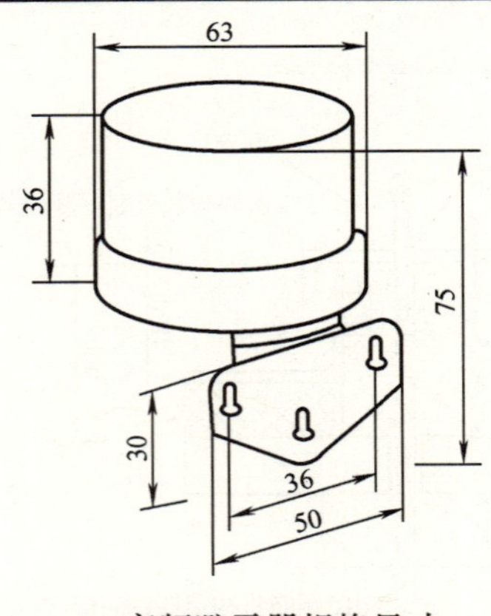

3. 高频避雷器规格尺寸

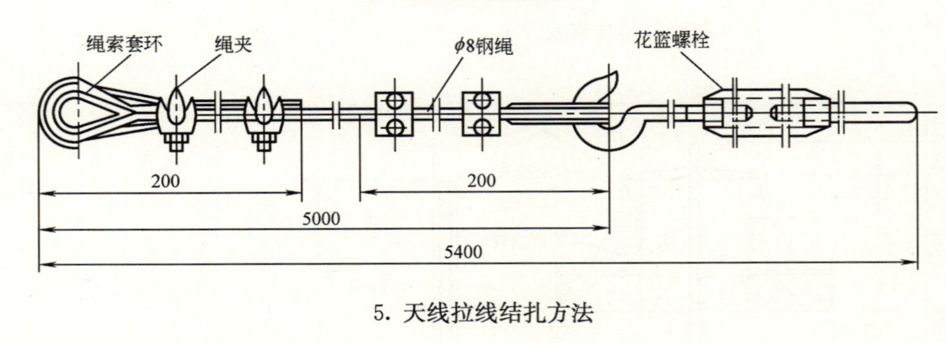

5. 天线拉线结扎方法

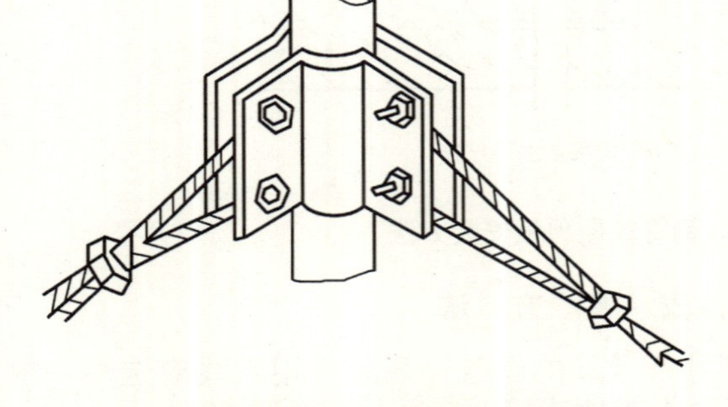

4. 天线拉线与竖杆安装方法

安 装 说 明

1. 采用拉线竖杆（架）安装方式时，拉线不得位于接收信号的传播路径上。
2. 安装时应使各根拉线受力均匀。
3. 天线与天线竖杆（架）应具有防潮、防霉、抗盐雾、抗硫化物腐蚀的能力。
4. 安装在室外的天线馈电端、阻抗匹配器、高频避雷器、高频连接器和天线放大器等应具有良好的防雨措施。

图名	共用天线安装方法（四）	图号	RD 10—9（四）

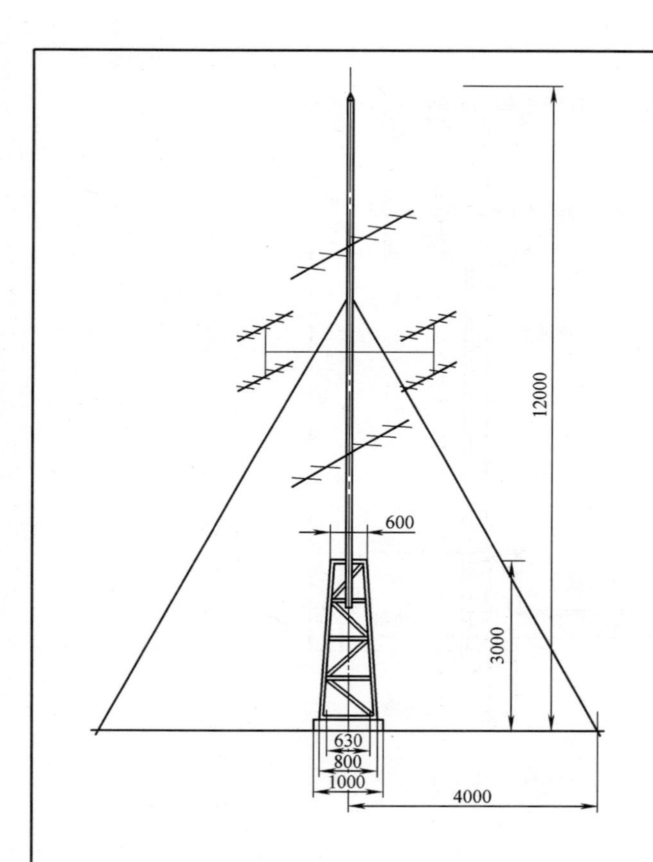

1. 带钢架天线安装示意图

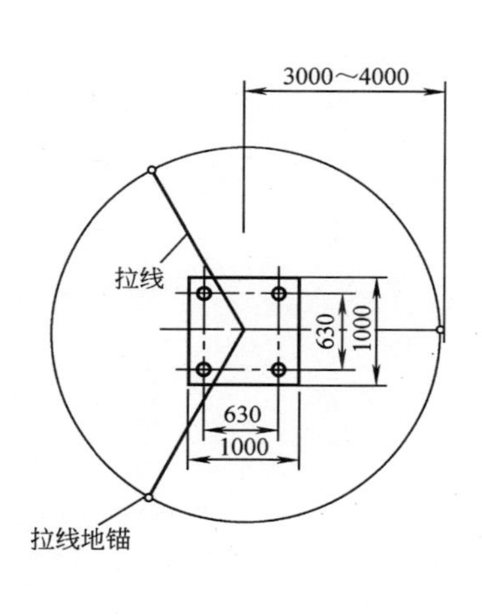

2. 天线拉线布置图

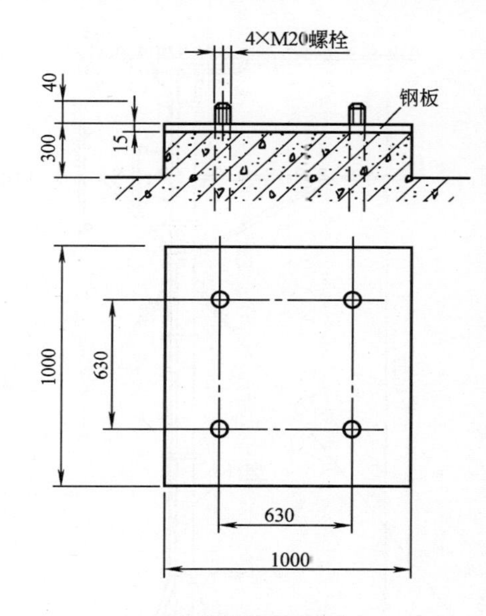

3. 天线基座大样图

安 装 说 明

1. 本图适用于安装多副天线，当地风力较大的场所。
2. 天线基座螺栓应与结构钢筋焊接。
3. 竖杆顶部为避雷针，接收天线的竖杆等金属部件应有可靠的接地。
4. 钢架用角钢制成，并做防腐处理。
5. 在屋顶结构施工时，应配合土建完成天线基座螺栓、拉线钩、电缆引下管、接地线等的预埋，并注意基座螺栓螺纹的保护。

图名	共用天线安装方法（五）	图号	RD 10—9（五）

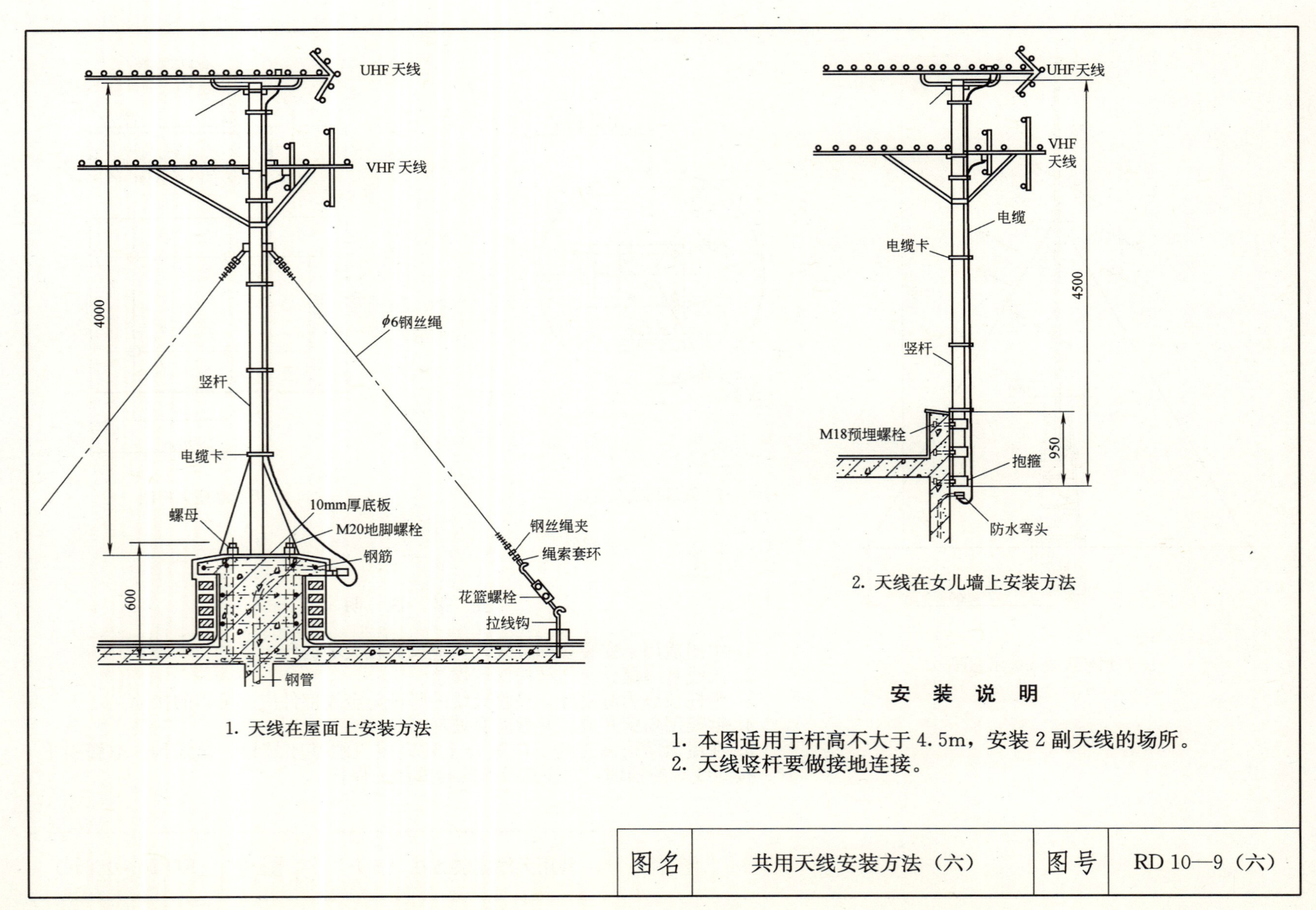
UHF 天线
VHF 天线
4000
ϕ6钢丝绳
竖杆
电缆卡
10mm厚底板
螺母
M20地脚螺栓
钢筋
600
钢丝绳夹
绳索套环
花篮螺栓
拉线钩
钢管
1. 天线在屋面上安装方法
UHF天线
VHF
天线
电缆
电缆卡
4500
竖杆
M18预埋螺栓
抱箍
950
防水弯头
2. 天线在女儿墙上安装方法
安 装 说 明
1. 本图适用于杆高不大于 4.5m，安装 2 副天线的场所。
2. 天线竖杆要做接地连接。
图名
共用天线安装方法（六）
图号
RD 10—9（六）

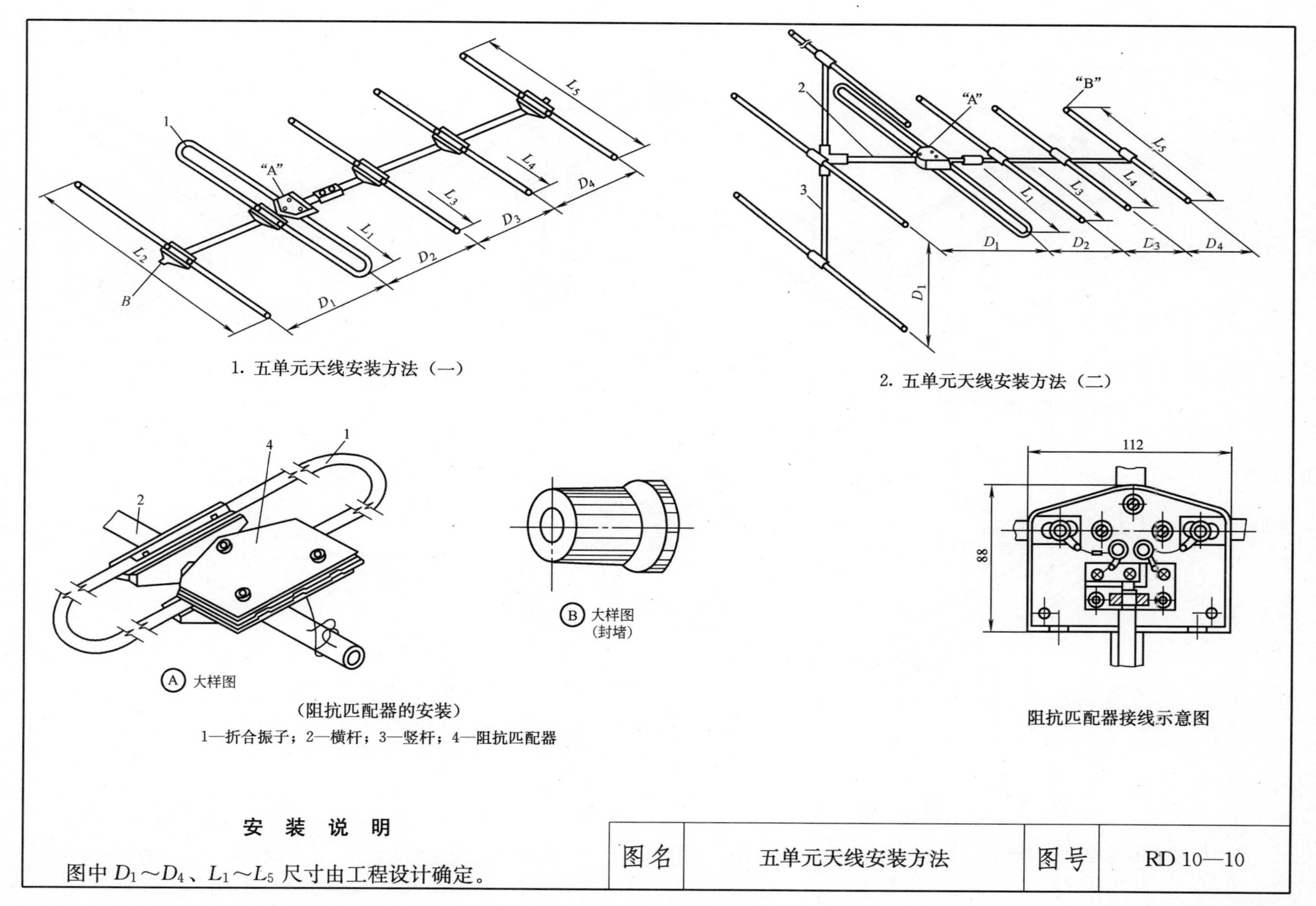

（阻抗匹配器的安装）

1—折合振子；2—横杆；3—竖杆；4—阻抗匹配器

安 装 说 明

图中 D_1～D_4、L_1～L_5 尺寸由工程设计确定。

图名	五单元天线安装方法	图号	RD 10—10

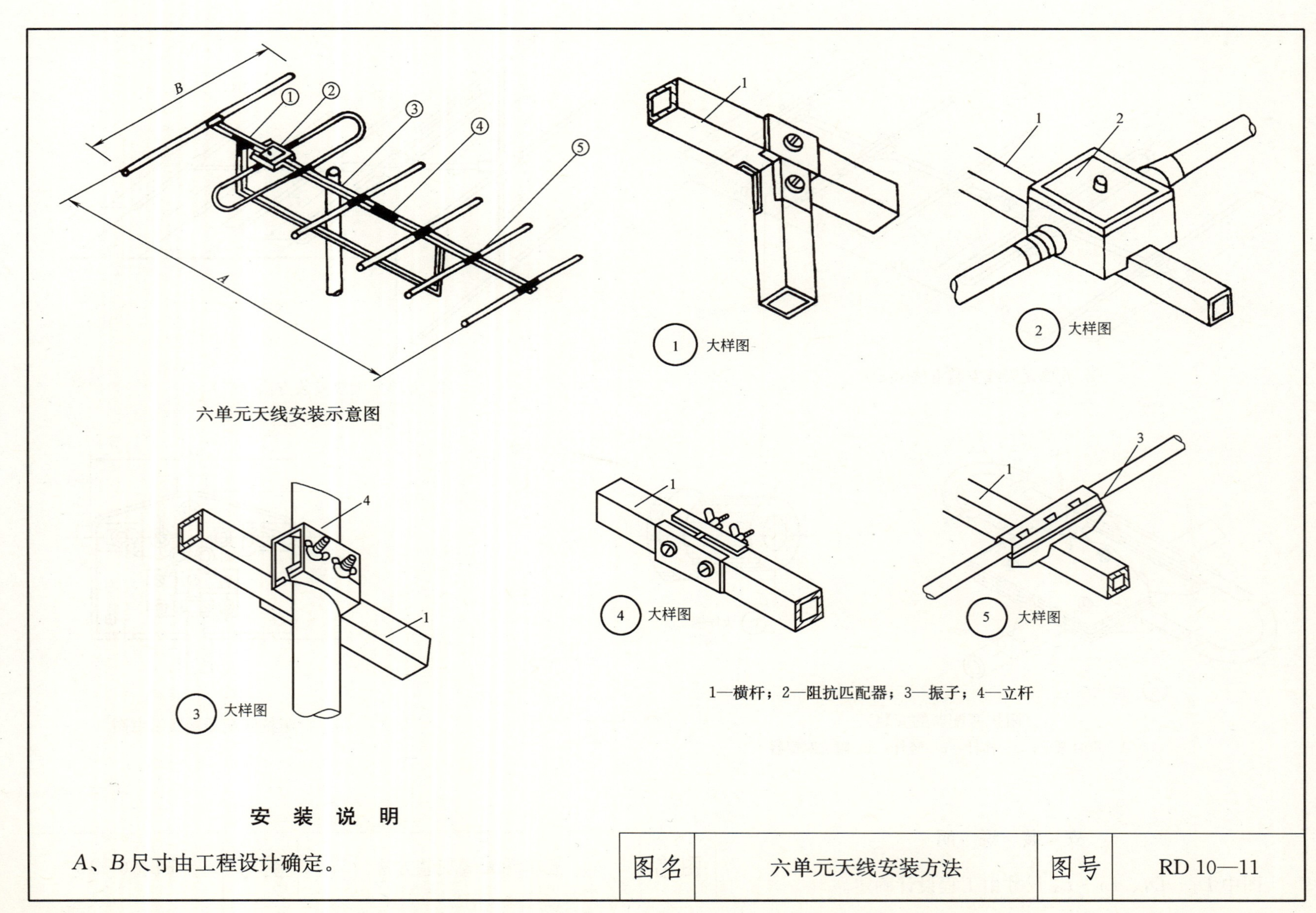

安 装 说 明

A、B 尺寸由工程设计确定。

图名	六单元天线安装方法	图号	RD 10—11

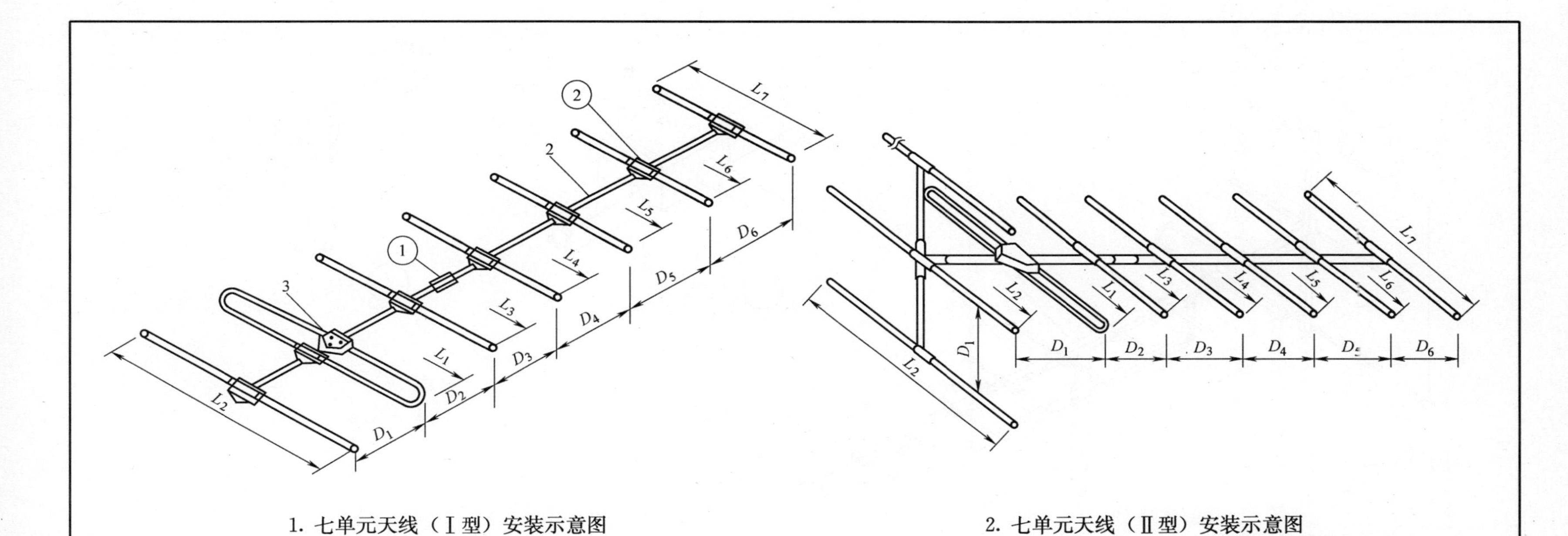

1. 七单元天线（Ⅰ型）安装示意图

2. 七单元天线（Ⅱ型）安装示意图

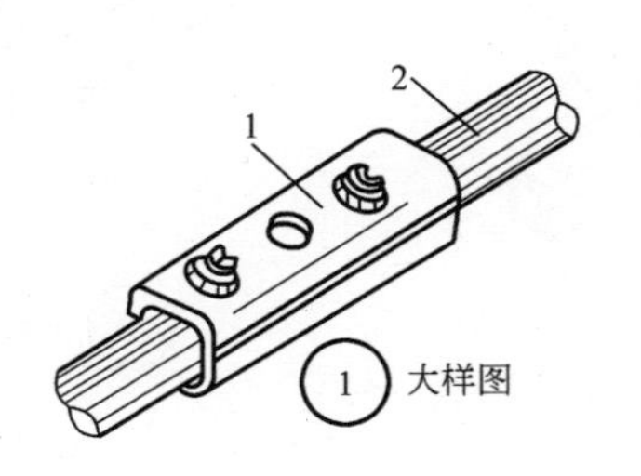

① 大样图

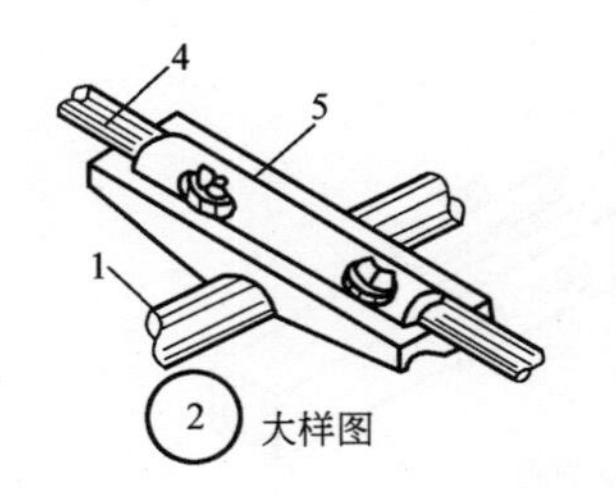

② 大样图

1—夹板；2—横杆；3—阻抗匹配器；4—振子；5—支架

安 装 说 明

D_1～D_6、L_1～L_7 尺寸由工程设计确定。

图名	七单元天线安装方法	图号	RD 10—12

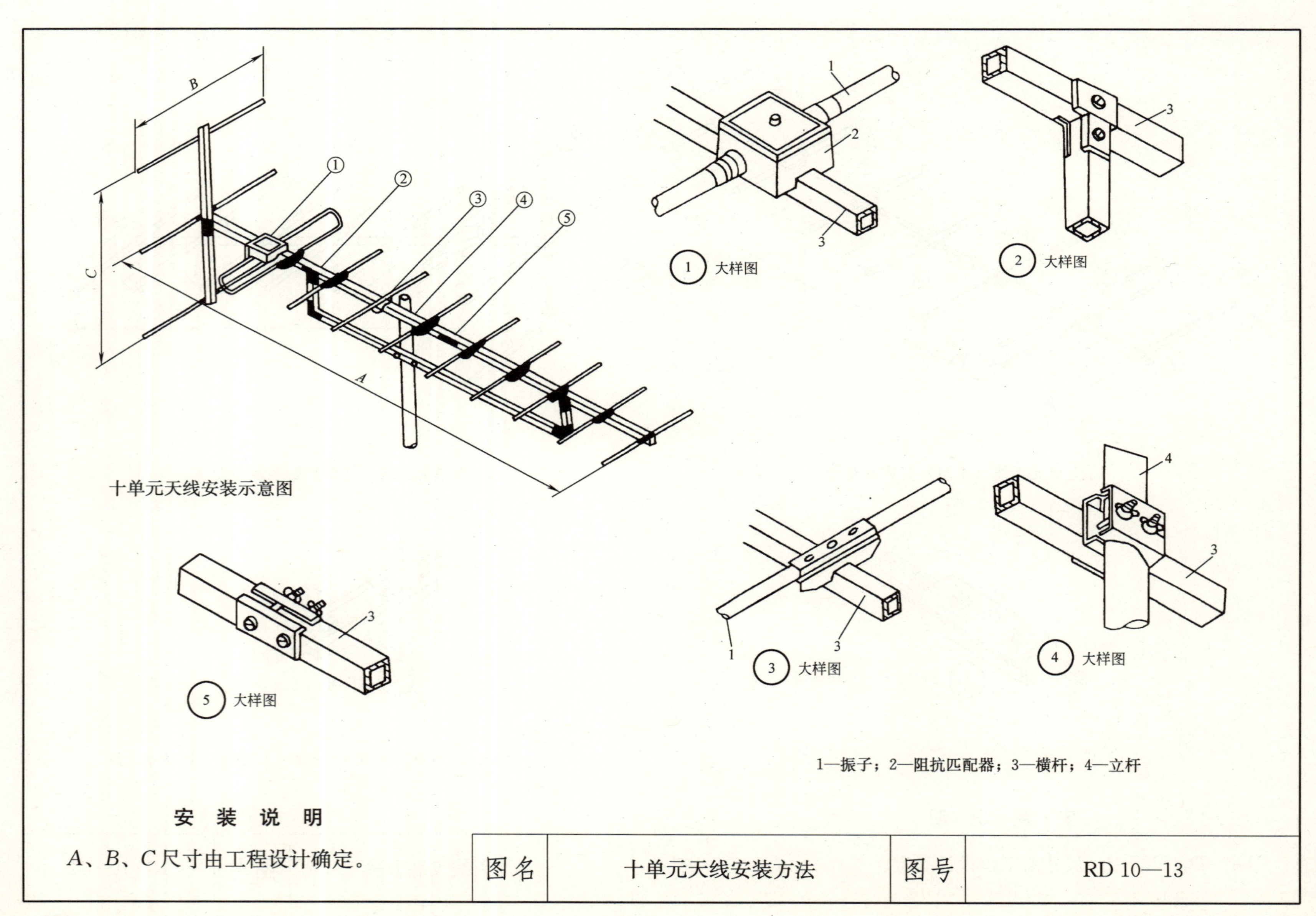

安 装 说 明

A、*B*、*C*尺寸由工程设计确定。

图名	十单元天线安装方法	图号	RD 10—13

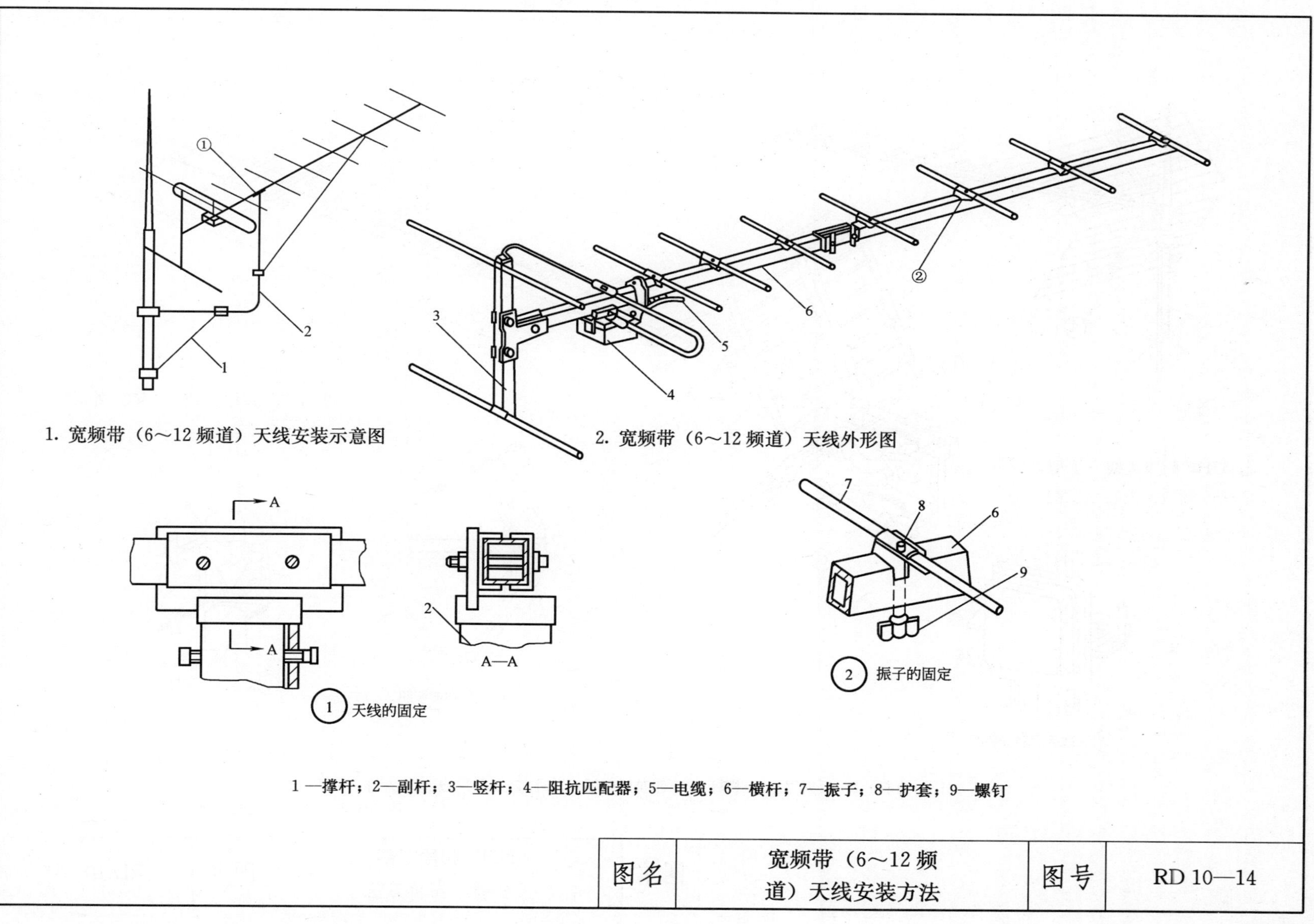
①
2
1
1. 宽频带（6～12 频道）天线安装示意图
3
5
6
4
②
2. 宽频带（6～12 频道）天线外形图
A
A
2
A—A
1 天线的固定
7
8
6
9
2 振子的固定
1 —撑杆；2—副杆；3—竖杆；4—阻抗匹配器；5—电缆；6—横杆；7—振子；8—护套；9—螺钉
图名
宽频带（6～12 频道）天线安装方法
图号
RD 10—14

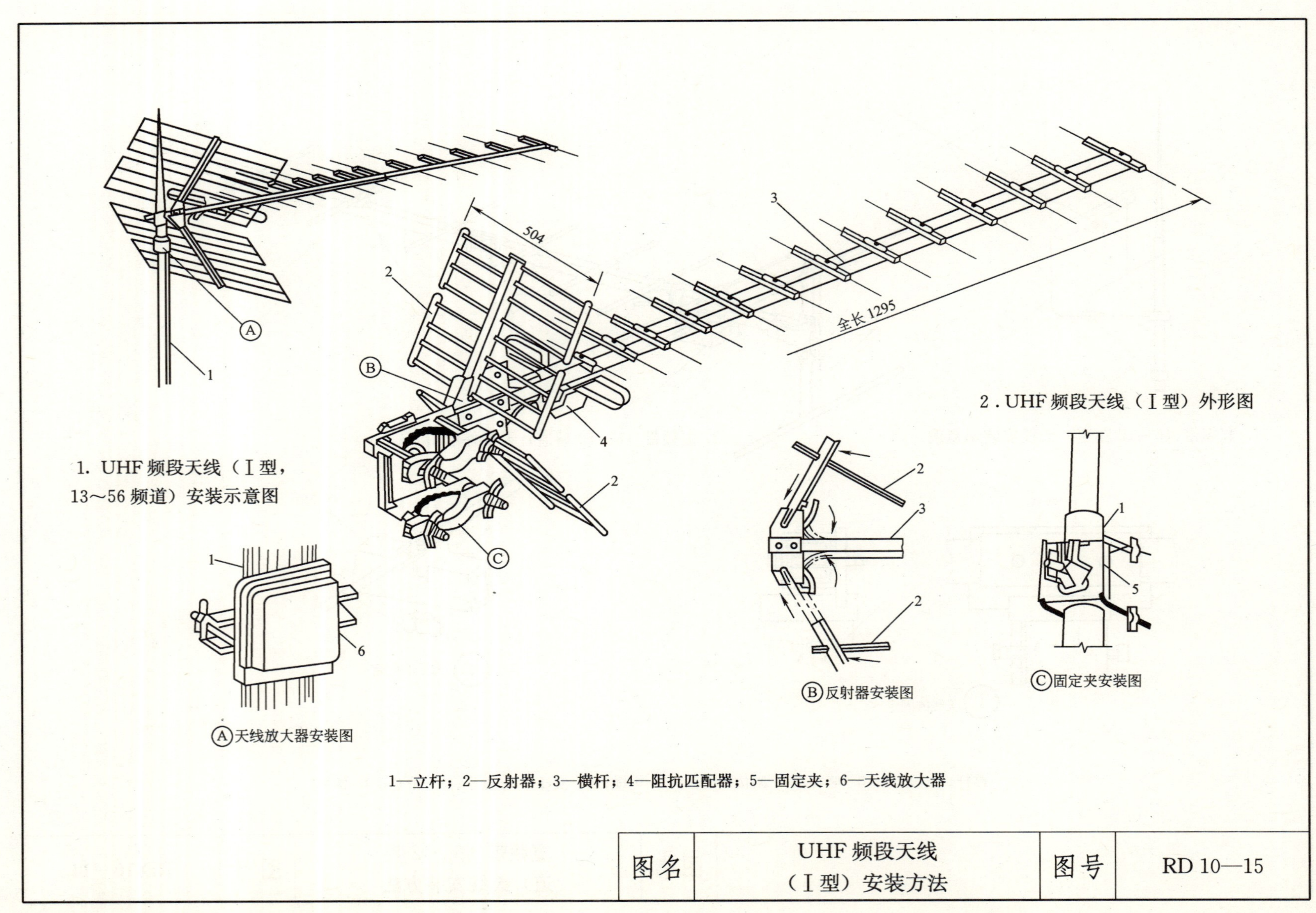

图名	UHF 频段天线 （Ⅰ型）安装方法	图号	RD 10—15

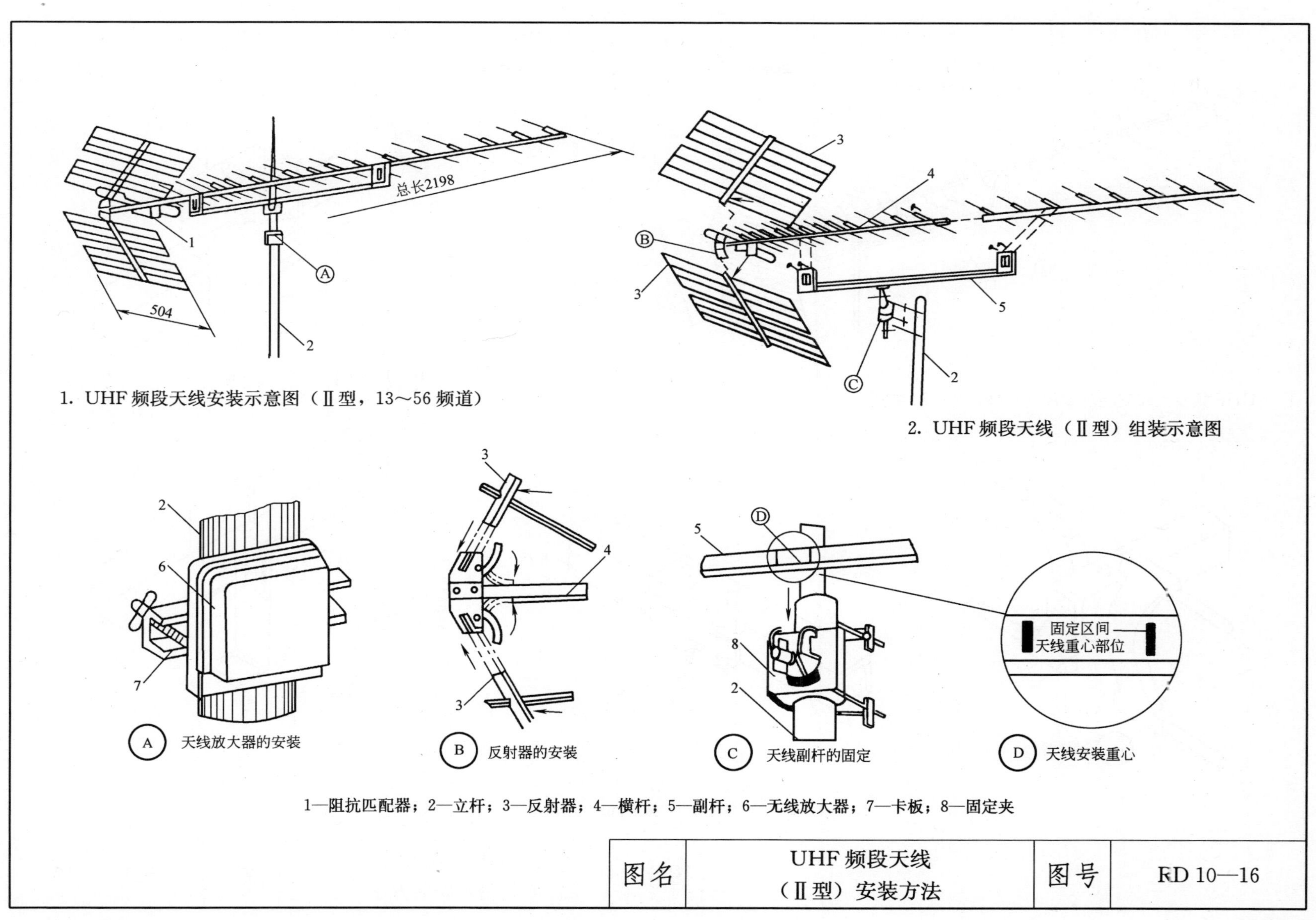

图名	UHF 频段天线 （Ⅱ型）安装方法	图号	RD 10—16

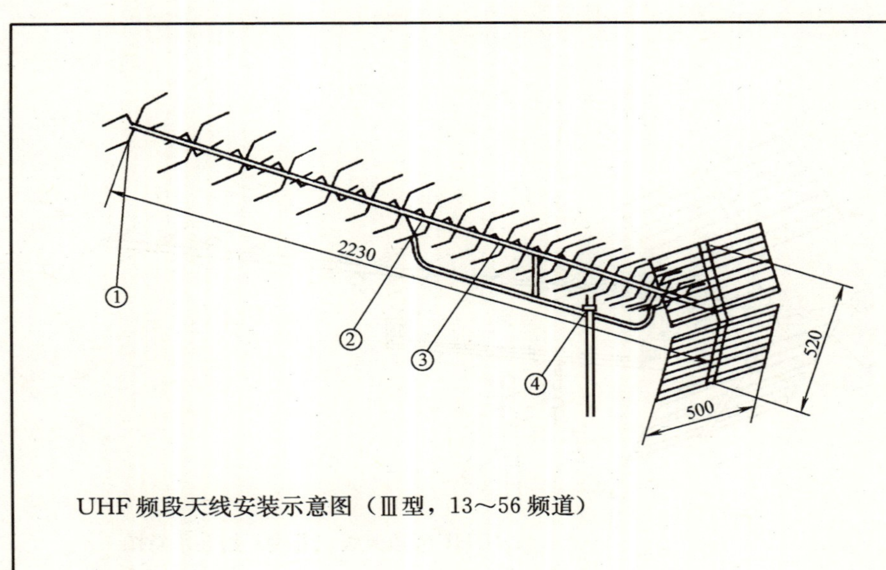

UHF 频段天线安装示意图（Ⅲ型，13～56 频道）

1
3

④ 大样图

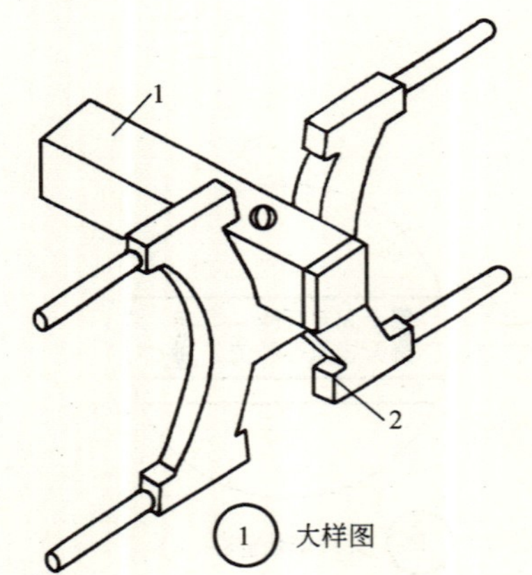

① 大样图

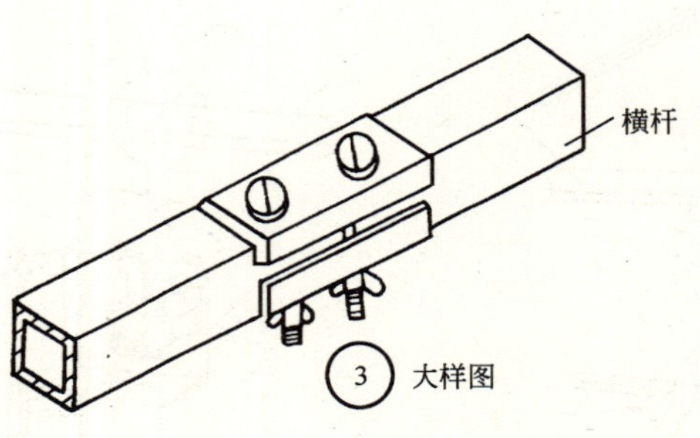

③ 大样图

1

② 大样图

1—横杆；2—振子；3—立杆

图名	UHF 频段天线 （Ⅲ型）安装方法	图号	RD 10—17

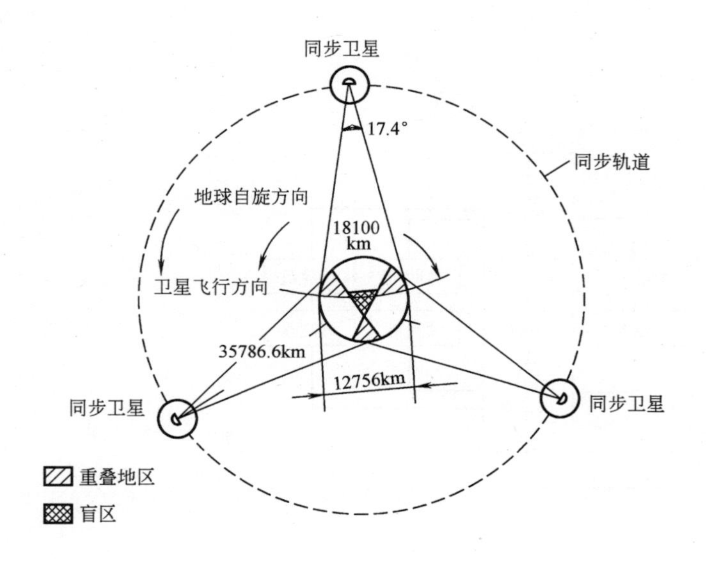

1. 利用静止卫星建立的全球通信

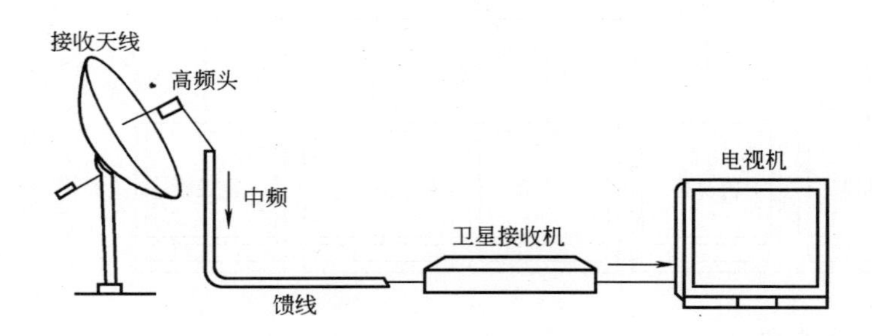

2. 卫星电视接收系统的基本组成图

安 装 说 明

自1965年人类利用静止卫星实现全球通信以来，同步卫星通信技术得到了飞速发展。如图1所示，为三颗等间隔分布于赤道上空的同步卫星实现除南北极附近地区（盲区）外的全球不间断的通信示意图。近年来，随着电视技术的进步，卫星电视作为一种先进的广播形式，因其收视品质高、覆盖范围广等诸多优点已深受大众喜爱。不少单位和个人都安装上了卫星电视接收天线。

卫星电视接收系统的组成：

卫星电视接收系统是由抛物面无线、馈源、高频头、卫星接收机组成等。

1. 抛物面天线是把来自空中的卫星信号能量反射会聚成一点（焦点）。

2. 馈源是在抛物面线的焦点处设置一个会聚卫星信号的喇叭，称为馈源，意思是馈送能量的源，要求将会聚到焦点的能量全部收集起来。

3. 高频头（LNB也称降频器）是将馈源送来的卫星信号进行降频和信号放大然后传送至卫星接收机。

4. 卫星接收机是将高频头输送来的卫星信号进行解调，解调出卫星电视图像信号和伴音信号。

图名	卫星电视接收系统基本组成	图号	RD 10—18

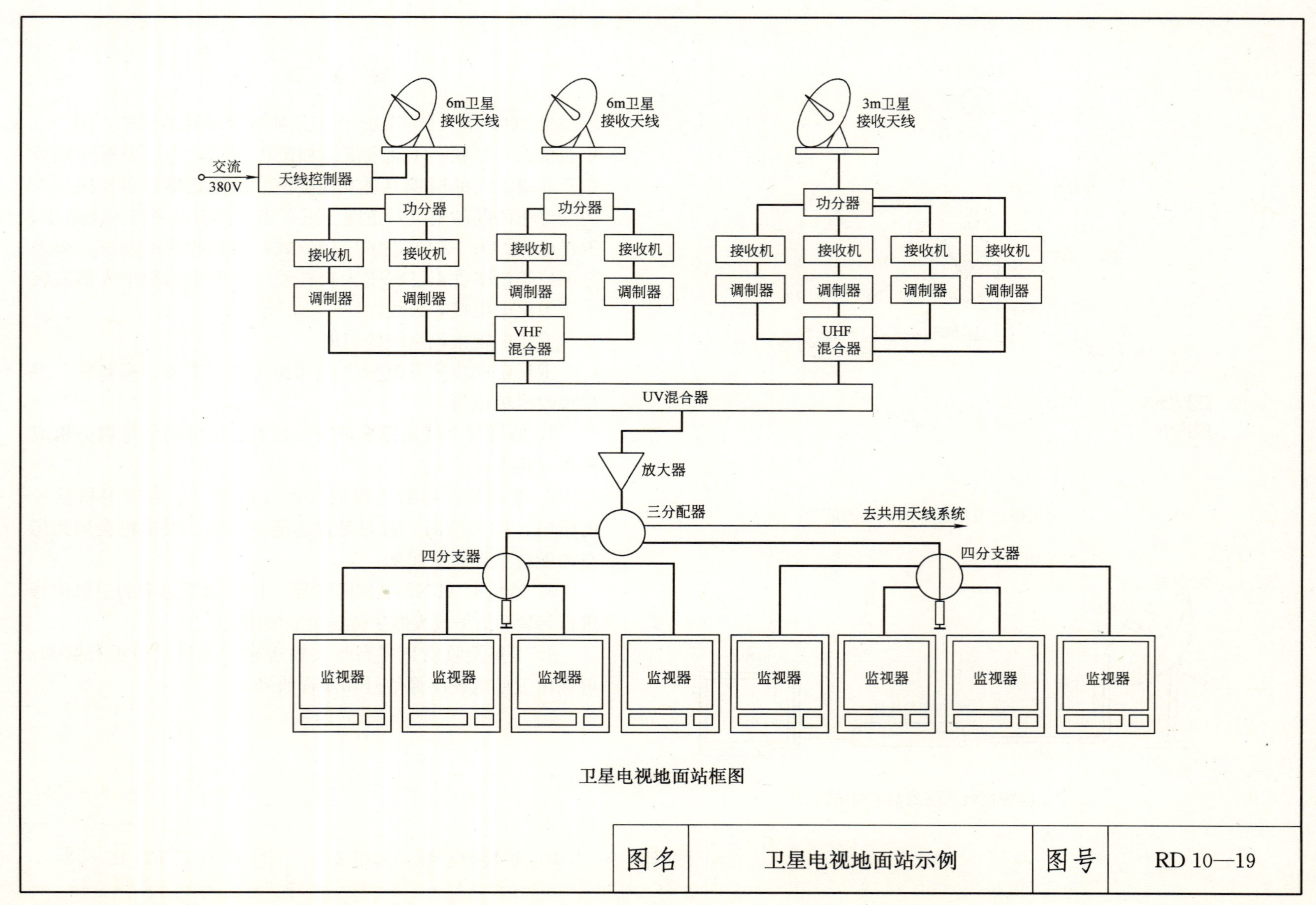

卫星电视地面站框图

图名	卫星电视地面站示例	图号	RD 10—19

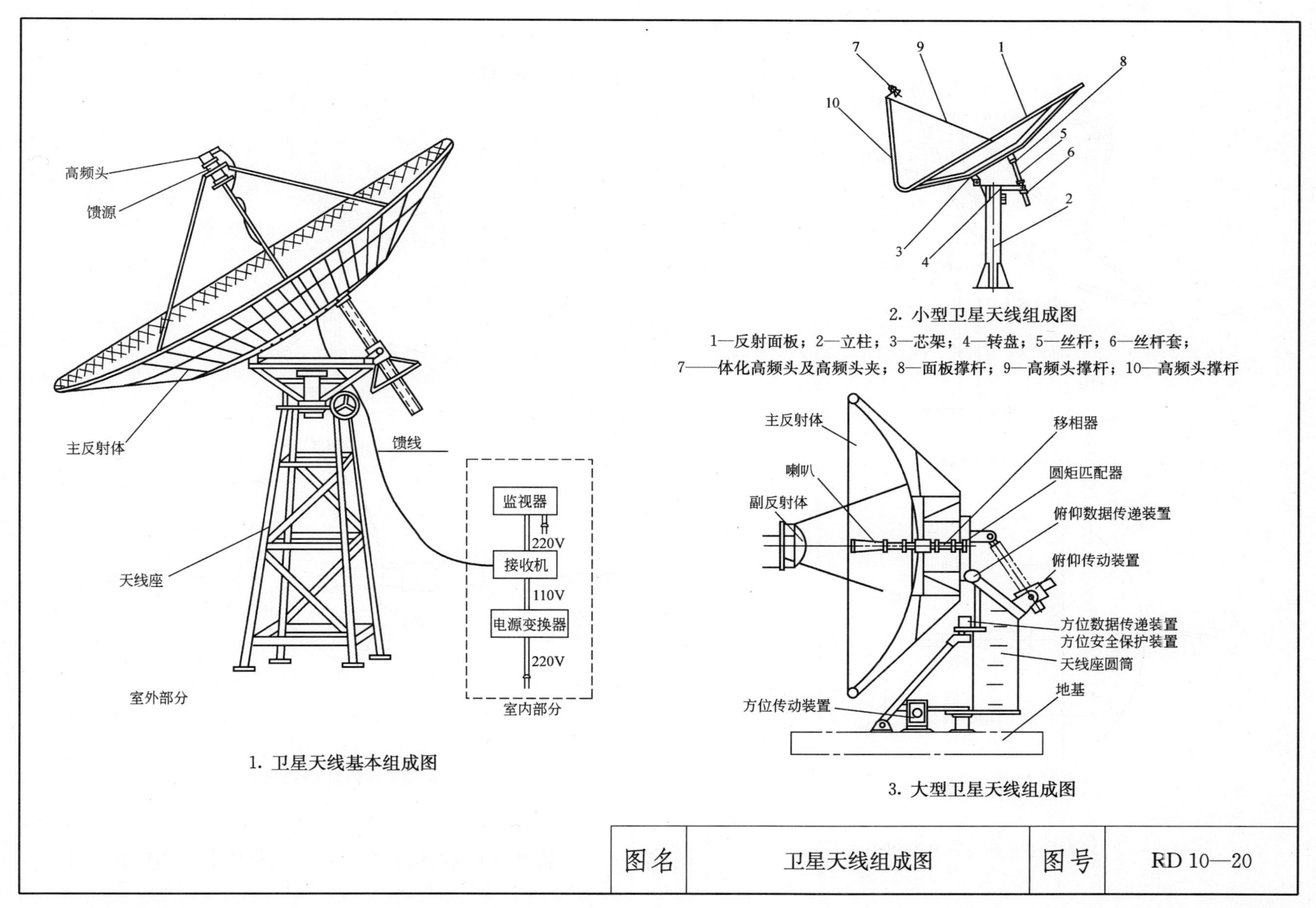

1. 卫星天线基本组成图

2. 小型卫星天线组成图

1—反射面板；2—立柱；3—芯架；4—转盘；5—丝杆；6—丝杆套；
7——体化高频头及高频头夹；8—面板撑杆；9—高频头撑杆；10—高频头撑杆

3. 大型卫星天线组成图

图名	卫星天线组成图	图号	RD 10—20

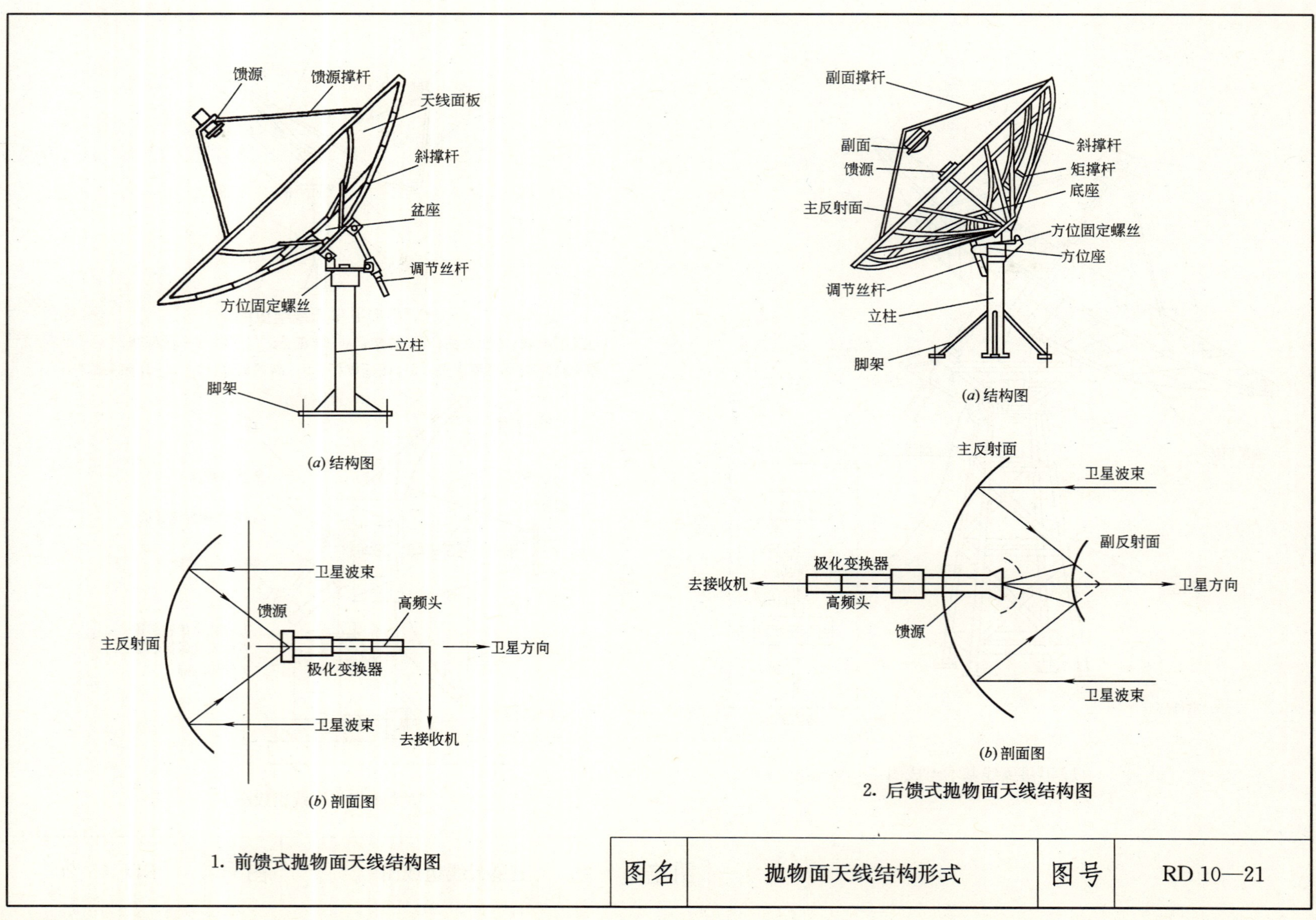

1. 前馈式抛物面天线结构图

2. 后馈式抛物面天线结构图

图名	抛物面天线结构形式	图号	RD 10—21

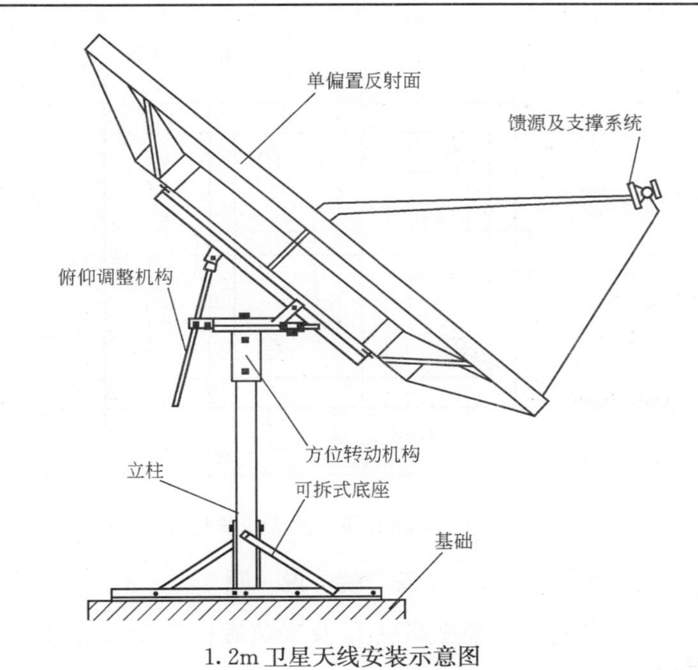

1.2m 卫星天线安装示意图

安 装 说 明

1. 站址选择

卫星接收站在选址时，要考虑以下基本环境条件和安全保障：

（1）卫星天线指向应开阔，无遮挡；

（2）查看附近有无微波站、差转台、雷达站、高压电线等，应尽量避开这些干扰源；

（3）对装在高楼顶的天线基础设施（处在风口区）要满足 10 级大风能工作，12 级大风不毁坏；

（4）天线的安装位置应使到接收机插口的射频电缆尽量短，一般在 40m 以内；

（5）天线安装在建筑物楼顶上，只需将天线的避雷线与建筑物的防雷网连接起来即可；

（6）用避雷针防雷时，避雷钉的保护范围为：天线应置于避雷针尖 45°夹角保护伞内。

2. 天线基础

通常情况下，天线固定于专门的基础上，但 Ku 波段小天线可装于屋顶、庭院，只要在坚固的水泥地上用膨胀螺栓固定就可以。1.2m 天线的基础，要用 1000mm×1000mm×200mm 的混凝土基础，重量约 400kg。

3. 天线安装

天线组装前，先根据装箱清单查点全部零件、标准件的规格、数量。然后，参照天线所附带的安装简图分别进行组装。具体安装方法如下：

（1）立柱、底座安装并固定在基础上；

（2）安装仰角调节杆与方位套筒后装于立柱上；

（3）连接支臂与反射面，然后与方位套筒和仰角调节杆再连接；

（4）将馈源支杆、馈源夹、馈源、高频头等装在反射面上；

（5）除调整机构部分，其余紧固件锁定牢固。

4. 天线与高频头连接

先做好电缆线，把电缆一头接在高频头输出座上，另一头接在卫星电视接收机的射频输入插座上，接头要平稳拧紧，保证芯线接触良好，屏蔽层可靠接地，并用胶条把高频头插座处缠紧，以防雨水浸入。

图名	1.2m 卫星天线安装方法	图号	RD 10—22

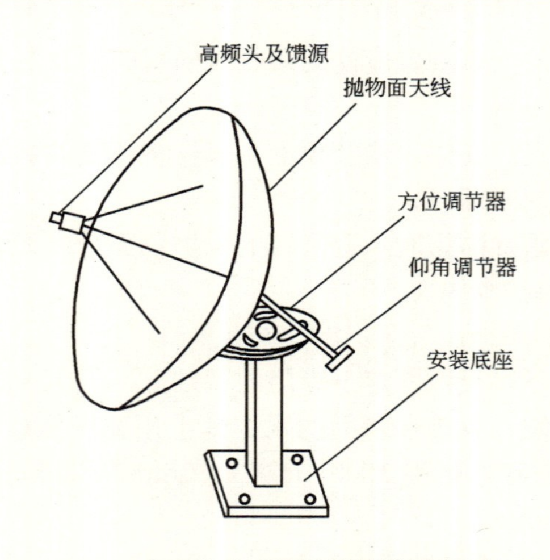

1. 3.5m 以下卫星天线结构示意图

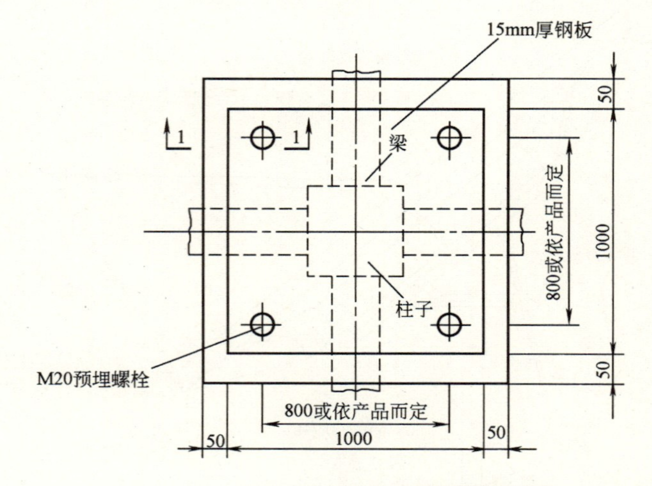

2. 3.5m 以下卫星天线基座图

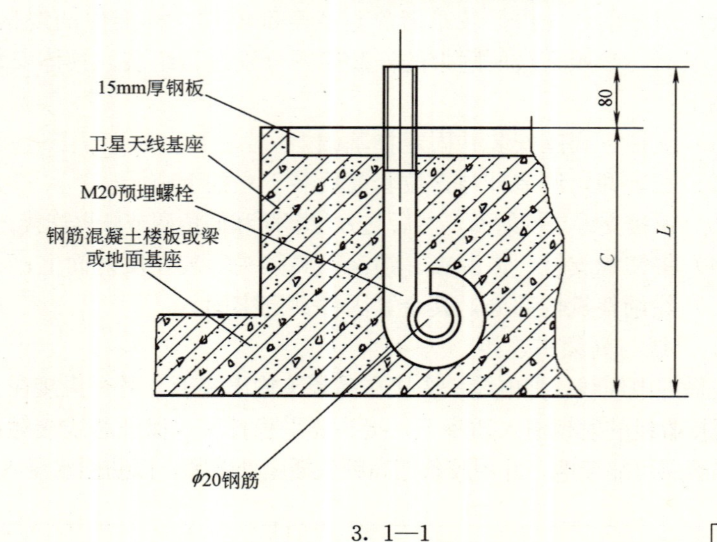

3. 1—1

安 装 说 明

1. 图中天线基座高度 C 及安装螺栓长度 L 由工程设计确定。

2. 在主体施工时配合完成天线基座螺栓及钢板的预埋工作。

3. 天线需配钢管用于电缆引下，天线及基座等需要做防雷接地连接。在信号接收时进行天线方向的调整。

4. 竖杆（架）和抛物面天线的安装应按生产厂提供的资料和要求设计。

5. 天线放大器应安装在竖杆（架）上。天线至前端的馈线采用屏蔽性能好的同轴电缆，其长度不得大于 20m，并不得靠近前端输出口和干线输出电缆。

图名	3.5m 卫星天线安装方法	图号	RD 10—23

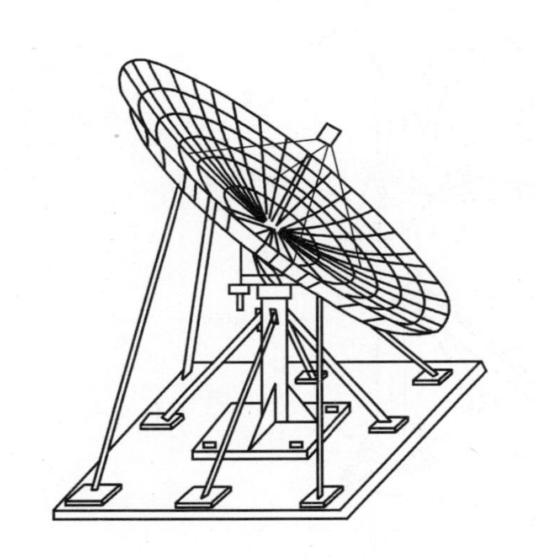

1. 4m 网状卫星天线安装方法

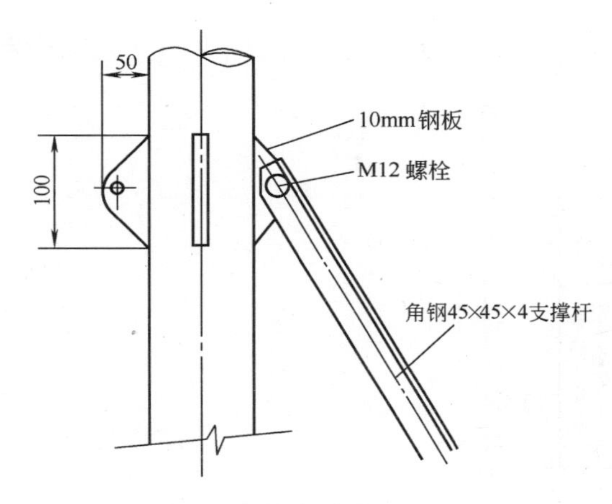

3. 支撑杆安装大样图（一）

M12 螺栓
10mm 钢板
M12 膨胀螺栓

4. 支撑杆安装大样图（二）

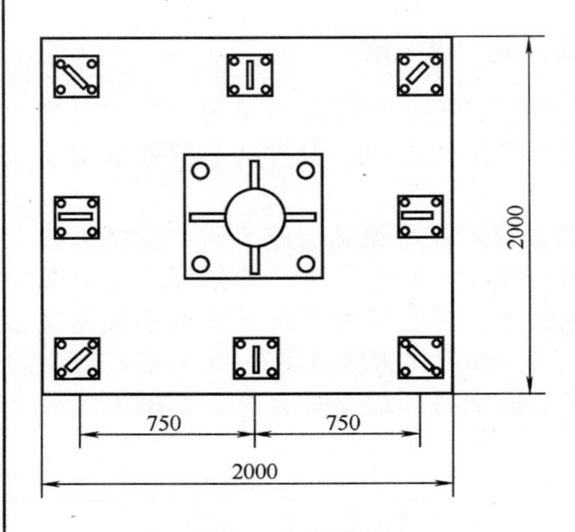

2. 支撑杆基础布置图

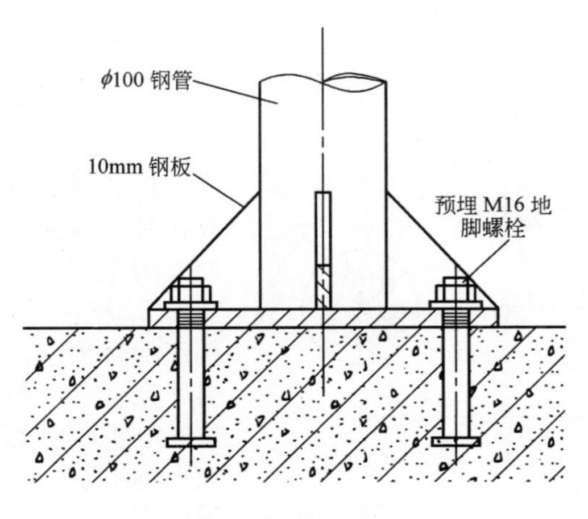

5. Y 主竖杆基础大样图

安 装 说 明

网状卫星天线由于抛物面支撑强度较低，天线调整好角度后，需要在适当位置做角钢支撑，以增强抗风力。支撑要刷油漆防腐。

卫星天线需要做防雷接地连接。

图名	4m 网状卫星天线安装方法	图号	RD 10—24

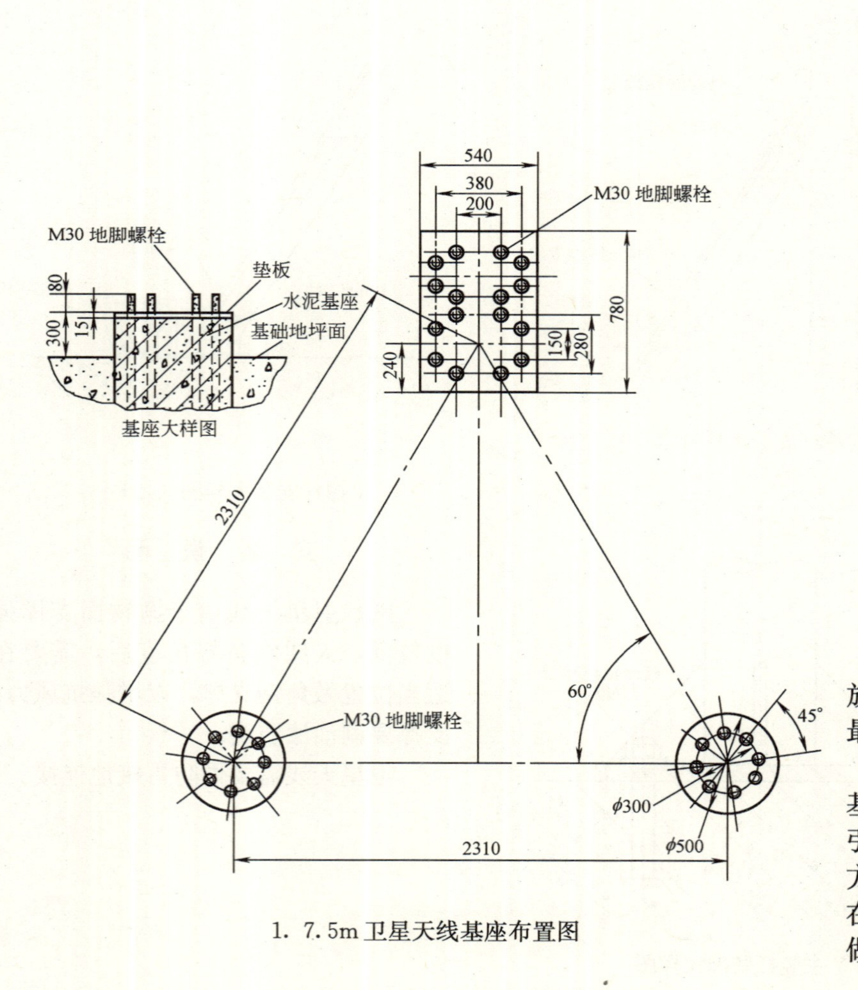

1. 7.5m 卫星天线基座布置图

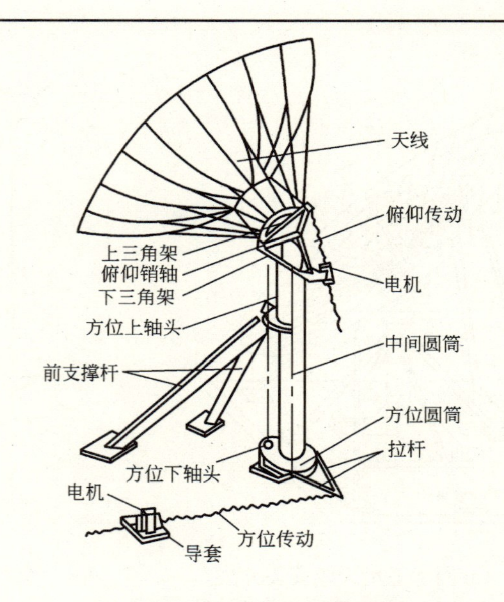

2. 7.5m 卫星天线结构示意图

安 装 说 明

1. 三支脚卫星天线应按设计要求所接收卫星的方向进行摆放，其中两前支撑杆设在卫星接收方向，因为这个位置承受了最大的风力。

2. 若卫星天线在屋顶安装，在屋顶结构施工时，应将天线基座配合预埋，预埋时调整好尺寸及水平度，并预埋三根电缆引下钢管（一根为信号线引下、另两根为调整天线水平及垂直方向电机用电源线引下）。7.5m 卫星天线重量在 2t 左右，通常在现场组装，在塔吊拆除之前应将天线安装就位。卫星天线要做防雷接地连接。

图名	7.5m 卫星天线安装方法	图号	RD 10—25

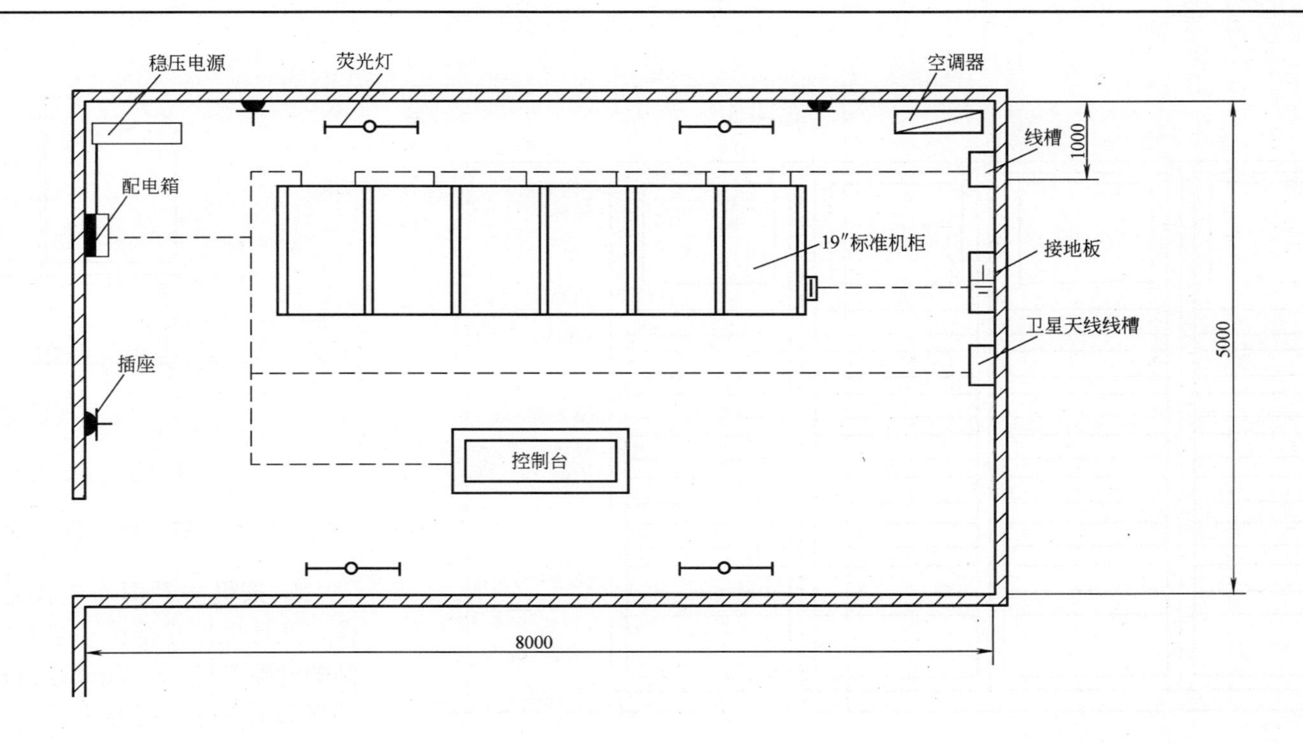

前端机房平面布置图

安 装 说 明

1. 前端机房应铺设防静电活动地板，地板高度距地面宜为250～300mm。

2. 设备机柜背面与侧面离墙面净距不应小于0.8m。

3. 前端机房宜设置在覆盖区域中心，并靠近节目源。前端机房（包括卫星电视接收机房）到天线馈线长度距离不大于30m。

4. 有线电视及卫星电视系统当为单独的接地系统时，接地电阻为4Ω；当与建筑物的防雷接地共用一组接地装置（即联合接地）时，接地电阻不大于1Ω。

图名	前端机房平面布置图示例	图号	RD 10—26

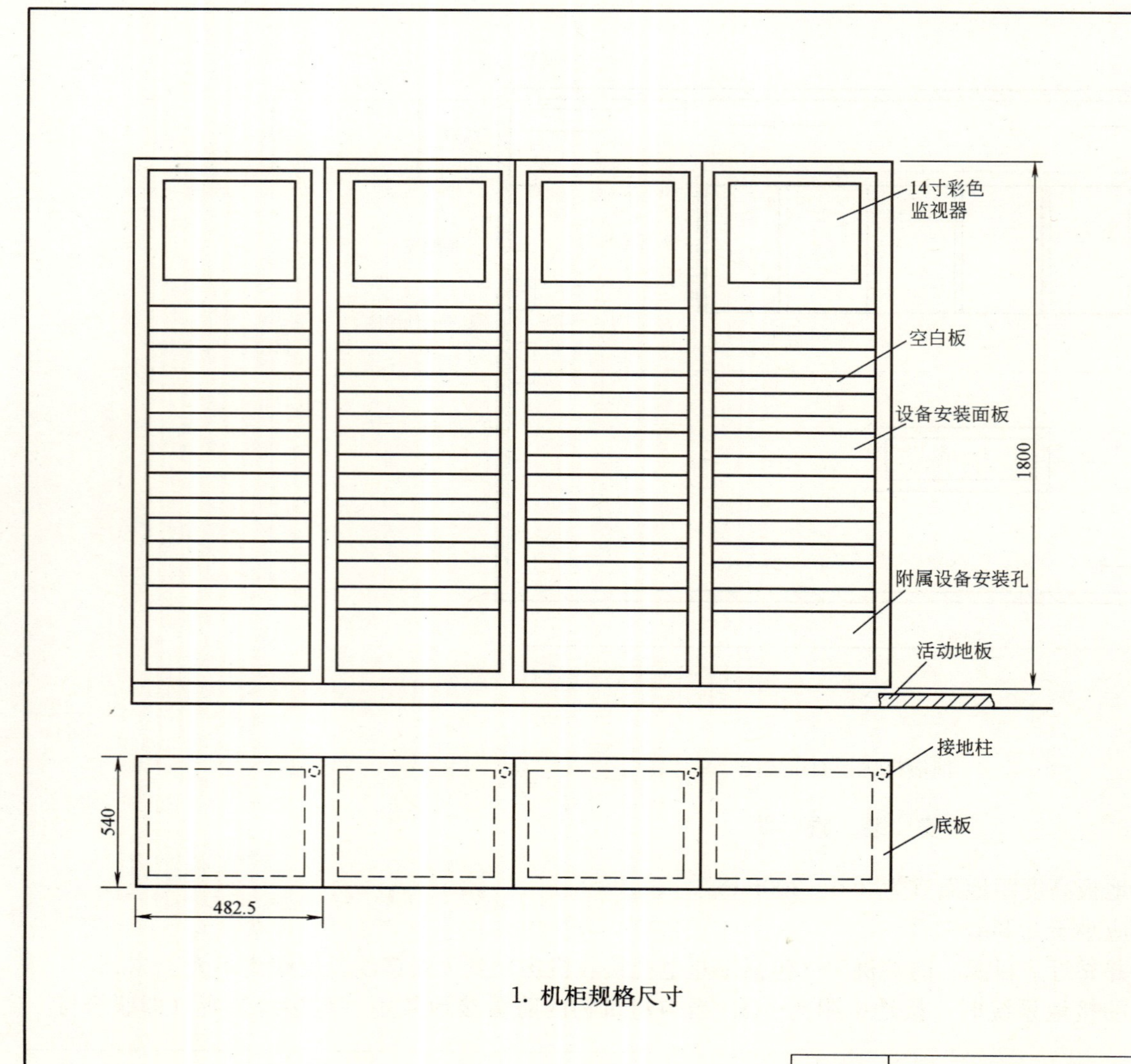

1. 机柜规格尺寸

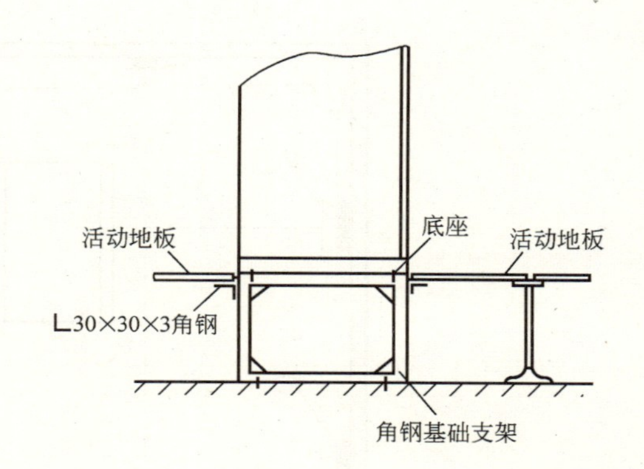

2. 机柜安装方法

安 装 说 明

1. 按机房平面布置图进行设备的定位，几台机柜并排在一起安装时，两机柜间的缝隙不得大于3mm。机柜面板应在同一平面上，并与基准线平行，前后偏差不应大于3mm。对于相互有一定间隔而排成一列的机柜，其面板前后偏差不应大于5mm。机柜安装好后，再进行机柜内设备的安装及调试工作。

2. 前端机房内的电缆宜采用金属线槽沿地面敷设，弱电、强电电缆分走各自线槽。

图名	前端机房机柜安装方法	图号	RD 10—27

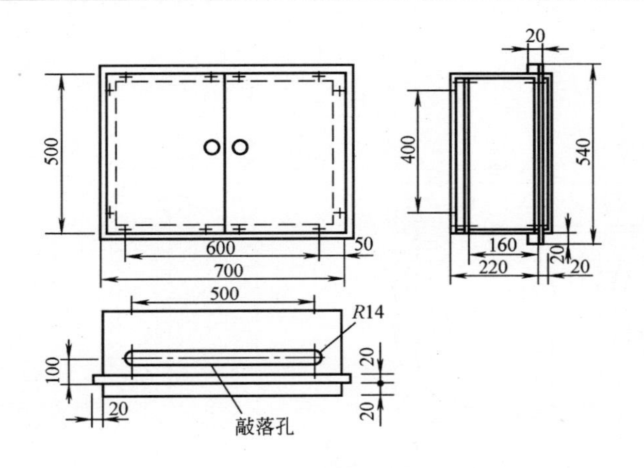

1. 前端箱规格尺寸

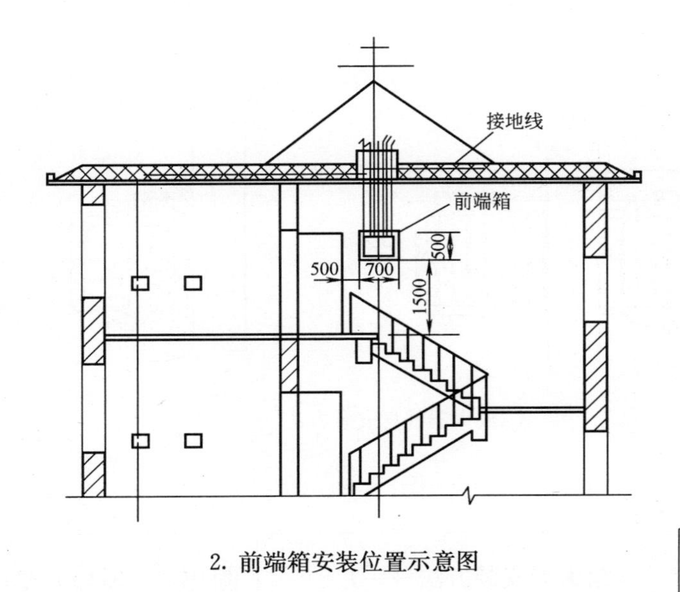

2. 前端箱安装位置示意图

钢管

膨胀螺栓

前端箱

钢板网

(a) 明装方法

(b) 暗装方法

3. 前端箱安装方法

安装说明

1. 前端箱内设备包括放大器、衰减器、混合器、电源及分配器等。

2. 前端箱安装高度为底边距地 1.5m。

3. 前端箱暗装应在土建主体施工时做好箱体及钢管的预埋，待室内装饰工程结束后，再进行箱内设备及配线安装。

4. 前端箱明装时，可暗配钢管在箱后安装接线盒进出线或明配电线管及线槽在上下部进出线。

图名	前端设备箱安装方法	图号	RD 10—28

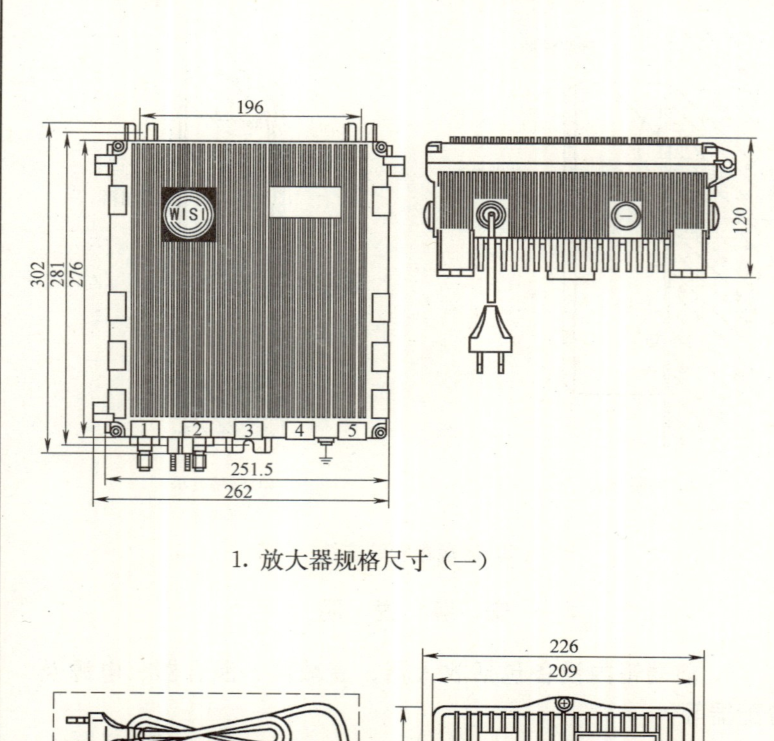

1. 放大器规格尺寸（一）

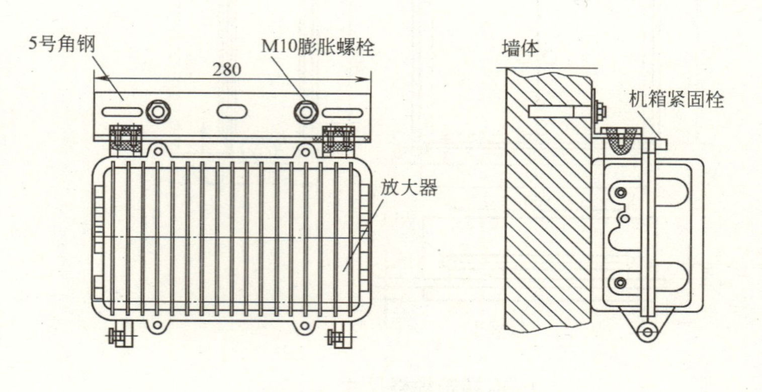

3. 放大器挂墙安装方法

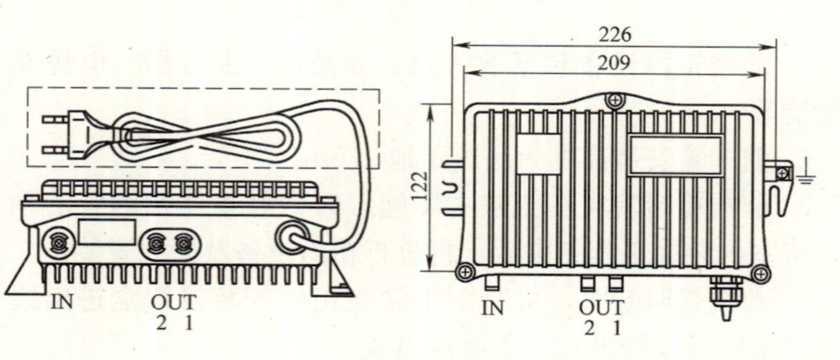

2. 放大器规格尺寸（二）

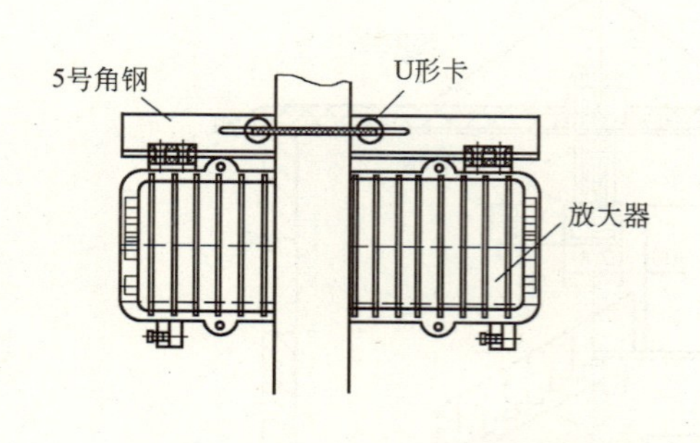

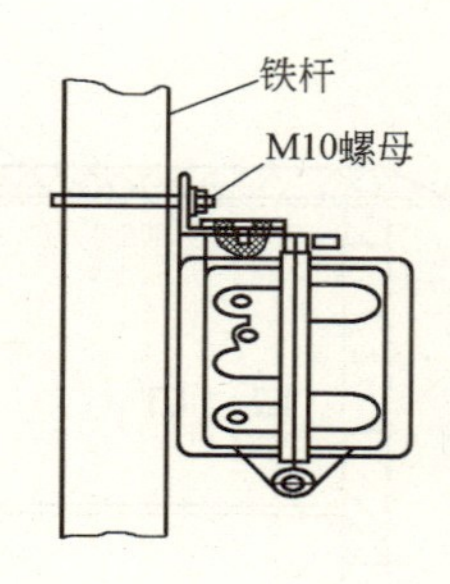

4. 放大器挂杆安装方法

图名	放大器安装方法（一）	图号	RD 10—29（一）

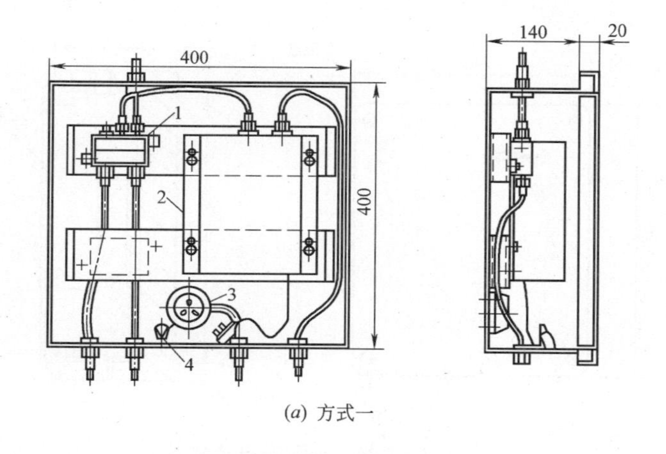

(a) 方式一

1—分配器；2—放大器；3—电源插座；4—接地螺栓

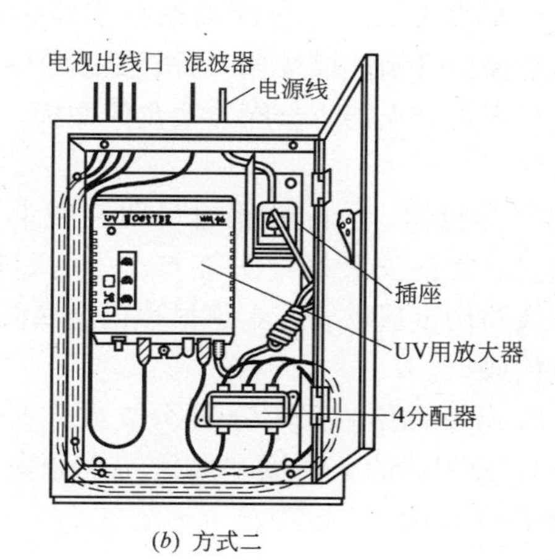

(b) 方式二

1. 放大器箱内部布置图

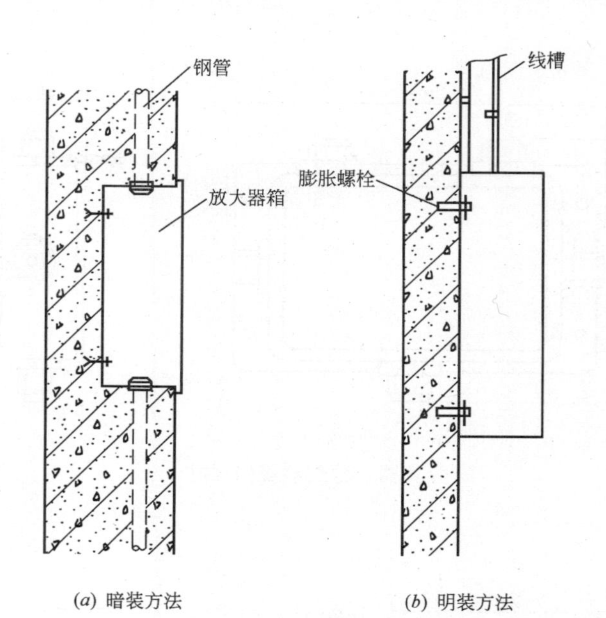

(a) 暗装方法　　(b) 明装方法

2. 放大器箱安装方法

安 装 说 明

1. 为了补偿信号经电缆远距离传输造成的电平损失，一般在传输的中途应加装干线放大器。

2. 放大器箱通常安装在弱电竖井（房）中，安装高度底边距地 1.4m。

3. 放大器需要 220V 电源供电，可用 ϕ20 电线管配管引入。

4. 放大器箱明装时可配管或 100mm×100mm 金属线槽做电缆引入。

图名	放大器安装方法（二）	图号	RD 10—29（二）

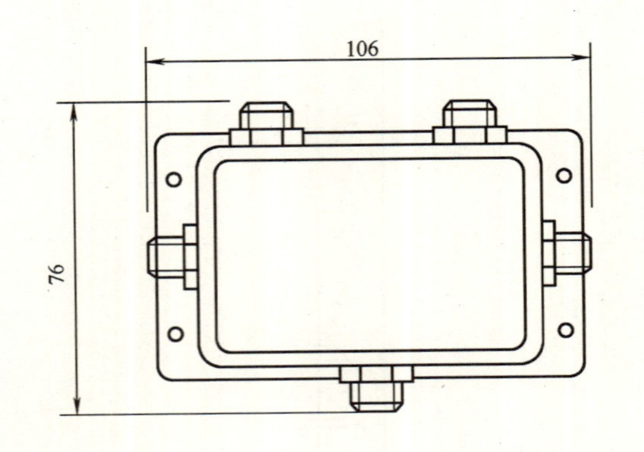

1. 分支器、分配器规格尺寸

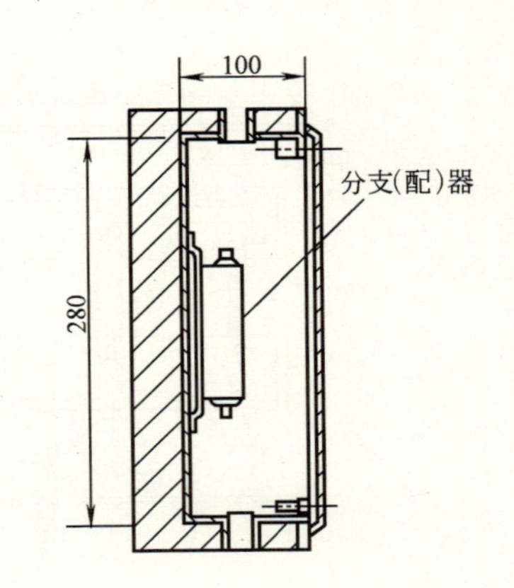

2. 分支器、分配器箱暗装方法

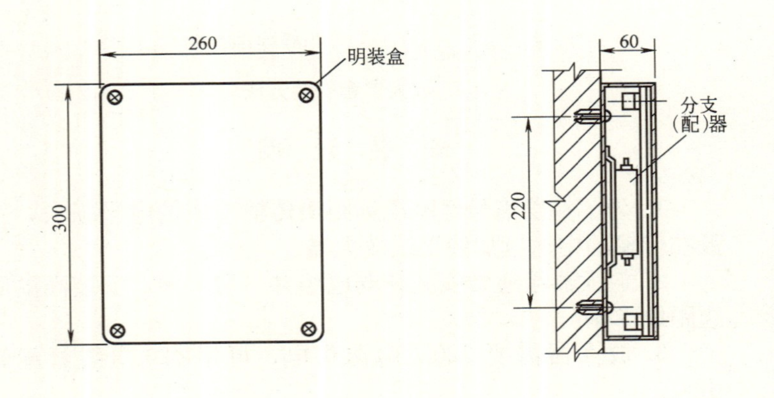

3. 分支器、分配器箱明装方法

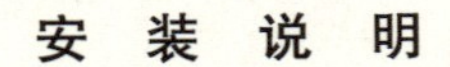

安 装 说 明

1. 暗装分支器、分配器箱在主体结构施工时，应将箱体及电缆保护管预埋墙体内，并注意保护，待装饰工程结束后，再进行安装分支器、分配器及盒体面板，安装高度由工程设计决定。

2. 分支器、分配器箱也可明装在走道吊顶内墙上，并在吊顶安装之前安装好，安装方式可用塑料胀管及螺钉固定箱体。线路用金属软管与走道吊顶内金属线槽连接，并在吊顶处预留检修口。

3. 分配网络宜采用分配-分支或分支-分支方式。

4. 分配器的空余端和最后一个分支器的主输出口，必须终接 75Ω 负载。

图名	分支器及分配器安装方法	图号	RD 10—30

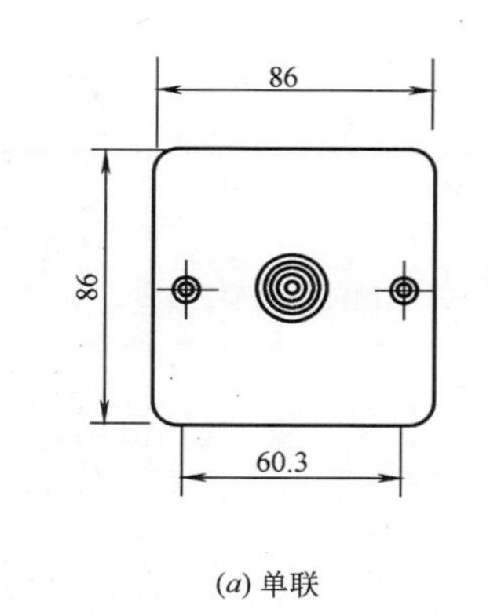

(*a*) 单联

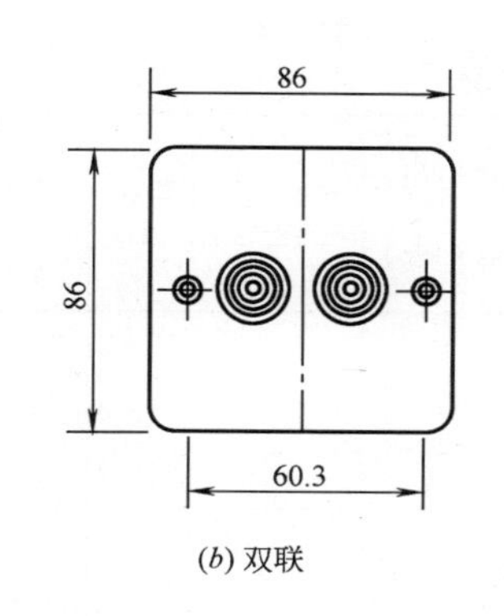

(*b*) 双联

1. 用户终端规格尺寸

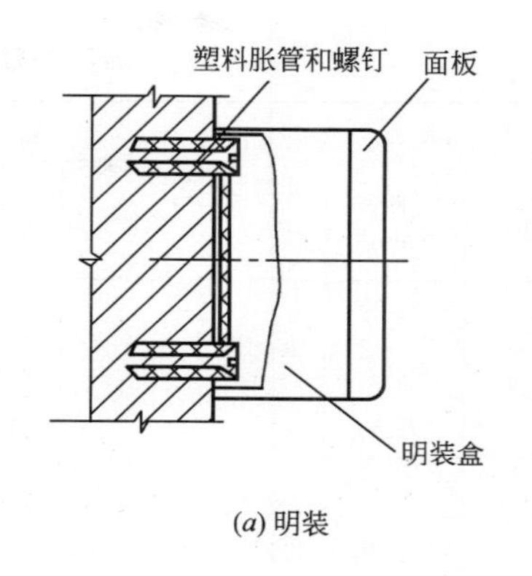

(*a*) 明装

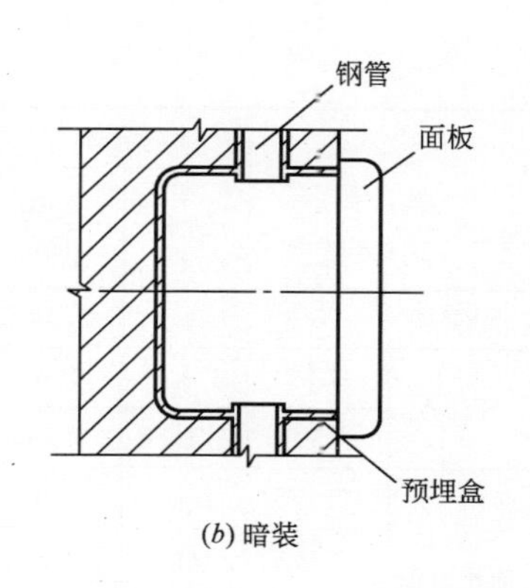

(*b*) 暗装

2. 用户终端安装方法

SYKV－75－5SC20
分支器箱
300
用户管线
200
电源插座
用户终端
300

3. 用户终端安装位置示意图

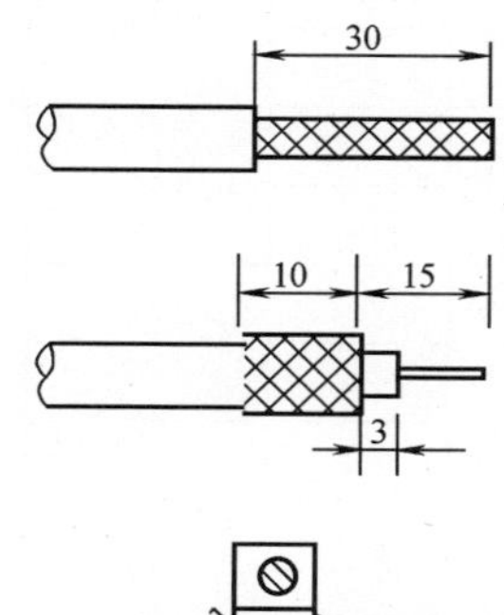

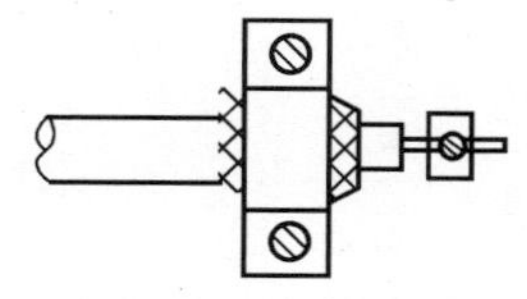

4. 同轴电缆接线压接方法

安 装 说 明

1. 用户终端安装高度为底边距地 300mm，与电源插座水平间距不应小于 200mm。

2. 用户终端安装位置应正确、安装平整。

3. 用户线可选用 SYKV-75-5 电缆，用户端留 100mm 左右长电缆，方便安装与修理使用。

4. 明装用户终端可选用阻燃 PVC 线槽用于导线的敷设。

图名	用户终端安装方法	图号	RD 10—31

国产同轴电缆规格表

型号		内导体		绝缘		外导体	护套		绝缘电阻不小于（MΩ·km）	试验电压不低于（kV）	阻抗（Ω）	电容（pF/m）	衰减不大于 dB/100m			适应性
		结构	外径（mm）	结构	外径（mm）		结构	外径（mm）					30（MHz）	200（MHz）	800（MHz）	
SYFV	-75-5	1/1.14	1.14	发泡聚乙烯	5.05	铜编织双层	聚氯乙烯（白色）	7.2			75±5	≯60	4.2	10.6	26	楼内支线
SYFA	-75-7	1/1.5	1.5		6.08			9.4			75±3	≯60	2.8	7.2	19	支线或干线
	-75-9	1/1.88	1.88		8.6			11.5			25±3	≯60		7	17	干线
SDVD藕状电缆	-75-5-5	1/1.0	1.0	半空气聚乙烯	4.8±0.2	铝箔纵包外加铜线编织	聚氯乙烯	6.8±0.3	1000	4	75±3	60	4.10	11.0	22.5	楼内支线
	-75-7-5	1/1.5	1.5		7.3±0.3			10±0.3				60	2.60	7.60	16.9	支线或干线
	-75-9-5	1/1.9	1.9		9.0±0.3			12±0.4				60	2.05	5.90	12.9	干线
SYKV藕状电缆	-75-5-5	1/1.0	1.0	聚乙烯	4.8±0.2	铝箔纵包外加铜线编织双层	聚氯乙烯	7.0±0.3	1000	1	75±3	57	4.10	11.0	22.9	楼内支线
	-75-9-7	1/2.0	2.0		9.0±0.3			12.4±0.4				53	2.10	5.9	13.0	支线或干线
SYLV	-75-5-1	6/1.0	1.0	藕芯	4.8		聚氯乙烯	6.1	≥2×10^4	1.2	75±3	55		10.3	21.2	楼内支线
SYLA	-75-7	1/1.6	1.6		7.3			10.2		2	75±2	54		6.7	13.9	支线或干线
SYDY	-75-4.4		1.2	竹管	8.3						75		4.3	8.2	16.0	架空，管道
	-75-9.5		2.6		14.0								1.4	4.3	8.6	
SIZV	-75-5		1.2	竹管	5.3	铜丝	聚氯乙烯	ϕ7.3					4.5	11	22	楼内支线
	-75-5-A		1.2		5.3	铝塑		ϕ7.3					3.5	8.5	17	
SIOV	-75-5		1.13	藕芯	5.4	铜丝	聚氯乙烯	ϕ7.4					4.7	12.5	28	楼内支线
	-75-5-A		1.13		5.4	铝丝		ϕ7.4					3.5	9	18.5	

图名	常用国产同轴电缆规格表（一）	图号	RD 10—32（一）

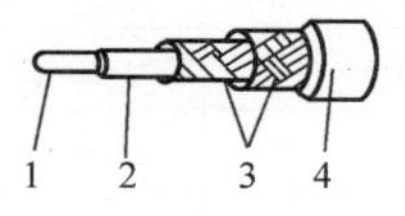

SYV−50−5−2

1 2 3 4

SYV−50−23−2　SYV−50−33−2
SYV−75−33−2　SYV−75−23−2

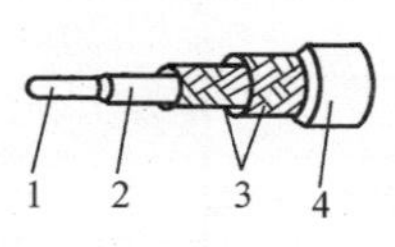

SYV−50−7−2

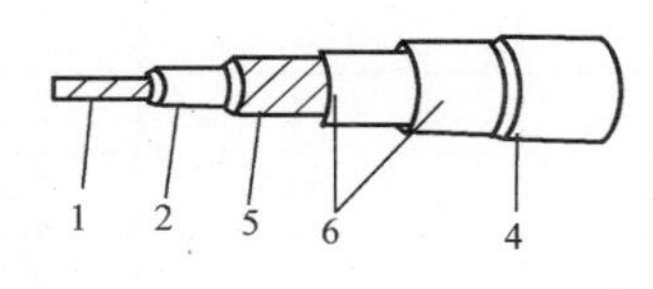

1 2 3 4

1—铜芯线；2—聚乙烯绝缘；3—铜线护织；
4—聚乙烯护套；5—扁铜线绕包；6—铜带绕包

1. 同轴电缆结构示意图

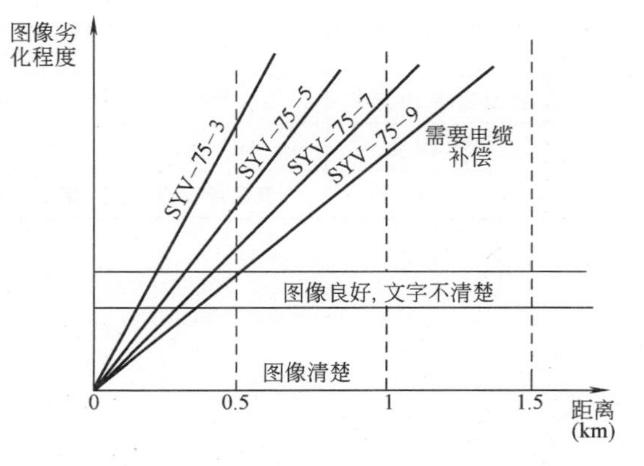

2. SYV 型电缆的图像劣化

3. 常用 75Ω 同轴电缆规格表

型　号	内导体外径(mm)	绝缘外径(mm)	特性阻抗(Ω)	电容(pF/m)	衰减量(dB/m)			
					50MHz	100MHz	200MHz	300MHz
SYV-75-2	0.27	1.6±0.5	70～80	74	0.280			
SYV-75-4	0.63	3.7±0.2	72～78	76	0.113			
SYV-75-5-1	0.72	4.6±0.2	72～78	76	0.082	0.113	0.140	0.200
SYV-75-5-2	0.78	4.6±0.2	72～78	76	0.095			
SYV-75-7	1.20	7.3±0.3	72～78	76	0.061			
SYV-75-9	1.37	9.0±0.4	72～78	70	0.048	0.070	0.110	0.130
SYV-75-15	2.24	14.9±0.7	72～78	70	0.035			
SYV-75-18	2.72	18.0±0.9	72～78	70	0.026	0.035		
HTA-75-3	0.60	3.1±0.2	72～78		0.071			
HTA-75-5	0.80	4.6±0.2	72～78		0.055		0.085	
HTA-75-7	1.20	7.3±0.3	72～78		0.032			
SBYFV-75-5	1.13	5.2±0.2	72～78				0.110	
SBYFV-75-9	1.9	9.0±0.3	72～78				0.080	

安　装　说　明

经过 300m SYV-75-5 型同轴电缆的传输后，图像还能达到 400 线左右的分辨率，能够满足一般监视器的要求。在传输线超过 300m 后，应该考虑使用电缆补偿器，以保证图像分辨率等图像质量。因此，一般地说，传输距离在 300m 以下时可以不用考虑其衰减的影响。

图名	常用国产同轴电缆规格表（二）	图号	RD 10—32（二）

内导体 绝缘介质 外导体 护套

(*a*) 泡沫状电缆

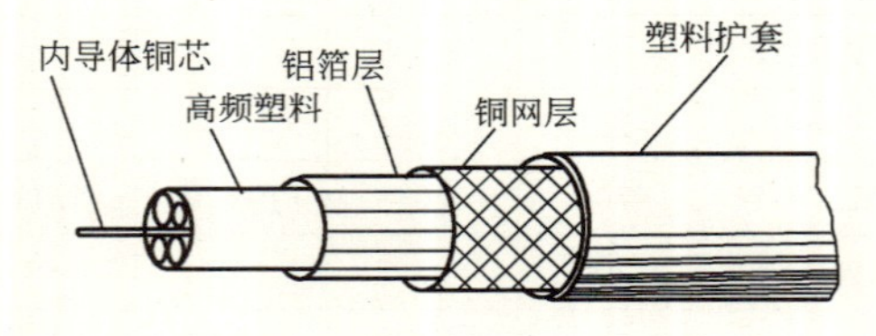

(*b*) 藕芯状电缆

1. 同轴电缆结构图

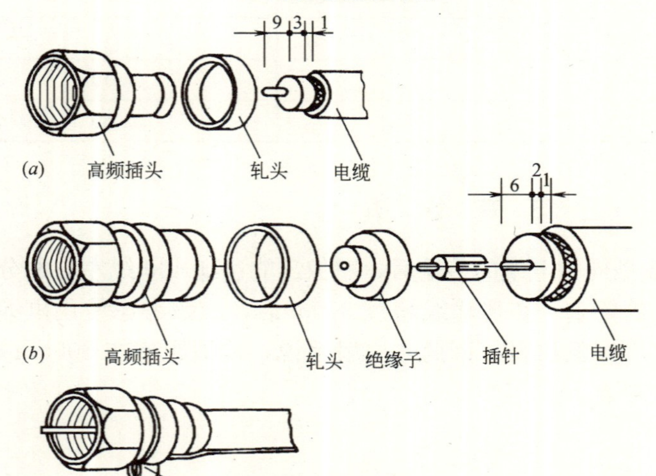

2. 高频插头与电缆的装配方法

3. 三种美国同轴电缆主要技术性能指标表

技术特性 \ 电缆型号	MC^{2}500	TX565	QR540
衰减 dB/100m(5～550MHz)	0.46～5.09	0.46～5.12	0.46～5.18
最小弯曲半径(mm)	152	200	127
拔出力(kgf)	123	120	100
传播速度(相对光速)	93%	87%	88%
频带宽度(MHz)	1000	1000	1000
寿命(年)	50	25	—
温度系数每(℃)	0.10%	0.18%	—
标称重量(kg/km)	144	232.9	186
内导体直径(mm)	3.1	3.28	3.15
外导体直径(mm)	13	14.4	13.72
护套外径(mm)	14.9	15.9	15.49
环路直流电阻(Ω/km)	5.15	4.26	5.28
外导体厚度(mm)	0.55	0.6	0.343
疲劳度	往复弯曲 10 周期	2 周期	3 周期
外导体成形	整体焊接	无缝铝管	整体焊接
介质	空气	聚乙烯发泡	聚乙烯发泡

图名	常用进口同轴电缆规格表	图号	RD 10—33

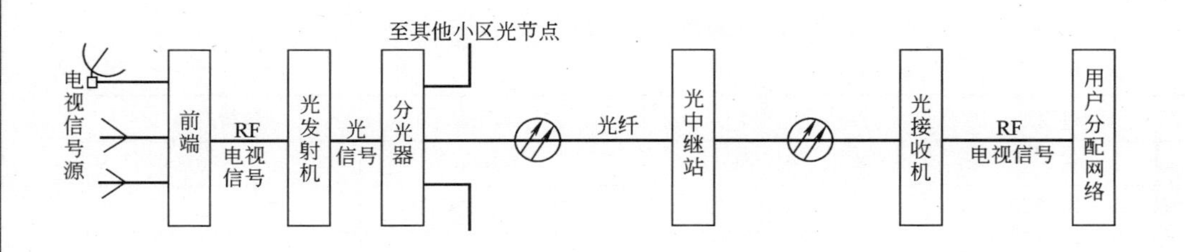

1. 有线电视光纤传输采用分光器的典型系统

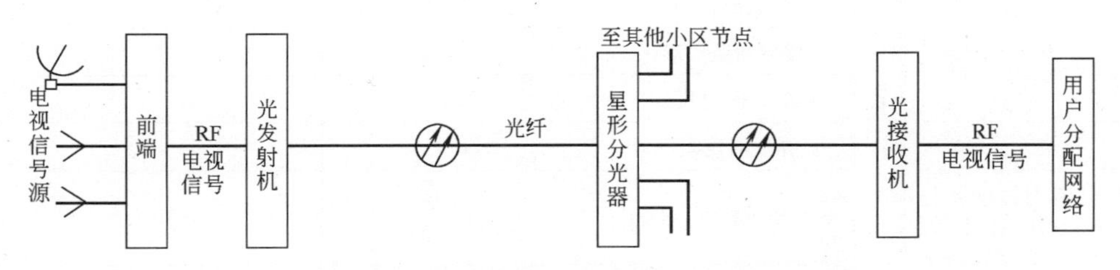

2. 有线电视光纤传输使用星形分光器的分支系统

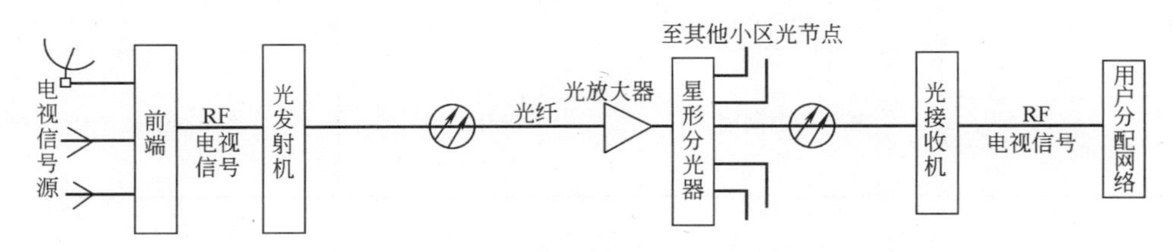

3. 有线电视光纤传输采用光放大器的光分支系统

安 装 说 明

1. 光缆的施工应符合下列要求：

(1) 光缆敷设前，应使用光时域反射计和光纤衰耗测试仪检查光纤有无断点，衰耗值应符合设计要求。

(2) 核对光缆的长度，根据施工图上给出的实际敷设长度来选配光缆。配盘时应使接头避开河沟、交通要道及其他障碍物；架空光缆的接头与杆的距离不应大于1m。

(3) 布放光缆时，光缆的牵引端头应作技术处理，并应采用具有自动控制牵引力性能的牵引机牵引；其牵引力应施加于加强芯上，并不得超过150kg；牵引速度宜为10m/min，一次牵引的直线长度不宜超过1km。布放光缆时，其弯曲半径不得小于光缆外径的20倍。

(4) 光缆的接续应由受过专门训练的人员来操作，接续时应采用光功率计或其他仪器进行监视，使接续损耗达到最小；接续后应安装光缆接头护套。

2. 架空光缆敷设时端头应采用塑料胶带包扎，接头的预留长度不宜小于8m，并将余缆盘成圈后挂在杆的高处。架空光缆可不留余兜，但中间不应绷紧。地下光缆引上电杆必须用钢管穿管保护；引上杆后，架空的始端可留余兜。

3. 管道光缆敷设时，无接头的光缆在直道上敷设应由人工逐个人孔牵引；预先作好接头的光缆，其接头部分不得在管道内穿行。

图名	有线电视系统光纤传输方式	图号	RD 10—34

项　目			电视广播	调频广播
频率范围(MHz)			30～1000	88～108
系统输出口电平	电平范围(dBμV)		57～83(VHF)频段 60～83(UHF)频段	37～80(单)声道 47～80(立)体声
	频道间电平差	任意频道(dB)	≤15(UHF) ≤12(VHF) ≤8(VHF段中任意60MHz内) ≤9(UHF段中任意100MHz内)	8≤(VHF)
		相邻频道(dB)	≤3	≤6(VHF段中任意600kHz)
		图像与伴音差(dB)	≤3	
	频道内幅度/频率特性(dB)		任何频道内幅度变化不大于±2dB，在任何0.5MHz内，幅度不大于0.5dB	任何频道内幅度变化不大于3dB，在载频75kHz范围内，变化斜率每10kHz不大于0.36dB
辐射与干扰	寄生辐射		待定	—
	中频干扰		比最低电视信号电平低10dB(VHF) 不高于最低电视信号电平(UHF)	
	其他干扰按相应国空标准			
	抗　扰　度			

项　目			电视广播	调频广播
频率范围(MHz)			30～1000	88～108
信号质量	载噪比(dB)		≥43(B=5.75MHz)	≥41
	载波互调比(dB)		≥57(宽带系统单频干扰) ≥54(频道内干扰)	—
	交扰调制比(dB)		≥46	—
	信号交流声比(dB)		≥46	—
	回波值(%)		≤7	—
	微分增益(%)		≤10	—
	微分相位(度)		≤12	—
	色/亮度时延差(ns)		≤100	—
	频率稳定度	频道频率(kHz)	±75(本地) ±20(邻道)	±12
		图像伴音差(kHz)	±20(邻道)	—
	系统输出口相互隔离(dB)		≥22	
特性阻抗(Ω)			75	
相邻频道间隔			8MHz	>400kHz

图名	电缆分配系统主要技术参数	图号	RD 10—35

项目		电视广播	调频广播
系统输出口电平(dBμV)		60～80	47～70(单声道或立体声)
系统输出口频道间载波	任意频道间(dB)	≤10 ≤8(任意60MHz)	≤8(VHF段)
	相邻频道间(dB)	≤3	≤6(任意600kHz内)
电平差	伴音对图像(dB)	−14～−23(邻频传输系统) −7～−20(其他)	
频道内幅度/频率特性(dB)		任何频道内幅度变化不大于±2，在任何0.5MHz频率范围内，幅度变化不大于0.5	任何频道内幅度变化不大于2，在载频的75kHz频率范围内，变化斜率每10kHz不大于0.2
载噪比(dB)		≥43(B=5.75MHz)	≥41(单声道) ≥51(立体声)
载波互调比(dB)		≥57(对电视频道的单频干扰) ≥54(电视频道内单频互调干扰)	
载波组合三次差拍比(dB)		≥54(对电视频道的多频互调干扰)	
交扰调制比(dB)		46+10lg(N−1)(式中N为电视频道)	
载波交流声比(dB)		≥46	
邻频道抑制(dB)		≥60	

项目		电视广播	调频广播
带外寄生输出抑制(dB)		≥60	
色度-亮度时延差比(ns)		≤100	
回波值(%)		≤7	
微分增益(%)		≤10	
微分相位(度)		≤10	
频率稳定度	频道频率(kHz)	±25	±10(24h内) ±20(长时间内)
	图像/伴音频率间隔(kHz)	±5	
系统输出口相互隔离度(dB)		≥30(VHF段) ≥22(其他)	
特性阻抗(Ω)		75	
相邻频道间隔		8MHz	≥400kHz
数据传输质量	群时延(ns)	≤50	
	数据反射波比(%)	≤10	
辐射与干扰	寄生辐射	待定	
	中频干扰(dB)	比最低电视信号电平低10	
	抗扰度(dB)	待定	
	其他干扰	按相应国家标准	

图名	有线电视下行传输系统主要技术参数	图号	RD 10—36

1. 系统验收分类

系统类别	系统所容纳的输出口数(个)
A	10000 以上
B	2001～10000
C	300～2000
D	300 以下

2. 五级损伤制评分分级

图像质量损伤的主观评价	评分分级
图像上不觉察有损伤或干扰存在	5
图像上有稍可觉察的损伤或干扰，但不讨厌	4
图像上有明显察觉的损伤或干扰，令人感到讨厌	3
图像上损伤或干扰较严重，令人相当讨厌	2
图像上损伤或干扰极严重，不能观看	1

3. 强场范围的划分

强场划分	VHF(dBμV)	UHF(dBμV)
强场区	大于 94	大于 106
中场区	74～94	86～106
弱场区	54～74	66～86
微场区	小于 54	小于 66

4. 主观评价项目

项目	损伤的主观评价现象
载噪比	噪波，即“雪花干扰”
交扰调制比	图像中移动的垂直或斜图案，即“窜台”
载波互调比	图像中的垂直，倾斜或水平条纹，即“网纹”
载波交流声比	图像中上下移动的水平条纹，即“滚道”
同波值	图像中沿水平方向分布在右边一条或多条轮廓线，即“重影”
色/亮度时延差	色、亮信息没有对齐，即“彩色鬼影”
伴音和调频广播的声音	背景噪声，如丝丝声、哼声、蜂声和串间等

5. 必需测试的项目

项目	类别	测试数量及要求
图像和调频载波电平	A、B、C、D	所有频道
载噪比	A、B、C	所有频道
载波互调比	A、B、C	每个波段至少测一频道
载波组合三次差拍比	A、B	所有频道
交扰调制比	A、B	每个波段测个频道
载波交流声比	A、B	任选一个频道进行测试
频道内频响	A、B	任选一个频道进行测试
色/亮度时延差	A、B	任选一个频道进行测试
微分增益	A、B	任选一个频道进行测试
微分相位	A、B	任选一个频道进行测试

注：1. 对于不测的每个频道也应检查有无互调产物。
2. 在多频道工作时，允许折算到两个频道来测量，其折算方法按各频道不同步的情况考虑。

图名	有线电视系统的工程验收项目	图号	RD 10—37

1. 前端设备调试记录表

项目＼电平值＼频道		直接收转								调频广播			卫星接收			自办节目	
		CH	CH	CH	CH	CH	CH	CH	CH	MHz	MHz	MHz	CH	CH	CH	CH	CH
前端输入(天线输出)电平																	
信号处理设备	中频输出电平(1)																
	解调输出电平(2)																
	卫星接收输出电平																
	调制输入电平																
	频道变换输入电平																
输出频道																	
前端输出电平																	
衰耗器步位																	

测试时间		气候		电频表型号		测试人	

2. 干线（桥接、分配、延长）放大器测试记录表

放大器编号	放大器型号	输入电平		补偿间隔		输出电平		衰耗均衡步位
		低端	高端	电缆型号	距离	低端	高端	

测试时间		气候		电平表型号		测试人	

3. 施工质量检查主要项目和要求

项目		检查要求
接收天线	天线	1. 振子排列、安装方向正确； 2. 各固定部位牢固； 3. 各间距符合要求
	天线放大器	1. 牢固安装在竖杆(架)上； 2. 防水措施有效
	馈线	1. 应有金属管保护； 2. 电缆与各部件的接点正确、牢固、防水
	竖杆(架)及拉线	1. 强度符合要求； 2. 拉线方向正确，拉力均匀
	避雷针及接地	1. 避雷针安装高度正确； 2. 接地线符合要求； 3. 各部位电气连接良好； 4. 接地电阻不大于 4Ω
前端		1. 设备及部件安装地点正确； 2. 连接正确、美观、整齐； 3. 进、出电缆符合设计要求，有标记
传输设备		1. 符合安装设计要求； 2. 各连接点正确、牢固、防水； 3. 空余端正确处理、外壳接地
用户设备		1. 布线整齐、美观、牢固； 2. 输出口用户盒安装位置正确、安装平整； 3. 用户接地盒、避雷器安装符合要求
电缆及接插件		1. 电缆走向、布线和敷设合理、美观； 2. 电缆弯曲、盘接符合要求； 3. 电缆离地高度及与其他管线间距符合要求； 4. 架设、敷设的安装附件选用符合要求； 5. 接插部件牢固、防水防腐蚀
供电器、电源线		符合设计、施工要求

图名	有线电视系统施工质量检查表	图号	RD 10—38

频道	频率范围(MHz)	图像载波频率(MHz)	伴声载波频率(MHz)
Z-1	111.0～119.0	112.25	118.75
Z-2	119.0～127.0	120.25	126.75
Z-3	127.0～135.0	128.25	134.75
Z-4	135.0～143.0	136.25	142.75
Z-5	143.0～151.0	144.25	150.75
Z-6	151.0～159.0	152.25	158.75
Z-7	159.0～167.0	160.25	166.75
DS-6	167.0～175.0	186.25	174.75
DS-7	175.0～183.0	176.25	182.75
DS-8	183.0～191.0	184.25	190.75
DS-9	191.0～199.0	192.25	198.75
DS-10	199.0～207.0	200.25	206.75
DS-11	207.0～215.0	208.25	214.75
DS-12	215.0～223.0	216.25	222.75
Z-8	223.0～231.0	224.25	230.75
Z-9	231.0～239.0	232.25	238.75
Z-10	239.0～247.0	240.25	245.75
Z-11	247.0～255.0	248.25	254.75
Z-12	255.0～263.0	256.25	262.75
Z-13	263.0～271.0	264.25	270.75
Z-14	271.0～279.0	272.25	278.75
Z-15	279.0～287.0	280.25	286.75

频道	频率范围(MHz)	图像载波频率(MHz)	伴声载波频率(MHz)
Z-16	287.0～295.0	288.25	294.75
Z-17	295.0～303.0	396.25	302.75
Z-18	303.0～311.0	304.25	310.75
Z-19	311.0～319.0	312.25	318.75
Z-20	319.0～327.0	320.25	326.75
Z-21	327.0～335.0	328.25	334.75
Z-22	335.0～343.0	336.25	342.75
Z-23	343.0～351.0	344.25	350.75
Z-24	351.0～359.0	352.25	358.75
Z-25	359.0～367.0	360.25	366.75
Z-26	367.0～375.0	368.25	374.75
Z-27	375.0～383.0	376.25	382.75
Z-28	383.0～391.0	384.25	390.75
Z-29	391.0～399.0	392.25	398.75
Z-30	399.0～407.0	400.25	406.75
Z-31	407.0～415.0	408.25	414.75
Z-32	415.0～423.0	416.25	422.75
Z-33	423.0～431.0	424.25	430.75
Z-34	431.0～439.0	432.25	438.75
Z-35	439.0～447.0	440.25	446.75
Z-36	447.0～455.0	448.25	454.75
Z-37	455.0～463.0	456.25	462.75

图名	模拟电视频道划分表（一）	图号	RD 10—39（一）

频道	频率范围(MHz)	图像载波频率(MHz)	伴声载波频率(MHz)	频道	频率范围(MHz)	图像载波频率(MHz)	伴声载波频率(MHz)
DS-13	470.0～478.0	471.25	477.75	DS-33	670.0～678.0	671.25	677.75
DS-14	478.0～486.0	479.25	485.75	DS-34	678.0～686.0	679.25	685.75
DS-15	486.0～494.0	487.25	493.75	DS-35	686.0～694.0	687.25	693.75
DS-16	494.0～502.0	495.25	501.75	DS-36	694.0～702.0	695.25	701.75
DS-17	502.0～510.0	503.25	509.75	DS-37	702.0～710.0	703.25	709.75
DS-18	510.0～518.0	511.25	517.75	DS-38	710.0～718.0	711.25	717.75
DS-19	518.0～526.0	519.25	525.75	DS-39	718.0～726.0	719.25	725.75
DS-20	526.0～534.0	527.25	533.75	DS-40	726.0～734.0	727.25	733.75
DS-21	534.0～542.0	535.25	541.75	DS-41	734.0～742.0	735.25	741.75
DS-22	542.0～550.0	543.25	549.75	DS-42	742.0～750.0	743.25	749.75
DS-23	550.0～558.0	551.25	557.75	DS-43	750.0～758.0	751.25	757.75
DS-24	558.0～566.0	559.25	565.75	DS-44	758.0～766.0	759.25	765.75
Z-38	566.0～574.0	567.25	573.75	DS-45	766.0～774.0	767.25	773.75
Z-39	574.0～582.0	575.25	581.75	DS-46	774.0～782.0	775.25	781.75
Z-40	582.0～590.0	583.25	589.75	DS-47	782.0～790.0	783.25	789.75
Z-41	590.0～598.0	591.25	597.75	DS-48	790.0～798.0	791.25	797.75
Z-42	598.0～606.0	599.25	605.75	DS-49	798.0～806.0	799.25	805.75
DS-25	606.0～614.0	607.25	613.75	DS-50	806.0～814.0	807.25	813.75
DS-26	614.0～622.0	615.25	621.75	DS-51	814.0～822.0	815.25	821.75
DS-27	622.0～630.0	623.25	629.75	DS-52	822.0～830.0	823.25	829.75
DS-28	630.0～638.0	631.25	637.75	DS-53	830.0～838.0	831.25	837.75
DS-29	638.0～646.0	639.25	645.75	DS-54	838.0～846.0	839.25	845.75
DS-30	646.0～654.0	647.25	653.75	DS-55	846.0～858.0	847.25	853.75
DS-31	654.0～662.0	655.25	661.75	DS-56	854.0～862.0	855.25	861.75
DS-32	662.0～670.0	663.25	669.75				

图名	模拟电视频道划分表（二）	图号	RD 10—39（二）

卫星名称	轨位(°E)	节 目	制 式	转发器	下行中心频率(MHz)	下行极化方式	波段	传输方式	前向纠错 FEC	备 注
亚太1A	134	CCTV1	PAL	4B	3860	垂直	C	模拟	—	带中1,中2单声道数字声广播
		CCTV2	PAL	12B	4180	垂直	C	模拟	—	带中3立体数字声广播
		CCTV7	PAL	12A	4160	水平	C	模拟	—	
		浙江	PAL	8B	4020	垂直	C	模拟	—	带省广播
		山东	PAL	10B	4100	垂直	C	模拟	—	带省广播
		云南	PAL	8A	4000	水平	C	模拟	—	带省广播
		四川	PAL	10A	4080	水平	C	模拟	—	带省广播
		贵州	PAL	7A	3960	水平	C	模拟	—	带省广播
		新疆	PAL	11A	4120	水平	C	数字压缩	3/4	带区广播,符号率27.5Msps
		重庆	PAL	2B	3779	垂直	C	数字压缩	1/2	带市广播,符号率6.93Msps
		宁夏	PAL	2B	3731	垂直	C	数字压缩	1/2	带区广播,符号率6.93Msps
		甘肃	PAL	2B	3765	垂直	C	数字压缩	1/2	带省广播,符号率6.93Msps
亚洲2号	100.5	CCTV2-8	PAL	4	12305	垂直	Ku	数字压缩	—	不包括第4、第7套
		CCTV4	NTSC	9	12470	水平	Ku	模拟	—	
		CCTV4	PAL	9B	3960	水平	C	模拟	—	
		32路广播	MUSICAM	5	12350	水平	Ku	数字压缩	3/4	
		河南	PAL	3B	3706	水平	C	数字压缩	3/4	带省广播,符号率4.42Msps
		青海	PAL	3B	3713	水平	C	数字压缩	3/4	带省广播,符号率4.42Msps
		福建	PAL	3B	3720	水平	C	数字压缩	3/4	带省广播,符号率4.42Msps
		江西	PAL	3B	3727	水平	C	数字压缩	3/4	带省广播,符号率4.42Msps
		辽宁	PAL	3B	3734	水平	C	数字压缩	3/4	带省广播,符号率4.42Msps
		内蒙古	PAL	6B	3829.5	水平	C	数字压缩	3/4	带区广播,符号率4.42Msps
		广东	PAL	6B	3740	水平	C	数字压缩	3/4	带省广播,符号率4.42Msps

图名	中央及部分省、市卫星广播电视技术参数（一）	图号	RD 10—40（一）

卫星名称	轨位(°E)	节　目	制　式	转发器	下行中心频率(MHz)	下行极化方式	波段	传输方式	前向纠错 FEC	备　　注
亚卫2号	100.5	湖南	PAL	6B	3847	水平	C	数字压缩	3/4	带省广播,符号率 4.42Msps
		湖北	PAL	6B	3854	水平	C	数字压缩	3/4	带省广播,符号率 4.42Msps
		广西	PAL	5A	3806	垂直	C	数字压缩	3/4	带区广播,符号率 4.42Msps
		陕西	PAL	5A	3813	垂直	C	数字压缩	3/4	带省广播,符号率 4.42Msps
		安徽	PAL	5A	3820	垂直	C	数字压缩	3/4	带省广播,符号率 4.42Msps
		江苏	PAL	5A	3827	垂直	C	数字压缩	3/4	带省广播,符号率 4.42Msps
		黑龙江	PAL	5A	3834	垂直	C	数字压缩	3/4	带省广播,符号率 4.42Msps
		北京	PAL	5	12329	水平	Ku	数字压缩	1/2	带市广播,符号率 6.93Msps
		山西	PAL	5	12339	水平	Ku	数字压缩	1/2	带省广播,符号率 6.93Msps
		河北	PAL	5	12349	水平	Ku	数字压缩	1/2	带省广播,符号率 6.93Msps
		天津	PAL	5	12371	水平	Ku	数字压缩	1/2	带市广播,符号率 6.93Msps
鑫诺1号	110.5	CCTV1-8	PAL	2A	12380	水平	Ku	数字压缩	1/2	带中央8套广播,符号率 41.53Msps
		上海	PAL	11A	4106.25	垂直	C	数字压缩	2/3	带区广播,符号率 6.20Msps
亚太 2R	76.5	西藏	PAL	2B	12368.7	垂直	Ku	数字压缩	3/4	带区广播,符号率 15.5Msps
亚洲1号	105.5	CCTV4	NTSC	11	4120	水平	C	模拟	—	北波束
泛美2号	169	CCTV3、CCTV4、CCTV9	PAL	1	3716.5	垂直	C	数字压缩	—	环太平洋波束,MPEG-2 压缩
泛美3号	317		NTSC	11	4026.5	垂直	C	数字压缩	—	非洲波束,MPEG-2 压缩
泛美4号	68.5		PAL	9	3977	水平	C	数字压缩	—	南亚/中东波束,MPEG-2 压缩
泛美5号	302		NTSC	9	4040	水平	C	数字压缩	—	泛美波束,MPEG-2 压缩
银河 3R	95	CCTV4	NTSC	13	11960	水平	Ku	模拟	—	美洲波束,直播到户
热鸟3号	13	CCTV4	PAL	55	11823	水平	Ku	数字压缩	—	欧洲波束,MPEG-2 压缩有加扰

注：1. 利用亚洲2号卫星传送的 CCTV2-8 节目须使用专用的数字卫星接收机。
2. 鑫诺1号卫星传送的 CCTV1-8 节目有加扰，须使用专用的数字卫星接收机。
3. 新疆节目包括汉语、维语、哈语三套电视；内蒙古节目包括汉语、蒙语两套节目。
4. 西藏节目包括汉语、藏语两套电视。

图名	中央及部分省、市卫星广播电视技术参数（二）	图号	RD 10—40（二）

卫星名称			亚洲 3S 号		亚洲 2 号		亚太 1 号		亚太 1A 号		亚太 2R 号		泛美-2 号		泛美-4 号		泛美-8 号		中星 1 号		中新 1 号		鑫诺-1 号	
轨道位置(度)(东经)			105.5		100.5		138		134		76.5		169		68.5		166		87.5		88		110.5	
主要城市	东经（度）	北纬（度）	仰角（度）	方位角（度）	仰角（度）	方位角（度）	仰角（度）	方位角（度）	仰角（度）	方位角（度）	仰角（度）	方位角（度）	仰角	方位角	仰角	方位角	仰角	方位角	仰角	方位角	仰角	方位角	仰角	方位角
北京	116.45	39.92	42.45	196.77	40.96	204.00	38.74	148.39	40.38	153.76	28.37	232.54	19.62	116.17	22.91	239.93	21.77	118.68	35.05	220.76	35.32	220.17	43.41	189.22
天津	117.2	39.13	43.09	198.16	41.49	205.42	39.82	148.95	41.45	154.43	28.38	233.73	20.53	116.40	22.79	240.99	22.72	118.91	35.28	222.10	35.56	221.52	44.17	190.54
石家庄	114.48	38.03	44.94	194.38	43.56	202.00	39.55	144.76	41.43	150.08	30.93	231.72	18.99	113.70	25.34	239.23	21.25	116.09	37.72	219.56	37.99	218.95	45.74	186.44
太原	112.53	37.87	45.50	191.35	44.34	199.14	38.68	142.19	40.70	147.35	32.34	229.83	17.57	112.13	26.83	237.58	19.86	114.45	38.91	217.25	39.18	216.62	46.07	183.30
呼和浩特	111.63	40.82	42.39	189.33	41.44	196.74	35.64	142.85	37.53	147.80	30.78	227.10	15.72	112.71	25.70	235.09	17.89	115.10	36.72	214.42	36.96	213.79	42.80	181.72
沈阳	123.38	41.8	38.39	205.82	36.39	212.33	39.47	158.62	40.52	164.28	22.62	238.02	23.46	123.11	17.09	244.88	25.43	125.91	29.61	227.34	29.91	226.81	39.96	198.93
长春	125.35	43.88	35.63	207.51	33.62	213.74	37.84	162.05	38.67	167.62	20.16	238.79	23.47	126.00	14.81	245.64	25.30	128.91	26.95	228.26	27.24	227.75	37.26	200.93
哈尔滨	126.63	45.75	33.36	208.34	31.38	214.40	36.16	164.31	36.85	169.76	18.33	239.10	23.04	128.14	13.16	245.99	24.76	131.12	24.89	228.63	25.17	228.12	34.98	201.98
上海	121.48	31.22	49.69	208.92	47.08	216.49	49.43	150.22	51.16	156.80	29.68	242.58	27.58	115.39	23.00	248.65	30.06	117.79	38.36	232.43	38.73	231.91	51.72	200.52
南京	118.78	31.04	51.05	204.59	48.72	212.64	48.23	145.93	50.22	152.18	31.98	240.44	25.40	113.23	25.35	246.81	27.91	115.50	40.48	229.67	40.84	229.11	52.73	195.76
杭州	120.19	30.26	51.24	207.48	48.69	215.37	49.71	147.48	51.63	153.99	31.23	242.18	26.93	113.79	24.47	248.29	29.46	116.09	39.98	231.85	40.36	231.32	53.17	198.71
合肥	117.27	31.86	50.77	201.54	48.69	209.72	46.64	144.35	48.70	150.34	32.73	238.52	23.79	112.60	26.25	245.17	26.29	114.85	40.94	227.29	41.29	226.71	52.19	192.67
福州	119.30	26.08	55.86	209.19	53.02	217.75	53.09	142.40	55.39	149.17	34.03	244.60	27.84	110.44	26.84	250.27	30.55	112.50	43.46	234.66	43.87	234.13	57.98	199.39
南昌	115.89	28.68	54.63	200.90	52.48	209.83	48.64	139.75	51.04	145.72	35.64	239.69	23.83	109.80	28.83	246.18	26.46	111.85	44.31	228.39	44.67	227.79	56.01	191.12
济南	117.00	36.65	45.78	198.82	44.05	206.39	42.06	147.25	43.85	152.87	30.08	235.04	21.52	115.00	24.19	242.16	23.81	117.42	37.39	223.46	37.70	222.88	46.94	190.80
郑州	113.63	34.76	48.69	194.06	47.25	202.25	42.00	141.53	44.14	146.92	33.70	233.01	19.65	111.49	27.74	240.42	22.06	113.72	40.98	220.70	41.27	220.08	49.48	185.47
武汉	114.31	30.52	53.15	196.97	51.36	205.82	46.06	139.17	48.45	144.82	35.86	236.79	21.80	109.78	29.33	243.72	24.37	111.86	44.01	224.85	44.35	244.23	54.19	187.47

图名	我国部分城市接收 卫星电视技术参数（一）	图号	RD 10—41（一）

卫星名称			亚洲 3S 号		亚洲 2 号		亚太 1 号		亚太 1A 号		亚太 2R 号		泛美-2 号		泛美-4 号		泛美-8 号		中星 1 号		中新 1 号		鑫诺-1 号	
轨道位置(度)(东经)			105.5		100.5		138		134		76.5		169		68.5		166		87.5		88		110.5	
主要城市	东经（度）	北纬（度）	仰角（度）	方位角（度）	仰角（度）	方位角（度）	仰角（度）	方位角（度）	仰角（度）	方位角（度）	仰角（度）	方位角（度）	仰角	方位角	仰角	方位角	仰角	方位角	仰角	方位角	仰角	方位角	仰角	方位角
长沙	113.00	28.21	56.05	195.56	54.29	205.12	47.10	135.39	49.75	140.92	38.29	237.42	21.44	107.68	31.54	244.31	24.10	109.60	46.75	225.25	47.10	224.60	56.96	185.27
广州	113.23	23.16	61.52	199.04	59.32	209.87	51.16	130.44	54.21	136.04	40.91	242.20	23.16	104.98	33.55	248.34	25.99	106.63	50.39	230.78	50.79	230.14	62.71	186.91
海口	110.35	20.02	65.88	193.92	63.97	206.89	50.86	123.16	54	128.01	45.17	242.96	21.16	101.78	37.54	249.08	24.09	103.16	55.01	230.90	55.42	230.21	66.53	179.56
南宁	108.33	22.84	63.07	187.25	61.83	119.50	47.32	124.26	50.67	128.92	45.45	237.98	18.60	102.30	38.23	245.04	21.44	103.80	54.43	224.42	54.79	223.66	63.15	174.42
成都	104.04	30.07	54.91	177.08	54.74	187.03	39.14	126.64	42.14	130.99	43.86	226.14	13.02	103.17	37.92	234.95	15.64	104.94	50.55	210.65	50.79	209.84	54.24	167.26
贵阳	106.71	26.57	58.93	182.70	58.20	193.67	43.56	126.35	46.69	130.92	44.42	232.46	16.23	103.22	37.79	240.39	18.96	104.87	52.33	217.91	52.64	217.13	58.67	171.57
昆明	102.73	25.04	60.56	173.47	60.61	185.25	41.18	120.89	44.57	124.87	48.63	229.33	12.91	100.53	42.07	238.11	15.68	102.03	56.12	212.75	56.39	211.84	59.45	162.13
拉萨	91.11	29.71	51.93	152.63	53.86	161.54	28.80	114.88	32.17	118.08	51.83	207.74	1.81	96.07	47.43	220.04	4.42	97.62	55.14	187.25	55.19	186.25	49.37	144.61
西安	108.95	34.27	50.00	186.11	49.19	194.77	39.57	135.39	42.03	140.30	37.31	228.47	16.02	107.97	31.57	236.55	18.47	110.05	44.04	214.90	44.30	214.21	50.14	177.24
兰州	103.73	36.03	48.15	176.99	48.05	185.48	34.81	130.80	37.41	135.22	39.26	221.18	11.25	105.15	34.16	230.20	13.66	107.18	44.78	206.33	44.96	205.58	47.57	168.58
西宁	101.74	36.56	47.40	173.70	47.57	182.08	33.09	129.07	35.74	133.34	39.95	218.35	9.52	104.01	35.11	227.73	11.91	106.02	44.99	203.07	45.17	202.31	46.59	165.49
银川	106.27	38.47	45.44	181.23	45.04	189.22	34.61	135.17	36.93	139.80	35.77	222.59	12.54	107.78	30.78	231.23	14.85	109.95	41.33	208.64	41.53	207.95	45.22	173.21
乌鲁木齐	87.68	43.77	36.45	155.07	37.91	161.79	19.26	119.85	21.85	123.44	38.30	195.94	−2.42	96.02	35.98	206.69	−0.27	98.13	39.54	180.26	39.54	179.53	34.58	148.68
重庆	106.50	29.58	55.56	182.04	54.89	192.10	41.36	128.64	44.04	133.27	42.45	229.68	15.72	104.30	36.28	237.90	17.90	106.12	50.58	209.90	50.40	213.95	55.07	171.86

图名	我国部分城市接收 卫星电视技术参数（二）	图号	RD 10—41（二）

11 公共广播及紧急广播系统

安 装 说 明

公共广播及紧急广播系统通常用于服务性广播（如背景音乐、事物广播等）。火灾时切换为火灾事故广播，以满足发生火灾及紧急情况时引导疏散的要求。设备安装位置主要分为5个部分，安装要求如下。

1. 屋顶设备安装

如果广播系统设置调幅调频天线，天线通常安装在屋顶上，可与共用电视天线安装在同一杆上，也可单独设杆安装。天线安装要配合结构施工完成天线基座和屋顶穿楼板的配管等工作。天线竖杆、屋顶配管要做防雷接地连接。

2. 用户设备安装

用户设备主要包括：扬声器、音箱、声柱、客房床头集控板、控制开关、音量控制器等设备。

用户设备的选择及设置通常如下：

(1) 在办公室、生活间、更衣室等处装设3W音箱；

(2) 楼层走廊一般采用3～5W嵌入安装的扬声器；

(3) 门厅、一般会议室、餐厅、商场等处宜装设3～6W的扬声器箱；

(4) 客房床头集控板一般选用1～2W扬声器；

(5) 设备房、停车场一般选用10W扬声器箱或号角式扬声器，扬声器的声压级应比环境噪声大10～15dB。

扬声器安装方法主要有嵌入吊顶安装、吸顶安装、吊装、壁装、杆上安装等。室内扬声器安装高度一般为距地2.2m以上或距吊顶板下0.2m处；车间内根据具体情况而定，一般距地面约为3～5m；室外扬声器安装高度一般为3～10m；电梯厢内扬声器安装在厢吊顶内，安装时要与电梯厢内装饰工作配合，并需与电梯专业确认电梯厢随行电缆的广播用线，电梯厢内扬声器用管线需敷设到电梯机房的电梯控制柜。

音量控制器、控制开关安装高度为底边距地1.4m。

3. 弱电竖井（房）内设备安装

弱电竖井（房）内安装的广播设备有分线箱、音量控制器、控制开关。控制开关可安装在分线箱内。明装分线箱安装高度为底边距地1.4m，电线可通过线槽、配管引入箱内。

4. 机房设备安装

广播机房可单独设置，楼宇中通常将广播设备安装在弱电控制中心。广播设备主要是由节目源设备、功放设备、监听设备、分路广播控制设备等组成。这些设备安装在广播机柜或控制台上。

节目源设备包括：VCD机、DVD机、激光唱机、磁带录放音机、调幅调频收音机、传声器等设备。功放设备包括：前级增音机、功率放大器等设备。

弱电控制中心内通常敷设活动地板，广播机柜需要制作角钢基础框架，基础安装时参看平面布置图及活动地板模数进行施工，尽可能避免小块（条）地板的切割。活动地板下可敷设金属线槽及电线管用于导线的引入。机柜安装好后再进行广播设备的安装。

机房设备的安装要在专业工程师指导下进行，设备安装完成后进行系统调试，并与火灾自动报警系统进行联合调试。火灾事故广播设备采用消防电源供电。

5. 线路敷设

广播系统信号传输电压通常为120V以下，线路采用穿金属管及线槽敷设，不得将线缆与强电同槽或同管敷设，在土建主体施工时配合预埋管及接线盒。线槽及管线的敷设方法参看《建筑安装工程施工图集3电气工程》（第三版）有关章节内容。

6. 本章相关规范

（1）《厅堂扩声系统设计规范》（GB 50371—2006）。
（2）《民用建筑电气设计规范》（JCJ/T 16—92）。
（3）《有线广播录音、播音室声学设计规范和技术用房技术要求》（GYJ 26—86）。
（4）《卫星广播电视地球站设计规范》（GYJ 41—89）。
（5）《有线电视广播系统技术规范》（GY/T 106—92）。
（6）《工业企业扩音通信系统工程设计规程》（CECS 62：94）。
（7）《工业企业通信设计规范》（GBJ 42—81）。
（8）《智能建筑设计标准》（GB/T 50314—2000）。
（9）《智能建筑工程质量验收规范》（GB 50339—2003）。

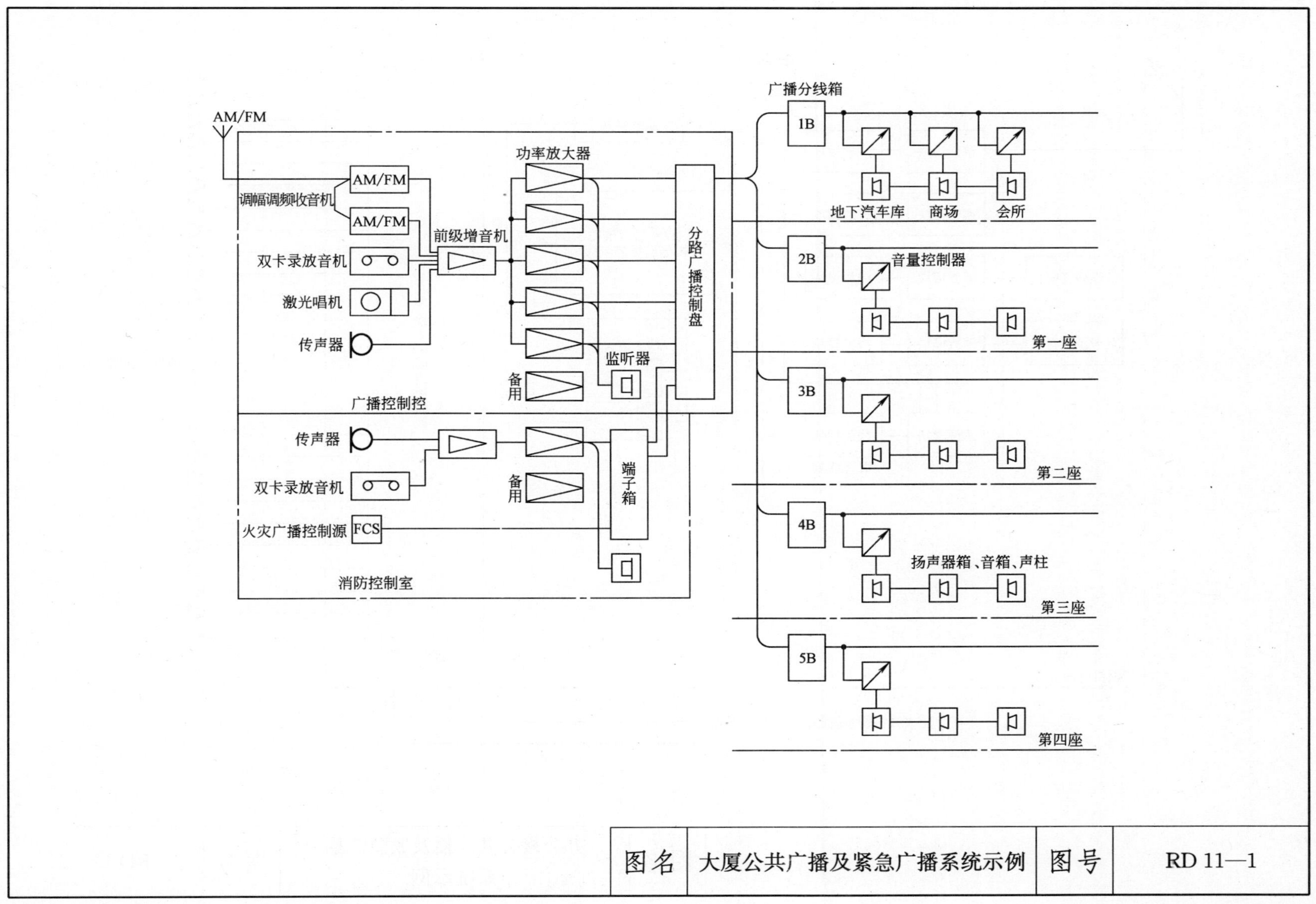

图名	大厦公共广播及紧急广播系统示例	图号	RD 11—1

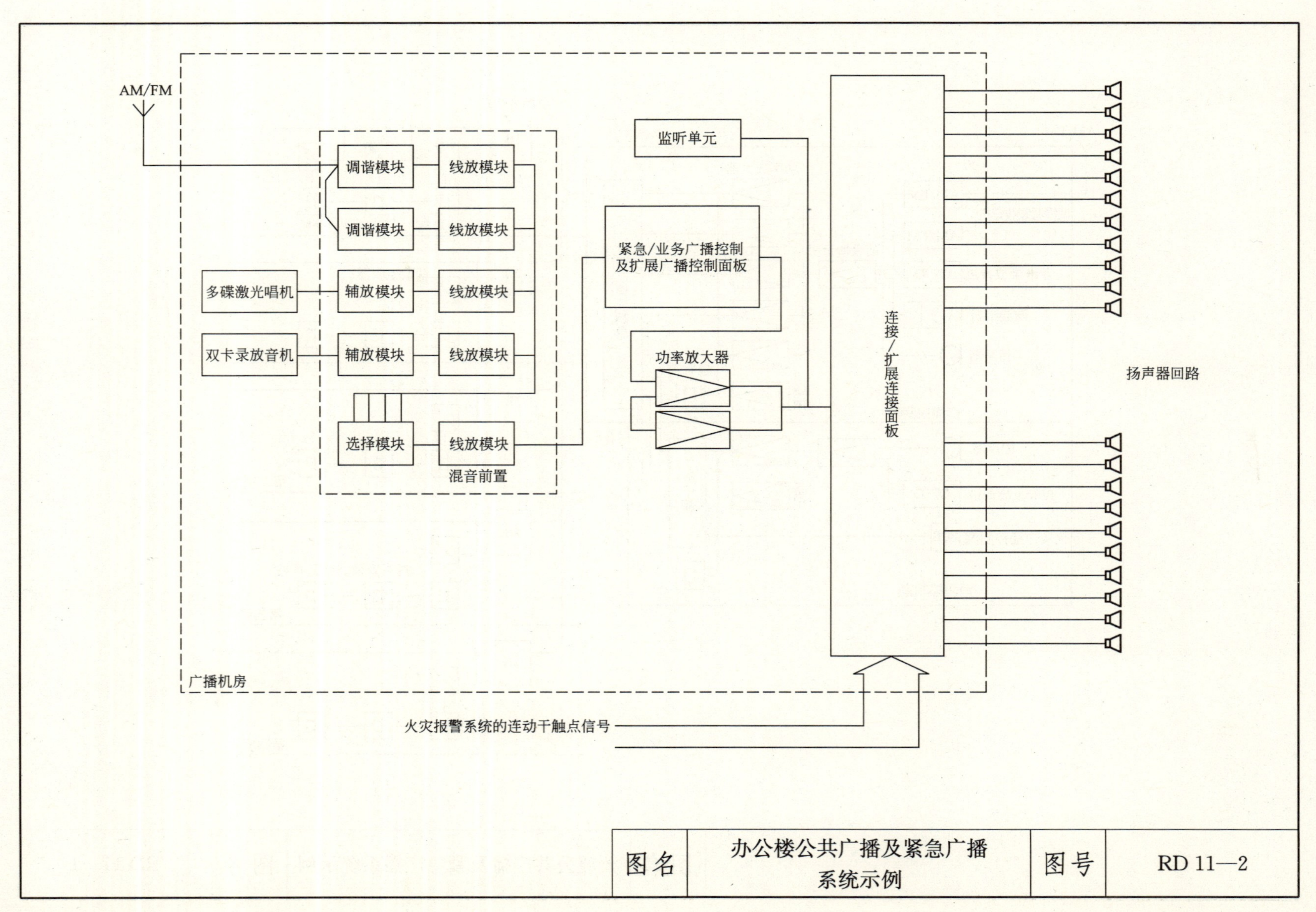

图名	办公楼公共广播及紧急广播系统示例	图号	RD 11—2

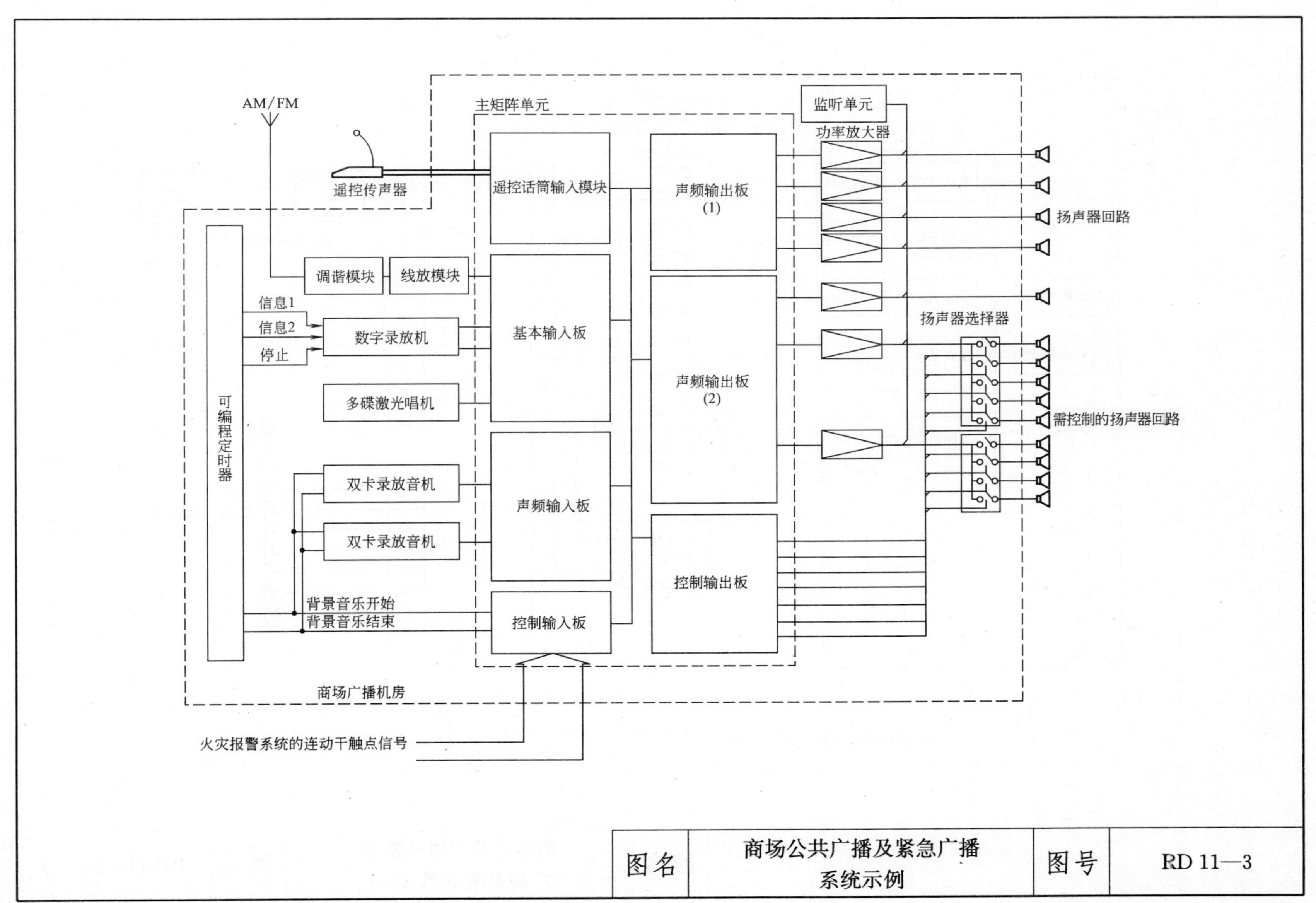

图名	商场公共广播及紧急广播系统示例	图号	RD 11—3

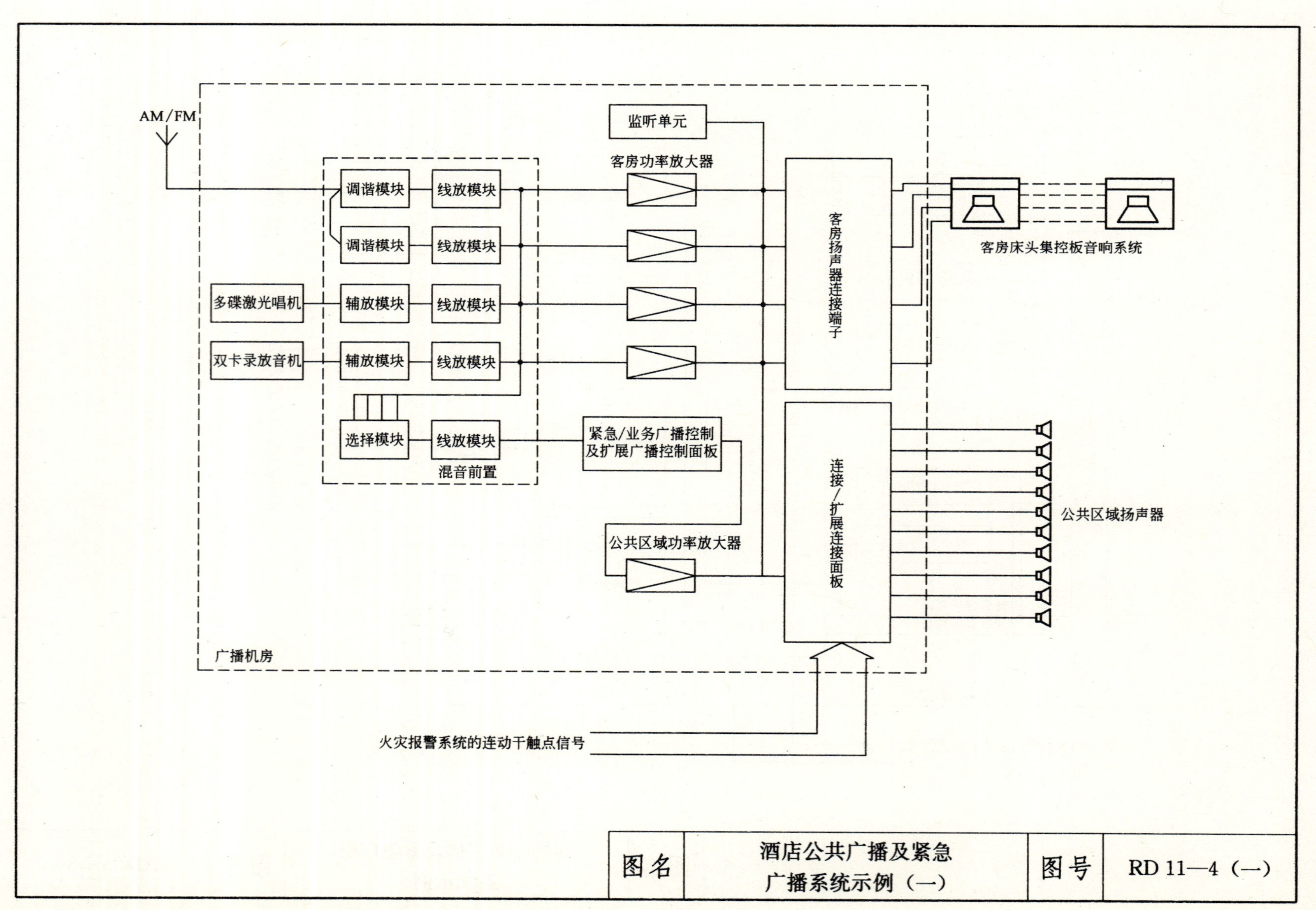

图名	酒店公共广播及紧急 广播系统示例（一）	图号	RD 11—4（一）

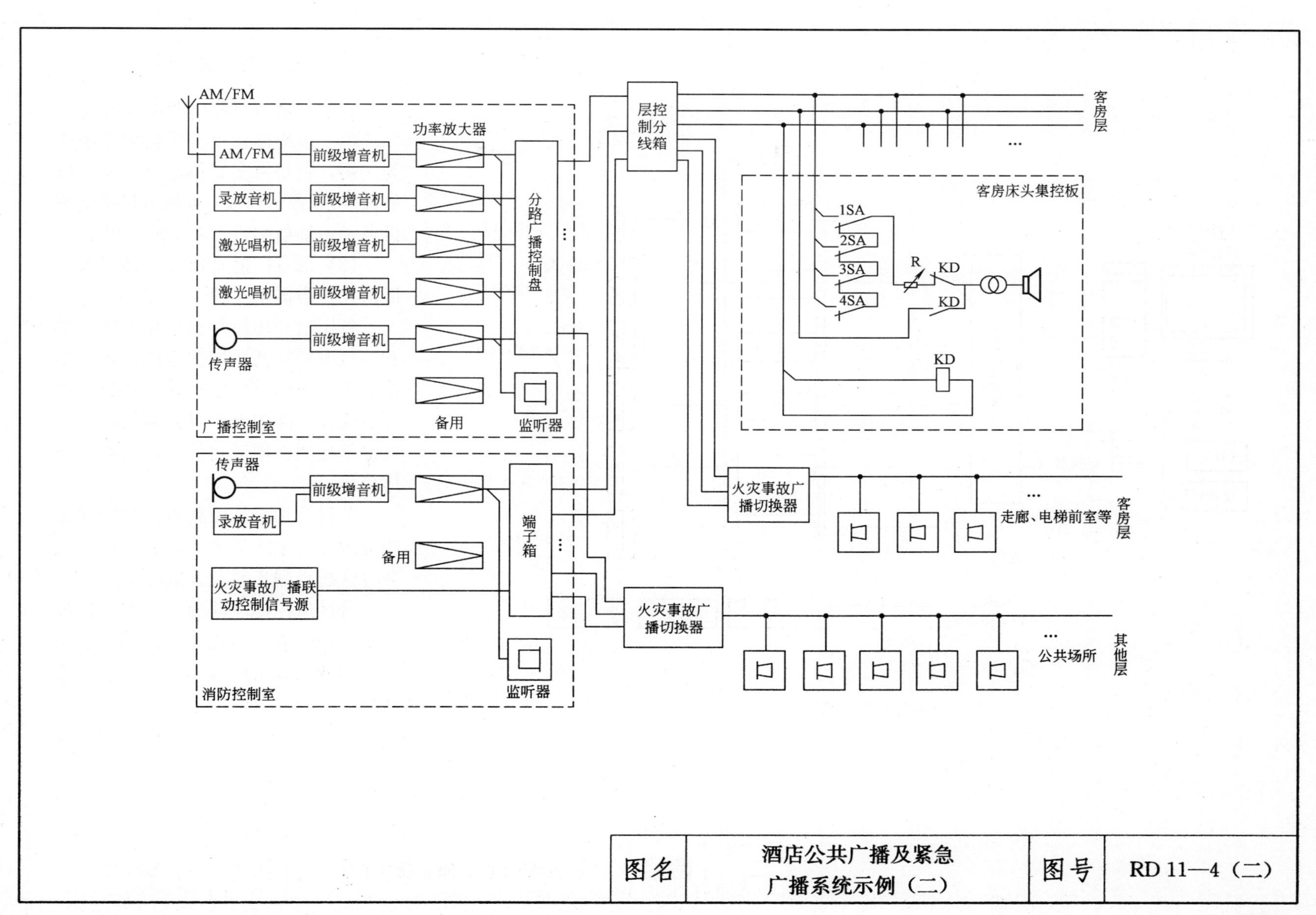

图名	酒店公共广播及紧急广播系统示例（二）	图号	RD 11—4（二）

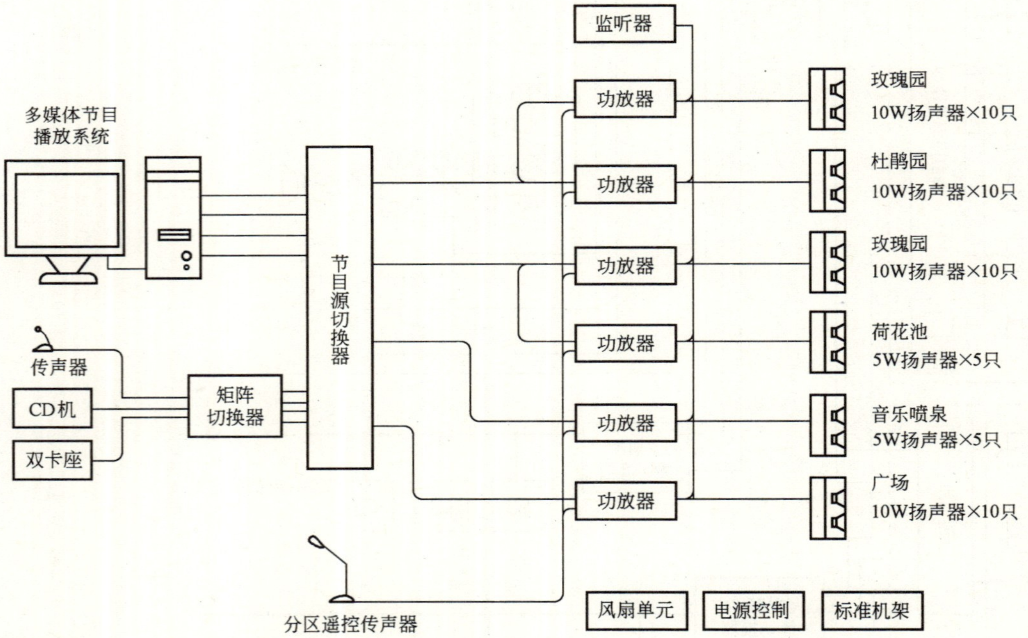

多媒体节目
播放系统
传声器
CD机
双卡座
矩阵
切换器
节目源切换器
监听器
功放器
功放器
功放器
功放器
功放器
功放器
功放器
玫瑰园
10W扬声器×10只
杜鹃园
10W扬声器×10只
玫瑰园
10W扬声器×10只
荷花池
5W扬声器×5只
音乐喷泉
5W扬声器×5只
广场
10W扬声器×10只
分区遥控传声器
风扇单元
电源控制
标准机架

公园公共广播系统图

安 装 说 明

其中广播节目源由两部分组成：

（1）多媒体背景音乐播放系统作为主用，它是由多媒体电脑、播放软体和 MP3 音乐组成。备用节目源播放设备是由镭射唱机和双卡座机组成。

（2）语音广播是由传声器以及分区遥控传声器来实现。

备用信号切换是通过矩阵切换器和节目源切换器共同实现的。矩阵切换器某一路输出可以从输入节目源中任意选择。而按下节目源切换器某一按键就接通备用节目信号，切断多媒体信号。

节目源切换器四路输出分别接至相应定压功率放大器，以驱动广播服务分区扬声器负载及音乐喷泉。

分区遥控传声器通过按键可以控制定压功率放大器优先输入端，切断正常的背景音乐广播，实现紧急广播功能。

图名	公园公共广播系统示例	图号	RD 11—5

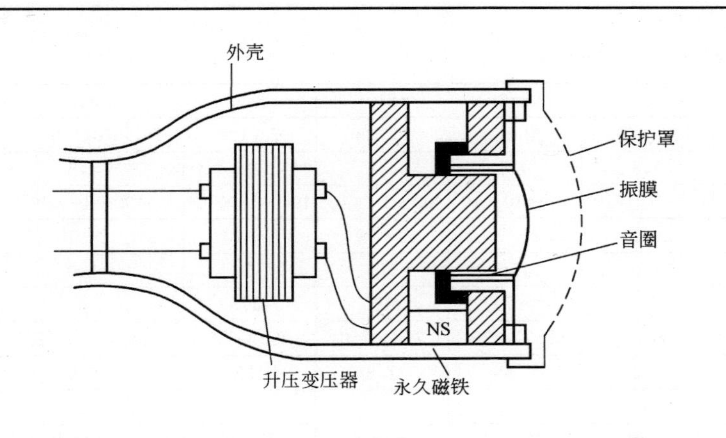

1. 动圈式传声器结构

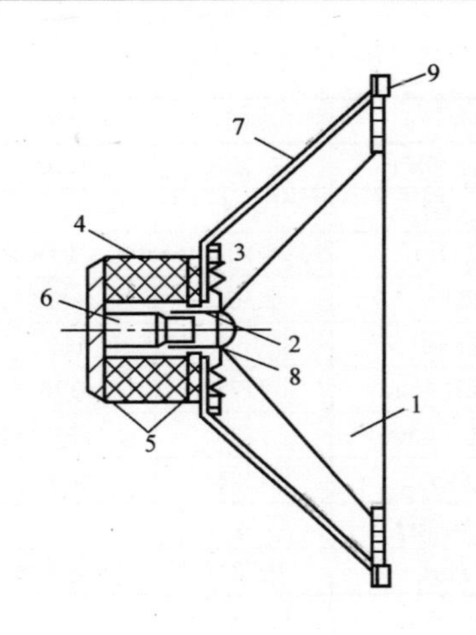

3. 纸盆式扬声器结构

1—纸盆；2—音圈；3—定心支片；4—磁体；5—导磁板；
6—场心柱；7—盆架；8—防尘盖；9—压边

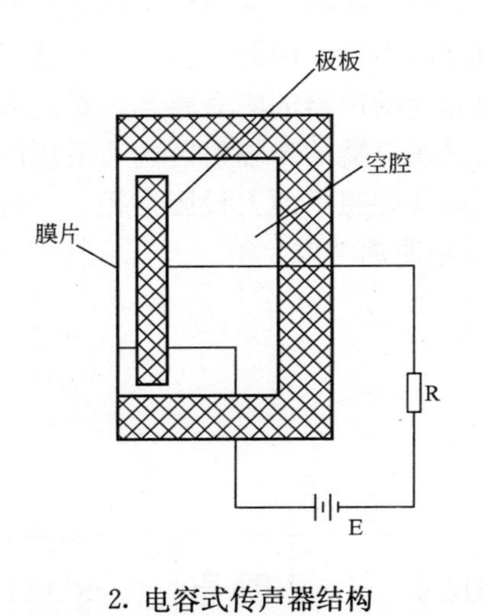

2. 电容式传声器结构

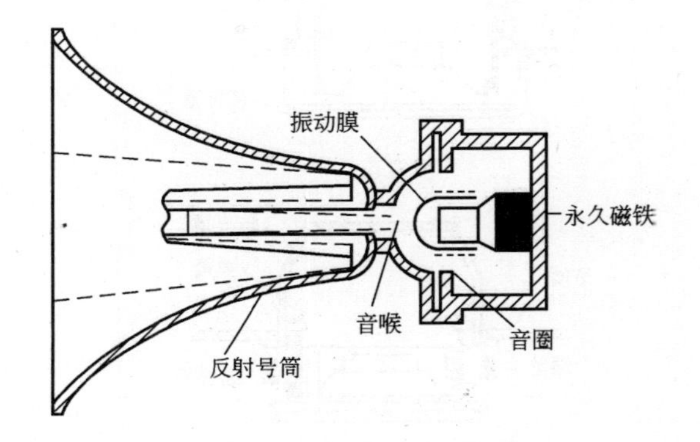

4. 号筒式扬声器结构

图名	传声器及扬声器结构	图号	RD 11—6

国产扬声器规格尺寸

型号	801	802	804	805	806	807	808	810	811	812
定压输出(V)	70,100	70,100	70,100	70,100	70,100	70,100	70,100	70,100	70,100	70,100
阻抗(Ω)	4,8	4,8	4,8	4,8	4,8	4,8	4,8	4,8	4,8	4,8
频率(Hz)	$100\sim10\times10^3$	$100\sim10\times10^3$	$100\sim10\times10^3$	$100\sim10\times10^3$	$100\sim10\times10^3$	$100\sim10\times10^3$	$100\sim10\times10^3$	$100\sim10\times10^3$	$100\sim10\times10^3$	$100\sim10\times10^3$
功率	2～10	2～10	2～10	2～10	2～10	2～10	2～10	2～10	2～10	2～10
直径(mm)	150	150	150	150	150	150	150	150	150	100
吊顶板开孔(mm)	ϕ175	ϕ175	ϕ175	ϕ175	ϕ175	ϕ175	ϕ175	ϕ175	ϕ175	
装饰罩尺寸(mm)	ϕ230	ϕ235	ϕ240	ϕ230	ϕ230	ϕ240	220×220	250×250	250×250	140×150×230
重量(kg)	1.25	0.8	1.2	1.1	1.1	1.0	0.95	1.8	1.8	2.0
包装(个/箱)	6	6	6	6	6	6	6	6	6	6
安装形式	吸顶式	面装螺丝	吸顶式	吸顶式	吸顶式	面装螺丝	吸顶式	吸顶式	吸顶式	悬挂式

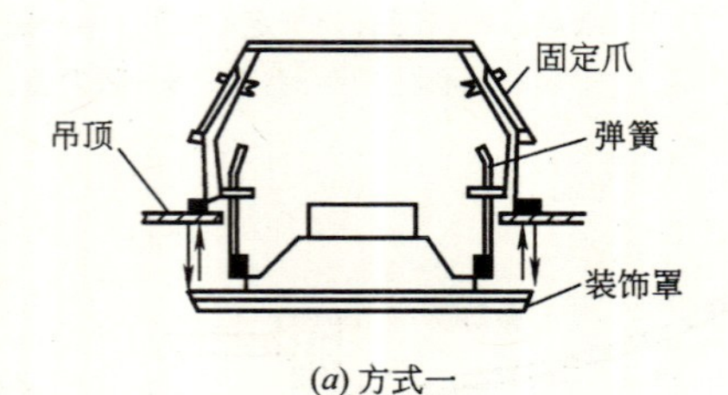

(a) 方式一

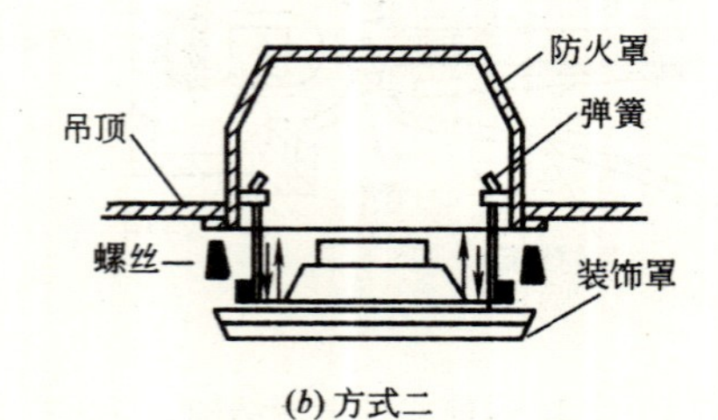

(b) 方式二

扬声器在吊顶上嵌入安装方法

安 装 说 明

公共场所扬声器布置的原则是在听觉区域内，任何位置都能听到相同的响度和相同清晰度的声响。因此，在一个听觉区域内扬声器要均匀分布，避免使邻近扬声器的听众感觉音量过大，同时应保证听众至少包括在一只扬声器的声辐射区内，吊顶嵌入安装的扬声器辐射角。在人耳高度假想平面上投影直径，一般可近似按建筑物净层高的 2～2.5 倍距离考虑。

图名	国产扬声器规格尺寸	图号	RD 11—7

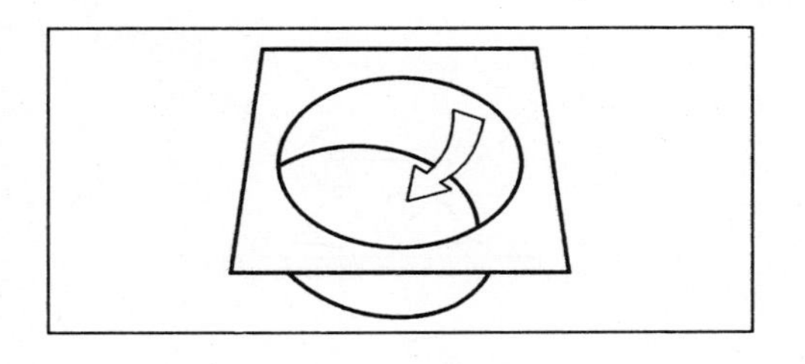

(*a*) 剪下扬声器开孔纸样

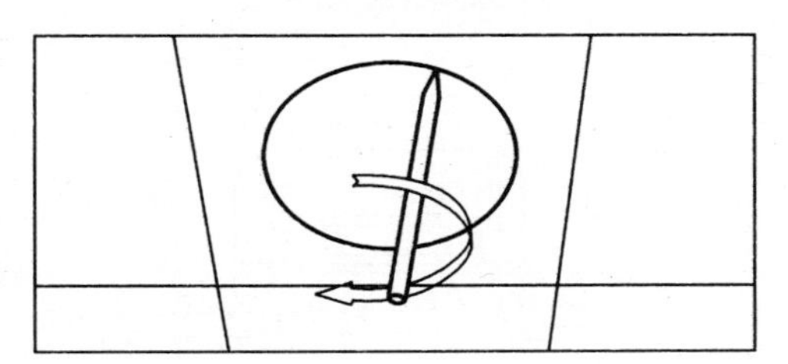

(*b*) 在吊顶板上画开孔尺寸

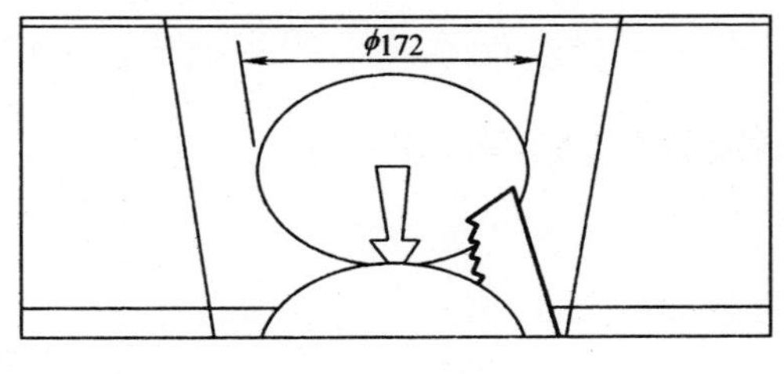

(*c*) 在吊顶板上开孔

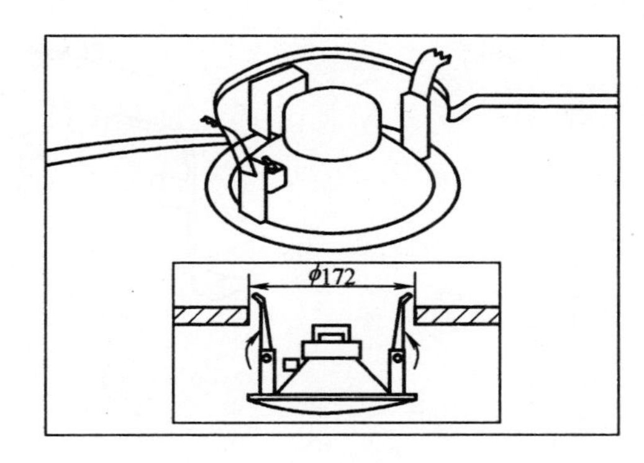

(*d*) 插入扬声器

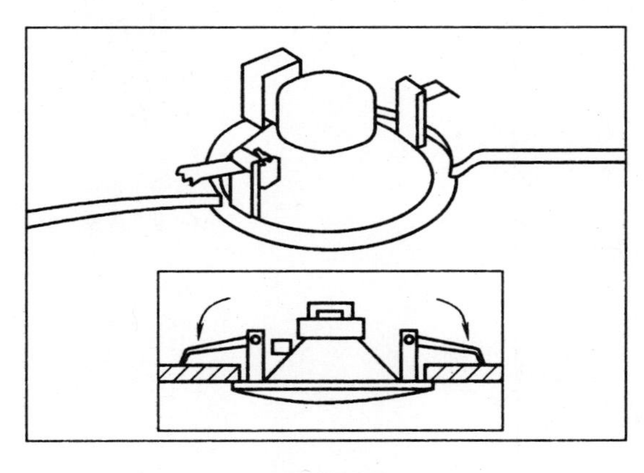

(*e*) 安装扬声器

1. 扬声器在吊顶上嵌入安装步骤

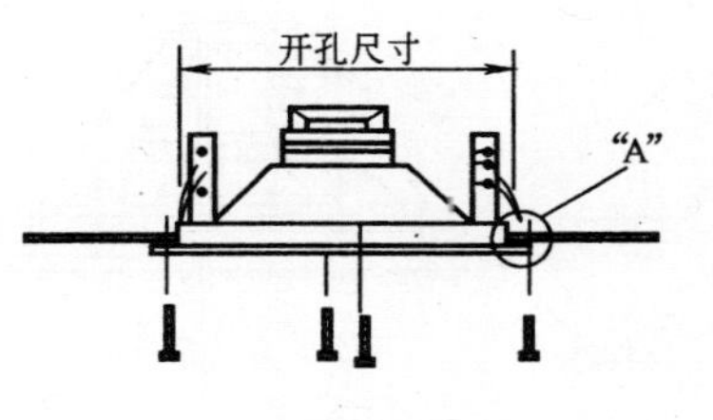

安装方法

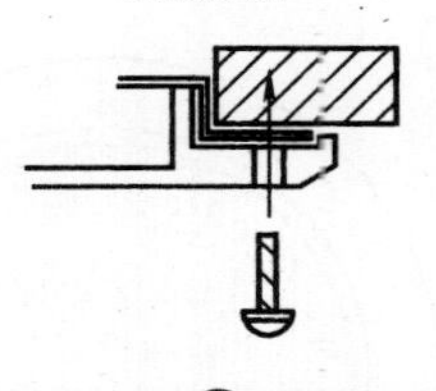

Ⓐ 大样图

2. 扬声器在吊顶上嵌入安装方法

安 装 说 明

1. 扬声器安装完成后应做好保护，调试应在专业人员指导下进行。

2. 扬声器安装位置及开孔要与装修工程配合进行，并应与火灾自动报警系统等专业协调探测器、喷淋头、灯具、出风口、排风口等的安装位置。

图名	扬声器安装方法（一）	图号	RD 11—8（一）

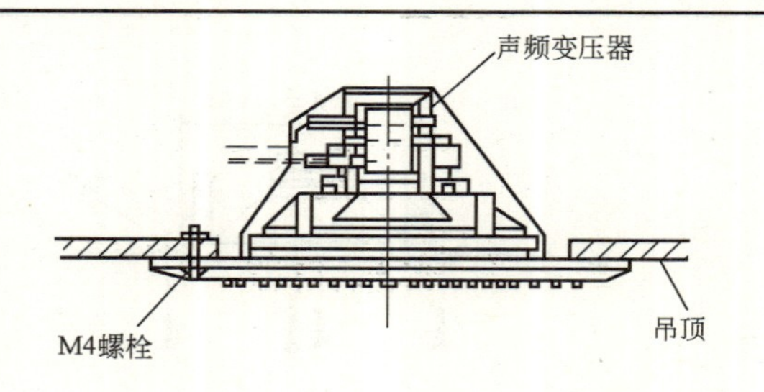

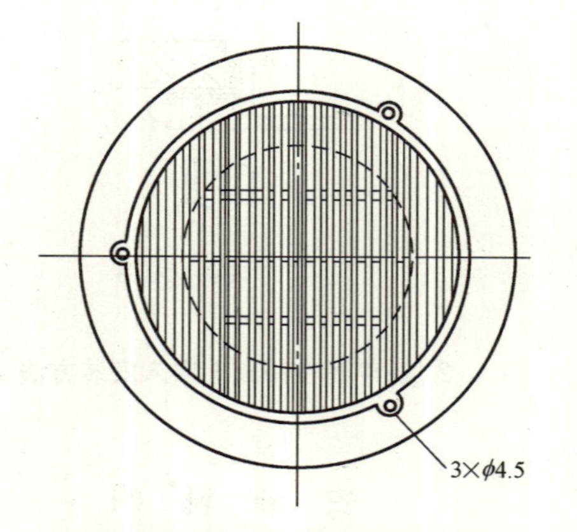

1. 扬声器在吊顶上嵌入安装方法（一）

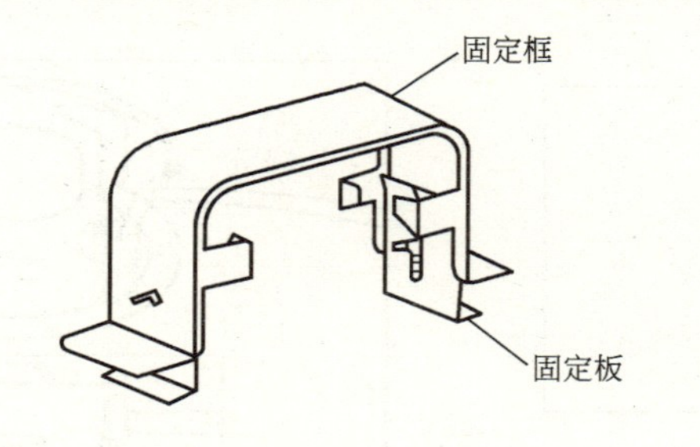

(*a*) 固定框固定在吊顶上

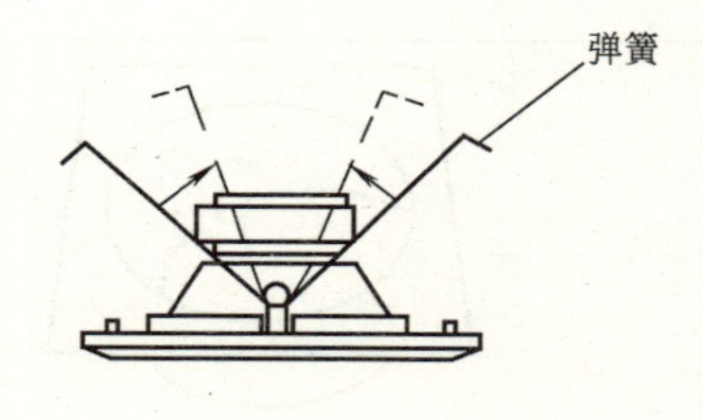

(*b*) 支撑弹簧压缩

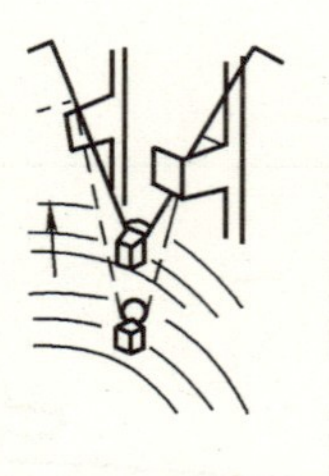

(*c*) 装入弹簧上推

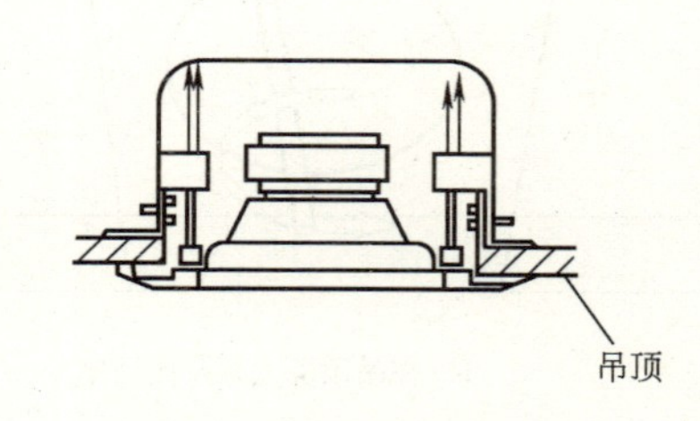

(*d*) 安装完成

2. 扬声器在吊顶上嵌入安装方法（二）

安 装 说 明

1. 扬声器在吊顶上嵌入安装时，配管可使用 ϕ20 电线管及接线盒，并用金属软管与扬声器连接用于电线保护管。如果扬声器较重时，还需要安装防掉安全吊链。

2. 扬声器安装需要相关专业配合在吊顶板上开孔。

图名	扬声器安装方法（二）	图号	RD 11—8（二）

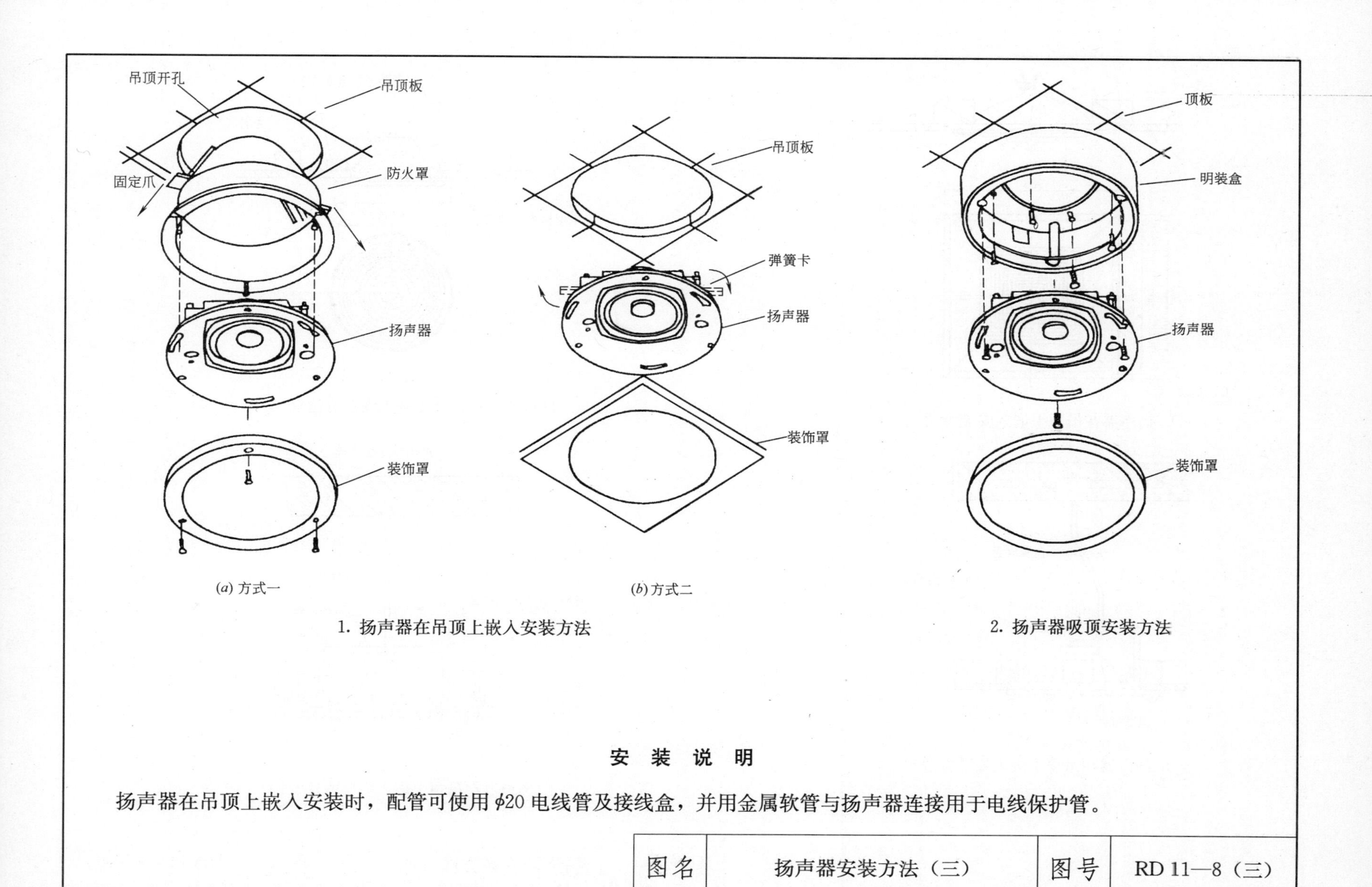

(*a*) 方式一

(*b*) 方式二

1. 扬声器在吊顶上嵌入安装方法

2. 扬声器吸顶安装方法

安 装 说 明

扬声器在吊顶上嵌入安装时，配管可使用 $\phi20$ 电线管及接线盒，并用金属软管与扬声器连接用于电线保护管。

图名	扬声器安装方法（三）	图号	RD 11—8（三）

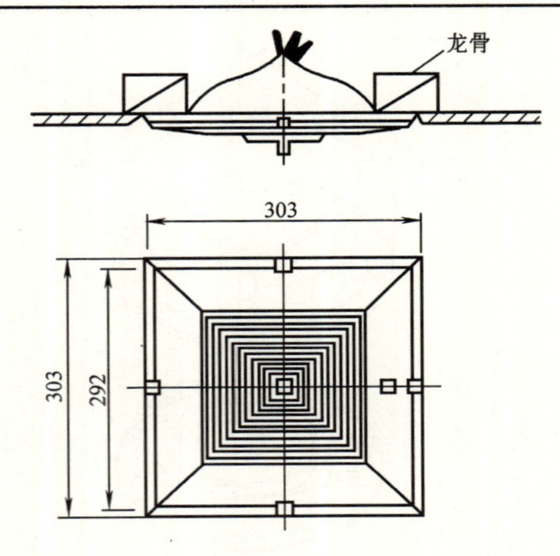

1. 扬声器在吊顶上嵌入安装方法（一）

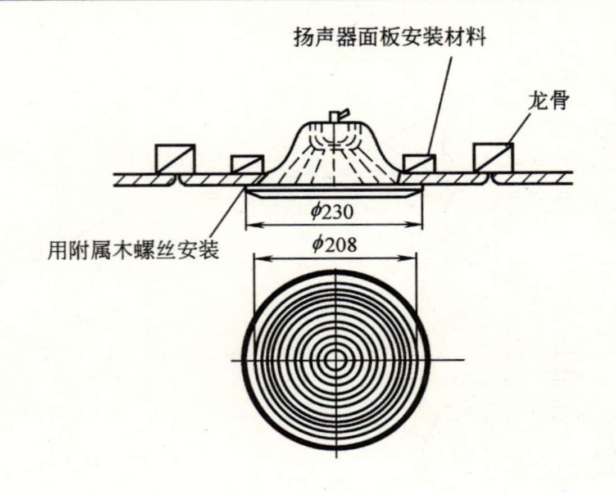

2. 扬声器在吊顶上嵌入安装方法（二）

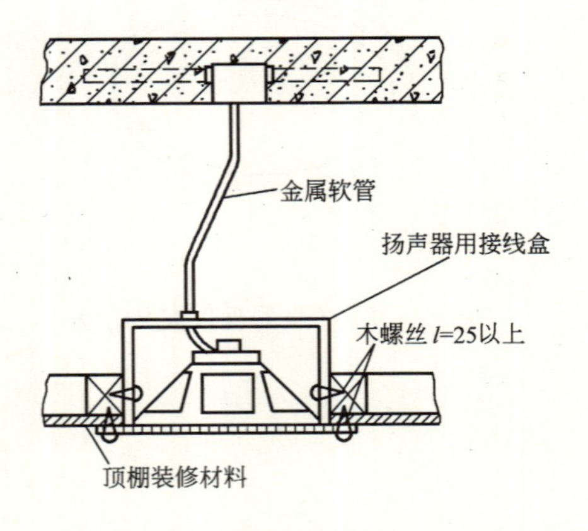

3. 扬声器在吊顶上嵌入安装方法（三）

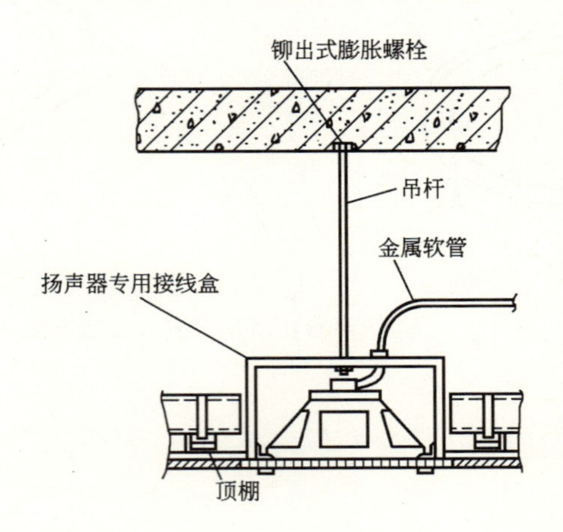

4. 扬声器在吊顶上嵌入安装方法（四）

图名	扬声器安装方法（四）	图号	RD 11—8（四）

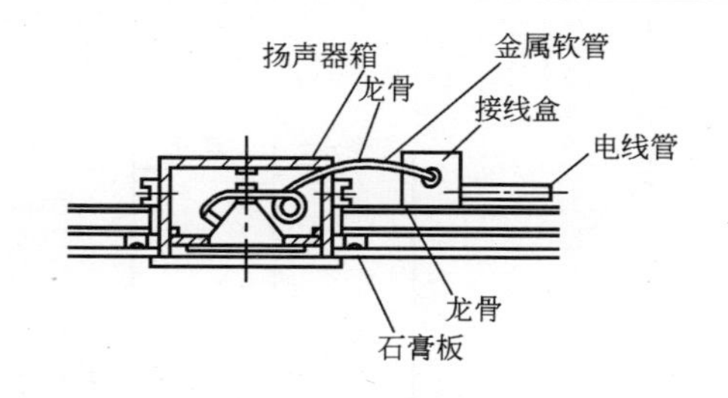

1. 扬声器箱在吊顶上嵌入安装方法（一）

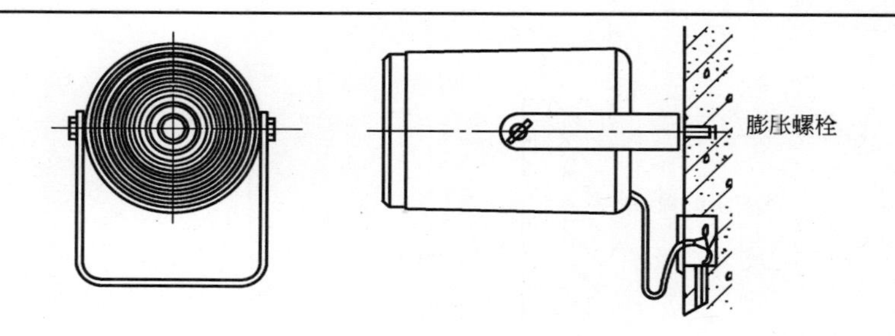

3. 扬声器壁装方法（一）

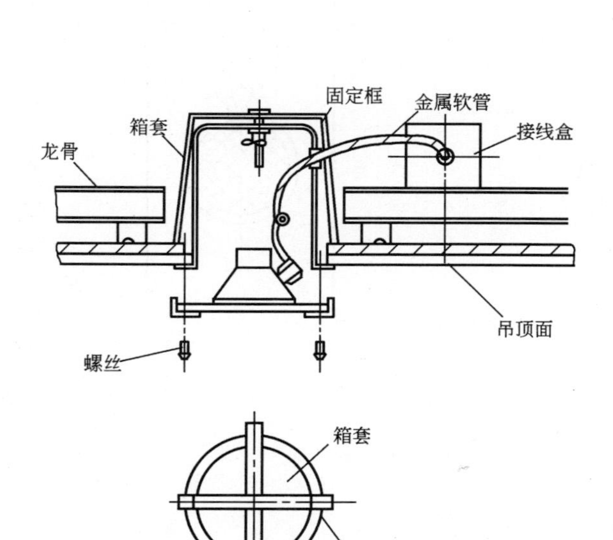

2. 扬声器箱在吊顶上嵌入安装方法（二）

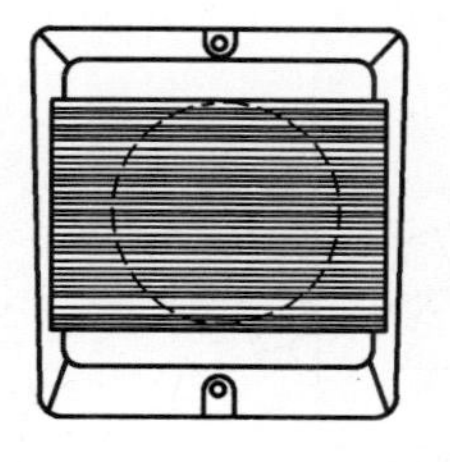

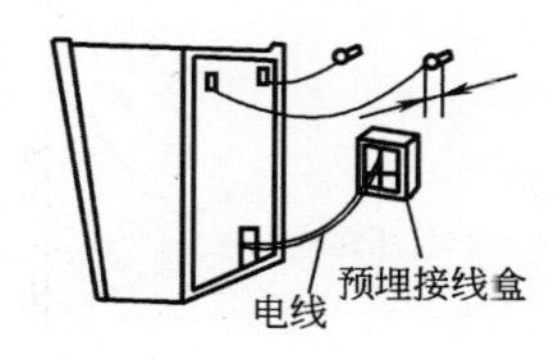

4. 扬声器壁装方法（二）

安 装 说 明

室内扬声器的安装高度，一般距地面 2.2m 以上或距吊顶下面 0.2m，具体高度由工程设计确定。

图名	扬声器安装方法（五）	图号	RD 11—8（五）

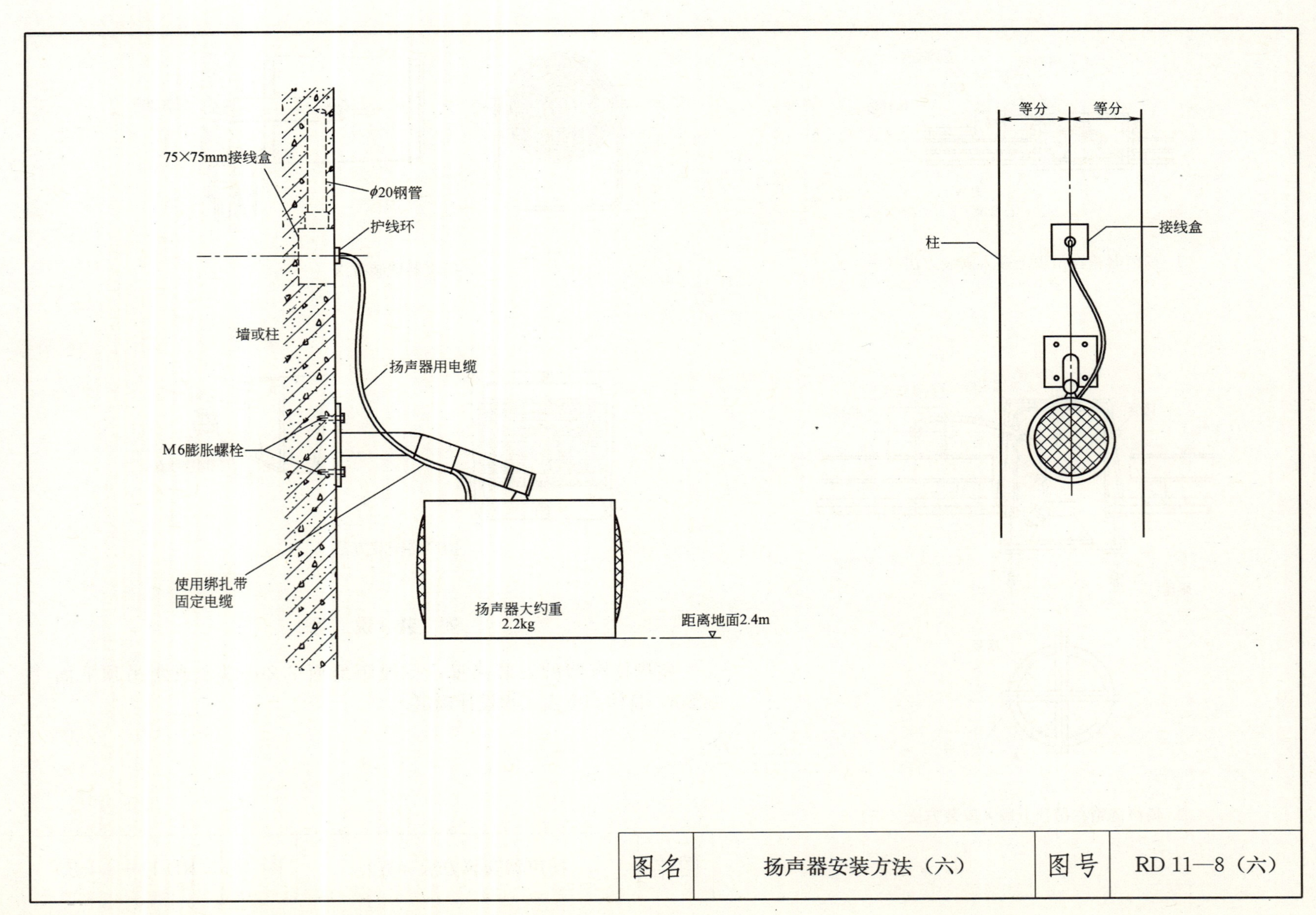

图名	扬声器安装方法（六）	图号	RD 11—8（六）

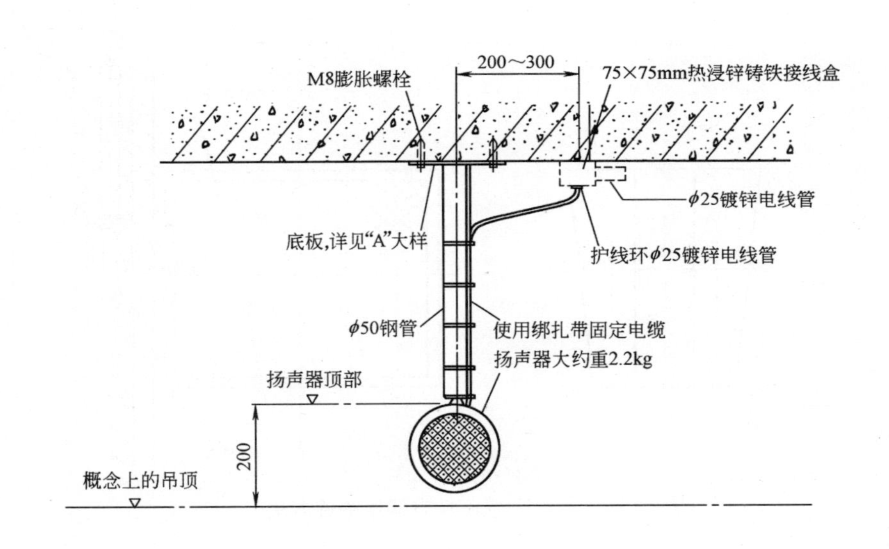

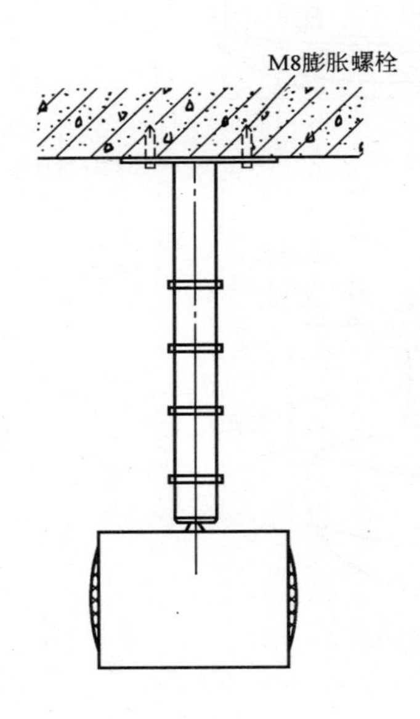

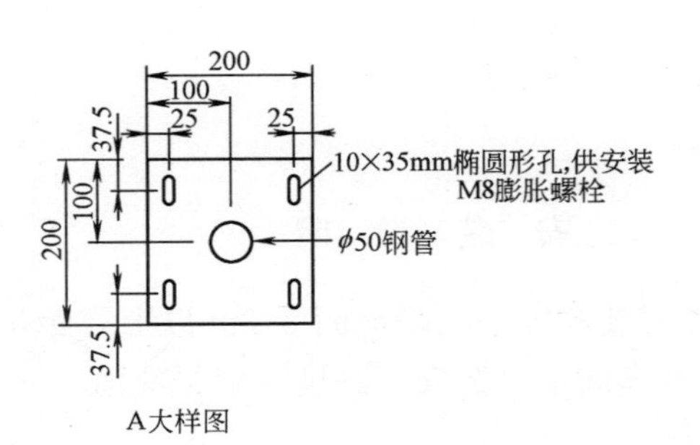

A大样图

图名	扬声器安装方法（七）	图号	RD 11—8（七）

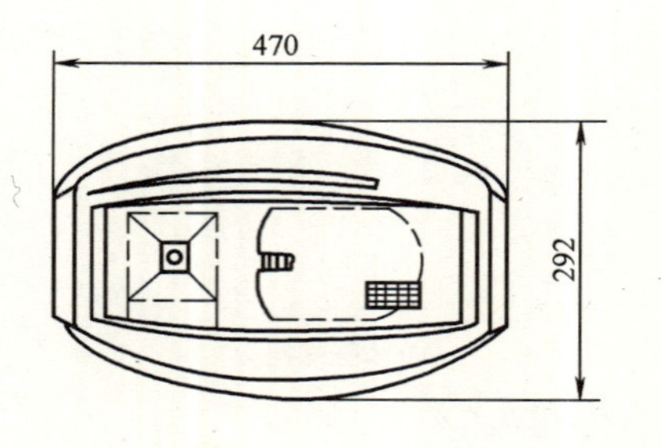

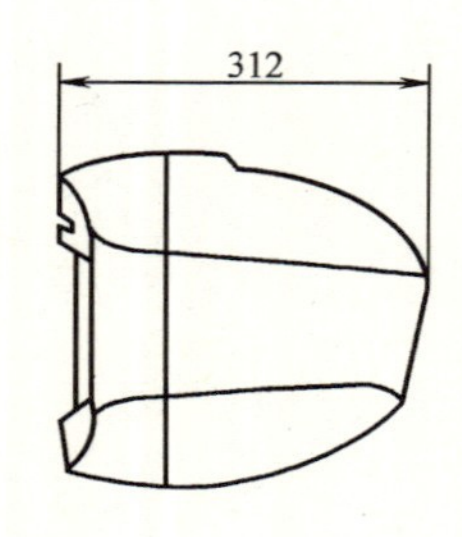

(a) 扬声器箱规格尺寸

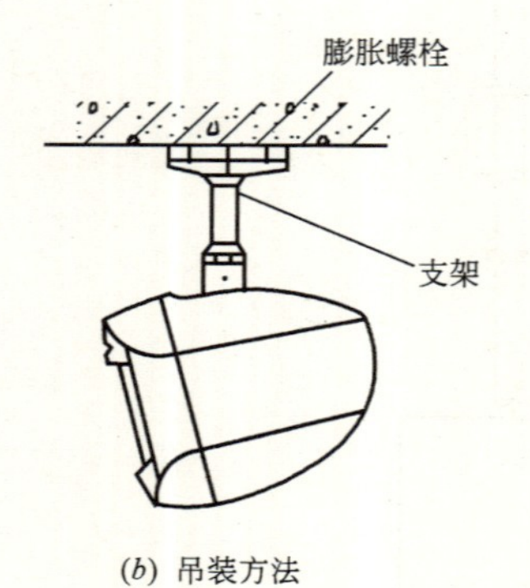

(b) 吊装方法

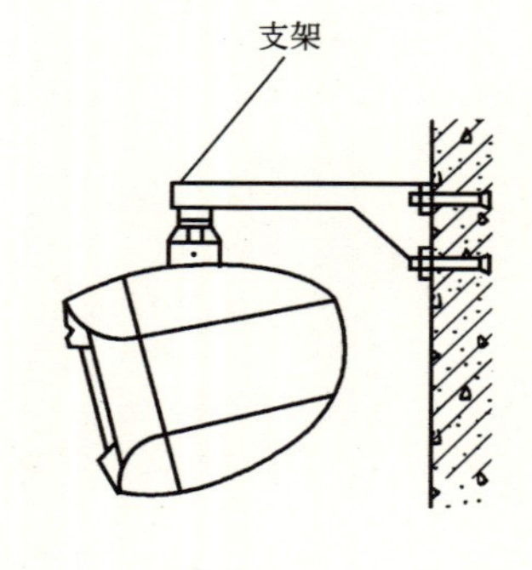

(c) 壁装方法

1. 扬声器箱安装方法

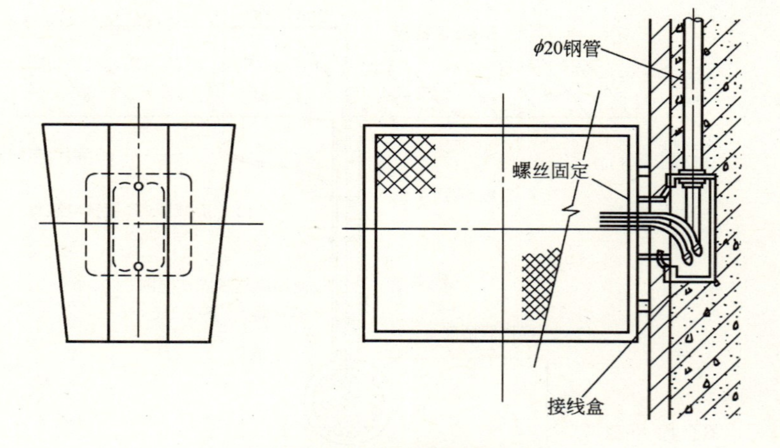

2. 双面扬声器箱壁装方法

安 装 说 明

室内扬声器安装高度一般距地面 2.2m 以上或距吊顶下面 0.2m，大厅及车间扬声器安装高度一般距地面 3～5m。

图名	扬声器箱安装方法（一）	图号	RD 11—9（一）

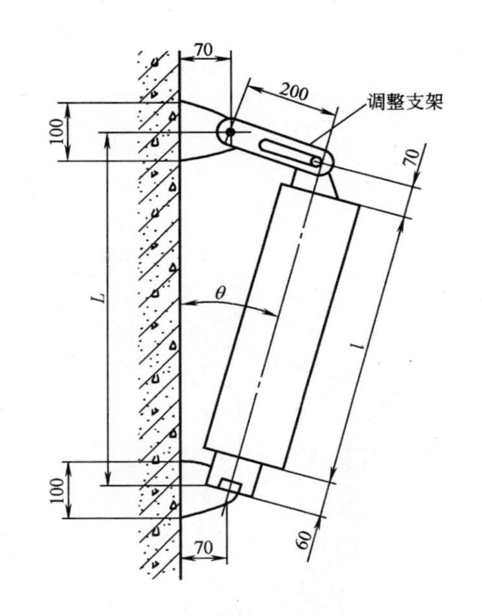

1. 扬声器箱壁装方法（一）

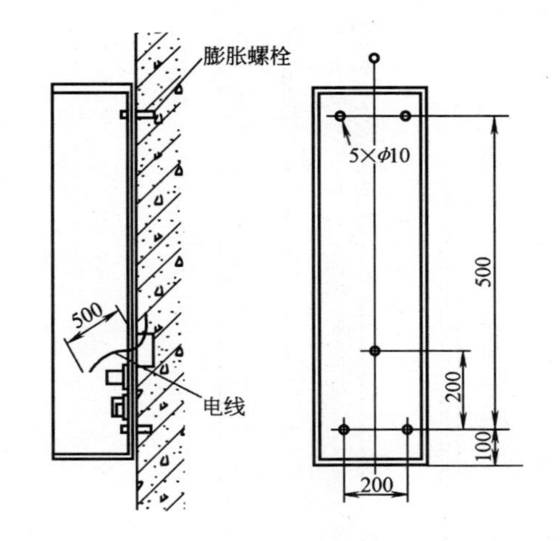

2. 扬声器箱壁装方法（二）

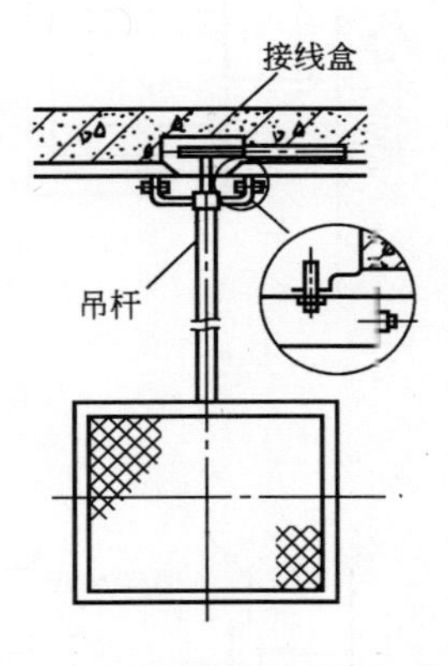

3. 扬声器箱吊装方法

安 装 说 明

大厅及车间扬声器箱安装高度一般为距地面 3～5m。

图名	扬声器箱安装方法（二）	图号	RD 11—9（二）

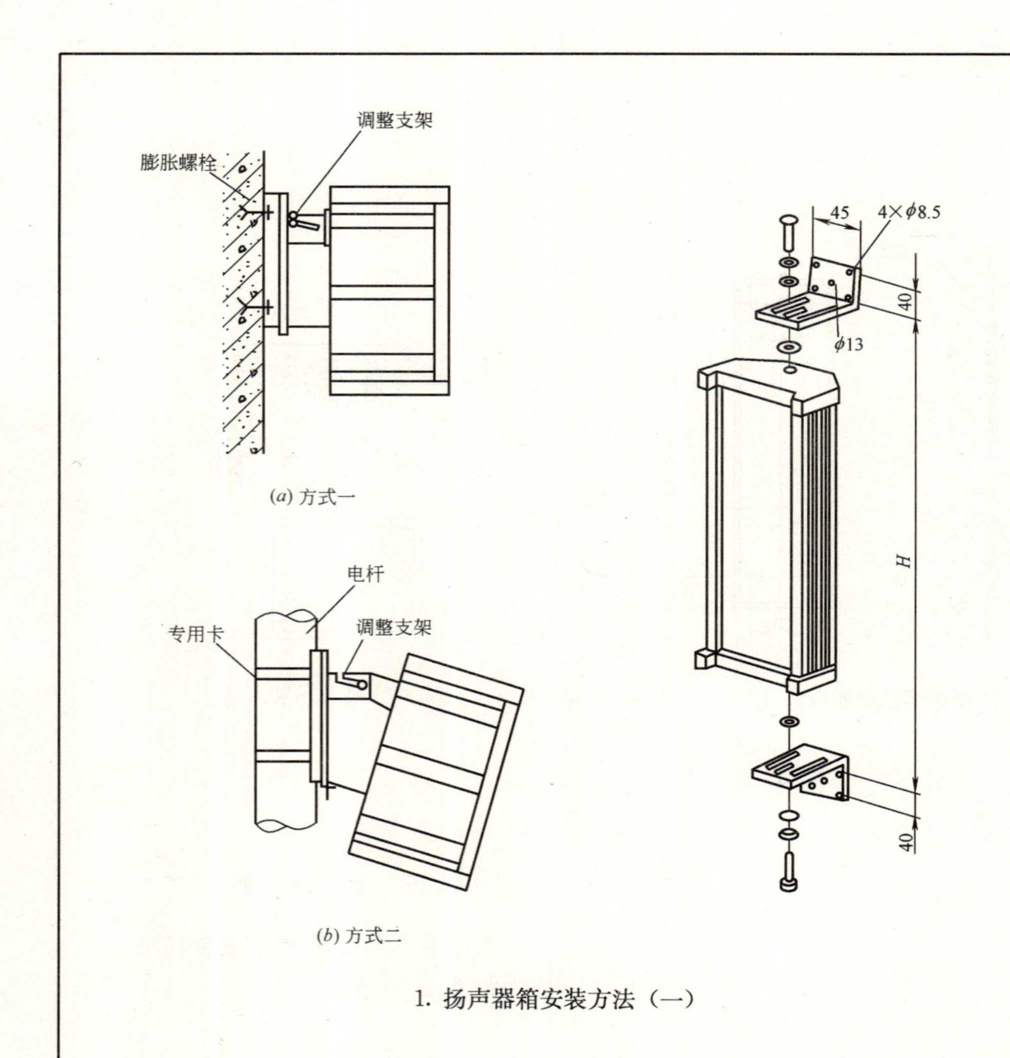

1. 扬声器箱安装方法（一）

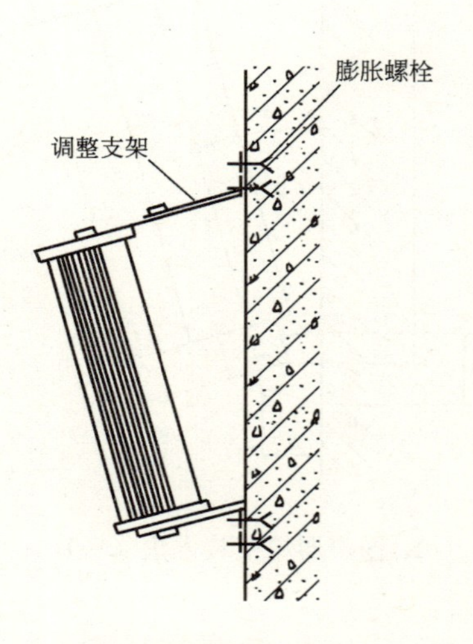

2. 扬声器箱安装方法（二）

安 装 说 明

室外扬声器安装高度一般为距地面 3m 以上。

图名	扬声器箱安装方法（三）	图号	RD 11—9（三）

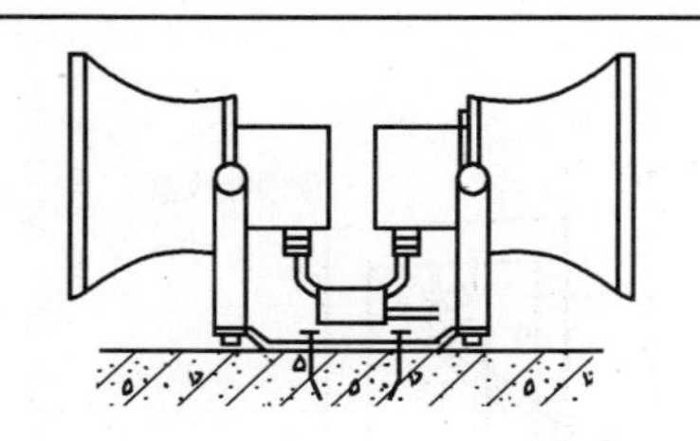

(*a*) 方式一

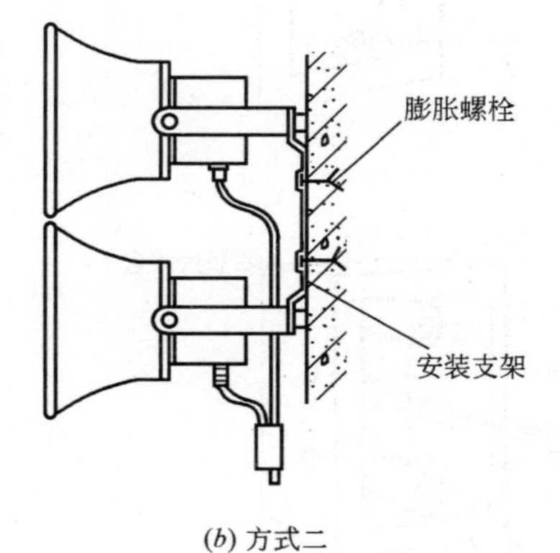

(*b*) 方式二

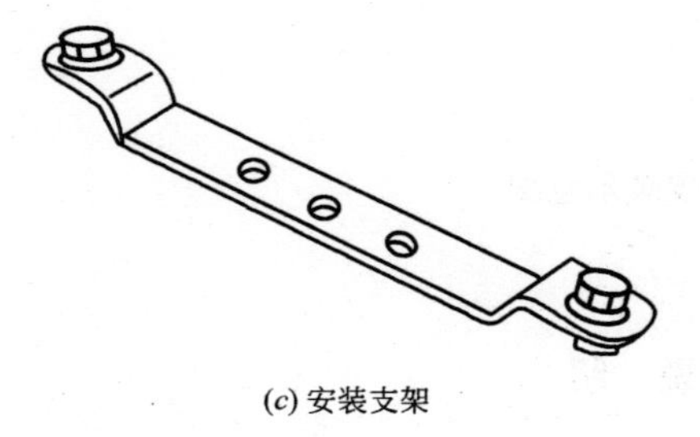

(c) 安装支架

1. 双号角式扬声器安装方法

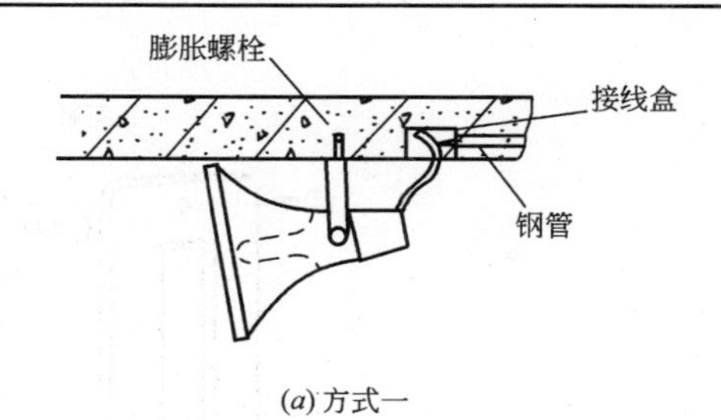

(*a*) 方式一

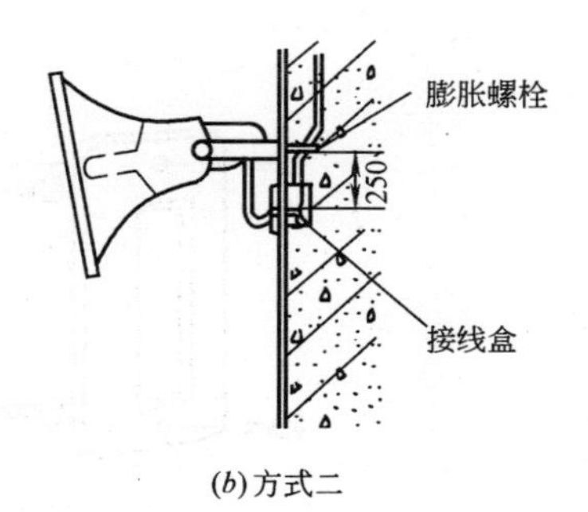

(*b*) 方式二

2. 号角式扬声器安装方法

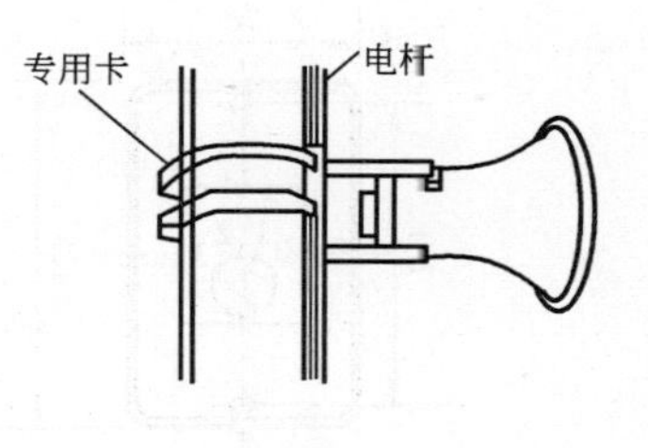

(*a*) 方式一

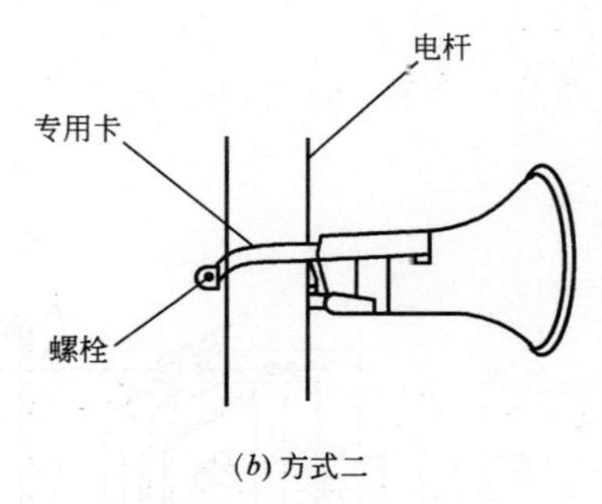

(*b*) 方式二

3. 号角式扬声器杆装方法

安 装 说 明

1. 号角式扬声器适用于广场等处，安装时使用膨胀螺栓或专用电杆卡固定扬声器。

2. 室外扬声器安装高度一般为距地面 3m 以上。

图名	号角式扬声器安装方法	图号	RD 11—10

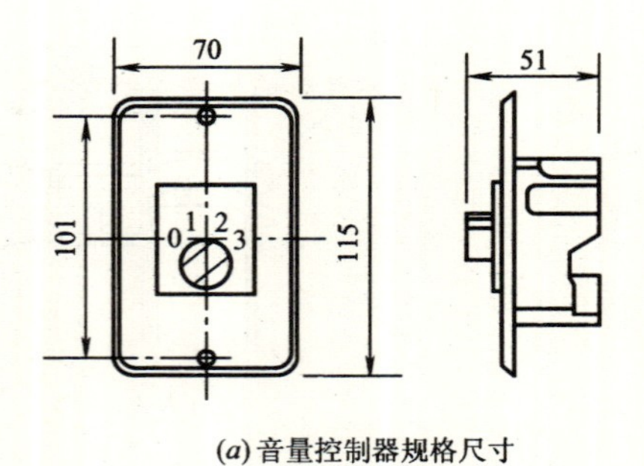

(a) 音量控制器规格尺寸

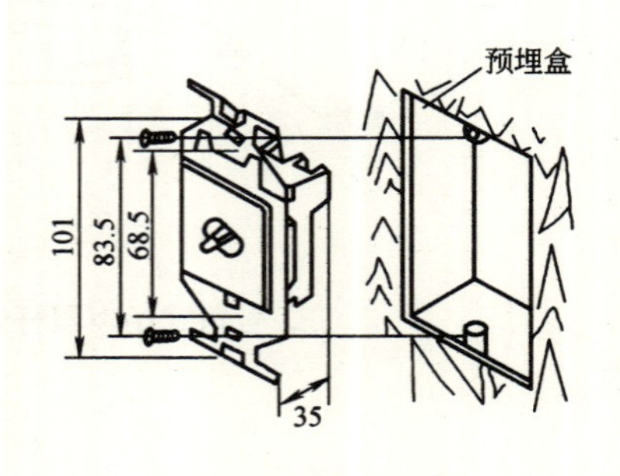

(b) 安装方法

1. 音量控制器安装方法

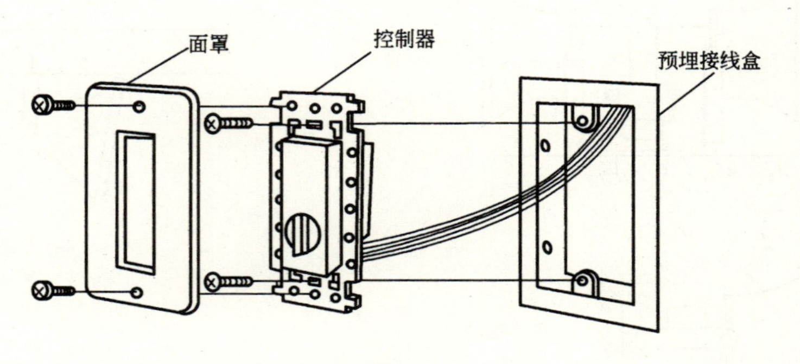

(a) 暗装

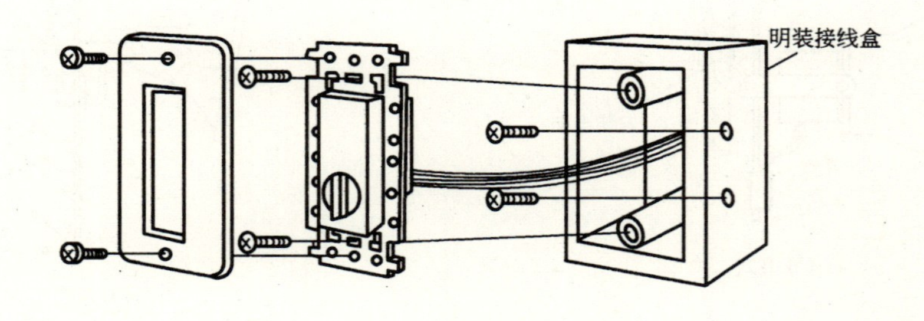

(b) 明装

2. 音量控制器安装示意图

安 装 说 明

音量控制器、控制开关可安装在墙上或广播分线箱中，墙上安装时安装高度为距地面 1.4m。

图名	音量控制器安装方法	图号	RD 11—11

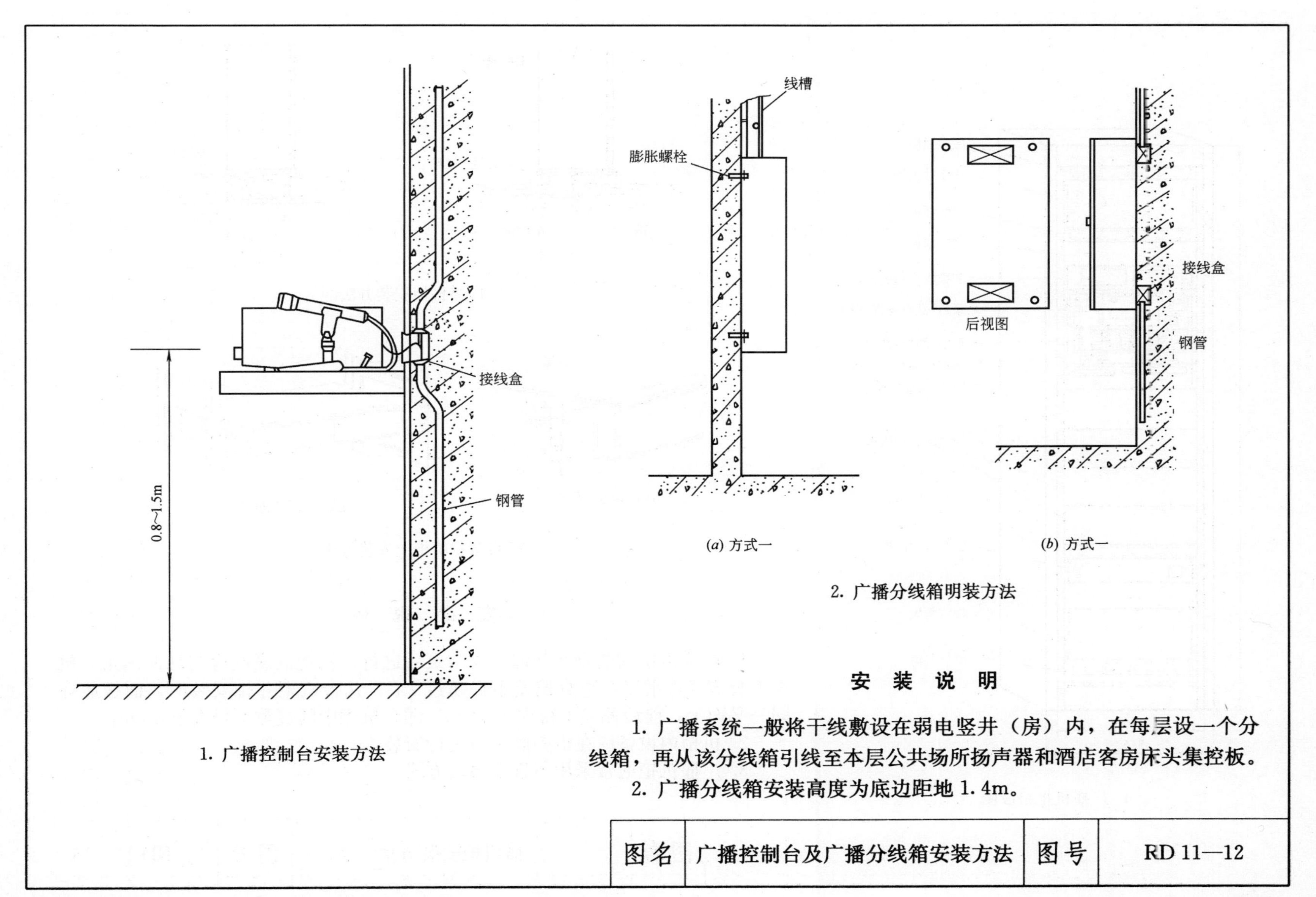

1. 广播控制台安装方法

(*a*) 方式一

(*b*) 方式一

2. 广播分线箱明装方法

安 装 说 明

1. 广播系统一般将干线敷设在弱电竖井（房）内，在每层设一个分线箱，再从该分线箱引线至本层公共场所扬声器和酒店客房床头集控板。

2. 广播分线箱安装高度为底边距地 1.4m。

图名	广播控制台及广播分线箱安装方法	图号	RD 11—12

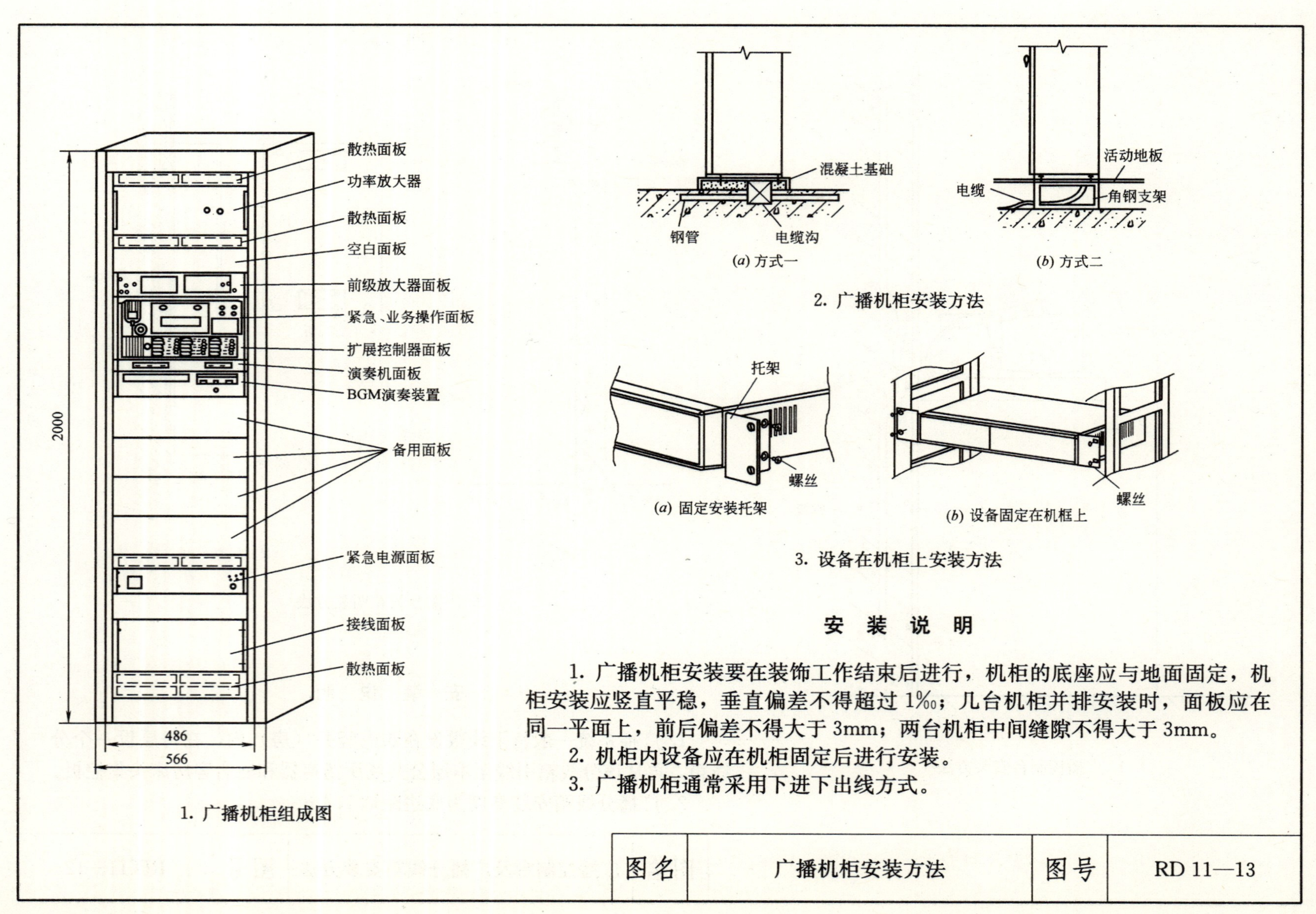

1. 广播机柜组成图

(*a*) 方式一

(*b*) 方式二

2. 广播机柜安装方法

(*a*) 固定安装托架

(*b*) 设备固定在机框上

3. 设备在机柜上安装方法

安 装 说 明

1. 广播机柜安装要在装饰工作结束后进行，机柜的底座应与地面固定，机柜安装应竖直平稳，垂直偏差不得超过1‰；几台机柜并排安装时，面板应在同一平面上，前后偏差不得大于3mm；两台机柜中间缝隙不得大于3mm。

2. 机柜内设备应在机柜固定后进行安装。

3. 广播机柜通常采用下进下出线方式。

图名	广播机柜安装方法	图号	RD 11—13

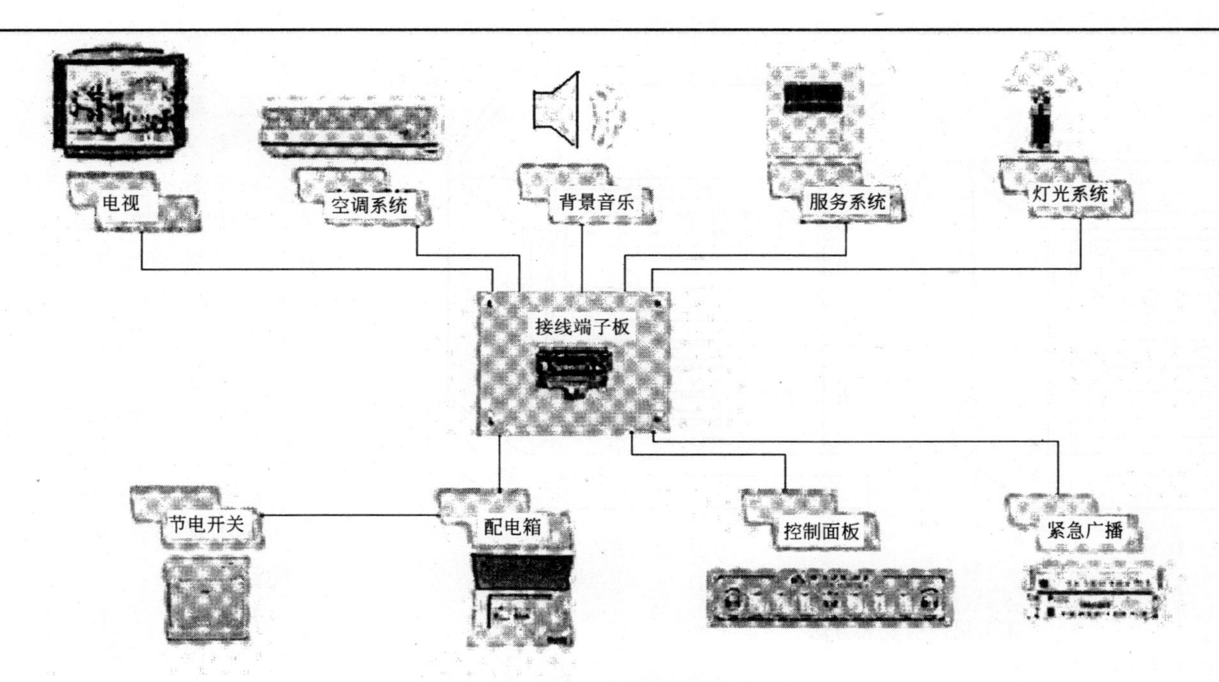

酒店客房床头集控板控制系统图

安装说明

一、概述

酒店客房床头集控板是将宾馆、酒店客房内的视听广播、电力控制等进行集中设计的控制设备。它具有美观、经济、便捷、可靠、耐用等诸多优点，在众多酒店、度假村、别墅中得到广泛使用。

二、组成

酒店客房床头集控板由控制面板和强弱电电缆线两部分组成。

1. 控制面板

（1）通常安装于床头柜上（特殊情况可装于移动盒上），安装方式可有槽装和四角螺栓等方式，标准尺寸为490mm×110mm，通常板厚3m。

（2）面板分类

1）面板种类：（a）新型PVC膜反面丝网彩色印刷，光亮防滑；（b）铜板拉丝；（c）不锈钢拉丝。

图名	酒店客房床头集控板介绍（一）	图号	RD 11—14（一）

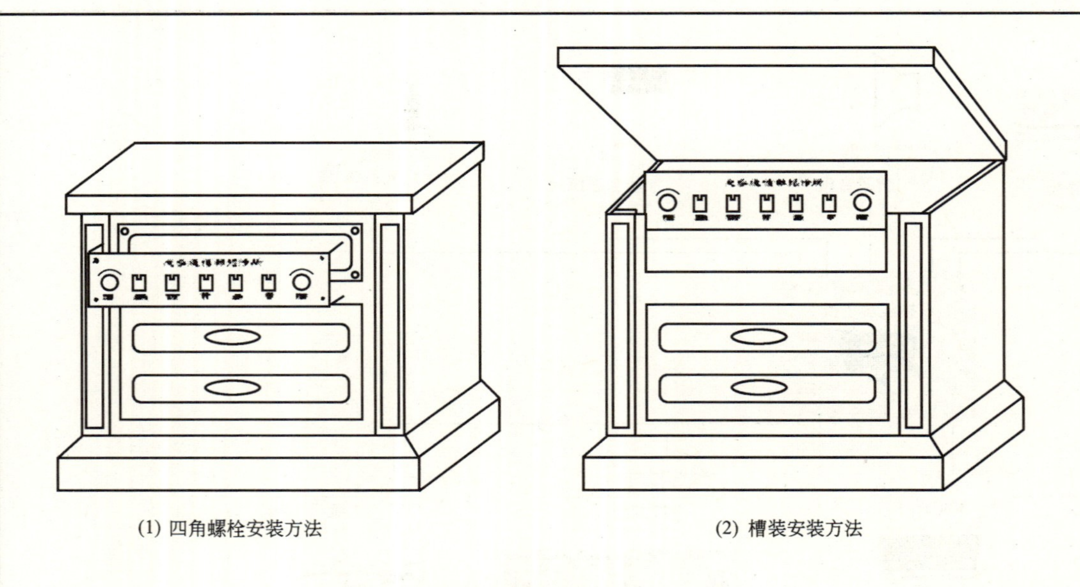

(1) 四角螺栓安装方法　　　　(2) 槽装安装方法

床头集控板安装方法

安　装　说　明（续）

2）开关种类：圆开关、方开关带萤光指示灯等。

3）接线方式：(a) 电缆连接；(b) 接线端子板连接。

2. 电缆线

控制面板与接线端子箱之间的连接线，有强弱电之分。

三、系统功能

客房内装配床头集控板后，客人进入房间将房卡插入节电开关，系统获得电源，进入正常运行。此后房间内相应的强电系统、空调系统、广播电视系统、服务系统均通过控制面板进行控制。拔出房卡，系统电源关闭。

四、系统控制方式

1. 灯光控制功能

系统具有多路 220V/3A 强电控制开关，其中为二路无级（10%～100%）调光开关，并备有专用保险（可作左右床头灯），其余几路单控、双控均可。走廊灯自动双控（将房卡插入节电开关自动开启）。

2. 服务功能

具有“请勿打扰”、“请清理”等功能，“请勿打扰”与“门铃”互锁。

3. 空调控制功能

采用风量调节方式，风机高、中、低三档自由切换。

4. 电视、音乐、紧急广播系统

(1) 按下“电视”开关可控制电视机的电源通断；

(2) 切换“频道”旋钮时，可选择音乐节目的频道；

(3) 旋转“音量”旋钮时，可调节音乐节目的音量；

(4) 当酒店遇到紧急情况时，消防控制中心输出紧急广播控制电压（DC24V）到床头集控板，驱动强切电路以切断音乐节目，播放紧急广播信号。

图名	酒店客房床头集控板介绍（二）	图号	RD 11—14（二）

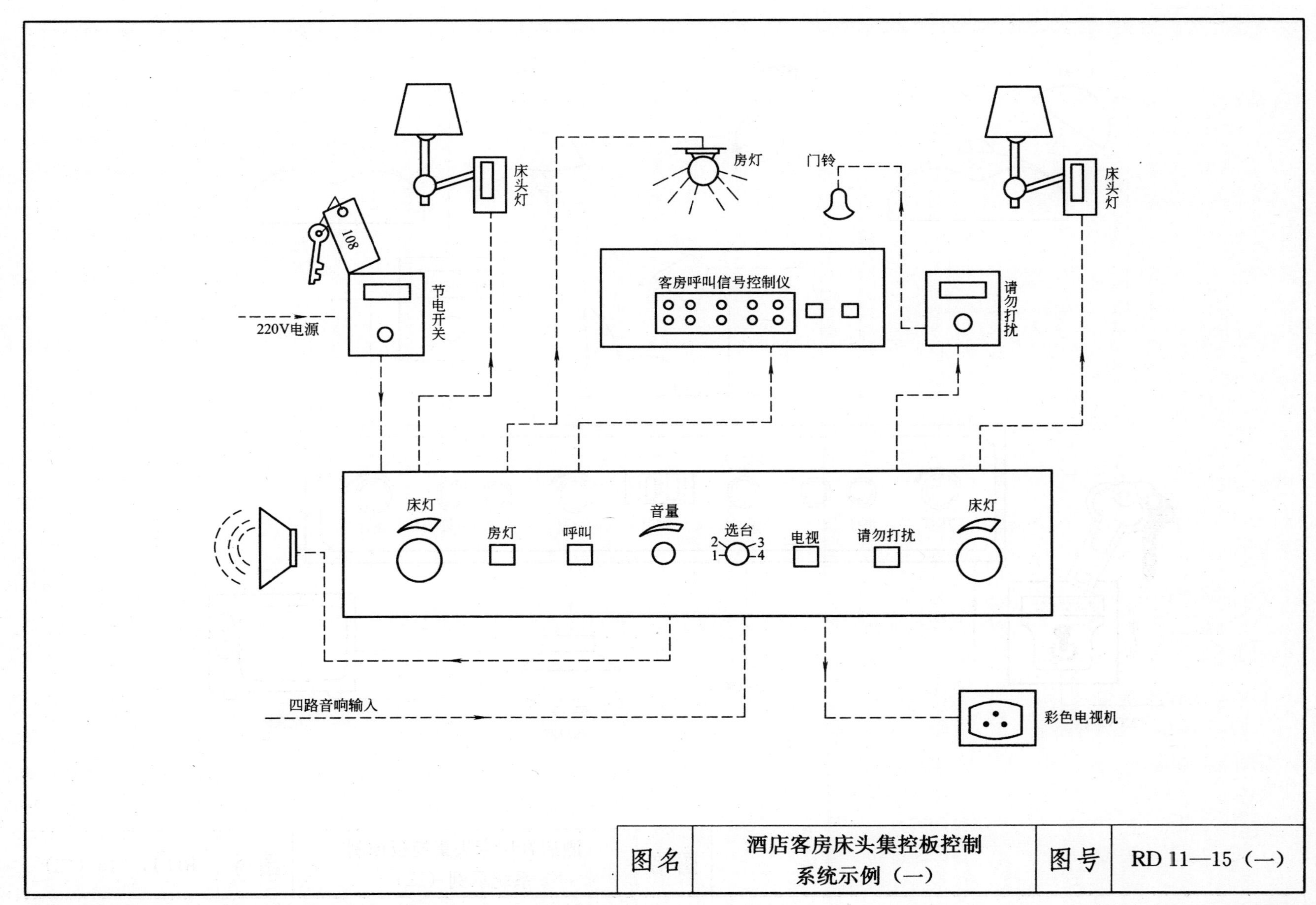

图名	酒店客房床头集控板控制 系统示例（一）	图号	RD 11—15（一）

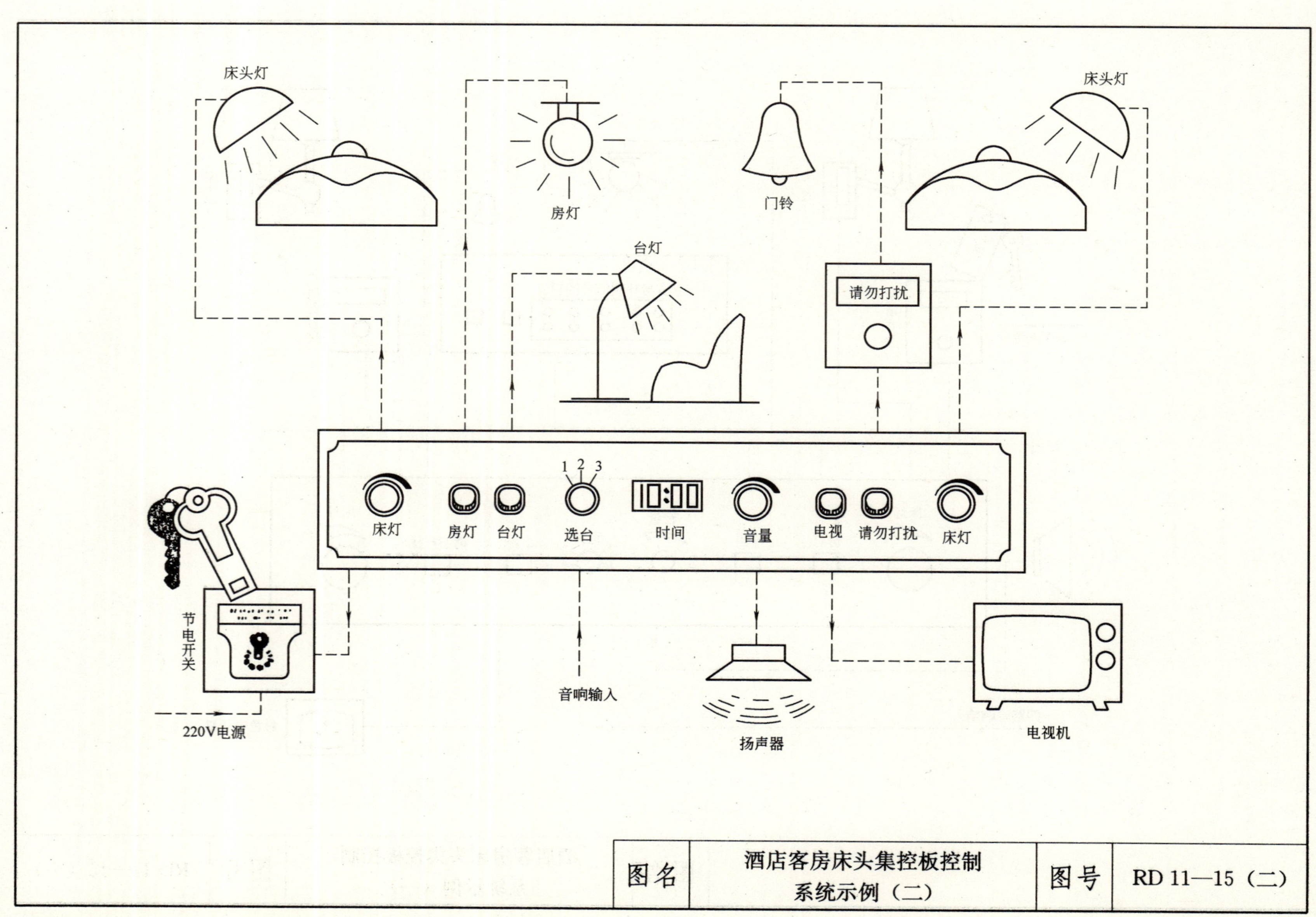
床头灯
房灯
门铃
床头灯
台灯
请勿打扰
床灯
房灯
台灯
1 2 3
选台
10:00
时间
音量
电视
请勿打扰
床灯
节电开关
220V电源
音响输入
扬声器
电视机
图名
酒店客房床头集控板控制系统示例（二）
图号
RD 11—15（二）

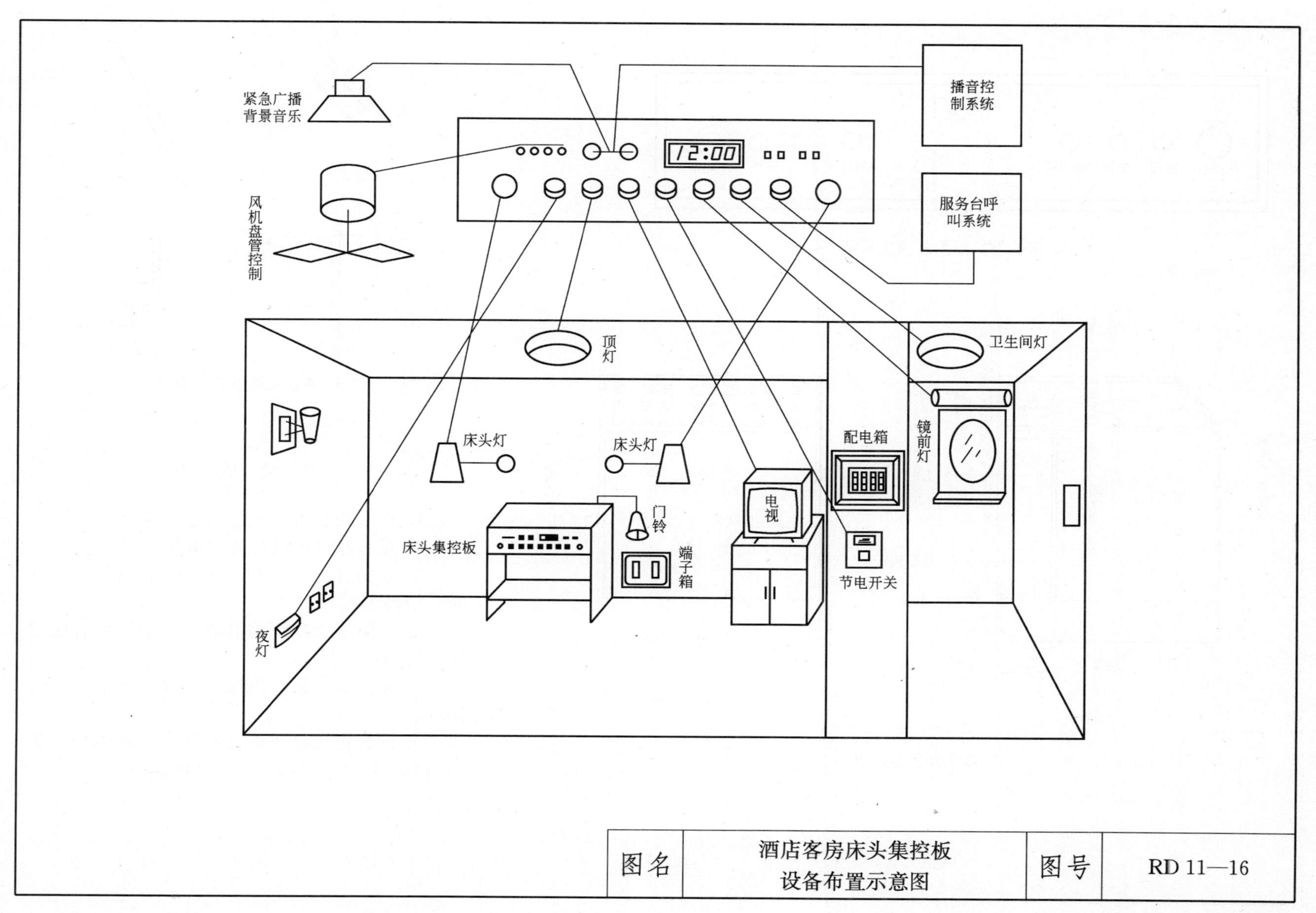
紧急广播
背景音乐
播音控
制系统
12:00
风机盘管控制
服务台呼
叫系统
顶灯
卫生间灯
床头灯
床头灯
配电箱
镜前灯
电视
门铃
床头集控板
端子箱
节电开关
夜灯
图名
酒店客房床头集控板
设备布置示意图
图号
RD 11—16

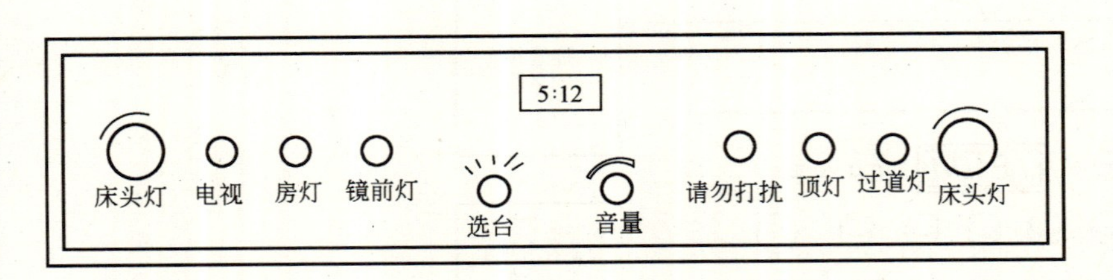

1. 床头集控板控制功能示例

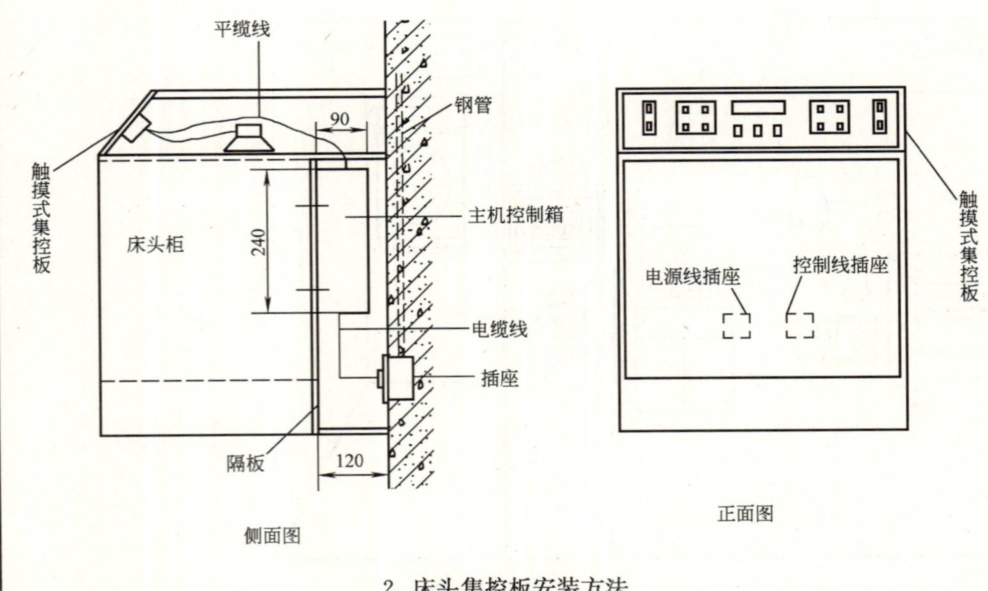

2. 床头集控板安装方法

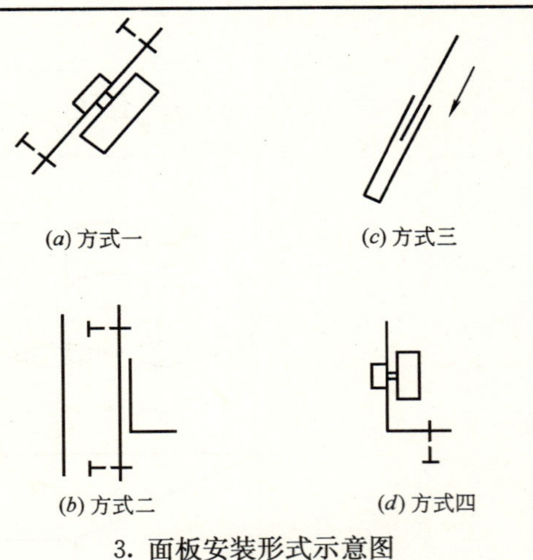

3. 面板安装形式示意图

安 装 说 明

1. 音乐控制可实现五路音乐选择。

2. 左右床灯可进行亮度调光。

3. 请勿打扰与门铃互锁，按下请勿打扰键时，门铃无效。

4. 消防中心控制的消防广播信号可直接切换集控板内广播。

5. 床头集控板有机械式和轻触（电子）式两种。

6. 面板可选择铝板、铜板或不锈钢板，集控板标准尺寸为490mm×110mm。

图名	酒店客房床头集控板安装方法	图号	RD 11—17

12 综合布线系统

安 装 说 明

1. 施工前的环境检查

在安装工程开始以前应对交接间、设备间、工作区的建筑和环境条件进行检查，具备条件方可开工。

（1）房屋预埋地槽、暗管及孔洞和竖井的位置、数量、尺寸均应符合设计要求。

（2）铺设活动地板的场所，活动地板防静电措施的接地应符合设计要求。

（3）交接间、设备间应提供220V单相带地电源插座。

（4）交接间、设备间应提供可靠的接地装置，设置接地体时，检查接地电阻值及接地装置应符合设计要求。

（5）交接间、设备间的面积、通风及环境温、湿度应符合设计要求。

2. 器材检验一般要求

（1）工程所用缆线器材形式、规格、数量、质量在施工前应进行检查，无出厂检验证明材料或与设计不符者不得在工程中使用。

（2）经检验的器材应做好记录，对不合格的器件应单独存放，以备核查与处理。

（3）工程中使用的缆线、器材应与订货合同或封存的产品在规格、型号、等级上相符。

（4）备品、备件及各类资料应齐全。

3. 设备安装检验

（1）机柜、机架安装要求如下：

1）机柜、机架安装完毕后，垂直偏差度应不大于3mm。机柜、机架安装位置应符合设计要求。

2）机柜、机架上的各种零件不得脱落或碰坏，漆面如有脱落应予以补漆，各种标志应完整、清晰。

（2）各类配线部件安装要求如下：

1）各部件应完整，安装就位，标志齐全。

2）安装螺丝必须拧紧，面板应保持在一个平面上。

（3）8位模块式通用插座安装要求如下：

1）安装在活动地板或地面上，应固定在接线盒内，插座面板采用直立和水平等形式；接线盒盖可开启，并应具有防水、防尘、抗压功能。接线盒盖面应与地面齐平。

2）8位模块式通用插座、多用户信息插座或集合点配线模块，安装位置应符合设计要求。

3）8位模块式通用插座底座盒的固定方法按施工现场条件而定，宜采用预置扩张螺钉固定等方式。

4）固定螺丝需拧紧，不应产生松动现象。

5）各种插座面板应有标识，以颜色、图形、文字表示所接终端设备类型。

（4）电缆桥架及线槽安装要求如下：

1）桥架及线槽的安装位置应符合施工图规定，左右偏差不应超过50mm。

2）桥架及线槽水平度每米偏差不应超过2mm。

3）垂直桥架及线槽应与地面保持垂直，并无倾斜现象，垂直度偏差不应超过3mm。

4）线槽截断处及两线槽拼接处应平滑、无毛刺。

5）吊架和支架安装应保持垂直，整齐牢固，无歪斜现象。

6）金属桥架及线槽节与节间应接触良好，安装牢固。

（5）安装机柜、机架、配线设备屏蔽层及金属钢管、线槽使用的接地体应符合设计要求，就近接地，并应保持良好的电气连接。

4. 缆线的敷设

（1）缆线一般应按下列要求敷设：

1）缆线的形式、规格应与设计规定相符。

2）缆线的布放应自然平直，不得产生扭绞、打圈接头等现象，不应受到外力的挤压和损伤。

3）缆线两端应贴有标签，应标明编号，标签书写应清晰、端正和正确。标签应选用不易损坏的材料。

4）缆线终接后，应有余量。交接间、设备间对绞电缆预留长度宜为0.5～1.0m，工作区为10～30mm；光缆布放宜盘留，预留长度宜为3～5m，有特殊要求的应按设计要求预留长度。

5）缆线的弯曲半径应符合下列规定：

a. 非屏蔽4对对绞电缆的弯曲半径应至少为电缆外径的4倍；

b. 屏蔽4对对绞电缆的弯曲半径应至少为电缆外径的6～10倍；

c. 主干对绞电缆的弯曲半径应至少为电缆外径的 10 倍；

d. 光缆的弯曲半径应至少为光缆外径的 15 倍。

6）电源线、综合布线系统缆线应分隔布放。缆线间的最小净距应符合设计要求，并应符合表 RD12-1 的规定。

7）建筑物内电、光缆暗管敷设与其他管线最小净距见表 RD12-2 的规定。

对绞电缆与电力线最小净距 **表 RD12-1**

单位 / 范围 / 条件	最小净距(mm)		
	380V,<2kVA	380V,2.5～5kVA	380V,>5kVA
对绞电缆与电力电缆平行敷设	130	300	600
有一方在接地的金属槽道或钢管中	70	150	300
双方均在接地的金属槽道或钢管中	注	80	150

注：双方都在接地的金属槽道或钢管中，且平行长度小于 10m 时，最小间距可为 10mm。表中对绞电缆如采用屏蔽电缆时，最小净距可适当减小，并符合设计要求。

电、光缆暗管敷设与其他管线最小净距 **表 RD12-2**

管线种类	平行净距(mm)	垂直交叉净距(mm)	管线种类	平行净距(mm)	垂直交叉净距(mm)	管线种类	平行净距(mm)	垂直交叉净距(mm)	管线种类	平行净距(mm)	垂直交叉净距(mm)
避雷引下线	1000	300	热力管(不包封)	500	500	给水管	150	20	压缩空气管	150	20
保护地线	50	20	热力管(包封)	300	300	煤气管	300	20			

8）在暗管或线槽中缆线敷设完毕后，宜在通道两端出口处用填充材料进行封堵。

（2）预埋线槽和暗管敷设缆线应符合下列规定：

1）敷设线槽的两端宜用标志表示出编号和长度等内容。

2）敷设暗管宜采用钢管或阻燃硬质 PVC 管。布放多层屏蔽电缆、扁平缆线和大对数主干电缆或主干光缆时，直线管道的管径利用率应为 50%～60%，弯管道应为 40%～50%。暗管布放 4 对对绞电缆或 4 芯以下光缆时，管道的截面利用率应为 25%～30%。

预埋线槽宜采用金属线槽，线槽的截面利用率不应超过 50%。

（3）设置电缆桥架和线槽敷设缆线应符合下列规定：

1）电缆线槽、桥架宜高出地面 2.2m 以上。线槽和桥架顶部距楼板不宜小于 30mm；在过梁或其他障碍物处，不宜小于 5mm。

2）槽内缆线布放应顺直，尽量不交叉，在缆线进出线槽部位、转弯处应绑扎固定，其水平部分缆线可以不绑扎。垂直线槽布放缆线应每间隔 1.5m 固定在缆线支架上。

3）电缆桥架内缆线垂直敷设时，在缆线的上端和每间隔 1.5m 处应固定在桥架的支架上；水平敷设时，在缆线的首、尾、转弯及每间隔 5～10m 处进行固定。

4）在水平、垂直桥架和垂直线槽中敷设缆线时，应对缆线进行绑扎。对绞电缆、光缆及其他信号电缆应根据缆线的类别、数量、缆径、缆线芯数分束绑扎。绑扎间距不宜大于 1.5m，间距应均匀，松紧适度。

5）楼内光缆宜在金属线槽中敷设，在桥架敷设时应在绑扎固定段加装垫套。

（4）采用吊顶支撑柱作为线槽在顶棚内敷设缆线时，每根支撑柱所辖范围内的缆线可以不设置线槽进行布放，但应分束绑扎。缆线护套应阻燃，缆线选用应符合设计要求。

（5）建筑群子系统采用架空、管道、直埋、墙壁及暗管敷设电、光缆的施工技术要求应按照本地网通信线路工程验收的相关规定执行。

5. 缆线的保护措施

（1）水平子系统缆线敷设保护应符合下列要求。

1）预埋金属线槽保护要求如下：

a. 在建筑物中预埋线槽，宜按单层设置，每一路由预埋线槽不应超过 3 根，线槽截面高度不宜超过 25mm，总宽度不宜超过 300mm。

b. 线槽直埋长度超过 30m 或在线槽路由交叉、转弯时，宜设置过线盒，以便于布放缆线和维修。

c. 过线盒盖应能开启，并与地面齐平，盒盖处应具有防水功能。

d. 过线盒和接线盒盒盖应能抗压。

e. 从金属线槽至信息插座接线盒间的缆线宜采用金属软管敷设。

2）预埋暗管保护要求如下：

a. 预埋在墙体中间暗管的最大管径不宜超过 50mm，楼板中暗管的最大管径不宜超过 25mm。

b. 直线布管每 30m 处应设置过线盒装置。

c. 暗管的转弯角度应大于 90°，在路径上每根暗管的转弯角不得多于 2 个，并不应有 S 弯出现，有弯头的管段长度超过 20m 时，应设置管线过线盒装置；在有 2 个弯时，不超过 15m 应设置过线盒。

d. 暗管转弯的曲率半径不应小于该管外径的 6 倍，如暗管外径大于 50mm 时，不应小于 10 倍。

e. 暗管管口应光滑，并加有护口保护，管口伸出部位宜为 25～50mm。

3）网络地板缆线敷设保护要求如下：

a. 线槽之间应沟通。

b. 线槽盖板应可开启，并采用金属材料。

c. 主线槽的宽度由网络地板盖板的宽度而定，一般宜在 200mm 左右，支线槽宽度不宜小于 70mm。

d. 地板块应抗压、抗冲击和阻燃。

4）设置缆线桥架和缆线线槽保护要求如下：

a. 桥架水平敷设时，支撑间距一般为 1.5～3m，垂直敷设时固定在建筑物构体上的间距宜小于 2m，距地 1.8m 以下部分应加金属盖板保护。

b. 金属线槽敷设时，在下列情况下设置支架或吊架。

——线槽接头处；

——每间距 3m 处；

——离开线槽两端出口 0.5m 处；

——转弯处。

c. 塑料线槽槽底固定点间距一般宜为 1m。

5）铺设活动地板敷设缆线时，活动地板内净空应为 150～300mm。

6）采用公用立柱作为顶棚支撑柱时，可在立柱中布放缆线。立柱支撑点宜避开沟槽和线槽位置，支撑应牢固。立柱中电力线和综合布线缆线合一布放时，中间应有金属板隔开，间距应符合设计要求。

7）金属线槽接地应符合设计要求。

8）金属线槽、缆线桥架穿过墙体或楼板时，应有防火措施。

（2）干线子系统缆线敷设保护方式应符合下列要求：

1）缆线不得布放在电梯或供水、供汽、供暖管道竖井中，亦不应布放在强电竖井中。

2）干线通道间应沟通。

（3）建筑群子系统缆线敷设保护方式应符合设计要求。

6. 缆线终接

（1）缆线终接的一般要求如下：

1）缆线在终接前，必须核对缆线标识内容是否正确。

2）缆线中间不允许有接头。

3）缆线终接处必须牢固，接触良好。

4）缆线终接应符合设计和施工操作规程。

5）对绞电缆与插接件连接应认准线号、线位色标，不得颠倒和错接。

（2）对绞电缆芯线终接应符合下列要求：

1）终接时，每对对绞线应保持扭绞状态，扭绞松开长度对于5类线不应大于13mm。

2）对绞线在与8位模块式通用插座相连时，必须按色标和线对顺序进行卡接。

3）屏蔽对绞电缆的屏蔽层与接插件终接处屏蔽罩必须可靠接触，缆线屏蔽层应与接插件屏蔽罩360°圆周接触，接触长度不宜小于10mm。

（3）光缆芯线终接应符合下列要求：

1）采用光纤连接盒对光纤进行连接、保护，在连接盒中光纤的弯曲半径应符合安装工艺要求。

2）光纤熔接处应加以保护和固定，使用连接器以便于光纤的跳接。

3）光纤连接盒面板应有标志。

4）光纤连接损耗值，应符合表RD12-3的规定。

光纤连接损耗 **表 RD12-3**

光纤连接损耗(dB)				
连接类别	多　模		单　模	
	平均值	最大值	平均值	最大值
熔接	0.15	0.3	0.15	0.3

（4）各类跳线的终接应符合下列规定：

1）各类跳线缆线和接插件间接触应良好，接线无误，标志齐全。跳线选用类型应符合系统设计要求。

2）各类跳线长度应符合设计要求，一般对绞电缆跳线不应超过 5m，光缆跳线不应超过 10m。

7. 工程验收

（1）竣工技术文件按下列要求进行编制。

1）工程竣工以后，施工单位应在工程验收以前，将工程竣工技术资料交给建设单位。

2）综合布线系统工程的竣工技术资料应包括以下内容：

a. 安装工程量；

b. 工程说明；

c. 设备、器材明细表；

d. 竣工图纸为施工中更改后的施工设计图；

e. 测试记录（宜采用中文表示）；

f. 工程变更、检查记录及施工过程中，需要改设计或采取相关措施，由建设、设计、施工等单位之间的双方洽商记录；

g. 施工验收记录；

h. 隐蔽工程签证；

i. 工程决算。

3）竣工技术文件要保证质量，做到外观整洁，内容齐全，数据准确。

（2）综合布线系统竣工后，应按要求对系统进行验收。

8. 本章相关规范

（1）《综合布线系统工程验收规范》（GB 50312—2007）。

（2）《综合布线系统工程设计规范》（GB 50311—2007）。

（3）《智能建筑设计标准》（GB/T 50314—2006）。

（4）《智能建筑工程质量验收规范》（GB 50339—2003）。

（5）《城市住宅建筑综合布线系统设计规范》（CECS 119—2000）。

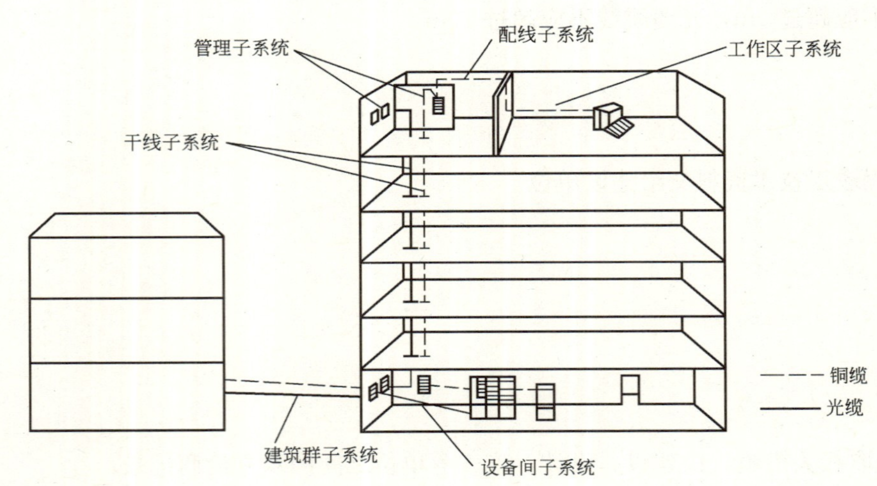

1. 建筑与建筑群综合布线系统结构示意图

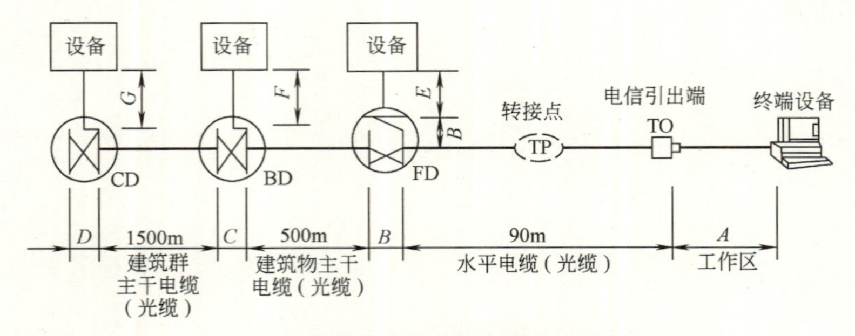

2. 综合布线系统组网和缆线长度限值

注：A、B、C、D、E、F、G表示相关区段缆线或跳线的长度。其中$A+B+E\leqslant10m$；C和$D\leqslant20m$；F和$G\leqslant30m$。

3. 建筑与建筑群综合布线系统可以划分成6个子系统：

(1) 工作区子系统

(2) 配线子系统（水平子系统）

(3) 管理子系统

(4) 干线子系统（垂直子系统）

(5) 设备间子系统

(6) 建筑群子系统

系统说明

建筑与建筑群综合布线系统是一种建筑物或建筑群内的传输网络。他即使话音和数据通信设施、交换设备和其他信息管理系统彼此相连，又使这些设备与外部通信网络相连接。他包括建筑物到外部网络或电话局线路上的连接点与工作区的话音或数据终端之间的所有电缆及相关联的布线部件。

一个设计良好的布线系统应具有开放性、灵活性和扩展性，并对其服务的设备有一定的独立性。需要指出的是结构化布线系统是一套具有标准、设计、施工及信息界面的无源系统，不包含任何相关的有源连接设备（计算机网络除外）。

图名	建筑与建筑群综合布线系统结构示意图	图号	RD 12—1

1. 工作区子系统

一个独立的需要设置终端设备的区域宜划分为一个工作区，工作区子系统应由(水平)布线子系统的信息插座延伸到工作站终端设备处的连接电缆及适配器组成。一个工作区的服务面积可按 5～10m^2 估算，每个工作区设置一个电话机或计算机终端设备，或按用户要求设置。

工作区的每一个信息插座均宜支持电话机，数据终端、计算机、电视机及监视器等终端设备的设置和安装。

从信息插座到终端设备的连接线缆长度一般宜小于等于 3m

2. 配线子系统

配线子系统宜由工作区的信息插座，每层配线设备至信息插座的配线电缆、楼层配线设备和跳线等组成。

配线子系统宜采用 4 对对绞电缆。配线子系统在有高速率应用的场合，宜采用光缆。水平布线子系统根据整个综合布线系统要求，应在二级交接间、交接间或设备间的配线设备上进行连接，以构成电话、数据、电视系统并进行管理。

配线子系统配线电缆宜选用普通型铜芯对绞电缆，电缆长度宜小于等于 90m

3. 管理子系统

管理子系统设置在楼层配线间，内它是干线子系统和配线子系统的桥梁。管理子系统由双绞线配线架、跳线(有快接跳线和简易式跳线之分)设备等组成，在有光缆布线的系统中，还应有光缆配线架和光缆跳线。

当终端设备位置或局域网的结构变化时，有时只要改变跳线方式即可解决，而不需重新布线。因此起着管理各层的水平布线连接相应网络设备的作用

4. 干线子系统

干线子系统应由设备间的配线设备和跳线以及设备间至各楼层配线间的连接电缆或光缆组成。

在确定干线子系统所需要的电缆总对数之前，必须确定电缆中话音和数据信号的共享原则。对于基本型每个工作区可选定 2 对；对于增强型每个工作区可选定 3 对对绞线。对于综合型每个工作区可在基本型或增强型的基础上增设光缆系统。

干线子系统的电缆或光缆长度不应超过 500m，当超过 500m 时，需增设配线架分区布线

5. 设备间子系统

设备间是在每一幢大楼的适当地点设置进线设备，进行网络管理以及管理人员值班的场所。设备间子系统应由综合布线系统的建筑物进线设备，电话、数据、计算机等各种主机设备及其保安配线设备等组成。

设备间内的所有进线终端设备宜采用色标区别各类用途的配线区

6. 建筑群子系统

建筑群子系统由两个及以上建筑物的电话、数据、电视系统组成一个建筑综合布线系统，其连接各建筑物之间的缆线和配线设备，组成建筑群子系统。

建筑群子系统宜采用地下管道敷设方式。管道内敷设的铜缆或光缆应遵循电话管道和人孔的各项设计规定。此外安装时至少应预留 1～2 个备用管孔，以供扩充之用。

建筑群主干电缆或光缆的长度宜小于等于 1500m

图名	综合布线系统六个子系统说明	图号	RD 12—2

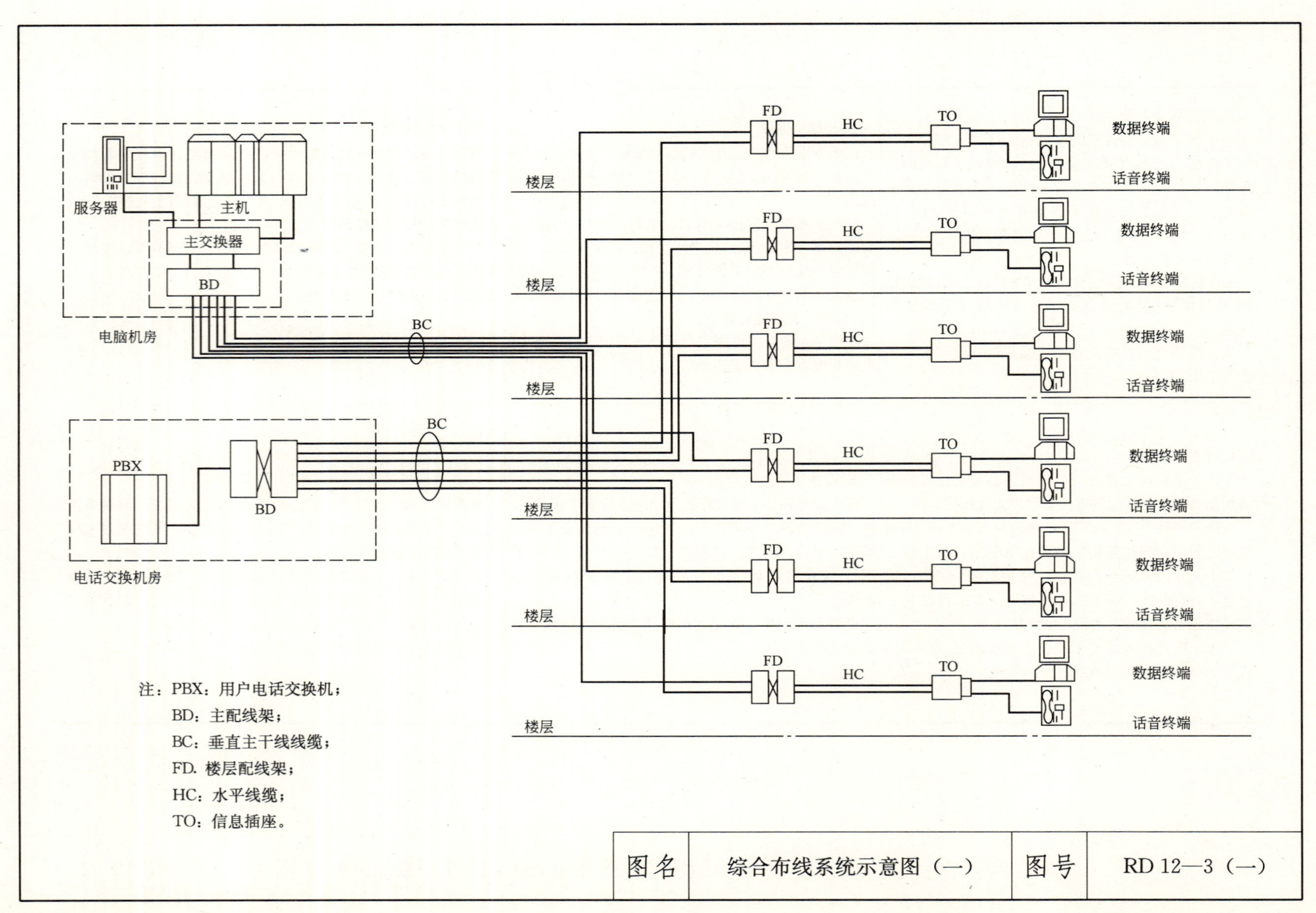
服务器
主机
主交换器
BD
电脑机房
BC
PBX
BD
BC
电话交换机房
FD
HC
TO
数据终端
话音终端
楼层
注：PBX：用户电话交换机；
BD：主配线架；
BC：垂直主干线线缆；
FD. 楼层配线架；
HC：水平线缆；
TO：信息插座。
图名
综合布线系统示意图（一）
图号
RD 12—3（一）

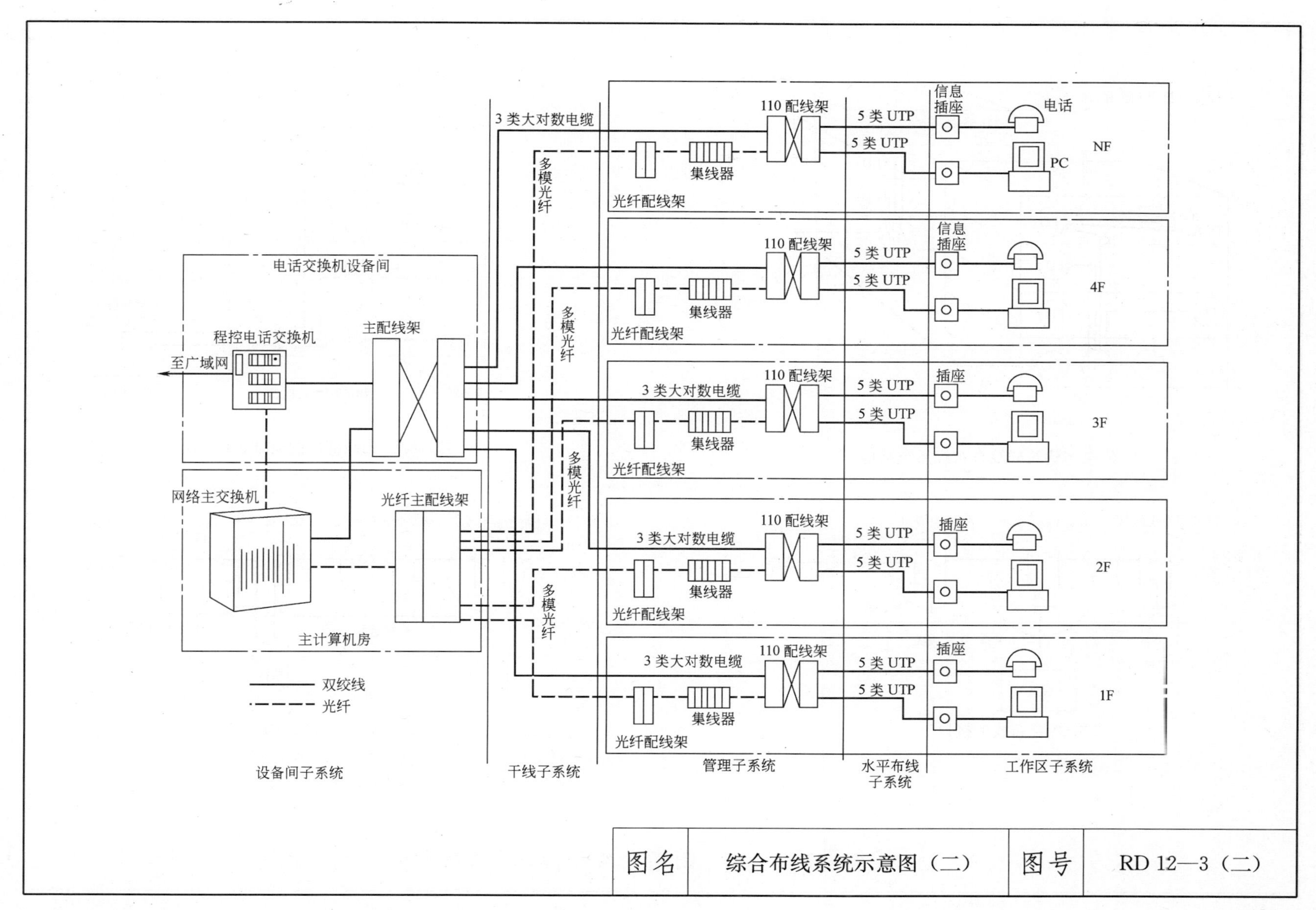

图名	综合布线系统示意图（二）	图号	RD 12—3（二）

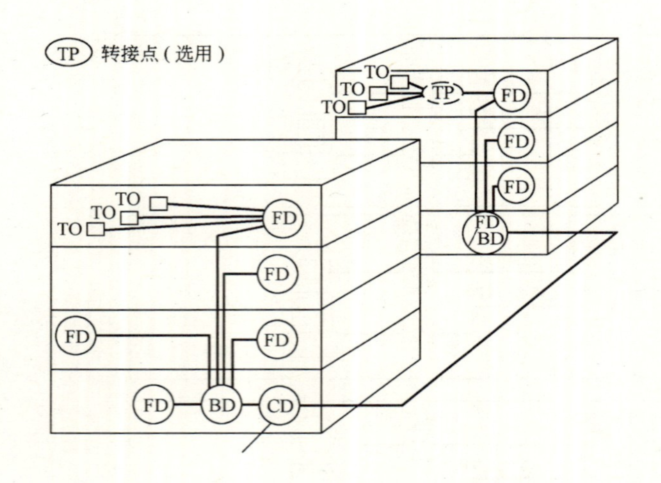

1. 建筑与建筑群综合布线系统结构

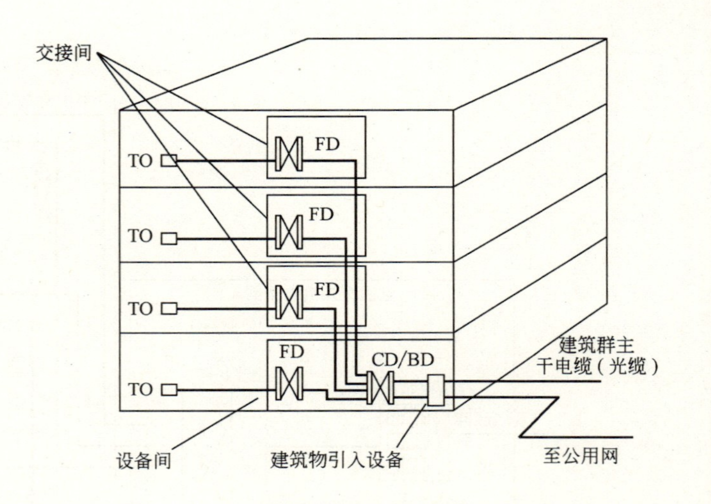

2. 布线部件的典型设置

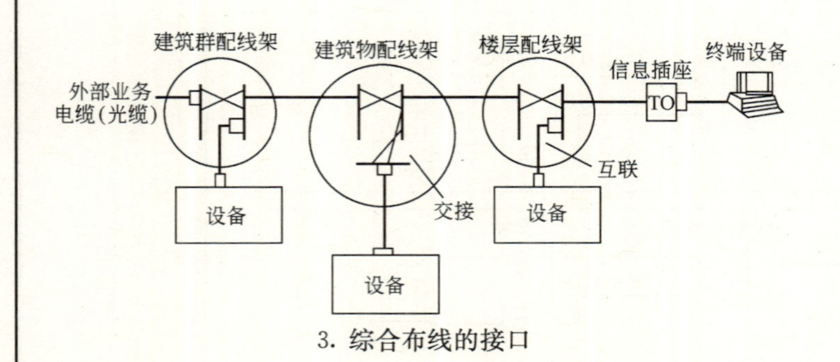

3. 综合布线的接口

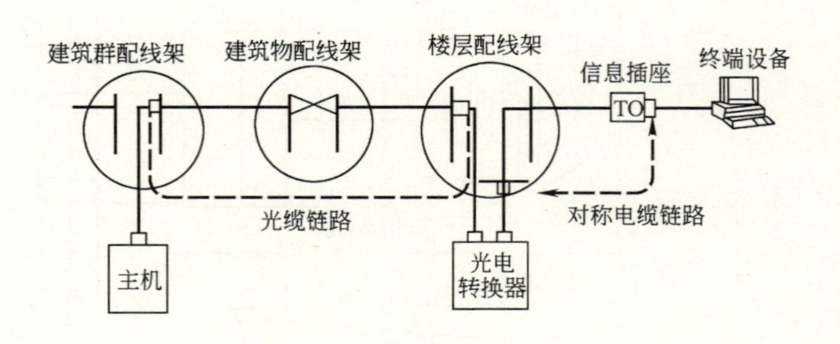

4. 布线链路示例

注：TO：信息插座；TP：转接点；FD：楼层配线架；
BD：主配线架；CD：建筑群配线架。

图名	综合布线系统布线部件的设置	图号	RD 12—4

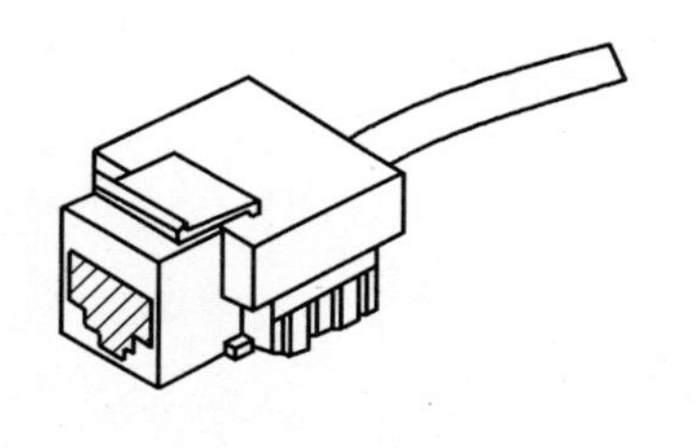

(a) 信息插座图

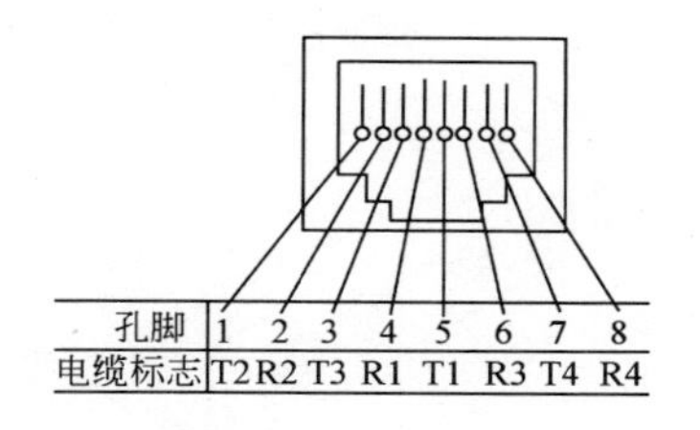

(b) 引脚布置

1. 8脚信息插座

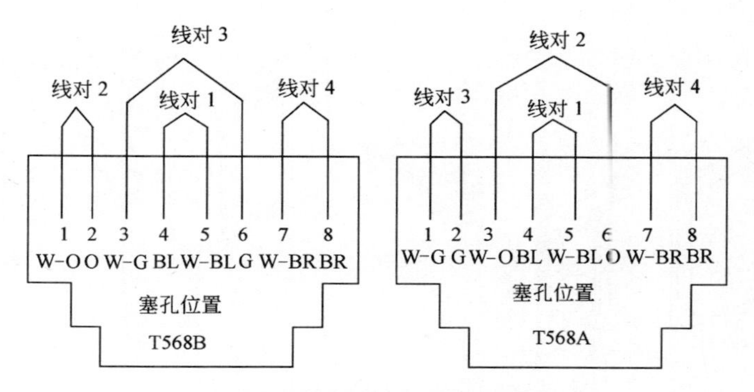

3. 信息插座连接图

2. I/O 引脚与线对的分配表

配线子系统布线	信息插座	工作区布线
4 线对电缆 到蓝色场区	8 脚模块化插座 I/O	带 8 脚模块化插头的 4 对线工作站软线 到终端设备（或在需要时到适配器）

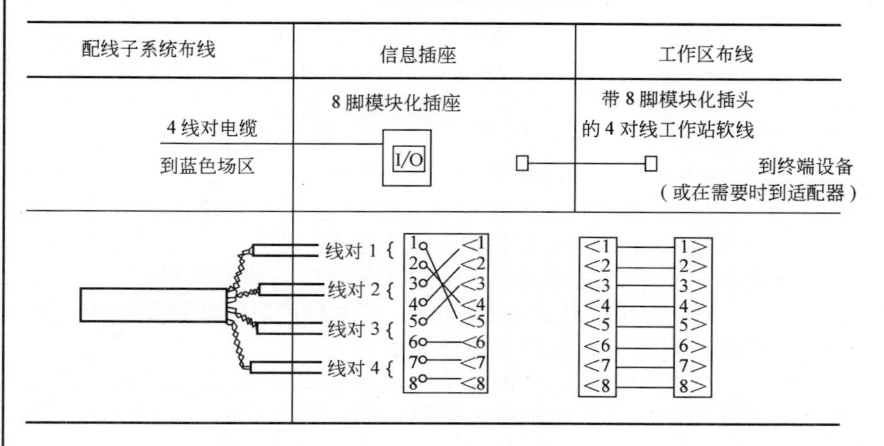

安 装 说 明

1. 对绞线在与信息插座（RJ45）相连时，必须按色标和线对顺序进行卡接。

2. 对绞电缆与 RJ45 信息插座的卡接端子连接时，应按先近后远，先下后上的顺序进行卡接。

3. 对绞电缆与接线模块（IDC、RJ45）卡接时，应按设计和厂家规定进行操作。

4. 确定信息插座数量：(1) 基本型可为每 9m² 一个信息插座，即每个工作区提供一部电话或一部计算机终端；(2) 增强型为每 9m² 两个信息插座，即每个工作区提供一部电话和一部计算机终端。

5. 信息插座用来连接 3 类和 5 类 4 对非屏蔽双绞线，多介质信息插座是用来连接双绞线和光缆，即用以解决用户对“光纤到桌面”的需要。

图名	信息插座安装方法（一）	图号	RD 12—5（一）

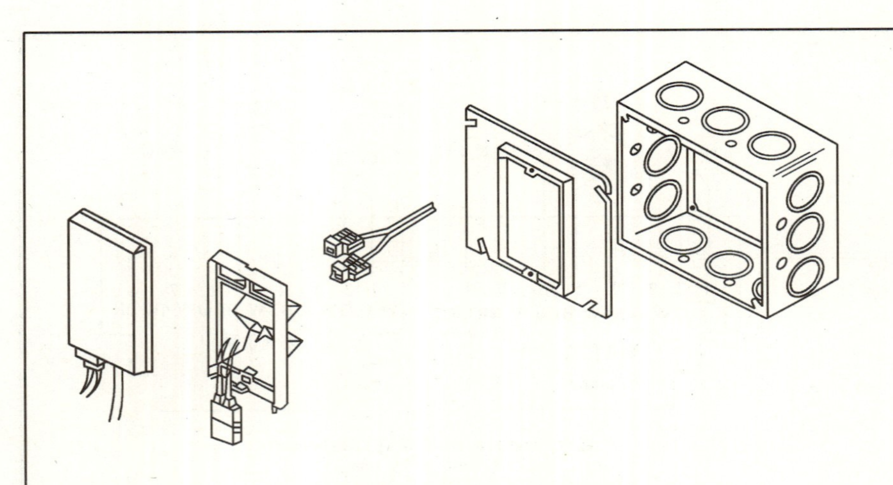

1. 墙上暗装信息插座及适配器方法

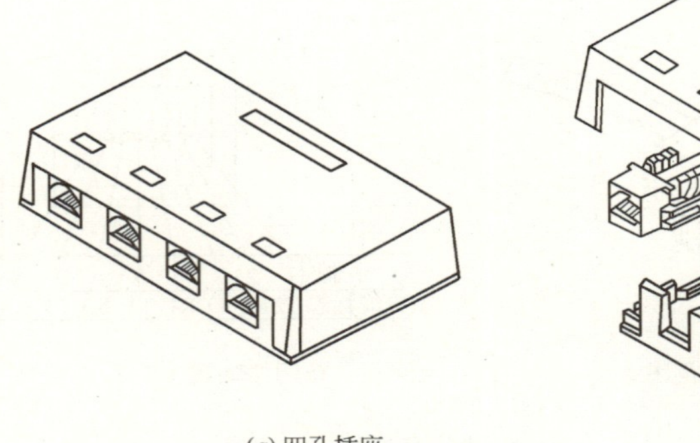

(*a*) 四孔插座

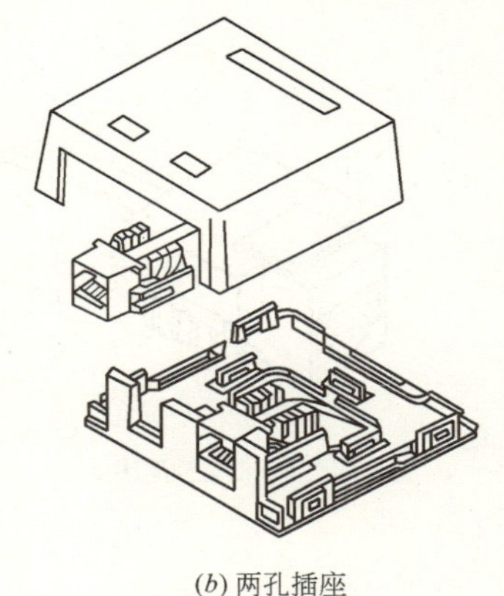

(*b*) 两孔插座

2. 办公桌表面安装信息插座方法

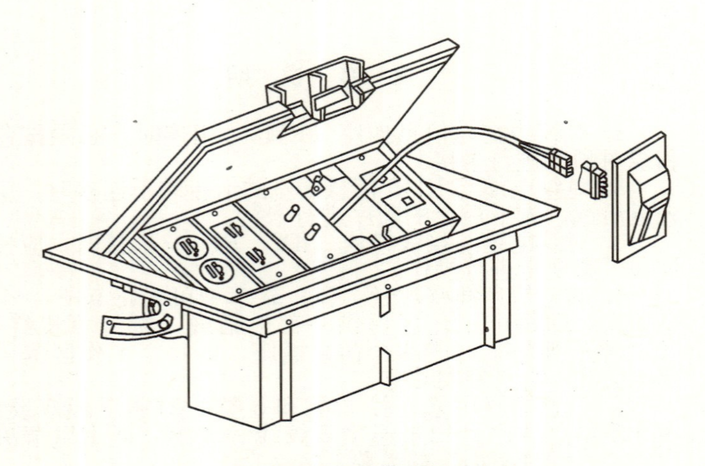

3. 活动地板安装信息插座方法

安 装 说 明

8 位模块式通用插座安装要求如下：

(1) 安装在活动地板或地面上，应固定在接线盒内，插座面板采用直立和水平等形式；接线盒盖可开启，并应具有防水、防尘、抗压功能。接线盒盖面应与地面齐平；

(2) 8 位模块式通用插座、多用户信息插座或集合点配线模块，安装位置应符合设计要求；

(3) 8 位模块式通用插座底座盒的固定方法按施工现场条件而定，宜采用预置扩张螺钉固定等方式；

(4) 固定螺丝需拧紧，不应产生松动现象；

(5) 各种插座面板应有标识，以颜色、图形、文字表示所接终端设备类型。

图名	信息插座安装方法（二）	图号	RD 12—5（二）

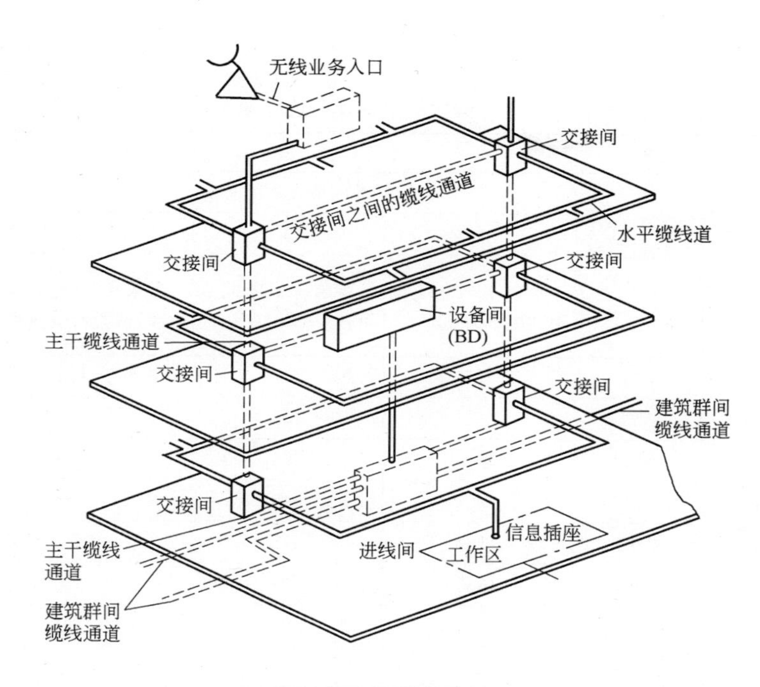

1. 建筑物内缆线通道系统示意图

安　装　说　明

综合布线子系统与建筑物内缆线敷设通道对应关系如下：

(1) 配线子系统对应于水平缆线通道；

(2) 干线子系统对应于主干缆线通道，交接间之间的缆线通道，交换间与设备间、设备间与进线室之间的缆线通道；

(3) 建筑群子系统对应于建筑物间缆线通道。

2. 对绞电缆与电力线最小净距

单位 范围 条件	最小净距(mm)		
	380V <2kVA	380V 2.5～5kVA	380V >5kVA
对绞电缆与电力电缆平行敷设	130	300	600
有一方在接地的金属槽道或钢管中	70	150	300
双方均在接地的金属槽道或钢管中	注	80	150

注：双方都在接地的金属槽道或钢管中，且平行长度小于10m时，最小间距可为10mm。表中对绞电缆如采用屏蔽电缆时，最小净距可适当减小，并符合设计要求。

3. 电、光缆暗管敷设与其他管线最小净距

管线种类	平行净距(mm)	垂直交叉净距(mm)
避雷引下线	1000	300
保护地线	50	20
热力管(不包封)	500	500
热力管(包封)	300	300
给水管	150	20
煤气管	300	20
压缩空气管	150	20

图名	建筑物内缆线与其他管线最小距离要求	图号	RD 12—6

1. 暗管允许布线缆线数量

暗管规格	缆线数量(根)									
内径(mm)	每根缆线外径(mm)									
	3.3	4.6	5.6	6.1	7.4	7.9	9.4	13.5	15.8	17.8
15.8	1	1	—	—	—	—	—	—	—	—
20.9	6	5	4	3	2	2	1	—	—	—
26.6	8	8	7	6	3	3	2	1	—	—
35.1	16	14	12	10	6	4	3	1	1	1
40.9	20	18	16	15	7	6	4	2	1	1
52.5	30	26	22	20	14	12	7	4	3	2
62.7	45	40	36	30	17	14	12	6	3	3
77.9	70	60	50	40	20	20	17	7	6	6
90.1	—	—	—	—	—	—	22	12	7	6
102.3	—	—	—	—	—	—	30	14	12	7

2. 管道截面利用率及布放电缆根数

管　道		管　道　面　积		
内径 D (mm)	内径截面积 A(mm^2)	推荐的最大占用面积(mm^2)		
		1	2	3
		布放1根电缆截面利用率为53%	布放2根电缆截面利用率为31%	布放3根(或3根以上电缆)截面利用率为40%
20.9	343	183	107	138
26.6	555	296	173	224
35.1	967	516	302	389
40.9	1313	701	410	529
52.5	2163	1154	675	871
62.7	3086	1646	963	1242
77.9	4763	2541	1486	1918
90.1	6373	3399	1988	2565
102.3	8215	4382	2563	3307
128.2	12901	6882	4025	5194
154.1	18641	9943	5816	7504

图名	暗管布放缆线的根数及截面利用率	图号	RD 12—7

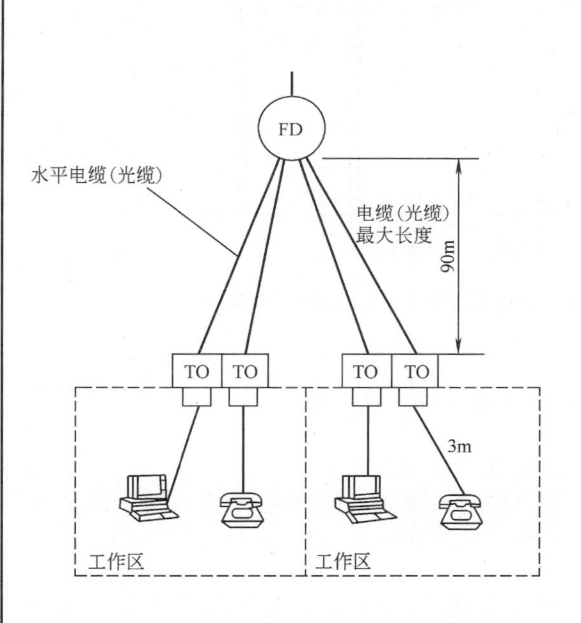

1. 常用的水平布线和工作区布线方法

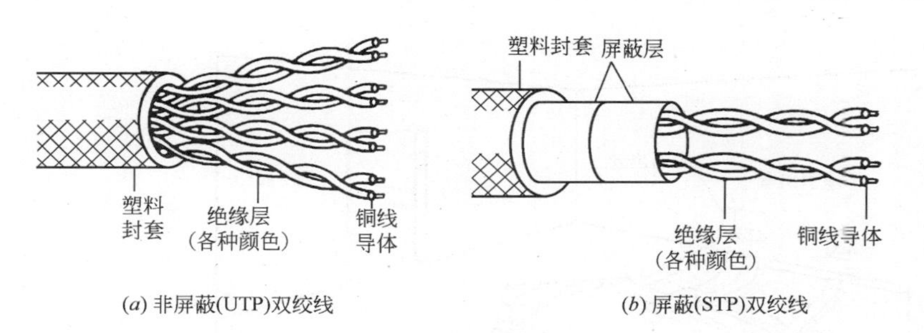

(*a*) 非屏蔽(UTP)双绞线　　(*b*) 屏蔽(STP)双绞线

2. 水平布线用双绞线结构

3. 4 对非屏蔽双绞线规格表

物理特性 线缆类别	线　规	外径 (mm)	质量 (kg/350m)	最大直流阻抗 (Ω/100m)	衰减 (dB/305m)	最大传输距离 (m/10Mbps)
3 类	24-AWG	5.1	9.2	9.4	At1.0MHz:7.0 At10.0MHz:26	100
5 类	24-AWG	5.5	10.05	9.38	At1.0MHz:6.3 At10.0MHz:20	150

系　统　说　明

1. 配线子系统，由建筑物各层的配电间至各工作区之间所配置的缆缆构成。综合布线系统的配线子系统多采用 3 类和 5 类或超 5 类、6 类 4 对非屏蔽双绞线。这种非屏蔽双绞线可支持工作区中的话音、数据和图像传输。

2. 对于用户有高速率终端要求的场合，可采用光纤直接布设到桌面的方案。

图名	配线系统布线方法（一）	图号	RD 12—8（一）

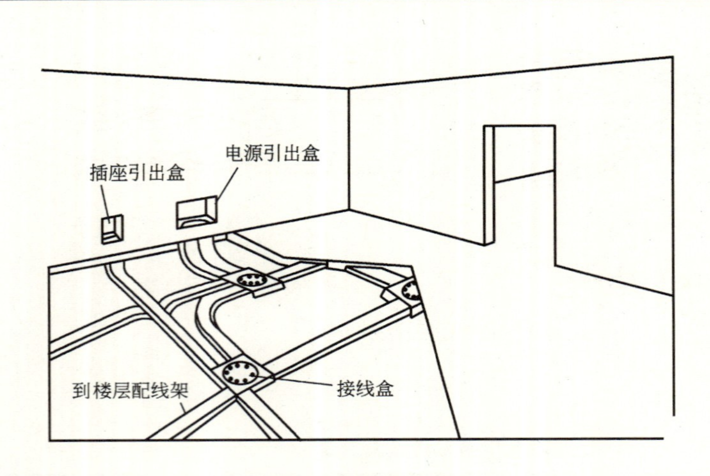

1. 地面线槽布线方法

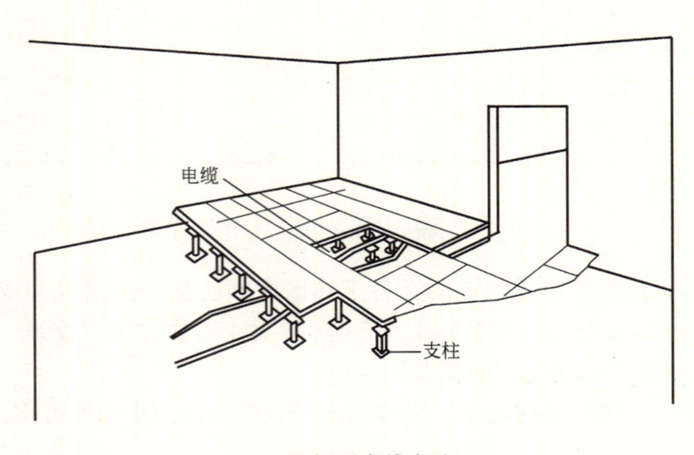

2. 地板下布线方法

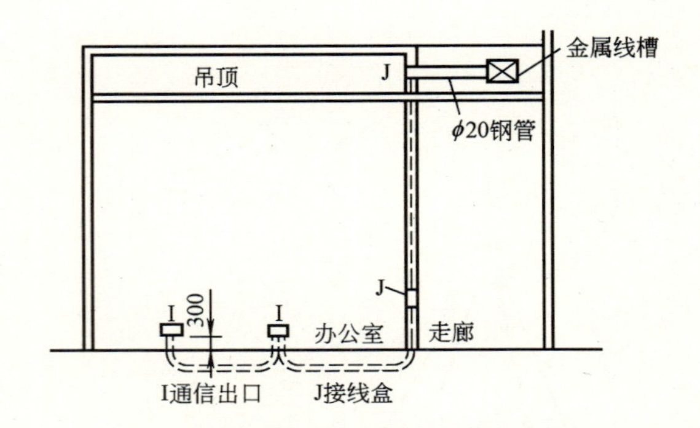

3. 金属线槽和预埋钢管结合布线法

安 装 说 明

1. 预埋金属线槽保护要求如下：

(1) 在建筑物中预埋线槽，宜按单层设置，每一路由预埋线槽不应超过 3 根，线槽截面高度不宜超过 25mm，总宽度不宜超过 300mm；

(2) 线槽直埋长度超过 30m 或在线槽路由交叉、转弯时，宜设置过线盒，以便于布放缆线和维修；

(3) 过线盒盖应能开启，并与地面齐平，盒盖处应具有防水功能；

(4) 过线盒和接线盒盒盖应能抗压；

(5) 从金属线槽至信息插座接线盒间的缆线宜采用金属软管敷设。

2. 铺设活动地板敷设缆线时，活动地板内净空应为 150～300mm。

图名	配线系统布线方法（二）	图号	RD 12—8（二）

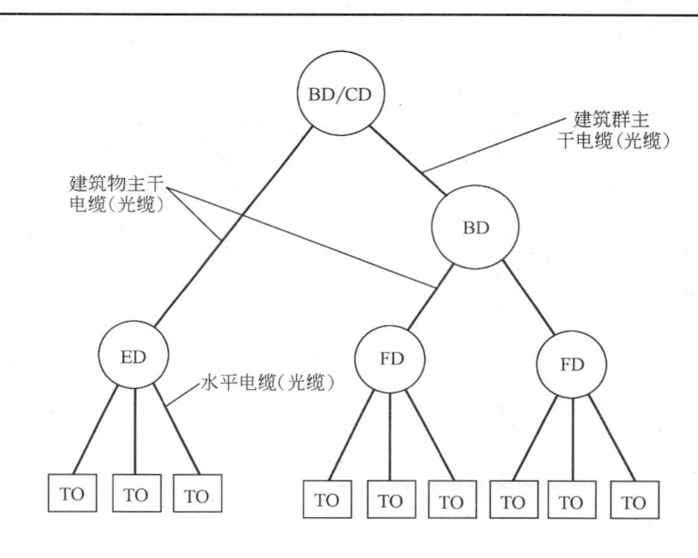

1. 干线布线方法

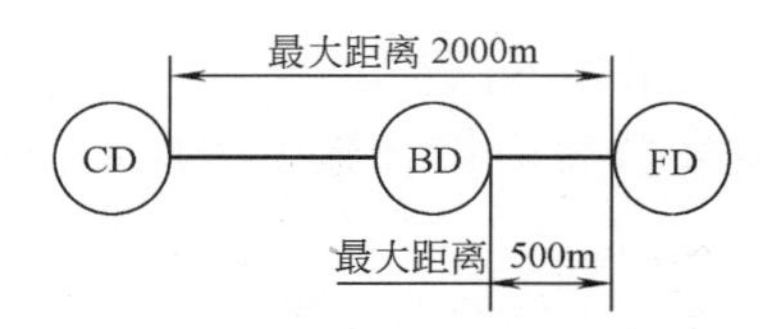

2. 干线布线最大距离

安 装 说 明

干线布线的最大距离不一定适用于传输媒介和应用系统的任意组合。在选择传输媒介前，建议查阅有关应用系统标准并与设备生产厂商和系统供应商联系。

(*a*) 25 对非屏蔽 (UTP 干线线缆)

(*b*) 100 Ω 干线线缆

3. 干线布线用线缆结构

4. 干线电缆规格尺寸表

产品型号	线对数	外径(mm)	重量(kg/m)
ARMM	25	13.5	2.08
ARMM	50	16.5	3.42
ARMM	100	22.6	6.40
ARMM	150	24.4	8.78
ARMM	200	27.7	11.16
ARMM	300	33.0	16.22
ARMM	400	37.6	21.28
ARMM	600	45.7	31.25
ARMM	900	54.6	45.69
ARMM	1200	61.5	60.27
ARMM	1500	69.9	74.86
ARMM	1800	74.7	88.70

图名	干线子系统布线方法（一）	图号	RD 12—9（一）

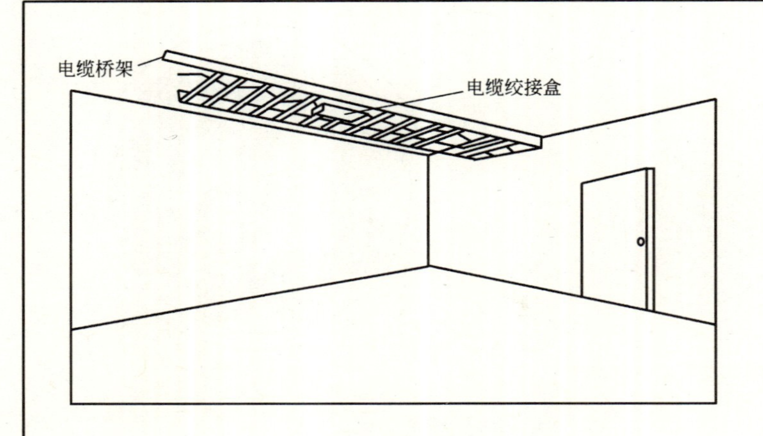

1. 水平干线安装方法

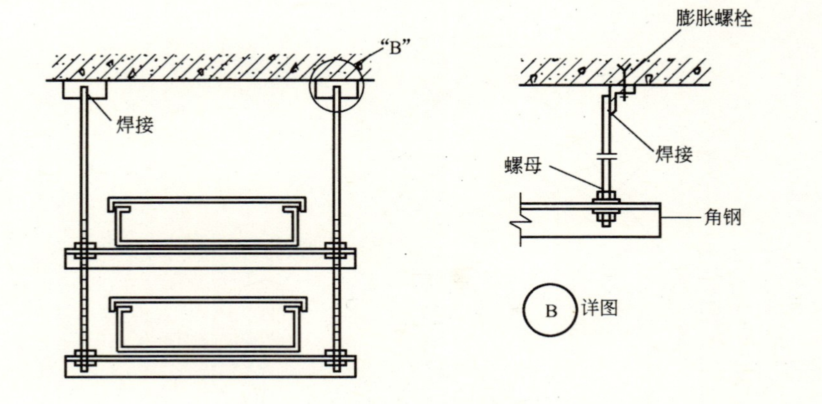

3. 电缆线槽及桥架吊装方法（二）

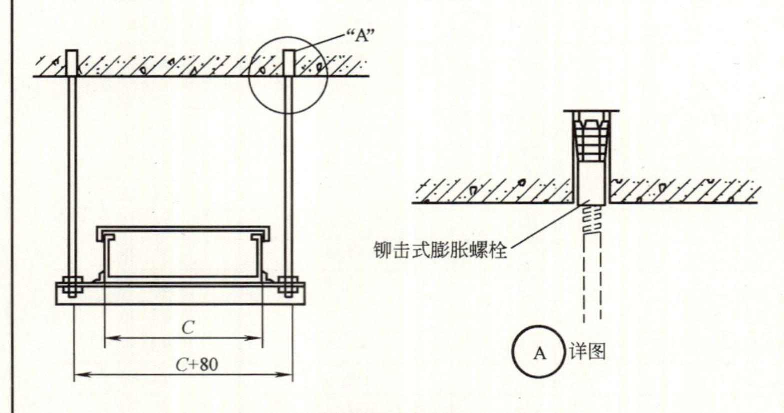

2. 电缆线槽及桥架吊装方法（一）

安 装 说 明

电缆桥架及线槽安装要求如下：

（1）桥架及线槽的安装位置应符合施工图规定，左右偏差不应超过 50mm；

（2）桥架及线槽水平度每米偏差不应超过 2mm；

（3）垂直桥架及线槽应与地面保持垂直，并无倾斜现象，垂直度偏差不应超过 3mm；

（4）线槽截断处及两线槽拼接处应平滑、无毛刺；

（5）吊架和支架安装应保持垂直，整齐牢固，无歪斜现象；

（6）金属桥架及线槽节与节间应接触良好，安装牢固。

图名	干线子系统布线方法（二）	图号	RD 12—9（二）

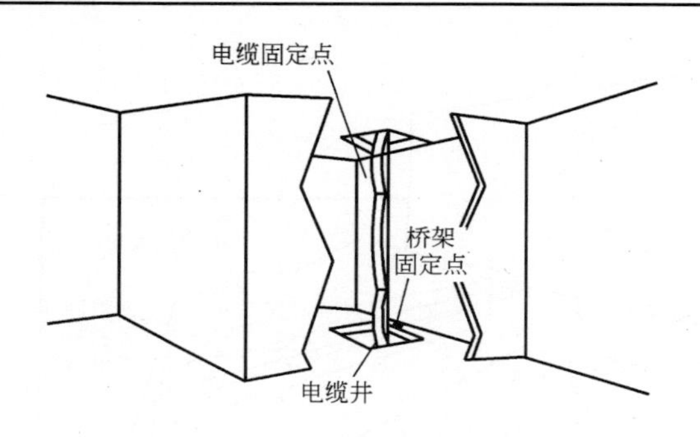

1. 垂直干线安装方法示意图

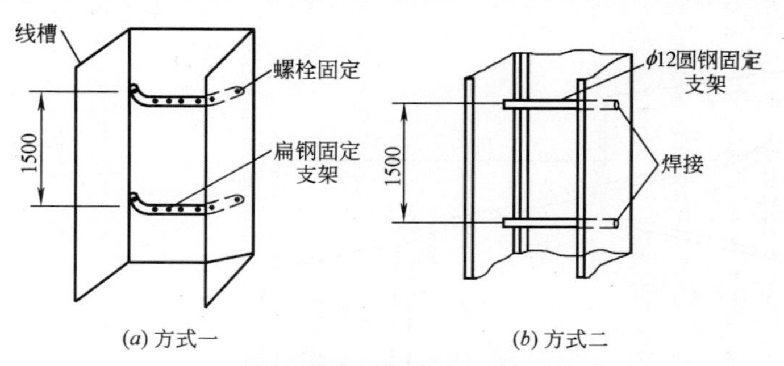

3. 线槽垂直安装时电缆固定方法

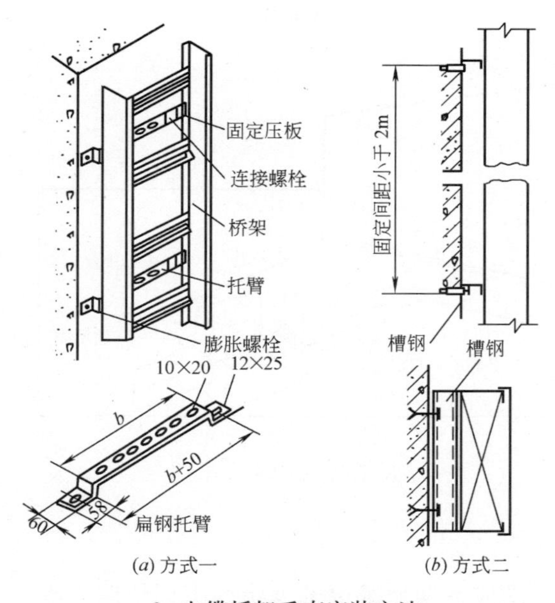

2. 电缆桥架垂直安装方法

安 装 说 明

设置电缆桥架和线槽敷设缆线应符合下列规定：

(1) 电缆线槽、桥架宜高出地面 2.2m 以上。线槽和桥架顶部距楼板不宜小于 300mm；在过梁或其他障碍物处，不宜小于 50mm；

(2) 槽内缆线布放应顺直，尽量不交叉，在缆线进出线槽部位、转弯处应绑扎固定，其水平部分缆线可以不绑扎。垂直线槽布放缆线应每间隔 1.5m 固定在缆线支架上；

(3) 电缆桥架内缆线垂直敷设时，在缆线的上端和每间隔 1.5m 处应固定在桥架的支架上；水平敷设时，在缆线的首、尾、转弯及每间隔 5～10m 处进行固定；

(4) 在水平、垂直桥架和垂直线槽中敷设缆线时，应对缆线进行绑扎。对绞电缆、光缆及其他信号电缆应根据缆线的类别、数量、缆径、缆线芯数分束绑扎。绑扎间距不宜大于 1.5m，间距应均匀，松紧适度；

(5) 楼内光缆宜在金属线槽中敷设，在桥架敷设时应在绑扎固定段加装垫套。

图名	干线子系统布线方法（三）	图号	RD 12—9（三）

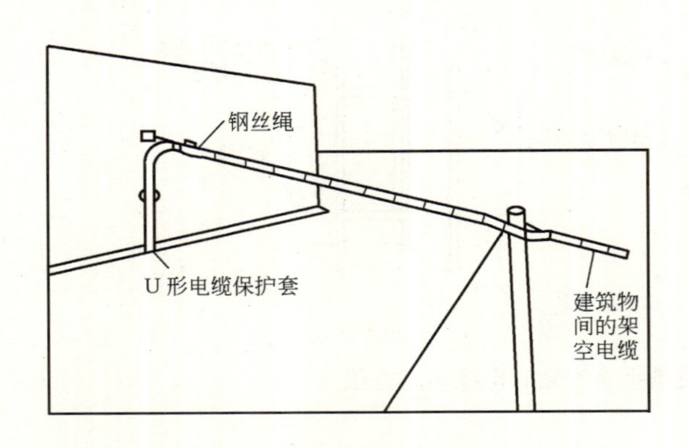

1. 架空布线方法

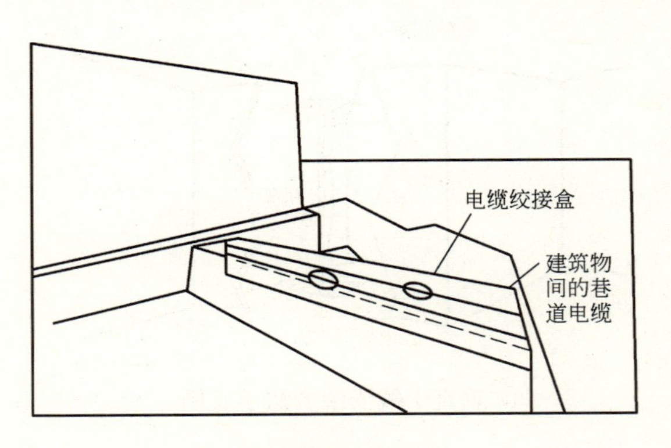

2. 巷道布线方法

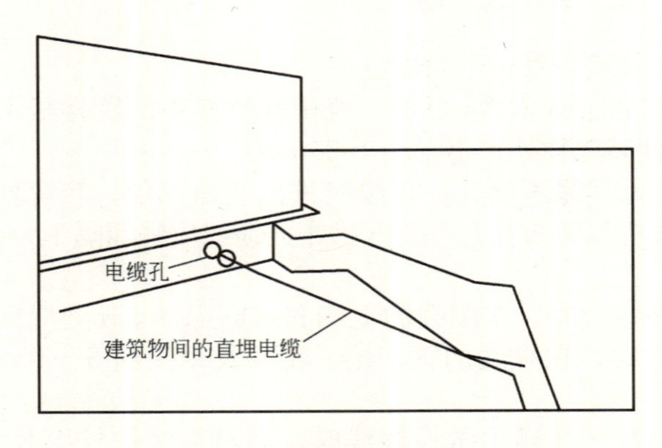

3. 直埋布线方法

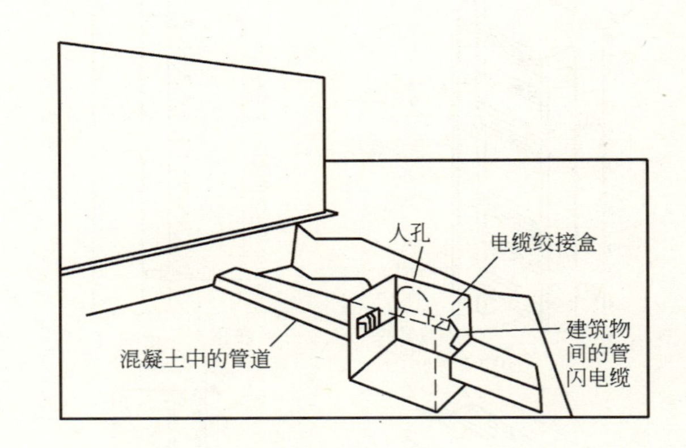

4. 管道内布线方法

安 装 说 明

建筑群子系统采用架空、管道、直埋、墙壁及暗管敷设电、光缆的施工技术要求应参照原邮电部《市内电话线路工程施工及验收技术规范》、《电信网光纤数字传输系统工程施工及验收暂行技术规定》的相关规定执行。

图名	建筑群子系统布线方法	图号	RD 12—10

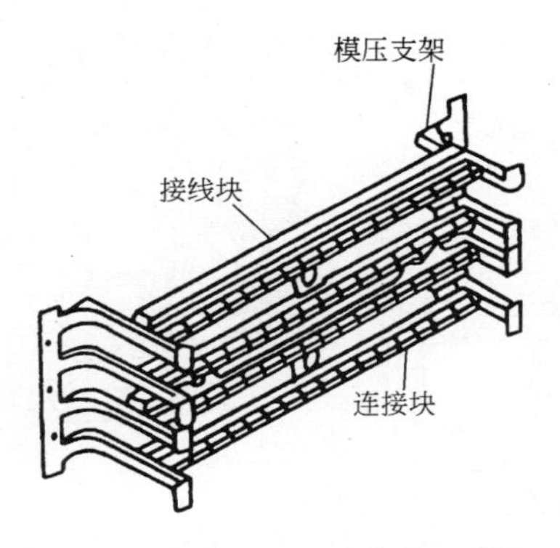

1. 100 对线的 110A 接线块组装件

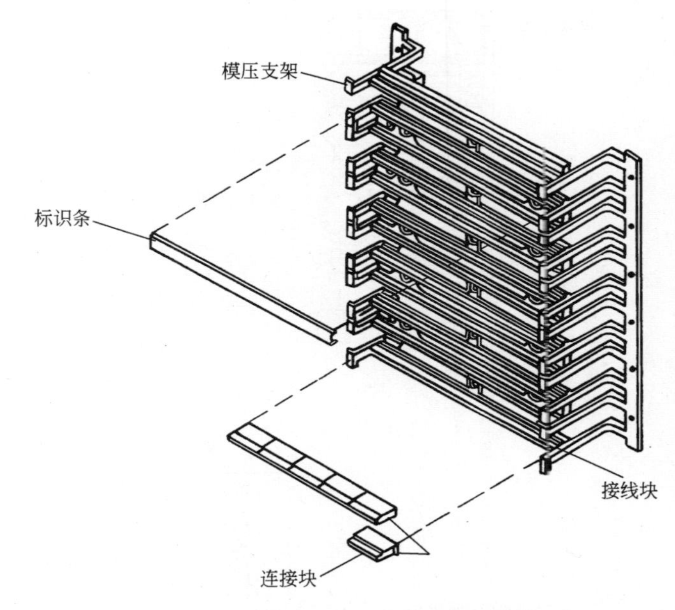

2. 300 对线的 110A 接线块组装件

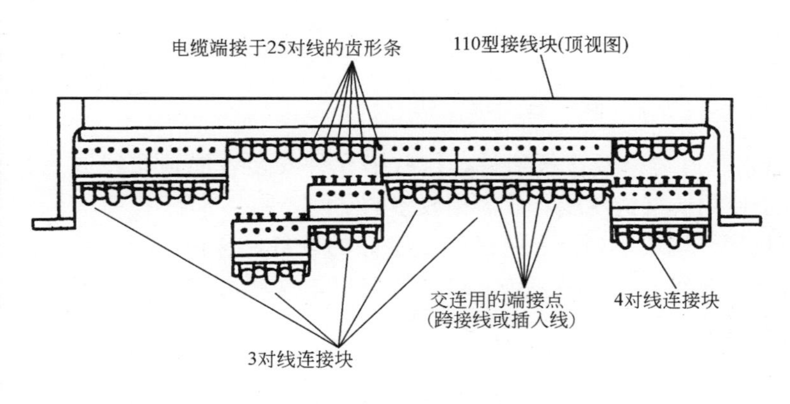

3. 110C 连接块的安装方法

安 装 说 明

1. 110A 系统通常直接安装在二级交接间、配线间或设备间墙壁上，也可将接线块安装在箱体内。每个交连单元的安装脚使接线块后面备有线缆走线用的空间。100 对线的接线块必须在现场端接，而 300 对线的接线块可以配有连接器。

2. 110C 连接块上装有夹子，当连接块推入齿形条时，这些夹子就切开连线的绝缘层。连接块的顶部用于交叉连接，顶部的连线通过连接块与齿形条内的连线相连。

3. 110C 连接块有 3 对线、4 对线和 5 对线三种规格。

图名	110 系列配线架安装方法（一）	图号	RD 12—11（一）

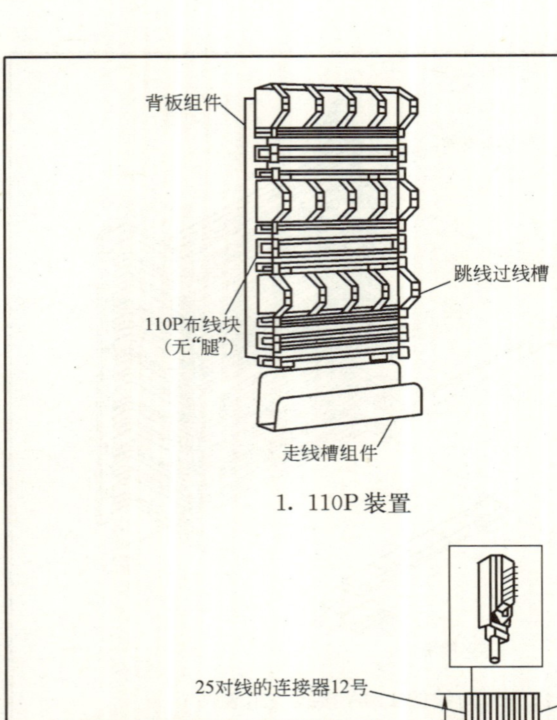

1. 110P 装置

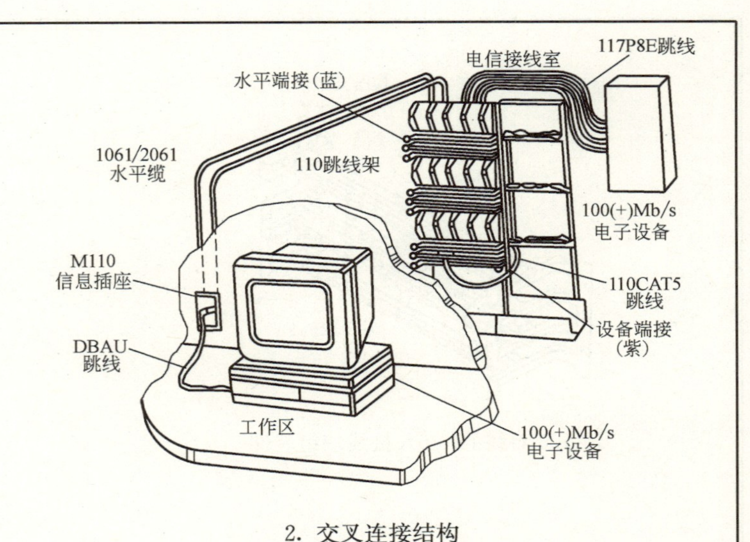

2. 交叉连接结构

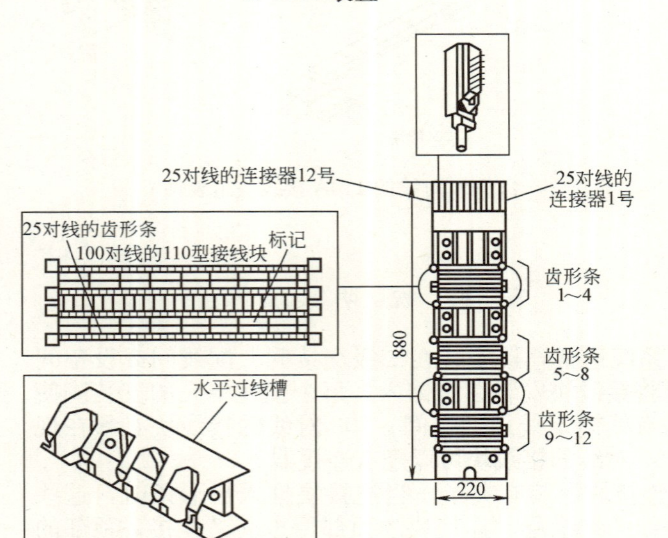

3. 110P 型 300 对线的带连接器的终端块

安装说明

1. 110P 有水平过线槽及背板组件，这些槽允许安装者向顶布线或自底布线。由于使用快接式跳线，故需用较多的空间。

2. 110 面板型终端块系列产品是已经组装好的设备，这种面板终端块可安装在墙上、框架上、机柜里或 110A 吊架里，这样可以在墙壁或框架组合装置中滑动。

图名	110 系列配线架安装方法（二）	图号	RD 12—11（二）

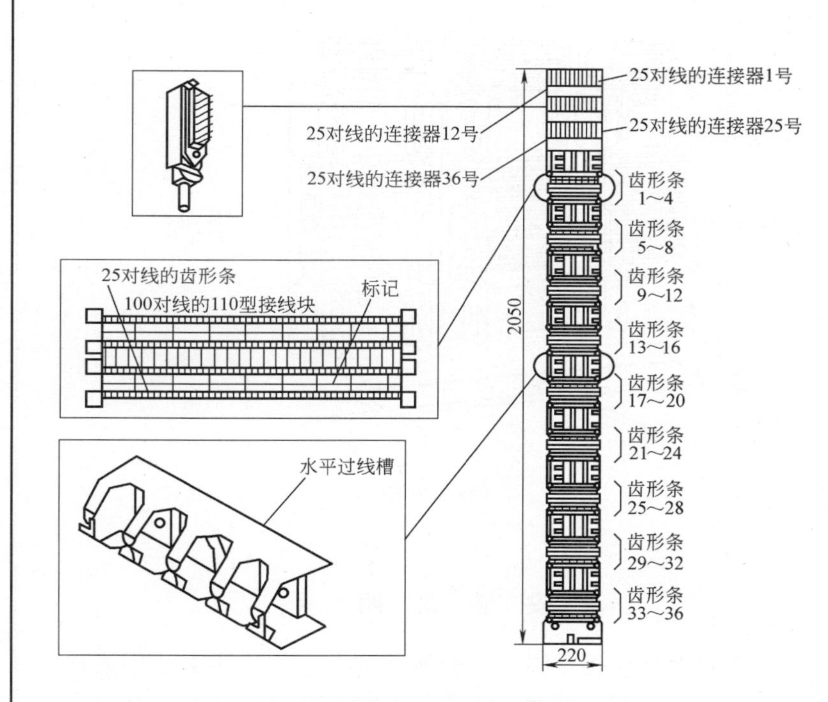

1. 110P 型 900 对线的带连接器的上终端块

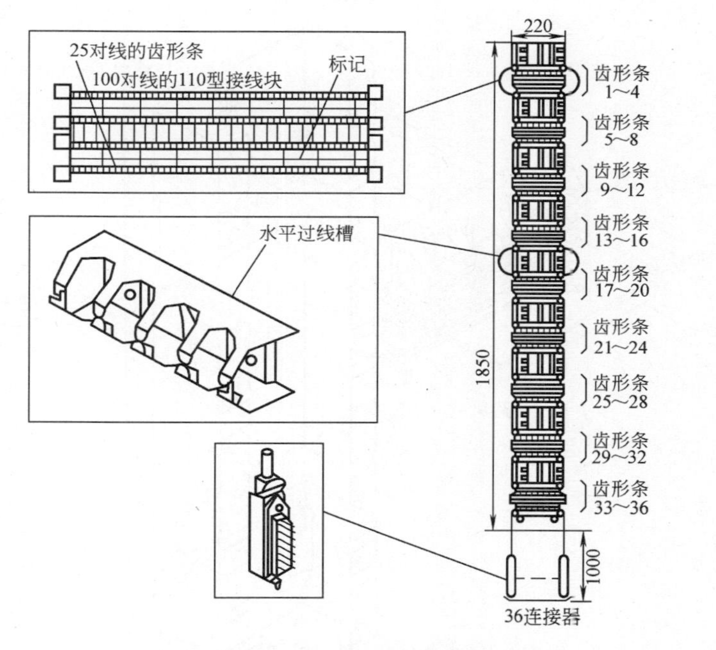

2. 110P 型 900 对线的带连接器的下终端块

安 装 说 明

1. 这种 110 面板型终端系列产品已组装好的设备。这种终端块可安装在墙上、框架上、机柜里或 110A 吊架里。它由垂直交替叠装的 110 型接线块和水平跨接线过线槽（各 9 个）组成，整列终端块由底部半封闭管道内的接线连接器进行端接。

2. 订购该面板型终端块时，可要求提供 3、4 或 5 对线的 110C 连接块或这三种连接块的任何组合。

图名	110 系列配线架安装方法（三）	图号	RD 12—11（三）

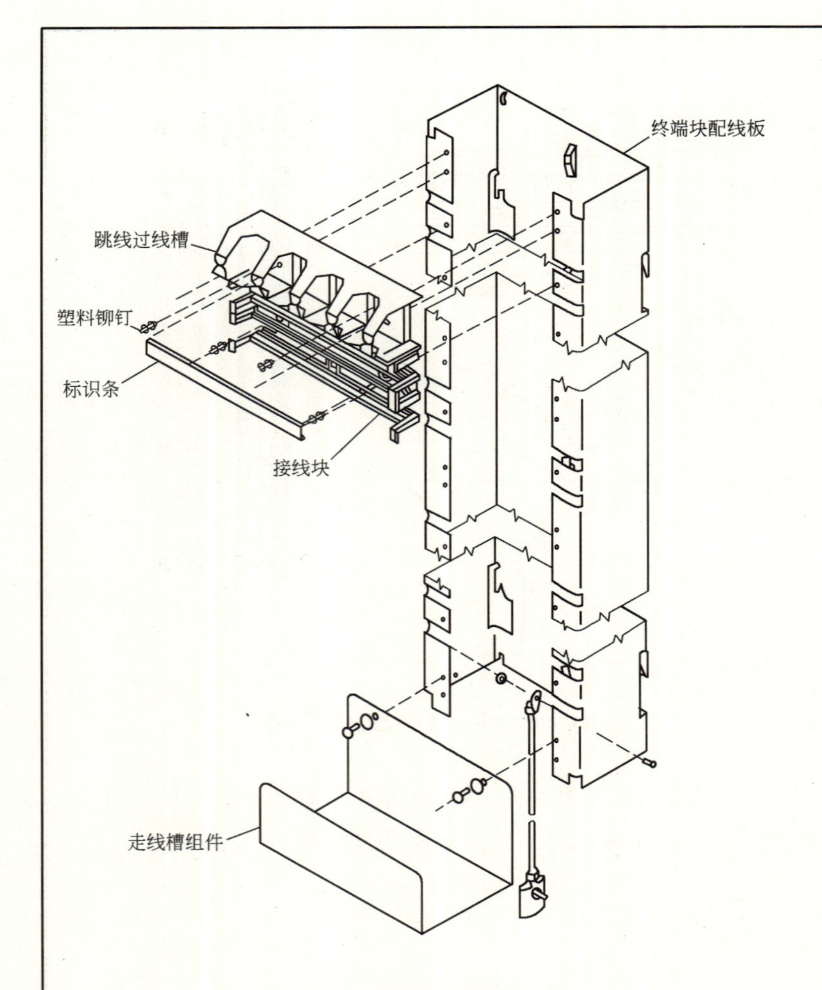

1. 接线块和跳线过线槽安装方法

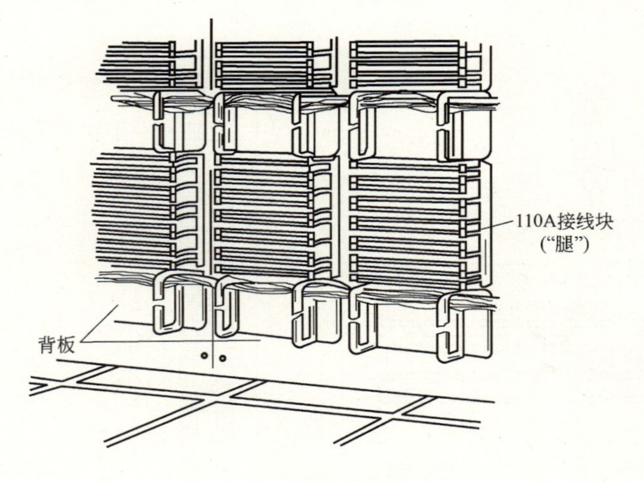

2. 110A 装置

安 装 说 明

110A 接线块包含有焊接的金属片的夹子，这些夹子用来端接 0.5mm（24 线规）的线，它永久性附着的索引条有一个用来端接 25 对线的槽行，进来的线通过颜色编码从左向右沿着布线块的前方输出。这些线放在槽中并安装在此。用一个冲击工具连接块“冲压”到布线上来实现线的连接。

图名	110 系列配线架安装方法（四）	图号	RD 12—11（四）

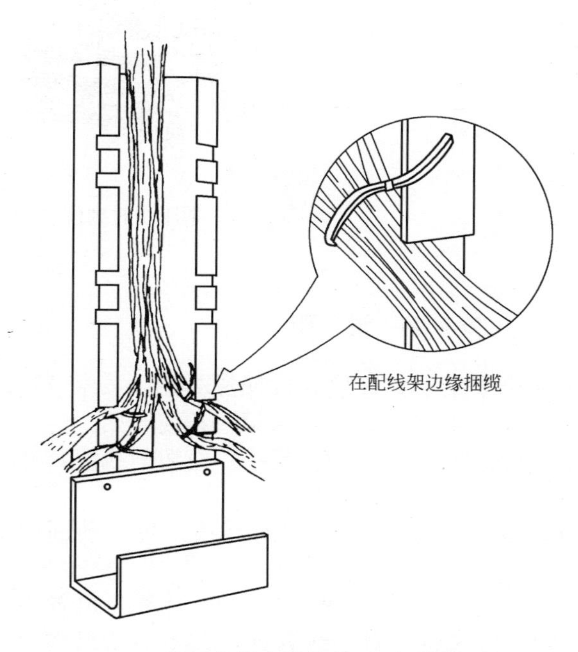

1. 放置底部布线块的 24 根线缆

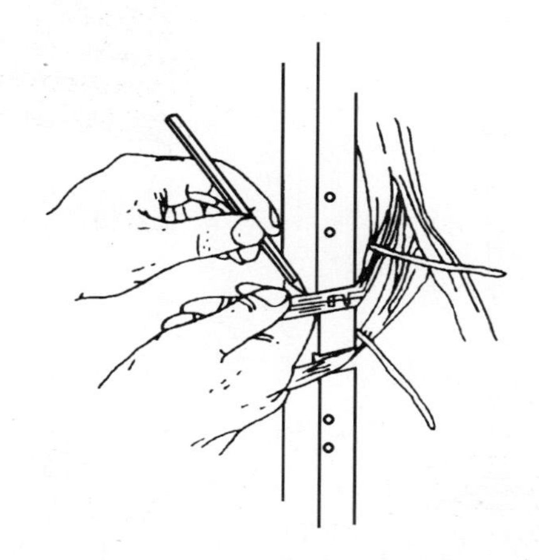
2. 作标记和撤开线缆外皮

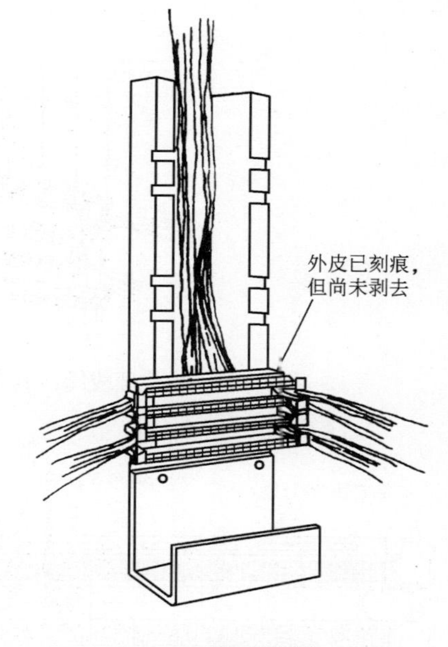

3. 安装布线块

安 装 说 明

1. 110 布线块上要端接的 24 条线缆牵到位。

2. 在配线板的内边缘处松弛地将线缆捆起来，这将保证单条的线缆不会滑出配线板槽，避免缆束的松弛与不整齐。

3. 用尖的标记器在配线板边缘处的每条线缆上标记一个新线的位置，这有助于下一步能准确的在配线板的边缘处剥除线缆的外衣。

4. 拆开线束并握住它，在每条缆的标记处刻痕，然后将刻好痕的缆束放回去，为盖上 110P 配线模块作好准备。这时不要去掉外衣。

图名	110 系列配线架安装方法（五）	图号	RD 12—11（五）

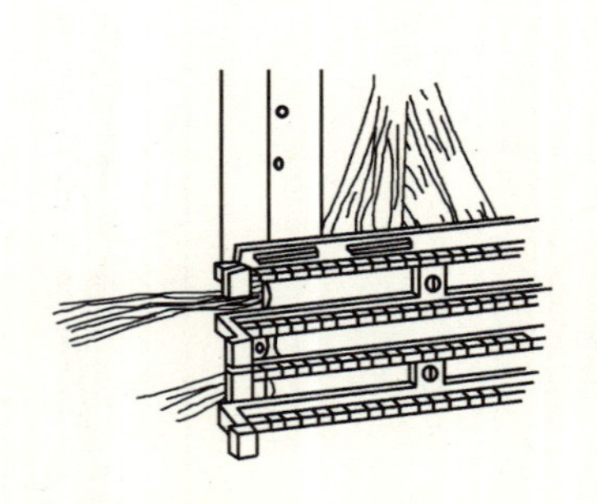

1. 整理线缆，剥去线缆外皮

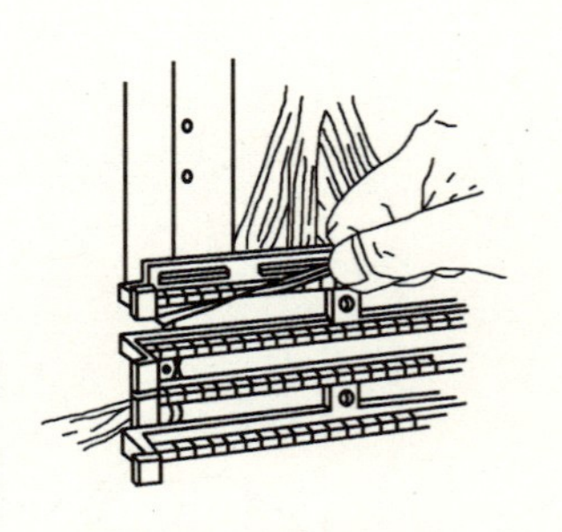

2. 绕着拐弯处拉线对

3. 紧压线对到位

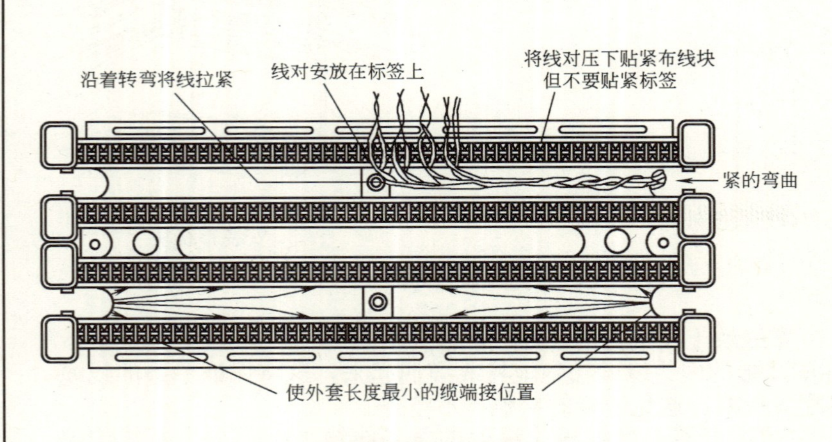

4. 在配线模块上布放线对

安 装 说 明

1. 当所有的 4 个缆束都刻好痕并放回原处后，安装 110 布线块（用铆钉），并开始进行端接，从第一条缆开始。

2. 在刻痕点之外最少 150mm（5 英寸）处切割线缆，并将刻痕的外衣剥掉。

3. 沿着 110 布线块的边缘拉“4”对导线，拉进前面的线槽中去。

4. 拉紧并弯曲每一线“对”使其进入牵引条的位置中去，用牵引条上的高齿来将一对导线分开，在牵引条最终弯曲处提供适当的压力以使线“对”变形最小。

当上面两个牵引条的线“对”安放好，并使其就位及切割后（在下面两个牵引条完成之前），再进行下面两个牵引条的线“对”安置。在所有 4 个牵引条都就位后，再安装 110C 连接块。

图名	110 系列配线架安装方法（六）	图号	RD 12—11（六）

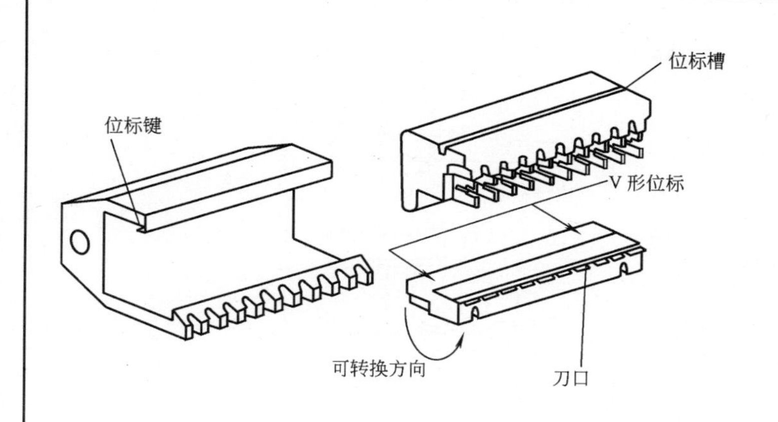

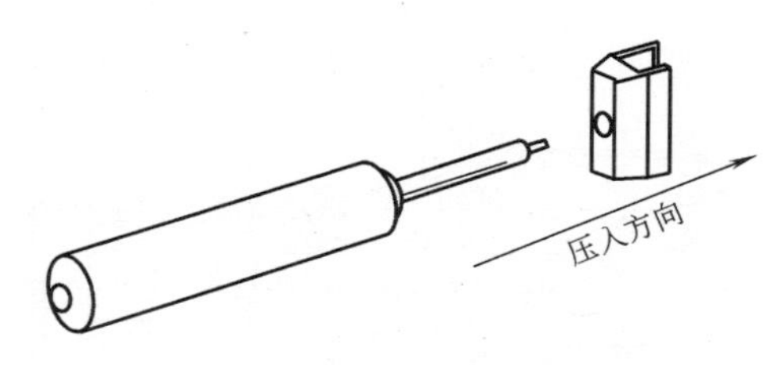

1. 788J1 冲压工具组成

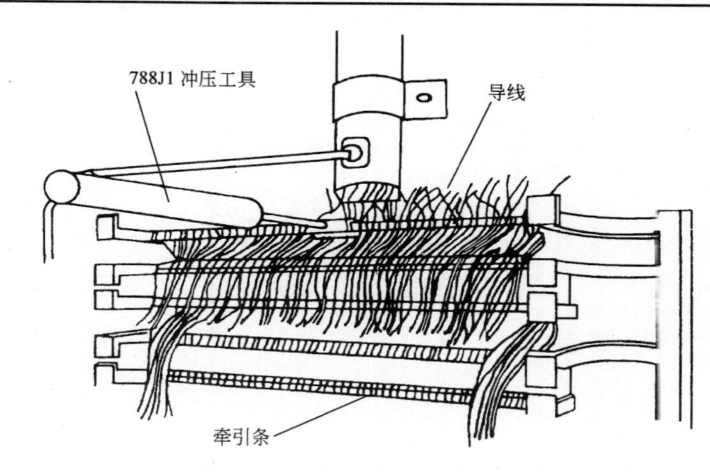

2. 使用 788J1 工具将导线压入牵引条

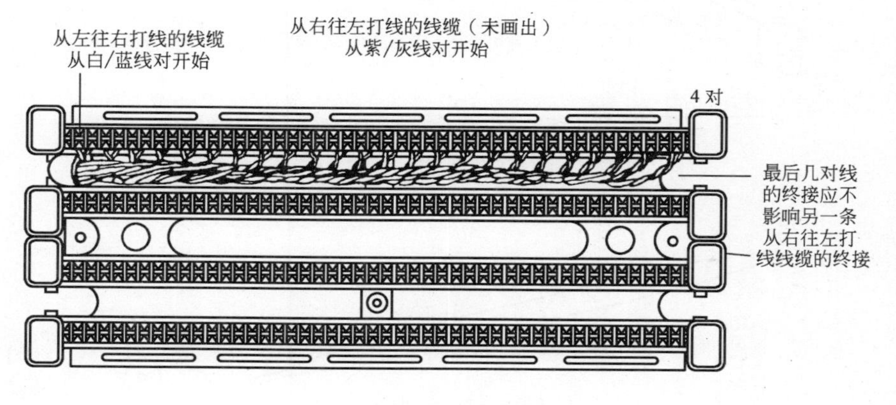

3. 导线压入完成排列

安 装 说 明

788J1 冲压工具是一种组合的工具，它用来将线压入并修剪 110 配线模块的 5 对线，或将 110 连接块压入 110 接线块，但不能用来切断位于 110 连接块顶部的跳线。

图名	线缆在 110 系列配线架上安装方法（一）	图号	RD 12—12（一）

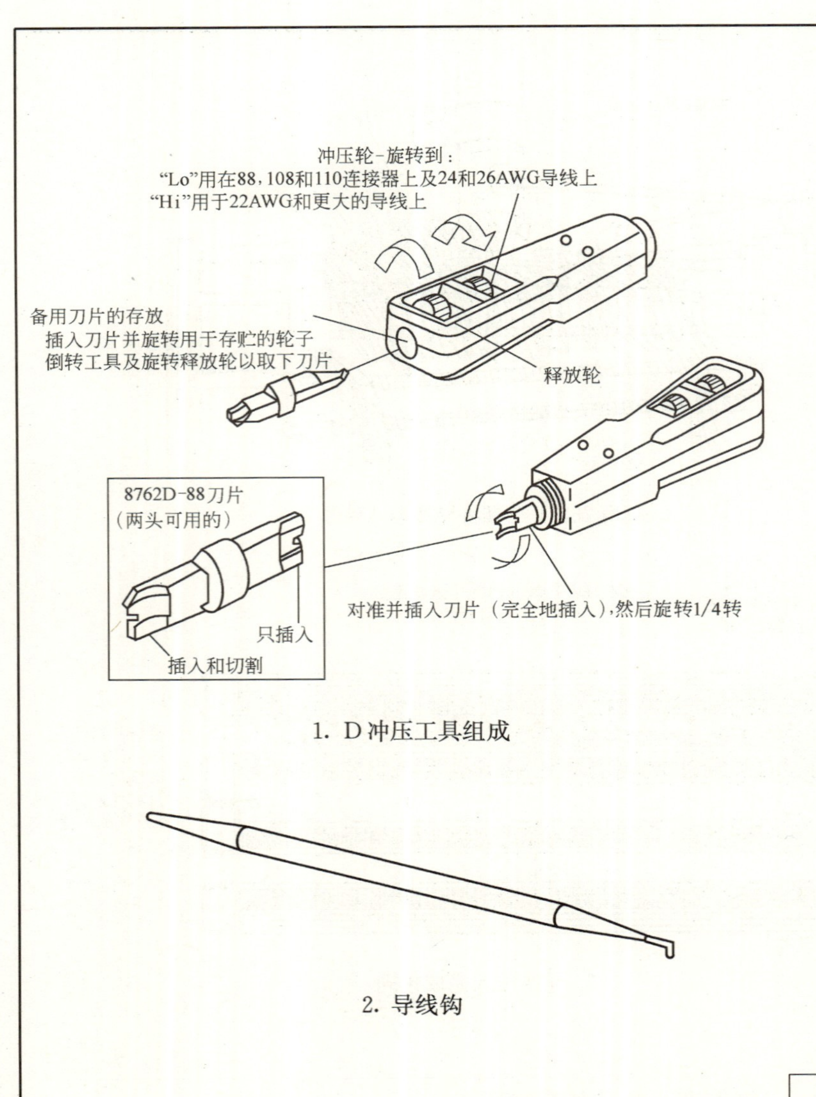

1. D 冲压工具组成

2. 导线钩

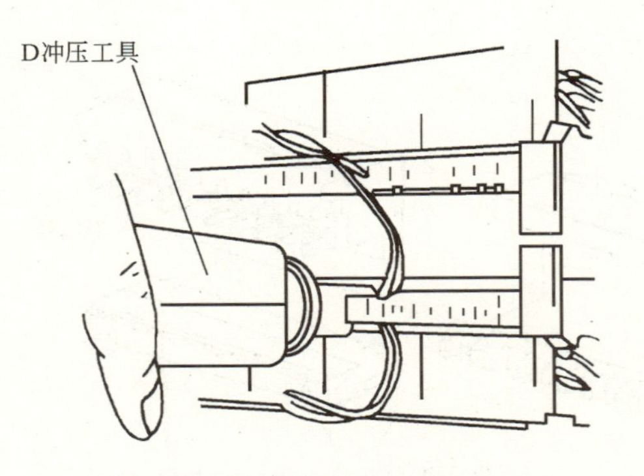

3. 工具将交叉连接线压入连接器

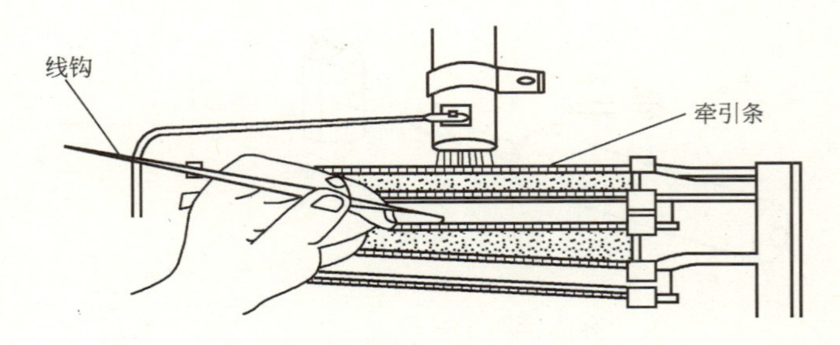

4. 线钩工具将切下的碎导线头除去

安 装 说 明

1. D 冲压工具有两个用途：一是将单根线压入扇形条中去，二是端接这些线。它有一个用来实现这些功能的两面可用的刀片。

2. 导线钩是一个小的，具有光钩的铅笔形状的工具，用来除去 110 夹子中的或连接块塑料齿之间残留的导线碎段。

图名	线缆在 110 系列配线架上安装方法（二）	图号	RD 12—12（二）

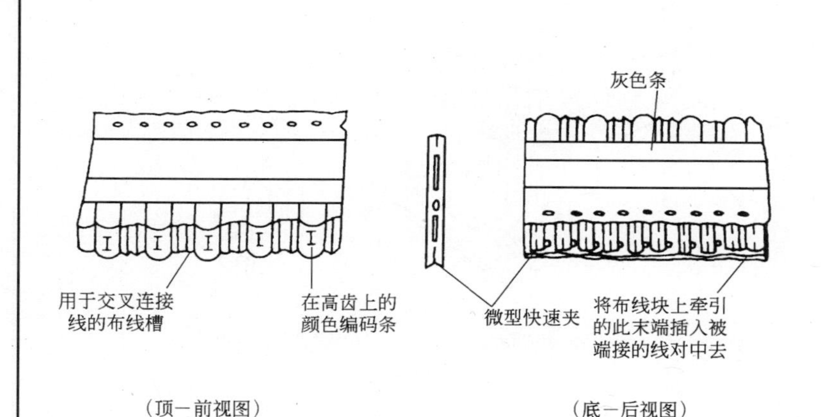

1. 110 连接块

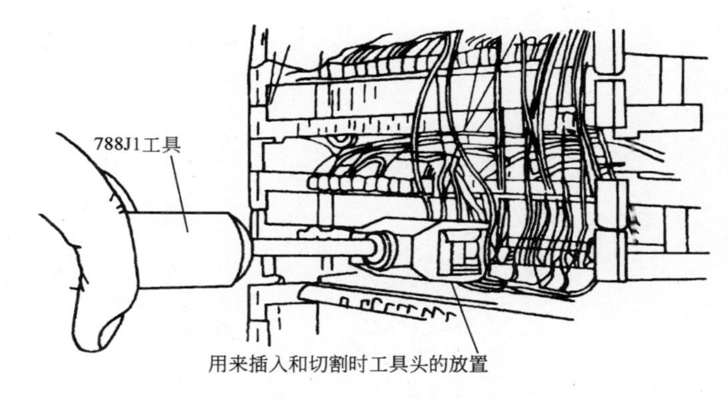

3. 使用 788J1 工具将连接块压入

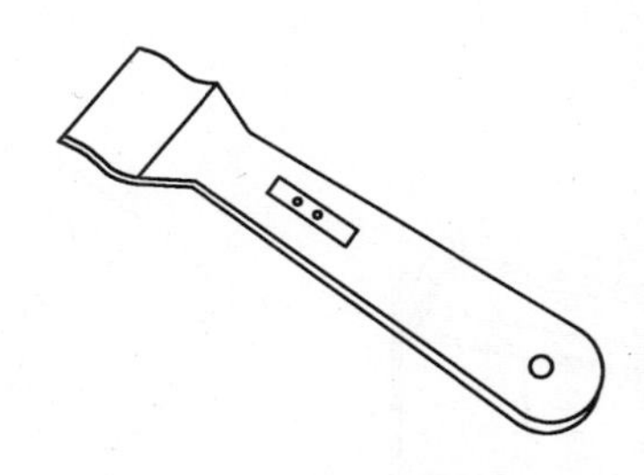

4. 788K1 固线器

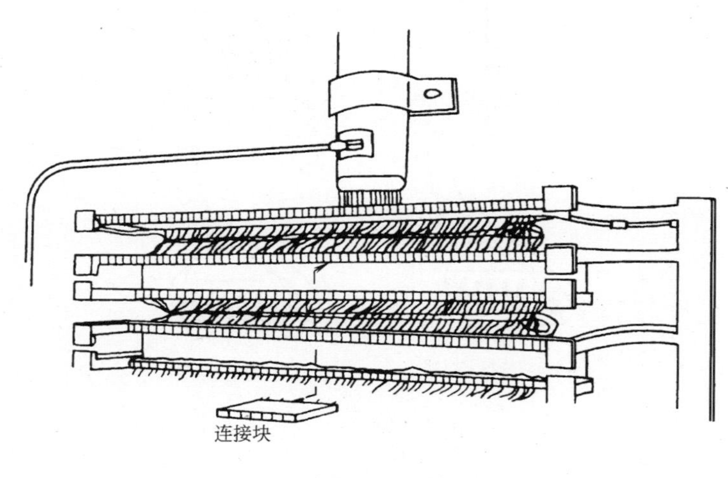

2. 放置 110 连接块

安 装 说 明

1. 使用 788J1 工具将连接块压入，按同样的方法将所有的连接块压入，直到整个配线模块全填满连接块为止。

2. 当一个 110 连接块端子移动时，用 788K1 固线器将进来的线对压下。

图名	线缆在 110 系列配线架上 安装方法（三）	图号	RD 12—12（三）

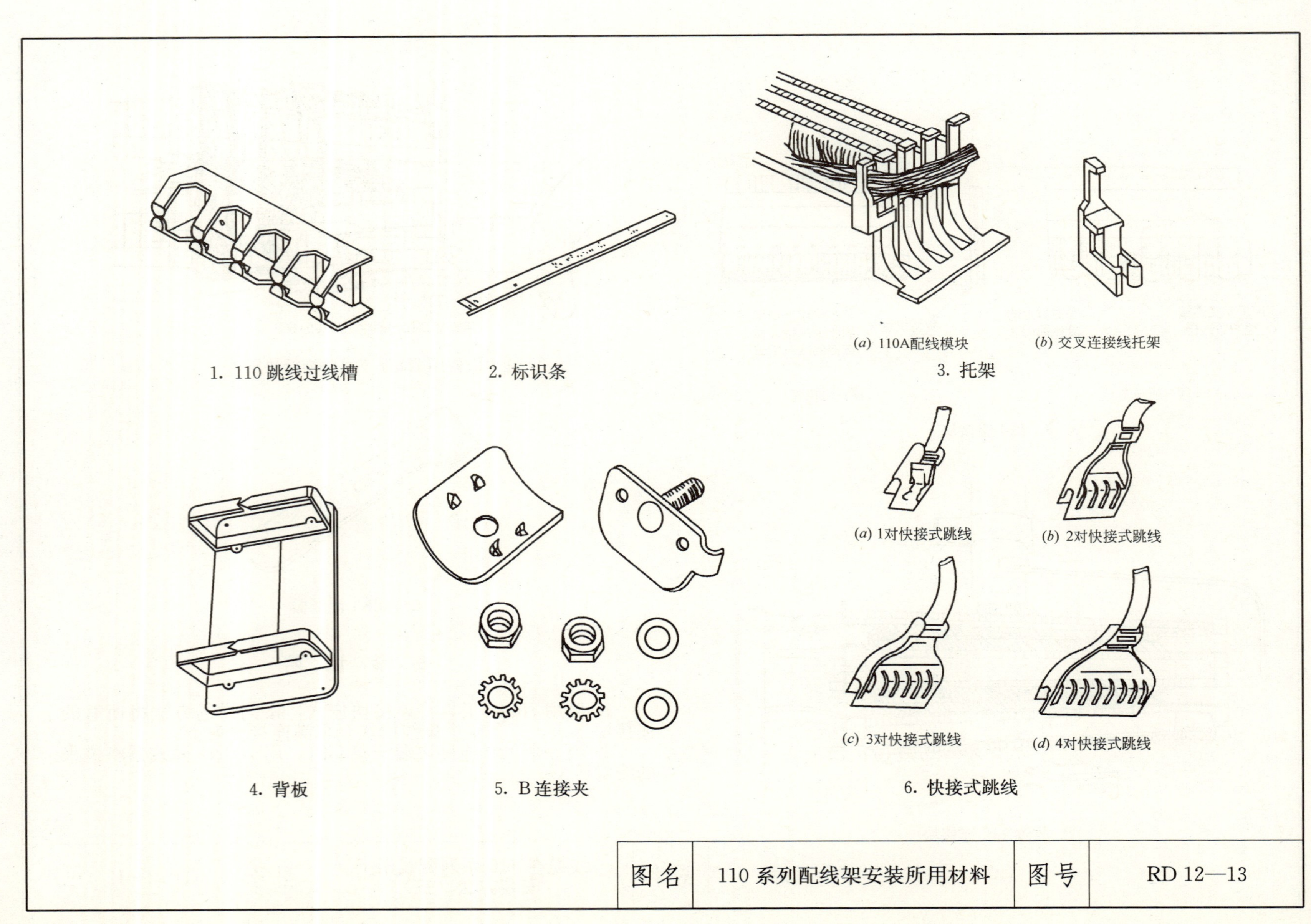

图名	110 系列配线架安装所用材料	图号	RD 12—13

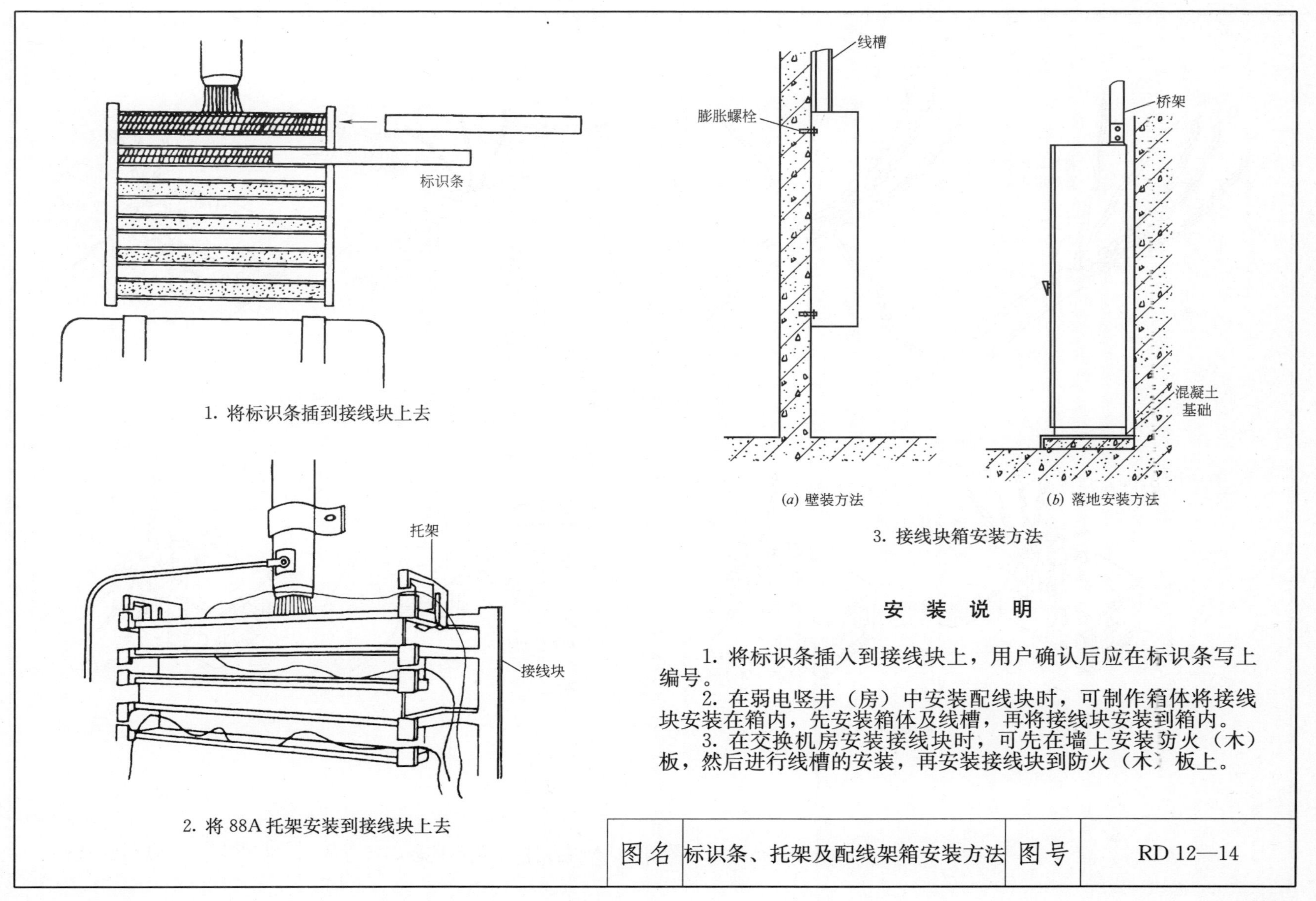

1. 将标识条插到接线块上去

2. 将 88A 托架安装到接线块上去

(*a*) 壁装方法

(*b*) 落地安装方法

3. 接线块箱安装方法

安 装 说 明

1. 将标识条插入到接线块上，用户确认后应在标识条写上编号。

2. 在弱电竖井（房）中安装配线块时，可制作箱体将接线块安装在箱内，先安装箱体及线槽，再将接线块安装到箱内。

3. 在交换机房安装接线块时，可先在墙上安装防火（木）板，然后进行线槽的安装，再安装接线块到防火（木）板上。

图名	标识条、托架及配线架箱安装方法	图号	RD 12—14

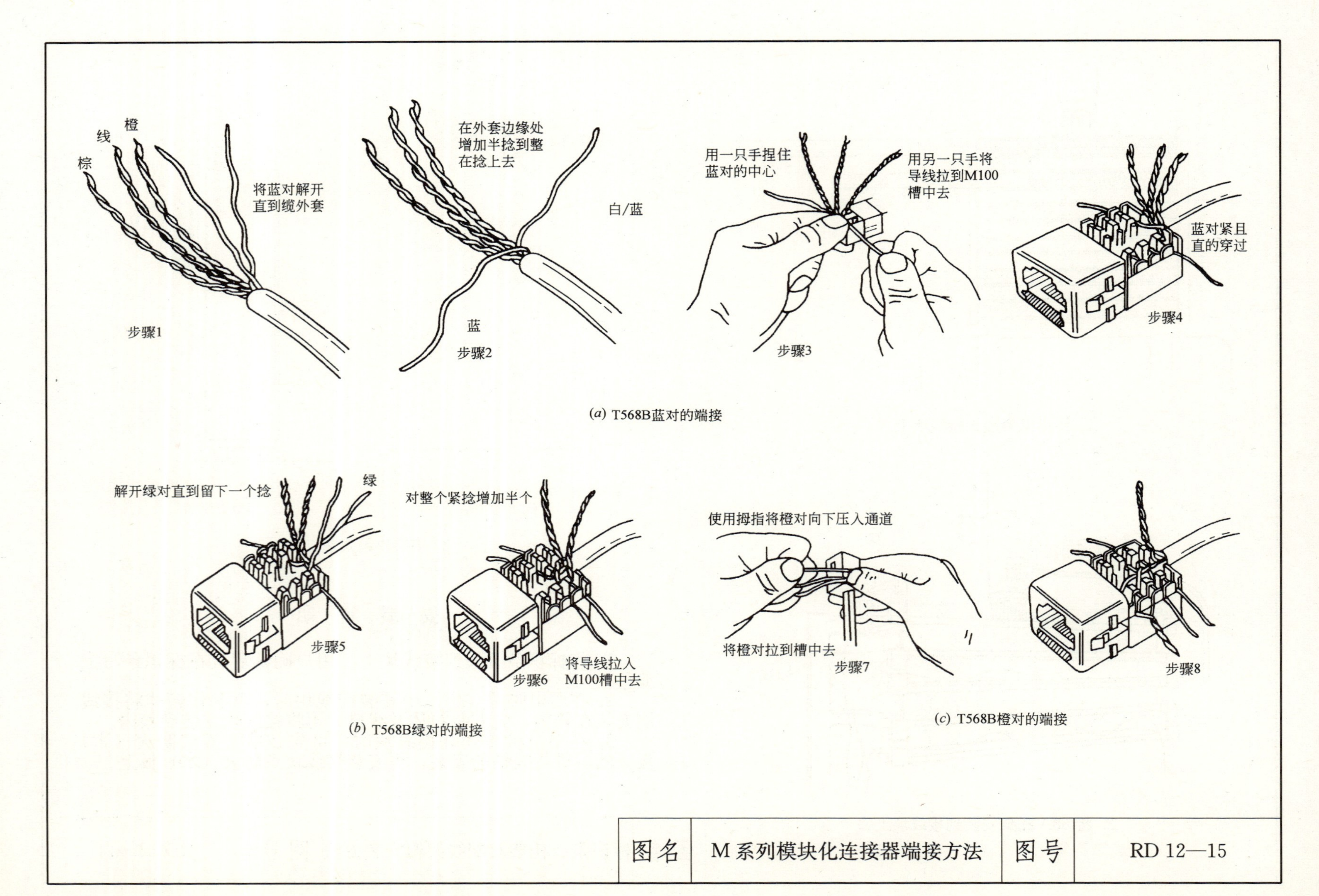

(a) T568B蓝对的端接

(b) T568B绿对的端接

(c) T568B橙对的端接

图名	M系列模块化连接器端接方法	图号	RD 12—15

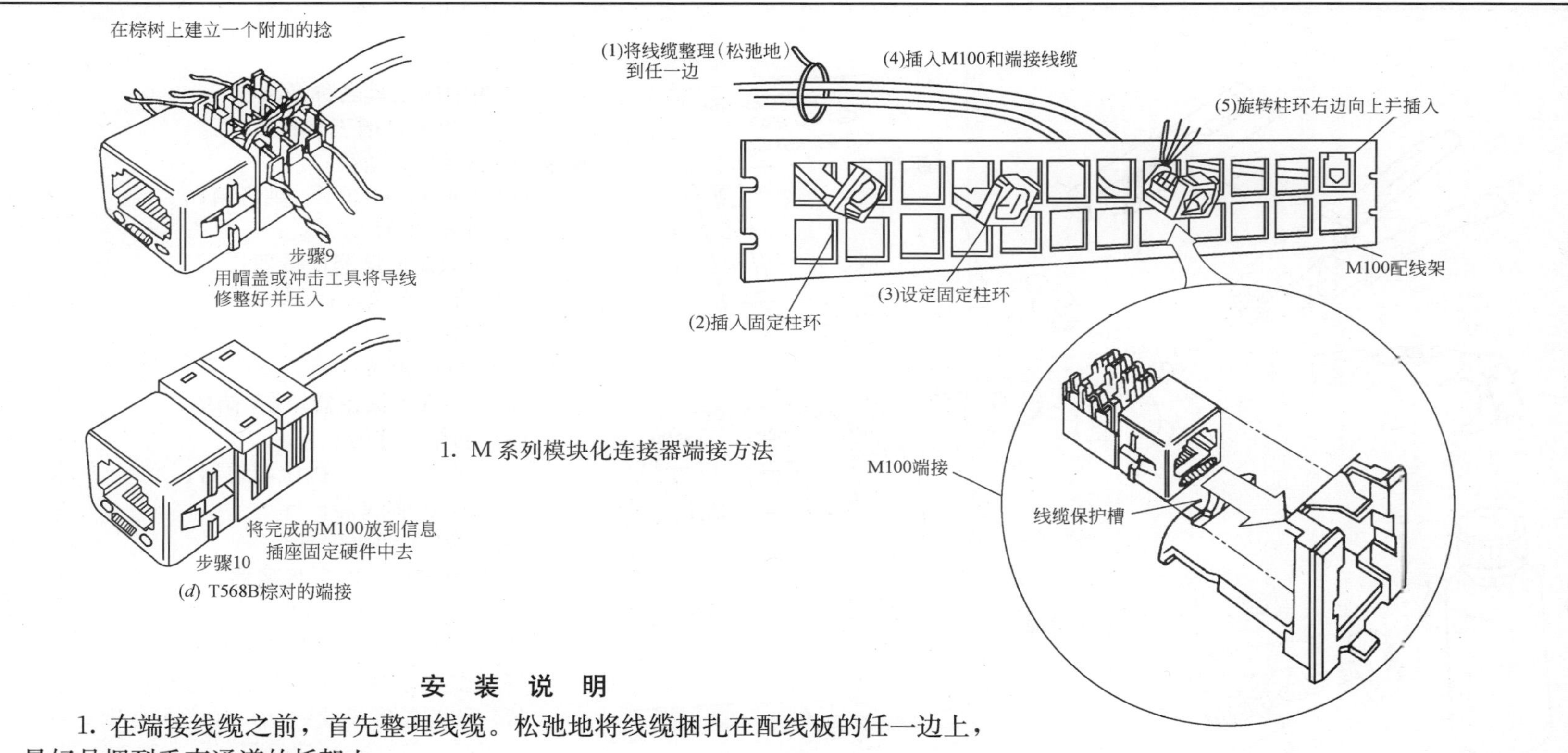

(*d*) T568B棕对的端接

1. M系列模块化连接器端接方法

2. 配线板端接的步骤

安 装 说 明

1. 在端接线缆之前，首先整理线缆。松弛地将线缆捆扎在配线板的任一边上，最好是捆到垂直通道的托架上。

2. 以对角线的形式将固定柱环插到一个配线板孔中去。

3. 设定固定柱环，以便柱环挂住并向下形成一个角度以有助于线缆的端接。

4. 插入M100，将线缆末端放到固定柱环的线槽中去，并按照上述M100模块化连接器的安装过程对其进行端接，在第2步以前插入M100比较容易一点。

5. 最后一步是向右边施转固定柱环，完成此工作时必须注意合适的方向，以避免将线缆缠绕到固定柱环上，顺时针方向从左边旋转整理好线缆，逆时针方向从右边开始旋转整理好线缆。另一种情况是在M100固定到M100配线板上以前，线缆可以被端接在M100上。通过将线缆穿过配线板孔来在配线板的前方或后方完成此工作。

图名	M系列模块化连接器端接方法 及配线板端接的步骤	图号	RD 12—16

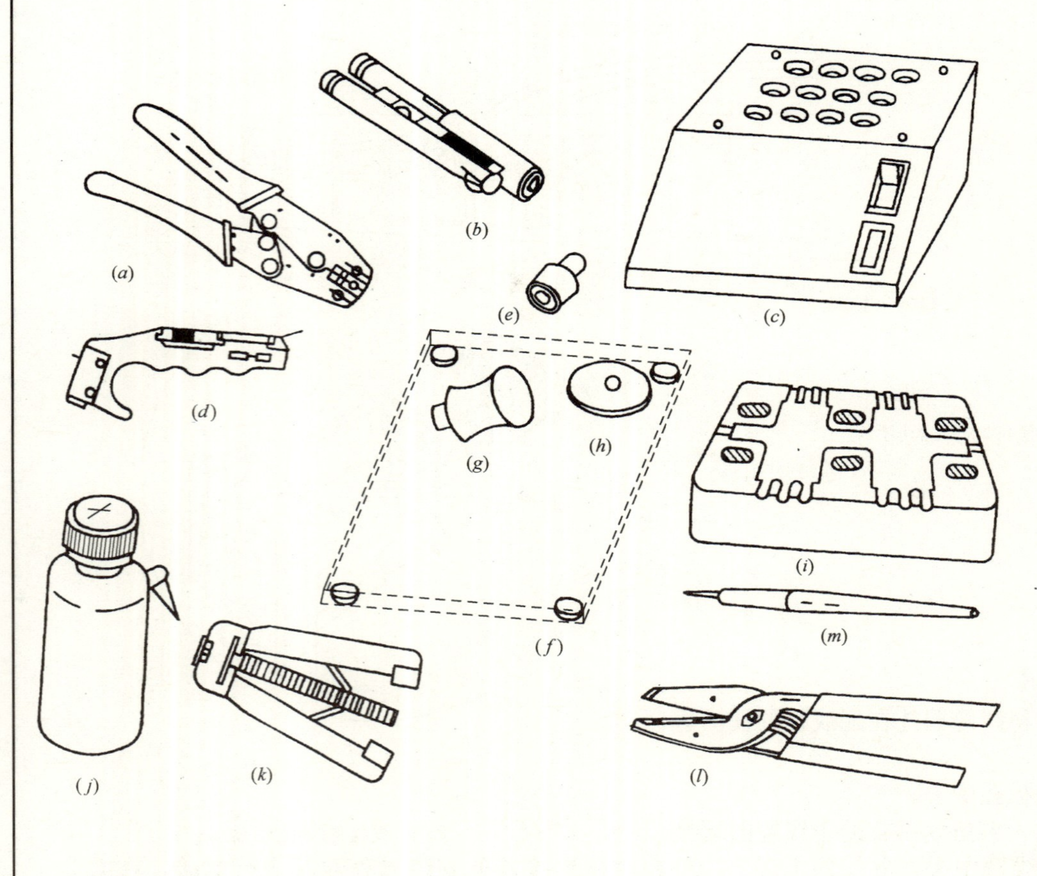

1. 图中的工具名称及数据

（*a*）102A 打褶工具；

（*b*）300B 显微镜；

（*c*）200A1（220V）烘烤箱；

（*d*）R4366 环切工具；

（*e*）600A 连接器保持器；

（*f*）玻璃磨光盘；

（*g*）放大镜；

（*h*）400B 磨光工具；

（*i*）971A-1 保持器块/存储块；

（*j*）酒精，小瓶；

（*k*）MS1-08-585 机械剥线器；

（*l*）700A 剥线器；

（*m*）975A 切割工具。

2. 图中未列示的工具名称

（1）剪刀；（2）指导手册；

（3）标签；（4）粘合剂垫料；

（5）支撑容器；（6）座架条形材料；

（7）切割长度模块；（8）1043A 微型夹；

（9）6″（152mm）比例尺。

3. 消耗材料包括

（1）A 型磨光纸；（2）C 型磨光纸；（3）擦用的东西；（4）放在瓶中的弦线；（5）注射器；（6）分散剂；（7）环氧树脂；（8）管道清洁器；（9）座架条形材料。

图名	光纤头安装工具	图号	RD 12—17

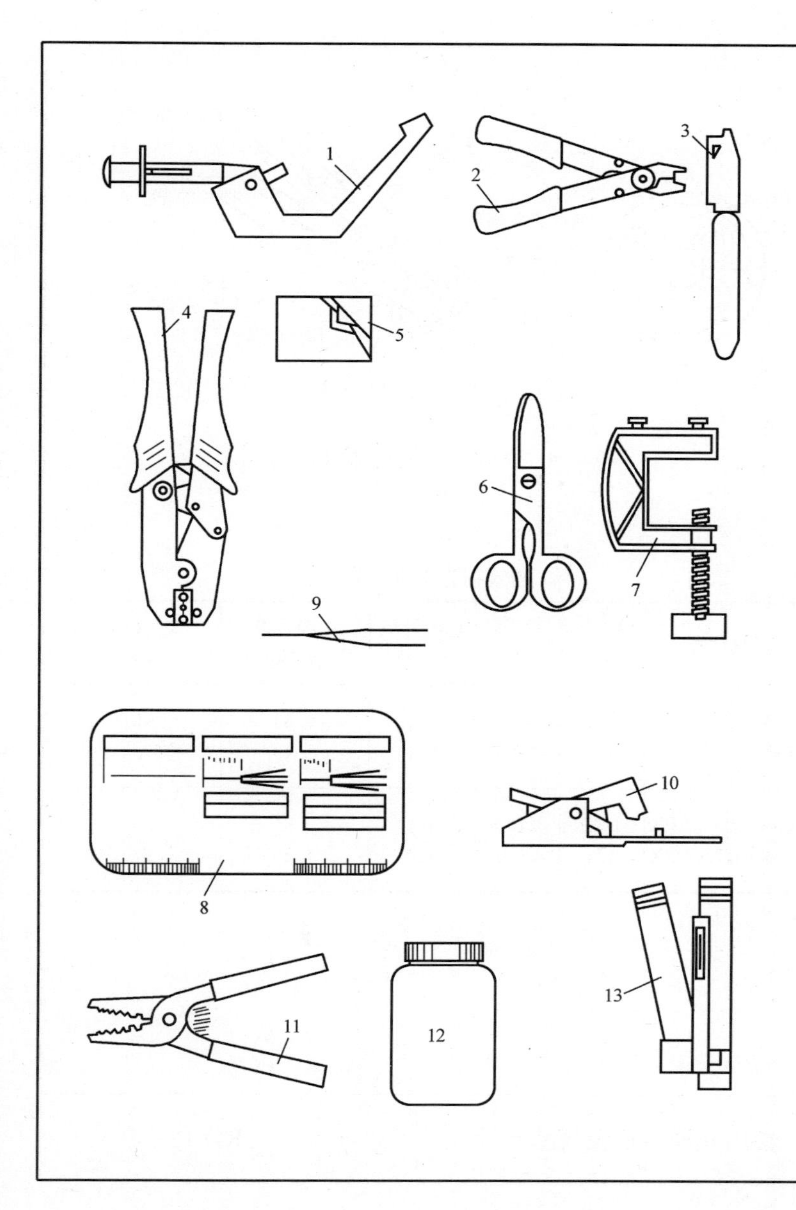

现场安装 ST 型和 SC 型光纤连接器所需的工具包括

序号	名　　称	数量
1	Installation tool 安装平台	1
2	Fiber stripper 光纤剥线器	1
3	Ink marker 墨水标记笔	1
4	Crimping tool 打褶工具	1
5	Alcohol wipes oralcohol and Iint freetissues 酒精纸/(布)	1 打
6	Scissors 剪刀	1
7	Tool-clamp 工具固定钳	1
8	Fiber preparation guide 光纤准备指南	1
9	Tweezers 镊子	1
10	Fiber cleaver 光纤切割器	1
11	Wier stripper 线剥线器	1
12	Fiber waste bottle 光纤废物瓶	1
13	Micrscope 显微镜	1

图名	现场安装光纤连接器工具	图号	RD 12—18

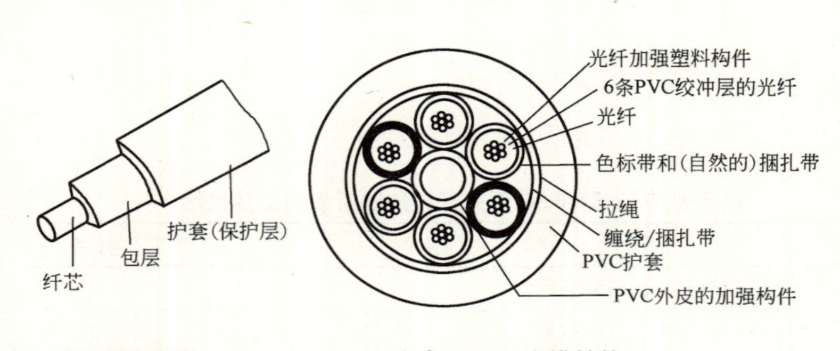

1. 光纤的结构

2. 多束 LGBC 光缆结构

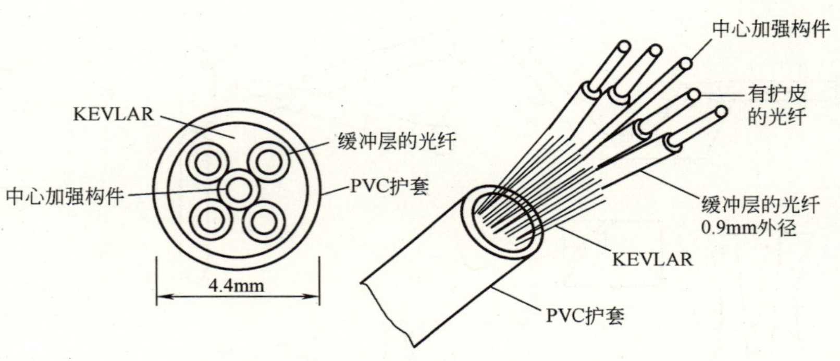

4. LGBC-4A 光缆结构

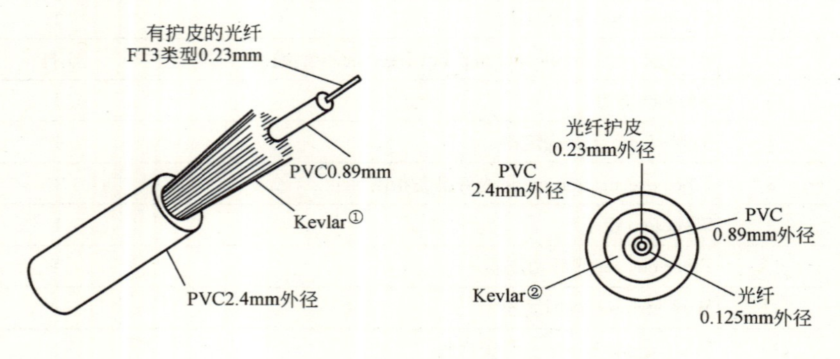

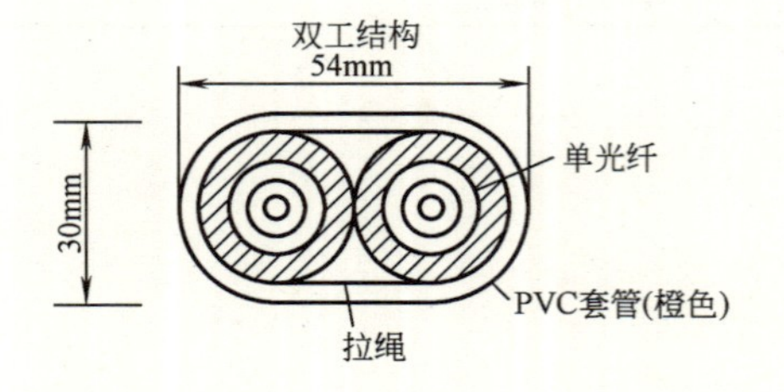

3. 光纤跳线的单工和双工结构

5. 建筑物光缆规格尺寸

产品代号	最大长度(m/盘)		电缆外径(mm)	电缆重量30m(kg)	最大拉力(kg)
	C	D			
LGBC-004A-LPX	984	2100	4.9	0.63	45
LGBC-012A-LPX	300	1200	8.1	1.48	67.5
LGBC-004A-LPX	1200	2100	4.4	0.54	45
LGBC-012A-LPX	430	1500	7.0	1.26	67

图名	常用光缆结构及规格尺寸	图号	RD 12—19

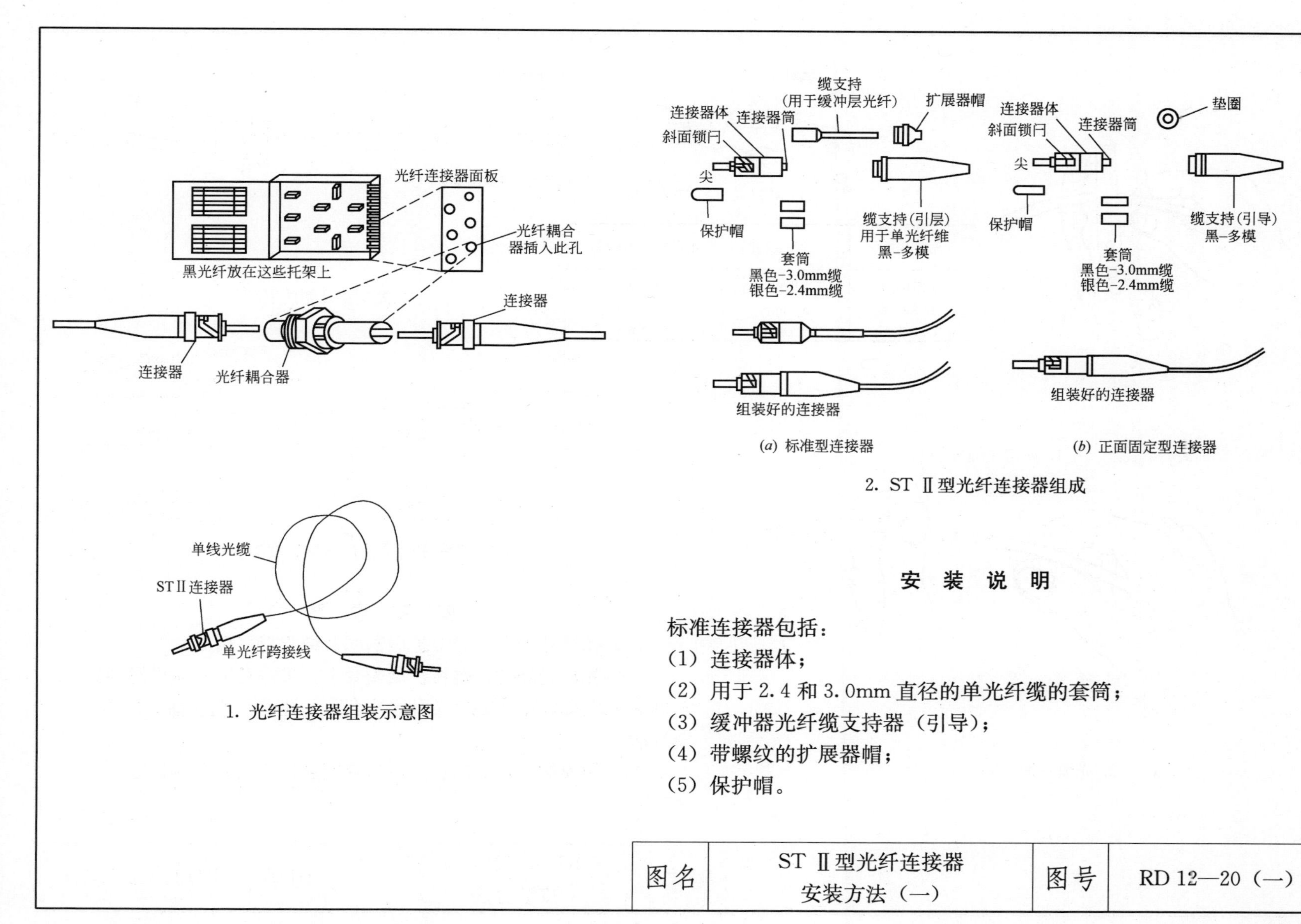

1. 光纤连接器组装示意图

(*a*) 标准型连接器

(*b*) 正面固定型连接器

2. ST Ⅱ型光纤连接器组成

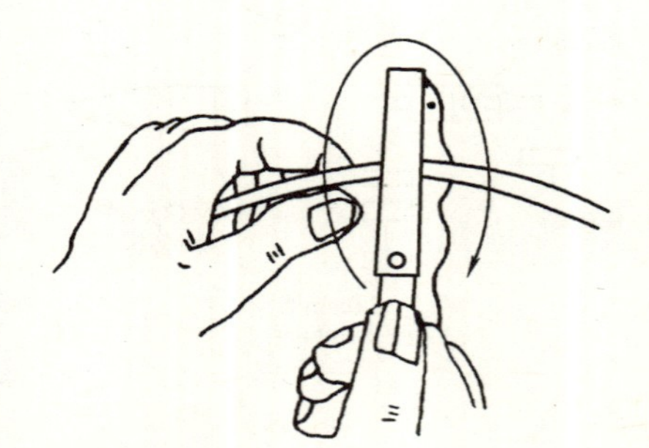

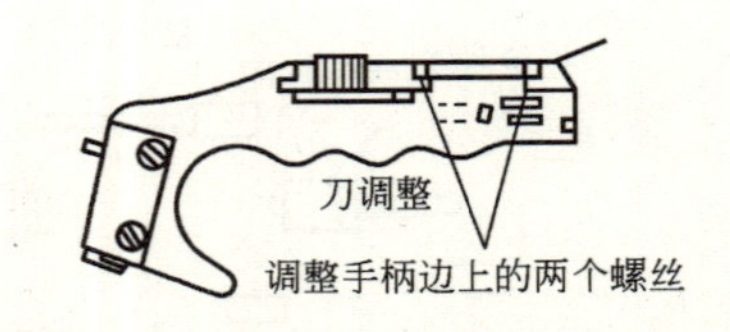

光缆类型	刀切的深度	准备的护套长度
LGBG-4	5.08mm	96.5mm
LGBG-6	5.08mm	96.5mm
LGBG-12	7.62mm	96.5mm

1. 环切光缆外护套

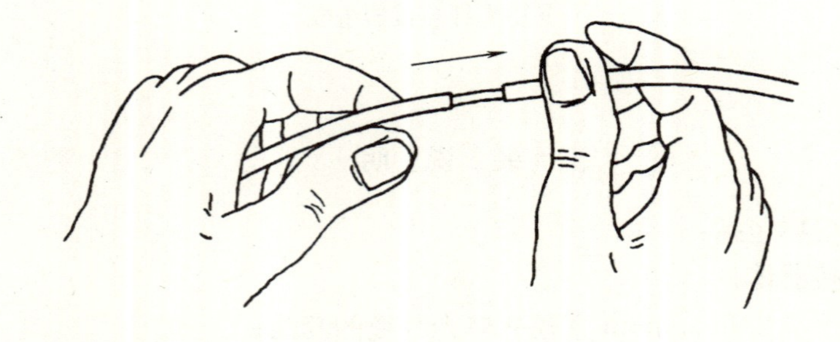

2. 光缆外护套滑出

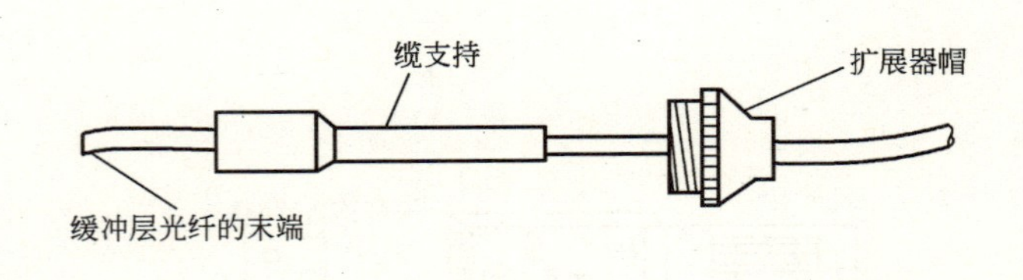

3. 缆支持及帽的安装

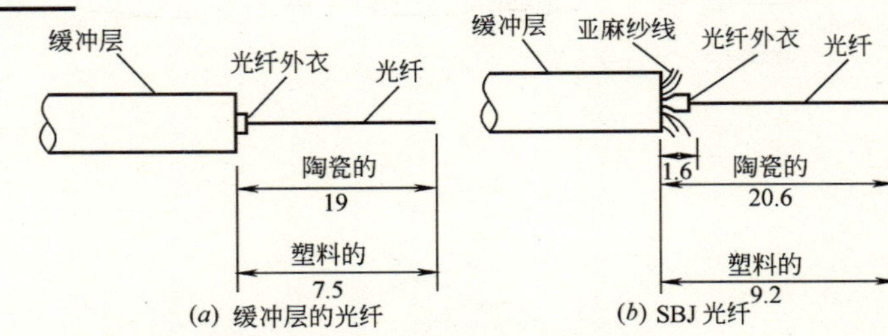

4. 不同类型光纤和 ST Ⅱ插头对长度的规定

安装说明

1. 剥掉外护套，套上扩展器帽及缆支持（引导）。

2. 先从光纤的末端将扩展帽套上（尖端在前）向里滑动，再从光纤末端将缆支持（引导）套上，也是尖端在前，向里滑动。

3. 用模板上规定的长度对需要安装插头的光纤作标志。

图名	ST Ⅱ型光纤连接器 安装方法（二）	图号	RD 12—20（二）

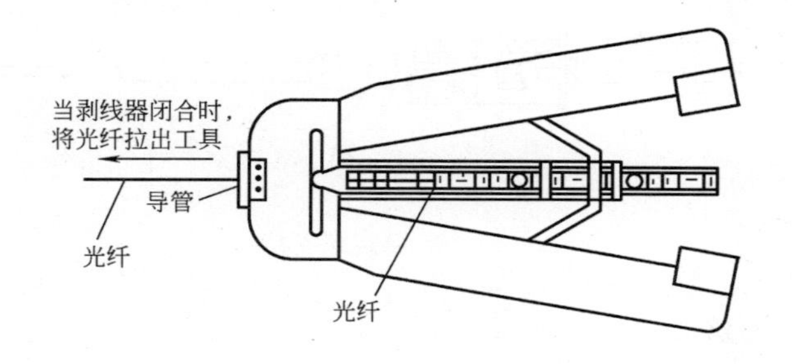

1. 机械剥线器

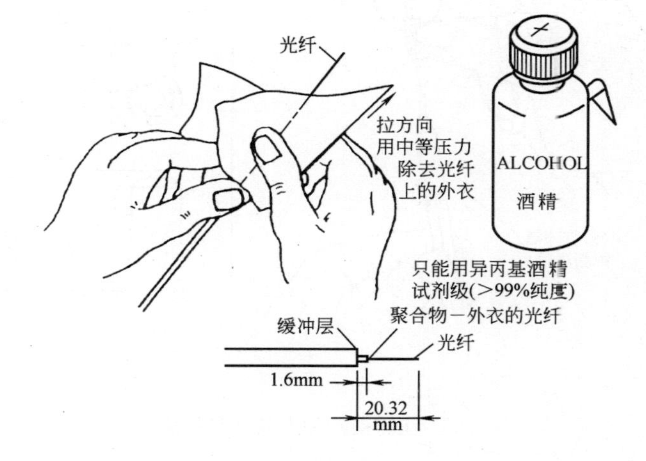

3. 擦拭光纤

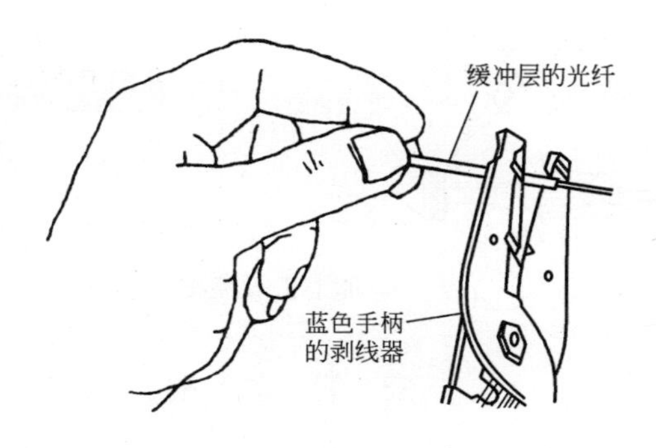

2. 剥去光纤的缓冲层

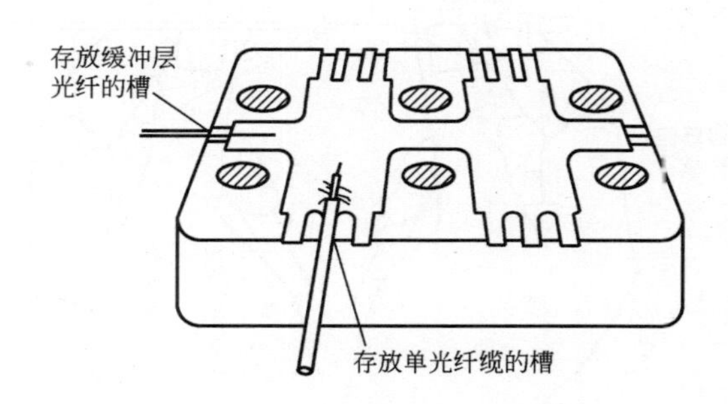

4. 将光纤存放在保持器块中

安 装 说 明

1. 剥除光纤外衣方法有两种：1）利用“585 机械剥线器”剥除缓冲器光纤的外衣；2）利用“剥线器”剥除 SBJ 光纤的外衣。

2. 用浸有酒精的纸（布）从缓冲层向前擦拭，去掉光纤上残留的外衣，要求擦拭两次才合格，且擦拭时不能使光纤弯曲。

3. 将准备好的光纤存放在“保持块”上。

图名	ST Ⅱ型光纤连接器 安装方法（三）	图号	RD 12—20（三）

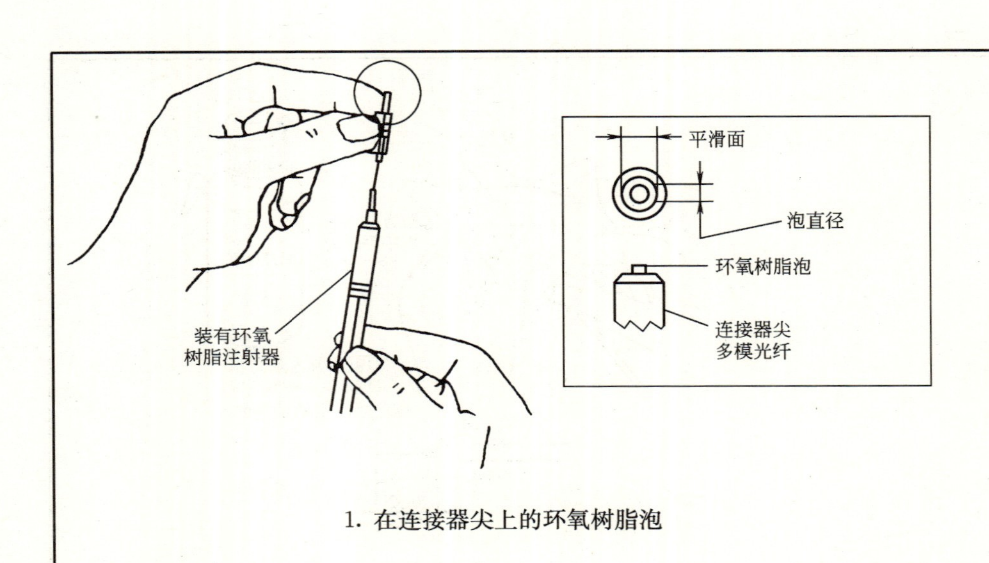

1. 在连接器尖上的环氧树脂泡

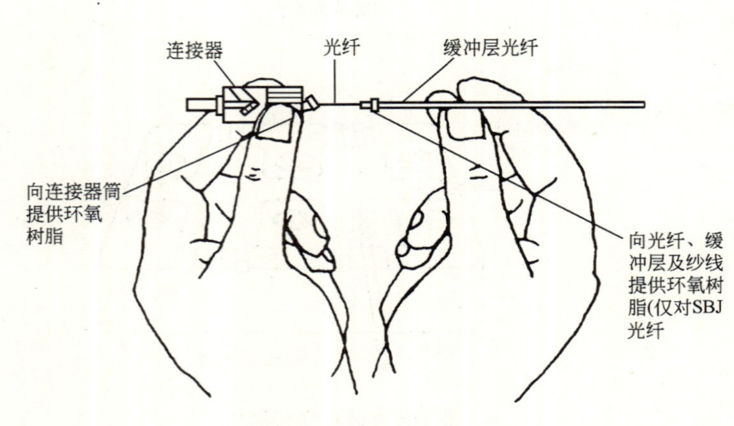

2. 插入光纤

缆支持

3. 组装缆支持

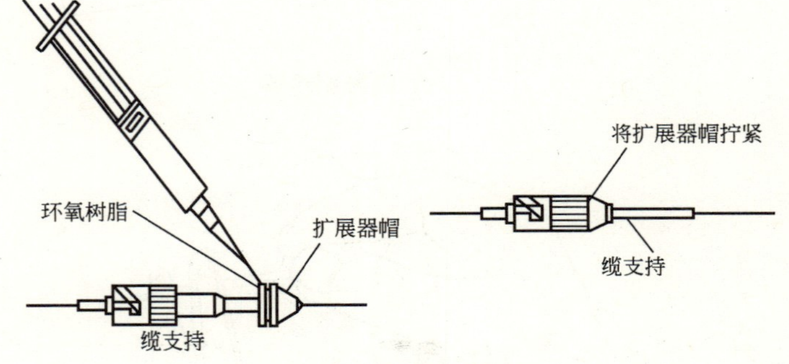

4. 加上扩展器帽

安 装 说 明

1. 将环氧树脂注入连接器，直到一个大小合适的泡出现在连接器陶瓷尖头上平滑部分为止。

2. 通过连接器的背部插入光纤，轻轻地旋转连接器。

3. 将缓冲器光纤的“支持（引导）”滑动到连接器后部的筒上去，旋转“支持（引导）”以使提供的环氧树脂在筒上均匀分布。

4. 往扩展器帽的螺纹上注射一滴环氧树脂，将扩展器帽滑向缆“支持（引导）”，并将扩展器帽通过螺纹拧到连接器体中去，确保光纤已就位。

图名	ST Ⅱ型光纤连接器 安装方法（四）	图号	RD 12—20（四）

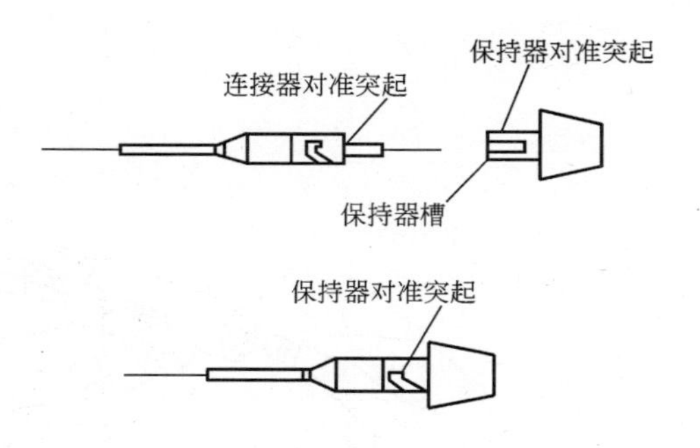

1. 将保持器锁定到连接器上去

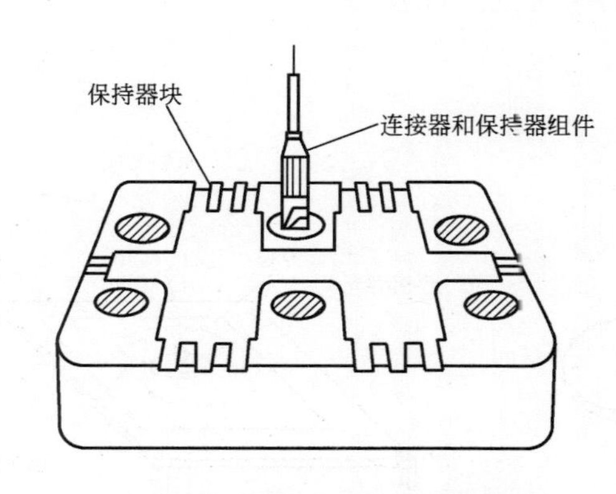

3. 冷却连接器组件（在保持器块中）

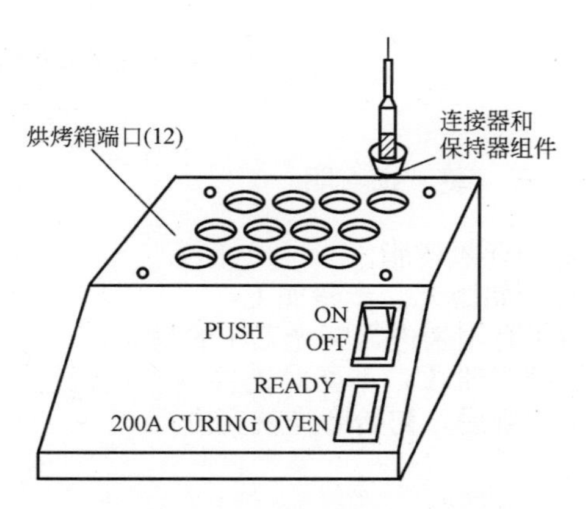

2. 将组件放到烘烤箱端口中烘烤

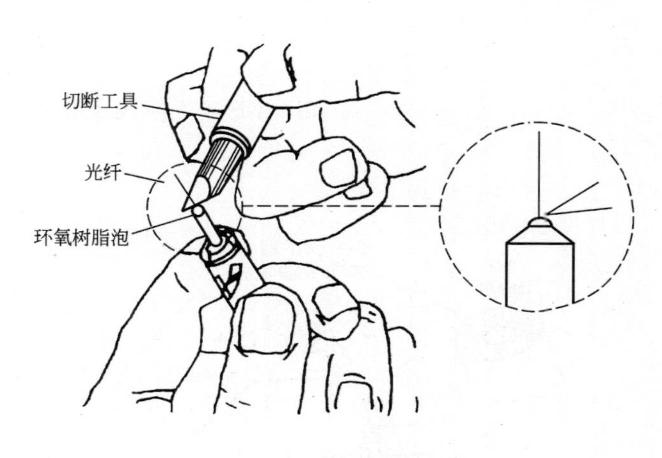

4. 刻痕光纤

安 装 说 明

1. 往连接器上加保持器。
2. 烘烤环氧树脂 10min。
3. 冷却连接器组件。
4. 切断光纤。

图名	ST Ⅱ型光纤连接器 安装方法（五）	图号	RD 12—20（五）

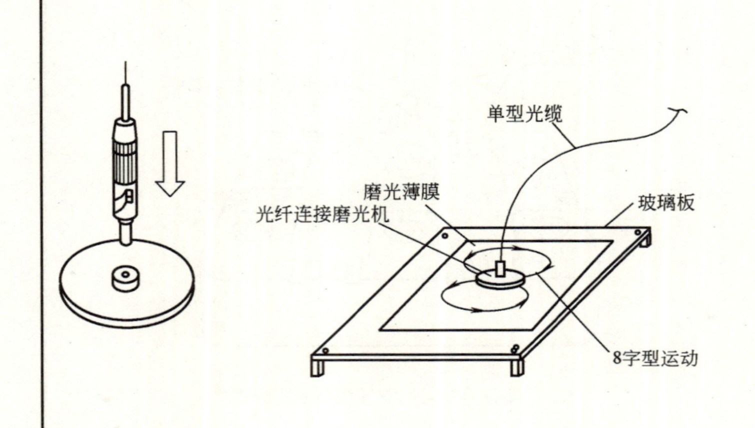

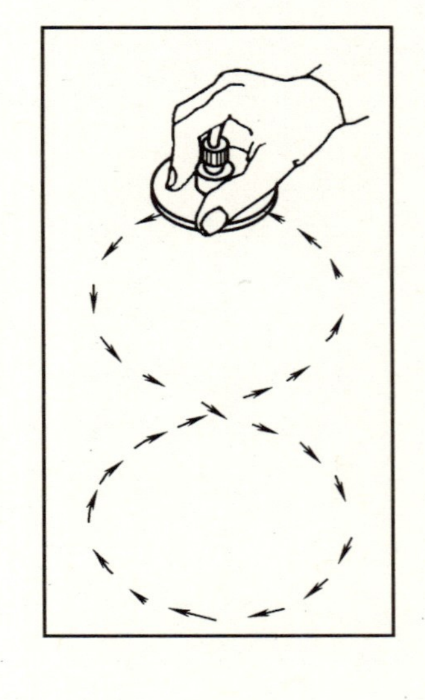

1. 用8字形运动进行初始磨光

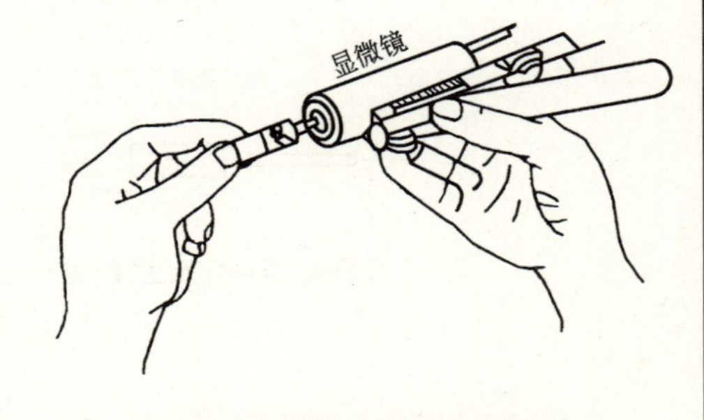

3. 将连接器插入显微镜作检查

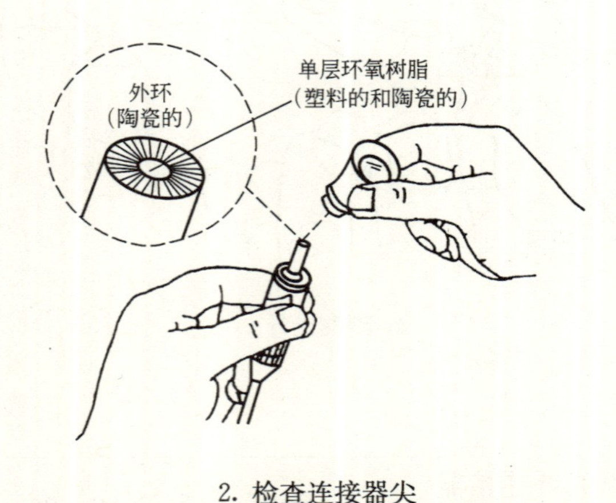

2. 检查连接器尖

安 装 说 明

1. 除去连接器尖头上的环氧树脂。

2. 用8字形运动进行初始磨光。步骤如下：

(1) 准备工作：清洁所有用来进行磨光工作的物品；

(2) 初始磨光在初始磨光阶段，不要对连接器尖进行过分磨光，通过对连接器端面的初始检查后，初始磨光就完成；

(3) 初步检查；

(4) 最终磨光；

(5) 最终检查。

3. 如果磨的光纤末端是可采用的，于是连接器就可使用了，如果不是立即使用此连接器，则可用保护帽把末端盖起来。

图名	ST Ⅱ型光纤连接器 安装方法（六）	图号	RD 12—20（六）

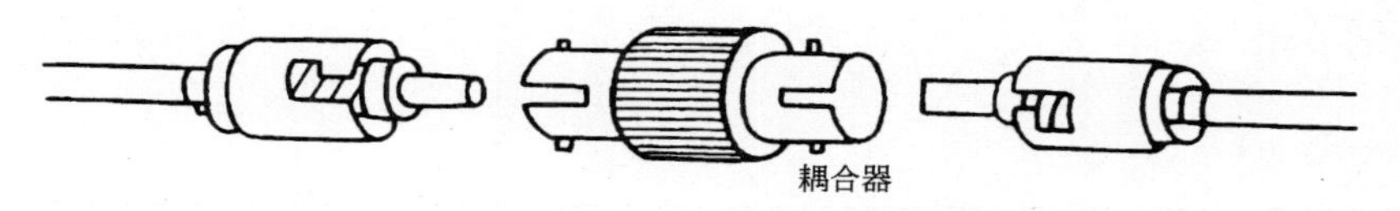

3. 将 ST 连接器插入耦合器

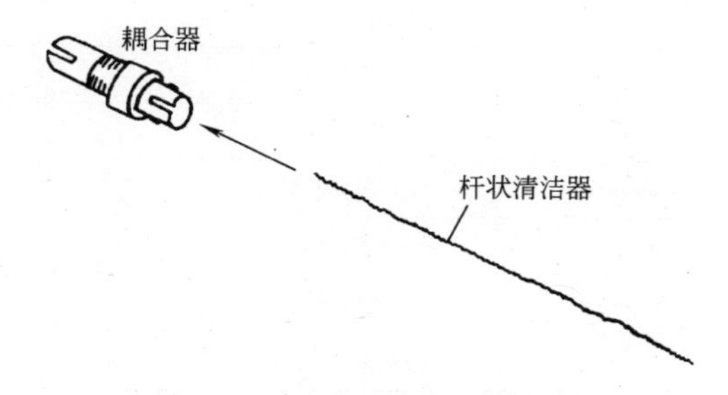

1. 用杆状清洁器除去碎片

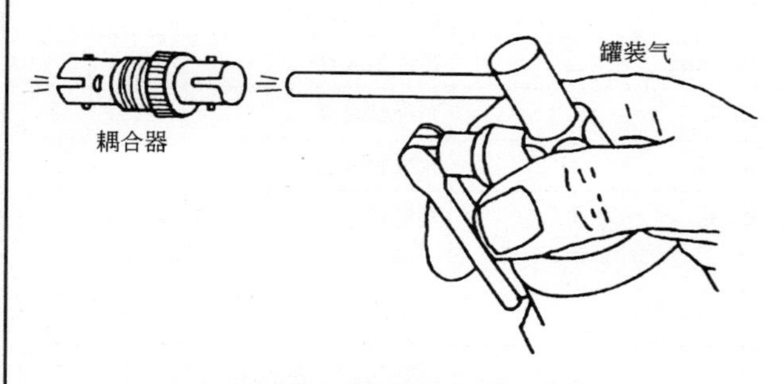

2. 用罐装气吹除耦合器中的灰尘

安　装　说　明

连接器互连的步骤：

（1）清洁 ST 连接器

拿下 ST 连接器头上的黑色保护帽，用沾有试剂级丙醇酒精的 TEXWIPE 棉花签轻轻擦拭连接器头。

（2）清洁耦合器（棉花签）

摘下耦合器两端的红色保护帽，用沾有试剂级丙醇酒精的杆状清洁器穿过耦合器孔擦拭耦合器内部，以除去其中的碎片。

（3）使用罐装气，吹去耦合器内部的灰尘。

（4）将 ST 连接器插到一个耦合器中

将连接器的头插入耦合器的一端，耦合器上的突起对准连接器槽口，插入后扭转连接器以使锁定，如经测试发现光能量损耗较高，则需摘下连接器并用罐装气重新净化耦合器，然后再插入 ST 连接器，在耦合器的两端插入 ST 连接器，并确保两个连接器的端面在耦合器中接触上。

（5）重复以上步骤，直到所有的 ST 连接器都插入耦合器为止。

注意：若一次来不及装上所有的 ST 连接器，则连接器头上要盖上黑色保护帽，而耦合器空白端或一端（有一端已插上连接器头的情况）要盖上红色保护帽。

图名	光纤连接器的互连方法	图号	RD 12—21

英文缩写	英　文　名	中文名或解释
ACR	Attenuation to Crosstal Ratio	衰减-串音衰减比率
ADO	Auxiliary Disconnect Outlet	辅助的可断开插座
ADOC	ADO Cable	辅助可断开插座电缆
ADSL	Asynmetric Digital Subscriber Line	非对称数据用户线
ANSI	American National Standards Institute	美国国家标准化协会
AN	Access Network	接入网
BA	Building Automation	楼宇自动化
BC	Backbone Cable	干线(垂直)电缆
BD	Building Distributor	建筑物配线架
CA	Communication Automation	通信自动化
CATV	Cable Television	有线电视
CD	Campus Distributor	建筑群配线架
CP	Consolidation Point	集合点
CS	Campus Subsystem	建筑群子系统
DD	Distribution Device	配线装置
DDC	DD Cord	配线装置软线

英文缩写	英　文　名	中文名或解释
DP	Demarcation Point	分界点
DTE	Data Terminal Equipment	数据终端设备
EC	Equipment Cord	设备软线
EIA	Electronic Industry Association	电子工业协会
EMC	Electro Magnetic Compatibility	电磁兼容性
EMI	Electro Magnetic Interference	电磁干扰
ER	Equipment Room	设备间
FC	Fiber Channel	光纤信道
FD	Floor Distributor	楼层配线架
FST	Floor Service Termination	楼层配线设备
FTTB	Fiber To The Building	光纤到大楼
FTTD	Fiber To The Desk	光纤到桌面
FTTH	Fiber To The Home	光纤到家庭
FTTZ	Fiber To The Zone	光纤到小区

图名	综合布线系统常用英文缩写（一）	图号	RD 12—22（一）

英文缩写	英文名称	中文名称或解释
GCS	Generic Cabling System	综合布线系统
HA	Home Automation	家庭自动化
HBS	House Bus System	家庭总线系统
HCS	Home Cabling System	住宅布线系统
HDSL	High bit-rate DSL	高比特率数字用户线
HFC	Hybrid Fiber Coax	混合光纤同轴网
HS	Horizontal Subsystem	配线(水平)子系统
HUB	Hub	集线器
IB	Intelligent Building	智能建筑
IP	Internet Protocol	因特网协议
ISDN	Integrated Services Digital Network	综合业务数字网
LAN	Local Area Network	局域网
10BASE-T	10BASE-T	基于2对线应用的10Mbit/s以太网
100BASE-TX	100BASE-TX	基于2对线应用的100Mbit/s以太网
100BASE-T4	100BASE-T4	基于4对线应用的100Mbit/s以太网
100BASE-T2	100BASE-T2	基于2对线全双工应用的100Mbit/s以太网
LIU	Laser Interconnection Unit	光纤互连装置
MAN	Metropolitan Area Network	城域网
MUTO	Multi-User Telecommunications Outlet	多用户信息插座
N/A	Not Applicable	不适用的
NEXT	Near End Crosstalk	近端串扰
NID	Network Interface Device	网络接口装置
NT	Network Terminal	网络终端
OA	Office Automation	办公自动化
OC	Outlet Cable	信息插座电缆
ONU	Optical Netwokr Unit	光网络单元
PABX	Private Automatic Branch Exchange	用户自动交换机
PC	Personal Computer	个人计算机
PDS	Premises Distribution System	建筑物布线系统

图名	综合布线系统常用英文缩写（二）	图号	RD 12—22（二）

英文缩写	英 文 名 称	中文名称或解释
PVC	Polyvinyl Chloride	聚氯乙烯
RBS	Riser Backbone Subsystem	干线(垂直)子系统
RJ-11	RJ-11	模块化四导线连接器
RJ-45	RJ-45	模块化八导线连接器
RUN	Residential Universal Network	家居布线系统
SAS	Safety Automation System	保安自动化系统
SC	Subscriber Connector(Optical Fiber)	直接插拔式连接器(光纤)
SCS	Structured Cabling System	结构化布线系统
SDH	Synchronous Digital Hierarchy	同步数字传输体系
FTP	Foil Twisted Pair	金属箔屏蔽对绞电缆
STP	Shielded Twisted Pair	具线对屏蔽和总屏蔽层的对绞电缆
SFTP	Shielded Foil Twisted Pair	双总屏蔽层对绞电缆
ST	ST	卡口式锁紧连接器(光纤)
STB	Set-Top-Box	机顶盒
TIA	Telecom Industry Association	电信工业协会
TO	Telecommunication Outlet	信息插座

英文缩写	英 文 名 称	中文名称或解释
TC	Telecommunication Closet	电信间
TCP	Transmission Control Protocol	传输控制协议
TE	Telecommunication Equipment	电信设备
TP	Transition Point	转接点
UL	Underwriters Laboratories	美国保险商实验所安全标准
UPS	Uninterrupted Power System	不间断电源系统
UTP	Unshielded Twisted Pair	非屏蔽对绞电缆
VOD	Video on Demand	视频点播
Vr. m. s	Vroot. mean. square	电压有效值
WA	Work Area	工作区
WAN	Wide Area Network	广域网
WDM	Wavelength Division Multiplexer	波分复用系统
WS	Work Station	(计算机)工作站
WWW	Word Wide Web	万维网

图名	综合布线系统常用英文缩写(三)	图号	RD 12—22(三)

阶段	验收项目	验收内容	验收方式
一、施工前检查	1. 环境要求	(1)土建施工情况：地面、墙面、门、电源插座及接地装置； (2)土建工艺：机房面积、预留孔洞； (3)施工电源； (4)地板铺设	施工前检查
	2. 器材检验	(1)外观检查； (2)型号、规格、数量； (3)电缆电气性能测试； (4)光纤特性测试	施工前检查
	3. 安全、防火要求	(1)消防器材； (2)危险物的堆放； (3)预留孔洞防火措施	施工前检查
二、设备安装	1. 交接间、设备间、设备机柜、机架	(1)规格、外观； (2)安装垂直、水平度； (3)油漆不得脱落，标志完整齐全； (4)各种螺丝必须紧固； (5)抗振加固措施； (6)接地措施	随施工检验
	2. 配线部件及8位模块式通用插座	(1)规格、位置、质量； (2)各种螺丝必须拧紧； (3)标志齐全； (4)安装符合工艺要求； (5)屏蔽层可靠连接	随施工检验
三、电、光缆布放（楼内）	1. 电缆桥架及线槽布放	(1)安装位置正确； (2)安装符合工艺要求； (3)符合布放缆线工艺要求； (4)接地	随施工检验
	2. 缆线暗敷(包括暗管、线槽、地板等方式)	(1)缆线规格、路由、位置； (2)符合布放缆线工艺要求； (3)接地	隐蔽工程签证
四、电、光缆布放（楼间）	1. 架空缆线	(1)吊线规格、架设位置、装设规格； (2)吊线垂度； (3)缆线规格； (4)卡、挂间隔； (5)缆线的引入符合工艺要求	随施工检验
	2. 管道缆线	(1)使用管孔孔位； (2)缆线规格； (3)缆线走向； (4)缆线的防护设施的设置质量	隐蔽工程签证
	3. 埋式缆线	(1)缆线规格； (2)敷设位置、深度； (3)缆线的防护设施的设置质量； (4)回土夯实质量	隐蔽工程签证
	4. 隧道缆线	(1)缆线规格； (2)安装位置、路由； (3)土建设计符合工艺要求	隐蔽工程签证
	5. 其他	(1)通信线路与其他设施的间距； (2)进线室安装、施工质量	随施工检验或隐蔽工程签证
五、缆线终接	1. 8位模块式通用插座	符合工艺要求	随施工检验
	2. 配线部件	符合工艺要求	
	3. 光纤插座	符合工艺要求	
	4. 各类跳线	符合工艺要求	
六、系统测试	1. 工程电气性能测试	(1)连接图； (2)长度； (3)衰减； (4)近端串音(两端都应测试)； (5)设计中特殊规定的测试内容	竣工检验
	2. 光纤特性测试	(1)衰减； (2)长度	竣工检验
七、工程总验收	1. 竣工技术文件	清点、交接技术文件	竣工检验
	2. 工程验收评价	考核工程质量，确认验收结果	

注：系统测试内容的验收亦可在随工中进行检验。

图名	综合布线系统工程检验项目及内容	图号	RD 12—23

13　住宅（小区）智能化

安 装 说 明

住宅小区智能化系统主要由信息网络系统、安全防范系统、物业管理系统等部分组成。智能小区系统集成是智能小区建设中最关键的问题，它的建设要遵循系统工程的基本思想，即智能小区由若干个子系统组成，对每个子系统都要从实现整个系统技术的协调观念来考虑。同时，要把系统作为他从属的更大的系统的组成部分来研究。

1. 智能社区系统组成

（1）安全防范系统

智能住宅对家庭安全的防范主要采用开放式的安全防范体系。当出现非法或暴力入侵者，应能及时发出报警并能作出相应防范反映，以确保小区安全。

1）周界防范报警系统

周界主动红外入侵探测器，遇有非法入侵者时，即触发警戒状态下的报警控制主机，接通警灯警号，以声与光的形式警示值班人员，并由主机显示被侵入区域代码，启动周界安防灯照明。

2）视频安防监控系统

视频安防监控系统是在小区的主要通道、重要公共建筑及周界设置前端摄像机，并将图像传送到保安监控中心。该系统可与周界防范报警系统联动，进行图像跟踪记录。当监控中心接到报警信号时，监控中心监视器立即弹出与报警相关的摄像机图像信号。

3）门禁系统

门禁系统是对重要区域或通道的出入口进行管理与控制的系统。该系统不仅可以控制人员的出入，还能控制人员在建筑及相关区域的活动范围。他的主要作用是自动识别进出的人员，根据事先设定自动判断和控制是否放行，并记录各类有效信息。

4）可视对讲系统

由门口对讲主机、住户室内对讲分机，电控锁及电源四部分组成。在住宅单元入口处设有带电控锁的防盗门及对讲主机。楼内居民可以用钥匙或 IC 卡自由进入，而外来访客必须通过对讲主机与住户通话，得到允许后才能进入。门口对讲主机也可以通过网络与管理中心主机相连，将来访者信息传到管理主机上，便于值班人员的管理。

5）电子巡查系统

在小区适当位置设置巡查点，并规定巡查路线和巡查时间，当保安人员到达某巡查点时插入钥匙并钮动，主机就会得到保安人员当时的位置和时间。根据设定的要求，巡查点还可作紧急报警，若在规定时间内主机未收到某巡查点的信息，主机就自动报警。

6）停车场（库）管理系统

停车场（库）管理系统一般由入口出票机、出口验票机、车位显示器、挡车器等设备组成。当车辆驶入停车场入口时，无停车卡的车辆，需取停车票，然后挡车器开启放行；持有本小区停车卡的车辆，通过读卡，挡车器自动开启。系统同时记录车辆进出口时间、停车时间、车位情况等。

（2）建筑设备监控系统

建筑设备监控系统目的是控制建筑物内部的各种机电设备，为建筑创建舒适的环境，方便人们对于楼内运行的机电设备的管理，最大限度的节约和利用能源。建筑设备监控系统分为新风、空调系统控制、冷冻水系统控制、供热系统控制、给排水系统控制、灯光系统控制、电力系统监视等项目，它们形成了一个完整控制体系。建筑设备监控系统是智能化大厦一个重要也是基本的一个子系统。

建筑设备监控系统一般是由现场传感器、执行器、控制器及监控工作站组成。其中传感器和执行器被安装于现场负责收集数据和完成控制器发出的命令。控制器为集散式数字控制器（DDC），它们分布于建筑内部各区域，通过总线方式连接成一个控制器网络。控制器通过与它连接的传感器和执行器来负责本区域的设备的监控工作，控制器本身有中央处理器（CPU）可以按事先编制的程序运行，以完成控制任务。监控工作站可有一个也可以有多个，当有多个监控工作站时它们自己形成一个网络。监控工作站与控制器网络相连接，通过图形控制软件和数据库管理软件作为界面实现人对整个系统的管理。

（3）火灾自动报警系统

火灾自动报警系统由火灾监测报警系统和联动控制系统两部分组成。火灾监测报警系统由安装在建筑内各处的感烟探测器、感温探测器和可燃气体探测器监测其所在区域的环境，在有火灾前期迹象时探测器向区域控制器报警，区域控制器通过网络向消防监控中心报警，工作站使报警信号转化成图形和文字报警信号给工作人员，这一切都是在瞬间完成的。联动系统由联动控制系统和联动设备组成，联动控制系统可由区域控制器和联动控制台组成。在区域控制器向消防监控中心报警的同时，它会根据预先设定的程序自动控制相关消防联动设备进行灭火处理。

（4）通信与网络系统

智能建筑中的信息通信系统包括语音、数据通信、图文通信和卫星通信等几个部分。

通信自动化系统（CAS）是保证建筑物内语音、数据、图像传输的基础，同时与外部通信网（如电话公共网、数据网、计算机网、卫星以及广电网）相连，与世界各地互通信息。

智能建筑作为信息社会的节点，其信息通信系统已成为不可缺少的组成部分。智能建筑中的信息通信系统应具有对于来自建筑物内外各种不同信息进行收集、处理、存储、传输和检索的能力，能为用户提供包括语音、图像、数据乃至多媒体等信息的本地和远程传输的完备的通信手段和最快、最有效的信息服务。

1）综合布线系统

大厦内的语音、数据和图像信号的布线经过统一的规划设计，综合在一体化标准和规范的布线系统中。将智能建筑管理系统的子系统有机地连接在一起。因此，综合布线系统为智能大厦的系统的集成平台，是智能大厦系统集成用以实现物理和逻辑的信息与资源的基础。

布线是为一体化公共通信设施提供的完整解决方案，以支持智能大厦的子系统，以及相应的系统集成所需要的通信网络连接的线路。该线路具有传输语音、数据、文本、图文、图形和视频的能力。

该布线系统应该是完全开放性的，能够支持多级多层网络结构，易于实现大厦内的配线集成管理。系统应能满足大厦对于目前与将来的通信需求，系统可以适应更高的传输速率和带宽。

布线系统具有灵活的配线方式，布线系统上连接的设备，在物理位置上调整，以及在语音或数据传输方式的改变，都不需要重新安装附加的配线或线缆重新定位。

2）公共广播系统

本系统在正常情况下，可按程序设定的时间自动播放有线广播、背景音乐。广播员可随时插播讲话、通知等其他重要内容，在控制中心可以手动或自动开启和关闭小区内的部分广播设备而形成区域性或间隔广播。在事故情况下，广播系统接到不同的事故背景信号而转入事先录制好的事故自动广播或人工事故广播。

3）卫星电视及有线电视系统

卫星电视和有线电视系统可以接收卫星转播和城市有线电视节目，另外，系统还可以播送自办的电视节目。

系统分为前端、传输系统及用户端。前端由卫星接收天线、卫星接收机、调制器、解调器混合器等组成，传输系统由分配器和放大器组成，用户端由用户终端盒及电视接收机组成。

系统可以对收费节目源进行加扰、解扰，以控制节目的收看，系统可以使用计算机控制的智能分配系统管理用户的收费。

4）数字式程控交换机

数字式程控交换机是为通信线路交换而设计的一种设备，以往的交换机设备主要是用于电话语音信息的传递和交换。目前，具有 ISDN 功能的数字式程控式交换机已经将计算机的数据通信结合在一起，可以实现语音、数据、图文和视频信息的一体化传输和交换。

（5）计算机网络系统

在住户的家里留出计算机网络接口，住户可以自由申请。为住户预留的计算机网络和大众信息网、商业销售网、图书情报网、医疗网、机关团体网、校园网、金融证券网、公司企业网、银行和国际互连（INTERNET）网相连。住户上网后，可以访问上述的各种网络，可以在家里进行电子邮件的传递、远程网的登陆、语音与传真服务、证券交易、教育、远程医疗诊断和咨询。

（6）物业管理系统

物业管理网络化在住宅小区智能化中是经常被用到的。物业管理网络化，将各用户资料，收费管理、费用查询、报价记录和内部人员安排情况等内容上网。

2. 家居智能化系统

当前在智能化住宅中已经综合应用了微电子、自动控制、无线遥控遥测技术，实现了对家电设备的智能化控制。它包括户内集中控制和异地远程控制两种形式。

（1）家居报警系统

在住户家的门窗、阳台安装玻璃破碎探测器、门磁开关、红外入侵探测器。当有非法入侵时，以上各类相应探测器即刻发生警报，并通过网络向保安监控中心发送报警信息，组成家居防盗、防劫安全防范系统。

在客厅和各主要的房间装紧急按钮，当遇到不法之徒进屋打劫或意外事故需求助时，住户可轻按动在客厅或房内的紧急按钮向保安监控中心求援。紧急按钮24小时处于戒备状态，不受密码控制。当住户在异常情况下掀动紧急按钮时，住宅里的声光报警系统启动，与此同时，信号传输到保安监控中心。

（2）远程抄表系统

对水表、电表、煤气表进行改装，由室内数据终端对三表数据进行采集，并通过网络向管理中心传送采集到的有关数据信息，通过管理中心的计算机读取住户三表数据，实现了远程自动抄表。这不仅避免了传统人工抄表对住户的干扰及人工抄表所造成的误差，同时也为减少人员开支，提高管理的科技含量。

3. 智能社区系统集成的总体框架

（1）硬件整体结构

智能社区的综合布线构成智能社区网路系统在整个系统集成硬件的基础平台，连接着智能社区的每一个角落。社区主干网和社区低层网路是社区的信息流平台。

(2) 软件整体结构

智能社区系统软件可分为两大类，即上层软件和底层软件。上层软件是用于社区物业管理中心局域网的电脑软件和终端用户软件，它包括系统软件、支撑软件和应用软件。低层软件主要指电脑网路末端与设备相连接的智能节点用软件。

智能社区是以先进的科学为基础，依靠先进的设备和科学的管理。但是，智能社区并不是简单地将优良建筑与智能设备相堆积，它将传统的土木建筑技术与电脑技术、自动控制技术、通信与信息处理技术、多媒体技术等先进技术相结合的自动化系统。随着科学技术的不断发展，智能社区的各种概念在不断地发展变化。

4. 本章相关规范

(1)《智能建筑设计标准》(GB/T 50314—2006)。

(2)《智能建筑工程质量验收规范》(GB 50339—2003)。

(3)《安全防范工程技术规范》(GB 50348—2004)。

住宅（小区）智能系统主要功能表

系统名称	功能要求
网络	可给小区住户提供高速、便捷、安全、可靠的上网条件和优质的、先进的、丰富的网络服务
住宅报警系统	家庭“三防”和紧急求助手段是家庭安全的必备措施，有线、无线、自动、手动、联动、联网是住户与小区安全的重要保障
智能抄表系统	提高抄表的效率和准确性，提高公共分摊的合理解决方法，是邻里和睦、社区稳定的措施之一
出入口门禁、停车场管理系统	自动化的出入环境，有效的出入管理，是小区安全的必备条件
电子巡查系统	对保安员的科学管理。提高小区的温馨环境和安全水平
小区消费一卡通系统	在小区内出入、消费由一张 IC 卡完成，且代表住户身份
访客（可视）对讲系统	图像清晰，语音真实，即时识别，控制方便，安全有保障
供水、供电、照明和电梯控制系统	实现小区的自动化控制，方便住户，节约能源
电脑网络和信息管理系统	小区的网络服务，能给住户提供丰富的娱乐资讯生活
综合布线系统	建设小区内的信息高速公路，光纤到户门，提供 10M 带宽，小区进出可获 100～1000M 的带宽，从而为信息网络提供良好的环境
有线电视系统	高质量的有线电视网络和卫星电视，必受住户欢迎
视频安防监控系统	对周边环境、出入口和公共区域的监控，有利于小区的管理和安全
周界防范系统	在小区周边设置报警装置，建立警界线，防止非法入侵
紧急广播与背景音乐	能进行重要事件和消防联动等紧急广播，平时可播放音乐
公告大屏幕	有关公告、通知及其相关信息均能在大屏幕上自动滚动显示，即时告之于民
火灾报警系统	小区防火设施应按国家规定配置，出现火灾时，应能联动报警，有关设施能立即启动，并无故障

图名	住宅（小区）智能化系统主要功能	图号	RD 13—1

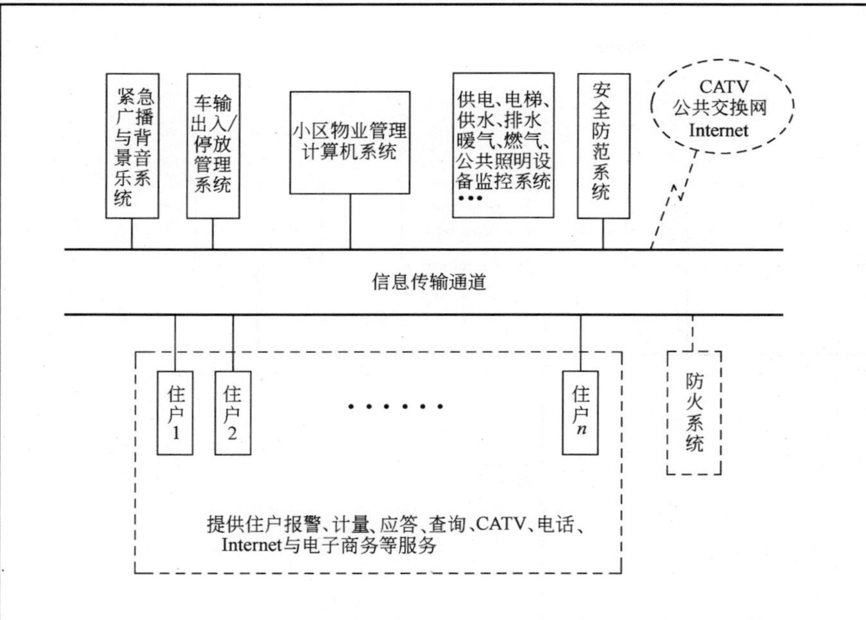

1. 住宅（小区）智能化系统总体框图

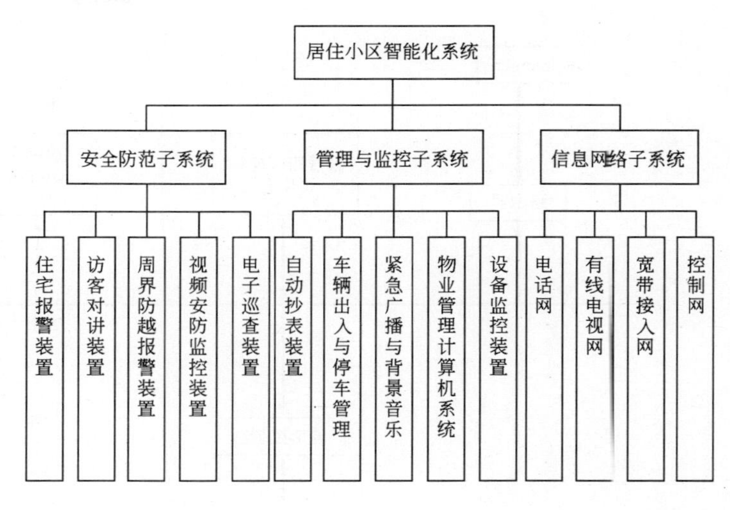

2. 住宅（小区）智能化系统功能框图

系统结构说明

住宅（小区）智能化是以信息传输通道（可采用宽带接入网、现场总线、有线电视网与电话线等）为物理平台；联结各个智能化子系统，通过物业管理中心向住户提供多种功能的服务。居住小区内可以采用多种网络拓扑结构（如树型结构、星形结构或混合结构）。

系统功能说明

住宅（小区）智能化系统由安全防范子系统、管理与监控子系统信息网络子系统组成。

图名	住宅（小区）智能化系统结构	图号	RD 13—2

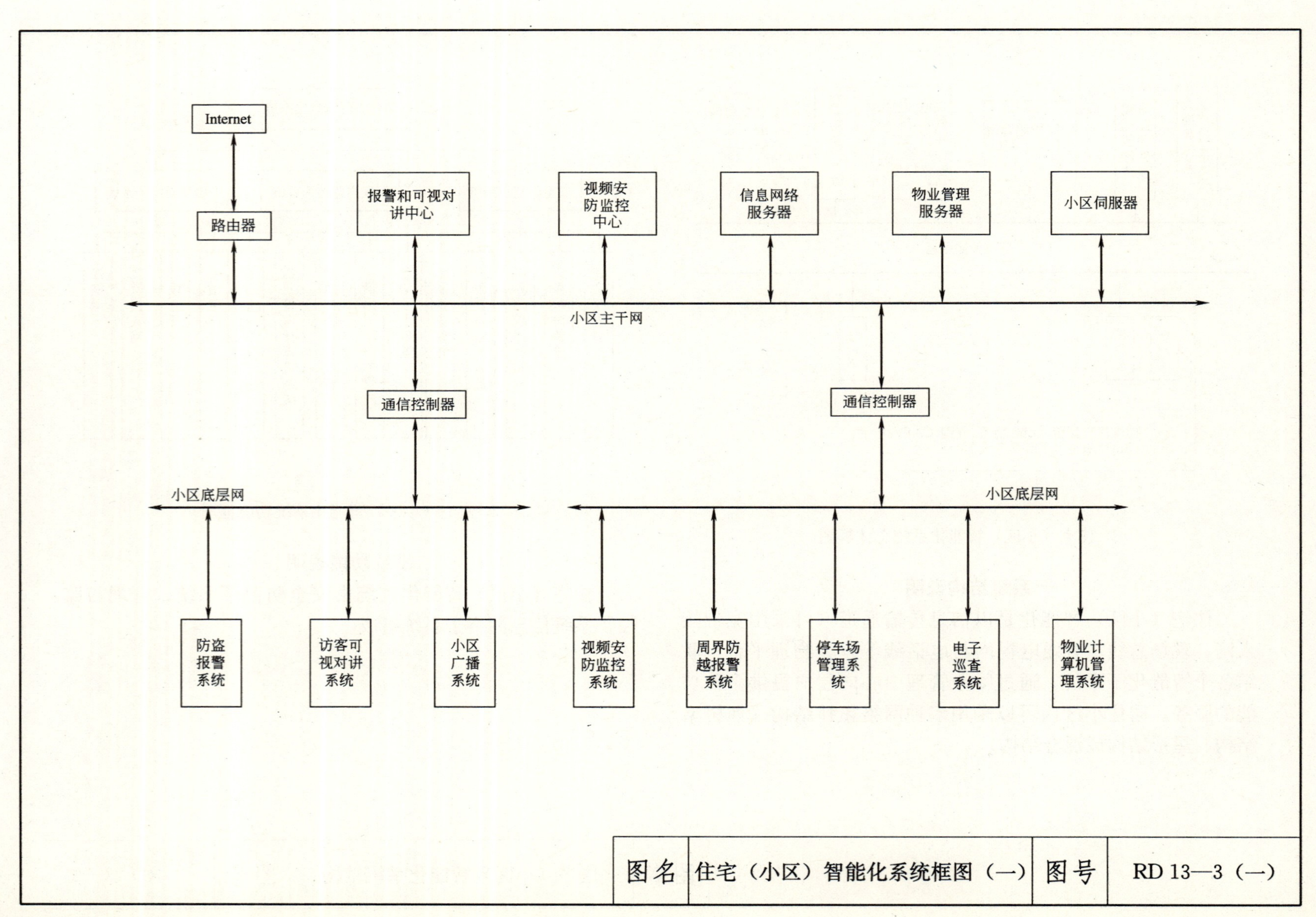

图名	住宅（小区）智能化系统框图（一）	图号	RD 13—3（一）

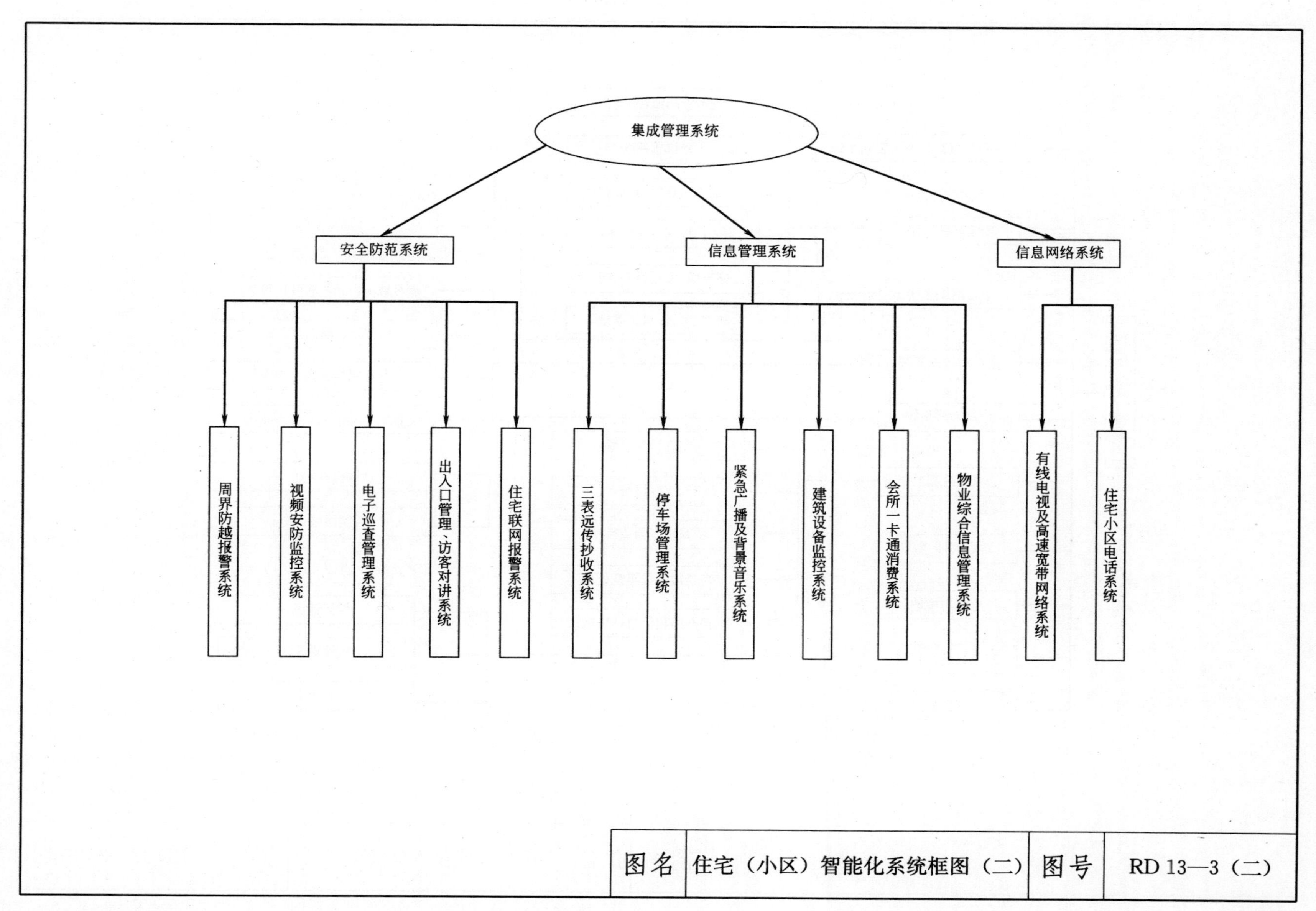
集成管理系统
安全防范系统
信息管理系统
信息网络系统
周界防越报警系统
视频安防监控系统
电子巡查管理系统
出入口管理、访客对讲系统
住宅联网报警系统
三表远传抄收系统
停车场管理系统
紧急广播及背景音乐系统
建筑设备监控系统
会所一卡通消费系统
物业综合信息管理系统
有线电视及高速宽带网络系统
住宅小区电话系统
图名
住宅（小区）智能化系统框图（二）
图号
RD 13—3（二）

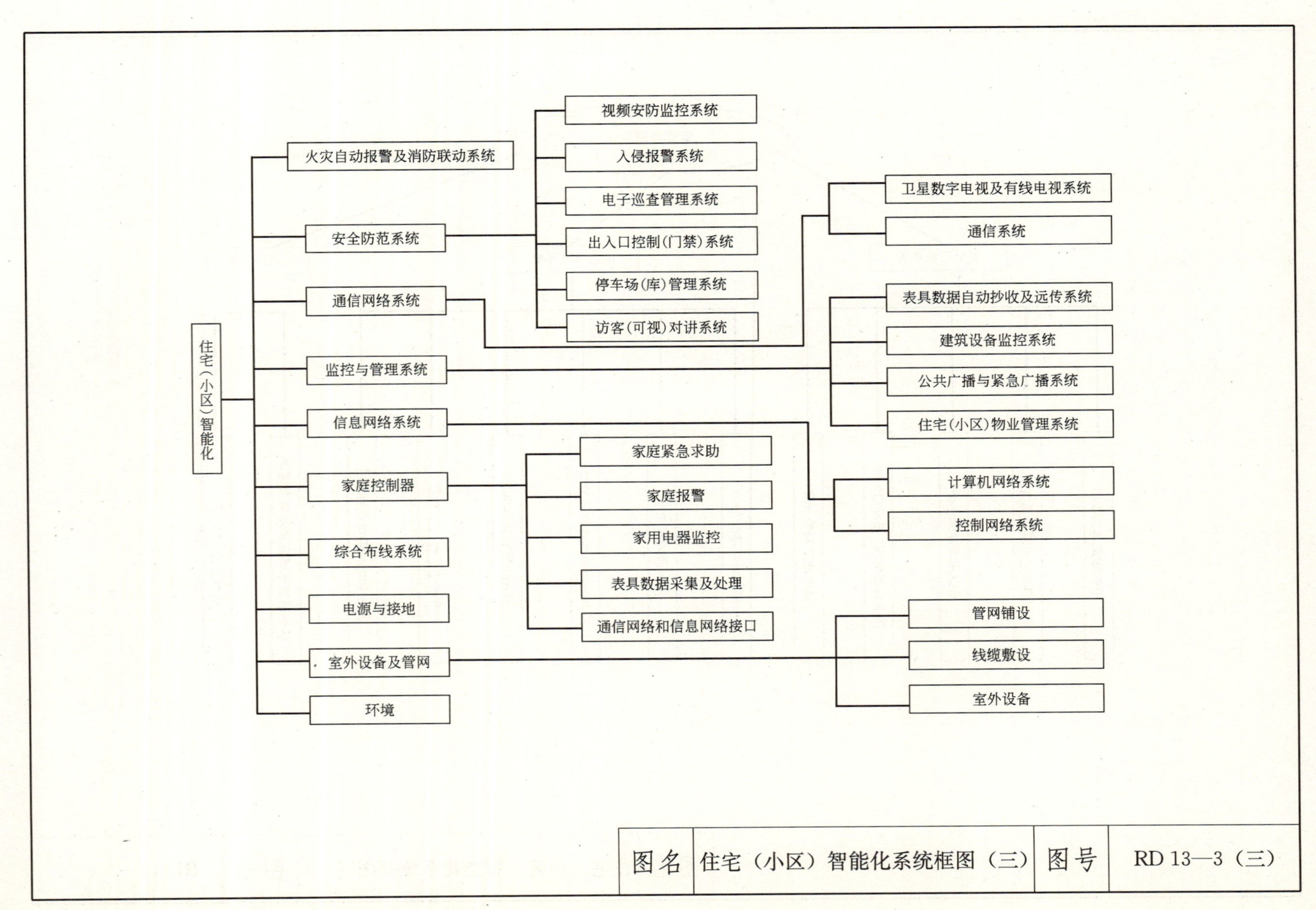

图名	住宅（小区）智能化系统框图（三）	图号	RD 13—3（三）

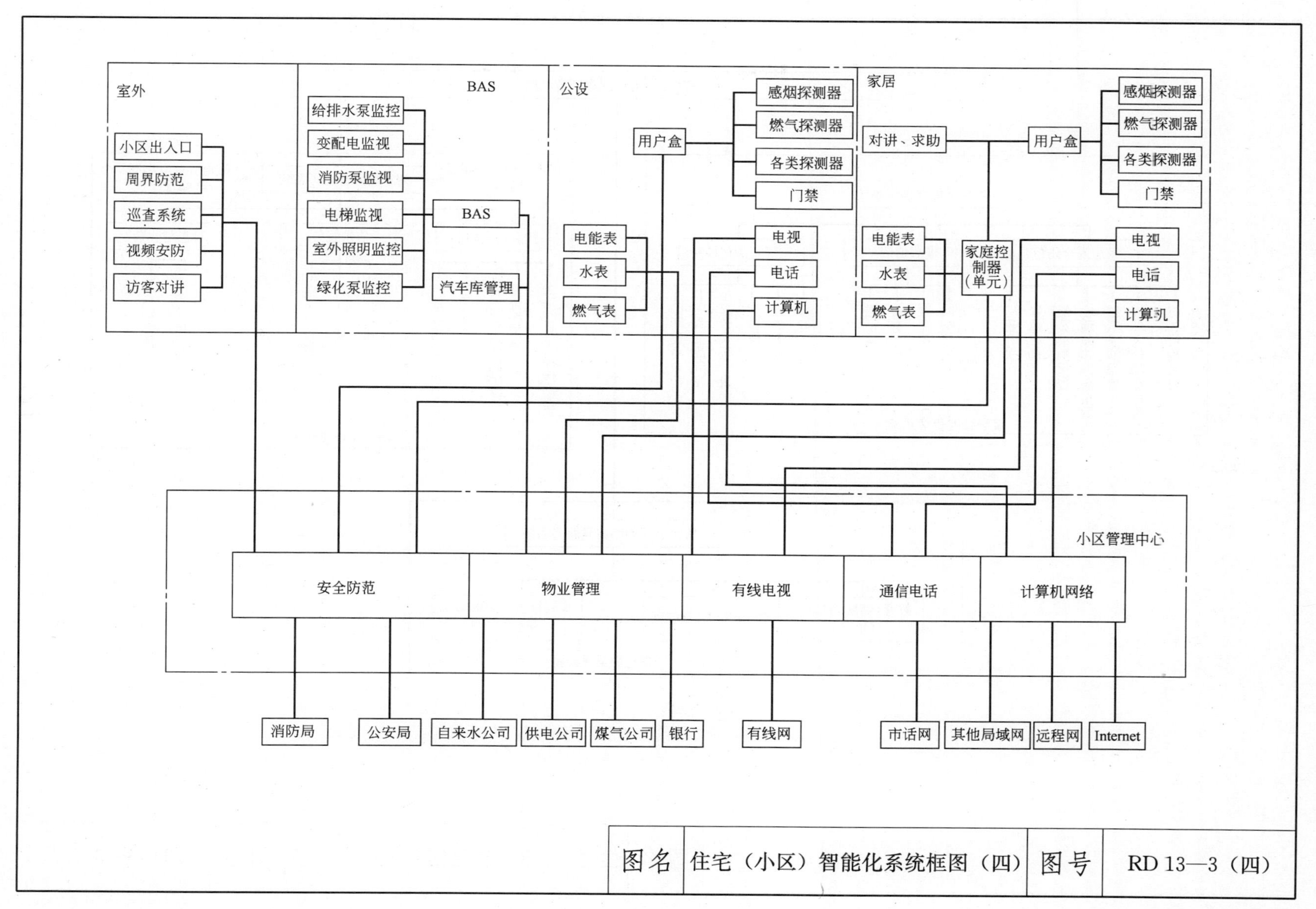

图名	住宅（小区）智能化系统框图（四）	图号	RD 13—3（四）

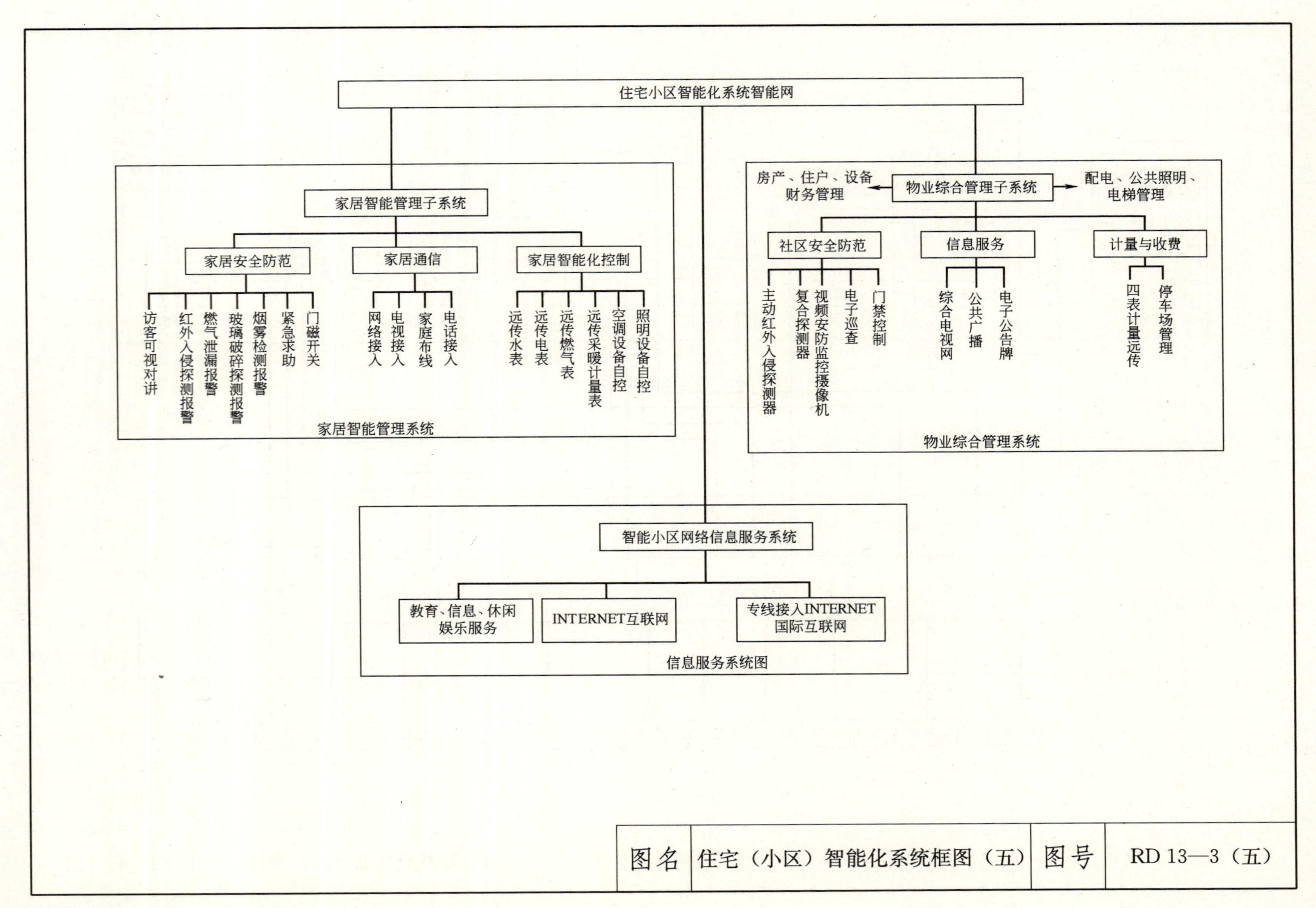
住宅小区智能化系统智能网
家居智能管理子系统
家居安全防范
家居通信
家居智能化控制
访客可视对讲
红外入侵探测报警
燃气泄漏报警
玻璃破碎探测报警
烟雾检测报警
紧急求助
门磁开关
网络接入
电视接入
家庭布线
电话接入
远传水表
远传电表
远传燃气表
远传采暖计量表
空调设备自控
照明设备自控
家居智能管理系统
房产、住户、设备财务管理
物业综合管理子系统
配电、公共照明、电梯管理
社区安全防范
信息服务
计量与收费
主动红外入侵探测器
复合探测器
视频安防监控摄像机
电子巡查
门禁控制
综合电视网
公共广播
电子公告牌
四表计量远传
停车场管理
物业综合管理系统
智能小区网络信息服务系统
教育、信息、休闲娱乐服务
INTERNET互联网
专线接入INTERNET国际互联网
信息服务系统图
图名
住宅（小区）智能化系统框图（五）
图号
RD 13—3（五）

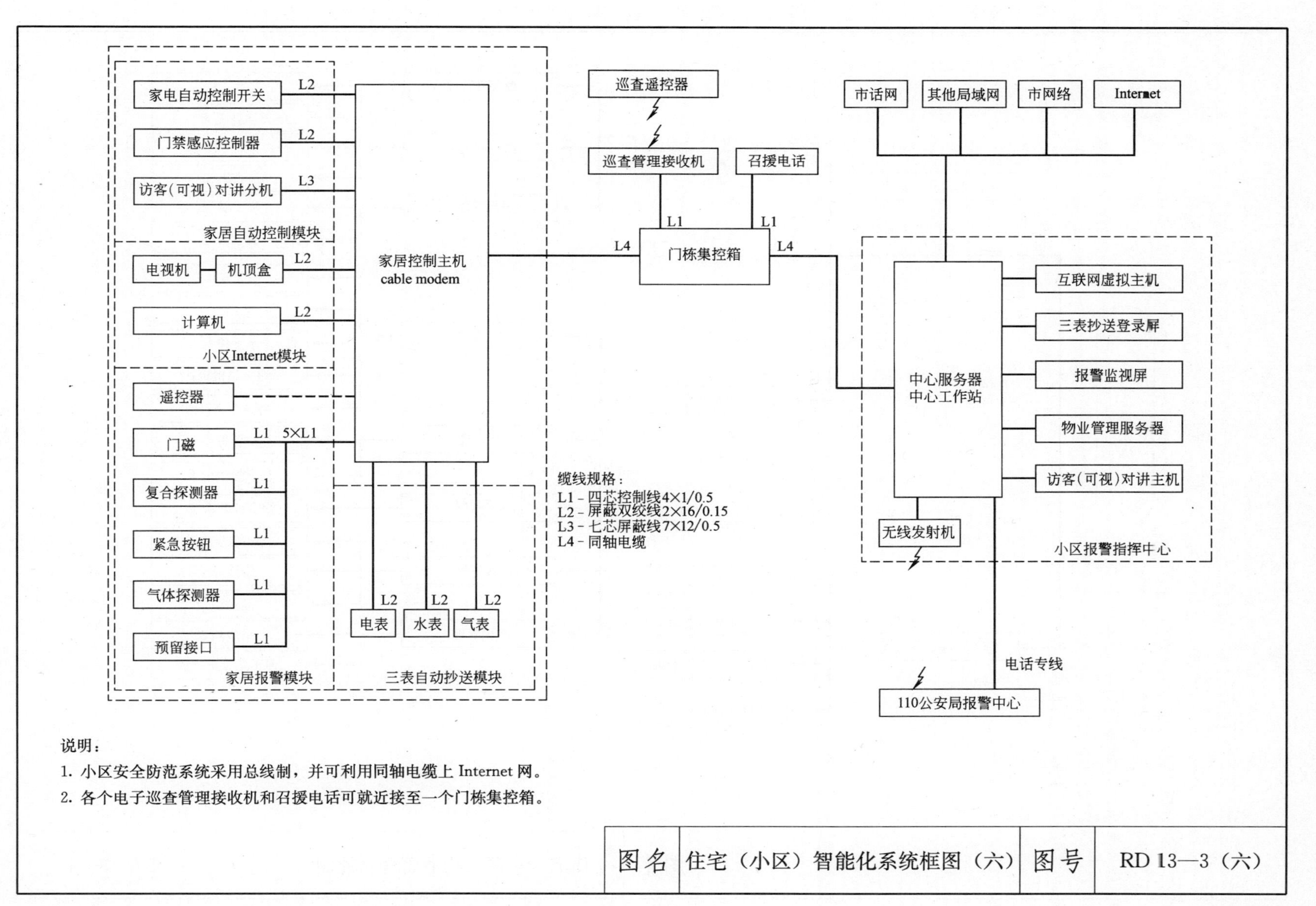

说明：

1. 小区安全防范系统采用总线制，并可利用同轴电缆上 Internet 网。
2. 各个电子巡查管理接收机和召援电话可就近接至一个门栋集控箱。

图名	住宅（小区）智能化系统框图（六）	图号	RD 13—3（六）

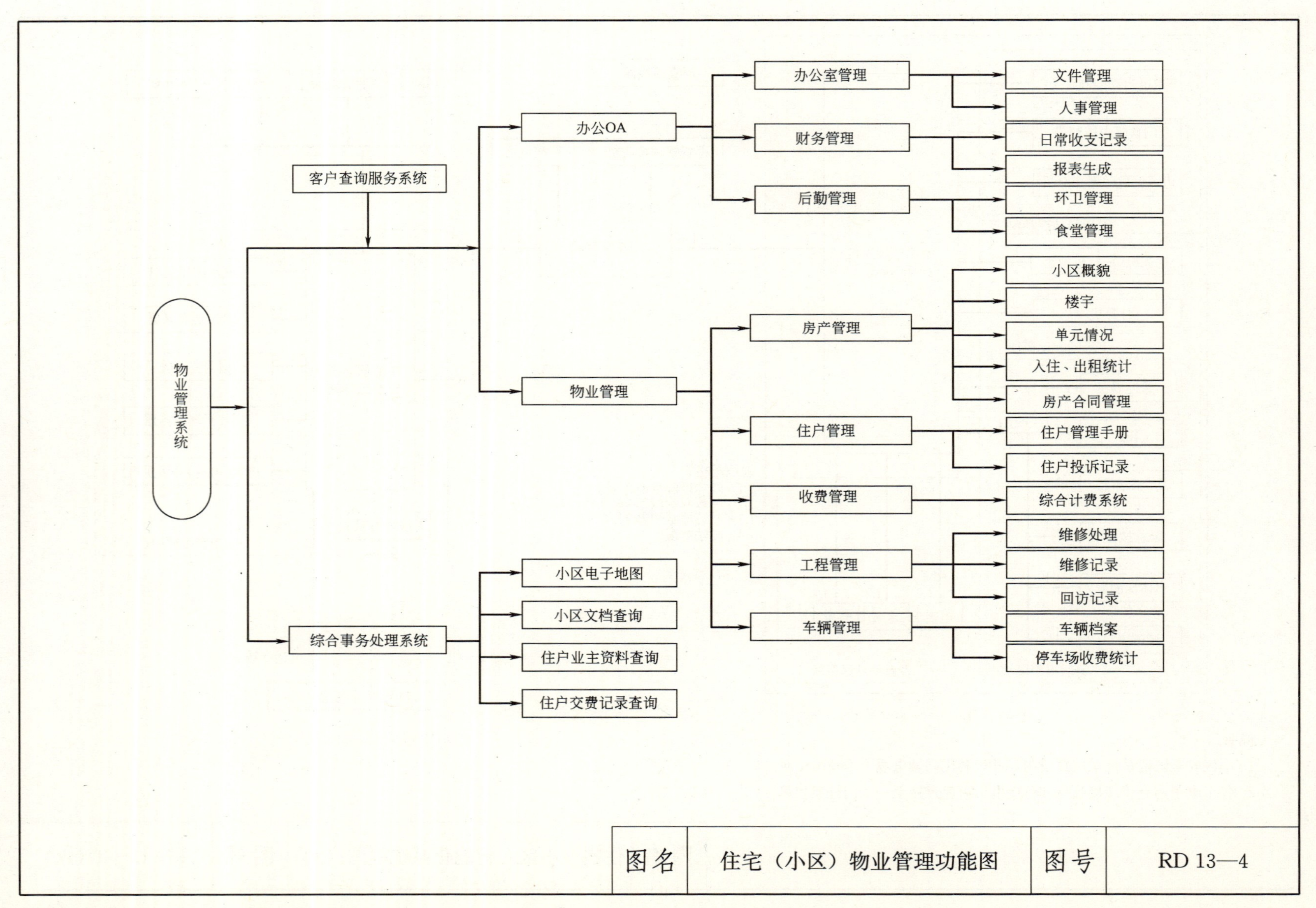

图名	住宅（小区）物业管理功能图	图号	RD 13—4

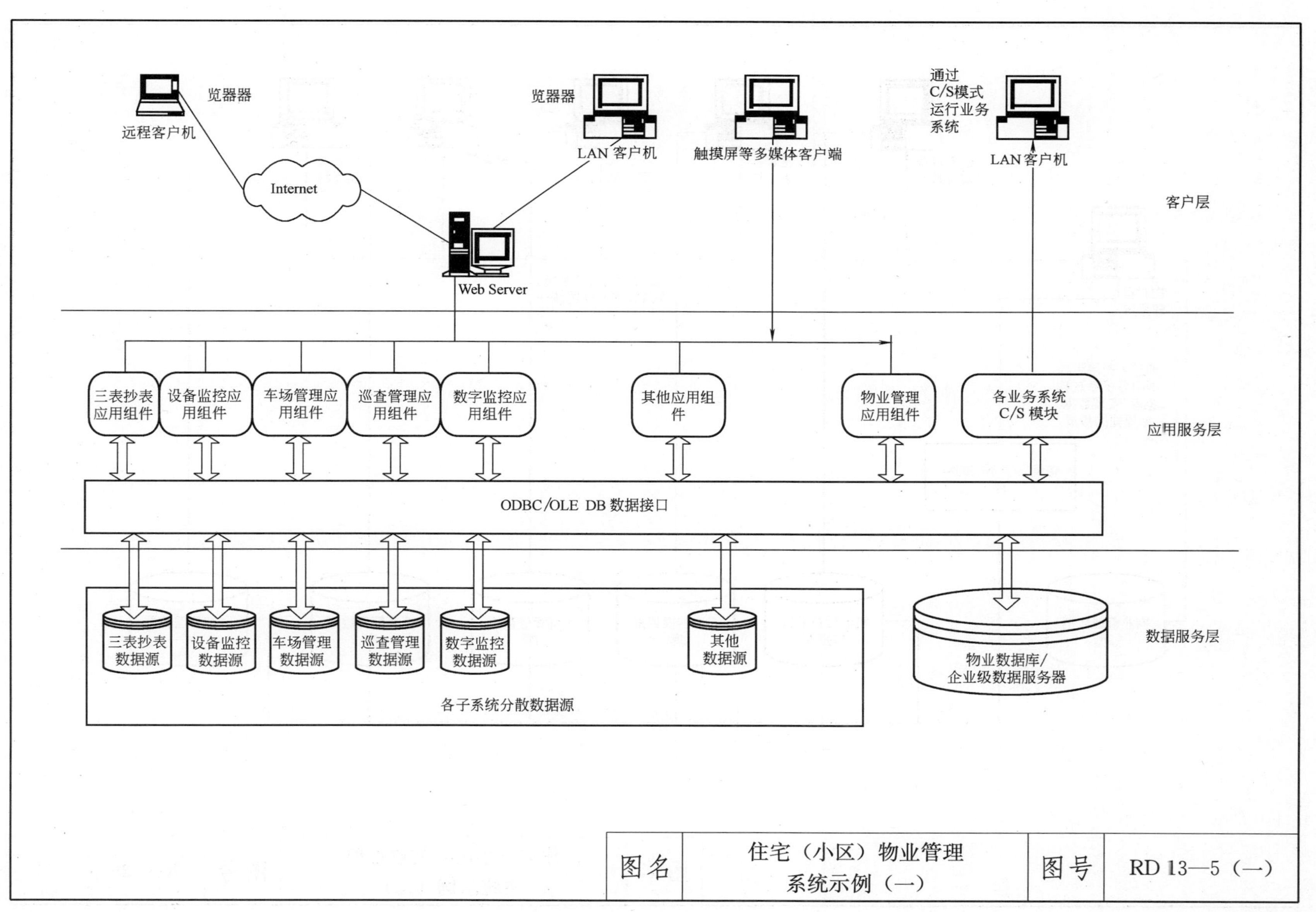

图名	住宅（小区）物业管理系统示例（一）	图号	RD 13—5（一）

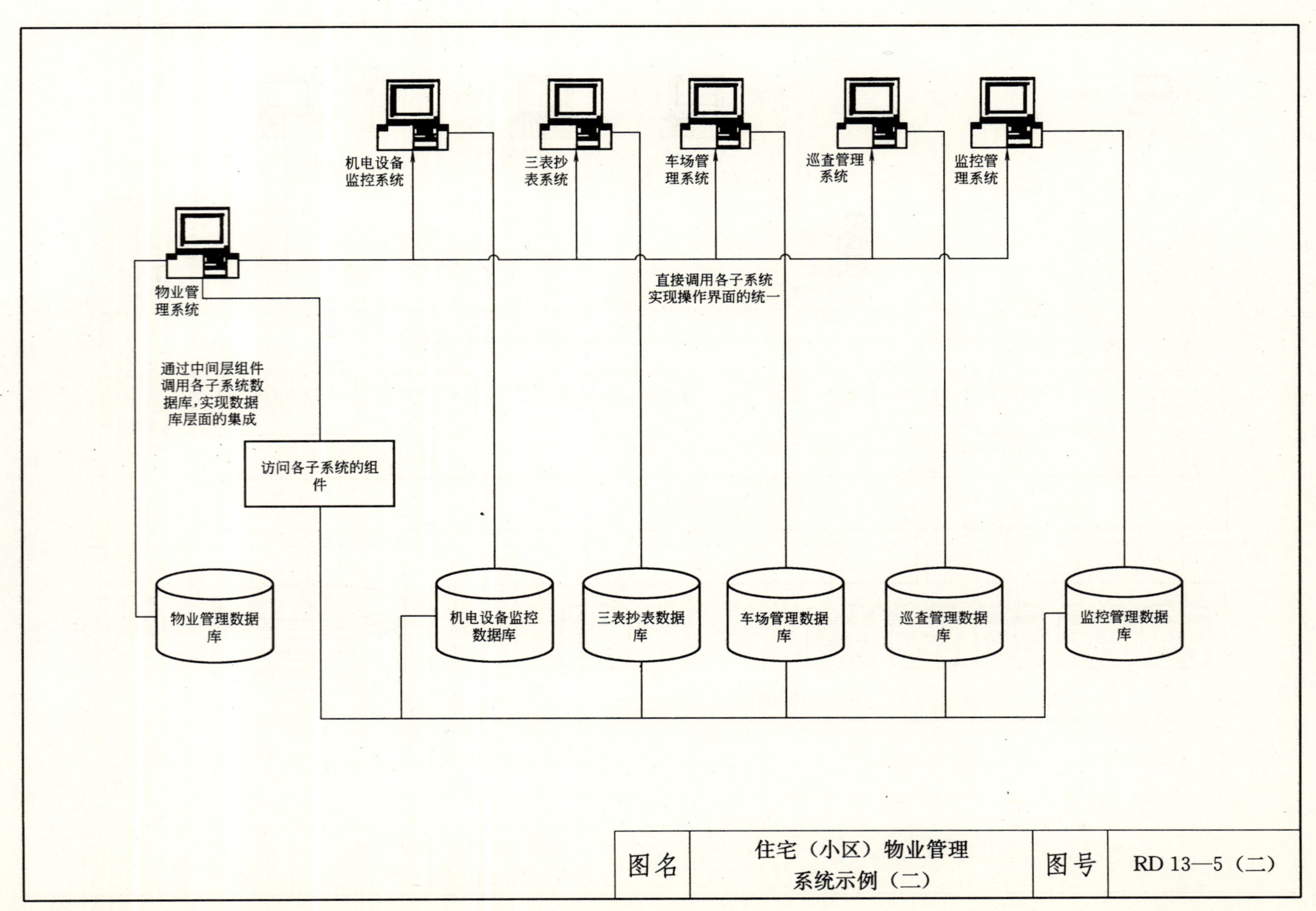

图名	住宅（小区）物业管理 系统示例（二）	图号	RD 13—5（二）

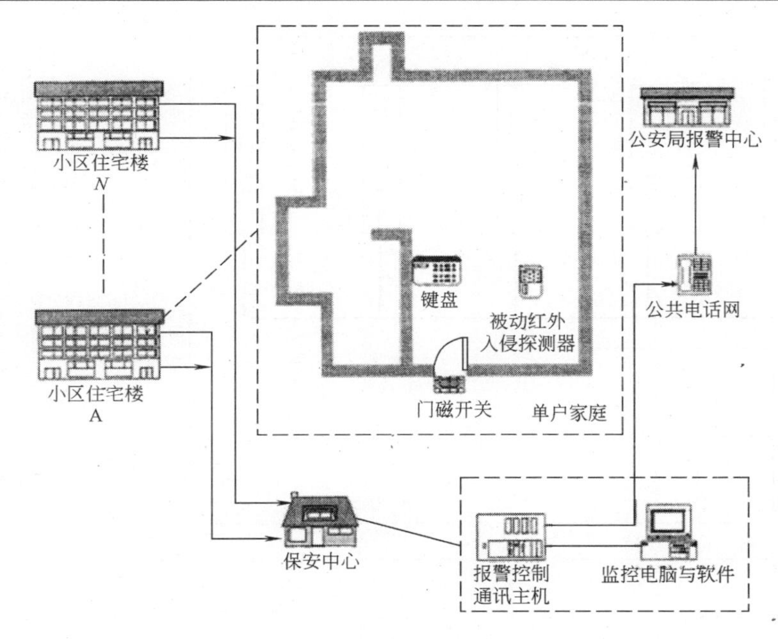

小区防盗报警系统图

系　统　说　明

以往靠小区保安以人防为主的防范措施已经满足不了人们的要求。利用安全防范技术进行安全防范管理，对犯罪分子有威慑作用。如小区的安防系统中门窗的开关报警器能及时发现犯罪分子的作案时间和地点，使其不敢轻易动手。

小区的保安监控系统可分为小区防盗报警系统、小区视频安防监控系统。

小区防盗报警系统：

该系统是将家庭防盗与可视（非可视）对讲组合而成的，一般分为单户型和多户型。包括对讲主机、分机和报警探测器，主机一般安装在每个单元门上，分机安装在住户内，分机上带有报警界面，可与报警探测器连接，报警探测器一般可用红外入侵探测器、门磁开关、感烟探测器、煤气泄露探测器等。

当访客按下住户相应的房间号时，被访住户即可从室内对讲分机的监视器上看到访客的面貌，同时还可拿起话筒与来访者通话，若按下开锁按钮，即可打开大门口的电控锁开门。

住户外出时，在室内用磁卡、遥控器、IC卡或非接触卡对主机进行操作，使室内分机所连接的门磁开关、红外入侵探测器处于布防状态。当有罪犯入侵时，即可马上报警到大厦管理机或中央管理机，并在大厦管理机或中央管理机显示报警用户房号。

当住户回家时，用磁卡、遥控器、IC卡或非接触卡对主机进行开锁操作的同时，亦自动对防区撤防。住户撤防进入住宅后，若遇紧急情况时，仍可按紧急报警按钮进行报警。

大多数安装可视对讲系统的楼宇都设有保安监控中心，并安装有控制器，使住户与访客的直接沟通变成住户、保安监控中心与访客的三方沟通。在可视对讲系统中加入保安控制器，相当于增强了系统的安全防范能力，也进一步提高了物业管理部门对于住宅小区的综合治理能力。小区管理机可连接多达256栋大厦管理机，实现小区管理机呼叫任何大厦管理机及任何分机，并与之通话的功能。同时任何分机均可报警至小区管理机，小区管理机可显示报警分机的楼栋数及房号，使用非常方便。

图名	住宅（小区）安全防范系统示例	图号	RD 13—6

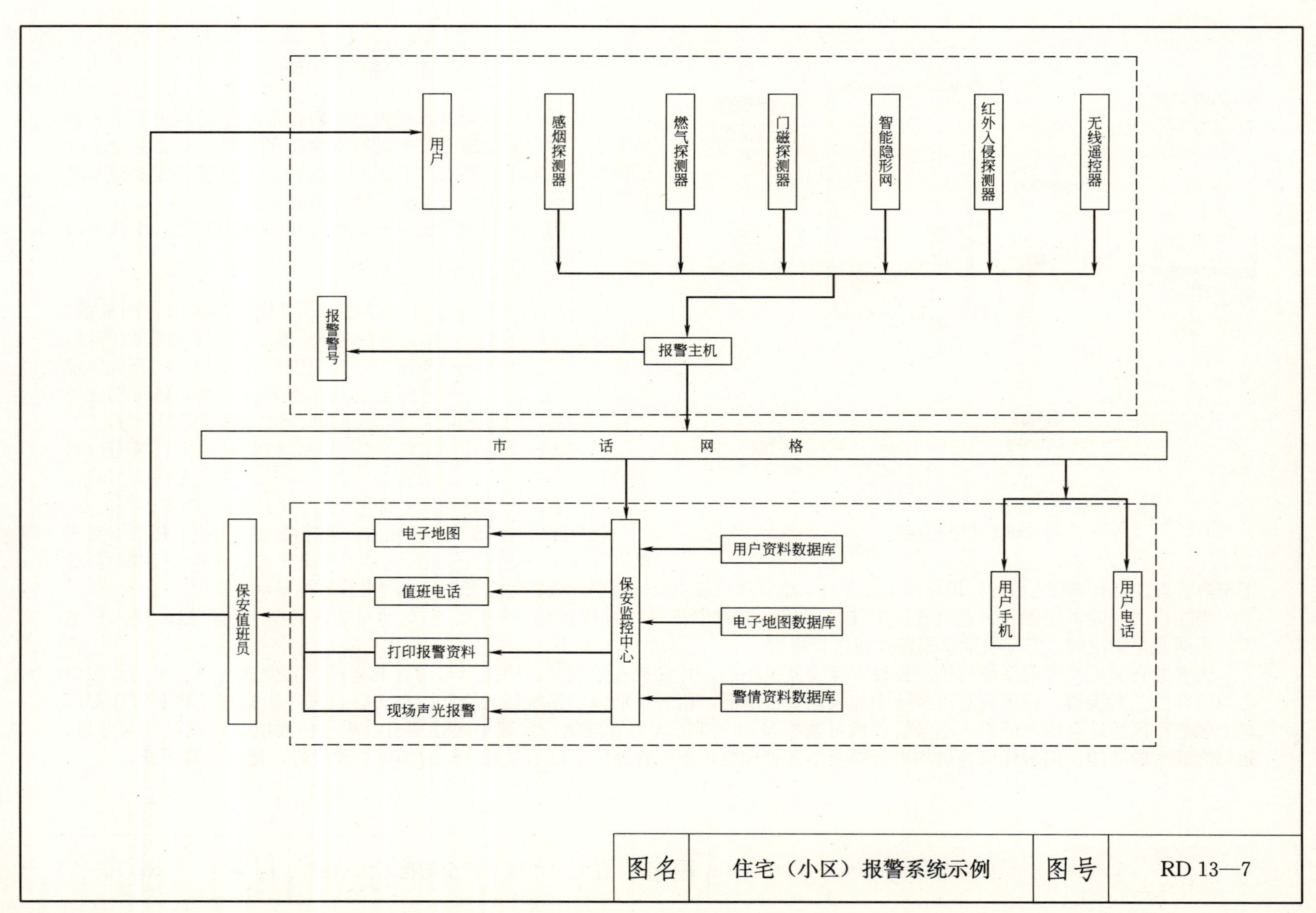
用户
感烟探测器
燃气探测器
门磁探测器
智能隐形网
红外入侵探测器
无线遥控器
报警警号
报警主机
市话网格
电子地图
值班电话
打印报警资料
现场声光报警
保安值班员
保安监控中心
用户资料数据库
电子地图数据库
警情资料数据库
用户手机
用户电话
图名
住宅（小区）报警系统示例
图号
RD 13—7

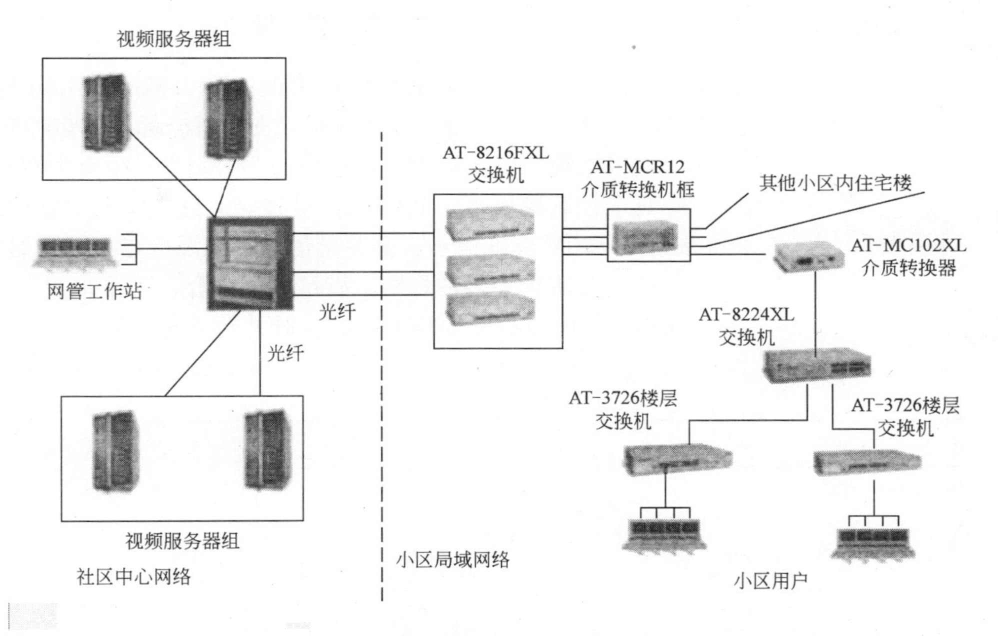

智能化社区光纤网络系统示意图

系 统 说 明

家用电脑的发展和 Internet 的发展为智能化小区奠定了技术基础和用户基础。传统的 Internet 是窄带的网络，只能具备文字和图片的浏览功能，称不上是多媒体的网络。宽带智能社区是宽带性质的智能住宅群系统，不仅能够提供图片和文字等窄带网络支持的功能，而且支持多媒体视频、声频点播、网络会议等宽带应用。

宽带智能社区就是具有以宽带网络为基础的宽带信息服务特性的居民社区。宽带智能社区是网上社区和现实社区的有机集成。社区的宽带信息化系统能够实时提供与百姓生活、工作密切相关的生活信息及商家信息等功能。

智能化工程各系统要体现当今时代潮流，设计合理，具有既可单独操作控制，又能整体管理的功能，安装维护方便，安全可靠建立小区的物业管理信息子系统。使小区物业管理部门能够提供高效的服务和实现较低的运营成本，为小区住户提供方便快捷的信息服务。

建立小区的计算机数据网络，满足了小区住户的信息服务要求。建立小区的安全防范系统，方便了小区的封闭管理，为住户提供一个安全、舒适的生活环境。建立小区的物业管理智能化系统，实现了小区物业管理的自动化。

图名	住宅（小区）光纤网络系统示例	图号	RD 13—8

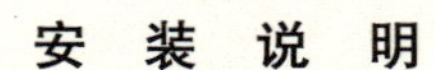

安 装 说 明

1. 控制设备采用建设部在城市建设中大力推广的 Lon Works 标准产品，为开放性系统，经济适用。支持符合标准的多种产品。

2. 通信电缆为屏蔽双绞线，速率为 78kbit/s，距离 1400m。

3. 每个控制模块含 3 个 CPU，可独立运行，模拟量信号：4～20mA 和 0～10V 标准信号。开关量信号：无源接点和继电器。

4. 控制模块具备多种规格，满足各种场合，主要有：

16DI；32DI；16DO；32DO；16CI（脉冲输入）；8AI；16AI；32AI；2AO；4AO；4AI+4AO；16DI+16DO；4DI+4DO+4AI+2AO 等。

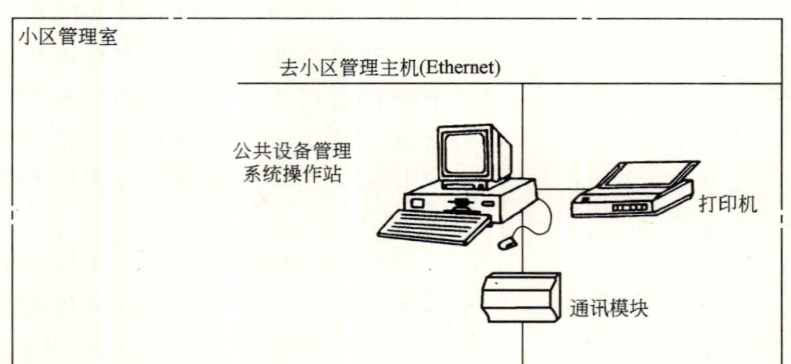

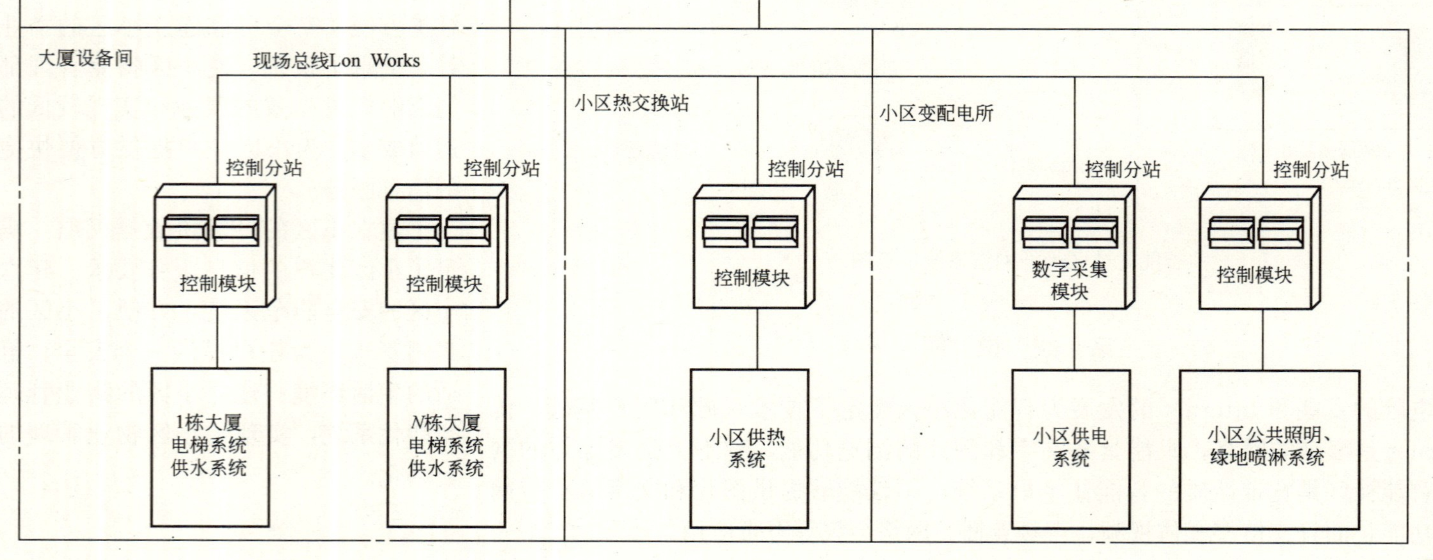

图名	住宅（小区）公共设备 管理系统示例	图号	RD 13—9

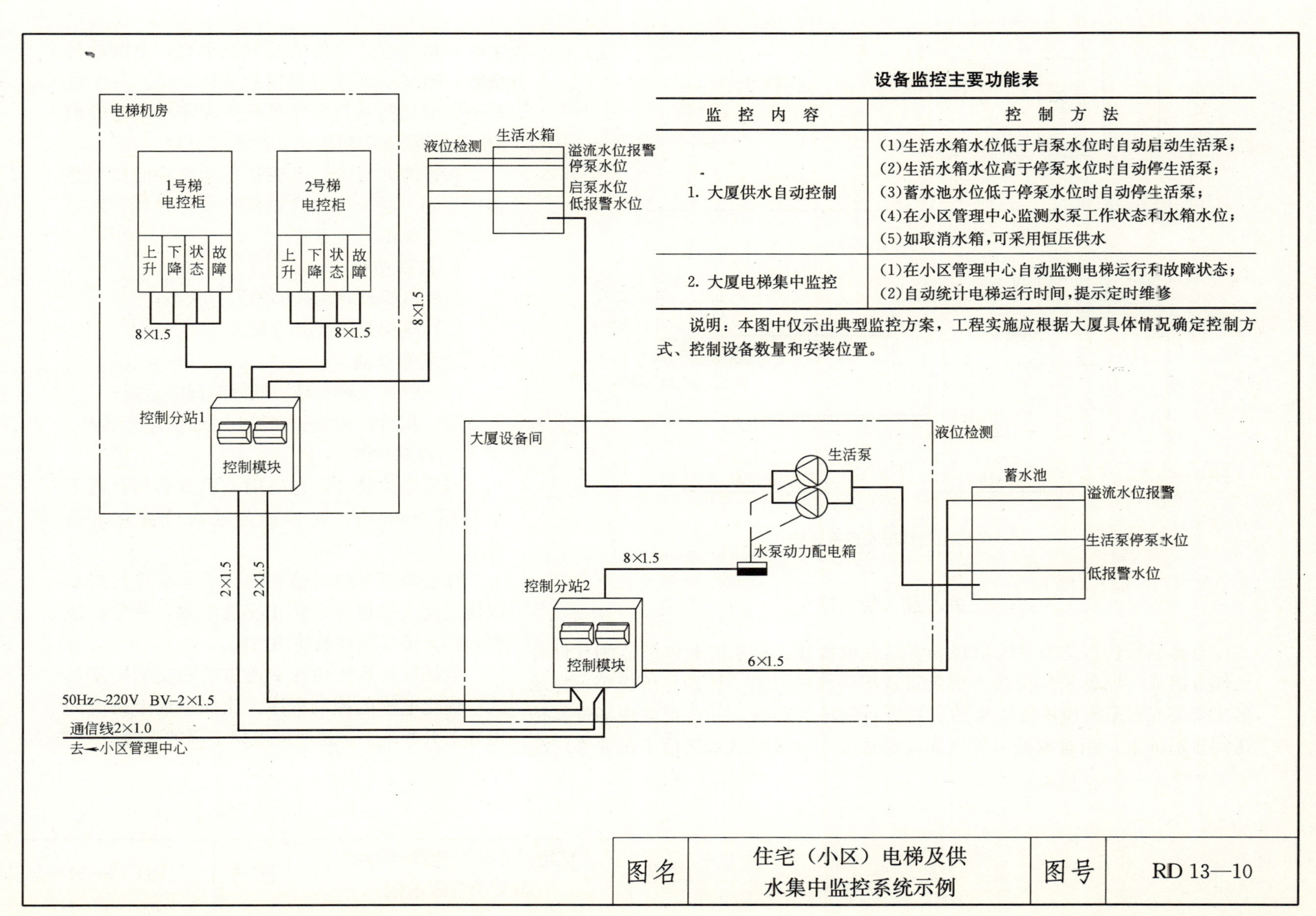

设备监控主要功能表

监 控 内 容	控 制 方 法
1. 大厦供水自动控制	(1)生活水箱水位低于启泵水位时自动启动生活泵； (2)生活水箱水位高于停泵水位时自动停生活泵； (3)蓄水池水位低于停泵水位时自动停生活泵； (4)在小区管理中心监测水泵工作状态和水箱水位； (5)如取消水箱，可采用恒压供水
2. 大厦电梯集中监控	(1)在小区管理中心自动监测电梯运行和故障状态； (2)自动统计电梯运行时间，提示定时维修

说明：本图中仅示出典型监控方案，工程实施应根据大厦具体情况确定控制方式、控制设备数量和安装位置。

图名	住宅（小区）电梯及供水集中监控系统示例	图号	RD 13—10

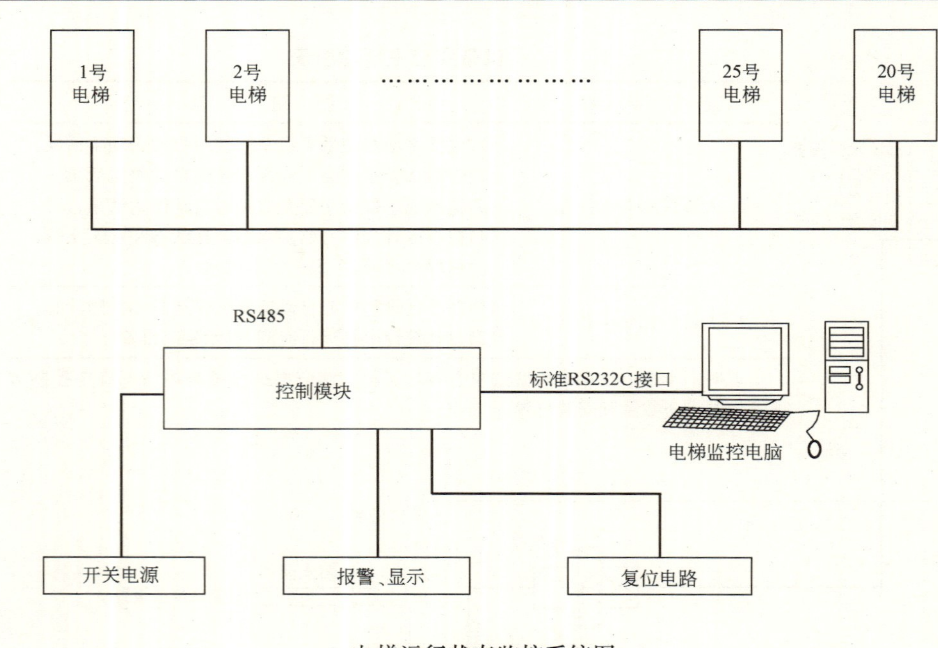

电梯运行状态监控系统图

安 装 说 明

电梯运行状态监控系统由现场资料获取模块、显示屏和电脑监测软件等三部分组成。现场采集模块主要负责现场资料的收集、整理、传送等；显示幕主要完成对采集模块传送来的资料进行简单的分析，并负责把现场资料传送到显示屏上，当有意外事件（如电梯故障、乘客呼救和通信不正常等）发生时，指示意外事件的位置及类型；电脑软件负责对现场资料进行全面的分析，显示每个电梯的详细运行状况，当有电梯故障或乘客呼救时，电脑语音提示值班人员及时处理。

在智能大厦内，电梯和自动扶梯的作用是很重要的。对于智能建筑楼控系统来说，对电梯的管理显得尤为重要。

1. 监视功能

（1）电梯及自动扶梯的运行状态；

（2）电梯紧急情况时报警。

2. 管理功能

（1）管理电梯在高、低峰时间的运行；

（2）积累电梯的运行时间，以此来进行维护。

3. 控制功能

当发生火警时，在备用电源自动切换投入运行后 5min 内，将客梯分几次全部降落到首层。

综合控制电脑对楼宇的交通运输进行规划以便优化大楼服务，防止交通阻塞，并节约能源，扩大楼宇的有效使用空间。

电梯控制系统预测交通需求和交通阻塞形式，优化电梯的控制程序，比如早晨上班时间电梯上升和晚上下班时间电梯下降的高峰。

图名	住宅（小区）电梯运行状态监控系统示例	图号	RD 13—11

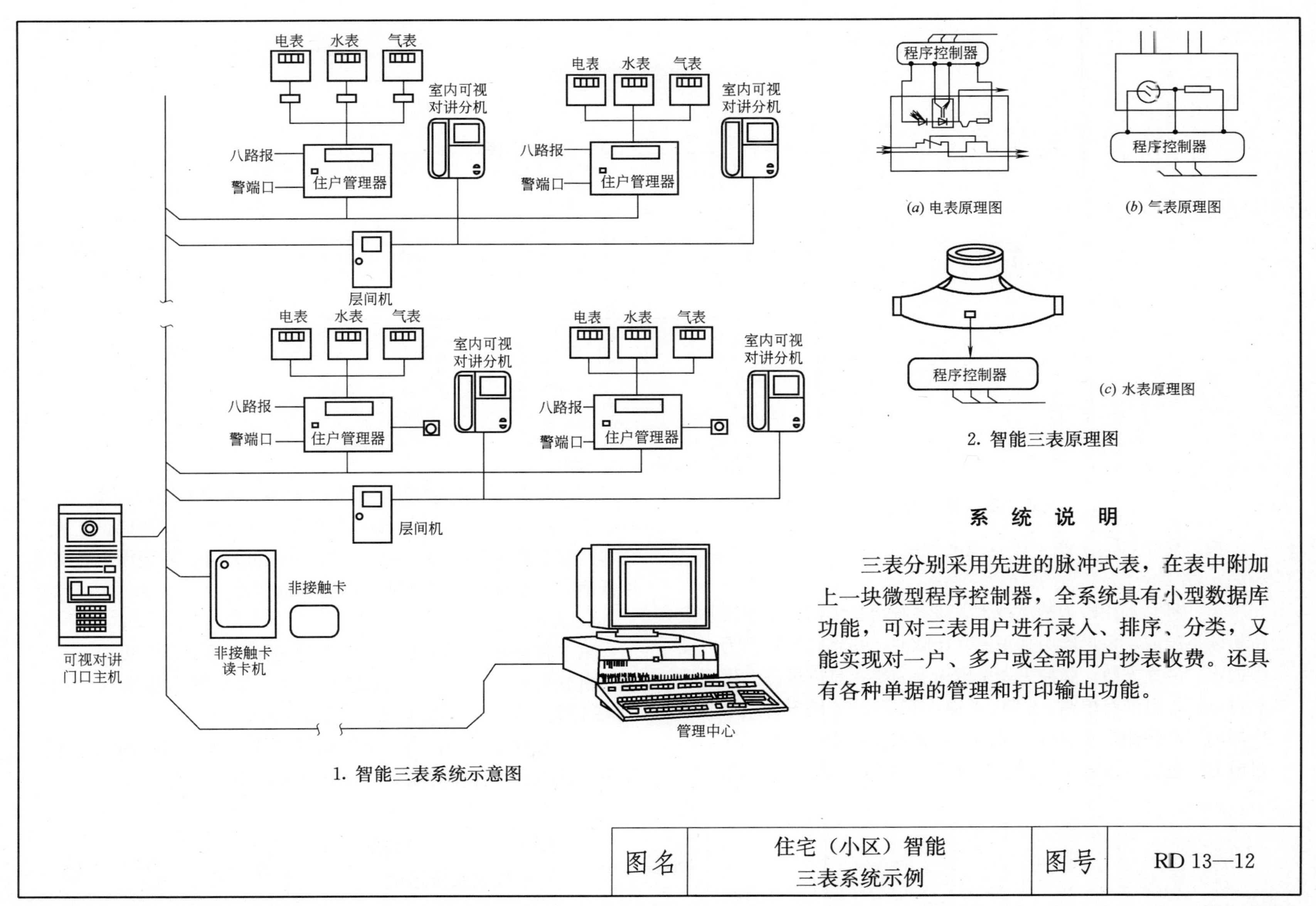

1. 智能三表系统示意图

2. 智能三表原理图

系统说明

三表分别采用先进的脉冲式表，在表中附加上一块微型程序控制器，全系统具有小型数据库功能，可对三表用户进行录入、排序、分类，又能实现对一户、多户或全部用户抄表收费。还具有各种单据的管理和打印输出功能。

图名	住宅（小区）智能 三表系统示例	图号	RD 13—12

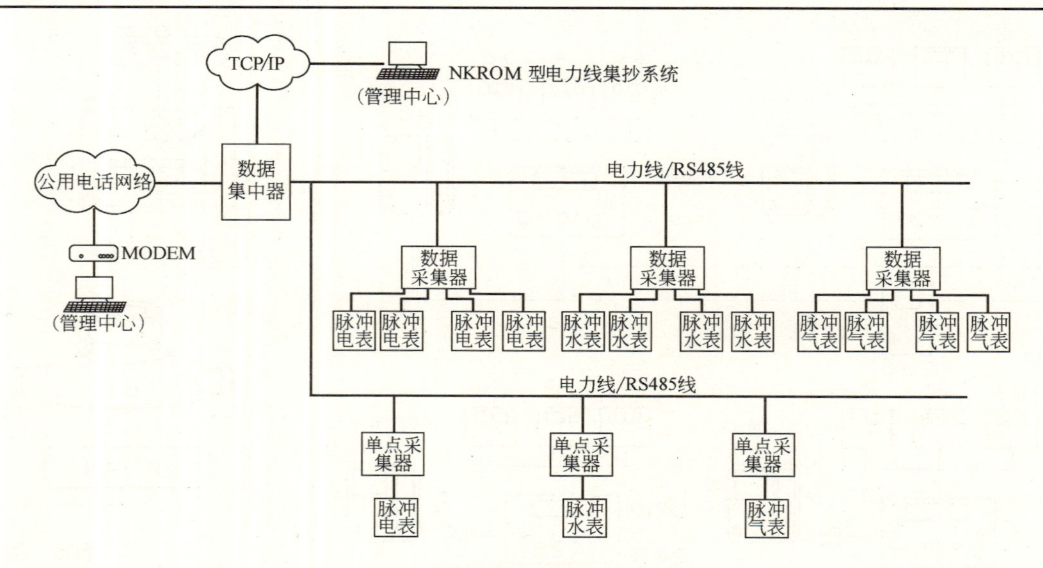

远端集中抄表系统原理图

安 装 说 明

远端集中抄表系统主要有两种方式：

1. 方式一

第一种是运用电力载波技术，该系统由采集器、集中器和上位机软件组成，采集器用来采集表计脉冲，并将脉冲转换为电度数或水、汽立方数，脉冲丢失率理论上为零，具有极高的稳定性和可靠性，目前有单路、2路、8路、16路、24路多种产品。集中器内置高性能单片电脑、时钟晶片和大容量非易失记忆体，通过电力线定时抄录各采集器中的资料，并储存供上位机随时抄录。上位机主要负责与集中器通信并对抄录的资料进行管理。同时考虑用户分散的情况下，专门提供单点采集器，可以降低工程成本。整个系统采用先进的扩频技术，性能良好，安装简单，费用低廉，是智能社区、智能大厦的首选产品。

2. 方式二

第二种是基于485方式，该系统也是由采集器、集中器和上位机软件组成，与电力载波不同的是采集器与集中器均由RS485线连接，安装布线相对来说要复杂一点。

在实际的工程中，用户可以根据具体情况选用不同的汇流排方式或混合汇流排方式，以达到良好使用的效果。

图名	住宅（小区）远端集中抄表系统示例	图号	RD 13—13

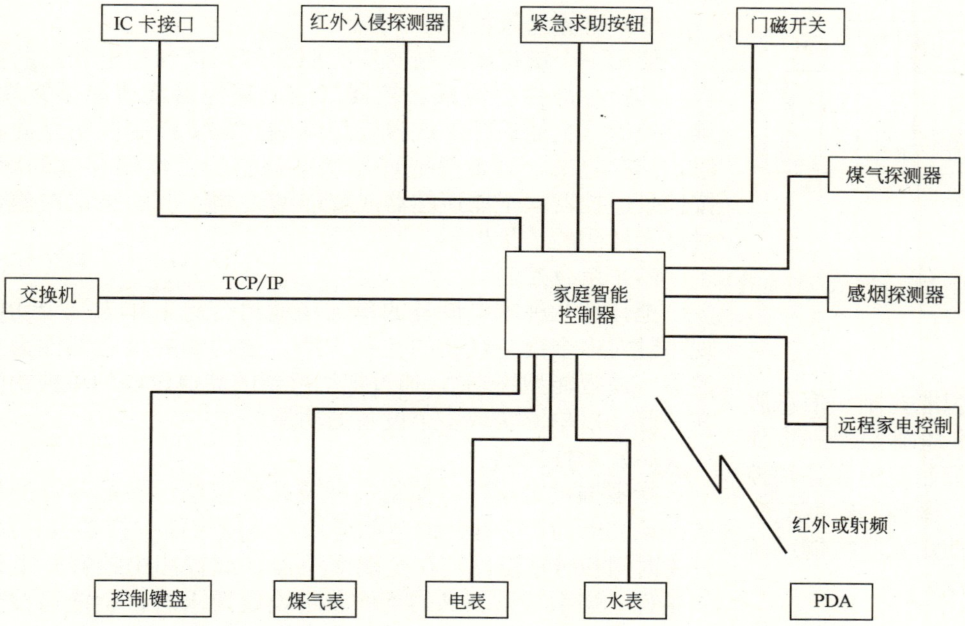

家庭智能化系统集成图

系统说明

很多已建或新建社区家庭中已安装了三表远传系统、可视对讲系统、防盗报警系统等，这些系统无疑提高了居室的安全及舒适程度。但也存在一些问题，由于系统繁多，给使用和维护带来很大麻烦，并且室外布线的数量很多，安装成本及设备成本较高，对于住户是不小的经济负担。

现在在智能社区解决方案中，采用了在每户设置“家庭智能控制器”的方式，实现了住户的家庭智能化管理。

系统的核心设备是家庭控制器，它可以处理各种探测器的信号，做出相应的处理，并具有联网能力。住户内安装的探测器有门磁开关、红外探测器、煤气泄漏探测器、感烟探测器及其他安全探测器。家庭控制器通过网路联接到社区管理中心，实现社区管理中心对每一住户的安全监控。

图名	住宅（小区）家居智能化系统示例（一）	图号	RD 13—14（一）

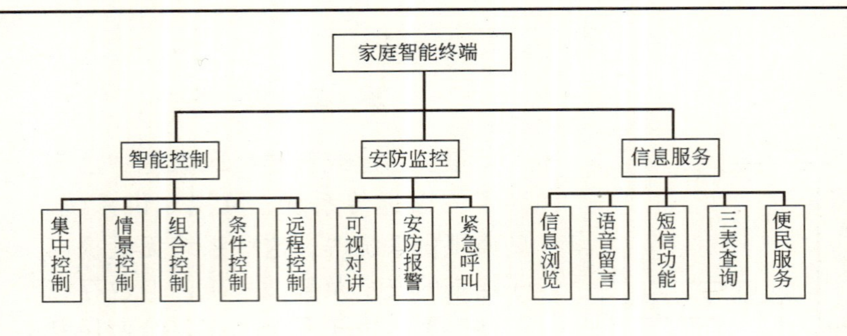

家庭智能型终端功能示意图

系 统 说 明

1. 功能概述

一般的家庭智能型终端提供三大功能：智能控制、信息服务和家庭安防监控。智能控制在无线控制的基础上进一步加强，除了包含无线遥控系统的功能并扩大其控制范围和各种控制方式的容量外，还添加远程控制功能；信息服务和家庭安防监控是家庭智能系统新增加的功能，当单独使用家庭智能系统时，这两个功能的应用会受到一定程度的限制。

2. 智能控制功能

智能控制实现对家庭设备的轻松控制，包括下列具体功能：集中控制、灯光情景控制、组合控制、条件控制、远程控制。

（1）集中控制

把家庭中所有遥控器的功能都集中在一个控制器上，使该控制器能够控制家中所有遥控设备的控制方法。该功能的核心部件为全能遥控器（或智能中控器），通过对电视机、VCD机、DVD机、功放、空调、遥控照明等多种设备的控制，可以实现遥控家庭中的所有遥控设备，从而无须再使用多个遥控器控制家用电器。

（2）灯光情景控制

使用一个键把要控制的所有照明灯调整到指定状态的控制过程。其核心部件为情景遥控器（全能遥控器或智能型终端），情景遥控器（全能遥控器或智能型终端）需要控制照明灯的状态编码，储存起来，当希望把灯光状态调整到已经储存过的状态时，按情景遥控器（全能遥控器或智能型终端）上的指定按键，实现对灯光照明的情景控制。

（3）组合控制

把任意几种家电设备的单独功能组合起来作为一个功能，实现一键对多个设备联动的控制方法。该功能的核心部件为全能遥控器（或智能型终端），通过把学习到的其他设备的单独功能组合在一起，以单键实现多个设备的功能。

（4）条件控制

指根据设定条件，控制一种或几种家电设备的动作的控制方式。该功能的核心部件为全能遥控器（或智能中控器），可设定条件为时间和居室温度，在全能遥控器（或智能中控器）上设置控制条件，当系统监测到的条件满足设定要求时，全能遥控器（或智能中控器）发出信号，控制选定设备完成设置的功能。

（5）远程控制

通过拨打家中的电话或登陆 Internet，实现对家庭的所有家用电器、灯光、电源的远程控制。该功能的核心部件为智能中控器，通过电话或 Internet，把控制信号发送到智能中控器，智能中控器控制电器完成动作。

图名	住宅（小区）家居智能化系统示例（二）	图号	RD 13—14（二）

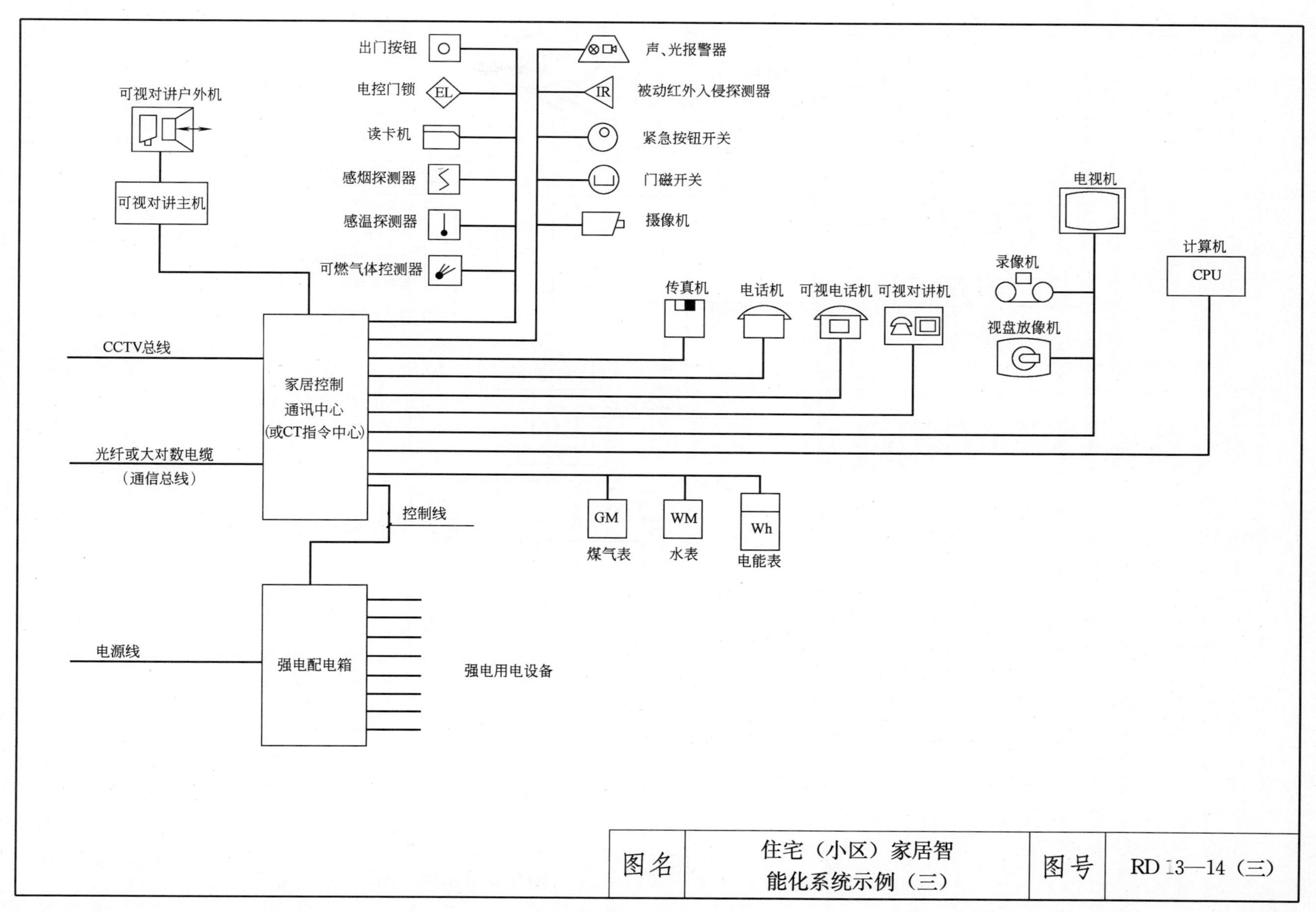

图名 住宅（小区）家居智能化系统示例（三） 图号 RD 13—14（三）

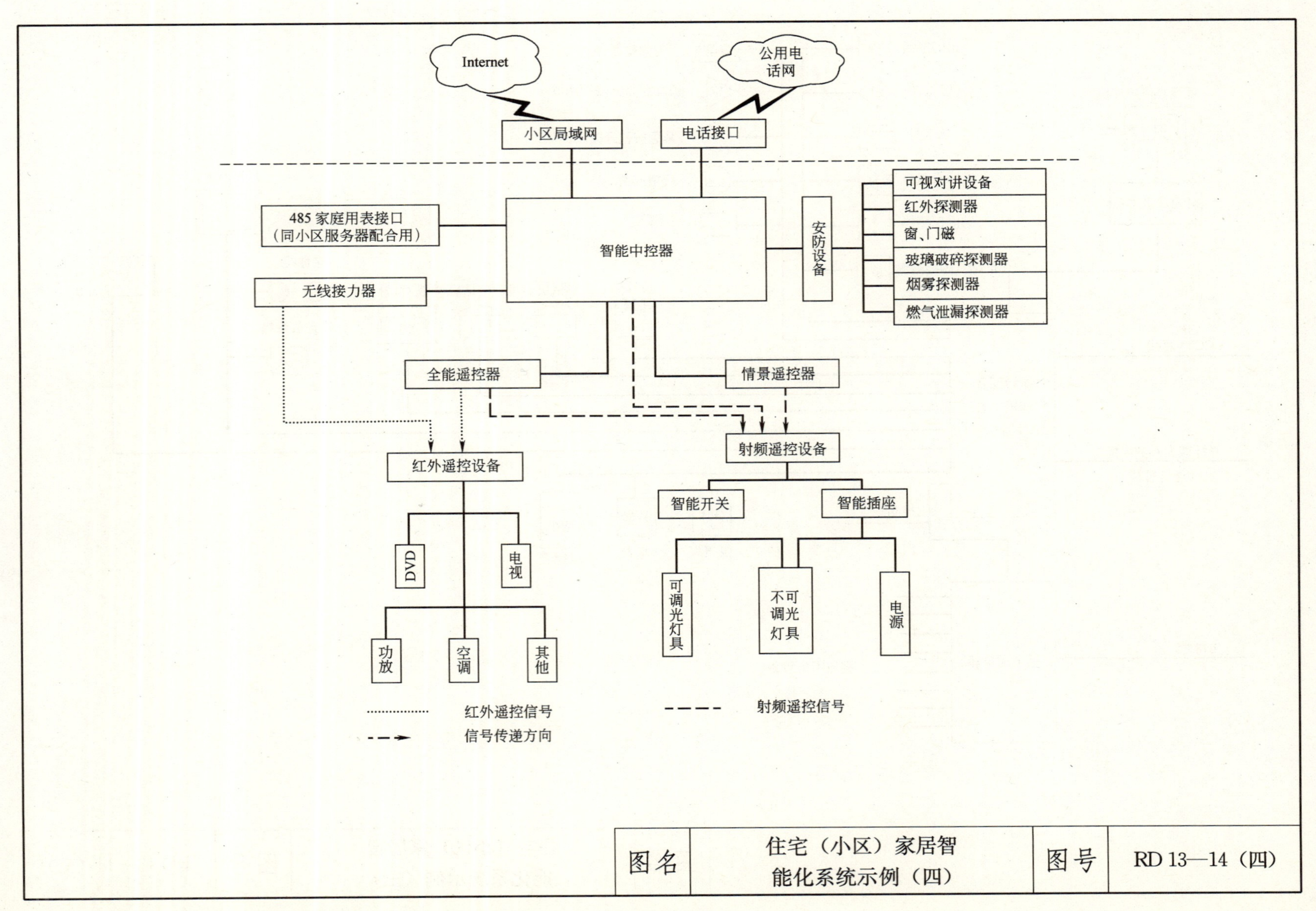

图名	住宅（小区）家居智能化系统示例（四）	图号	RD 13—14（四）

14　弱电常用图形符号

安 装 说 明

本章主要介绍了弱电系统图、控制图及平面图常用图形符号。

图形符号的编写主要依据国家标准、公安部标准、IEC 标准，图形符号的来源标注在左上角，左上角无标注内容的，为派生符号或本图集采用的符号。

图形标注说明如下：

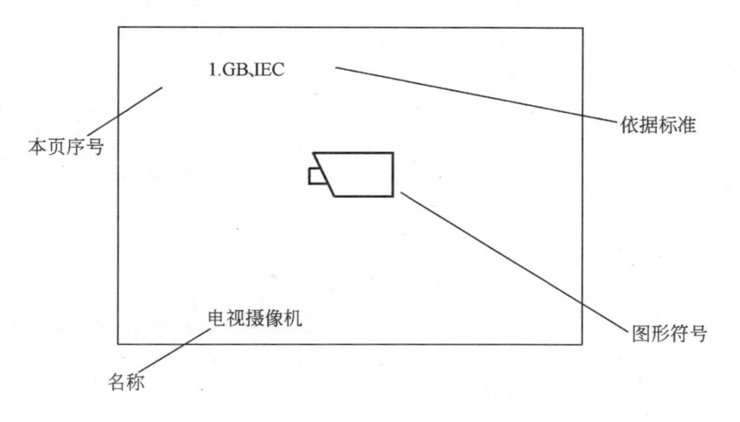

本章相关规范、标准：

1. 《建筑电气工程设计常用图形和文字符号》（00D001）。
2. 《电工术语》（GB/T 2900）。
3. 《消防文件用设备图形符号》（GB/T 4327—93）。
4. 《火灾报警设备专业术语》（GB/T 4718—1996）。
5. 《电气简图用图形符号》（GB/T 4728）。
6. 《电气设备图形符号》（GB 5465.2—1996）。
7. 《电气技术用文件的编制》（GB/T 6988）。
8. 《导体的颜色或数字标识》（GB 7947—1997）。
9. 《综合布线系统工程设计规范》（GB 50311—2007）。
10. 《综合布线系统工程验收规范》（GB 50312—2007）。
11. 《电信工程制图与图形符号》（YD/T 5015—95）。
12. 《广播电影电视工程设计图形符号和文字符号》（GY/T 5059—1997）。
13. 《安全防范系统通用图形符号》（GA/T 74—2000）。
14. 《火灾报警设备图形符号》（GAT 229—1999）。
15. 《管路系统的图形符号》（GB/T 6567.1—86）。
16. 《采暖通风与空气调节制图标准》（GBJ 114—88）。

1. GA/T IR 被动红外入侵探测器	5. GA/T P 压敏探测器	9. GA/T 门磁开关	13. GB/T、ISO 气体火灾探测器(点式)	17. EC 编址模块
2. GA/T M 微波入侵探测器	6. GA/T Rx IR Tx 主动红外入侵探测器(发射、接收分别为 Tx、Rx)	10. GA/T 压力垫开关	14. GB/T 报警按钮	18. GA/T 周界报警控制器
3. GA/T IR/M 被动红外/微波双技术探测器	7. GA/T L 埋入线电场扰动探测器	11. GB/T、ISO 感温探测器	15. GA/T 紧急脚挑开关	19. GA/T 访客对讲主机
4. GA/T B 玻璃破碎探测器	8. GA/T C 振动电缆探测器	12. GB/T、ISO 感烟探测器	16. GA/T 紧急按钮开关	20. GA/T 可视对讲机

图名	弱电常用图形符号——安全防范（一）	图号	RD 14—1（一）

1. GA/T 对讲电话分机	5. GA/T 人像识别器	9. GA/T 声、光报警器	13. GB/T 天线	17. GB/T 打印机
2. GA/T 读卡器	6. GA/T 眼纹识别器	10. GA/T 保安巡逻打卡器(或信息钮)	14. GB/T 传声器	18. 电源变压器
3. GA/T KP 键盘读卡器	7. GA/T EL 电控锁	11. GB/T 灯	15. GB/T 扬声器	19. GA/T UPS 不间断电源
4. GA/T 指纹识别器	8. M 磁力锁	12. GY/T DEC 解码器	16. GB/T KY 操作键盘	20. GB/T 电缆桥架线路

图名	弱电常用图形符号——安全防范（二）	图号	RD 14—1（二）

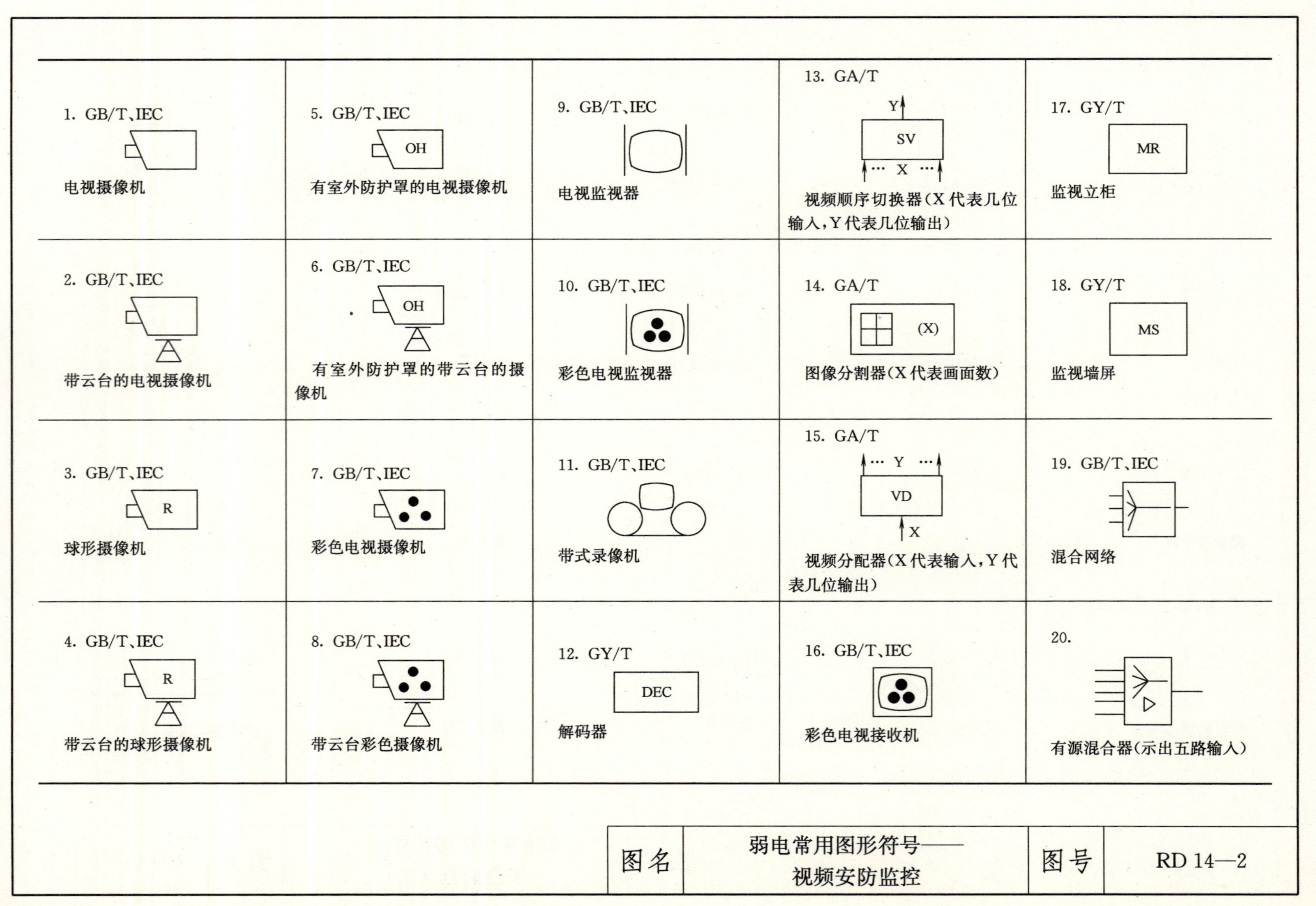
1. GB/T、IEC
电视摄像机
2. GB/T、IEC
带云台的电视摄像机
3. GB/T、IEC
R
球形摄像机
4. GB/T、IEC
R
带云台的球形摄像机
5. GB/T、IEC
OH
有室外防护罩的电视摄像机
6. GB/T、IEC
OH
有室外防护罩的带云台的摄像机
7. GB/T、IEC
彩色电视摄像机
8. GB/T、IEC
带云台彩色摄像机
9. GB/T、IEC
电视监视器
10. GB/T、IEC
彩色电视监视器
11. GB/T、IEC
带式录像机
12. GY/T
DEC
解码器
13. GA/T
Y
SV
X
视频顺序切换器(X代表几位输入,Y代表几位输出)
14. GA/T
(X)
图像分割器(X代表画面数)
15. GA/T
Y
VD
X
视频分配器(X代表输入,Y代表几位输出)
16. GB/T、IEC
彩色电视接收机
17. GY/T
MR
监视立柜
18. GY/T
MS
监视墙屏
19. GB/T、IEC
混合网络
20.
有源混合器(示出五路输入)
图名
弱电常用图形符号——视频安防监控
图号
RD 14—2

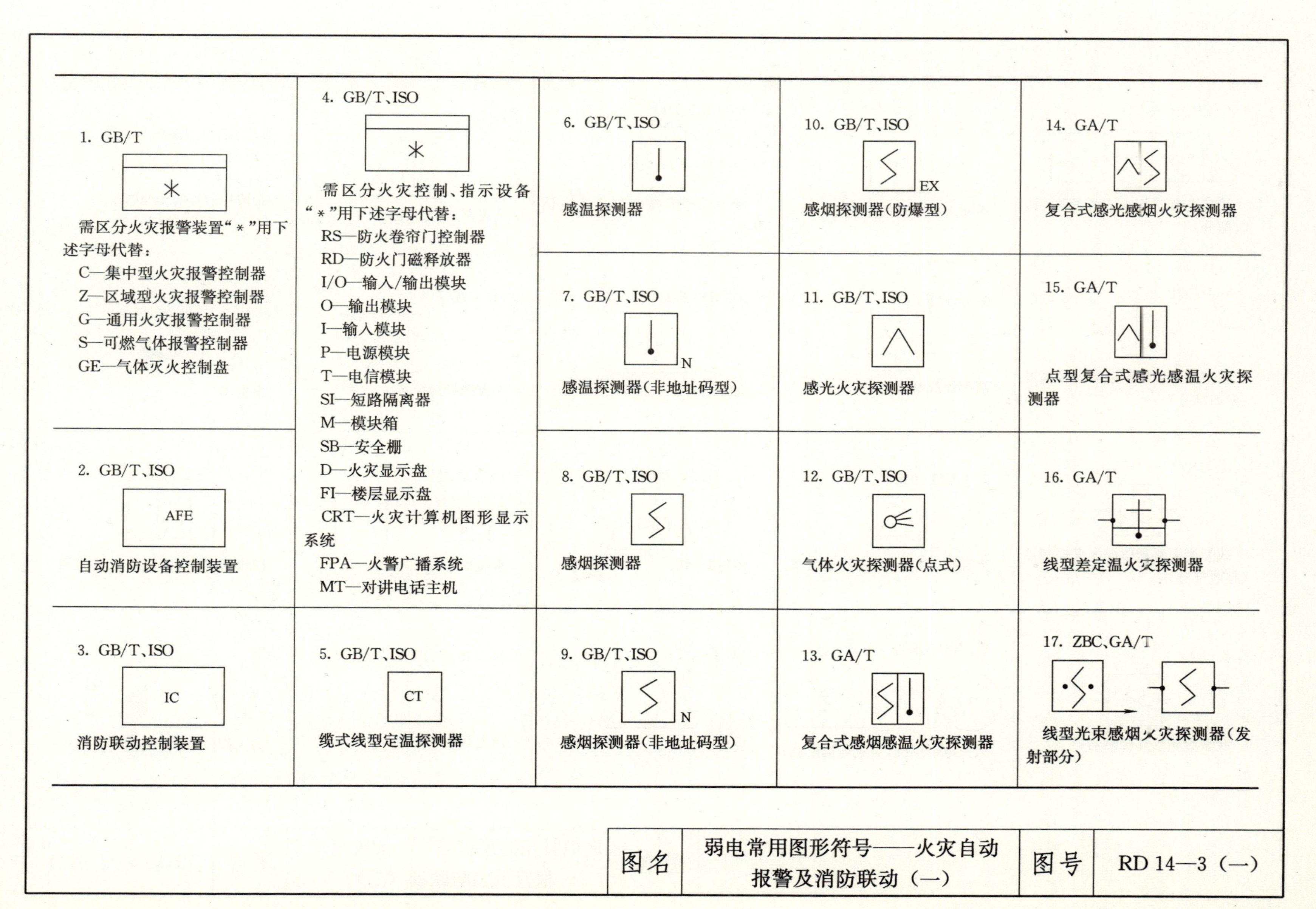
1. GB/T
*
需区分火灾报警装置“*”用下述字母代替：
C—集中型火灾报警控制器
Z—区域型火灾报警控制器
G—通用火灾报警控制器
S—可燃气体报警控制器
GE—气体灭火控制盘
2. GB/T、ISO
AFE
自动消防设备控制装置
3. GB/T、ISO
IC
消防联动控制装置
4. GB/T、ISO
*
需区分火灾控制、指示设备“*”用下述字母代替：
RS—防火卷帘门控制器
RD—防火门磁释放器
I/O—输入/输出模块
O—输出模块
I—输入模块
P—电源模块
T—电信模块
SI—短路隔离器
M—模块箱
SB—安全栅
D—火灾显示盘
FI—楼层显示盘
CRT—火灾计算机图形显示系统
FPA—火警广播系统
MT—对讲电话主机
5. GB/T、ISO
CT
缆式线型定温探测器
6. GB/T、ISO
感温探测器
7. GB/T、ISO
N
感温探测器(非地址码型)
8. GB/T、ISO
感烟探测器
9. GB/T、ISO
N
感烟探测器(非地址码型)
10. GB/T、ISO
EX
感烟探测器(防爆型)
11. GB/T、ISO
感光火灾探测器
12. GB/T、ISO
气体火灾探测器(点式)
13. GA/T
复合式感烟感温火灾探测器
14. GA/T
复合式感光感烟火灾探测器
15. GA/T
点型复合式感光感温火灾探测器
16. GA/T
线型差定温火灾探测器
17. ZBC、GA/T
线型光束感烟火灾探测器(发射部分)
图名
弱电常用图形符号——火灾自动报警及消防联动（一）
图号
RD 14—3（一）

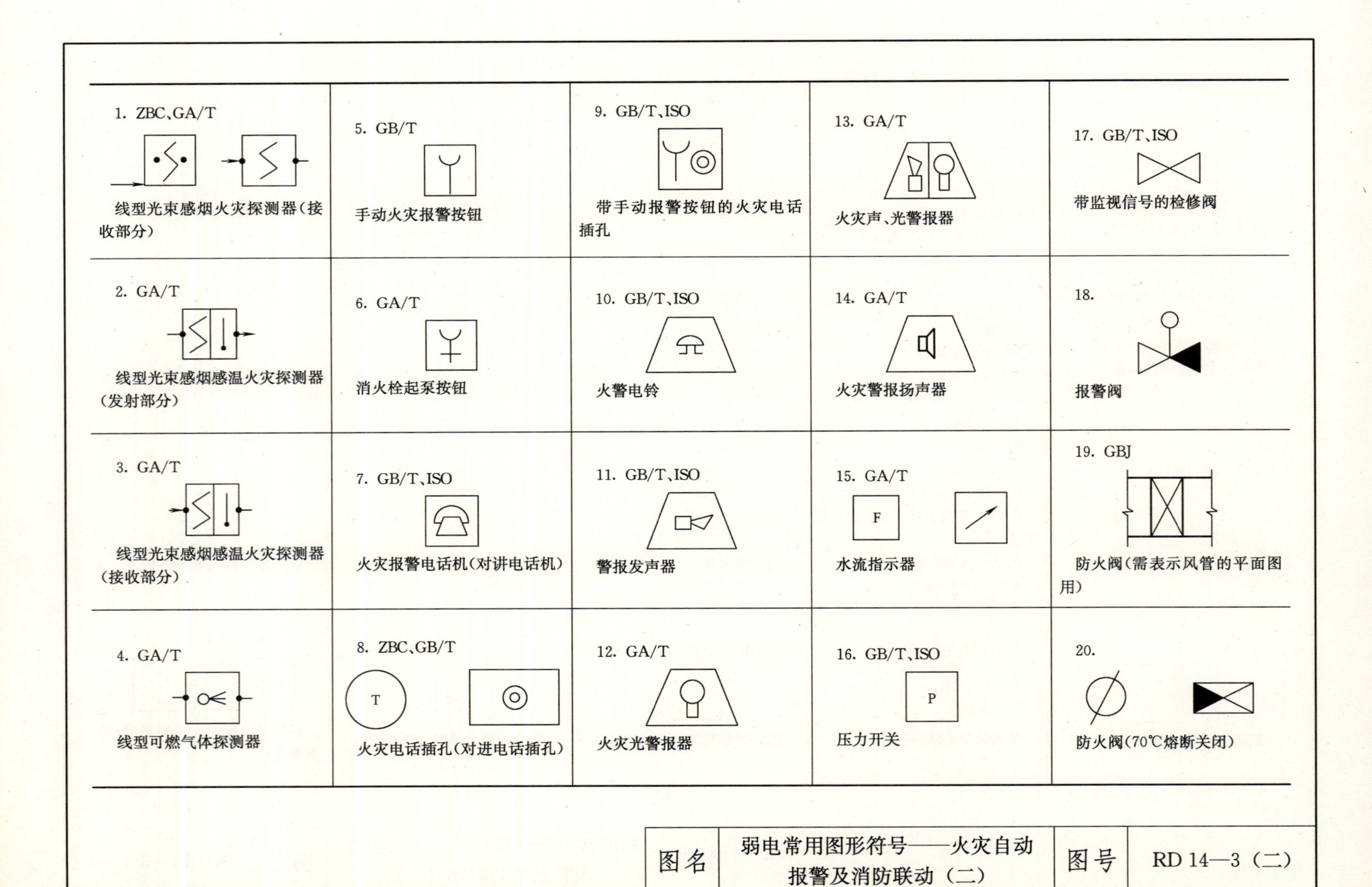
1. ZBC、GA/T
线型光束感烟火灾探测器(接收部分)
2. GA/T
线型光束感烟感温火灾探测器(发射部分)
3. GA/T
线型光束感烟感温火灾探测器(接收部分)
4. GA/T
线型可燃气体探测器
5. GB/T
手动火灾报警按钮
6. GA/T
消火栓起泵按钮
7. GB/T、ISO
火灾报警电话机(对讲电话机)
8. ZBC、GB/T
T
火灾电话插孔(对讲电话插孔)
9. GB/T、ISO
带手动报警按钮的火灾电话插孔
10. GB/T、ISO
火警电铃
11. GB/T、ISO
警报发声器
12. GA/T
火灾光警报器
13. GA/T
火灾声、光警报器
14. GA/T
火灾警报扬声器
15. GA/T
F
水流指示器
16. GB/T、ISO
P
压力开关
17. GB/T、ISO
带监视信号的检修阀
18.
报警阀
19. GBJ
防火阀(需表示风管的平面图用)
20.
防火阀(70℃熔断关闭)
图名
弱电常用图形符号——火灾自动报警及消防联动(二)
图号
RD 14—3(二)

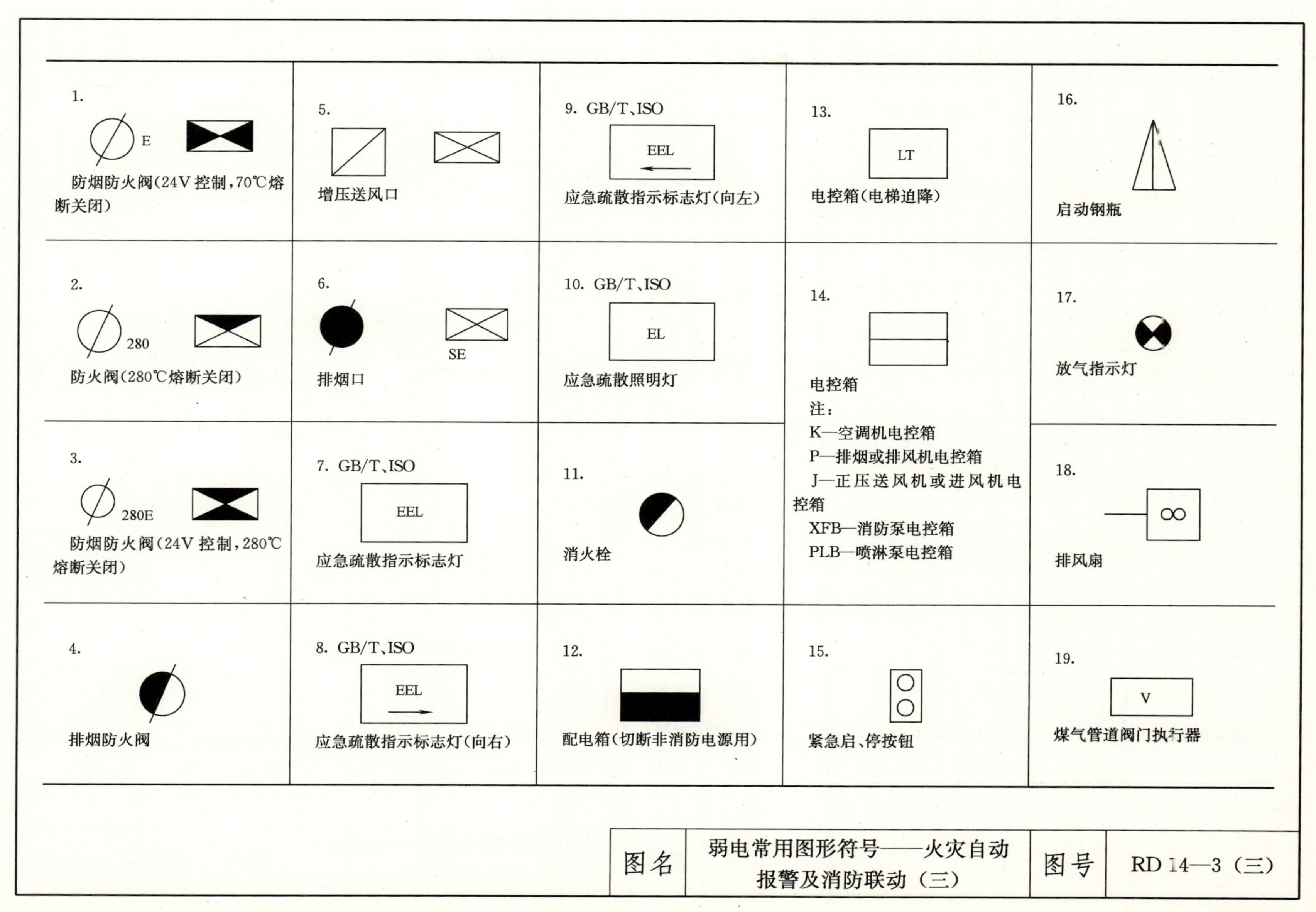
1.
E
防烟防火阀(24V控制，70℃熔断关闭)
2.
280
防火阀(280℃熔断关闭)
3.
280E
防烟防火阀(24V控制，280℃熔断关闭)
4.
排烟防火阀
5.
增压送风口
6.
SE
排烟口
7. GB/T、ISO
EEL
应急疏散指示标志灯
8. GB/T、ISO
EEL
应急疏散指示标志灯(向右)
9. GB/T、ISO
EEL
应急疏散指示标志灯(向左)
10. GB/T、ISO
EL
应急疏散照明灯
11.
消火栓
12.
配电箱(切断非消防电源用)
13.
LT
电控箱(电梯迫降)
14.
电控箱
注：
K—空调机电控箱
P—排烟或排风机电控箱
J—正压送风机或进风机电控箱
XFB—消防泵电控箱
PLB—喷淋泵电控箱
15.
紧急启、停按钮
16.
启动钢瓶
17.
放气指示灯
18.
排风扇
19.
V
煤气管道阀门执行器
图名
弱电常用图形符号——火灾自动报警及消防联动（三）
图号
RD 14—3（三）

 1. cosφ * 功率因数变送器（*为位号）	5. GB/T、IEC  WN 水表	9. GB/T、IEC 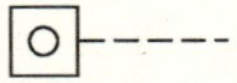 计数器控制	13. 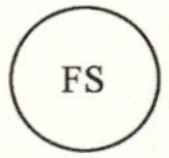 FS 液体流量开关	17. GB 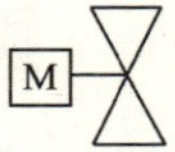 M 电磁阀
2.  J * 有功功率变送器	6. GB/T、IEC  GM 燃气表	10. GB/T、IEC 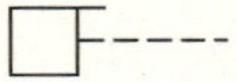 流体控制	14.  AFS 气体流量开关	18.  M 电动三通阀
3.  Q 无功功率变送器	7.  A/D 模拟/数字变换器	11. GB/T、IEC 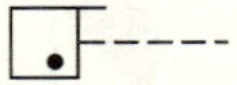 气流控制	15. 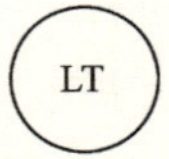 LT 防冰开关	19. 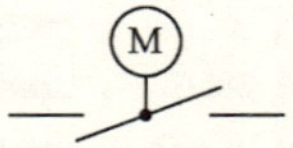 M 电动蝶阀
4. IEC 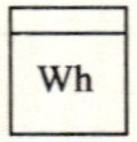 Wh 有功电能表	8.  D/A 数字/模拟变换器	12. GB/T、IEC 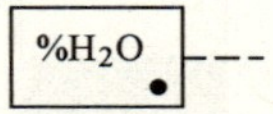 %H_2O 相对湿度控制	16. GB/T、IEC 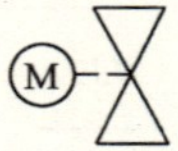 M 电动阀	20.  M 电动风门

图名	弱电常用图形符号——建筑设备监控（一）	图号	RD 14—4（一）

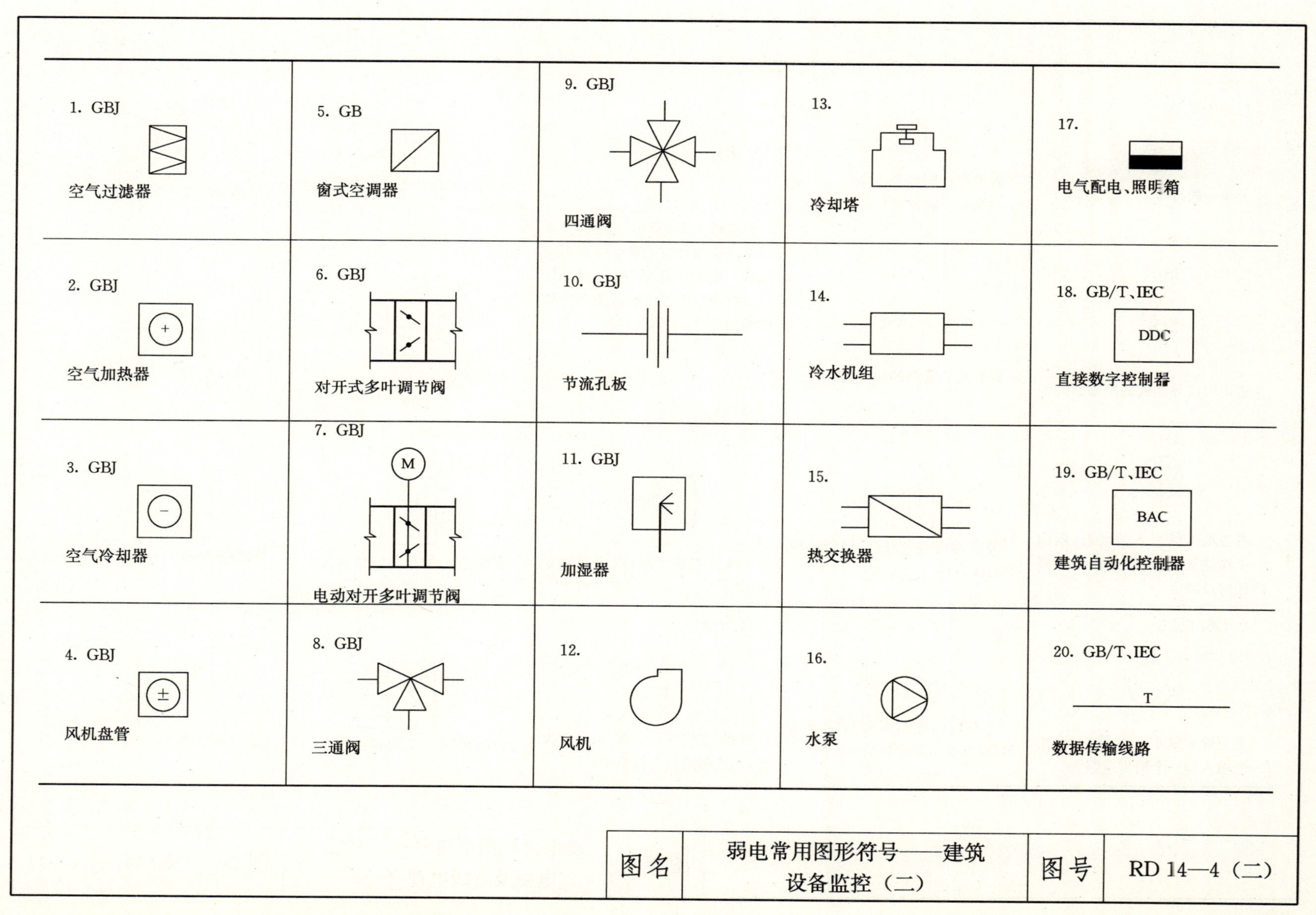
1. GBJ
空气过滤器
2. GBJ
空气加热器
3. GBJ
空气冷却器
4. GBJ
风机盘管
5. GB
窗式空调器
6. GBJ
对开式多叶调节阀
7. GBJ
M
电动对开多叶调节阀
8. GBJ
三通阀
9. GBJ
四通阀
10. GBJ
节流孔板
11. GBJ
加湿器
12.
风机
13.
冷却塔
14.
冷水机组
15.
热交换器
16.
水泵
17.
电气配电、照明箱
18. GB/T、IEC
DDC
直接数字控制器
19. GB/T、IEC
BAC
建筑自动化控制器
20. GB/T、IEC
T
数据传输线路
图名
弱电常用图形符号——建筑设备监控（二）
图号
RD 14—4（二）

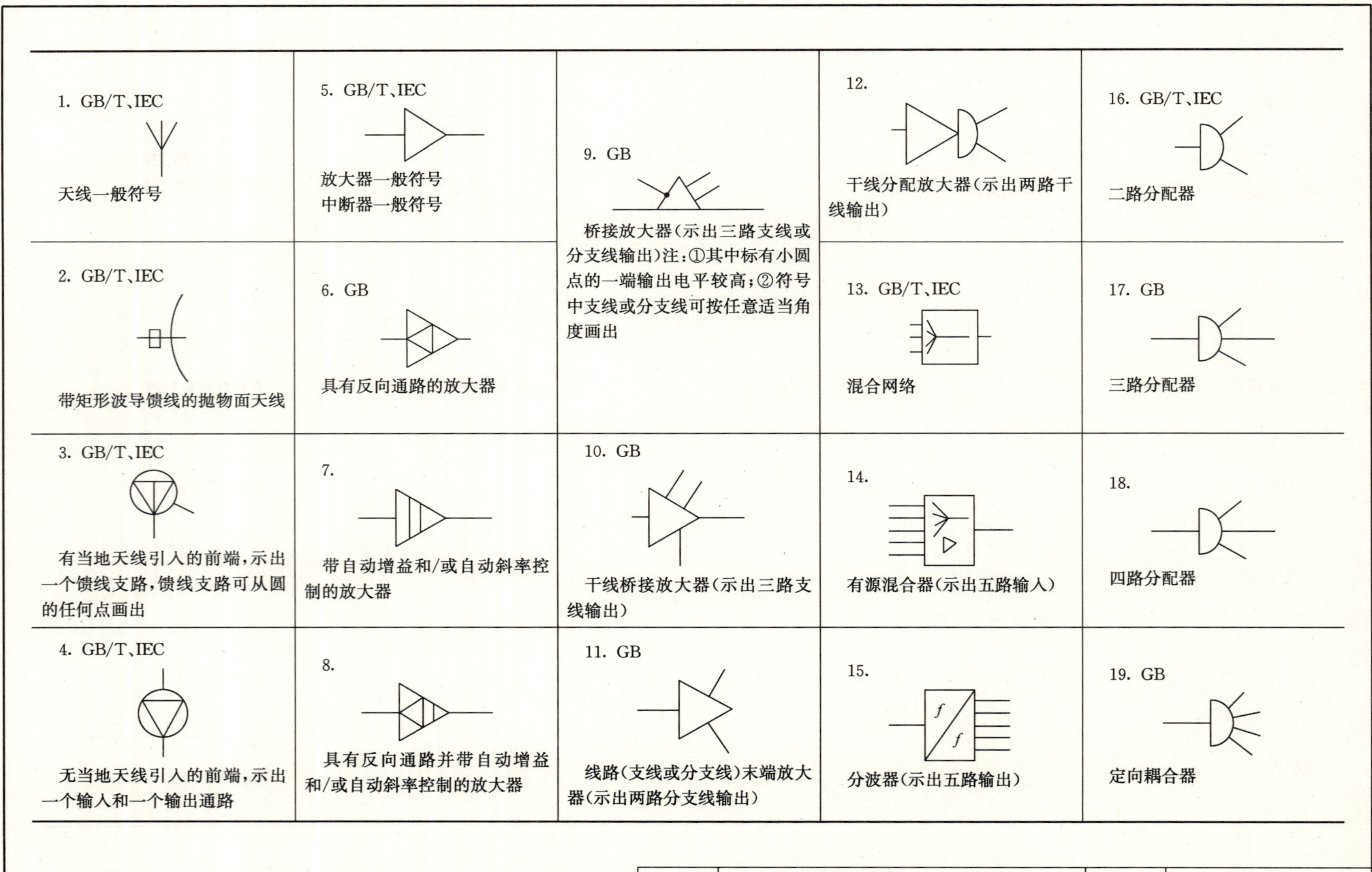

图名	弱电常用图形符号——卫星电视及有线电视（一）	图号	RD 14—5（一）

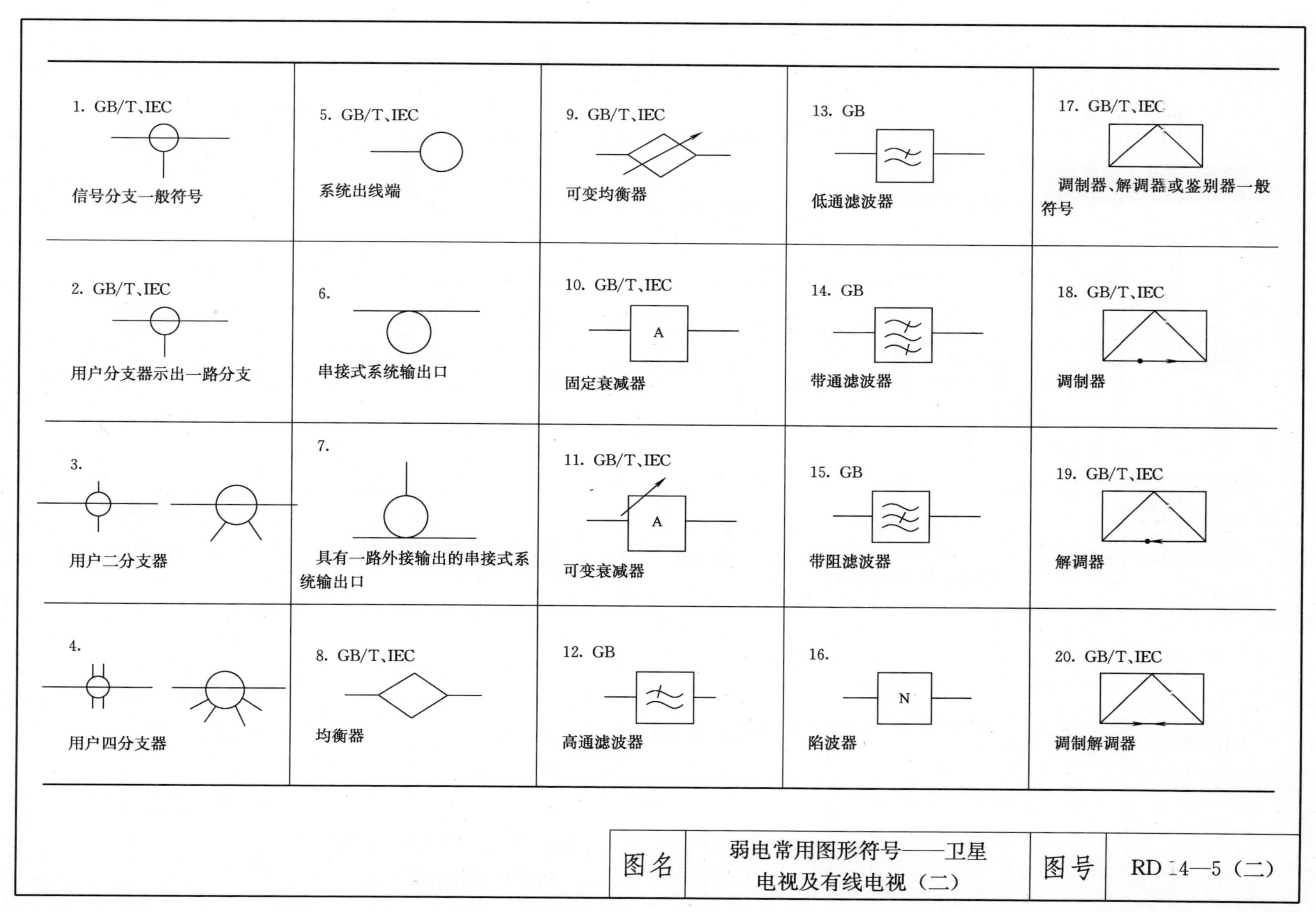
1. GB/T、IEC
信号分支一般符号
2. GB/T、IEC
用户分支器示出一路分支
3.
用户二分支器
4.
用户四分支器
5. GB/T、IEC
系统出线端
6.
串接式系统输出口
7.
具有一路外接输出的串接式系统输出口
8. GB/T、IEC
均衡器
9. GB/T、IEC
可变均衡器
10. GB/T、IEC
A
固定衰减器
11. GB/T、IEC
A
可变衰减器
12. GB
高通滤波器
13. GB
低通滤波器
14. GB
带通滤波器
15. GB
带阻滤波器
16.
N
陷波器
17. GB/T、IEC
调制器、解调器或鉴别器一般符号
18. GB/T、IEC
调制器
19. GB/T、IEC
解调器
20. GB/T、IEC
调制解调器
图名
弱电常用图形符号——卫星电视及有线电视（二）
图号
RD 14—5（二）

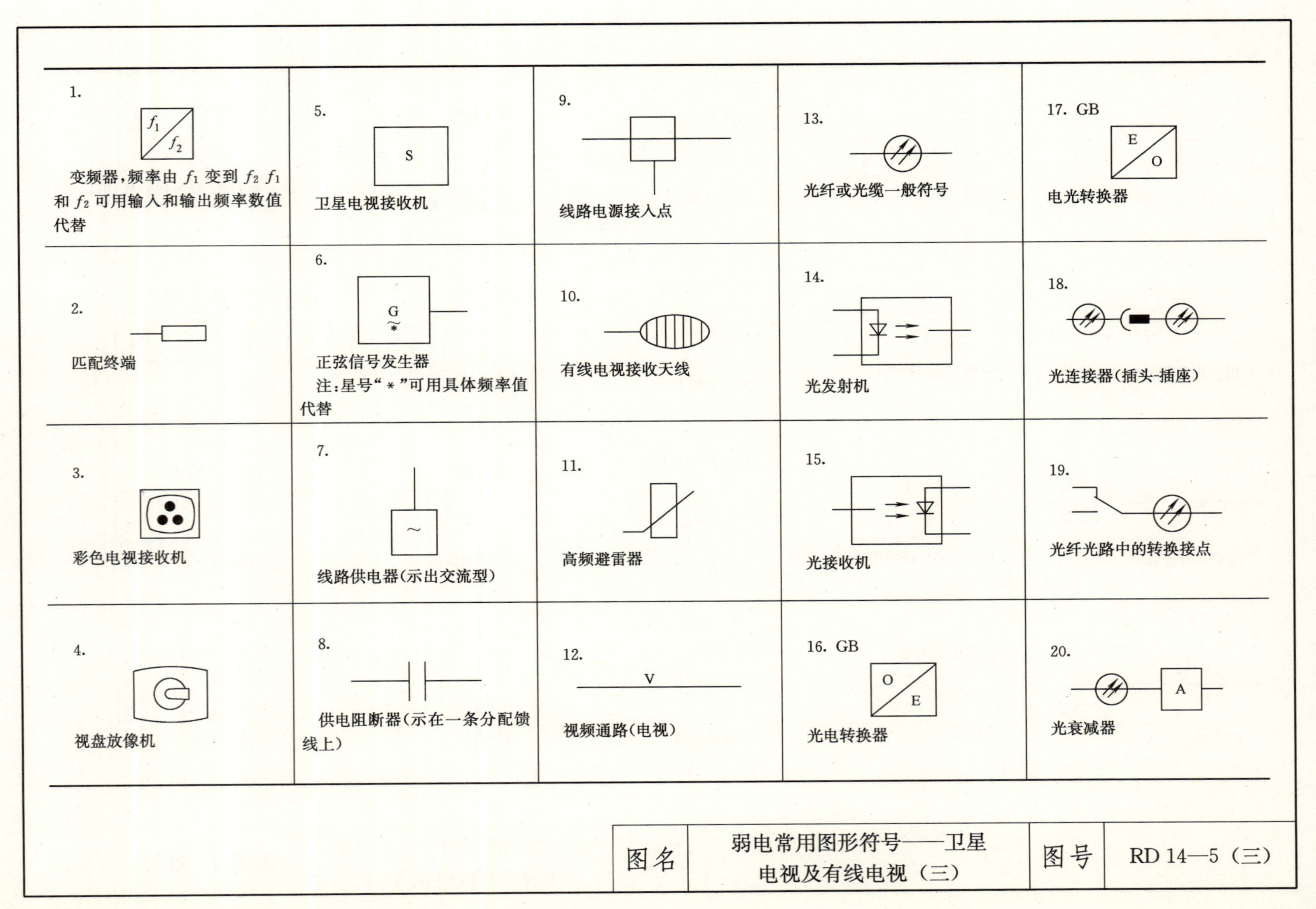
1.
f_1
f_2
变频器，频率由 f_1 变到 f_2 f_1 和 f_2 可用输入和输出频率数值代替
2.
匹配终端
3.
彩色电视接收机
4.
视盘放像机
5.
S
卫星电视接收机
6.
G
~
*
正弦信号发生器
注：星号“ * ”可用具体频率值代替
7.
~
线路供电器(示出交流型)
8.
供电阻断器(示在一条分配馈线上)
9.
线路电源接入点
10.
有线电视接收天线
11.
高频避雷器
12.
V
视频通路(电视)
13.
光纤或光缆一般符号
14.
光发射机
15.
光接收机
16. GB
O
E
光电转换器
17. GB
E
O
电光转换器
18.
光连接器(插头-插座)
19.
光纤光路中的转换接点
20.
A
光衰减器
图名
弱电常用图形符号——卫星电视及有线电视（三）
图号
RD 14—5（三）

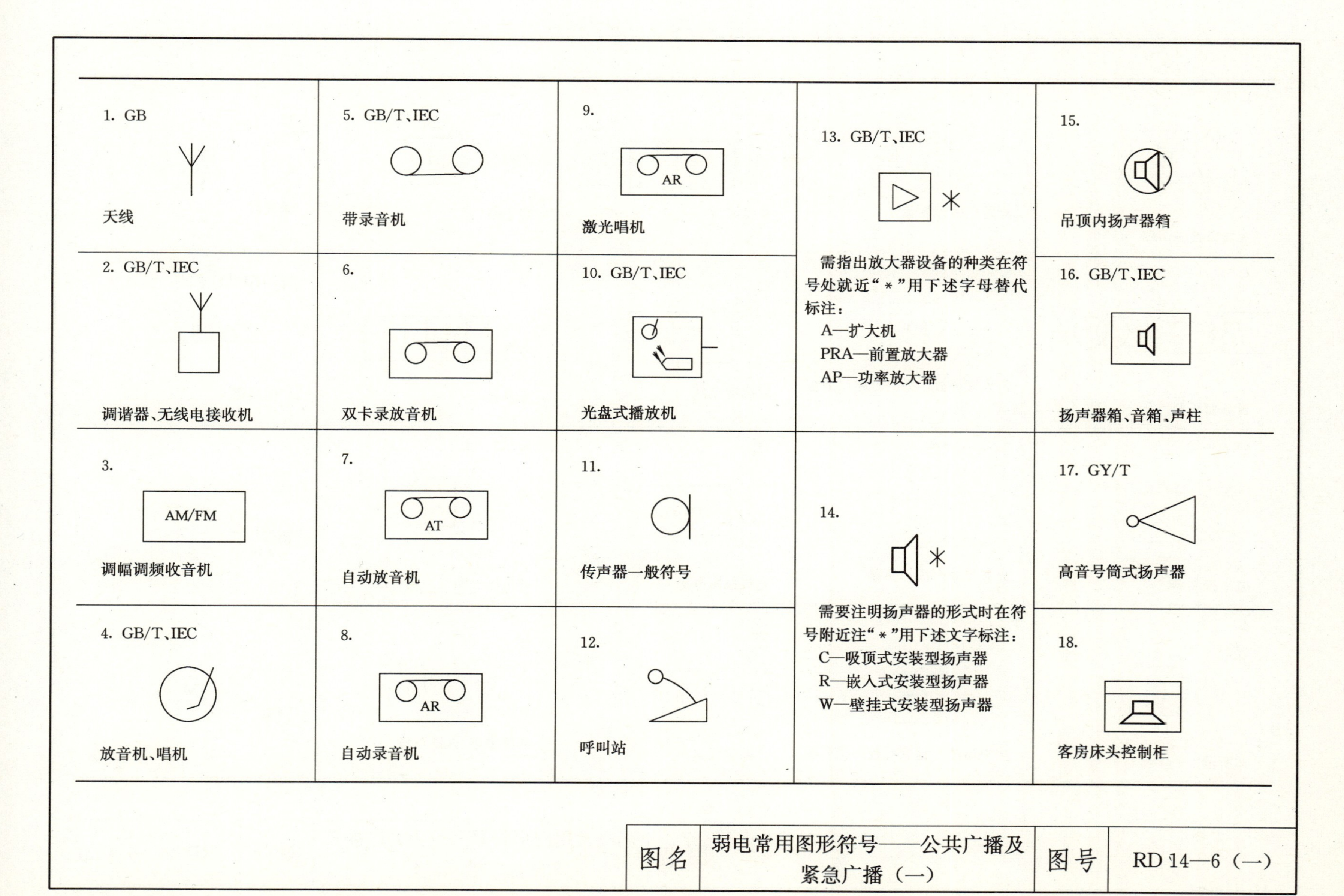
1. GB
天线
2. GB/T、IEC
调谐器、无线电接收机
3.
AM/FM
调幅调频收音机
4. GB/T、IEC
放音机、唱机
5. GB/T、IEC
带录音机
6.
双卡录放音机
7.
AT
自动放音机
8.
AR
自动录音机
9.
AR
激光唱机
10. GB/T、IEC
光盘式播放机
11.
传声器一般符号
12.
呼叫站
13. GB/T、IEC
*
需指出放大器设备的种类在符号处就近“*”用下述字母替代标注：
A—扩大机
PRA—前置放大器
AP—功率放大器
14.
*
需要注明扬声器的形式时在符号附近注“*”用下述文字标注：
C—吸顶式安装型扬声器
R—嵌入式安装型扬声器
W—壁挂式安装型扬声器
15.
吊顶内扬声器箱
16. GB/T、IEC
扬声器箱、音箱、声柱
17. GY/T
高音号筒式扬声器
18.
客房床头控制柜
图名
弱电常用图形符号——公共广播及紧急广播（一）
图号
RD 14—6（一）

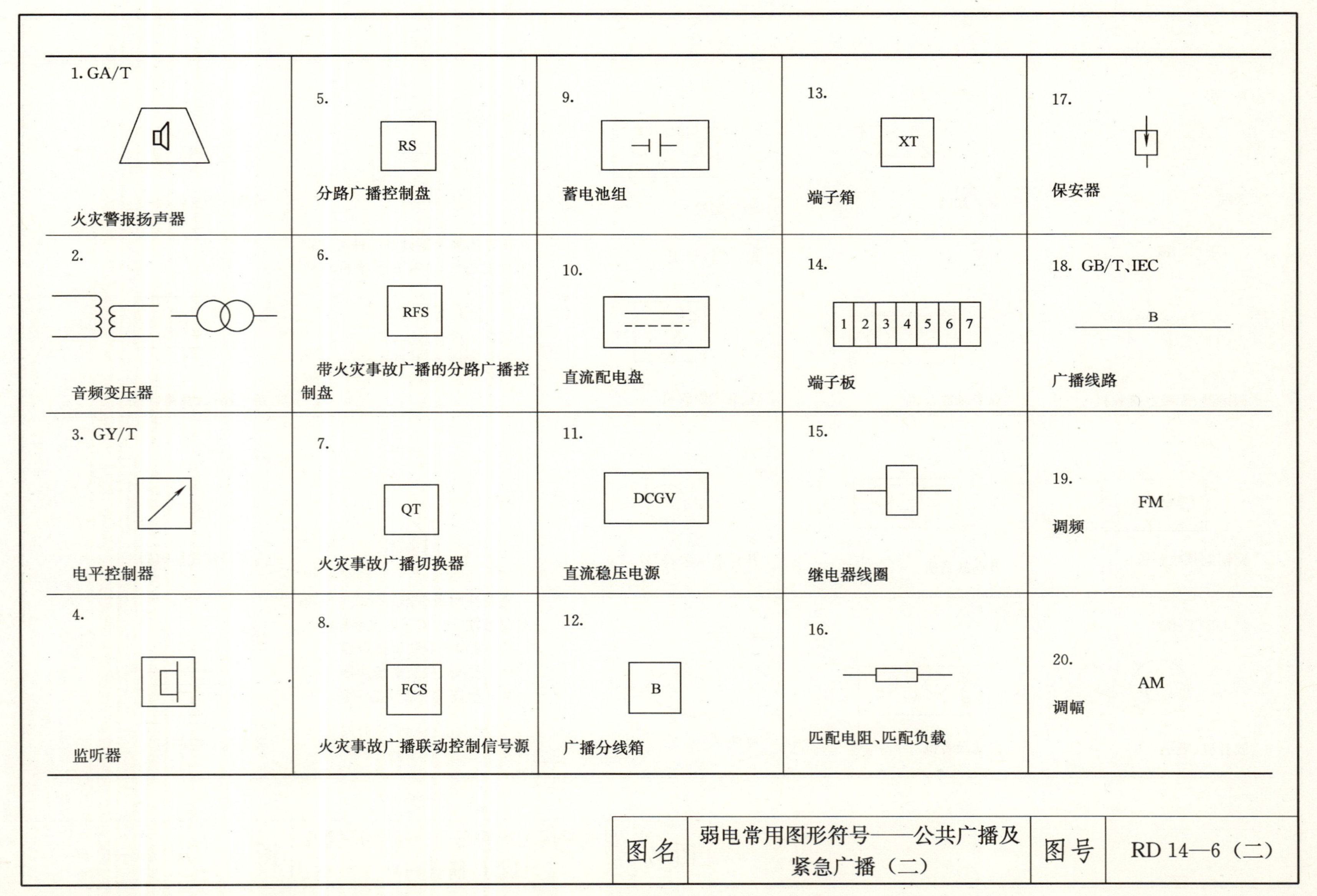

图名	弱电常用图形符号——公共广播及紧急广播（二）	图号	RD 14—6（二）

1. YD/T MDF 总配线架	5. YD/T 楼层配线架(FD或FST)	9. YD/T CD 建筑群配线架(CD)	13. DP 分界点	17. GJBT nTO 信息插座(*n*为信息孔数)
2. YD/T ODF 光纤配线架	6. YD/T 楼层配线架(FD或FST)	10. 建筑群配线架(CD)	14. YD/T TO 信息插座(一般表示)	18. GB/T TP 电话出线口
3. YD/T FD 楼层配线架	7. YD/T BD 建筑物配线架(BD)	11. CECS ADO DD 家居配线装置	15. 信息插座	19. GB/T TV 电视出线口
4. FD 楼层配线架	8. YD 建筑物配线架(BD)	12. YD CP 集合点	16. GJBT nTO 信息插座(*n*为信息孔数)	20. GB/T PABX 程控用户交换机

图名	弱电常用图形符号—— 综合布线(一)	图号	RD 14—7(一)

 1. LANX 局域网交换机	5. GB/T  电视机	9. GB/T 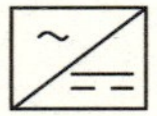 整流器	13. GB 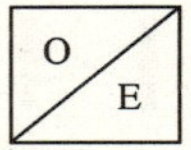 O E 光电转换器	17. GB/T 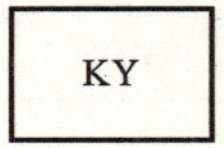 KY 操作键盘
2. 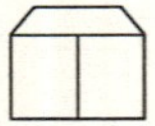 计算机主机	6. GB/T  电话机	10. YD/T  架空交接箱	14. GB 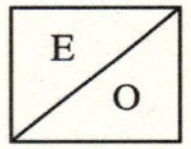 E O 电光转换器	18. GB/T  打印机
3. YD  HUB 集线器	7. YD/T  电话机(简化形)	11. YD/T  落地交接箱	15. YD/T  室内分线盒	19. GB/T  接口器件一般符号
4. 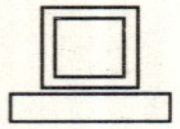 计算机	8. GB/T  光纤或光缆的一般表示	12. YD/T  壁龛交接箱	16. YD/T  室外分线盒	20. GB/T  过电压保护装置

图名	弱电常用图形符号——综合布线（二）	图号	RD 14—7（二）

附　　录

甲 级 标 准	乙 级 标 准	丙 级 标 准
甲级标准应符合下列条件： (1)应有两路独立电源供电，并在末端自动切换。 (2)重要的设备应配备 UPS 电源装置。 (3)电源质量应符合下列规定： 1)稳态电压偏移不大于±2%； 2)稳态频率偏移不大于±0.2Hz； 3)电压波形畸变率不大于 5%； 4)允许断电持续时间为 0～4ms。 当不能满足上述要求时，采用稳频稳压及不间断供电等措施。 (4)重要设备应采用放射式专用回路供电，其他设备可采用树干式或链式供电。 (5)电力干线与弱电干线应分别设置独立的楼层配电间和楼层弱电间，配电间和弱电间的大小及水平出线位置应留有裕量，其地坪宜高出本层地坪 30mm。 (6)智能化系统的总控制室(主机房)应设置专用配电箱，该专用配电箱的配出回路应留有裕量。 (7)每层或每个承租单元内应设置专用的用户配电箱，从该用户配电箱引出的电源线路应与弱电线路分开敷设。 (8)地面配线可采用架空地板配线方式或网络地板配线方式。 (9)吊顶内应设线槽或穿管敷设。 (10)电源插座： 容量：办公室宜按 60V·A/m² 以上考虑； 数量：办公室宜按 20 个/100m² 以上设置(每个插座宜按 300V·A 计算)； 类型：插座必须带有接地极的扁圆孔多用插座。	乙级标准应符合下列条件： (1)应有两路独立电源供电，并在末端自动切换。 (2)重要设备可配备 UPS 电源装置。 (3)供电电源质量应符合下列规定： 1)稳态电压偏移不大于±5%； 2)稳态频率偏移不大于±0.5Hz； 3)电压波形畸变率不大于 8%； 4)允许断电持续时间为 4～200ms。 当不能满足上述要求时，采用稳频稳压及不间断供电等措施。 (4)重要设备应采用放射式专用回路供电，其他设备可采用树干式或链式供电。 (5)电力干线与弱电干线应分别设置独立的楼层配电间和楼层弱电间，配电间和弱电间的大小及水平出线位置应留有裕量，其地坪宜高出本层地坪 30mm。 (6)智能化系统的总控制室(主机房)内应设置专用配电箱，该专用配电箱的配出回路应留有裕量。 (7)每层或每个承租单元内应设置专用的用户配电箱，从该专用配电箱的配出回路应留有裕量。 (8)地面配线可采用网络地板、地板线槽、地板配管等敷线方式。 (9)吊顶内宜设线槽或穿管敷设。 (10)电源插座： 容量：办公室宜按 45V·A/m² 以上考虑； 数量：办公室宜按 15 个/100m² 以上设置(每个插座宜按 300V·A 计算)； 类型：插座必须带有接地极的扁圆孔多用插座。	丙级标准应符合下列条件： (1)宜由两路电源供电，并在末端自动切换。 (2)重要设备宜配备 UPS 电源装置。 (3)供电电源质量应满足产品的使用要求。 (4)智能化系统设备宜采用专用回路供电。 (5)电力干线与弱电干线宜分别设置独立的楼层配电间和楼层弱电间，配电间和弱电间的大小及水平出线位置应留有裕量，其地坪宜高出本层地坪 30mm。 (6)智能化系统的总控制室(主机房)内宜设置专用配电箱，该专用配电箱的配出回路应留有裕量。 (7)每层或每个承租单元的用户配电箱应集中设置在公共空间内，从该用户配电箱的配出回路应留有裕量。 (8)地面配线可采用地板线槽、地板配管等敷线方式。 (9)吊顶内应预留一定的空间供将来配线使用。 (10)电源插座： 容量：办公室宜按 30V·A/m² 以上考虑； 数量：办公室宜按 10 个/100m² 以上设置(每个插座宜按 300V·A 计算)； 类型：插座必须带有接地极的扁圆孔多用插座。

注：智能建筑中各智能化系统应根据使用功能、管理要求和建设投资等划分为甲、乙、丙三级（住宅除外），且各级均有可扩性、开放性和灵活性。智能建筑的等级按有关评定标准确定。

图名	智能建筑供电系统设计标准	图号	附—1

甲级标准

甲级标准应符合下列条件：

(1)建筑物的空间环境。

1)顶棚高度不应小于 2.7m。

2)应铺设架空地板、地面线槽、网络地板、为地下配线提供方便。

3)应为智能化系统的网络布线留有足够的配线间。

4)室内宜铺设防静电、防尘地毯，静电泄漏电阻应在 $1.0\times10^{5}\sim1.0\times10^{8}\Omega$ 之间。

5)室内装饰应对色彩进行合理组合。

6)应采用必要措施降低噪声，防止噪声扩散。

(2)室内空调环境。

1)空调设计应达到的主要指标：

CO 含量率($\times10^{-6}$)	<10
CO_2 含量率($\times10^{-6}$)	<1000
温度(℃)	冬天 22，夏天 24
湿度(%)	冬天≥45，夏天≤55
气流(m/s)	<0.25

2)对上述指标应实现自动调节和控制。

(3)视觉照明环境。

1)水平面照度不应小于 500lx。

2)灯具布置应模数化。

3)灯具应选用无眩光的灯具

乙级标准

乙级标准应符合下列条件：

(1)建筑物的空间环境。

1)顶棚高度不应小于 2.6m。

2)应铺设架空地板、网络地板或地面线槽。

3)应为智能化系统的网络布线留有足够的配线间。

4)室内宜铺设防静电、防尘地毯，静电泄漏电阻应在 $1.0\times10^{5}\sim1.0\times10^{8}\Omega$ 之间。

5)室内装饰应对色彩进行合理组合。

6)应采用必要措施降低噪声，防止噪声扩散。

(2)室内空调环境。

1)空调设计应达到的主要指标：

温度(℃)	冬天 18，夏天 26
湿度(%)	冬天≥30，夏天≤60

2)对上述指标应实现自动调节和控制。

(3)视觉照明环境。

1)水平面照度不宜小于 400lx。

2)灯具布置无方向性，宜结合室内家具和工作台进行布置，应以间接照明为主，直接照明为辅。

3)灯具宜选用眩光指数为Ⅰ级或无眩光的灯具

丙级标准

丙级标准应符合下列条件：

(1)建筑物的空间环境。

1)顶棚高度不应小于 2.5m。

2)楼板应满足预埋地下线槽(管)。

3)应为智能化系统的网络布线留有足够的配线间。

(2)室内空调环境。

1)空调设计应达到的主要指标：

温度(℃)	冬天 18，夏天 27
湿度(%)	夏天≤65

2)对上述指标应实现自动调节和控制。

(3)视觉照明环境。

1)水平面照度不宜小于 300lx。

2)灯具布置以线型为主。

3)灯具选用眩光指数为Ⅱ级的灯具，应以直接照明为主，间接照明为辅。

4)照明控制要灵活，操作方便

注：智能建筑中各智能化系统应根据使用功能、管理要求和建设投资等划分为甲、乙、丙三级（住宅除外），且各级均有可扩性、开放性和灵活性。智能建筑的等级按有关评定标准确定。

图名	智能建筑环境设计标准	图号	附—2

1. 弱电专业与土建专业的配合

专业	方 案	初 步 设 计	施工图设计
建筑	(1)了解建筑的特性； (2)了解建筑的建筑面积、层高、层数、建筑高度； (3)预留主要机房位置	(1)了解甲方的使用要求，确定智能化系统设计方案； (2)提出设备用房、机房、管理中心用房等所需房的层高、面积、位置、防火要求、防水要求； (3)提出弱电井所需面积、位置、防火要求、防水要求； (4)确定各系统缆线进、出建筑物的位置； (5)防火分区的划分	(1)提出各个用房地面、墙面门、窗等建筑做法及要求； (2)提出各个系统设备箱需暗装在非承重墙上留洞尺寸及标高； (3)提出各个用房、弱电井在非承重墙上需留洞的尺寸及标高； (4)给出线槽垂直、水平方向所需的空间
结构		(1)了解基础形式，主体结构形式； (2)提出设备用房、机房荷载要求； (3)给出无吊顶层梁的布局(只限地下层做车库用的住宅、商住楼，为布置消防报警探测器做好准备)	(1)提出各个用房需做等电位连接所要的钢筋连接点； (2)提出各个系统设备箱需暗装在承重墙上的留洞尺寸及标高； (3)提出各个用房、弱电井在承重墙上需预留洞的尺寸及标高； (4)提出利用基础钢筋做防雷接地装置、等电位连接等钢筋焊接、绑扎要求； (5)需做卫星电视系统的提出卫星基础要求

2. 弱电专业与水、暖、电专业配合

专业	初 步 设 计	施工图设计
给排水	(1)给出消火栓位置； (2)给出安全阀、水流指示器、报警阀等位置； (3)给出泵房位置、水池、水箱、气压罐等位置	(1)给出所有水泵的控制要求； (2)综合管线进出建筑物的位置； (3)综合管线垂直、水平方向通道； (4)综合喷淋头与探测器等各系统设备的位置； (5)给出水表安装位置
暖通	(1)提出智能化系统设备用房的通风要求、空调设计指标； (2)防排烟系统的划分，各类受控阀门的位置	(1)提出防排烟系统的控制要求； (2)提出控制各类阀门动作的要求； (3)提出空调系统、热力系统、冷冻冷却系统、空气处理系统、变风量系统、排风系统等监测监控要求； (4)综合管道垂直、水平方向通道； (5)综合风机盘管与探测器等各系统设备的位置； (6)给出燃气表安装位置； (7)给出暖气片(管)的安装位置
强电	(1)提出弱电设备所需电量及供电等级； (2)给出消防泵、防排烟机控制箱位置； (3)给出非消防电源切断点； (4)给出建筑设备监控系统需监测、监控设备控制箱的位置； (5)提出智能化系统设备用房照明亮度，光源等要求	(1)核对所有系统需监测、控制的点数； (2)核对所有系统需监测、控制的要求

图名	弱电专业与土建及设备专业配合要求	图号	附—3

序号	子分部工程	分 项 工 程
1	通信网络系统	通信系统，卫星及有线电视系统，公共广播系统
2	办公自动化系统	计算机网络系统，信息平台及办公自动化应用软件，网络安全系统
3	建筑设备监控系统	空调与通风系统，变配电系统，照明系统，给排水系统，热源和热交换系统，冷冻和冷却系统，电梯和自动扶梯系统，中央管理工作站与操作分站，子系统通信接口
4	火灾报警及消防联动系统	火灾和可燃气体探测系统，火灾报警控制系统，消防联动系统
5	安全防范系统	视频安防监控系统，入侵报警系统，电了巡查系统，出入口控制（门禁）系统，停车场（库）管理系统
6	综合布线系统	缆线敷设和终接，机柜、机架、配线架的安装，信息插座和光缆芯线终端的安装
7	智能化集成系统	集成系统网络，实时数据库，信息安全，功能接口
8	电源与接地	智能建筑电源，防雷及接地
9	环境	空间环境，室内空调环境，视觉照明环境，电磁环境
10	住宅（小区）智能化系统	火灾自动报警及消防联动系统，安全防范系统（含视频安防监控系统、入侵报警系统、电子巡查系统、门禁系统、住户呼救系统、访客（可视）对讲系统、停车场（库）管理系统），物业管理系统（多表现场计量及与远程传输系统、建筑设备监控系统、公共广播系统、小区网络及信息服务系统、物业办公自动化系统），智能家庭信息平台

注：此表根据《建筑工程施工质量验收统一标准》（GB 50300—2001）编写。

图名	智能建筑分部（子分部）工程划分	图号	附—4

1. 资料审查

系统名称：＿＿＿＿＿＿ 编号：

序号	审查内容	审查结果				备注
		完整性		准确性		
		完整（或有）	不完整（或无）	合格	不合格	
1	工程合同技术文件					
2	设计更改审核					
3	工程实施及质量控制检验报告及记录					
4	系统检测报告及记录					
5	系统的技术、操作和维护手册					
6	竣工图及竣工文件					
7	重大施工事故报告及处理					
8	监理文件					
9						

审查结果统计：		审查结论	

审核人员签名： 日期：

注：1. 在审查结果栏，按实际情况在相应的空格内打"√"（左列打"√"，视为合格，右列打"√"，视为不合格）。
2. 存在的问题，在备注栏内注明。
3. 根据行业要求，验收组可增加竣工验收要求的文件，填在空格内。

说明：竣工验收记录表由验收机构负责填写。

2. 竣工验收结论汇总

编号：

系统名称：＿＿＿＿＿ 设计、施工单位：＿＿＿＿＿

工程实施及质量控制检验结论		验收人签名：	年 月 日
系统检测结论		验收人签名：	年 月 日
系统检测抽检结果		抽检人签名：	年 月 日
观感质量验收		验收人签名：	年 月 日
资料审查结论		审查人签名：	年 月 日
人员培训考评结论		考评人签名：	年 月 日
运行管理队伍及规章制度审查		审查人签名：	年 月 日
设计等级要求评定		评定人签名：	年 月 日
系统验收结论		验收小组（委员会）组长签名： 日期：	

建议与要求：

验收组长、副组长（主任、副主任）签名：

注：1. 本汇总表须附本附录所有表格、行业要求的其他文件及出席验收会与验收机构人员名单（签到）。
2. 验收结论一律填写"通过"或"不通过"。

图名	智能建筑分部（子分部）工程竣工验收记录表	图号	附—5

1. 施工现场质量管理检查记录

编号：

系统名称			施工许可证（开工证）	
建设单位			项目负责人	
设计单位			项目负责人	
监理单位			总监理工程师	
施工单位		项目经理	项目技术负责人	

序号	项　　目	内　　容
1	现场质量管理检查制度	
2	施工安全技术措施	
3	主要专业工种操作上岗证书	
4	分包方确认与管理制度	
5	施工图审查情况	
6	施工组织设计、施工方案及审批	
7	施工技术标准	
8	工程质量检验制度	
9	现场设备、材料存放与管理	
10	检测设备、计量仪表检验	
11	开工报告	
12		

检查结论：

总监理工程师

（建设单位项目负责人）　　年　　月　　日

2. 设备材料进场检验表

编号：

系统名称：__________　　工程施工单位：__________

序号	产品名称	规格、型号、产地	主要性能/功能	数量	包装及外观	检验结果		备　注
						合格	不合格	

施工单位人员签名：	监理工程师（或建设单位）签名：	检测日期：

注：1. 在检查结果栏，按实际情况在相应空格内打“√”，左列打“√”视为合格，右列打“√”视为不合格。

2. 备注格内填写产品的检测报告和记录是否齐备和主要检测实施人姓名。

图名	智能建筑工程实施及质量控制记录表（一）	图号	附—6（一）

1. 隐蔽工程（随工检查）验收表

系统名称：__________　　　　编号：

建设单位	施工单位	监理单位

隐蔽工程(随工检查)内容与检查结果	检查内容	检查结果		
		安装质量	楼层(部位)	图号

验收意见	

建设单位/总包单位	施工单位	监理单位
验收人： 日期： 盖章：	验收人： 日期： 盖章：	验收人： 日期： 盖章：

注：1. 检查内容包括：(1)管道排列、走向、弯曲处理、固定方式；(2)管道连接、管道搭铁、接地；(3)管口安放护圈标识；(4)接线盒及桥架加盖；(5)线缆对管道及线间绝缘电阻；(6)线缆接头处理等。

2. 检查结果的安装质量栏内，按检查内容序号，合格的打“√”，不合格的打“×”，并注明对应的楼层(部位)、图号。

3. 综合安装质量的检查结果，在验收意见栏内填写验收意见并扼要说明情况。

2. 更改审核表

系统（工程）名称：__________　　　　编号：

更改内容	更改原因	原为	更改为

	分发单位	
申请：　　　　日期：		
审核：　　　　日期：		
批准：　　　　日期：		
更改实施日期：		

图名	智能建筑工程实施及质量控制记录表（二）	图号	附—6（二）

1. 工程安装质量及观感质量验收记录

编号：

系统（工程）名称：__________ 工程安装单位：__________

设备名称	项目	要求	方法	主观评价	检查结果		抽查百分数
					合格	不合格	
检查结果				安装质量检查结论			
施工单位人员签名：				监理工程师（建设单位）签名：			验收日期：

注：1. 在检查结果栏，按实际情况在相应空格内打"√"（左列打"√"，视为合格；右列打"√"，视为不合格）。

2. 检查结果：K_s（合格率）＝合格数/项目检查数（项目检查数如无要求或实际缺项未检查的，不计在内）。

3. 检查结论：K_s（合格率）≥0.8，判为合格；K_s<0.8，判为不合格；必要时作简要说明。

4. 主观评价栏内填写主观评价意见，分"符合要求"和"不符合要求"；不符合要求者注明主要问题。

2. 系统试运行记录

编号：

系统名称：__________ 建设（使用）单位：__________

设计、施工单位：__________

日期/时间	系统运行情况	备　注	值班人
值班长签名：		建设单位代表签名：	

注：系统运行情况栏中，注明正常/不正常，并每班至少填写一次；不正常的在备注栏内扼要说明情况（包括修复日期）。

图名	智能建筑工程实施及质量控制记录表（三）	图号	附—6（三）

1. 智能建筑工程分项工程质量检测记录表

编号：

单位(子单位)工程名称		子分部工程	
分项工程名称		验收部位	
施工单位		项目经理	
施工执行标准名称及编号			
分包单位		分包项目经理	
检测项目及抽检数量		检测记录	备　注

检测意见：

监理工程师签字　　　　　　　　　　检测机构负责人签字

（建设单位项目专业技术负责人）

日期　　　　　　　　　　日期

说明：系统检测记录由检测机构专业人员填写。

2. 子系统检测记录表

编号：

系统名称		子系统名称		序号		检测部位	
施工单位						项目经理	
执行标准名称及编号							
分包单位			分包项目经理				
	系统检测内容	检测规范的规定	系统检测评定记录	检测结果		备　注	
				合格	不合格		
主控项目							
一般项目							
强制性条文							

检测机构的检测结论

检测负责人　　年　　月　　日

注：1. 检测结果栏中，左列打“√”为合格，右列打“√”为不合格；

2. 备注栏内填写检测时出现的问题。

图名	智能建筑工程检测记录表（一）	图号	附—7（一）

1. 强制措施条文检测记录

编号：

工程名称			结构类型	
建设单位			受检部位	
施工单位			负责人	
项目经理		技术负责人	开工日期	

检测依据《智能建筑工程施工质量验收规范》GB 50339—2003

条号	项目	检查内容	判定
5.5.2	防火墙和防病毒软件	检查产品销售许可证及符合相关规定	
5.5.3	智能建筑网络安全系统检查	防火墙和防病毒软件的安全保障功能及可靠性	
7.2.6	检测消防控制室向建筑设备监控系统传输、显示火灾报警信息的一致性和可靠性	1. 检测与建筑设备监控系统的接口。 2. 对火灾报警的响应。 3. 火灾运行模式	
7.2.9	新型消防设施的设置及功能检测	1. 早期烟雾火灾报警系统。 2. 大空间早期火灾智能检测系统。 3. 大空间红外图像矩阵火灾报警及灭火系统。 4. 可燃气体泄漏报警及联动控制系统	
7.2.11	安全防范系统对火灾自动报警的响应及火灾模式的功能检测	1. 视频安防监控系统的录像、录音响应。 2. 门禁系统的响应。 3. 停车场(库)的控制响应。 4. 安全防范管理系统的响应	
11.1.7	电源与接地系统	1. 引接验收合格的电源和防雷接地装置。 2. 智能化系统的接地装置。 3. 防过流与防过压元件的接地装置。 4. 防电磁干扰屏蔽的接地装置。 5. 防静电接地装置	

2. 系统（分部工程）检测汇总表

编号：

系统名称：__________　　　　设计、施工单位__________

子系统名称	序号	内容及问题		检测结果	
				合格	不合格
检测机构项目负责人签名：			检测结论		
检测人员签名：				检测日期：	

注：在检测结果栏，按实际情况在相应空格内打“√”(左列打“√”，视为合格；右列打“√”，视为不合格)。

图名	智能建筑工程检测记录表（二）	图号	附—7（二）

序号	标准规范编号	标准规范名称	被代替编号
1	GB 50016—2006	建筑设计防火规范	GBJ 16—87
2	GB 50033—2001	工业企业采光设计标准	GB 50033—91
3	GB 50034—2004	建筑照明设计标准	GB 50034—92
4	GBJ 42—81	工业企业通信设计规范	
5	GB 50045—95	高层民用建筑设计防火规范(2005 年版)	GBJ 45—82
6	GB 50052—95	供配电系统设计规范	GBJ 52—83
7	GB 50053—94	10kV 及以下变电所设计规范	GBJ 53—83
8	GB 50054—95	低压配电装置及线路设计规范	GBJ 54—83
9	GB 50055—93	通用用电设备配电设计规范	GBJ 55—83
10	GB 50056—93	电热设备电力装置设计规范	GBJ 56—83
11	GB 50057—94	建筑防雷设计规范(2000 年版)	GBJ 57—83
12	GB 50058—92	爆炸和火灾危险环境电力装置设计规范	GBJ 58—83
13	GB 50059—92	35～110kV 变电所设计规范	GBJ 59—83
14	GB 50060—92	3～100kV 高压配电装置设计规范	GBJ 60—83
15	GB 50061—97	66kV 及以下架空电力线路设计规范	GBJ 61—83
16	GB 50062—92	电力装置的继电保护和自动装置设计规范	GBJ 62—83
17	GBJ 63—90	电力装置的电气测量仪表装置设计规范	GBJ 63—83
18	GBJ 64—83	工业与民用电力装置的过电压保护设计规范	
19	GBJ 65—83	工业与民用电力装置的接地设计规范	
20	GB 50067—97	汽车库、修车库、停车场设计防火规范	GBJ 67—84
21	GB 50070—94	矿山电力装置设计规范	GBJ 70—84
22	GBJ 79—85	工业企业通信接地设计规范	
23	GB 50084—2001	自动喷水灭火系统设计规范	GBJ 84—85
24	GB 50096—99	住宅设计规范(2003 年版)	
25	GBJ 98—97	人民防空工程设计防火规范	GBJ 98—87
26	GBJ 115—87	工业电视系统工程设计规范	
27	GB 50116—98	火灾自动报警系统设计规范	GBJ 116—88

图名	常用弱电及电气设计规范、标准目录（一）	图号	附—8（一）

序号	标准规范编号	标准规范名称	被代替编号
1	GBJ 120—88	工业企业共用天线电视系统设计规范	
2	GBJ 133—90	民用建筑照明设计标准	
3	GBJ 142—90	中、短波广播发射台与电缆载波通信系统的防护间距标准	
4	GBJ 143—90	架空电力线路、变电所对电视差转台、转播台无线电干扰防护间距标准	
5	GB 50160—92	石油化工企业设计防火规范	
6	GB 50174—93	电子计算机机房设计规范	
7	GB 50198—94	民用闭路监视电视系统工程技术规范	
8	GB 50200—94	有线电视系统工程技术规范	
9	GB 50217—94	电力工程电缆设计规范	
10	GB 50219—95	水喷雾灭火系统设计规范	
11	GB 50227—95	并联电容器装置设计规范	
12	GB 50229—96	火力发电厂与变电所设计防火规范	
13	GB/T 50293—1999	城市电力规划规范	
14	GB 50311—2007	综合布线系统工程设计规范	GB/T 50311—2000
15	GB/T 50314—2006	智能建筑设计标准	GB/T 50314—2000
16	GB 50348—2004	安全防范工程技术规范	
17	GB 50371—2006	厅堂扩声系统设计规范	
	GB 50394—2007	入侵报警系统工程设计规范	
	GB 50395—2007	视频安防监控系统工程设计规范	
	GB 50396—2007	出入口控制系统工程设计规范	
18	GB 1417—78	常用电信设备名词术语	
19	GB 4026—83	电器接线端子的识别和用字母数字符号标志接线端子通则	
20	GB 4327—84	消防设施图形符号	
21	GB 4728—85	电气图用图形符号	
22	GB 4968—85	火灾分类	
23	GB 5094—85	电气技术中的项目代号	
24	GB 5465—85	电气设备图形符号	
25	GB 6988—86	电气制图	
26	GB 7159—87	电气技术中的文字符号制订通则	
27	GB 9771—88	市内光缆通信系统进网要求	
28	GB 10408. 1—2000	入侵探测器通用要求	GB 10408. 1—89
29	GB 10408. 2—2000	超声波多普勒探测器	GB 10408. 2—89
30	GB 10408. 3—2000	微波多普勒探测器	GB 10408. 3—89

图名	常用弱电及电气设计规范、标准目录（二）	图号	附—8（二）

序号	标准规范编号	标准规范名称	被代替编号
1	GB 10408.4—2000	主动红外入侵探测器	GB 10408.4—89
2	GB 10408.5—2000	被动红外入侵探测器	GB 10408.5—89
3	GB 10408.6—91	微波和被动红外复合入侵探测器	
4	GB 10408.7—1996	超声和被动红外复合入侵探测器	
5	GB 10408.8—1997	振动入侵探测器	
6	GB 11820—89	市内通信全塑电缆线路工程设计规范	
7	GB 12323—90	电视接收机确保与电缆分配系统兼容的技术要求	
8	GB 12663—2001	防盗报警控制器通用技术条件	GB 12663—90
9	GB 14948—94	30MHz～1GHz 声音和电视信号电缆分配系统	
10	GB 15209—94	磁开关入侵探测器	
11	GB 15210—94	通过式金属探测门通用技术条件	
12	GB/T 15211—94	报警系统环境实验	
13	GB/T 15381—94	会议系统电及音频的性能要求	
14	GB 15407—94	遮挡式微波入侵探测器技术要求和实验方法	
15	GB/T 15408—94	报警系统电源装置、测试方法和性能规范	
16	GB/T 15837—95	数字同步网接口要求	
17	GB/T 15839—95	64～1920kbit/s 会议电视系统进网技术要求	
18	GB/T 16571—1996	文物系统博物馆安全防范工程设计规范	
19	GB/T 16572—1996	防盗报警中心控制台	
20	GB/T 16576—1996	银行营业场所安全防范工程设计规范	
21	GB/T 16577—1996	报警图像信号有线传输装置	
22	GB 16796—1997	安全防范报警设备安全要求和实验方法	
23	JGJ/T 16—92	民用建筑电气设计规范	JGJ 16—83
24	JGJ 37—87	民用建筑设计通则	
25	JGJ/T 119—98	建筑照明术语标准	
26	CJJ 45—91	城市道路照明设计规范	
27	SJ 2708—87	声音和电视信号的电缆分配系统图形符号	

图名	常用弱电及电气设计规范、标准目录（三）	图号	附—8（三）

序号	标准规范编号	标准规范名称	被代替编号	序号	标准规范编号	标准规范名称	被代替编号
1	YDJ 1—89	邮电通信电源设备安装设计规范		15	GYJ 41—89	卫星广播电视地球站设计规范	
2	YDJ 9—90	市内通信全塑电缆线路工程设计规范		16	GY/T 106—99	有线电视广播系统技术规范	GY/T 106—92
3	YDJ 13—88	市内电信网光纤数据传输系统工程设计暂行技术规定		17	GY/T 121—95	GATV 行业标准	
4	YDJ 20—88	程控电话交换设备安装设计暂行技术规定		18	GA 27—92	文物系统博物馆风险等级和安全防护级别的规定	
5	YDJ 24—88	电信专用房屋设计规范		19	GA/T 70—94	安全防范工程费用概预算编制方法	
6	YDJ 26—89	通信局(站)接地设计暂行技术规定		20	GA/T 72—94	楼寓对讲电控防盗门通用技术条件	
7	YD/T 926.1—1997	大楼通信综合布线系统第 1 部分:总规范		21	GA/T 74—2000	安全防范系统通用图形符号	GA/T 74—94
8	YD/T 926.2—1997	大楼通信综合布线系统第 2 部分:综合布线用电缆、光缆技术要求		22	GA/T 75—94	安全防范工程程序与要求	
9	YD/T 926.3—1997	大楼通信综合布线系统第 3 部分:综合布线用连接硬件通用技术要求		23	GA/T 269—2001	黑白可视对讲系统	
10	YD 344—90	用户交换机标准		24	GA/T 368—2001	入侵报警系统技术要求	
11	YD/2009—93	城市住宅区和办公楼电话通信设施设计标准		25	GA/T 405—2002	安全技术防范产品分类与代码	
12	YD 5068—98	移动通信基站防雷与接地设计规格		26	建设部批准	建筑工程设计文件编制深度的规定(2003年版)	
13	GYJ 25—86	厅堂扩声系统声学特性指标		27	国家经济委员会批准	全国供用电规则(1983 年 8 月 25 日实行)	
14	GYJ 26—86	有线广播录音、播音室声学设计规范和技术用房技术要求		28		中华人民共和国消防法(1998 年 9 月 1 日执行)	
				29		中华人民共和国建筑法(1998 年 3 月 1 日执行)	

图名	常用弱电及电气设计规范、标准目录(四)	图号	附—8(四)

序号	标准规范编号	标准规范名称	被代替编号
1	GB 50093—2002	自动化仪表工程施工及验收规范	GBJ 93—86
2	GBJ 131—90	自动化仪表安装工程质量检验评定标准	TJ 308—77
3	GBJ 147—90	电气装置安装工程高压电器施工及验收规范	GBJ 232—82
4	GBJ 148—90	电气装置安装工程电力变压器、油浸电抗器、互感器施工及验收规范	GBJ 232—82
5	GBJ 149—90	电气装置安装工程母线装置施工及验收规范	GBJ 232—82
6	GB 50150—2006	电气装置安装工程电气设备交接试验标准	GB 50150—91
7	GB 50166—92	火灾自动报警系统施工及验收规范	
8	GB 50168—2006	电气装置安装工程电缆线路施工及验收规范	GB 50168—92
9	GB 50169—2006	电气装置安装工程接地装置施工及验收规范	GB 50169—92
10	GB 50170—2006	电气装置安装工程旋转电机施工及验收规范	GB 50170—92
11	GB 50171—92	电气装置安装工程盘、柜及二次回路结线施工及验收规范	GBJ 232—82
12	GB 50172—92	电气装置安装工程蓄电池施工及验收规范	BGJ 232—82
13	GB 50173—92	电气装置安装工程 35kV 及以下架空电力线路施工及验收规范	GBJ 232—82
14	GB 50194—93	建设工程施工现场供用电安全规范	
15	GBJ 233—90	110～500kV 架空电力线路施工及验收规范	GBJ 233—81
16	GB 50354—96	电气装置安装工程低压电器施工及验收规范	GBJ 232—82
17	GB 50255—96	电气装置安装工程电力变流设备施工及验收规范	GBJ 232—82
18	GB 50256—96	电气装置安装工程起重机电气装置施工及验收规范	GBJ 232—82

图名	常用弱电及电气安装工程施工及验收规范、标准目录（一）	图号	附—9（一）

序号	标准规范编号	标准规范名称	被代替编号
1	GB 50257—96	电气装置安装工程爆炸和火灾危险环境电气装置施工及验收规范	GBJ 232—82
2	GB 50303—2002	建筑电气安装工程施工质量验收规范	GBJ 303—88 GB 50258—96 GB 50259—96
3	GB 50312—2007	综合布线系统工程验收规范	GB/T 50312—2000
4	GB 50310—2002	电梯工程施工质量验收规范	GBJ 310—88 GB 50182—93
5	GB 50319—2000	建筑工程监理规范	
6	GB 50339—2003	智能建筑工程质量验收规范	
7	JGJ 46—2005	施工现场临时用电安全技术规范	JGJ 46—88
8	YDJ 38—85	市内电话线路工程施工及验收技术规范	
9	YDJ 44—89	电信网光纤数字传输系统工程施工及验收暂行技术规定	
10	YD 2001—92	市内通信全塑电缆线路工程施工及验收技术规范	

图名	常用弱电及电气安装工程施工及验收规范、标准目录（二）	图号	附—9（二）

序号	标准规范编号	标准名称	被代替编号	序号	标准规范编号	标准名称	被代替编号
1	CECS 09:89	工业企业程控用户交换机工程设计规范		13	CECS 66:94	交流高压架空送电线对短波无线电测向台(站)和收信台(站)保护间距计算方法	
2	CECS 31:91	钢制电缆桥架工程设计规范		14	CECS 67:94	交流电气化铁道对电位线路杂音干扰影响的计算方法	
3	CECS 32:91	并联电容器用串联电抗器设计选择标准		15	CECS 81:96	工业计算机监控系统抗干扰技术规范	
4	CECS 33:91	并联电容器装置的电压容量系列选择标准		16	CECS 87:96	可挠金属电线保护管配线工程技术规范	
5	CECS 36:91	工业企业调度电话和会议电话工程设计规范		17	CECS 100:98	套接扣压式薄壁钢导管电线管路施工及验收规范	
6	CECS 37:91	工业企业通信工程设计图形及文字符号标准		18	CECS 107—2000	终端电器选用及验收规范	
7	CECS 45:92	地下建筑照明设计标准		19	CECS 115—2000	干式电力变压器选用、验收、运行及维护规程	
8	CECS 49:93	低压成套开关设备验收规程		20	CECS 119—2000	城市住宅建筑综合布线系统工程设计规范	
9	CECS 56:94	室内灯具的光分布分类和照明设计参数标准		21	CECS 120—2000	套接紧定式钢导管电线管路施工及验收规程	
10	CECS 62:94	工业企业扩音通信系统工程设计规程		22	CESC 174:2004	建筑物低压电源电涌保护器选用、安装、验收及维护规程	
11	CECS 64:94	高压交流架空送电线无线电干扰对中波导航影响的计算方法					
12	CECS 65:94	送电线路对双线电话线路电磁干扰计算方法					

图名	常用弱电及电气工程建设推荐性标准目录	图号	附—10

主要参考文献

1. 柳涌主编. 智能建筑设计与施工图集 6 安全防护系统. 北京：中国建筑工业出版社，2004
2. 柳涌主编. 建筑安装工程施工图集 6 弱电工程（第二版）. 北京：中国建筑工业出版社，2002
3. 柳涌主编. 建筑安装工程施工图集 3 电气工程（第三版）. 北京：中国建筑工业出版社，2007
4. 刘希清主编.（GB 50348—2004）《安全防范工程技术规范》标准宣贯培训教材. 北京：解放军出版社，2005
5. 建设部住宅产业化促进中心主编. 居住小区智能化系统建设要点与技术导则. 北京：中国建筑工业出版社，2003
6. 王建章主编. 公共安全防范系统. 北京：中国电力出版社，2004
7. 简明建筑智能化工程设计手册. 北京：机械工业出版社，2005
8. 郑振东编译. 实用图解自动控制. 台湾：建兴出版社，2001
9. 沈子胜编著. 消防安全设备图解. 台湾：鼎茂图书出版有限公司，1996